华夏英才基金学术文库

中外科学技术
交流史论

ON THE HISTORY OF SCIENTIFIC
AND TECHNOLOGICAL EXCHANGE
BETWEEN CHINA AND
FOREIGN COUNTRIES

潘吉星 著

BY PAN JIXING

中国社会科学出版社

2012

图书在版编目（CIP）数据

中外科学技术交流史论／潘吉星著．—北京：中国社会科学出版社，2012.9
ISBN 978-7-5004-9672-4

Ⅰ．①中…　Ⅱ．①潘…　Ⅲ．①科学技术－文化交流－文化史－中国、外国
Ⅳ．①G322.9

中国版本图书馆 CIP 数据核字（2011）第 054494 号

出　版　人	赵剑英	
责任编辑	张小颐	
责任校对	林福国	
责任印制	木　子	

出　　版	中国社会科学出版社	
社　　址	北京鼓楼西大街甲 158 号（邮编 100720）	
网　　址	http://www.csspw.cn	
	中文域名：中国社科网　　010 - 64070619	
发 行 部	010 - 84083685	
门 市 部	010 - 84029450	
经　　销	新华书店及其他书店	

印刷装订	北京一二零一印刷厂	
版　　次	2012 年 9 月第 1 版	
印　　次	2012 年 9 月第 1 次印刷	

开　　本	787×1092　1/16	
印　　张	58.5	
插　　页	2	
字　　数	1309 千字	
定　　价	199.00 元	

前　言

　　中国是具有五千年历史的东方文明古国，勤劳智慧的中华民族在认识自然、从事工农业生产和科学研究的漫长实践中，积累了丰富的科学技术知识，产生众多科学技术人物和典籍，完成以四大发明为主体的一系列重大发明和发现，足以改变世界面貌，对推动人类文明和世界科技发展作出卓越贡献。

　　为阐明公元后十五个世纪内中国传统科学技术在世界上的领先地位及其西传后果，本书精心挑选中国古代最擅长的科技项目，如造纸、印刷、火药与火器、指南针以及铸铁及炼钢、有色金属合金、深井钻探、丝绢、养蚕、织丝、龙骨水车、铁犁、耧车、双动活塞风箱、造船及航海、瓷器、漆器、中医药、代数学、天文仪器及历法、生物进化思想和炼丹术等，以国内外古今多语种文献记载和考古发掘资料为依据，经分析、比对，结合历史背景，论述这些项目在中国的起源、早期发展及其在世界范围内的传播和影响。

　　当然，中外科技交流史一直是双向的，有外传更有引进，书中也谈到古代和近三百年来中国从国外引进科技成果的情况。我们这个民族并不故步自封，愿意吸取域外一切有价值的东西以完善自我。过去如此，今后更会如此。写作本书的目的在于弘扬中国优秀的传统科学文化，激起海内外炎黄子孙的爱国热忱，为实现中华民族的伟大复兴鼓足信心。中华民族是有科学传统的民族，过去在世界科学发展中有所作为，未来会更大有作为。

　　全书由 14 章 45 节组成，有插图 312 幅，书末更附有笔者用英文写作的四篇论文。在学理分析及文字叙述上力求深入浅出，且收图文并茂之效。本书适于高中及其以上文化水平的各界读者阅读。本书蒙华夏英才基金资助，由中国社会科学出版社刊行，社领导和本书责任编辑张小颐编审以及出版社校对、印制人员在出版过程中付出很多心力。中国科学院自然科学史研究所所长廖育群教授对本选题给予支持。李大雁教授为稿件的准备提供了帮助。谨此一并致以谢忱。书内不当处，乞明公示正。

潘吉星

2010.2.15 于北京

Preface

China is an oriental country with the history of ancient civilization of 5000 years. In the long-term practice of understanding the nature, carrying on agricultural and industrial production and scientific research the diligent and intelligent Chinese people accumulated rich scientific and technical knowledge, produced many scientists and technicians and related works. They made a series of inventions and discoveries including the four great inventions as their main parts which were enough to change the features of the world and made outstanding contributions to promote the development of human civilization and the world science.

In order to expound the lead position and the consequence of westward spread of the traditional Chinese science and technology during the 1st to the 15th centuries this book elaborately choose some items in which the Chinese were skilled doing, such as papermaking, printing, gunpowder and firearms, the magnetic compass, cast iron and steel smelting, alloys of non-ferrous metals, deep-well drilling, silk fabrics, silkworm raising and silk weaving, water wheel, iron plough and seed-drill, double-acting piston blower, ship-building and navigation, porcelain, lacquer wares, Chinese medicine, algebra, astronomical instruments, the thought of evolution in biology, and alchemy, as objects of research to investigate their origins, early development, outward spread and influence in the world according to literary records in different languages, archaeological excavations, analysis of such materials, Sino-foreign comparison and the historical background.

Of course, the history of Sino-foreign scientific exchange has not been of one way, there have been outward spread and introduction from foreign countries too. So this book also talks about the circumstance of introducing foreign scientific results from ancient times to the modern 300 years in China. Our nation is not ultraconservative and self-satisfied, but is willing to absorb all valuable things outside the country for self-perfection. They did so in the past, and will do so in the future. The purpose of writing this work lies in promoting and developing the excellent traditional Chinese science and culture, arousing patriotic zeal of all the Chinese at home and abroad and mustering up the confidence for accomplishing the great revival of the Chinese nation. The Chinese nation had long-term scientific tradition and were able to develop their ability to the full in the field of science and technology in the past，they will have more chance to develop their talents to the full in the future.

　　This work consists of 14 chapters and 45 sections with 312 illustrations. Four papers written in English by the author are also included at the end of this book. It makes efforts to explain profound academic analysis in simple language and to be excellent in both pictures and literary composition. It is suitable to be read by readers of various circles. We are honored that this work was financially supported by the Foundation for Hua Xia Persons of Outstanding Ability and turned over to China Social Sciences Press for publication. The leadership of the Press and the editor Ms Zhang Xiaoyi expended efforts for this. The director of the Institute for the History of Natural Sciences，CAS，Prof. Liao Yuqun gave support to this program of research. Prof. Li Dayan also provided help for preparing the draft. Here the author should express heartfelt thanks to the above mentioned organizations and persons. We await correction on any imporperiety in this work.

Pan Jixing

Beijing

15 February，2010

目　　录

Contents

插图目录
List of Illustrations

本书所用西方文献缩写词说明
Explanation of abbreviations in Western literatures used in this work

缩写词	语种	西文原文	释文
a.	英文	about	约
A. D.	拉丁文	Anno Domini	公元后
b.	英文	born	生于
B. C.	英文	Before Christ	公元前
Bd.	德文	Band	卷
c.	拉丁文	circa	大约
C°	英文	Centigrade	摄氏温度计度数
Chap.	英文	chapter	章
cf.	英文	confer	参见
cm.	法文	centimètre	公分、厘米
d.	英文	died	卒于
ed.	英文	edition	版本
		edited	编写
éd.	法文	édition	版本
et al.	拉丁文	et alii	等人
et seq.	拉丁文	et sequor	以下（各页）
etc.	拉丁文	et cetera	等（指事物）
ff.	英文	following（pages）	以下各页
fl.	拉丁文	floruit	在世年
ibid.	拉丁文	ibidem	同上
i. e.	拉丁文	id est	即
kcal.	法文	kilocalorie	千卡
kg	法文	kilogramme	公斤、千克
m	法文	mètre	米、公尺
mm	法文	milimètre	毫米
no.	英文	number	号、期（刊物）
op. cit.	拉丁文	opus citatum	前引书
p. ，pp.	英、法文	page	页

pl.	英文	plate	图
Chap.	英文	part	册、篇
r.	英文	reigned	在位
S.	德文	Seite	页
tom.	法文	tome	卷、册
tr.	英文	translation	译本
		translated	译
Vol.	英文	volume	卷

第一章 综合篇

一 中国对欧洲近代科学技术发展的影响

引 言

伴随近代社会即资本主义社会而来的近代科学技术，首先在欧洲形成。近代科学在文艺复兴（14—16 世纪）时由波兰天文学家哥白尼（Nicolas Copernicus，1473 - 1543）《天体运行论》（*Nicolai Copernici Torinersis de revolutionibus orbium coelsestium*，*Libri* VI）的问世（1543）首开其端，经 17 世纪意大利物理学家伽利略（Galileo Galilei，1564 - 1642）和德国天文学家开普勒（Johannes Kepler，1571 - 1630）作出决定性突破，至 18 世纪工业革命及随之而来的农业革命，形成了整个近代科学技术体系，而至 19 世纪此体系宣告完善。在这过程中，资本主义社会也得到巩固和发展。过去人们认为近代科学技术的发展完全是欧美人的事，似乎世界其余地区与此无关，也没有卷入这场科学复兴运动。例如 19 世纪英国人休厄尔（William Whewell，1794 - 1866）1837 年在三卷本《归纳科学史》（*History of the inductive science*）中就断言欧洲以外的其他文化区不可能有什么重大发现和发明与欧洲科学的发展有关。这种观点与史实相违，于理不通，因而是不正确的，必须予以辨明，还历史本来面目。

翻开世界各国史册就会看到，大量史实证明：同属旧大陆的欧、亚、非三大洲不是各自封闭、老死不相往来的，而是各个地区之间存在着有机的联系。旧大陆内各民族和文化区在发展科学和技术时，自古以来就不时通过各种渠道发生相互交流和借鉴，而不是彼此隔绝。正是通过科学技术传播和引进的一连串过程，在东西方各民族和文化区之间自然而然地架起了沟通科学文化的桥梁，推动着世界科学不断前进。虽说近代科学首先在文艺复兴后期的欧洲兴起并此后传遍全球，但正如当代科学史大家李约瑟（Joseph Needham，1900 - 1995）博士所说，如果没有中国等其他文化区科学技术的注入，单靠古希腊科学遗产和中世纪欧洲留下的零星资料，欧洲人是构筑不起近代科学大厦的[1]。

---

[1] Needham，Joseph. The Chinese contributions to science and technology，in *Reflections on Our Age*（ed.）D. Hardman & S. Spender，London，1948；潘吉星主编：《李约瑟文集》，辽宁科技出版社 1986 年版，第 109—123 页。

应当说，中世纪末期科学与思想的复兴运动是一种世界现象，并非只为欧洲所独有。它像一次巨大的地壳运动那样，在旧大陆的东西两端都有反响。虽然中国与西方情况不尽相同，发展程度和表现形式未必完全一致，但不能否认有某种类似之处。欧洲的文艺复兴正值中国明清之际（16—17 世纪）封建社会衰败、资本主义萌芽渐趋发展时期，思想界和科学界涌现的启蒙社会思潮也发出批判旧世界、呼唤新世界的呐喊。当历史在某一地区发展到成熟阶段之后，总会结出精神上的硕果，中外皆然。明末和明清之际中国思想界和科学界的王夫之（1619—1693）、李时珍（1518—1592）和宋应星（1587—约 1666）等人的学术活动不一定与当时西方科学界有直接联系，但其学术水平不次于西方一流同行，同样推动着历史的前进。

近代科学技术可以比作大海，世界各民族和文化区的科学技术有如江河，江河总要汇合在一起而流归大海，即中国古语所说“百川归海”（语出《淮南子·氾论训》），这是世界科学发展的总趋势。欧洲很幸运，成为各国科学支流汇合在一起的出海口，有其历史的必然。但不可忘记，在公元 1—15 世纪内当欧洲处于所谓黑暗时代（Dark Ages）时，中国却发出灿烂的科技之光，许多发明和发现为欧洲所望尘莫及。中世纪欧洲本土留给后世的科技遗产是十分有限的，远不足以为近代科学发展提供必要的基础和物质前提。正是由于中国一些发明和科学思想在文艺复兴前后不断涌入欧洲，为发展近代科学打下基础、提供启发，这一过程一直持续到 18—19 世纪，其影响所及又延伸至今。因此中国传统科学技术是流入近代科学大海的某些科学支流中的一股巨流。

同样，中世纪阿拉伯科学也为近代科学的兴起起了推进作用。可以说各大洲各民族都对世界科学发展发挥自己的作用，不可否认欧洲人对近代科学兴起所作的卓越贡献，但将功劳簿全记在欧洲人名下，而无视其他民族的贡献也是不公平的。这是 18—19 世纪欧洲列强取得世界霸权以后泛起的欧洲中心主义（Europocentrism）思想在科学界的反映，坚持这种思想的人将科学看成西方特有的专利，将他们的文明看成是“唯一可普遍适用的文明形式”。由于对世界其余地区科学史的无知和偏见，他们不知道或不想知道，在欧洲发展起来的科学技术，有些并不是欧洲固有的，而是来自亚洲特别是中国。那些被弗朗西斯·培根（Francis Bacon，1561-1626）称为“来历不明的”发明原来是在中国完成的。随着时间的推移西方一些正直的学者面对逐步揭示出的这些事实，唾弃了流传已久的欧洲中心主义，放下身段，与亚洲展开学术对话，这是时代的进步。作为中国学者，也有责任用事实向西方同行展示中国对欧洲近代科学技术发展的影响。这正是我撰写本节的初衷，因篇幅所限，只能选出若干实例加以说明。

19 世纪初德国技术史家波珀（Johann Heinrich Morris Poppe，1776-1854）在《从科学复兴到 18 世纪的技术史》（*Geschichte der Technologie，seit der wiederherstellung des Wissenschaften bis an das Ende des achtzehnten Jahrhunderts*，Bände 1-3. Göttingen，1807-1811）中，列举 4—15 世纪之间欧洲科学革命前中世纪遗留下来的科技遗产，其中包括：养蚕术、丝织机、造纸术、银矿、风磨、水磨、齿轮钟表、航海罗盘、水闸、眼镜、炼金术、无机酸（强水）、雕版印刷、活字印刷、有效马挽具、火药和火器、蒸馏术、铸铁、轴转舵、商业汇票、邮局、邮驿、希腊欧几里得几何学、阿拉伯代数学、托勒密天文学、亚里士多德学说、羽毛笔尖、路灯、罗马建筑等三十项。恩格斯（Friedrich Engels，1820－1895）1875 年研究自然科学史时写的中世纪发明史料，也引出二十多项与上述相同的发明。[1] 在上述三十项发明、发现中至少有一半不是在欧洲完成的，实际上都来自中国。根据李约瑟多年的研究，在公元 1—15 世纪期间，中国完成的一百多项发明和发现在文艺复兴前后接二连三地传入欧洲，为发展近代科学技术奠定了来自东方的基础。我的好友谭如波（Robert Temple）博士据此以简洁的语言陈述了这些发明[2]。

（一）中国四大发明对欧洲的影响

先从中国的四大发明说起，当欧洲人对火药一无所知时，10 世纪中国北宋伐吴越的战场上已硝烟弥漫，爆炸声震耳欲聋，1161 年反作用火箭武器在长江江面战场上升空。13 世纪中国金属管火铳发展时，正值蒙古大军携火器西征，在欧洲腹地长驱直入。火药和火器于 13 世纪传入欧洲后产生的革命性影响，已为西方史家所公认[3]。正是 14 世纪火炮的首次轰鸣，敲响了欧洲军事贵族封建制的丧钟。举凡石砌城堡、重铠甲武装的骑士团和地中海奴隶划动的多桨船，都无法抵挡炮轰和炸弹的袭击。不管哪个国家发生的资产阶级革命，都得靠火药首建其功。火药的使用彻底改变了欧洲军事技术和作战方式的传统模式。火药既帮助资产阶级夺取和巩固政权，还帮助他们以武力为后盾打开海外市场，实行殖民扩张，建立海上霸权。

制造和使用火药、火炮，要求技术家以新的金属铸铁代替昂贵的青铜，而炼铸铁需用高炉和强有力的鼓风，导致冶铸技术的革新，而这也是由于中国冶铁技术传入的结果。火炮还要求科学家研究燃烧理论和炮弹飞行问题，导致有关新学科的出现，从而动摇了希腊亚里士多德学派的传统科学观念。17 世纪英国化学家梅奥（John Mayow，1640－1679）写道：

> 硝石在哲学中造成的喧嚣，像在战争中那样厉害。（Nitre has made as much noise in philosophy as it has in war. ）[4]

奇怪的是，火药与欧洲的"希腊火"（Greek fire）不同，无需空气，甚至可在真空中燃烧，而且还产生爆炸。为什么它有这种奇异特性？文艺复兴时期的欧洲化学家解答不

〔1〕 Engels, Friedrich. *Dialctics of nature*. Moscow, 1954. pp. 257－259；恩格斯著，于光远等译：《自然辩证法》，人民出版社 1984 年版，第 41—42 页。

〔2〕 Temple, Robort. *China: Land of discoveries*. Wellingborough, England：Patrick Stephens, 1986；［美］谭如波编，陈养正等译：《中国：发明与发现的国度》，21 世纪出版社 1995 年版。

〔3〕 Needham, Joseph et al. *Science and Civilisation in China*，Vol. 5，Chap. 7. The gunpowder epic. Cambridge University Press, 1986；［英］李约瑟等著，刘小燕等译：《中国科学技术史》卷五，第七册，《火药的史诗》，科学出版社 2005 年版。

〔4〕 Bernal, J. D. *Science in history*. London：Watts & Co. , 1954. p. 238.

了，以致此后 17—18 世纪他们集中攻克燃烧问题。有人认为硝石能提供空气，或空气中含硝石的精气（spiritus nitro—aereus），另有人认为燃烧是因可燃物中含"燃素"（phlogiston）。从而建立了燃素理论，此说解释虽不正确，却使化学从中世纪炼金术中解放出来。到 18 世纪后半期导致氧气的发现和氧学说的建立，爆发了一场化学革命，使化学走上了近代科学轨道。火药的燃烧、爆炸问题得到解决，原来硝石本身就是氧化剂，火药无需空气而燃烧的秘密正在于此[1]。

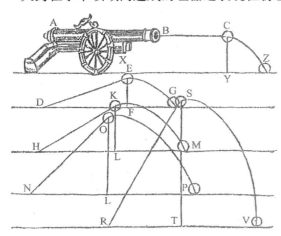

图 1—1　研究弹道学的欧洲科学著作（1606）插图，从不同仰角发射的炮弹轨道

引自 Bernal（1954）

火药在学术领域内造成的喧嚣还表现在物理学特别是力学中。火炮等火器的发展促使人们关心炮弹在空中飞行轨迹问题，从而推动对动力学的研究。而中世纪主要研究静止物体，其所受之力在直线方向发生作用。现在要研究抛射物体在空中的运动，受到发射力及地心引力作用，其轨迹很少是直线的或平行的（图 1—1）。按照希腊人亚里士多德（Aristotle，384 - 322 BC）学派的观点，抛射体沿倾斜的直线上升，再垂直下落于地，其轨迹为锐角线。但意大利人塔尔塔利亚（Niccolo Tartaglia，1500 - 1557）在《若干问题及发现》（Quesiti e inventioni diverso. Venezia，1554）中指出，火炮射出的炮弹轨迹呈曲线形，总是无情偏离亚里士多德学派规定的轨道，因"总有引力把炮弹拉离其运动路线"，且炮身倾斜 45°角时射程最大。伽利略 1638 年用意大利文发表的《关于力学和位置运动的两种新科学的数学证明和对话》[2] 中，以严密的实验和数学推导证明炮弹飞行轨迹是抛物线（图 1—1），为发射力和引力的合力作用结果。炮身仰角为 45°时合力最大，射程最远，将塔尔塔利亚的经验总结提升为科学定律，将亚里士多德学说投入历史垃圾堆中，一门新的学科动力学（dynamics）从此建立起来。

火药和火器不但科学含量大，技术含量也很大。火药燃烧后产生对炮弹的发射力是将热能转换成机械功的体现，从而鼓励人们制造热能动力机的思想念头，将火药从战争转向和平应用。从机械工程角度看，蒸汽机汽缸与炮膛基本上是相同的，而活塞和活塞杆是带柄的炮弹，后者变成前者并无技术上的困难。制造火药动力机的尝试从文艺复兴时的达·芬奇（Leonardo da Vinci，1452 - 1519）即已开始。荷兰人惠更斯（Christian Huygens，

---

〔1〕 潘吉星：《中国古代四大发明——源流、外传及世界影响》（Pan Jixing. *The four great inventions of ancient China：Their origin，development，spread and influence in the world*），中国科技大学出版社 2002 年版，第 556 页。

〔2〕 Galilei, Galileo. *Discorsi e dimonstrazioni matematiche intorno a due nuove scienze attenenti alla mecanica ed. i movimenti locali.* Florence，1638.

1629－1695）1673年设计了以火药膨胀力为动力的机器，将重物从低处提起。因火药较难控制，法国人帕潘（Denis Papin，1647－1712）以蒸汽代替火药，因其冷凝后可产生真空，他制成最早有活塞的原始蒸汽机，在矿井中提水[1]。帕潘的蒸汽机在18世纪初再经一系列改进，成为工业上实用的动力机。借助另一中国发明即在旋转运动与直线运动之间相互转换的装置的引入，用于纺织业及其他工业中，揭开了工业革命的序幕。

铸造火炮、镟光炮膛的现成技术可直接用来造出精密的汽缸，保证热力机得以顺利工作。很多欧洲学者都承认蒸汽机是中国火炮和西方抽水机的直系后代，是东西方技术文化融合后的产物。例如英国学者贝尔纳（John Desmond Bernal，1901－1971）写道：

> 蒸汽机确实有混合的血统，其生身父母可以说是火炮和抽水机。当人们意识到火药的潜能时，会继续想到可以找出它在战争以外方面的用途，而一旦证明火药难以控制，自然就倾向于用不太剧烈的火和蒸汽。[2]

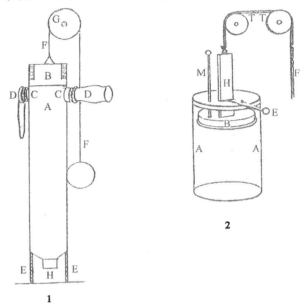

图1—2 动力机的早期形式

1. 惠更斯设计，以火药为能源

A. 汽缸 B. 活塞 C. 排气管 D. 阀门 E. 机筒 F. 绳索
G. 滑轮 H. 火药燃烧室

2. 帕潘设计，以蒸汽为动力

A. 汽缸 B. 活塞 E. 闩 F. 绳索 H. 活塞杆 T. 滑轮
引自Wolf（1935）

结果以水蒸气为动力的蒸汽机和以石油燃气为动力的内燃机相继问世，于是19—20世纪又出现了汽车、飞机、机车、轮船、拖拉机及发电机等，引发了一次又一次技术革命，使世界面貌和人类生活发生新的变化。意大利人瓦卡（Giovanni Vacca，1872－1933）就此写道：

> 火器这项发明进一步推动人们开发用蒸汽膨胀力为动力的机器，随着逐步熟悉诸如火器中发生的爆炸的力学，诱导出几乎无休止的利用其动力的尝试，从帕潘最初的

---

〔1〕 Wolf, A. *A history of science, technology and philosophy in the 16th and 17th centuries*. London, 1935. pp. 609－610, 548－550.

〔2〕 Bernal, J. D. *The social function of science*. London, 1939. p. 24.

努力一直到现代的内燃机的制造。[1]

我们对火炮已谈了不少，还应谈谈中国发明的火箭。自从 1161 年火箭武器在中国升空后，又取得一系列进展。13 世纪出现了集束火箭（multiple rockets launchers），在一个发射筒内装许多火箭，以总药线（fuse）将其串联，由一个士兵携带，点燃后众箭齐发。蒙古军队西征时用于欧洲战场，14 世纪火箭技术传入欧洲。中国集束火箭或火笼箭是第二次世界大战时苏军对德作战时以固体燃料发射的"喀秋莎"（катюша，katyusha）火箭砲的始祖。14—15 世纪之际明初技术家为增加火箭射程，又研制出多级火箭用于水战。《武备志》（1621）中所载"火龙出水"箭即二级火箭，总射程达 2—3 里（1km 左右）。[2] 1500 年前后，中国冒险家万虎（1440—1495 在世）更以 47 枚串联的大火箭为运载工具，在人类史上第一次作了载人火箭飞行的实验[3]。德国人哈斯（Conrad Haas，fl. 1529 - 1569）手稿中提出多级火箭的设想，比中国晚了二百多年，似未曾付诸实践，其他同时期欧洲人也较少提及，此手稿直到 1968 年才在罗马尼亚发现[4]。

李约瑟将明初水战用的二级火箭称为"这是预示阿波罗宇宙飞船和探索大气层外的宇宙的一项基本的发明"[5]。今天人类利用多级火箭为运载工具已进入星际航行的新时代，有史以来第一次将活动范围扩展到地球大气层外的外层空间并在其他星球上着陆，使古人多少世代以来飞向宇宙的幻想成为现实，为探索宇宙奥秘获得更多信息。但饮水思源，从最初的单飞火箭、多级火箭的研制及使用到以火箭为交通工具的载人火箭飞行，其雏形最初都是在中国完成的。古今火箭的工作原理和结构原理都是相同的，没有古代的火箭就没有今天的火箭。万事开头难，由于中国人在这个领域内迈出了可贵的第一步，才使西方人跟着迈出更多的步伐，并走得更远。

中世纪欧洲书写材料用羊皮（parchment）和莎草片（papyrus），供应量有限。羊皮虽质量好，但很昂贵，写一部拉丁文《圣经》需用 100 张羊皮，为物尽其用，欧洲人一般双面书写，普通平民是用不起的。莎草片是以埃及尼罗河流域生长的多年生莎草科草本植物莎草（Cyperus papyrus）的茎秆加工而成的，欧洲需要进口才能得到，也非一般人能用得上的。莎草片缺点是硬而脆，存放一久易于破裂，又很难修复。以这两种材料写成的书籍及其中所载知识，中世纪的欧洲只掌握在少数封建上层人物和教会僧侣之手，他们靠手抄本经典既垄断知识，也垄断真理，由教会当局推出的《圣经》版本和对教义的解释以及教会认可的古代科学书籍都被认为是不可挑战的权威，由神职人员向人民灌输，不允许

〔1〕 Vacca, G. Origini della scienza, I. Perche non si e sriluppata la scienza in Cina. Quaderni di Sintesi, A. G. Blane（ed.），No. l; 11. Roma: Partenia, 1946.

〔2〕 潘吉星：《中国火箭技术史稿》，科学出版社 1982 年版，第 51—55、68—71 页。

〔3〕 Zim, H. S. Rockets and jets. New York: Harcourt Brace & Co., 1945. pp. 31 - 32; Maxwell, W. R. Early history of rocketry. Journal of the British Interplanetary Society（London），1982, 35 (4)：176.

〔4〕 Carafoli, E. and M. Nita. Romanian rocktry in the 16th century（1969）. in Essays on the History of Rocketry and Astronautics, Vol. 1, Chap. 1, Washington, 1972. pp. 3 - 8.

〔5〕 Needham, Joseph et al. Science and Civilisation in China, Vol. 5, Chap. 7, The gunpowder epic. Cambridge University Press, 1986. p. 13.

有异端学说存在。而广大群众又多为文盲，没有其他知识和信息来源，处于愚昧状态，形成中世纪科学长期裹足不前的黑暗时期，只有一些东方科技发明的输入才为中世纪后期的欧洲带来光明。因而我们看到拉丁文一句成语 *Ex Oriente lux*（"光明来自东方"）的出现。

公元前 2 世纪中国发明植物纤维纸，至公元 4 世纪已成为全国通用的唯一书写记事材料。与中外其他书写材料相比，纸具有下列优越性：表面平滑、洁白受墨、幅面大受字多，又轻软耐折、寿命长、着色力强，适于深加工，用途广，可用于书写、印刷、包装及工农业用品，最大优点是物美价廉、原料到处都有。纸是万能材料，纸的发明是人类书写材料史中的划时代革命。中国造纸术于 8 世纪传入阿拉伯世界，12 世纪通过阿拉伯人的媒介传入欧洲，14 世纪以后欧洲造纸有所发展[1]。11 世纪欧洲十字军东征时发现大批阿拉伯文纸写本，其中包括比基督教世界更先进的阿拉伯科学作品以及隐约显现出的中国科学文明和被遗忘的古希腊精神世界。后来又发现大量拜占庭时期的希腊文手稿。当这些被译成拉丁文并转抄在纸上后，古代文化遗产得到永久保存和继续传播，使古为今用。

纸写本虽比其他材料写本优越，但需逐字抄写，且每抄一次只能完成一部书稿。随着书籍的增加，抄书所需时间及劳力增大。为减轻劳动，中国 6—7 世纪发明木版印刷，9世纪出现铜版印刷，11 世纪发明非金属活字印刷（图 1—3），11—12 世纪发明金属活字印刷。随着蒙古军队的西征，中国木版印刷于 14—15 世纪传入欧洲，铜版印刷及木活字印刷于 15 世纪传入欧洲，最后金属活字印刷于 15 世纪传入欧洲[2]。因为活字印刷适合欧洲拼音文字特点，因而得到大力发展。借纸和印刷一次可印出千百份字迹完全相同的副本，不但可减去抄书之苦，还可使印本书更加便宜易得。德国技术家谷腾堡（Johannes Gutenberg，1400－1468）印刷厂生产的纸本印刷品比羊皮写本便宜十多倍，可以进入寻常百姓家。

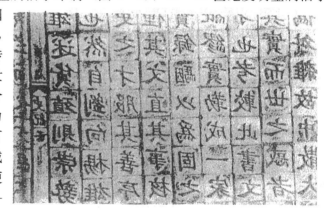

图 1—3　毕昇活字版复制件
中国国家博物馆藏

印本书的普及使欧洲传播知识的速度空前加快，受教育的人数急剧增加，至 15 世纪欧洲已有五十所以上的大学，打破教会学校和宫廷贵族学校垄断教育的局面，也促进了自由讨论，先进的思想和世界观以印本书形式迅速扩散到教会无法控制的广泛读者中间，给封建社会和教会带来的威胁不亚于重型火炮。

---

〔1〕 潘吉星：《中国造纸史》，第一章、第九章、第十章，上海人民出版社 2009 年版。

〔2〕 潘吉星：《中国金属活字印刷技术史》（Pan Jixing. *A history of movable metal-type printing technique in China*），辽宁科技出版社 2002 年版，第 4、11、16、46、225、238 页。

英国作家韦尔斯（Herbert George Wells，1866－1946）《世界史纲》（*The outline of history*，1920）中以《纸是怎样解放了人类的思想的》一节论述造纸术和印刷术从中国传入欧洲后对文艺复兴影响时说：

> 世人的知识生活进入了一个新的和远为活泼有力的时期。它不再是从一个头脑到另一头脑的涓涓细流；它变成一股滔滔洪流，不久就有数以千万计的头脑加入了这一洪流。[1]

加入这一洪流的有近代科学奠基人和人文主义作家，促进了学术的全面复兴。新教徒解释、出版的《圣经》和宗教改革作品能在四周内传遍全欧洲，剥夺了罗马教皇过去靠羊皮手抄本垄断基督福音的特权。宗教改革的旗手马丁·路德（Martin Luther，1483－1546）本人就说过：

> 印刷术是上帝无上而至大的恩典，使福音得以遐迩传播。[2]

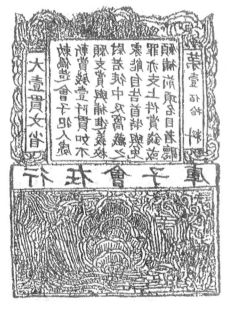

图1—4　南宋1161—1168年印发的壹贯会子铜印版

国家博物馆藏，潘吉星据原版临绘（1998）

最后，用各民族语言出版的书籍，在各国成了文学用语，提高了民族国家意识，使民族语言像希腊文、拉丁文那样负担起哲学上的讨论。总之，纸和印刷术成为欧洲近代科学文化发展的有力支撑和手段。

中国在世界上推出另一种特殊印刷品是兑换券和纸币。806—820年唐代官府印发统一格式的兑换券，名曰"飞钱"。外地来京（长安）商人将卖出货物得到的铸钱换成兑换券，返回本省后再凭券取回铜钱，无需在返乡路上携大量铸钱。北宋时因商品经济大发展，1023年政府在四川发行"交子"，以铁钱为准备金，成为纸币的滥觞。1039年起票面内容均借印刷制成，接下来纸币流通区进一步扩大。宋政府形成一整套完备的纸币制度，包括币面设计、印刷、发行与流通、兑换方法、准备金储备等，为此后历代提供参考（图1—4）。与宋并存的金1154年仿宋制度发行"交

〔1〕 Wells，H. G. *The outline of history*，*A plain history of life and mankind*，7th ed. New York，1971；［英］韦尔斯著，吴文藻等译：《世界史纲》，人民出版社1982年版，第808—809页。

〔2〕 Black，M. H. *The printed Bible*，in *Cambridge History of the Bible*，Vol. 3，Cambridge，England，1963. p. 408.

钞"，无限期流通。元代 1260 年发行宝钞，以银为本位，在全国流通，作为唯一法定通货。中国是世界上最早印发纸币的国家，是货币发展史中有革命性的创举。它促进了商品经济的发展，是后来欧洲资本主义金融制度赖以建立的基础，具有深远意义。1294 年西亚的伊利汗国在波斯境内按元代宝钞制度印发纸币，成为纸币制度西传之始[1]。

元代纸币引起欧洲人的注意，1253 年法国国王路易九世派教士罗柏鲁（Guillaume de Rubrouck, 1215－1270）出使中国后报道了纸币，同时意大利旅行家马可波罗在游记中也作了同样介绍。15 世纪以后，随着欧洲商品经济的发展，感到使用传统铸币的不便，于是按中国模式印发兑换券和纸币。适应商业资本主义市场的需要，16 世纪以后意大利、荷兰、德、英、法等国相继建立银行和交易所（图 1—5），为金融活动服务。以纸币为基础的银行和信贷体系的建立是资本主义经济秩序发展的必要一环。西方纸币从票面设计、防伪措施、发行管理到市场流通等程序，都直接吸取了中国提供的六百多年的经验。近代世界各国和国际金融体系归根到底都是在这一基础上建立的。

指南针是利用磁石指极性原理制成的磁学定位装置，以其确定方位结束了过去长期靠天体（北极星）定位的被动局面，可以全天候在地球任何地点确定方位，保证航海时不迷失方向。古代各族人靠"昼参诸日中之景（影），夜考之极星，以正东西（东西）"的天文学定位方法，遇到昼不见日、夜不见星的阴晦天气，便无能为力。由于地球是巨大磁体，近地空间存在磁场，不受天气影响。磁体定位装置不靠天体，而只靠地球磁场工作，因而将定向的母体从天上转移到人类所在的地球，这是一次解放。《新唐书·

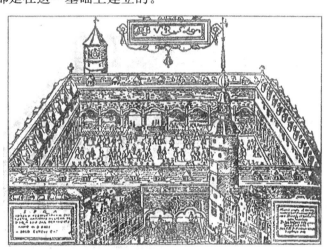

图 1—5 16 世纪尼德兰的安特卫普交易所
引自《中世世界史》（1947）

艺文志》著录 9 世纪成书的《管氏地理指蒙》（*Master Guan's geomantic instructor*）[2] 记载了堪舆家用的水罗盘（geomancer's wet compass）。11 世纪的《武经总要》（1044）[3]、

〔1〕 潘吉星：《中国古代四大发明——源流、外传及世界影响》（Pan Jixing. *The four great inventions of ancient China：Their origin，development，spread and influence in the world*），中国科技大学出版社 2002 年版，第 541－543 页。

〔2〕《管氏地理指蒙》（9 世纪），见（清）陈梦雷主编《古今图书集成·艺术典》（1726），卷六五五，汇考五，上海：中华书局影印本 1934 年版，第 18 页。

〔3〕（宋）曾公亮：《武经总要·前集》卷十五，《中国版画丛刊》第一册，上海古籍出版社影印本 1983 年版，第 685 页。

《梦溪笔谈》（1088）[1] 描述了专供定位用的磁化铁制成的指南装置。朱彧（yù，1075—1140 在世）《萍洲可谈》（*Miscellaneous talks from the seas*，1119）[2] 报道了以指南针导航。1985 年江西临川朱济南（1140—1197）墓出土的瓷人俑更手持旱罗盘（dry copass）[3]。所有这些都是人类史中史无前例的创举。

中国指南针于 12 世纪传入欧洲，1190 年英国百科知识作家尼坎姆（Alexander Neckam，1159-1217）用拉丁文写的《论自然界的性质》（*De naturis rerum*）在欧洲第一次记载了航海罗盘[4]，欧洲早期罗盘为水罗盘。1267 年法国人皮埃尔（Pierre de Maricourt，c. 1224-1279）在其《从理论和应用上论磁石的信札》（*Epistola ad sygerum de foucaucourt militem de magnete*）小册子中，提到了旱罗盘[5]，虽比中国晚了七八十年，在欧洲却是第一次。他步中国沈括等人后尘，是中世纪用实验方法研究磁学问题的少有的欧洲学者。由于有了磁罗盘，意大利天文学家托斯卡内利（Paolo dal Pozzo Toscanelli，1397-1482）等人才有资格谈论在未航行过的大洋中西行的可能性，以便寻找地球另一端充满财富的中国。这一念头在当时一些沿海国家中酝酿，而意大利人哥伦布（Christopher Columbus，1451-1506）在西班牙当局资助下，1492 年将其付诸实现。他当时还未意识到已发现了美洲新大陆，以为到了离中国不远的西印度。

葡萄牙人瓦斯科·达伽马（Vasco da Gama，1469-1524）1498 年发现了绕道非洲南端通往印度的新航路。另一葡萄牙人麦哲伦（Ferdinand Magellan，1480-1521）1519 年发誓要作环绕地球一周的航行，虽然他中途死去，但他的船员实现了预想，证明地球是圆形的。这些航行奏响了地理大发现的序曲[6]。实际上其序幕在一百多年前已由中国人揭开，明初航海家郑和（1371—1433）在 1405—1433 年间率两万多人的庞大舰队从与欧洲人相反的方向作了七下西洋的远航，到达非洲东海岸、中非洲和南非洲的莫桑比克，其所乘旗舰是当时世界最大的船，载重近两千吨。如果没有罗盘导航，绕道非洲南端通向亚洲的新航路和横渡大西洋到达美洲新大陆等地理大发现及地图学革命便是不可能的，欧洲人也不可能将非洲奴隶贩运到美洲发展采矿、种植，使殖民国家获得巨大财富并开发海外市场。

除指南针外，中国另一项发明保证了欧洲航海事业的成功和造船技术的革新，此即船尾轴转舵（axial rudder）。1958 年广州出土 1 世纪东汉陶船模型尾部有舵作为改变和控制

---

〔1〕 （宋）沈括：《梦溪笔谈》卷二十四，元刊本影印本，文物出版社 1975 年版，第 15 页。

〔2〕 （宋）朱彧：《萍洲可谈》卷二，丛书集成本，上海：商务印书馆 1935 年版。

〔3〕 陈定荣、徐建昌：《江西临川县宋墓》，《考古》1988 年第 4 期，第 329—334 页。

〔4〕 Neekam, A. *De naturis rerum* (1190)，I：xcviii；T. Wright（ed.）. *Alexander Neckam's De naturis rerum*. London：Her Majesty's Sationery Office 1863. p. 183.

〔5〕 Cavallo, T.（tr, ed.）. *A treatise on magnetism in theory and practice with original experiments*. 3rd ed. with a supplement of Petrus Peregrimus'*Epstola de magnete*. London，1800；Thompson, S. P.（ed.）. *Epistola concerning the magnet*. London，1902.

〔6〕 Магидович, И. П. *Очерки по истории географических открытий*, часть 3. Москва, 1957；〔苏〕马吉多维奇著，屈瑞、云海译：《世界探险史》第三部分，世界知识出版社 1988 年版。

船体航向和航线的新工具[1]，可随时避开风险。唐宋时舵做得越来越大，有几人之高，可左右摇摆、上下升降，操作方便，能很快使大船调转方向。舵的发明比欧洲早一千年[2]。实现远洋航行必须有续航能力大的大型远洋航船，因小船经受不住风浪的袭击，而保证远洋大船迅速转向的尾舵，与导航罗盘具有同样重要性。12 世纪以前欧洲船主要靠尾桨掌握航向，操作费力、转向迟缓，难以尽快排除险情，如触礁等。直到 12 世纪末，中国尾舵与罗盘同时传入欧洲，至 15 世纪后较为普及。这两种装置是实现远洋航行安全的必要条件。

　　中国另一项重要发明是水密封隔舱（water-tight compartments），将船底部分隔成若干密封舱，若一舱漏水，整个船仍能照样行驶。这项发明完成于 4 世纪的东晋，404 年建造出有四个隔舱的战船。1973 年江苏如皋出土的唐代船有九个密封船舱[3]。1299 年意大利旅行家马可波罗在游记中向欧洲人介绍中国大船有 13 个水密封船舱[4]，但他们没有及时引进这一先进的船体设计模式。因为制造难度及成本较大，又相对减少载重空间。1492 年 8 月哥伦布首航时路过非洲东北的加纳利亚群岛（Islas Canarias），发现一只大船船底漏水，整个船队不得不停航，耽误一个多月修理好后才起航[5]。如在大洋中船体漏水，就要沉没。欧洲水手付出许多生命代价后，18 世纪造船厂因货运量猛增、常规航线加长时，才吸收了中国这项发明。到 19 世纪时，欧美远洋商船和军舰基本上都有了密封隔舱，由于吨位增加，运载的人和物资并未减少，但安全性却更大了。

　　磁罗盘之所以发明于中国，因为磁学一直是中国古代最擅长的一门学问。东西方都很早知道磁石的吸铁性，但磁石的指极性则是中国人首先发现并用于测定方位的。早在公元前 3 世纪，战国哲学家韩非（约前 280—前 233）在《韩非子·有度篇》（约前 255）记载的司南仪（south-pointer），就是以天然磁石制成的最早的指南装置[6]，而欧洲直到 12 世纪才知道磁石的指极性，比中国落后一千多年。9 世纪中叶成书的《管氏地理指蒙》称：

　　　　磁者母之道，针者铁之戕（qiāng）。母子之性以是感，以是通。……体轻而径，所指必端，应一气之所召。土曷中而方曷偏，较轩辕之纪，尚在房（南）、虚（北）、丁（南偏西）癸（北偏东）之躔……针之指南北，顾母而恋其子也。[7]

　　〔1〕 广州市文物管理委员会：广州东郊汉砖室墓清理纪要，《文物参考资料》，1955，(6)：61—76。

　　〔2〕 席龙飞等主编：《中国科学技术史·交通卷》，科学出版社 2004 年版，第 65 页。

　　〔3〕 南京博物院：如皋发现的唐代木船，《文物》，1974 年第 5 期，第 88 页。

　　〔4〕 *The travels of Marco Polo*，ed. Manuel Komroff. New York：Grosset & Dunlap，1936. p. 237；《马可波罗游记》，李季译本，亚东图书馆 1936 年版，第 266 页。

　　〔5〕 Магидович, И. П. *Очерки по истории географических открытий*，часть 3. Москва，1957；［苏］马吉多维奇著，屈瑞、云海译：《世界探险史》第三部分，世界知识出版社 1988 年版，第 151 页。

　　〔6〕 (战国) 韩非：《韩非子》卷二，《有度篇》，《百子全书》本第三册，浙江人民出版社 1984 年版，第 2 页。

　　〔7〕 《管氏地理指蒙》(9 世纪)，见 (清) 陈梦雷主编：《古今图书集成·艺术典》(1726)，卷六五五，汇考五，中华书局影印本 1934 年版，第 18 页。

这段话的意思是：

> 磁石有母之本性，针由铁打造而成。磁石与铁的母子之性因此得以感应、互通。由铁打成的针复有其母之性（磁性）并更完善。磁针体轻而直，其指向应端正，是由气之所召。为何所在地适中，而针的指向却偏离，其两端应指向南北正位，却又偏向东西。……磁化铁针之指向南北，不过是母（磁石）恋其子（铁）而已。

李约瑟研究指南针史时，最先注意到上述一段话的重要意义[1]。它告诉我们，9 世纪中国人已认识到磁感应现象，并用天然磁石将铁针磁化，制成测定方位的指南针，同时还观察到在中原（可能是长安）地区磁针指向不是南北正位，而是南偏西或北偏东，从而最先发现了磁偏角（magnetic declination）。宋初人王伋（990—1050 在世）《针法诗》（1030）中更明确说：

> 虚危之间（北偏西）针路明，南方张度（南偏东）上三乘。坎（北）离（南）正位人难识，差却毫厘断不灵。[2]

1044 年《武经总要》谈指南鱼制法指出，将薄铁片作成首尾呈尖状的鱼，烧至通红后取出，沿南北磁极方向夹住，使鱼尾向北，趁热将其放入冷水中[3]。这是以热剩磁感应（thermo remanence）原理制成人造磁体的方法，已意识到地球磁场对铁片磁化的作用。欧洲人直到 12 世纪末才知道磁石的指极性和磁感应，并制成磁罗盘。15 世纪欧洲人在美洲探险时发现磁偏角，已比中国人晚了六百多年。可以说欧洲文艺复兴以前，世界上有关磁学的知识都集中在中国发展。当这些知识传入欧洲后，很快就成为在那里兴起的近代自然科学的重要一环。

航海业的持续发展也给磁学研究带来很大动力。15 世纪末，英国剑桥学者吉尔伯特（William Gilbert，1544－1603）继法国人皮埃尔之后，集中于磁学研究。他不但做一些实验，还从中引出理论观念。1600 年用拉丁文发表《论磁石、磁体及巨大的地球磁体》（*De magnete，magneticique corporibas，et magno magnete tellure*），简称《论磁石》（*De magnete*），共六篇，其中有五篇论述五种磁性运动，第一篇谈磁学史及对磁现象的综合讨论，第六篇支持日心说。吉尔伯特的基本理论观念是，假定地球是个巨大磁体，因此有磁性，正如一块磁石的磁力能通过包围它的空气而扩散一样，地球的磁效应也能扩散到周围空间。"磁效应从一个磁体出发向四面八方涌进周围。"由此他想到天体也像地球一样，

〔1〕 Needham, Joseph et al. *Science and Civilisation in China*, Vol. 4, Chap. 1, *Physics volume*. Cambridge University Press, 1962. p. 302.

〔2〕（宋）王伋：《针法诗》（1030），见《古今图书集成·艺术典》卷六五五，汇考五，上海：中华书局影印本 1934 年版，第 18 页。

〔3〕（宋）曾公亮：《武经总要·前集》卷十五，《中国版画丛刊》第一册，上海古籍出版社影印本 1983 年版，第 685 页。

也有磁性，就是说维持行星在其轨道上运行的是磁性吸引力[1]。这就为天体运行第一次提供了物理学上说得通，且最能打动人心的完全非神秘性的解释[2]。

　　德国天文学家开普勒（Johannes Kepler，1571－1630）解释其行星定律时，发现太阳的引力随行星距离的增加而衰减，因此也认为太阳是个磁体。在解释太阳系内行星运动轨道形状时，将磁体作为一个因素考虑进去。他因受吉尔伯特思想的影响，设想每个行星都是一个磁体，在转动过程中此磁体的轴在空间保持不变的方向，两个磁体交替对着太阳，而太阳吸引其中一个，排斥另一个，因此太阳交替吸引和排斥整个行星，使矢径长度发生变动，表现为椭圆形轨道。他思考过重力的本性，认为重力是"趋于结合或合并的同类物之间的相互作用，类似磁力，因此地球吸引石块，而非石块落向地球"[3]。吉尔伯特和开普勒关于天体具有磁性吸引力的思想肯定使英国物理学家、经典力学奠基人牛顿（Isaac Newton，1642－1727）更容易反驳那些主张只有物体相互接触时才能产生推动的物理学家[4]。因为磁体之间的磁性吸力可在较远的距离发生作用，将这种磁性吸力改成万有引力（gravitational attraction）是再容易不过的了。

　　最后，指南针是由圆形标度盘和可旋转的指针构成的灵巧仪器，指针摆动后即可自动读出刻度。中国人对这种仪器的设计思想在科学技术史中具有深远的意义和影响。当指南针西传并应用之后，各国科学家在这一设计思想诱导下，研制出一系列新的科学仪器。实际上文艺复兴以后西方一些早期仪器是按指南针模式造出来的，尽管工作原理不同。因此李约瑟认为"磁罗盘是在近代科学观测中起如此重大作用的一切有标度盘和指针读数的仪器中第一个和最古老的一种"[5]。近代科学技术的发展在很大程度上取决于各种科学仪表的使用，以便对所观察的现象给出精密的定量测量结果。许多科学家都是仪器的研制者，罗盘制造业成为最早的仪器制造行业，罗盘制造匠也可改行造别的仪器，甚至能成为科学家。如1581年发表地磁学专著《新引力论》（*New attraction*）的诺曼（Robert Norman）就是英国海员和磁罗盘制造匠。

（二）　中国天文学对欧洲的影响

　　近代科学革命首先从天文学开始，而由天文学家哥白尼首肇其端。根据2世纪希腊天文学家托勒密（Claudius Ptolemaeus，85－165）《天文学大成》（*Megalé syntaxis tés astronomias*）所述，地球是静止不动的宇宙中心，太阳和行星围绕着地球转动，还各绕

----

〔1〕　Wolf，Abaraham. *A history of science*，*technology and philosophy in the 16th and 17th centuries*. London：Aller & Unwin Ltd.，1935. pp. 295－296.

〔2〕　Bernal，J. D. *Science in history*. London：Watts & Co，1954. p. 301.

〔3〕　Wolf. A. *A history of science*，*technology and philosophy in the 16th and the 17th centuries*. London. 1935. pp. 141－142.

〔4〕　Bernal，J. D. *Science in history*. London：Watts & Co，1954. p. 301.

〔5〕　Needham，Joseph et al. *Science and Civilisation in China*，Vol. 4，Chap. 1，*Physics volume*. Cambridge University Press，1962. p. 239.

其轴而自转。这一学说被教会视为金科玉律，在中世纪千年间很少遇到挑战，成为宗教神学的科学依据。1543 年哥白尼的《论天体运行轨道》（*De revolutionibus orbium coelestium*）六卷以拉丁文正式在德国纽伦堡出版，书中以大量天象观测资料和理论推理驳斥了地心说（geocentric theory），针锋相对地提出日心说（heliocentric theory），认为太阳是宇宙中心，地球和行星围绕太阳作匀速圆周运动，地球本身还有自转运动，月亮围绕地球转动[1]。日心说计算结果较符合实际观测。哥白尼的学说将地心说颠倒了一千年的日地关系颠倒了过来，地球从宇宙中心殿堂退居到普通行星的运行轨道，周而复始地自转与公转。此说引起人们世界观发生根本的变革，是自然科学摆脱教会神学而宣告独立的宣言。

哥白尼日心说是认识宇宙的一次飞跃，却不是认识的终结，他对宇宙是有限还是无限这个基本的宇宙论问题并未给出满意的回答。在这方面中国为催生先进的宇宙观所作的贡献是开放的宇宙论。据汉代（公元前后 1 世纪）秘书郎郗萌表述，谈论宇宙的宣夜说学派认为：

> 天了无质，仰而瞻之，高远无极。……日月众星自然浮生虚空之中，其行其止皆须气焉。[2]

就是说：

> 天没有固定的形质，其高（上下）远（左右）都是无边无际的。……日月和众星辰都自然漂浮在无限开阔的空间中，依靠气在运动。

这段话有各种西文译本[3][4][5]，仔细推敲起来，似均不如意，因此笔者试将其大意表述如下：

The heavens do not possess any fixed shape of substance. When we look up it we can see that it is boundless in all directions. The sun, the moon, and the company of the stars float naturally in the open boundless space. Their motion relys on the existense of the *qi*（气）。

这段非常精彩的论述否定了固体的天球，是人类认识宇宙的历史中一件大事。哥白尼

〔1〕 Copernicus, Nicholas. *De revolutionibus orbium coelestium*. Nurnberg, 1543; English ed. Preface and book I. London: Royal Astronomical Society, 1947; 李启斌译：《天体运行论》序言和第一卷，科学出版社 1973 年版。

〔2〕 （唐）房玄龄：《晋书》（635）卷十一，《天文志上》引（汉）郗萌之说，二十五史本第二册：上海古籍出版社 1986 年版，第 1294 页。

〔3〕 Forke, A. *The world-conception of the Chinese; Their astronomical, cosmological and physico-philosophical speculations*. London: Probsthain, 1925. p. 33.

〔4〕 Maspero, Henri. L'astronomie chinoise avant les Han. *T'oung Pao*, 1929, 26: 341.

〔5〕 Needham, J. et al. *Science and Civilisation in China*, Vol. 3, *Mathematics, the sciences of the heavens and the earth*. Cambridge University Press, 1959. p. 219.

虽剥夺了地球作为宇宙中心的地位，仍保留一个硬壳作为宇宙的范围。宣夜说认为天没有形质，高远无极，打破了天的界限，否定了人为规定的宇宙半径，在人们面前展现了无限的宇宙空间，日月星辰在其中靠气在运动。"气"是中国古代唯物主义者专用的哲学术语，指构成万物的基本元素或作用于万物的自然力。此处指后者，但绝不是西方所谓的"上帝的第一推动力"。前文引唐人解释磁石与铁之间的感应时，亦称"应一气之所召"（"因为气所引起"），亦指自然力。宣夜派的宇宙无限论有承上启下作用，战国学者尸佼《尸子》称"上下四方曰宇，往古来今曰宙"[1]，此处谈到六个方向的三维空间及过去、现在和未来的三维空间，没有提到界限、起点和开端，换言之，宇宙在空间和时间上都是无限的。东汉天文学家张衡（78—139）《灵宪》亦称："宇之表无极，宙之端无穷"，[2] 意为 The cosmos has no end and bounds，同样主张天外有天的无限宇宙观，类似事例不必再一一赘举。

中国人的宇宙无限性观点有可能通过阿拉伯人的媒介传到西方世界。濒临地中海的蒙古伊利汗国（1258—1368）建立后，汗国统治者旭烈兀（1219—1265）1259 年在波斯境内大不里士以南创建大型马拉加（Marāgha）天文台和图书馆，运来中国书籍、仪器，又从中国派来天文学家协助工作。中国人和波斯人共同编纂了《中国和回纥历法》（*Risālat al-Khitāi wa'l-Uighū'r*）[3]。1263—1281 年曾在元朝任天文官员的叙利亚人爱薛（Isa Tarjaman，1227‑1308）于 1283—1286 年从中国来到马拉加天文台，与这里的中国、阿拉伯同事共同工作三年后返华[4]。伊利汗国是中、欧之间人员和学术交流的中转站，首都居住有许多亚洲和欧洲的不同民族的人士，而文艺复兴时期又有许多阿拉伯作品被译成拉丁文。

在中世纪欧洲占统治地位的宇宙观认为宇宙是有限的，恒星天球位于宇宙的边缘，所有天体所附着的天球是透明的实体。日月五星在同心水晶球中绕地球转动。为解释行星运行，托勒密用希腊几何学模式和有限空间论建立的天文学体系，大圈套小圈、本轮套均轮，用 80 个圈构筑成复杂的宇宙图景，用起来非常繁琐，好看而不好用，与实际情况相去甚远。这种有限空间的固体水晶球观念，千百年来禁锢着人们的头脑，连哥白尼也难以摆脱。他虽简化了托勒密所用的圈数，但仍用 34 个圆说明行星运动[5]。与欧洲水晶球观念相比，中国的宇宙无限论观念显然先进得多，更接近现代的宇宙观，是古人超前的科学预见。1700 多年以后，意大利思想家布鲁诺（Giordano Bruno，1548‑1600）1684 年在伦敦用意大利文发表《论无限宇宙和世界》（*Dell'infinite universo e mondi*），才重复了中国思想家的观点，认为宇宙是无限的，因此谈不上哪个天体是中心。他将有限而透明的天球硬壳捅了一个大洞，洞外又展现出无限星空。在布鲁诺的宇宙中没有上帝存在的余

〔1〕（战国）尸佼：《尸子》卷下，《百字全书本》第三册，浙江人民出版社影印本 1984 年版。
〔2〕（汉）张衡：《灵宪》，见（刘宋）范晔：《后汉书》卷二十，《天文志》，二十五史本第二册：第 816 页。
〔3〕 Needham，J. *Science and Civilisation in China*，Vol. 1. Cambridge University Press，1954. p. 218.
〔4〕 Selin，H.（ed.）. *Encyclopaedia of the history of science，technology and medicine in Non-Western culture*. Dordrecht：Kluwer Academic Publishers，1997. p. 454.
〔5〕 Needham，J. *Science and Civilisation in China*，Vol. 3. Cambridge University Press. 1959. pp. 219‑220.

地，因此他被宗教裁判所烧死，为坚持真理而献身[1]。

　　中国影响不只表现在天文学理论上，还表现在天文观测实践中。观测任何天体可用三种坐标体系，一是希腊黄道坐标（ecliptic coordinate system），二是阿拉伯地平坐标（horizontal coordinate system），三是中国赤道坐标（equatorial coordinate system）。希腊人依黄道、黄极测定恒星位置，阿拉伯人用地平经度及地平纬度观测星体，中国人以赤纬、赤经观测天体。实践证明，用赤道坐标标出的天体位置长期不变，适用于在地球任何地点观测，具有通用性，又能准确而简便地测定恒星位置、研究天体周日运动。阿拉伯天文学家熟悉中国的赤道装置，通过阿拉伯人介绍，少数欧洲天文学家如弗里休斯（Gemma Frisius）1534 年第一个在欧洲记述了小型赤道浑仪[2]，引起丹麦天文学家第谷·布拉赫（Tycho Brahe，1546－1601）的注意。这位近代观测天文学大师 1576 年在赫汶岛（Island of Hven）上建立的天文观象台中毫不犹豫地放弃了希腊—阿拉伯的黄道坐标和黄道浑仪，而采用中国人一直使用的赤道坐标[3]，成为文艺复兴时期天文学方面的主要进步之一。

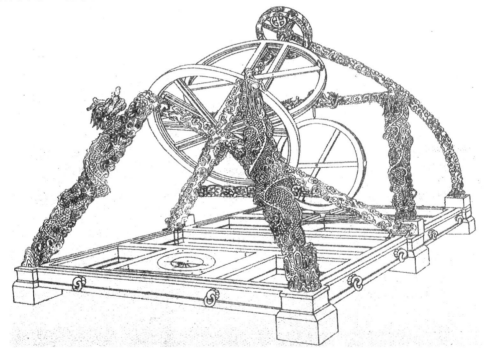

图 1—6　1276 年元代天文学家郭守敬研制的简仪
引自常福元《天文仪器志略》（1932），图解说明详见 Needham's SCC，Vol. 3.（1959）p. 371

　　[1]　Wolf, Abaraham. *A history of science, technology and philosophy in the 16th and 17th centuries*. London: Aller & Unwin Ltd., 1935. pp. 631, 29.

　　[2]　Dreyer, J. L. E *Tycho Brahe: A picture of scientific life and work in the 16th century*. Edinburgh: Black, 1890. p. 316.

　　[3]　Needham, J. *Science and Civilisation in China*, Vol. 3. Cambridge University Press. 1959. pp. 378－379.

第谷从 1576 至 1597 年长期观测恒星、行星方位所积累的精确资料优于以前，可据以编制更好的星表，他的学生开普勒整理这些资料后，在其《新天文学》（*Astronomia nova*，1610）中，提出行星沿椭圆轨道运行的理论，驳斥了认为行星沿圆形轨道运行的旧说，为牛顿的理论奠定基础。自从第谷将赤道坐标引入近代天文学观测之后，其他各国天文学家起而效法，一直用到今天。因而近代天文学坐标系完全是中国式的。元代天文学家郭守敬（1231—1313）1276年研制的简仪（*Simplified instrument，or Equatorial torquetum*）是赤道装置的典型代表（图1—6）。而第谷在赤道装置的设计方面（图1—7），显然是按郭守敬简仪的设计思路进行的。可以说郭守敬的仪器是近代天文望远镜赤道装置的直系祖先。甚至在现代航空、航海仪器中还能看到简仪中的部件，如赤道圈、赤纬环、照准器及平经圈等[1]。

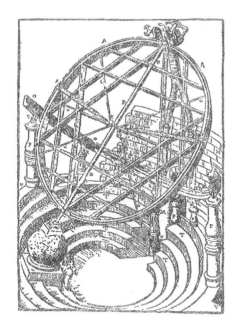

图 1—7 1585 年第谷的大赤道式浑仪
（greater equatorial armillary）
引自 Needham SCC，Vol. 3. p. 376

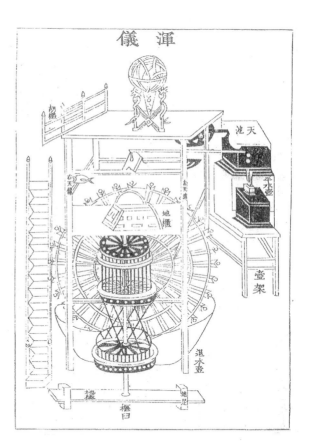

图 1—8 为 1088 年开封水运仪象台设计的部分图纸
引自《新仪象法要》（1090）

[1] Needham，J. *Science and Civilisation in China*，Vol. 3. Cambridge University Press. 1959. pp. 378 – 379.

让天文仪器随天球视运动而同步转动的先进构思，也是最初在中国提出并付诸实践的。宋代科学家苏颂（1020—1101）和韩公廉等奉旨于1088年在首都开封府建造的水运仪象台（Tower of astronomical instruments operated by water power），集浑仪观测、浑象演示和机械报时三种功能于一体，是当时世界上最复杂、最壮观的巨型多功能仪器，高12米，宽7米，分三层。上层放浑仪，有机轮可自动运转，屋顶可掀开。中层有由机轮旋转的浑象，与天象同步。下层设五层木阁，每层有门，有木人出来击鼓报时。木阁后有漏壶和直径3米的枢轮，其上有72木辐，带动36个水斗及钩状铁拨子。枢轴又附一组装置，相当近代钟表中的擒纵器（escapement），其旁连接两个漏壶，形成水力驱动的机械系统。转动时，壶水注入水斗，使浑仪、浑象及报时装置协调一致，显示星象、报告时刻（图1—8）。苏颂在《新仪象法要》（*Illustrated explanation of new design for armillary sphere, celestial globe and clock operated by water power*，1090）中对此精巧仪器构造作出说明并给出图解，现代学者可据此对整个装置进行复原（图1—9）。

图1—9   1088年苏颂、韩公廉奉旨在开封府建造的水运仪象台复原透视图

John Christiansen 据中外学者复原图所绘，引自 Needham. SCC, Vol. 4, Chap. 2. (1965), p. 449.

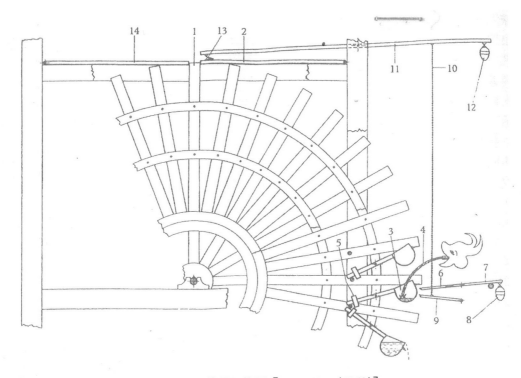

图 1—10　擒纵机构图〔Combridge（1962）〕

1. 被挡住的轮辐；2. 左上锁（"左天锁"）（在本图中视为右方）；3. 水斗（"受水壶"），正在由 4 向它注水；4. 由固定水位的水箱射来的水流；5. 小配重；6. 控制叉（"格叉"），由水斗上凸出的铁销子触脱，并形成 7 的近端；7. 下秤杆（"枢衡"）带有；8. 下配重（"枢权"）；9. 耦合舌（"关舌"）通过 10 长链条（"天条"）与 11 上秤杆（"天衡"）的远端相连接，在它的远端装有 12 上配重（"天权"），在近端通过 13 短链条（"天关"）与下方之上锁 2 相连；14 右上锁（"右天锁"）在这里看成是左边。

水流正从龙口处喷射出来（参见图 657 和本册 p.504）。在每个 24 秒间隔的开始，主动轮的轮辐 1 由于受右锁 2 的抵制而停止转动。当水 4 从固定水位水箱进入水斗 3 时，先要胜过水斗柄上的配重 5，然后以水的余重压在下秤杆 7 左端的控制叉 6 上。当此超重又胜过配重 8 时，秤杆 7 的左端迅速被压下，水斗支架就围绕其枢轴转动而迅速撞向关舌 9，使 9 突然下降。长链条 10 从控制叉 6 的两叉之间自由通过，并被急剧拉下，再加上配重 12 的力量，上秤杆 11 之右端被拉低，但在正常情况下，配重 12 是不足以实现这个动作的。在各杆移动时，满水的水斗的冲力瞬间得到积累，然后上杆的短链 13 被拉紧并把上锁 2 从轮辐的通路中突然拉开。此时，在右下象限内满水的水斗的总重力的驱动下，主动轮得顺时针方向前进一格；而同时上秤杆的左端和右侧天锁则由于自身的重量而又下落，因而挡住了下一个轮辐的通过；同时左侧天锁 14 既然在轮辐通过时已被顶起，现在则又落回原位，以防止主动轮停止时所发生的任何反冲。随着联动机构的归复原位，杠杆 6，7 和 9 又恢复到它们的原来的位置，以备下一循环中再被触动。所有上述之"滴答"过程，实际上都是在一瞬之间完成的。

研究工作的进展和"关"字的合混，促使康布里奇〔Combridge（2）〕提出技术名词的改进："关舌"在这里叫"耦合舌"，"天关"改成"上链"。

机械钟的发明一般认为是科学技术史中的重要转折点之一。而过去流行的观点是，将机轮转动放慢，使其连续保持恒定速度，以便与天空周日视运动一致，是 14 世纪初欧洲人先想到并实现的。他们把几串齿轮和轴叶擒纵器结合并以悬锤发动，便成为最初的机械守时仪器。但李约瑟及其同事 1956 年的研究表明，1090 年苏颂《新仪象法要》中描述的开封水运仪象台中的报时装置已包括制造机械钟的基本原理和关键部件。虽然它并非以悬锤发动，而是以水轮驱动。但有一套擒纵装置（图 1—10），含下列部件：防止在每一水斗未满前下落的秤杆（"枢衡"）、耦合舌（"关舌"）和在另一点上停止轮子转动的平行连杆，还有防止轮子倒退的装置。其所含基本原理与其说像轴叶擒纵器（verge and foliot type of escapement），还不如说像 17 世纪的锚状擒纵器（anchor escapement）[1]。虽然守时动能靠水流控制，而不是靠擒纵器自身。

因此苏颂制造的装置是恒定液体流驱动的守时仪器和由机械产生摆动的守时仪器之间以前未被发现的"环节"。苏颂叙述 150 种机件，足可绘出时钟的工作图。中国这种擒纵装置还可追溯到唐代僧一行（673—727）和梁令瓒于 723 年制造的开元水运浑天俯视图中，这种仪器可演示天球及日、月的运动，又有报时装置。也是由水力驱动。《玉海》（1267）卷四引唐人韦述《集贤［院］注记》载，开元十二年（724）一行与梁令瓒铸成浑仪图，注水激轮，令其自转，与天体视运动同步。另有报时装置，"皆于柜中各施轮轴，钩键交错，关锁相持，既与天道合同。当时共称其妙，铸成，命之曰水运浑天俯视图"，句中"关锁相持"指擒纵装置控制。[2] 这说明，7—14 世纪之间中国有制造天文钟的悠久传统，比传统和后来中世纪欧洲机械钟的祖先有更密切的直接联系[3]。中国水运报时器在漏壶和重锤或弹簧发条驱动的时钟间的空白环节架起了桥梁。欧洲于 13 世纪知道中国水轮链式擒纵器并用上它，至少欧洲人知道机械守时问题在原理上已解决。时钟的出现对文艺复兴后期机器和工艺生产的发展是极其重要的，它还提供生产中采用自动机和自动运动的原理，也带动匀速运动理论的发展。

（三）中国工农业发明对欧洲的影响

我们再看看中国其他技术传到欧洲后所造成的影响，先以钢铁工业为例。欧洲于公元前 20 世纪已进入铁器时代，至公元前 12—10 世纪造出不少铁质武器，比中国要早许多[4]。但欧洲则一直将铁矿石与木炭在小而矮的炉内以 800℃—1000℃炼出含碳量很小

---

〔1〕 Needham，J. et al. Chinese astronomical clockwork. *Nature* (London)，1956，67：600；席泽宗译，中国的天文钟，《科学通报》1960 年第 6 期，第 100 页。

〔2〕 Needham，J. *Science and Civilisation in China*，Vol. 4，Chap. 2，*Mechanical engineering*. Cambridge University Press. 1965. p. 474.

〔3〕 Needham，J. et al. Chinese astronomical clockwork. *Nature* (London)，1956，67：600；席泽宗译，中国的天文钟，《科学通报》1960 年第 6 期，第 100 页。

〔4〕 Tylecote，R. F. *A history of metallurgy*，Chap. 5. London：The Metals Society，1976；华觉明等译：《世界冶金发展史》，科学技术文献出版社 1985 年版，第 102—105 页。

（＜0.05％）的熟铁（rought iron），几乎是纯铁。因纯铁熔点为 1540℃，19 世纪以前欧洲技术达不到这样的高温，所以这种铁出炉时，是含有大量非金属杂质的海绵状固体块，通称块炼铁。它与生铁或铸铁（cast iron）相比，有下列缺点：（1）炼出的铁不能从炉内流出，需打破炉膛，从中取出，因而无法连续生产，生产率低，又因炉体矮小，产量很小。（2）熟铁需烧红再锻打成形，颇费功力，且只能造成形状简单的器物。用熟铁板打造出的火炮在使用时总是出事故。（3）含有大量非金属杂质，怎样锻打也难除尽。（4）含碳量低，使其质地很软。

中国生铁是在 1200℃—1300℃高温下从较高（2 米或以上）的竖炉中炼出的，其熔点为 1150℃，所以出炉时产品呈液态从炉底流出，可连续生产，且可浇铸成各种形状的器物，而非金属杂质又少，质地较硬，使冶铁和成型效率、产品产量和质量以及生产率大为提高。其用途比熟铁更广。文献和出土实物证据显示，生铁是首先在中国生产的，从熟铁技术到生铁技术是炼铁技术史中的一次具有里程碑意义的飞跃。战国时成书的《左传·昭公二十九年》条载，公元前 513 年晋国正卿赵鞅（约前 544—前 479）率军至汝水边筑城，"遂赋晋国一鼓铁，以铸刑鼎，着范宣子所为《刑书》焉"[1]。这说明春秋中期（前 672—前 573）已用生铁铸出载有刑法条令的鼎，公之于众。1964 年江苏省六合县程桥一号东周墓中出土铁弹丸，对其金相检查表明由白口生铁（white cast iron）即不含石墨的生铁铸成[2]。此后历代一直以生铁与熟铁同时并举，而且在生铁冶炼方面技术不断革新，在世界上长期处于领先地位[3]。

中国冶铁虽晚于欧洲，但后来居上，在很高的技术起点上冶炼出欧洲难以企及的生铁，因为中国很早就有较强的鼓风系统，能造成使生铁熔化的高温。同时中国用高炉比欧洲早得多，例如汉代竖炉呈圆形或椭圆形，内径 2 米，高 4 米，容积 10—50 立方米，炉内加石灰石为助熔剂，有四个风口同时鼓风（图 1—11）[4]。铁水放出后可继续装料，既可保持炉温又可连续生产。炼铁这些成就是在商周高度发达的青铜冶炼技术的基础上取得的。欧洲炼铁炉呈碗形，且设于地下，容积较小，拆开炉膛取料后，需重新砌炉，不能连续生产。而手风琴式鼓风器效率很低。宋代以后，中国又用双动活塞风箱进行连续鼓风，炉体更大。14 世纪当欧洲引进中国火药技术以后，各国争相铸造火炮，以取得军事上的优势。而以熟铁不能打造出合格的铁炮，只好以青铜铸之，但青铜相当昂贵，这时欧洲人想到更便宜的青铜代用品。虽然古罗马炼铁匠偶尔炼出极少量生铁，但并未在意，很快就被人遗忘了。实验表明，只要木炭对矿石的比例相当大，就可以在 2 米高的吹炼炉内炼出生铁[5]。但 14 世纪前半叶以前，欧洲人还不知道如何炼出这种金属，可以说欧洲比中国落后了整整一千五百年。

---

〔1〕（唐）孔颖达疏：《春秋·左传正义》，卷五十三，昭公二十九年，《十三经注疏》本，下册，上海：世界书局 1935 年版，第 2144 页。

〔2〕南京博物院：江苏六合程桥东周墓，《考古》，1965 年第 3 期，第 113 页。

〔3〕华觉明：中国古代钢铁技术的特色及其形成，《科技史文集》，1980 年第 3 期，第 100—118 页。

〔4〕河南博物馆等：河南汉代冶铁技术初探，《考古学报》1978 年第 1 期，第 1—23 页。

〔5〕Tylecote, R. F. et al. *Journal of the Iron and Steel Institute* (London), 1971, 209：342.

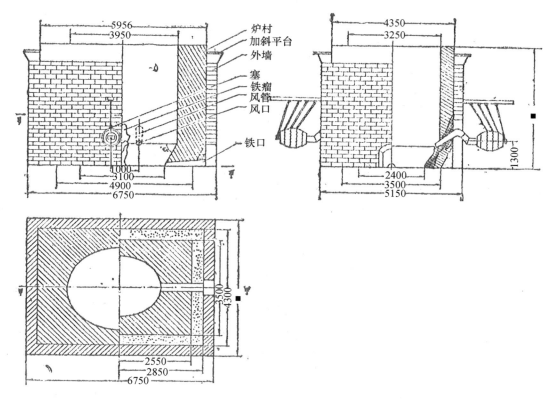

炉村
加斜平台
外墙
塞
铁瘤
风管
风口

铁口

图1—11　郑州古荥东汉（25—221）炼铁竖炉复原图

引自《考古学报》，1978（1）

　　主要由于铸炮的迫切需要，14—15世纪之交在欧洲莱茵河流域的弗兰德（Flanders）地区和意大利炼出了第一批生铁。有资料证明的最早的竖炉是意大利建筑师兼雕刻家菲拉雷特（Filarete，c. 1400－1470）绘制的[1]，此人是佛罗伦萨人，真实姓名为安东尼奥·迪·彼得罗（Antonio di Pietro）。欧洲早期冶炼生铁的资料保存下来的很少，16世纪起才知道一些技术细节。大体说来，所用竖炉有2米高，木炭对铁矿石比例较大，炉内加入碎石灰石块为助熔剂，用水力驱动的大型手风琴式鼓风器进行水平鼓风。铁水及炉渣从炉底流出后，旋即装料，因而可连续生产，炉温可达到1200℃—1300℃。炉体形制、水平鼓风（过去是垂直鼓风）、加入助熔剂、出炉方式及加大木炭配比等技术措施，都与欧洲传统冶铁模式截然不同，而具有明显的中国技术特色。因此英国冶金史家泰莱科特（R. F. Tylecote）对中、欧冶铁技术作了比较后，作出结论说：

　　　　我们必须承认，无论是冶炼生铁的观念还是若干技术细节都是从东方（中国）传

---

〔1〕　Smith，C. S. et al. *Technology and Culture*（Washington），1964，5：386.

到欧洲的。[1]

中国自公元前 6 世纪冶炼出生铁以后，其冶炼技术代代革新，产品质量不断提高。早期生铁主要是白口铁，质地硬脆，限制其使用范围。战国以后出现柔化处理技术，将白口铸件铁加热至一定温度，保温一段时间，使其中的碳以石墨形态析出，便可提高韧性。或使生铁在氧化气氛中加热，使其脱碳，以克服硬脆性[2]。生铁经柔化处理仍不能锻打，不宜于制刀剑，而熟铁又软，更不适打造兵器，只有含碳量（0.05％—2％）介于生铁与熟铁之间的钢才能满足这些要求。因此在战国晚期（前 306—前 222）又发明熟铁渗碳制钢技术，将熟铁在炽热木炭中加热，反复锻打，使碳渗入其表层具有钢的组织和性能，再经淬火以提高工件硬度。河北易县燕下都古墓出土的公元前 260 年造的钢剑、钢戟就是用这种方法制成的[3]。公元前 2 世纪西汉时发明炒铁炉内炒炼生铁，使之氧化脱碳成钢的新技术[4]。1958—1959 年河南巩县铁生沟汉冶铁遗址所出炒钢炉可生产含碳 1.3％的高碳钢[5]。这种钢可取代青铜制成廉价优质的兵器。

以生铁借氧化脱碳炼成钢后，再将工件经几十次至百次锻打后，便成"百炼钢"。在东汉时此技术已趋成熟，1974 年山东苍山县东汉墓出土一把环首钢刀，铭文为"永初六年五月丙午（112 年 6 月 17 日）造卅湅（炼）大刀，吉羊（祥）宜子孙"，说明这把长 111.5 厘米的钢刀以三十炼（道）工艺制成。金相学考察表明刀刃由组织均匀、晶体很细的珠光体（pearlite）组成，含碳量在 0.6％—0.7％之间[6]。但脱碳制钢很难控制碳的含量，而渗碳制钢又费工费时，于是中国炼钢者考虑到熟铁柔软、生铁硬脆的特性，便设想将生、熟铁在一起合炼（co-fusion），使碳在二者间均匀分布，便产生钢。这种体现东方智慧的技术思想，南北朝由綦（jī）母怀文（570—595 在世）等人付诸实践，至北宋得到发展，科学家沈括《梦溪笔谈》（1088）卷三称，将生铁和熟铁片捆在一起入炉冶炼，以泥封住，所得产品称为团钢或灌钢（interfussed steel）[7]。明代科学家宋应星《天工开物·五金》章（1637）描述的方法是，将生铁片捆起放在捆着的熟铁片上，炉顶密封，以煤为燃料，鼓风加温，生铁先化成水，淋入熟铁之中，出炉后经锻打，可得含碳 0.05％—2％的钢[8]。

宋代以后以煤炼铁较为普遍，虽可节省大量木材用于烧炭，但煤中含硫量较高，使得所炼出的铁亦随之如此，势必影响其质量。而明代取得的新成就是用木材烧成木炭的原

〔1〕 Tylecote，R. F. *A history of metallurgy*，Chap. 7. London：The Metals Society，1976；华觉明等译：《世界冶金发展史》，科学技术文献出版社 1985 年版，第 168 页。

〔2〕 孙廷烈：辉县出土的几件铁器的金相学考察，《考古学报》，1956 年第 2 期，第 125—140 页。

〔3〕 北京钢铁学院压力加工专业：易县燕下都 44 号墓葬铁器金相考察初步报告，《考古》1975 年第 4 期，第 241—243 页。

〔4〕 华觉明：中国古代钢铁冶炼技术，《金属学报》（沈阳），1976 年第 2 期，第 222—231 页。

〔5〕 赵青云、赵国璧：《巩县铁生沟》，文物出版社 1962 年版，第 14 页。

〔6〕 李众：中国封建社会前期钢铁冶炼技术发展的探讨，《考古学报》，1975 年第 2 期，第 1—22 页。

〔7〕 （宋）沈括：《梦溪笔谈》卷三，元刊本（1305）影印本，文物出版社 1975 年版，第 14 页。

〔8〕 （明）宋应星著，潘吉星译注：《天工开物译注》，上海古籍出版社 1992 年版，第 98、269 页。

理，将煤烧成焦炭用于炼铁，可避免用煤的缺点，这是项重大发明。从文献记载观之，至迟在16世纪明万历中期已用焦炭炼铁。李诩（1505—1593）《戒庵老人漫笔》（1590）称：

> 北京诸山多石炭（煤），俗称水火炭，可和水而烧之也。……或炼焦勘备冶铸之用。

方以智（1611—1671）《物理小识》（1634）卷七称：

> 煤则各处产之，臭者烧熔而闭之成石，再凿而入炉曰礁，可五日不绝火，煎矿煮石，殊为省力。

礁即焦炭。清初孙廷铨（1616—1674）《颜山杂记》（1665）卷四也记载其家乡冀州焦炭锻金冶陶，盖"礁（焦炭）出于炭（煤）而烈于炭"。早期炼焦有露天堆积及密封炉内二种烧炼法，前法受天气及风向影响，产量小、质量低，后法不受天气影响，产量大、质量高，可适用任何种类的煤。从明清人记载观之，中国一开始就用先进的密封炉炼焦法。

钢铁冶炼、铸造和锻造技术是社会的直接生产力，以此可以制造出各种工农业生产工具、日常用品和兵器，推动整个社会的发展、促进经济繁荣、巩固国防，钢铁的产量、品种和质量是综合国力的体现。战国、秦汉以来，中国一直是世界上先进的钢铁工业大国，北宋（10—12世纪）时铁的年产量达到12.5万吨，相当1700年欧洲各国产量的总和[1]。自14—15世纪之际欧洲人按中国方式炼出生铁后，在接下的二三百年间又按中国思想和技术在钢铁冶炼方面取得新的进展。1614年英人埃利奥特（Elliot）取得渗碳制钢的专利[2]，方法是将熟铁棒与木炭交替叠装在炉内，炉火保持一段时间，再经淬火、锻打。其原理和工艺与中国战国、汉代所用者完全一致，所得产品可能是低碳钢，因渗碳不匀，常需用层叠法多次处理。此法一度是欧洲的主要炼钢法，钢的价格很高，一桶钢值23镑。

1671年英国詹姆士一世国王的王孙鲁伯特（Ruppert，1619-1682）鉴于生铁很难锻造成器，遂提出使白口生铁柔性化制成展性生铁的方法[3]。此法也是在中国早已行之有效的，其要点是将生铁在炉内氧化气氛中脱碳，以降低其脆性。1722年，法国科学院院士雷奥米尔（René Antoine de Réaumur，1673-1757）在政府支持下研究钢铁制造法，在其《熟铁转变成钢的技术及生铁柔化技术》（*L'art de convertir le fer forgé en acier et d'adoucir le fer fondu*. Paris，1722）中，再次提出生铁柔化技术，为此他建一大型砖炉，将生铁加热至950℃—1000℃，使生铁中部分碳氧化，达到可锻程度。同时他又建渗碳炉，将熟铁与木炭叠在一起加热，制成低碳钢，类似后来的软钢。其脱碳炉高约2米，

---

〔1〕 Tylecote, R. F. *A history of metallurgy*, Chap. 7. London：The Metals Society, 1976；华觉明等译：《世界冶金发展史》，科学技术文献出版社1985年版，第178页。

〔2〕 同上书，第233页。

〔3〕 同上书，第237页。

颇似他所介绍的渗碳炉。

英国技术家达德利（Dud Dudley，1599－1684）在其《铁矿》（*Melallum martis*，1665）一书中宣称，他在 1620 年曾以煤代替木炭炼铁，此说法或许有点夸张。但无论如何，欧洲在 17 世纪以煤炼铁应无太大疑问，用煤的缺点也很快就发现。1709 年英人亚伯拉罕·达比（Abraham Darby，1677－1717）继中国人之后将煤干馏制成焦炭用于冶铁，但炼焦与早期烧木炭一样，用露天堆烧法，到大约 1765 年在英国纽卡斯尔（Newcastle）地区始用炉炼焦[1]，已比中国晚了三个世纪。顺便说，1793—1794 年随英国使节马戛尔尼（George Macartney，1737－1806）访华的医生吉兰（Hugh Gillan）博士在广东亲自看到中国人在煤矿附近炼焦炭的情景，载入其《中国医学、外科学与化学的观察》（*Observation on the state of medicine，surgery and chemistry in China*，1794）一书中，使团副使斯当东（G. L. Staunton，1737－1801）于《英使访华录》（1797）中也谈到广东炼焦事。由于焦炭质量大大优于木炭和煤，于是便成为世界通用冶炼燃料，直到现代。1784 年英人科特（Henry Cort，1740－1809）将生铁在反射炉内加热熔成黏稠状，以铁杆不停地搅动，成团块移开，再反复锤击，得含碳 0.5%—1.2% 的钢。用这种搅炼（puddling）法炼钢的技术至 1823 年已趋成熟，1850—1880 年间很多钢就是用此法生产的[2]。显然，此法与汉代用炒钢制成的百炼钢，在技术思路上是一脉相承的。至 18 世纪末，因为有了煤、焦炭和蒸汽机鼓风，使钢铁工业发生变革，产量迅速增加，而这正是资本主义的机器大生产和工业革命的物质基础。

将热能转换成机械能和将旋转运动与直线运动相互转换，这两种思想和方法加在一起便导致蒸汽动力机的出现，而蒸汽机的使用又引来了 18 世纪的工业革命。但应指出，促使蒸汽机出现的上述两种思想和方法都来自中国，并从中国传到欧洲。元代科学家王祯（1260—1330 在世）《农书》（1313）卷十九介绍 1200—1300 年流行的冶金用的水力鼓风机，名曰水排，并给出插图[3]。从说明及插图可以看到，此水排以水力驱动叶轮转动，通过连杆、偏心轮（曲拐）带动往复式扇形风箱，为炼炉送风，从而展示了将旋转运动转换成往复直线运动的标准方法。大约同时，中国还有更为先进的双动活塞风箱取代扇形风箱用于水力鼓风，这便成为蒸汽机的直系祖先。正如王祯所说，驱动水排的机械装置并非从元代才出现，此前东汉时已被使用。《后汉书》卷六十一载，建武七年（31）南阳太守杜诗（约前 27—后 38）"造作水排，铸为农器，用力少，见功多，百姓便之。"[4] 此处所说"水排"为水力驱动的皮囊鼓风器，与王祯时的扇形风箱有别，但将旋转运动换成直线运动的装置却在 1 世纪出现于中国。在欧洲，15 世纪末的意大利人达·芬奇（Leonardo da Vinci，1452－1519）在画稿中绘出的锯车用过将旋转运动变成直线运动的装置，此前

　　[1]　Tylecote，R. F. *A history of metallurgy*，Chap. 7. London：The Metals Society，1976；华觉明等译：《世界冶金发展史》，科学技术文献出版社 1985 年版，第 269 页。

　　[2]　Aston，T. S. *Iron and steel in the Industrial Revolution*. Manchester，1924.

　　[3]　（元）王祯：《农书》卷十九，四库全书本排印本、农学会 1906 年版，第 4—5 页。

　　[4]　（刘宋）范晔：《后汉书》卷六十一，《杜诗传》，二十五史本第二册，上海古籍出版社 1986 年版，第 900 页。

在欧洲从未出现。如果追究其来自何处，一定是中国。[1] 王祯写《农书》时，意大利旅行家马可波罗正在中国，他本国的其他商人正从事对华贸易活动，有可能将此技术信息带回欧洲。此后我们看到，1555 年瑞典人乌劳斯·芒努斯（Olaus Magnus，1490 - 1558）在《北方民族史》（*Historia de gentibus septentrionalibus*）中将这种运动转换装置用于欧洲最早的水力驱动的冶金鼓风器[2]，一直用到近代。意大利工程师拉梅里（Agostino Ramelli，1537 - 1608）1588 年发表的《各种精巧的机器》（*Le diverse et artificiose machine*. Paris，1588）中已绘出将旋转运动换成直线运动的抽水装置[3]，实际上这是一种水力驱动的单缸抽水泵。上述乌劳斯的水力驱动冶金鼓风机的传动装置是好的，可惜所用的鼓风器仍是老式手风琴皮囊，好马没有配上好鞍。只有将旋转运动换为直线运动的装置用于供炼炉鼓风的双动活塞风箱，再用于按风箱原理制成的蒸汽机，这种运动转换装置才在欧洲派上最好的用场，而这要等到 18 世纪时才成熟。关于这方面情况，详见本书第十一章。

中国发明的火铳和火炮是一种将热能转换成机械能的动力机，有可能成为民用机器的能源。这一思想激励文艺复兴时期好几代技术家热衷于动力机的发明。达·芬奇曾提出以火药为燃料，将炮膛改成气缸，以活塞代替炮弹制造动力机的设想[4]。1673 年荷兰科学家惠更斯（Christian Huygens，1629 - 1695）设计以火药膨胀力为动力的机器，将重物从低处提起[5]。但火药的动力机实际上较难控制。因此法国人帕潘（Denis Papin，1647 - 1712）将惠更斯的机器加以改良，以蒸汽代替火药，因蒸汽冷凝时产生真空，便制成欧洲第一台有活塞的蒸汽机，用于矿井排水[6]，这是在中国活塞风箱首次传入欧洲一个世纪以后。从 17 世纪后半叶起，出现以蒸汽为动力的蒸汽机的高潮，到 18 世纪初（1712）英人纽科门（Thomas Newcomen，1665 - 1729）制成蒸汽排水用蒸汽机[7]，因热效率低、耗煤多，未能推广。1769 年英人瓦特（James Watt，1736 - 1819）作了改进[8]，仍用于排水。

1757 年英国建筑师钱伯斯（William Chambers，1726 - 1796）再次详细介绍中国风

〔1〕　Needham，J. Science and China's influence on the world，in：R. Dawson（ed.）. *The legacy of China*. Oxford，1964，pp. 234 - 308；潘吉星主编：《李约瑟集》，天津人民出版社 1998 年版，第 281 - 345 页。

〔2〕　Olaus Magnus. *Historia de gentibus septentrionalibus，earumque diversis statibus conditionbus*. Rome，1555；Eng. tr. Streater. London：Mosely & Sawbridge，1658.

〔3〕　Beck，T. *Beiträge zur Geschichte der Maschinenbaues*. Berlin：Springer，1900. SS. 213ff.

〔4〕　Reti，Ladislao. *Leonardo da Vinci nella storia della macchina a vapore. Rivista d'Ingegneria*，1957，21：29，fig. 20.

〔5〕　Wolf，Abaraham. *A history of science，technology and philosophy in the 16th and 17th centuries*. London：Allen & Unwin Ltd.，1935. p. 548.

〔6〕　Ibid.，pp. 548 - 550.

〔7〕　Wolf，Abaraham. *A history of science，technolygy and philosophy in the 18th century*. London：Allen & Unwin，1952. p. 612.

〔8〕　Wolf，Abaraham. *A history of science，technology and philosophy in the 16th and 17th centuries*. London：Allen & Unwin，1935. pp. 618 - 620.

箱，指出它可为冶炼炉提供连续鼓风[1]，当年威尔金森（John Wilkinson，1728 - 1805）便抢先申请水力鼓风机专利，他将两个卧式风箱改成立式筒形[2]。1782 年制成双动活塞蒸汽机用于纺纱，从此扩大其使用范围，最后导致蒸汽火车和轮船的出现，成为工业革命的动力。

我们可将欧洲蒸汽机与中国风箱工作原理作一比较。蒸汽机中活塞受外部气体压力向外做功，将力送到外部，而在风箱中活塞受外力作用向外送气，将气送到外部。因此双动往复蒸汽机在结构原理上脱胎于两个冲程都吸气、排气的中国双动活塞风箱，欧洲人作出的改变是将运动方向反过来，使力从活塞传出，而不是将力传到活塞。二者之间的直接遗传关系由此可见[3]。因此可以说，蒸汽机有中、欧混合血统，是一项典型的国际性的发明。蒸汽机的广泛应用提高了社会生产力，使人类进入蒸汽时代，而中国技术始终卷入这场工业革命的酝酿和完成过程。

最后谈谈农业，与科学和工业相比，农业革命姗姗来迟。欧洲早期的马挽具是胸带，容易束紧气管，使马的曳力不能发挥。中国 7 世纪将软性项圈套在马的肩上着力，其曳力比用胸带提高五倍。这项发明于 11 世纪传入欧洲后，使马可以拉更重的负荷[4]。直到 18 世纪马车仍是欧洲主要陆路交通和运输工具。马还可以代替牛拉犁，以耕垦大片旱田。但 17 世纪欧洲所用的传统木犁有很多缺点：犁底宽而重，加大与土的摩擦力。木犁壁不对称，呈平面而非曲面，沿犁铧后方平置，也增大与土的摩擦力。犁具很笨重，需以车或撬杠运载，通常需四牛四马拉犁，重犁甚至要驾十四匹牛马，且每犁至少要三人照料，一人扶犁，一人压辕，另一人在前面牵牛马。[5]欧洲人犁地情景看上去相当壮观，几十匹牛马、几十名农民前呼后拥，往来于田间，但因犁具结构不合理，造成人力、畜力和财力的巨大浪费，生产效率低，束缚了农业生产的发展。

与欧洲笨犁相比，中国汉唐以来使用的铁犁在结构和功能上的优越性是显而易见的。其木制犁底狭而长，体轻，与土摩擦力小。铸铁犁铧对称，其上方铁质曲面犁壁，铧、壁紧密结合无缝，防止杂草塞入接缝处。曲面形犁壁比平面木板能减少与土摩擦，且将底土翻开，将草压在土下。整个犁具精巧体轻，一人可肩扛，通常一人一牛即可连续作业，前进速度快，效率比欧洲犁高十倍以上。这种高效犁在中国使用千年以后，欧洲人仍知之甚少。直到 17 世纪前半叶荷兰海员在广东水田看到中国犁并将其带回本国，仿制后用于沿

〔1〕 Chambers，William. *Designs of Chinese buildings，furniture，dressers，machines and utensils to which is annexed. A description of their temples，houses，gardens，etc.* London，1757. pp. 247ff.

〔2〕 Dickinson，H. W. *John Wilkinson. Beiträge zur Geschichte der Technik und Industrie.* Berlin，1911，3：215.

〔3〕 Needham，J. et al. *Science and Civilisation in China*，Vol. 4，Chap. 2，*Mechanical engineering volume.* Cambridge University Press，1965. p. 387.

〔4〕 Needham，J. and Lu Gwei-Djen. Efficient equine hurness：the Chinese invention. *Physics* （Florence），1960，2：121；参见《李约瑟集》，天津人民出版社 1998 年版，第 308 - 311 页。

〔5〕 Needham，J. *Science and Civilisation in China*，Vol. 6，Chap. 2，*Agriculture volume* by Francesca Bray. Cambridge University Press，1984. p. 188.

海沼泽地区。不久又将其传入英国，称为"异形荷兰犁"（bastard Dutch plough）[1]。与此同时，英国农学家认真反思传统犁的弊病，主张对其改革[2]。1730 年根据荷兰犁样式而制成的犁在英国获得专利[3]。其体轻，无滑轮，底狭长，辕、铧均铁制，木壁曲面覆以铁片，与铧密合，只需二马即可操作。这是当时欧洲最先进的犁，与传统犁根本不同，却体现了中国犁的设计思想与构件组合，又作了部分变通。

　　这种新式犁从英格兰传到苏格兰，再从荷兰传到法国和美国，既可适于沼泽地，也适合旱田，至 1770 年仍是西方最轻便与最常用的廉价犁[4]。1784—1834 年间欧洲人按中国犁模式，用铁制犁架研制出通用犁壁，适应不同土壤，犁具为农民普遍采用。再经改进，至 19 世纪演变成近代犁。中国发明的另一重要农具是耧车，又称耧犁或耩，西方称多管条播机（multi-tube seed-drill）。其起源可追溯至战国时期，至汉代进一步推广。崔寔（约 107—170）《政论》（155）载，征和四年（前 89）汉武帝以赵过（前 139—前 74 在世）为搜粟都尉，制造三脚耧犁由一牛驾之，一日可播种 35 亩，在陕西关中地区仍赖其利[5]。1959 年山西平陆县出土西汉墓壁画中绘有三脚耧[6]。汉以后，全国普遍用耧播，直至近代。

　　元代科学家王祯《农书》（1313）卷十二指出，耧犁是播种机，有独脚、二脚、三脚者，由一牛驾之，还介绍各部件及整体图[7]。但未揭示其内部结构。1937 年美国人霍梅尔（R. P. Hommel）对耧车内部结构作了说明[8]，1963 年刘仙洲再予解说[9]。这是一种兼具开沟、播种和压土功能的灵巧农具，前进速度快、效率高，又可节省种子，是中世纪先进的半自动化播种机。相比之下，欧洲直到 16 世纪还用撒播方式种植大田作物，英国农机专家塔尔（Jethro Tull，1674 - 1741）1733 年列举了以手撒播的种种缺点[10]，包括浪费种子、种子分布不匀、无法锄地开土。明以后来华的欧洲人对条播机留有深刻印象，遂将有关信息带回欧洲。1580 年意大利人卡瓦利尼（Tadeo Cavalini）申请了播种机专利，其结构原理与王祯《农书》中耧车相似，只是外形及控制种子流速方式不同[11]。意大利人的播种机因未解决好种子流速问题而没能推广使用。1731 年英人塔尔对此机作了

〔1〕　Berch, Andreas. Ammerkungen über Schwedischen Pfüge. *Proceedings of the Royal Swedish Academy of Sciences*（Stockholm），1759. Vol. 21.

〔2〕　Hartlib, S. *His lagacie or an enlargement of the discourse of husbandry used in Brabant and Flanders*. London, 1657. pp. 5 - 7；Fussel, G. E. *The farmer's tools：1500 - 1900*. London：Melrose, 1952. p. 39.

〔3〕　Ransame, J. A. *The implements of agriculture*. London：1843. p. 13.

〔4〕　Peters, Matthew. *Agriculture or the good husbandman*. London, 1776；cited by G. E. Fussel, op. cit. , 46.

〔5〕　（汉）崔寔：《政论》，见《玉函山房辑佚书·子编·法家类》，光绪十年，楚南书局刊本 1884 年版，第 155 页。

〔6〕　杨陌公、解希恭：山西平陆枣园村壁画汉墓，《考古》1959 年第 9 期，第 462—463 页。

〔7〕　（元）王祯：《农书》卷十二，《耧车》，四库全书排印本、农学会 1906 年版，第 10 页。

〔8〕　Hommel, R. P. *China at work：an illustrated record of the primitive industries of China's masses*. New York：John Day, 1937；Repr. MIT Press, Cambridge, Mass. , 1969. pp. 45 - 47.

〔9〕　刘仙洲：《中国古代农业机械发明史》，科学出版社 1963 年版，第 34—35 页。

〔10〕　Tull, Jethro. *Horse hoeing husbandry*. 1st ed. London, 1733. p. 120.

〔11〕　Fussel, G. E. *The farmer's tools：1500 -1900*，London：Andraw Maloose, 1952. p. 94.

改进，有四轮三脚，可播三行种子，由一马驾之。种子箱有转轴配种装置[1]，但造价昂贵。

18 世纪前半叶法国在华耶稣会士汤执中（Pierre d'Incarville，1706 - 1757）将中国耧车缩微模型寄回法国[2]，农学家杜蒙索（Henri-Louis Duhamel du Monceau，1700 - 1782）在《关于培土耕种操作的探索和思考》（*Experiences et reflexion relatives au traité de la culture des terres*，1751）书中绘出中国耧车图，但未显示其控制种子流速装置的细节，无从仿制，只好自行设计。直到 1850 年才造出有效而经济的通用播种机[3]。17 世纪以来因引进中国农机技术，欧洲有了新式耕犁、播种机等先进农具，使农业生产力大幅提高，告别了中世纪落后生产模式，导致 18—19 世纪的农业革命，从此农业不再拖国民经济发展的后腿。如果欧洲人及早得知中国农具结构细节并依法仿制成适合当地情况的耕犁及条播机，这场农业革命本可提前一个世纪到来。

此处我们仅就 23 个事例作了论述。大量历史事实证明，中国科学文化对近代科学兴起和发展作出重大贡献。正如英国学者贝尔纳（John Desmond Bernal，1901 - 1971）博士所说：

> 中国许多世纪以来一直是人类文明和科学的巨大中心之一。……在西方文艺复兴时期从希腊的抽象数理科学转变为近代机械物理科学的过程中，中国技术上的贡献曾起了作用，而且也许是有决定意义的作用。[4]

由于中国科学技术的不断注入，引起近代欧洲政治、经济和学术方面的一系列深刻变化，彻底改变了中世纪欧洲的面貌。

小 结

归纳起来，中国传统科学技术对近代欧洲科学技术发展的影响主要表现为以下几种形式：（1）因中国技术产物的实际运用（例如火炮），诱发欧洲科学家从事一些新的实验探索，从而完成科学发现，并带动一些新兴科学的出现，最终推动了科学革命的完成。（2）中国为欧洲人完成科学发现提供新型而有效的科学仪器（例如磁罗盘）和装置（如将旋转运动转换成直线运动的装置）。（3）某些中国科学思想（如磁感应、宇宙无限论）一度成为欧洲学者解释自然现象的普遍思维模式，对他们摆脱中世纪陈腐观念起了思想解放

---

[1] Anderson, R. H. Grain drills through thirty-nine centuries. *Agricultural History* (Washington)，1936，10 (4)：157 - 205.

[2] Berg, Gosta. The introduction of the winnowing-machine in Europe in the 18th century. *Tools and Tillage*，1976，3 (1)：25 - 46.

[3] Anderson, R. H. op. cit.，p. 196.

[4] Bernal, J. D. *Preface to the Chinese edition of the Science in History*. August，1959；见《历史上的科学》首页，科学出版社 1959 年版。

作用。(4) 中国技术、设备和材料（如钢铁技术、活塞风箱、农具等）的引入，直接提高了欧洲社会生产力，促成一连串技术革新。(5) 造纸和印刷术的传入使欧洲先进思想、科学发现迅速得以广泛传播，从而促进科学复兴运动。

于是出现一个问题，中国中世纪发出灿烂的科技之光帮助欧洲摆脱黑暗时代而迎来近代社会和科学，为什么没能在本国发扬光大，反而于明清时落后于欧洲？基本社会原因是中国老大的封建制度动而不摇，资本主义萌芽未能成长壮大。如果中国有像当时欧洲那样的社会环境，近代科学无疑会在中土兴起。反观欧洲，从文艺复兴到17—18世纪，随着封建制的瓦解，资本主义制度占主导地位。资本主义生产方式第一次有意识与广泛地使科学技术直接为生产服务，成为资本用以致富的手段。欧洲人利用其有利的社会因素，从古希腊遗产出发，大力吸取东西方科技成果，又彻底与中世纪陈腐观念决裂，最终将自然知识融汇成有条理的体系。近代科学经历了政治、宗教和学术斗争的烈火最终形成，与近代社会是同一运动的产物。科学革命、工业革命和农业革命造就了近代欧洲的物质文明。欧洲人在心满意足之时不应忘记促使这些革命发生的还有其他文化区的民族作出的贡献。

二   从 18 世纪英使马戛尔尼访华看中国传统科技之西渐

（一）英国使团访华的背景

距今二百多年前，清代乾隆五十八年（1793）在中英关系史中发生了一起重大事件：英国国王乔治三世（Geoge Ⅲ，1738 - 1820）特派以马戛尔尼伯爵（Earl George Macartney，1737 - 1806）为首的大型使团携国书及礼物出访中国，并在热河行宫谒见乾隆皇帝弘历（1711—1799），从而宣告两国建立正式外交关系。英国政府对这次访华特别重视，由权臣国务大臣敦达斯（Henry Dundas，1742 - 1811）策划，使团成员皆由精干人才组成。正使马戛尔尼伯爵为有声望的外交家、国王的至亲，1764—1767年曾出使俄国，1780—1786年任印度马德拉斯总督，学识渊博，当选英国皇家科学院院士。副使兼使团秘书斯当东爵士（Sir George Leonard Staunton，1737 - 1801）也是外交家，牛津大学名誉法学博士、皇家科学院院士，1782年及1784年两度出使印度，堪称饱学之士。使团旗舰"雄狮"号舰长高厄爵士（Sir Erasmus Gower），具有丰富航海经验。御林军中校本松（Benson）任特使卫队指挥官。使团重要成员中，还有东印度公司代表培林（Henry Baring，1740 - 1816），后封为爵士并任公司总裁；使团内科医生、精通化学的吉兰博士（Dr. Gillan），机械学家兼装卸科学仪器的指挥丁维提博士（Dr. Dinwiddie），科学家兼杂物总管巴罗（John Barrow，1764 - 1848），后被封为爵士。还有特使侍从多马斯当东（George Thomas Staunton，1781 - 1839），他是副使斯当东爵士之子，后任东印度公司驻华大班（1798—1817），亦被封为爵士；小斯当东随行教师哈特纳（Hüttner）为博学的德裔英籍学者，兼任使团的拉丁语翻译。使团成员总共一百余人，于1792年9月26日组成船队从朴次茅斯港起程，1793年6月到澳门。7月航至浙江舟山，由中国海员领航，8月登陆大沽，经天津至北京。9月赴热河行宫谒见乾隆帝，再重返北京。1793年10月离京南下，11月沿运河至杭州，再经江西至广东。1794年3月离华，9月6日使团回到朴次茅斯港。这次出使活动前后持续两年，在华停留七个月，经历广东、浙江、江苏、山东、河北、江西等省城乡，会见了各地官员、学者及各界人士。

关于这次英使出访活动，中英双方史料都有记载，而以英国史料所载最为详细，尤其使团副使斯当东爵士所著《英王派遣使节谒见中国皇帝之实录》（*An Authentic Account of an Embassy from the King of Great Britain to the Emperor of China*，2Vols. London，1797）、使团成员巴罗爵士的《中国游记》（*Travels in China*. London，1806）及安德逊（A. Anderson）的《英使访华录》（*Narrative of British Embassy to China*. London，1795）三书，是研究使团活动的重要原始材料。上述第一部书根据使团文件写成，为日记体裁，有叶笃义先生的汉译本，题为《英使谒见乾隆纪实》，1965年由商务印书馆出版。毫无疑问，英国派出其第一个访华使团，有明显的商业背景。率先完成产业革命的英国，工商业和科学技术迅速发展，已跃居欧洲头等强国，正准备将其触角伸向世界各地。英国于18世纪将亚洲的印度沦为殖民地后，一直通过其官私合营的东印度公司（East India Company）大力开展对华贸易。至乾隆五十四年（1789），来华通商的各国商船中，有71％的船来自英国，英国对华贸易额已超过所有其余国家的总和，成为中国的头号贸易伙伴。但双边贸易中，英国依赖中国货的程度甚于中国对洋货之需。乾隆帝1793年9月致英王信内称：

> 天朝物产丰盈，无所不有，原不藉外夷货物以通有无。特因天朝所产茶叶、瓷器、丝斤为西洋各国及尔国必需之物，是以加恩体恤，在澳门开设洋行，俾得日用有资，并沾余润。[1]

事实上，英国广大顾客确是争相购买中国茶叶、丝绢、瓷器、白铜等，而中国却很少有人急需英国毛呢、棉布、玻璃等，结果双边贸易造成中国大量出超。只茶叶一项，1780—1790年便有近一亿银元从英国流入中土[2]。东印度公司要打开英国货在华市场、减少巨额贸易逆差，是资助这次通使的主要目的。然而英国使节在谈判中按国务大臣敦达斯事先规定的方案，向中方提出许多无理要求，有损中国主权。乾隆时代的大清帝国仍保有足够强盛的国力，岂容外国欺之。具有丰富政治经验的乾隆皇帝对英使以礼相迎，用礼貌方式逐款驳斥并拒绝英方要求，又将使节以礼送走，体现这位老练政治家高明的外交艺术和王者风范。英使虽费尽心机，然一无所获，其上司敦达斯原盘算在华所得一切，皆未能如愿。

---

〔1〕〔英〕斯当东（Sir G. L. Staunton）著，叶笃义译：《英使谒见乾隆纪实》，商务印书馆1965年版，第560页。引用时对部分文字略有改动，下同。

〔2〕鄂世镛等：《清史简编》（上编），辽宁人民出版社1980年版，第437页。

但也不能说使团完全空手而归，他们除带回乾隆玺书、礼物外，还在中国内地一些省份作了现场考察，与中国人进行面对面交谈，加深对这个东方大国的全面了解，在中英两国之间开展了史无前例的科学文化交流，这种交流对双方都是有益处的。英国使团在中国获得不少书籍及有关科学技术信息，还有巧妙的工具仪器样品和欧洲少见的植物标本等，带回本国后，大可派上用场。这正是本文所要讨论的。对中国而言，这个庞大使团的到来，有助于了解过去不大熟悉的英吉利各方面情况，尤其他们带来了反映科学革命和产业革命成果的最新仪器、机器、工业产品和科学技术，使中国人开启新的思维，扩充眼界。过去欧洲大陆各国耶稣会士只以天文、历算作为在华立足的阶梯，实际目标是传教。

英伦三岛外交使团这次来华，则以各门科学技术及其成果作为推销其商品的手段，实际目标是通商。与耶稣会士不同，英使团不受宗教意识限制，只要能展示其产品质量精良并以科学力量提高本国威望，他们什么都肯介绍与出售，例如所带礼物中包括演示太阳系各行星运动的大型天象仪、英国科学家牛顿发明并经改进的巨型反射望远镜、造成真空的抽气机、能熔金属的高效聚焦镜、远程照明灯、后膛装新式步兵枪、工程用改良火炮枪、高级花呢等，都是伦敦、曼彻斯特、谢菲尔德等地著名厂家最新制造的产品。耶稣会士是绝不会将这些东西带到中国的。英使还介绍西洋借热气球使人升空、为残疾人安装活动假肢、手术治愈白内障失明以及在电学方面的最新发现等。使团成员在各地与中国人接触中，就各种科技问题进行广泛交谈。实现中英之间科学直接对话，是马戛尔尼使团访华活动的内容之一。这是因为正使与副使都是英国皇家科学院院士，有渊博学识和深湛科学素养，使团其他成员也受过科学训练，有些还获得过博士学位。副使斯当东已意识到，虽然英国在工业和科学上走在中国前面，但对中国素称发达的农业和手工业等特定部门要虚心学习。在这一思想指导下，使团成员在各地注意考察中国工农业技术并敏锐地将其与欧洲对比，凡有可取者必详记之，且绘出图形或索取样品，以便为其本国所用。他们之所以如此，乃因中国是发展科技的老牌国家，在中世纪漫长时期内遥遥领先于世界，而且传统中国科学技术对近代科学在西方的兴起作过重大贡献，甚至在 18 世纪，某些中国传统科学技术部门仍保有优势，为西方所欠缺，并非样样都不如洋人。下面列举一些实例来说明这一情况。

（二）英国使团带回欧洲的中国科技成果

1. 龙骨水车

使团对在中国各地农村所见的精耕细作和充分利用每块土地的做法，留有深刻印象，并反复称道，认为英国本土面积虽小，却不像中国这样充分发挥地力。他们在中国没有看到休耕地，中国人通过不断施肥、改良土壤的方法，一茬接一茬地种植，而且实行间种、套种。保证作物获得足够水分，是农民关心的首要问题之一，而中国引水灌溉是自成系统的。1793 年 11 月，使团行经浙江舟山时，注意到龙骨水车是一种先进引水农具，这种水车分为脚踏水车、牛转水车及手动水车三种。斯当东写道："我们又看到更巧妙、更有效的方法，这就是他们的水车，与英国军舰上所用的改良链式唧筒主要不同之处，在英国是圆柱形，在中国是方的。"在介绍脚踏水车构造时，又进一步写道：

> 中国水车是方底槽，当中用木板隔成两段，把同木槽内一样大小的方扁木片安在链子上。槽两端安两个转轴或轮子，链子在上面绕过。安在链子上的方木片通过转轴转动，把相当于空木槽那样容积的水带上来，因此名为举扬器。

除这段文字说明外，还附有水车结构图。此水车可排除地上积水，亦可将水从一个池塘移向另个池塘，或河湖之水引到高处。"另一种方法是把一头水牛或别的牲口驾在一个大的横卧式轮子上。通过齿轴把轮子连在转轴上，转动举扬器。"此即牛转水车。"另一种方法是把转轴和曲柄，像普通轮形磨石那样，安在水车的轴端，由人用手推。这种办法在中国很普遍。很多农民都有这种非常易于携带的简单工具。[1]

龙骨水车是中国人的发明，17世纪末英国海军仿制中国船上的龙骨水车，用于排除军舰底部的积水，至18世纪，英国军舰仍然如此。龙骨车又由荷兰人霍克盖斯特（A. E. van Braam Houckgeest）引入美国，证明很实用[2]。美国技术家埃文斯（Oliver Evans，1735－1819）于18世纪将龙骨水车的链式传送原理用于面粉厂中，促使近代谷物升降机的制造[3]。龙骨水车引入西方后，基本结构没变，只是水斗由方形改为圆筒形。甚至在1938年美国重新从中国引入龙骨水车后，在犹他州大盐湖（Great Salt Lake，Utah）用于提取盐卤。英国使团发现中国灌田用龙骨水车很适于英国农民，因而详加介绍，将其结构以图绘出，意在如法仿制。应当说，龙骨水车在明代科学家宋应星（1587—1666）所著《天工开物》（1637）一书中曾绘图说明[4]，其所提供的插图与英使团成员所绘之图相当一致。

2. 乌桕油蜡烛

欧洲人用鲸脂制蜡烛供夜间照明之用，但这种蜡不够坚固，而且燃起来有种怪味。用蜂蜡经漂白后制白蜡烛，点起来不冒烟，比鲸蜡好些，但产量少，成本高。1793年3月，英国使团路经苏州府时，望见大片桑树林，间种有一些产蜡油的树，这种树的果实，即瑞典生物学家林耐（Carl von Liné，1707－1778）在《自然体系》（*System Naturae*，1735）中所指的大戟科植物乌桕（*Sapium sebiferun*）的子实。

> 中国人从其中吸取植物油，用来作蜡烛。从外形上看，这种果实有些似长春藤的浆果。成熟之后，荚自动裂开，分为三瓣掉落，露出相同数目的核仁来。每一颗核仁

---

〔1〕［英〕斯当东著，叶笃义译：《英使谒见乾隆纪实》，商务印书馆1965年版，474—475页。

〔2〕Joseph Needham：*Science and Civilisation in China*，Vol. 4. Chap. 2，Cambridge University Press，1965. p. 349.

〔3〕Robert Temple：*China：Land of Discovery*. Wellingborough：Patrick Stephens，1986. p. 57.

〔4〕（明）宋应星著，潘吉星译注：《天工开物译注》，上海古籍出版社1992年版，第10—11页。

带着一个花梗，由一层雪白的肉形物质包围着，同紫红颜色的树叶相配，非常好看。把核子外面的肉形物质取下来用沸水煮，就产出植物油。用它作蜡烛比用动物油作的更坚固而且没有怪气味。……这种蜡烛外面一般染一层红色。烛心是由各种不同东西作的。放在灯笼内的蜡烛烛心是由石棉作的，可在火里燃烧而不消耗。有时也用一种艾属作烛心，这种艾也可以作火绒。蜡烛尾上安一块易燃的木头，顶端戳成管形，用来安在烛台的铁针上当作凹框。节约成性的中国人作出这种烛台……可以使蜡烛燃尽而不致有一丝浪费。"[1]

显而易见，用乌桕油作蜡烛是中国人的一项发明，《天工开物》亦曾详述制乌桕油烛的方法，且绘图说明，还指出制蜡烛以竹筒为模。桕蜡烛除有上述优点外，还有个好处是历经寒暑都不会变质。英国使节还注意到"产蜡油的树已经移植到美国卡罗来纳州（Caro-lina），成长得也很好"。但英国却没有乌桕树，因此使团内的植物学家在苏州一带采集了乌桕树的植物标本及种子，以便移植到英国或英属殖民地，用中国方法提取油脂并制蜡烛，以取代鲸蜡。

3. 蓼蓝等植物染料

18 世纪时英国每年从中国进口大量生丝，再在国内织成绢，染色后作成衣料。为使衣料颜色鲜艳而坚牢，通常用中国所产的植物染料染色。例如染蓝用印度出产的蓝靛，英国本土很少种植植物染料，因此 1793 年 9 月使团在从北京去长城的路上发现田里种植蓼科植物蓼蓝（*Polygonum tinctorium*）时喜出望外，斯当东爵士就此写道：

> 其中一块土地生长着，从作物的整齐匀称来看，似乎是蓼科植物，非常引起我们的注意。中国人说，把这种植物叶子按照靛蓝植物叶子一样浸渍，也可以产生同靛蓝一样的蓝色染料。北京的气候不能生长木蓝属植物，因此试验种植这种植物来作代替品。据说此地还种植了另一种植物，它的芽和嫩叶可以制出绿色染料。[2]

按中国生长的可提供蓝靛的植物有十字花科的茶蓝或菘蓝（*Isatis tinctoria*）、蓼科的蓼蓝、爵床科的马蓝或山蓝（*Strobilanthes flaccidifolius*）和豆科的吴蓝或木蓝（*Indigofera tinctoria*）等。其中蓼蓝为中国原产，而为英国及欧洲其他国家所无，于是使团中一位植物园工作者在北直隶（今河北）采得蓼蓝植物标本及种子，准备带回试种。而英使所见可染成绿色的植物染料，应当是木贼科的问荆（*Equisetum arvense*），其茎、叶可染绿色。问荆的植物标本及子实也为使团中植物学家所采集。《英使访华录》汉译本将问荆误为"向荆"，当是排版之误。英使在谈到中国人所用红色染料时指出："他们不用洋红，能

---

〔1〕［英］斯当东著，叶笃义译：《英使谒见乾隆纪实》，商务印书馆 1965 年版，第 451—452 页。
〔2〕《英使谒见乾隆纪实》，商务印书馆 1965 年版，第 454 页。

从一种红花属植物制造出最好的红色。栎子壳可以制造黑色染料。"[1] 此处所说红色染料即中国常见的菊科植物红花（*Carthamus tinctorius*），其花含红色素染料，这种植物在欧洲还很少种植。而所说染黑植物应是壳斗科槲属植物槲木（*Querecus dentata*），其树皮所含单宁（鞣质）与铁盐媒染剂可染成黑色。当时欧洲所用染红植物为茜草科的茜草（*Bubia cordifolia*）根，也是中国古代传统染料，后传入意大利，17 世纪时法国大量种植。现在英使又从中国华北取回另一种红色染料红花、黑色染料槲木及黄色染料槐花的植物标本与子实。他们不但在田里看到正在种植的这些植物，还了解其性能，这样，带回英国后有心人就可引种并采用新式染料染丝了。染料色调包括蓝、红、绿、黑、黄等色。前述英使引入欧洲的中国原产植物蓼蓝、红花、槐花，在《天工开物》中均有介绍，而 1838 年由法国汉学家儒莲（Stanislas Julien，1799－1873）将其中有关部分译成法文，题为《中国人提取蓼蓝染料所用的方法》[2] 引起欧洲人的普遍注意。

4. 盆景技术

　　盆景是用木本、草本植物及水、石等经艺术加工而种植或布置在盆中，使之成为自然景物缩影的一种陈设品，有树桩盆景及山水盆景等，也有兼蓄虫、鱼者。盆景是集科学技术与艺术为一体的中国的发明，它看上去宛如立体的绘画。清人刘銮（1801—1860 在世）《五石瓠》云：

　　　　今人以盆景间树、石为玩，长者屈而短之，大者制而约之，或肤寸而结果实，或咫尺而蓄虫鱼，概称盆景。元人谓之"些子景"。

1793 年 7 月英国使团途经浙江舟山时，被引至官府，使团副使写道：

　　　　大厅内还有一种东西引起我们的注意。桌子上摆着好几盆矮小的松树、橡树和橘子树，都结有果实。没有一株超过二尺高，但看上去都显得非常苍老。盆子里的土上点缀了几堆小石头，同这些矮树相比，可以称为岩石了。在这些盆景中并故意在树上弄出一些蜂窝孔，加上一些绿苔，使它老气横秋。中国人非常喜欢这种东西，在一些大房子里面常常摆有各种标本，制造盆景是园丁技术的一部分，是中国人的创造。把生长在大地上的东西缩小成为可以摆在桌面上的小盆景，实在不是一件容易的事。天生万物，它们的大小和成熟期都是有一定规律的……但通过他们的技术，不让这些小树长大，却仍然能叫它同大树一样开花结果。

　　经向中国人询问后，接下记述盆景技术：

---

〔1〕《英使谒见乾隆纪实》，商务印书馆 1965 年版，第 335—337 页。

〔2〕 Procédés usités en Chine pour l'extraction de la matière colorante du *Polygonum tinctorium*. Traduit par Stanilas Julien. *Comptus Rendus de l'Academie des Sciences*（Paris），1838，7：703－704.

制造盆景的方法据说是这样的：把一块泥土涂在树干的上半部，紧靠在分枝的下边。然后用粗麻布或棉布把这块泥土包圈起来，经常在下面浇水使其滋润。这样经过一年的时间以后，大树干就会发出许多细枝须根到这块泥土当中。以后非常仔细地把这块树干连同它上面的分枝和下面的须根从大树上切下来移植到另一块泥土里面。在这块新的泥土中，里面的须根就变成新树的树根，上面的分枝就是新树的树梗了。这样的手术并不损害这种植物原来的生长机能。大树上的分枝能开花结果，把它同大树分割，没有本茎的支持，仍然能开花结果。把新树分枝顶上的幼芽完全剪掉，这样一方面防止这个分枝过长，同时促成在它边上长出幼芽和小分枝。随主人的嗜好，可以用线把这些小分枝弯曲成任何形状。假如愿意把这棵小树作成苍老凋谢的样子，就在它上面涂一些糖浆，吸引蚂蚁到上面去吃糖，这样就可以把新树皮咬成和老树一样。园丁在制造盆景时每人有各自的窍门，各守秘密，但总的原则不外上述。一切依靠技巧和耐心，帮助自然生育，而不是违反和戕贼自然界。[1]

因而英使将这种新奇事物详细向本国作了报道。

5. 有色棉花

据李时珍（1518—1593）《本草纲目》（1596）卷三十六、徐光启（1562—1633）《农政全书》（1638）卷三十五及陈淏子（1612—1691?）《花镜》（1688）卷六记载，中国所产棉花大多数呈白色，但有少数棉发生变异，其棉花呈紫色、黄色，纺成纱后颜色仍相当坚牢而无需再染。清代乾隆年间，江南省（今江苏）将变种棉培育成稳定品种，使之不断生出黄色棉花。1793 年 10 月，英国使节从山东至江苏省时看到这种棉花后写道：

这里生产一种特殊品种的棉花，欧洲人称这种棉花所织的布为"南京布"。一般棉花包着种子的纤维是白色的，但以南京为省会的江南省的棉花纤维同它所织出来的布都是黄色的。这种棉花的颜色以及它的优等质量完全由于此地的特殊土壤所造成，把它的种子移植到其他地方，虽然气候同南京差不多，但产出的棉花质量差得多。[2]

尽管如此，使团随行植物学家还是将长出黄色棉花的草棉标本及子实带回国内，想碰碰运气，看这种棉移植于不同气候和土壤后，是否还能结出黄色棉花。英国人这样做了，但试种后效果不佳，"虽然气候同南京差不多，但产生的棉花质量差得多"，就是说，移植后的棉花，其棉花颜色不正或纤维质量欠佳。但他们从中国事例中，悟出一种新的科学思想：锦葵科草棉（*Gossypium herbaceum*）通过变异能长出异乎寻常的黄色棉花，再借人工选择育出异常变种，能使之代代遗传下去。这正是生物进化论原理的具体运用，正如达尔文

---

[1]《英使谒见乾隆纪实》，商务印书馆 1965 年版，第 220 页。
[2] 同上书，第 450 页。

所说，在 19 世纪以前中国人早就在饲养家畜和种植植物时在这方面付诸实践了[1]。

6. 风扇车

为使谷实与糠秕分离，东西方都利用二者重量上的差异用簸箕和扬锨作为加工工具。后一种方法是将脱粒后堆在一起的谷实与糠秕用木锨扔向空中，自动下落时借风力可将较轻的糠秕吹至一边，较重的谷粒落在地上。这种方法虽然效果较好，但太费人力，劳动生产率不高，而且要在户外场地上和有风的日子才能进行。为了克服这些缺点，中国人用风扬原理发明了先进的风扇车。它由车架、外壳、风扇、入料斗及调节门等构成。操作时，以手摇动曲柄使风扇转动吹风，打开调节门让谷粒及夹杂物慢慢落下。在下落过程中，轻杂物被吹出车外，落下的谷粒由出粮口排出。风扇车何时发明有待进一步研究，但至迟在西汉（前 1 世纪）已出现了。史游（前 63 年至前 8 年在世）《急就篇》有"碓硙扇隤春簸扬"之句，颜师古（581—645）就此注曰："扇，扇车也。隤，扇车之道也。隤字或作隤，随之言坠也。言既扇之，且令坠下。春则簸之、扬之，所以除糠秕也。"1969 年河南济源县泗涧沟第 8 及第 24 号西汉墓中出土陶制风扇车，则为此提供实物证据[2]。1793 年 8 月，英使团在北京东面的通州看到中国农民收割粮食作物的情景时写道：

> 现在正值通州收割季节，我们看到这里农民们打禾所用的工具同欧洲的一样。根据东方作者的著作，他们也有时用牲畜践踏禾捆来压脱谷粒。中国人有时也用滚子压谷粒。压谷的地方在硬沙土地上。他们的扬谷工具同欧洲的也很相似。据说这是在本世纪传到欧洲的，可能这些都是中国人的发明。[3]

此处所说中国北方的扬谷工具，实即指风扇车，其所以与欧洲的相似，是因为中国风扇车在 1700—1720 年间由荷兰海员带到欧洲，同时瑞典人从华南进口某些样品，而截至 1720 年某些风扇车又从中国由耶稣会士带回法国[4]。因此英国使节说风扇车在 18 世纪传到欧洲，而且是中国人的发明，这是完全正确的。通过使团的介绍，风扇车会在英国农村更多地推广，它生产效率高、省力、结构简单，而且可在室内操作，自然还可将它运到田里。后来欧洲工程师对中国风扇车略加改进，又将它与打谷机联用，是大农业生产的基本农具之一。顺便说，1793 年 10 月使团离北京往天津途中，在白河沿岸看到耕地的中国铁犁时，写道：

> 中国人永远不让地荒着，靠构造最简单的犁就足够了。土质很松的地方，不需要

---

〔1〕 潘吉星：达尔文奠定生物进化论时所依据的中国科学资料，《中外科学之交流》第一章，香港中文大学出版社 1993 年版。

〔2〕 李京华：济源泗涧沟三座汉墓的发掘，《文物》1973 年第 2 期，第 50 页。

〔3〕《英使谒见乾隆纪实》，商务印书馆 1965 年版，第 309 页。

〔4〕 Joseph Needham：*Science and Civilisation in China*，Vol. 6，Chap. 2：*Agriculture*，by Francesca Bray，Cambridge University Press，1984. p. 377.

用牛，人就可以犁地。因为没有草皮要翻，犁头上不需用犁刀。犁头把土犁成一个曲线，犁头后面的弯形铁片（犁壁）就可以把土翻上来了。犁头这一部分有时是铁做的，多半是木头做的，因为它的硬度，中国人称它为铁木。[1]

这种中国犁比欧洲同样的犁先进而灵巧，可一举实现松土、锄草和起垄，17世纪初由荷兰水手传入荷兰，后又传入英国。铁犁、风扇车和耧车（多管条播机）这些中国传统农具传入欧洲后，对推动欧洲农业革命和农业近代化起了关键作用。

7. 双动活塞风箱

我们对农业方面的发明已经介绍不少，该转向工业了。首先介绍冶铁用双动活塞风箱。1793年9月，使团副使斯当东爵士写道：

> 北京附近在去热河的路上，看到一些熔铁炉，引起我们的注意。欧洲锻工所使用的鼓风器是直放的。为便于鼓风，鼓风器制造得相当笨重，拉开时须用很大力气。中国的风箱是平放的，部件重量对推和拉既不起阻力也不起助力，因此工作过程中使用的力非常均匀，不致一时太过。中国风箱是个大匣子形状，上安一活门，拉时里面产生真空。风箱对面有一开口，由舌门管制，空气即由此开口冲进来。同理，推时，借助人的推力把空气从开口推挤出去。有时在风箱内安一活塞代替活门。空气在活塞和风箱两端之间来回压缩，把风送出去。这种双动风箱或永续风箱和单动风箱使用同样的力气，但作用加倍。我们很难用文字把它形容尽致。为了更好地研究它的构造，我们要了一个模型带回英国。[2]

这种风箱操作省力，效率加倍，且保证连续不停地供风，从而能大大提高炉温。据英国学者李约瑟（Joseph Needham）研究，在《演禽斗数三世相书》（1280）书内插图中绘有风箱，因此这种双动活塞风箱至迟在宋代已处于实用阶段，而且正好用于熔铁鼓风，因为在上述最古老的插图中风箱为打铁工所用。虽然中国风箱在16世纪后半叶已传入欧洲大陆，但没有怎样推广，至17世纪时欧洲仍流行手风琴式的皮囊鼓风机。1716年法国人德拉伊尔（J. N. de la Hire）将中国的双动活塞风箱工作原理用于制造提取液体的泵[3]。在英国，从英使所述口气看，引入中国活塞风箱的时间较晚，但当他们1794年9月将中国风箱样品带回国后，肯定会迅速推广。双动活塞风箱的引入为英国以及整个欧洲钢铁工业的大发展提供了技术保证，还刺激此后机械及动力工业突飞猛进，为产业革命推波助澜。

---

〔1〕《英使谒见乾隆纪实》，商务印书馆1965年版，第423页。

〔2〕同上书，第391页。

〔3〕 Needham, Joseph. *Science and Civilisation in China*，Vol. 4，Chap. 2，Cambridge University Press，1986. p. 136.

8. 锌及锌合金

金属锌是中国人从炉甘石中炼出并用来制成有用合金。锌铜合金黄铜及锌镍合金白铜在 18 世纪时由中国向欧洲大量出口，用以制造各种器具。白铜有银白光泽，而黄铜金光闪闪，黄铜、白铜制品作为金银器具的理想代用品很受欧洲人喜欢。他们一直想仿制并作了很多分析化验，以期找到其配方及制造秘诀，但苦无要领。探求白铜制造方法是很多欧洲人的夙愿。明代的《天工开物》虽有记载，但 18 世纪时还没有译成欧洲语。1793 年 11 月，在英国使团快要结束访华活动时，使团中精通化学的内科医生吉兰博士终于得到制造金属锌及其合金的方法。英使访华录写道：

> 中国的白铜质地精细，很像银，经过细磨可以制造许多仿银用具。经过精确的分析化验，中国白铜里面包含有铜、锌、少量的银、铁和镍。锌是从炉甘石（calamine）提炼出的，其制取方法是把含锌的矿石（Z_nCO_3）研成粉末，同炭末混在一起放在罐内，下面以小火烧之。锌就像一层烟雾似的跑上来，然后使其通过蒸馏器，凝结在水中。这种矿石稍微含一点铁，但不像欧洲同样矿石（异极矿）含有铝和砷。欧洲矿石的这些杂质，使它作出器皿来没有中国白铜作的那样精巧。吉兰大夫在广州听说，中国的工匠用高温把铜烧红，然后打成极薄的薄片，火的热度有时高到把铜几乎烧成流质。把这个烧红的薄铜片放在锌的蒸升器上。蒸升器下面用旺火烧，锌的烟雾升发上来，渗透到铜片内部，与铜片牢固结合起来。将来再用高热熔化它时，锌也不会因热而变为粉末，锌和铜永远不会分散。这种锌和铜合金作成之后，使之慢慢冷却，最后其质地精细，颜色光泽远远超过欧洲方法所制造者。[1]

此处所述中国人制锌方法及白铜成分，基本上是正确的，但中国古代一般将铜与含镍的砒矿石一起熔炼以制造白铜，将铜与炉甘石共炼以制造黄铜，有时也将铜与锌直接烧炼以制黄铜。此处吉兰博士介绍了铜与锌直接炼成黄铜的方法。英、德两国在炼制锌与锌合金方面领先欧洲，与其从中国获得更多科学信息有关，英国访华使团的记载对欧洲人来说是特别重要的信息。

9. 防水密封隔舱

中国在造船方面的一项重要发明是防水密封隔舱，即将船舱分割成若干密闭的间隔。当船在海洋或江湖上行驶时，如果船身某部位受损，则漏水只限于一个隔舱内，船照样可前进。如船身只有一个船舱，则一处漏水会使全船沉没。密封隔舱是保障安全航行的有力措施。1793 年 7 月，当英国使团途经天津时，使团中机械学家丁维提博士（Dr. Tinwiddie）考察了中国船的构造，根据他的考察，副使写道：

---

〔1〕《英使谒见乾隆纪实》，商务印书馆 1965 年版，第 501 页。

中国各地的船，所有船舱都是分成间隔的。可能他们的经验认为这样分开更方便。不同商人的货物分别装在不同间隔内。一个间隔由于某种原因漏进水来，不致流到其他间隔去损坏别人的货物。此外，假如船体某部分撞到岩石上打出漏洞流进水来，水可以限制在一个间隔内，不致到处漫流，这样船就不易下沉。此外，一个商人的货物分装在几个间隔内，一个间隔漏进水来，他还可以保存其他间隔的货物。欧洲商船的船舱从来不隔成间隔。除了不合习惯的原因而外，重新改装需要一笔经费并且还不能保证适用，另一个反对的理由就是这样分开将要减少舱内货物的装载量，而且也将无法载运体积巨大的物件。但这些缺点同整个船只，包括全体乘客和货物的安全比较起来，究竟还是属于次要的。无论如何，反对间隔开来的原因对于军舰来说是完全不适用的，因为军舰的目的并不是为了装载大量货物的。

果然，在英使访华两年后（1795），英国造船专家本瑟姆爵士（Sir Samuel Bentham，1757－1831）应英国海军大臣的要求，按照中国船的模式设计并指挥制造了六艘具有防水密封隔舱的帆船军舰。此人长期担任英国海军部总工程师及总造船师，1782年到中国学习造船技术。他一度建议将皇家海军现有舰只按中国造船方式改造，遭到反对，理由是耗费一笔资金，不一定保证适用。1795年英国使团访华后，安德逊的《英使访华录》出版，其中发表了机械专家丁维提博士对中国船结构的考察报告及评估，才使海军大臣下定决心接受本瑟姆工程师的意见，干脆重新建造中国式的密封舱战舰，从那以后不但在英国而且在全世界的商船和军舰都采用了防水密封船舱的设计和建造。欧洲人按中国方式改变了流行已久的习惯，是在付出生命、财产损失的代价后实现的，在远洋航行中安全毕竟是压倒一切的头等要素。丁维提还介绍说，他所看到的三十多艘中国驳船，每只船载重量为200吨，虽不算大，但"船舱由二寸厚木板隔成十二个间隔"[1]。他还指出，船缝内填塞由石灰作成的黏合物，使其不透水。"据丁维提博士说，这种黏合物包括石灰、［桐］油和一些竹的碎屑（按：应为麻屑——引者注）。英国在灰泥中掺加头发，中国用竹的碎屑，作用是一样的。"但石灰、桐油和麻屑结合起来非常牢固，而且不易燃烧，这就胜过欧洲人用的黏合物。欧洲黏合物含沥青、焦油和兽脂，颇为易燃，中国黏合物虽含［桐］油，但仍保持不燃性。这也值得造船师本瑟姆和同时代其他欧洲技术专家在船舶建造中予以认真考虑。

10. 航海罗盘

指南针是中国发明的，文艺复兴前夕传到欧洲，为航海、探险及地理发现提供有力工具。中国磁学知识也对欧洲科学界产生重大的影响。但经过科学革命和产业革命后，欧洲磁罗盘有时仍不及中国的好，他们还要从中国继续借鉴。1793年7月，英国使团从浙江

---

〔1〕《英使谒见乾隆纪实》，商务印书馆1965年版，第252页。

北行到黄海海面时，由两名中国领航员领航，每人都自备一小的航海罗盘。中国海员有时不用海图，而是将附近海岬等画在葫芦面上，更便携带。"葫芦是圆的，有些近似地球。这样的表达方法有时也可能作出正确的估计。"使团中的科学家巴罗对中国罗盘作了仔细研究，并将其与欧洲罗盘作了对比。根据他的报告，副使斯当东爵士写道：

中国人航海普遍都使用罗盘，上面的磁针只有一根线那样粗细，不过一英寸（2.54cm）长。磁针悬摆得非常玄妙，稍微移动一下罗盘盒子，它就要跟着向东或向西摆动。其实，一个精确罗盘的磁针应当永远固定地指向一个方向，无论怎样摆动它的盒子。中国罗盘的准确性是通过一种特殊设计而保证的。巴罗先生作了如下的观察："在磁针的中心安放一块小铜薄片，将铜片边沿铆钉在一个口朝下的半球形铜杯上。罗盘盒是软木质的，当中凹空，里面竖起一个钢质枢轴通到上面铜杯。口朝下的铜杯就形成这个钢枢轴的插座，插座和枢轴相遇的部分磨得极为光滑，使其最大限度地减少摩擦。铜杯的重量加上其比较大的边沿，可以在任何地方保持罗盘的重心。罗盘的凹空部分是圆形的，大小刚足以容纳磁针、铜杯和枢轴。凹空面上是一透明的滑石，可以防止磁针受到外力影响，同时非常清楚地使人看到磁针的摆动方向。中国短小的磁针比欧洲长大的磁针在测量地平线倾斜角度时更为精确。欧洲罗盘的一头须比另一头重许多，借以抵消磁性吸力。磁性吸力各地不同，欧洲磁针只在罗盘制造地点才能指出最正确的方向。中国短小磁针由于上述特殊设计，悬吊点以下的重量足以抵消地球各处不同倾斜的磁性吸力，因此永远不会从其正确的地平线上倾斜。[1]

巴罗又指出，中国航海罗盘四寸直径，上面有几条同心圆线，并介绍刻度及汉字的意义。他说，欧洲人认为磁针指向北极，中国人认为受到南方吸引，把罗盘标记放在南极，定名为"指南针"或"司南"。英使访华录还写道："康熙帝（1661—1722 在位）也了解磁针并不永远指向正北或正南。磁针的偏差角度各国不一律，甚至在同一地点也并不永远都一律。"总之，通过中西罗盘对比，英使团中的科学家认为甚至在 18 世纪末，中国航海罗盘也比欧洲的优越，值得欧洲效法。对中国罗盘结构的详细描述，足以使有心人依法仿制了。

11. 盒子灯焰火

17 世纪时英国科学家培根（Francis Bacon，1565－1626）在《新工具》（*Novum Organum*，1620）中谈到纸、印刷术、火药和指南针的巨大意义，但不知其发明于何处。至 18 世纪，欧洲不少人仍对这四大发明的起源模糊不清或持错误观点。英国使团访华后，对这个问题有了清晰的正确看法。1793 年 9 月 17 日他们在热河行宫应邀参加庆祝乾隆帝生日的万寿大典后，副使写道：

---

〔1〕《英使谒见乾隆纪实》，商务印书馆 1965 年版，第 225—227 页。

歌舞表演之后，继之是焰火。即使焰火在白天放，效果也还是非常好。许多设计都是英国人从来未见过的。一个大盒子悬挂在空中，从盒中突然掉下许多纸灯。在盒子里这些纸灯是折着的，掉出之后就自动张开，而里面突然燃起色泽非常漂亮的火焰。我们简直看不出纸灯是怎样突然出现的，以及没有通过外面的点燃，它们又是怎样亮起来的。大盒子里一层层地掉出各种各样的景象，发出各种不同的光亮，似乎中国人有随意把火包裹起来的本领。大盒子每边各有几个小盒子，里面也各自放出不同的景象和不同的火焰。这些火彩像发光的铜色，像电光一样随风动荡。焰火的最末一场是伟大壮观的火山爆发。所有以上表演俱在皇帝大幄大帷前面的露天草地上举行。[1]

这里指的是中国宋代发明的大型成架烟火——盒子灯，欧洲人会做较简单的烟火在节日燃放，但从来不会做出像盒子灯这样复杂的大型多功能烟火。过去康熙帝曾当俄国使团的面燃放过中国复杂烟火，现在乾隆帝又下令在英国使团面前演放同类烟火，使欧洲人大开眼界，看到中国在火药和平利用方面取得的成果。使团副使因而写道：

照这样看，中国人发明火药和印刷术远在欧洲人之前，这是原不足怪的。首先从火药看，凡盛产火药主要原料之一硝石的地方，其迅速燃烧的性质很容易被人发现，加以试验与研究，从而制造出强烈的炸药。

中国自然环境产生大量硝石，因此火药知识可追溯到古代。

从中国的古史事例看，他们把火药应用到各个方面。他们在建设上用火药轰炸岩石，排除障碍，在文化娱乐上用火药制造各种焰火。有时他们也用在战争上炸断敌人后路。

从而全面介绍了中国人在不同领域内应用火药取得的成果。接下，英国使节认为"中国人的火器不懂得用强固的金属管子，在这一点上欧洲人占先了"。这种意见今天看来需要修正，因为1970年7月黑龙江阿城县出土现存世界上最早的金属管状火器[2]，此铜火铳制于元世祖至元年间，不会晚于1290年，约制于1288年。欧洲最早的金属管铳炮，年代都在14世纪以后，在这一点上还是中国人占先。

12. 多种原料造纸

1793年9月，英国使团在北京停留时，副使斯当东谈到印刷术时写道：

印刷在欧洲发生很大影响，其作用是把文件印成很多份。这在一个社会有很多读

---

〔1〕《英使谒见乾隆纪实》，商务印书馆1965年版，第380，392页。

〔2〕魏国忠：黑龙江省阿城县半拉城子出土的铜火铳，《文物》，1973年第1期，第52—54页。

者的时候才感到它的需要。当然印刷的发明反过来也能增加读者的人数。但是当中国社会由于其他原因而发展到拥有大量有文化的识字阶层时,这种印刷术自然会发明出来。它简单地在木板上刻出许多汉字,用墨汁涂在木板上,然后将白纸向板上按之,就印出黑字了。纸也是个重要的天才发明,时间更早……中国的情况使它很早就产生大量的读书人。世界其他各国古代,一个人的勇敢善战,或者偶尔结合一点口才,是取得地位和财富的条件,文学只是供人娱乐的。但在中国,只有研读政治、历史、伦理和文学,才是争取地位和荣誉的唯一出路。在这个人口最多的国家里,广大中上层社会人士需要大批书籍,因而促成中国在很早时代就发明了印刷术。中国纸薄而脆,不能两面印字。每块雕板一般印两页纸的字。印好字后,每张纸叠成双页,空白面叠在里面。折叠的地方作为书口,同欧洲装订书籍方法不同,在单张地方装订成册。书印好后,将雕板保存起来,并在书的序言里把雕板保存在什么地方记下来,以便重印第二版。有些欧洲人认为中国人的雕板不如活字板好。但中国汉字与欧洲拼音字母不同,有巨大数量的字,活字板很难用得上。排字工可非常容易分别二十四个字母并找到每个字母字模的地方,一眼望得很清,如同钢琴家弹钢琴一样,眼不用看而手就可按到每个音符的键,他们用不着看手就找到每个字母字模。假如音键成千上万,那就谁也无法很快找到每个键了。汉字有八万个,因此活字板是行不通的。[1]

在另一处我们读到:“在中国没有一种植物是完全没有用的。他们用荨麻纤维可以织布,用大麻纤维、稻草和树皮可以造纸。”“在中国有六十种不同的竹,其用途可能也不下六十种。它可作陆地和水上建筑材料,可作成许多家具,还可以造纸。”[2] 此处正确地谈到为什么印刷术发明于中国、中国传统印刷及书籍装订方法、为什么雕板适合中国而活字板适合欧洲这些问题之后,谈到中国造纸以麻类、稻草、树皮及竹类为原料,对欧洲技术界而言是重要信息。因为欧洲各国在 12 世纪以来一直只以破布的麻纤维一种原料造纸,随着纸产量的增大,破布供应量至 18 世纪时已感不足,造纸界在考虑如何寻找其他原料代替破布。中国自古即以多种原料造纸,用纸量虽居世界之首位,从未产生过原料危机。英使关于中国造纸多种原料的报道,为欧洲摆脱造纸原料危机提供了新的思路。

13. 帆车——加帆独轮车

1793 年 8 月,英国使团从天津赴北京途中看到白河两岸公路上往来车辆时,斯当东爵士写道:“曾德昭 (Alvare de Semedo,1585 - 1658) 先生在他写的《中国通史》(*Relatio de magramonarchia Sinarum* ou *Histoire universelle de la Chine*,1645) 中说,中国人最初多用马车,在 16 世纪初马车由中国传至意大利。”至 18 世纪英使来华时,其所携四轮大马车车轮上已安上弹簧,由于这一改进,车行时更感舒适。曾德昭为葡萄牙耶稣会士,1613 年来华,1620 年由谢务录易名为曾德昭。接下,英使谈到中国发明的帆车及英

〔1〕《英使谒见乾隆纪实》,商务印书馆 1965 年版,第 333—334 页。

〔2〕同上书,第 485 页。

国诗人弥尔顿（John Milton，1608－1674）于《失去的天堂》（*Paradise Lost*，1665）中的诗句时写道：

> 中国人在车上使用帆的习惯现在还部分地保留着。这种办法大概在白河沿岸更荒凉的地方才用得着。英国诗人弥尔顿的著作中有这样两行诗："中国荒凉处，帆车陆上行。"这种车是竹制单轮手推车，在没有风的时候，一人在车前面拉，经常是驾在车上拉，另一人在后面把车驾稳，并向前推。在顺风的时候，车上加一帆，可省去前面拉车的人。帆为席制，挂在两根木棍之间，安装在车的前面。这个简单的设计只在车走顺风时才用得着。这可能是在推车人找不到伙伴或不愿意找伙伴来分自己利益的情况下发明的。[1]

帆车将船帆原理用在陆地车上，结合两种动力来源于一体，是新思维的产物。帆车于17世纪由中国传入欧洲，荷兰数学家及工程师斯泰芬（Simon Stevin，1548－1620）受中国思想影响，1600年将帆加在马车上，时速达30英里。英使介绍的帆车是本来意义上的帆车，而独轮手推车也是中国的发明，后于文艺复兴时传入欧洲。此后，荷兰人霍克盖斯特（A. E. van Braam Houckgeest）在《荷兰东印度公司使团晋见乾隆帝纪实》（*An Authentic Account of the Embassy of the Dutch East-India Company to the Court of the Emperor of China in the Years 1794 and 1795*）一书（1798）插图中绘出了加帆手推车的插图[2]。将水面运输船上的帆加在陆上或冰上运输工具上，这一中国构思激发了好几代欧洲人的创作灵感，因为这个构思特别奇特。

14. 金箔

中国制造的金箔作为器物与服装的装饰品，一直为欧洲人所欣赏，但他们却造不出像中国金箔那样的东西。因此伦敦的铜铁匠伊兹（Eades）特意随使团来华，以期学到这一工艺，不料1793年8月快要到北京时逝世于通州。使团副使就此写道："死者是很有技巧的铜铁工技匠，伯明翰人，在伦敦工作，能维持相当好的生活。使节团准备出发时，他听说北京手工业技术很发达，有些欧洲人不知道的手艺，其中包括能作出闪亮而永不退色的金、银箔片，至少比欧洲人作的更能维持长久。他很希望学会这种技术以使其家庭生活得更好……他已经是中年以上的人，体质很弱，但宁愿冒风浪之苦，缩短自己的生命，以期能学会这门手艺带回去传给他的后代。他请求参加使团来华，得到许可。"[3] 自1793年6月他到达中国后，在从广州到天津的路上总找机会了解金银箔片制造方法并收集样品，可能他已达到自己目的，只因早逝而未将中国绝活儿传给后代。但1793年12月使团归国途

---

〔1〕《英使谒见乾隆纪实》，商务印书馆1965年版，第294页。

〔2〕Joseph Needham：*Science and Civilisation in China*，Vol. 4，Chap. 2，Cambridge University Press，1965. p. 280；Robert Temple：*China：Land of Discovery*. Wellingborough：Patrick Stephens，1986. p. 195.

〔3〕《英使谒见乾隆纪实》，商务印书馆1965年版，第307—308页。

经广州时再次看到打制金箔的中国技匠，副使因此写道："中国的技匠把黄金打成金箔，黏在纸上，在鼎里或香炉里烧，有时也用来为神像装金。刺绣的人有时用金线作绣品。在广州有些小饰物是用黄金作的，但中国人不用它，而是当作东方装饰品卖给欧洲人。"[1]使团其他成员也会探得金箔制法的，其实方法并不复杂，只要求掌握操作技巧。据宋应星计算，每七分（2.61 克）黄金可打成一平方寸的金箔一千片，将其贴在器物表面，可覆盖长宽三尺的面积。制造金箔时，先用锤将金打成薄片，包在乌金纸内，再挥锤细打。乌金纸为竹纸，产于苏州、杭州。用豆油点灯，将灯周围封闭，只留针眼大的通气孔，用灯烟将纸熏黑，即成乌金纸。每张纸打金箔五十锤，金在乌金纸内打成金箔后，先将芒硝鞣制的猫皮绷紧成小方形皮板，将香灰撒在皮面上，再将乌金纸里面包的金箔覆盖在皮板上，用钝刀画出一平方寸的方格。这时操作者口中暂停呼吸、手持轻棍用唾液粘湿金箔，将其挑起并夹在小纸之中。以金箔装饰器物，先以熟漆铺底，再将金箔粘贴上。用鞣过的羊皮拉紧至薄，将金箔贴在上面，可剪裁供服饰用，显出辉煌金色。金箔所贴物件破旧不用时，将箔片刮下并以火烧之，金质残存于灰内，滴几滴菜子油，金质又聚积在一起，洗净后再熔炼，一点都不损失[2]。

综上所述，英国使团除将欧洲科学技术成果带到中国外，还将中国科学技术成果带回到欧洲，中国送给欧洲的科学礼物至少有四十项属于大大小小的发明，此处所列举的不过是一些实例而已。英国使团带回去的中国科学技术发明，有些在这以前已传入欧洲，经英使重加介绍或解释，引起欧洲人的重新注意或对中国的发明有了新的认识。例如龙骨水车、风扇车、双动活塞风箱、帆车、航海罗盘等，虽早就在欧洲大陆部分国家加以仿制和应用，但在 18 世纪时中国这类器物仍比欧洲先进，经英使访华成员对结构及性能的详细介绍，使欧洲人知道这些器物的细节，再经仿制并改进后，就可缩小与中国原件的差距，甚或超过之。双动活塞风箱实物运回英国后，一下子就可装备各炼铁厂。

中国精巧的航海罗盘原理一旦被英国科学仪器厂采用，他们就可将现有远洋船上的笨重罗盘更新换代。英国厂家看到龙骨水车结构图后，会激起他们的一系列技术灵感，扩大这种机器的应用范围。使团带回去的中国科学技术发明，还有些是在此以前欧洲很少出现或虽偶有引入但未曾推广的，经使团的详细介绍，使欧洲人及时引进这些成果并付诸实际生产。例如种植乌桕树并以乌桕油制蜡烛的技术、盆景技术、有色棉花、造船中防水密封隔舱的设计、金箔技术以及关于冶炼金属锌及锌合金的技术、多种造纸原料的引入，某些中国产植物染料也应属于这类情况。

英国作为商业国家，有一支庞大的船队航行于世界各地，如果商船和军舰加上防水密封隔舱，就会大大提高其安全性与可靠性。英使访华后对这一设计鼎力推荐，结束了关于是否值得引入中国这个发明的争论，海军大臣下令按中国模式建造军舰，在欧洲带了个头。此后，这一设计逐步成为通用模式。多种原料造纸的中国技术思想最先在英、法两国生根，结果使英、法所产的纸得以倾销其他国家，获得很大经济效益，虽然这发生于英使

---

〔1〕《英使谒见乾隆纪实》，商务印书馆 1965 年版，第 501 页。

〔2〕（明）宋应星著，潘吉星译注：《天工开物译注》，上海古籍出版社 1992 年版，第 86 页。

访华以后较长一段时期，但思想源头确来自中国。英国产锌领先于欧洲，锌合金制品虽仍不及中国，总比别的欧陆国家好，英国因此可减少从中国进口锌所付出的银币，不能不说与他们掌握中国技术有关。使臣从中国带回的传统科技成果可以说是他们访华的重大成果。这些成果能迅速转化为生产力，首先使英国工农业、交通运输业和军工业由此获益。本文所举事例证明，中国传统科学技术与18世纪后半叶完成科学革命及产业革命的英国和欧洲工农业能够结合起来，并一度为实现西方近代化服务。西方近代化是个过程，其近代大工业和大农业是逐阶段从传统工农业演变而来，因而可以实现与中国传统技术嫁接，在18世纪时尤其如此。

最后要谈的是，1793年由马戛尔尼访华所展开的中英科学交流和对话中，英方人员多是通晓科学技术的人，而且学科较全，事先有思想准备，中方则多为有文化的文武官员，较少有科学家登场。因之在对话中，大部分是英人向中国人发问有关中国科学技术问题，中国人很少向英人提出有关西方近代科学技术问题，收获最多的是英国一方。中国官员没有科学情报意识，没有利用这个好机会把西方最新科技成果更多引入中土，使洋为中用。乾隆皇帝接待英使时在外交上打了胜仗，但没有他祖父康熙大帝那样的科学素养和科学兴趣，只喜欢书画和音乐，使团带来那么多珍贵科学仪器，他只当玩意儿看了表演后一放了之，没有让这些仪器发挥应有作用，结果中国错过了这个向西方学习近代科学的机会。这都是历史教训。如果乾隆帝像俄国的彼得大帝那样，肯于虚心向西方学习本国不足之处，中国在这次交流中得益会更多。当乾隆夸口"天朝物产丰盈，无所不有"时，流露出无知的傲慢，那时中国缺乏的是近代科学，而这正是"西夷"所擅长的。

（三）李自标在中英科学对话中的作用

我们要谈的还有，马戛尔尼使团之所以能与中国人对话，关键是有赖于通晓汉语及西方语的翻译，使团班子定下后，下一步决定性人选就是译员。但当时在英国全国找不到一个懂汉语的人，在广州临时物色人又不适当，他们只懂点葡萄牙文及英文，只够贸易之用，不能翻译其他内容，再说，广州方言在北京也无人听懂。找到去过中国、懂汉语又返回欧洲的人，他们又不想再作远行。只好从旅欧学习的中国人中间物色人选。

1792年1月，英使团秘书斯当东来到巴黎，没有遇到适当人选，于是从法国赶往意大利的那不勒斯，在英国驻该国使节哈密尔顿（Sir William Hamilton，1730－1803）帮助下，在意大利耶稣会士马国贤（Matheo Ripa，1682－1745）创办的那不勒斯中华书院（Collegio del Cinesi）的中国留学生中物色到两个年青人。1792年5月斯当东将他们带回伦敦。这两个中国人精通拉丁语及意大利语，而正使马戛尔尼也懂这两种欧洲语。斯当东在英使访华实录中屡次提到这两个译员，例如他说：

　　这两个中国人根据他们对本国事物的了解，对使团的准备工作作了有益的建议。

首先是在按照东方方式选定赠送中国皇帝及其大臣的礼品上，他们提出了宝贵的意见。[1]

此后，英王国书及礼品说明、致两广总督书信等，都由二人译成汉文交给中方。但1793 年 6 月使团快到中国边境时，有一个中国译员怕为洋人当差被政府追究，宣布退出使团，而另一位则表示继续任此职。但"他改换了英国军装，佩带军刀，把他的中国名字改为英国名字。他采取了这些预防措施，准备着无论发生任何情况，绝不变更初衷"。[2]因此这个中国译员成为自始至终参与使团一切活动的正式成员，包括乾隆帝接见与军机大臣和珅（1750—1799）等官员的会谈及各界人士的谈话，都由此人翻译。

大概为了中国译员的安全起见，英使访华实录避免提出其中国姓名，使很多人长期间不知此人到底是谁。为解开这个谜，我们要作考证。方豪（1910—1980）先生于《同治前欧洲留学史略》文内附"留学生略历表"，检此表后知 1792 年离开那不勒斯中华书院的中国留学生只有三人：王英（1759—1843），陕西渭南人，1773 年出国，卒于汉中；李自标（1760—1828），甘肃武威人，亦是 1773 年出国；严宽仁（1757—1794），福建龙溪人，1777 年出国[3]。据斯当东记载，1794 年 3 月当英使团离开澳门返国时，原使团成员只有二人留了下来，一是东印度公司的培林留在广州；"一是特使的中国翻译，他到达中国之后，一直叫着英国姓名，穿着英国服装。他怀着惜别的感情来到船上同所有的人告别，以后他就换上中国装，到中国西部一个省份的教会里隐居下来"[4]。王、李原籍陕、甘正是西部省份，因而上述三人中严宽仁不会是英使团译者，因为他卒于 1794 年，又原籍福建。

再查巴黎国家图书馆所藏原皇家图书馆（Bibliothèque Royale）档案，发现用汉文写的下列题词："徐格达、陈廷玉、李汝林、范天成、柯宗孝、贺明玉、王英、李自标。乾隆三十八年七月十三日（1773 年 8 月 30 日）来此共观帝制书馆。"法国图书馆员还用法文给出上述八人的西文姓名并作了说明："1773 年 8 月 30 日，中国青年八人途经巴黎，前往那不勒斯书院，参观皇家图书馆。其中一人以汉文签全体名字如上。"这八人的西文名字及音译如下：Cajetanus Siu（徐嘉堂）、Maurus Cin（陈茂录）、Michael Ly（李弥格）、Simon Fan（范西满）、Paulus Ko（柯保录）、Nicolaus Ho（贺尼阁）、PetrusVan（王伯录）、Jacobus Ly（李雅各）。除此八名中国人外，另有一意大利人帕勒蒂尼（Ven Presbytero Ducoone Palledini）之签名，看来是领队神父。由此我们知道，这八人离华时搭乘法国商船先于法国靠岸，再经瑞士前往意大利。八人中，于 1792 年离欧回国的只有河北人柯宗华（1758—1825）、陕西人王英、甘肃人李自标及福建人严宽仁四人。

笔者认为王英及李自标二人是斯当东爵士选中的译员，随英使于 1793 年来华，而中途退出使团的是王英，唯有李自标始终伴随马戛尔尼一行。李自标意大利名为 Jacobus Ly

〔1〕《英使谒见乾隆纪实》，商务印书馆 1965 年版，第 37 页。

〔2〕同上书，第 201 页。

〔3〕方豪：《方豪六十自定稿》上册，台北：学生书局 1969 年版，第 382—383、393 页。

〔4〕《英使谒见乾隆纪实》，商务印书馆 1965 年版，第 526 页。

（李雅各），英文名可能为 Plumb（普拉姆）。他参加英国使团前，已在意大利滞留十九年，虽精通意大利语及拉丁语，但不会讲英语，因此需由马戛尔尼与他讲拉丁语，才能沟通思想。在外交场合中，当马戛尔尼需用母语讲话时，则由使团中哈特纳将英语转为拉丁语，再由李自标将拉丁语译成汉语，要经过两道翻译。但是在从英国到中国的路上，副使斯当东之子多马斯当东（十一岁）及使团成员巴罗二人向王英及李自标学习汉语，其中多马斯当东进步很快，已能讲很多句子。在热河行宫，马戛尔尼、斯当东在译员李自标及侍从小斯当东陪同下，由礼部尚书引导走向乾隆皇帝御座左侧。双方对话，经两道翻译颇感不便，皇帝问和珅，使团中有无直接讲汉语的人，特使说有一见习童子年十三岁能略讲几句。皇帝令其试讲汉语，听后很高兴，遂赏荷包给该童，也将荷包、鼻烟壶、丝缎等赏与通事李自标，对其翻译表示满意。后来多马斯当东爵士成为著名汉学家，《大清会典》的译者和皇家亚洲学会创建人。他的启蒙老师就是李自标。

李自标是从明代万历年以来至清代乾隆年间中国对外国重大外交活动中担任译员的唯一的中国人，其余多为欧洲在华耶稣会士。他是马戛尔尼特使访华整个过程中在中、英政治、经济及科学文化的直接对话中保证思想沟通的关键人物。本文讨论的中国传统科学技术西渐及中、英科学交流之所以能实现，有赖李自标干练的翻译，否则将一事无成。在他担任此职时，没有做过有损中国的事，他热爱祖国，在欧洲漂泊二十年后又落叶归根，完成其使命后便留在国内，从广州返回甘肃老家，道光八年（1828）默默无闻地逝世，享年六十九岁。李自标的名字已湮没了二百余年，我们今天把这位拉丁语、意大利语专家兼翻译界的先行者介绍给读者，使人们不要忘记他在中外科学文化交流史中所起的可贵作用。

三 《天工开物》在世界各国的传播

在中国科学史中，明代科学家兼思想家宋应星是重要代表人物，他所撰的《天工开物》（1637）名闻中外，是世界古典科学名著。[1] 它真实记录了中国古代工农业技术实态，内容广博翔实，文字简洁明了，插图生动活泼，深受国内外读者的推崇。此书于明末崇祯十年（1637）初刊于南昌府，清初福建书林杨素卿（1604—1681 在世）发行坊刻本，共三卷十八章，计 5.32 万字，有插图 123 幅。书名意味着自然力与人力相协调，通过技术开发万物，因此《天工开物》就是以天工补人工开万物，宋应星以此表述其技术哲学思想，也用以命名其著作。全书上卷六章：《乃粒》（谷物种植）、《乃服》（养蚕、丝织及其他衣料）、《彰施》（染料种植及染色）、《粹精》（谷物加工）、《作咸》（制盐）、《甘嗜》（甘蔗种植、制糖、蜂蜜）。中卷七章：《陶埏》（砖瓦、陶瓷）、《冶铸》（金属铸造）、《舟车》（船舶设计及车辆）、《锤锻》（锻造）、《燔石》（非金属矿物烧炼、采煤）、《膏液》（植物油

---

〔1〕 关于宋应星事迹及作品，详见潘吉星：《明代科学家宋应星》，科学出版社 1981 年版；《宋应星评传》，南京大学出版社 1991 年版；《天工开物校注及研究》，巴蜀书社 1989 年版。

料、制蜡烛）、《杀青》（造纸）。下卷五章：《五金》（金属及合金冶炼）、《佳兵》（冷武器及火药武器）、《丹青》（朱、墨）、《麹糵》（酒麹、药麹）、《珠玉》[1]。实际上该书涉及工、农业 33 个不同的技术门类，几乎包括整个国民经济生产领域，从原料到成品的全部过程，都一一详细介绍，并辅以插图说明。从这里可看到中国数千年来在这些领域内所取得的技术成就，像这样内容丰富的技术百科全书，历史上少有，在当时世界上也属罕见。本节研究这部著作在世界各国的传播及其影响。

（一）《天工开物》17—18 世纪在日本的传播

《天工开物》首先流传到东邻日本国，并在那里长期产生良好影响。它在中国刊行年代相当日本德川幕府统治的江户时代（1603—1868）的宽永十四年（1637），然而有关此书最初传入日本的确切年份，目前还没有翔实记载，在专门记录唯一对外商港长崎进口书籍的《商舶载来书目》（1804）中，只记载正德二年壬辰，天字号唐船（中国商船）运来大量汉籍，其中包括《天工开物》[2]。该年相当于中国清代康熙五十一年（1712），并不是最初传至日本的年份，不过这条史料却说明传入日本的地点是长崎，通过中国商船载入日本，这是汉籍东渡的主要途径。如科学史家三枝博音（1892—1963）博士所说，若要查出《天工开物》最初流入日本的年份，看来只好从最早提及它的其他日本书籍成书之年找旁证材料[3]。最早提及此书的日本学者是著名的本草学家贝原益轩（1360—1714）。贝原益轩名笃信字子诚，益轩为其号，筑前国福冈人，成年后移居江户（今东京），从向井元升（字以顺，1609—1677）习本草。宽文十二年（1672）校订和刻本《本草纲目》。元禄七年（1694）著《花谱》一书，《自序》云："顷疗疾伏枕于草堂，缠绵弥月，不能治经书，乃纂辑余尝所闻见与所检阅，而作《花谱》三卷，以述种植培养之法，可备他日阅览云尔。"[4] 接着，他在书首《参用书目》中列举了《天工开物》、《齐民要术》、《农桑辑要》、《本草纲目》、《救荒本草》、《农政全书》及《三才图会》等汉籍[5]。同时，他又在宝永元年（1704）成书的《菜谱》引用书目中标出《天工开物》。《花谱》是日本学者最早著录《天工开物》之作，由此来看，它至迟在 1694 年已流入日本是毋庸置疑的。这书约在元禄改元（1687）前后最初传至长崎，距在中国初刊尚不足五十年。贝原益轩还在宝永五年（1708）成书的《大和本草》卷三《金玉土石类》正文中写道："试金石乃分辨金银

〔1〕潘吉星：《天工开物校注及研究》，巴蜀书社 1989 年版。

〔2〕［日〕大庭修：《江户时代における唐船持渡书の研究》，京都：大宝印刷株式会社 1967 年版，第 710 页。

〔3〕［日〕三枝博音：《日本の技术诸部门に舆へた天工开物の影响》，见《天工开物の研究》，东京：十一组出版部 1943 年版，第 26—37 页；潘吉星译：《天工开物》对日本技术诸部门之影响，见《科学史译丛》1980 年第 1 期，第 10—15 页。

〔4〕［日〕贝原笃信：《花谱》（1694），见《益轩全集》卷一，东京：益轩会刊行本重印本 1977 年版，第 120 页。

〔5〕同上书，第 124 页。

真伪之物。于《天工开物》一书中言之详矣。其色黑如漆，纪州（今和歌山县）熊野多产之。"〔1〕据我所知，日本文献正文中引《天工开物》以此为最早。贝原益轩是最先认出该书价值的日本学者之一。

18 世纪以来，《天工开物》汉籍原版随同其他书籍，如《本草纲目》、《农政全书》、《三才图会》及《武备志》等陆续东渡，接触它的人愈来愈多，藏书所也逐渐收入，如东京前田氏尊经阁即曾入藏，此文库是加贺藩藩主前田纲纪（1643—1724）侯爵建立的。明历三年（1659），水户藩主德川光圀（1628—1700）在江户开设的彰考馆亦藏有杨素卿坊刻本《天工开物》。此两馆所藏的杨本，可能是在 17 世纪康熙年间从中国进口的。我们又发现丰后（今九州）藩藩主毛利高标（1755—1801）在天明元年（1781）所设的佐伯文库中，亦藏有杨本《天工开物》〔2〕，则此本在清初刊行不久，便船运至长崎。东京静嘉堂文库更入藏明崇祯十年原刻本，此文库由明治年三菱财团总裁岩崎弥之助（1908 年卒）创立，1898 年从教育家中村敬宇（1832—1891）原藏中购入。此外，旅日华裔学者高玄岱（1679—1723）后人深见新兵卫也藏有该书，宽保三年（1743）七月借给红叶山文库手录副本〔3〕。又今大阪武田的杏雨书屋更藏有 18 世纪人木村孔恭（1736—1802）兼葭堂写本，从文字来看，这是杨本《天工开物》。早期写本还有豫乐院本，是元禄年（1688—1704）间从彰考馆抄来的本子，并加有训点，亦即京都近卫家熙（1662—1736）的阳明文库本，东京大学也藏有江户时代写本〔4〕。这些刊本及写本的存在，成为 18 世纪日本学者著书立说引用的参考文献。

继贝原之后，伊藤长胤（1670—1736）较早地引用《天工开物》。伊藤长胤字源藏，号东涯，著名思想家伊藤仁斋之子，是与江户的荻生徂徕齐名的关东大儒。在他所撰《名物六帖》（1726）中写道："铁工，《天工开物》云：锤工亦贵铁工一等。"〔5〕引自宋氏原著《锤锻》章："凡锤乐器，锤钲不事先铸，熔团即锤……声分雌与雄（声调高低），则在分厘起伏之妙。……故锤工亦贵铁工一等"。《名物六帖》又云："风箱，《天工开物》云，其炉或施风箱，或使交箑（摇扇）。"〔6〕引自《五金》章"银"："冶定取出，另入分金炉内……其炉或施风箱，或使交箑。"江户中期的本草学家平贺国伦（1728—1779）在《物类品骘》（1763）载《甘蔗培养并砂糖制造法》一文，引《天工开物·甘嗜》章论甘蔗栽培及造砂糖技术，并转载了榨蔗汁设备图。平贺国伦字子彝，号鸠溪，通称源内，是日本较早介绍砂糖技术的学者。试将《物类品骘》中《轧蔗取浆图》与《天工开物》插图对比，就会发现两者完全一致，只是人物服饰改为和服而已，至于边注注明穿此服者为"鸠

〔1〕［日］贝原笃信：《大和本草》卷三，《金玉土石类·试金石》，京都：书林永田调兵卫原刊本 1708 年版，第 25 页。

〔2〕潘吉星：北京图书馆藏杨本《天工开物》，见《文献》，第十一辑，1982，第 187—97 页。

〔3〕［日］上野益三：《日本博物学史》，东京：平凡社 1973 年日文版，第 359 页。

〔4〕［日］天野元之助：《中国古农书考》日文本，东京：竜溪书舍 1975 年版，第 296 页。

〔5〕［日］伊藤长胤：《名物六帖·人品三·坑冶铸陶》（1726），见《古事类苑》第 49 册，东京：内外书籍株式会社、古籍刊行会本 1932 年版，第 622 页。

〔6〕［日］伊藤长胤：《名物六帖·器财二·风箱》，见《古事类苑》（1726）第 48 册，第 644 页。

溪山人自氏"，即平贺本人。18 世纪大阪造船家金泽兼光，号诸津堂，是浪华船工，通称
枘称屋角左卫门，世居堂岛造船，著《和汉船用集》十二卷，成书于宝历辛巳（1761），
明和三年（1766）首刊。该书是一部有关中国及日本各种船舶的大型著作，有插图。卷九
《非舟比船之部》云："抄纸槽，《天工开物》：'凡抄纸槽，上合方斗，尺寸阔狭〔槽〕视
帘，帘视纸'。"[1] 并转载原著中抄纸槽图，引自《天工开物·杀青》章《造竹纸》节。
金泽书中卷十又云："看家锚，《天工开物》曰：凡铁锚所以沉水系舟，一粮船计用五，大
锚最雄者曰看家锚，重五百斤内外。其余头用二枝、梢用二枝。本邦千石积之舟中用铁锚
八头，其一号碇者重八十贯目者也，是则当五百斤。至其大船则锚重百贯目余。"[2] 换算
后为 625 斤，此引自《天工开物·舟车》章《漕舫》节。诸如此类，不一而足。引证《天
工开物》的还有江户时代中期的博学者及政治家新并君美（1657—1725）。新井君美字在
中，号白石，幕府宠臣，是"正德新政"的推进者。他在《本朝军器考》中引用了《天工
开物·佳兵》章之内容。

　　由于日本学术界对《天工开物》的需求渐增，而现有刊本及抄本已不能适应需求，至
明和初年（1764）便有人计议翻刻再版。明和四年（1767）大阪书商菅生堂主柏原屋左兵
卫已获得开雕《天工开物》之许可，唯因一时未找到善本为底本而未及时上梓。后从大阪
藏书家木村孔恭（1730—
1802）处借得较好的本子，加
速了出版进度。孔恭为堀江的
造酒家及学者，字世肃，号巽
斋，称兼葭堂，他的造酒业名
为坪井屋吉右卫门，能书善
画，并通物产之学，为人喜广
交知识界友人，热心藏书及出
版事业，他所刊的书有《大同
类聚方》及《日本山海名物图
会》等名著[3]。出版商以木村
氏藏本为底本，请备前国（今
冈山县）学者江田益英（号南
塘）校订，并加训点；明和八
年辛卯（清乾隆三十六年，

图 1—12　日本明和年刊菅本《天工开物》（1771）
扉页及书尾页

1771）刊行和刻本《天工开物》，此即为菅生堂本，简称菅本。这是《天工开物》在中国
国外刊行的第一个外国版本（图 1—12）。此本分三册及九册两种装订形式，书首有大江

　　〔1〕〔日〕金泽兼光：《和汉船用集》（1766）卷九，《非舟比船之部·抄纸槽》，见《日本科学古典全书》卷十
二，东京：朝日新闻社 1943 年版，第 600 页。
　　〔2〕〔日〕金泽兼光：《和汉船用集》（1766）卷十，《用具之部·看家锚》，见《日本科学古典全书》卷十二，东
京：朝日新闻社 1943 年版，第 656 页。
　　〔3〕〔日〕上野益三：木村孔恭小传，见《洋学史事典》，东京：雄松堂 1984 年版，第 210 页。

都贺庭锺用汉文草字写的《序》。都贺庭锺（1718—1791）字公声，号大江渔人，又号千路行者，生于享保三年（1718），是大阪的著作家，长于诗歌，著《狂诗选》、《大江渔唱》及《明诗批评》等，与木村孔恭友善，卒于宽政三年（1791）。都贺庭锺在《序》中述说他本人最初也参加了《天工开物》校点工作，一因未得善本，二因年老体衰，故"终莫能具"，于是再请江田氏校点。虽然江田氏很快便完成工作，但汉学根底毕竟不及老一辈的学者，故菅本《天工开物》有不少错字。文政十三年（1830）菅本重印，分九册装订，文字未有更动，只是增加了发行单位，除大阪外，并且扩至东京、京都及奈良等地的书林。

　　菅本《天工开物》问世后，使日本更多读者有机会一睹全书，从此便成为广泛引用的参考书。木村青竹在安永六年（1777）以日文出版的《纸谱》，是日本较早的造纸技术专著，作者在《凡例》中写道："唐山（中国）后汉蔡伦其人为始造纸者之说，见于《后汉书》。然前汉时已有纸也，非蔡伦所始造，盖蔡伦时其法尤工，广为应用也。……按《天工开物》云：'所谓杀青，以斩竹得名，汗青以煮沥得名。'杀青之杀即斩也，以斩青竹造竹纸而得名。"[1] 木村青竹引《天工开物·杀青》章认为造纸术始于前汉（公元前2世纪至公元1世纪），非后汉宦官蔡伦所发明，已被20世纪以来历次考古发掘所证实。当然木村青竹《纸谱》也受到《天工开物》影响。与此同时，木村又助（字喜之）在1797年8月成书的《砂糖制作记》（共一卷）中，又继平贺国伦之后再次引用《天工开物·甘嗜》章。然此书一直稀见，三枝博音在静嘉堂文库找到写本，题为《砂糖制作传法书》，尾款为："宽政四子年（1792）五月，吹上笔改役木村又助。"从此可知，作者在宽政年间（1787—1800）在江户幕府任笔改役（文书）之职。全书以日文写成，有插图十一幅。

（二）《天工开物》19—20世纪在日本的传播

　　进入19世纪的江户时代末期以来，引用《天工开物》的作品就更加多了，影响范围也比过去更广泛。日本矿业技术史中有一部重要著作《鼓铜图录》（1801）。此书一卷，有插图27幅，但无刊书年份。西尾銈次郎及吉田东伍考证后认为应刊于享和元年（1801）[2]。插图由大阪画家丹羽元国（字伯照，号桃溪，通称大黑屋喜兵卫，1762—1822）所绘，他是在大阪住友家炼铜作坊现场所绘的。著文解说者为增田纲，通称半藏，亦为大阪人，生于宝历（1751—1763）、明和（1764—1771）年间，曾在当地经营住友家之长堀吹屋炼铜作坊，从服部粟斋（号簇峯）习汉学。文政四年（1821）七月卒。增田以耳闻目睹并参考有关文献，为各图加注解说及考释，乃成《鼓铜图录》[3]。它主要叙述铜矿开采及炼铜技术，包括选矿、烧炼、熔炼（素吹、间吹、棹吹）、铜铅合炼（吹铜）、铜

〔1〕［日］木村青竹：《纸谱·凡例》（1777），见《日本科学古典全书》卷十一，东京：朝日新闻社1942年版，第415—416页。

〔2〕［日］西尾銈次郎：《鼓铜图录考》；吉田东伍：《江户时代の矿山业に就きて》，俱见《史学杂志》1927年，第323号。

〔3〕［日］三枝博音：《鼓铜图录》解说，见《日本科学古典全书》卷九，东京：朝日新闻社1942年版，第275页。

铅分离（南蛮吹）、银铅分离（灰吹）等过程及设备，并考证从中国传来的技术，更记述《天工开物》中的拔银法。

《鼓铜图录》在《三火》节内主要讲述炼精铜，这与《天工开物》中所述"二火"、"三火"及"四火"是一致的；三火指三次熔炼的铜，其含铜量比一火、二火为高。笔者现将增田纲日文原文译成古体汉文如下：

> 本邦东人献铜始载于和铜年（708—715），迨元龟（1570—1572）、天正（1573—1591）之际已千年矣，然未有自铜中拔银者，可谓阙典。……天正末（按：明万历十九年，1591）有蛮贾抵泉［屋］之左海，传拔银法于住友家，实当辛卯之岁（1591）也。明崇祯中（1637）宋应星所著《天工开物》，亦述拔银法，而其法亦与此相同。崇祯在辛卯后四十［余］年（按：实为四十六年）。住友氏自寿济以降以采铜鼓铸为业，其四世后人曰友梁，元禄年于豫州检出铜山，请官开凿。每岁所出不下七十万斤，至今百有余年连绵不绝。今斯七世为浪华（大阪）炉户之长。以其蛮贾号白水，乃合二字为"泉"，以成铺号（按：即"泉屋"）。本邦自铜中取银，实肇自住友氏也，而世人多不知，故此详记之。[1]

文内所述"蛮贾"，指明万历年来日本通商的中国南方商人，此人1591年向大阪人住友寿济传授自铜中拔银之法，住友家乃以此为业，世代相传，成为当时著名的铜冶业主。因铜矿中有时伴生银，故自此矿炼得粗铜再行精炼，可从中取银；当时日本尚未掌握此技术，是中国商人于1591年在当地传授后始得。

上述《鼓铜图录》说法可在《天工开物》中找到依据。《天工开物·五金》章《铜》节说：

> 东夷（日本）铜又有托体银矿内者，入炉炼时，银结于面，铜沉于下。商舶漂入中国，或名曰日本铜。其形为方长板条，漳郡（福建漳州）人得之，有以炉再炼，取出零银，然后泻成薄饼，如川铜一样货卖者。[2]

这是说日本铜与银伴生于矿中，福建漳州商人买到日本粗铜后入炉精炼，既得精铜，又得零银，一举两得。日本人得此信息后，设法从华商习得技术，则增田纲笔下之"蛮贾"，可知必是指福建商人。我们更从增田纲提供的两幅插图（图1—13）看到出售的日本粗铜，确是呈长方板条状装入箱中待运，《铜》条上更有"享保十三年戊申岁（1728）九月，二佰五斤"之字样，证实《天工开物》所说无误。《鼓铜图录》在《沉铅结银》节内写道：

---

〔1〕［日］增田纲：《鼓铜图录·三火》（1801），见《日本科学古典全书》卷九，东京：朝日新闻社1942年版，第275页。

〔2〕宋应星：《天工开物》（1637），中华书局影印明崇祯十年原刻本1959年版，下册《五金·铜》章，第12页。

"取银先作灰炉（はいとこ）。（《天工开物》称此为灰池。其制：筛灰置于地上，使呈凹状，其径可尺余，至中央凹坑稍深）。置铅于炭火中，复将湿炭环筑如堤，前凿一窦（孔），设户扇（风箱）（视火候为之）。而其上盖干土板，以湿涂其隙。此后缓缓鼓鞲，火热功到，铅汁渐渗入灰中为底子，则世宝（银）凝然成小圆片于中央。此名灰吹银。"[1]又《分拨铜铅》节曰："填合铜入南蛮炉中（以蛮人所传，故名。以上筑之，形见图式）。徐徐加炭鼓钥（风箱），以曲铁杖搅之如泥，熔化成汁。其铅则化成汁'就下流出。即铅夹银而出者，匠人挥铁杖分拨之。"[2]

图 1—13　增田纲《鼓铜图录》（1801）中的插图

　　这两节叙述自含银的铜矿中炼出银的方法，诀窍是向其中放入铅，令铅夹银而出，再将银与铅分离。此即《天工开物》所谓沉铅结银法，日本称为灰吹法，即灰炼法。增田纲所述内容与宋应星所述的很一致，只是前者将灰池易名为灰炉，但二者均以"世宝"称银。增田纲所说南蛮炉即宋氏笔下的分金炉或虾蟆炉，实际上是从中国引入日本的。虽然大阪住友氏泉屋灰吹技术早在《天工开物》成书前已从中国传至日本，但增田纲写《鼓铜图录》时，还是参考《天工开物》的，他曾两次提到此书便是明证，而且在书中其他地方也直接引《天工开物》原文。

　　引用《天工开物》的 19 世纪著作还有曾槃（字占春，1758—1834）与白尾国柱合著的《成形图说》（1804）、小野兰山的《本草纲目启蒙》（1806）及《大和本草批正》以及村濑嘉右卫门的《艺苑日涉》（1807）、草间直方的《三货图汇》（1793—1815）、

　　〔1〕［日］增田纲：《鼓铜图录·沉铅结银》（1801），见《日本科学古典全书》卷九，东京：朝日新闻社.1942 年版，第 276 页。
　　〔2〕同上。

宇田川榕庵（1798—1846）译注的《舍密开宗》（化学初阶，1837）、畔田翠山（1792—1859）的《古名录》（1843）、佐藤信渊（1769—1850）的《山相秘录》（1827）及《经济要录》（1859）等。首先应指出《本草纲目启蒙》，我们将在第七章论《本草纲目》之世界影响时介绍，在此不再细论。该书是江户时代最具影响的本草学巨著之一，书中在火墨、火矢、木炭、极沸汤、热煮汤、粳米土、砖、地灰、银苗、礁、朱砂银、铜、方长板铜、铜青、胡粉、山锡、水锡、锡瓜、古镜、黑铁、土铁锭、玉、解石沙、玫瑰、水银、银朱、火石、炉甘石、倭铅（锌）、石灰、矿灰、窑滓灰、黛赭石、红砒、砒石、井盐、硫黄、矾石、绿矾石和火药等四十多条中参考了《天工开物》，并加以解说，可见小野对《天工开物》一书相当重视。例如《本草纲目启蒙》卷四《朱砂银》条写道：“朱砂银，此亦制造所成之物舶来者，以铅与辰砂并银杂造成之。《天工开物》云：‘凡虚伪方士以炉火惑人者，唯朱砂银愚人易惑。其法以投铅、朱与白银等分入罐封固，温养三七后，砂盗银气，煎成至宝。拣出其银，形存神丧，块然枯物。入铅煎时，逐火轻析，再经数火，毫忽无存。折去砂价、炭资，愚者贪惑犹不解’云。〔集解〕：青女乃水银之异名。”[1] 将这段文字与《天工开物·五金》章《银》节《附：朱砂银》原文对照，发现两者几乎是句句相同。宋应星批判中世纪炼丹术的论述也同时被引用了。

受《天工开物》影响较深的还有江户时代后期多才多艺的学者佐藤信渊（1969—1850）。他不但引用该书具体内容，更发挥了书中天工开物思想。佐藤信渊字元海，号椿园，通称百祐，出羽国（今秋田）雄胜郡人，早年学兰学，再习经济学，曾在江户习医。他集家学大成，凡农业、医学、矿学、经济学、兵学、历史、地理、博物学及外交等，无所不通。宽政十年（1798）周游各藩国，陈经世济民之说及富国之策，然怀才不遇，后遭放逐。著述达四十余种，有《农政本论》、《经济要录》、《山相秘录》、《开物论》、《种树园法》等，均属实学之作。这些书都广泛引用中国的书籍，这里只介绍他两部书，都以古体日文写成。我在引用时再回译成古体汉文。《山相秘录》两卷，有写本及刊本，刊本题为“文政十年丁亥八月二十八日，南总隐士士融斋佐藤信渊自笔记”。由此来看；书成于1827年10月18日。正文前称此书《总论》前半部由其祖佐藤信景、父信季所作，此后各部分由信渊所作，主要叙述矿冶技术。上卷《金山第二》指出，自然所生之金有形如竹笋者为天生芽，有如綦子者名黄芽，又有狗头金、马蹄金、橄榄金、豆粒金、印子金、瓜子金等[2]；其中不少金名引自《天工开物·五金》。《山相秘录》同章又云：“熟金初炼时色尚淡，随其炼数累增其色益深，故有七青、八黄、九紫十赤之品，登试金石上甚为分明，立见其级。”[3] 这亦引自《天工开物·五金》章。

《山相秘录·银山第三》又写道：“凡铅中混银者，以虾蟆炉又名分金炉分之。造此炉

〔1〕〔日〕小野职博：《本草纲目启蒙》，《朱砂银》条（1806）（京都大学藏江户时代写本），卷四，第6页。

〔2〕〔日〕佐藤信渊：《山相秘录》（1827），卷上《金山第二》，见《日本科学古典全书》卷九，东京：朝日新闻社1942年版，第84页。

〔3〕同上书，第90页。

之法，于地上坐一故釜，内实以松木灰，用力押平其上，令中间稍凹，外置彼混银之铅，四周积以赤炭火，釜上覆以同大之釜，内开一窗。以小风箱鼓韛，则铅银熔化如圆月状。频加炭火炼之，铅渐沉入灰中，此后银渐积乡。二物金色立见分明，度铅色尽，熄火采之，是为纯银。此名灰吹之法。凡灰吹之法，金银皆同。"〔1〕这亦引自《天工开物》，只不过宋氏称之为沉铅结银法，而佐藤以日本用语灰吹之法名之。但虾蟆炉或分金炉为中国用语，即前述增田纲所说灰炉。佐藤此处所述炉的构造比《天工开物》更为具体，比如下釜上倒扣另一釜不见于《天工开物》插图，而从技术上判断应倒扣一釜，不应为敞口作业。今读《山相秘录》，可以更理解《天工开物》。

佐藤信渊将从其父祖那里继承的山相之学推而广之，更将宋应星天工开物思想发杨光大，形成日本思想界中的"开物之学"。此即他周游列国时向各藩主所倡导的经世济民说主要内容之一。现将他在《山相秘录·总论》中的一段话翻译如下：

> 故领有国土者需精究物产之学，讲明经济之法，审检境内山谷，巡览化育之群品，探索人世有用之货物，使国人受采诸神之赍（自然界的恩惠），以富饶宇内、安养万民。……夫主国土者宜勤究经济之学，修明开物之法，探察山谷。若不知领内所生品物，轻蔑天地之大恩……则徒具虚名、旷费天工耳。〔2〕

他主张上自幕府大将军，下至诸国藩主，均应讲求经济之学，修明开物之法，拓产兴殖，开发地利，无旷天工，则可富国养民。1859 年他在《经济要录》中再次重申这一思想：

> 夫开物者乃经营国土，开发物产，富饶宇内，养育万民之业者也。〔3〕

他把天工开物思想提高到富国养民的国策高度，使这种技术哲学思想转化成政治经济学说，是对宋应星思想的一大发展。然信渊生不逢时，其主张无人采纳，晚年因获罪而遭流放，明治维新后他的业绩才获得肯定。

天保八年（1837）刊行的《舍密开宗》，是日本近代化学的启蒙著作。此书译自英国化学家亨利（William Henry，1775－1836）《实验化学初阶》（*Elements of Experimental Chemistry*. London，1799）的荷兰文译本（1808）。兰学家宇田川榕菴（1798—1847）翻译时，还增补其他内容，因而应当说是编译本。他在《舍密开宗·百工舍密》（工业化学）篇多次以《天工开物》所述作为加注的文献依据，例如谈到铜时他写道："按《天工开物》，铜以砒霜等药制炼为白铜。"又说："赤铜以杂锡炼为响铜。《天工开物》《铜》条云：

〔1〕［日］佐藤信渊：《山相秘录》（1827），日文版，卷上《金山第二》，见《日本科学古典全书》卷九，东京：朝日新闻社 1942 年版，第 94—95 页。

〔2〕同上书，第 75 页。

〔3〕［日］佐藤信渊：《经济要录·开物篇》，1859 年日文初刻本。

'广锡参和为响铜。'"又云:"钲镯之类皆红铜八斤、广锡二斤。"[1]一页之内便两次引用《天工开物》。亨利时代,欧洲人尚未掌握中国发明的制白铜、黄铜合金的技术及配方,其原著语焉不详,宇田川氏遂据宋应星的书加以补充解说。天保十四年(1843)成书的畔田翠山(1792—1859)所著《古名录》在论玉、石、金等条中,也曾多次引用《天工开物》。因篇幅关系,其他日本书籍不能在这里一一枚举。

江户时代对日本学术界,尤其科学界有普遍影响的中国著作中,除《本草纲目》外,就应该是《天工开物》了。1771年大阪学者都贺庭锺概括介绍《天工开物》各卷内容后写道:"博哉,宋子所为也。……皆发于笃志,得于切问之所致也。……所见远矣。"[2]1942年三枝博音(1892—1963)先生写道:

> 我认为《天工开物》不只是中国,而且也是东洋一部有代表性的技术书。此书虽是成于三百多年前的古书,却包括从产业到工艺品制造方法的全套技术,在这一点上是无与伦比的读物。无论如何,这部书是值得更加重视的中国出现的书。……欧洲的技术书只记述各专门技术,还没看到像《天工开物》这样记述从农业、工业到工艺品的技术、兵器技术,甚至还有艺术方面技艺的技术书。[3]

薮内清(1906—2000)教授在1953年写道:"在江户时代读过这部书的[日本]人很多,特别是在技术方面成为一般学者的优秀参考书。"[4]他又说:

> 明亡前七年之际,宋应星在崇祯十年(1637)写出了总结中国传统技术的《天工开物》。虽然这部由三卷构成的著述并非篇幅巨大的著作,但在某种意义上是足可与18世纪后半叶法国狄德罗(Denis Diderot,1713-1784)编纂的《百科全书》相匹敌。[5]

19世纪以前的日本,所有读书人都能阅读经训点的菅生堂刊本《天工开物》,所以日文译本出现较晚。20世纪50年代初,以京都大学人文科学研究所薮内清教授为首的中国科学史研究班的学者,以《天工开物》为研讨对象,将全书翻译成现代日本语,并加注释,又对汉文原文重加校点。他们以静嘉堂文库藏崇祯十年原刻本为底本,1953年在文部省资助下出版《天工开物の研究》(图1—14),附有十一篇研究论文。这是集校点、译注及研究为一体的完善版本,也是第一部外文全译本。1969年东京平凡社又推出薮内氏

---

〔1〕[日]宇田川榕庵译注:《舍密开宗》,卷十三《百工舍密·白铜》,1837年日文初刻本。

〔2〕[日]都贺庭锺:《天工开物序》(1771),见菅生堂本《天工开物》〔书首〕(大阪,1771年原刻本)。

〔3〕[日]三枝博音:支那における代表的な技術書宋応星の《天工开物》,见《支那文化谈丛》,东京:名取书店1942年版,第59—63页。

〔4〕[日]薮内清:《天工开物》について,见《天工开物の研究》,东京:恒星社1953年版,第1—24页;《科学史研究》,东京,1951年,第18号。

〔5〕[日]薮内清:《科学史からみた中国文明》,东京:日本放送出版协会1982年版,第132页。

图 1—14 1953 年《天工开物》日文译注本扉页

提供的袖珍本译注版，至今已重印近二十次，成为现时日本读者喜欢的畅销书。《天工开物》像《孙子兵法》、《三国演义》那样，几乎是日本家喻户晓的中国书籍。在科学史领域内，此书受到特别的厚爱和推崇，如薮内老先生所说，书中所载的农业和工业技术，实际上与日本传统技术没有多大差异，因此日本读者对该书有极其亲切之感。

（三）《天工开物》在朝鲜的传播

《天工开物》在 18 世纪时传到朝鲜，受到朝鲜李朝（1392—1910）后期学者的重视，传入的时间较日本晚。据现有资料，朝鲜最早提及《天工开物》的是李朝后期著名实学派思想家和著作家朴趾源（1737—1805）。朴趾源字仲美，号燕岩，出生于"两班"（王廷官吏），不应科举而专心实学。正宗四年（清乾隆四十五年，1780）随使节来华访问，与中国士大夫交往，互相切磋学术；返国后，于 1783 年用汉文完成其代表作《热河日记》。趾源曾任地方官，遭守旧派迫害，晚年退隐；1805 年卒，享年四十

九岁。除《热河日记》外，所著尚有《课农小钞》（1799）、《放璃阁外传》等，今有《燕岩集》传世。《热河日记》共 26 卷，载其自鸭绿江至乾隆帝所在的承德避暑山庄旅行时的所见所闻，亦收入其创作作品，涉及政治、经济、科学、文化等，有"实学全书"之称。在《热河日记》中的《车制》一文内写道：

> 灌田曰龙尾车、龙骨车、恒升车、玉衡车，……俱载《泰西奇器图说》、康熙帝所造《耕织图》，其文则［见］《天工开物》、《农政全书》，有心人可取而细考焉，则吾东（朝鲜）生民贫瘁欲死庶几有疗耳。[1]

从这里可以看到，这位思想家向本国读者推荐《天工开物》之情形。约在朴趾源介绍该书前后，其汉籍原著收藏于京城（今首尔）奎章阁，成为王廷图书馆藏书之一。据法国汉学家古恒（Maurice Courant，1865 - 1935）报道，他在 19 世纪末为奎章阁藏书编目，

---

[1]［朝］朴趾源：《热河日记·车制》（1783），见《燕岩全集》，平壤：新朝鲜社 1955 年版，第 179 页。

而该书目在 1894 年以法文刊于巴黎。我们在卷 3 发现编号 3372 者即是《天工开物》。[1]
然而，古恒并未说明入藏的版本，我们料想是清初发行的杨素卿刊本，也可能是从日本流入的大阪菅生堂翻刻本。

奎章阁藏书非一般学者所能看到，只有有机会出入内府的人才可以接触其中秘籍；而《天工开物》在朝鲜不曾被翻刻再版，这就限制了它在该国的流传。这种情况与日本国是不一样的。较早看到奎章阁藏本者是内阁臣僚徐有榘。徐有榘（1764—1845）字准平，号枫石，大邱人，1780 年进士，授翰林院侍校，进副提学，累官至吏曹判书、兵曹判书、左右参赞及大提学，为正二品阁臣。大提学相当于中国的殿阁大学士，正好兼管奎章阁事务。1845 年徐有榘卒，年八十二岁，谥文简，故朝鲜史称他为徐文简公。[2]他是李朝正祖、纯祖及宪宗（1834—1848）三朝宠臣；虽身居高位，却能广阅各种珍本秘籍，积多年努力，编成《林园经济十六志》。此书以汉文写成，稿本共 113 卷 52 册，分《本利》（谷物）、《灌畦》（蔬菜）、《艺畹》（园艺）、《晚学》（花木）、《展功》（蚕棉）、《魏祥》（占候）、《细鱼》（渔牧）、《鼎俎》（金属）、《赡用》（营造、器物）、《葆养》（保健）、《仁济》（医药）、《乡礼》、《游艺》、《怡云》、《相宅》及《倪圭》等十六志，每志再分若干方，方下列条。此书是有关自然经济的百科全书，涉及农业、博物学、矿冶、医药、气象、建筑、纺织各方面知识，引书达 854 种，包括《天工开物》、《本草纲目》、《农政全书》、《救荒本草》、《农桑辑要》及《王祯农书》等中国古籍。[3]该书的《本利》志、《展功》志及《鼎俎》志大量引用《天工开物》有关的内容及插图（图 1—15）。此书成书年代学者标以"1850 年"（？），然此时作者已不在世，我们倾向其成书于 19 世纪 40 年代。因篇幅浩瀚，李朝时未能出版，只有徐氏家藏写本，直到 1967 年才在汉城出版。

与徐有榘同时代的实学派学者李圭景是受惠于《天工开物》最多的李朝名人。李圭景（1788—1862?）字伯揆，号五洲、啸云居士，正祖十二年（1788）生于书香门第，幼受家学。其祖父德懋（1741—1793）及父光葵均任奎章阁检书官，圭景自弱冠（1807）即爱好博物之学，广览群书，有得则记，受当时中国乾嘉学派影响，偏重实学研究及考据辨证。积多年笔耕著成《五洲书种全部》，由老云书屋刊行，共两篇四册；上篇《五洲书种神机火器》，讲述火药、火器及战船，主要引自明人茅元仪（约 1570—1637）《武备志》（1621），《自序》无年款，当为 1830 年代所作。以隐语署名为："浏阳磨兜坚道者诸皋增补"。"浏阳"指作者籍贯浏水之阳（南），"磨兜坚"取唐人段成式（803—863）《酉阳杂俎》典故，意为"慎其言"，而"诸皋"为隐秘之义。大致意思是："浏阳一位慎稳密者增补。"下篇《五洲书种博物考辨》，五洲为圭景之号，《自序》尾题："大东龙飞甲午菊月戊子五洲居士。"此句亦费解。大东指朝鲜国，龙飞甲午指刚即王位的宪宗元年，菊月戊子即九月六日，即 1834 年 10 月 8 日。圭景借用中国古书典故及文人用语以自嬉，足见其汉学根底深厚。因其作品以汉文书成，文笔流畅而古雅，故读之引人入胜，竟难辨系出于东

[1] Courant，M. *Bibliographie Coréene. Tablea Literaire de la Corée* tom. Ⅲ，Paris，1894. p. 76.
[2] ［韩］金斗锺：《韩国医学史》，汉城：探求堂 1966 年朝鲜文版，第 414 页。
[3] ［韩］全相运：《韩国科学技术史》，汉城：科学世界社 1966 年朝鲜文版，第 224—225 页。

国人之手。

图 1—15　徐有榘《林园经济十六志》插图
引自《天工开物》筒车图

《五洲书种博物考辨》（1834）是科学著作，共两卷；上卷有《金类》（金银铜及铜合金）、《珠玉类》（玉、宝石、珍珠、琉璃等）、《石类》（雄黄、金刚石、陶瓷等）、《骨角类》（角、骨、象牙、玳瑁）；下卷是关于汞及其化合物（水银、银朱、轻粉）、铅化合物（铅粉、黄丹、密佗僧）、硝石、胆矾、砒石、硫黄等。李圭景在《序》中开列参考书目时写道："欲窥其书，则《三才图会》、《格致镜原》、《广博物志》、《天工开物》等编存焉。"[1] 下卷论砒石时写道："砒有红、白两种，各因所出原石色烧成。凡烧砒，下鞠土窑，纳石其上，上砌曲突（弯曲的烟囱），以铁釜倒悬覆突口。其下举火，其烟气从曲突熏贴釜上。度其已贴一层厚结寸许，下复熄火，待前烟冷定，又举文火，熏贴如前。一釜之内数层已满，然后提下，毁釜而取砒。……此即《天工开物》中制炼法也。"[2]

这条资料是将《天工开物·燔石》章《砒》条原文全部抄入。此外，在上卷论金、银、铜、黄铜、白铜、玉、琉璃、陶瓷条及下卷论水银、银朱、硫黄、绿矾等条，都是完全引用《天工开物》、《物理小识》和《本草纲目》等书，再结合本国情况加以补述。如论瓷釉料时引《天工开物·陶埏》章曰："凡釉质料随地而生，江浙（指浙江）、闽、广用者。[止] 蕨蓝草一味。"接下说"似我东白杨藁，其名数十，各地不同，陶家取来燃灰"[3]。我们料想圭景手头可能就有一部《天工开物》写本或刊本，否则不会如此频频引用并融会贯通。

李圭景还著有《五种衍文长笺散稿》60 卷，记述中国和朝鲜古今事物沿革，再加以解说、评论，共 1434 条，涉及天文、历算、时令、历史、地理、博物学、农业、医学、考古、武器、舟车、冶金、饮食、器用、宫室等。每条称为"某某辨证说"，均是单独成文；因此该书便成为门类广泛的大型著作；因篇幅过大，也像《林园经济十六志》那样，

---

〔1〕［朝］李圭景：《五洲书种博物考辨序》（1834），见《五洲衍文长笺散稿·附录》下册，（1857?），汉城：明文堂影印本 1977 年版，第 1069 页。

〔2〕同上书，第 1207 页。

〔3〕同上书，卷上《陶窑类·陶窑类法》下册，第 1161 页。

未能出版。写本六十册，每卷一册，《自序》未署年款，韩国学者们多认为脱稿于 1834 或 1835 年，但又无法肯定，遂作"1834（？）或 1835（？）"，似与《书种博物考辨》同时期成书。我个人觉得断定此时成书可能为时稍早，细读各卷内容后，会发现有些文章实成于 1835 年之后。例如我们从该书卷十二《乌桕油烛辨证说》一文考得，此文写于 1847 年，当时正值他六旬之际[1]。由此笔者认为他从二十岁（1807）开始撰写，至五十岁（1837）时已具规模，至六十岁（1847）仍继续笔耕，约在七十岁（1857）时全部脱稿；这是穷其一生之力的作品。全书撰写完毕，已是晚年了。至于他的卒年，学者多不议，笔者以为他约卒于哲宗十四年（1863），享年约七十五岁。今就此大著成书时间及五洲先生卒年提出新说。

《五洲衍文长笺散稿》向以写本形式传世，入藏奎章阁，汉城大学亦有藏本。1977 年汉城明文堂将写本影印，分大三十二开二册精装，下册《附录》收入《五洲书种全部》刊本影本，作为《韩国古典影印大宝》丛书之一问世，至此，吾人才能一睹原著风貌。感谢韩国光州大学郑善英女士以是书相赠，得飨素日渴读之愿。该书频引《天工开物》，如卷十八《布针辨证说》云："凡裁缝非细针则末可奈何，物维（虽）细矣，所关甚巨。……今所用布针，自燕（中国北京）来者也，以铜钱一文市三、四针，则其价亦不翔贵矣。我人藉此不学其制法，若一朝沧桑变嬗、交易梗塞，则从何贸取也？……按《天工开物》、《物理小识》等书制布针法，先锤铁为细条，用铁版（板）一根（块）锥战线眼。"接下引《天工开物·锤锻》章制针法全文后写道："我东工匠不利工于器术，但虚欲无厌诈。一个细针直（值）几钱，故不造，初非才不能也。"[2] 按：《物理小识》论制针法亦引自《天工开物》。圭景力主本国采中土之法自行制针，不可仰仗进口，可谓精辟之论。

《散稿》卷二十《煤炭辨证说》云："我东则古无闻焉，并不知为何物，……按《天工开物》，凡煤炭不生茂草盛木之乡。"接下引《天工开物·燔石》章煤炭节后议论说："开矿未取其利，当与盐铁相埒，恨无知者委弃不取也。"[3] 卷二十一《丹麹辨证说》："古所传《食谱》、《食经》无所谓丹麹，丹麹者红麹也。"李东璧（李时珍）以为出自近世，殆不然。李昌谷（按：指唐诗人李贺，790—816）诗："酒滴珍珠红"，夏彦刚曰："江南造红麹酒"，则古已有之。……唐宋始有此法。今自燕中酒料药饵多用之，亦流出我东，但知为泄痢恭饮，而不识为酿齐（剂）也。其方有四、五：《本草纲目》李时珍所传方、《物理小识》方以智所记方、方中通所链（炼）方、《天工开物》所载方、瑞金所造方、福州古田所制方。……《天工开物》方沉籼稻米腐臭、漉洗、炊蒸、入麹信、过矾等法，与他［方］迥别。晒风有度，其初雪白色，经二日成至黑色，黑转褐，褐转赭，赭转红，红极而转黄，自然风中变幻，名曰生黄。……凡鱼肉于物最易朽腐者，而薄施涂抹能固其质于

〔1〕［朝］李圭景：《乌桕油烛辩证说》（1847），见《五洲衍文长笺散稿》卷十二，上册，第 410—411 页。（笔者引用时对原文作了校点）

〔2〕［朝］李圭景：《布针辨证说》，见《五洲衍文长笺散稿》卷十八，上册，（1857？），汉城：明文堂 1977 年版，第 545—546 页。（原书为写本影印，间多误字，本书作者引用时进行了文字校勘和标点，校勘的字以括号标出）

〔3〕［朝］李圭景：《煤炭辨证说》，见《五洲衍文长笺散稿》卷二十，上册，第 593—594 页。

炎暑之中，经旬蝇不敢迎，蛆不得生，且色味不变焉，盖奇药也。"[1] 此处引用了《天工开物·麴蘖》章"丹麴"节全文。李圭景在书中多处引用《天工开物》原文，我们这里只是举数例而已。

（四）《天工开物》译成欧洲各国文字之初期

《天工开物》和《本草纲目》一样，是中国古代科学技术书籍的代表作，至迟在 18 世纪流传到欧洲，后传至美国，受到很大的注意。1959 年我调查了欧洲各大图书馆书目，重点调查伦敦、柏林、巴黎、罗马及圣彼得堡等地的汉籍收藏情况，注意到在这些地方图书馆都藏有《天工开物》，但入藏时间较晚，其中最早收藏此书的是巴黎国家图书馆（Bibliothèque Nationale à Paris）。据里昂大学汉学家古恒 1903 年为该馆编写的汉籍书目，我们知道其中包括明崇祯十年（1637）江西原刻本及清初福建人杨素卿的坊刻本[2]。明刊原刻本现藏于北京国家图书馆及东京静嘉堂文库，在亚洲以外，只藏于巴黎国家图书馆。虽然古恒的书目成书较晚，但汉籍早已到达巴黎。他在书目《前言》中说，此书目是在 18 世纪原皇家文库（Bibliothèque Royale）旧藏书基础上编成的，而《天工开物》即属旧藏之中。一般人并不容易看到皇家文库本，同时又很少有懂得汉文的学者注意它，因此当狄德罗、达兰贝尔（Jean le Rond d'Alembert，1717 – 1783）及其他法国启蒙学派学者编纂《百科全书》时，还不知道《天工开物》早已流入巴黎。

直到 19 世纪上半叶，《天工开物》才开始引起法兰西学院中国语文教授儒莲（Stanislas Julien，1799 – 1873）的注意。儒莲 1799 年 9 月 20 日生于奥尔良（Orleans），1821 年任法兰西学院助教，从汉学家勒牧萨（Abel Rémusat，1788 – 1832）学汉语，出师后，乃于 1832 年继任师职。此后，1839 年任皇家文库书监，1841 年以汉学家身份任法兰西学院院长，卒于 1873 年 2 月 14 日。儒莲还是法兰西学士院（L'Institute de France）学士，除精通汉文外，兼通拉丁文、梵文、巴利文、英文及德文等，一生从事译作及著述，对中国科技史及佛学史有很大兴趣。将《景德镇陶录》、《大唐西域记》等译成法文，更解决了梵文汉字音译问题。清代学者王韬（字利宾，1828—1897）评儒莲时写道：

　　虽足迹未至中土，而在国中译习我邦之语言文字将四十年，于经史子集靡不穷搜遍览，讨流诉源。……嗣后见所译《太上感应篇》、《桑蚕辑要》、《老子道德经》、《景德镇陶绿》，钩疑抉要，襞积条分，骎骎乎登大雅之堂、述作之林矣。[3]

儒莲不愧为近代法国汉学泰斗勒牧萨之得意门生及其事业继承人。勒牧萨以研究《本

　　〔1〕［朝］李圭景：《丹麴辨证说》，见《五洲衍文长笺散稿》卷二十一，上册，第 608—609 页。

　　〔2〕Courant，M. *Cataloque des livres，Chinois Coréenes，Japonais etc.*（Paris，1903），tom I，Quatrième Fascicule.

　　〔3〕（清）王韬：与法国儒莲学士书，《弢园尺牍》，上海：中华书局 1959 年版，第 94 页。

草纲目》鸣噪于西土，儒莲以介绍《天工开物》遐迩驰名，师徒二人工作可谓相得益彰。
儒莲与《天工开物》发生因缘，始于 19 世纪 20 年代末期，当时其恩师任皇家文库（现在
国家图书馆前身）东方文献部主任，协助恩师工作时，乃发现库藏宋应星原著。1830 年
他先将《天工开物·丹青》章论银朱（人造硫化汞，HgS）制造部分翻译成法文，题为
"论中国银朱，译自汉文，并摘自名为〈天工开物〉的技术百科全书"[1]，发表于巴黎
《新亚洲学报》第 5 卷，第 205—213 页。这是该书内容在欧洲本土上最早出现的摘译本。
儒莲将所摘译的原著称为"技术百科全书"（encyclopédie technologique），不但音译书名
（*Thien-Koung Kai-Wu*），还给出意译。他将"天工"（自然力）理解为"自然界的奇妙
行为"，而将"开物"译为"技术"，体现了人对自然界的开发行为。将两者结合，便成为
"对自然界奇妙行为及人的技艺的阐明"（*Exposition des merveilles de la nature et des
arts*）。这位 19 世纪初期的西方饱学之士，基本上掌握了宋应星"天工开物"技术哲学思
想之本义，令人惊叹不已。经拜读后，发现其译文极其准确，无懈可击。

　　上述的法文摘译本发表后，很快就被转译成英文，1832 年 4 月刊在《孟加拉亚洲学
会会报》第一卷，第 151—153 页，英文译文标题与法文摘译本一致："论中国银朱。由儒
莲将题为《天工开物，或对自然界奇妙行为及人的技艺的阐明》的一部中国技术百科全书
转为法文"。此处转译自《新亚洲学报》。[2] 1833 年儒莲又将《丹青》章论制墨部分及其
他汉籍有关部分翻译成法文，题为"中国制墨的方法"，发表于巴黎权威化学刊物《化学
年鉴》卷 53，第 308—315 页[3]。至此，《丹青》章主要内容均已被译成西文。同年
（1832），儒莲再将《锤锻》章《冶铜》节有关制造打击乐器（铜锣）、镯（小铜钟）制造
技术译成法文。由于这一节提到三种铜合金：响铜（铜锡合金）、白铜（铜镍合金）及黄
铜（铜锌合金），同时译者再据《五金》章对合金作了补述。译文题为"中国人的冶金技
术——铜合金、白铜及钲镯制造"，1833 年 11 月再次发表于《化学年鉴》[4]。此译文刊
出后第二年便被转译成英文，题为"中国人制造钲镯的方法"，1843 年发表于《孟加拉亚
洲学会会报》第 3 卷，第 595—596 页。1847 年此法文译文又全文转载于巴黎最高科学刊
物《科学院院报》（*Comptes Rendus de l'Académie des Sciences*）第 24 卷，第 1069—1070
页，而且说明是"摘自宋应星在 1637 年出版的小百科全书《天工开物》"（"Extrait de la
petite encyclopédie *Thien-Koung Kai-Wu*，publiée en 1637 par Song Ing-sin"）。德国化学
家从法国刊物中读到这篇文章后，立即转译成德文，并在 1847 年发表于《应用化学杂志》

---

　　〔1〕　Sur le vermillon Chinois. Traduit du Chinois et extrait d'une encyclopédie technologique intitulée *Thien-koung
Kai-wu*，ou *Expositi on des merveilles de la nature et des arts*，par Stanislas Julien，*Nouveau Journal Asisatique*（Par-
is），1830，5：205 -213.

　　〔2〕　On Chinese vermilion. Translated into French from a Chinese Technologic Encyclopaedia，entitled *Thian-
Koung Kai-Wu or Exposition of the Wonders of Nature and the Arts*，by Stanislas Julien. From the *Nouveau Journal
Asiatque*. *Journal of the Asiatic Society of Bengal*（Calcutta，April 1833），I：151－153.

　　〔3〕　Procédés des Chinois pour la fabrication d'encre. Traduit du Chinois par Stanislas Julien，*Annales de Chimie*
（Paris），1823，53：308－315.

　　〔4〕　Métallurgie des Chinois——Alliages du cuivre，cuivre blanc，gongs et tamtams. Traduit par Stanislas Julien，
Annales de Chimie，Novembre 1833.

（*Journal für Praktischen Chemie*）第 41 卷，第 284—285 页。

为什么冶炼铜合金的译文受到当时化学最发达的法、德科学界的重视呢？我们知道，白铜（铜镍合金）是中国所发明，古代将铜与含镍的砒矿石一起熔炼以制造白铜，18 世纪以来向欧洲出口。因此欧洲语中"paktong"是广州方言"白铜"之音译，儒莲却给出意译"白铜"（cuivre blanc）。由于这种铜台金有优良性能和美丽的银白色光泽，白铜制品很受欧洲人的喜爱。他们一心想自行仿制，并对中国白铜作一系列分析化验研究，以期找出其配方及制造秘密，但 19 世纪初，欧洲人仍作不出与中国产品一样的合金。同时，他们对中国制造的黄铜（铜锌合金）及击之有音乐声响的铜合金很有兴趣，正好《天工开物》记载制造这些铜合金所需要的原料、配比和制造、加工方法等都译了出来，遂发表于重要科学刊物中，便事出有因了。甚至 1857 年德国人诺伊曼（R. F. Neumann）还在《韦斯特曼插图本德意志月刊》上发表题为"中国人如何制出其钲、镯及钹的"文章[1]。德国人之所以对此特别感兴趣，是因为他们在仿制中国产品方面曾经一度在欧洲占有领先地位。西方技术家所寻求的技术秘诀，至 19 世纪后半叶才掌握到。在这方面译成法文、英文、德文的《天工开物》有关论述，无疑起了启导作用。

（五）《天工开物》论桑蚕技术对欧洲的影响

在儒莲的翻译生涯中，1837 年创造一项新纪录。他将《授时通考》（1742）卷七十二至卷七十八《蚕桑》门摘译成法文，以单行本出版，书名为《论植桑养蚕的若干主要中国著作提要》[2]。此书是他奉法国政府工部及农商部部长之命而翻译的，32 开精装本，《序论》23 页，正文共 224 页，插图 10 幅，由巴黎皇家印刷厂刊行，属于官刊本。该书《附录》（Supplément）第 169—187 页为《天工开物·乃服》章论桑蚕各节摘译，同时还收入 18 世纪在华法国耶稣会士汤执中（字精一，Pierre d'Incaville，1706 - 1757）的有关中国养蚕术报道[3]。《授时通考》是清代兵部尚书兼保和殿大学士鄂尔泰（1677—1745）奉乾隆帝之命，率内院文人学士博采历代农书而编成的农书汇编，成书于乾隆七年（1742），也是一部官刻本。法国人将该书称为《农业通考》（*Examen général de l'agriculture*）。将汉文与法文本对照后，我们知道这部分内容主要收录了《齐民要术》、《农桑辑要》（1273）、《天工开物》、《农政全书》（1640）等书论述，儒莲所说"若干主要中国著作"，即指这些书。然法文本扉页上更印出"桑蚕辑要"四个汉字，是对较长法文书名之汉译，并非谓中国真有此书。《序论》中还有儒莲弟子毕瓯（Eolouard Biot，1803 - 1850）写的

---

［1］ R. F. Neumann，Wie die Chinesen ihre Gang，ihre Tam-tam und Cymbeln manch，*Westermann's Illustrierte Deutsehe Monats chefte*（Berlin）1857，No. 8.

［2］ *Résumé des principaux traites Chinois sur la culure des muries et l'education des vers à soie*，traduit par Stanislas Julien，*Publié par ordre du Ministre des Travaux Publics. de l'Agriculture et du Commerce*（Paris：Imprimerie Royale，1837），pp. xxiii，1 - 224.

［3］ Pierre d'Incaville. "Élevage des vers à soie". *Mémoires concernant les Chinois*. tom II. Paris，1777. pp. 579 - 601.

中国养蚕区气温的资料，供西方读者参考。此书出版后，马上由政府颁发到法国各养蚕区及农业研究部门作为参考书，而且很快便震动欧美各国。

　　上述法文版出版的同年（1837），以极快速度被转译成意大利文，在都灵（Torino）出版，书的扉页印有下列文字："依据中国人方法的植桑养蚕技术。由法国皇家学士院儒莲学士译成法文的若干中国著作提要。由医学博士、都灵农业试验场场长、法国皇家学士院学士博纳富斯译成意大利文，并加注释及实验。都灵：庞巴出版社，1837年。"[1] 此本亦是大 32 开精装本，序文有 28 页，正文 208 页，插图 10 幅，此本特点是译者博纳富斯（Matteo Bonafous）对法文本所加的技术注释，附有他在农场养蚕实验资料。从专业角度来看，此本有可取之处，因译者本身便是养蚕专家。1959 年我在北京图书馆曾见过此书，并做了笔记。

　　当意大利文本问世不久，同年（1837）德文版在斯图加特及杜宾根出版。今将扉页文字翻译如下："《论植桑养蚕》，由儒莲自汉文译成法文。由林德纳奉符腾堡王国国王陛下敕命自法文译出并再作修订。斯图加特及杜宾根，1837 年。"[2] 由此可知，林德纳（Friedrich Ludwig Lindner）奉符腾堡王国国王敕命翻译出版此书，则德文版亦为官印本。1844 年德文本再版，补充了默格林（Theodor Moegling）写的附注。

　　法文本于 1838 年译成英文，由美国华盛顿福尔斯出版社出版，题为《论植桑养蚕主要中国著作提要》，[3] 198 页，插图 10 幅，亦为大 32 开精装本。英文本刊行后两年，俄国圣彼得堡出版从法文版翻译过来的俄文译本，亦是大 32 开精装，第 202 页，第 17—91 页论植桑，第 92—202 页论养蚕。扉页标题为："论中国养蚕术。中国若干原著提要。奉财政大臣先生之命译成俄文，并由工商部出版。圣彼得堡，1840 年。"[4] 此俄文本吸取了意大利文本优点，补入博纳富斯博士养蚕实验资料，也是官刊本。此外，儒莲的法文本还在 1847 年摘译成希腊文，在巴黎出版。同时埃及帕夏穆哈然德·阿里（Mohemet Ali）更下令将此书翻译成阿拉伯文。《帕夏》（Pacha）本义是首脑，指伊斯兰教国家的首脑。

　　由上述可知，1837 年儒莲的法文译本在巴黎出版后，不到二年，便被译成意、德、英和俄文本，不到十年，又被译成希腊文及阿拉伯文。这就是说：《天工开物·乃服》章桑蚕部分在 19 世纪上半叶已被翻译成法、意、德、英、俄、希、阿七种文字。其中，在德国是奉国王敕命翻译出版，埃及是奉国家首脑之命，而俄国则奉财政大臣之命，法国奉

　　〔1〕 *Dell'arte di coltivare i gelsi e di governare i bachi da seta*，*secondo il metodo Cinese*-Sunto di 1ibri Cinesi tradoltto in Francese da Stanislao Julien, membro de Real 1nstituto di Francia. Versione Italiana con note e sperimenti del Cavaliere Matteo Bonafous, dottore in medicina, directtore dell'Orto Agrarlo di Torino, Socio del Real Instituto di Francia. Torino：coi tipi di Giuseppe Pombae C. 1837.

　　〔2〕 *Ueber Maulbeerbaumzucht und Erziehung der Seidenraupen*，aus dem Chinisischen ins Französische übersetzt von Stanislas Julien. Auf Befehl Seiner Majestat des Konigs von Wurtemberg aus dem Französischen übersetzt und bearbeitet von Friedrich Ludwig Lindner. Stuttgart und Tubingen, 1837 .

　　〔3〕 *Summary of the Principal Chinese Treatises upon the Culture of Mulberry and Raising of Silkworms* Translated from the Chinese，published by Peter Force. Washington, 1838.

　　〔4〕 *О китайском шелководстве，нзвлеченно из педлинных сочинений. Переведено на русский язык по приказанию Г. Минитра финансов и изданно от Департемента Мануфактур и Внутреней Topsobли.* Санкт-Пегербург, 1840.

工部及农商部部长之命翻译出版，共有四种官印本。中国古代农书在 19 世纪的西方受到如此重视，又如此迅速译成多种语文，打破了汉籍西译史中的空前纪录。究竟是什么原因促成中国著作受到这样欢迎和厚爱呢？我们知道，养蚕术及丝织术是中国古代的重大发明，后传至西方各国。19 世纪时，法国、意大利、德国、奥地利、俄国（南方）、西班牙和希腊等国家，都有大量蚕农从事此行业，而法国和意大利是欧洲养蚕大国。以法国为例，路易·菲利浦（Louis Philippe，1773－1850）在位时（1830—1848），每年生产蚕茧二千万公斤，价值合一亿法郎以上，丝绢贸易成为重要财源之一，桑树真的变成了摇钱树；为了与外国竞争，法国政府奖励植桑养蚕，但由于饲育不得其法，蚕病蔓延各地，造成丝产锐减，许多蚕农破产，当时科学家们找不到对策，这已是工部及农商部面临的经济难题。历史的经验值得注意。为了解养蚕术的故乡中国何以数千年来蚕业不衰，此政府部门便命汉学家儒莲译出中国有关的农书，以资借鉴。

儒莲选择的汉籍底本非常得当，从《授时通考·蚕桑》门确可以一览中国历代养蚕的概况，从《天工开物·乃服》章可见中国蚕业最发达地区浙江嘉兴、湖州的先进经验。就《天工开物》而言，人们可从译文中知道如何选种、育种、保种、饲养及禁忌、桑叶选择、蚕病辨认及病蚕淘汰、物害、结茧及缫丝时注意点等全套养蚕技术。为避免蚕茧减产，书中建议采取以下措施：第一，选择优秀蚕种种卵，将置有种卵的蚕纸放在较高的通风处，忌油烟、火气及光线照射；第二，实行蚕浴，以石灰水、盐卤水对种卵进行消毒处理，或用冷水浸浴，淘汰抵抗性差的劣种，排除种卵所附着的细菌及病毒；第三，以黄茧蚕和白茧蚕、一化性及二化性蚕进行人工杂交，育出抵抗性强、结茧多的优良杂种；第四，饲养时保持环境及叶料清洁，勤于腾筐、除粪沙，防止肮脏气味侵袭，忌西南风及雾天采叶，避免使蚕受湿热、积压；第五，根据蚕体变态、行为反常、食欲不振等特征识别病蚕，并及时除去，以防蚕病蔓延；第六，防雀、防鼠及防蚊害，尤其防鼠害及雀屎；第七，结茧时用炭火烘，防烟、防湿。这就是《天工开物》中所论述的要点，对当时欧洲人来说，显然很多地方都是前所未闻，但却是可仿可行的有效方法。

儒莲奉命译书旨在"古为今用"、"中为西用"，而法国蚕业面临的问题，也同样存在于其他西方国家，因此译本一经出版，便立刻转译，有些国家亦由政府下令翻译，这就不足为奇了。19 世纪的西方自然科学已相当发达，但在防治蚕病、提高丝产率方面，却对蚕农没有多大的帮助，以致身为法国议员的著名化学家杜马（Jean Baptiste André Dumas，1800－1884）代表其家乡加尔（Gard）3500 户蚕农的要求，向全国发出呼吁，请求全体科学家一起研究蔓延的蚕病。响应号召的一流化学家巴斯德（Louis Pasteur，1822－1895），受农业部长委托，前往灾区阿莱（Alais）调查研究，为此对桑蚕技术史发生很大的兴趣，故细读儒莲的译作。1870 年巴斯德在《蚕病研究》（*Études sur la maladie des vers à soie*）中提出防止蚕病的下列观点及措施：第一，一般人只注意成熟的蚕蛹和蛾呈现黑斑的病象，其实病根不在这里，寻出真正病根，应仔细观察幼虫及种卵。问题发生在幼蚕及种卵阶段；第二，认清并选择作繁育用途的健美幼蚕及种卵，从留作繁育用的幼虫及种卵中排除低劣和带有病斑的幼蚕及种卵；第三，不得将健蚕与病蚕一起饲养，否则会传染；第四，肠病即消化系统传染病是蚕致死的原因之一；保持桑叶清洁，勿饲变质或不洁的桑叶;第五,蚕蛾交尾,令雌蛾在麻布上产卵,妥为收起,秋冬时浴在冷水之中,再看看是否有斑点,若有斑点,须立即烧毁,绝不能繁殖后代。以往由于不注意上述各点,故致使蚕病蔓延,造成千百户倾家荡产和国家蒙受经济损失。采用新法以后,立即一改旧貌,巴斯德也因其贡献而受法国国王及皇后的嘉奖。其结论是无数次观察试验的结果,也是参看以往文献的心得。试将巴斯德与宋应星的措施对比,就会发现不少的基本思想是一致的,其中有些显然是来自《天工开物》。

1838 年儒莲在巴黎《科学院院报》上发表《中国人提取蓼蓝染料所用的方法》[1] 一文,取材于《天工开物·彰施》章、《授时通考》卷六十九及《便民图纂》卷三《种靛》。此文也是应社会的需要而发表的,因当时法国还是欧洲种植茜草、靛蓝的主要国,用茜草、靛蓝以染丝。那时,西方人认为使用中国的传统染料染色,才能使丝织物具有与中国产品一样美丽而坚牢的颜色。茜草(*Rubia cordifolia*)染红,蓝草染蓝,该译文不但介绍蓝靛的提制,而且更谈到中国原产蓝种类及种植,尤其介绍西方很少种植的蓼科(Polygonaceae)蓼蓝(*Polygonum tinctorium*)。

(六)《天工开物》所述造纸技术对欧洲的影响

1840 年法国《科学院院报》发表"中国人造纸方法概述,译自名为《天工开物》的著作"[2],译者仍是儒莲,取材于《杀青》章。1846 年该文转载于巴黎《东方评论》,题为"中国造纸工业"[3]。1856 年儒莲又在《东方评论》第 20 卷,第 74—78 页发表一文,题为"竹纸制造"(*Fabrication du papier de bambou*)。虽然中国在西汉(前 2 世纪)时发明的造纸术已在 12 世纪传入欧洲,但欧洲各国一直以破布为生产纸的原料。当儒莲的译文提到中国以野生韧皮纤维原料制造皮纸及以竹料造竹纸时,对当时西洋技术家来说,还是一件新鲜事,虽然 1735 年版《中华帝国通志》卷 2 也谈到中国造纸原料多样化,但所谈简略,并未引起技术界的注意,而儒莲译作则发表于科学刊物中,影响自然广泛。因欧洲长期单一生产麻纸,造成破布供不应求,其价格上涨又反过来使纸的生产成本提高。面对原料危机,各国技术家探索造纸原料多样化或以其他廉价原料代替破布。正在这时,《天工开物》所述的造纸技术被翻译成西文,可谓是及时之雨。《天工开物》向西方提供下列信息:第一,除破布外,还有楮皮、桑皮、木芙蓉(*Hibiscus mutabilis*)皮、稻麦秆及竹料皆可造纸;第二,更可将各种原料混合制浆;如 60％楮皮及 40％竹料或 70％皮、竹及 30％稻草,可按需要调整配比;第三,造皮纸及竹纸的全套技术及设备;第四,纸用过后,更可回槽重新造"还魂纸"(reborn paper)。

〔1〕 Procédés usités en Chine pour l'extraction de la matière colorante du *Polygonum tinctorium*,traduit par Stanislas Julien,*Comptes Rendus de l'Académie des Sciences* (Parls) 1838,7:703-704.

〔2〕 Description des procédés Chinois pour la fabrication du papier. Traduite de 1'ouvrage Chinois intitulé *Thien-Koung Kai-Wu* par S. Julien. *Comptes Rendus de l'Académie des Sciences* (Paris) 1840,10:697-703.

〔3〕 Julien,S. Industrie Chinoise,Fabrication du papier. *Revue de l'Orieent* et de I'Algeria (Paris) 1846,11:20-25.

上述技术信息对 19 世纪前半叶西方造纸家来说，是从天而降的福音。18 世纪法国财政大臣杜尔阁（Anne Robert Turgot，1727 - 1781）就想仿制中国纸而未成功，现在中国造纸著作以法文在巴黎出版，自非昔日可比。信息很快就有了反馈：1875 年英国人鲁特利奇（Thomas Routledge）发表 40 页论造竹纸的小册子，且以竹纸印成[1]。这证明西方人可以造竹纸，而竹纸也适于印刷机印西方文字。这是西方人最初尝试用竹造纸，显然受到《天工开物》的影响。然而欧洲不生产竹，必须从亚洲进口，所以竹纸发展受到很大的限制。在这以前，英国人还在 1857—1860 年试用欧洲野生的针茅草（esparto grass）造纸，获得成功。此植物为禾本科针茅属（Stipa tenacissima），主要产于西班牙及北非，法国从阿尔及利亚取得此草造纸。法国还从中国引种楮树，以期造楮皮纸，美国也仿此事例，然因气候及土地条件不适，楮树在这两个国家长势不佳。同时，法国科学家盖塔尔（Jan Étienne Guettard，1715 - 1786）及德国植物学家谢弗（Jacob Christian Schäffer，1718 - 1790）等人都作了以破布以外原料造纸的研究。盖塔尔发表"对各种造纸原料的考察"和"对可能用作造纸的原料之研究"[2]等论文。谢弗还访问过亚洲，1765—1772 年发表六卷本《不全用破布，而以破布与大麻、树皮、稻草等中国所用原料纤维混合制造纸的实验，并附以这些混料纸的纸样》[3]完全按宋应星的技术思想行事。

1800 年英国人库普斯（Matthias Koops）在伦敦试验以木材、稻草造纸，并以所造草纸印刷其所著有关书史的作品[4]。1801 该书再出版时，又印以再生纸，即《天工开物》所叙述的以废纸回槽重新抄造的"还魂纸"（reborn paper），因此他于 1800 年及 1801 年为此获得三项专利。至 1856 年英人戴维斯（Charles Thomas Davis）在《纸的制造》（The manufacture of paper）一书中已能列举 950 种可能供作造纸的原料。由于原料来源的扩大，使 18 世纪以来欧洲发生的造纸原料危机，在 19 世纪前半期获得缓解。

《天工开物》传递的另一信息是用可弯曲的竹帘抄纸，可与框架分离，而欧洲则用固定型纸模，不可弯曲。法国人将中国式抄纸器称为 type de vélin，美国科学家富兰克林（Benjamin Franklin，1706 - 1790）认为它有三大优点：（1）可制成大幅纸；（2）抄出的湿纸易脱离帘面，不易划破；（3）所造之纸表面平滑。他主张欧美人要用中国人的方法造纸，法国人、英国人、美国人这样做了。法国人发明的长网造纸机就用中国竹帘造纸。

法国汉学家儒莲充分认识到《天工开物》中所述工农业生产技术蕴含着东方古老的技术智慧及其对欧洲改善生产现状的现实意义，所以他将《杀青》章的译文放在法国最高学术刊物《科学院院报》上发表，以期引起科技界人士的广泛注意，果然不但在法国，而且

---

〔1〕 Hunter，Dard. *Papermaking. The history and techniques of an ancient craft.* 2nd ed. ，London，1957. p. 57.

〔2〕 Guettard，J. E. Observations sur différentes matières dont on fabrique le papier，*Mémoires de Paris* (1741)；Recherches sur les matières qui peurent servir à faire du papier. *Mémoires sur Différentes Parties des Sciences et Arts*，Vol. 1 (1768).

〔3〕 Schäffer，J. C. *Versuche und Muster ohne alle Lumpen oder doch mit einem geringen Zusatze derselben Papier zu machen*，Bd. 1 - 6. Regensburg，1765 - 1771.

〔4〕 Koops，M. *Historical account of the substances which have been used to describe events and to convey ideas from the earliest date to the invention of paper.* London，1800.

在全欧洲都产生积极的影响，帮助欧洲造纸技术家思想开了窍，从此结束了麻纸在欧洲六百多年间一统天下的局面。

（七）19 世纪后半叶至 20 世纪以来《天工开物》在欧美的传播

《天工开物》有些章节还在 1850 年收入《近代中国，或依据中国文献编写的该大帝国历史、地理及艺文志》中，卷 1 共 495 页，在 1837 年出版，涉及中国历史及中外关系史，由法国汉学家卜铁（Jean Pierre Guillaume Pauthier, 1801–1873）编辑；卷 2 共 675 页，在 1853 年出版，涉及地理、语文、哲学；仍由卜铁续编，但第 391—672 页涉及文艺、风俗、博物学、农业及工业，由巴黎东方语言学院巴新懋（Antoine Pierre Louis Bazin, 1799–1863）教授编[1]。此书的特点是用中国原典对中国作全面介绍，相当西方所谓的"Source book"。《天工开物》论造纸、银朱、金属工艺各章收入卷 2，称为《题为〈天工开物〉的实用小百科全书》（Petite encyclopédie pratique intitlée *Thien-Kong Khai Wu*）。此书小 32 开精装本，简称《近代中国》（*Chine Moderne*），在欧美相当风行。

从以上所述可以看到，《天工开物》中《丹青》、《锤锻》、《五金》、《乃服》、《彰施》及《杀青》等章在 1830—1840 年间都由儒莲译为法文，发表在重要科学刊物中，有的更被转译成英文、德文、俄文和意大利文，说明该书在西方受到相当重视。从这个意义上来说，儒莲对中西科学交流做了有意义的事。他在已有工作基础上，再与法国科学家尚皮翁（Paul Champion, 1838–1884）合作，为适应欧洲科技界的需要，把《天工开物》翻译范围扩大，并加写注释，完成一部有系统的译注本，题为《依据汉籍译注而编写的中华帝国工业之今昔，由学士院学士儒莲先生摘译，并附工学院化学师尚皮翁先生所加技术及科学注释》，[2] 简称《中华帝国工业之今昔》（*Industrie anciennes et modernes de l'Empire Chinois*）。此书在 1869 年由巴黎的欧仁·拉克卢瓦书店出版，是大 32 开全一册精装本，有插图，正文 254 页，《序论》8 页。内容包括《天工开物》的《作咸》、《陶埏》、《丹青》、《五金》、《冶铸》、《锤锻》、《燔石》、《杀青》等章（图 1—16）。儒莲译述的这部有关工业的著作，与他先前提供的有关农业的译作《桑蚕辑要》正好构成姊妹篇，成为西方学者经常引用的参考文献。由此又引出一些其他作品的出现，如法国人冉默德（Maurice Jametal, 1856–1889）1882 年发表的译作《依中国文献所述的中国墨、墨的历史及其制法》[3] 及卢萨特（Léon Rousset）1898 年在巴黎《政治及文学评论》上发表的《东亚技术及工业：

---

〔1〕 *Chine moderne, ou Description historique, géographique et litéraire de ce vaste empire, d'après des documents Chinois*, rédige par J. P. G. Pauthier, Vol. I. Paris, 1837. pp, 2–495; *Chine moderne, ou Description historique, géographique et litéraire de ce vaste empire, d'apres dès documents Chinois* Vol. 2, Paris, 1835. pp. 1–390, rédige par J. P. G. Pauthier, rédige par A. P. L. Bazin, pp. 391–672.

〔2〕 *Industrie anciennes et modernes de l'Empire Chinois, d'après des notices traduites du Chinois* par M. Stanislas Julien, Membre de l'Instiltut, et accompagnées des notices industrielles et scientifiques par M. Paul Champion, préparateur de Chimie au conservatoire des arts et métiers, etc., Paris: Eugène Laèroix, 1864. pp. XIII & 1–254.

〔3〕 *L'encre de Chine, son histoire et sa fabrication d'après des documents Chinois* traduit par M. Jametal, Paris, 1882. p. 94.

**图1—16　《中华帝国工业之今昔》1869 年法文本中
《天工开物》插图**

I. 中国》[1] 等，都是受到儒莲译作的影响，并且都是依据《天工开物》而编成的。

19 世纪英国生物学家达尔文读过儒莲翻译的桑蚕著作，称之为"权威著作"[2]。他在《动物和植物在家养下的变异》（1868）一书中，引法国养蚕专家罗比纳（M. Robinet）的《养蚕概论》（*Manuel de l'education des vers à soie*，1848）论蚕幼虫及茧在形状及颜色上不同变异时指出：

> 幼虫一般呈白色，有时呈黑色或灰色斑纹，偶尔是完全黑的，更有虎斑族（race tigrée）呈黑色横条纹者。……有的茧接近球形而不是呈葫芦状的，有的呈圆筒形，并且中间有沟，呈葫芦状，有的两端或一端呈尖形。丝的颜色有白或黄色。[3]

《天工开物·乃服》章谈到蚕种变异时，也指出茧有黄、白二色：

> 凡茧形有数种，晚茧成亚腰（细腰）葫芦样，天露茧尖长如榧子形，又或圆扁如核桃形。……凡蚕形〔色〕亦有纯白、虎斑、纯黑花纹数种，吐丝则同。[4]

将罗比纳（1848）、达尔文（1868）所谈蚕种变异与宋应星在《天工开物》（1637）中所谈述的加以比较，在内容上可以说基本一致，因为罗比纳引用 1837 年儒莲的译本。19 世纪汉学家和植物学史家贝勒（Emil Bretschneider，1833–1901）在其《中国植物志》（*Botanicum Sinicum*，1882）等书中也曾多次引用《天工开物》。

20 世纪以来，西方文献中引用并谈论此书的比比皆是，例如英国化学家梅洛（J. W. Mellor）在他的《无机化学及理论化学大成》"锌"条（1923）中写道："1637 年中国出版的《天工开物》一书，在锌的冶炼及用途方面俱有论述。"[5] 在化学元素周期表

〔1〕　Rousset，L. Les arts et les industries de l'Extrême Orient I：La Chine. *Revue Politique et Litéraire*，No. 49，8 Juin 1878.

〔2〕　Darwin，C. *The variation of animals and plants under domestication*. Vol. I. New York-London：D. Appleton and Company，1897. p. 317.

〔3〕　Ibid.

〔4〕　宋应星：《天工开物》，《乃服·种类》章，卷上，上海古籍出版社 2008 年版，第 85 页。

〔5〕　Mellor，J. W. *Comprehensive treatise on inorganic and theoritical chemistry*. Vol. 4. London：Longmans，Green & Company，1923. pp. 398–402.

中，原子序数第 30 号金属元素锌是中国人最先发现的，而《天工开物》又首次记载了锌的制造技术及锌铜合金的冶炼技术，因此在化学史中具有重大的意义。美国化学史家韦克思（Mary Elvire Weeks）在《化学元素的发现，1934》（*The Discovery of the Elements*，1934）书中写道："在欧洲人发明锌的熔炼法前一百年间，他们所用的锌全由葡萄牙商人运自东方。……在中国，1637 年刊有《天工开物》一书，其中曾叙述锌的冶炼法和用途。"[1] 美国纽约著名汉学家富路特（Luther Carrington Goodrich，1894－1986）在《中国人民简史》的第 7 章《明代史》中指出，在他看来：

> 所有明代问世的插图本百科全书中，有三部是杰作，而且都是在明末编成的，全都是木刻本。第一部是《三才图会》（约 1609）……第二部是茅元仪编写的《武备志》，在 1628 年献给朝廷。……第三部是《天工开物》，它比起其余两部篇幅较短，只有十八章。这部技术专著是由五上公车而不第的宋应星所著，问世 1637 年。该书讨论的题材有谷物及其加工、衣料、染料、五金（实为六种金属）、制盐、榨糖、陶瓷、金属铸造及锻造、船舶设计及车、采煤、兵器（包括火药）、墨、面粉、采珠及玉等。[2]

与此同时，《天工开物》的西文译作接踵出现。1964 年德国柏林洪堡大学（Humboldt-Universität）的年轻汉学家蒂洛（Thomas Tilo）以《天工开物》为论文题材获得哲学博士学位。他在这项研究中，将该书前四章《乃粒》、《乃服》、《彰施》及《粹精》有关农业部分及全书的《序言》全文翻译成德文，并加注释，其学位论文题目是《宋应星著〈天工开物〉前四章论农业技术及农产品进一步加工》[3]。这是欧洲人以此书作为学位论文题材的开端。1967 年蒂洛博士又以德文发表题为"宋应星论中国农业之经营"[4] 一文。专门研究《天工开物》前四章有关农业及农产品加工技术。他翻译时，以 1959 年上海中华书局影印明崇祯十年（1637）原刻本为底本，译文基本上是准确的，书中的专有名词以汉音拼音方案所用的拼音系统，并且加注，且有译者前言，简述宋应星生平及此书的内容。附录中有中西度量衡换算表。紧接着又有美国匹茨堡城宾夕法尼亚州州立大学历史系的任以都及孙守全夫妇将《天工开物》全书译成英文，并加注释，1966 年出版，题为《宋应星著〈天工开物〉，17 世纪中国技术［书］》[5]。这是该书第一个西文全译本。20 世纪 50 年代时，台湾的李熙谋博士也开始从事这部书的英译工作，但进度缓慢，1975 年李熙谋去世后，由化学史家李乔苹（1895—1981）博士主持，直到 1981 年全译本才由台北

〔1〕［美］Weeks M. 著，黄素封译：《化学元素的发现》，商务印书馆 1965 年版，第 44—45 页。

〔2〕Goodrich. L. C. *A short history of the Chinese people*. 3rd ed. New York：Harper & Brothers Publishers，1959. pp. 208－209.

〔3〕*Die Kapitel I bis IV（Ackerbau und Weiterbeabeitung der Ackerbauprodukte）des Tian-gong Kai-Wu von Song Ying-xing*. Uebersetzung and Kommentar von Thomas Tilo. Berlin，1964.

〔4〕Tilo. T. Song Ying-xing über die chinesische Landwirtschaft，*Wissenschaftliche Zeitschrift der Humblodt-Universität zu Berlin*，1967，16：463－456.

〔5〕*Tien-Kung Kai-Wu*，*Chinese Technology in the Seventeenth Century by Sung Ying-Hsing*. Translated by E. Tu Zen Sun and Shiou-Chuan Sun. Pennsylvania State University Press，1966.

中国文化学院出版社出版。因此目前我们可见到两种英文译本。至 20 世纪末（1997）韩国汉城外国语大学的崔炷（字三轩，1934 年生）博士的朝鲜文译本由传统文化社出版。此本以 1637 年明刊本为底本，包括译文、注释及中文原文标点，附宋应星简介。感谢崔博士以是书相赠。我相信进入 21 世纪后，还会有其他的西文译本问世。

　　从以上所述可见，此书 17—18 世纪传入日本、朝鲜后，迄今有日文训点和刻本，两

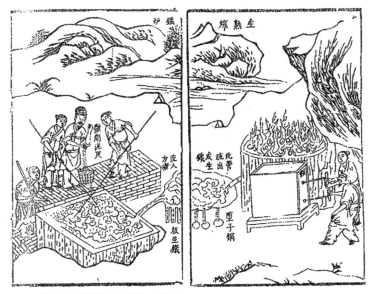

제련　325

이와 함께 다른 몇 사람이 버드나무 막대로 세차게 쇳물을 휘저으면 곧 숙철이 된다.[9] 버드나무 막대는 한 번 저을

그림 97. 생철을 숙철로 만든다.

때마다 그 끝이 2, 3치가 탄다. 다시 버드나무를 쓸 때는 새것으로 바꾸어야 한다. 휘저었다가 조금 식으면 못 속에서 네모 덩어리로 잘라 내든지, 꺼내어 쇠몽치를 휘둘러쳐서 둥근 덩어리로 만들어서 내다 판다. 그러나 호남성(湖南省) 유양(瀏陽)[10]의 여러 제련소에서는 이 방법을 알지 못하고 있다.

강철(鋼鐵)을 만드는 방법은 미리 숙철을 단조하여 손가

图 1—17　《天工开物》朝鲜文译注本（1997）中的一页

种日文本和朝鲜文全译本（图 1—17）。从 18 世纪传入欧洲后，至 19 世纪有了法文摘译本，后又有两种英文本及前四章德文本。《天工开物》一书的影响已远及至日本、朝鲜及欧美各国。凡是想了解中国传统科学技术者，无不参考此书，而且一旦接触，就会为其所涉及的广泛领域的内容及优美插图所吸引。19 世纪法国汉学家儒莲称它为"技术百科全书"；英国生物学家达尔文称之为"权威著作"；当代英国科学史家李约瑟则将《天工开物》誉为"中国的狄德罗宋应星写作的 17 世纪早期重要的工业技术著作"[1]；又将宋氏称为"中国的阿格里柯拉（Chinese Agricola）"[2] 这是说宋应星的《天工开物》足可与 18 世纪狄德罗主编的《百科全书或科学技术及工艺解析辞书》（*Encyclopédie ou Dictionaire raisonné des sciences，des arts，et des métièrs*）及文艺复兴时德国的阿格里柯拉（Georgius Agricloa，1495－1555）的《矿冶全书》（*De re Metallica*. Basel，1556）相媲美。日本三枝博音及薮内清两位先生的评价与李约瑟博士是一致的。美国学者富禄特认为《天工开物》是明末插图本百科全书中三部杰作之一。由此书在国外的传播情形来看，证实海外学者的高度评价言之有据。《天工开物》一书已经成为世界科学技术著名经典作品，在世界科学史中占有不可忽视的地位。

四　清代译成西文的中国科技著作

古代和中世纪的中国在科技的许多领域都领先于西方各国，不少重要的发明如造纸、火药、指南针、印刷术以及铸铁术、炼钢、养蚕织丝、时钟和瓷器等，都是从中国传至西方的。那时在中西科学交流中，中国科技的西传是主流。但不可讳言，自明代中期以后，由于近代科学首先在欧洲迅速兴起及随之而来的技术革命，相比之下，使中国传统科技变得落伍，这种趋势至清代时更加明显。为缩短中西之间的差距，中国自明末直到整个清代都从西方引进自身缺乏的科学技术，翻译西洋书，再由国人消化后加以运用。这时，在中西科学交流方面主要是中国向西方学习，但当西方科学著作在清代涌入中国之际，也有些中国科技著作流入西方，并被译成西文。虽然总体来说，此时期的中国科技较西方落后，但在本国获得数千年发展的医药学、农学、植物学、工艺学及地理学等领域内，中国古老的经验和技术方法仍为西方所欠缺。中国仍保有某种优势，并非样样都不如人。正好中国擅长的这些领域是西方科学中最薄弱的环节。

在 18 至 19 世纪时，中国制造的白铜和黄铜令西方人赞不绝口，因为他们长期制造不出同类产品。他们能制造出溶解一般金属的强水，但却没有掌握炼锌的技术要领并将其与铜炼成合金。西方各国的造纸原料长期单一用破麻布，纸的用量增大造成原料供应不足，没有解决原料多样化问题。又由于养蚕不当，造成欧洲蚕病蔓延，使蚕农破产，丝产量锐减。相比之下，在造纸和养蚕方面中国的经验就显得格外可贵了。欧洲种植小麦和亚麻已

---

〔1〕　Needham，J. *Science and Civilisation in China*. Vol. I，Cambridge University Press，1954. pp. 12－15.

〔2〕　Ibid.（1959），Vol. 3，p. 154.

有很久的历史，但栽培水稻及苎麻仍不及中国经验丰富。当西方人醉心于其早期法医学著作时，宋代的法医学家宋慈早在几百年前就已涉及近代法医学的各个领域。西方人从事商业活动时有了早期的计算器，但操作时却没有中国的算盘来得简便和迅速。欧洲人可以因哥伦布（Christopher Columbus，1451－1506）到达美洲新大陆而骄傲，但他们对古代印度及梵学的了解则没有唐代的玄奘那样深。显然在上述领域里中国的知识占有优势，这就解释了为什么科学发达的西方还要翻译中国古书。为了具体说明清代时西人引进中国科学技术概况，此处列举二十二部中国书籍被翻译为欧洲各国文字的经过，涉及中医药学、农业、植物学、工艺技术、地理学及应用数学等方面的内容。

1.《图注脉诀辨真》

《图注脉诀辨真》的撰者张世贤（1471—1536 在世）字天成，号静斋，明代浙江鄞县人，正德（1506—1521）时的名医。他将南北朝（420—589）时人高阳生的《脉诀》当成撰写《脉经》的西晋太医令王熙（字叔和，201—280）之作，于是加以图注，而成《图注王叔和脉诀》四卷[1]，又称《图注脉诀》，坊刻本亦作《图注脉诀辨真》。它是清代最先被翻译成西文的科学技术著作。1682 年在德国法兰克福出版了一部拉丁文医书，题为《中医范本或中医小品》（*Specimen medicinae Sinicae sive opuscula medica ad mentern Sinensium*），即主要以张世贤的《图注脉诀》为底本而写成，署名安德烈·克莱尔（Andreas Cleyer）。安德烈当时在巴达维亚（Batavia，今印度尼西亚雅加达）任荷兰的印度公司医生。全书分六部分：第一部分是《脉诀》原著的译文；第二部分是欧洲人应用脉诊知识简述；第三部分是欧洲人用脉诊临床诊病注意事项；第四部分是欧洲人在中国掌握这种知识的情况；第五部分是为更好地掌握脉诊所提供的插图说明；第六部分是根据舌苔辨认疾病的方法。其中最重要的是第一及第六部分论脉诊及舌诊。其余都是说明如何掌握这种中国特有的诊法。这是中国医书被翻译成西文之始。据法国 19 世纪初大汉学家勒牡萨（Abel Rémusat，1788－1832）的考证[2]，该书实出于卜弥格（Michael Boym，1612－1659）之手。卜弥格字致远，1612 年生于波兰锡吉斯蒙德（Sigismond），原任波兰国王御医，1629 年加入耶稣会，清初时（1649）来华，主要在两广一带从事行医及传教工作，与南明永历政权有接触，1659 年 8 月 22 日病逝于广西边境[3]。

当卜弥格将其《图注脉诀》译稿寄往欧洲途经巴达维亚时，被荷兰的印度公司所截获，该公司医生克莱尔乃据为己有，1682 年冒用己名出版于法兰克福，这时卜弥格已去世。1656 年随他来华的比利时耶稣会士柏应理（字信末，Philippe Couplet，1624－1692）于 1681 年返回欧洲，曾将其故友卜弥格留下的遗稿也随身带回，在他的安排下，书稿以

〔1〕［日〕丹波元胤：《中国医籍考》（1826），卷十八《诊治二》，人民卫生出版社 1956 年版，第 200 页。

〔2〕Rémusat, A. "Michel Boym, Missionaire à la Chine". *Noveaux Mélanges Asiatiques*. tom 2. Paris, 1820. pp. 227 -228.

〔3〕Pfister, L. A. *Notices biographiques et bibliographiques sur les Jésuites de l'ancienne mission de Chine*, 1552 -1773. Vol. I, Changhai：Imprimerie de la Mission Catholique, 1932, pp. 269 - 279.

卜弥格的名字在 1686 年出版，书名为《关于中国脉学理论之医钥》（*Clavis medica ad Chinarum doctrinam de pulsibus*），大概在罗马出版。这书不但包括《中医范本》的全部内容，还包括卜弥格生前未发表的有关药物学方面的草稿，列举 289 种药物，其中不少是中国药材，他很可能曾参考过《本草纲目》，全书共 144 页，8 开本。

卜弥格用拉丁文翻译的《图注脉诀》还附有插图，以帮助读者掌握切脉要领。实际上他的译稿在 1682 年及 1686 年分两次出版于欧洲，在各国产生很大的影响。1707 年英国伦敦出版了以约翰·弗洛依尔爵士（Sir John Floyer）为名用英文编写的书，名为《医生的脉诊；或释古代切脉技术并借脉诊改进此技术之简论》（*The physician's pulse-watch；or an essay to explain the old art of feeling the pulse，and to improve it by the help of a pulse-watch*）。此书为 32 开本，共 440 页，有 12 幅插图。正文分三部分：第一部分论古代罗马医生盖伦（Galen，129 - 200）切脉技术，并改正其许多错误，充分阐明正确的脉诊方法。第二部分提出借脉诊作医疗保健和长生的方法，通过脉诊发现的脉象治病。第三部分论中国人切脉技术，并模仿中国医师临床诊治方法观察脉象，并附安德鲁·克莱尔关于中国切脉术著作之提要。第一部分描述欧洲古代医生盖伦有关脉诊方面的简短作品，指出按其方法治病，已不能适应当今之需要。第二部分说明要按新近传入的中国脉诊技术，以改进欧洲古代脉术。第三部分叙述卜弥格（不是克莱尔）所译的《图注脉诀》的内容概要，这部分是全书的重点。此书在英国亲王的资助下出版，纸张及印刷都相当精美，这是《图注脉诀》被翻译成英文、介绍给西方读者之始，因而首先在英国广泛流行。从卜弥格到弗洛依尔，在将中国脉诊技术介绍到欧洲时，一开始便特别着重如何使欧洲医生适应并结合当地具体情况掌握这种技术，因而产生较好效果。

当卜弥格的《图注脉诀》拉丁文译本在欧洲通行以后，1735 年由法国巴黎耶稣会士杜阿德（Jean Baptiste du Halde，1674 - 1743）据在华的欧洲（主要是法国）耶稣会士寄来的大批稿件，加以整理归类，编成 8 开本四巨册的《中华帝国通志》在巴黎出版。此书全名是《中华帝国及其边疆地区地理、历史、编年、政治及学术通志》[1]。在该书卷 3（第 379—525 页）收录《论中国医学》（*De la medicine des Chinois*），长达 146 页的报道，实际上它的篇幅是一本书的规模。此报道分三部分：第一部分对中国医学作总的介绍。第二部分提供古代中国学者写的《脉诀》译文。第三部分给出中国本草书的提要，说明医生对各种疾病所开的处方及所使用的药材。在谈到第二部分内容时，书中写道："关于脉学方面的所有中国知识，都载于晋代王叔和（Ouang Chou-ho）所撰的《脉经》之中，⋯⋯由驻华耶稣会士赫苍璧神甫翻译。"[2] 在这段话之后紧接着便是《译自汉文的脉诀》（*Secret du pouls，traduit du Chinois*），亦即该书卷 3（第 384—436 页）正文内容。

译者赫苍璧（Julien-Placide Hervieu，1671 - 1746）字儒良，法国人，生于 1671 年，1688 年加入耶稣会，1701 年来华，在广州学习汉语，次年赴湖广黄州（今湖北黄冈），

---

〔1〕 *Desription géographique，historique，chronologique，politique et physique de l'Empire de la Chine et de la Tartarie Chinois*. 4 vols. Paris，1735.

〔2〕 du Halde J. B.（éd.）. *Description de l'Empire de la Chine*. tom. 3. Paris，1735. p. 383.

1719 年到北京，1746 年卒于澳门。1732 年赫苍璧在澳门居十多年，此时研究汉学，除翻译《脉诀》外，曾翻译过汉代人刘向的《列女传》，又选译过《诗经》等书。他的汉语造诣很深，因此他所翻译的《图注脉诀》译本比卜弥格更能准确反映原著面目。为方便读者阅读，他将译文分成若干小段，每段先翻译《脉诀》的原文，接下是明人张世贤的注文，最后是译者所加的注释。在版面上，都清楚标明原文、注文及译注，有些术语如"气"（ki）、"浮"（feou）、"命门"（ming men）等，既给出音译，亦给出意译，而且以斜体排印，读起来一目了然，遗憾的是没有提供插图。收录这译文的《中华帝国通志》在 1735年问世后，很快即轰动整个欧洲。第一版由巴黎帝国印刷厂印出后，不久便全部售罄，第二年（1736）荷兰海牙发行法文第二版，16 开本四册，同年伦敦书商瓦茨（John Watts）刊行 32 开本四册的英文译本，书名为《中国通志：包括对中华帝国及其所属满蒙藏地区以及朝鲜之地理、历史、纪年、政治及学术综述。包括对其风习、仪礼、宗教、技术及科学的精确而独特的描述。附精美地图及各种铜版插图。译自杜阿德所编法文原著》[1]。

瓦茨英文版问世后，伦敦另一名书商爱德华·凯夫（Edward Cave）又刊行 8 开本两大册的英文译本，书名为《中华帝国及其所属满蒙藏以及朝鲜王国通志：包括这些地区地理及历史，附有全国总图和分省地图，以及大量刻版图。译自耶稣会士杜阿德法文原著》。第 1 册刊于 1738 年，第 2 册刊于 1741 年，是为凯夫版。1791 年约翰·瓦茨又在伦敦出版四册 32 开修订本，书名与 1736 年版一样。此外，德国出版商柯普（Johann Christian Koppe）又在罗斯托克城（Rostock）出版了四册 16 开本德文版，书名为《杜阿德编中华帝国及其大满蒙地区通志》（Johann Baptista du Halde：*Ausführliche Beschreibung des Chinesischen Reichs und der Grossen Tartarey*），第 1 册刊于 1747 年，第 2 册刊于 1748年，第 3 册及第 4 册刊于 1749 年。此书又曾于 1756 年再版。《中华帝国通志》1735 年法文第一版又曾被译成俄文，由俄国圣彼得堡帝国印刷厂出版，俄文版书名是严格按法文原著书名译出的：《中华帝国及其满蒙地区的地理、历史、纪年、政治及学术通志》[2]。俄文版在 1774 年问世，只出版了两册。然而 18 世纪时的俄国知识界都通晓法文，就像那时日本读书人都通晓汉文一样。1789 年莫斯科出现了根据《中华帝国通志》德文版翻译成俄文的缩译本[3]，名为《中华帝国及其大满蒙地区地理、历史通志》（*Описание исмориическое и географическое Кимайской Империи…*）。俄文本都是用 18 世纪旧体俄文排印的，20 世纪以后旧体俄文已废止，因此我们将其改换成现今通用的字体。

由此可见，在 1682 至 1791 年间，《图注脉诀》一书已先后被翻译成拉丁文、法文、

———————————

〔1〕 *General history of China，contaising a geographical，historical，chronlogical，political and physical description of the Empire of China，Chinese Tartarey，Corea and Tibet. Including an exact and particular account of their customs，manners，ceremonies，religion，arts and sciences. The whole adorned with curious maps and variety of copper-plates. Done from the French of P. Du Halde.*

〔2〕 *Географическое，нсмориическое，хронологическое，политическое и физическое описание Китайской Империи и Тартпарии китайской，снабженное разными чертежами и разными фигурами，сочиненное И. Б. Дюгалбдом. Санкт Петербург，1774.*

〔3〕 B. Szezesnisk，"A Russian Translation of J. B. du Halde's *Description de l'Empire de la Chine*"，*Monumenta Serica*，1958，Vol. 17.

英文、德文及俄文五种西方语文，而且每种语言都有两种或三种不同的版本。遗憾的是，因中国原著者张世贤将南北朝时人高阳生托名王叔和而写的《脉诀》当成西晋人王叔和之作，因而造成《脉经》与《脉诀》不分，这种错误也被欧洲人沿袭下去。他们所接触的不是王叔和的《脉经》，而是张世贤图注的高阳生的《脉诀》。无论如何，欧洲人总算接触到中国原著。

2.《本草纲目》

《本草纲目》撰者李时珍（1518—1593）字东璧，号濒湖，明代湖广蕲州（今湖北蕲春）人，出身于医学世家，中国有史以来最大的本草学家。积二十余年的努力始著成《本草纲目》52 卷。该书是在李时珍卒后在 1596 年首刊于南京，它集中国历代本草学之大成，在东西方各国产生广泛影响，本书第七章论《本草纲目》之世界影响将对此作详细叙述，此处不再赘述。在前述杜阿德编写的《中华帝国通志》1735 年法文第一版卷 3（第 437 页）起收入题为《节录〈本草纲目〉，即中国本草学或中国医用博物学著作》（*Extrait du Pen Tsao-Cang-Mou，c'est-a-dire de l'herbier Chinois，ou histoire naturalle de la Chine，pour l'usage de la medicine*）之长文。此文之前有简短的说明，指出该书为李时珍（Li Che-tchin）晚年之作，刊于万历二十四年（1596）。正文摘译出《本草纲目》卷一《序例》的内容，指出这部分包括全书的总观点及区划。下面为《神农本草经提要》、《梁陶弘景本草书（名医别录）提要》两大部分，相当于李时珍原著中的《神农本经名例》及《名医别录·合药分剂法则》，同时有《本草纲目》各卷内容简介。从第 460 页以后，则逐一介绍人参、茶、海马、夏草冬虫、三七、当归、阿胶、五倍子和乌桕木等中药性味及其用法，资料亦是取自《本草纲目》。因该书篇幅浩瀚，译者只想翻译其中所述用药的一般理论及以此理论具体用药治病的一些实例。译文体例与《图注脉诀》一致，分段标明原文、注文及译注，因此译者可能仍然是赫苍璧。这是《本草纲目》被翻译成西文之始。此译文也像《图注脉诀》那样，随着先后被转译为法文、英文、德文及俄文，但却没有译成拉丁文，这点将在第七章论述。

在这以前，1732 年在澳门行医的法国人旺德蒙德（Jacques François Vandermonde，1723-1762）在中国人的帮助下，收集了《本草纲目》中八十种矿物药标本，再依书中内容写出说明，题为"《本草纲目》水火土金石各部药物"（*Eaux，Feu，Terres，Minéraux，Métaux et Sels du Pen Tsao Cong Mou*），这也是一部大规模摘译《本草纲目》的译本。旺德蒙德将材料及标本带回法国后，送给科学院院士朱西厄（Bernard de Jussieu，1697-1779）。朱西厄是植物学家，对矿物没有兴趣，所以这部分资料长期没有发表。直到 1839 年，汉学家毕瓯（Edouard Biot，1803-1850）与地质学家布龙尼亚（Alexandre Brongniart，1770-1847）合作，才将矿物标本化验发表于《亚洲学报》中。[1]

---

〔1〕 Biot，E. Mémoires sur divers minémaux Chinois appartenant à la collection du Jardin du Roi，*Journal Asiatique*，1839，Vol. 8，3e Sér，p. 206 et seq.

1896 年德梅利（François de Mély）及库雷尔（M，H. Courel）又将译文发表出来。[1] 19 世纪时《本草纲目》成为法、英、德、俄等国许多学者的研究对象，其内容被广泛介绍出来，由于第七章将详细叙述，这里便不重复了。但要指出的是因该书所述的内容极其广泛，直到 20 世纪，仍没有任何西文全译本出现。这项翻译规模太大，而且难度亦很高，目前只有日文全译本。我们料想西文全译本要到 21 世纪时在许多学者集体努力下才能问世。

3.《农政全书》

《农政全书》撰者徐光启（1562—1633）字子先，号玄扈，上海徐家汇人，明万历三十二年（1604）进士，累官至礼部尚书兼东阁大学士，曾一度摄阁务。他还是一位通晓中西科学的科学家，对天文、数学、火器、水利和农学都甚有研究，其《农政全书》六十卷，对历代农业技术成果作了总结，再陈述己见。同时又收入意大利人熊三拔（Sabbathin de Ursis，1575 - 1620）的《泰西水法》（*Des machines hydrauliques d'Europe*，1612）及朱橚（1362—1425）《救荒本草》（1406），《农政全书》是在作者逝世后由门人陈子龙（1608—1647）整理，在 1639 年出版。《农政全书》像《本草纲目》一样，部分内容被翻译成外文也是首先出现于 1735 年《中华帝国通志》法文版中。该书卷 2 的第 208—223 页收录有《一部教人更多与更好地养蚕方法的中国古书提要》（*Extrait d'un ancien livre Chinois，qui enssigne la manière d'éléver et de nourrir les vers à soie，pour l'avoit et meilleure，et plus abondante*），译自《农政全书》卷三十一至卷三十四《蚕桑》篇。译者是法国耶稣会士殷弘绪（François Xavier d'Entracolles，1662 - 1741），殷弘绪字继宗，1699 年来华，经广州赴江西饶州，此地因景德镇生产的瓷器闻名，他曾赴瓷场调查，而调查报告寄往欧洲发表。殷弘绪还对医学及农学有兴趣，1706 年赴北京，在华凡 42 年，1741 年卒。殷弘绪译《农政全书》的法文摘译本，随着《中国帝国通志》一起在 18 世纪被翻译成英文、德文和俄文。

19 世纪以来，《农政全书》卷三十一至卷三十四的《蚕桑》篇又重新被全译成英文，译本名为《制丝与植桑专论；译自中国阁老徐光启的著作》（*Dissertation on the silk-manufacture and the cultivation of the mulberry；translated from the works of Tseu Kwang-k'he，called also Paul Siu，a Colao，or Minister of State in China*）。此书名需要做一些解释，这部分译文实际上包括养蚕、缫丝、丝织及种桑全套技术，书名虽然只是提及"制丝"，但其实还有养蚕及缫丝过程。此英译本是 32 开单行本，作为《汉学杂著》（*Chinese Miscellany*）丛书之三发表，共 108 页，另有十六幅取自原著的插图，由上海墨海书馆（London Missionary Society Mission Press）出版。译者是英国的传教士兼汉学家麦都思（Walter Henry Medhurst，1796 - 1857）。1817 年麦都思在马六甲（Malacca）管理伦敦布教会印刷所，精通马来文，1835 年又到上海，一直居住到 1857 年。他在上海时

〔1〕　de Mély，F. et M. H. Courel. *Les lapidaires Chinois*，dans *Les lapidaires de l'antiquité et du moyen âge*，Vol. Ⅰ，Paris，1896. pp. 156 - 248.

开设中国近代第一个印刷所墨海书馆，曾出版过一些科学书籍。他用汉文发表作品有五十种之多，另有英文作品二十七种、马来文作品六种，曾编过《汉英字典》（*Chinese-English Dictionary*）及《英汉字典》（*English-Chinese Dictionary*，1847－1848），又著有关于中国作品多种，他所翻译的《农政全书》是很好的译本。

《农政全书》卷三十五《蚕桑广类·木棉》也被翻译成英文。这一卷的内容是论棉花栽培及棉纺技术。译者是英人萧氏（C. Shaw），我们对萧氏的了解甚少。其译文题为《松江府植棉指南。译自农政全书卷三十五》（*Direction for the cultivation of cotton, especially in the District of Shanghai; Translated from the Nung-Chêng-Ts'uen-Shu or Encyclopaedia of Agriculture, Chapter 35*）。此译文在 1849 年发表于香港出版的刊物《汉学文库》（*Chinese Repository*）卷 18，第 449—469 页。《农政全书·蚕桑》篇在 19 世纪又由俄国汉学家安东尼（Антоний）翻译成俄文，题为《论中国养蚕术。译自〈农政全书〉及〈农桑辑要〉》（*О китайском шелководстве. Перевод из Нун-чжэн-цюань-шу и Нун-сань-цзи-яо*），1865 年发表于圣彼德堡出版的《俄国昆虫学会会刊》（*Труды Русского Энтомологического Общества*）卷 3，第 1 期，第 27—74 页。可见安东尼除翻译《农政全书》外，还将元代司农司刊行的畅师文著《农桑辑要》（1273）《养蚕》篇译成俄文。此外，意大利人安德烈奥奇（Alfonso Andreozzi）更将《农政全书》卷四十四《荒政》篇中《玄扈先生除蝗疏》翻译成意大利文，题为《论蝗虫·〈农政全书〉论述提要》（*Sulle cavallette · Considerazioni estratte dal Nun-Cen-Ziuen-Sciu ossia tradotte completo sull' Agricoltura e tradotte letteralmente dal Cinese dall'avv.*），1870 年以 32 开单行本（共 56 页）出版于米兰。译者是意大利的汉学家和巴黎亚洲学会会员。徐光启在《除蝗疏》（1630）中列陈九条，总结了蝗虫生长的规律及捕杀方法，大都是前人所未曾提到的正确论述。

4.《洗冤录》

《洗冤录》撰者宋慈（1186—1249）字惠父，福建建阳人，宋代法医学家。嘉定十年（1217）进士，历任长汀县令、邵武军通判和南剑州通判，曾四次任提刑官，为官清廉刚正，执法严明，决事果断，以雪冤禁暴为己任。生平博采诸书，参以己见，著成《洗冤录》或《洗冤集录》五卷，刊于淳祐七年（1247）。此书是世界上第一部法医学专著，具有重大学术价值。全书分五十三条，列举检尸法令、检尸方法、各种机械性窒息死、钝锐器损伤、交通事故、高温及中毒致死、病死急死和尸体发掘等，包括现代法医学大部分内容，涉及解剖学、药理学、外科学、检验学和化学等各门科学知识。[1] 这部书早在 18 世纪就被介绍到欧洲。当时由法国耶稣会士布雷蒂耶（Gabriel Bretier，1723－1789）、历史家布雷基尼（Oudart Feudix de Brequigney，1716－1795）及东方学家德萨西（Sylvestre de Sacy，1758－1838），据在华的法国耶稣会士研究中国的稿件编辑的《中国论考》，是

---

〔1〕　贾静涛：《中国古代法医学史》，群众出版社 1984 年版，第 68—69 页。

足可与杜阿德所编的《中华帝国通志》媲美的一部有关中国的百科全书。《中国论考》全名是《北京耶稣会士关于中国历史、科学、技术、风俗、习惯等论考》（*Mémoires concernant l'histoire，les sciences，les arts，les moeurs，les usages，etc. des Chinois，par Missionaires de Pékin*），全书共十六册，从 1776 年在巴黎出版第一册（卷）起，至 1814 年出版最后一册，历时达十八年之久才完成。像《中国通志》一样，《中国论考》的特点是用中国的原始资料、文献及法国人在华的亲自见闻来全面介绍中国各方面的情况，故所述有很大权威性，这两部书在欧洲各界都产生广泛影响，其影响并一直持续至 19 世纪。

在 1779 年出版的《中国论考》第 4 卷（第 421—440 页）收录有题为"宋慈于 1247 年所著《洗冤录》概要"（*Notice du livre Si-Yuen-Lou，Ouvrage relaitif à la police et à la justice criminelle，composée par Song Ts'e vers 1247*）一篇长文，文中摘译及评论了《洗冤录》，这是该书内容以西文介绍之始。长篇译文的作者是法国耶稣会士韩国英（Pierre Martial Cibot，1724－1784）。韩国英字伯督，博学多闻，尤精于博物学，1759 年来华，1780 年卒于北京，在华凡二十一年。他在华期间，除将《大学》、《中庸》、《礼记》、《孝经》等儒家经典翻译成法文外，还从事广泛的科学研究，考察了中国的一些植物和动物，并翻译中国科学著作。他在养蚕技术及道家气功（*Cong-fou* 功夫 ou exercice superstitieux de Tao-che 道士）介绍方面，亦曾引起西人注意[1]。19 世纪以后，《洗冤录》由英国医学博士哈兰（W. A. Harland）翻译成英文，并加注释，题为《中国法医学著作〈洗冤录〉概要》（*Notice of a Chinese work on medical jurisprudence，entitled Se-yuen-luh or Records of the washing away of injuries*）。哈兰在 1853 年 6 月 11 日曾将此译文在香港的皇家亚洲学会中国分会会议上宣读，后又加以补充，并配上插图，将其发表于香港出版的《皇家亚洲学会中国分会会刊》之中（*Transactions of the China Branch of the Royal Asiatic Society*，1855，Pt IV，Art. V，pp. 87－91）。此后荷兰人格里斯（C. F. M. de Grijs）又将《洗冤录》翻译成荷兰文，1863 年发表于巴达维亚（今印度尼西亚的雅加达）的《巴达维亚科学技术学会会报》中[2]。

英国汉学家翟理斯（Herbet Allen Giles，1845－1935）也将《洗冤录》翻译为英文（*The Hsi-Yuan-Lu or Insructions to coroners*），1876 年发表于香港出版的《中国评论》（*China Review*）第 3 卷，第 30—38 页，第 92—99 页及第 159—172 页；看来是摘译。翟理斯在 1867 年来华，任使馆翻译、副领事及领事等职，1897 年成为剑桥大学汉语教授，有著作多种。其子翟林奈（Lionel Giles，1875－1958）生于中国，也是一位汉学家，故不可将其父子相混。此后法国马丁博士（Le Dr. Ern. Martin）发表"《洗冤录》基本内容介绍"（*Expose des principaux passages contenus dans le Si-Yuen-Lu*），1882 年刊于《远东评论》（*Revue d'Extême-Orient*），第三期第 333—380 页及第四期第 596—625 页。1884

---

〔1〕　Pfister, L. A. *Notices biographiques et bibliographiques sur les Jésuites de l'ancienne Mission de Chine. 1552 -1773*. Vol. 2. Changhai, 1932. pp. 890 - 902.

〔2〕　Geregtelijke geneeskunde, pa C. F. M. de Grijs. *Verhand van het Batviaasch Genootschap van Kunsten en Wetenschapen*. Vol. 30. Batavia，1863.

年《〈洗冤录〉基本内容介绍》又以 32 开单行本在巴黎出版，共 78 页。总结所述，宋慈的《洗冤录》在 18—19 世纪时，曾先后被摘译成法文、英文和荷兰文，其中法文和英文有两种或两种以上的译本，进入 20 世纪以后，此书仍为欧洲人所看重，并被更广泛介绍。

5.《康熙几暇格物编》

《康熙几暇格物编》是爱新觉罗·玄烨（1654—1722）所撰，满族科学家（康熙帝作为科学家，已列入《科学家传记》，科学出版社 1992 年版），即著名的清圣祖（1661—1722）康熙大帝。玄烨自幼好学，通晓中西科学，多年来都一直坚持科学研究。《康熙几暇格物编》一书便是他在日理万机后之余暇时间，研究各门科学问题的心得之作。此书的内容涉及天文学、物理学、生物学、医学、农学和地学等各方面，有不少创见。在前述 1779 年巴黎出版的《中国论考》卷 4，第 452—484 页的 32 页长文，题为"康熙帝对科学和博物学的考察"（*Observations de physique et l'histoire naturelle faites par l'Empereur Khang-hi*），实际上是用法文摘译《康熙几暇格物编》，译者是韩国英，即前述《洗冤录》一书的译者。此译文内容后半部分收录在葛鲁贤（Jean Baptiste Gabriel Alexandre Grosier，1743-1823）的《中国通志》（*Description générale de la Chine*）卷 2，1787 年出版于巴黎。后此书又被翻译成英文，以同一书名在 1788 年刊于伦敦。1903 年河内出版的《远东法兰西学院学报》（*Bulletin de l'Ecole Française d'Étrême Orient*）第 747 页起，又介绍《康熙几暇格物编》，其法文译名是《康熙帝在政务余暇时对物类性质的考察》（*Recueil des observations sur la nature des choses，faites par l'Empereur Khang-hi，pendant ses loisirs impériaux*）。

6.《周髀算经》

《周髀算经》简称《周髀》，是中国《算经十书》之一，作者不详，约成书于西汉（前 2 世纪）或更早年代，这是阐明"盖天说"及"四分历"的天文学书籍，有相当复杂的数学运算，包括分数算法、开平方、等差数列及圆周求法等，较早引用勾股定理；东汉末（3 世纪）赵爽（字君卿，210—275 在世）为此书作注。18 世纪时由法国人勒戈比安（Charles Le Gobien，1653-1708）、杜阿德及勒克莱尔（Le Clerc）据法国派往海外各国传教士的信札而编成《海外耶稣会传教士所写有启示性的和珍奇的书信集》（*Lettres édifiantes et curieuses ecrites des Missions Etrangères par quelques Missionaires de la Compagnie de Jésus*），简称《启示及珍奇书信集》（*Lettres édficiantes et curieuses*），共 34 册，32 开本，从 1702 年起在巴黎出版第一册至 1776 年出版最后一册，历时共 74 年。其中第 16 册至第 26 册（1781—1783）收集来自中国的通信，这部中国通信集是可与《中华帝国通志》及《中国论考》并称为有关中国的三大巨著。在《启示及珍奇书信集》第 26 册收录法国在华的耶稣会士宋君荣（Antoine Gaubil，1689-1759）的题为《中国天文学史》（*Histoire de l'astronomie Chinois*）的长篇通信（第 65—295 页），在此长达 230 页通信中，包括"《周髀》一书片段"（*Fragment du livre Tcheou-Pey*）。这是将《周髀算经》摘译成西文之始。宋君荣字奇英，1722 年来华，精通汉文和满文，对中国历史及古代天文学有深湛的研究。他曾将中国的古籍《诗经》、《书经》及《春秋》中的天象观测记录系统整理出来，向西方展示中国古代天文学的成就，这项工作具有重大的意义和影响。

19 世纪以来，法国汉学家毕瓯再次将《周髀算经》翻译成法文，题为《中国古书〈周髀〉之翻译及研究》（*Traduction et examen d'un ancien ouvrage Chinois intitule Tcheou-Peir*，*Littéralement：Style ou signal dans une circonférence*），1841 年 6 月发表在巴黎出版的《亚洲学报》（*Journal Asiatique*，3e Sér Vol. XI，pp. 593 – 639），同时又以 32 开单行本出版，共 49 页。接着，又在 1842 年 2 月号的《亚洲学报》（第 198—202 页）上发表了《补注》（*Note supplémentaire*），同时也以 32 开本 8 页单行本出版。毕瓯在 1803 年 7 月 2 日生于巴黎，1833 年任铁路工程师，但他决定进法兰西学院向汉学教授儒莲学习汉语，后在《亚洲学报》及《学艺杂志》（*Journal des Savants*）上发表很多研究中国科学史的文章，1847 年被选为文字学与文学研究院院士，他曾将《周礼》翻译成法文（1851），著有《中国科举史》（*Essai sur l'histoire de l'instruction publique en Chine*，Paris，1847）等书。

英国汉学家伟烈亚力（Alexander Wylie，1815 – 1887）在《中国科学随笔》（*Jottings on the science of the Chinese*）中更将《周髀算经》翻译成英文，发表在 1852 年出版的《北华捷报》或《华北论坛》（*North-China Herald*，108，August 21，1852，Nos. 111 – 113，116 – 117，119 – 121，Nov. 20，1852）。此文后又在 1853 年重印于《上海年鉴及杂著》（*Shanghai Almanac and Miscellany*）之中（共 22 页），又在 1864 年收录在伦敦出版的《中日文库》（*Chinese and Japanese Repository*，1864，Vol. I，pp. 411，448 & 494；Vol. II，pp. 22&29）。全文又由比尔纳茨基（K. L. Biernatzki）博士翻译成德文，题为《中国的算术》（*Die Arithmetik der Chinesen*），作为 1856 年在柏林出版的《克雷勒氏纯粹及应用数学杂志》卷 52，第 1 期特别追印本（Besonders abgedruckt aus *Crelle's Journal für die reine und angewandte Mathematik*，Band 52，Heft 1）（共 38 页）。翻译《周髀算经》的伟烈亚力早在伦敦时即自学汉文，1847 年来华，在上海从事出版工作，通晓法、德、俄、汉、满、蒙和藏等多种外国语文，学识渊博，走遍中国，1877 年因眼疾而返英伦，后卒于伦敦。他在华时与中国人合作翻译西方科学著作，对中国发展近代科学有很大的贡献，著《汉籍解显》（*Notes on Chinese Literature*，1867）、《满蒙文典》（*Manchou-Tartar Grammar*，1855）、《中国研究集》（*Chinese Researches*，1897）等。20 世纪初，意大利科学史家瓦卡（Giovanni Vacca，1872 – 1953）又将《周髀算经》翻译成意大利文，1904 年发表于《邦孔帕尼氏文献学及数理科学史通报》（*Boncompagni's Ballettino di Bibliografia e di Storia delle Scienze Matematiche e Fisiche*）第 7 期。由此可见，在清代《周髀算经》已被翻译成法文、英文、德文及意大利文。

7.《异域录》

《异域录》撰者图理琛（1667—1740）字瑶圃，姓阿额觉罗，满族人，清使者兼旅行家，监生出身。康熙五十一年（1712）以内阁侍读身份出使蒙古族土尔扈特部，从喀尔喀部出发，经俄国西伯利亚和伊尔库茨克等地，历时三年，行程四万里。1715 年回北京，将沿途道路、山川和民情记录下来，写成《异域录》二卷，康熙帝大加赞许。此书约三万余字，是中国第一部全面介绍俄国情况的地理学专著，许多内容都是古代舆地书没有载录的。图理琛后累官至陕西巡抚、吏部侍郎及内阁大学士，乾隆四年（1740）病逝。这部书首先引起在北京的法国耶稣会士宋君荣的注意。宋君荣在"中国人关于从北京至图波尔及从图波尔至土尔扈特部的行纪"（*Relation Chinoise contenant un itinéraire de Pékin à Tobol，et de Tobol au pays des Tourgouts*）一文摘译了《异域录》。他的译稿后来收入由苏西阿（E. Souciet）编辑的《耶稣会士据中国古书摘录或新近在印度及中国见闻作出的有关数学、天文、地理、纪年及科学方面的观察》（*Observations mathématiques，astronomiques，géographiques，chronologiques et physiques tirées des anciens livres Chinois ou faites nouvellement aux Indes et à la Chine par les Pères de la Compagnie de Jésu*）书中。该书书名很长，简称《观察》（*Observations*），分两卷 1729 年出版于巴黎。其中卷 1（第 148—180 页）收载宋君荣的法文译本《异域录》。原著现在所见的较早版本是雍正元年（1723）时的刊本，可见这书问世后不久即为宋君荣所看重，并且很快把它翻译成法文，在《观察》卷 1 中，除收录宋君荣的法译本《异域录》之外，并收录宋君荣的其他 25 篇文章，这些文章大多是属于中国天文学方面的内容，从先秦典籍中将资料汇集起来，再加以解说。宋君荣汉学造诣之深，亦为同时代的其他西士所敬佩，前文已曾述说，在此也就不赘。

由于《异域录》是记载有关俄国的情况，自然引起俄国人的注意，俄国汉学家列昂季耶夫（Алексей Леонтьевич Леонтьев，1716 - 1786）将其全文翻译成俄文，1782 年出版于圣彼得堡。书名为《中国使者出访土尔扈特汗行纪并对俄罗斯国土及民俗之叙述》（*Путешествие Китайского посланника ко Калмыцком Аюке Хану со описанием земли и оычаев Русских*）。书名中的 Калмыукий（加尔梅克）是俄国人的称呼，我们此处按中国习惯称为土尔扈特。这是《异域录》被译成俄文之始。

19 世纪初时，英国汉学家多马斯当东爵士（Sir GeorgeThomas Staunton，1781 - 1859）又将《异域录》翻译成英文，1821 年出版于伦敦。书名为《中国使者在 1712—1715 年出访蒙古族土尔扈特部汗行纪，在北京奉敕出版。译自汉文并附其余杂著译文》[1]。译者随其父斯当东（Sir George Leonard Staunton，1737 - 1801）作为马戛尔尼伯爵（Earl George Macartney，1737 - 1806）使团成员在 1792 年出访中国，1794 年离华。小斯当东在从英国启程来华途中学会汉语，是唯一能用官话和乾隆皇帝交谈的英国人。1798 年在东印度公司广州分行工作，1816 年任行长，曾将《大清律例》翻译成英文（1810），又有著作多种，是皇家亚洲学会（The Royal Asiatic Society）的创建者。

[1] *Staunton，G，T. Narrative of the Chinese Embassy to the Khan of the Tourgouth Tartars in the Years 1712，1713，1714 and 1715；by the Chinese Ambassador and published by the Emperor's authority，at Pekin. Translated from the Chinese，and accompanied by an Appendix of miscellaneous translations.* London，1821.

8.《群芳谱》

《群芳谱》撰者王象晋（约 1573—1640）字荩臣，号康宇，山东新城（今桓台）人，明代植物学家。万历三十二年（1604）中进士，授中书舍人，任浙江右布政使，转河南按察使，后弃官。1607 至 1627 年间在家乡务农，研究植物，其主要植物学作品是《群芳谱》28 卷，40 万字，在 1621 年出版。前述英国汉学家多马斯当东爵士在 1821 年发表《异域录》英译本时，书名末有下列一句："译自汉文并附其余杂著译文"（Translated from the Chinese，and accompanied by an appendix of miscellaneous translations），在该书书末附录三（Appendix Ⅲ）所附译文标题为《中国植物学著作〈群芳谱〉提要》（Extract from a Chinese botanical work or herbal，entitled Kuen-Fang-Poo），将《群芳谱·棉谱》内容摘译成英文，亦即此英文本（第 249—257 页）之内容。所翻译的是有关一年生植物棉花的种植及其功用。这部分还由另一位英国汉学家庄延龄（Edward Harper Parker，1849－1952）翻译成英文，题为"中国的棉花"（Cotton in China），1889 年发表于香港的《中国评论》卷 15 之中。随后此摘译本又被转译成意大利文，题为"中国棉业"（L'industria del cotone in Cina），1893 年刊于《世界地理》（Geografia per Tutti）卷 3，第 179—180 页。后再被转译成德文，名为"中国的棉花种植"（Die Baumwoll kultur in China），1901 年 8 月 1 日刊于《德国拓植报》（Deutsche Kolonialzeitung）第 307 页。1838 年法国汉学家儒莲在法国《科学院院报》（Comptes Rendus de l'Académie des Sciences）卷 7，第 703—704 页发表《中国提取蓼蓝染料的方法》（Procédés usités en Chine pour l'extraction de la matière colorante du Polygonum tinctorium），这是译自《天工开物·彰施》章、《群芳谱·卉谱》、《授时通考》及《便民图纂》中种蓝部分。

9.《真腊风土记》

《真腊风土记》撰者周达观（约 1266—1346），字达可，永嘉（今浙江温州）人，元代旅行家。元贞元年（1295）随元使节出使真腊（今柬埔寨），至大德元年（1297）返国。《真腊风土记》记载柬埔寨历史、地理及风土人情，具有较高学术价值，是域外地理学佳作之一。最早翻译此书的是 19 世纪初法国汉学家勒牡萨，勒牡萨的译本名为《柬埔寨王国概述，由 13 世纪末访问该国的中国旅行家所著，并自中国史书摘出关于该国的纪年说明》（Description du Royaume de Cambodge，par un voyageur Chinois qui a visité cetté contrée à la fin du treizième siècle；précédée d'une notice chronologique sur le même pays，extraite des annales de la Chine），1819 年收入巴黎出版的《旅行趣闻年鉴》（Nouvelles Annales des Voyages）之卷 3，后又载入勒牡萨的《亚洲杂著新编》（Nouveaux Mélanges Asiatiques）卷 1，1829 年刊于巴黎。20 世纪初，另一位法国汉学家伯希和的《真腊风土记》法文译注本在 1902 年发表于河内的《远东法兰西学院学报》（Bulletin de l'Ecole Française d'Extrême-Orient）卷 2，题为《周达观著柬埔寨风土记》（Mémoires sur les customes de Campodge de Tcheou Ta-kouen）。伯希和（Paul Pelliot，

1878－1945）早年在巴黎法兰西学院习汉语，通晓汉、蒙、藏、阿拉伯和波斯等十多种东西方语言，研究中西交通史。1900 年到河内任教于远东法兰西学院，次年升为教授。1902 年在北京法国使馆任职，1908 年到敦煌掠取古代写经五千卷，1911 年任巴黎法兰西学院汉语教授，又主编汉学刊物《通报》（*T'oung Pao*），著《敦煌千佛洞》（*Les Grottes de Touen-houang*，1920－1926）及《马可波罗行纪校注》（*Marco Polo*，1938）等书。

10.《天工开物》

《天工开物》撰者宋应星（1587—约 1666）字长庚，江西奉新人，明末科学家兼思想家，万历四十三年（1615）举人，五上公车不第，于是弃儒而转向实学。他所著的《天工开物》刊于崇祯十年（1637），共三卷十八章，六万二千字，有插图 123 幅。这部书全面论述中国传统工业及农业技术，作系统性总结，所涉及生产部门达三十多种，其中包括许多重要发明和创造，是中国科学史中重要代表作。关于此书在海外之流传，本章第二节论《天工开物》在世界各地的传播中已详细介绍，这里再重述一下，以保证本节的完整性。翻译《天工开物》的工作在 19 世纪几乎全出于法国汉学家儒莲一人之手，其他外文译作都是据儒莲译文再转译的。1830 年儒莲首先将《天工开物·丹青》章论银朱制造部分译成法文，题为"论中国银朱。译自汉文并摘自名为天工开物的技术百科全书"（*Sur le vermillon Chinois. Traduit du Chinois et extrait d'une encyclopédie technologique intitulée Thien-Koung-Kai-Wu ou Exposition des merveilles de la nature et des arts*），发表于巴黎《新亚洲学报》（*Nouveau Journal Asiatique*）卷 5，第 205—213 页。这是《天工开物》被译成西文之始。译者将《天工开物》理解为"对自然界奇妙行为及人类技艺的阐明"（Exposition des merveilles de la nature et des arts），又将该书称为"技术百科全书"（Encyclopédie technologique），此种理解及评价对一百六十年前的西方人来说，可谓精确至极，难能可贵。此法文译文刊出后不久，1832 年 4 月第 1 卷《孟加拉亚洲学会会报》（*Journal of the Asiatic Society of Bengal*）第 151—153 页便将其转译为英文，题为"论中国银朱。由儒莲将《天工开物》或对自然界奇妙行为及人类技艺之阐明的中国技术百科全书译成法文。转译自《新亚洲学报》"[1]。儒莲又翻译了《丹青》章论制墨技术，题为"中国人制墨方法"（*Procédés des Chinois pour la fabrication de l'encre*），1833 年刊于权威化学刊物《化学年鉴》（*Annales de Chmie*）53 卷，第 308—315 页。至此，该章主要内容全部译成外文，同年儒莲又将《锤锻》章论铜合金及钲镯制造技术译出，题为"中国人的冶金技术——铜合金、白铜及钲镯制造"（*Métallurgie des Chinois-Alliages du cuivre，cuiure blanc，gongs et tamtams*），发表在《化学年鉴》1833 年 11 月号中。

----

〔1〕　*On Chinese vermilion. Translated into French from a Chinese Technologic Encyclopaedia，entitled Thian-Koung-Kai-Wu，or Exposition of the wonders of nature and the arts；by Stanislas Julien，From the Noureau Journal Asiatique.*

T'IEN-KUNG
K'AI-WU

CHINESE TECHNOLOGY
IN THE
SEVENTEENTH
CENTURY

by Sung Ying-Hsing

Translated by
E-TU ZEN SUN and SHIOU-CHUAN SUN

THE PENNSYLVANIA STATE UNIVERSITY PRESS
UNIVERSITY PARK AND LONDON 1966

**图 1—18 《天工开物》英文译注本
(1966) 扉页**

上述儒莲的译文又被转为英文，题为"中国人制钲镯方法"（*Chinese method of making gongs and cymbols*），1834 年刊于《孟加拉亚洲学会学报》卷 3，第 595—596 页。1847 年该法文译文又被转载于巴黎《科学院院报》卷 24，第 1069—1070 页，而且注明"摘自宋应星在 1637 年出版的小百科全书《天工开物》"（Extrait de la petite encylclopédie *Tien-Koung-Kai-Wu*，publiée en 1637 par Song Ings-ing）。德国化学家又将法译文转译为德文，刊在《应用化学杂志》（*Journal für Praktischen Chemie*）1847 年卷 41，第 284—285 页。儒莲所译的《天工开物·乃服》章养蚕技术的情况，将在下面论《授时通考》时介绍，而他所译的《彰施》章提制蓝染料一文，已于前《群芳谱》一节中提过，这里便不列举了。从 1840 年起儒莲转向另一个重要课题的翻译，此时他翻译了《天工开物·杀青》章造纸部分，题为"中国人造纸方法概述；译自中国书《天工开物》"（Description des procédés des Chinois pour la fabrication du papier. Traduite de l'ouvrage Chinois，intitulé Thien-Kong-Kai-Wu），刊于《科学院院报》1840 年卷 10，第 697—703 页。该文又以"中国造纸工业"（*Industrie Chinois. Fabrication du papier*）为题转载于巴黎《东方评论》（*Revue de l'Orient*）1846 年卷 11，第 20—25 页。

儒莲从《天工开物》中摘译的论造纸、银朱及金属工艺方面的作品，还被收入法国汉学家巴新懋（Antoine Pierre Louis Bazin，1799 - 1863）所编的《近代中国，或依据中国文献编写的该大帝国历史、地理及艺文志》（*Chine moderne，ou Description historique，gégraphique et literature de ce vaste empire，d'après des documents Chinois*）或简称《近代中国》（*Chine moderne*）卷 2 的工业部分中，该卷在 1853 年出版于巴黎，32 开本。第 1 卷由卜铁（Jean Pierre Guillame Pauthier，1801 - 1873）编辑，在 1873 年出版。由此可见，《天工开物》中的《丹青》、《锤锻》、《五金》、《乃服》、《彰施》及《杀青》等章在 1830 至 1840 年间都被译成法文，其中有些篇章还被转译成英、德、俄和意大利文。后来儒莲又与科学家尚皮翁（Paul Champion，1838 - 1884）合作，扩大翻译范围，并加译注，完成一部书题为《依据汉籍译注而编写的中华帝国工业之今昔》（*Industries anciennes et modernes de l'Empire Chinois d'après des notices traduites du Chinois*），1869 年出版于巴黎，32 开本，正文共 254 页，附有插图。此书除上述有关的篇章内容外，尚有《作咸》（制盐）、《陶埏》（陶瓷）和《燔石》（煤、石灰及非金属矿烧炼）等内容。此书出版后，又影响到后来不少其他著作的出现。这些译作在欧洲各界都产生广泛的影响。

11.《佛国记》

《佛国记》撰者法显（约 337—422），俗姓龚，平阳武阳（今山西襄垣）人，东晋佛教高僧，旅行家兼翻译家，又是中国僧人至天竺（印度）留学的先驱者。他在东晋安帝隆安三年（399）自长安出发西行求法，渡流沙，越葱岭，遍游天竺各地，后至狮子国（今斯里兰卡）及今印度尼西亚爪哇，义熙八年（412）经海路返回青州（今山东青岛），前后十四年游历三十余国，带回很多梵本佛经。又对所经诸国的山川风物作了介绍，成《佛国记》一卷，此书又名《历游天竺记传》，是古代地理名著，也是研究印度及西域南海诸国的重要史籍。最早翻译此书的是法国汉学家勒牡萨，其译本题为《佛国记：释法显于四世纪末在疏勒、阿富汗及印度的旅行记》（*Foe-Koue-Ki ou Relation des Royaumes Bouddhiques：Voyages dans la Tartarie，dans l'Afghanistan et dans l'Inde，exécute à la fin du 4e siècle，par Chy Fa Hian*）。勒牡萨在译本中还加了译注，但未及出版便在 1832 年逝世，其遗稿由德国汉学家葛拉堡（Heinrich Julius Klaproth，1783 - 1835）以及朗德雷斯（Landresse）整理校订，补充注释，1836 年出版于巴黎。此法文译注本后又配上插图，收录在沙尔东（Edouard Thomas Charton，1807 - 1890）编辑的《古今旅行家》（*Voyageurs Anciens et Modernes*）卷 1，1862 年出版于巴黎，全书共 424 页。法文译注本又由英国赖德雷（J. W. Laidlay）译成英文，名为《法显求法记，译自勒牡萨、葛拉堡及朗德雷斯的〈佛国记〉法文本，附补注及插图》（*The pilgrimage of Fa Hian，from the French edition of the Foe-Koue-Ki of M. M. Rémusat，Klaproth and Landresse，with additional notes and illustrations*），1848 年出版于印度加尔各答（Calcutta）。后来英国汉学家毕守礼（Samuel Beal，1825 - 1889）也将《佛国记》译成英文，题为《佛僧法显及宋云于 400 及 518 年自中国至印度求法行纪》（*Travels of Fah Hian and Sung Yun，Buddhist Pilgrims from China to India，in 400 and 518*），1869 年出版于伦敦，共 208 页。这是英国人直接自汉籍翻译的本子。1843 年来华的英国汉学家理雅各（James Legge，1814 - 1897）的译本《佛国记，中国僧人法显 399 至 414 年在印度及锡兰寻求佛经戒律的旅行记》（*A record of Buddhistic kingdoms. Being an account of the Chinese monk Fa Hien of his travels in India and Ceylon in 399 - 414 in search of the Buddhist books of discipline*）1886 年出版于牛津，全书共 123 页。

12.《授时通考》

清乾隆二年（1737）内廷南书房及武英殿翰林奉敕收集古代农书记载，再分类汇编。乾隆七年（1742）成书，御题为《授时通考》。全书共 78 卷，分天时、土宜、谷种、功作、劝课、蓄聚、农余及蚕桑等八门，包括古代农业各方面所取得的成就，并附有大量插图，是一部结构较为严密的大型农书汇编。该书由兵部尚书兼保和殿大学士鄂尔泰（1677—1745）伯爵、吏部尚书和翰林院掌院兼保和殿大学士张廷玉（1672—1755）两位

**图 1—19　《授时通考·蚕桑》门 1837 年
法文本插图**

内阁重臣任主编，书首有乾隆帝御制《序》，故旧题《钦定授时通考》，属官修著作。首先翻译此书的是法国汉学家儒莲，他将此书卷七十二至卷七十八《蚕桑》门摘译成法文（图 1—19）。在《授时通考》这一篇中，主要收录《齐民要术》（约 538）、《农桑辑要》（1273）、《天工开物》（1637）及《农政全书》（1640）的内容，此外，也引《士农必用》及《农桑通诀》。因法译文篇幅较大，故决定出单行本，书名为《论植桑养蚕的主要中国著作提要》（*Résumé des principaux traités Chinois sur la culture des mûriers et l'éducation des vers à soie*）。此书是儒莲奉法国政府工部及农商部部长之命而翻译的，1837 年由巴黎皇家印刷厂（Imprimerie Royale）出版，也是官刊本。全书是大 32 开精装本，《序论》23 页，正文 224 页，插图 10 幅。《序论》由博韦（Camille Beauvais）所写，书首还有儒莲弟子毕瓯执笔介绍中国养蚕区气温的材料。接下是正文论植桑及养蚕技术，书末《附录》（第 169—187 页）又单独译出《天工开物·乃服》章植桑养蚕部分，更附有 18 世纪法国在华耶稣会士汤执中（Pierre d'Encaville，1706 - 1757）写的《家蚕饲养》[1]，这是据在华时见闻而写成的。《钦定授时通考》被称为《农业通考》（*King-Ting Cheou-Chi Thong-Kao ou Examen général de l'agriculture*）。在法文本扉页上，还用铅字排印出四个汉字：《桑蚕辑要》，实际上是儒莲自己为他这部法文译作而取的汉名，并非意味底本即有此名。有人说这是译自高铨的《桑蚕辑要》[2]，实属因未见法文原本而产生的误解。儒莲这个译本提要还收入法国汉学家德理文（Baron Léon d'Hervey Saint-Denys，1823 - 1918）的《中国农业及园艺之研究》（*Recherches sur l'agriculture et l'horticulture des Chinois*）一书的第 72—76 页，1850 年出版于巴黎。

在《授时通考》法文摘译本出版的同年（1837），其意大利文本便以极快速度在都灵（Torino）出版。扉页上印有下列文字："桑蚕辑要。依据中国人方法的植桑养蚕技术。由

---

〔1〕　d'Incaville, P. Élevage des vers à soie, *Mémoires concernant les Chinois*. Vol. 2，Paris，1777. pp. 579 -601.

〔2〕　王尔敏：《中国文献西译书目》，台北：商务印书馆 1975 年版，第 479—550 页。

法国皇家学士院学士儒莲译成法文的若干中国著作提要。由医学博士、都灵农业试验场场长、法国皇家学士院学士博纳富斯翻译成意大利文，并加注释及实验。都灵：庞巴出版社，1837 年。"（*Dell'Arte di coltivare i Gelsi e di governare i bachi da seta secondo il metodo Cinese • Sunto di libri Cinesi tradotto in Francese da Stanislao Julien，membro del Real Instituto di Francia*. Versione Italiana con note e sperimenti del Cavaliere Mattes Bonatous，doctore in medicina，direttore dell'Orto Agrario di Torino，socio del Real Instituto di Francia. Torino：Coi tipi di Giuseppe Pomba e C. 1837）。北京图书馆藏有此本，亦是大 32 开精装本，前言共 8 页，正文 208 页，有插图 10 幅。此本的特色是：由于译者是养蚕专家，故对法文本增加不少技术注释。在 1837 年同一年间，德文本在斯图加特及杜宾根出版，扉页上将汉字书名删去，其全文为："论植桑养蚕，由儒莲自汉文译成法文。由弗里德里希•路德维希•林德纳奉符腾堡王国国王陛下敕命自法文译出并修订。斯图加特及杜宾根，1837 年。"[1] 1844 年德文本刊行第二版，补充了默格林（Theodor Moegling）写的附注。

　　1838 年儒莲的法文本再被译成英文，由美国首都华盛顿的福尔斯出版社出版，书名为《论植桑养蚕主要中国著作提要，译自汉文》（*Summary of the principal Chinese treatises upon the culture of mulberry and rearing of silkworms*. Translated from the Chinese，Washington：Peter Force，1838），32 开本，共 198 页，插图 10 幅。1840 年圣彼得堡又出版了俄文本，亦是译自法文本，扉页上印有："论中国养蚕术，中国原著提要。由儒莲自汉文译成法文。奉财政大臣先生之命译成俄文，并由工商部出版。圣彼得堡，1840 年。"[2] 此俄文本是大 32 开精装本，共 202 页，第 17—91 页为植桑，第 92—202 页为养蚕。此本收录了意大利文本博纳富斯的实验资料。儒莲的法译还被转译成希腊文，1847 年在巴黎出版。穆哈默德•阿里（Mohemet Ali）作为统治埃及的帕夏（Pacha，指伊斯兰国家首脑），又下令将儒莲译本再翻译成阿拉伯文出版。

　　因此，我们看到自从儒莲将《授时通考》中卷七十二至卷七十八《蚕桑》门译成法文在 1837 年出版以来，十年之间内便转译成意大利文、德文、英文、俄文、希腊文及阿拉伯文，以七种文字出版。其中法、德、俄、阿文都是奉政府部长或统治者之命而翻译出版的官刊本。在如此短时期内出版多种语文译本，可以说打破了汉籍西译史中的空前纪录。儒莲又将《授时通考》卷三十《谷种》门论麻部分翻译成法文，题为"论纺织用植物苎麻或 *Urtica nivea*。译自钦定中国农书"（*Sur la plante textile Tchou-ma Urtici nivea. Traduit du Traité Impérial d'Agriculture Chinois*），1856 年发表于巴黎出版的《风土适应学会会报》（*Bulletin de la Société d'Acclimation*）卷 3，第 186—189 页。此处需略作解释，

---

　　〔1〕 *Ueber Maulbeerbaumzucht und Erziehung der Seidenraupen，aus dem Chinesischen ins Französische übersetzt von Stanislaus Julien*. Auf Befehl Seiner Majestät des Königs von Würtemberg aus dem Französischen，übersetzt und bearbeitet von Friedrich Ludwig Lindner. Stuttgart und Tübingen. 1837.

　　〔2〕 *О Кимайском шелководстве извлеченно чз подленных Китайских социнений. Переведенно с кптайского на французcкий язык С. Жюльеном. Переведенно на Русский язык ло приказанию Г. Минисмера финансов，изданно от Делармемента Мануфакмур и Внумренней торгодли*. Санкм-Пемербург，1840.

在儒莲时代，苎麻拉丁学名为 *Urtica nivea*，将其列入荨麻料荨麻属（Urtica），但现在已归荨麻科苎麻属（Boehmeria），故苎麻学名今为 *Boehmeria nivea*。法国亚洲学会及风土适应学会会员欧仁·埃尔曼·德梅里唐（Eugène Herman de Méritens）又将《授时通考》卷二十《谷种门·稻》译成法文，题为："论水稻，译自百科全书《授时通考》卷二十"（*Mémoire sur le riz sec，traduit en partie de l'Encyclopédie Cheou-Chi-Tong-Kao*，Libre 20），1855 年刊于《风土适应学会会报》卷 2，第 275—289 页。其中介绍了康熙帝亲自培育出的优秀稻种"御稻米"。

13.《算法统宗》

《算法统宗》撰者程大位（1533—1606），字汝思，号宾渠，新安（今安徽休宁）人，明代数学家。明中叶以后商品经济发展，使商业数学较前占更重要的地位。为简化计算方法，一般人普遍应用珠算，以取代传统的筹算。珠算术在宋元之际已产生，程大位的《算法统宗》十七卷即以《九章算术》标目，对 595 个应用数学问题，以珠算盘进行计算求解，同时最早用珠算法开平方及立方。此书成于万历二十年（1592），并在当年付梓。中国算盘传到东西方各国后，也广为应用，而且直到 20 世纪仍未淘汰，笔者 1989 年在莫斯科第一百货商店购物时，看到营业员仍用算盘结账。

西方最早翻译《算法统宗》的是法国汉学家毕瓯。关于毕瓯，前面已作介绍。他的译文题为《中国著作算法统宗总目》（*Table générale d'un ouvrage Chinois intitulé Souan-Fa-Tong-Tsong，ouTraité complet de l'art de compter*）。除翻译外，还有毕瓯的分析。该文 1839 年发表于《亚洲学报》（*Journal Asiatique*，1839，3ᵉ Sér，Vol. Ⅲ，pp. 193 et seq.）。同年又以 32 开共 27 页的单行本形式出版。毕瓯还在《亚洲学报》1835 年 5 月号发表论《算法统宗》中的"巴斯加三角"（Pascal's Triangle）的介绍文章。由于他这篇作品的发表，影响到以英、法、德和俄文写成的论中国珠算术及算盘的作品相继出现。

14.《蚕桑合编》

《蚕桑合编》一书较为稀见，此书不载于王毓瑚（1907—1980）先生《中国农学书录》（中华书局，1957）。中国科学院图书馆藏有《蚕桑合编》一卷，附《蚕桑说略》一卷，题清人何时安等撰，刊于同治十年（1871），似非此处所指者，因成书及刊年过晚。多年来我们一直访求此书，迄未见原著。但该书英文版称由文柱刊行，文柱当时在江苏任理财官员（Treasurer），为在本省推广蚕桑业而出版此书（303 页）。此书由英国人萧氏翻译成英文，名为《论种桑养蚕。译自蚕桑合编》（*Cultivation of the mulberry and rearing silk worms. Translated from the Tsan-Sang-Hoh-Pien*），译文发表于 1865 年 2 月号的《中日评论》（*China and Japan Review*），又刊于《汉学文库》卷 18，第 303—314 页。《中日评论》出版于香港，而《汉学文库》则在广州创刊于 1832 年，卷 18 可能出版于 1849 年，此《中日评论》先刊登译文。

15.《耕织图》

《耕织图》为《御制耕织图》之简称，由清圣祖玄烨御撰，成书于康熙三十五年（1696）。该书收载农业耕种及养蚕、纺织图各 23 幅，每幅图都有康熙帝御制诗一首，对图的内容加以说明，可以说是科学题材的诗。大体上，各图均按内府收藏的宋代人楼璹（1090？—1162）《耕织图》绘制，由宫廷画师焦秉贞（1650—1722 在世）精加描绘，朱圭（1643—1718）刻版，反映中国古代农业生产、工具及纺织技术实态。该书图诗并茂，印刷精美，深受国内外人士喜爱。19 世纪时，此书被翻译成法文，名为《农耕与纺织图咏——重农桑以足衣食。中国的农业》（*Description de l'agriculture et du tissage-Tsong-nong-sang-i-tsou-i-shi. Agriculture de la Chine*），1850 年出版于巴黎，32 开本，共 142 页，其中第 91—135 页为 23 幅插图。译者伊西多尔·埃德（Isidore Hedde）1843 至 1846 年间在中国任法国农商部驻华代表。1843 年他随法国外交特使拉尊泥（Theodre Marie Meichior Joseph de Lagrene，1800 - 1862）率领的使团来华，1846 年回国。埃德的《御制耕织图》法文译本出版后，再转译成德文，题为《中国的农业。译自法文。附二十幅木板图》（*Der Ackerbau in China. Nach dem Franz.* Mit 20 Holzschn.），1856 年分两册出版于莱比锡，32 开本。顺便一提的是：20 世纪时《耕织图》被德国汉学家傅兰阁（Otto Franke，1862 - 1946）直接从汉文全译成德文，题为《耕织图。中国农耕及丝织。一部御制的劝农书》（*Kêeng-tschi t'uo. Ackerbau und Seidenge-Winnung in China. Ein kaiserliches Lehr-und Mahn-Buch*），1913 年出版于汉堡，32 开精装本，共 194 页附有原著中的 57 幅插图及 102 幅本板图，更有译者考证及注释。这是最为完备的译本，受到各国注意。

16.《通天晓》

《通天晓》一书写于 18 世纪末，和《蚕桑合编》一样，亦较为稀见，据英文译者哈兰（W. A. Harland）博士在译文内称，这是一部实用小百科全书，共四卷，初刊于嘉庆二十一年（1816），在广州出版。又说此后曾再版，最后一版刊于咸丰七年（1857）；然而笔者藏有一部同治二年（1863）重刊本，书名《重订通天晓全编》，由古经堂藏板，署名纕堂偶编。全书共五卷十八门，包括医药、饮食、农业、建筑、器物、文房和冠服等各方面，记有许多有用的奇方。哈兰将书中卷三部分内容翻译成英文，题为"磁针及银朱之制造。〈通天晓〉提要"（*Manufacture of magnetic needles and vermilion. Extracts from the Tung-Teen-Shaou*）。译文首先在 1850 年 9 月 23 日于皇家亚洲学会中国分会上宣读，接着发表在《皇家亚洲学会中国分会会报》（*Transactions of the China Branch of the Royal Asiatic Society*，1850，No. Ⅱ，Art. Ⅱ，pp. 163 - 164），此学会是 1847 年初，在香港的英国人在当时香港总督德庇时爵士（Sir John Francis Davis，1759 - 1890）支持下成立的，会刊始于 1847 年至 1859 年，出版了六册后停刊。

HISTOIRE ET FABRICATION

DE LA

PORCELAINE CHINOISE.

OUVRAGE TRADUIT DU CHINOIS

PAR M. STANISLAS JULIEN,

MEMBRE DE L'INSTITUT,

Correspondant des Académies de Berlin et de Saint-Pétersbourg, Professeur de langue et de littérature chinoise et tartare-mandchou, Administrateur du Collège de France, Conservateur-adjoint à la Bibliothèque impériale, Officier de la Légion d'honneur, des Ordres de Saint-Stanislas (2e classe), de l'Aigle-Rouge (3e classe) et des Saints Maurice et Lazare, etc.;

ACCOMPAGNÉ DE NOTES ET D'ADDITIONS

PAR M. ALPHONSE SALVÉTAT,

Chimiste de la Manufacture impériale de Porcelaine de Sèvres, Professeur à l'École centrale des Arts et Manufactures, Membre suppléant dans la Commission française pour l'Exposition universelle de Londres, Membre titulaire du Jury à l'Exposition universelle de Paris, Chevalier de la Légion d'honneur;

ET AUGMENTÉ D'UN

MÉMOIRE SUR LA PORCELAINE DU JAPON,

TRADUIT DU JAPONAIS

PAR M. LE DOCTEUR J. HOFFMANN,

PROFESSEUR À LEYDE,

Interprète du Gouvernement des Indes Néerlandaises pour la langue japonaise

PARIS,

MALLET-BACHELIER, IMPRIMEUR-LIBRAIRE

DU BUREAU DES LONGITUDES, DE L'ÉCOLE IMPÉRIALE POLYTECHNIQUE,

Quai des Augustins, 55.

1856

(Les Auteurs et l'Éditeur de cet ouvrage se réservent le droit de traduction.)

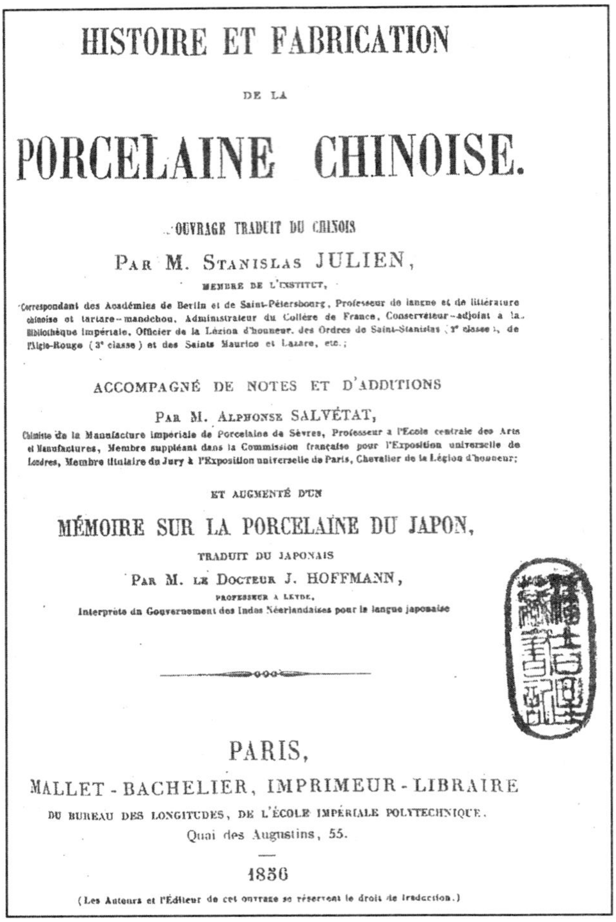

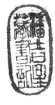

图 1—20　《景德镇陶录》1856 年法文译本扉页

潘吉星藏

17.《景德镇陶录》

《景德镇陶录》一书共十卷，刊于嘉庆二十年（1815），由蓝浦（字滨南，1775—1840 在世）撰、郑廷桂（字问谷）补辑。这是中国少有的论造瓷器的专著，主要记载景德镇制瓷历史及现状，也包括其他地区瓷史，同时涉及各种瓷的制造技术，卷首更附有插图描绘制瓷过程。此书首先由法国汉学家儒莲译成法文，译本名为《中国瓷器历史及制造。译自中国著作》（*Histoire et fabrication de la porcelaine Chinoise. ouvrage traduit du Chinois*），1856 年由巴黎皇家印刷厂出版（图 1—20），大 32 开精装本，共 320 页。法文译本的书首有儒莲的译序和塞佛勒皇家制瓷厂（Manufacture Impériale de Porcelaine de Sevres）化学师萨勒佛塔（Alphonse Salvétat）的技术补注，接下是汉著序及跋。正文中有古瓷考、景德镇制瓷起源及制瓷考、制瓷过程说明、瓷品名目、瓷的各种釉料成分、绘瓷所用颜料和制瓷总的说明等内容。这与原著各卷内容是一致的，原著卷一为《图说》，以下各卷讨论景德镇历代窑考源起、陶仿条目、陶务方略、景德镇历代窑考，各地窑考及陶说杂编等。本书第 227—296 页为荷夫曼（Johann Joseph Hoffmann，1805－1878）博士从《日本山海名物图会》（1799）日文本中译出制瓷部分，题为《日本瓷制造原理》（*Mémoire sur les principales fabriques de porcelaince au Japan*），书末有汉法名词词汇。总目中还标明有十四幅插图，但我所藏的 1856 年法文原版中，却不见插图。有趣的是，法文原版扉页前又印汉文扉页："［奥］尔梁翰林院儒莲译，丹家造作先生萨勒佛塔补注。景德镇陶录（小篆体）。咸丰丙辰年聚珍板印。帕哩（巴黎）城玛勒—巴舍烈书肆发客"。最后一句是指位于玛勒—巴舍烈（Mallet-Bachelier）的皇家印刷厂。萨勒佛塔在补注中列出了他对中国瓷的化学成分分析数据。

18.《大唐西域记》

《大唐西域记》撰者玄奘（602—664），出家前名陈祎，洛州缑氏（今河南偃师）人，俗称唐僧，通称三藏法师，佛教法相宗创始人，唐代大佛学家、旅行家和翻译家。为了前往佛教圣地天竺（印度）寻找经典，玄奘在唐太宗贞观元年（627）自长安随商队西行，628 年纵贯中亚南部及今阿富汗，又入今巴基斯坦而至迦湿弥罗。再循印度北部东南行，途经今尼泊尔。631 年至摩揭陀，入印度佛教最高学府那烂陀寺。再遍游五印度（天竺），645 年回长安，历时 19 年，跋涉五万余里的世界著名的旅行。返国后次年即贞观二十年（646）完成《大唐西域记》12 卷，书中记载了求法经历及闻见的 138 个城邦、地区及国家历史、地理、交通、物产、政治、经济、宗教、文化及民情，共十二万字，是研究中亚、印度、尼泊尔、巴基斯坦等国和地区的经典地理学名著。最早翻译此书的是法国博学的汉学家儒莲学士，他的译本名为《大唐西域记，或西域列国行纪》（*Ta-Tang Si-Yu-Ki ou Memoires sur les Contrées Occidentales*），分两卷在 1857 年由巴黎皇家印刷厂出版。扉页印上有"玄奘在 629 年至 645 年自梵文译成汉文，儒莲先生再由汉文转译为法文"（traduit du Sanscrit en Chinois, en l'an 629 jusqu'en 645 par Hiouen-thsang, et du Chinois en Français par M. Stanislas Julien）的字样。这是一件极艰巨的翻译工作，因为必须把玄奘按梵文发音译出的汉文专有名词，译回梵文，再拼成相应的法文，同时要通晓佛学以及中亚和印度等地区的历史地理，当然更须精通古汉文。看来在当时只有儒莲具备这些条件，所以他便义不容辞地承担这一项重任，为后来各西方学者翻译玄奘的著作打下基础。

在儒莲法译本出版后，俄国学者克拉索夫斯基（В. И. Классовский）将《大唐西域记》译成俄文，名为《玄奘行传及其于公元 629 至 645 年在印度的游历》（*История жизни Гюен Цзанга и его странствование во Индии между 629 и 645 годами нашего летосчисления*），1862 年发表于圣彼得堡出版的《俄罗斯帝国地理学会会报》（*Вестник Имперского Русского Географического Общества*）第 4 卷中。从玄奘的俄语拼音中，清楚看出是按儒莲所提供的旧式法文拼音译出来的，即 Hiouen Thsang→Гюен Цзанг。这说明克拉索夫斯基是一位精通法文的地理学家，然而他并不通晓汉文。他只能按法文逐字对译，而这便不是汉字的规范俄语拼音了。规范的俄文音译应当拼作 Сюань Цзан。此俄文本当是据儒莲法文本作摘译性介绍。

19 世纪 80 年代，英国汉学家毕守理（Samuel Beal，1825－1889）晚年时参考儒莲的法译本，再直接从汉文将《大唐西域记》翻译成英文，题为《西域记·译自玄奘的汉文原著》（*Si Yu-Ki or Buddhist Records of the Western World*，*Translated from the Chinese of Hiuen Tsang*），也分两卷在 1884 年由伦敦特鲁布纳（Trübner）书店出版。1906 年发行第二版。因毕守理精通汉文，他用英文拼出汉文字音较为准确。毕守理 1852 年来华，担任翻译工作，专门研究中国佛学。返国后任伦敦大学汉文教授，著《中国佛教》（*Buddhism in China*，1884），译《法显、宋云行纪》（*The Travels of Fah-hsien and Sung Yun*，1869）。由他翻译的《大唐西域记》当为上乘译作。20 世纪初，英国驻华领事官及汉学家瓦特斯（Thomas Watters，1840－1901）再将《大唐西域记》重新译成英文，题为《论玄奘在印度的旅行记》（*On Yuen Chwang's Travels in India*），未待出版，瓦特斯在 1901 年病逝。其遗稿由德维士（T. W. R，Davis）及卜士礼（S. W. Bushell）整理后，第 1 卷 1904 年在伦敦出版，附有两幅地图，共 401 页；第 2 卷共 357 页，1905 年出版。

19.《滇南矿厂图略》（1843）

《滇南矿厂图略》撰者吴其濬（1789—1846）字瀹斋，号吉兰，河南固始人，清代植物学家。吴其濬为嘉庆二十二年（1817）状元，授翰林院修撰，道光十七年（1837）任兵部左侍郎，转江西学政，旋升任湖广总督和湖南巡抚，1843 年改任浙江巡抚，转云南巡抚和云贵总督，1845 年调福建和山西任巡抚，1846 年以疾归。虽然他出任为高级官吏，但在各地宦居及游历期间坚持对科学技术的研究，并着布衣进行专门调查采访。在云南任内写成《滇南矿厂图略》一书，成于 1844 年，书中详细记载了云南开矿历史沿革、采矿冶金技术及生产工具，附有插图，论述铜矿、银矿开采及冶炼等方面特别详尽。此外，他晚年还著成一部重要植物学专著《植物名实图考》，此书在作者逝世后在 1848 年出版。《滇南矿厂图略》由中国学者托马·葛（Thomas Ko）翻译成法文，有关托马·葛的汉名及事迹都不详。其译本题为《滇南矿厂图略，或云南省矿业详论》（*Tien-nan Kouang-tchang Tou-lio ou Traité détaillé des Minerais et des Mines du Royaume de Tien aujourd'hui Province de Yun-nan*），由法国人安业（Marie Joseph François Garnier，1839－1873）作注。安业为法国军官，1862 年起在越南西贡工作，1866 年随特拉格来（Doudart de Lagree，？－1816）探险队调查湄公河，进入中国境内，途经云南、四川到上海。《滇南矿厂图略》法文译本收入安业的《印度支那探险旅行记》（*Voyage d'exploration en Indo-Chine*）一书的卷 2，第 171—281 页，此书共两卷，1873 年出版于巴黎，32 开本。

20.《山海经》

《山海经》是中国古代地理学名著，今本十八卷，约三万字，原图已佚，今图为后人补绘。其中《山经》成书不迟于战国（前 5—前 3 世纪），《海经》则成书于秦汉之际（前 3 世纪）。另加有《水经》，此为魏晋时（3—4 世纪）作品。记事以山海和地理为纲，涉及上古至周代的历史、民族、神话、物产和医药等，计山 5370 条，河三百余条、矿物七十至八十种、植物 130 种、动物 260 余种，地域广及中国、卜亚和东亚广大地区，具有丰富科学内容。法国汉学家比尔努夫（Emile Burnouf）1875 年在巴黎出版 32 开单行本，题为《山海经·卷二西山经。首次译自汉文原著》（*Le Chan Hai-King，Ou Livre des Montagnes et des Mers，Livre Ⅱ，Montagnes de l'ouest. Traduit pour la première fois sur le texte Chinois*）。这是《山海经》被翻译成西文之始。此后，法国的日本学家普鲁诺尔·德罗尼（Léon Louis Lucien Prunol de Rosny，1837－1916）的译本以《山海经，中国古代地理学著作，首次译自原著》（*Chan-Hai-King. —Le Livre des Montagnes，et des*

Eaux，antique géographie Chinoise，traduite pour la première fois sur le texte origi-nal），发表在巴黎的《日本研究会会志》（*Mémoire de la Société des Études Japonais*）1885 年 4 月，卷 4，第 81—114 页；1886 年 1 月，卷 5，第 23—47 页；1886 年 11 月，卷 3，第 232—259 页及 1887 年 12 月卷 4，第 238—249 页。上述德罗尼的译文更继续发表于《莲花杂志》（*Le Lotus*）1889 年 4 月，第 65—93 页，同年 7 月第 167—191 页、12 月号第 210—247 页；1890 年 4 月号，第 65—91 页，12 月第 213—246 页；1891 年，第 109、第 176、193 页及 1892 年卷 17，第 54—64 页。此译者 1868 年起任日本语教授，1886 年起任巴黎高等研究学院（École des Hautes Études）副院长。他的译本后来出版了单行本。德国汉学家艾德（Ernest Johann Eitel，1838 - 1908），1893 年在《中国评论》卷 17，第 6 期，第 330—348 页发表《山海经序，译自原著》（*Prolegomena to the Shan-Hai-King，translated from the original sources*），将《山海经》两个序翻译成英文。当时艾德任香港政府学校视察兼港督秘书，编辑《中国评论》。

21.《医宗金鉴》

《医宗金鉴》撰者吴谦（1690—1762 在世）字六吉，清代安徽歙县人，以诸生肄业于北京太医院，官至太医院院判，供奉内廷。乾隆四年（1739）敕令征集天下医学秘籍及世传良方，分类编辑，去杂取精，以吴谦为总修官，乾隆七年（1742）成书 90 卷，御题《医宗金鉴》，同年由武英殿刊行。这是一部官修优秀医学大成，包括各科心法要诀。1901 年荷兰汉学家范韦陀（B. A. J. van Wettum）将《医宗金鉴》中论斑疹部分翻译成英文，题为《中国人对斑疹的看法，译自殿版医宗金鉴之一卷》（*A Chinese opinion on lepro-sy. Being a translatin of a chapter from the Medical Standard Work* 《御纂医宗金鉴》，*Imperial Edition of the Golden Mirror for the Medical Class*），发表于荷兰出版的国际性汉学刊物《通报》（*T'oung Pao*，1901，2ᵉ Sér.，Vol. Ⅱ，No. 4，pp. 256 - 268）。

22.《陶说》

《陶说》撰者朱琰（1722—1794 在世）字桐川，清代浙江海盐人，乾隆三十二年（1767）来江西任司法官员。任职期间，他往景德镇调查制瓷技术，再参考有关文献著成《陶说》六卷，乾隆三十九年（1774）出版，此时他仍在江西任职。乾隆五十二年（1787）此书再版。该书卷一说今，卷二说古，卷三论述明代制瓷情况；卷四至卷六说器，介绍历代制瓷情况及制瓷技术。书首有裴曰修序，书末有仲文藻、鲍廷博和黄蕃等跋。这部书的最早译者是英国汉学家卜士礼（Stephen Wotton Bushell，1844 - 1908）。卜士礼早年毕业于伦敦大学学习医。1868 至 1899 年任驻华使馆医师兼京师同文馆医学教习。然而他特别喜爱中国美术及瓷器，不但收藏这类艺术作品，还从事专门研究工作。先后出版过《中国美术》（*Chinese Art*，2 Vols，1905 - 1908）、《中国瓷器》（*Chinese Porcelain*，1908）及《中国陶瓷图说》（*Description of Chinese pottery and porcelain*，1910）等书，在外国被视为权威性著作。卜士礼在 20 世纪初时已将《陶说》翻译成英文供自己参考，1909 年出版商希望他将中国论瓷器原著介绍出来，遂将翻译稿出版。其译本名为《中国陶瓷论说，〈陶说〉译本，附引言、注释及参考书目》（*Description of Chinese pottery and porcelain，being a translation of the T'ao shuo，with introduction，notes and bibliography*），1910年由牛津克拉伦登出版社（Clarendon Press，Oxford）出版，32 开本，共 222 页。这是《陶说》的英文全译本，译笔流畅准确。第 181—222 页是《附录》，收载 18 世纪法国耶稣会士殷弘绪在景德镇调查瓷器技术时，在 1712 年 9 月 1 日及 1722 年 1 月 25 日向法国寄回的两篇通信的法文原文。这些通信最初发表在 1781 年巴黎出版的《启示及珍奇书信集》卷 18，第 224—296 页及卷 19，第 173—203 页。

从上述 22 部被翻译成西文的中国科技书中可以看出，17 世纪时只有一部古籍被翻译成西文，到 18 世纪时则是五部，其余十六部古籍都是在 19 世纪时被翻译为西文的，而且大多是全译本，可以说 19 世纪是翻译汉籍的高潮时期。在翻译过程中，法国汉学家一直处于领先地位，其中儒莲一人便率先翻译《天工开物》、《授时通考》、《大唐西域记》及《景德镇陶录》四部重要著作，堪称为译者之冠。其次是英国、德国、俄国和意大利，这些国家也对翻译出版汉籍较为热心，其他国家读者只要懂法文和英文的，便可看到大部分译本。波兰人卜弥格是该时期内开翻译纪录的先驱者。值得注意的是：一位精通法文的清代中国学者也参加了翻译行列。另一个值得注意的现象是：当一部书被译成某种欧洲文后，很快就引发出其他语种译本的出现，《授时通考》便是一个典型例子。从后来欧洲科学技术的发展来看，我们得知这些中国著作在那里确实产生了良好影响，而且被实际应用。英国生物学家达尔文奠定生物进化论时，反复引用译成西文的中国科学著作，这一事例就足以说明问题。因此可以说科技汉籍的西译，是清代中西科学交流史中不可忽视的一环。

第二章　数学与天文历法

一　中国古代数学成就及其西传

（一）中国古代在代数学方面的成就

李约瑟博士对东西方数学进行比较时指出，以欧几里得几何学为核心的欧洲数学具有较大的抽象性和系统性，对数学的高深部分感兴趣，虽然达到相当高水平，但忽略具体经验和应用，这未必是优势所在。何况欧几里得几何学中无需证明的公理并非无隙可击，19世纪非欧几何学（non. Eucli dean geometry）的产生就是例子。而在中国数学中，算术和代数学是强项，正是希腊数学的薄弱环节，而且中国古代数学与社会实际问题有密切联系，也是希腊数学所欠缺的[1]。英国史家怀特黑德（Alfred North White-head，1861－1947）说，"希腊人醉心于数学的高深部分，却从未发现其基础，……初等数学则是近代思想最具代表性的创造之一，其特点是通过直接途径把理论与实践联系起来"[2]。要知道，文艺复兴时的一些科学家主要是靠算术、代数学思维而非借几何学思维提出其一系列定律的。印度、阿拉伯数学和中国数学具有同样的特征，操同样的数学"语言"，因而在中世纪三者之间在算术、代数学领域开展活跃的科学交流、相互借鉴，相得益彰。

中国现存最早的数学经典著作《九章算术》，集先秦和秦汉之际数学知识之大成，收集246个应用数学问题及其解法，分属方田、粟米、衰分、少广、商功、均输、盈不足、方程及勾股九章，故曰《九章算术》。将数学与实践相结合，是此书一大特点。问题中有秦以前流传下来的老问题，也有汉初后增加的新问题。关于其成书时间，学者间有不同看法，已故数学史家钱宝琮（1892—1974）先生主编的《中国数学史》（1964）认为此书完成于东汉初期（25—90）。[3] 全书内容涉及算术、代数和几何三大类，算术部分有分数运算，比例及盈不足术三项，代数部分有开平方与立方、二次方程、联立一次方程及正负数

---

〔1〕　Needham, J. and Wang Ling. *Science and Civilisation in China*, Vol. 3. Cambridge University Press, 1959. pp. 150－191.

〔2〕　Whitehead, A. N. *Essays in Science and Philosophy*. London：Bider，1948. pp. 132ff.

〔3〕　钱宝琮主编：《中国数学史》，科学出版社1964年版，第32页。

等项。几何部分涉及求面积与体积、勾股定理及其应用，这部书在历史上有深远影响。与《九章算术》并列的还有《周髀算经》（前 1 世纪），是部天文算学著作，髀（bì）即股，周朝立八尺之表为股，表影为勾，故称周髀。此书主要阐明当时的"盖天说"和四分历法，计算天文题时用数算法和开平方法，又最早利用勾股定理。《周髀算经》和《九章算术》被列入中国古代十部算经之首。

汉至唐期间（1—10 世纪），中国数学进一步发展，并获得新的成就。三国吴人赵爽（字君卿，210—275 在世）对《九章算术》作了详注，对勾股原理及勾股弦恒等式作了证明，对二次方程解法提出新的意见。同时期魏晋人刘徽（220—280 在世）于 263 年完成《九章算术注》及《海岛算经》两部分。前者对《九章》许多算法提供证明，尤其计算圆面积时所用的"割圆术"，求得圆周率值 π＝22/7。其《海岛算经》是测量高度、深度、解决实际测量的数学问题的专著。刘宋时成书的《孙子算经》（约 400）讲述算筹十进记数制及一些应用问题，如"河上荡杯"、"鸡兔同笼"和"物不知数"，后者为一次同余式问题。5 世纪中叶夏侯阳著《夏侯阳算经》，北宋起已佚失，从后人引语中得知其中部分内容，包括乘除捷算法，以十进小数表示奇零之法，促进小数概念的发展，现传本为 8 世纪实用算术书，非原本也。刘宋人祖冲之（429—500）《缀术》（5 世纪）唐以后失传，仅知其对圆周率、球体积和开带从立方方面有重大贡献。

北魏人张丘建（436—502 在世）《张丘建算经》（约 500）对最小公倍数和等差级数、二次方程方面有建树，书中著名的"百鸡问题"为不定方程问题，对后世影响较大。北周数学家甄鸾（536—578）《五曹算经》是为地方官员提供的解决实际问题的数学书，而其《五经算术》则是对儒家五经中数学、历法计算作出注释。唐初人王孝通（558—650 在世）《缉古算经》对大型土木建筑，水利建设工程中涉及的实际问题作了数学上的论述，涉及求解正系数三次方程、四次方程问题。唐高宗显庆元年（656）为适应国子监算学馆及各地学子学习数学的需要，太史令李淳风（602—670）奉敕编注《周髀算经》、《九章算术》、《海岛算经》、《孙子算经》、《夏侯阳算经》、《缀术》、《张丘建算经》、《五曹算经》、《五经算术》、及《缉古算经》等十部算经，作为国子监算学馆教材，后世称"算经十书"。北宋元丰七年（1084）秘书省首次官刻出版，因《缀术》、《夏侯阳》已佚，改以唐人韩延《算术》补之，共刊九经。南宋嘉定六年（1213）翻刻时，又以三国时人徐岳《数术记遗》补入，刊出十书。清代编《四库全书》时又有几部失传，戴震（1723—1777）从明《永乐大典》（1408）中辑出《海岛》、《五经算术》等，以《九章》等九书为正文，以《数术记遗》为附录。现传本《算经十书》（中华书局，1963）由钱宝琮校点，以八部为正文，以《数术记遗》及唐人增修本《夏侯阳》为附录。此十部算书基本凝聚了汉唐之间中国数学之精华。

宋元时期（10—14 世纪）中国数学尤其是其中的代数学发展到历史上登峰造极的地步。以宋人贾宪（998—1063 在世）、李冶（1192—1279）、秦九韶（1202—1261）、杨辉（1226—1285 在世）和元人朱世杰（1264—1324 在世）为代表的杰出数学家，在古代开平方、开立方及求解二次、三次方程（古称开带从平方、开带从立方）方法的基础上，发展出高次方程的数值解法，即秦九韶《数书九章》（1247）中所述"增乘开方法"，实际上与

19 世纪初英国数学家霍纳（William George Horner，1786－1837）1819 年所提出的解法[1]，是相同的[2]，但比"霍纳法"早出五百多年。秦九韶的"大衍求一术"即西方所谓的联立一次同余式解法。在中国用于历法编制。18 世纪瑞士数学家欧拉（Leonhard Euler，1707－1783）使用过同样方法，但比秦九韶晚五百年。朱士杰《四元玉鉴》（1303）中的多元高次联立方程解法，比 18 世纪法国人伯祖（Étienne Bezout，1730－1783）《代数方程通论》（*Theorie générale des equations algébriques*. Paris，1779）中所提类似解法早出四百多年。朱士杰还研究各种有限项级数求和问题，在此基础上得出高次差的招差法公式，三百多年后苏格兰数学家格雷戈里（James Gregory，1638－1675）和英格兰科学家牛顿提出同样公式。

（二）中国古代数学成就的西传

如前所述，阿拉伯数学和中国数学一样，比较注重实际运用，因而算术、代数受到关注，并与中国相互交流，这使中国数学知识得以直接或通过印度间接传入阿拉伯地区。在汉以后至宋代这段期间（250—1250）内，从印度和阿拉伯传到中国的东西不算多，且很少在中土扎根，反而从中国传入印度和阿拉伯的更多一些，且都产生实实在在的影响，据李约瑟统计，从中国传出的数学成就有十二项[3]。随着时间的推移，西传的项目在增加，传播的细节在深化，足以勾画出一幅中国与阿拉伯世界之间数学交流的画面。因篇幅关系，此处不能充分展开，只就几个实例作出介绍。

1. 中国十进位值制在印度、阿拉伯和欧洲的传播

中国古代数学方面取得的成就应归功于遵守十进位值制（decimal place-value system）的算筹记数法运算。算筹为竹、木或骨制成的圆形箸棍，有固定尺寸，筹算始于公元前 5 世纪春秋时期，行用达二千年[4]。算筹分纵横两种方式排列，表达 1—9，遇零则空位。个位纵排，十位横排，百位纵排，千位横排，……纵横相间，遇零空位，以此可表示任意自然数。如 6614 为丅⊥一丨丨丨，2208 为＝丨丨　π，按逢十进一位原则排列。同一 2 在十位为 20，百位为 200，因位置不同而数值亦不同。筹算从一开始起就一直用十进位值，这是世界上最科学的先进制度。如《孙子算经》载，1 合＝10 勺，1 勺＝10 撮，1 撮＝10 秒等。用度量衡位名称表示十进分数，是始终贯穿于中国数学中的方法。刘徽《九章算术注》（约 263）将 1.355 尺的直径表示为 1 尺 3 寸 5 分 5 厘。

---

[1]　Horner，W. G. A new method of solving numerical equations of all orders by continuous approximation. *Philosophical Transactions of the Royal Society*（London），1819，109：308.

[2]　[英]李约瑟、王铃著，刘钝译："中国数学中的霍纳法：它在汉代开方程序中的起源"，见潘吉星主编《李约瑟文集》，辽宁科技出版社 1986 年版，第 401 页。

[3]　Needham，J. and Wang Ling. *Science and Civilisation in China*，Vol. 3. p. 147.

[4]　钱宝琮主编：《中国数学史》，科学出版社 1964 年版，第 9 页。

纵式	⎪	⎪⎪	⎪⎪⎪	⎪⎪⎪⎪	⎪⎪⎪⎪⎪	T	TT	TTT	TTTT
横式	一	二	三	≣	≣	⊥	⊥	⊥	≟
	1	2	3	4	5	6	7	8	9

　　古代巴比伦人、苏美尔人、古埃及人、希腊人、印度人都使用六十进位制（sexagesimal）记数法[1]。例如，巴比伦楔形文字 Y 表示 1，⊲ 表示 10，ᛋᛋᛋ 表示 6，而 Y，⟪Y，ᛋᛋᛋ（1，21，16）＝$1×60^2＋21×60＋16＝4876$，这正是六十进位制运算的实例。[2] 无疑，希腊人和亚历山大里亚人的六十进制和圆周的 360° 划分是从巴比伦人那里学到的。希腊人又将六十进制传给印度人，现存印度最早用十进位值制的算术书是 1881 年在巴克沙利（Bakhshāli）发现的"巴克沙利写本"残卷，现藏英国牛津大学波德莱安图书馆（Bodielian Library），以印度西北部 8—12 世纪行用的萨拉达体（Sārada script）梵文写成[3]。美国科学史家萨顿（George Sarton），1927 年认为十进制是唐代在华印度人《开元占经》（726）作者瞿昙悉达（Gautamasiddr，fl. 680 - 740），于 7—8 世纪传入中国的说法[4]，不可能是正确的，因为中国在此一千年前已用十进制了。1951 年还有人主张十进位制是 7 世纪印度最大的数学发现[5]，同样是错误的。事实正好相反，倒是十进制于 7 世纪从唐帝国传到印度去的。上述巴克沙利算学写本中有"百鸡问题"（Hundred fowls problem），正是《张丘建算经》（约 500）中的算题。下面我们还要谈到此问题。

　　现存阿拉伯文最早的算术书，是乌克里迪西（Abū'l-Hasan Ahmad ibn Ibrāhim al-Uqlidisi）于 952—953 年于大马士革写的《论印度算法书》（*Kitāb al-fusul fi l-hisāb al-Hindi*），在算法中既有六十进位制，也有十进位制，是从前者过渡到后者转变时期的产物[6]。但在萨马瓦尔（al-Samaw'al）1172 年用阿拉伯文写的算法书中已接受了中国的十进制。至 15 世纪，阿拉伯世界已正式命名并系统发展十进位值制。当印度和阿拉伯数学改用十进位值制以后，欧洲仍沿用古老的六十位值制作数学运算，直到文艺复兴时期比利时科学家斯泰芬（Simon Stevin，1548 - 1620）1585 年在《十进位制》（*La Disma*）一书中建议用十进制记数法，认为比六十进位制好，还要求政府用十进制发行货币、改革度量衡制度[7]。1605 年此书译成英文、英语第一次出现"decimal"（十进制）一词。中国十

〔1〕 Archibald，R. C. Outline of the history of mathematics. *American Mathemalical Monthly*，1949，36（Supplement）：1.

〔2〕 梁宗巨：《世界数学史》，辽宁人民出版社 1980 年版，第 30 页。

〔3〕 Datta，B. *The Bakhsālī mathematics. Bulletin of the Cātcutta Mathematical Society*，1929，21：1 - 60.

〔4〕 Sarton，G，*Introduction to the history of science*，Vol. 1. Baltimore：William & Wilkins，1927. 321，pp. 444，450，513.

〔5〕 Becker，O. & Hofmann，J. E. *Geschichte der Mathematik*，Bonn；1951. p. 118.

〔6〕 Sesiano，J. Al-Uqlidisi. see：H. Selin（ed.）. *Encyclopaedia of the history of science，technology，and medicine in non-Western cultures*. Dordrecht，1997. p. 993.

〔7〕 Smith，D. E. *History of mathematics*，Vol. 2. New York：Ginn，1925. p. 242.

进位值制加上印度阿拉伯数码从 16—17 世纪起成为世界通用的数学语言。李约瑟博士指出，令人不解的是，使用表意文字而不用拼音字母的中国文化区反而创造了现在人类普遍使用的十进位值制的最早形式。"而没有十进位值制，就很难有统一的近代世界。"[1]

2. 中国代数学盈不足术或双设法在阿拉伯和欧洲的传播

其次，我们应指出中外闻名的"盈不足术"，它首先出现于汉代《九章算术》第七章《盈不足》中的第一题。我认为"盈不足术"译成西文应当是 Chinese method *ying-bu-zu* or the method for solving the problem of excess and deficiency，即"求解盈余与不足问题的中国算法"。《九章算术》中的原文是：

今有［人］共买物，［每］人出八［钱］，盈［余］三［钱］；［每］人出七［钱］，不足四钱。问人数、物价各几何。

求解时设每人出 a_1 钱，盈 b_1 钱；每人出 a_2 钱，不足 b_2 钱，求物价 u 和人数 v，依此得下列二个公式：

$$u = \frac{a_2 b_1 + a_1 b_2}{a_1 - a_2} \qquad v = \frac{b_1 + b_2}{a_1 - a_2}$$

$$\text{或} \ u = \frac{7 \times 3 + 8 \times 4}{8 - 7} = 53 \qquad v = \frac{3 + 4}{8 - 7} = 7$$

答案是物价为 53 钱，人数为 7 人。《盈不足》章前四个问题是正规的盈亏问题，第五题为双盈问题，第六题为两不足问题，第七题是盈及适足问题，第八题为不足与适足问题。此四题解法在盈不足术基础上分别提出适当公式。用代数学解这些难题时，可设 x 为所求之数，照题中所给条件列出方程 $f(x) = 0$，解此方程即可得 x 代表的数。古人虽不知如何立出此方程，但对任意的 x 值，$f(x)$ 的对应值是会核算的。因此通过两次假设，算出 $f(a_1) = b_1$ 和 $f(a_2) = -b_2$，于是按盈不足术得出

$$x = \frac{a_1 b_1 + a_2 b_1}{b_1 + b_2} = \frac{a_2 f(a_1) - a_1 f(a_2)}{f(a_1) - f(a_2)}$$

$f(x)$ 是一次函数时，这种解法所得 x 值是正确的。$f(x)$ 不是一次函数时，所得数值是 x 的近似性。因需通过 $x = x_1$ 和 $x = a_2$ 两次假设，才能解出答案，所以盈不足术在西方又称"假设法"（the rule of false position）或"双设法"（double false）。这种方法在解高次代数方程或超越方程时还时常用到。

《九章算术》中的盈不足术算法于 9 世纪传入阿拉伯帝国。此时正值哈里发马蒙（al-Mamūn，r. 813 - 833）在位，借阿巴斯朝（Abbasids，750 - 1258）经济发展之机，奖励学术，在首都巴格达建立智慧馆（Bait al-Hikmah），具有科学研究、高等教育和学术翻译三种功能，并有天文观象台和图书馆，延请各领域学者来此工作。为培养人才，在

〔1〕 Needham，J. and Wang Ling. *Science and Civilisation in China*，Vol. 3. p. 149.

智慧馆馆长胡纳因·伊本·伊斯哈克（Hunayn ibn Ishaq，808－878）主持下，将希腊、印度和中国一些书译成阿拉伯文，编成教材。在该馆任图书馆馆长的花拉子米是中亚花拉子模（Khwarizm，今乌兹别克斯坦境内的希瓦 Khiva）出生的波斯裔数学家和天文学家，科学成就显著，受到马蒙器重。其全名为花拉子模人穆萨之子阿卜·贾法尔·穆罕默德（Abū Jāfar Muhammed ibn-Mūsa al-Khwārizmi，780－c.850），简略音译应是阿卜·穆罕默德·伊本·穆萨。后世人不知阿拉伯人姓名构成要素，误将"花拉子模人"（Khwārizmi）当成其姓氏，音译为花拉子米，我们今天只好将错就错。他在数学方面以代数学见长，是阿拉伯代数学主要奠基人，他在这方面的阿拉伯文著作已知有三种：1)《论归位及对消算法之书》（Kitāb al-mukhtaṣar fi hisāb al-jabr wa'l-muqābalāh），2)《科学之钥》（Mafātḥ al-'ulūm），3)《中国算法》（Hisāb al-Khatā'in）。前两书有回历743 年（公元 1343 年）阿拉伯文手抄本传世，藏于牛津大学波德莱安图书馆，1831 年由德裔东方学家罗森（Friederich Rosen，1805－1837）译成英文并加注释[1]。第三种书是花拉子米晚年写的，现已佚失，但从后人引证中我们能知其所述内容，是此处讨论重点。

最早指出花拉子米有《中国算法》作品者，是伊拉克人阿卜·法拉杰·伊本·雅库布·纳迪姆（Abū'l-Faraj ibn Ya'qūb al-Nadim，c.921－996），通称纳迪姆。他是一位出身名门，具有渊博学识的学者，在巴格达经营大的文具店和书店，与各界学者交识，熟悉阿巴斯朝学界掌故，987 年写成著名的《百科书目》（Kitāb al-fihrist al-'ulum），相当于中国王朝史中的《艺文志》。此书唯一的阿拉伯文手抄本藏于巴黎国家图书馆（Bibliothèque Nationale），1871—1872 年德人弗吕格尔（Gustav Flügel，1802－1870）生前编辑阿拉伯文新版，卒后于莱比锡出版两卷本[2]，但此书只有少数专家才能看懂。1970 年美国人道奇（Bayard Dodge，1888－1972）将其译成英文于纽约刊行[3]。书中记载说，阿卜达拉·沙伊达尼（Abdāllah al-Shaidani）曾为花拉子米所著的代数算法（hisāb al-jabr）及中国算法（hisāb al-Kata'in）二书作注。"中国"和"中国的"在阿拉伯语中称 Sin，Sini 或 Khihai，Khita'in（或 Khatai，Khata'in），如硝石或中国雪（thalj al-sin）、《中国志》（Khitāi-nāmah），"中国针"（ibra al-Khetā'in）等，俄语 Китай 或 Kitai（中国）即导源于此。hisāb 义为算法，故（hisāb al-Kata'in）指"中国算法"是毫无疑义的，正如 hisāb al-Hindi 指"印度算法"一样。

介绍"中国算法"的阿拉伯人，以花拉子米为最早，这是与他的个人经历有密切关系的。其故乡在阿巴斯朝东部的中亚，与唐距离最近并与唐有频繁经济文化和人员往来。哈

---

[1] Rosen，F.（tr.）. *The algebra of Mohammed ben Musa*，tr. from the Arabic. London：Royal Asiatic Society，1831.

[2] Al-Nadim，Abu 'l-Faraj ibn Abū Yaqūb. *Fihrist al-'ulūm（Index of the sciences）*，ed. G. Flügel. 2 vols. Leipzig，1871－1872.

[3] Dodge，B. *The Fihrist of al-Nadīm：A 10th century survey of Muslim culture*，2 Vols. New York：Columbia University Press，1970.

里发瓦西克（al-Wathiq，r. 842 - 847）在位时，为探究《古兰经》内有关东方的一些见闻，曾派花拉子米为使者来哈雷里亚（Khareria）[1]。这里是哈札尔人（Khazars）建立的国家，唐人杜环《经行记》（约 765）称为突厥可萨，在里海东北，从这里有几条唐代通向西方的商路。可萨人是与中国匈奴人和回纥人有血缘关系的突厥族一部。纳迪姆说，可萨人通汉语，奉中国宫廷礼仪，因之亚美尼亚人将他们视为中国人[2]。他们活动在里海与黑海之间，又多通波斯语、法兰克语和斯拉夫语。盈不足术等中国数学知识很可能是花拉子米在这次出使时获得的。另一方面，正如唐代中国有不少阿拉伯人（他们中有的易汉名并登进士第，如李延昇）那样，阿巴斯朝境内也有不少中国人如杜环、樊淑、刘泚、乐隁、吕礼和达奚弘通等人到阿拉伯地区活动。杜环返国后，著《经行记》，达奚弘通返国后，于高宗上元年（674—676）著《海南诸蕃行记》。还有的汉人在那里定居，改信伊斯兰教，易名为"中国裔乌马尔·伊本·阿赫迈德·伊本·阿里"（'Umar ibn Ahmad ibn Alī al-Khitā'i）将中国占卜术（al-zā'iraja Khit ā'iyya）直接传授给阿拉伯人[3]。纳迪姆还说阿拉伯的 al-kimiya（炼丹术）也是在阿巴斯朝从中国传入的。他在《百科书目》中还指出，有一精通阿拉伯语的中国医生在巴格达的大医学家兼炼丹家拉兹（al-Rāzi，866 - 925）的家里住了一年，讨论医学问题，后来返国[4]。由此可见，花拉子米有足够渠道可以获得"中国算法"信息。

继花拉子米之后，黎巴嫩人库斯塔·伊本·卢卡（Qustā ibn Lūqā al-Ba'lbakī，c. 837 -912）引花拉子米《中国算法书》，并予证明，写出《对中国算法证明之书》（*Kit āb fi 'l-burhan 'ala 'amal-ḥisāb al-Khatā'ayn*），此书今传世。瑞士数学史家苏特尔（Heinrich Suter，1848 - 1922）1908 年将其转为德文，题为《库斯塔·伊本·卢卡及其他两位无名氏论双消除及双设法算法之书》（*Abhandlung von Qostā ben Lūqā und zwei andere anonyme über die Rechnung mit zwei Felern und mit der angenommenen Zahl*）[5]。可见花拉子米、伊本·卢卡所说的"中国算法"包括《九章算术》中的"盈不足术"。俄罗斯数学史家维戈茨基（М. Я. Выгодский）1960 年以俄文发表的《双设法的起源》（*Происхождение правила двух положений*）一文内，引前述伊拉克人纳迪姆《百科书目》（987）相关记载，明确指出花拉子米的《中国算法书》即盈不足术，并给出俄文意译：*Книга ов увеличении и уменьшении*[6]，转为汉文正是《盈不足书》。另一俄罗斯数学史家尤什凯维奇（А. П. Юшкевпч，1906 - 1993）《论 9—15 世纪中亚人民的数学》（*О математике*

---

[1] Needham, J. *Science and Civilisation in China*，Vol. 3，Addend. Cambridge University Press，1959. pp. 681 -682.

[2] Wiet, G. *Introduction à la literature arabe*. Paris，1966. p. 99.

[3] Needham, J. et al. *Science and Civilisation in China*，Vol. 5，Chap. 4. Cambridge University Press，1980. p. 471.

[4] [法] 费琅（Ferrand, G.）著，耿昇、穆根来译：《阿拉伯波斯突厥人东方文献辑注》上册，中华书局 1989 年版，第 152 页。

[5] Suter, H. *Bibliotheca Mathematica*，1909. Vol. 9. pp. 111 - 112.

[6] Выгодский, М. Я. *Историко-Матема тические исследования*（Москва），1960，(13)：236.

народов средней Азии в IX - XV *веках*，Москва，1931）中作了同样阐述。此前日本数学史家三上义夫（Mikami Yoshio，1875 - 1950）[1]、美国数学史家史密斯（David Eugene Smith，1860 - 1944）[2]、英国李约瑟[3]和中国数学史家钱宝琮[4]等人都触及这个问题。

通过阿拉伯数学家的介绍，盈不足术于 13 世纪初传入欧洲，首先是文艺复兴的策源地意大利。意大利数学家菲博纳奇（Leonardo Fibonacci，c. 1170 - 1250）1202 年用拉丁文发表的《算术书》（*Liber abaci*）第十三章即为盈不足术，菲博纳奇将其称为"中国算法"（*de regulis elchatayn*），其中 *elchatayn* 是从阿拉伯文 *al-Khatā'in*（中国的）拼写而成的拉丁文，他还说此算法来自阿拉伯，而我们知道实际上来自中国。此后，意大利数学家帕乔利（Luca Pacioli，c. 1445 - 1517）1494 年在威尼斯以意大利文出版的《算术、几何、比及比例概论》（*Suma de aritmetica，geometria，proporzione e proporzionalita*）中，中国算法又以意大利文（*regola della elcataym*）形式出现。另一意大利数学家塔尔塔利亚（Niccolo Tartaglia，1500 - 1557），本姓凡塔纳（Fantana），1556 年以意大利文出版的《数与度量论集》（*Trattato di numeri e misuri*）卷一又将"中国算法"称为 *regola elcataym*。不管在拼写上如何变换，反正都是指《九章算术》中的盈不足术，它已成为近代世界代数学的一部分。关于盈不足术的西传，我们还有话要说。如前所述，盈不足术是阿拉伯数学家花拉子米 9 世纪出使突厥可萨时独自从中国数学书中引进的，据此写成《中国算法》的小册子，并未假手任何印度人的中介。他在其《印度算法之书》（*Kitāb al-hisāb al-Hindī*）一书（此书后被译成拉丁文）中，并无关于盈不足术之记载。此后伊本·卢卡引花拉子米作品后写了《对中国算法证明之书》，阿卜·卡米尔写过论盈不足术的作品，此二人作品亦被译成拉丁文。但 19 世纪意大利数学家利布里—卡鲁奇（Guillaume Brutus Timoléon Libri-Carruci，1803 - 1869）用法文发表的《从文艺复兴到 17 世纪末意大利数学史》（*Histoire des sciences mathématiques en Italie depuis la Renaissance des lettres jusqu'à la fin du 17éme siècle.* 4 Vols. Paris：Renouard，1838 - 1840）中，没有对译成拉丁文的不同阿拉伯文作者的原著加以考证并分辨清楚，便声称盈不足术源于印度，理由是有部阿拉伯算书的拉丁文手抄译本名为《亚布拉罕据聪明的印度人所编书中收集到的盈不足术书》（*Liber augment et diminutionis vocatus numeratio divinationis ex eo quod sapientes Indi posuerunt quem Abraham compilavit et secundum librum qui Indorum dictus est composuit*）[5]。此处亚布拉罕（Abraham）应是阿卜·卡米尔（Shuja ibn Aslam Abu Kamil）名字的拉丁化译名。

Liber augment et diminutionis 是《盈不足书》的拉丁文的准确意译，但译者没有弄

〔1〕 Mikami，Y. *The development of mathematics in China and Japan*. Leipzig：Trubner，1913. p. 16.

〔2〕 Smith，D. E. *History of mathematics*，Vol. 1. New York：Ginn，1923. p. 602. ；Vol. 2. New York：Ginn，1925. p. 433.

〔3〕 Needham，J. *Science and Civilisation in China*. ，Vol. 3. pp. 117 - 118.

〔4〕 钱宝琮：盈不足术流传欧洲考，《科学》（上海）1927，12（6）：707。

〔5〕 Libri-Carruci. *Histoire des sciences mathématiques en Italie depuis la Renaissance des lettres jusqu'à la fin du 17é me siècle.* ，Vol. 1. Paris，1838. pp. 304 - 371.

清阿卜·卡米尔并非从印度人编的书中收集到盈不足算法，而是从波斯人花拉子米书中收集到的，而花拉子米又是从中国书中得知此算法的。数学史家杜石然指出，任何古代印度数学书及印度数学史作品中看不到有盈不足或双设法出现[1]。埃及人、希腊人和印度人用过"试位法"（regula falsi），此法对解 ax＝b 这类问题是适用的，只要假定一次即可得解。但像盈不足这类复杂问题，需假设两次才能得解，与试位法不同，二者不可混为一谈，盈不足术是地道的中国算法，与印度毫不相干。

3. 中国代数学中百鸡问题或不定方程在印度、阿拉伯和欧洲的传播

"百鸡问题"是与盈不足术一样闻名中外的中国古老算题，译成西文应是"problem of hundred fowls"，最先出现于 5 世纪北魏人张丘建（436—502 在世）所著《张丘建算经》（466—484）卷下，原文为：

今有鸡翁（公鸡）一，值钱五；鸡母一，值钱三；鸡雏三，值钱一。凡百钱买鸡百只，问鸡翁、母、雏各几何？

设 x，y，z 为鸡翁、鸡母及鸡雏只数，依题意列出下面两个方程：
$$\begin{cases} x+y+z=100 \\ 5x+3y+1/3z=100 \end{cases}$$
两个方程中有三个未知数，因而是一不定方程。书中给出三组解：
$$\begin{cases} x=4 \\ y=18 \\ z=78 \end{cases} \qquad \begin{cases} x=8 \\ y=11 \\ z=81 \end{cases} \qquad \begin{cases} x=12 \\ y=4 \\ z=84 \end{cases}$$
谈到解法时书中说"鸡翁每增四，鸡母每减七，鸡雏每益三，即得"。设 t 是整数参数，则 x＝4t，y＝25－7t，z＝75＋3t，满足这组式子的 t 值只能是 1，2，3，合乎题意的解答只有书中给出的三组。

百鸡问题后来以几乎完全相同的形式出现在印度 9 世纪数学家摩诃毗罗（Mahāvira，fl. 815－870）的《算学精华概要》（Ganita-sāra-saṅgraha，850）和 12 世纪数学家婆塞迦罗（Bhāskara Ⅱ，1114－1185）的《梨罗婆底》（1150）二书中[2]。《梨罗婆底》为梵文 Līlāvatī 的音译，是作者女儿的名字，本义是"美"（The Beautiful），内容讨论数学，属于《算学本原》（Bījaganita）之类的书[3]。关于这两部梵文数学著作，英国梵学家科尔布鲁克（Henry Thomas Colebrooke，1765－1837）1817 年以英文作了详

---

〔1〕 杜石然：试论宋元时期中国和伊斯兰国家间的数学交流，见钱宝琮等《宋元教学史论文集》，科学出版社 1966 年版，第 248 页。

〔2〕 Needham. *Science and Civilisation in China.*，Vol. 3. Cambridge University Press，1959. p. 147.

〔3〕 Gupta，R. C. Brief biography of Bhāskara Ⅱ，see. H. Selin（ed.）. *Encyclopaedia of the history of science, technology, and medicine in non-Western cultures*. Dordrecht，1997. pp. 155－156.

细介绍[1]，虽然此本略显陈旧，仍需参考。因为缺乏其他我们读懂的译本，现代印度学者对二书的研究多以印地语发表，同样不易懂，所以科尔布鲁克的书至 1973 年仍在重版刊行。除上述两位印度数学家外，还有 8 世纪的师利陀罗（Sridhāra）约于 750 年写过《算经》（*Pāt ignnita sūtra*）或《三百行诗》（*Triśut ikā*），以散文诗形式叙述数学问题，其中第 63—64 行为百鸡问题[2]，这可能是最早谈论这类不定方程问题的印度数学书，但比《张丘建算经》晚出 266—284 年。

　　叙述百鸡问题的阿拉伯数学家首先应指出舒贾·伊本·阿斯拉姆·阿卜·卡米尔（Shujā 'ibn Aslam Abū Kāmil, c. 850 - 930），通称阿卜·卡米尔，生于埃及，以"埃及的计算家"（"al-hasib al-misrī"）的绰号而知名，是花拉子米以后第二位阿拉伯大数学家。他于 9 世纪末写成的算法书（*Tarā'i f al-hisāb*）中谈到用 100 迪拉姆（dirhams，阿拉伯地区货币单位）买 100 只鸡，已知一只公鸡值五个迪拉姆，一只母鸡值三个迪拉姆，三个雏鸡值一个迪拉姆，问各买三种鸡若干只。这与张丘建百鸡题完全相同，只是将钱数换成阿拉伯货币单位。他在《鸟之书》（*Kit āb al-t air*）中再次谈到这个问题，用 100 迪拉姆买 100 只鸟，但其种类由 3 增加到 5，因此得到的每种鸟只数的可能答案要更多[3]，从而将百鸡问题作了进一步发展。瑞士数学家苏特尔在《阿卜·卡米尔的奇特算术书》（*Das Bach der Saltenheiten dex Rechenkunst von Abū Kāmil el-Misri or On the Book of the Birds*）文内对此书作了介绍[4]。

　　15 世纪波斯数学家卡西（Ghiyāth al-Din Jamshid ibn-Mas'ūd al-Kāshī, c. 1365 - 1430）曾任帖木儿帝国撒马尔罕天文台台长，参与历法编制，以阿拉伯文写出《圆论》（*Risāla al-muh it iy*），叙述圆周率计算方法。他在代数方面的主要著作是 1427 年写成的《算术之钥》（*Mi fiāh al-h isāb*），共五章。这两部书由罗森费尔德（Борис Розенфелвд）于 1956 年译成俄文并附阿拉伯文原文，俄译书名为 *Ключ арифмемики*（or *Key of arithmetics*）。该书第五章代数部分谈到被称为"中国算法"的盈不足术和"百鸡问题"。其中有一例题指出，今有鸭、雀和鸡共百只，每只鸭值 4 第纳尔（dinars），5 只雀值 1 第纳尔，一只鸡值 1 第纳尔。今想以 100 第纳尔买百只鸭、雀、鸡，问各买多少只?[5] 与《张丘建算经》所述极为相似，而稍有变化，解法应是一样多。

　　百鸡问题像盈不足术一样，通过 13 世纪意大利数学家菲博纳奇 1202 年写的《算术书》传到欧洲。菲博纳奇生于比萨共和国。其父为驻北非殖民地阿尔及利亚的商务总监，

　　〔1〕 Colebrooke, H. T. *Algebra with arithmetic and mensuration from the Sanskrit of Brahmagupta and bhas-cara*. London: Murray, 1817.

　　〔2〕 Gupta, P. C. *Brief biography of Sridhara*, see: H. Selin (ed.). *op. cit.*, pp. 906 - 907.

　　〔3〕 Anbouba, A. L'algébra arabe aux IX et X siècles, aperçu générale. *Journal of the History of Arabic Science*, 1978, 2: 66 - 100.

　　〔4〕 Suter, H. Das *Buch der Seltenheiten der Rechenkunst von Abū Kāmil el-Misri. Bibliotheca mathematica*, 1910 - 1911, 11: 100 - 120.

　　〔5〕 Розенфельд, Б. А. (перевод), *Ключ арифметики* (*Jamshīd Ghiyāth al-Dīn al-Kāshi. Key of Arithmetics, Treatise on circumference*). Москва: Гостехиздат, 1956. стр. 231.

1192 年随父来北非，为使他今后成为商人，父亲让他向阿拉伯数学家学习计算技术和阿拉伯语，再去埃及、叙利亚、希腊（拜占庭）、西西里和普罗旺斯（Provence，今法国境内），熟悉那里的商业业务和计算方法。此后返回比萨，但他并没有从商，而是致力于数学研究，由于他有这种特殊经历，遂成为向欧洲传播印度、阿拉伯数码和数学知识的欧洲数学家。我们知道，前述 8—12 世纪印度数学家谈百鸡问题与《张丘建算经》相同且晚出二三百年，按照科学传播原理，应是从中国传入的。阿拉伯人再从印度引进这种算法，意大利人菲博纳奇最后更介绍给西方世界。

4. 中国代数学中贾、杨三角或二项式定理在阿拉伯、印度和欧洲的传播

宋朝代数数学家在解高次数学方程时，显然需要二项式定理（binomial therem）。对任意整数 n 来说，二项式（x＋a）^{n} 的展开要求在展开式中找出各中间项的系数，如：

$(x+a)^0 = 1$

$(x+a)^1 = x+a$

$(x+a)^2 = x^2+2ax+a^2$

$(x+a)^3 = x^3+3ax^2+3a^2x+a^3$

$(x+a)^4 = x^4+4ax^3+6a^2x^2+4a^3x+a^4$

$(x+a)^5 = x^5+5ax^4+10a^2x^3+10a^3x^2+5a^4x+a^5$

$(x+a)^6 = x^6+6ax^5+15a^2x^4+20a^3x^3+15a^4x^2+6a^5x+a^6$

这些式子正是南宋数学家杨辉在《详解九章算法》（1261）中"开方作法本源"图中所述内容的现代数学表达方式，包括从 0 次到 6 次的二项式展开式的全部系数。当然展开式和系数表述还可再延续下去。从杨辉图所示展开式中又看出有规律可循（图 2—1）。即图中间每一数都是其肩上两数之和。如四次展开式中"6"是由三次展开式中的 3 加 3 得来的等等。或者说图上任一数 C_n^r 等于其肩上两数 C_{n-1}^{r-1} 及 C_{n-1}^r 之和，写成数学关系式为

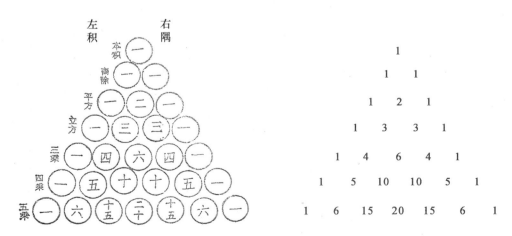

图 2—1 "贾宪—杨辉三角"（《开方作法本源图》）

据《永乐大典》（1408）据杨辉《详解九章算法》（1261）排印

$C_{n-1}^{r-1} + C_{n-1}^{r} = C_n^r$　($n=1, 2, 3, \cdots, n$)

因此有了《开方作法本源图》，可将任何次二项式展开，是数学上一项重要成就。杨辉说，此图来自贾宪。贾宪的图约作于 1050 年，其书佚失，赖有杨辉引用而得以见其本貌，以其所列各次二项式展开式系数排列呈三角形，故可称为"贾宪—杨辉三角"（"Jia-Yang triangle"）。值得注意的是，前述波斯数学家卡西在《算术之钥》（1427）中求出二项式定理系数中各系数的方法，和贾宪所用的方法完全相同[1]。在欧洲，17 世纪法国数学家帕斯卡尔（Blaise Pascal，1623-1662）生前也作出类似工作，写入其《算术三角形概论》（*Traité du triangle arithmétique*）中，此书是在他卒后于 1665 年发表的，西人称为"帕氏三角"（"Pascal triangle"），但比贾宪晚了六百多年，比卡西晚二百多年，故我们认为应称为"贾杨三角"才合适。而我们知道卡西对中国天文历法和数学是相当熟悉并颇有研究的。印度作者辛格（A. N. Singh）1936 年说公元前 200 年一部梵典（*Chandah-sūtra*）中有一节可推出类似的数学横表，由此认为印度有古老的帕斯卡尔三角，并将其传入波斯[2]，这是不可信的。因为 1948 年德国学者勒基（P. Luckey）在"伊斯兰数学中的开 n 次方及二项式定理"（*Ausziehung des n-ten Wurzel und der binomische Lehrsatz in der islamischen Mathematik*）一文内，检验了辛格引用的此梵典原文后发现，所谓的数字横表只是些诗韵组合，与二项式系数风马牛不相及[3]。现在可以肯定，二项式系数三角起源于中国，再流传到阿拉伯世界和印度，再过几百年又重现于欧洲，历史事实就是如此。

二　中西天文历法方面的交流

（一）中国历法对阿拉伯的影响

1258 年蒙古军在旭烈兀统率下灭亡阿拉伯帝国阿巴斯朝，于其地建蒙古伊利汗国（1258—1368），定都于波斯西北的大不里士（Tabriz），随即致力于恢复经济及文教事业，从中国内地调来千多名学者和工匠，参与此举。他们参加城市建筑和水利工程项目。1259 年旭烈兀汗下令在大不里士附近的马拉加（Marāgha）建立大型天文台和图书馆，任命波斯天文学家和数学家纳速剌丁（Nāsir al-Din al-Tusi，1201-1274）为台长，以伊本·弗蒂（Ibn Futi，1244-1323）为图书馆馆长[4]，招聘来自波斯、伊拉克、埃及、摩洛哥的科学家来此工作，更派来自中国的傅孟吉（Fao-moun-dji）到天文台共事。傅孟吉（音

〔1〕杜石然：试论宋元时期中国和伊斯兰国家间的数学交流，见钱宝琮等著：《宋元教学史论文集》，科学出版社 1966 年版，第 260 页。

〔2〕Singh，A. N. On the use of series in Hindu mathematics，*Osiris*，1936，1：606.

〔3〕Luckey，P. Ausziehung des n-ten Wurzel und der binomische Lehrsatz in der islamischen Mathematik. *Mathematische Annalen*，1948，120：217.

〔4〕Sayth，Aydin. *The observatory in Islam*. Ankara：Turkish Historical Society，1960.

译）精通天文历算，学识渊博，在这里很有威信，人称"*sing-ssing*"（先生）[1]，可能还有另一中国学者常德（Chan Ti）也在此工作。建台后首要工作是制造观象仪器和编制汗国历法，前一工作由叙利亚人乌尔迪（Muhammad ibn Muhyyad al-'Urdī）负责，后一工作由台长纳速剌丁亲自主持，为旭烈兀编成《伊利汗国历法》，由旭烈兀下令颁行于汗国全境。

英国牛津大学波德莱安图书馆藏有纳速剌丁《伊利汗国历法》的波斯文本（*Zij-i Īlkhani*），年代为 1270 年。其中第一章介绍《中国—回纥历法》（*Zīj al-Khitāi wa'l-Uighūr*），是他向傅孟吉请教后写的，同时加以解说。美国贝鲁特大学的肯尼迪（E. S. Kennedy）[2] 研究了中国—回纥历法波斯文及其他论该历法的阿拉伯文原本后指出，此历法在伊斯兰世界长期间为人们所熟悉，它是有中国特色的，其主要特征是：（1）将一天分为十二等分，每等分汉语称为"时"（*shih*），突厥语称为"*chāgh*"（为"时"之音译），每时再分为八"刻"（*kó*）或 *kih*（为"刻"之音译），每时以十二地支（子丑寅卯辰巳午未申酉戌亥）来命名，以子夜子时的中间为一天之始。（2）将十天干（甲乙丙丁戊己庚辛壬癸）与十二地支相组合，构成六十甲子循环，用来命名年和日，如公元 1272 年 3 月 12 日在中国古历中称［至元九年］癸酉年二月庚子（十一）日，等等，（3）采用兼顾阴历与阳历的阴阳历（lunisolar calendar），为使历法能指导农耕、辨明一年内寒暑变化，将太阳一年内在黄道上的位置均分二十四段，称为二十四节气，回纥语称（kaneka），按节气行农事，如清明（4 月 4 或 5 日）植树、谷雨（4 月 20 或 21 日）种棉等。（4）9 世纪唐末即以"日"及"分"（*fēn*）为计时单位，尤其用于元代《授时历》（1280）中，以一日为百刻，一刻为百分，一分为百秒，秒以下微、纤一律从百进，当时间用日、分计时，可以十进制小数表达，比用分数表达更为方便。

（二）中国赤道坐标系在阿拉伯和欧洲天文学界的流传

除上述特征外，我们还可补充说，为编制历法，需对日月，五星及恒星运行作系统观测。确定星辰位置时，中国采用赤道坐标（equatorial coordinats），而希腊、阿拉伯和早期欧洲则用黄道坐标（zodiac coordinats）。用赤道坐标标出的天体位置长期不变，适用于地球任何观测地点，具有通用性，又能简便而准确地测定恒星位置、研究天体周日运动，比黄道坐标有无比的优越性。现存较早的赤道装置是元代天文学家郭守敬（1231—1316）1276 年制造的简仪（图 1—6），含赤道经纬仪及地平经纬仪，这是近代望远镜广泛使用的赤道装置的直系先驱[3][4]。中国的赤道坐标系承袭了二十八宿记位置的传统，以入宿度

---

〔1〕 Sarton，G. *Introduction to the history of science*，Vol. 2，Chap. 1. Baltimore：William & Wilkins，1931. p. 1005.

〔2〕 Kennedy，E. S. The Chinese-Uighur calendar as described in the Islamic sources. *Isis*，1964：55：435－443.

〔3〕 Needham，J. et al. *Science and Civilisation in China*，3：372. Cambridge University Press，1959.

〔4〕 薄树人主编：《中国天文学史》，科学出版社 1981 年版，第 47 页。

及去极度两个指标标明天体位置，与现代所用的赤经及赤纬相当。此坐标系起源于公元前4世纪战国时期，而坐标系又与天文仪器制造有关。从1世纪汉代以来制造的测定天体的浑仪（armillary sphere）和演示天体运动的浑象（celestial globe），始终是赤道式的，郭守敬的简仪继承了中国制造天文仪器的千年传统，但在结构原理上有重大创新（图1—6）。

中国历法经伊利汗国马加天文台台长纳速剌丁详细介绍后，成为好几代阿拉伯天文学家如穆希丁·马格里比（Muhyi al-Din al-Maghribī，1276）、伊本·马赫福兹·巴格达迪（Jamāl al-Din Abī al-Qāsim ibn Mahfūz al-Baghdādī，1285）、卡米尔（Muhammad ibn Ali·Abdallah al-Kāmil，1303）、穆罕默德·本阿里（Muhammad ibn Ali，1325）和卡西（Ghiyāth al-Din Jamshīd ibn Mas'ūd al-Kāshī，c.1413）等人的研究对象，并吸取其中的成果。在上述阿拉伯人写的历法书中采用了中国历中的计时单位日、刻及分等，分在波斯文、阿拉伯文中以 fnk 或 fng 表示，实为汉语"分"的音译，因而引进了十进位小数运算制。在卡西的历法书中对此作了充分发挥。至于说到天体观测中中国使用的赤道坐标系，在郭守敬的简仪问世前，阿拉伯天文学家早已发现它比黄道坐标好用并起而效法。19世纪法国研究阿拉伯天文学史的专家塞迪约（L. P. E. A. Cédillot）为中亚天文学家、撒马尔罕（今乌兹别克斯坦境内）统治者乌鲁格·贝杰（Mīrzā Muhammad ibn Shārhrukh ibn Timūr Ulugh Bēg，1394–1449）所编《乌鲁格·贝杰历法》（Zīj-i Ulugh Bēg）写的《导言》中指出，伊拉克天文学家伊本·海萨姆（Al-Hasan ibn Hasan ibn al-Haytham，c.967–1040）在11世纪初使用过赤道浑仪[1]。

伊本·海萨姆在阿拉伯和欧洲都著名，其天文学著作曾译成拉丁文、希伯来文和意大利文。他的阿拉伯名被拉丁化为阿尔哈桑（Alhazen），他使用赤道装置必是唐代以来中国与阿拉伯科学交流的结果。这种思想后来又传给欧洲天文学家，例如，意大利天文学家杰马·弗里休斯（Gemma Frisius）1534年第一次在欧洲叙述了一种小型便携式赤道浑仪[2]。最后，丹麦天文学家第谷（Tycho Brache，1546–1601）1595年由于受到东方的思想影响，决定放弃传统的黄道坐标，而采用中国式的赤道坐标（图1—7），赤道浑仪曾被认为是欧洲文艺复兴时期天文学方面的主要进步之一。第谷的赤道装置被欧洲各国天文学家所接受，最后成为全世界的通用模式。

（三）元代时传入中国的阿拉伯天文仪器及历算书

最后，应谈谈阿拉伯数学和天文学成果传入中国的情况，主要集中于13世纪元代初期。蒙元宪宗蒙哥在位时（1251—1259）已先后在西部建立察合台汗国，在中亚建立钦察

---

〔1〕 Sédillot. *Prolégomènes des tables astronomiques d'Oloug Beg* (*Ulūgh Beg ibn Shahrukh*)，*Notes*，*variantes et introduction*，Paris：Didot，1847，p，cxxxiv.（first printed edition see Paris：Ducrocq，1839）.

〔2〕 Dreyer，J. L. E. *Tycho Brahe；a picture of scientific life and work in the 16th century*. Edinburgh：Black，1890. p. 316.

汗国，又在西亚灭阿巴斯王朝，即将建立伊利汗国，这些地区都是穆斯林聚居区，蒙古大汗需及时编制适应穆斯林需要的回历。另外，当时中国大陆东南还有南宋政权，宪宗授权其弟忽必烈（1215—1294）经营漠南汉地，以图南进灭宋而统一天下，建立蒙古大汗帝国。忽必烈有远大抱负及和文韬武略，善于网罗各族人才为其所用，又在开平（今内蒙正蓝旗）兴建新城作为根据地。在忽必烈手下工作的两位阿拉伯学者值得注意，他们是叙利亚出生的景教徒爱薛（Isa Tarjaman，1227 - 1313）和波斯天文学家札马鲁丁（Jāmal al-Dīn ibn Muhammad al-Najārī，fl. 1223 - 1291）。向中国传入阿拉伯科学成果的正是这两位学者。

爱薛出身于景教家庭，通晓西域多种语言，精于天文历算及医药，1247 年携妻苏拉（Sura）来华，忽必烈即汗位（1260—1294）后，将开平府升格为上都，1260 年建司天台，1263 年命爱薛掌西域星历及医药二司。他奏请准备一部伊斯兰历法，得准。札马鲁丁原在伊利汗国与纳速剌丁筹建马拉加天文台，后应召于 1260 年来华，在忽必烈藩邸从事星历工作，与爱薛共同编历，1267 年告成，名曰《万年历》，元世祖忽必烈下令于穆斯林聚居区颁用[1]。这是用黄道十二宫 360°制，有日月食推算法的回历历法。同时，札马鲁丁又参考马拉加天文台仪器式样造仪象七件，供回回司天监观测用。1271 年任命札马鲁丁为上都回回司天监提典（正四品）。而汉式司天监由天文学家郭守敬主持制造简仪等十二件并编写历法，名曰《授时历》，1280 年颁行天下。

《元史》（1370）卷四十八《天文志》载札马鲁丁 1269 年所造西域仪象的形制、尺寸、阿拉伯名音译及汉文意译[2]。英国人伟烈亚力（Alexander Wylie，1818 - 1887）用英文作了描述[3]，1950 年德国法兰克福大学自然科学史研究所的赫威烈（Willy Hartner，1905 - 1981）博士在"札马鲁丁的天文仪器的鉴别及其与马拉加天文台仪器的关系"一文[4]内，给出这些仪器的阿拉伯文—波斯文原名及英文名，认为与马拉加天文台仪器制造者乌尔迪（Muhammad ibn Muhyyad al-'Urdi）造的仪器基本一致。此后李约瑟[5]和日本学者薮内清（1906—2000）[6] 也作了研究，对赫威烈的鉴别作了修正。陈美东（1942—2008）的最新研究（2003），对仪器作了新的定性[7]。现据以上成果将《元史·天文志》所列 1267 年札马鲁丁所制西域仪象作如下简介：

（1）咱秃哈剌吉，汉言浑天仪也。

〔1〕（明）宋濂：《元史》卷五十二，《历志一》，二十五史本第 9 册：第 7373 页，上海古籍出版社 1986 年版；卷九十，《百官志六》，同上本，第 9 册：第 7501 页；卷一三四，《爱薛传》，第 9 册：第 7610 页。

〔2〕《元史》卷四十八，《天文志一》，西域仪象，二十五史本第 9 册：7359。

〔3〕Wylie, A.（tr.）. The Mongol astronomical instruments in Peking, see his：*Chinese Researches*，Sci. Sect. Shanghai. 1897.

〔4〕Hartner, W. The astronomical instruments of Cha-ma-lu-ting, their identification, and their relations to the instruments of the Observatory of Maragha, *Isis*, 1950, 41：184 - 194.

〔5〕Needham, J. et al. *op. cit.*，Vol. 3. Cambridge University Press, 1959. p. 373.

〔6〕［日］薮内清：中国におけるイスラム天文学，《东方学报》（京都），1950 年第 19 篇，第 19 页.

〔7〕陈美东：《中国科学技术史·天文学卷》，科学出版社 2003 年版，第 520—522 页。

此即 dhātu 'l-halaqi，实为用黄道坐标的黄道浑仪（zodiac armillary sphere）。

　　（2）咱秃朔八台，汉言测验周天星曜之器也。

此即 dhātu shu'batai，李约瑟释为"双股仪"（instrument with two legs），赫威烈认为是托勒密长尺（organon parallacticon），可测天体的天顶距。

　　（3）鲁哈麻亦渺凹尺，汉言春秋分晷影堂。

此即 rukhāmah-i-mu'wajja，实为春秋分晷（equinoctial dial）。

　　（4）鲁哈麻亦思塔余，汉言冬夏至晷影堂也。

此为 rukhāma-i-sā'at-mustawiya 之省写，实为冬夏至晷（solstitial dial）。

　　（5）苦来亦撒麻，汉言浑天图也。

此为 kura-i-samā 之对音，应是天球仪（celestial globe）。

　　（6）苦来亦阿儿子，汉言地理志也。

此为 kura-i-ard 之对音，波斯语发音为 kura-i-arz，实为地球仪（terrestrial globe）。

　　（7）兀速都剌不定，汉言昼夜时刻之器也。

此为 al-usturlāb，实为阿拉伯式星盘（astrolabe），而非漏壶。此仪可测天体坐标、日影长短及时间。

　　上述仪器中（2）和（7）中国不曾用过，但不适合中国天文学特有的赤道坐标体系，总的来说正如赫威烈所说，没有引起中国天文学发生本质的变化。不过黄道浑仪和星盘上所装的照准器可能对郭守敬设计的简仪上的照准器有启发。他设计制造的星晷定时仪是一种星盘，可测天体高度和时间，显然受西域仪象影响。地球仪对中国人来说是新事物，与传统的地平观不同。总之，札马鲁丁带来的这些阿拉伯式天文仪器对郭守敬等科学家的影响主要表现在观象仪器设计上的某些改进方面，有积极作用。但中国天文学家始终坚持固有的赤道坐标设计仪象，不为黄道坐标所动心。

　　在引进阿拉伯天文仪器的同时，爱薛和札马鲁丁还带来一些阿拉伯天文历算书籍亦值得注意。据元代人王士点（约1295—1358）等人所编《秘书监志》（1352）卷七《回回书籍》条载："至元十年（1273）北司天台申：本台合用文书，计经书二百四十二部"，内北司天台（上都回回司天台）合用经书一百九十五部（卷）共十三种，提点官札马鲁丁家内合用文书四十七卷十三种，接下列举回回司天台所用书名的音译及意译。关于这些书名内容及阿拉伯文—波斯文对音，过去缺乏系统研究，且常出现歧见，无所适从。笔者决定利用1980—1990年代以来阿拉伯学的最新研究成果，对这些天文历算著作作一系统考证，对有关争议作一了断。今将有关著作开列如下：

　　（1）兀忽列的四擘算法段目十五卷。

"兀忽列的"应是希腊数学家欧几里得（Euclid，330 - 270BC）的阿拉伯语音译 Uqlīdī，《四擘算法》为 Uṣúl al-handasati，即《几何原本》（*Euclides Elementorum libri XV*），共十五卷。过去有人认为这是花拉子米的数学书，显然是错误的。《几何原本》有多种阿拉伯文译注本。

　　（2）罕里速窟允解算法段目三卷。

此为阿拉伯数学家哈里苏（Al-Harithu al-Khurāsāni）解说的欧里里德《几何原本》（*El-*

ements）。

（3）撒唯那罕答昔牙，诸般算法段目并仪式十七卷。

此为 *Safina handasīya* 之对音，义为《几何之舟》，可能指伊拉克数学家阿卜·瓦法（Muhammad ibn Muhammad ibn Yahyā ibn Ismāˈil ibn al-ˈAbbās Abūˈl-Wafa，940－998）990 年写的《技师必备的几何学知识》（*Fīmā yah tāju ilaihi as-s āniˈmin aˈmāl al-handasīya*）[1]。

（4）呵些必牙诸般算法八卷。

此为 *hisābīyā* 之对音，是部阿拉伯算学书。

（5）积尺诸家历四十八卷。

积尺为阿拉伯文 Zij 之对音，意为天文手册或历法。此处可能指叙利亚天文学家巴塔尼（AbūˈAbd Allāh Muhammad ibn Sinān al-Raqqi al-Harāni al-Sābi al-Battāni，c.858－929）编写的《撒比历法》（*Zij al-Sābi*，c.901）[2]。

（6）速瓦里可瓦乞必星篡四卷。

此为 *Suwar al-kawākib* 之对音，意为《星宿图集》，为波斯天文学家苏菲（Abuˈl-Husayn ˈAbd al-Rahmān ibn ˈUmar al-Sūfī，903－986）于 964 年编写的 *Kitāb suwar al-kawākib al-thābita*[3]。

（7）海牙剔穷历法段数七卷。

阿拉伯文原书名 *Hayˈat al-ˈālam*，乃前述伊位克天文学家伊本·海萨姆（al-Hasan ibn Hasan ibn al-Haytham，c.967－1040）所著《世界的行星方位》（*Hayˈat al-ˈalam*）[4]。

（8）麦者思的造司天仪式十五卷。

此为阿拉伯文 *al-Majast i* 之音译，原著为希腊天文学家托勒密（Claudius Ptolemaeus，85－165）所著希腊文本《天文学大成》（*Μαγαλε συταξις της αστρουομιασ* or *Magale syntaxis tés astronomias*，150）。阿拉伯译者将书名中第一个词（*Μαγαλε* or *magale*，意为"大"），再加一冠词 al，成为 *Kit āb al-majast ī*（《大书》），作为简称。此书在 12 世纪从阿拉伯文译成拉丁文后，便将阿拉伯书名拉丁化，成为 *Almagest*。

从上述书中可以看到爱薛和札马鲁丁编《万年历》时所依据的参考文献，同时也说明，欧几里得的《几何原本》早在元初就已传入中国，只不过它是阿拉伯文译本。《几何原本》是明代人的译法，确切说应称为《数学与几何学原理》，简称《原理》。此书有波斯人纳速刺丁的《欧几里得几何学原理译校》（*Kit āb-i-Uqlidīs fi ˈl-usul al-handasati*）和伊本·海萨姆的《对欧几里得〈原理〉的评述》（*Sharh us ūl Uqlīdis fi ˈl-tah lib wa ˈl-*

〔1〕 Dold-Samplonius. Y. Brief biography of Abūˈl-Wafā，in：H. Selin（ed.）. *En cyclopaedia of the history of science，technology，and medicine in non-Western culture*. Dordrecht：Kluwer Academic Publischers，1997. pp. 8－9.

〔2〕 Samso，J. Brief biography of al-Battāni，see：H. Selin（ed.）. *op. cit.*，p. 152.

〔3〕 King，David A. Astronomy in the Islamic world，see：H. Selin（ed.）. *op. cit.*，129；Kunitzsch，Paul. Brief biography of al-Sūfi，see：*op. cit.*，p. 915.

〔4〕 Ragep，F. J. Article on Hayˈa，see：H. Selin（ed.）. *op. cit.*，p. 396.

tarkīb）等多种流行本[1]。这类几何学著作是中国所需要的，但因是阿拉伯文，汉人读不懂，又只在回回司天台中供少数西域人使用，发挥的作用是很有限的。托勒密的《天文学大成》也同样如此，此书在 8—9 世纪在阿拉伯世界被译过五次，传到中国来的仍不外是阿拉伯文或叙利亚文写本，只在回回司天台图书室内陈放，很少有人问津。

〔1〕 Kunitzsch，Paul. Almagest：its reception and translation in the Islamic world，see：H. Selin（ed.）. *op. cit.* ，pp. 55 – 56.

第三章　物理学

一　中国指南针的发明及其在世界的传播

（一）指南针在中国的发明和应用

指南针（south-pointing needle）又称磁罗盘（magnetic compass）或罗盘针，是由磁针和方位刻度盘构成的指示方位的仪器，是中国古代科学技术的四大发明之一。它的发明是中国人从公元前 5 世纪战国以来确定方位的千年间实践过程中不断探索的产物。指南针是利用磁石指极性而制成的磁学定位装置，其出现前，古人以非磁学的天文学方法确定方位。磁针是人工制成的磁化铁针，此前中国人以天然磁石制成最早的指向装置，即所谓"司南"（south-pointer），成为指南针的前身。中国方位文化史中，经历从天文学方法定位，再以磁学方法制成司南，最后由司南演变成指南针的三个阶段，反映出先民对自然界认识的逐步深化及随之而来的确定方位技术的不断完善。

古代最初以天文学方法确定方向时，通常在白天以圭表测定日影和在晚上以北极星确定东西方向正位，即《周礼·冬官·考工记》所说"昼参诸日中之景（影），夜考之极星，以正朝夕（东西）"。后来这两种方法都得到进一步改进，指南针发明前，天文导航是保证船舶在海上航行安全和达到预定目的地的关键之一，就是有了指南针后，古人也要辅之以天文导航。然其局限性是，遇到阴晦天气，昼不见日、夜不见星时，便无能为力，因而不能全天候确定方位。以磁学方法制成的定向装置则免除靠天体定向的局限，因地球是个巨大磁体，在地球和近地空间存在磁场，如将磁石制成条状或针状，使其处于可自由转动状态，则在磁场作用下，磁石两端当转动停止时，总是指向南北，不受天气影响，且昼夜可用，在地球任何地点都灵验。这就使人从靠观察天体定向的被动局面转向靠地磁定向的主动局面。

将导向装置赖以工作的母体，从天上的太阳和极星转移到人类所生存的地球，这是观念上的一次大变革，是认识自然界的一次飞跃，从此人类在确定方位方面又多了一种可供选择的手段。做到这一点，必须要有足够的磁学知识，而磁学正是中国人自古就擅长的一门学问。早在战国（前 476—前 272）初期就出现关于磁石的各种记载，如《山海经·北山经》（前5—前4世纪）指出，灌题山"其中多慈石"[1]。齐国稷下学者托名管仲（约前720—前645）所作的《管子·地数》篇（前4世纪）称："上有慈石者，其下有铜金。"[2] 中国人在发现磁石同时，还发现其吸铁性。秦国宰相吕不韦（前300—前235）门客所作《吕氏春秋》（前239）卷九云："慈石召铁，或引之也。"[3] 汉人高诱（175—225）注曰：

> ［慈］石，铁之母也。以有慈石，故能引其子。石之不慈者，亦不能引也。

天然磁石主要成分为四氧化三铁（Fe_3O_4），能吸铁、镍、钴等铁族物，其磁性源于内部电荷运动。古人因其能吸铁，如慈母之招子，故称"慈石"（loving stone），后又创谐音与"慈"同的"磁"字，便成通称了。西汉时成书的《淮南子·览冥训》（前120）还对磁石吸铁性作出理论解释：磁石吸铁而不吸瓦，因磁、铁间有共性，故相吸，磁、瓦间性相异，故不相吸[4]。中国人不但发现磁石的吸铁性，还发现其指极性（directivity and polarity），并依此特性制成指示方向的装置，名曰司南。战国哲学家韩非（约前280—前223）《韩非子·有度》篇（约前255）主张以法治国，王者以法度约束群臣，则主不可欺，故王者宜讲求"南面之术"即统治臣民之术。他写道：

> 夫人臣之侵其主也，如地形焉，即渐以往。使人主失端，东西易面，而不自知。故先王立司南以端朝夕。[5]

周秦以来，对君臣关系有明确界定，以王法礼法维持，在行为举止、服饰、屋室、朝会排位等方面都有规范，王者处于至高尊位。朝会时，天子坐北朝南，文武百官站在东西两侧，上奏面北。韩非上述那段话意思是，如失去法度，臣下便向君王侵权，像逐步削减其统治国土那样，使君臣之位错乱，人主尚不自知，则危矣。故先王立司南以端东西方位，以警示臣下端正其行为。既然司南立于大殿之前，能端正方位，就表明它是指示方向的装置。以磁石指极性原理制成的司南，从战国至汉晋、南北朝仍在使用和发展。晋人左思（约250—305）《吴都赋》（约281）说"俞骑骋路，指南司方"，明确说指南或司南是指示方向的装置。3世纪成书的《鬼谷子·谋篇》云：

> 郑人取玉也，必载司南之车，为其不惑也[6]。

这段话应语译为：

---

〔1〕《山海经校注》卷三，袁珂校本，上海古籍出版社1980年版，第74页。

〔2〕《管子·地数第七十七》，《百子全书》本第3册，卷二十三，浙江人民出版社1984年版，第1页。

〔3〕（汉）高诱注：《吕氏春秋·春秋纪第九·精通》，《百子全书》本第5册，卷九，第3页。

〔4〕《淮南子·览冥训》，《百子全书》本第5册，卷六，第1页。

〔5〕（战国）韩非：《韩非子·有度》，《百子全书》本第3册，卷六，第2页。

〔6〕《鬼谷子·谋篇第九》，《百子全书》本第3册，卷六，第1页。

　　　　郑国人外出进山采玉，必在车中带上司南，以免迷路。

"载司南之车"中"之"作"于"字解，"车"是载人和运玉石的马车，不是由自动离合的齿轮系制成的"指南车"（south-pointing carriage）。

　　这段话西文译文多误译，我们认为应译为：

When the people of Zheng go out to exploit jade, they must carry a south-pointer (*si-nan*) in their carriage so as not to lose their way.

　　《鬼谷子》旧题作者为战国人鬼谷子，但《汉书·艺文志》不载，《隋书·经籍志》始列入纵横家，有晋人皇甫谧（215—282）注本，则今本成书时间不应迟于 3 世纪。

　　古人虽多次讲司南的指向功能，却很少载其形制及用法。只有东汉思想家王充（27—97）《论衡·是应》篇（83）对其形制作如下描述：

　　　　司南之勺，投之于地，其柢指南。[1]

就是说，其形状类似勺，"投之于地"后，则勺柄指向南方。"地"到底指什么，投"地"后如何能指示南北？长期间没得到解释。

　　20 世纪 40 年代（1948）考古学者王振铎（1912—1992）先生认为"投之于地"中的"地"指古代占卜用式或栻的地盘（square earth-plate of diviner's board），并对司南作了复原研究[2]。关于占卜用"式"的形制及用法，汉代有文献记载，且 1925—1977 年间有汉代实物出土[3][4][5]，式由方形地盘及圆形天盘构成，天盘在地盘之上，可以旋转，二者之间有一轴。天盘有若干同心圆，最内圈有北斗七星形象，依次是十二月神、八天干、十二地支与四卦组成的二十四方位；地盘有二十八宿、二十四方位，最内为空心圆。式盘上二十四方位排列方式是司南之盘面，也是后世罗经盘之所本。当天盘上北斗星形象易之以磁性斗勺而置于地盘之空心圆处，便完成从式盘向司南之转变。

　　王振铎的司南复原模型，在中外被广为转引及展示，其地盘与占卜用式之地盘完全一样，但以青铜铸成以代替木制，中间放磁石的空心圆处经抛光处理。磁石按地球磁场南北方向从磁矿采取，磨成与餐勺一样的形状。勺柄以手拨动后，虽亦能指南，但今天看来此模型至少有两点需商榷或改进。其一，司南是专供指示方向而非占卜用的，无须原封不动照搬占卜地盘，至少应删除其中二十八宿。从堪舆罗盘演变的航海罗盘，盘面也是删除堪

---

　　〔1〕（汉）王充：《论衡·是应》，《百子全书》本第 6 册，第 4 页。

　　〔2〕王振铎：司南·指南针与罗经盘（上），《中国考古学报》1948 年第 3 期，第 119—260 页；《科技考古论丛》，文物出版社 1989 年版，第 105 页。

　　〔3〕［日］原田淑人、田泽金吾：《楽浪五官椽王旰の墳墓》，图版 112，东京：刀江書院，1930。

　　〔4〕甘肃省博物馆：武威磨嘴子三座汉墓发掘简报，《文物》1972 年第 12 期，第 9—19 页。

　　〔5〕安徽省文物工作队：阜阳双古堆西汉汝阴侯墓发掘简报，《文物》1978 年第 8 期；殷涤非：西汉汝阴侯墓出土的占卜盘和天文仪器，《考古》1978 年第 5 期，第 338—343 页。

舆内容，只留方位，从占卜式盘演变的司南理应遵循同一原则。其二，将磁石磨成与餐勺一模一样，形体大（13.3cm）、柄长（占勺体全长 47％），并非技术上的合理形式。勺应体小，柄短而直、体轻，才便于制成和旋转，而不易倾倒或损失磁性。历史上的司南应是何形制，仍是需要进一步探索的课题，还不能以王氏复原模型为最后定论。

司南用的天然磁石琢磨后磁性不强，放在铜盘上有摩擦阻力，这都影响其灵敏性。因此在晋至唐期间人们不断改进。首先注意到将铁针与磁石摩擦后，铁针也成磁体，而针状磁体比勺状形式更加合理，指极灵敏度随之提高。针体小，在面积大的方形刻度盘上不易看出其所指方位，须易之以较小的圆形方位盘，才能适合针的自由旋转和指向需要。将针直接放在圆形盘上，摩擦阻力势必增大，难以自由旋转。欲使磁针在方位盘上自由旋转，从历史文献中我们得知曾用过三种方法。一是将磁针以丝线悬于地盘上，旋转停止后指出方位。唐以前有人这样试过，但发现针因丝线扭转影响，而不停地摆动，于是将磁铁制成蝌蚪形或鱼形薄片，为后世所沿用。此法缺点是易受周围空气流动影响，不能在颠簸状态下使用，其最大贡献是将磁勺易之以磁针，完成李约瑟所说 from the spoon to the needle（“从勺到针”）的过渡[1]。

第二种改进方法是将地盘中心圆，由平面制成凹槽，内盛以水，将磁针浮在水面旋转，停止后，在刻度盘指出方位。此法较少受周围气流影响。这实际上就是 11 世纪前期北宋文献中报道的水罗盘（wet compass）。但有证据显示 9 世纪唐代堪舆罗盘（geomancer's compass）制造者已制出水罗盘，因晚唐堪舆书中出现有关磁偏角的早期记载，且为克服偏角误差，在方位盘上设校正方位，而使用司南的时代，是没有磁偏角记载的。第三种方法是将磁针以枢轴（pivot）支撑在盘上，这是宋代人用的方法。

过去通常认为磁偏角是从北宋科学家沈括（1031—1095）《梦溪笔谈》（1085）才开始有记载，其实不然。早在唐末（9 世纪）托名魏人管辂（209—256）所写的堪舆书《管氏地理指蒙》中，就载有磁偏角。《新唐书·艺文志》中《管氏指略》即《宋史·艺文志》中的《管氏指蒙》，集唐及唐以前堪舆书而编成，有北宋福建人堪舆家王伋（字肇卿，900—1050 在世）注。该书写道：

> 磁者母之道，针者铁之戕。母子之性以是感，以是通。受戕之性以是复，以是完。体轻而径，所指必端，应一气之所召。土曷中，而方曷偏，较轩辕之纪，尚在星虚、丁癸之躔。[2]

这段话颇费解，我试将其译成语体文如下：

---

〔1〕 Needham，Joseph et al. *Science and Civilisation in China*，Vol. 4，Chap. 1，*Physics*. Cambridge University Press，1962. pp. 273ff.

〔2〕《管氏地理指蒙》（9 世纪），载《古今图书集成·艺术典·堪舆部》（1726）卷六五五，《汇考五》，第 5 页，中华书局影印本 1934 年版。

　　磁石有母之本性，针由铁打造而成。磁石与铁的母子之性因此得以感应、互通。由铁打造的针，复有其母之性（磁性），并更完善。磁针体轻而直，其指向应端正，是由气之所召。奈何所在地适中，而针的指向却偏离，其两端本应指向南北正位，却又偏向东西。

　　此处所述有几点是清楚的：（1）铁针受磁石感应而有磁性和指极性，其体轻且直，所指方位准确，（2）所用测向仪器中有磁化的铁针（早期指南针）；（3）以磁针测方位，有时并非指向子午（南北）正位，而是南偏西、北偏东 15°。测量地点可能是长安，东经 108°57′、北纬 34°16′。因使用磁针而非勺状天然磁石，指极性灵敏度提高，才发现磁偏角。可以说堪舆用指南针在 9 世纪唐末时已出现。（图 3—1）

　　为《管氏地理指蒙》作注的王伋本人也在其《针法诗》（1030）中谈到磁偏角，且总结出与此适应的"针法"，以诗表之：

图 3—1　9 世纪唐末以来中国堪舆罗盘定方位选宅址图
引自《钦定书经图说·太保相宅图》（1905）

　　　　虚（北）危（西）之间
　　针路明，南方张度（南偏东）上三乘。
　　　　坎（北）离（南）正位
　　人难识，差却毫厘断不灵。[1]

　　就是说，按理讲针应指南北正位，但明显看到针位北偏西或南偏东。这是在北纬 34°52′、东经 114°38′ 的北宋都城开封观察的结果，与长安有所不同。李约瑟已考得王伋为北宋太宗淳化元年（990）出生的堪舆家[2]，但王振铎未作考证便说王伋"可能是南宋人"（12 世纪），且作出堪舆罗盘不能早于南宋的结论[3]，此结论看来欠妥，应予纠正。8—12 世纪唐至宋初堪舆家根据磁偏角现象提出校正方位。唐末昭宗光化三年（900）成书的《九天玄女青囊海角经》中有《浮针方气图》（图 3—2），列出堪舆罗盘圆形盘面上正针和缝针两种磁针指示方位，各为二十四方位。[4]

　　图中有所谓正针，是唐人丘延翰（688—752 在世）约于开元十八年（730）按天文方

　　〔1〕（宋）王伋：《针法诗》（1030），载《古今图书集成·艺术典·堪舆部》卷六五五，《汇考五》，第 18 页。

　　〔2〕Needham, J. op. cit., p. 305.

　　〔3〕王振铎：司南·指南针与罗经盘（下），《中国考古学报》1951 年第 5 期，第 101—176 页；《科技考古论丛》，第 176、182 页。

　　〔4〕《九天玄女青囊海角经》（约 900），载《古今图书集成·艺术典·艺术典·堪舆部》卷六五一，《汇考一》，中华书局影印本 1934 年版，第 16 页。

位将司南方形盘四边的二十四方位平均排列在圆盘上的指示方位。将方盘变成圆盘，是对司南方位盘形制的一大改进，后人又称为"丘公正针"。没有证据证明在丘延翰时代已将磁针用在定向装置上，但却为未来出现的指南针方位盘奠定了基础。百多年以后，有了装有磁针的堪舆罗盘后，发现针的指向有南偏东、北偏西的现象即磁偏角。为此，唐末堪舆师杨筠松（837—903在世）约于广明元年（880）在盘面加入校正方位，以适应磁偏角地区使用。因其每个方位在正针两方位之间交界（接缝）处，故后世称为"杨公缝（fèng）针"。《浮针方气图》中标出正针及缝针，说明是磁罗盘使用后的产物。"浮针"（floating needle）一词更说明唐末已有了水罗盘。将堪舆罗盘上测风水的内容删除，便很容易成为航海罗盘。

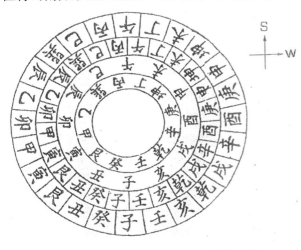

图3—2　唐末10世纪《九天玄女青囊海角经》
中的浮针方气图

唐代远洋船航海往来于东南亚、印度洋直至波斯湾和东非，不能说与此无关，只是相关记载有待发掘。

北宋以后，在其他地区发现磁罗盘所指呈北偏西或南偏东的磁偏角现象。因而堪舆家赖文俊（1106—1172在世）约于高宗绍兴二十年（1150）在罗盘盘面上加入新的校正方位，置于原有的正针及缝针方位之中间，故称"中针"，后又称"赖公中针"。至此，盘面上有正针、缝针及中针三种方位（图3—3），可适应任何地方使用。这就是堪舆罗盘史中"三针之说"的由来。清初流行的堪舆家叶泰（1652—1712在世）著《罗经解》（1693）写道：

　　　中、缝两针，非凭空无据而设
者，……三针有理可信，有象可凭。[1]

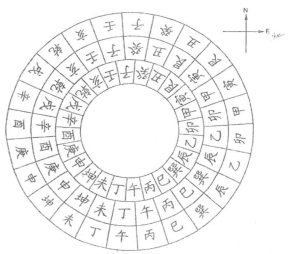

图3—3　堪舆罗盘上表示磁偏角的"三针图"
说明：最内圈为正针，天文方位；第二圈为中针，12世纪发现的磁学方位，北偏西；最外第三圈为缝针，9世纪发现的北偏东磁学方位。潘吉星据《罗经解》（1693）绘制

――――――――

〔1〕（清）叶泰撰，（清）吴天洪注：《罗经解·三针三盘总说》，清康熙三十二年（1693）经纶堂重刊本，第23—24页。

三针之说明清时已成堪舆学通说，为唐宋以来相关著作所记载，又与明清堪舆罗盘盘面相吻合，不能说是凭空杜撰，丘、杨、赖三人在堪舆罗盘史中占重要地位，其事迹皆有史册可查。有人认为三针之说"附会丘、杨、赖诸人之事，皆不足信"[1]，似流于武断。

北宋（960—1126）是磁学知识爆炸性发展时期，是此前知识积累的结果，而宋以前的"悬针"和"浮针"正是引发北宋磁学知识爆炸的两个导火索。北宋大臣曾公亮（999—1078）于仁宗庆历四年（1044）用内府藏书、档案领衔编成的大型军事著作《武经总要》，分前、后二集，各20卷。《前集》卷十五谈部队行军时写道：

> 若遇天景曀霾（yì mái，昏暗），夜色暝黑，又不能辨方向，则当纵老马前行，令识道路。或出指南车及指南鱼，以辨所向。指南车世法不传，鱼法用薄铁叶剪裁，长二寸（6cm），阔五分（1.5cm），首尾锐如鱼形，置炭火中烧之，候通赤，以铁钤（钳）钤鱼首出火，以尾正对子位（北），蘸于水盆中，没尾数分则止，以密器收之。用时，置水碗于无风处，平放鱼在水面令浮，其首常南向午（南）也。[2]

此处所说的指南车或司南车，是含自由离合的齿轮系机械装置，保持一定行驶方向的车，与指南针不同，它起源于西汉[3]，不可与指南针相混淆。而指南鱼则是从堪舆罗盘演变出来的专供指示方向的早期水罗盘。其主件是人造磁体，制法是将长6cm、宽1.5cm的薄铁片作成鱼状（图3—4），加热至通红，当温度升至居里点（Curie point，600℃－700℃）以上（769℃）时，铁的磁畴（magnetic domain）紊乱无序。以铁钳夹住鱼首，将其从炭火中取出，沿南北磁场方向放置，使鱼尾向北，鱼首向南，再趁热放入冷水盆中。因温度的骤然变化，铁片内磁畴受地球磁场作用发生有规则排列，从而显出磁性，成为矫顽力较高的永久性磁体，即马氏体（Martensite）[4]。

这种以铁片借热剩磁感应（thermo-remanence）原理制成的人造磁体，甚至无需天然磁石传磁。实现此过程的关键是，将铁片加热后，必须使其顺地球磁力线方向骤然冷却，才能使其磁畴重新作规则排列。此即"以尾正对子位（北），蘸于水盆中"之奥妙所在。铁片制成鱼状，便于区分南北指向，首指南，尾指北。为使鱼在水面借水的表面张力而悬浮起来，首、尾宜略翘起，鱼体与水接触面尽力减少。我们认为《武经总要》提到鱼的首尾指向子午方位，必须有类似堪舆罗盘那样的圆形方位刻度盘作为辅助件，才能读出方位，而盛磁鱼的"水碗"实即盘上的"天池"。且磁鱼外形未必如真鱼，"水碗"形如碗而非真碗形，真碗口大底小，放水后不利磁鱼旋转，这是复原时要考虑到的。王振铎给出的指南

〔1〕王振铎：《科技考古论丛》，第179页。

〔2〕（宋）曾公亮：《武经总要·前集》卷十五，《乡导》，载《中国古代版画丛刊》第1册，上海古籍出版社1988年版，第685页。

〔3〕刘仙洲：《中国机械工程发明史》，科学出版社1962年版，第100页。

〔4〕王锦光、洪震寰：《中国古代物理学史》，河北科技出版社1990年版，第127页。

鱼复原模型[1]，拘泥于文内字面含义，将鱼绘成真鱼，有眼、有鳞，乃画蛇添足之举，实际上不可能是这样的。再让此鱼浮在真正用餐水碗中，碗上没有方位刻度盘，如何能读出所指方位？这都违反指南装置传统制造模式。

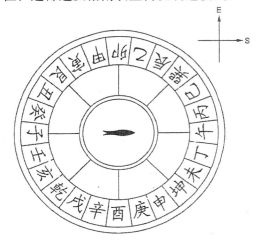

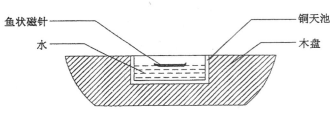

鱼状磁针　　　　　　　铜天池
水　　　　　　　　　　木盘

图 3—4　《武经总要》(1044) 载水罗盘"指南鱼"复原图
潘吉星复原 (2001)

虽然王氏指南鱼复原图被中外广为引用，但仍有改进余地。因此我们这里重新绘出《武经总要》中所述指南鱼的复原图（图3—4）。其方位盘为木胎髹漆圆盘，周围有十六或二十四方位，中间有铜制盛水天池，指南鱼浮于水面，天池上有盖，防水溢出，盖可开可闭。指南鱼不用时，放入铁制密封盒中，形成闭合磁路，免失磁性。或沿一定方位放在天然磁石旁边，继续磁化。

北宋科学家沈括《梦溪笔谈》卷二十四也谈到指南针："方家以磁石磨针锋，则能指南，然常微偏东，不全南也。水浮多荡摇，指爪及碗唇上皆可为之，运转尤速，但坚滑易坠，不若缕悬为最善。其法，取新纩中独茧缕，以芥子许蜡，缀于针腰，无风处悬之，则针常指南，其中有磨而指北者，予家针，南北者皆有之。"[2] 沈括说堪舆家以铁针针锋磨天然磁石制人造磁针，是与曾公亮所述将薄铁片赤热、淬火处理不同的另一方法。其所说堪舆罗盘可能与南宋人曾三异（1164—1240 在世）淳熙十六年（1189）《因话录》中提到的"地螺"或"地罗"类似。曾三异写道：

　　　地螺或有子午正针，或用子午、丙子缝针，天地南北之正，当用子午。或谓江南地偏，难用子午之正，故以丙子参之。古者测日景于洛阳，以其天地之中也。然又于其外县城之地，地少偏，则难正用，亦自有理。[3]

〔1〕 王振铎：司南、指南针与罗经盘（中），《中国考古学报》1949 年第 4 期，第 185—223 页；《科技考古论丛》，第 148 页。
〔2〕 （宋）沈括：《梦溪笔谈》卷二十四，《杂志一》，文物出版社影印元刊本 1975 年版，第 15 页。
〔3〕 （宋）曾三异：《因话录》，载（元）陶宗仪编《说郛》卷二十三，商务印书馆涵芬楼本 1927 年版。

沈括说，过去堪舆用指南针所指之南并非地球子午线之正南，而略偏东。曾三异则进一步说子午正针与丙壬缝针之夹角 7.5° 即磁偏角，中国东南沿海地区因偏角明显，须参用丙壬缝针作校正方位。沈括还提出家庭中试验磁针指南的四种方法，一是将铁针与磁石摩擦后，浮在碗内水面上，则针尖指南。第二、三法是将磁针置于大拇指甲上或碗口上，但易脱落。没有实用价值，不能制成指南装置，只有理论探讨意义。第四法用芥菜子实（直径 2mm）那样小的蜡将新丝线黏合在针腰上，以手悬针则针尖指南，此法前代用过，易受空气流动影响，至北宋已显陈旧。上述四种方法都是个人在家试验用，不能实际应用，只有第一法需改进针在水面浮力后才可用，但沈括没有介绍如何使针安稳浮于水面。

北宋人寇宗奭（约 1071—1146）《本草衍义》（1116）卷五指出：

> 以针横贯灯心，浮水上，亦指南，然偏丙位（东）。[1]

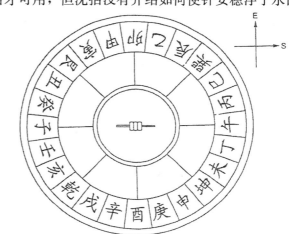

灯心草（*Juncus effusas*）茎高 1m，径 1.5mm—4mm，将细茎剪成几小段，以磁针逐段横穿，放水面上可增加针的浮力和抗扭力性，使针稳浮水面，又不致过度旋转，实际上水罗盘即用此法。我们可据此对专供指示方向的水罗盘作出复原（图 3—5）。由此可见，北宋人描述的水罗盘有两种形式，大同小异，主要区别表现在磁针制法及形状上，两种形式的指南针都曾用于实践并传到国外。使磁针漂浮的灯心草，后又代之以鸡翎，将磁针横贯几小

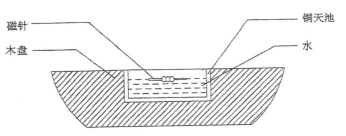

图 3—5　《梦溪笔谈》（1088）及《本草衍义》（1116）所载指南针复原图

潘吉星复原（2001）

段鸡翎，比灯心草更耐水。水罗盘从唐代堪舆罗盘演变，至北宋大行于世。盘体木胎髹漆，天池为铜制，二者亦可皆以铜铸成。水罗盘一直沿用到 14—19 世纪明清，因此明清航海水罗盘保留唐宋元水罗盘胎记，正是技术遗传现象的体现。

12 世纪南宋人还以铜钉枢轴（pivot）将磁针支承于盘上自由旋转，无需水浮，此即旱罗盘（dry compass）。王振铎断言："明代以前中国之罗盘磁针，皆为借水之浮力而转动之被传磁之缝纫针，别无其他制形。"他认为中国旱罗盘是明代以后受欧洲这类罗盘影

---

〔1〕（宋）寇宗奭：《本草衍义》卷五，《磁石》，商务印书馆 1957 年版，第 31—32 页。

响才发展的[1]。西方学者也持同样看法[2]。但新的考古发现表明，此看法是不能成立的，宜予以修正。1985 年 5 月，江西临川温泉乡发现一宋墓，墓主朱济南（1140—1197），下葬于庆元四年（1198），墓内张仙人（张景文）瓷俑，着右衽长衫，左手握一罗盘，置于右胸前，右手紧执左袖口[3]（图 3—6）。

瓷俑张仙人所持罗盘有十六个方位刻度，盘中央磁针形状与水浮磁针迥异，菱形磁针中央有一圆孔，表明用轴支承的结构，因而是一旱罗盘。清乾隆时（18 世纪）堪舆家范宜宾《罗经精一解·针说》云："指南旱针创自江西"，说明江西制旱罗盘有长远历史，今次出土于江西的这件文物证明此说有据。出土的罗盘刻度内无法标出文字，我们认为其中十六字应是八天干中的甲乙丙丁庚辛壬癸、十二地支中的子午卯酉及八卦中的乾坤巽艮四卦名，由此构成盘面。磁针由铜钉支撑，钉下部钉入盘中，钉顶部冒出一小轴，上有钉帽。磁针由小轴贯穿，可自由旋转。后世中外旱罗盘均导源于此。现将我们的复原图绘制于下（图 3—7）：

图 3—6　南宋庆元四年（1198）墓
出土的持旱罗盘的瓷俑

A. "张仙人" B. 临绘件

潘吉星临绘（2001）

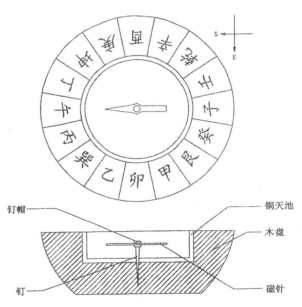

图 3—7　南宋（12 世纪）墓出土瓷俑手持
旱罗盘复原图

潘吉星复原（2001）

---

〔1〕 王振铎：司南指南针与罗经盘（下），《中国考古学报》1951 年第 5 期，第 101 页以下；《科技考古论丛》，第 199—200 页。

〔2〕 Needham, J. *Science and Civilisation in China*, Vol. 4, Chap. 1, p. 290.

〔3〕 徐定荣、徐建昌：江西临川宋墓，《考古》1988 年第 4 期，第 329—334 页。

墓主朱济南为江西临川人，生前任福建邵武知州，死后葬于故里。从墓内所出墓碑文得知，墓址由堪舆师以磁罗盘定位选择下葬于 1198 年，旱罗盘在此以前一段时期即已问世，是显而易见的。南宋前期（1127—1177）水、旱罗盘是如此为人所熟悉，以致有人按其工作原理制成玩具或魔术道具。如南宋初人陈元靓（jìng）《事林广记》卷十《神仙幻术》所载木制水浮式指南鱼和旱式指南龟，内藏条状磁石，均可自由旋转并指南，乃利用水、旱罗盘原理制成。[1]《事林广记》载《宋史·艺文志》，李约瑟考订其成书于南宋初绍兴二十年（1150）[2]。按陈元靓（1100—1150 在世）自号广寒仙裔，还著有关于气象方面的书《岁时广记》四卷，今亦传世，存世的《事林广记》较早刻本有元泰定二年（1325）本，1699 年日本人中野五郎左卫门等人曾据以翻刻，此和刻本藏于京都大学人文科学研究所等处，已故版本学家长泽规矩也（1902—1980）刊《和刻本类书集成》第一辑曾收入《事林广记》，1990 年由上海古籍出版社影印。北京大学更藏有元至元六年庚辰（1340）刻本。王振铎先生对指南龟作了复原（图 3—8）[3]。此指南龟比前述江西临川出土的旱罗盘模型还要早近五十年，由此可见旱罗盘当最初出现于两宋之际（1119—1140）。

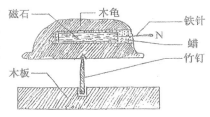

图 3—8 《事林广记》所述玩具或
魔术道具指南龟复原图
据王振铎图（1951）稍事改绘

唐代发明指南针后，主要用于看风水时准确测定方位。当然亦可用于海上导航，但史料保留下来的不多，有待进一步发掘。以磁针导航的记载，从北宋以后逐渐多了起来。首先见于朱彧（1075—1140 在世）《萍洲可谈》（1119）卷二，其中说：

> 甲令：海舶大者数百人，小者百余人，以巨商为纲首、副纲首、杂事，市舶司给朱记，许用笞治其徒，有死亡者籍其财。……舟师识地理，夜则观星，昼则观日，阴晦观指南针。[4]

这段话可译为：

> 依政府颁布的政令：海船大者载数百人，小者百余人，以巨商为总管、副总管及总务，由市舶司发给钤有朱印的出海证，允许其以竹板惩治船上不法之徒。有死于海上者，其财产收归政府……领航员熟悉地理，夜观星、昼观日，阴暗天气则观看指南针。

〔1〕（宋）陈元靓：《事林广记》（1150）卷十，《神仙幻术》，日本元录十二年（1699）东京书林中野五郎左卫门等据元泰定二年（1325）刊本重刊，京都大学人文科学研究所藏。
〔2〕Needham, J. Science and Civilisation in China, Vol. 4, Chap. 1., pp. 255 - 257.
〔3〕王振铎：《科技考古论丛》，第 155 页。
〔4〕（宋）朱彧：《萍洲可谈》卷二，《丛书集成初编·文学类》，商务印书馆 1935 年版。

北宋宣和五年（1123）出使高丽的徐兢（1091—1153）在《宣和奉使高丽图经》（1124）卷三十四写道：

> 是夜海中不可住（停歇），维视星斗前迈。若晦冥，则用指南浮针以揆（kuí，掌握）南北。[1]

赵汝适《诸蕃志》（1225）卷下写道：

> 舟舶来往，惟以指南针为则，昼夜守视惟谨。毫厘之差，生死系焉。[2]

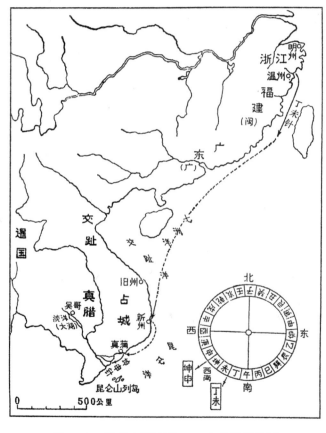

图3—9　元代人周达观1296年航海针路图
引自夏鼐（1981）

古代舟师领航需参照海图确定航线、航向，图中绘出所经水域地貌、水文条件、航道沿途地名、岛屿及其方位，以及自然和人文景观，还要标出针位，是重要航海指南。中国从唐代以来就是远洋航海大国，北宋时以指南针导航的海图，是舟师的技术发明。李焘（1115—1184）《续资治通鉴长编》（1183）卷五十四载，宋咸平六年（1003）广州地方官向朝廷进呈《海外诸蕃图》，为广州通向东南亚、印度洋、波斯湾及红海一带的海图（navigational diagrams），即后世西方的所谓 maritime charts（航海图）。

元代海船经常往来于东南亚、印度、波斯、日本和高丽。元贞二年（1295）奉旨随使节出访柬埔寨的周达观（1270—1346在世）在《真腊风土记》（约1312）中记有途中所行针路：

〔1〕（宋）徐兢：《宣和奉使高丽图经》卷三十四，《半洋礁》、《笔记小说大观》本第九册，广陵古籍刻印社1984年版，第306页。

〔2〕（宋）赵汝适：《诸蕃志》卷下，《丛书集成》本，商务印书馆1935年版。

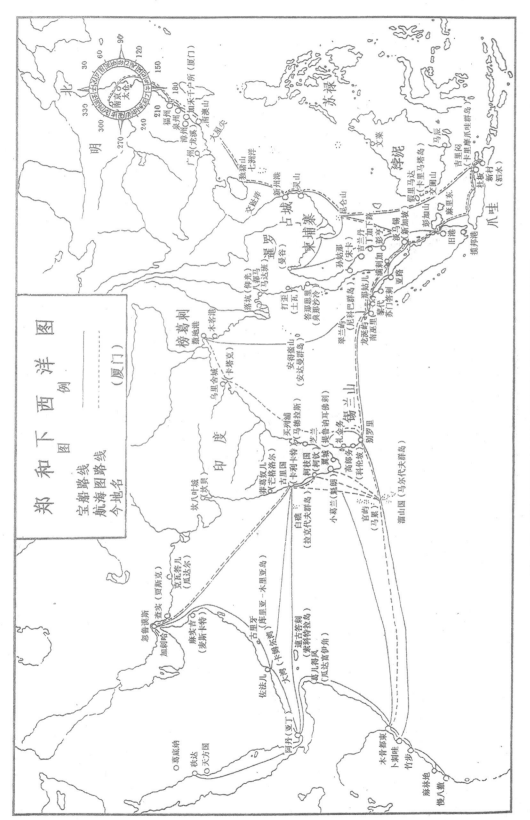

图3—10　明宣德五年（1430）郑和第七次下西洋航海路线图

引自向达（1961）

自温州开洋，行丁未针，历闽、广海外诸州港口，经交趾洋到占城（Champa）。又自占城顺风可半月到真蒲（今越南头顿）……又自真蒲行坤申针，过昆仑洋（Condore），入港。[1]

使节船队南下过台湾海峡，"行丁未针"（图3—9），即二十四方位中丁与未方位之间的针路，或 S. S. W. 202°30′或正南偏西22.5°方位角，经海南岛以东洋面向西南行，至今越南中部头顿。再"行坤申针"，或 W. W. N. 307°30′或 W. 37.5°N，即到柬南部沿岸。这显然是据海图所示针路行进的。

明成祖永乐三年（1405）航海家郑和（1371—1433）奉旨率二万多人的庞大船队七下西洋（1405—1433），完成世界航海史上空前壮举。最后一次（1431—1433）从南京启程远抵东非肯尼亚（图3—10）。每次都随带海图。明人茅元仪（约1570—1637）《武备志》（1621）卷三四〇收入《自宝船厂开船从龙江关出水直抵外国诸番图》，简称"郑和航海图"，为第七次（1430）下西洋时使用的。以自印尼苏门答腊开船至斯里兰卡一段航程为例（图3—12），图中写道：

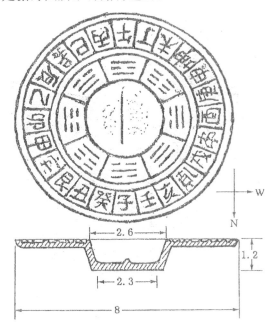

图3—11 明代八卦正针铜制水罗盘构造图
引自王振铎（1951），单位为 cm

苏门答腊开船，用乾戌针（W. 52.5°N），[行]十二更（403.2km），船平龙涎屿（Bras Is）。龙涎屿开船时月，用辛戌针（W. 22.5°N），[行]十更（336km），船见翠兰屿（Great Niobar）。用丹辛针（正辛针，W. 15°N），[行]三十更（1008km），船用辛酉针（W. 277.5°），[行]五十更（1680km），船见锡兰山。[2]

图中从江苏太仓到波斯忽鲁谟斯（Hormus）航路载有56个针位（图3—12）。

中国古代航海技术之所以领先于世界，除拥有先进的指南针导航外，还拥有造船方面的船尾舵、水密隔舱和船帆等方面的先进技术，这都是保证巨型船的远洋航海成功的关键因素。

---

〔1〕（元）周达观：《真腊风土记·序》，夏鼐注本，中华书局1981年版，第15页。
〔2〕《郑和航海图》，向达校注本，中华书局1961年版，第53—54页；（明）茅元仪：《武备志》卷二四〇，《占度载·航海》，辽沈书社影印本1989年版，第10418—10422页。

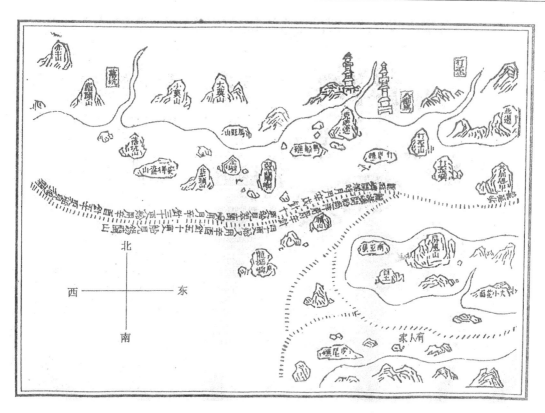

图3—12 1430年郑和第七次下西洋航海针路图（部分）
引自《武备志》（1621）卷二四〇

由于舟师习惯于使用水罗盘，将其置于船尾"针房"（compass room）内的木格中（图3—13），下铺细沙，安盘于沙上，取平[1]，保证其免于颠簸，用起来很顺手。因而宋代出现的旱罗盘较少使用，这是习惯使然，而习惯成自然。也还由于早期旱罗盘的枢轴支承结构不够完善，用起来不如水罗盘更顺手。但明清时旱罗盘又热络起来（图3—11），像水罗盘一样用于远洋航船。正如汉代时麻纸、皮纸都有生产，但唐以前人们惯于用麻纸，皮纸少用，宋元起皮纸又热络起来那样。这叫作三十年河东，三十年河西，风水轮流转。历史上类似事例不胜枚举。

（二）中国指南针在世界上的传播

天然磁铁矿遍布世界各地，古代各大洲各民族都早已发现，但制成磁体指南装置的机遇有先有后，并非机会均等。古希腊哲学家也曾谈到磁石的吸铁性，但12世纪末以前欧洲人却对磁石的指极性一无所知，不可能作出磁体指向装置，在这方面比中国落后一千多

---

[1] （清）刘献廷：《广阳杂记》（1694）卷五，《笔记小说大观》本第16册，第366页。

年，因为中国在公元前3世纪已制成司南。当欧洲人在12世纪知道磁石指极性和磁感应之前三百年，中国人已制成磁罗盘并关心磁偏角问题了。阿拉伯人关于磁石记载始于11世纪，也只知道其吸铁性，13世纪才记载磁罗盘，晚于中国三百多年。印度在这方面并不比欧洲和阿拉伯世界早，世界其他地区也同样如此。

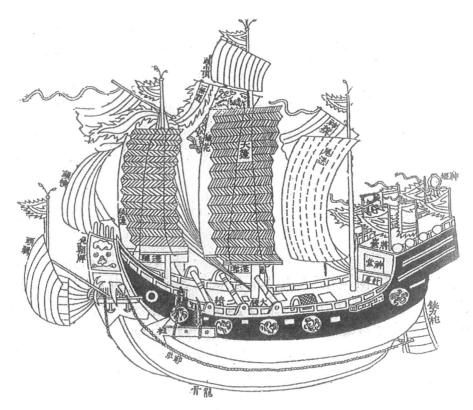

图3—13　清代远洋航船"封舟"船尾之"针房"
引自《中山传信录》（1720）

因而我们看到，从发现磁石吸铁性到制成指南装置之间，必须有个中间环节，即发现磁石的指极性。可靠的文献记载证明，从公元前3世纪到公元12世纪这千多年间只有中国具备这个中间环节，而为其他文明区所欠缺，这决定中国是指南针的起源地，并由此传向四面八方。顺便说，中美洲墨西哥境内的原住民印第安人曾以天然磁铁矿雕刻成人像、动物像和日用品。1966—1976年陆续出土后引起西方考古人员注意。他们发现雕像附近有磁场，这是很自然的，因为造型材料是天然磁铁矿，没有磁性才是怪事。中国和欧洲古代在印第安人以前也以磁铁矿制成实用品，同样有磁性。但不能说任何有磁性的物品就必定是指南装置，只有认识到磁铁的指极性，并将其制成可自由旋转的条状或针状磁铁，才能成为指南装置。印第安人以磁铁矿作成的物品距离指南装置还相差很大一个档次，不能在二者之间画等号，何况这些物品很难断代，因此有人从墨西哥维拉克鲁州的奥尔梅克（Olmec，Veracruz）出土物中检出一块条状磁性物，便作出印第安人在中国人之前发明指南针的结论[1]，未免轻率。此作者没有，也不可能对墨西哥出土物作出准确断代，且此物没有指南装置特征，何以知其为中国人以前之磁罗盘？这种轻率而荒唐的结论显然是不可信的，尽管曾轰动一时。

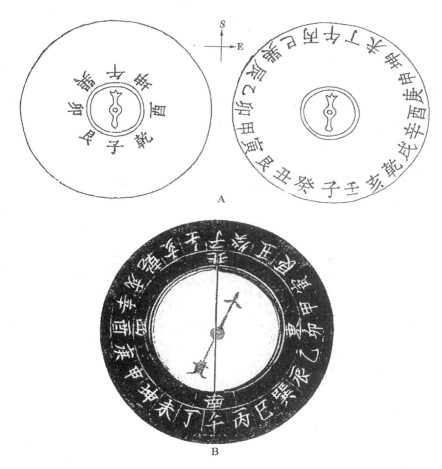

图3—14 清康熙（18世纪初）时的航海用旱罗盘
A.《中山传信录》所载 B. 佛罗伦萨科学史博物馆藏
引自 Needham（1962）

1. 中国指南针技术在阿拉伯地区的传播

现在让我们回顾世界其他地区指南针早期发展情况及其受中国的影响。据迄今掌握的资料，最早提到指南针的阿拉伯作者是穆罕默德·奥菲（Muhammad al-Awfi, fl. 1202-

---

[1] Garlsan, J. Lodestone compass：China or Olmec primacy? *Science*（London），1975，189：753-760.

1257)，1232 年他写的《奇闻录》（*Jami al-Hikayāt*）中指出，他在海上乘船时，看到船长将一凹形鱼状铁片放水盆中，浮鱼头部便指向南方（qiblah）。船长解释说，以磁石摩擦铁片，则铁片自然有磁性[1][2]。巴尔默（H. Balmer）将这段记载译成德文[3]。此处所述导航装置与北宋大臣曾公亮 1044 年在《武经总要》中所载指南鱼（图 3—4）是一样的，以磁石令铁磁化，唐末、北宋已有记载。宋元时中国与阿拉伯国家海上往来密切，阿拉伯人显然是用中国技术制造水浮式磁罗盘并用于导航的。

　　阿拉伯玉石学家卡巴贾奇（Bailak al Qabajaqi, fl. 1222-1285）1282 年写《商人有关宝石的知识》（*Kitab kanz al-Tijār fi māreifal al-Ahjār*），其中说 1242 年他见过水浮罗盘[4][5]，航行于东地中海上的船长将鱼状磁化铁片借木片浮在水面上，用以导航[6]，因此与不久前（1282）奥菲介绍的指南鱼是一样的。看来 13 世纪前半期水罗盘在阿拉伯海船上已较普遍使用了。德国学者魏德曼（E. Wiedemann）还介绍阿拉伯人密斯里（Al-Zarkhusi al-Misri）1399 年手稿中提到将磁化铁针借木鱼浮于水上指南[7]，与宋人陈元靓《事林广记》（约 1150）所述是一致的。模拟实验说明此法可行[8]。英国曼彻斯特赖兰兹图书馆（John Lylands Library）所藏塔朱里（Abu Zaid Abd al-Rahman al-Tājūri，？-1590）的《针房知识概论》（*Risālah fi marifah Bait al-Ibrah*）阿拉伯文手稿虽成书较晚，但值得进一步研究[9]。其中所说的 "*bait al-ibrab*"（house of the needle）正是汉字"针房"的直译，像中国人一样，阿拉伯人也将针房放在船尾甲板下离舵手不远之处。

　　先前有关阿拉伯人最初用指南针的时间有个误会，此处需澄清。1911 年德国汉学家夏德（Friedrich Hirth，1845-1927）和美国汉学家柔克义（William Rockhill，1834-1914）翻译宋人赵汝适《诸蕃志》（1225）时，译注中引《萍洲可谈》（1119）关于宋代海船一段叙述"甲令：海船大者数百人……阴晦观指南针"，但将其断句为"甲令海船大者

---

[1]　Wiedemann，E. Zur Geschichte des Kompasses bei den Arabern. *Verhandlungen der Deutschen Physikalischen Geselschaft*（Berlin），1909，9（24）：764；1909，11（10-11）：262.

[2]　Mieli，A. *La science Arabe et son role dans l'évolution scientifique mondiale*. Leiden：Brill，1938. pp. 159，263.

[3]　Balmer，H. *Beiträge zur Geschichte der Erkentnis des Erdmagnetismus*. Aarau，1936. p. 54.

[4]　Klaproth，H. J. *Lettre à M. le Baron Alexandre de Humboldt sur l'invention de la boussole*. Paris：Dondey-Dupré，1834. p. 517.

[5]　Steinschneider，M. Arabische lapidarien，*Zeitschrift der Deutschen Morgenländischan Geselschaft*（Berlin），1895，49：256.

[6]　Mieli，A. *La science Arabe et son role dans l'évolution scientifique mondiale*. Leiden：Brill，1938. pp. 159，263.

[7]　Klaproth，H. J. *Lettre à M. le Baron Alexandre de Humboldt sur l'invention de la boussole*. Paris：Dondey-Dupré，1834. p. 517.

[8]　Schück，K. W. A. *Der Kompass*，Bd. 2. *Sagen von der Erfindung des Kompasses*；*Magnet，Calamita，Bussole，Kompass*；*Die Vorgänger des Kompasses*. Hamburg，1915. S. 54.

[9]　Needham，J. *Science and Civilisation in China*，Vol. 4，Chap. 1，Physics，Cambridge University Press，1962. pp. 255-257.

数百人……阴晦观指南针",且将"甲令"误认为是阿拉伯人名克林(Kling)[1],似乎阿拉伯船主克林在 1119 年前已在用指南针导航。美国科学史家萨顿(George Sarton,1884-1956)由此作出结论说:"中国人把最先应用磁针的荣誉归之于外国人,最有可能是穆斯林人。"[2] 但日本汉学家桑原骘藏(1870—1931)指出夏德和柔克义将《萍洲可谈》中这段话断句错误,且译错原文[3]。实际上"甲令"本义是政府颁布的"政令"(the government decree),不是阿拉伯人名之音译,此装有指南针之海船为北宋中国海船,认为阿拉伯人先于中国人用指南针航海是没有证据的。

大部分阿拉伯文献都强调这种仪器指南(qibla),不强调指北,波斯文更直呼其为"指南针"(qiblanāma),这令人想起它源于中国[4]。从中国四大发明西传历史进程来看,阿拉伯人掌握造纸、印刷和火药技术都早于欧洲,指南针恐也不会例外。但阿拉伯文献对指南针最早记载却略晚于欧洲,这是为什么?料想是他们有意保密,不肯将导航新技术及早公开,以便与欧洲人在海上贸易竞争中处优势地位。此外,对阿拉伯早期文献发掘仍待深入,随着时间的推移,今后有可能将其使用指南针的时间提前到 12 世纪后半期。从技术遗传谱系来看,阿拉伯水罗盘是北宋使用的水罗盘的直系后裔,连名称都是中国式的。

2. 中国指南针技术在欧洲的传播

文艺复兴以后,欧洲人以指南针导航取得地理大发现以后,忘记其先辈按中国技术完成造船和导航技术革新的那段历史,声称中国磁学"无论如何与欧洲科学发展无关"[5]。还有人说"磁针肯定是西方的发明"[6],更有人具体指出是意大利人焦亚(Flavio Gioja)于 1300 年发明的。这些观点与史实不符,因而是没有根据的。与这类极端意见相反,有些学者承认欧洲人只认识磁石的吸铁性,而其指极性是中国人发现的,他们据此发现制成的磁罗盘是意大利旅行家马可波罗(Marco Polo,1254-1324)从中国带回欧洲的[7]。又将中国指南针西传时间定得过晚,因马可波罗 1292 年返回威尼斯之前一百多年,欧洲人已用上此装置,而马可波罗游记中并未提到指南针。还有人认为 12 世纪以前斯堪的纳

〔1〕 Hirth,F. and W. W. Rockhill (tr.),*Chao Ju-K'uo:His work on the Chinese and Arab trade in the 12th and 13th centuries*. Entitled *Chu-Fan-Chi*. St. Petersburg:Imp Acad. Sci,1911. p. 30.

〔2〕 Sarton,George. *Introduction to the history of science*,Vol. 1. Baltimore:William & Wilkins Co.,1927. p. 764. Vol. 2,Chap. 2,pp. 629-630. 1931.

〔3〕 〔日〕桑原骘藏:唐宋時代に於けるアラプ人の中國通商の概況殊に宋末の提挙市舶西域人蒲寿庚の事迹,《东洋文库研究部纪要》(东京)卷 2,1928;卷 7,1935,增补改订版。东京:岩波书店 1935 年版;陈裕菁译:《蒲寿庚传》,中华书局 1934 年版,第 98—99 页。

〔4〕 Sarton,George. *op. cit.*,Vol. 2,Chap. 2,p. 630.

〔5〕 Whewell,W. *History of inductive science*,Vol. 3. London:Parker,1847. p. 50.

〔6〕 Forbes,R. *Man the Maker:A history of technology and engineering*. New York:Schuman,1950. pp. 101,108,132.

〔7〕 Purchas,S. *Purchas his pilgnimes*,Chap. 1,bk. 2,ch. 1,London,1625;cf. Needham,J. et al. *Science and Civilisation in China*,Vol. 4,Chap. 1. Physics volume. Cambridge University Press,1962. p. 245.

维亚人（Scandinavian）或北欧海盗从阿拉伯经俄罗斯得到此装置用于航海[1]，但其所引史料有后人窜加内容，并不可靠[2]。

迄今为止，欧洲有关磁罗盘的最早记载是英国人尼坎姆（Alexander Neckam，1157－1217）1190 年用拉丁文写的《论自然界的性质》（*De naturis rerum*）书中的一段话。此人生于圣阿尔班斯（St. Albans），去巴黎学习后，1186 年返国，1213 年为西伦赛斯特（Cirencester）修道院院长[3]。他这部有关科学知识的通俗小百科书共五册，第二册有段话与罗盘针有关。我们能看到赖特（T. Wright）1863 年提供的拉丁文本[4]，1945 年布鲁姆黑德（C. E. N. Bromehead）将这段话译成英文，现转引如下：

The sailers, morever, as they sail over the sea, when in cloudy weather they can no longer profit by the light of the sun, or when the world is wrapped up in the darkness of the shades of night, and they are ignorant to what point of the compass their ships course is directed, they touch the magnet with a needle. This then whirls round in a circle until, when its motion ceases, its point looks direct to the north[5].

兹将这段话再译成汉文：

当水手在海上航行，遇到阴天看不到阳光，或夜间世界笼罩一片黑暗时，不知道船行方向所指，便将针与磁石接触。此时针在盘上旋转，当旋转停止，针就指向北方。

此书没有年款，西方专家考订成书于 1190 年，此年代被人们接受。书中所述当是航海用磁罗盘，其磁针由铁针与磁石摩擦而成，但未对罗盘形制及构造作出介绍，却说明欧洲人 12 世纪已掌握磁针导航。因欧洲传统上对方位强调北，故其用者或可称为指北针。继此之后，法国犹太人纳克丹（Berakya ben Natronal ha-Naqdan）大约在 1195 年用希伯来文写的《石头的力量》（*Koah ha-Adanim*）一书中列举 73 种石头的性能，包括磁石和磁针[6]。德人舒克（K. W. A. Schück）报道，1200 年后不久，意大利北部马萨（Massa）城附近开矿时用过磁针[7]。这类磁针现只能看到 17 世纪改进后的实物（图 3—15）。因之

〔1〕 Winter, H. *Die Nautik der Wikinger und ihre Bedeutung für die Entwicklung der europäirschen Seefahrt*, *Hansische Geschichtsblätter* (Berlin), 1937. 62: 173.

〔2〕 von Lippmann, E. O. Geschichte der Magnet-Nadel bis zur Erfindung des Kompasses. *Quellen und Studien zur Geschichte der Naturwissenschaft und der Medizin* (Berlin), 1933, 3: 1.

〔3〕 Sarton, George. *Introduction to the history of science*, Vol. 2, Chap. 1. Baltimore: William & Wilkins Cos., 1931. p. 385.

〔4〕 Wright, T. (ed.). *Alexander Neckam De naturis return*. II: xcviii, London: Her Majesty's Stationary Office, 1863. p. 183.

〔5〕 Bromehead, C. E. N. (tr.) Alexander Neckam on the compass needle. *Geographical Journal* (London), 1944, 104: 63; *Terrestrial Magnetism and Atmospheric Electricity* (London), 1945, 50: 130.

〔6〕 Jacobs, J. *Jewish Encyclopaedia*, 6: 619. London, 1904; G. Sarton. *op. cit.*, Vol. 2, Chap. 1. p. 349.

〔7〕 Schück, K. W. A. *Der Kompass*, Bd. 2, Hamburg, 1915. S. 30.

17世纪英国旅行家帕查斯（Samuel Purchas，c.1575－1625）在《朝圣者》（*Piligrimes*，1625）书中将磁针称为"引路石"（lead-stone）或"引路天使"（way-directing merucie），并认为它是"三百年前从蛮子国（Mangi），我们现在称为中国，传到意大利的"[1]。按"蛮子"（Manzi）一词出于《马可波罗游记》，是蒙古军队灭南宋后对江南地区的蔑称。

至13世纪初，磁罗盘已在欧洲较为普及，法国诗人居约（Guiot de Provius，1148－c.1218）1205年用法文写成2691行长篇讽刺诗《圣经》（*La Bible*）批评教会当局。1834年德国汉学家葛拉堡（Heinrich Julius Klaproth，1783－1835）首先对居约的诗作了报道及解说[2]。李约瑟转引了这段法文诗原文：

图3—15 17世纪德国造黄铜盘体开矿用罗盘针
剑桥大学惠普尔（Whipple）科学史博物馆藏

De nostre père Papostoile

Vousisse qu'il semblast l'estoile

Qui ne se meut；mout bien la voient，

Li marinier qui se navoient.

Par celle estoile vont et viennent

Et lor：sens et lor voie tienent；

Ils l'appellent la Tresmontaigne

Celle est atachie et certaine；

Toutes les autres se removent，

Et lor leus eschangent et muerent

Mais cele estoile ne se meut.

Un art font qui mentir ne peut，

Par le vertu de la magnette；

Une pierre laide et brunette

Où li fers volontiers se joint.

Ainsi regardent le droict point；

Puis，qu'une aiguile l'ait touchie

[1] Purchas, S. *Purchas his pilgnimes*, Chap. 1, bk. 2, ch. 1, London, 1625; cf. Needham, J. et al. *Science and Civilisation in China*, Vol. 4, Chap. 1. *Physics volume*, Cambridge University Press, 1962. p. 245.

[2] Klaproth, H. J. *op. cit.*, p. 41.

Et en un festu l'ont fichie

En l'eaue la mattent sans plus

Et le festus la tient desus.

Puis se tourne la pointe toute

Contre l'estoile, si sans doute

Que jà por rien ne faussera

Et mariniers nul dotera.

Quant la mers est obscure et brune,

Qu'on ne voit estoile né lune,

Dont font à l'aiguile alumer;

Puis, n'ont-il garde d'esgarer

Contre l'estoile voie tenir,

Por ce, sont li marinier cointe

De la droite voie tenir,

C'est un ars qui ne peut fallir,

Mout est l'estoile bele et clère;

Tel devroit estre nostre père.[1]

这段法文诗句对一般读者来说很难懂，笔者试将其大意翻译如下：

教皇如同北极星，高高在上有神灵。

水手都能看得见，得靠他来指航程。

其余星体皆位移，他在原位永不动。

水手现有新技术，不失所望显奇能。

取来铁针磨磁石，航行方位即可定。

磁针穿在麦秆上，置于水面令浮动。

所指方位无差错，使人信心加倍增。

每逢天昏地暗时，无法得见月和星。

只要掌灯看磁针，可免迷途向前行。

此种技术诚可靠，海上导航准且精。

胜过明亮北极星，更比教皇受尊崇。

居约的法文诗道出尼坎姆谈磁罗盘时言犹未尽之处，使人对其形制、构造有了进一步了解。原来 12—13 世纪欧洲早期磁罗盘，就是中国早已用过的水罗盘，且用中国人的方法制成：将经磁石感应的铁针横穿在麦秆上，再浮在有方位的罗盘中央的圆形水槽中，当

---

[1]　Needham, J. et al., *op. cit.*, Vol. 4, Chap. 1. p. 247.

磁针停止转动时，其两端便指向南
北。北宋磁针有针状和鱼状两种外
形，欧洲也是如此。笔者在研究印
刷史时，看到美国学者奥斯瓦尔德
（J. C Oswald）的《印刷史》（*A his-
tory of printing*. New York，1928）
中转载了 1485 年意大利威尼斯城出
版的《世界球》（*Globus mundis*）中
一幅插图，图中显示磁罗盘上的磁针
即呈鱼形（图 3—16）。但中、欧盘
面刻度方位格有多少之别。中国强调
指南，欧洲强调指北，中、欧磁罗
盘大同小异，原理完全相同。

　　法国编年史家雅克·德·维特
里（Jacques de Vitry，c. 1178 –
1240）1219 年写的《东方史》
（*Historia Orientalis*），又名《耶路
撒冷史》（*Historiae Hierosolimita-
nae*），也谈到磁罗盘的应用[1]。苏
格兰占星家迈克尔（Michael Scot，
c. 1175 – 1234）《局部论》（*Liber
Particularis*，1227 – 1236）更谈到
有两种磁石，一种指北，另种指
南[2]，与二百年前沈括所述一致。
事实上欧洲早期水罗盘磁针标志也

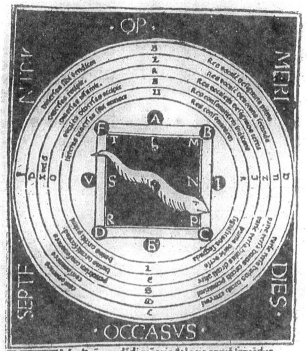

**图 3—16　1485 年在意大利威尼斯出版的《世界球》
中所示鱼形磁针**
这可能是欧洲书中最早的指南针图，方形图内各边文字为
日、月、东、西、南、北等字
引自 Oswald 的书（1928）

是指南，与中国传统相符，后来，
才强调指北。磁石指南、指北，全在两端磁极的设置，指极性则是同一的。泰勒（E. G.
R. Taylor）说，迟至 1670 年，西方天文学家所用的罗盘还是指南，不是水手们用的指北
盘[3]。1228—1244 年间弗兰德人（Flanders，今比利时人）托马斯（Thomas de
Cantimpré，fl. 1204 – 1275）写的《自然界的性质》（*De natura rerum*），分二十个门类的
知识，其中石类部分叙述了航海用水罗盘[4]。

　　当代英国科学史家沃尔夫（Abaraham Wolf）谈到欧洲 12—13 世纪早期罗盘时指出：

〔1〕 de Jacques，V. *Historia Orientalis*，ch. 89；G. Sarton，*op，cit.*，Vol. 2，Chap. 2. p. 671.
〔2〕 Haskins，C. H. *Studies in the history of mediaeval science*. Cambridge，Mass：Harvard University Press，
1927. p. 294.
〔3〕 Taylor，E. G. R. The south-pointing needle. Imago Mundi：*Yearbook of Early Cartography*，1951，8：1.
〔4〕 Sarton，George. *op. cit.*，Vol. 2，Chap. 2. pp. 592 – 593.

这种早期仪器主要是水罗盘，将磁化铁浮在木制水碗内，人们注视其所指方向。……中国人很早就知道磁石在自由放置时有指示南北方的特性，而直到 12 世纪欧洲文献才开始提到航海罗盘这种新的导航仪器，而这以前西方显然不知道这项重要应用。[1]

但他没有进一步研究这种仪器是通过阿拉伯人还是欧洲水手自己从中国引进的。其实在他以前一百六十年，恩格斯（Friedrich Engels，1820 - 1895）为写作《自然辩证法》（*Dialektik der Natur*），在 1875 年执笔的技术发明史料札记中，认为磁罗盘、印刷、活字和麻纸这些来自中国的发明是欧洲"古代从未想到过的"，而中国的磁罗盘在 1180 年左右通过阿拉伯人传给欧洲人[2]。恩格斯博览群书，经周密考证后作出的这一结论，是接近历史实际情况的。

从 1250 年以后，由于法国实验物理学家皮埃尔（Pierre de Maricourt，c. 1224 - 1279）的系列研究，使欧洲对磁学探讨和磁罗盘改进进入新阶段。此人生于法国北部的马里库特（Maricourt），其拉丁文名为"外乡人佩得鲁斯"（Petrus Peregrinus），可能是绰号。1269 年他以拉丁文写成《论磁石理论及应用之信札》（*Epistola ad sygerum de foucaucourt militem de magnete*），简称《论磁石信札》（*Epistola de Magnete*），叙述其研究成果[3]。现有 1800 年及 1902 年两个版本，用起来较为方便[4]。这本小册子分理论及应用两部分，第一部分共十章：（1）写作此书的目的，（2）论实验方法，（3）如何辨认磁石，（4）确定磁极的两种方法，（5）如何区分磁极与子午线地极，（6）磁石如何感应，（7）以铁摩擦磁石使其磁化之法，（8）磁石如何吸铁，（9）为何一端磁极吸引另一端磁极，（10）磁石自然性能的由来。第二部分以三章叙述三种仪器：（1）直接测定方位的便携式罗盘及日晷，（2）与上述同类的更好仪器，（3）试图用磁石制永动机。所有各章均未提供插图。

皮埃尔在此书第一部分指出，研究学问要勤于动手做实验，以验证或改正理论观点。他将天然磁石作成球体作实验，确定两极位置，证明磁石两极表现出指向正南、正北的倾向，磁极处磁性最强。他还证明同极相斥，异极相吸。将磁石碎成两块，每块仍有磁性和两极。还以与天体一起运动的球状磁体解释宇宙运动。在应用篇第一章中，叙述一种改进型水罗盘，带有准线及 360 度刻度盘。第二章所谈的更好仪器，实际上是一种旱罗盘，将在金属枢轴上可转动的磁针与刻度盘放在圆盒内，以玻璃盖盖之。这是欧洲有关旱罗盘的

---

〔1〕 Wolf, Abaraham. *A history of science, technology and philosophy in the 16th and 17th centuries*. London: Allen & Unwin Ltd. , 1935. p. 290.

〔2〕 Engels, Friedrich. *Dialektik der Natur*, 4 Auflage, Berlin: Dietz Verlag GmbH. , 1959. S. 204. ; *Dialectics of nature*. Moscow: Foreign Languages Publishing House, 1954. p. 258.

〔3〕 Pierre de Maricourt. *Epistola ad sygerum de foucaucourt militem de magnete*（1269），Cf. George Sarton. *op. cit.* , Vol. 2, Chap. 2. pp. 1030 - 1031.

〔4〕 Cavallo, T. （tr. , ed. ）*A treatise on magnetism in theory and practice with original experience*, 3rd. ed. with a supplement of Petrus Peregrinus' *Epistola de magnete*. London, 1800; also the newier ed. : Thompson, S. P. （ed. ）. *Epistola concerning the magnet*. London, 1902.

最早记载。此书对磁石知识作了总结，并有新的补充。萨顿说，这是中世纪欧洲用实验方法研究磁学的少见范例。

　　皮埃尔的这部作品继承了沈括《梦溪笔谈》中研究磁学问题的实验精神，并发扬光大，为此后英国学者吉尔伯特（William Gilbert，1544 - 1603）在《论磁石》（*De magnete*，1600）中开展的类似工作作了开端。13 世纪后期皮埃尔提出的旱罗盘，与前述 12 世纪前期两宋之际的旱罗盘在构造上相同，但比中国晚百多年。旱罗盘在 15 世纪以后的欧洲得到发展。欧洲人从中国引进磁罗盘后，才能进入大洋从事海上探险，15—16 世纪完成地理大发现，进而开拓殖民地和新的商品市场，欧洲资本主义从此获取最大政治和经济利益。受西班牙国王委托，从事远洋探险的意大利航海家哥伦布（Christopher Columbus，1451 - 1506）带着磁罗盘、象限仪、沙时计及两角规等仪器（图 3—17）登船横渡大西洋[1]。他在发现美洲新大陆过程中，1492 年发现磁偏角。这对中国人来说早就习以为常，但对欧洲人而言则是新鲜事。

图 3—17　哥伦布航海时所携磁罗盘、象限仪、沙时计及两角规等仪器
引自 Robbin（1961）

　　并不是磁针出了问题，而是因地球磁极与子午线南北两极并不重合，因而磁针所指不是南北正位，而是略有偏斜。为确定正确航线，航海家收集了不同地点的磁偏角大量数据，提出校正方位（图 3—18）[2]。为解释这一现象，刺激了磁学在欧洲的发展，罗盘装置也随之逐步改进，装上了附加装置。早期水罗盘在 15 世纪时已基本被旱罗盘代替，而且与日晷放在一起，以校正方位。当罗盘精确度提高后，即可单独用以定向，其方位刻度由 8，12 增至 32，两个方位间夹角为 11°15′，后来又作出更细的区分，达到 360 个刻度。17—18 世纪之际将象限仪（quadrant）装设在罗盘针上，可借磁偏角测出地球经度，为绘出

　　〔1〕　Robbin，Irving. *The how and why wonder book of explorations and discoveries*. New York：Wonder Books，1961. p. 27.

　　〔2〕　Multhauf，Robert P. and Gregory Good. *A brief history of geomagnetism and a Catalog of the Collections of the National Museum of American History*，Washington，DC：Smithsonian Institution Press，1987. p. 3.

精密地图提供依据（图 3—19）[1]。这是单个人很难完成的，需各国测量人员通力合作。

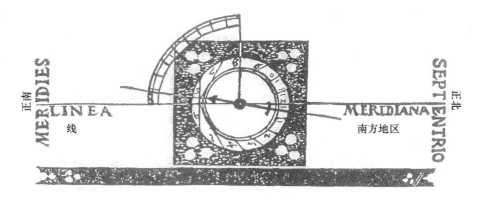

正南 MERIDIES LINEA 线　　　MERIDIANA 南方地区　正北 SEPTENTRIO

图 3—18　16 世纪欧洲标示磁偏角线的罗盘针

引自德国人彼得·阿皮阿努斯（Petrus Apianus，c. 1501 – 1552）《世界志》

（*Cosmographicus Liber*，Landshut，1524）

图中汉字为潘吉星添加，美国华盛顿 Smithsonian Institution 藏书

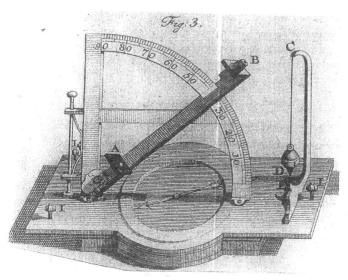

图 3—19　18 世纪初附有象限仪的磁罗盘，以磁偏角测地球经度

引自荷兰人范·米森布鲁克（Petrus van Musschenbroek）《实验物理学》

（*Physicae experimentalic*. Leiden，1729）

16 世纪的航海罗盘将磁化的软铁丝弯成菱形，以针悬于刻度盘上，但磁针的磁性使用一段时间之后便减弱，需反复磁化。早期罗盘盒的材质多为硬木，17—18 世纪以后改以黄铜代之，我们看到中国明代已这样做了（图 3—11）。为增强磁针的磁性强度，18 世纪英国人奈特（Gowin Knight）以人工方法制成强磁性钢片，便无需反复磁化了，这项技术于 1766 年获得发明专利[2]。航海罗盘通常平放，水手从上向下读出方位（图 3—20）。18 世纪末以铜或黄铜盒装的罗盘针，可悬挂在舟师的座位上，

〔1〕 Multhauf，Robert P. and Gregory Good. *A brief history of geomagnetism and a Catalog of the Collections of the National Museum of American History*，Washington，DC：Smithsonian Institution Press，1987. p. 6.

〔2〕 Turner，Gerard l'Estrange. *Antique scientific instruments*. Poole，Dorset：Blandford Press，1980. pp. 36 – 38.

从下向上读出方位，又是一个改进。

继中国舟师之后，欧洲船长航海时也要参考航海图选择航线和航向。中国古代的"海图"拉丁文称为 portolani，也有同样含义和内容。据载，法国国王路易九世（Saint Louis IX，1214 - 1270）1270 年乘意大利热那亚船从法国南部港口启程，跨地中海赴北非突尼斯。船沿意大利南行六日后，乘客仍看不到撒丁（Sardlinia）海岸，国王有些担心。此时船上官员向他出示地图，指出现在所处位置，并说船现在正靠近意大

图 3—20 1750 年伦敦造平板磁罗盘
直径 13.7cm，有 360 刻度，盘体由黄铜造，
上有玻璃盖，嵌在八角框架内
剑桥大学惠普尔（Whipple）科学史博物馆藏

利南方的卡利亚里（Cargliari）港。这是欧洲首次提到海图[1]。此后，西班牙学问僧拉蒙·路尔（Ramun Lull，c. 1255 - 1315）《科学之树》（*Arbor scientiae* or *Arbre de sciencia*）中有同样记载。此书 1295 年以拉丁文写于罗马，其中解释海员在海上如何识路时写道：

Ad hoc instrumentum habent chartam, compossum, acum et stellem marie[2].

这句话可译为：

因为船上带有海图和罗盘针。

此书以 16 棵树叙述科学知识，最后三棵树有四千个问题和答案，海图即含于这部分中。海图通常标明各地针位和观星数据，像郑和海图那样，故又像中国人那样也称为"针图"（compass charts）。

欧洲磁罗盘在 18 世纪已相当成熟，但当欧洲技术家看到同时期中国造旱罗盘，并与欧洲旱罗盘对比后，仍发现中国产品有可取之处。清乾隆五十八年（1793）7 月，以马戛

〔1〕 Nordenskjöld, A. E. *An essay on the early history of charts and sailing instruction*. Stokholm, 1897; G. Sarton. *Introduction to the history of science*，Vol. 2，Chap. 2，pp. 1047 - 1048.

〔2〕 Ramon Lull. *Arber scientiae* (1295)，cf. G. Sarton. *op. cit.*，p. 907.

尔尼伯爵（Earl George Marcartney，1737－1806）为首的英使访华团乘“雄狮号”（UMS Lion）军用帆船至黄海时，有两位中国领航员登至其船上领航，随带小型航海旱罗盘和海图。中国海图通常画在很长的纸上，作卷轴装或经折装。此处因领航航路短，海图画在葫芦上，引起英国人的好奇。使团中的巴罗（John Barrow，1764－1848）博士对中国罗盘作了仔细观察和介绍。他注意到，其中磁针直径细如线，不过一英寸长（2.54cm），悬挂得很玄妙，稍移动罗盘盒，针就左右摆动，再固定指向一定方向。其准确性是由特别设计而保证的。巴罗接下指出：

　　磁针中央放小块铜制薄片，将其边钉在口朝下的半球形铜杯上。罗盘盒为木制，其中凹空，内竖一钢质枢轴通到上面铜杯。口向下的铜杯就成为钢枢轴的插座。插座与枢轴接触处磨得很光滑，以便最大限度减少摩擦。铜杯重量及其较大边沿，可在任何地方保持罗盘重心。罗盘凹空部分呈圆形，大小则足以容纳磁针、铜杯和枢轴。凹空面上有块透明滑石，可防止磁针受外力影响，又可清楚看到磁针摆动方向。中国短小磁针比欧洲长大磁针在测量地平线倾斜角上更精确。欧洲罗盘磁针一端比另一端重许多，借以抵消磁性吸力。而磁性吸力各地不同，欧洲磁针只在罗盘制造之处才能指向正确方向。中国短小磁针因上述特殊设计，悬挂点以下的重量足以抵消地球各地不同倾斜的磁性吸力，因此永远不从其正确的地平线上倾斜。[1]

　　巴罗还对中国航海罗盘的刻度作了介绍和解释：罗盘直径一般为 4 英寸（10.16cm），盘面有若干同心圆，上面标出方位。我们根据他的描述，得知方位盘的具体内容。最内一圈有八个字为“子午卯酉”及“乾坤巽艮”，代表北南西东四正位及平分四正位的中间方位。此八字又表示地球自转一周所需时间的八个等分，每等分相当三小时。这些字位置大体相当太阳周日运动所在方位，从日出时（酉）开始，标明天空的东方。14 世纪初欧洲罗盘像中国罗盘一样也标八个方位，后来才细分为 32 方位。清代罗盘另一圈标二十四方位，由八天干（甲乙丙丁庚辛戊亥）、十二地支（子丑寅卯辰巳午未申酉戌亥）及四卦（乾坤巽艮）来表示，同时也表明一天的二十四时辰。整圈 360°，分二十四等分，每等分相当 15°。中国和欧洲罗盘都将天球画成 360°圆圈，可能与最初认为地球绕太阳一周需 360 天有关。英使团将中国航海磁罗盘构造、制法及其优点作了详细记载，受到欧洲人重视。果然后来欧洲航海罗盘吸取了中国经验，磁针形状变小，且两端轻重趋于相同。

---

　　〔1〕 Staunton，George. *An authentic account of an embassy from the King of Great Britain to the Emperor of China*，Chapten. 10. Philadelphia：John Bioren，1799；参阅叶笃义译《英使谒见乾隆纪实》，商务印书馆 1965 年版，第 224—226 页。

3. 中国指南针技术在亚洲国家的传播

中国的东亚近邻朝、日两国，古代并非从事远洋航海的国家，主要活动于日本海、东海和黄海海域，靠天文导航就够了。指南针导航发展的宋代中国，北方处于与辽、金持续战争状态，影响到中、朝、日之间海上往来。高丽受辽胁迫一度与宋中断交往，而日本镰仓时代（1190—1335）幕府统治期间奉行闭关锁国政策，这使指南针未能及早传入这两个国家，事实上朝、日有关指南针记载都出现得很晚。李朝（1392—1910）初期15世纪制造的堪舆罗盘成为朝鲜风水家的专用物[1]，显然是从中国引进的。御医许浚（1546—1618）《东医宝鉴》（1610）卷九写道：

> 以磁磨针锋，则能指南。其法，取新矿中独缕，以草芥子许蜡缀于针腰，无风处垂之，则针常指南。以针横贯灯心，浮水上，亦指南，常偏丙位（南偏东15°），不全南也。[2]

这段话引自宋人寇宗奭《本草衍义》（1116）卷五，后者又引自沈括《梦溪笔谈》（1088）卷二十四，并加以引申。此处所说以磁针横贯灯心草茎，再浮于水面指南，指水罗盘。李朝后期（1738—1910）堪舆用旱罗盘（图3—21）也相继出现，上面标有不同占验内容的许多同心圆，朝鲜人称为"轮图"。今韩国高丽大学博物馆藏有18世纪前期以黄铜制造的便携式地平日晷，同时配有旱罗盘[3]。《李朝实录·英祖实录》卷五十六载，英祖十八年、清乾隆七年（1742）十一月，从中国引进五层轮图，即有五个同心圆的罗盘，并加以仿制。李朝后期实学家李圭景（1788—约1860）有两篇文章谈磁石和指南针，他写道：

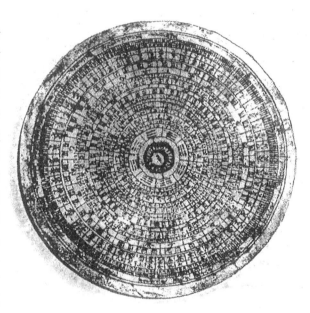

图3—21 17—18世纪朝鲜木制罗盘
高丽大学博物馆藏
引自全相运（1978）

〔1〕［韩］全相运：《韩国科学技术史》（朝文版），汉城：科学世界社1966年版，第139—142页，同名书日文版，高丽书林1978年版，第157—161页。

〔2〕［朝］许浚：《东医宝鉴》卷九，校经山房石印本1890年版，第16页。

〔3〕［韩］全相运：《韩国科学技术史》（日文版），高丽书林1978年版，第59页。

　　　　磁石廪地之正气，故能指南北，然其所指恒在午丙之间（南偏东）。每天之子午（北南）相左，故术家有三针之别，即缝、正、中三针也。[1]

　　这是说，因有磁偏角现象，使磁针所指不是南北正位，而是偏东或西，故堪舆家（朝鲜语称"地官"或"地相官"）设正针、缝针和中针三种针位以适应各地区的磁偏角。他还指出，每年冬至前后或春分、秋分时测日影定出南北正位，再用以校正罗盘方位。谈到如何辨别磁石南北极时，他说：

　　　　凡分别磁石子午阴阳极，取磁石置指南针之旁，则针之当磁石向北处，必转指北头向南焉。针若当向南处，必转指南之头向北，以此辨磁石之子午处也。[2]

半岛用罗盘在陆上用于堪舆之记载及实物均可看到，但朝鲜王朝是否用罗盘导航的史料却很少保留下来。

　　日本江户时代（1603—1868）以前有关磁学和指南针的知识，均得之于从中国传来的各种书籍中。但有迹象表明，日本人用指南针时间甚至不如朝鲜早，堪舆术未能在日本发展。17世纪时荷兰商船航入日本，随带航海罗盘，同时中国商船上用的指南针也引起日本人注意，形成中、欧技术同时传入的局面，最后在这里实现会合。这个时代特点还表现在日本科学技术的诸多领域。寺岛良安（1680—1740在世）的《和汉三才图会》（1713）按明人王圻《三才图会》（1609）体例编成，有关磁石部分的记载则源自中、荷资料。此书卷六十一像中国古书所载那样，将磁针描写为鱼或蝌蚪，认为磁石作用与活体一样，有头有尾，头指北、尾指南，头的力量比尾大。又说如将磁石碎成若干块，每块都有头有尾，以铁片喂之，就变胖，饿着它就变瘦。如在火中烧，就死亡，不再指南，还忌烟草。将磁石头与针尖摩擦，则针尖指南、针头指北。如将针靠近磁石，针就反转，针尖顺着磁石头，针头顺着磁石尾，以此辨别磁石头尾[3]。这部分内容来自荷兰。其他日本相关著作也是既引中国书又引荷兰书。

　　日本掌握指南针后，在江户时代用于航海，也用于陆上定位测量，但前者不及后者受到更大重视。现存江户时代船用常夜灯有下列题记："排一点灯，致万人利，北斗、南针却在其次。宽永二年（1625）乙丑腊月十七日。"[4] 此处说北斗星与指南针所以没有灯塔重要，因日本航船主要在本国近海短距离（从伊势至尾张）航行，只要见陆上标志即可行船。但在大地测量时，天文定位毕竟不如罗盘便捷，相关记载也较多。村井

　　〔1〕［韩］李圭景：《五洲衍文长笺散稿》卷二十三，《磁石指南北辩证说》，影印本，上册，明文堂1982年版，第669页。
　　〔2〕同上书，第668页。
　　〔3〕［日］寺岛良安：《和汉三才图会》卷六十一，《磁石》，日本正德三年（1713）日文版。
　　〔4〕［日］矢岛祐利、关野克监修：《日本科学技术史》（日文版），东京：朝日新闻社1962年版，第313页。

昌弘（1693—1759）《量地指南》（1732）分前、后两篇，前篇刊于享保十八年（1733）。序中说：世所传量地之术有五，一曰盘针术，二曰量盘术，三曰浑发术，四曰算勘术，五曰机针术。做法优劣，学者可择而从之。"盘针术为中华先王之正法，属诸术之甲。量盘术及浑发术乃红毛国人（荷兰人）之妙法，属径捷之法。算勘术为数学者流之笨法，机针术为工匠木客之法，属二流之法。"[1] 此处谈到中、日、荷三国所用大地测量法，并作出评述。算勘术、机针术分别是日本和算家和工匠使用的，此作者不看好。

村井看重中、荷传入日本的方法，认为中国盘针术为"中华先王之正法"，居诸术之冠，实即指清初在康熙大帝指挥下 1708—1718 年间全国范围内进行的以指南针定位的三角测量法（trigonometrical survey）。测绘后编绘的《皇舆全览图》是当时世界最精确的中国全国大地图，涵盖东亚周边地区。消息传到日本，朝野震动。清人梅文鼎（1633—1726）编《历算全书》（1723）和明人徐光启主编《崇祯历书》（1634）传入日本后，中根元圭（1662—1733）受幕府之命从其中译出《八线表算法解义》，介绍了三角法。1732 年他在伊豆、下田用新法作了实地测量[2]。幕府将军德川吉宗（1681—1751）在中国 1718 年完成全国舆图测绘第二年，下令数学家关孝和（1641—1708）的门人建部贤弘（1664—1739）重修日本舆图，以类似三角测量的交合法进行大地测量，享保八年（1723）完成[3]。陆上测量用罗盘实际上与航海罗盘没有大的不同，江户时代学者对其形制、构造多所介绍。日本造罗盘是中、荷合璧式旱罗盘，盘上方位用十天干，子午卯酉分指北南西东四个正位，属中国罗盘系统，但将二十四方位简化为十二方位。

印度传统科学中数学、天文及医学较发达，磁学是薄弱环节，有人说 4 世纪南印度泰米尔人航海书中谈到罗盘，但经检验证明此说无据。加拿大专家史密斯（Julian A. Smith）发现，磁罗盘在印度最早名称是 maccha-yantra（"鱼机"，fish-machine），此名显示了中国来源，因印度罗盘磁体呈鱼状，浮在有油的碗状罗盘中[4]。这决定印度制成罗盘针并用于航海与阿拉伯同时（13 世纪）或稍迟些。元代时印度洋是中西船队海上贸易的中转区，为指南针传入印度提供契机。东南亚国家中，印度尼西亚的武吉斯族善航海，明代时使用中国指南针导航[5]。其他国家情况，尚有待研究。现将我们绘制的中国指南针技术外传图示之如下。

〔1〕［日］村井昌弘：《量地指南（前编）·自序》，享保十八年（1733）日本木刻本。
〔2〕［日］秋保安治等人编《江户时代の科学》，东京：博文馆 1934 年版，第 61—62 页。
〔3〕［日］石原纯：《［日本］科学史》（日文版），东京：东洋经济新报社 1942 年版，第 23 页。
〔4〕 Smith, J. Precursors to Peregrinus. *Journal of Medieval History*，1992，18：21 - 24.
〔5〕 de la Cosra, H. *Asia and the Philippines*. Manila, 1969. p. 96.

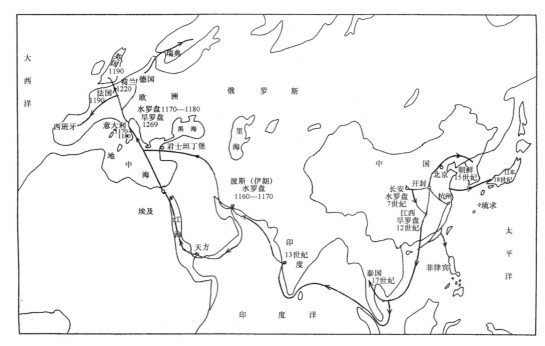

图3—22   中国指南针技术外传示意图
潘吉星绘制（2002）

二   温度计、湿度计的发明及其传入中国、日本和朝鲜的历史

（一）温度计和湿度计在欧洲的发明

温度计及湿度计旧称寒暑表及燥湿表，是现代日常生活、科学研究和工农业生产中常用的重要科学仪器。冷热、燥湿的概念古已有之，但古代和中世纪长期间只以定性方式描述这些现象，很少用定量测定方法，从17世纪上半叶起开始对寒热、燥湿作定量规定并以仪器作目测，这是文艺复兴时科学革命的产物。科学史家通常把温度计的发明归功于意大利科学家伽利略（Galilei Galilio，1564 - 1642），据他的学生卡斯特里（Benedetto Castelli）报道，1603年伽利略在演讲中使用了温度计，其形状是细长玻璃管，一端与玻璃泡相连，另端开口。将开口一端倒插入盛有水的容器内，用手将上端玻璃泡焐热，冷却时，水即从玻璃管上升。此处利用空气热胀冷缩原理制成了这种早期测温装置，玻璃泡内空气温度升降，使空气膨胀或收缩，从而使玻璃管中的水柱随之下降或上升[1]。玻璃管可能

---

[1]   Wolf A. *A history of science，technology and philosophy in the 16th to the 17th centuries*，London，1935. pp. 82 - 89；中译本见周昌忠等译《十六、十七世纪科学技术和哲学史》，商务印书馆1985年版，第97—105页。

有标度，因为在伽利略的《托勒密与哥白尼两大世界体系的对话》（*Dialogo dei due massimi sistemi del mondo*，1632）的"第一天对话"中已提到热 6 度、9 度、10 度，这是利用空气胀缩测定温度的早期空气验温器。但由于管内水柱高度变化不仅与玻璃泡内气温有关，还与大气气压的变化有关，尽管能读出温度度数，这种仪器还不是精确的。伽利略的这一发明促使同时期各国科学家从事一系列改进温度测量的研究。thermomètre（温度计）一词首先出现于法国数学家勒雷雄（Jean Leurechon，1591－1670）1624 年发表的《数学游戏》（*La récréation mathématique*）一书中，此后为各国所通用。

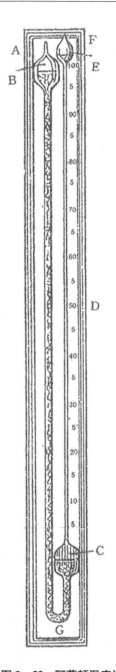

　　1650 年，意大利人对伽利略的仪器作了改进，佛罗伦萨城的西蒙特研究院（Academia del Cimento）学者们将伽利略的装置倒置，让玻璃泡在下部，而将上端的玻璃管管口封死，管内事先放入着色的酒精，管上以小玻璃珠标出刻度，同时还规定以严冬及酷暑时管内酒精柱最低和最高位置作为计量温度的最低点和最高点，再在两点之间刻度。这样一来，已不是用空气胀缩而是用液体酒精体积的胀缩来测量温度了，人们称之为"佛罗伦萨温度计"。与此同时，英国人德雷贝尔（Cormelius Drebble，1572－1633）及弗拉德（Robert Fludd，1574－1637）也制出佛罗伦萨式温度计，他们除以酒精为载体外，还用水银[1]。继此之后，德国物理学家盖里克（Otto von Guiricke，1602－1686）制成装有空气的铜球，使之与内盛酒精的 U 形玻璃管相通。当球内气温增减时，使管内酒精柱升降，从而通过游标将温度显示在刻度标上。法国物理学家阿蒙顿（Guilaume Amontons，1663－1705）也制造了连有 U 形玻璃管的球（图3—23），但管内装水银，很像盖里克的仪器。因此我们看到，17 世纪早期温度计大体说有两种形式：带玻璃泡的直玻璃管和有玻璃泡的 U 形管；载体也有两种：空气和液体（酒精或水银）。两者相比，以液体酒精或水银装入带玻璃泡的直管温度计在制造和使用上更为简便，后来便逐步发展到现代的形式，但是不同的温标体系仍旧保留下来，至今还未统一。

　　当佛罗伦萨城西蒙特研究院学者们在 17 世纪改进温度计时，还研制了湿度计，他们作成带有锡套的空心软木锥体，底部放玻璃锥，当其中装入冰时，空气中的湿气凝结在玻璃锥体内，再由此滴入量筒，根据

图 3—23　阿蒙顿温度计

〔1〕　Middleton, W. E. R. *A history of the thermometer and its use in meteorology*, Baltimore, 1966, passim; W. F. Bynum et al., *Dictionary of the history of science*, London, 1981. p. 420.

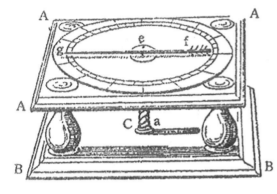

图3—24 胡克验湿器

量筒中的水量可确定相对湿度。阿蒙顿作出另一种验湿器，器中空气湿度的变化引起木球或皮球的缩胀，从而使管内流出的液体升降。英国物理学家莫利纽克斯（William Molyneaux，1656－1698）更制成另一种湿度计，他将金属小球吊在线绳上，小球连有水平指针，由于线绳受湿度变化发生卷曲或放松，引起指针在刻度盘上移动，从而读出度数，制作线绳的材料是对燥湿变化较为灵感的猫肠。另一英国物理学家胡克（Robert Hooke，1635－1703）用燕麦芒受湿弯曲变形的原理，制成与莫利纽克斯式类似的湿度计（图3—24）[1]。麦芒固定在水平刻度圆盘底座上，并露出于盘表之上，露出的麦芒一端装上轻而细的指针，当麦芒变形时，引起指针在盘上左右移动，从而读出湿度度数。因此，17世纪早期湿度计大体上也有两种形式：用湿气凝成的水量测湿和用吸湿性强的材料来测湿，当时后一形式较为简便可用。

17世纪，很多科学家定量测定温度、湿度时，用不同原理制成形式各异的仪器，从而为18—19世纪更精确地测定这两个参数并制出更灵敏的仪器奠定了基础。

（二）温度计、湿度计传入中国的经过

有证据表明，17世纪欧洲物理学家研制的早期温度计和湿度计以极快的速度及时传到了中国，使中国也开始进入用近代科学方法定量测定温度和湿度的阶段。最早介绍这类仪器的，是比利时耶稣会士南怀仁（Ferdinand Verbiest，1623－1688）。南怀仁字敦伯，1623年生于比特姆（Pithem），就学于布鲁日（Brugges）及鲁汶（Leuven）大学，通天文历算，清初顺治十六年（1659）来华，供职于北京钦天监，后晋升为工部右侍郎（从二品）[2]。康熙八年（1669）他奉旨为钦天监造天文仪器，康熙十二年（1673）告成，因以汉文撰成《新制灵台仪象志》16卷奏上，介绍这批新制仪器构造及用法，且绘图说明，御览后准奏刊行。南怀仁制造天文仪器时，约于康熙九年（1670）还在北京制造了温度计和湿度计[3]，其图说亦载入《新制灵台仪象志》（*Description des instruments nouvellement construits à l'Observatoire Impériale*）中。该书1674年初刻本现藏中国科学院图书馆等处，共2函14册。同时还被收入《古今图书集成·历象汇编·历法典》中，此书初由翰林院编修陈梦雷（1651—1741）奉旨主编，康熙四十五年（1706）成3600卷，雍正

〔1〕 Wolf, A. *A history of science, technology and philosophy in the 16th to the 17th centuries*, London, 1935. pp. 307－308；周昌忠等译：《十六、十七世纪科学技术和哲学史》，第353—354页。

〔2〕 Pfister, L. A. *Notices biographiques et bibliographiques sur les Jésuites de l'ancienne mission de Chine 1552－1773*, Vol. I, Changhai, 1932. pp. 338－362.

〔3〕 Needham, J. *Science and Civilisation in China*, Cambridge, 1959, Vol. 3, pp. 466, 470.

四年（1726）吏部尚书蒋廷锡（1669—
1732）等再加校订重修成万卷，共1.4亿
字，两年后（1728）刊行内府铜活字本颁
发各地，这是当时世界上最大的百科全书。
《古今图书集成·历法典》卷九十二至九十
三《仪象部》全文转载南怀仁《新制灵台
仪象志》中《验气说》全文，详细介绍温
度计（图3—25）及湿度计（图3—26），
而书中图108及图109更绘画这两件仪器
外貌。

　　据书中介绍，温度计是连通铜球的U
形玻璃管，管另端密闭。当球内空气因冷
热而缩胀时，玻璃管内水柱升降，U形管
两旁有刻度标（共10度），故这属于前述
盖里克—阿蒙顿式的空气温度计类型，度
数需定期校正。所不同的是用水为载体，
而非酒精或水银，也可将这看成是从伽利
略到盖里克、阿蒙顿之间的过渡型，它可
用以测气温、地温和体温。南怀仁写道：

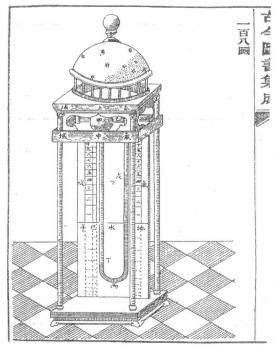

图3—25　南怀仁为钦天监制造的温度计（1679）
引自《古今图书集成·历法典·仪象部》卷九十五，
第10页。说明见卷九十二，第1页

　　　　欲辨东西南北等风之气何如，则
以此管对之风，热则水必升，冷则水必降，捷如影响，毫不爽焉。……今欲辨各地之
气何如，则置此器于地内；少顷视水之升降，可以别其气之冷热矣。[1]

量体温时，以手摸球，则：

　　　　医者可定病之轻重、进退，亦可以别药材、花草等香味力气，以定其性之温热平
冷，其用无穷也。

文内还从理论上说明了仪器工作原理。这是在中国制出的最早的近代温度计，显然已在钦
天监中付诸使用了。在《验气说》中《测气燥湿之分》节内，介绍了湿度计：

　　　　夫燥气之性于凡物之所入，即收敛而固结之，湿气之性反是。欲察天气燥湿之
变，而万物中惟鸟兽之筋皮显而易见，故借其筋弦以为测器。

---

〔1〕〔比〕南怀仁：《新制灵台仪象志·验气说》（1670年），《古今图书集成·历象汇编·历法典·仪象部》
（1728），卷九十二、九十三，第33册，第24页，图108。

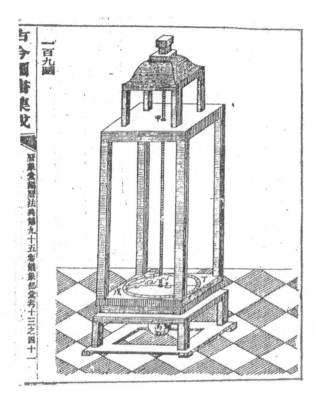

图 3—26　南怀仁为钦天监制造的鹿肠线湿度计（1670）
引自《古今图书集成·历法典·仪象部》卷九十五，
第 41 页。说明见卷九十二，第 3 页

将新鲜鹿筋拧成细绳约 2 尺长（66.6cm），厚 1 分（3.3mm），上端固定于木架上，绳下端穿过水平刻度盘中心，盘上有龙形指针，盘下连有适当重量的球形金属坠子。当鹿筋线因燥湿而弯曲或扳直时，带动指针在盘上旋转。

天气燥，则龙表左转，气湿则龙表右转。气之燥湿加减若干，则表左右转亦加减若干。其加减之度数，则于地平盘上界分，左右各画十度。[1]

右面为湿度，左面为干度。"欲测东西南北各方之风气，或上下左右各房屋之气燥湿何如，以此器验之，无不可也。"此处所说的湿度计与前述莫利纽克斯式仪器类似，只是以鹿筋代替猫肠。因此，1670 年北京钦天监所制温度计及湿度计与同时期欧洲的同类仪器，处于同一水平，不相上下。

北京钦天监仪器制成十年后，法国造的这类仪器又由耶稣会士携至中国，并献给康熙皇帝。康熙二十八年（1689）正月，清圣祖玄烨（1654—1722）南巡，二月二十七日（3 月 28 日）意大利人毕嘉（Jean Dominique Gabiani，1623-1696）与法国人洪若翰（Joannes de Fountaney，1643-1710）至江宁织造署行宫，献上西洋方物 12 种，但侍卫赵昌传旨："这二架验气管，万岁爷要收下。奈途次难带，先生往后遇便送至京师。"[2] 余物退回。毕嘉字铎民，1659 年来华，于扬州、常州及南京一带传教，1696 年卒于扬州。洪若翰字时登，1687 年率其余四名法国耶稣会士来华，次年来南京与毕嘉共事。中国史料还记载：

康熙二十九年四月十五日（1690 年 6 月 2 日），毕嘉送仪器抵京。先是，上年（1689）

---

〔1〕［比］南怀仁：《新制灵台仪象志·验气说》，《古今图书集成·历象汇编·历法典·仪象部》卷九十二、九十三，第 33 册，第 26 页，图 109。

〔2〕（清）黄伯禄：《正教奉褒》，上海慈母堂重印本 1904 年版，第 99 页；方豪：《中国天主教史人物传》，中华书局 1988 年版，中册，第 269—273 页。

二月中，圣驾驻跸金陵（南京）时，毕嘉、洪若翰进验气管等仪器，奉旨着便送京师。至是，毕嘉躬送至都。[1]

法国史料对此提供了细节，18 世纪时杜阿德（Jean Baptiste du Halde，1674－1743）根据在华教士稿件用法文整理编成的《中华帝国通志》（*Description de l'Empire de la Chine*）全四册，1735 年出版于巴黎。该书卷 4 载 1691 年随康熙帝御驾北巡的张诚（Jean François Gerbillion，1654－1707）写道：

　　一天晚上，我在养心殿，皇帝要我奏明温度计及湿度计的用法，这是洪若翰神甫先前在南京进献的。[2]

张诚字实斋，1687 年随洪若翰同时来华，精天文历算，被留京候用，通满、汉语，与南怀仁等为康熙帝进讲西洋科学，受帝宠，1707 年卒于北京[3]。因张诚法文原文用 thermomètre 及 hygromètre，我们由此断定 1689 年 3 月洪若翰在南京献上的"这二架验气管"当是温度计及湿度计，它们早在 1687 年便入中土，但到 1690 年 2 月才进入养心殿，成为皇帝在宫内测定温度及湿度的仪器。

科学家玄烨在宫中使用的这两件仪器形制如何呢？已故方豪先生（字杰人，1910—1980）认为是《古今图书集成·历法典》卷九十三载《灵台仪象志五》中的图 108 及图 109 所示者[4]，而未辨明两件事发生的不同时间，此说恐欠周。如前所述，此二图为南怀仁 1670 年所监制的仪器，1674 年首刊于《灵台仪象志》，而 1689 年洪若翰所献者与此二图是两回事，不可混淆。我们在前述《中华帝国通志》卷 3 读到对仪器构造的说明，今翻译如下：

　　同时他们（洪若翰与毕嘉）向皇帝献上礼物，能指出寒热若干度的温度计，还有可察出燥湿若干度的湿度计：它是个直径较大的圆筒，以适当长度的猫肠制成细绳将圆筒吊起，并令指针与水平线平行。空气中燥湿的微小变动，都可使细绳卷曲或拉长，且使圆筒时而右转，时而左转。细绳再与小圆盘相连，而盘上标出燥湿若干度。[5]

巧得很，这的确与十多年前南怀仁造的湿度计相似，即莫利纽克斯式的。不同的是，

〔1〕（清）黄伯禄：《正教奉褒》，上海慈母堂重印本 1904 年版，第 99 页；方豪：《中国天主教史人物传》，中华书局 1988 年版，中册，第 269—273 页。

〔2〕du Halde, J. B. *Description de l'Empire de la Chine*, t. Ⅳ, Paris, 1735. p. 341.

〔3〕Pfister, L. A. *Notices biographiques et bibliographiques sur les Jesuites de l'ancienne mission de Chine* 1552－1773, Vol. l, pp. 443－451.

〔4〕方豪：伽利略与科学输入我国的关系，《方豪六十自定稿》，上册，台北学生书局 1969 年版，第 66 页。

〔5〕du Halde, J. B. *Description de l'Empire de la Chine*, t. Ⅲ, pp. 279－280；*The General History of China*, Vol. Ⅲ. London, 1736. p. 78.

这是法国造，而且以圆筒代替圆球，以猫肠代替鹿筋（莫利纽克斯用猫肠）。有的作者[1]将南怀仁造的湿度计当成温度计，恐出于误会。因为 17—18 世纪的各式温度计刻度都是与地平线垂直的，只有湿度计刻度盘水平放置。还有的作者[2]认为南怀仁造这两种气象仪器是在 1659 年（顺治十六年）他来华的那一年，也不确定。因此时康熙还未即帝位，而南怀仁制造这类仪器始于康熙八年（1669）。

那么洪若翰向康熙献上的法国造温度计形制如何呢？我们在《中华帝国通志》中未找到说明，但总不外是连有玻璃泡的直管式或 U 形管式。仪器是以洪若翰及毕嘉二人名义献上的，且显然由前者自法国携入。按理说应由洪若翰送至京师请功，又为何由毕嘉出面？因为洪若翰的汉语不好，皇上召见时总听到毕嘉答话，待要求洪若翰说话时皇上才发现他"还说不来"，所以仪器由毕嘉送至宫中，当北京钦天监和宫中有了温度计及湿度计后，消息很快传到各地，竞相仿制。当时江苏的科学家黄履庄（1656—1725?）便着手研制测温及测湿仪器，并获得成功。据张潮（1650—?）《虞初新志》（1683）卷六所收戴榕为其表弟黄履庄写的传记称，履庄自幼即善制机器，读过《远西奇器图说》（1621）等书，康熙初（约 1667）来扬州，"因闻泰西几何、比例、轮掘机轴之事，而其巧因以益进"。二十八岁时（1683）自著《奇器目略》一书，记所造机器及仪器 27 种，其中包括"验冷热器"及"验燥湿器"，即温度计与湿度计。前者"能诊试虚实，分别气候，证诸药之性情，其用甚广"，而古时"冷热、燥湿皆以肤验，而不可以目验者，今则以目验之"。又"验燥湿器，内有一针能左右旋。燥则左旋，湿则右旋，毫发不爽，并可预证阴晴"[3]。很可惜，黄履庄的科学著作没有流传下来。他研制这两种气象仪器时，无疑受到南怀仁《灵台仪象志》的影响，工作原理应与此相同，细节上可能有改进。即令如此，这位青年科学家的工作仍值得称道，他促使这两种仪器进一步国产化。

（三）温度计、湿度计传入日本和朝鲜的经过

现有史料证明，中国是最先制造和应用近代温度计和湿度计的东亚国家。日本学者一般认为，日本关于温度计（他们称为寒暖计）的最早记载始于江户时代的本草—博物学家平贺源内（1728—1779）。平贺氏名国伦，字士彝，号鸠溪，通称源内，1728 年生于讃岐（今香川县），后至江户（今东京）习儒学和本草学，著《物类品骘》（1763）等书，更习兰学。明和五年（1768）春，制"寒热升降器"，并绘图说明，被认为是日本最早的温度计（图 3—27）。[4]比南怀仁在北京制造的晚 98 年，比黄履庄研制的晚 86 年。平贺源内说明中用荷兰文及汉文列出 6 个刻度：extra heet（极暑）、heet（暑）、warm（暖）、ge-

〔1〕　王锦光、洪震寰：《中国古代物理学史略》，河北科技出版社 1990 年版，第 38 页。
〔2〕　洪世年、陈文言：《中国气象史》，农业出版社 1983 年版，第 88 页。
〔3〕　（清）戴榕：黄履在小传（1683），载于（清）张潮《虞初新志》（1683）卷六；上海进步书局 1925 年版，第 8—9 页；《笔记小说大观》第 14 册，江苏广陵古籍刻印社 1983 年版，第 248 页。
〔4〕　东京科学博物馆编：《江户时代の科學》，东京博文馆 1934 年版，第 22 页；〔日〕矢岛祐利、関野克监修：《日本科学技术史》，朝日新闻社 1962 年版，第 101—102 页。

ma tigd（平）、roud（冷）、seer roud（寒）及 extra roud（极寒），还给出荷兰文的日语拼音。说此器"蛮语タルモメ一トル"，即 thermometer 之音译。仪器形式属于佛罗伦萨式，即底部有玻璃泡的直管，玻璃管上口密闭，两旁有刻度，管内及玻璃泡中有液体，不详是酒精还是水银。显然，平贺制此器时译自荷兰文资料，但他未指出原著书名及作者。后来，文化五年（1808）天文学家司马江汉（1738—1818）在《刻白尔天文图解》第 26 图中介绍了"寒暖计（タルモメ一テル）"，也是直管式温度计，长 2 尺左右，内装水银[1]。同时还介绍水银气压计（バルモメ一テル，barmometer）。关于温度计的专著是高野长英（1804—1850）天保二年（1831 年）所著的《验温管略说》，称为"底尔莫墨底尔"，也是盛水银的直管式。

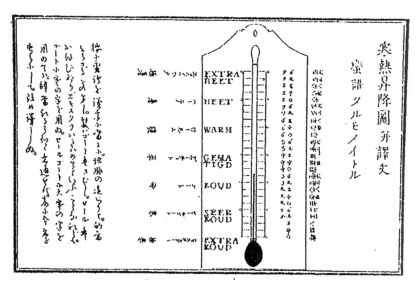

图 3—27　平贺源内制温度计
引自菊苗俊彦（1988）

日本江户时代后期有不少著作谈到温度计，湿度计出现较晚，我们在兰学家宇田川璘，（字玄真，号榛斋，1769—1834）的《远西医方名物考》（1822）中才看到"验湿器"，即毛发湿度计（图 3—28）[2]。这种仪器虽较灵敏，但已比中国晚一个半世纪了。安政二年（1855）江户幕府聘请荷兰人向日本海军传授技术，荷兰将蒸汽战船松滨号（Soembing）赠日本政府，开到长崎，改称"观光丸"。船上备有水银晴雨计（气压计）、空盒晴雨计、寒暖计及干湿计等气象仪器，利用它们观测成了日本气象事业的开端[3]。18 世纪中叶以后，日本在引进西方科学技术时一度向荷兰一边倒，而荷兰当时在科学方面并非西

〔1〕［日］菊苗俊彦：《图谱江户时代の技术》下册，东京恒和出版株式会社 1988 年版，第 555 页。

〔2〕同上书，第 636 页。

〔3〕［日］石原纯：《现代日本文明史》（日文版）卷 13《科学史》，东洋经济新报社 1942 年版，第 88—89 页。

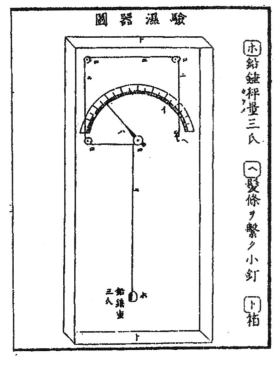

图 3—28 毛发湿度计
引自菊苗俊彦（1988）

方先进国家，南怀仁向中国介绍的温度计及湿度计，载入《灵台仪象志》及《古今图书集成》中，后者早在宝历九年（1759）已由中国商船运到长崎，再转至江户，而前者在天明五年（1785）及宽政六年（1794）两度由中国传入日本[1]。这就是说，日本人在接触荷兰文著作之前，本来有机会早就可从汉籍中得知近代测温、验湿仪器知识并进行仿制，像黄履庄那样。天文学家涉川景祐（通称助左卫门，1787—1856）编《宽政历书》前，日本人已参照中国的《灵台仪象志》，制造天文仪器配置于司天台中，但他们没有利用该书制造湿度计和温度计。这使他们本可更早掌握温度计及湿度计的时机向后推迟了很久。

朝鲜与中国陆上相邻，但掌握上述仪器的时间甚至比日本还晚，从李朝（1393—1909）末期实学派科学家李圭景（1788—1862?）的著作中才出现有关记载。李圭景字伯揆，号五洲，生于正祖十二年（1788），其父祖均任内廷奎章阁捡书官，故能秉承家学，博览群书，又受中国乾嘉学派影响，致力"名物度数之学"，著《五洲衍文长笺散稿》60卷，对1433种名物作详细考证。学者多认为此书完成于1834年，实际上至19世纪50年代他仍继续修订。1982年汉城明文堂据写本影印，原书以汉文写成。卷九《阴晴、节气两表辨证说》一文写于19世纪30年代，专讲气压计、温度计及湿度计，材料来自中国。文内写道：

> 凡奇技神巧，靡不以度数为神奇之机。而今自中国流出奇巧之器者，名曰阴晴表、节气表，节气即寒暑，此系验阴晴、识寒暑之巧法也。[2]

阴晴表即气压计，节气表或寒暑表即温度计。谈到温度计时，文内指出它是带有玻璃泡的长玻璃管，内放水银，管边有刻度标，分9个刻度。气温高则管内水银柱上升，反之下降，从而读出度数，此表可悬挂于墙壁之上。文中还指出，李朝纯宗三十至三十一年（清道光十至十一年，1830—1831）时，朝鲜使团中一译员在北京购得这类仪器带回国内，从

〔1〕［日］大庭修：《江户时代における唐船持渡书の研究》，大阪关西大学出版部1967年版，第251、688页。
〔2〕［朝］李圭景：《阴晴、节气两表辨证说》，《五洲衍文长笺散稿》卷九，上册，汉城明文堂影印本1982年版，第297页。

而表明自中国引入的时间，也说明当时这类仪器已出现于北京街头的店铺中。

李圭景接下写道：

> 又见黄履庄《奇器目略》，有验燥湿器，其制：器内有一针，能左右旋，湿则右旋，燥则左旋，毫发不爽，并可预证阴晴。又有验冷热器，此器能诊视虚实，分别气候，证诸药之性情，其用甚广，别有专书云。此亦可与阴晴、节气［二表］共看者也。岂不奇且妙哉！于古未闻，故略记之。[1]

这一段是介绍黄履庄1683年制造的湿度计和温度计，显然引自张潮的《虞初新志》。而圭景文内在开始处对仪器的描述看来是根据对来自中国的实物观察。他甚至要按中国著作和仪器加以仿制，因为他说：

> 窃有在拟议摹仿，董悟出一法，强制阴晴、节气之衡，于理仿佛，而姑未一试者，掮于事力，漫作画说，以待后世子云。[2]

查其余朝鲜史料，目前尚未见有早于李圭景的测温、测湿仪器的记载，圭景亦称"于古未闻"。其所以如此，因为与同时期中、日相比，朝鲜同西方国家交往较少，而与中国的交流主要靠不定期的访华使团，他们主要在北京活动，与士大夫论学并购买书籍、仪器。李圭景祖父李德懋（1741—1793）1788年后两次随使节来北京，为王廷采购书籍等物，因此圭景获得温度计、湿度计的信息便不是偶然的了。

---

〔1〕［朝］李圭景：《阴晴、节气两表辨证说》，《五洲衍文长笺散稿》卷九，上册，第297页。
〔2〕同上。

第四章 化学与化工

一 中国火药和火器技术的发明及其在世界的传播

（一）有关火药和火器的一般概念

研究火药和火器史时，必须小心注意古代作者使用的技术术语的含义，由于古时存在用词上的混淆和异物同名现象，如不理清而轻易信其字面含义，就会对武器定性作出误断而造成混乱。如"火箭"在古书中指三个不同阶段的武器：以弓弩射出含纵火物的纵火箭（incendiary arrow）；以弓弩射出的带有火药包的箭；借反作用原理以火药为发射剂而射出的火箭（rockets）。古书中的"砲"也指三种不同武器：由抛石机投射的纵火物；由抛石机投射的火药包；以火药为发射剂而射出弹丸的金属筒形火炮。有时还将炸弹、手榴弹或火箭弹也称为"某某砲"等。因此不能依名称字面含义去判断某种武器性质，还要考虑到对其性能、构造和发射方式的叙述，并结合当时历史背景作综合研究，才能作出较为正确的结论。如先秦文献中有关于"火矢"和"砲"的记载，如按字面含义理解成火箭和火炮，或将古梵文文献中所述烧红或带可燃物的剑理解成火箭或火器，从而将火药、火器（firearms）出现的时间定在公元前几百年，都肯定是错误的。因为公元前在世界任何地方还没有火药存在。

显然需要弄清"火药"一词的含义，以便将它与古代各国使用的其他纵火物区别开来。我们认为传统上所谓的火药或黑火药（black powder），是指以硝石、硫黄和木炭按一定比例配合而成的混合物，点燃后放出大量气体和化学能，在无需氧的助燃剂参与下，能迅速燃烧，其化学能可作机械功，用于国防、工农业和交通运输业的目的。此定义含三个要素：（1）**组分**：由硝、硫、炭按一定比例配合，呈黑色，亦可加入铁粉、砒霜、雄黄、石灰等辅助剂，但硝、硫、炭是必不可少的基本组分。（2）**性能**：敏感性大，很易点燃，在没有空气（氧）助燃下迅速燃烧、爆炸，同时产生大量气体和化学能。其他可燃物只有在空气助燃下才能燃烧。（3）**用途**：作为发射剂和爆炸剂在国防工业中用作制造武器。在工交业中用于开矿爆破、凿山开路、生产烟火，在农业上用于狩猎、人工防雹等。只有满足上述三项条件或具备这些特征的，才能称为火药。

汉文中"火药"一词首见于 1044 年北宋大臣曾公亮（998—1078）主编的《武经总

要》中，从此时起这一名称毫不含糊地一直用到现在。其所以称火药，因硝、硫、炭在古代作为药物而载入医药书中，而三种药混合物又有起火功能。火药是人类第一次掌握的化学爆炸物，是中国中世纪取得的一项最大的成就。英国火药史家帕廷顿（James Riddick Partington，1886－1965）教授为区别其他纵火剂与火药，对燃烧等级作了分类[1]，我们结合中国情况稍加修改：（1）**缓燃**（slow burning），古代纵火剂：油类、硫黄、沥青、松香、干燥植物等，用作火炬、纵火箭等。（2）**速燃**（quick burning），古代改进的纵火剂：原油、蒸馏石油或沥青、猛火油，用作"希腊火"（Greek fire）、猛火油机、火罐（fire pot）等。（3）**爆燃**（deflagration），初级火药（primary gunpowder）：硝石、硫黄和木炭的混合物，有时含砒石、松脂和油类等填加剂，呈膏状，用作弓火药箭、火药球等，用机械力投射。（4）**爆炸**（explosion），粒状黑火药，硝、硫、炭混合物，有时加其他附加剂，用于制烟火、火器发射剂、炸弹等。（5）**爆轰**（detonation），标准火药：硝、硫、炭以 75：10：15 之比混合的细粉，在坚硬容器内点燃，产生巨响，硬壳炸裂、扩散，用作炸弹及金属筒铳、枪、炮、火箭的发射剂。

上述可燃物燃烧的五个级别中，第三类属真正火药，即 1044 年《武经总要》所述火药，已用于战场，与第五类近代火药比，主要差别是硫量偏高、炭量偏低（＜10％），呈膏状，不能做发射剂，故称初级火药。但放入陶或铁制密闭器内点燃后发出巨响，可制成炸弹。第四类是改进的火药，成分处于（3）与（5）之间，呈粒状，是 12 世纪两宋之际制成的。在（2）与（3）之间还应有原始火药（proto-gunpowder）的过渡产物，即 9—10 世纪唐、五代炼丹家将硝、硫及含碳物按不定比例混合，也能引起燃烧，因不含木炭且无明确配比，难以判断燃烧级别，只能称为原始火药。

火药比其他古代纵火剂优越性在于：（1）燃烧速度极快而猛烈，易于点燃，适于速战。（2）古代纵火物需人力或人力驱动的装置投射，射程短，而火药产生的推力可将武器发射至更远距离，无需人力。（3）古代纵火物需风的助燃，只能顺风纵火，空中运行时易熄火，受天气影响大。火药可在真空无氧及外层空间燃烧，不受天气影响。（4）火药既能燃烧又能爆炸，又产生巨响，能摧毁坚固设防城池和其他目标，杀伤更多有生力量，其他纵火物只能引燃，不能爆炸。（5）火药武器可大可小，能攻能守，适于马步兵及水军使用，用于任何地形。火器的出现是人类武器史中划时代的革命。

据各国学者研究，火药燃烧是相当复杂的化学反应过程，其爆炸性与组成有密切关系。1882 年德国化学家德布斯（Heinrich Debus，1824－1916）提出含硝 77％、硫 11.7％及炭 11.3％的火药燃烧时的下列总反应式[2]：

$$16KNO_3 + 5S + 21C \rightarrow 13CO_2\uparrow + 3CO\uparrow + 8N_2\uparrow + 5K_2CO_3 + K_2SO_4 + 2K_2S$$

热效应为 740 千卡/公斤，反应热越大，反应速度就越快，爆炸力也越大，火药一般在 10^{-3}—10^{-8} 秒内就实现能量的瞬间释放，比普通可燃物的能量密度大数百至数千倍。单粒

[1] Partington, J. R. *A history of Greek fire and gunpowder*. Cambridge: Heffer & Sons, Ltd., 1960. p. 166.
[2] Debus, H. *Annalen der Chemie* (Berlin), 1882, 212：257；213：15.

火药在大气压下的燃速为 0.4 厘米/秒，火焰以 60 厘米/秒的高速沿药粒轴线方向传播[1]。因而火药是中世纪一种威力无比的燃烧爆炸物质。它对冲击和摩擦非常敏感，当受到 2 公斤、落高 70—100 厘米的落锤撞击时，即发生爆炸。其发火点为 250℃—300℃，是很容易引燃的。至于火药燃烧过程的化学反应机理，是个专门的化学反应动力学问题，不是此处研究对象，便不再介绍了。

（二）中国火药和火器技术的发明

　　火药出现前，以传统纵火物进行火攻由来已久。公元前 5 世纪军事思想家孙武（前550—前 485 在世）的《孙子兵法》（约前 515）十三篇中《火攻篇》称：火攻须因势利导，利用天气、风向及对敌情了解，备足器具，掌握好时机，以弓弩射出纵火箭焚敌有生力量及辎重、府库。10 世纪五代时以"猛火油"（fierce fire-oil）或石油为燃料，通过金属管制成的唧筒喷出火焰，称为猛火油机，火力更猛，不易扑灭。宋以后继续使用，宋敏求（1019—1079）《东京记》（1040）载北宋都城汴京（今河南开封）皇家兵工厂中有火药、猛火油作，供应猛火油及猛火油机。《武经总要·前集》卷十二更详述其结构并给出插图。据研究，这是黄铜制单筒单拉杆式双动活塞石油压力泵[2][3]，或双动双活塞单筒液体压力泵（double-acting double-piston single-cylinder-pump for a liquid）[4]。应当说，中国以石油制品为火攻武器比西方古代的希腊火要晚，但比希腊火、猛火油更猛烈的火药则是首先在中国发明并应用的。火药的出现使所有先前的纵火物相形见绌，大量文献记载和实物证据显示，中国是火药和火药武器的起源地。帕廷顿指出："发明火药的第一个步骤，必须是发现、制成纯粹硝石的有效过程。"[5] 而中国正好是世界上最早利用和提纯硝石的国家。硝石（saltpetre）学名硝酸钾（potassium nitrate），化学式 KNO_3，白色晶粒，溶于水，能与其他矿石共熔，故古称"消石"。天然硝石是动物排泄物、尸体及植物腐败后发生复杂生物化学变化，将体内蛋白质所含的氮以氨（NH_3）和铵（NH_4）盐形式返还于土壤，在亚硝酸菌（Nitrosomonus）和硝酸菌（Nitrobacter）作用下最后形成的[6]，多出现于有人畜粪便之处、房屋下部、墙脚和牲畜圈等地。每逢春秋之际，这些地方便出现白霜，扫取即得粗硝石，含碳酸钙、食盐及土等杂质，必须经再加工、提纯后才能使用。

　　除中国外，印度、波斯和欧洲也存在天然硝石，但只有中国人最先从众多自然矿物质

　　[1] Urbanski, T. *Chemistry and technology of explosives*, translated from the Polish by L. Jeczalikov, Vol. 1, Chap. 3. Oxford, 1967；欧育湘译：《火炸药的化学与工艺学》卷 3，国防工业出版社 1976 年版，第 220—271 页。

　　[2] 戴念祖：《中国力学史》，河北教育出版社 1988 年版，第 527—528 页。

　　[3] 潘吉星：《中国古代四大发明》，中国科技大学出版社 2002 年版，第 221 页。

　　[4] Needham, Joseph et al, *Science and Civilisation in China*, 5 (7), Vol. 5, Chap. 7. 82. Cambridge University Press，1986. p. 32.

　　[5] Partington, J. R. *A history of Greek fire and gunpowder*, Cambridge：Heffer & Sons, Ltd., 1960. p. 314.

　　[6] Некрасов, Б. В. *Курс общей химии*, глава 9. Москва, 1954；张青莲等译：《普通化学教程》中册，商务印书馆 1954 年版，第 390—391 页。

中辨认出硝石，了解其物理、化学性质并进而找到其实际用途。这需要作大量耐心观察、实验、探索。公元前 3 世纪中国医药学家和炼丹家在寻找新药过程中发现硝石的药用价值便大胆服用，炼丹家注意到硝石有助于炼出丹药。1973 年湖南长沙马王堆三号西汉墓出土帛书《五十二病方·治诸伤》方中将硝石用于治脓疮，此墓葬墓主于汉文帝十二年（前168）下葬，为长沙丞相利苍之子[1]。司马迁《史记》（前 90）卷一〇五《扁鹊仓公列传》载，齐国名医淳于意（约前 215—前 150）为临淄城王美人治病，饮以硝石而病除。炼丹家将硝石溶于浓醋中，可使溶液提高对某些物质的溶解能力。如公元前 2 世纪成书的《三十六水法》中，一半以上水法反应配方中用硝石和醋[2]。医药家、炼丹家配方中的硝石都作口服用，故硝石必须是去掉杂质的纯品，因此自公元前 3 世纪起中国已掌握硝石提纯技术，即将粗硝石溶解，借再结晶（recrystallization）法制成纯品（98％以上）。此后一直如此，而且提纯技术不断改进。

　　硝酸钾在外观上与硫酸钠（$Na_2SO_4 \cdot 10H_2O$）大同小异，二者易于混淆。为免用错药，梁朝本草学家兼炼丹家陶弘景（456—536）《本草经集注》（500）据化学实验将二者作了严格区分。他将二者加以焙烧，发现

　　　　强烧之，紫青烟起，仍存灰，不停沸如朴消，云是真消石也。[3]

因硝酸钾 333℃熔化后，再升温至 400℃便放出气体，不停冒泡。再强烧之，出现紫色火焰，最后化成灰（K_2O），这是真硝石。而硫酸钠一加热便放出结晶水，再烧之并不放出气体或冒泡，也很难产生火焰，因其熔点 885℃，至 1430℃才沸腾，火焰呈黄色。陶弘景的实验无法造成这样的高温，因而很易辨出何者为真硝石。这是定性分析化学史中一项杰出发现，开后世火焰分析法之先河，北宋人马志（935—1004 在世）《开宝本草》（974）更指出：

　　　　消石……此即地霜也。所在山泽冬月地上有霜，扫取，以水淋汁后，乃煎炼而成。盖以能消化诸石，故名消石，非与朴消、芒消同类而有消石也。……与后条芒消全别。……芒消……唐［《新修本草》］注以此为消石同类，深为谬矣。[4]

马志告诉我们，消石是硝酸钾，朴消是硫酸钠，芒消是朴消别名。他将从地上扫取的硝石称为地霜，此新词使它与硫酸钠区别开来，也表示硝石的来源。李时珍（1518—1593）评

---

〔1〕马继兴、李学勤：《五十二病方》，文物出版社 1979 年版，第 180—181 页。

〔2〕Needham, J. et al.. An early mediaeval Chinese alchemical text on aqueous solutions. *Ambix* (Leicester, England), 1959, 7 (3): 122ff.

〔3〕（梁）陶弘景：《本草经集注》，引自（唐）苏敬：《新修本草》卷三，《玉石部》，上海科技出版社影印唐写本 1959 年版，第 19 页。

〔4〕（宋）马志：《开宝本草》卷三，《玉石部·上品》，见（宋）唐慎微《证类本草》卷三，人民卫生出版社影印 1205 年刊本 1957 年版，第 85—86 页。

论说：

> 诸消自晋以来，诸家执名而猜，都无定见。惟马志《开宝本草》以消石为地霜炼成，而芒消、马牙消是朴消（硫酸钠）炼出者，一言足破诸家之惑矣。[1]

从此结束了用语上的混乱。我们注意到 19 世纪有的欧洲化学家也将硝石称为"地霜"。

制造火药的另一原料硫是中国先秦时就已应用的。硫外观呈黄或黄绿色，性脆，燃点 270℃，难溶于水。在自然界以游离状态存在，常产于温泉、火山地区，也见于硫黄矿中，与黏土、铁矿共生。经烧炼而得。但自然硫及烧炼硫均需事先熔化，再重行结晶后制成纯品乃可用。1983 年广州象冈西汉南越王墓出土 193.4 克纯硫，供炼制长生不老药用，墓主赵眜（约前 162—前 122）死于前 122 年[2]，则此硫黄为公元前 2 世纪之产物。硝石与硫在中国自古以来就有不解之缘，本草学家和炼丹家常将二者与其他药合在一起做出成药或丹药服食[3]。但当他们将硝硫在一起加热，却常发生燃烧、爆炸，而又必须此二物，只好采取一些预防措施，将反应器放室外，埋在地下，远离居住区。或加入某种物质，使硝、硫、雄黄等混合后不致起火，使易燃药如硫趋于稳定，火性趋于和缓，即采用"伏火法"（method for subduing fire）。但效果常相反，原以为加入含碳物会吸收火，却反成祸根。以伏火法炼成的丹药是否减少毒性也有疑问。如唐代炼丹家清虚子《伏火矾法》（808）称，将硝硫等量混合，加入少许马兜铃（birthwort）果粉末，将明火放入罐内[4]，就很危险。马兜铃粉遇明火会炭化，罐内物便成原始火药。

由于晋唐以来炼丹家在实验中常生事故，有人便总结这方面经验教训，发出告诫。如炼丹书《真元妙道要略》就指出：

> 有以硫黄、雄黄合硝石并蜜烧之，焰起，烧手面及烬屋舍者。……硝石宜佐诸药，多则败药。生者不可合三黄等烧，立见祸事。[5]

蜜与马兜铃一样，烧后变成木炭，混合物变成火药。将硝石与硫黄、雄黄（As_2S_3）、雌黄（As_2S_2）烧之，立刻发生爆炸。通观该书所述事，多发生于晋到唐，其成书时间不晚于 10 世纪。就是说中晚唐已发现火药混合物并记载了其燃烧情况。虽然这不是炼丹家所期待的，但却是火攻技术家最感兴趣的。经试验研究已知道火药有效成分、安

---

〔1〕（明）李时珍：《本草纲目》卷十一，上册，人民卫生出版社 1992 年版，第 652 页。
〔2〕麦英豪、黄展岳等编：《西汉南越王墓》上册，文物出版社 1991 年版，第 141 页。
〔3〕（明）李时珍：《本草纲目》卷十一，上册，人民卫生出版社 1992 年版，第 663—665 页。
〔4〕（唐）清虚子：《太上圣祖金丹秘诀》，见《铅汞甲辰至宝集成》卷二，《道藏·洞神部·众术类》第 595 册，涵芬楼影印本 1926 年版，第 6 页。
〔5〕《真元妙道要略》，见《道藏·洞神部·众术类》第 596 册，明正统十年（1445）刊本影印本，涵芬楼 1926 年版，第 3 页。

全生产和使用方法，至 10 世纪火药武器已处于实用阶段。《宋史》卷一九七《兵志》
写道：

> 开宝三年（970）……兵部令史冯继昇等进火箭法，命试验，且赐衣物、束
> 帛。……［咸平］三年（1000）八月，神卫水军队长唐福献所制火箭、火球、火蒺
> 藜，造船务匠项绾等献海战船式，各赐缗钱……五年（1002）知宁化军刘永锡制手砲
> 以献，诏沿边造之以充用。[1]

宋人李焘《续资治通鉴长编》（1103）卷五十二载：

> 咸平五年（1002）九月戊午，冀州（今河北）团练使石普自言能为火球、火箭，
> 上（宋真宗）召至便殿试之，与宰辅同观焉。

由此可见，970—1002 年间中国南北不同地区军事技术家冯继昇、唐福和石普等
人分别研制出火器献给宋太祖、宋真宗，试之皆验，受到奖赏并推广使用。其中
"火箭"是将火药包绑在箭杆上，引燃后以弓弩射出。火球是将火药（有时含毒剂）
包扎在球状物中，拴上绳以手掷出。火蒺藜是将火药放在有尖硬刺的球形体内，以
绳掷出。"手砲"或手雷是手榴弹或炸弹。除此，《武经总要》还载有"火砲"，是以
抛石机将大型火药包抛出的重型攻城火器。这些早期火器可在近距离及几十米外造
成大面积燃烧和爆炸。北宋借火器装备军队，迅速荡平南汉、北汉割据势力，完成统
一大业。我们可从《武经总要·前集》看到世界上最早的三种军用火药配方（图 4—
1）。第一方为毒药烟球火药方，毒药烟球重 5 斤（宋代 1 斤＝16 两＝596.8 克，1 两＝
37.3 克）共 2984 克，含硫 15 两（559.5 克）、硝 1 斤 14 两（1119 克）、木炭 5 两
（186.5 克），硝、硫、炭重量比为 60%、30% 及 10%，另含草乌头、巴豆、狼毒及砒霜
等有毒成分，还配有桐油、麻油、沥青，配成膏状[2]。第二方为火砲火药方，含硝 2.5
斤（40 两）、硫 21 两（895.2 克），炭量漏记，估计为 5 两，则三者比为 60.6%：31.8%：
7.6%。[3] 第三方为蒺藜火球火药方，含硝 40 两（61.5%）、硫 20 两（30.8%）及木炭 5
两（7.7%）。[4]

---

〔1〕（元）脱脱：《宋史》卷一九七，《兵志十一》，二十五史本第 8 册，上海古籍出版社 1986 年版，第 5794—
5795 页。

〔2〕（宋）曾公亮：《武经总要·前集》卷十一，《火攻》，见郑振铎主编《中国古代版画丛刊》第 1 册，上海古
籍出版社 1988 年版，第 622 页。

〔3〕（宋）曾公亮：《武经总要·前集》卷十二，《火攻》，见郑振铎主编《中国古代版画丛刊》第 1 册，上海古
籍出版社 1988 年版，第 647 页。

〔4〕同上书，第 650 页。

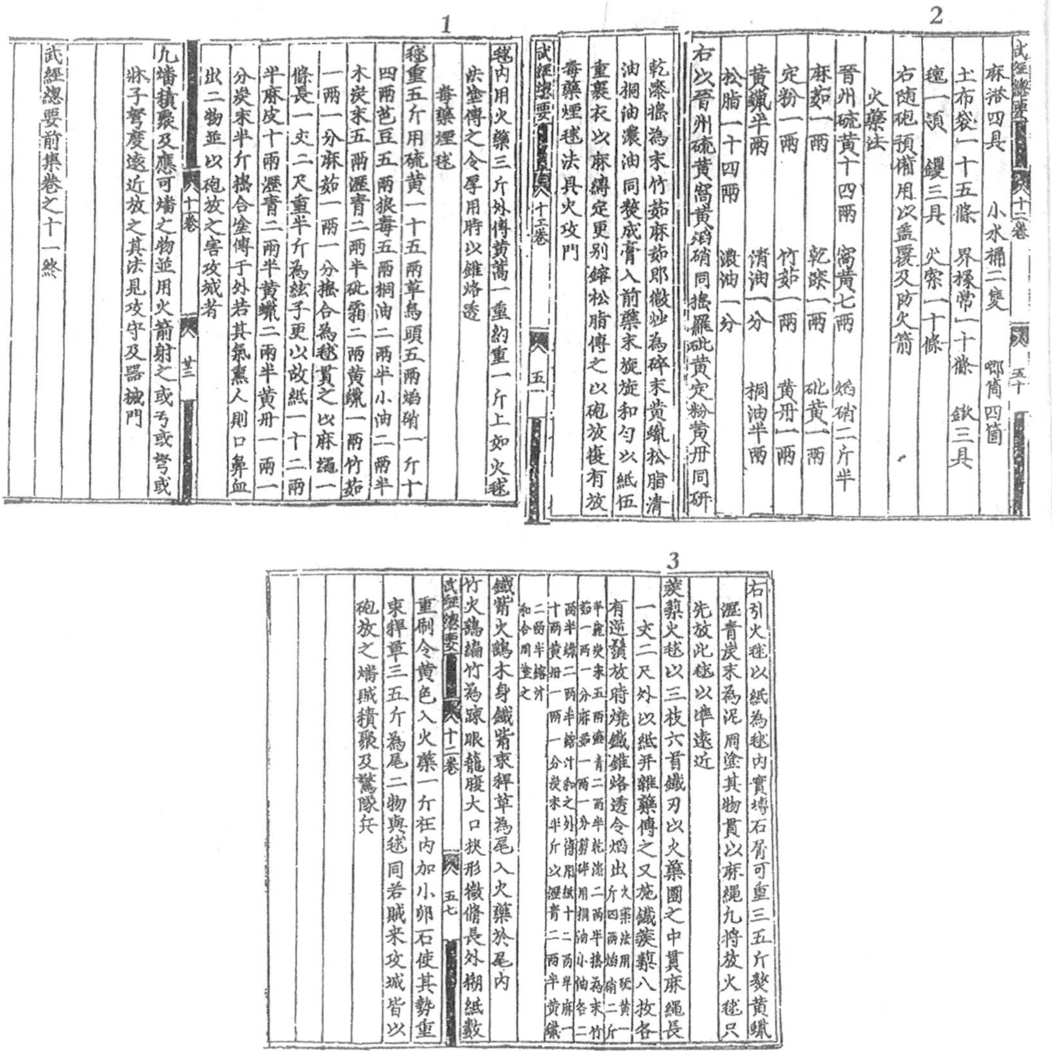

1

毬內用火藥三斤外傅黃蒿一重約重一斤上如火毬
法塗傅之令厚用時以錐烙透
毒藥煙毬
毬重五斤用硫黃一十五兩草烏頭五兩焰硝一斤十
四兩芭豆五兩狼毒五兩桐油二兩半小油二兩半
木炭末五兩瀝青二兩半砒霜二兩黃蠟一兩竹茹
一兩一分麻茹一兩一分擣合為毬貫之以麻繩一
條長一丈二尺重半斤為絃子更以故紙一十二兩
半麻皮十兩瀝青二兩半黃蠟二兩半黃丹一兩一
分炭末半斤擣合塗傅于外若其氣熏人則口鼻血
出二物並以砲放之害攻城者
凡焮積聚及應可焮之物並用火箭射之或弓或弩或
牀子弩度遠近放之其法見攻守及器械門
武經總要前集卷之十一終

2

麻搭四具　小水桶二隻　唧筒四箇
土布袋一十五條　界撩常一十條　鍬三具
㔶一領　钁三具　火索一十條
右随砲預備用以蓋覆及防火箭
火藥法
晉州硫黃十四兩　窩黃七兩　焰硝二斤半
麻茹一兩　乾漆一兩　砒黃一兩
定粉一兩　竹茹一兩　黃丹一兩
黃蠟半兩　清油一分　桐油半兩
松脂一十四兩　濃油一分
右以晉州硫黃窩黃焰硝同擣羅砒黃定粉黃丹同研
乾漆擣為末竹茹麻茹即微炒為碎末黃蠟松脂清
油桐油濃油同熬成膏入前藥末旋旋和勻以紙伍
重裹衣以麻縛定更別鎔松脂傅之以砲放復有放
毒藥煙毬法具火攻門

3

右引火毬以紙為毬內實塼石屑可重三五斤熬黃蠟
瀝青炭末為泥周塗其物貫以麻繩凡將放火毬只
先放此毬以準遠近
蒺藜火毬以三枝六首鐵刃以火藥團之中貫麻繩長
一丈二尺外以紙并雜藥傅之又施鐵蒺藜八枚各
有逆鬚放時燒鐵錐烙透令焰出火藥法用硫黃一斤四兩焰硝二斤
半麄炭末五兩瀝青二兩半乾漆二兩半擣為末竹
茹一兩一分麻茹一兩一分剪碎用桐油小油各二
兩半蠟二兩半鎔汁和之外傅用紙十二兩半麻一
十兩黃丹一兩一分炭末半斤以瀝青二兩半黃蠟
二兩半鎔汁和合周塗之
鐵嘴火鷂木身鐵嘴束稈草為尾入火藥於尾內
竹火鷂編竹為疎眼籠腹大口狹形微修長外糊紙數
重刷令黃色入火藥一斤在內加小卵石使其勢重
束稈草三五斤為尾二物與毬同若賊來攻城皆以
砲放之燔賊積聚及驚隊兵

图 4—1　《武经总要》(1044) 所载最早的三种军用火药配方

1. 毒药烟球火药方　2. 火砲火药方　3. 蒺藜火球火药方

引自 1505 年明刊本

1044 年所载上述火药方反映 10 世纪火药技术水平，平均含硝硫炭为 60.7%、30.9% 及 8.4%其中含硫量偏高、炭量偏低，又呈膏状，不能作为发射药，只能燃烧、爆炸。

（三）中国火药和火器技术的早期发展

《武经总要》问世后半个多世纪，中国在火药技术方面出现新的突破，在 11—12 世纪宋哲宗末年至徽宗初年制成高硝粒状火药，有可能使其成为发射药，最初用于制造小型烟火和爆仗在节日内点放。1116 年成书的《本草衍义》卷四谈硝石用途时说"惟能发烟火"。[1] 1103—1126 年在开封居住的孟元老在（1090—1150 在世）《东京梦华录》（1149）中追忆往日在开封见闻时说：

> 除夕（十二月三十日）……是夜禁中（宫中）爆竹山呼，声闻中外。[2]

爆竹即爆仗（fire-crackers）。周密《武林旧事》（约 1270）回忆前人 1163—1189 年在杭州居住时往事，指出元旦夜晚"宫漏既深，始宣放烟火百余架，大率效宣和盛际。"[3] 也说明宋徽宗宣和年（1109—1125）时已用含硝 70% 的粒状火药生产烟火、爆仗。包括起火、高升、双响等反作用装置。

宋徽宗沉迷于社会经济繁荣，未能居安思危，在宫中观看烟火表演时，北方女真族金政权（1115—1234）崛起，1125 年灭辽后南下攻宋，靖康元年（1126）宋都开封被攻陷。宋高宗于南方杭州建偏安政权，史称南宋（1127—1279），南宋爱国将士和工匠加紧研制新型火器抗金，在建炎（1127—1130）、绍兴（1131—1162）年间及以后年代用于战场。首先应指出金属火铳（hand-gun），其实物形象见于四川大足宋代石窟第 149 窟石刻。1986 年 11 月，李约瑟、鲁桂珍和笔者专程来此作现场考察，我们在窟内看到有两个天神各持瓶状火铳和手榴弹（图 4—2），此窟由知军州事任宗易（1083—1148 在世）夫妻发愿刻于建炎二年（1128）四月。此铳无疑应由金属

图 4—2　四川大足石窟内南宋建炎二年（1128）石刻的持
铳和手榴弹天神形象
钟妏蓉据照片临绘（1997）

铸成[4]，内膛为长筒形，燃烧室周围有厚壁，故外形如瓶状，颇有古风。按理说其尾部应有木柄供手持，但受石刻周围空间所限，无法表现出来，工匠便刻成直接手持。今将其内部构造附在这里（图 4—3）。1128 年四川仍受南宋管辖，其高度发达的技术铸出金属铳不应使人感到意外。

〔1〕（宋）寇宗奭：《本草衍义》卷四，商务印书馆 1957 年版，第 23 页。

〔2〕（宋）孟元老：《东京梦华录》卷十，《除夕》，中华书局 1982 年版，第 30 页。

〔3〕（宋）周密：《武林旧事》卷二，《元夕》，杭州：西湖书社 1981 年版，第 30 页。

〔4〕Lu Gwei-Djen, Joseph Needham and Pan Jixing, The oldest representation of a bambard, *Technology and Culture* (Washington, DC), 1988, 29 (3): 594 - 605.

但有人认为它不是火铳，而是风神所持的风袋[1]，且列举其他地方的壁画、石刻中风神风袋实例。

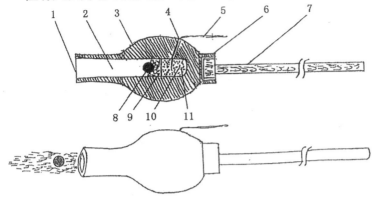

图4—3　南宋建炎二年（1128）铸金属瓶状铳内部构造复原图
1. 膛口　2. 前膛　3. 腔壁　4. 火门　5. 引线　6. 尾銎　7. 木柄
8. 弹丸　9. 激木　10. 火药　11. 燃烧室
潘吉星复原（2000）

李约瑟不同意这种意见，他对我说，火铳虽与风袋外形类似，但风袋吹出的只能是风，而此处火铳喷出的除火焰外，还有一圆形弹丸，不可能是风袋或乐器。风袋论者解释不了为何风袋会喷出弹丸，而别处风袋则无此现象。施主发愿文称，刻此窟旨在盼"国泰民安"、"干戈永息"，因当时金兵已攻至四川周围，窟内天神多持武器，用来保一方平安。将风神风袋放在这里与主题很不协调。战争只有靠武装息止，不是一阵风能吹掉的。随着火铳技术的发展，燃烧室周围隆起部分逐渐缩小，最后整体外形呈长筒形。

南宋初发展的另一火器是陈规（1072—1141）绍兴二年（1132）研制的火枪（fire lance），从性能看是大竹筒制成的喷火筒，从烟火演变。《宋史》卷三十七本传称，陈规守德安（今湖北安陆）以六七人持火枪焚攻城者架设的天桥[2]。陈规在《守城录》中称，"以火砲药造下长竹筒火枪二十余条……皆用两人共持一条"。[3] 既称为枪，杆上应有矛头，火焰喷尽时用以格

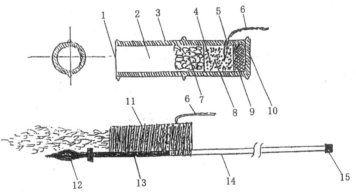

图4—4　南宋绍兴二年（1132）的火枪复原图
1. 筒口　2. 前膛　3. 筒壁　4. 燃烧室　5. 火门　6. 引线　7. 纸团
8. 火药　9. 泥层　10. 底壁　11. 捆绳　12. 矛头　13. 铁皮
14. 枪杆　15. 枪托
潘吉星复原（2000）

〔1〕 成东：中国古代火炮发明问题的新探讨，见钟少异编《中国古代火药火器史研究》，中国社会科学出版社1995年版，第136—138页。
〔2〕《宋史》卷三七七，《陈规传》，二十五史本第8册，第6468页。
〔3〕（宋）陈规、汤璹：《守城录》（1132）卷四，《墨海金壶·子部》，上海：商务印书馆影印本1939年版，第33页。

斗自卫。杆长约 6 尺，装药的竹筒中空，只留最后一节，先装黄泥压实，泥层上装入火药。竹筒遇热易裂，筒外以铁丝、麻绳扎紧，灰漆涂固（图 4—4）。火铳与火枪是此后中外出现的一切筒形火器的始祖。

南宋初还将烟火中的高升、双响大型化，制成火箭武器以抗金。绍兴三十一年（1161）十一月金统治者完颜亮领 40 万大军南下攻宋，直趋长江北岸，兵临采石镇（今安徽当涂），欲占领建康（今南京），再灭南宋。抗金宋将虞允文（1110—1174）以轻快战舰海鳅船冲至敌舟，以霹雳砲优势火力压倒金兵，取得以寡胜众的优秀战例。杨万里（1127—1206）《海鳅赋后序》（1170）谈霹雳砲时写道：

> 盖以纸为之，而实之以石灰、硫黄。砲自空而下落水中，硫黄得水而火作，自水跳出，其声如雷。纸裂而石灰散为烟雾，眯其人马之目，人物不相见。吾舟驰之压贼舟，人马皆溺，遂大败之云。[1]

对上述叙述需加以解说。其一，此武器以纸筒作成，内盛药料，点燃后其声如雷，纸筒破裂而石灰散为烟雾，说明发生爆炸。只借石灰、硫黄不能有此效应，必须还要有硝石和木炭，被漏记。其二，此物点放后升空，空降后爆炸，只能是纸砲。爆炸起火原因是纸筒内实以火药，而非"硫黄得水"。筒内下部装发射药，上部装炸药及石灰。因而是利用反作用火箭发出的炸弹，应名之为火箭弹（rocket-propelled bomb）[2]（图 4—5）。1161 年完颜亮还派人率水师南下企图取宋都临安（杭州）。但途经山东胶州湾被宋将李宝（1120—1165）击溃，李宝率战船 120 艘、射手三千人，向金战船反击，"命火箭环射，箭所中，烟焰旋起，延烧数百艘"[3]。李宝水军所用火箭（图 4—6）主要功能是燃烧，虞允文水军的火箭武器功能为爆炸，二者均为反作用装置。至此，以弓弩射出的火药箭已开始逐步退出历史舞台，以真正火箭装备宋军。

金与宋战争屡受火箭袭击而失败，遂决心掌握这种火器。《金史》卷一一三《赤盏合喜传》载，1232 年四月，蒙军将领速不台（1177—1248）领兵攻金首都开封，以抛石机百多架投巨石于城中，再投火药包（"火砲"）轰城。金守将赤盏合喜（约 1180—1232）在城上以火器还击，《金史》本传称：

> 其守城之具有火砲名震天雷者，铁罐盛药。……又［有］飞火枪，注药，以火发之，辄前烧十余步，人亦不敢近。大兵（蒙古兵）惟畏此二物。[4]

〔1〕（宋）杨万里：《诚斋集》卷四十四，《海鳅赋后序》，《四部丛刊》本，商务印书馆 1936 年版，第 417—418 页。

〔2〕潘吉星：论火箭的起源，《自然科学史研究》1985，4（1）：64—79；Pan Jixing. On the origin of rockets. *T'oung Pao ou Archires concernant l'Histoire*，*les Langues*，*la Géographie*，*l'Ethnographie et Arts de l'Asie Orientale*（Leiden），1987，73：2-15。

〔3〕《宋史》卷三七〇，《李宝传》，二十五史本第 8 册，第 6470—6471 页。

〔4〕（元）脱脱：《金史》卷一一三，《赤盏合喜传》，二十五史本第 9 册，第 7187—7188 页。

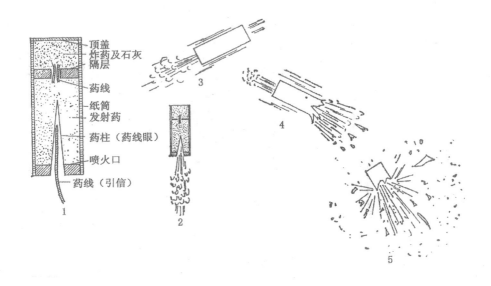

图4—5　南宋绍兴三十一年（1161）采石战役中使用的霹雳砲复原图
1. 结构示意图　2. 发射时的状态　3. 飞行中状态　4. 降落时状态　5. 爆炸并放出石灰雾
潘吉星复原（1987）

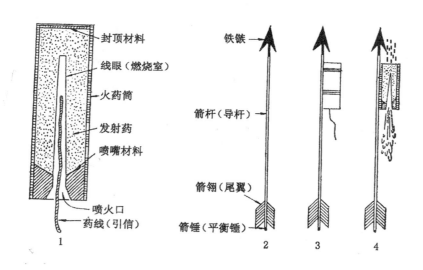

图4—6　南宋出现的火箭及结构示意图
1. 火箭筒结构剖视图　2. 箭杆各部件　3. 装配后的外观　4. 点燃后的剖视图
潘吉星绘（1987）

速不台久攻不下，遂退兵。又《金史》卷一一六《蒲察官奴传》载，1233 年金归德府（今河南商丘南）守将浦察官奴（约 1188—1233）率忠孝军 450 人分乘战船乘夜偷渡至蒙古在王家寺大营，腹背攻之。

持〔飞〕火枪突入，北军（蒙古军）不能支，即大溃。……枪制：以敕黄纸十六重为筒，长二尺半，实以柳炭、铁滓、磁末、硫黄、砒霜之属。以绳系枪端，军士各悬小铁罐藏火，临阵烧之，焰出枪前丈余。药尽而筒不损，盖汴京（开封）被攻（1232）已尝得用，今复用之。[1]

金兵所用飞火枪是从南宋引进的，有关文字记载已译成东西方语文被广为关注。1845年法国学者拉兰纳（Ludovic Lalanne，1815－1895）认为飞火枪（flèches à feu volant）是火箭，一因能飞，二因能引火，可将火喷出十多步远[2]。同时期法国火器史家雷诺（Joseph Toussaint Reinaud，1795－1867）和法韦（Ilphone Favé）认为是绑在枪杆上的火箭筒，可产生杀伤和燃烧[3]。1895年德国火药史家罗摩基（S. J. von Romocki）同意法国学者意见，还注意到发射飞火枪时没用弓弩[4]。笔者也曾撰文[5][6]支持法德学者之说。但1947年美国化学史家戴维斯（Tenny L. Davis，1891－1949）和汉学家魏鲁男（James R. Ware）据《金史》中"焰出枪前丈余"及"前烧十余步"字面含义认为是手持绑有喷火筒的枪，火焰沿枪尖所指方向喷至一丈多远。这对喷火筒而言是合理距离，但对火箭而言是不合理的射程[7]。此观点得到一些作者[8][9][10][11][12]的赞同。因此对飞火枪的武器定性出现两种不同见解，此处我们拟再陈管见，以回应持不同意见者。

可以肯定1232年金军所用"震天雷"是装有横爆火药的威力强大的铁壳炸弹。同时使用的飞火枪由带有铁尖的6尺长木杆及2尺长纸筒构成，筒内装柳炭、硫黄、瓷末及砒霜等物，还应有硝石，被漏记，因之装入较大量火药及填加物，应属火器无疑（图4—

〔1〕《金史》卷一一六，《蒲察官奴传》，二十五史本第9册，第7193页。

〔2〕Lalanne, Ludoric. *Recherchas sur le Feu Grégeois et sur l'introduction de poudre à canon en Europe*. Paris: Corread, 1845. p. 74.

〔3〕Reinaud, J. T. et I. Favé. De Feu Grégeois, des feux de guerre, et des origines de la poudre à canon chez les Arabes, Persans et les Chinois. *Journal Asiatique* (Paris), 1849, 14: 289.

〔4〕von Romocki, S. J. *Geschichte der Explosivestoffe*, Bd. 1. Berlin, 1895. S. 56.

〔5〕潘吉星：论火箭的起源，《自然科学史研究》1985，4 (1)：64—79；Pan Jixing. On the origin of rockets. T'oung Pao. *Archires concernant l'Histoire, les Langues, la Géographie, l'Ethnographie et Arts de l'Asie Orientale* (Leiden), 1987, 73: 2-15.

〔6〕潘吉星：论1232年开封府战役中的飞火枪，收入陈智超主编《宋辽金史论丛》，中华书局1991年版，第224—239页。

〔7〕Davis, T. L. & J. R. Ware. Early Chinese pyrotechnics. *Journal of Chemical Education* (Easton, Pa.), 1947, 24 (11): 531.

〔8〕Needham, Josoph et al. *Science and Civilisation in China*, Vol. 5, Chap. 7. *The gunpowder epic*. Cambridge University Press, 1986. pp. 225-226.

〔9〕Winter, F. H. A new look at early Chinese rocketry. *Journal of the British Interplanetary Society* (London), 1982, 35 (2): 523.

〔10〕冯家昇：《火药的发明和西传》第二版，上海人民出版社1978年版，第30页。

〔11〕刘仙洲：《中国机械工程发明史》第一编，科学出版社1962年版，第75页。

〔12〕钟少异：早期管形火器研究，见钟少异编《中国古代火药火器史研究》，中国社会科学出版社1995年版，第14页。

7）。"药尽而筒不损"说明装入燃烧性发射药而非炸药。火枪适于1丈以内近距离短兵相接，靠喷火克敌。火箭适于10丈以外的较远距离作战，造成杀伤及燃烧双重作用。1232年开封府战役中金守军的飞火枪是何种火器，只要看看金、蒙双方军人是否短兵相接便可决定。据建筑史家张驭寰先生研究，开封处于开阔地，必加固城防使之不易攻入。北周、北宋时以虎牢之土筑墙，坚密如铁，城楼以硬砖砌成，城门甚厚且包以铁皮，城墙高4丈，宽、厚各逾4丈，城壕宽10丈，深3丈[1]。城墙上有砲手（抛石机手）、弓弩手、火器手居高临下打击攻城者，易守难攻。蒙军攻城难以靠近城墙，借云梯登城，因金兵从城上掷下震天雷，响声"闻百里外，所蓻围半亩之上，火点着甲铁皆透"（《金史》语）。蒙军又作"牛皮洞"，从地下挖洞企图进城，金兵在城上以铁绳悬震天雷顺城而下，爆炸后"人与牛皮皆碎迸无迹"。蒙军在城外以抛石机投巨石及火药包只将城墙打出一些坑，未能破城而入，也未能登上城墙。

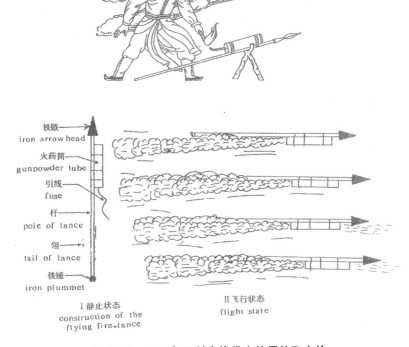

图4—7   1232年开封府战役中使用的飞火枪
上：发射图，潘吉星设计，王存德绘（1987）
下：部件图，潘吉星绘（1991）

〔1〕 张驭寰主编：《中国建筑技术史》，科学出版社1985年版，第422页。

　　金兵在城上以飞火枪击蒙军，如是手持"焰烧枪前丈余"的喷火装置，怎能在4丈高的城墙上烧到十多丈远处的蒙军？这是断不可能的。主张飞火枪是喷火枪的作者没有注意到，金、蒙士兵根本不曾在城上短兵相遇，至少相距10—15丈以外，金兵不可能手持喷火枪在城上伤到蒙军。因此火枪论者的说法难以成立。唯一可能是金兵在城上发射了火箭。正如德国火箭专家威利·利（Whilly Ley）1959年所说，"焰出枪前丈余"指延烧范围，而不是像戴维斯所说指武器射程[1]。它之所以叫飞火枪，是因它是能飞的火枪（flying fire-lance），喷火方向与枪尖所指方向一致，实为能喷火的大火箭。因此蒙军最怕震天雷和飞火枪。1233年金兵烧蒙古大营时，也不是在营前用喷火枪，而是隔河从船上发射飞火枪即火箭。至此关于该武器的讨论可以画上句号了。

　　介于火铳与火枪之间的另一种火器，是1259年出现的突火枪。《宋史》卷一九七《兵志十一》称，开庆元年（1259）寿春府（今安徽寿县）有人

> 造突火枪，以巨竹为筒，内安子窠（kē）。如烧放焰绝，然后子窠发出，如砲声，远闻百五十余步。[2]

此物既称突火枪，当能喷火，但与火枪不同，还能射出子窠。"子窠"字面含义为巢中之卵，转义为球形弹丸。但原文"烧放焰绝，然后子窠发出"有语病，因火焰喷尽后怎能射出弹丸。唯一解释是弹丸较小，未能填满膛口，结果焰弹齐发（图4—8），李约瑟称为co-viative projectile[3]，亦含此义。此器浪费火药，只用于近战，后来较少使用。

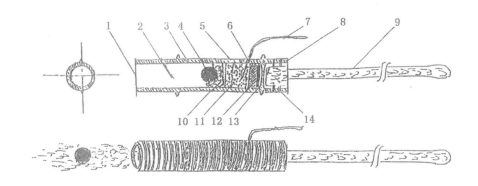

图4—8　南宋开庆元年（1259）的突火枪复原图
1. 膛口　2. 前膛　3. 膛壁　4. 弹丸　5. 燃烧室　6. 火门　7. 引线　8. 窝口
9. 木柄　10. 垫板　11. 火药　12. 泥层　13. 铁垫　14. 铁钉
潘吉星复原（2000）

〔1〕 Ley, Whilly. *Rockets, missiles and space travel*. New York: Viking Press, 1959. p. 51.
〔2〕 《宋史》卷一九七，《兵志十一》，二十五史本第8册，第5796页。
〔3〕 Needham, Joseph. Guns of Kaifeng-fu. *The Times Literary Supplement* (London), 1980 (4007): 39.

蒙元在与金、宋战争中亦掌握火器，蒙军习惯长途行军作战，金属火铳和火箭适合其作战特点。《元史》卷一六二《李庭传》载，1287年李庭奉元世祖命率汉军平宗王乃颜叛乱，次年追击叛军至一大河，乃"选锐卒潜负火砲夜溯上流发之，马皆惊走"[1]。李约瑟认为1287—1288年元军在辽东使用的可背负的"火砲"是金属火铳或手提式火铳（potable bombard）[2]，而非炸弹、火箭。1970年黑龙江阿城出土铜火铳（图4—9）重3.55公斤，铳口内径26毫米，全长35厘米，年代不迟于1290年[3]，是现存年代最早的金属火铳。显然是从南宋金属铳演变过来的，原来燃烧室周围隆起部分变小，前膛加长。南宋中期（1178—1228）还将多枚火箭集中放入一筒内，每箭引线由一总引

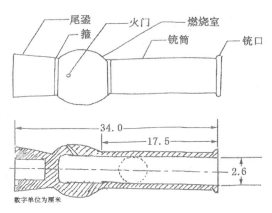

图4—9　1970年黑龙江阿城出土的元代至
元二十七年（1290）铸铜火铳

潘吉星绘（2001）

线串联一起，点燃总引线后，众箭齐发，称集束火箭，一人可放多枚火箭，作战效力倍增，很快便由蒙古军队掌握，用于1235—1241年发动的第二次西征[4]（图4—10）。

（四）中国火药术在中亚、西亚阿拉伯地区的传播

自公元前2世纪西汉时张骞通使西域后，开通了中国与中亚、西亚各国之间的陆上贸易通道即丝绸之路，中国与西域国家展开了频繁的人员往来和物质文化交流。7世纪阿拉伯帝国崛起于西亚，至阿巴斯朝（Abbasids，750-1258）已将版图扩大到中亚、西亚和北非大片土地，而与唐帝国交往密切，但双方均处于冷兵器时代。阿拉伯武器主要是弓弩、刀、矛，重型武器是抛石机，将石块或沥青等可燃物抛出。在与拜占庭帝国（395—1453）战争中掌握了希腊火技术。在1097及1147年征战中以沥青、油脂和硫等混合物攻敌，1189—1191年在阿克拉（Acrecl）还用石脑油纵火弹，1229年从抛石机掷出纵火管[5]。中国宋代出现火药武器时，与阿拉伯帝国之间的陆上丝绸之路已被阻塞，宋忙于对付辽、金及蒙元的进攻，只是时不时地与西域保持海上往来，且多属民间贸易，因而延缓了火器技术的西传。根据我们多年的研究，阿拉伯世界掌握火药和火器知识始于

---

〔1〕（明）宋濂：《元史》卷一六二，《李庭传》，二十五史本第9册，第7673—7674页。

〔2〕Needham, Joseph et al. *Science and Civilisation in China*, Vol. 5, Chap. 7. *The gunpowder epic*. p. 294.

〔3〕魏国忠：黑龙江阿城半拉子城出土的铜火铳，《文物》1973年第11期，第52—54页。

〔4〕Geisler, W. History of the development of rocket technology and astronautics in Poland (1972), R. C. Hall (ed.). *Essays of the History of Rocketry and Astronautics*, 1: 102-103. Washington, DC., 1977.

〔5〕Partington, J. R. *A history of Greek fire and gunpowder*. Cambridge: Heffer & Sons, Ltd., 1960. pp. 189-190.

1250—1280 年间阿巴斯朝后期至蒙古伊利汗国（Il-Khanate，1258 - 1368）初期，是蒙古大军携火器在阿拉伯地区西征后的结果。

图 4—10 1241 年蒙古军队在波兰莱格尼查战役中使用的集束火箭

左：引自 von Braun（1966）

右：王存德据《武备志》卷一二六绘（1987）

潘吉星改绘（2001）

蒙古 1234 年灭金后，金都开封工匠、作坊及库存火器尽归蒙古所有，并将火药匠、火器手编入蒙古军中，1235—1244 年发动第二次西征，以"火砲"（抛石机抛出的火药包）、"火枪"（喷火枪）和"震天雷"（铁壳炸弹）等火器取胜[1]，占领阿巴斯朝从唐帝国夺取的西域地区，直逼阿拉伯帝国腹地。阿巴斯朝眼看就成为下一个攻击目标，千方百计想获得火药秘密，制火药的关键是掌握提纯硝石的技术，是阿拉伯人急于要了解的知识。最早记录硝石的阿拉伯作者，是叙利亚药物学家伊本·白塔尔（Abu-Muhāmmâd Abdullāb ibn Ahmad ibn al-Baytār，1197 - 1248）1248 年用阿拉伯文写的《单方集成》（*Kitāb al-jami fi al-adwiya al-mufrad*），载药 1400 种。阿拉伯文写本藏巴黎国家图书馆，1840—1842 年由宗特海默（J. von Sontheimer）译成德文[2]，1877 年由勒克拉尔（Ludovic Leclere）译成法文[3]。1895 年德国火药史家罗摩基《火药史》卷一介绍了白塔

---

〔1〕 潘吉星：《中国古代四大发明》（Pan Jixing，*The four great inventions of ancient China：Their origin，development，spread and influence in the world*），科学技术大学出版社 2002 年版，第 457 页。

〔2〕 ibn Baytar. *Grose Zusammanstellung über die bekannten einfachen Heilund Nahrungsmittel*，übrs von J. Sontheimer，Bd. 1 - 2. Stuttgart，1840 - 1842.

〔3〕 Ibn el-Beithar. *Traité des simples*. traduit par L. Leclere. tom. 1 - 2，Paris：Imprimerie Nationale，1877.

尔书中的内容梗概并附阿拉伯文原文[1]，白塔尔在书中对硝石给出三种阿拉伯语名称："中国雪"（thalj al-sin）、"巴鲁德"（barūd）及"亚洲石华"（Asiyūs）。后一名原意为石灰，不适用于硝石，很快被淘汰，只有"中国雪"用得最广，波斯文为 thelg as-sin。"巴鲁德"为阿拉伯土语，既指硝石，又指火药。罗摩基认为硝石于 1225—1250 年由中国传入阿拉伯[2]。

14 世纪医生库图比（Yūsuf ibn Ismā' l al-Kutubi）将白塔尔的书改编成《行军须知》（Mālā yasu al-tabiba jahluhu），此人通称尤尼（al-Juni），1311 年生于伊拉克。他说：

> 巴鲁德是北非使用的亚洲石华之名，在伊拉克通行语中名为墙盐（mih al-hāyit or wall-salt）。这是滋生在旧墙上的盐，故得此名。此盐性猛，比普通食盐猛烈，能伤肠子（bū），需清除所含杂质而提纯，外观似硼砂（būraq）。人们用它制造起火和走火，以增加亮度和可燃性，与治病方面的用途有所不同。[3]

此处 būraq 或可译为苏打（碳酸氢钠），实际上应指朴硝或硫酸钠。雷诺和法韦认为库图比所说的"起火"和"走火"，指发射剂和火箭，还提出巴鲁德即 13 世纪阿拉伯文写本中的硝石[4]。库图比特别强调硝石必须要提纯，甚至"墙盐"一词也有中国来头，与宋人所说"地霜"有异曲同工之妙。

13 世纪前半期阿拉伯人从中国学到硝石和火药制法后，便造出火器用于战场。突尼斯人伊本·卡尔顿（Ibn Khaldūn，1332 - 1400）1384 年用阿拉伯文写的关于北非柏柏尔人（Berbers）历史的书，1852—1856 年由德斯朗（W. Mc Guken de Slane）译成法文。书中说，北非苏丹阿卜·优素福（Abu Yūsuf）1274 年在锡尔马萨（Sijilmasa）战役中使用爆炸性火器（hindam al-naft ou l'engin à feu），其中装有巴鲁德即火药，内含铁粉[5]。帕廷顿说，这使人想起 1232 年金、蒙开封府战役中金兵飞火枪火药筒中也含有铁粉[6]。18 世纪黎巴嫩人卡西里（Michael Casiri，1710 - 1791）研究西班牙埃斯科里亚（Escorial）图书馆藏古阿拉伯文手稿，并译成拉丁文，手稿年代定为 1249 年。其中提到从抛石机抛出能纵火和爆炸的火药（pulvere nitrate'）；原文为 barūd，法人拉兰纳（Ludovic Lalanne，1815 - 1898）认为卡西里译文是正确的，但主张将手稿年代定为 1248 年[7]。

据随法国国王路易九世（1214—1270）参加第七次十字军东征（1248—1254）的编年史家德·茹安维尔（Jean de Joinville，1224 - 1317）《圣路易王本纪》（Histoire de Saint Louis，

〔1〕　von Romocki, S. J. *Geschichte der Explosivestoffe*, Bd. 1. Berlin: Openhaim, 1895. SS. 37 - 39.

〔2〕　Ibid.

〔3〕　Reinaud, J. T. et I. Favé. *Histoire de l'artillerie*, Chap. 1. *De feu Grégeois, des feux de guerre et des origines de la poudre à canon, d'après des textes nouveaux*. Paris: Dumaine, 1848. pp. 77 - 78.

〔4〕　Partington, J. R. *A history of Greek fire and gunpowder*, p. 191.

〔5〕　Ibid.

〔6〕　Ibid.

〔7〕　Lalanne, L. *Mém. div. Sav. Académie des Inscriptions et Belles-Lettres*, (Paris), 1846, Ⅱ Sér., i, p. 332.

1268）所述，法国军队在埃及尼罗河左岸想攻占达米埃塔（Damietta），遭对岸阿拉伯军队火箭袭击。此装置将火药筒绑在杆上，还有尾翼，火焰从筒的小孔喷出[1]。火箭专家布劳恩（Wernher von Braun，1912－1977）认为这是法国人第一次遭到火箭袭击[2]。在蒙古汗统治阿拉伯地区时，驻扎大量蒙古军队，但他们不通当地语言，很难与当地人沟通，于是征收一些阿拉伯人参军，配备火器，其中有心人便研究火器技术。巴黎国家图书馆藏 1285 年用阿拉伯文写的兵书《马术和战争策略大全》（*Kitāb al-furūsiya wa 'l-muhāsab al-harbiya* or *Treatise on horsemanship and strategemes of war*）的两种写本，缮写工整，有精美插图。作者哈桑·拉马（Al-Hassan al-Rammāh Najim al-Din al-Ahdab，1256－1295）生于伊利汗国统治下的叙利亚，早年从军，对武器和行军作战在行。其名字中"al-Rammāh"本义是枪手，不妨可称他为枪手哈桑。他有可能懂蒙古语和汉语，是阿拉伯文献中论火药兵书的重要早期作者。

法国人雷诺、法韦，德人罗摩基和英人帕廷顿等前辈都研究过枪手哈桑的这部书。此书卷二讨论用于水陆攻防的火器、火枪、飞火或火箭（fusées volantes）、烟火、火药方和硝石的提纯，引用了不少中国资料。他指出硝石（bārūd）用草木灰液处理粗硝，再对母液用再结晶法纯化。他写道：

> 取干柳木烧成灰，放入水中，复取三份重硝石及三分之一份仔细粉碎的木炭，将混合物放入甕中，甕用黄铜制更佳。复加入水，并加热，直到木炭与硝石黏结一起为止，防止起火。[3]

此法与中国传统方法大体一致。哈桑还叙述了火箭、火球和烟火，药料中除硝硫炭外，更含树脂、亚麻子油和某些金属粉填料。烟火种类有茉莉花、中国花（flower of China）、月光、日光、黄舌、起轮（wheel）、中国起轮（wheel of China）、流星（stars）、白睡莲（white nenuphar）等，还有五色烟（黄绿白红蓝），中国也有起轮、流星、赛明月、花筒和五色烟等名目。他所列火药方与中国传统火药相近，有些辅助剂如"中国红信"（Chinese arsenic，即雄黄，As_2S）、"中国铁"（hadād al-Sin or Chinese iron，铁屑）、大漆、砒霜、靛蓝等，也与中国相同。还谈到引燃火器的药线（*ikrikh*）。此书充满浓厚的中国色彩，因此帕廷顿写道：

> 枪手哈桑这部书最显著的特征是广泛利用了中国资料，虽然他没有用"中国雪"（thalj al-sini）来称呼硝石。[4]

〔1〕 Partington, J. R. *op. cit.*, p. 25.
〔2〕 von Braun, W. & F. I. Ordway. *History of rocketry and space travel*. New York：Crowell Co., 1966. p. 27.
〔3〕 Partington. *A history of Greak Fire and gunpowder*, pp. 200－204.
〔4〕 Ibid., p. 202.

但他对其他材料则冠以"中国的"字样，如中国铁、中国箭、中国花、中国起轮等。说明他的火药、火器知识确实直接来自中国。此书在阿拉伯世界有长远的影响。

比哈桑书稍晚的阿拉伯兵书还有《焚敌火攻书》（*Liber ignium ad comburendos hostes or Book on fire for burning enemies*）。巴黎国家图书馆及慕尼黑德国皇家图书馆等处都藏此书拉丁文写本，旧题希腊人马克（Marcus Graecus）所作，一度标为 8 世纪产物。巴黎藏本（MS 7156）写于 1300 年前后，共 16 页，有 35 个火攻方。1804 年刊行拉丁文原文，1893 年法国化学史家贝特罗（Marcellin Berthelot，1827 - 1907）《中世纪化学》（*Chimie au moyen âge*）收录此书并译成法文[1]，1895 年罗摩基将其转为德文[2]，而帕廷顿 1960 年又提供英文译文[3]。随着研究的深入，发现书中杂有阿拉伯文如 alambic，alkitran 及 zembâc 等，说明作者是阿拉伯人或通行阿拉伯语地区的某人托名希腊人马克写的，其成书年代与巴黎写本年代（1300）相去不远，或属同一时期，但阿拉伯文原书则已失传。细读之，此书结构并不严谨，只将 35 个不同时期的火攻方法罗列一起，没按时间顺序排列。各方年代相差几百年，似乎是未完成的手稿或资料汇钞。英人海姆（Henry Hima，1840 - 1920）将这些方分成三组：第一组（第 1—3，6—10，15—21，23，25 及 34 方）年代最早，为 750 年及以后；第二组（第 4—5，11，22，24，26—31 及 35 方）为 1225 年前；第三组（第 12—14，32—33 方）年代为 1225—1250 年[4]。对第三组断代可能还偏早，全书最终成于 13—14 世纪之交。与火药有关的有五个方子（第 12—14 及 32—33 方）。

归纳起来，《焚敌火攻书》五个火攻方主要谈"飞火"（ignis volatilis）及"响雷"（tonitruum facientem）两种装置，分别具有燃烧和爆炸功能。二者都由纸筒制成，前者细而长，内装满火药；后者短而粗，火药只装到筒的一半空间。虽然有四个火攻方谈到火药的成分配比，但有两方只谈到硝、硫，而漏记炭。第 13 方飞火方提到筒内含 6 磅硝石（salis petrosi）、1 磅活性硫（sulfuris vivi）及 2 磅柳炭（carbonum tiliae），硝、硫、炭之比为 66.7% ∶ 11.1% ∶ 22.2%。此成分与前述哈桑所记"中国箭"火药方（68.97% ∶ 10.34% ∶ 21.30%）较为接近。雷诺和法韦认为此处所说的飞火（feu volant）是原始火箭（fusée），来自中国，随蒙军西征而于 1250 年传入阿拉伯和欧洲[5]。第 14 方谈硝石经溶于沸水，过滤和再结晶而提纯。总之，此书中的飞火是宋金元时用过的反作用火箭装置，而响雷则是纸砲。

另一部 14 世纪阿拉伯文写本《诸艺大全》（*Collection combining the various branches of the art*）由叙利亚人沙姆丁（Shams al-Din Muhammād，? - 1350）写于 1320 年，藏于圣彼得堡博物馆。书中将火药称为 *dawā*（意为"药"）而与 barūd 混用，提供一火药方，含硝（*barūd*）10 份、硫（*kibrit*）1.5 份及木炭（*fahm*）2 份，相当 74.07% ∶ 11.11%

[1]　Berthelot，M. *Chimie au moyen âge*，Vol. 1．Paris，1893. pp. 100 - 120.

[2]　von Romocki，S. J. *Geschichte de Explosivestoffe*，Bd. 1. Berlin，1895. SS. 115 - 123.

[3]　Partington，J. R. *op. cit.*，pp. 45 - 55.

[4]　Hime，Henry. *The origin of artillery*，Chap. 1. London：Longmans Creen & Co. Ltd.，1915. pp. 35，58f.

[5]　Reinand，J. T. et I. Favé. *Journal Asiatique*，1849，14：316.

：14.82%[1]，介绍名为"米得发"（midfa）或"马德发"（madfa）的火铳以及炸弹、火箭和火罐（qidr）等火器，而将火箭称为"中国箭"（sahm al-Sin or arrow from China）[2]。这些火器可从所附插图（图4—11）中看到，另一插图（图4—12）上人物从面孔和衣着上是穿防火衣的蒙古军人，其坐骑也披防火罩。骑马者肩扛有防火杆的矛，最前一人右手持一喷火筒，左手持引火物。后面人左手持米德发，右手持一手雷，米德发射出球形弹丸。

图4—11 1320年阿拉伯文手稿中火箭、烟火及火铳（midfa）图

1. 起火或火箭 2. 烟火 3. midfa或手铳
4. 火罐或炸弹

引自Partington（1960）

图4—12 1320年阿拉伯文手稿中喷火筒、炸弹及火铳图

1. 喷火筒 2. 引燃物 3. 配有防火杆的长矛
4. 炸弹 5. 火铳

引自Partington（1960）

（五）中国火药、火器技术在欧洲的传播

欧洲人古代在战争中也注重火攻，公元前4世纪希腊人火攻用所谓"海火"（$\pi\acute{v}\rho$ $\theta\alpha\lambda\acute{\alpha}\sigma\sigma\iota o\nu$，pūr thalássion），由硫、松炭、沥青和麻屑组成，即后世所说的希腊火，7世纪由拜占庭所改进，原料除原有成分外，又加上石油、树脂、石灰，且以唧筒将流体燃烧通过喷筒喷火，多用于海战。马步兵作战则用矛、刀剑、弓弩等传统冷兵器。13世纪以后随蒙古军队西征直接或间接经阿拉伯引进中国火药及火器技术。因蒙古人屡遭东北欧钦察国（Kiptchak）境内的突厥部族攻掠，1236—1242年蒙古太宗窝阔台汗派拔都（1209—1256）率15万大军携带火铳（图4—13）、火箭、喷火筒、炸弹（"火砲"）等火器西征，灭钦察后攻入俄罗斯腹地，再挥师南下进入波兰、匈牙利，1241年在波兰靠近德意志的莱格尼查（Lagnica）与波兰、日耳曼联军会战，击溃联军部队。15世纪波兰史家德乌戈什（Jan Dlugosz, 1415 - 1480）《波兰史》（*Historia Polonica*, 12vols, 1470 -

---

[1] Partington, J. R. *A history of Greek fire and gunpowder*, p. 205.

[2] Ibid., p. 207.

图 4—13　蒙古骑兵西征时使用火铳示意图
潘吉星绘（2001）

1480）载蒙军在战争中使用了火箭。建筑师赛比什（Walenty Sebisch，1599 - 1657）1640 年创作反映这场战役的油画，附文字说明。介绍火箭火药筒药柱内有深的圆锥形凹空，起喷管（nozzle）作用。药筒绑在木杆上。波兰火箭史家盖斯勒（Wladyslaw Geisler）说，莱格尼查古战场一修道院内有一幅画准确画出蒙军所用火箭，此画比赛比什的油画年代还早。火箭是从桶内集束发射的，一次可同时发射多枚火箭[1]。这正是明代人茅元仪（约 1570—1637）《武备志》（1621）卷一二六所载的"火笼箭"（图 4—10）。

蒙古于其所征服的地区建立钦察汗国（Kiptchak Khanate，1243 - 1480），定都于萨莱（Sarai，今俄罗斯境内的阿斯特拉罕 Astrakhan），境内有蒙军驻守。这次西征给所到之处带来灾难，但也打通了亚欧大陆的陆上大通道，为 13—14 世纪中、欧人员往来和物资文化交流提供条件。13 世纪前半期欧洲人在本土上体验了中国火药的威力，还同时受到阿拉伯火器的袭击，迫切需要尽早掌握火药、火器技术，这就导致该技术的西传。最早记载火药的欧洲人是 13 世纪英国学者罗杰·培根（Roger Bacon，1214 - 1292），1267 年他以拉丁文写的《大论》（*Opus Majus*）中谈到火药时写道：

> 某些发明物使人听起来毛骨悚然，如将其在夜间熟练地突然点放起来，无论城市和军队都将无法抵挡。没有任何雷声能与其巨响相比，这类东西是如此可怕，以至连乌云中的闪电都相形见绌。……我们通过世界许多地方制成的儿童玩具，看到这类东西的样品，像人的拇指那样大。将这种小东西点燃，靠着称为硝石（sal petrae）的盐的力量，产生如此可怕的巨响，以致我们听到它超过强雷的声音，而闪出的光超过最大闪电的光亮。[2]

培根所说儿童玩具对中国人来说是再熟悉不过的了，这正是 12 世纪南宋人王君玉《杂纂续》中列举许多使人又喜又惧的事时谈到的"小儿放纸炮"（见《说郛》卷七十

〔1〕 Geisler, W. History of the development of rocket technology and astronautics in Poland (1972), in: R. C. Hall（ed.）. *Essays of the History of Rocketry and Astronautics*, 1：102 - 103. Washington, DC., 1977.

〔2〕 Bacon, Roger. *Opus Majus*（1267）. E. Jebb ed., London, 1733. p. 474.；Bridge ed., Vol. ii, London, 1879. pp. 217 - 219.；Partington. *op. cit.*, p. 77.

六）。春节期间大人、儿童放纸砲的习俗一直保持到今天。这也说明培根时代的中国烟火、爆仗已作为娱乐品输入西方一些地方，不排除培根本人看过放纸砲或拥有纸砲，因为他在法、意游历过，见过从中国回来的欧洲人。1267 年他在《三论》（*Opus Tertium*）进一步说：

> 有一种发光和发响的儿童玩具，在世界各地用含有硝石、硫黄和柳木炭的药粉（pulvis or powder）制成。将这种药粉密封在指头大的纸筒中，就因此能产生声响，尤其当突然遭遇时，会把人的听觉搅乱。当用大型装置时，可怕的闪光更令人恐慌，没有人能经得起这种巨响和闪光的恐吓。如果装置用结实的材料制成，则爆炸的强度还会更大（quad si fieret instrumentu de solidis corporibus, tane longe major fieret violentia）。[1]

他在《炼金术大全》（*De arte chymiae scripta*）中还谈到硝石提纯方法，而纯硝呈"白色光亮的针状结晶"，"因为我从实验中看到"[2]，可见他在这方面还做过实验。

13 世纪德国的大圣阿贝特（Saint Albrtus Magnus, c. 1200 – 1280），是与培根齐名的欧洲最有学问的人，人称"万能博士"（doctor universalis）或"大圣"。他用拉丁文写成的《世界奇妙事物》（*De mirabilibus mundi*）中也谈到火药和飞火[3]。细审其原文，发现几乎逐字逐句引自前述《焚敌火攻书》中的第 13 方。此处就没有重述的必要。培根懂阿拉伯文，可直接从阿拉伯文献中收集信息，而阿贝特在语言知识方面略逊一筹，只能依靠拉丁文，因而在火药方面的作品了无新意。但也敏感认识到火药制品是一种奇妙事物而予以介绍。有人说蒙军在欧洲用过火药，但没有将火药传入欧洲，理由是火药属军事机密，欧人没机会知道此机密[4]。现在看来这种说法有违史实。实际上中国火药知识早在 1044 年已由《武经总要》公之于世，宋元时硝石和烟火还向海外出口，不排除有火器走私，且蒙古军中有阿拉伯人充任火器手。阿拉伯人、欧洲人打扫战场时会拾到蒙古军遗弃的火器，或从俘虏那里打探信息，他们有足够机会学到中国火药知识。

当然，欧洲人 13 世纪初次遭到火药袭击时，还将它看成模仿上帝力量的神奇之物，但进入 14 世纪时火器已成欧洲人可自行仿造和使用之物了。欧洲现存最早火器图像是英国牛津大学波德雷安图书馆（Bodleian Library）藏 1326—1327 年瓦尔特（Walter de Milamete, fl. 1298 – 1357）的手稿《精明智慧的国王陛下》（*De nobilitatibus, sapientiis et*

[1] Bacon, Roger. *Opus Tertium* (1267), in: A. G. Little (ed.). *Roger Bacon Essays*, 51. Oxford, 1914; Partington. *op. cit.*, p. 78.

[2] Sarton, George. *Introduction to the history of science*, Vol. 2, Chap. 2. Baltimore: Williams & Wilkins Co. 1931. pp. 78 – 79.

[3] Albertus Magnus, *De mirabilibus mundi* (c. 1280). M. B. Best & F. H. Brightman (tr.) *The book of secrets of Albertus Magnus, of the virtues of herbs, stones and certain bests, also a book of the mervels of the world*. Oxford: Clarendon Press, 1973. pp. 111 – 112; Partington. *op. cit.*, p. 86.

[4] 冯家昇：《火药的发明和西传》第二版，上海人民出版社 1978 年版，第 30 页。

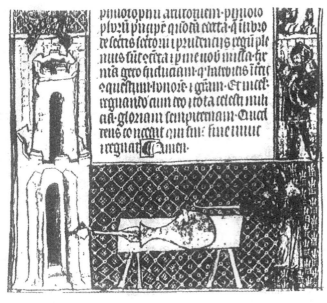

图 4—14A　1327 年德米拉梅特手稿中的瓶状铳炮图
引自 Partington（1960）

prudentis Regum）内两幅插图所绘的火铳（bombard or hand gun）。作者是英王爱德华三世（Edward Ⅲ，1312 - 1377）的教诲师和康沃尔（Cownwall）大教堂牧师。手稿正文没提到此火器，其彩色图出现在正文第 44 页背面，绘有一瓶状或鸭梨形火铳，平放在桌面上。有一骑士持赤热铁条点燃火门，铳口有一箭射向城堡通道入口。另一射手头戴护帽但未披肩铠，赤脚，面部棕色（图 4—14A）。帕廷顿先生看过原件后，认为该射手像摩尔人（Moor）或北非的伊斯兰部族人[1]。另一图中火铳有类似外形，除铳手外，还站着三人，可能是清理铳膛、装药、装箭的助手。

瓦尔特手稿中所绘的铳无疑应由金属铸成，很可能用青铜。只是要注意，早期火铳一般都较小，只有一拃长（a span long）[2]，约 9 英寸（23 厘米），也不重，装上手柄或绑在木杆上是可以手持的。将其画在桌面上，从技术判断有欠准确。其次要注意的是，画的作者没有按正确比例绘图，因而铳显得过大，也没有绘出手柄。德国研究者拉特根（Bernhard Rathgen，1847 - 1927）中将指出，在此铳火膛内火药与箭之间应有一圆形木板，才能将箭射出[3]。这是专家之言，实际上圆木板相当于中国火铳箭火膛中的"木送子"或"法马"，见于元末成书的《火龙神器图法》（约 1350）。拉特根还认为瓦尔特书中的火铳图取自 14 世纪用德文写的《烟火术书》（*Feuerwerkbuch*），恐不确切。据最新研究，此德文写本年代晚于瓦尔特的书。鉴于原图只绘出外貌，笔者特补绘其内部构造并加绘手柄（图 4—14B）。欧洲后来的铳逐步变大加重，这才放在架子上点放，与中国情况相同。

1985 年美国学者叶山（Robin Yates）访问四川大足宋代石窟，看到有类似瓶状的火器，引起李约瑟的注意，迅即作了报道[4]。他疑心西方这类火铳源头来自中国。1986 年李约瑟、鲁桂珍和笔者去大足详细考察，查清大足瓶状火铳年代为 1128 年，已如前述。

〔1〕　Partington，J. R. *A history of Greek Fire and gunpowder*，pp. 98 - 99.

〔2〕　Ibid.，p. 103.

〔3〕　Rathgen，B. *Das Geschüte im Mittelalter*，*Quellenkritische Untersuchungen von Bernhard Rathgen*，Berlin，1928. pp. 124 - 125.

〔4〕　Needham，Joseph et al. *Science and Civilisation in China*，Vol. 5，Chap. 7. *The Gunpowder Epic*. Cambridge University Press，1986. pp. 580 - 581.

比西方最早火铳早出近二百年，是中国火器西传的合理时间间隔。此行证实了李约瑟关于欧洲 1327 年火铳来自中国的设想，使他特别兴奋。我们三人的考察报告 1988 年发表于美国，我又将其译成中文[1]。金属火铳在欧洲的出现有重大历史意义，为此后西方一切枪炮的制造奠定了基础。

14 世纪以来随着火药性能的改进和火器技术的发展，在德、法、意、英等国出现的铜铳、铸铁铳铳筒的球状隆起部分逐渐缩小，

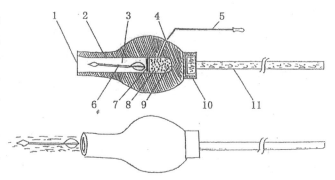

图 4—14B　1327 年欧洲最早的铳炮复原图
1. 膛口　2. 膛壁　3. 前膛　4. 火门　5. 铁锥　6. 箭
7. 挡板　8. 燃烧室　9. 火药　10. 尾銎　11. 木柄
潘吉星复原（2000）

最后全身呈长筒形，同中国铳的演变亦步亦趋。铳筒短而细者加手柄可手持，骑兵可架在马上冲锋。大而长者可设在战船上攻防，已不再只是步兵作战的利器。法国国家图书馆藏有 15 世纪前期（约 1450）拉丁文写本（Ms. Bib. Roy. No. 7239）绘有一骑兵正用火绳点燃架在马鞍上的金属铳，射出物应是石弹丸（图 4—15）[2]。这类铳显然是蒙古骑兵以前在欧洲用过的（图 4—13）。小型手持铳还见于 15 世纪流行的用德文写的《烟火术书》中，伦敦皇家军械库（The Royal Armouries）藏本（Ms I. No. 34）写于 1450 年。此书分上下两篇。上篇谈攻守，包括火药制造、纵火方、军用及娱乐装置。下篇叙述装置制造及配方。两篇以问答体写成，共 12 问。第三篇为 54 幅插图，但并非皆与正文所述有关，描绘火药、手持火铳、以弩机发射的火药箭和火炮等（图 4—16）[3]。书中很少理论空谈，所述均为实际

图 4—15　1450 年拉丁文手稿所绘欧洲骑兵在马上以火绳点放小型金属铳
巴黎国家图书馆藏（BN Latin 7239）
引自 Hogg（1981）

〔1〕 Lu Gwei-Djen, Joseph Needham and Pan Jixing. The oldest representation of a bombard. *Technology and Culture* (Washington, DC.), 1988, 29 (3): 594-605；潘吉星译：铳炮的最早实物形象，见潘吉星主编《李约瑟集》，天津人民出版社 1998 年版，第 424-433 页。

〔2〕 Partington, J. R. *op. cit.*, pp. 145-146；Ian V. Hogg. *An illustrated history of firearms.* New York: Quarto Publishing Ltd., 1981. p. 9.

〔3〕 Bailley, Sarah B. The Royal Armouries' '*Firework Book*' (1450), B. J. Buchanan (ed.). *Gunpowder: The history of an international technology.* Bath, 1996. pp. 57-61.

图 4—16　1450 年《烟火术书》德文写本（*Das Feuerwerkbuch*）中的攻城图
以大型火铳、手提火铳攻城。守城者以火药
桶杀伤攻城者
伦敦皇家军械库藏
引自 Bailley（1996）

知识，在普及火药知识方面起不小作用，至今在欧美大图书馆仍可见各种写本。

德国戈丁根（Göttengen）大学图书馆藏有写在羊皮页上的拉丁文写本《战争防御》（*Bellifortis*）（Ms Cod. 63）也很重要，专家认为写于 1395—1405 年间[1]，作者凯泽尔（Conrad Kyeser von Eystädt, c. 1366 - 1405）为德国工程师，写本用 140 张羊皮页及 243 张纸页，有几百幅插图。书中介绍了军用纵火箭、烟火、火箭、炸弹和火铳等，火箭只绘出一圆筒，内盛火药，筒未绑在导杆上，但正文说应绑在木杆上。凯泽尔注意到火药柱应有凹空并知道发射作用因气流猛冲引起。所述火铳构造与元代火铳非常相似，绘出的各种炸弹（图 4—17）很像中国蒺藜形硬壳炸弹和震天雷，而"飞龙"（tygace vlante or flying dragon）是以绳拉的石油与火药混合物掷出引起燃烧。火药方引自《焚敌火攻书》，辅助剂有砒霜、雄黄和石灰，与中国配方一致。插图人物有些着阿拉伯服饰。书中还绘一士兵点燃火铳后射出弹丸（图 4—18）。

至 15 世纪中叶火铳用于马步兵及水军，铳身、铳口及火膛尺寸向标准化方向发展，便于兵工厂统一制造。同时逐步大型化，成为重型攻城武器，演变成火炮（cannon），需在车上使用。现存较大早期火炮为 1404 年巴黎炮，长 3.65 米，口径 39 厘米，重 4597 公斤[2]，相当于明代中国的"将军炮"，是传统火器中之最大者。随着社会经济和技术的发展，欧洲逐步脱离对中国火器的仿制阶段，15—16 世纪起进入自主开发阶段，对已有火器做出重大技术改进。尤其是这一时期出现可用铸铁（铸铁技术是 14

〔1〕　Partington，J. R. *op. cit.*，pp. 146 - 149；I. V. Hogg *op. cit.*，p. 6.
〔2〕　Partington. *op. cit.*，p. 128.

世纪从中国引进的，见本书第十章）铸成的后膛装（breech loading）火炮，比传统前膛装火炮有无比优越性，可连续发射，不必像以前那样每发一炮便要清理炮膛、重新装药装弹的间歇式作业了。这种火器在 16 世纪传入中国，称"佛朗机"，或译自 Frankish culvein（"法兰克长炮"），但此名并不恰当。

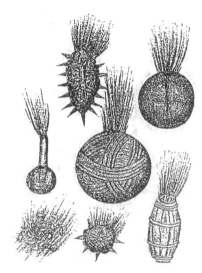

图 4—17　Kyeser 拉丁文手稿
（1395—1405）中的
炸弹

引自 Partington（1960）

图 4—18　德人 Kyeser 书中点放中型火铳图

戈丁根大学图书馆藏（Göttingen Univ. Ms. Cod. 63）

引自 Hogg（1981）

（六）中国火药技术在东亚、东南亚和南亚的传播

朝鲜半岛掌握火药技术是 13 世纪高丽朝（918—1392）后期直接从元代中国传入的。1231—1232 年蒙古借口其使节在高丽被杀，发兵攻入其境，强占京城开城，高丽王避难于海岛。蒙古以武力使高丽沦为属国，在那里设达鲁花赤（Darughachi，镇守官）以监督其内政。1280 年元世祖忽必烈（1260—1294）以征倭（日本）为名在高丽设征东行省，1281 年从高丽抽调军士 1 万人、水手 1.5 万人及战船百艘参战，为其配备的火药、火器由元政府调拨，因而高丽军士学会使用火器。另一方面，宋元沿海商船不断来高丽贸易，运来数以万卷计的中国书籍包括兵书，大批高丽僧人、留学生、使团也频往中国，是火药知识东传的另一渠道。恭愍王（1352—1374）时，倭寇（日本海盗）在沿海滋扰。用元朝火器装备的高丽军队得不到及时接济，因此时元政权穷于应付各地农民军而无暇他顾。1368 年农民军领袖朱元璋即帝位于南京，国号为明（1368—1644），同年八月推翻蒙古统治。明太祖（1368—1398）朱元璋即位后即遣使从海路至开城，与高丽建立正式关系，表示愿助

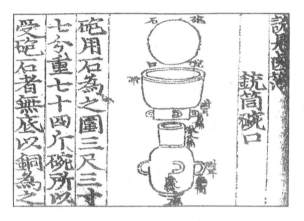

图 4—19　朝鲜朝火铳图
A. 17 世纪朝鲜按中国样器铸造的铁壳"三眼铳"，
引自 Needham（1986）
B. 朝鲜《国朝续五礼仪》（1474）所载发射石弹的铳筒碗口铜砲

其抗击倭寇入侵。郑麟趾（1395—1468）《高丽史》（1454）卷四十四《恭愍王二十二年（1373）》条载：

> 十一月，是月移咨［大明］中书省，请赐火药，……今打造追捕倭寇船只，其船上合用［火器］器械、火药、硫黄、焰硝等物……议和申达朝廷颁降，以济用度。[1]

洪武七年（1374）五月，明政府一次即向高丽调拨硝石 50 万斤、硫黄 10 万斤和大量火器[2]。1373 年冬十月，高丽王"观新造战舰，复射火箭、火筒（火铳）"。得明政府赠火药原料后，就地按明代配方制成抗倭用火药。高丽王任命全罗道长官郑地（1350—1394）为追捕倭军万户，协助海军元帅罗世（1329—1394）扫荡入侵江华岛的倭军。1380 年罗世、郑地和崔茂宣（约 1325—1395）共同指挥海军在全罗道海域与 500 艘来犯倭船激战，以火器焚毁全部敌船，取得大捷[3]。海战中立战功的主帅罗世是元末流亡到高丽的中国汉人[4]。副帅崔茂宣为全州人，时任军器监判事，掌管火药及火器后勤供应。正好当时中国南京火药匠李元（1350—1392 在世）在高丽，受崔茂宣礼遇，将煮硝合药之法传授给高丽人。1377 年十月崔氏奏设火桶都监专造火药、火器。得准，以茂宣主其事[5][6]，制造大将军、二将军及三将军火炮、火桶（火铳）、火筒（喷火筒）、火箭及火蒺藜（炸弹）等，多仿明代样器制成，又为此后的李朝（1392—1910）所继承[7]。李朝执政大臣柳成龙（1542—1607）《西厓集》卷十六《记火砲之始》云：

〔1〕［朝］郑麟趾：《高丽史》卷四十四，《恭愍王世家》上册，平壤：朝鲜科学院出版社 1957 年版，第 659—660 页。

〔2〕同上书，第 658 页。

〔3〕朝鲜科学院历史研究所编，贺剑城译：《朝鲜通史》上册，三联书店 1963 年版，第 150—151 页。

〔4〕《高丽史》卷一一三，《罗世传》第 3 册，平壤，朝鲜科学院出版社 1958 年版，第 396—397 页。

〔5〕《高丽史》卷七十七，《百官志》第 2 册，平壤，朝鲜科学院出版社 1958 年版，第 574 页。

〔6〕《高丽史》卷一三三，《辛禑王传》，第 3 册，第 694 页。

〔7〕［日］有马成甫：《火炮の起原とその传流》，东京：吉川弘文馆 1962 年版，第 256 页。

按我国本无火药，前朝末有唐商李元者，乘船至开城礼成江，寄寓军器监崔茂宣之奴家，茂宣以奴厚遇之。李元教以煮焰硝之法，我国火药自茂宣始。……国初军器库只有火药六斤，后递年增之，至壬辰（1352）事变前，军器库火药已至二万七千斤矣。

由抗倭大将军李成桂（1335—1408）建立的李朝和明朝同为两个新兴的封建王朝，双方关系极为亲密。明太祖以后诸帝均承祖制，奉行对朝亲近、信任和支持的既定国策，在火药、火器方面继续保持技术交流、转让技术。《李朝实录》有关火药、火器方面保存双方交流的丰富史料。如太宗（1400—1417）李芳远1415年增火桶军四百人，加原有六百人，有了千人的专业火器特种部队[1]，相当明初的"神机营"。同年造铜火铳万余，仍不敷用。1419年世宗李裪（1418—1449）率两班文武百官亲临江面观看火砲演放[2]。1426年兵曹（兵部）官员呈报，因地方官煮焰硝，"恐将火药秘术教习倭人，自是沿海各官煮硝宜禁之。从奏"[3]。1433年世宗再率人至汉城京郊观看"火砲箭"演放，可一发二箭或四箭[4]。其样器来自明成祖永乐年（1403—1423）神机营所用"神机火箭"，即将发射药放在金属筒中，药发后通过"激木"冲力将箭射出。这种火器后演变成"三眼铳"，可同时射出三弹，也出现于李朝（图4—19A）。

宣德九年（1434）七月兵曹（兵部）上启：

今试唐焰硝煮取之法，所出倍于乡焰硝。今秋以唐焰硝例煮取。送焰硝匠于平安、咸吉、江原、黄海等道煮取之法，俾令教习。从之。[5]

可见朝鲜又按从明朝传入的新法煮硝、合药，提高功效，于1434年在各道推广生产。1448年编成《铳筒䁖录》作为火药、火器规范手册发各道执行。因恐此机密外泄被倭人掌握，此书只由官府秘藏而未刊行。1474年由大臣申淑舟（1414—1475）奉王命编成《国朝五礼仪》对火器技术作新的总结，实为火器图说（图4—19B）。

日本作为东亚国家虽与拥有火器的宋元和朝鲜为邻，却迟未掌握火药知识。究其原因是日本在12—16世纪期间皇室衰微，政权操在异姓军阀手中，他们对内相互混战、争夺霸权，对外奉行锁国政策，然日本海盗不时侵扰朝鲜沿海，遭火器袭击而败北，朝鲜采取措施严防火器技术外泄。元世祖忽必烈1260年即位后几次遣使持国书赴日，均未受理睬。帝怒，1273年派三万军队东征，日本出动十万人迎战。元军人数虽少，但有火器优势，

〔1〕 朝鲜科学院古典研究所编：《李朝实录分类集》第一辑，《军事编之一》，平壤：朝鲜科学院出版社1961年版，第135—137页。

〔2〕 同上书，第180页。

〔3〕 同上书，第283页。

〔4〕 同上书，第416页。

〔5〕 朝鲜科学院古典研究所编：《李朝实录分类集》第一辑，《军事编之一》，第446页。

击败守军。未及攻入腹地，突遇飓风，兵疲多病，乃仓促撤兵[1]。1281 年元世祖再派 14 万人东征，以猛烈砲火重创守军之后，再遇飓风，战船被毁，军中疫病流行，仍未征服日本。然元军来袭使日本武士阶层受到震动。1295 年《蒙古袭来绘词》描写 1281 年博多湾战役时说，盛有火药的铁罐爆炸后向日本武士飞来，冒出黑烟和闪光，发出震耳欲聋巨响。日军慌乱，人马伤亡甚众，将其称为"铁砲"（てつぽぅ，tetsubo），其实是铁壳炸弹。《日本国辱史》（约 1300）载，蒙军还用过火砲、火箭、火铳和喷火筒，天空弥漫硝烟，人不能相见，箭如雨落，发出海啸之声。1960 年日本学者著文说，1281 年蒙军所用火器应与 1273 年一样，其中包括火箭[2]，其他作者也持类似意见。蒙军因未能掌握日本附近海域气象规律，选在台风多发期出军，必定失利。元统治者征倭不成，便转而允许两国通商。日本对华出口物资以铜与硫为大宗，硫无疑用于制造火药，但日本仍不知其制法。

　　日本获知火器知识始于 16 世纪初。据此时出使日本的明代官员郑舜功（1516—1575 在世）在《日本一鉴》（约 1564）所述，1526 年福建走私帮郑獠"诱引番夷私市浙江双屿港"，浙江走私帮王直（一名五峰，约 1507—1557）与佛朗机（葡萄牙）人结伙，1545 年往市日本，"始诱博多津（博多湾）倭助、才门等三人来市双屿"[3]。这伙人将火器技术传入日本。据文之玄昌（1555—1620）《南浦文集·铁砲记》（1649）所载，1543 年有百多人乘船在日本九州南部的种子岛上岸，船上有明朝人五峰（王直）和葡萄牙人牟良叔舍、喜利志多、陀孟太，手持一火器。岛上头人时尧（1528—1579）将火器购入，并从船人习得火药、火器之法。因语言不通，由王直任通译，以汉字与日人笔谈[4][5]。此火器长 2—3 尺，入妙药于其中，添以铅弹丸，点燃火门后弹即放出，时尧称之为"铁砲"，而实为 1 米长的火绳铳或鸟嘴铳（简称鸟铳）。葡萄牙人伽尔瓦诺（Antonio Galvano，fl. 1491 - 1555）亦对此事有记载说，1542 年有三名葡萄牙人从中国东南港口北航忽遇暴风，在海上漂流十余日到日本一岛上。其头目为 Francesco Zimoro 即日人所述牟良叔舍、Christovano Perota（喜利志多）和 Antonio da Mota（陀孟太）及明人五峰[6]。是为火器传入日本之始。

　　日本人于 1543 年得知火药、鸟铳制法之后，便加以仿制，至 1551 年已用于实战，但产量很少，未能很快普及。直到 1575 年长篠战役中才有大规模铳战，此时军阀织田信长（1534—1582）、德川家康（1542—1616）联军以 3500 挺"铁砲"攻打 1.5 万人的武田军，显出火器的威力，鸟铳被大力发展。

　　〔1〕 蔡美彪主编：《中国通史》第 7 册，人民出版社 1983 年版，第 155 页。

　　〔2〕 ［日］荒川秀俊：《文永の役に蒙古军はロケットを利用したか？》，《日本历史》（东京）1960 年第 148 号，第 86—89 页。

　　〔3〕 方豪：中国在日欧初期交通史上之地位，《方豪文集》，北平：上智编译馆 1947 年版，第 68—69 页。

　　〔4〕 ［日］菅菊太郎：《日欧交通起源史》日文第二版，东京：秀英会 1902 年版，第 183—184 页。

　　〔5〕 ［日］有马成甫：《江户时代の铁炮》，见秋保安治等编《江户时代の科学》，东京：博文馆 1934 年版，第 208—209 页。

　　〔6〕 ［日］菅菊太郎：《日欧交通起源史》日文第二版，东京：秀英会 1902 年版，第 183—184 页。

此后又有投炮烙"（手榴弹）"、筒明松"（喷火筒）"和"棒火矢"等火器。棒火矢出现于1624年前后，在火药筒内发射内装火药的箭头状弹头，打中目标后引起燃烧、爆炸。但军用火箭出现很晚，"大国火矢"（火箭弹）见于佐枝尹重的《铁砲杂话》（1731）。

烟火在日语中称"花火"（はなび，hanabi），也在日本出现很晚。最初记载始见于16世纪织田信长的日记体裁作品《信长公记》卷十四，其中说天正九年辛巳一月八日（1581年2月11日）幕府点放花火。稍后，三浦净心（1565—1644）《北条五代记》提到庆长十三年（1608）八月在北条氏与佐竹作战后，于夜间放花火慰问将士。记载德川幕府早期政事的《骏府政事策》叙述了庆长十八年（1613）八月在御前由唐人（中国人）表演花火。《宫中秘策》也称：是岁（1613）八月蛮人（明朝江南人）善花火者自长崎来江户（今东京）骏府。六日，太公监观花火。《武备编年集成》亦称：精于花火的明朝商人自长崎参府拜谒，并献上铁砲二及望远镜。六日黄昏，于二之丸神君（指德川家康大将军）御前并三公子及大明人三人亦演放花火[1]。可以说烟火及烟火技术是17世纪初明万历末年来日本港口长崎贸易的中国江南商人传到日本的。此前明嘉靖年通过浙江人王直的介绍，日本才始知火药、火器技术。

越南、缅甸等东南亚国家也是13世蒙古军队军事活动后从中国传入的。越南当时称安南，陈朝（1225—1398）受蒙古军队三次进攻，前两次（1252年及1258年）因后勤供应不足及当地奋力抵抗而未成功。第三次南征在1287—1288年，元世祖派50万大军从陆海两路合攻，携火箭、火铳、火筒及炸弹袭击，将安南沦为属国。陈朝末期（1260—1280）从中国引进火药术，制造火炮等火器[2]。明朝继续与安南保持密切关系，1371年明太祖向安南占城王调拨不少火器。永乐四年（1406）明成祖以胡季犛篡夺陈国大权、侵夺云南七寨为由，发兵南下讨之，兵士以火箭、火砲正面进攻，再以火铳神机箭侧翼协攻，对付当地象阵。《明史》卷八十九《兵志》载，这种战法是征安南时形成的，由神机营掌握。《武备志》卷一二六称，在火铳药筒火药上放一圆形铁力木垫，垫上置可以射出的箭或弹丸。这本是中国原创而用于安南，但明代兵书认为此火铳箭得自安南，且神机营之设与此有关，这是不正确的，因南征前洪武年（1368—1398）即有神机火铳。

中南半岛上的柬埔寨宋时称真腊，元代称甘孛智，是Cambodia的音译，柬埔寨之名从明代启用。元成宗初年（1296—1297）周达观（1270—1346在世）随使节出访柬埔寨后写成《真腊风土记》（约1312）述该国物产、风土人情及两国关系，被译成法、英文。该书第十三节《正朔时序》描写1297年柬正月节时京城吴哥（Anghor）宫前点放烟火情况：

> 每用中国十月为正月，是月也，名为佳得（kātik or kādak）。当国宫之前，缚一大

〔1〕［日〕鲑延襄：日本の花火のはじみ，《工業火薬》（东京），1967，28（3）：191—193。
〔2〕越南社会科学委员会编：《越南历史》第一集，第6章，河内：社会科学出版社1991年越文版。

栅，上可容千余人，尽挂灯球、花朵之属。其对岸远离二十丈（62.2米）地，则以木接续缚成高栅，如塔朴竿之状，可高二十余丈。每夜设三、四座或五、六座，装烟火、爆仗于其上，此皆诸属郡及诸府第认直（值）。遇夜请国王出现，点放烟火、爆仗。烟火可离百里之外皆见之。爆仗其大如砲，声震一城。……如是者半月而后止。[1]

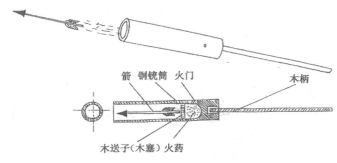

箭 铜铳筒 火门　　　　　　木柄

木送子（木塞）火药

图 4—20　明初 1388 年使用的火铳神机箭
潘吉星复原（2001）

法、英文本将周达观所说"烟火"和"爆仗"解读为火箭（fusée or rocket）和爆竹（pétard），认为 13 世纪柬埔寨已掌握了火药和火箭技术[2][3]，是未尝不可的。实际上这是中国传统烟火中的起火和纸砲，确实借反作用火箭原理制造的。但如严格译成法、英文，笔者觉得宜用 feu d'artifice or fireworks 和 pétard or firecrackers。《真腊风土记》第二十一节《欲得唐货》还写道：

其地想不出金银，以唐人金银为第一。五色轻缣帛次之，其次如真州之锡镴、温州之漆盘、泉州之青瓷器及水银、银朱、纸札、硫黄、焰硝……[4]

说明中国 13 世纪时还将制造火药的原料硫黄和硝石外销到柬埔寨等外国。与柬埔寨接壤的泰国在元明时称暹（Siam）或暹罗，是中国通向印度、阿拉伯从事海上贸易的必经之地。中世纪泰国新年也有点放烟火的习俗。法国人戈代斯（G. Coedès）1933 年对法文本《真腊风土记》追加注释时指出，泰国 14—15 世纪速古台王朝（Sukhotai，1238 - 1419）时，每年正月都在王宫前演放烟火[5]。而在东北部廊开（Nongkai）地区有火把节，泰语称"本邦飞"（Boan-bong-fei，义为火箭），每年正月放烟火，春夏之交火把节时在高架上点放大型火箭（起火）。此习俗至今还保留[6]。速古台朝与元有频繁往来和经贸活动，1292—1300 年间向元廷遣使十二次，中国粤闽沿海居民大批移居泰国从事工商、务

〔1〕 （元）周达观：《真腊风土记》，夏鼐校注本，中华书局 1981 年版，第 120—121 页。

〔2〕 Pelliot，Paul（tr.）*Mémoires sur les coutumes de Cambodge de Tchou Ta-kouan. Bulletin de l'Ecole Française de l'Extrême-Orient*（Hanoi），1902（2）：123 ff.

〔3〕 d'Arcy，Paul J. G.（tr.）*Chou Ta-Kuan's Notes on the customs of Cambodia*，translated from the Freach ed. of Paul Pelliot. Bangkok，1967. p. 29.

〔4〕《真腊风土记》，夏鼐校注本，第 148 页。

〔5〕 Coedès，G. Notes complémentaire de la *Mémoires sur les coutumes de Cambodge de Tcheu Ta-Kouan*，*T'oung Pao*（Leiden），1933，30：227ff.

〔6〕 Winter，F. H. The genesis of rockets in China and its spread to the East and West. *Proceedings of the 30th Congress of the International Astronauticsal Federation*（München），1979，Reprint，12ff.

农，带去大陆发达的技术，火药就是在这一背景下传去的。1593 年大域朝（Ayuthaya，1350－1767）与柬埔寨交战时，泰国军队使用过火箭和火球（phlo 及 toh-fai）[1]。缅甸与中国云南交界，双方人员交往及物资交流密切，其火药技术来自云南，19 世纪缅甸人以火器抗击过英国军队的入侵[2]。

印度尼西亚是位于西太平洋与印度洋之间的群岛国家，宋史中阇婆即今爪哇（Jeva）岛。南宋 1274 年灭亡后，不少宋代遗民来印尼，与当地人共同发展经济。1292 年爪哇统治者黥元使节孟琪之面，元世祖遣兵二万、舟千艘从泉州出发攻爪哇，一直停留到 1293年。13—14 世纪火药技术传到这里。16 世纪意大利旅行家迪·瓦尔泰马（Ludovic di Varthema）1502—1507 年访问该国并以意大利文发表游记（*Itinerario di Ludovic di Varthema Bolognese*，1510），1577 年译成英文后多次再版。第八章谈到马六甲和苏门答腊时写道："这里的人很善于游泳，并且是制造烟火的技术能手"。足见马来西亚和印尼16 世纪烟火繁盛情况。其实 1443 年苏门答腊就产烟火[3]。17 世纪法国旅行家塔弗尼耶（Jean Baptiste Tavenier，1605－1689）的游记（*Les six voyages de J . B. Tavenier…*，Paris，1676）有 1678 及 1884 年两种英译本，谈到访问穆斯林苏丹统治的西爪哇班塔姆（Bantam）王宫时说：

> 有五六名船长围坐在屋内，观看一些中国人带来的烟火，诸如手雷（grenades）、起火（rocket）和其他在水上跑的东西——中国人在这方面超过世界上一切民族。[4]

"水上跑的东西"即中国的"水老鼠"（water rat）。可见中国人不但传入烟火术，还在王宫表演烟火。

南亚的印度古代也以纵火物用于火攻，如前 2 世纪至后 2 世纪成书的《摩奴法典》（*Manusmrti* or *Code of laws of Manu*）卷七第 90 段写道：

> 国王在战争中不用骗人的或带蒺藜或毒药的武器，或用火烧红或绑有燃烧物的剑来杀伤敌人（blade made red hot by fire or tipped with burning materials）。[5]

这是印度梵文专家梅达蒂蒂（Medhātithi）和巴塔（Kullūka Bhatta）1904 年提供的准确英译文。但 1776 年英人哈尔海德（N. B. Halhead）将这段话误译为国王不用"火炮和火枪或任何种类的火器"（cannon and gun or any kind of firearms）[6] 杀伤敌人。于是他便

---

〔1〕　Cowper，H. S. *The art of attack*. Ulverston，1906. p. 283.

〔2〕　Winter，F. H. *op. cit.*

〔3〕　Cf. Gode，P. K. *The history of fireworks in India between 1400－1900*. Bangalore，1953. p. 11.

〔4〕　Tavenier，J. B. *Travels in India*，translated from the French，London，1887.

〔5〕　Rāy，P. C. *A history of Hindu chemistry*，2nd ed.，Vol. 1;，London，1904. pp. 178－181.

〔6〕　Halhead，N. B.（tr.）. *A code of Gentoo（India）Laws*，London，1776. pp. 53－55.

作出印度在公元前 300 年已有火器的错误结论，对火药、火器起源的研究造成混乱。此人并不懂梵文，而是据早期不准确的波斯文本转译的，他将纵火武器硬译成梵文原文中根本不存在的火药武器。

接着，法国人杜布瓦（Jean Antoine Dubois，1765 - 1848）提出公元前 300 年成书的史诗《罗摩衍那》（*Rāmāyana*）中的 vāna 或 bana 就是火箭（fusée），是罗摩（Rāma）所用基本武器之一[1]。1880 年英人埃杰顿（W. Egerton）认为印度古代吠陀颂歌（Vedic hymms）中的 agni astra 是火箭[2]。还有人认为希腊马其顿国王亚历山大（Alexander the Great）公元前 325 年征旁遮普（Panjab）时，被当地人以火药发射的火箭吓退[3]。所有这些说法经现代学者检验，证明都不能成立。《罗摩衍那》中的 vāna 义为弓箭，讲述的全是神话故事，不是真人真事。吠陀颂歌中的 agni astra 是火神阿耆尼的神器，不是火箭。而亚历山大士兵因不耐那里炎热天气，加之长途跋涉，军中瘟疫流行，才收兵西归[4]，不是被什么"火箭"吓退。通晓梵文的印度化学史家赖伊（Praphulla Chandra Rāy，1861 - 1944）核对梵文原典后结论说："没有理由认为这种纵火武器是由火药提供了动力。"[5]

研究本国火器史的印度学者戈代（P. K. Gode）认为先前被不通梵文的西方人误译为火箭的 vāna 只是以弓射出的冷兵器箭（arrow），且 vāna "看来不像是梵文，从 1400 年以后才用于指火箭"[6]。美国火箭史家温特（Frank H. Winter）认为火药和火器发明于中国，没有证据证明印度是起源地，真正火箭直到 14—15 世纪才出现在印度，这已在中国很久以后了[7][8]。李约瑟持与此同样观点[9]。这些观点反映当今国际上大多数学者的共识。1996 年印度阿利加尔穆斯林大学（Aligarh Muslim University）的阿拉姆汗（Iqtidar Alam Khan）的最新研究表明，印度境内最早的火药出现于 1351 年左右[10]，时值德里苏丹国（Delhi Sultanate，1206 - 1526）的图格拉王朝（Tughlak，1320 - 1414）。德里苏丹

〔1〕　Dubois，J. A. *Description of the character，manner and customs of the people of India*，translated from the French〈*Description du caractére，de la manière et des coutumes du peuple Indien*〉，Vol. 2. Philadelphia，1818. pp. 329 -347.

〔2〕　Egerton，W. *An illustrated handbuch of Indian arms*. London，1880. p. 10.

〔3〕　Moor，E. *The Hindu pantheon*，Delhi，1968，pp. 213 - 214.

〔4〕　季羡林：《印度简史》，湖北人民出版社 1957 年版，第 6 页。

〔5〕　Rāy，P. C. *A history of Hindu chemistry*，2nd ed. Vol. 1. London，1904. pp. 178 - 181.

〔6〕　Gode，P. K. *The history of fireworks in India between 1400 -1900*. Bangalore，1953. p. 20.

〔7〕　Winter，Frank H. The rockets of India from ancient times to the 19th century. *Journal of the British Interplanetary Society*（London），1979，32：468.

〔8〕　Winter，F. H. *The genesis of rockets in China and its spread to the East and West. Proceedings of the* 30th *Congress of the International Astronautical Federation*（Munich），1979，Reprint.

〔9〕　Needhem，Joseph. et al. *Science and Civilisation in China*，Vol. 5，Chap. 7，pp. 517 - 518.

〔10〕　Alam Khan，Iqtidar. The role of the Mongols in the introduction of gunpowder and firearms in South Asia（India），in：B. Buchanan（ed.）. *Gunpowder：The history of an international technology*. Bath University Press，1996. pp. 33 - 34.

国与元帝国及西亚的蒙古伊利汗国有频繁往来，导致火药、火器传入印度。14 世纪后半叶起，其境内已能自行制造火药和火箭。1400 年成书于南印度维查耶纳加尔（Vijayanāgar）的梵文写本（*Akāsahh-airava-kalpa*）谈到供国王娱乐的烟火。1500 年的另一写本（*Kautukacintámeni*）谈到烟火火药方，除硝、硫、炭外，还有铁粉。戈代认为"这可能是 1500 年传入印度的中国烟火方"[1]。

　　赖伊引梵文写本 *Sukrāchārya* 中火药方，含硝、硫、炭比为 5∶1∶1，4∶1∶1 或 6∶1∶1，除此还加入铁粉、雄黄、雌黄、大漆、靛蓝等[2]，这些辅助剂都见于中国古书。该写本将火药称为 agni-cūrpa，正是汉文"火药"一词的准确意译，其年代不早于 15 世纪，显然取自中国资料。15—16 世纪以来印度各地制造烟火，南印度还出现军用火箭，并多次用于战场[3]。印度对火箭情有独钟，似乎没有发展火铳，因火箭易于携带和制造，成本又低。火箭筒为铁筒，有大小不同型号，导杆较长，可用于陆地、山区和水面战斗。18 世纪英、法军队入侵时，遭守军以火箭还击而受重创。如印度南方迈索尔国（Mysore）1766 年有 1200 人的火箭营向英军发射数百枚火箭。后来增至 5000 人[4]。火箭筒长 1 英尺（30.48 公分），径 1 英寸（25.4 毫米），导杆长 10 英尺或 12 英尺（304.8 厘米或 345.76 厘米），射程 1000 码（914.4 米）[5]（图 4—21）。英军将缴获的印度火箭带回伦敦近郊武尔威治兵工厂（Woolwich Arsenal）。英政府决定发展火箭，由炮兵上校康格里夫（William Congreve，1772 - 1828）按印度样器加以改进，研制出新式火箭即所谓康格里夫火箭，射程 3657—4571 米。

图 4—21　18 世纪时印度的火箭
引自 Winter（1979）

19 世纪初英国以此火箭对丹麦作战，使其首都陷入火海。接着法国、普鲁士、奥地利、瑞典和俄国相继制造，揭开火箭近代史的新篇章，中国发明的火药技术对各国政治、经济和科学技术产生重大影响，是足以改变世界面貌的超级发明之一。现将对外传播图附在下面（图 4—22）。

〔1〕　Gode，P. K. *The history of fireworks in India between 1400 -1900*. Bangalore，1953. pp. 14 - 15.

〔2〕　Rāy，P. C. *A history of Hindu chemistry*，2nd ed. Vol. 1. London，1904，pp. 178 - 181.

〔3〕　Winter，Frank H. The rockets of India from ancient times to the 19th century. *Journal of the British Inter-planetary Society*（London），1979，32：468.

〔4〕　von Braun，W. & F. I. Ordway. *History of rocketry and space travel*. New York：Crawell Co.，1966，pp. 30 -31.

〔5〕　Carman，W. T. *A history of firearms from earliest times to 1914*，London，1955. p. 192.

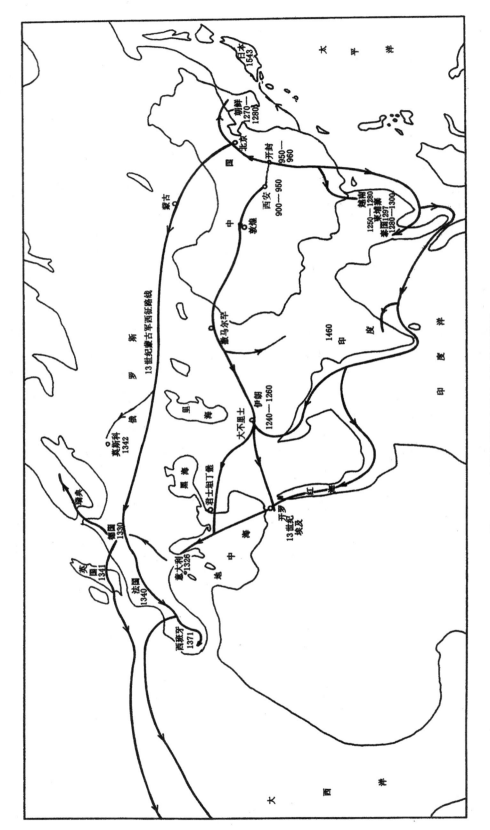

图4—22 中国火药及火器技术外传示意图

潘吉星绘（2002）

二 中国漆器、髹漆技术的发明及其外传

（一）中国漆器和髹漆技术的发明和早期发展

漆器和瓷器一样，同为中国古代在化学工艺和工艺美术方面的重大发明，体现了中国人将技术和美术完美结合的天才造诣。漆器光泽美观、轻巧耐用，广泛用于日常生活和工业各部门，因为它耐强酸碱腐蚀、耐高温（204℃—260℃），抗细菌侵袭，又是电绝缘体。李约瑟博士认为"漆可以说是人类所知道的最古老的工业塑料"（"Lacquer may be said the most ancient industrial plastic known to man"）[1]。加工这种结构复杂的高分子化合物的过程，具有极大的化学理论含量，成为近二百年来化学家不断探索的对象。中国漆又名大漆，来自原产于中国的漆科（Anacardiaceae）落叶乔木漆树（图 4—23）的一种生理分泌物。

中国产的漆树主要分为大木漆（*Rhus vernicilflua*）或山漆及小木漆（*Rhus toxicodendron*）两种，南北各地都有[2]。前者主要分布在海拔较高的地带，较高大，一般高 10—15 米，有时可达 20 米，树干较粗，树皮厚，树龄可达五十年

图 4—23 漆树
1. 带果序的枝条 2. 带花序的枝条

以上。小木漆多在较低丘陵地带，多是人工栽培的，树较矮，成年树不过 5—12 米，寿命较短。采取漆汁时，用刀将漆树从表皮至韧皮部划出槽道，用竹筒收集流出的乳白色漆

〔1〕 Needham, Joseph et al., *Science and Civilisation in China*, Vol. 5, Chap. 4, Spagyrical discovery and invention: apparatus, theories and gifts. Cambridge University Press, 1980. p. 209.

〔2〕 中国科学院植物研究所主编：《中国高等植物图鉴》第 2 册，科学出版社 1972 年版，第 634 页；周自在等编：《支那の油漆工业》，东京：山县制本印刷株式会社 1941 年日文版，第 6—7 页。

液，滤去杂质后得到生漆，为棕黄色黏液（图 4—24）。经日晒、搅拌或低温烘烤脱去部分水后成为熟漆，呈棕色，涂刷于器物表面在适宜条件下形成黑色光亮的漆膜，即成漆器。生漆主要成分（含 40％—70％）为中国漆酚（urushiol）。从 19 世纪起化学家就对漆酚组成、性质开始研究，但其化学结构直到 20 世纪 50 年代才大体弄清，是邻苯二酚（ortho-phene-diol）的衍生物，苯环上有一侧链烃 R，为饱和烃及不饱和烯烃，共四种：

图 4—24　采漆液图
引自《日本山海名物图会》（1754）。日本采漆法来自中国

$R_1 = -(CH_2)_{14}CH_3$

$R_2 = -(CH_2)_7CH=CH(CH_2)_5CH_3$

$R_3 = -(CH_2)_7CH=CHCH_2CH=CH-(CH_2)_2CH_3$

$R_4 = -(CH_2)_7CH=CHCH_2CH=CH-CH=CH-CH_2$

漆酚是含有这四种侧链烃的混合体，每种侧链所占比例因产地及品种不同而异。

漆酚在适当温度（20℃—30℃）和湿度（相对湿度 80％—90％）环境下，通过漆液所含漆酶（laccase）催化作用下发生氧化聚合，最终形成长链或网状高分子聚合物，此即光亮的黑色漆膜。其反应机理分为两步，第一步是漆酚吸收氧，形成醌（quinone）型物：

这表现在乳白色漆液暴露在空气中后，表面逐渐变成红棕色。醌型物再进一步氧化聚合，形成长链或网状高聚物[1]：

或是

---

[1]　甘景镐：《生漆的化学》，科学出版社 1984 年版，第 38、51 页。

在没有人类参与的自然环境下，漆汁会从漆树中自然分泌出来，在潮湿气氛中经日晒形成黑色光亮的漆膜，这种奇特的现象被远古时细心的中国先民注意到，并掌握适宜条件制成漆器以供日用，最初的漆器是饮食用具。为追求美感，还在漆液中加入颜料，摆脱黑色的单调性，进而在漆器上绘出彩色图案，就像彩陶那样。关于漆器的发明年代，中国古籍中有不少记载，例如战国（前 476—前 222）哲学家韩非（约前 280—前 223）于其《韩非子·十过》篇（约前 255）载：

> 尧禅天下，虞舜受之，作为食器……流漆墨其上……舜禅天下，而传之于禹，禹作为祭器，墨染其外，朱画其内。[1]

这是说，在尧舜时代人们做成饮食器物，并在其上涂以黑漆，夏禹时又做成祭祀器物，外面涂黑漆，里面画以朱漆。

战国时成书的《尚书·禹贡》（前 600）更称"济河惟兖（yǎn）州，……厥贡漆丝"[2]，说明在夏代（前 2070—前 1600）已将漆器列为贡品之一。虞夏相当新石器时代晚期（约前 50—前 20 世纪），氏族公社向奴隶社会过渡时期。文献记载已由考古发掘提供的实物资料所证实。例如 1977—1978 年在浙江余姚县河姆渡村新石器时代遗址的第二次系统发掘中，发现一有瓜棱形圈足的木胎漆碗，外表有薄层朱红涂料，显出光泽，用化学方法及光谱分析与 1972 年湖南长沙马王堆一号西汉墓（前 166）出土的漆皮试样相似，经鉴定为漆膜。此碗出土于遗址第四层，C14 测定为公元前 5135—前 3250 年，是迄今所知年代最早的漆器[3]，距今已七千年。

在中国各地新石器时代（前 80—前 20 世纪）及商代（前 1600—前 1300）遗址发掘中，都时有漆器残件发现。1972 年河北藁城县台西村商代早期（前 15 世纪）建筑遗址发掘中发现，有十二座墓的板灰中夹杂朱漆痕迹，还有木质漆器盘、盒，都是在胎质上先雕出花纹，再涂朱、髹漆，有的还镶嵌绿松石或贴有金箔，工艺已相当精巧[4]。此前，1950 年河南安阳县武官村殷代（前 1300—前 1046）大墓发掘中，发现有涂朱漆的雕花木器，虽木已腐朽，但雕刻的花纹仍附着在土上，清晰可见[5]。南京博物院也藏有殷代木器雕刻的虎形图案，为漆器纹饰而附着于泥土上者[6]。商殷漆器显然是在虞夏的原有基础上发展的。文物专家史树青（1922—2007）认为"漆"的本字为桼，乃漆树的象形字，而其初文则是商殷甲骨文中的"╁"（横短竖长）或"╂"（横长竖短），描绘在树干上取漆

---

〔1〕（战国）韩非：《韩非子》卷三，《十过篇》，《百子全书》本第三册，浙江人民出版社 1984 年版。

〔2〕屈万里：《尚书今注今译·禹贡》，台北：商务印书馆 1969 年版，第 33 页。

〔3〕浙江省文物管理委员会、浙江省博物馆：河姆渡遗址第二期发掘的主要收获，《文物》1980 年第 5 期；余姚河姆渡村出现距今七千年的原始社会遗址，《光明日报》1978.5.19，三版；夏鼐主编：《新中国的考古发现和研究》，文物出版社 1984 年版，第 147 页。

〔4〕河北省博物馆、省文物管理处：河北藁城台西村商代遗址 1973 年的重要发现，《文物》1974 年第 8 期；河北藁城台西村的商代遗址，《考古》1973 年第 5 期，河北藁城县商代遗址与墓葬的调查，《考古》1973 年第 1 期。

〔5〕郭宝钧：1950 年春殷墟发掘报告，《考古学报》1951，第 5 册，第 1—61 页。

〔6〕胡厚宣：《殷墟发掘》图版 31，学习生活出版社 1955 年版。

汁的切口[1]。因而与"七"字（qī）音同，字形亦同，古时"七"与"桼"二字通用，后又演变出"七"的大写字"柒"，可以说甲骨文中已有"漆"字的最早形态了。

　　西周（前 1046—前 771）至东周或春秋（前 770—前 477）、战国（前 476—前 222）期间漆器生产有更大的发展，不但产量、质量提高，种类和装饰手法增加，而且用途扩大，进入漆工技术第一个发展阶段，是与社会生产力的提高和各门技术的进步有密切关系的。这一时期（前 11—前 3 世纪）墓葬出土漆器多用于车辆、兵器把柄、日用几案、盘、奁（lián，放梳妆具的器物）、乐器、食具、宫室和棺椁等，陈列于各地博物馆中，用木材、皮革和麻布等为胎质。漆器在当时社会上主要供上层统治者使用，油漆匠也在官府中世代做工，战国时成书的《周礼·考工记》（前 5 世纪）列举为周代官府做工的工匠三十个工种，在"轮人"、"弓人"条都提到用漆，但今本中却未载漆工，应属遗漏。然"刮摩之工五"中"雕人"条今本缺失，可能即指漆工[2]，按清代经学家江永（1681—1762）注《考工记》时云：

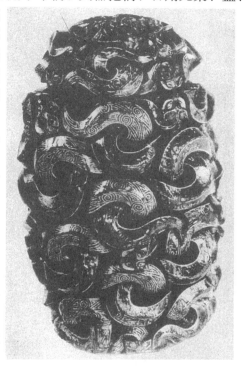

图 4—25　1975—1996 年湖北江陵县雨台山楚国晚期（前 431—前 226）出土木质漆器卮（zhī，盛酒器）

引自《考古》1980（5）

　　　　姓有漆雕氏，记言丹漆雕几之类，……盖凡漆器，雕人作之。

孙诒让（1848—1908）《周礼正义》（1905）认为此说"亦足备一义"。战国还由官方种植漆树，由专门官员掌管漆林，《史记·老庄列传》称哲学家庄周（约前 369—前 286）为蒙（今河南商丘）人，早年曾做过漆园吏。《史记·滑稽列传》还有关于"阴室"（damp chamber）的记载，这是使器物涂上漆液后在温湿环境下完成干燥的特设房间，至今还在使用。

　　秦（前 221—前 207）、汉（前 206 年至后 221 年）时中国结束列国割据而归统一，社会经济、科学技术和文化出现繁荣，漆工技术进入第二个发展阶段。在继承商、周已有技术成果基础上，又有创新，因综合国力提升，使漆器装饰极尽豪华。这一时期文献记载和出土实物表明，富贵之家所用漆多镶嵌金银、珠玉，以金箔和金线作为图案装饰漆器表面，或绘以彩色图画。因而这类漆器是昂贵的，重要产区如今四川境内的蜀郡（今四川成都），广汉郡（今四川梓橦）均有官营厂家专门生产，每年造金银饰漆器费用达五千万钱，厂内有详细生产分工。20 世纪初（1916—1925）在朝鲜平壤以南二百里大同江下游古乐浪郡遗址发掘汉代墓葬出土许多有纪年铭文的漆器，年代从西汉昭帝始元二年（前 85）至东汉明帝永平十二年（69），时跨 154 年，正值汉政府在朝鲜半岛置郡县时期，大批汉官吏在乐浪等郡居住，其所用漆器来自蜀郡和广汉郡的官营漆器作坊。（图 4—26，乐浪王盱墓漆器）从铭文中可见作坊内有素工（制胎）、髹工（涂初漆）、上工（涂细漆）、黄涂工（饰金）、画工（彩绘）、洀工（刻铭文）、清工（修整）和造工（总管工师），上面还有卒史、丞、掾和令史等工官监造[1]。除官工外，民营也有相当规模。《史记·货殖列传》称，陈、夏（今河南淮阳、禹县）种千亩漆树者，收入可敌千户侯。漆器厂家收入当会更多，佣工也不会少。汉代时漆器还从中原传到北方、西北和西南少数民族地区，随后髹漆技术扩散至各地。

图 4—26　1925 年乐浪王盱墓出土东汉
（69）四川造玳瑁漆厘盖上的
黑漆线条人物画
放大图（3cm×3cm）
东京大学考古学研究室藏

制造漆器原材料除漆液外，还有植物干性油、颜料与染料、干燥剂和填料等。汉语中"油漆"一词由"油"与"漆"组成，说明造漆器是离不开油与漆的。最早使用的干性油是桑科一年生草本大麻（*Cannabis sativa*）子实（图 4—27）的油。中国种植大麻有悠久的历史。1957 年甘肃临洮县马家窑发掘的新石器时代（前 3290—前 2910）遗址中就发现有大麻种子[2]。1972—1975 年河南郑州市大河村新石器时代遗址出土不少大麻种子，遗址年代为公元前 4000—3000 年[3]，此种子今存郑州市博物馆。中国古代劳动人民以麻布为衣料，因而大量种植大麻。两周金文中"麻"写作麻，像悬在屋下的麻形，现代的"散"字在商代甲骨文中是㪚（㪚），像手执刀剥下麻皮之状[4]。张自烈（1564—1650）《正字通》（约 1645）称："㪚（sǎn），剥麻也。"甲骨卜辞中有剥麻皮的记载。春秋中期（前 672—前 573）编成的诗歌集《诗经·豳（bīn）风·七月》有"九月叔苴（jū）"之句，西汉经学家毛亨（前 2 世纪人）注释说："叔，拾也；苴，麻子也。"[5] 这句意思是，在九月可以拾取麻子。因大麻雌雄分株，古时称雄株为枲（xí），

　　〔1〕[日] 梅原末治：汉代漆器铭集录と补遗，《东方学报》（东京）1935 年第 5 篇，第 207—222 页；1936 年第 6 篇，第 316—318 页。

　　〔2〕甘肃省博物馆：甘肃临洮、临夏两县考古调查简报，《考古通讯》1958 年第 9 期；甘肃古文化遗存，《考古学报》1960 年第 2 期。

　　〔3〕郑州市博物馆：郑州大河村遗址发掘报告，《考古学报》1979 年第 3 期。

　　〔4〕康殷：《文字源流浅释》，荣宝斋 1979 年版，第 276—277 页；温少峰等：《甲骨文中的科学》，四川社会科学院出版社 1988 年版，第 180 页。

　　〔5〕（唐）孔颖达：《毛诗正义》（642），卷八之一，《豳风·七月》，《十三经注疏》上册，世界书局 1935 年版，第 391 页。

雌株为苴。唐人陈藏器（672—745 在世）《本草拾遗》（739）云：大麻子"入药佳，压油可以油物"[1]。

图 4—27　大麻

图 4—28　白苏

至迟在战国（前 476—前 222）以来，中国漆工又用唇形科一年生草本白苏（*Perilla frutescens*）子实（图 4—28）的油。白苏油又称荏（rěn）油或苏子油。收集战国以来文字训诂资料而于西汉初（前 200）成书的《尔雅》，是古代士子必读的儒家经典之一，该书卷八《释草》篇云："苏，桂荏。"晋人郭璞（267—325）注（约 302）曰："苏，荏类，故名桂荏。"[2] 汉人杨雄（前 53—后 18）《方言》（前 15）云："关（函谷关）之东西或谓之苏，或谓之荏。"李时珍（1518—1593）《本草纲目》（1596）说："苏乃荏类，而味更辛如桂，故《尔雅》谓之桂荏。"[3] 北魏人贾思勰（xié，493—550 在世）《齐民要术》（约540）卷一《种谷第三》称："区种荏，令相去三尺。"卷三《荏蓼第二十六》云："荏子白者良，黄者不美。荏性甚易生，……收子压取油，可以煮饼。荏油色绿可爱，其气香美……荏油性淳，涂帛胜麻油。"[4] 和漆亦同样如此，考虑到近五十多年来出土的战国彩绘漆器涂多种颜色尤其白色，不用油彩是做不到的。

〔1〕（唐）陈藏器：《本草拾遗》，引自（明）李时珍：《本草纲目》谷部卷二十二，《大麻》下册，人民卫生出版社 1983 年版，第 1444 页。

〔2〕（晋）郭璞注，（宋）邢昺疏：《尔雅注疏》，卷八，《释草》，《十三经注疏》下册，世界书局 1935 年版，第 2627 页。

〔3〕（明）李时珍：《本草纲目》，草部卷十四，《苏》上册，人民卫生出版社 1982 年版，第 920 页。

〔4〕（北魏）贾思勰著，石声汉选释：《齐民要术选读本》，农业出版社 1981 年版，第 62、177 页。

　　继大麻子油和荏油之后，中国漆工又用大戟科落叶小乔木油桐（*Aleusites fordii*）子实（图 4—29）的油。油桐又称荏桐、罂（yīng）子桐或虎子桐，高约 9 米，花白色而有紫色条纹，又称紫花桐，雌雄同株。唐宋以后桐油以其性能优良而大行于世。桐油还作为药物收入本草学书中，前述唐代本草学家陈藏器开元二十七年（739）在《本草拾遗》中著录说："罂（yīng）子桐子有大毒，压为油，毒鼠主死，摩疥癣、虫疮、毒肿。一名虎子桐，似梧桐，生山中。"[1]《本草纲目》卷三十五对此树名称由来解释说："罂子，因实状似罂也。虎子，以其毒也。"[2] 五代吴越国天宝年（908—923）成书的《日华子本草》云："桐油，冷，微毒，敷恶疮疥及宣水肿，涂鼠咬处能辟鼠。"[3] 北宋人寇宗奭（1090—

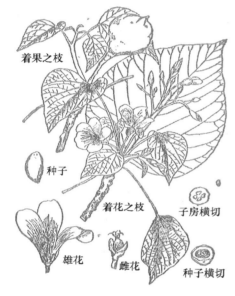

着果之枝

种子

着花之枝

子房横切

雄花　雌花

种子横切

图 4—29　油桐树

1146 在世）《本草衍义》（1116）曰："荏桐，早春先开淡红花，状如鼓子花成筒子，子可作桐油。"[4] 以其油似荏油，故称荏桐。《本草纲目》卷三十五还说："亦或谓之紫花桐，人多种莳（栽）收子，货之为油，入漆家及舱（niàn，修理）船用，为时所需。"我们在本草学著作中可从一个侧面看到桐油在唐宋以后已后来居上，在油漆业中广泛使用的程度，因为它是性能最好的干性油。

　　中国在二千多年前的先秦时代就已将各种干性油与漆液调和在一起使用，从而完成从单一的天然涂料向复合型成膜物的转变，开 19 世纪中叶欧洲问世的"调和漆"（"ready mixed paint"）之先河。从漆树上采集的漆液数量有限，较为稀贵，将干性油与之调和，可节省漆的消耗，又能增强漆膜的光泽，一举两得。而干性油作为分散介质与颜料或染料调和，制成各种色液，可在漆面上绘出美丽图案，增加漆器美感。其中红色用朱砂（cinnabar），成分为硫化汞 HgS；黄色用石黄或雌黄（orpiment），化学成分是三硫化二砷 As_2S_3；绿色用石绿或孔雀石（Malachite），化学成分为碱式碳酸铜 $CuCO_3 \cdot Cu(OH)_2$；蓝色用石青或蓝铜矿（azurite），化学成分是 $Cu(OH)_2 \cdot 2CuCO_3$，等等。

　　自然，也可将这些颜料与半透明性熟漆调配，或将干性油、熟漆与颜料调配。至于白色颜料，可能用铅粉（lead white），成分为碱式碳酸铅 $Pb(OH)_2 \cdot 2PbCO_3$，古时妇女还用于涂面，见李时珍（1518—1593）《本草纲目》卷八。然古人并不因只制出彩绘漆器而满足，他们利用漆未干前有极强黏性和每件器物需涂多道漆的特点，将金银、宝石、贝壳等物装饰

　　〔1〕（唐）陈藏器：《本草拾遗》，见（宋）唐慎微：《证类本草》（1108）卷十四引语，1249 年刊本影印本，人民卫生出版社 1954 年版，第 361 页。
　　〔2〕（明）李时珍：《本草纲目》卷三十五，《罂子桐》下册：人民卫生出版社 1982 年版，第 2000 页。
　　〔3〕常敏毅辑：《日华子诸家本草》，浙江宁波卫生局 1985 年版，第 55 页。
　　〔4〕（宋）寇宗奭：《本草衍义》卷十五，《桐叶》，商务印书馆 1957 年版，第 88 页。

在漆器上，或将木胎易之以轻质材料，又推出一些新产品，在髹饰技术上完成一系列创新。近六十多年来中国各地对商周、秦汉遗址及墓葬的考古发掘，为研究早期漆工史提供丰富的实物资料，足补文献记载之未备，甚至可改写整个漆工史，因汉以后文献所载一些产品和技术大多在商周及两汉可看到端倪。漆工史家王世襄（1914—2009）先生已对此曾有介绍[1]，我们此处加以补述，并将一些术语以英文表达，以便外国读者理解。

1. 宝石镶嵌（gem-inlaid lacquerware）：指将宝石、珠宝、玛瑙等制成薄片，雕出线条后嵌在漆器上，显出各种图案。这一做法可追溯到商代，前述 1972 年河北藁城台西村商代早期（前 15 世纪）遗址中出土的木胎朱漆盘、漆盒上就嵌有圆形、三角形的绿松石图案[2]。绿松石（turquoise）是一种含水磷酸铝，因含氧化铜而成绿色宝石，其化学成分为 $CuO \cdot 3Al_2O_3 \cdot 2P_2O_5 \cdot 9H_2O$。

2. 金银镶嵌（gold-silver-inlaid-lacquerware）：将金或银制成片、屑或线状构成花纹、图案，嵌在漆器上，这类漆器至迟在西汉（前 206—后 24）墓葬中已多次出现。如 1951 年长沙 211 号墓[3]及 1970 年广西合浦木椁墓[4]，都属西汉晚期（前 49—后 24）墓，其中有从漆器上脱落下来的金叶花纹，成鸟兽等形象。1973 年湖北光化县五座坟西汉中期（前 128—前 50）五号墓出土的奁[5]，顶部有三或四叶银片嵌件，1971 年在山东临淄（齐国都城）郎家庄春秋末年（前 5 世纪）墓中发现金箔，以针刺出蟠龙兽面纹，报道说"似为漆器上的装饰"[6]。唐代著名的"金银平脱"漆器（*jinyin pingtuo* or lacquerware inlaid with gold and silver），即源于此。

3. 螺钿（*luodian* or lacquerware inlaid with imbeded mother-of-pearl）：以贝壳镶嵌在漆器上，做成有天然光泽的花纹、图案，其由来已久。1953 年陕西长安县普渡村西周穆王（前 976—前 922）时一号墓中发现木胎漆器上有一黑漆皮，嵌有蚌泡[7]。1963 年河南洛阳庞家沟 416 号西周早期墓出土青釉原始瓷器豆（形似高足盘），外面套有朱、黑二色漆托，漆皮上镶以蚌泡（图 4—30）[8]。

4. 彩绘漆器（lacquerware decorated with coloured

图 4—30　1963 年洛阳庞家沟西周早期（前 1046—前 954）墓出土的嵌蚌泡的朱、黑二色漆托

引自《文物》，1972（10）

〔1〕 王世襄：中国古代漆工杂述，《文物》1979 年第 3 期，第 49—55 页。

〔2〕 河北省博物馆、省文物管理处：河北藁城台西村商代遗址 1973 年的重要发现，《文物》1974 年第 8 期；河北藁城台西村的商代遗址，《考古》1973 年第 5 期；河北藁城县商代遗址与墓葬的调查，《考古》1973 年第 1 期。

〔3〕 中国科学院考古研究所：《长沙发掘报告》图版 83、84，科学出版社 1957 年版。

〔4〕 广西文物考古写作小组：广西合浦西汉木椁墓，《考古》1972 年第 5 期。

〔5〕 湖北省博物馆：光化五座坟西汉墓，《考古学报》1976 年第 2 期。

〔6〕 山东省博物馆：临淄郎家庄一号东周殉人墓，《考古学报》1977 年第 1 期。

〔7〕 石兴邦：长安普渡村西周墓葬发掘报告，《考古学报》1954 年第 8 册，第 109—126 页。

〔8〕 洛阳博物馆：洛阳庞家沟五座西周墓的清理，《文物》1972 年第 10 期。

drawings）：最初的漆器是单一的黑色，商、周以后出现黑地朱纹，如 1958 年湖北蕲春西周遗址出土的漆杯（图 4—31），在黑漆面上绘以朱漆图案[1]。1978 年湖北随县城郊出土东周曾侯乙墓（前 433），漆木棺涂以朱、黑二色，再绘以红、黑及金黄色图案（图 4—32）[2]。战国以后彩绘漆器渐多，色调更加丰富，如 1957 年河南信阳长台关楚国（前476—前 223）大墓中出土各种漆器，多髹漆彩绘，其中一木瑟在漆面上绘有龙蛇神怪、狩猎、乐舞、烹调等图像和图案，使用红、暗红、浅黄、褐、黄、绿、蓝、白、金等九种颜色[3]。1961 年湖南长沙砂子塘西汉早期（前 2 世纪）一号墓出土漆绘外棺[4]，用红、白、黑、棕、黄等颜色绘成的花纹。

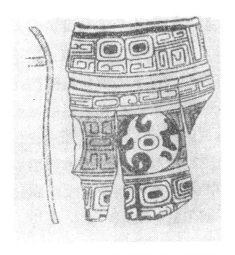

图 4—31　1958 年湖北蕲春出土的西周
　　　　　（前 1046—前 771）的黑地
　　　　　朱绘漆画杯
　　　　　引自《考古》，1962（1）

图 4—32　1978 年湖北随县发掘的战国早期（前 433）
　　　　　曾侯乙墓漆棺（涂黑或红，并绘黑、红及
　　　　　黄色图案）
　　　　　引自《文物》，1980（1）

5. 脱胎漆器（demodeling lacquerware）：以泥灰或木为模型，将麻布（后用绢）粘贴上去做成各种器形，再刷数道漆，最后脱去内模，再填灰刷漆。脱胎漆器体轻而薄。此技术又称夹纻（art for taking multi-layer bunny as the model of lacquerware）。过去美国东方学家费诺洛萨（Ernest F. Fenollosa，1853 - 1908）在《中日美术时代》（*Epochs of Chinese and Japanese Art*. London：Heinemann，1912）书中认为脱胎漆发明于日本奈良朝圣武天皇在位时期（727—748）。法国汉学家伯希和（Paul Pelliot，1878 - 1945）认为

---

〔1〕　中国科学院考古研究所湖北发掘队：湖北蕲春毛家咀西周木构建筑，《考古》1962 年第 1 期，第 1—9 页。

〔2〕　湖北省博物馆：湖北随县曾侯乙墓文物，《文物》1979 年第 7 期。

〔3〕　河南省文化局文物工作队（裴明相等人）：我国考古史上的空前发现——信阳长台关发掘一座战国大墓，《文物参考资料》1957 年第 9 期，第 21—32 页。

〔4〕　湖南省博物馆（高至喜、张中一）：长沙砂子塘西汉墓发掘简报，《文物》1963 年第 2 期，第 13—24 页。

脱胎漆术发明于中国晋朝，戴逵（326—396）为首创者[1]。但考古发掘证明此技术在战国时已发明，1964年长沙左家塘战国中期（前391—前306）三号楚墓中即出土黑漆杯及彩绘羽觞（饮酒器）为夹纻胎[2]。1975年长沙咸家湖西汉曹嬽墓（前156—前87）中出土不少漆器，器型与1972—1974年发掘的马王堆西汉墓漆器类似，但胎质以夹纻居多[3]。甚至在出土的汉代漆器铭文更可见"夹纻"一词。

6. 戗（qiāng）金银（lacquerware decorated with gold or sliver foil）：其技法是在朱漆或黑漆地上用针尖或刀锋刻划出花纹，在其上填漆，再将金银片粘贴在花纹上，用绵拭牢，俗称"雕填"。陆树勋1940年在《剔红、戗金、犀皮三种髹器考》一文[4]内认为戗金起源于南宋理宗在位时（1225—1264），但考古发现表明至迟在西汉已出现这类实物。1973年湖北光化县五座坟西汉中期（前138—前50）七座墓葬中出土针划填金漆器，其中两件卮（zhī，盛酒器）在黑漆地上用针刻出虎、兔、鸟和怪人等，又在针刻图像、流云线条内填金彩[5]。

7. 堆漆（dui-qi or lacquerware with embossed patterns）：其法是在漆器表面以漆或胶调和灰泥，堆起凸出的花纹，再填以各种色料。此法起自西汉，1973—1974年湖南长沙马王堆三号西汉墓（前168）发掘中，发现有布满粉彩云气纹的长方形奁。先以白色凸起线条勾边，再以红、绿、黄色勾填云气纹[6]。1973年发掘的马王堆一号西汉墓（前166）内黑地彩绘棺上有多幅神仙、怪兽云气画[7]，也用堆漆和勾填方法描绘（图4—33）。

以上所述各种漆器及其髹饰技术在汉代已构成完整体系，为此后历代发展奠定坚实基础，至唐代（618—907）又出现雕漆和犀皮等新品种。雕漆（diao-qi or carved lacquerware）指用半透明漆液调和不同颜料，在胎上层层涂刷，积累至一定厚度时，用刀雕刻出花纹，因而在刀口断面上可看到漆的层次，另有一种美感。最初涂以层层朱漆，刻出花纹的产品又称剔红（ti-hong or carved red lacquerware），后又用黄、绿、黑及不同彩漆，产物分别为剔黄、剔绿、剔黑和剔彩，构成多彩的雕漆家族，犀皮漆器（xi-pi or lacquerware with coloured rhinoceros skin grain），表面平滑，有由不同颜色的漆层构成的行云、流水或松鳞的不规则纹理，一圈套一圈（图4—34）有一种自然美感。其制法是在器物上涂生漆后，趁其半干时，以手指将漆膜推成凸起的皱纹，再以黑、红色漆相间涂在其

〔1〕［法］伯希和（Paul Pelliot）著，冯承钧译：中国干漆造像考，《西域南海史地考证译丛七编》，商务印书馆1995年版，第68—74页。

〔2〕 王世襄：《髹饰录解说》，文物出版社1985年版，第165页。

〔3〕 湖南省博物馆：长沙又发现一座西汉大型木椁墓，《湖南日报》，1975.8.20，三版；长沙咸家湖西汉曹嬽墓，《文物》1979年第3期。

〔4〕 陆树勋：剔红、戗金、犀皮三种髹器考，《古学丛刊》1940年第8期，第7—10页，北京古学院刊。

〔5〕 湖北省博物馆：光化五座坟西汉墓，《考古学报》1976年第2期；王世襄：《髹饰录解说》，文物出版社1983年版，第137—138页。

〔6〕 湖南省博物馆等：长沙马王堆二、三号汉墓发掘简报，《文物》1974年第7期，第39—48页。

〔7〕 湖南省博物馆等：长沙马王堆一号汉墓发掘简报，图版参2，文物出版社1972年版，第4页。

上若干层，最后磨平、打光（图4—35）[1]。

图4—33　1973年长沙马王堆一号汉墓（前166）出土黑地彩绘棺

引自《长沙马王堆一号汉墓》（文物出版社，1973）

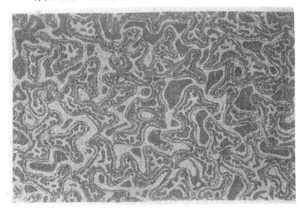

图4—34　清代犀皮漆盒局部花纹

引自《文物参考资料》，1957（7）

唐以后，上述漆器及髹饰技术继续传承，且相互嫁接，变化多端，如在彩绘漆器上镶嵌螺钿。五代南唐人朱遵度（907—976在世）更著有《漆经》（约950）三卷，是第一部漆工专著，但元以后散佚。明新安平沙（今安徽歙县）人黄成（字大成，1530—1600在世）为隆庆年（1567—1572）著名漆工，所著《髹饰录》（*Xiu-shi-lu or the Treatise on lacquering art* c.1570）二卷是硕果仅存的古代漆工专著，经浙江嘉兴人杨明（字清明，1585—1646在世）于天启五年（1625）作注，传世只有抄本，1927年由朱启钤（1871—1964）老先生刊行，1932年由日本漆工专家六角紫水教授译注成日文[2]，

---

〔1〕　袁荃猷：谈犀皮漆器，《文物参考资料》1957年第7期，第5—6页。

〔2〕　（明）黄成著，（明）杨明注，〔日〕六角紫水译注：《髹饰录》日文版，载《东洋漆工史》，东京：雄山阁1932年版，1960年再版，第247—287页。

后有王世襄（1914—2009）和索予明两种解说本问世[1][2]，从书中可以了解中国传统漆工技术的方方面面。

（二）中国漆器和髹漆技术在国外的传播

1. 中国漆器技术在朝鲜和日本的传播

中国漆器以其光亮美观而又耐用著称于世。不仅国人喜欢，外国人也十分欣赏，都想拥有。中国发明的这种独特产品，外国人是制造不出来的，要想仿制，除非弄到中国原产漆树的漆液并掌握中国技术，这就导致髹漆技术的外传。一般说，漆器实物外传在前，技术外传在后，对这种外传史的系统研究，过去很少有人问津，成为中国漆工史中的一个薄弱环节。笔者不才，试图在这方面作出一些探索，这也是此处要讨论的重点，因见闻有限，难免有不周之处，尚乞读者示正。

图 4—35　1978 年江苏武进南宋墓出土的云纹剔犀镜盒
引自《文物》，1979（3）

毫无疑问，中国漆器和漆艺首先传到东亚的两个邻邦朝鲜和日本。公元前 3 世纪值箕氏古朝鲜后期，半岛居住的韩民族部落建立"三韩"，即马韩、辰韩和弁韩，居民以韩民族为主体。但辰韩多居住中国移去的秦人，又称秦韩。公元前 206 年汉高祖刘邦统一中国，封卢绾为燕王，卢绾叛汉（前 195）后，燕国乱，其部将卫满（约前 230 年—前 194 年）率所部千余人来古朝鲜，朝鲜王箕准（前 206—前 195 在位）允其率众居半岛东部。次年（前 194）卫满代箕准称王，建卫氏朝鲜（前 194—前 108），领有半岛北部，都王险城（今平壤）。汉武帝刘彻即位（前 140）后，卫氏朝鲜阻止周围部落与汉联系，武帝元封三年（前 108）发水陆大军灭之，于其地置乐浪、临屯、玄菟与真番四郡进行直接统治[3]。西汉在半岛置郡县期间（前 108 年至后 24 年），大批汉官员、学者、工匠和农民来此定居，将汉文化和科学技术带到这里。《前汉书·地理志》载，乐浪郡辖 25 县，共有 40.6 万人口[4]，多数是汉人，境内通行汉语，行政设置如同中国内地。20 世纪以来乐浪遗址出土很多丝绢、铜铁器和漆器等，都来自中国内地，可以说漆器至迟在西汉时已传入半岛，虽然缺乏文献记录，但有出土实物为证。

20 世纪初，日本考古学家 1916—1925 年间先后多次在平壤以南二百里大同江下游原

---

[1] 王世襄：《髹饰录解说》油印本，北京，1958；排印本，文物出版社 1983 年版。

[2] 索予明：《髹饰录解说》，台北：商务印书馆 1972 年版。

[3] （汉）班固：《前汉书》卷九十五，《朝鲜传》二十五史本第 1 册，上海古籍出版社 1986 年版，第 722 页。

[4] 同上书，卷二十八下，《地理志》二十五史本第 1 册，第 520 页。

汉代乐浪郡遗址墓葬区进行大规模发掘，发现大量汉代漆器，器型有盘、耳杯、奁、圆形及角形盒、刀鞘、碗、棺、案、盂、方函、枕、靴帽、镜盒。胎型有木、木心夹纻和夹纻，所谓木心夹纻指将木板、木棍或椿（曲木）用漆粘成所要造的器型轮廓，在其表里贴麻布、涂漆，再贴布、涂漆，层层而后施中漆，再施上漆，最后彩绘。夹纻无胎，以麻布为地而涂漆成形，再贴布涂漆，反复多次，最后彩绘，多为上品。装饰手法有彩绘、镶嵌、螺钿、戗金、金银平脱等[1][2]。不少漆器用针刻或漆书铭文，如前所述年代从西汉至东汉（前85年至后69年），漆器产地为蜀郡和广汉郡，用户多为乐浪郡当地的汉官员，有印章为凭，印文为"乐浪太守掾王光之印"、"邯郸长印"、"五官掾王盱（xū）印"等。

现以1925年东京大学文学部考古学研究室梅原末治（1886—1976）等在乐浪发掘的五官掾王盱大墓为例，介绍几件重要出土漆器，"五官掾"（yuàn）为汉代官职名，见《后汉书·百官志五》，是郡内最高行政长官下属重要官吏，一椁四棺，一男三妇，王盱棺内有"五官掾王盱印"及"王盱印信"篆文印章，漆器上多书"利王"，按王氏为乐浪汉人中大姓，死者头戴鬃漆薄纱冠。随葬器物铭文从东汉光武帝建武二十八年（52）始至明帝永平十二年（69）止，因此入葬年代不晚于公元69年，为东汉初墓葬。出土的漆器中值得注意者，一是木心夹纻漆盘，底部涂黑漆，盘内朱漆地上有彩绘神仙、龙虎图，神仙应是西王母，底部有朱漆书隶体铭文："永平十二年蜀郡西工夹纻行三丸治千二百，卢氏作，宜子孙［牢］"。铭文旁用黄漆绘灵兽。还有一贴有玳瑁片的小匣盖，以黑漆在中央绘出四叶纹，周围绘出有翼神怪及九人，作坐立姿态，线条纤细如发，形态逼真，是优美的汉代素描画（图4—26）。

王盱墓还出土一套汉代占卜用的漆木"式盘"，由方形地盘及圆形天盘组成，均为木胎，由黑、朱、黄三色漆绘成。天盘在上，地盘在下，二者中心穿孔，内放一轴，天盘可在地盘上旋转。《史记·日者列传》载"旋式"以卜事之成败。《汉书·王莽传》载莽临死时（24）以式占卜。1972及1977年甘肃武威及安徽阜阳分别出土的漆木式盘与此基本相同。汉人桓宽（前110—前145在世）《盐铁论·散不足》篇（前80）说富家用漆耳杯口部镶银，耳部饰金（"银口黄耳"），也在王盱墓中找到实物标本，其中有一耳杯即铜耳涂金。因篇幅关系，不能在此一一列举，详情可见有关报道[3][4]。有些漆器胎质已朽烂，但式盘漆膜仍完好发光，显示其为抗侵蚀性极强的优良材料。

公元1世纪前后，两汉之际又有大批汉人迁往朝鲜半岛，此时南部的三韩已衰落，出现新兴的封建势力统一各部，建立新的国家。前57年半岛东南辰韩境内的朴居世建新罗国（前57年至后935年），西南端马韩境内的温祚王于前18年建百济国（前18年至后

〔1〕［日］藤田亮策、梅原末治、小泉显夫：《南朝鲜间的的汉代の遗迹》，载朝鲜总督府《古蹟调查报告》，第二册，1922年日文版。

〔2〕［日］关野贞：朝鲜古蹟图谱·乐浪郡の遗迹，朝鲜总督府《古蹟调查报告》第四册，1925年日文版。

〔3〕［日］藤田亮策、梅原末治、小泉显夫：《南朝鲜间の汉代の遗迹》，载朝鲜总督府《古蹟调查报告》，第二册，1922。

〔4〕［日］原田淑人、田泽金吾：《乐浪——五官掾王盱の坟墓》，第八章，《漆器》，东京：刀江书院1930年版。

660年），南端的弁韩由新罗及百济平分。与百济同一种族地处北方的朱蒙于前17年建高句（gōu）丽（前17年至后668年），后逐步南下攻取原玄菟、临屯及真番三郡，至东汉初（25）只有乐浪由汉控制，其余地区由朝鲜族建立的高句丽、新罗和百济统治，半岛形成三国鼎峙局面，史称三国时代（前57年至后668年），时跨725年，这期间中国改朝换代频繁，经历东汉、三国、晋和南北朝等朝代。半岛的高句丽与中国陆上相连，与北方中国各政权通好，而南方的新罗和百济则与吴、东晋、宋、齐、梁、陈等中国南方六朝发展海上交通，保持不断的人员交往和经济文化交流，并引进各种技术。

　　半岛从中国引种漆树，引进髹漆技术应在三国时代。20世纪初（1921），日本考古学家滨田耕作和梅原末治在新罗首府金城（今韩国庆尚北道庆州）古新罗墓葬中发掘出有彩色纹饰的漆器残片（图4—36），该墓葬年代为5—6世纪[1]，为三国时代晚期（426—668）。这可算是半岛最初发展髹漆技术时的产物，此件与同出器物形制上都看出受到刘宋、齐及梁等中国南方六朝器物的影响，也因而表明其技术来源所在。三国时代的古坟过去多被破坏性盗掘，其中漆器残破者被盗掘者弃之，故至今少见，这是很可惜的。

图4—36　1921年朝鲜庆州新罗5—6世纪古坟出土的漆器残片
引自滨田耕作（1923）

　　半岛三国中，地处东南的新罗受百济和高句丽夹攻，遂向唐帝国来救。唐高宗发水陆军救援，660年灭百济，668年灭高句丽，唐于高句丽境内设安东都护府，镇守平壤，至此结束了三国时代，由亲唐的新罗统一半岛。统一后的新罗朝（668—935）全面吸收唐文化和科学技术，漆工业获得进一步发展（图4—36）。高丽朝史家金富轼（1075—1151）《三国史记》（1145）卷八载，新罗圣德王（702—736在位）三十二年、唐开元二十一年（733）遣使赴长安，唐高宗赠新罗王白鹦鹉、紫罗绣袍，金银螺钿漆器和瑞纹锦等礼物。圣德王将盛唐时精美漆器视为宝物，上表致谢[2]。因半岛三面环海，有丰富贝类资源，遂决定以唐螺钿器为样本大力发展这类漆器生产。统一后的新罗朝漆器现存者较多，日本奈良

　　〔1〕［日］滨田耕作、梅原末治：庆州金冠塚とその遗宝，朝鲜总督府《古迹调查报告》第三册，1923。
　　〔2〕［朝］金富轼：《三国史记·新罗本纪》卷八，［日］井上秀雄译注本，第1册，东京：平凡社1980年版，第275页。

东大寺正仓院藏有泥金绘新罗涂漆琴及金片押涂漆琴，为8—9世纪遗物[1]。韩国庆州国立博物馆藏同一时期的漆椀、漆杯、砚托和木板漆画等[2]。

继新罗朝之后建立的王氏高丽朝（918—1392），将首都从金城迁往开京（今黄海北道开城市），与中国五代、宋朝保持友好关系，其"贡品"土产有螺钿漆器、漆弓、漆甲和漆骨聚头扇等。宋人张世南《游宦纪闻》（1233）卷六载宣和六年（1124）高丽使臣向宋朝所赠礼物中，有螺钿砚匣，螺钿笔匣、漆骨扇等[3]。11世纪宋政府也向高丽兴王寺赠大型夹纻佛像。出使高丽的宋人王云在《鸡林志》（约1079）中称："高丽黄漆生岛上，六月刺取，沈色若金，日暴则干，本出百济，今浙人号新罗漆"[4]。此漆液特点是速干，产于半岛西南，驰名于中国。1123年出使高丽的宋人徐兢（1091—1153）在《宣和奉使高丽图经》（1124）中多次提到在境内所见各种漆器，而宫廷建筑内亦涂丹漆，饰以纹彩，"螺钿之工，细密可贵"[5]。半岛螺钿颇得中国真传，其他方面与中、日相比似略逊一筹。

中、日两国之间交通见于正史记载者始于西汉，在汉于乐浪等地置郡县期间，汉的统治区延伸到与日本最近的朝鲜半岛。此时日本处于弥生时代，原始社会逐步瓦解，出现许多部落国家，为求发展，各自与西方大国汉帝国交往。"日本"（Nihon）一词出现于7世纪，此前称为倭国（Wakoku），《汉书·地理志》载"夫乐浪［东］海中有倭人，分为百有余国，以岁时（一年四季）来献见"。他们多在朝鲜半岛登陆，经辽东陆行进入汉首都，魏晋时，日本列岛许多部落小国经不断兼并，剩下北九州的邪（yá）马台国和近畿的大和（Yamato）国等少数国家。4—5世纪古攻时代，大和王朝（2—6世纪）统一日本全境，与百济和中国六朝频繁往来，引进人才和技术，如405年日本迎来在百济任五经博士的中国学者王仁（369—440在世），随带郑玄注《论语》和钟繇（151—230）《千字文》（约210），将汉字、儒学和汉晋文化传入日本[6]。与此同时和在此前后，有大批汉人官员、学者和工匠从百济和中国内地前往日本，对其政权建设和生产技术发展影响很大。漆器就在这一时期传入日本。

日本究竟从何时引进中国髹漆技术并自行制造漆器，过去虽有殊多论述，但间有误解，现在仍需重新研讨。20世纪初（1910），日本国学家黑川真赖（1824—1906）《工艺志料·漆工志》中引《色叶（いろは）字类抄》载：

　　倭武皇子游猎宇陀阿贵山之时，以手牵折木枝，其木汁黑美，染于皇子之手。爰皇子召舍人床石足尼曰：此木汁涂干而可献之。床石涂干而献之，皇子大悦，取其木

〔1〕傅芸子：《正仓院考古记》，东京：文求堂1941年版。

〔2〕《国立庆州博物馆》，汉城：东川文化社1990年朝文版，第155—156页。

〔3〕（宋）张世南：《游宦纪闻》卷六，《笔记小说大观》本，第7册，广陵古籍刻印社1984年版，第365页。

〔4〕（宋）王云：《鸡林志》，《说郛》本卷七十七，商务印书馆1927年版。

〔5〕（宋）徐兢：《宣和奉使高丽图经》卷三、五、二十三、二十八、三十三，《笔记小说大观》第9册，广陵古籍刻印社1983年版，第273、275、293、299、303页。

〔6〕潘吉星：王仁事迹与世系考，《国学研究》（北京大学）2001年第8期，第177—207页。

汁而涂玩好之物，以床石足尼任漆部官。[1]

由此认为这是日本漆工之始。按此处所说"倭武皇子"，指《日本书纪》（720）卷七所述"日本武尊"（Yamato-takeru no Mikota），其年代相当古坟时代中期（4—5世纪之际），在这样早的时间日本并未有漆部官的建制，因而这条史料是不可信的。更有人引《旧事本记·天孙本记》称"饶速日尊四世孙，大木食第三见宿弥为漆部等之祖"，将漆工之祖追溯到弥生时代早期（前4—前3世纪）原始社会时所谓"孝安天皇"时的三见宿弥[2]，亦与事实相违，更不可信。要知道，"天皇"称号始见于公元7世纪，"宿弥"姓氏出现于380—430年之间，所谓"漆工始祖"三见宿弥乃后世人所杜撰，没有任何考古资料证明公元前日本本土制出过漆器。

研究日本漆工起源，宜从较可靠文献记载、传世实物和考古发掘几个方面综合考察。《日本书纪》卷二十一《用明纪》载飞鸟朝（592—710）时漆部造兄曾卷入587年总揽朝政的苏我氏与物部氏的武装冲突，"漆部造兄"是总管漆工的最高官吏，在这次冲突中使用了弓箭和皮盾[3]。考古学家在古坟中曾发现涂有黑、红色漆的皮革盾牌[4]和漆梳[5]。《日本书纪》卷二十五载大化元年（645）朝廷颁布改新之令，将原有的漆部造或漆部连，改成漆部司。次年（646）又颁薄葬令，规定上层统治者的棺椁最多只能涂三道漆[6]，同年又颁布七色十三阶冠制，冠背用罗，以黑漆涂之[7]。1235年对天武天皇（672—685）墓的盗掘证明以朱漆涂棺的记事[8]，这都是仿汉唐葬制的表现。现存奈良法隆寺金堂内陈列的木制玉虫厨子为大型佛龛（kān），为推古（593—628）晚期（7世纪初）御用遗物，佛龛外涂漆并有彩漆画，共用黑、朱、绿、黄、赭五色绘成，将颜料与荏油漆液与密陀僧调成色剂，是日本传世最早的彩绘漆器[9]，日本将其称为"密陀绘"（mitsuta-e）。

综上所述，可以认为日本漆工技术起源于6世纪古坟时代后期或大和朝后期，由东渡的中国人将漆种和漆艺经朝鲜半岛传入日本。自飞鸟朝（592—710）以来社会加速封建化，圣德太子摄政期（592—622）直接与隋唐交往，引进中国典章制度文化和技术，漆艺进一步发展。前述黑川氏《工艺志料》（1910）载，702年文武天皇颁《大宝令》后，将漆部司划归大藏省，设司漆事的正、佑、令史等官员二十人，规定每户所课园地中植漆树数目，六口以上植百株，二口户植40株。又定产漆各地正丁一人贡漆三勺（1勺＝0.018

〔1〕［日］黑川真赖：《工艺志料·漆工志》，载《黑川真赖全集》，第三集《美术篇·工艺篇》，东京：国书刊行会1910年版。

〔2〕［日］泽口悟一：《日本漆工の研究》，东京：丸善株式会社1933年日文版，第7页。

〔3〕［日］舍人亲王：《日本书纪》卷二十一，《因明二年》条，［日］坂本太郎等校注本，第4册，东京：岩波书店2000年版，第62、447页。

〔4〕同上书，第63、447页，注4。

〔5〕［日］原田淑人著，钱稻孙译：《从考古学上观察中、日文化之关系》，北京大学1933年版，第16页。

〔6〕《日本书纪》卷二十五，《孝德纪大化二年》条，第4册，276、511页。

〔7〕同上书，第296、517页。

〔8〕［日］六角紫水：《东洋漆工史》日文版，东京：雄山阁1933年版，第42页。

〔9〕同上书，第31—33页。

公升），金漆三勺。奈良朝（710—794）日本在人文、典章制度、物质文化、科学技术和风俗等方面全方位模仿唐朝，已是学界周知之事。在漆器制造方面同样如此，现在奈良东大寺正仓院、兴福寺、法隆寺及唐招提寺等处都藏古代漆器。正仓院作为仓库在寺内大佛殿后，756年圣武天皇卒后，其生前遗物施入东大寺，成为该寺院藏最早一批宝物，此后又有新的收藏。这些藏品至今保存完好，并定期向公众公开展出，笔者亦有机会多次参观这些展品。现以正仓院藏品为例，介绍奈良朝一些有代表性的漆器及其髹饰手法。

（1）金银平脱皮箱：藏正仓院，皮胎，长方形，长 32.3 厘米、宽 26.7 厘米、高 8.5 厘米，内外涂黑漆，箱顶盖及周边贴以金银箔做成的凤凰及花草文，制作于天平年间（729—748）。日本又将金银平脱称为金银平文（kingin hyomon）。

（2）螺钿（raden）：正仓院有奈良朝造螺钿漆器十一件，个个精彩。如玉带莒（jǔ）是装玉带的木胎圆形黑漆盒，径约 29 厘米，盒盖及周边嵌有由贝壳组成的花草文。又圆形及八角形铜镜，径 36.6 厘米，背面涂黑漆，嵌有不同颜色贝壳组成的鸟兽及花文，匀称而丰满（图 4—37）。

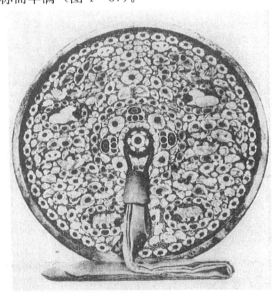

图 4—37　奈良朝铜镜的螺钿镜背
奈良正仓院藏

（3）彩绘漆木箱：长方形，长 32.1 厘米、宽 44 厘米、高 19.1 厘米，内外涂黑漆，盖及四侧面绘红、白、绿、黄四色唐花纹及菱形花纹，主花纹中央贴有金箔图案。彩绘漆在日本又称密陀彩绘（mitsuda-saie）或密陀绘。

（4）金银绘漆皮箱：八角形，通体以黑漆涂之，在箱盖内外面以泥金绘出各种花鸟的变化文样，线条纤细。奈良朝这类漆器有多件传世，有泥金绘，有金银泥绘，日本又称莳绘（makine）。有时还贴以金箔。

（5）干漆或夹纻：如前所述，这种技术发明于中国西汉，到晋代进一步发展。分脱胎干漆及木心干漆两种技法，后者多用于造型复杂的人像或佛教。其法是先做出木心大致框架，在其上以泥塑成轮廓，以涂料将麻布贴成若干层，形成完全形体，再将内部的泥洗去，木心仍保留。这种技术在飞鸟朝末传入日本，至奈良朝因受唐的影响而大发展。正仓院只有脱胎面具，但其他寺院则有木心夹纻佛像多尊，如奈良兴福寺供奉的佛像。

因篇幅关系，此处不能作更多介绍。平安朝（794—1189）以后，在前代基础上漆艺全面发展，又与宋元明中国展开人员和技术交流。日本成为中国以外漆技最发达的国家，且有不少技术创新，其漆器受到包括中国在内的各国人士的称赞。

2. 中国漆器及髹漆技术在其他亚洲国家的传播

与朝鲜、日本同属汉字文化圈的中国另一邻国越南，其髹漆技术也有悠久历史。越南民族先民雒（luò）越部族最初来自中国江南沿海[1]，据越南古籍《越史略》（13 世纪）及《岭南摭怪》（1492）所述，雒越部在越北建文郎国（前 696—前 257）。吴士连（1439—1499 在世）《大越史记全书·前编》（1479）称，公元前 316 年秦灭古蜀，蜀王子泮率蜀民三万南下，前 257 年攻文郎，建瓯雒国（前 257—前 208），都古螺（今河内附近），控制越南北部及中部。秦灭六国后，始皇发兵取岭南，前 214 年于其地置桂林（广西）、南海（广东）、象郡（广西至越南东北）等郡县。秦末，原南海尉赵佗（前？—前 137）起事，公元前 206 年兼并秦的上述三郡，建南越国（前 208—前 111），都番禺（今广州）。公元前 111 年汉武帝发兵灭南越国，于其地置南海、苍梧、合浦、交趾、九真及日南等九郡，其中交趾、九真及日南三郡在越南境内。此后千余年间越南与中国大陆受同一封建朝廷统治，使用同样年号和汉字。

早在南越国时期，境内已能制漆器。1983 年广州象冈发掘的南越王赵佗之孙赵眜（约前 162—前 122）墓内就出土大量漆器，详见《西汉南越王墓》上下册（文物出版社，1991）。西汉至北宋在越南置郡县期间，大批汉族官员、学者、工匠和农民前来这里定居，带来了中原先进技术，与当地人民共同发展农工业生产。漆器也随之传到越南，20 世纪法国学者帕芒捷（Parmentier）在河内附近发掘汉墓时，发现有漆器出土[2]，当是交趾郡内汉官员使用的。至迟在 6 世纪南朝中期越南境内已引种漆树并发展漆器生产[3]，其中螺钿较为著名。6 世纪以后，历代漆器生产一直不断。越南产漆树为漆树科野漆树（*Rhus auccedanea*），名见清人吴其濬（1789—1846）《植物名实图考》（1848），灌树小乔木高达 10 米，多生于山坡，中国华南等地也有分布。

缅甸与中国西南的云南省陆上交界，古称骠（piào）国，由缅族古名 Pyu 音译而成，骠族与云南傣族有"胞波"（缅语义为"亲戚"）关系。公元前 2 世纪西汉起中国就通过缅甸而与印度、阿富汗乃至欧洲有商业往来。公元前 122 年，汉使张骞（前 173—前 114）在中亚原希腊领地大夏（Bacteria）看到四川商品，就是经滇缅商路运去的，可见这条商路由来已久。东汉时掸国（缅甸掸邦）国王遣使于 97 年及 120 年一再来华通好，互换礼物[4]。东汉更在云南靠近缅甸边界设永昌郡（今保安），成为新兴的外贸商业城市。三国时蜀国在丞相诸葛亮主持下大力经营南部边疆，将汉族先进生产技术及工具传到这一带，使中缅边境两边各族人民受益。四川盛产丝绸、漆器，必在汉至三国时期大量传入缅甸，

〔1〕［越］陶维英著，刘统文等译：《越南古代史》（越文版，河内，1957），科学出版社 1959 年版，第 28—33 页。

〔2〕［日］滨田耕作：《东亚文明の黎明》，东京：刀江书院 1930 年版；汪馥泉译《东亚文化之黎明》，上海：黎明书局 1932 年版，第 89—90 页。

〔3〕越南社会科学委员会编：《越南历史》第一集，第三章（越文本，河内，1971），中文本，人民出版社 1977 年版，第 84 页。

〔4〕（刘宋）范晔：《后汉书》卷一一六，《西南夷传》，二十五史本第 2 册：1051。

由此再转运到印度及波斯等国。

缅甸因与中国为邻，且过从密切，也成为亚洲古老的产漆国家之一，其自然环境也适合漆树的种植。该国何时从中国引进漆树和髹漆技术，至今虽无明确文献记载，但绝不会晚于 8 世纪。因为《新唐书》卷二百二下《骠国传》载，唐德宗贞元十八年（802）骠国国王雍羌遣其弟率友好使团来华，随带歌舞队，伴奏乐工达 35 人，由云南到成都，再由此北上至唐都长安，歌舞团在宫廷隆重演出。演奏乐器 22 种和 12 首乐曲。《旧唐书》描述乐器时指出：

> 有牙笙，穿匏达本，漆之，上植二象牙代管，有三角笙，亦穿匏达本，漆之，上植三牛角。[1]

明确指出骠国乐器以漆涂之，还谈到大匏琴"皆彩画之上"，也与漆工有关，无疑，缅甸髹漆技术来自川滇。

东南亚的柬埔寨和泰国都是中国在南方的近邻，而且从汉代以来就经常往来，主要是海上往来。柬埔寨之名始见明末，是 Cambodia 的音译，此前汉代称扶南，唐宋称真腊，元代称甘孛智。1295—1296 年出使柬埔寨的元代人周达观（1270—1348 在世）在《真腊风土记》（1297）《欲得唐货》条中谈到了柬国希望进口的中国货物清单，其中包括温州之漆盘、桐油等物[2]。更指出境内居住不少中国有技术的工匠，包括打造家具的木匠。因而髹漆技术至迟在吴哥（Angkor）时代（802—1431）后期已传到这里。元代时输往柬埔寨的货物也同时向泰国出口，元明以来闽粤人大批移居泰国，将农业和手工业技术也传到那里，其中包括制瓷、制漆器技术，传入时间在速古台（Sukhothai）王朝（1238—1419）后期。元代漆品还传到印度，其境内虽生长漆树，但古代是否生产漆器，尚待查证。

中国与中亚和西亚之间的交通也由来已久。公元前 135 年，汉武帝派使者张骞通使西域以来，打通了中国与中亚及中亚以西各国交通与通商的陆上通道，即所谓陆上丝绸之路。沿着这条商路，中国与西域各国展开频繁的人员往来和物质文化交流，中国丝绸、铁器与铸铁术、穿井术和纸等相继西传。《史记》（前 97）卷一二三称，从大宛（Ferghana，今中亚乌兹别克斯坦境内的费尔干纳）以西至安息（今伊朗）这一带以前没有丝绸和漆器，不知以生铁铸造器物，当中国人来到这里以后向他们传授铸造铁兵器的技术[3]，此处将丝、漆并论，说明二者都是出口物。7 世纪时，唐帝国与阿拉伯帝国分别崛起于东亚及西亚，并建立正式关系，两国势力范围在里海（Caspian Sea）与咸海（Аральское Mope）之间直接交会，双方人员往来及物资交流频繁，中国漆器沿丝路经今新疆、中亚传到西亚阿拉伯地区。1900 年斯坦因（Aurel Stein，1862‑1943）在新疆罗布泊南的米

---

〔1〕（宋）欧阳修：《新唐书》卷二百二下，《骠国传》，二十五史本第 6 册：4806—4807。

〔2〕（元）周达观：《真腊风土记》，夏鼐校注本，中华书局 1981 年版，第 148 页。

〔3〕（汉）司马迁：《史记》卷一二三，《大宛列传》，二十五史本第 1 册：346。

兰遗址发现8世纪唐代的涂有黑、朱漆的骆驼皮甲[1]，就揭示了西传的轨迹。

阿拉伯帝国阿巴斯朝（Abbaside 750 - 1258）初期已有了关于漆器的记载。托名炼丹家贾比尔（Jabir ibn Hayyan）所写，而实际上成书于930年的阿拉伯文著作《物性论》（Kitāb al-khawāss al-kabir）中，用好几章篇幅介绍中国制造或配制颜料、染料、墨和漆器等方法，包括涂在皮革制品如马鞍、皮带、刀鞘等上面的中国大漆或中国涂料（duhn sini）[2]。从这段记载中可以看出，阿拉伯人是想要按中国方法自己生产漆器，但因其所在地区的水土和气候条件不适合种植漆树，只好以香料、宝石和马匹等交换漆器，或从中国进口桶装生漆，再就地髹饰。

10—13世纪（960—1227）中国西北由割据政权统治，阻塞了中原通向西域的丝绸之路，但成吉思汗1206年建立的蒙古汗国不到三十年便统治大半中国，并以武力打通一度阻塞的丝路，1280年以北京为首都的元朝（1280—1368）使中国成为再次统一的大帝国，与四面八方的国家包括欧洲国家都建立直接联系。传统优势技术及强项产品在世界范围内传播，其中包括漆器。不妨列举数例予以说明。1219—1224年成吉思汗率兵第一次西征时，1218年召世居燕京（今北京）的耶律楚材（1190—1243）至蒙古，以便次年随驾西征，他在《西游录》（1228）中记录此行时写道：丁亥年（1219）夏一行至寻思干城（Semiscant or Samarkand，今乌兹别克斯坦境内的撒马尔罕，意为"肥沃之城"），"寻思干之西六七百里有蒲华城（Bokhara，今乌兹别克之布哈拉城）"，由此西行渡阿谋河（Amu R.，今阿富汗境内的阿姆河），有班城（Balkh，今阿富汗之巴尔赫城）颇富盛。"又西有搏城（Kerduan）者亦壮丽。城中多漆器，皆长安（今陕西西安）题识。"[3] 这里明确说许多漆器来自中国长安。

阿富汗境内的漆器应是1219年成吉思汗领兵来中亚之前从中国行销过来的，行商亦有可能再将其销至阿富汗以西的波斯及以南的印度。1346年游历过印度和中国的摩洛哥商人和旅行家伊本·巴图塔（Muhammad ibn Abdullah ibn Battutah 1304 - 1377）1355年用阿拉伯文写成的《异域奇游胜览》（Tuhfat anmuzzār fi gharāib al-amsār wa'adjāib al-asfar）中说，他离开镇江府（Kindjanfu）来到杭州城（Hansa），此城有六个城区，他从第五城城门进城：

> 城内多能工巧匠，这里织造的绸缎以杭州绸缎著称。当地的特产之一是用竹制作的盘子，由碎竹块拼接而成，极为轻巧。上面涂以朱漆，一套盘子十个，一个套在另一个上，初看以为是一个盘，并做一盖，将各盘罩住。即从高处落地，也不会碎。虽于盘中放热的菜饭，也不会变形、褪色。这种盘子运销印度和呼罗珊（Hurasan，波

〔1〕 Stein, Aurel. *Serindia: Detailed report of exploration in Central Asia and western-most China*. Vol. 1. Oxford: Clarendon Press, 1921. pp. 459 - 467.

〔2〕 Ruska, J. *Chinesische-arabische technische Rezepte aus Zeit der Karolinger*. *Chemiker Zeitung* （Berlin） 1931, 55: 297.

〔3〕（元）耶律楚材：《西游录》，向达校注本，中华书局1981年版，第3页。

斯境内）〔1〕。

当然，将杭州造竹胎朱漆套盘运往印度和波斯，除陆运外，亦可经海路，当时中国远洋大船往来于印度洋及波斯湾，除漆器外，还运瓷器等货物出口。巴图塔游记有法、英、汉文译本及多种阿拉伯文本，我们引用时参考英、汉文本。

3. 中国漆器和髹漆技术在欧洲的传播

1273 年来华居住 19 年的意大利旅行家马可波罗（Marco Polo，1254 - 1324）应能看到并使用过漆器，但他在游记（1299）中却没有明确提到过。可是在介绍中国造船时指出船底有水密隔舱若干，内放货物。当一个舱被撞破进水，并不影响其余舱，船仍可航行。他谈到如何封闭船板接缝时，指出"用石灰、碎麻和一种树油（wood oil）混在一起，彻底混合后，作为胶黏物用以涂船"〔2〕，胜于欧洲用沥青堵船缝。此处所说树油，实即桐油（Tung oil）。马可波罗通蒙古语而不懂汉语，所以没叫出其确切汉名。这种船航行于印度洋中，大者可乘三百人，当时只能是中国船，不是印度或其他外国小船。

欧洲本土人使用漆器始于 16 世纪，自 15 世纪从欧洲绕道非洲南端通向亚洲的新航路发现后，中、欧之间有了直接的海上贸易往来，比以前途经许多国家、耗时过多的陆上通道要更便捷、有效，且能运送大宗货物。而新航路之所以能在 15 世纪发现，原因之一是中国的指南针和远洋船制造技术随蒙古大军西征传到了欧洲。西欧沿海国家葡萄牙、西班牙、荷兰和英国在 16 世纪明代后期从海上相继东来，殖民于南洋及印度，最后将势力伸向东亚的中国和日本。1516 年葡萄牙人首先来中国广东，自是来者日众，再向闽、浙驻足，接踵而至者有西班牙人、荷兰人和英国人，他们将中国瓷器、漆器、茶叶、丝绸等物品装入船中，满载而归，进而以洋枪洋炮炫耀武力，贿通地方官员要求扩大通商、租借土地。与此同时，西方另一支先遣队传教士纷纷踏入中土，刺探各方情资，借机将西方宗教文化向东扩张，亦向西方介绍中国情况。中国漆器和髹漆技术知识最初就是通过传教士传入欧洲的。

明万历十年（1582）来华的意大利耶稣会士利玛窦（Matteo Ricci，1552 - 1610）在华 28 年，通华语着儒服，传教之际与中国士大夫广泛交往，是近代西方最早的中国通。他在华期间（1583—1610）用意大利文写的《中国札记》（*I cammentarj della Cina*）中谈到在欧洲鲜为一般大众所知的中国物品时，列举了茶、漆等。关于漆，他写道：

> 另一种值得详细记述的东西是一种特殊的树脂，是从某种树干取出来的。其外观和奶一样，但黏度和胶差不多。中国人用此物制备一种山达脂（sandarac）或涂料，

〔1〕 Gibb, H. A. R. *The travels of Ibn Battūta*, 1325 - 1354, 3 Vols. Cambridge University Press, for the Hakluyt Society 1958 - 1971. C. Defrémery et B. R. Sanguinetti（tr.）. *Voyages d'Ibn Battūta*, 5vols. Paris: Société Asiatique, 1853 - 1859；马金鹏译：《伊本·白图泰游记》（译自阿拉伯文原著），宁夏人民出版社 1985 年版，第 560 页。

〔2〕 *The travels of Marso Polo*, ed. Mamuel Komraff, 9th ed., New York: Grosset & Dunlap, 1932. p. 238.

他们称之为漆（cie），葡萄牙人则叫作 ciaco，它通常用于建房、造船和做家具时涂木材，可有深浅不同的颜色，光泽如镜，华彩耀目，摸上去非常光滑。涂料耐久，长时间不磨损。用它能容易仿造任何木器，颜色或纹理都很像。

利玛窦接下说：

中国人习惯在进餐时桌上不铺台布，……如果桌上失去光泽或被残羹剩饭弄脏，只要用水洗过用布擦干，马上就可恢复光泽，因为这层薄而坚硬的涂料足以防止污渍久留。出口这种特殊树脂产品很可能成为有利可图的事，但迄今好像还没有想到这一点，除上述漆外，还有从另一种树的子实得到的［桐油］，和漆很相似，用途也大致相同。后者不像漆那样细润，但其优点是产量更大得多。[1]

利玛窦上述著作 1616 年以拉丁文、法文本刊行，1617 年出版西班牙文版，1621 年有意大利文本及英文摘译本问世，现通行本为 1953 年英文本，1983 年转译成中文，我们引用时对译文做了少许改动。这里他谈到中国大漆的性状、来源、髹饰器物和漆器的优点等各个方面，还谈到漆工常用的从一种树子实中取出的油，实即桐油。油、漆和颜料是制造漆器的必要原料，但还需要有精湛的技术才能最终制出成品。利玛窦传达的有关中国漆和漆器的技术信息，在 17 世纪初期就应为欧洲一些国家的读者所知晓，并吸引人们作进一步探索与研究。

葡萄牙、荷兰商船运回中国漆器后，再转手贩至英、法等国，获利甚丰。为避开中间商，英、法等国在 17 世纪趁清初康熙二十三年（1683）解除海禁，在粤、闽开设外贸港口之机，派本国商船直接从中国进口瓷器、丝绸、茶和漆器等商品，18 世纪以后进口量大增。法国国王路易十四世（Louis XIV，le Grand Roi-Soleil，1638 - 1715）在位时（1643—1715）特别喜欢进口的中国物品，据 19 世纪法国历史家别列维奇—斯坦克维奇（H. Belevitch-Stankevitch）《路易十四时代法国的中国风尚》（*Le goût Chinois en France au temps de Louis* XIV. Paris，1910）一书所载，1701—1703 年法国商船"安菲特里特"号（Amphitrite）在从中国返航时特意运回大量漆器，包括美观的泥金彩绘漆制小型箱、衣柜、化妆盒、装饰架等，其中有些被选入宫廷中使用，另外部分则流入社会[2]。一时间巴黎人将舶来漆器统称为"安菲特里特漆器"（Vernis d'Amphitrite）。

人们从 17—18 世纪法国档案资料《王宫动产总目》（*Inventaire général du mobilier de la couronne*）、《1708 年凡尔赛宫用具清单》（*Inventaire des meubles du château de*

---

〔1〕　Ricci，Matteo. *China in the 16th century：The journals of Matteo Ricci*，1583 - 1610，translated from the Latin of Nicolas Trigault's *De Christiana expeditione apud Sinas*（1615）by Louis J. Gallagher，Vol. 1，Chap. 4，New York：Random House，1953；参阅何高济等译《利玛窦中国札记》，卷一第四章，上册，中华书局 1983 年版，第 18 页。

〔2〕　Belevritch-Stankevitch，H. *Le goût Chinois en France au temps de Louis* XIV，Paris：Jouve，1910. pp. 81 - 144.

Versailles de 1708) 及《宫内库藏用品账簿》(*Journal du garde-meuble de la couronne*,
1666 - 1672) 中可看到各种漆器名称、数量[1]，读之令人眼花缭乱。路易十四的情妇蒙
泰斯庞夫人 (Madame Montespan, 1641 - 1707) 收藏过不少中国漆器，而喜欢东方艺术
的皇太子卧室也陈设中国漆器。一度任路易十四的宰相的马扎兰 (G. Mazarin, 1602 -
1661) 以下的达官显贵及富家也加入收集进口的昂贵中国漆品的行列。当时法国商人迪沃
(Lazare Duveaux) 日记中几乎每页都载有"古董漆器"(curiesites vernis) 进账。1689 年
国王王兄发行奖券，奖品之一即中国漆木家具。法国重农主义经济学家里凯特 (Victor
Riquet，1715 - 1789) 在《人类之友或人口论》(*Ami des hammes ou traite sur la popula-
tion*，1756) 一书中曾斥责付出大量金币到处滥用进口精美漆品的奢侈浪费现象[2]。

德国史家赖希魏恩 (Adolf Reichwein) 20 世纪初查阅了柏林蒙彼茹 (Monbijou) 宫
所存旧时有关中国文物藏品目录，其中载有中国黑漆房子一间、瓷器室内有精雕紫漆木
器[3]。此宫为 17—18 世纪显贵家族霍亨索伦家族所有，故后来易名为霍亨索伦博物馆
(Hohenzollern Museum)，二战后已被毁。其他如申博恩 (Schönbrunn) 城的路德维希堡
(Ludwigsburg)、慕尼黑的旧王宫等处也有漆器陈列。普鲁士国王弗里德里希一世
(Friedrich I，der Stark，1657 - 1715，r.1701 - 1713)，旧译腓特烈大王，既爱好瓷器，
又爱好漆器。但德意志的漆器藏品在质量和数量上仍逊于法兰西，由法国掀起的"中国物
品热"，(chinoiserie) 很快就扩及西欧其他国家，包括多弗尔海峡彼岸的英国。

中国漆器传入英国始于斯图亚特王朝 (The House of Stuart，1603 - 1649，1660 -
1714)，主要是通过荷兰商船输入的，"中国物品热"也从这时出现端倪。英国人像法国人
一样喜欢中国丝织品，因价格昂贵，政府一度禁止进口，但有一种商品例外，即漆器，例
如查理二世 (Charles Ⅱ，1630 - 1685) 的情妇普茨茅斯公爵夫人 (Duchess of Ports-
mouth) 以进口的漆屏风和漆柜布置于其买下的豪宅[4]。英国进口物昂贵，是因受荷兰
中介商的盘剥，当英国东印度公司 1684 年起在广州和浙江宁波建立对华贸易关系后，就
可直接将其所需商品运回国内，漆器等中国货的价钱便相应降了下来。因此至权臣沃波尔
(Sir Robert Walpole，1676 - 1745) 1715—1742 年主政期间，拥有漆器的人越来越多，如
任职于英政府的耶鲁 (Elihu Yale，1648 - 1721) 终生致力于东方艺术品收藏，其中包括
漆器。

中国漆器虽美，运至欧洲仍只供富贵之家享用，欲使其进入寻常百姓家，必须引进中
国技术就地制造。早在 17 世纪欧洲人就开始试图探索中国制漆器的技术秘密，并进而仿

---

〔1〕 Belevritch-Stankevitch，H. *Le goût Chinois en France au temps de Louis* Ⅺ，Paris：Jouve，1910. pp. 81 -
144.

〔2〕 Belevritch-Stankevitch，H. *op. cit.*，pp. 84 - 144.

〔3〕 Reichwein，Adolf，*China and Europe. Intellectual and artistic contacts in the 18th century*，translated from
the German (China und Europe：*Geistige und kùnstlishe Ziehungen in 18 Jahrhundert*. Berlin，1923) by J. C. Powell，
Chap. 2. Rococo. New York：Knopf，1925；朱杰勤译：《十八世纪中国与欧洲文化的接触》，第二章，罗柯柯艺术，
商务印书馆 1962 年版。

〔4〕 Appleton，William W. *A cycle of Cathay. The Chinese vogue in England during the 17th and 18th centu-
ries*. New York：Columbia University Press，1951. pp. 91 - 92.

制，经几代人努力，终于在 18 世纪获得成功。1688 年英国人斯托克（John Stalker）发表欧洲第一部漆工专著《漆工及髹漆论》（*Treatise of japanning and varnishing*），对中国大漆的加工、制漆器及油漆彩绘、装饰作了介绍。但书名中将髹漆称为"jappannig"用词欠妥，现已改为 lacquering，正如英国史家阿普尔顿（William W. Appleton）所说，斯托克"权且选用'japanning'这个术语，部分原因是人们粗心地将东方国家混淆起来，部分原因是漆家具最初于 1602 年由同日本有大量生意的荷兰东印度公司运来的。后来谈到华美装饰的漆桌和柜时，就逐步联想到日本而非中国，虽然这些家具是从这二个国家进口的"[1]。英国人那里造成的误会在于不知道中国是漆艺和漆器的原创国和最初出口国，日本不过是支流，因而 japanning 一词今已废用。但英国人将瓷器称为 china 这个词现在还用。

1697 年意大利人博纳尼（Phil Buonanni）以拉丁文写出有关中国漆的长信，1709 年在罗马发表[2]。1720 年罗马出版意大利文专书，内容为应爪尔特里修道院院长（Abbate Sebastiano Gualtieri）贾科莫（Cavaliere di S. Giacomo）提问做出的有关从中国进口漆的论述[3]，1731 年再版，1723 年译成法文刊于巴黎。在获得中国漆器制造的基本知识后，下一步要做的事是动手试验。17 世纪时罗马的奥斯丁派（Augustine）僧侣欧斯塔基奥（Eustachio）曾试制过漆器，因不得要领，其产品未能打入市场。路易十四时代的巴黎工匠马丹（Martin）四兄弟经过潜心研究，获得技术突破，1730 年取得完全成功，尤以罗贝尔·马丹（Robert Martin）成就最大。其产品严格按中国漆器模式仿制，并批量生产，在社会上受到欢迎[4]。

法国文豪伏尔泰（Voltaire，1694－1778）

图 4—38　18 世纪前半叶法国人罗贝尔·马丹（**Robert Martin**）仿制的中国漆器

在诗中盛赞马丹的漆柜可与中国产品比美。法国路易十五（Louis，XV，1710－1774）宠妾蓬帕杜尔侯爵夫人（Marquise de Pompadour，1721－1764）1752 年向罗贝尔·马丹订购了大批漆器，用来装饰其贝勒维埃宫（Bellevue）。路易十五时任教育国务委员和宰相（1723—1726）的亲王波旁公爵（Duc Louis Henri de Bourbon，1692－1740）还在其宫中地下室设实验室和工厂，按中国进口产品款式仿造漆器和色丝，打上"à la Chine"（"中

〔1〕　Appleton，William W. *A cycle of Cathay. The Chinese vogue in England during the 17th and 18th centuries*. New York：Columbia University Press，1951. pp. 91－92.

〔2〕　Buonanni Philip. *Museum Kircherianum*，in-fol.，Rome，1707. p. 233.

〔3〕　*Trattato sopra la vernice della communemente Cinese in risposta data all'illmō Abbate Sebastiano Gualtieri，Cavaliere di S. Giacomo*，Roma，1720.

〔4〕　Belevitch-Stankevitch，H. *Le goût chinois en France an temps de Louis* XV，Paris，1910. pp. 81－144.

国制造"）标签，用以聚敛钱财。

法国漆器的名声很快传到国外，普鲁士国王弗里德里希一世将罗贝尔·马丹之子请到宫中制造漆器。不伦瑞克（Brunswick）城的德国年青人施托布瓦瑟尔（Stobwasser）偶然得知法国人的制漆方法后，决定自己试制，1757 年制成优质漆器，1763 年他得到特许在不伦瑞克建立漆器厂，仿制来自中国的产品，在漆器上加绘中国山水、人物画，并研制以纸为胎质的薄而轻的漆器，其产品也远近闻名[1]。此后，荷兰和意大利威尼斯也有了自己的漆器厂。

图4—39　18世纪中叶法国仿制的中国漆橱
引自 Reichwein（1923）

种种迹象表明，法国等欧洲国家漆器厂所用基本原料大漆、桐油和某些颜料、染料是从中国进口的，因为这些植物并不在欧洲生长。待这些原料海运到欧洲后，再由漆工按中国方法加工处理和配制。随着漆器产量的增加，对原料需求与日俱增，于是人们想到把这些植物移植到欧洲本土，即可大大节省成本。法国在华耶稣会士应本国要求在华调查漆树生长及种植情况，然后写回报告。1735 年巴黎耶稣会士杜阿德（Jean Baptiste du Halde，1674 - 1743）主编的四卷对开本《中华帝国通志》（*Description de l'Empire de la Chine*）卷二第173—177 页以 16 页篇幅收入题为《关于中国漆》（*Du vernis de la Chine*）的长篇报道[2]。书中没有指出这篇报道的作者是谁，但其内容是相当翔实的，我们推测可能出于法国人殷弘绪（François Xavier d' Entrecolles，1664 - 1741）或巴多明（Dominique Parrenin，1665 - 1741）之手。此书

法文本多次再版，并很快有英文本（1736）、德文本（1747—1749）和俄文本（1774—

〔1〕　Reichwein, Adolf, *China and Europe. Intellectual and artistic contacts in the 18th century*, translated from the German (China und Europe：*Geistige und künstlishe Ziehungen in 18 Jabrhundert*. Berlin，1923) by J. C. Powell, Chap. 2. Rococo. New York：Knopf，1925；朱杰勤译：《十八世纪中国与欧洲文化的接触》，第二章，罗柯柯艺术，商务印书馆 1962 年版。

〔2〕　du Halde J. B（ed.）. Du vernis de la China. *Description de l'Empire de la（Chine）*，tom. 2. Paris：Imprimeur-Libraire，1735. pp. 173 - 177.

1777)，风行于全欧洲。

对植物学有专门研究的法国耶稣会士兼巴黎科学院通讯院士汤执中（Pierre d'Incarille，1706－1757）1740年来华后，多年研究中国植物，写过《关于中国漆的研究报告》（*Mémoire sur la vernis de Chine*），并将漆树标本及种子寄回本国。1760年法国《皇家文字学与文学研究院院报》第15卷收入他的这篇专题报告[1]。1814年法国人所编有关中国技术的著作中，此报告又重新转载并附彩图。此前，1745年他还编有《中国植物小辞典》，原稿现藏巴黎天文台，他作为大植物学家朱西厄（Bernard de Jussieu，1699－1777）的门生，在华期间与老师保持密切通信联系，帮助收集大量植物标本。乾隆十八年（1753）他任清宫园艺师后，对北京地区植物作了系统研究，其手稿现藏巴黎国家图书馆。

乾隆二十四年（1759）来华的法国耶稣会士韩国英（Pierre-Martial Cibot，1727－1780），基于实际调查写成《对可能使法国得到并获益的中国植物、花卉和树木的考察》（*Observations sur les plants，les fleurs et les arbres de Chine qu'il est possible et utile se procurer en France*）的长篇研究报告，1786年发表在由布雷蒂耶（Gabriel Bretier，1723－1789）等人所编《中国论考》（*Mémoires concernat les Chinois*）卷11第183—269页，其中介绍了漆树、竹、梨、雪松和樟脑树等[2]。同卷第298—304页还收入有关油桐（*Aleurites fordii*）及桐油的专门介绍，执笔人为乾隆三十六年（1767）来华的法国耶稣会士金济时（Jean-Paul Louis Collas，1735－1781）。上述韩国英的报告写于1772年，1786年发表时没有附加插图。实际上他将稿件寄回时是附有画册的，可能将稿与图分送两处，未能会合。画册现藏巴黎自然史博物馆，而手稿则藏于巴黎国家图书馆[3]。

由此可见，18世纪欧洲生产漆器的大国法国在引种漆树和油桐树方面下过不少工夫，但植物学家在引种方面没有收到预期效果，还是因为当地没有适合生长的自然条件，英、德也如此。18—19世纪人们可以在巴黎植物园或伦敦的丘园（Kew Gardens）看到几株漆树，却不能在田野上看到成片的漆树林。然而中国油桐却成功引种到西方，1902—1904年美国驻汉口领事韦礼康（L. S. Wilcox）将桐种寄到本国在加州及佛罗里达等州试种成功，1920年代在英属澳大利亚、南美洲阿根廷和乌拉圭等国大片种植，然在法国仍未成林[4]，法国在引种中国生长的漆树不成后，19世纪又尝试引种越南漆树，而英国人尝试引种印度和缅甸漆树（*Rhus ambignalav*）但均以失败告终。油桐树也在欧洲水土不服，

〔1〕 d'Incaville, Pierre. Mémoire sur le vernis de Chine. dans: *Mémoires de l'Académie Royale des Inscriptions et Belles- Lettres* (Paris)，1760，tom. 15. p. 117. 这篇报告还于同年发表在皇家科学院专为海外学者提供的研究论文集第3卷中。

〔2〕 Cibot, Pierre-Martial, Observations sur les plants, les fleurs et les arbres de Chine qu'il est possible et utile se procurer en France, dans: Bretiel et al.（éd.）. *Mémoires concernant les Chinois*, tom. 11. Paris, 1760. pp. 183 - 269.

〔3〕［法］罗莎（Rochat de la Vallée，Elisabeth）著，耿昇译：入华耶稣会士与中草药的西传，见《明清间入华耶稣会士和中西文化交流》，巴蜀书社1993年版，第287—289页。

〔4〕 贺阊、刘瑚：《桐油与桐树》（汉口，1934）；Liu Hu. *A new industry of the New World. A report about the tung oil production in the USA*, submitted to the Chinese Educational Mission（1933）.

因而在进口中国生漆的同时，还要再进口中国桐油，或以亚麻子油代之。使他们欣慰的是，髹漆所用颜料和染料基本可就地供应，有的蓝紫黄染料植物从中国引种后，在法国南方长势良好。

中国漆器及其仿制品在欧洲的传播于 18 世纪达到高潮后，"chinoiseries"或广义上的"中国热"习尚虽逐渐降温，但进入 19 世纪以来漆器仍受到欧洲人青睐，继续从中国进口。研究作品也接连出现，如 1829 年英国人在印度加尔各答创立的《科学拾遗》杂志（*Gleanings in Science*，1829，1：172 - 173）上发表"缅甸人使用的中国油漆及其与中国漆器的油漆可能是相同的"一文。英国化学家普林西普（J. Prinsep）的"中国漆的分析"（*Analysis of the Chinese varnish*）1832 年发表在印度加尔各答（Culcatta）出版的《孟加拉亚洲学会会报》（*Journal of the Asiatic Society of Bengal*，1832，1：183 et seq. ），文内研究了大漆的组成性质等。1874 年巴黎《风土驯化学会学报》（*Bulletin de la Société d'Acclimatation*，1874，Ⅲ^e Sér，1：85 - 88）发表"漆器、油漆制法、调配及应用"（*La lacquer，manière de l'obtenir，préparation et application*）一文。1892 年法人迪莫捷（G. Dumoutier）在越南河内出版《越南、中国和日本漆器产品和油漆研究》（*Etude sur les produits du Tonkin. La laque et les huiles à laquer*，Tonkin，Chine et Japon）小册子共 40 页。1893 年格里扎尔（Jules Grisard）在《风土驯化学会学报》（Ⅱ^e sem：333 - 335）发表"中国漆器工业"。法国化学家贝特朗（G. Bertrand）在巴黎《化学与物理学年鉴》（*Annales de Chimie et de Physique*，1898，12：115）发表对越南生漆成分的研究，提出中、越两国漆的主要成分都是漆酚，除此还含漆酶。此后他在这方面作了一系列研究，而美、日等国学者也加入这一行列。

欧美植物学家在引种漆树方面的无能为力，却使化学家有了用武之地。由于他们的介入和孜孜不倦的努力，在 19—20 世纪弄清了大漆主要成分的结构原理，氧化聚合机制、油与漆的合理调配及影响漆膜形成的因素等等，从而揭开了千年来一直不解的中国漆器何以有如此优良性能的神秘面纱，为化学家寻求其代用品提供了可供仿制的标本。由于天然漆的短缺，走合成漆之路是不得已而为之的。中国漆器和髹漆技术的西传和各界对涂料的需求，促进了 19 世纪后半叶以来新兴学科高分子化学和涂料技术的快速发展，化学家利用新近积累起来的有关有机物大分子的聚合和催化反应知识，作了大量探索性实验。这些实验在 20 世纪初结出硕果，制成人造漆、合成树脂，并将其与干性油、溶剂和颜料配成"调和漆"（ready mixed paints），实现工业化生产。"调和漆"的英文含义是"已经调制好的漆"，就是说涂料合理配方和生产技术由先前油漆工匠手中转移到有连续作业程序而于 1920—1930 年最先在英国和德国建立的涂料工厂，其产品应用于各个领域。与此同时，对天然漆改性、结构和合成的研究仍在深入进行，有望在 21 世纪内得以解决。即令如此，由天然漆作成的漆器具有永久的魅力，将继续被人们所喜爱。正如有了用合成塑料作成的杯盘之后，人们还是不能抛弃瓷器一样。目前中国漆器仍作为高级工艺美术品向各国出口。

三　中国炼丹术的起源及其西传

（一）中国炼丹术的起源

化学科学作为研究物质组成、性质、结构及其变化规律的严密而复杂的知识体系，是现代自然科学重要基础部门之一，其理论及实际意义以及重要性正与日俱增。科学的化学是 17 世纪首先在欧洲发展的，然其历史渊源由来已久，至少可以追溯到两千多年前中国汉代的炼丹术，因为它是化学在中世纪的主要表现形式，而近代化学是在此基础上逐步发展起来的。研究近代化学史，必须从炼丹术谈起。中国是炼丹术的原创国家，了解中国炼丹术，有助于探索近代化学的历史源头。本文讨论中国炼丹术的起源及其西传，并顺便介绍 chemistry（"化学"）一词源自中国说。

在讨论炼丹术起源之前，有必要为它下个定义。传统上所谓的炼丹术，是指企图借物质间可相互转变的思想，通过点化剂的作用，将普通金属或矿物质人工制成药金服食后令人长生不老的方术。在我们给出的这个炼丹术定义中，含有三个必不可少的要素：（1）**长生思想**：这是中国传统文化中独具特色的思想意识，不但希望在今世中健康无病，还企盼长生不老，构成炼丹术想要实现的最终目标和人生理想境界，炼丹家的心气是很高的。（2）**物质间相互转变的思想**：这是将普通金属或矿物质制成长生不老药所依据的理论基础。（3）**点金剂概念**：这是促使普通金属或矿物质能制成长生不老药的催化剂，也是使物质间相互转变思想得以实现的必要手段，同时它本身还是人造药金，具有双重功能。药金有液态及粉状两种剂型，前者称为"金液"，后者称为"金丹"或"还丹"。只有具备上述三项要素者，才可称之为炼丹术。炼丹家为求长生，还有修炼所谓"内丹"的方法，内丹主要以引导、吐纳、辟谷等养身方法健身，而用化学方法炼制不老药之法则称为"外丹"。

早在公元前 3 世纪战国（前 476—前 222）末年即有传闻，北方燕（今河北）、齐（今山东）海上有仙人掌握不死之方。于是便有方士向希望成仙的统治者建言，派人去海岛上仙人所在之地求不死之药。战国时思想家韩非（前 280—前 233）《韩非子·外储说左上》（约前 255）称："客有教燕王为不死之道者。"[1] 公元前 6 年成书的《战国策·楚策》也载"有人献不死之药于荆王"[2]。西汉史家司马迁（约前 145—前 86）《史记·封禅书》（前 90）更载，传闻燕齐海中有蓬莱、方丈及瀛洲三神山，"诸仙人及不死之药皆在焉"[3]。大概由于这一带时而出现海市蜃楼（mirage）现象，古人不解其成因，遂产生海上有仙境的错觉。秦始皇灭六国，建立一统天下的封建王朝后，这位大秦帝国（前 221—

---

〔1〕（战国）韩非：《韩非子》卷十一，《外储者说左上第三十二》，《百子全书》本第 3 册，浙江人民出版社 1984 年版，第 2 页。

〔2〕《战国策》卷十五，《楚策》，排印本中册，上海古籍出版社 1978 年版，第 564—565 页。

〔3〕（汉）司马迁：《史记》卷二十八，《封禅书》，二十五史本第 1 册，上海古籍出版社 1986 年版，第 174 页。

前 207）的皇帝更想长生久视，《史记》说始皇二十八年（前 219）"齐人徐市等上书言海中（今山东渤海）有三神山，名曰蓬莱、方丈、瀛洲，仙人居之，得斋戒与童男女求之。于是遣徐市发童男女数千人入海求仙人"[1]。虽破费很大，终不可得。有人便以植物性草药如灵芝（*Ganoderma lucidum*）充当仙药，仅可医治一些疾病，并不能使人长生。

秦末汉初（前 221—前 189），方士乃一反战国燕齐前辈所为，起而以人工方法炼制成矿物性丹药，以固态药丸"金丹"及液态悬浮物"金液"两种剂型服之，以求长生之道。从而摆脱过去至海岛上求药的被动局面，有积极主动性。这是化学知识、药物学知识和采矿冶金技术积累的结果。服食后确实使人一时亢奋，也产生其有特异药效的错觉。炼丹术就在这一背景下产生，且得到统治者支持，故而迅速发展。长生观念虽早已扎根于中土，不过对平民而言，可望而不可求，只要温饱便已心满意足；但对统治阶级而言则是渴望而必求之，只要能长生，不惜动用一切人力、物力。炼丹家借机渲染神仙说，鼓动对其所炼丹药的追捧，造成社会声势，以利自身事业的发展。因而我们看到中国最早的炼丹家李少君（前 210—约前 133）于西汉武帝刘彻（前 156—前 87）刚即位时于公元前 140 年正式亮相于历史舞台。《史记》卷十二《孝武本纪》和卷二十八《封禅（shàn）书》对此写道：

> 今天子初即位，尤敬鬼神之祀。元年（前 140），汉兴已六十余岁矣，天下又安，搢绅之属皆望天子封禅。……是时，李少君亦以祠灶、谷道、却老方见上，上尊之。少君者，故深泽侯舍人，主方［药］。匿其年及其生长，常自谓七十［岁］，能使物、却老。其游以方，遍诸侯，无妻子。人闻其能使物及不死，更馈遗之。常余金钱、衣食，人皆以为不治生业而饶给，又不知其何所人，愈信争事之。少君资好方，善为巧发奇中，尝从武安侯饮，坐中有九十余［岁］老人，少君乃言与其大父游射处，老人为儿时从其大父识其处，一坐尽惊。少君见上，上有故铜器问少君。少君曰，此器齐桓公十年（前 676）陈于柏寝。已而按其刻，果齐桓公器，一宫尽骇，以为少君神数百岁人也。少君言上曰："祠灶则致物，致物而丹砂可化为黄金。黄金成，以为饮食器，则益寿。益寿，而海中蓬莱仙者乃可见，见之以封禅，则不死……"于是天子始亲祠灶，遣方士求蓬莱安期生之属，而事化丹砂诸药剂为黄金矣。居久之，李少君病死，天子以为化去不死，而使黄锤、史宽舒受其方。[2]

对上述大段话某些词句需要解说。"祠灶"字面含义是祭祀灶神，古代炼丹家通常在炼丹炉旁祭祀，是例行仪轨，只有象征意义，此处转义为炼制丹药。"谷道"即辟谷之道，指不食五谷而行导引的气功养身术。深泽侯为齐人赵将夜（前 240—前 175 在世）此人汉

---

〔1〕（汉）司马迁：《史记》卷六，《秦始皇本纪》，二十五史本第 1 册，上海古籍出版社 1986 年版，第 30 页。

〔2〕《史记》卷十二，《孝武本纪》二十五史本第 1 册：第 50 页；卷二十八，《封禅书》，二十五史本第 1 册：第 175 页。

初率众降汉，汉高祖八年（前 199）封为深泽侯，驻中山国深泽县[1]。"善为巧发奇中"指善于寻机巧发奇言而能应验，收一语惊人之效。武安侯指田蚡（约前 174—前 131）为汉武帝皇舅，帝即位（前 140）初封为武安侯，任太尉，与丞相魏其侯窦婴共掌朝中政事[2]。武帝所藏的青铜器，原本陈设于齐国帝王陵寝区内。齐景公与卿大夫晏婴（约前 573—前 500）游于少海，登柏寝之台而还望其国[3]，此台在齐国青州[4]，即陈列青铜器之处。"祠灶则致物"意为祀灶能招致神灵帮助物质变化，不过是炼丹术士一种说辞，实际上成事在人。"致物而丹砂可化为黄金"字面意思是物质一旦发生变化，丹砂（cinnabar，硫化汞，HgS）即变成黄金。而实际上两汉之际（1 世纪）成书的《黄帝九鼎神丹经》所列九种饵服长生丹药并非黄金，而是硫化汞、氧化汞、氧化铅、硫化砷或其混合物[5][6]，实乃人造药金（artificial medicaurum）。"药金"一词一直没有令人满意的西文译名，笔者拟译为 *medicaurum*，由拉丁文 *medicamentum*（药）及 *aurum*（金）两个词头组合而成。

　　"遣方士求蓬莱安期生之属"中的安期生，确有其人。《史记·乐毅列传》载安期生从战国末河上丈人受黄帝、老子之学[7]，则当为公元前 3 世纪秦末汉初时人。《前汉书·蒯通传》载，蒯通（本名蒯彻，前 244—前 186 在世）与安其生（即安期生）友善[8]。旧题汉人刘向（前 77—前 6）《列仙传》及晋人葛洪《神仙传》称安期生为齐国琅玡（今山东）人，卖药海上，向齐人李少君传神丹炉火之方[9][10]。至于黄锤与史宽舒，《汉书·郊祀志》魏人孟康（194—250 在世）注曰："二人皆方士也"[11]，就是说皆为炼丹术士。经以上考证、诠释后，我们便对《史记·孝武本纪》及《封禅书》有了更清晰的理解：

　　公元前 140 年汉武帝刘彻（前 156—前 87）刚即位时，齐临淄（今山东）人李少君持神丹炉火方、辟谷养生方及长生不老方来见武帝，受到尊信。此人原本是已故中山国深泽侯赵将夜府内掌管方药的舍人，景帝时（前 156—前 141 在位）侯门衰落，少君便离去。听说新天子即位，信奉鬼神而正需方士，即前往首都长安发展。他匿其出生地所在及过去经历，以其秘方游走于各诸侯府。人们听说他能借鬼神之功使物质变成不老药，便以财物相赠，但不知其来路，只相信他有本事而争相请之。李少君凭拥有秘方，又善于寻机巧发

　　〔1〕《史记》卷十八，《高祖功臣侯年表》，二十五史本第 1 册，第 116 页。

　　〔2〕《史记》卷一〇七，《田蚡传》，二十五史本第 1 册，第 315 页。

　　〔3〕（战国）韩非：《韩非子》卷十三，《外储说右上第三十四》，《百子全书》本第 3 册，浙江人民出版社 1984 年版，第 1 页。

　　〔4〕《史记》卷十二，《孝武本纪》（唐）张守节注引（唐）李泰：《括地志》，二十五史本第 1 册，第 50 页。

　　〔5〕（汉）上清真人：《黄帝九鼎神丹经》（1 世纪），收入（明）正统年间（1445）刊《道藏·洞神部·众术类》刊本影印本，第 584 册，上海涵芬楼 1926 年版。

　　〔6〕赵匡华：《中国科学技术史·化学卷》，北京科学出版社 1998 年版，第 240 页。

　　〔7〕《史记》卷八十，《乐毅列传》，二十五史本第 1 册，第 275 页。

　　〔8〕（汉）班固：《前汉书》卷四十五，《蒯通传》，二十五史本第 1 册，第 569 页。

　　〔9〕参见（唐）李昉：《太平广记》（978）卷九，《李少君》，《笔记小说大观》本第 2 册，广陵古籍刻印社 1983 年版，第 28 页。

　　〔10〕《前汉书》卷二十五上，《郊祀志》，（唐）颜师古注引《列仙传》，二十五史本第 1 册，第 485 页。

　　〔11〕《前汉书》卷二十五上，《郊祀志》，魏人孟康注，二十五史本第 1 册，第 485 页。

奇言而能应验，尝在武安侯田蚡府上与之饮酒。座上有一九十岁老人，少君便说曾与老人祖父在某处游射，老人儿时随祖父到过此地，与少君所说相符，一座人尽惊。看来李少君事先已打探到此老人家世，再在酒宴上突发奇言。田蚡遂将此奇人举荐给武帝。

少君入宫见上，帝座旁有一古代青铜器，帝问他是否认识此器。他脱口说此为春秋时齐桓公十年（前676）时陈设于柏寝台上之物。核对器上铭文后，果然应验，一宫尽骇，以为少君乃数百岁神仙也。因为少君为齐人，可能早就从文献及传闻中知道齐国此器形制及年代，或事先探知宫中陈设情况，因再出奇言以惊人。此时帝已决定将他留在宫中。少君接下进言：陛下如愿在丹鼎旁参加祭祀仪式，便能招来鬼神相助，使炉内物料发生变化，将丹砂化为黄金（实为黄色药金），再以其作成饮食器进食，即可延年益寿，有机会会见东海蓬莱岛上仙人。再祭祀天地鬼神（"封禅"），就将长生不死。于是天子始亲自参加祭祀，又派人访求岛上仙人安期生等人。当然这一点是做不到的，因此时该人早已谢世，因而武帝便热衷将丹砂等药料化为药金之事了。在宫内久往之后，李少君病死，天子还以为化去不死，使随他炼丹的黄锤与史宽舒二方士记录下他的秘方。少君言行虚虚实实，有神仙说的虚幻说教，也有确实的化学实验，这是所有炼丹家共同具有的双重性格特点，中外概无例外。

图4—40　中国古代炼丹图
潘吉星设计，张孝友绘（1979）

中国炼丹术自成独立体系，源远流长，是中国本土文化的产物。司马迁笔下所述李少君是正史中留有真实姓名和事迹的炼丹术第一代代表人物，他在世前后的汉晋时期，炼丹术专著接连问世，理论体系更趋于完备。其中较重要的几部书值得在这里作一简介。两汉之际（1世纪），署名上清真人写的《黄帝九鼎神丹经》，是最早一批炼丹术专著之一，顾名思义，该书介绍九种长生丹药的名称、制法、所用原料及主要反应设备。其原文虽已不传，但其主要内容已收录在唐代流传下来的《黄帝九鼎神丹经诀》（659—686）之中。该书卷一写道：

　　凡欲长生而不得神丹、金液、徒自苦耳。……服神丹令人神仙度世。……以一铢

　　丹华投汞一斤若（或）铅一斤，用武火，渐令猛吹之，皆成黄金也。[1]

从这里清楚传达了三个理论信息：（1）神丹或丹药用量虽少，却可使大量物质发生变化，能点化贱金属成黄金。（2）服食丹药可令人长生成仙，因而具有点金剂及长生药双重功能。（3）投入丹药使物质间相互转变的思想能够实现。由此可见炼丹术的基本理论至迟在1世纪已经具备。1世纪问世的《太清金液神丹经》，是有关金液、神丹的最早专著，而这正是炼丹术的主要研究对象。此书有东汉新野道士阴长生（140—200在世）所写的诠释[2]。

　　炼丹术为求得立足，还与汉初统治者推崇的"黄老之术"以及由此发展而成的本土宗教道教结合，因而炼丹家都成了道士。同时炼丹家还从儒家典籍《周易》中吸取阴阳学说作为思想养料充实其理论。如《黄帝九鼎神丹经》说："太阴者铅也，太阳者丹也。"西汉末（1世纪初）成书的《太清金液神气经》说："开元回化，混尔而分，阴阳屡变，其道自然。"[3] 这种情况在东汉炼丹家魏伯阳（102—172在世）《周易参同契》（142）中表现得最为明显。他主张周易、黄老及炼丹三者应合而为一，阴阳诸药搭配得当，才能炼成丹药。他还解释"服金者寿如金"的原因在于"金性不败朽，故为万物宝。术士服食之，寿命得长久"[4]。魏伯阳还提出一种创见：

　　　　变化由其真，始终自相因。欲作服食仙，宜以同类者。……端绪无因绿，度量失操持。……杂性不同类，安肯合体居。千举必万败，欲黠反成痴。[5]

这是说，参与反应的物质之间必须有某种因缘或本质上的同类性，炼丹才能成功。例如由丹砂（HgS）炼金，是因丹砂含水银，而水银与金有缘，能与金制成汞齐，又似水如银，与金同为金属，有某种同类性，如以云母与礜石（含砷矿石）反应，必炼不成丹，因二者无缘也非"同类者"。此处表露的思想与18世纪欧洲化学家提出的亲和力学说（theory of affinity）类似[6]。按此学说，物质间亲和力大者反应倾向及反应能力也大[7]。

　　东晋炼丹家葛洪（284—363）《抱朴子》（约320）对西汉以来炼丹术作了文献总结，系统发展了炼丹术理论，归纳起来有以下几点：（1）古人早已观察到自然界万物中，黄金具有不朽性、耐火烧、拒腐蚀。炼丹家为求长生，便有"服金者寿如金"的思想，但没有说出其所以然的道理。为此葛洪解释说：

---

　〔1〕《皇帝九鼎神丹经诀》卷一，《道藏·洞神部·众术类》，涵芬楼影印本第584册。
　〔2〕《太清金液神丹经》，（汉）阴长生注本，《道藏·洞神部·众术类》，涵芬楼影印本第583册。
　〔3〕同上。
　〔4〕（汉）魏伯阳：《周易参同契》，《丛书集成初编》本第550册，上海商务印书馆1936年版，第9页。
　〔5〕《周易参同契》，《丛书集成初编》本第550册，第10—11页。
　〔6〕［日〕岛尾永康：《中国化学史》（日文版），东京：朝仓书店1995年版，第174页。
　〔7〕Leicester, Henny M. *The historical background of chemistry*. New York：Wiley & Sons, Inc., 1956. pp. 126 -127.

> 黄金入火，百炼不消，埋之毕天不朽，服此……炼人身体，故能令人不老不死，此盖假求于外物以自坚固，有如脂之养火而不可灭，铜青涂脚，入水不腐，此是借铜之劲以捍其肉也。[1]

"假求外物以自坚固"是葛洪最先提出的并成为中国炼丹术普遍信奉的丹药理论，其核心思想是通过服食黄金而将其不朽性成分扩散至人体内各部分，从而使人也像黄金那样不朽而永生。有如蜡烛和油灯因有油脂养火而不灭，将铜青（碱式碳酸铜）涂在脚上，入水后借其杀菌作用而不腐烂，借铜的抗腐力而保护脚那样，外敷药尚且如此，何况"金丹入身中，沾洽荣卫，非但铜青之外傅矣"。

（2）既然服入黄金（自然是以粉状形态）能令人长生，那么炼丹家是否吞食自然界的真金或炼作之金或类似金的合金呢？回答是否定的。因为这样的金粉进入体内后，是不能消化与吸收的，而且往往害人，盖人体乃"血肉之躯，水谷为赖，可能堪此金石重坠之物久在肠胃乎？"[2] 有人确实因此丧生，可谓愚也矣。其次，葛洪解释说，世间道士皆贫：

> 故谚云，无有肥仙人、富道士也。师徒或十人或五人，亦安得金银以供之乎？又不能远行采取，故宜作也。又化作之金，乃是诸药之精，胜于自然者也。仙经云：丹转生金，此是以丹作金之说也。[3]

"化作之金胜于自然之金"是葛洪提出的成为此后中国炼丹术信守的另一理论观念，也是其实践上追求的目标，因为经丹家人工炼制出的金含诸药之精华，既能被吸收，药效又大，故而胜于自然金，他所谓"化作之金"具体说即还丹和金液，因此又说：

> 余考览养性之书，鸠集久视之方，曾所披涉篇卷以千计矣，莫不以还丹、金液为大要者焉。然则此二事，盖仙道之极也。服此而不仙，则古来无仙矣。[4]

（3）葛洪反复强调和论证炼丹术的两大理论支柱：物质嬗变说及点金剂概念，使之深入人心。他谈到自然界各种物质变化时写道：

> 倏忽而易旧体，改更而为异物者，千端万品，不可胜论。……变化者乃天地之自然，何为嫌金银之不可以异物作乎。……俗人以刘向作金不成，便云天下果无此道。是见田家或遭水旱不收，便谓五谷不可播殖得也。……以铁器销铅，以散药投中，即

---

〔1〕（晋）葛洪：《抱朴子·内篇》卷四，《金丹》，《丛书集成初编》本第 562 册，上海商务印书馆 1936 年版，第 54 页。

〔2〕（明）李时珍：《本草纲目》（1593）卷八，《金石之一·金》，上册，人民卫生出版社 1982 年版，第 461 页。

〔3〕（晋）葛洪：《抱朴子·内篇》卷十六，《黄白》，《丛书集成初编》本第 564 册，第 297 页。

〔4〕《抱朴子·内篇》卷四，《金丹》，《丛书集成初编》本第 562 册，第 51 页。

成银。又销此银，以他药投之，乃作黄金。[1]

（4）炼丹家既然掌握了人工炼制金银之法，意味着他们有了发财致富的机会。对此，葛洪极力规劝丹家杜绝这种念头，他说：

> 至于真人作金，自欲饵服之致神仙，不以致富也。[2]

这就为炼丹家设置了职业道德底线或行规，许多人都能抵制诱惑，坚持道德底线。以李少君、魏伯阳和葛洪为代表的丹鼎派一直是中国炼丹术的主流派，中国正宗炼丹术坚持炼制丹药使人保持健康长寿的方向，开后世医化学和化学治疗之先河。

西汉之际当炼丹术以强劲势头发展之际，社会上有少数人包括从炼丹方士中分化出来的人，利用炼丹术所用原料、设备和技术成果，以制造伪金伪银为目的的黄白术或炼金术，也如影随形地兴起。这对丹鼎派正宗炼丹术而言是旁门左道，因为它偏离了追求健康长寿的方向，以行骗世人、造伪金为目的。虽非正道，但有一定市场，早在西汉即已出现。汉景帝时期（前156—前141）民有伪造黄金者，遂于中元六年（前144）"定伪黄金弃市律"[3]。武帝时皇叔淮南王刘安（前179—前122）有夺大位的野心，曾招揽方士秘密制造伪金伪银，并有《枕中鸿宝秘苑书》"言神仙黄白之术"。[4]汉晋以后，炼金术进一步发展，炼金术士对其方术严守秘密，虽有专书流传下来，多不肯和盘托出。但因其利用炼丹术技术成果，从各种论药金、药银的炼丹书中反倒能寻出黄白术的蛛丝马迹。其所造伪金伪银大体说有两大类，第一类是颜色类似金银的贱金属合金，如以铜与锌矿炼成铜锌合金黄铜（brass，Cu-Zn），以铜与砷镍矿合炼成银白色的铜镍合金白铜（packtong or cupro-nickel），或以汞与锡制成银白色的汞齐，等等。第二类是在贱金属或其合金表面上涂以金的颜色，如将金汞齐涂在铜上，再将汞蒸去，金便镀在铜的表面，以少量金掩盖大量铜，诸如此类。宋以后，黄白术伎俩已被识破，受到社会谴责而渐衰落。

但炼丹术一直保持发展势头，继葛洪之后出现了陶弘景（456—536）和孙思邈（581—682）这样的大师级人物，他们既是炼丹家又是出色的医药学家，而且在这两个领域内都有著作问世。在他们身上体现了中国炼丹术与医药学紧密结合的传统，为隋唐炼丹术大发展打下基础。唐代自太宗以下一些帝王热衷服食丹药而求长生，结果一个个提前离开人世。因为这类药中含有硫、汞、砷、铅等成分，服用过量必然中毒，故有"服食求神仙，反为药所误"之语。不可讳言，炼丹家以人工方法制成丹药求长生

---

[1]《抱朴子·内篇》卷十六，《黄白》，《丛书集成初编》本第564册，第294页。
[2] 同上书，第296页。
[3]《前汉书》卷五，《景帝纪》，二十五史本第1册，第18页。
[4]《前汉书》卷三十六，《刘向传》，二十五史本第1册，第547页；《太平广记》卷八《刘安》，《笔记小说大观》第3册，第25页。

的愿望是美好的，但毕竟是不能实现的幻想。宋代以后炼丹术渐趋衰落。炼丹家终日守候在炉火旁，以几十种原料和十多种设备进行不同方式的处理，认识许多物质的性质，发现不少化学反应和化学现象，积累了丰富的化学知识。他们所用的药料有些确有治疗疗效，至今还在使用，在他们进行化学实验时，将提纯的硝石、硫黄和含碳物在一起反应，从而发现了原始的火药混合物，最终导致中国古代四大发明之一火药的发明。收录在道教典籍大型丛书《道藏·洞神部·众术类》内的炼丹术作品有73种，可谓"中国古代炼丹家作品大全"（*Corpus des anciens alchimistes Chinois*）是中世纪化学知识宝库，详见明正统十年（1445）《道藏》刻本之上海涵芬楼影印本第582—603册（1924—1926）。

（二）中国炼丹术和炼金术的西传

此处所谈的西传，指中国炼丹术在中世纪阿拉伯世界和欧洲（主要是西欧）的传播。首先，需要肯定各国化学史家一致认可的下列几个基本事实：（1）17世纪在欧洲出现的近代化学，是在15—16世纪文艺复兴后期兴起的批判炼金术的医化学和冶金学基础上发展起来的。（2）而医化学和冶金学又是从西欧炼金术和炼丹术直接演变来的。（3）当阿拉伯炼丹术作品于12—13世纪译成拉丁文后，才导致西欧炼金术的出现，持续到文艺复兴后期开始衰落。（4）阿拉炼丹术兴起于阿拉伯帝国阿巴斯朝（Abbasids，750-1258）前半期（8—9世纪），随着该朝被蒙古灭亡而于13世纪衰落，因此可以看到8—17世纪这九百年间化学在西方发展的历史脉络是：（1）阿拉伯炼丹术→（2）西欧炼金术→（3）医化学和冶金学→（4）近代化学。就是说在这九百年间化学知识体系采取三种不同形式，经历了四个发展阶段，最后才走上正轨。这段期间东方的中国又是怎样的呢？自公元前2世纪兴起炼丹术以来，历经一千多年至8世纪以后在炼丹理论和实践方面已处于鼎盛阶段，而且与医药学的联系更加紧密，终于在16—17世纪也出现像西方医化学和冶金学那样批判炼丹术的局面，如李时珍的《本草纲目》（1593）和宋应星的《天工开物》（1637），但此后便没有新的发展。

同中国古老而持续时间最长的炼丹术相比，西欧炼金术晚于中国一千四百年，阿拉伯炼丹术晚于中国一千年，时间虽差得如此悬殊，理论观念和实际操作却极为相似。从技术遗传学和技术传播论角度观之，这应当是中国炼丹术和炼金术西传的结果。在讨论这个问题之前，首先要澄清有关术语的使用。在西方语中，把原本起源于中国的炼丹术（或金丹术）与炼金术（黄白术）都笼统称为alchemy，从而混淆了二者之间的界限，实际上它们分属两个不同的范畴，前已述及。这使汉字文化圈国家学者翻译西文科学史作品时面临两难处境：全译成"炼丹术"不妥，全译成"炼金术"亦不妥。大概由于炼金术长期在西方占主流地位，所以西方人心目中的alchemy多指炼金术，但此词用于中国和阿拉伯的炼丹术则极不适合。所以中国学者分别用"炼丹术或金丹术"及"炼金术或黄白术"两组词，将二者切割，这样做是很有必要的。李约瑟博士研究炼丹术、炼金术史时，也感到不宜将二者统一称为alchemy。为此他特意另创一新词aurifiction（伪金术）指炼金术，由拉丁文 aurum（金）及 fiction（伪造）两个词头组合而成。[1] 而 alchemy 一词如想还继续使用的话，只能理解为炼丹术了。但这种用语上的混乱局面至今在西方科学史界仍未能彻底厘清。在读西文书时必须要注意这一点。

18 世纪以前欧洲史家只知道阿拉伯炼丹术，因为他们可以看到 12—13 世纪从阿拉伯文译成拉丁文的阿拉伯炼丹术作品，而对古老的中国炼丹术作品知之很少，因为这类汉文史料很少译成他们能看懂的文字。但 19 世纪以后情况有所改变，记载汉武帝时李少君炼丹活动的《史记·封禅书》由巴黎法兰西学院的汉学家沙畹（Edouard Chavannes，1865－1918）译成法文[2]。1909 年挪威人约塔尔（T. Hjotdahl）在迪尔加特（Diergart）主编的《化学史论文集》及 1917 年荷兰人霍尔根（H. J. Holgen）在荷兰皇家化学会主办的《化学周刊》上分别以德文及荷兰文发表论中国炼丹术的出色论文[3][4]。这两位北欧学者充分利用法、英汉学学派的研究成果，而且他们本人也在努力学习汉语，向西方化学界介绍了中国炼丹家李少君和葛洪等人的事迹，指出炼丹术在历史上起的作用比炼金术更加重要，认为中国炼丹术通过阿拉伯人传入欧洲。据我们所知，这是研究中国炼丹术西传的最早的一批作品，而且其结论至今仍是正确无误的。其中约塔尔博士用 12 页篇幅介绍 *Chemie und Alchemie in China*（"中国的化学和炼丹术"）。

然而上述北欧学者的观点在欧洲学界被认可，经历了一段曲折过程，并非一帆风顺。19 世纪欧洲化学史家已注意到，近代化学的源头来自炼丹术和炼金术，但这实际上是东方文化的产物，而非欧洲本土所固有。面对这种情况，使一些人颇感尴尬而难以接受，因为随着欧洲资本主义列强在世界称霸，欧洲中心论（Europocentrism）思潮在西方泛起，它在科学史中的表现是，认定近代科学在文艺复兴后的西欧兴起，而古代科学则是希腊人的天下，似乎古往今来的科学都是欧洲人一手操办的，非西方的其他文化区都与此无缘，也不曾对欧洲有过影响。他们研究古代化学史，总是言必称希腊、罗马，从欧洲文化摇篮地中海沿岸区希腊文献中寻找比阿拉伯甚至中国还要早的"炼金术"，证明中国和阿拉伯炼丹术是从欧洲传入的，因而从古代炼丹术到近代化学都源自欧洲。今天看来这是十分荒唐而可笑的，主要出于对中国化学史的无知和偏见。北欧学者论文发表后，受到德国化学史家李普曼（Edmund Otto von Lippmann，1857－1938）的攻击，斥之为"令人厌恶的轻率举动"。他将中国有关炼丹术史料贬为"传说、迷信"，武断说 8 世纪以前中国没有炼丹术和炼金术，8 世纪以后才由阿拉伯人从希腊化世界传入中国，此前中国有关文献记载

〔1〕 Needham, Joseph et al. *Science and Civilisation in China*，Vol. 5，Chap. 2.，Cambridge University Press，1974. p. 10.

〔2〕 Chavannes, Edouard（tr.）. *Les Mémoires Historiques de Sema Ts'ien*，Vol. 3，Chap. 2. Paris：Leroux，1898. pp. 463－493.

〔3〕 Hjortdahl, T. Chinesische Alchemie, in：Diergart（ed.）. Kahlbaum Festschrift. *Beiträge aus der Geschiehte der Chenie*. Oslo，1909. pp. 215－224.

〔4〕 Holgen, H. J. Jets over da Chinesche Alchemie. *Chemische Weekblad*（Koninklijke Nederlandse Chemische Vereniging，Hague），1919，24：400－406.

皆为"伪作"[1]。法国化学史家贝特罗（Marcelin Berthelot，1827－1907）也宣称《史记》和《抱朴子》均为"伪书"[2]，以否定中国炼丹术为代价，蓄意拔高处于原始化学阶段的希腊所谓的"炼金术"。

　　然而中国炼丹术千年发展史，岂能因此等人信口雌黄所能否定。其论调受到尊重史实的学者驳斥，如英国化学史家帕廷顿（James Riddick Partington，1886－1965）1927年发表题为"中国炼丹术"（*Chinese alchemy*）的长篇论文，论证《史记》和《抱朴子》是真实的记载，绝非"伪作"，李少君时代（公元前2世纪）的中国炼丹术早于任何其他文明区的alchemy[3]。1928年他在"中国与阿拉伯炼丹术之间的关系"一文内称，如果能动员中国学者参与这项研究，则炼丹术从中国西传的一章很快就会写出[4]。就在同一年美国汉学家约翰生（Simon Johnson，1881－1953）发表《中国炼丹术考》（*A study of Chinese alchemy*），已是156页的专著。书中以史实证明公元前2世纪既有理论又有实践的炼丹术及黄白术已在中国形成，李少君是第一个以人工方法从丹砂制成延年药金的炼丹家，还论证汉晋时期中国炼金术实际知识沿陆海商路传到希腊化埃及亚历山大城，唐代炼丹术再传入阿拉伯，通过阿拉伯媒介，欧洲才有了炼金术和炼丹术。他的结论是：

> 今天受到科学训练的化学家应当向中国古代道家炼丹家深致谢意。

书中还批驳了主张炼丹术是从希腊传入中国的令人可笑的谬论[5]。

　　至20世纪30年代，帕廷顿盼望的局面出现，中国化学家吴鲁强（1904—1936）和美国麻省理工学院（MIT）的戴维斯（Tenny C. Davis，1890－1964）等人的研究小组较系统研究并介绍中国炼丹术[6][7][8]。后来英国剑桥大学的李约瑟及其小组的鲁桂珍、席文（Nathan Sivin）、何丙郁等人执笔的《中国科学技术史》卷五第二册（1974）、第三册（1976）及第四册（1980）共用1745页巨大篇幅淋漓尽致地对中国炼丹术起源、发展和西

〔1〕　von Lippmann, *Edmund Otto. Entstehung und Ausbreitung der Alchemie*，*mit einem Anhunge*，*Zur älteren Geschichte der Metalle*；*ein Beitrag zur Geschichte der Kulturgeschichte*，Bd. 1. Berlin：Springer，1919. SS. 449ff.

〔2〕　Berthelot，Marcelin. *Les origines de l'alchimie*. Paris：Steinheil，1885. pp. 52－53.

〔3〕　Partington，J. R. Chinese alchemy. *Nature*（London），1927（119）：11.

〔4〕　Partington. J. R. The relationship between Chinese and Arabic alchemy，*Nature*（London），1928（120）：158.

〔5〕　Johnson，Obed Simon. *A study of Chinese alchemy*，Shanghai：Commercial Press，1928. p. 156. 参见黄素封译《中国炼丹术考》，上海商务印书馆1937年版，共142页。

〔6〕　Davis. T. L & Wu Lu-Ch'iang. Chinese alchemy. *Scientific Monthly*，1930，31：225.

〔7〕　Davis & Wu. An ancient Chinese alchemical classic；Ko Hung on the *Gold Medicine* and on the *Yellow and the White*，being the 4 th and 16 th chapters of the *Pao P'u* Tzu from the Chinese. *Proceedings of the American Academy of Arts and Science*，1935，70：219－282.

〔8〕　Wu Lu-Ch'iang. An ancient Chinese treatise on alchemy entitled *Ts'an T'ung Ch'i* written by Wei Po-Yang，*ISIS*，1932，18：210－289.

传作了深入系统研究，使西方化学史家对中国炼丹术方面的知识有了爆炸性的增长[1][2][3]。李普曼、贝特罗及其追随者对中国炼丹术的无端怀疑已被彻底驱散。

中国炼丹术、炼金术西传，是中西双方交通、通商贸易和人员往来的必然结果。大体说可按时间顺序分为三个阶段：第一阶段为汉晋时期（2—3 世纪），中国炼金术部分内容经中亚的大夏（Bactria）、西亚的波斯、叙利亚传到东地中海地区，促使埃及亚历山大城和拜占庭的君士坦丁堡城出现了制造伪金伪银的原始化学技术。第二阶段为唐代（7—10世纪）中国炼丹术、炼金术全面传到阿拉伯帝国。第三阶段为 12—13 世纪中国炼丹术、炼金术通过阿拉伯传到西班牙，继而传到西欧其他一些国家。由于第一阶段从中国传至东地中海地区的只是制造伪金的技术，在那里还没有发展到炼金术那样的水平，所以我们先从西传的第二阶段谈起。

唐代（618—907）是中国炼丹术鼎盛时期，当时大唐帝国与西亚新崛起的阿拉伯帝国属地在里海与咸海之间交会，中国史书称为大食国，为 Tazi 之音译，这是波斯人对阿拉伯人的称呼。唐高宗永徽二年（651）唐帝国与第三任哈里发奥斯曼（Othman，644 - 656）统治下的大食国建立正式外交及通商关系，从此两国间在陆上和海上保持频繁的人员和物质文化交流[4]。有记载表明，阿拉伯帝国倭马亚朝（Umayyads，661 - 750）创建者穆阿维亚（Muāwiya，r.661 - 680）从中国皇帝唐高宗李治（650—683 在位）那里得到有关炼丹术方面的书，他将这批书交给其孙子穆阿维亚二世哈立德（Khālid，c.665 - 704），哈立德从书中得知炼丹术知识[5]。这是中国炼丹术著作传入阿拉伯的最早记载，既然穆阿维亚二世从中得到炼丹术知识，则中国炼丹术书必从汉文译成阿拉伯文。稍后，阿拉伯境内出现中国人的身影。阿巴斯朝初期（9 世纪）有一中国汉人精通阿拉伯语，在阿拉伯定居并信奉伊斯兰教，取阿拉伯名乌马尔（'Umar ibn Alial - khitái），曾将中国占卜术（za' iraja Khitāiyya）传到阿拉伯[6]，使阿拉伯炼丹术中含占卜术内容。波斯炼丹家和医生拉兹（Al-Razi，866 - 924）与一位通阿拉伯语的中国人保持经常往来[7]，此人懂医学和炼丹术。另一方面，唐都长安西市居住很多波斯客商，将中国炼丹家炼出的药金

〔1〕 Needham, Joseph & Lu Gwei-Djen, Ho Ping-Yü and Nathan Sivin. *Science and Civilisation in China*, Vol. 5, Chap. 2, *Magisteries of gold and immortality*. Cambridge University Press, 1974. p. 507.

〔2〕 Needham, Joseph et al. *Science and Civilisation in China*, Vol. 5, Chap. 3, *From cinnabar to insulin*, Cambridge University Press, 1976. p. 478.

〔3〕 Needham, Joseph et al. *Science and Civilisation in China*, Vol. 5, Chap. 4, *Spagyrical discovery and invention: Apparatus, theories and gifts*, Cambridge University Press, 1980. p. 760.

〔4〕 参见张星烺《中西交通史料汇编》第 2 册，中华书局 1977 年版，第 124—127、136—139、148—154 页。

〔5〕 Ullmann, M. Die Natur- und Geheim-wissenschaften in Islam, in: *Handbuch der Orientalistik*, I. Abt. Der Nahe und der mittlere Osten. Ergänzungsband Ⅵ, 2er Abschnitt. Leiden: Brill, 1972. SS. 120, 192.

〔6〕 Flügel, G. (tr.). *Lexicon bibliographicum et en encyclopaedicum, a Mustafa ben Abdallah Kitāb jelebi dicto et nomine Hajji, Khaifa celebrato compositum*, Vol. 3. London/Leizig, 1835. pp. 532 - 533.

〔7〕 Ferrand, G. (ed.). *Relations de voyages et textes géographiques Arabes, Persans et Turks relatifs à l'Extrême-Orient du 13ᵉ au 18ᵉ ciècles*. Paris: Leroux, 1913. pp. 135 - 136；耿昇、穆根来译：《阿拉伯、波斯、突厥人东方文献辑注》，中华书局 1989 年版，第 152—153 页。

贩回本国，并介绍其有关知识[1]。更有波斯人取汉名李珣（861—984 在世）在成都作炼丹实验，与南六郎讨论汉淮南王炼秋石之法，享寿百有余岁[2]。唐代与阿拉伯之间在炼丹术方面的思想接触有各种渠道，思想交流的深度是空前的。

阿拉伯炼丹术起于阿巴斯朝，早期炼丹家多是波斯人，因波斯自汉代以来就与中国有持久的往来，传播炼丹术的人中就有久居中国、通汉语的波斯药商。波斯炼丹家与伊斯兰教什叶派伊斯迈里支派（Ismāiliya）有密切关系，这是一个异端的秘密宗教组织。9—10世纪当以贾比尔·伊本·哈扬（Jabir ibn Hayyan）名义撰写的书流行时，阿拉伯炼丹术进入重要发展时期。此人被视为炼丹术大师。拉丁文献中将他称为格伯（Geber），在西方也名噪一时。987 年巴格达学者纳迪姆（al-Nadim，c. 921 - 996）用阿拉伯文写的《百科书目》（Kitāb al-fihist al-'ulūm）中列举标明贾比尔写的炼丹书有 45 种。此书目有两种英文本[3][4]。但纳迪姆不相信这些书都出于贾比尔一人之手，甚至怀疑是否真有此人。进一步研究表明，这些炼丹术作品出于伊斯迈里派一些波斯炼丹家之手[5][6]，贾比尔不过是他们的化身。但纳迪姆记载的这些阿拉伯文炼丹术作品已不复传世。

现在所能看到的是 12—13 世纪自阿拉伯文译成拉丁文的阿拉伯炼丹书译文写本，分藏于各国图书馆中。德国柏林大学自然科学史研究所的克劳斯（Paul Kraus）教授对这些写本加以收集汇总、编号，统称为《贾比尔派作品大全》（Le Corpus des Écrits Jabiriens），1942 年以法文发表[7]，内载书籍及文章 1143 种。19 世纪化学史学家将阿拉伯文献中的 Jabir 与拉丁文献中的 Geber 当成同一人，实际上并非如此。《大全》中所载作品约成于 930—987 年间，比《百科书目》所载者更早，且内容更为丰富。经德国专家克劳斯[8]、鲁斯卡（Julius Ruska，1867 - 1949）[9] 和英国专家霍姆亚德（E. J. Holmyard，1891 - 1959）[10]、斯特普尔顿（H. E. Stapleton）等人的研究，阿拉伯炼丹术理论思想和实际操作均已理清。李约瑟研究小组对中国与阿拉伯炼丹术作了比对[11]。所有这些，都为研究中国炼丹术西传较 20 世纪前半期有了更多的新鲜资料。先从阿拉伯炼丹术

〔1〕（唐）薛用弱：《集异记》，《丛书集成初编·文学类》，上海商务印书馆 1935 年版；（宋）李昉：《太平广记》卷三十五，《笔记小说大观》本第 3 册，江苏广陵古籍刻印社 1983 年版，第 75 页。

〔2〕（宋）黄休复：《茅亭客话》卷二，《说库》本，文明书局石印 1915 年版。

〔3〕 Fück, J, W. The Arabic literature on alchemy according to al-Nadim (987). *Ambix*, 1951, 4：81 - 144.

〔4〕 Dodge, Bayard (tr.). *The Fihrist al-ulūm.；a 10th century survey of Muslim culture*, Vol. 2. New York：Columbia University Press, 1968.

〔5〕 Multhauf, Robert. *The origin of chemistry*. New York：Watts, 1967. p. 129.

〔6〕 Needham, Joseph et al. *Science and Cirilisation in China*, Vol. 5, Chap. 4. p. 389.

〔7〕 Kraus, Paul (tr. ed.). Jabir ibn Hayyān；Contributions à l'histoire des idees scientifiques dans l'Islam. I. *Le Corpus des Ecrits Jabirients. Mémoires de l'Institute d'Egypte* (Cairo), 1942, 45：1 - 406.

〔8〕 Kraus, Paul. *Der Zusammenbruch der Dschābir-Legende；* Ⅱ. *Drchabir ibn Hayyan und die Ismailijja, Jahrberichte der Forschungsinstitut für Geschichte der Naturwissenschaft* (Berlin), 1930, 3：9.

〔9〕 Ruska, Julius. *Der Zusammenbruch der Dschābir-Legende；* I. *Die bisharigen versuche das Dschābir-problem zur lösen. Jahrberichte der Forschungsinstitut für Geschichte der Naturwissenschaft* (Berlin), 1930, 3：23.

〔10〕 Holmyard, E. J. Jabir ibn Hayyān (including a bibliography of Jabirian Corpus). *Proceedings of the Royal Society of Medicine* (London), 1923, 16：46ff.

〔11〕 Needham, Joseph et al. *Science and Civilisation in China*, Vol. 5, Chap. 4. pp. 388 - 509.

的理论思想谈起。我们前面给出的炼丹术定义中所含三大要素即长生思想、物质间相互转变思想和点金剂概念，在阿拉伯炼丹术著作中均已齐备，而且与中国的思想如出一辙，甚至还有所发挥。

据《贾比尔派作品大全》所述，阿拉伯炼丹术作品中年代较早的是 840 年成书的《大慈悲之书》（*Kitāb al-rahma al-kabir* or *Great book of pity*）和 900 年前后成书的《平衡之书》（*Kitāb al-mawāzin* or *Book of the balances*），此二书构成阿拉伯炼丹术的技术骨架。《大慈悲之书》（Kr. 5，即克劳斯在《贾比尔派作品大全》中的作品编号）的波斯作者提出关于"伊克西尔"（*al-iksir*）的概念，拉丁文音译为 *elixir*，相当于中国炼丹术中的"丹药"。波斯丹家将其定义为这样一种物质，当它点化（tarh or project）到任何不完善物体时，使其发生变化即嬗变（qalb or iqlāb），此时物体内各组分之间的搭配达到更好的平衡（krasis）[1]，丹药可能是液体，也可能是粉末。黄金是各组分处于完善平衡的样板，生命体也能达到类似的完善平衡，在这种情况下意味着健康和长寿。因此 iksir 被视为"医治人和金属疾病的药物"[2]。

"平衡理论"（*Ilm al-mizām*）是阿拉伯炼丹术基本理论之一，它以中国炼丹术中"丹药"概念为核心，改造希腊亚里士多德物质说之后发展起来的，集中叙述于《平衡之书》（Kr. 303 - 444）中，此书由 144 篇短文组成。书中认为金属、矿物和动植物等均由热（harāra）、冷（barūda）、湿（rutūba）和干（yubūsa）这些物质组分构成（已不再是属性），故可称为质素，分为内质素（jawwāni）和外质素（barrānī）。例如黄金的外质素是热和湿，内质素是冷和干，二者搭配处于完善平衡状态，因而可保持永恒而不腐不朽。欲将普通金属变成黄金，就得使其组分有像金那样搭配，改变搭配就意味一种物质变成另一物质、贱金属变成金。丹药正可促成这种变化，它以其巨大力量传给被点化的金属，中和其中过剩的组分，填补其中不足的组分，使搭配由不完善达到完善[3]。人体内各组分搭配达到完善平衡，即可久视长生。为此，同样必须使用丹药，才能调剂好各组分的完善搭配，由普通的人变成长生不老的仙人，仙人在阿拉伯语中称为 Jinn 或 genie。由此我们看到，平衡理论是借用希腊人的哲学用语（但反其意而用之）来解说丹药的双重功能，核心思想来自中国，因为在希腊、罗马人那里是没有长生思想的，更谈不上丹药概念了。无怪乎美国学者格鲁曼（G. J. Gruman）发现：阿拉伯炼丹家读的是希腊化文献，但谈的却是中国的思想和实践[4]。李约瑟干脆将中国炼丹术思想和实践用一个词加以概括，即"化学长生术"（chemical macrobiotics）[5]，认为它起源于中国，而在阿拉伯世界进一步发展，"丹药"直接衍化成 iksir，后来在西方世界又成了"哲人石"（philosopher's stone）。

阿拉伯炼丹术另一理论是"硫汞说"（Ilm al-kibit wa 'al-zibag），认为所有金属乃至

〔1〕　Kraus, Paul. *Mémoires de I'Institut d'Egypt*（Cairo），1942，45：2ff.

〔2〕　Ibid.

〔3〕　cf. *Science and Civilisation in China*，Vol. 5，Chap. 4. p. 394.

〔4〕　Gruman, G. J. A history of idees about the prolongation of life; the evolution of prolongevity hypothesis to 1800. *Transactions of the American Philosophical Society*，1966（n. s.），56（9）：59.

〔5〕　*Science and Civilisation in China*，Vol. 5，Chap. 4. p. 491.

其他物质皆由硫（al-kibrit）和汞（al-zibaq）以不同比例，在地球内部历亿万斯年经日精月华作用而自然形成。此说出现于 9 世纪前半期托名巴利纳斯（Balinās）所写的《创世的秘密和再造自然界的技术》（*Kitāb sirr al-khaliqa wa san'at al-tabia* or *Book of the secret of creation and the art of reproducing nature*），简称《创世的秘密》，其阿拉伯文抄本藏巴黎国家图书馆（BN Arab. MS 959）[1]。因克劳斯一时疏忽未将此书收入《贾比尔派作品大全》，但《大全》中的《洗涤之书》（*Kitāb al-ghasl* or *Book of washing*，Kr. 183）及《启蒙之书》（*Kitāb al-idah al-meru'f bi-thalāthin kalima* or *Book of enlightement*，Kr. 125）或《三十言书》也贯彻硫汞说，因此可以说此说在 9 世纪已被阿拉伯炼丹术作者们所接受。有人认为此说来自亚里士多德《气象学》（*Meteorologica*）中两种地球上的发散物概念[2]。但亚里士多德从未将硫与汞联系在一起，将硫汞说与希腊自然哲学挂钩未免显得牵强。李约瑟力主在中国文化传统中寻根溯源，是有充分依据的。

阿拉伯炼丹术中的硫汞说又与阴阳说相表里，而阴阳说是中国古代自然哲学的核心部分，如前所述，早在汉代（1 世纪初）中国炼丹家已将炼丹理论与阴阳说融合在一起了。汉唐期间，硫汞在中国炼丹术理论与实践中一直占有重要地位。丹家借阴阳之道，法天地造化之功，以硫、汞合成丹砂为点金神药，服之令人久视长生。在他们看来，汞为"天生玄女"，位居太阴（月），灵而最神，属阴，为丹药之精、五金之母，但得火则飞，为易挥发之物。而硫为"地生黄男"，太阳（日）之精，属纯阳，能制汞挥发，为群石之将、五金之父。以至阴之汞与纯阳之硫化合而成丹砂。集诸药精华，又有足金颜色，故葛洪认为"化作之金乃诸药之精，胜于自然者也"。

我们再看看阿拉伯炼丹术中的硫汞说是怎样讲的。据《东方汞之书》（*Kitāb al-zibag al-sharqi*，Kr. 470）及《西方汞之书》（*Kitāb al-zibag al-gharbi*，Kr. 471）所述，万物由"精"（*rūh*）及"华"（*nafs*）构成，"精"属阴，趋于上升至天，此即汞，代表物质中易挥发的成分。"华"属阳，趋于下降至地，此即硫，代表物质中可见的实体成分。"阴阳此消彼长"，精与华、阴与阳、汞与硫一旦结合，便不再分离，成为丹药，具有金的本性，可点化其他金属成金，服之令人长生[3]。因此阿拉伯炼丹家说："我们的金不是普通的金，是由丹药点化而成，胜于普通的金。"[4]这段话几乎完全重述葛洪 320 年在《抱朴子》中表达的思想。由此可见贾比尔派炼丹术作者的硫汞说和阴阳概念来自中国炼丹术和中国古代自然哲学，而与希腊文化区沾不上边。在炼丹术西传同时，黄白术也跟着传到阿拉伯，但像中国一样，炼丹术在阿拉伯居主流地位，而且与医学保持紧密的联系，颇得中国的真传。

在实践方面，中、阿炼丹术所用物料大体相同，除产于当地者外，还从唐代进口"中国雪"（thalj al-Sin，硝石）、"中国铁"（fulād-i-Sinī，生铁）、"中国铜"（khār-sīnī，白铜）等。双方炼丹家对物料的处理方法和程序也基本一致，但阿拉伯人善于对物料进行反

---

[1] Multhauf, Robert. *The origin of chemisty*. New York，1967. p. 126.

[2] Taylor，F. S. *The alchemists*. London：Heinemann，1951. p. 80.

[3] *Science and Civilisation in China*，Vol. 5，Chap. 4. p. 457.

[4] Stillman, John Maxson. *The story of alchemy and early chemistry*. New York：Dover Publications, Inc.，1960. pp. 180 - 181.

复蒸馏处理，为中国同行所不及。中国炼丹家虽已设计出蒸馏器，但宋代以前似乎很少使用，因此错失了一些发现的机会。而贾比尔派炼丹家利用蒸馏矿物质的方法制出了无机酸，具有溶解金属的能力。他们使用玻璃器皿作为处理物料的设备，能清楚观察其中物料变化情况，是中国炼丹家从未用过的。阿拉伯炼丹家的这些长处没有被同时期中国同行所发挥。至 10 世纪初，贾比尔派的继承人波斯炼丹家兼医学家拉兹（Abu Bakr Muhammad al-Razi ibn Zakariyya，866－925）于 912 年写的《秘中之秘书》（*Kitāb sirr al-asrar or Book of secret of secrets*），虽仍有炼丹术内容，但医药部分更加明显[1]。

12—13 世纪当欧洲人将阿拉伯文作品译成拉丁文时，炼丹术和炼金术作品都成为翻译对象。首先是英国切斯特人罗伯特（Robert of Chester，fl. 1109－1169）1144 年从阿拉伯文译成拉丁文的《炼金术作品》（*Compositione al-chemie*）首开翻译之纪录[2]。他将阿拉伯文 al-kimia 或 al-kimiya（"炼丹术"）这个名称第一次以音译形式用拉丁文表述为 al-chemia（读作"阿尔—金米亚"æl-kimia），基本保持阿拉伯文词形。稍后，在西班牙活动的意大利克里莫纳人杰拉德（Gerard de Cremona，1114－1187）将贾比尔派的《七十书》（*Seventy books*，Kr. 123－191）和拉兹的《论矾石与盐》译成的拉丁文（*De alumi-nibus et salibus*）。在意大利西西里弗雷德里克二世（Fraderick Ⅱ，r. 1194－1250）宫廷任职的苏格兰人斯科特（Michael Scot，c. 1173－1232）于 1217 年译出拉丁文版《炼金术》（*De alchimia*），此拉丁词后来拼成法语 alchimie 及英语 alchemy 等，一直用到现在。

1250—1500 年期间已有大量炼丹术和炼金术作品从阿拉伯文译成西欧各国通行的拉丁文，由于阿拉伯炼丹术、炼金术是从中国传入的，因此中国炼丹术、炼金术通过阿拉伯的媒介于 12—13 世纪传入欧洲并得到发展，西传的范围也随之扩大到西班牙、英国、意大利、法国和德国等欧洲国家。起初，炼丹术在欧洲还受到重视，但后来在一些国家脱离了中、阿的正轨，转向借助"哲人石"从贱金属制造伪金伪银以行骗社会。这一时期也出现不少本土作者所写的炼金术作品，但多不署作者真实姓名，而是盗用贾比尔或欧洲名人的名字在社会推销其方术，给人造成错觉，似乎名人也持其观点，因而这些伪书令人真假难辨。例如德国有学问的圣徒阿贝特（Albert Magnus，c. 1200－1280）的真实作品《论矿物》（*De mineralibus*）指出炼金术士炼出的黄金经他在火中燃烧后都化为灰烬[3]，但偏偏一些鼓吹点铁成金的书以他的名义发表。我们前已指出，以 Geber（格伯）名义写出的拉丁文炼金术作品与贾比尔派阿拉伯炼丹术作品风马牛不相及，多是伪作，化学史家费很大力气才辨明 Geber 与 Jabir 并非同一人士。又如著名博学僧侣吕莱（Raymund Lully，1235－1315）是批判炼金术骗人的，但有不少炼金术书以他名义出版，甚至说他 1332 年在英国为国王演示金属嬗变。这显系造谣，因此时他已谢世多年[4]。

---

〔1〕 Каримов，У. И. *Неизвестное сочинение Ар-Рази* 〈*Книга тайны тайн*〉. Ташкент: Издательство А Н Узбекской ССР，1957.

〔2〕 Multhauf，R. *The origin of chemistry*，pp. 180－181.

〔3〕 Partington，J. R. *A short history of chemistry*，Chap. 3；胡作玄译：《化学简史》，商务印书馆 1979 年版，第 43 页。

〔4〕 同上书中文版，第 43、46—47 页。

　　炼金术士伪造黄金同时，还伪造炼金术作品，用名人效应行销其骗人货色。另一批人则行走江湖招摇惑众，或出入宫廷、贵胄府中为其炼金，给国计民生带来危害。以致1317年罗马教皇约翰二十二世（John ⅩⅫ. r. 1294－1334）不得不颁发禁止炼金术敕令，宣布再有从事此类活动者，按其所造伪金多寡，责令交出同等数量的真金，没收充公。无力交出者以刑罚代之[1]。除教会当局外，1380年法国国王查理五世（Charles Ⅴ）及1404年英国国王亨利四世（Henry Ⅳ）也发布禁止炼金术之令。另一方面，一些统治者如英王亨利六世（Henny Ⅵ，r. 1421－1471）和一些贵族则包庇甚至像淮南王刘安那样，网罗炼金术士秘密炼制伪金。这类活动并未受到有效遏制，成为一种社会瘟疫，在社会上声名狼藉。意大利诗人但丁（Dant Alighier，1265－1321）在《神曲》（*Divina Comme-dia*，c. 1307）中将炼金术士打入最下层地狱中被拷问。英国诗人乔叟（Geoffrey Chau-cer，c. 1340－1400）1388年在《坎特伯雷故事集》（*Cantebury tales*）、剧作家琼森（Ben Jonson，c. 1573－1637）《炼金术士》（*The alchemists*，1610）中对炼金术士和炼金术（alchemy）作了辛辣的讽刺。

　　西欧炼金术除重复鼓吹哲人石或点金石的威力、变贱金属为黄金及盐硫汞之说之外，并无新的理论建树，只是增加更多神秘内容和隐语、符号等，很难看懂。在实践方面作了一些蒸馏实验，但动用天平称量物料倒是个新的举措，不过这是为计算生产成本不得已而为之。15—16世纪欧洲兴起文艺复兴运动，爆发了科学革命，首先在天文学、数学、力学和物理学领域完成向近代自然科学的转变，科学理性在化学领域逐渐占了上风，炼金术也自然走向衰落。事实唤醒人们，人不可能长生久视，贱金属也不可能炼成黄金，人应理性抑制侈望，按自然规律行事。从这一时期起，东西方炼丹术、炼金术舞台大幕几乎同时落下。人们致力于以真正的药物医治疾病达到健康长寿，以采矿冶金技术生产各种金属来提高社会生产力、积累物质财富。这就是欧洲人帕拉塞尔苏斯（Paracelsus，1493－1541）、阿格里柯拉（Georgius Agricola，1490－1555）和中国人李时珍、宋应星所开辟的化学研究的新方向。下一步就轮到17世纪把化学确立为一门科学的英国人波义耳（Robert Boyle，1627－1691）登场了。

　　最后要讨论中国炼金术在东地中海地区的传播。我们知道，西地中海地区的古希腊、罗马的欧洲本土上并没有真正意义上的炼丹术或炼金术，而与炼金术有关联的造伪金的行业，2—3世纪出现于东地中海地区的埃及境内。前332年希腊马其顿（Macedon）王国统治者亚历山大（Alexander the Great，356－323 BC）东征军灭埃及法老（Faraoh）王朝后，埃及沦为其属地，于尼罗河三角洲建首府亚历山大城。亚历山大死后，帝国分裂，驻埃及的希腊将军托勒密自立为王，建托勒密（Ptolemies）王朝（前323—前30），境内以希腊语为官方语言。王朝初期还能发展经贸和科学文化，使首都亚历山大城成为繁荣的工商业和文化大城市。但后期统治者腐败，被罗马推翻，埃及又成为罗马行省。2—3世纪正值罗马帝国统埃及时期。

---

〔1〕 Walsh, J. J. *The Popes and science*. London，1912. pp. 125 － 126；L. Figuier. *L'alchimie et les alchimists*. Paris，1860. p. 140.

　　19 世纪后半期在意大利威尼斯城圣马克图书馆（San Marco-Bibliotèca，Venezia or St. Mark Library in Venice）发现 10 或 11 世纪来自拜占庭（Byzantine）帝国（395—1453）的希腊文写本，书名为《自然学与神秘论》（φυσικ'a και μνστικ'a or Physica et mystica）。经研究，由门德斯人波拉斯（Bolus of Mendes）假托古希腊哲人德谟克里特（Democritus of Abder，c. 460 - 370 BC）之名写成，故又称其为假德谟克里特。门德斯为埃及尼罗河三角洲一城镇，是其出生地。关于其在世年代有不同说法，有人认为是前 2—前 1 世纪，肯定错误，因其中提到的一些人为公元 1 世纪者。贝特罗和语言学家鲁埃尔（Charles Émil Rouelle）1887—1888 年编译的两卷本《古代希腊"炼金术士"文集》（Collection des anciens alchimists Grecs）收录了此书希腊文原文及法文译文[1]，认为此书成于 3 世纪。德国化学史家科普（Hermann Kopp，1817 - 1892）认为此人于 3 世纪活动于埃及亚历山大城[2]。他们的断代或可接受，但将这个小册子称为"炼金术"作品显然牵强。如下所述，其中全是实际操作的配方及神秘说教，没有金属嬗变和点金剂概念，还没达到炼金术那样的水平。将其称为"希腊炼金术"给人错觉，似乎希腊本土已有"炼金术"了，其实并非如此。因此只能将其称为"伪金制造行业"（aurifiction trade），比起炼金术还相差一个档次或历史阶段，不可作拔高评估。

　　波拉斯以德谟克里特自居，口气很大，但实际上不过是记录了亚历山大城造伪金（Χρησοποεια or chrysopoia）及"阿瑟姆"（ασεμ or asem）或与金银颜色类似的合金和黄铜和金属染色配方，再加上咒语和魔法用语。虽提到"一种性质（φυρσςξ or physiz）掩盖另一性质"之类警句，只是说明物料颜色上的变化，很难说成是什么理论观念。19 世纪初在埃及中部古都底比斯（Thebes）城附近墓葬中出土一批用希腊文写在莎草片上的手稿，由瑞典驻亚历山大领事馆副领事约翰·德纳斯塔西（Johann d'Anastasy）购入，1828 年他将主要部分卖给荷兰政府，入藏莱顿大学（Universiteit van Leiden）图书馆，后由利曼斯（Conrad Leemans）对手稿整理、编号，发表希腊文原文及拉丁文译文，共分两卷，分别刊于 1843 及 1885 年，卷二内容与金属工艺有关[3]，人称"莱顿书卷"（Leiden Papyrus），其中著名的是"第十号莱顿书卷"（Leiden Papyrus X）。贝特罗将这批手稿转为法文[4]。第十号书卷 1926 年由美国人卡利（E. B. Caley）译注成英文[5]。此书卷为 3 世纪末亚历山大造伪金的匠人将生前秘方带入墓穴之中。

　　波拉斯的作品有 27 个配方，与伪金相关者有 14 方。莱顿书卷共 101 方，内 18 个配方谈伪金，均收入贝特罗编《文集》中。二者的目的一样，共同点很多，所用的物料和方

　　〔1〕　Berthelot，Marcelin et Charles Rouelle（tr. éd.）. Collection des anciens alchimists Grecs，1：41 - 53；2：43 - 57，Paris：Steinheil，1887 - 1888. Photo repr. Osnabrück：Zeller，1967.

　　〔2〕　Kopp，Hermann，Geschichte der Chemie，Bd，2. Braunschweig，1843 - 1844；repr. Leipzig，1931. S. 152.

　　〔3〕　Leeman，Conrad（tr. ed.）. Papyri Graeci musei antiquarii publici Lugduni Batavi，Bd，2. Leiden：Brill，1885. pp. 209 - 249.

　　〔4〕　Berthelot，M. Introduction à l'étude de la chimie，des anciens et du moyen âge. Paris：Steinhail，1889. pp. 28 - 50.

　　〔5〕　Caley，E. R.（tr.）. The Leyden Papyrus X；an English translation with brief notes. Journal of Chemical Education，1926，3：1149 - 1166.

法也大体相同，不外两类。第十号莱顿书卷两个配方的标题已明确点出：第一类《黄金伪造》（*Falsification of gold*，no. 17），即以铜、卡德米亚（καδμία or *cadmia*，炉甘石）、砷化物、锡、铅、汞等制成颜色如金银的合金或汞齐。第二类《铜器涂金色》（*For giving objects of copper the appearance of gold*，no. 38），即以硫、锡、汞、铜、三氧化二铁（Fe_2O_3）、氧化钙等制成黄、白色颜料，以表面沉积法（surface deposition）涂在普通金属表面，形成金银色外膜，或用金汞齐作表面镀金。以上这两类方法与公元前 2 世纪中国汉代黄白术很相似，但晚于中国五百年，却突然在 3 世纪出现于罗马帝国统治下的埃及亚历山大城，而在此以前的埃及或西方世界并没有这个行业。因此约翰生在《中国炼丹术考》一书中认为这种现象必定是中国黄白术西传的结果[1]。现在有愈来愈多的证据证明 2—3 世纪汉魏时期黄白术技术传到丝绸之路的西方终点站埃及亚历山大港。

　　随着对传世的《自然学与神秘论》抄本和出土的莱顿书卷研究的深入，已弄清了亚历山大工匠造伪金及在普通金属表面涂金色的技术细节，揭示了与汉代黄白术的相似性和传承关系，这是西传的内在证据。从当时历史背景观之，亦证明西传的可能性。自公元前 2 世纪汉武帝通使西域后，打通了从长安经河西走廊、新疆，至中亚、西亚的东西陆上贸易通道即丝绸之路[2]。2—3 世纪丝路继续畅通，中国与西亚大国波斯并通过波斯与欧洲大国罗马帝国东地中海属地埃及之间展开了频繁的人员往来和物质文化交流。在中国史书中，西汉时的"大秦"或"犁靬"指希腊、罗马帝国统治下的埃及亚历山大城，东汉时的大秦包括埃及、叙利亚在内的罗马帝国全境[3][4]。中国则被希腊、罗马人称为"赛里斯国"（Seres）即丝之国[5]。汉武帝元封元年（前 111）又打通海上丝绸之路，从南方港口起航，经南海过马六甲海峡至孟加拉湾[6]。虽史书所述航线达到黄支（Conjevaram，今印度南端的康契普腊姆）和已程不国（Sihedipa，今斯里兰卡），但东汉中国人已知道从印度南端沿海岸线经阿拉伯海至波斯湾，再绕阿拉伯半岛至红海，即可到罗马帝国埃及行省亚历山大城。另一方面，1 世纪罗马人发现贸易风，可从亚历山大城经红海、阿拉伯海到达印度海岸，从而与通向中国的航线连接起来。陆海商路的开通为中国与罗马之间人员交往创造了条件。

　　《史记》卷一二三《大宛列传》载，汉武帝元封三年（前 108）波斯安息朝使者随汉使来观汉之广大，至长安献上鸵鸟卵，同行者还有"黎轩眩人"，即埃及亚历山大城的魔术师[7]，这是亚历山大人第一次出现在中国。罗马学者普利尼（Gaius Plinus Secundus，

〔1〕　Johnson，O. S. *A study of Chinese alchemy*，Chap. 6. Shanghai，1928. p. 112 et seq.

〔2〕　（汉）司马迁：《史记》卷一二三，《大宛列传》，二十五史本第 1 册，上海古籍出版社 1986 年版，第 345—346 页。

〔3〕　［日］白鸟库吉：《大秦国及び拂林国に就きて》，《史学杂志》（东京），1904，13（4，5，8，10）；王古鲁译：大秦国及拂林国考，《塞外史地论文译丛》第一辑，商务印书馆 1939 年版，第 17 页。

〔4〕　Pelliot，Paul. Li-Kien，autre nom du Ta-Ts'in（Orient Méditerranéen）. *T'oung Pao*（Leiden），1915，16：690 - 691.

〔5〕　Jones，H. L.（tr.）. *The Geography*（*c. AD7*）*of Strabo*，Vol. 1. London：Loal Classic Library，1919.

〔6〕　（汉）班固：《前汉书》卷二十九，《地理志》，二十五史本第 1 册，上海古籍出版社 1986 年版，第 524 页。

〔7〕　（汉）司马迁：《史记》卷一二三，《大宛列传》，二十五史本第 1 册，第 346 页。

23-79）公元73年在《博物志》（*Historia naturalis*）卷12第41章（Ⅶ.41）指出，罗马帝国皇帝克劳迪（Tiberius Claudius Drusus，r. 41-54）时期，塔普罗巴尼岛（Taprobane，今斯里兰卡）岛王遣使者拉恰斯（Rachias）等人来罗马，谈到岛上有人见过中国人，以经商闻名。拉恰斯之父去过中国，使者赴罗马途中也见过中国人[1]。可见在1世纪前半期亚历山大城也有了中国人的身影。当时中国出口物有丝绸、铸铁器、漆器等，而以丝绸为大宗。华商沿陆路将丝绢运至东地中海罗马属地埃及，需取道波斯，波斯为垄断丝绸贸易，对过路商课以重税并抬高物价，使中、罗双方利益受损，因此都极力想绕开波斯，通过海路直接交市。

　　《后汉书》卷一一八载，和帝永元九年（97），西域都护班超（32—102）将军遣甘英（44—104在世）出使大秦及埃及亚历山大，使团行至西海（波斯湾），欲再乘船至大秦，但波斯西界船人以恐吓手段阻止甘英前往大秦[2]。汉桓帝延熹九年（166）大秦王安敦遣使自越南中部的日南登陆，带当地买的礼物来洛阳宫廷献上，"始乃一通焉"[3]。此处所说大秦王安敦，当是罗马帝国皇帝安东尼（Mareus Aurelius Antonius，r. 161-180）[4]，实际上此行人更可能是亚历山大城商人以使者名义前来探求商路，从此南方港口与亚历山大乃一通焉。三国时吴黄武五年（226）又一批亚历山大商人在交趾（今越南中北部）上岸，来吴都建业（今南京）[5]。晋武帝太康二年（281）亚历山大人从海路在广州港上岸，再由此至京都洛阳献火浣布（asbestes，石棉布）等物[6]。北魏（356—534）在洛阳居住的波斯人、埃及亚历山大人等外国人达万有余家，"商胡贩客，日奔塞下，所谓尽天地之区矣。……天下难得之货，咸悉在焉。"[7]

　　从以上所引中西史料可知，汉魏时中国已与罗马帝国埃及行省首府亚历山大城建立了直接商业关系和人员往来，在人员交往中总会伴随思想交流。按常理说，越是奇异的事物越能引起注意并成为交谈话题。当时中国的炼金术必引起有发财欲望的亚历山大商人的特别兴趣，急欲探明其究竟，并将信息带回本国，导致炼金术的西传和当地制造伪金行业的出现。罗马帝国前二百年间通过不断的战争扩大版图，耗费大量军费，统治者对丝绸和珍宝的追求造成奢侈之风，丝绸从中国辗转运到罗马已贵如黄金，帝国每年有大量货币外流。19世纪在山西灵石县出土16枚罗马钱币，从铭文可知为罗马皇帝克劳迪（41—45年在位）和安东尼（161—180年在位）时所铸[8]，是罗马钱币流入汉代中国的历史见证。

---

　　[1]　Pliny the Elder. *Nutural history*，Ⅻ，41. translated by John Bostock & H. T. Bity. London：Bohn's Classical Library，1855-1857.

　　[2]　（刘宋）范晔：《后汉书》卷一一八，《西域传》，二十五史本第2册，第105页。

　　[3]　同上。

　　[4]　Hirth, Friedrich. *China and the Roman Orient*. Shanghai：Kelly & Walsh，1885；朱杰勤译：《大秦国全录》，商务印书馆1964年版，第65页。

　　[5]　（唐）姚思廉：《梁书》卷五十四，《诸夷传》，二十五史本第3册，第2107页。

　　[6]　（晋）殷巨：《奇布赋》，见（唐）欧阳询《艺文类聚》卷八十五，下册，中华书局1963年版，第1463页。

　　[7]　（北魏）杨衒之：《洛阳伽蓝记》（540）卷三，见《广汉魏丛书·载籍》，明刊本（1592）。

　　[8]　Bushell, Stephen Wootton. Ancient Roman coins from Shanxi，*Journal of the Peking Oriental Society*，1886，1：14.

由于资金流出大于流入，造成国库亏损，金银贮备数量锐减，财政陷入混乱。为弥补金银短缺，在统治者支持下，埃及亚历山大成为帝国制造伪金行业的中心。罗马人对中国长生术和炼金术理论兴趣不大，急于想知道的是中国术士如何制成伪金伪银，以便仿造。因此从亚历山大遗留下的希腊文写本中只能看到操作配方而无理论见解，没有发展到炼金术那样的水平。将其称为"炼金术"是名不副实的。

说明埃及亚历山大城伪金制造行业受中国汉魏炼金术影响的另一证据是水银的使用。水银是中国炼丹术、炼金术必不可少的基本原料，也是亚历山大人常用的。但据帕廷顿的考察，在早期埃及并不知道这种似水如银的金属[1]。希腊文或拉丁文中的 $\upsilon\delta\rho\acute{\alpha}\rho\upsilon\rho o\varsigma$ 或 hydlrargyros 是汉语"水银"一词的意译，波斯语 zivag 或 simab 和古英语 quick-silver 都有类似语义，即 watery silver（"水银"）。亚历山大手稿也谈到水银和水银的固定以及一些别名，如明珠、龙胆、流水等[2]，西方史家猜想可能有更早的来源，但在古希腊文献中找不出来。只有古代中国炼丹家谈到汞的固定及其类似别名流珠、龙膏、青龙、玄水等，可见有关汞及其应用知识随炼金术一起传到地中海东罗马地区。中国早在公元前 7 世纪已使用水银，唐人李泰（618—652）《括地志》（641）载，晋永嘉年（307—316）发掘山东临淄的齐桓公（前 685—前 643）墓葬时发现内有水银池[3]。西方世界使用水银比中国晚一千年。应当说罗马当局靠制造伪金伪银填补国库贵金属空缺并缓解财政乱局，是急功近利、饮鸩止渴之举，到头来反而有害国计民生，埃及人民纷起反抗帝国统治。至戴克里先（Gaius Aurelius Diocletian）即位为皇帝时（284—305）局势已相当严重，不得不下令改革税收及币制，取缔伪金制造行业，使其从此在埃及衰落。部分术士逃到拜占庭重操旧业，并无新的建树。伪金行业在罗马时代只存在几十年便夭折。

（三）chemistry 一词起源中国说简述

在结束本节之前，有必要介绍一下学术界对"化学"一词起源问题的讨论情况。近代化学起于 17 世纪，从这时起化学这门学科有了自己的名称 chemia 或 chymia。而现代化学的基础是 18—19 世纪奠定的，此时化学名称又从 chemia 或 chymia 拼成不同现代欧洲语，如 chemistry（英语）、chimie（法语）和 Chemie（德语）等，一直用到今天。以英语 chemistry 为例（其他语种与此基本相同），显然导源于 chemia，而 chemia 又直接来自 al-chemy（炼金术），而 alchemy 译自阿拉伯文 al-kimia 或 al-kimiya，这些史实是大家一致公认的。这意味着近代化学的源头来自东方的亚洲文化区。但自 17 世纪欧洲领先发展近代化学后，一些欧洲人不愿面对这一事实，尤其 19 世纪欧洲中心论思潮泛起以来，认为化学的历史源头和化学一词的词源不应在欧洲以外。为此他们力图从欧洲文化摇篮地中海

〔1〕　Partington, J. R. *Origin and development of applied chemistry*. London：Longmans Green，1935. pp. 84 - 85.

〔2〕　Berthelot, M. *La chimie au moyan âge*，Vol. 2. Paris：Imprimerie Nationale，1893. pp. 224 - 245.

〔3〕　（清）王谟：《汉唐地理书钞》，中华书局 1961 年版，第 248 页。

地区希腊文献中找出 chemia（化学）词根类似的希腊古词 Xυμεia（chymeia）、Xημεia（chemeia）或 Xυμεia（chimeia）认定此即 chemistry 一词词源，不管它是否存在和是否与化学有关。由此认为阿拉伯炼丹术源自希腊"炼金术"，不管希腊或希腊化文化区是否真有炼金术或炼丹术。似乎阿拉伯人在希腊古词"chemeia"前加一冠词 al 而成 al-chemeia 或 al-kimiya。这样，从炼金术或炼丹术到近代化学便都完成于欧洲，此即他们制定的化学史发展模式。现举数例如下。

1. 1869 年德国化学史家赫尔曼·科普引 4 世纪罗马帝国拉丁文作者费米克（Julius Maternus Firmicus）在论埃及占星术的书（*Mathesis Libri* Ⅷ，c. 336）中有句话说，在农神塞特恩（Saturn）家里月光下出生的人有一种"scientiam chimiae"的天资。但这种天资意味着什么，书中未作解释，却被科普等人解读为"chemische Wissenschaft"（"化学科学"）[1]。但经德国语言学家迪尔斯（Hermann Diels，1848-1922）1914 年的考证，证明这段话是德国人安杰鲁斯（Johannes Angelus）1488 年出版该书时新加进去的，并非原书内容[2]。因而科普之说不攻自破。有人不了解此中原委，仍继续引用，只能说是失察。

2. 1648 年德国医生康林（Herman Conring，1604-1681）用拉丁文出版的《古代埃及的炼金术和帕拉塞尔苏斯的新医学》（*Hermetica Aegyptiorum vertere et Paracelsicorum nova medicina*）一书中，引罗马帝国希腊文作者普鲁塔克（Plutarchus，c. 46-120）于 95 年论埃及司繁殖的女神（Isis）和主神（Osiris）的书中说，埃及因土地黑而名希米亚（*Xημia or Chēmia*），即"黑土之国"，因而康林认为后来专指化学的词 chemiae 本义是"埃及的科学"[3]。19 世纪德国化学史家霍夫曼（G. Hoffmann）[4] 和李普曼（Edmund O. von Lippmann）[5] 都接受此说，认为希腊文献中的"scientia chemiae"即"埃及的科学"[6]。但柏林大学的鲁斯卡 1942 年指出，他遍查希腊古文献后发现，埃及从未被称为 Chēmia，而总是称为 Aigyptos（Aiγυπτos）[7]。现德语 Ägypten、英语 Egypt、法语 Égypte 和俄语 Египет（Egypet）即由此而来。同时遍查埃及亚历山大希腊文写本《自然学与神秘论》及莱顿书卷等，也没有发现与 chemia 有关的词。可见此说经不起后人严格检验。

〔1〕 Kopp，Hermann. *Beiträge zur Geschichte der Chemie*，Bd. 1. Braunschweig：F. Viewig und Sohn，1869. SS. 42-43.

〔2〕 Diels，Hermann. *Antike Technik*. Berlin：Toubner，1914. SS. 121-122.

〔3〕 Conring，H. *De Hermetica Aegyptiorum vetere et Paracelsicorum nova medicina*. Helmstadt：Muller & Richter，1648. p. 19.

〔4〕 Hoffmann，G. Artikel "Chemie"，in：A. Ladenburg（ed.）. *Handwöterbuch der Chemie*，Bd. 2. Breslau：Trewendt，1884. S. 524.

〔5〕 Lippmann，E. O. von. *Entstechung und Ausbreitung der Alchemie，mit einem Anhange. Zur älteren Geschichte der Metalle；ein Beitrag zur Kulturgeschichte*，Bd. 1. Berlin：Springer，1919. S. 259.

〔6〕 Kopp，Hermann. *Beiträge zur Geschichte der Chemie*，Bd. 1. Braunschweig：F. Viewig & Sohn，1869. S. 60.

〔7〕 Ruska，Julius. Neue Beiträge zur Geschichte der Chemie. *Quellen und Studien zur Geschichte der Naturwissenschalft und Medizin*（Berlin），1942，8：329ff.

3. 公元 800 年拜占庭史家辛塞尔（Georgius Syncellus，fl. 765 - 820）用希腊文写的《世界编年史》（*Chronographia*）[1] 中引 4—5 世纪之际埃及亚历山大从事伪金制造行业的佐西姆（Zosimus，fl. 350 - 420）的一些信，统称为《操作之书》（Χειρόκμτα，*Cheirokmēta*），这些信还收入贝特罗所编《古代希腊炼金术士文集》卷一（1887）。信中说：根据古代圣书所述，一些天使从天而降，与人间美女成婚，并向人类传授各种技术。于是出现目无上帝、私通等堕落行为。女人都怀孕生下巨人（身长 3430 米），将所有动植物食尽后，人类相互间食肉饮血，最后自行毁灭[2]。原始素材来自犹太教伪经《伊诺克书》（*Book of Enoch*）[3]。但基督教《圣经·创世记》则说人掌握技术后引出祸端，上帝大怒，遂发洪水灭世，只有好人诺亚（Noah）造方舟得免于难。佐西姆信中多次提到希梅斯（Chēmēs）之名。因此 1668 年丹麦人博里奇（Olaf Borrichius）便认定希梅斯是最早向人类传播化学知识的，将由其名衍生的 chemeis 附会为"化学"[4]。17 世纪法国人博沙尔（S. Bochart）引卡西安（John Cussianus）428 年所述神话说，诺亚之子含（Xaμ，Cham）将掌握的各种技术传于后代，而化学词根 Chem-必与 Cham 有关[5]，霍夫曼 1884 年竟称 chymes（化学）一词之母为 chem，其父为 cham[6]，将上述两则神话故事当成史实，研究化学一词起源，当然不足为信。

4. 1869 年科普引 6 世纪叙利亚安条克人约翰（John of Antioch）的历史著作说，罗马皇帝戴克里先 296 年下令烧毁 τα περὶ χημειας χρυσου καὶ ἀργυρου τοις παλαιοις γεγραμμενα βιβλία（ta peri chēmeias chrysou kai argyrou tois palaiois gegrammena biblia），这段话被解读为下令烧毁"过去编写的一切论金银的化学（chēmy or chemias）书"，以说明化学一词出现于此皇帝在位期间（284—305）[7]。按戴克里先毁书事还见于 10 世纪拜占庭百科作家苏伊达斯（Suidas）976 年所编辞典（*Lexicon*）中，此书有 1705 年英国剑桥刊波尔图斯（Aemilius Portus）及库斯特尔（Ludolph Kuster）编译的三卷本希腊文与拉丁文对照本（*Lexicon Graece et Latin*），所述内容引自安条克人约翰，但苏伊达斯又说："Χημεία ητου αργύρυ και χρυσου κατασεγη（Chēmeia hē tou argyrou kai chrysou kataskenē）"，这句话由科普解读为"化学（chemia）为金银之制取"。但这已是 10—11 世纪之事了，为时晚矣。戴克里先取缔亚历山大造伪金行业可能是事实，但该时期的希腊文原始文献如博拉斯的《自然学与神秘论》和埃及出土的 3 世纪莎草片书卷

〔1〕 Syncellus Georgius. *Chronographia*（c. 800），ed. W. Dindorf，Bd. 1. Bonn：Weber，1829. S. 24. ed. P. J. Goar. Paris，1652. p. 13.

〔2〕 Taylor，Sherwood，The visions of Zisimos. *Ambix. Journal of the Society of the Study of Alchemy and Early Chemistry*（Cambridge，Eng.），1937，1：88.

〔3〕 Milik，J. T.（tr.）. The Book of Enoch. Oxford，1976.

〔4〕 Borrichius，Olaf. *De ortu et progressu chemiae*. Copenhagen，1668.

〔5〕 Bocharst，S. *Opera Omnia，hoc est phalag，Canaan et Hierozoicon*，Vol. 3. Leidon，1692. pp. 203ff.

〔6〕 Hoffmann，G. Artikel "Chemie"，in：A. Ladenburg（ed.）. *Handwöterbuch der Chemie*，Bd. 2. Breslau：Trewendt，1884. S. 524.

〔7〕 Kopp，Hermann. *Beilräge zur Geschichte der Chemie*，Braunschweig：F. Viewig & Sohn，1869，Bd. 1. SS. 57，83.

都没有将造伪金这一行称为 chemeia 或 chemia。此时是否真有这一名称令人怀疑。因此，美国化学史家斯蒂尔曼（John Maxson Stillman，1852－1923）指出，罗马最博学的普利尼在《博物志》（73）中没有提到任何有关 chemia 之类的事物，其他同时代作者也是如此[1]。

由上所述可以看到，企图在希腊和希腊化文化区的希腊文献中寻找化学一词词源，均难以服人，便为人们在欧洲以外亚洲古代文明区寻找词源提供余地。1946 年 10 月李约瑟在联合国教科文组织巴黎总部用法语发表《中国人对科学和技术的贡献》演讲中，第一个提出"化学"一词的中国起源说[2]，1986 年我已将其译成中文[3]。李约瑟指出公元前 2 世纪中国西汉已出现世界上最早的 alchemy，而这一词必与中国炼金术中的"金"字有关，古代读作 kim，阿拉伯人借用此字加一前缀便成 al-kimme 或 al-kimie，即"与制造金有关的技术"。后来在其《中国科技史》卷五第 2—4 册作了详细阐述。在他演讲同一年（1946）他还不知道印度孟买大学的麦赫迪哈桑（S. Mahdihasssan）博士在班加罗尔出版的《现时科学》刊物上发表"化学一词的中国起源"论文[4]。此后十五年间麦赫迪哈桑在这个问题上至少贡献了十篇论文，不断改善和充实其观点。

将麦赫迪哈桑的各篇论文综合起来，他提出下列观点：（1）将化学一词词根 chem 或 kim 溯源于所谓黑土之国埃及国名，并认为 alchemy 指埃及的科学，是没有根据的。（2）认为词根来自希腊文献中的 chemeia，同样没有根据，因希腊文献中没有提到金属嬗变，真假亚里士多德从未用过与炼金术有关的这类词。（3）炼丹术在阿拉伯语中称 al-kimia 或 al-kimiya，指可使金属发生互变的物质即点化剂，来自汉语"金液"之音译，古汉语读作 kim-iak，而阿拉伯语 kimia 正好由 kim 及 ia 两个音节构成，转义为"有关金液的技术"。金液与金丹自汉代以来一直是中国炼丹家的主要研究对象。（4）炼丹术一个突出特点是使用汞，"无汞不成炼丹术"（there is no alchemy without mercury），而汞不见于希腊、埃及和印度古籍，这决定只有中国是炼丹术的故乡；只有其他地区与中国文化接触后才知道汞。李约瑟和麦赫迪哈桑倡导的学说在近三十年来已得到一些中外学者的赞同，过去提出的化学一词西方起源说已难维持，但以中国起源说彻底取而代之，让人们改变其长期的传统观念，还要等一段时间，不过大势已趋。

〔1〕　Stillman, J. M. *The story of alchemy and early chemistry*，1st ed.，1924；reprinted，New York：Dover，1960. p. 135.

〔2〕　Needham, Joseph. Contribution chinois à la science et technique. *Conférence de l'Unesco*. Paris：Fentaine，1947. p. 203；The Chinese contribution to science and technology. D. Hardman et al.（ed.）*Reflection on our age*，London：Allen Wingate，1948. pp. 1－12.

〔3〕　李约瑟：中国对科学和技术的贡献，收入潘吉星主编《李约瑟文集》，辽宁科技出版社 1986 年版，第 109—123 页。

〔4〕　Mahdihassan, S. The Chinese origin of the word chemistry. *Current Science*（Bangalore），1946，15：136，also in p. 234.

四　中国制瓷技术的发明及其西传

（一）中国瓷器的发明和制瓷技术的早期发展

继丝绸之后，瓷器是改变人类生活的另一中国发明物，又像漆器那样是技术和美术相融合的产品。瓷器是从陶器逐步演变的，古人以黏土加工成型经火烧后制成陶器，这是通过化学变化改变物质性质的创造性劳动。考古发现表明，距今七八千年前，中国已烧造出陶器供日常生活之用。1962 及 1964 年江西省万年县大源仙人洞新石器时代遗址发现夹砂红陶，烧成火候低，厚薄不匀，同出物^{14}C测定遗址年代为公元前 5000 年[1]。1976—1978 年河北省武安县磁山新石器时代早期遗址出土红陶器陶片，质地粗糙，烧成温度 700℃—900℃，^{14}C 年代测定为公元前 6000—前 5600 年[2]。1977—1979 年河南省新郑县裴李岗新石器时代早期遗址亦出土红褐色砂质陶，^{14}C 年代测定为公元前 6000 年[42]。新石器时代（前 80—前 20 世纪）不同时期的遗址在全国各地不断发现，几乎每处都有陶器出土。英国化学史家帕廷顿《实用化学的起源和发展》（*Origin and development of applied chemistry*，1935）所载其他文明古国烧陶起始时间，埃及为王朝前时代（Predynastic Period，4241‑3400B.C.），不用陶轮而以手制。苏末（Sumer）于公元前 4000 年制陶，使用陶轮。希腊于前 3000—前 2800 年，巴比伦（Babylonia）及亚述（Assyría）始于公元前 4000 年[3]。因此可以说中国是世界上最早制陶的国家之一。

新石器时代中国先民在长期烧陶实践中积累了经验，完成一个又一个技术创新。距今 7500—6900 年前，裴李岗文化遗址中已用陶窑烧陶，可将温度提升至 800℃—900℃。在陶坯成型方面，除手捏和泥条盘筑法外，出现了陶钧或陶车（potter's wheel）成型法。文献上首见于《史记》卷八十三《鲁仲连、邹阳传》，"圣王制世御俗，独化于陶钧之上"。刘宋人裴骃《集解》引《汉书音义》曰："陶家名模下圆转者为钧，以其能制器为大小，比之于天。"[4] 陶车有慢轮、快轮之别，其使用提高了陶器质量，在仰韶文化中期（前 4340—前 3680）出现慢轮陶车成型法，发现陶器上腹及口沿有轮纹，是慢轮修正的痕象。快轮出现于大汶口文化晚期（前 3040—前 2400）或仰韶文化晚期（前 3680—前 3020)[5]。陶车也是最早在中国出现的，从那时起一直用到现在。

---

〔1〕 夏鼐主编：《新中国的考古发现和研究》，文物出版社 1984 年版，第 138—139 页。

〔2〕 同上书，第 35—36 页。

〔3〕 Partington, J. R. *Origin and development of applied chemistry*. London：Longmans Green，1935. pp. 107‑108，279，325.

〔4〕 （汉）司马迁：《史记》卷八十三，《鲁仲连、邹阳传》，二十五史本第 1 册，上海古籍出版社 1986 年版，第 279 页。

〔5〕 夏鼐主编：《新中国的考古发现和研究》，第 61 页。

新石器时代晚期山东章丘龙山文化（前 2800—前 2300）遗址及河南安阳商代（前 13—前 11 世纪）遗址出土白陶器，经化验其原料化学成分为瓷土或高岭土，烧成温度为 1000℃，含铁量在 2％以下[1]，这种原料实际上就是后世瓷器所用者，中国是世界上最早以高岭土烧制器皿的国家，也注定是发明瓷器的国家。与白陶出现的同时，中国还有所谓"印纹硬陶"（stamped hard pottery），其原料比一般陶器用土细腻，坚硬，烧成温度为 1000℃以上。原料中铁含量（Fe_2O_3）较高，故烧成后呈褐色[2]。作成坯后多以模具拍打出几何纹样。制造白陶和印纹硬陶时，需注意对原料的选择和窑温的提高，导致原始瓷器的出现。原始瓷器（proto-porcelain）出现于商代（前 1600—前 1300）中期至西周（前 1046—前 721）、春秋（前 770—前 477）的南北广大地区墓葬及遗址中。

原始瓷器即瓷器发展中的初级阶段，已属于瓷的范畴。所谓瓷，应具备三项条件，一是原料中三氧化二铝（Al_2O_3）含量高，三氧化二铁（Fe_2O_3）含量低，使胎质呈白色；二是经 1200℃以上高温烧成，胎质致密，不吸水分，击之有清脆的金石声；三是器表施有一层高温下烧成的釉（glaze），胎、釉结合牢固，厚薄均匀。瓷器必须备具这三项条件，缺一不可[3]，中外皆然。据陶器和原始瓷器分析对比，可以看出原始瓷器原料为高岭土，含铁（Fe_2O_3）只有 2％，烧成温度 1000°C 以上，胎质不吸水，白色透明，釉色黄绿或青灰，多石灰釉，含氧化钙（CaO）16％，在氧化气氛下烧成。在此基础上，东汉（25—221）烧出了瓷器，在浙江、河南、河北、安徽、湖南、湖北等省墓葬及窑址都有东汉瓷器出土，浙江发现的最多。中科院上海硅酸盐研究所李家治先生对 1977 年浙江上虞县小仙坛东汉晚期窑址瓷片及附近瓷土矿作了化验，证明瓷片原料与附近瓷土矿化学成分十分接近，瓷质光泽，透光性好，吸水率低，于 1260℃—1310℃高温下烧成，通体施釉，胎釉结合紧密，釉中含 CaO 15％以上，在还原气氛中烧成，釉层透明有光泽，胎质内含 Fe_2O_3 1.64％[4]。

东汉瓷器器形有碗、盏、盘、钵、盆、壶、钟、洗等。魏晋南北朝（220—589）时期瓷器生产继续发展，尤其浙江越窑青釉瓷发展最快，北方则烧出白瓷。"瓷"字出现于东汉文字学家许慎（约 58—147）《说文解字》卷十二上，西晋文人潘岳（247—300）《笙赋》有"披黄苞以授甘，倾缥瓷以酌醽（lù）"之句，意思是用黄米作饴糖，以青瓷盛美酒。魏晋南北朝时南方的青瓷以高硅低铝的瓷土为原料，烧瓷的龙窑得到改进，达到更高的温度。隋唐（581—907）时北方以高铝低硅的瓷土为原料烧出白瓷，足以与南方青瓷媲美，形成"南青北白"的两大体系[5]，同时在彩釉方面有创新，而烧瓷重镇江西景德镇此时登上历史舞台。此后在瓷器釉色、胎质上彩绘及雕刻装饰方面出现千姿百态的品种，

[1]　周仁等人：我国黄河流域新石器时代和殷周时代制陶工艺的科学总结，《考古学报》1964 年第 1 期，第 1—25 页。

[2]　冯先铭、安志敏等主编：《中国陶瓷史》，文物出版社 1982 年版，第 74 页。

[3]　《中国陶瓷史》，第 76—79 页。

[4]　李家治主编：《中国科学技术史·陶瓷卷》，科学出版社 1998 年版，第 128 页。

[5]　同上书，第 4—5 页。

遍地开花，技术与美术获得完美结合，每件瓷器都是艺术品，并向海外出口，深受国内外用户喜爱。

（二）中国瓷器在阿拉伯地区的流传

当汉唐瓷器业兴起之时，正值丝绸之路开通之际，中国丝绸沿陆路大量运往中亚、西亚，经波斯转运到欧洲。西域客商在华停留时已用上中国优美瓷器，远胜于其传统陶器，他们肯定会将瓷器带回或运回一部分高价出手。但因路途较远，靠骆驼队和马队驮运瓷器，容易破碎，只有海运才能将大批瓷器运到西亚波斯湾或红海港口，唐宋、元明瓷器外销多走海路。8—9 世纪阿拉伯商人纳扎尔·本梅蒙（al-Nazar ben Maymun）编的《中国印度见闻录》(Kitāb al-tāni min'ahbār as Sin wa l'Hind) 卷一（成于 852 年）收入阿拉伯商人苏莱曼（Sulayman al-Tājir）等人的见闻。我们取用索瓦热（Jean Sauvaget）的法文译本（1948），此卷分 73 节，第 34 节写道：中国人用铜钱交易。

> 他们有精美的瓷器，其中瓷碗（qadah）透明如玻璃杯一样，隔着碗可以看到其中的水。[1]

索瓦热认为这是阿拉伯文献中有关中国瓷器的最初报道。广州是出口瓷器的主要港口之一。但科伦科夫（F. Krenkow）的研究表明，751 年伊本·伊卜拉西姆（Abū Dā'ud Khālid ibn-Ibrāhim）领兵攻占撒马尔罕附近一城邑时，发现库存大量中国瓷器和中国马鞍，有些瓷上有釉下彩绘，因而可将阿拉伯人最早记述中国瓷器的时间上溯到 751 年[2]。

阿拉伯人伊本·胡尔达兹比赫（Abu al-Qāsim ʿUbaydallāh Abdallāh ibn-Khordādzbeh，c. 820 - 912）《道里邦国志》(Kitab al-masālik wa'l-mamālik，885) 记载从阿巴斯朝首都巴格达到帝国各地之间路程、商货及通向印度、中国的商路情况，书中写道：

> 由此东方海洋可以从中国输入丝绸、宝剑、花缎、麝香、沉香、马鞍、貂皮、陶瓷、围巾（silbinj）、肉桂、高良姜。[3]

贾希兹（Abu ʿUthmān ʿAmr ibn-Bahr al-Jāhiz，776 - 868）《商务观象》(Kitāb al-tabass

---

〔1〕 Sauvaget, Jean（tr.）Relation de la Chine et de l'Inde, rédigée en 851, Paris, 1948；穆根来等人译：《中国印度见闻录》卷一，中华书局 1983 年版，第 15 页。

〔2〕 Krenkow, E. The oldest Western accounts of Chinese porcelain. Islamic Culture（Myderabad），1933，7：464.

〔3〕 Ibn Khordādzbeh. Kitāb al-masālik wa'l-mamālik. Leyden：Brill, 1889；宋岘译：《道里邦国志》，中华书局 1991 年版，第 73 页。

ur bil-tijāra）中列举从世界各地输入巴格达的商品，其中包括中国的丝绸、瓷器、纸墨、香料、麝香、肉桂和孔雀等[1]，瓷器中特别指出"多彩瓷器"（ghadar sini mulamma）即彩釉瓷器。前述《中国印度见闻录》卷二收入阿卜·赛义德（Abu Said Hassan）于 916年写的见闻，其中对中国工艺技术作了高度评价：

> 中国人在技术、工艺及其他一切手工艺方面都是最熟练的，没有任何民族能在这些领域内超过他们。中国人用他们的手创造出别人认为不可能作出的东西。[2]

古代各民族都会烧制陶器，但在陶艺基础上进而造出瓷器，却是中国人首先完成的。

9 世纪阿拉伯地理学家伊本·法基赫（Ibn al-Faqih）也称赞中国工艺技术，尤其陶瓷、灯具和其他这类耐用品，因其制造技巧高和经久耐用[3]。11 世纪波斯史家贝哈齐（Muhammad ben al-Husayn Abu'l-Fadl Bayhaqi，995－1077）《贝哈齐论史》（*Tārikh-i Bayhaqi*）记载，阿巴斯朝第五代哈里发哈伦·拉希德（Hārūn al-Rashid）在位期间（786—809）波斯呼罗珊（Khorasan）总督阿里·本艾萨（'Ali ben Isa）向哈里发献上金银、丝绸、珍宝和瓷器，仅精美的各种中国瓷器就有二千件，内二十件是巴格达宫内没有的，如碗（sahn）、杯（kāsa）、盏（nimkasa）等[4]。这些瓷在波斯语中称 fagfūr-i čini，因 fagfūr 义为天子，因此汉语意思应是"御用瓷器"。波斯语中将"中国"（*sini*）当作"瓷"的同义语，正如后来英语中称瓷器为 china 一样。俄语中 фарфор（瓷）可能即导源于 *fagfūr*。

10 世纪前半叶波斯人本·沙里雅尔（Buzurg ben Shahriyār）在《印度珍闻》（*Aja'ib al-Hind*）中记载一犹太人于 883—884 年来东亚贸易，913 年返回阿曼，带回丝绸和瓷器（sini），献给阿曼统治者一支颈口发出金光的黑釉瓷瓶（barniyat sini sawda' mudi'at al-ra'sbi 'l-dhahab）。10—11 世纪波斯作家撒阿利比（Abu-Mansūr 'Abd-al-Malik al-Tha'ali-bi，961－1038）《珍奇谐趣录》（*Lata if al-ma'ārif*）写道：

> 直到今天一些驰名的盘碟仍被称为"中国"（sini）。在制作珍品异物方面，中国一直以心灵手巧、技艺精湛著称。

他又说，中国艺人在瓷器上画出的人物栩栩如生，只是缺少灵魂（ruh）。"他们还有精美

---

〔1〕 张广达：中国与阿拉伯世界历史联系的回顾，载周一良主编《中外文化交流史》，河南人民出版社 1987 年版，第 751 页。

〔2〕 前引《中国印度见闻录》卷二，第 101 页，此处对译误之处做了改动。——笔者

〔3〕 Laufer, B. *Sino-Iranica*. Chicago, 1919. p. 556；林筠因译：《中国伊朗编》，商务印书馆 1963 年版，第 389页。

〔4〕 张广达：中国与阿拉伯世界历史联系的回顾，载周一良主编《中外文化交流史》，河南人民出版社 1987 年版，第 774 页。

的透明瓷器。……上好的瓷器色泽杏黄莹润，其次呈乳白色。"[1] 这里指的是宋代出口的瓷器。由于阿拉伯地区使用中国瓷器，但有时撞破，因而从 9 世纪起从中国获得修补瓷器用的耐热耐火的胶泥，930 年托名炼丹家贾比尔（Jābiribn-Hayyan）成书的《物性之书》（Kitāb al-khawass al-kabir）中列举从中国引进的各种技术和技术产品时谈到修补瓷器（ghadar sini）的耐火胶泥[2]。

（三）中国制瓷技术在阿拉伯地区的传播

唐宋以来境内有许多阿拉伯客商居住，他们除在广州、泉州等港口市场上采购瓷器外，还深入到产瓷中心的厂家直接订货，按其要求绘出图像，于是便有机会了解到制瓷的技术秘密。10 世纪以后，阿拉伯人开始仿制中国瓷器，仿制成功的关键是认识到烧瓷的原料是高岭土（kaolin）或瓷土，而非烧陶器用普通黏土，主要是一种水合的硅酸铝（近似 $H_2Al_2Si_3O_8 \cdot H_2O$），呈白色。波斯语将高岭土称为 $xāk-i-cīnī$（"中国土"或"瓷土"），非常得体。波斯境内克尔曼沙（Kermanshah）等地出产高质量瓷土并产瓷器，但今已停产[3]。阿拉伯地理学家雅库特（Yākūt ibn 'Ahdallh al-Rūmi，1179－1229）《地名辞典》（Mu'djam al-buldān，1224）指出，中国烧瓷的黏土坚实、耐火性好，可在炉内连续烧十日。

> 来自中国的瓷器无论透明与否均为白色或其他彩色。这种瓷器在波斯制造，是用碎石、城堡石灰和一种透明物质搅拌为糊状。[4]

这里亦提到波斯仿制中国瓷器。

10 世纪另一阿拉伯学者塔努基（al-Tanukhi，d. 994）在《席间对谈》（Nishwār al-muhādara）中提到，在阿巴斯朝哈里发瓦西克（Wathiq-Billa）在位时（842—847），首都撒马拉（Samarra，今伊拉克境内）造出装香料的三十个瓷罐（hubb sini），有一个广口瓷罐很重，需抬运[5]。这可能是阿拉伯人制瓷器的最早记载。从此在伊拉克、波斯和埃及等地区都有了仿制中国瓷器的窑厂。阿拉伯地区进口和仿制中国瓷器，不但有文献记载，还有出土实物为证。日本学者三上次男《陶瓷の道》（1969）一书对此有详细介绍，此处仅摘引其中部分内容以见一斑。1911—1913 年德国人扎勒（F. Sarre）与赫尔兹菲尔

〔1〕 张广达：中国与阿拉伯世界历史联系的回顾，载周一良主编《中外文化交流史》，河南人民出版社 1987 年版，第 775—761 页。

〔2〕 Ruska, J. Chinesische-arabische technische Rezepte aus der Zeit der Karolinger. *Chemiker Zeitung*，1931，55：297.

〔3〕 ［德］劳弗（Laufer, B.）著，林筠因译：《中国伊朗编》，商务印书馆 1964 年版，第 390 页。

〔4〕 ［法］费琅（Ferrand, Gabrial）编，耿昇、穆根来译：《阿拉伯波斯突厥人东方文献辑注》上册，中华书局 1989 年版，第 246 页。

〔5〕 张广达，前引文，第 775 页。

特（H. Herzfelt）以及 1936—1939、1963—1964 年伊拉克国家文物局先后三次在阿巴斯朝都城撒马拉进行考古发掘调查，第一次在旧宫库房中发现有唐三彩碗、盘和绿釉、黄釉瓷壶片以及白瓷、青瓷片，多为 9—10 世纪晚唐、五代及宋初之物，但很多瓷片不是华瓷，应为当地烧造。1936—1939 年第二次发掘，出土绿釉、三彩碎片，为当地仿华瓷制品[1]。这些瓷片保存在巴格达阿巴斯宫博物馆（Abbasaid Palace Museum）及阿拉伯博物馆。

1936、1937 及 1939 年美国纽约大都会博物馆（Metropolitan Museum）考古学家在伊朗东北的尼沙布尔（Nishapur）作了三次发掘调查，发现 9—13 世纪唐宋时邢州、越州、长沙、广东等窑烧的白瓷、黄釉瓷、釉下彩绘瓷，现藏该馆库房，其中有几件完整的，内有三件后流入日本[2]。伊朗内陆吉罗夫特（Jiroft）附近的沙里—达基亚努斯（Shari-Daquianūs）遗址出土 9—10 世纪越州窑瓷及 10 世纪青瓷及青白瓷。北部大城市马什哈德（Mashhad）博物馆陈列来自中国的元代龙泉窑青瓷和明代青花瓷[3]。波斯帝国沙法维朝（Safawid，1502－1736）首都伊斯法罕（Isfahan）旧宫内有 42 件明初青花瓷和青瓷。波斯除持续数百年进口中国瓷器外，还从 10 世纪起不断仿制瓷器。

10 世纪起中国瓷器输入北非的埃及，1912—1920 年间日本人小山富士夫等人在开罗南郊弗斯塔特（al-Fustāt）遗址作了多次调查发掘，这里是 642 年阿拉伯军队征服埃及后最早建设的城市，俗称老开罗，至 1168 年十字军东征时被毁，遗址内二栋仓库中瓷片堆积甚厚，估计有七八十万片，其中中国瓷片约二万二千片，年代自 8—9 世纪的唐代至 16—17 世纪的清代，有唐三彩、邢州白瓷、越州瓷、黄褐釉瓷、长沙窑瓷，以越州瓷最多，还有元代的青花瓷片[4]。以开罗为首都的伊斯兰政权法蒂玛王朝（Fatimid，909－1173）更成功仿制华瓷。1046—1049 年波斯人纳绥尔（Nasr）说，法蒂玛时代仿制的瓷器"十分美妙和透明，以至人们可通过瓷器看到自己的手"[5]。弗斯塔特遗址发现七八十万瓷片中，70％—80％是中国青瓷、青白瓷和青花瓷的仿制品[6]。

（四）中国瓷器和制瓷技术在欧洲的传播

当阿拉伯地区仿制中国瓷器成功之时，欧洲仍然处于陶器时代，技术上裹足不前，欧洲人接触瓷器的时间也很晚。他们在 6 世纪掌握了养蚕术，有了蚕丝业，应当说是幸运的，但在制瓷方面幸运之神没有向他们招手。直到 13 世纪的元代，来华的意大利旅行家

〔1〕[日] 三上次男：《陶瓷的道》，岩波书店 1969 年版，第 77—78 页；庄景辉译：《陶瓷之路》，载姚楠主编，《中外关系史译丛》第一辑，上海译文出版社 1984 年版，第 199 页。

〔2〕庄景辉，前引译文，第 202 页。

〔3〕[日] 三上次男著，庄景辉译：《陶瓷之路》，载姚楠主编《中外关系史译丛》第一辑，上海译文出版社 1984 年版，第 200—201 页。

〔4〕同上书，第 192—193 页。

〔5〕Hitti, Philip K. *History of the Arabs*, 10th ed. London, 1970. p. 631；马坚译：《阿拉伯通史》，下册，商务印书馆 1979 年版，第 756 页。

〔6〕[日] 三上次男，同上译本，第 193 页。

马可波罗才在其游记（1299）中谈到瓷器。他写道：

> 流经泉州（Zayton）港的河（晋江），宽大而湍急，乃是穿过行在（杭州）城那条河的支流。这条支流与主河道分叉处有浔州（Tyunju，德化）城，这里除制造瓷杯或瓷碗碟，别无其他值得注意的地方。这种瓷器的制造过程如下：从地下挖取一种泥土，垒成堆，任风吹雨打、日晒，从不翻动，历时三四十年。泥土经处理后更加精炼，适合造上述器皿。再加入适当颜料，在窑或炉内烧造。因此挖泥堆土的人替其子孙着想，贮备材料，大量瓷器在城内出售，一个威尼斯银币可买八个瓷杯。[1]

这里谈的是福建著名的德化窑青白釉瓷，主要供外销用。从马可波罗时代以来长期间内，一般欧洲人对中国瓷器制法流传着误解。马可波罗错误地报道说，挖出泥土后要堆放三四十年，留给后辈人用来烧瓷。1678 年法国巴黎的《风流信使报》（*Mercure Galant*）及1716 年的《咏博凯尔城市场繁荣的滑稽诗》（*L'embarras de la foire de Beaucaire en vers burlesques*）都说，中国人将石膏、鸡蛋、贝壳等物共烧，再埋入地下八十至一百年后，取出造瓷。这些传说显然都是错误的，说明欧洲人对瓷艺的了解是肤浅的。欧洲语中对瓷的称呼也与贝壳有关，"瓷"在意大利语中称 porcellana，西班牙语和葡萄牙语为 porcelana，法语 porcelaine，英语 porcelain，荷兰语 porselein，德语为 porzellan。法国考古学家拉博德（Léon Emmanuel Simon Laborde，1807 - 1869）认为此词由拉丁文 porca 及其指小词 porcella 而来[2]，在中世纪中指珠贝。因瓷器胎质细密，釉面光泽，如小贝壳一样，故得此名。

　　14—15 世纪时瓷器在西欧作为稀罕之物，只被少数王公贵族所拥有。16 世纪以后，葡萄牙人、西班牙人、荷兰人和英国人乘船来东亚，运回大批中国瓷器获得丰厚收益。例如 1614 年 12 月荷兰"格尔德兰号"（Gelderland）商船一次就载回六万九千多件瓷器，因而在法国凡尔赛（Versailles）宫、西班牙马德里王宫都有大量瓷器陈列。与此同时，欧洲人也在仿制瓷器，1540 年意大利威尼斯人开始仿造蓝色的阿拉伯式瓷饰品（alla porcellana），佛罗伦萨在马丽娅（Francesca Maria，1574 - 1584）统治时期试图仿造中国硬胎瓷器，制成以当地政治家兼文学美术保护人梅迪奇（Lorenzo de Medice，1448 - 1492）之名命名的"梅迪奇器"[3]。实际上这些仿制品类似中国的釉陶，严格说还不是真正的瓷器，因其有蓝色釉，仍有卖场。其技术传入荷兰的德尔夫特（Delft）后，1625 年制出乳蓝色陶，以华瓷为标本加以彩绘。德尔夫特技术再传到法国的内韦尔（Nevers）、鲁昂（Rouen）及德国的富尔达（Fulda），法国陶工帕利西（Bernard Palissy，1509 - 1589）烧出铁锈色釉的陶器，欧洲仿制者未能烧出瓷器，因为没有识认到原料必须在化学成分上与

---

〔1〕　*The travels of Marco Polo*，ed. Manuel Komroff，bk 2，Chap. 82. New York，1930；参考李季译《马可波罗游记》，上海：亚东图书馆 1936 年版，第 258 页。

〔2〕　Laborde，Léon . *Notice des émaux du Louvre*，*Glossaire*，Vol. 2. Paris，1853. p. 465.

〔3〕　Reichwein，Adolf. *China and Europe*，tr，by J. C. Powell. New York，1925；朱杰勤译：《十八世纪中国与欧洲文化的接触》，商务印书馆 1962 年版，第 21—22 页。

白色的高岭土相接近者，而且要使炉或窑内保持 1200℃ 以上高温。葡萄牙人于 15 世纪初从中国带回第一批高岭土样品，但没有用作烧造原料。

17—18 世纪，中国瓷器大宗出口于欧洲后，开始成为普通家庭用品，在尤其饮茶之风盛行时，茶具成为畅销与时尚用具。欧洲商人根据其当地需要在中国厂家订制所设计的器型及图案的瓷器，王公贵族仍是最大的买家。1663—1715 年法国宫廷库藏目录中所列瓷器达千件之多，普鲁士王国萨克森（Saxony）选帝侯强人奥古斯都（Augustus der Stark，1670 - 1733）热衷收集瓷器，藏有清康熙青花瓷、釉里红、青瓷、斗彩和雍正珐琅彩，皆景德镇等名窑产品[1]。时普鲁士王国腓特烈（Frederick I，1657 - 1713）令炼金术士伯特格尔（Johann Fredrich Böttger，1682 - 1712）点石成金未成，伯特格尔怕获罪，遂于 1709 年逃至德累斯顿（Dresden），对奥古斯都声称，他能仿造出中国瓷器，便给予他实验室进行试制。

正当伯特格尔试验处于胶着状态时，突然受到技术启发。本城铁匠施纳克（Schnack）一日骑马于旷野，马蹄踏入深泥，染成银白色。他便将泥取回，碾细，晒成白粉，在市上出卖。当时人习俗带假发，以白粉撒在发上，使少年有老成之貌，铁匠因此获利。当伯特格尔将此白粉撒在假发时，觉发略重，以手取之，见白粉滑而细，乃与博物学家契尔恩豪斯（Ebrenfried von Tshirnhaus，1657 - 1708）合作，1709 年以此白粉成功烧出白瓷与红棕釉缸瓷，叫"伯特格尔瓷"（Bottgerware），与华瓷相仿，因所用原料与高岭土相同。1710 年将厂址移至附近的迈森（Meissen）扩大生产，1714 年其产品在莱比锡博览会展出，1717 年又试制出蓝釉瓷，仿华瓷纹饰，由画家黑洛尔德（Herold）负责彩绘。伯特格尔厂被认为是欧洲第一批真正瓷器的起源地[2]，瓷器生产成为萨克森的支柱产业，是政府增加财政收入的重要来源。普鲁士国王下令严禁烧瓷技术外流，不准外人进入厂区。但仍难避免该厂外逃工人将技术泄露到德国其他地区。

法国人在德国仿制瓷器成功的刺激下，也致力于瓷器研究。值得注意的是，康熙三十八年（1699）来华的法国耶稣会士殷弘绪（字继宗，François-Xavier d'Entrecolles，1664 -1724）在江西九江、饶州及景德镇传教期间（1707—1719），多次去景德镇窑厂对制瓷技术进行现场调查，1712 及 1722 年分别写成两篇报告，以书信形式寄给法国耶稣会主管中国、印度的传教团总视察奥里（Orry），两封信分别发表于《海外传教团某些耶稣会士所写的启示与珍奇书信集》（*Lettres édifiantes et curieuses écrites des Missions Êtrangeres par queliques missionaires de la Compagnie des Jesus.*）第 12 集（1717）及第 16 集（1724），刊于巴黎。这套书信集简称《启示与珍奇书信集》（*Lettres édifiantes et curieuses*），总共 34 集，自 1703 年起至 1776 年刊毕。殷弘绪的通信有小林太市郎（1901—1963）的日文译注本[3]。他在报告中对景德镇瓷器原料及加工、烧造及上釉、绘

〔1〕［日］小林太市郎：《中国とフランス美术工艺》第二章，东京，1937 年。

〔2〕［德］Reichwein 著，朱杰勤译本，第 23 页；傅兰雅（John Fryer），西国瓷器源流，《格致汇编》，第一年春季号，上海，1876 年。

〔3〕［法］ダントルコール著，［日］小林太市郎译注：《中国陶瓷闻录》，东京：第一书房 1943 年版。

彩等全部过程及所用工具作了详细叙述。关于原料，他指出由白不子（pe-tun-tse）及高岭（kao-lin）两种土配成。前者呈白色；触之极滑，后者有闪光的微粒，也是白色。两种土产于祁门，由船运来。

法国人读到报道后不难如法实施，我们不能排除殷弘绪会将瓷土标本寄回法国。因为在他写第一份报告（1722）的几年前，英国人和荷兰人已来中国购买白不子土归国，但试烧后没有成功，此前15世纪初葡萄牙人带回第一批高岭土样品，欧洲人在其境内到处寻找此土，但一时很难发现产地。由于法国地质学家、化学家的努力，1735年在利摩日（Limoges）发现瓷土，1736年建立瓷厂，接下于1756年在巴黎西南的赛夫勒（Sèvres）建立最大的皇家瓷器厂，此后于阿朗松（Alençon，1765）及圣雅拉—帕尔什（Saint-Yrieix-la-Perche）发现高岭土矿层，并分别设厂生产瓷器，法国制瓷业很快迎头赶上。在英国，由于威治伍德（Josiah Wedgwood，1730－1795）的努力，为制瓷业发展奠定基础，他从1763年获得专利之后，生产黑釉及斑纹釉瓷器。至19世纪，中国制瓷技术已传遍世界很多国家。

五   明清时期译成汉文的国外化学著作

化学在中国有悠久的发展历史。古代科技四大发明中有两项与化学有关，此即造纸术与火药，它们对世界影响尽人皆知。与化学有密切关系的炼丹术，英文称 alchemy，而法文称 alchimie，早在公元前300至前200年起源于中国。现代西方语"化学"（chemistry，chimie）一词的起源还与中国的炼丹术有关，详见前面第三节。其他如瓷器、漆器、金属及合金冶炼、染色和酿酒等化学工艺生产，在中国古代都取得不少成就。然而不可讳言，从17世纪以后，西方后来居上；18世纪的法国化学家拉瓦锡（Antoine Laurent Lavoisier，1743－1794）掀起"化学革命"（Révolution chimique），而19世纪初的英国化学家道尔顿（John Dalton，1766－1844）又奠定了原子论，自此以后，西方的化学发展日进千里，而中国却落后了。后进就应当向先进学习，因此明清时期不少西方化学著作被介绍到中国，以汉文出版，使学者有机会接触这段时间外国的化学成就，从而使近代化学逐渐在中国发展。当时东邻日本国也面临在科学方面向西方学习问题，并且开始将西方化学著作译成日文，有些地方比中国还要做得早些，因此清末时期一些日文著作也译成汉文。与此同时一些化学著作的汉文译本也译成日文。在中、日两国近代化的过程中，翻译包括化学著作在内的西方科学著作是不可或缺的一环。研究中国近代史，就不能不了解这方面的情况。

关于明清时的译著，近人徐维则辑，顾燮光（1875—1949）补《东西学书录》（1902）、[1] 顾燮光辑《译书经眼录》（1935）[2] 都曾有著录。谭勤余依上海《涵芬楼藏

---

〔1〕（清）徐维则辑，顾燮光修订：《东西学书录》（1902年上海石印本），全四册（卷），线装本。

〔2〕（清）顾燮光：《译书经眼录》（1935年上海石印本），全八卷（两册），线装本。

书目》更著成"中国化学史与化学出版物"（1941）一文。[1] 前述三种书目中，徐维则收录了 1629—1902 年间成书的著作，而顾燮光续收 1902 至 1904 年间的作品、谭勤余则补录 1904—1910 年间的译著。这三种书目互相配合，紧密衔接地收录了 1629—1910 年间的 284 年间中国出版的科学专著，其中包括化学方面的译著，使我们能通观明清时期翻译及出版化学专著的全貌。这三位学者从事了开创性工作，成为我们这次研究之所本。我们之所以将收载书目时间定为 1640—1910 年（共 270 年），因 1640 年前虽有其他学科著作发表，但并无化学方面的译著，1910 年以后已进入现代阶段，国人已有独立研究化学的能力，与清末的情况不可同日而语。

上面提到的三个书目，都按照传统的著述方式写成，对所收录的著作刊行地点及年代，大多没有提及，有时只列出书名及卷数，有时无原作者或译者姓名，使用时颇为不便，为读者提供的信息实在太少。至于原作底本，则更是没有提及。当遇到书名相同的书时，便难以区分。书目撰者们的开创工作虽属可贵，但从现代书目学标准来衡量，其书目仍有待大力改进。近年来，黎难秋[2]重新考察袁翰青[3]报道的 19 世纪时中国出版的 31 种化学译著刊行年代，补充了传统书目的某些遗漏，然而仍未涉及这些译作的底本及原著作者。我们此处旨在综合讨论 1640—1910 年间中国翻译出版的一百部化学译著的书名、卷数、版次、内容、刊行地点、年代和著译者姓名，并对其中 35 种重点著述追查出原作者、书名原文、版次、刊行地点及年代，并附有关著译者的传略。我们将这些作品分为六大类，然后再逐一说明。在考订的过程中，很多方面都是参考美国加州汉学家贝尼特（Adrian Arthur Bennett）博士的著作。[4]

（一）化学学术专著（11 种）

1.《化学初阶》

《化学初阶》共两卷四册，木刻线装插图本，广州博济医局（Medical Missionry Society's Hospital）1870 年初刊（图 4—41）。此后该书被收录在《西学大成》（上海，1888）等书。英人韦尔斯著，美国人嘉约翰（John Glasgow Kerr，1824－1901）及中国学者何瞭然（1835—1905 在世）合译。嘉约翰是美国北长老会的传教医师，1853 年来华，在广州从事传教和行医，1876 年休假返美，1878 年再赴广州，在华凡 44 年，1901 年卒于广州。

《化学初阶》一书为嘉约翰首次来华期间在博济医局传授化学的教本。清同治九年（1870）《化学初阶》羊城初刻本。书首有嘉约翰用英文写的《序》，其中说该书译自韦尔

〔1〕　谭勤余：中国化学史与化学出版物，见《学林》（1941 年 8 月上海），第八辑。
〔2〕　黎难秋：十九世纪中文化学籍补考，见《化学通报》1983 年 2 月，第 57—59 页。
〔3〕　袁翰青：《中国化学史论文集》，三联书店 1956 年版，第 288—292 页。
〔4〕　A. A. Bennett, *John Fryer：The Introduction of Western Science and Technology into Nineteenth Century China*, Cambridge, Massachusetts：Harvard University Press，1967，pp. 82－109.

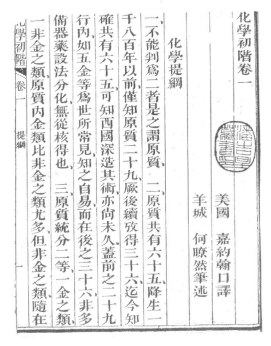

图4—41　《化学初阶》(1870)卷一首页

斯的《化学原理》(*Principles of Chemistry*, by David Wells, New York, 1858) 之无机化学部分,[1] 同时更参考了英国化学家方尼司 (George Fownes, 1815 - 1849) 的《化学教程》第十版 (*Manual of Chemistry*, 10th edition edited by H. Bence, Jones and A. W. Hofmann. London: Rolfe and Gillet, 1863) 等书。嘉约翰还告诉我们,他翻译时在名词术语方面得到当时在上海江南制造局任职的英国学者傅兰雅的帮助,因当时傅兰雅也以韦尔斯的原著为底本,从事同样的译述工作。[2] 嘉约翰翻译此书较傅兰雅晚一些,然其译本却比傅兰雅译本提前一年出版,他们两人的译本内容不尽相同,因为嘉约翰在书中加入其他化学专书的材料。

平心而论,嘉约翰译本内容及文笔,不及傅兰雅与徐寿合译的《化学鉴原》,但是《化学初阶》仍不失为清代早期问世的化学学术专著译本。其原著全名为《化学原理及应用》(*Principles and Application of Chemistry*)。此译本 1871 年首次刊出两卷(两册),内容是无机化学部分。同年更刊出另两卷(两册),内容是有机化学部分,共四卷四册,至此全书内容全译成汉文。与嘉约翰合译《化学初阶》的何瞭然 (1835—1905 在世) 是广州人,咸丰年间 (1850) 从英国医师合信 (Benjamin Hobson, 1808 - 1871) 学习西医。合信在 1855 年离广州赴上海后,正值嘉约翰自美国来穗,后来便与他共译此书。何瞭然是咸丰、同治年间少有的中国化学家之一。

2.《化学鉴原》

《化学鉴原》全书共六卷四册,木刻线装插图本,上海江南制造局初刊于 1871 年(图4—42)。此后收入《富强丛书》(上海,1896) 及《化学大成》(上海,1896) 等丛书中。由英人韦尔斯著,英人傅兰雅及中国化学家徐寿合译。此书的底本为 1858 年纽约—芝加哥刊韦尔斯著《化学原理及应用》(*Principles and Application of Chemistry* by David Wells, New York-Chicago: Ivison, Blakeman, Taylor and Company, 1858)。[3] 与

〔1〕 John G. Kerr, *Preface to the Chinese Translation of Wells' Principles of Chemistry* (Canton, March 1871).

〔2〕 Ibid.

〔3〕 A. A. Bennett. *John Fryer: The introduction of Western science and technology into nineteenth century China*, pp. 86 - 101.

《化学初阶》不同，《化学鉴原》初版本的书首无刊刻年代，因此引起后来学者各种说法。有人认为此书初刻于同治十一年（1872）[1]。细审此书内容及有关西方史料，知此书始译于1869年，至1870年底译毕。译者之一傅兰雅本人也明确地说，《化学鉴原》初刊于1871年，共四册，售价为一千元[2]。英国李约瑟博士也认为此书刊于1871年。[3] 因而该书初刊于同治十年（1871）之说现已成定论。

《化学鉴原》是韦尔斯原著的译本，文笔流畅，在厘定化学名词方面较为合理，因此影响较大，流传较广。译者们在化学物质命名方面作了开创性努力，其中所用的化学名词至今仍然保留，如钠、钾、锌和锰等。因为这是官刻本，资力雄厚，在用纸及刻版上也都相当考究。

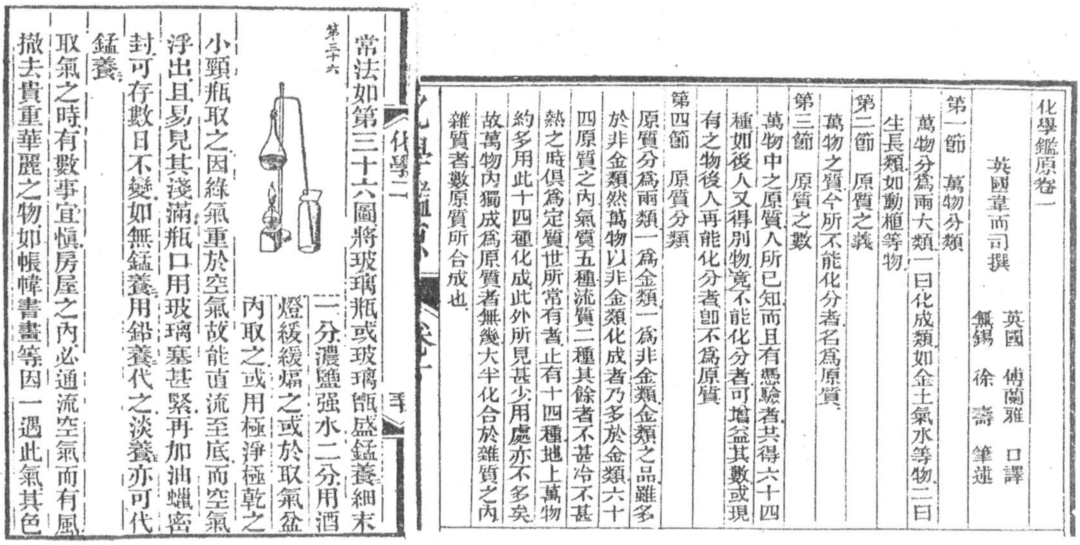

化學鑑原卷一

英國韋而司撰　英國 傅蘭雅 口譯　無錫 徐壽 筆述

第一節　萬物分類

萬物分爲兩大類一曰化成類如金土氣水等物二曰生長類如動植等物

第二節　原質之義

萬物之質今所不能化分者名爲原質

第三節　原質之數

萬物中之原質人所已知而且有憑驗者共得六十四種如後人又得別物竟不能化分者可增益其數或現有之物後人再能化分者即不爲原質

第四節　原質分類

原質分爲兩類一爲金類一爲非金類金類之品雖多於非金類然萬物以非金類化成者乃多於金類六十四原質之內氣質五種流質二種其餘者不甚冷不甚熱之時俱爲定質世所常有者止有十四種地上萬物約多用此十四種化成此外所見甚少用處亦不多矣故萬物內獨成爲原質者無幾大半化合於雜質之內雜質者數原質所合成也

第三十六

常法如第三十六圖將玻璃瓶或玻璃甑盛錳養細末一分濃鹽强水二分用酒燈緩緩熇之或於取氣盆內取之或用極淨極乾之小頸瓶取之因綠氣重於空氣故能直流至底而空氣浮出且易見其淺滿瓶口用玻璃塞甚緊再加油蠟密封可存數日不變如無錳養用鉛養代之淡養亦可代錳養

取氣之時有數事宜愼房屋之內必通流空氣而有風撤去貴重華麗之物如帳幃書畫等因一遇此氣其色

图 4—42　《化学鉴原》(1871) 卷一及卷二书影

《化学鉴原》之所以广泛流传是因为中、西两位译者均学业精湛。傅兰雅（John Fryer，1839－1928）1839年8月6日生于英国肯特郡（Kent）一个穷困牧师家庭，早期在布里斯托尔（Bristol）的圣詹姆士中学（St. James School）接受教育，后获奖学金进入伦敦一所专为培养见习教师的学院（Highbury Training College）攻读，相当于现时的师范学院。1860年卒业，因受其父母对中国兴趣的影响，1861年二十二岁时来华，旋即任香港圣保罗书院（St Paul's College）院长，1863年往北京任京师同文馆英文教习。1865年傅兰雅再受聘到上海任江南制造局译学馆编译官，负责编译西洋科学技术书籍，他能说流利

〔1〕 魏允恭：《江南制造局记》卷二，上海江南制造局本1905年版，第15页。

〔2〕［英］傅兰雅（John Fryer）著：江南制造局翻译西书事略，见《格致汇编》，格致书室1880年版，第三年秋。

〔3〕 J. Needham, *Science and Civilisation in China*, Cambridge University Press, 1976, Vol. 5, Chap. 3, p. 254.

的北京官话、上海话及广州话。他与中国学者徐寿父子长期合作共事，先后翻译出大量西方科学技术著作，1875年又在上海创办《格致汇编》（*The Chinese Scientific and Technical Magazine*），这是中国最早的近代科学刊物，1885年他又与徐寿等创办格致书院（The Shanghai Polytechnic Institute）：对中国近代科学发展作出重大贡献。1896年傅兰雅赴美，参加美国建国一百周年纪念在费城（Philadelphia）举办的万国博览会，会后被美国人看重，聘他为加利福尼亚大学东方语文教授，1915年退休，后续任为该校名誉教授，1928年卒于加州。傅兰雅定居美国后，仍与中国学者保持密切联系，晚年时虽在加州居住，但仍为江南制造局继续翻译科技著作。

与傅兰雅共同参加译述工作的中国化学家徐寿（1818—1884），字雪邨，江苏无锡人，中国近代化学研究的先驱者之一，清代嘉庆二十三年（1818）生，五岁丧父。《清史稿》卷五○五本传称其：

> 生于僻乡，幼孤，事母以孝闻，性质直无华。道〔光〕、咸〔丰〕间，东南兵事起，遂弃举业，专研博物格致之学。时泰西学术流传中国者尚未昌明，试验诸器绝尠，寿与金匮华蘅芳（1833—1902）讨论搜求，始得十一。[1]

1856年徐寿在上海获得英人合信（Benjamin Hobson，1816-1873）著的《博物新编》（1855），书载有若干化学知识，于是他自制仪器进行试验，同时又研究物理学及机器制造之学，颇有心得。1862年他投入内阁大学士曾国藩（1811—1872）幕下，在安庆和江宁机器局成功制造木制轮船"黄鹄"号（此轮船长五十余尺，时速四十里）。1867年进上海江南制造局供职，与傅兰雅等人合作翻译西方科技著作，在任凡十七年，直至逝世时止。徐寿参与译书凡十三种，《清史稿》说："《西艺新知》、《化学鉴原》两书尤称善本。"此后"在大冶煤铁矿、开平煤矿、汉河金矿经始之际，寿皆为擘画规制、购器选匠资其力焉。"徐寿一生热爱科学，涉猎面广泛，尤精于化学和化学技术，对中国近代科学发展贡献至为巨大。他与傅兰雅友谊甚笃，联合成立上海格致书院，前已述及。他一心为国，不计较功名利禄，故以布衣终。《化学鉴原》印数很多，发行范围广泛，培养了几代中国化学家，其影响甚于《化学初阶》。徐寿之子徐建寅（1845—1901）继父业，亦从事研究化学和翻译西书的工作。

3.《化学鉴原续编》

《化学鉴原续编》共24卷四册，木刻线装插图本，1875年上海江南制造局初刊。此后收入《化学大成》（1896）。英人蒲陆山著，傅兰雅及徐寿合译。此书英文版底本为蒲陆山（Charles L. Bloxom）著《无机与有机化学，附实验及分子式与当量对照》一书的1867年伦敦增订版（*Chemistry Inorganic and Organic with Experiments and a Comparison of Equivalent and Molecular Formulae* by Charles Bloxom，revised ed.，London：

---

〔1〕 赵尔巽：《清史稿》卷五○五，《徐寿传》，二十五史本第12册，上海古籍出版社1986年版，第1595—1596页。

John Churchill & Sons，1867）。

蒲陆山是伦敦皇家化学学院（Royal College of Cheimistry，London）名教授霍夫曼（August Wilhelm von Hofmann，1818－1892）之高足，后任伦敦金斯（英皇）学院（King's College）化学教授。1854 年蒲陆山和英国炸药化学家阿拜尔（Frederick Augustin Abel. 1826－1902）合著《理论、应用及工业化学教程》（*Handbook of Chemistry，Theoritcal，Practical and Technical.* London，1854）。后由蒲陆山修订，改名为《无机与有机化学，附实验……》（*Inorganic and Organic Chemistry，with Experiments*），[1] 并曾多次再版。傅兰雅及徐寿所用的底本为 1867 年最新版本，英文原著共 671 页，其中第 435—635 页有机部分译成汉文。因为 1871 年出版的《化学鉴原》只有无机部分，现在将蒲陆山原著后半部有机部分都译出，正可补足《化学鉴原》未尽之处，故称之为《化学鉴原续编》。要注意的是：《化学鉴原》与《化学鉴原续编》所依据的底本不同，原作者也不是同一人。这是中国出版最早一部有机化学专著。与无机化合物不同，有机化合物较难从英文翻译成适当的汉文，加上当时翻译经验不足，故有机化合物名词大多是采取音译，显得名字较长而且难于理解。这也是为什么 1871 年没有将有机部分翻译成汉文的原因。

4.《化学鉴原补编》

《化学鉴原补编》共六卷六册，木刻插图本，附录一卷，插图 260 幅。1879 年上海江南制造局初刊。此后收录在《富强丛书》和《化学大成》中。英人蒲陆山著，傅兰雅及徐寿合译。傅兰雅和徐寿两位都考虑到《化学鉴原》的底本韦尔斯的化学书版本过旧，而且只是翻译了无机化学部分，现在既已获得蒲陆山新著，故先翻译其有机化学部分，以求化学体系之完整，结果他们决定将蒲陆山的新著全都翻译成汉文，体系更加完整。因此便出现这个译本。所据底本仍然是蒲陆山著《无机与有机化学》，此次是翻译第 1 页至第415 页的无机化学部分。至此，蒲陆山的新版化学原著已全部译毕，因名之为《化学鉴原补编》。以上四部化学专书，属于英、美系统的化学专著。汉文行文经秀才出身的化学家徐寿润饰，符合中国读者的需要，故《化学鉴原》系统的三部化学专书颇受当时读者欢迎。

5.《化学指南》

《化学指南》共十卷十六册，活字版插图本，京师同文馆初刊（北京—巴黎，1873）。扉页印有"同治癸酉（1873）新镌"、"法国毕利幹著"之字样（图 4—43）。

毕利幹（Anatole Adrian Billequin，1837－1894）1837 年生于巴黎，接受科学教育后，1866 年来华，1867 年受聘为京师同文馆化学教习。《化学指南》一书是他在中国讲授化学的教材。除此书之外，毕利幹还著有《法汉字汇》（*Dictionare Français Chinois* par A. Billequin，Pékin-Paris，1891）。此二书笔者有藏本，我将两书比较，发现两者汉文及

---

[1] J. R. Partington, *A History of Chemistry*，Vol. 4. London：Macmillan and Company，1964. p. 434.

图 4—43　《化学指南》(1873) 卷一书影

法文字体完全相同，而毕利幹在《法汉字汇》的法文《前言》中说明，当时北京没有法文排字所，因此分别在北京天主教北堂及巴黎勒卢 (E. Leroux) 印刷所排印。因而《化学指南》也同样如此。毕利幹还在其《法汉字汇》的法文《序言》中提到《化学指南》一书，他写道："毕利幹所译马拉古蒂之化学著作"（"Chimie de Malagutti traduite par A. Billequin"）。[1] 由此可知，《化学指南》并非像汉文版扉页上所说是"毕利幹著"，实际上是他从马拉古蒂的化学书中翻译过来之译本。我们研究化学史的人对这位意大利化学家是相当熟悉的，这里毕利幹将 Malaguti 的姓氏多拼一个字母"t"，是一眼就会看出的。

马拉古蒂（Fanstino Jovita Mariano Malaguti，1802－1878）1802 年 2 月 15 日生于意大利波洛尼亚（Bologna），大学毕业后 1831 年移居到法国，曾经一度是巴黎盖吕萨克（Gay Lussac）实验室内的化学家贝卢兹（Theophite Jules Pelouze，1807－1867）的助手，后出任赛夫勒（Sèvres）御窑厂的化学师，1850 年起，一直任勒纳学院（Académie du Rennes）的化学教授及院长，在无机化学方面素有研究，1878 年 4 月 26 日卒于勒纳。[2] 1853 年马拉古蒂任勒纳学院化学教授时用法文发表两卷本《化学基本教程》（*Leçons élémentaire de chimie*，2 vols. Paris，1853），在巴黎出版。这正好是毕利幹所译《化学指南》的底本。汉文版书首有同文馆总管大臣董恂写的序。全书采用问答体形式，并附有插图，属于法国系统的化学专著。在名词方面，参考了同文馆所刊《化学入门》（1868）等书，并没有利用傅兰雅和徐寿所厘定的化学物质命名法，许多名词都是新创的，如 Manganèse（Mn）的译名不是锰而译作"鑽"（共 37 划）；Amonique（NH_3）不译作氨，而译作"硝轻^{三}"等，相当复杂[3]。但此书独到之处是排印了西方通用的化学符号及化学反应式，这在中国是一项创举，这一点也是《化学鉴原》所不及。如：

$$A_zO^5 + SO^2 = SO^3 + AzO^4$$

式中 Az 为法文 Azote（氮）之缩语，相当英文 Nitrogen 缩写 N；变换成英美所用的

---

〔1〕 Billequin, A. A. "Introduction," *Dictionaire Français-Chinois* (Pékin-Paris, 1891), p. Ⅻ.

〔2〕 Partington, J. R. *A History of Chemistry*, Vol. Ⅳ, pp. 362－363.

〔3〕 ［意］马拉古蒂（F. M. Malaguti）著，［法］毕利幹、（清）联子振合译：《化学指南》，北京—巴黎，1873 年，卷一。

化学式就是：

$$NO_5 + SO_2 = SO_3 + NO_4$$

今天吾人化学著作中所用化学式即继承《化学指南》的做法。此外，书中还加排各名词的法文原文及符号。如养气（氧）Oxygène（O）、硝气（氮）Azote（Az）、磇养（氧化砷）Oxyde d'arsenic（AsO）等。这有助于我们看懂书中一些古怪的汉文名字。

在19世纪时，如何将西方著作中的化学名词、符号及反应式用汉文表达出来，人们进行了各种探索。以英文Manganese或法文Manganèse为例，《化学鉴原》译为"锰"，取此词的西文发音第一个音节，音译为"孟"，再加"金"字作偏旁，表明是一种金属，是古代"六书"中指事和谐声之妙用，而至今仍用此译法。至于《化学指南》则是把Manganèse译为"鑛"，用心亦颇为良苦，由"无名异"及"金"四个汉字组合成为一个复合字，"金"表示该物是一种金属，与《化学鉴原》出于相同的考虑，又因锰化合物在中国古书中称"无名异"〔实际上是二氧化锰（MnO_2）〕，所以创此字的原理是"六书"中的会意和指事之灵活运用。但这个字在口语中如何发音，却没有标明，又因笔画太多，不便书写与印刷，所以后来废而不用，一律通用更为简练的"锰"。这说明《化学鉴原》及《化学指南》在译名词方面用了不同的思想方法，也算是南派同北派之异了；实践证明在厘定翻译名词方面，《化学鉴原》较为可取。但如何用符号表达复杂化合物及反应式，实践证明《化学指南》处理得比较得当。例如我们今天所说的硫酸（H_2SO_4），《化学鉴原》表示为"硫养四轻二"，也显得复杂，但《化学指南》则直接表示为SO^4H^2，则更为便当了，故直到今天都是沿用这个表示方法，只是略加改动成H_2SO_4而已。由此可见，两书各有其可取之处。后人取其各自长处，演变成今日的化学语言。

《化学指南》一书因流传不广，人们多有误解。有人认为此书由法人毕利干及华人承霖及王钟祥合译。[1] 恐实因未见原著而推论。其实在该书中并没有提到承霖、王钟祥两人的名字，扉页上只作"毕利干著"，但我们发现毕利干在该书《凡例》中写道："是书系由洋文译出汉文，盖非予一人之力所能成也。有化学生联子振者，既通汉文，亦悉洋文，而于化学之一道又复深尝。故每有著作，必与以相参用，能以汉文印洋文之理而无少差谬，是书之成，斯人与有力焉。"[2] 此处所说的"洋文"指法文，可见联子振既懂法文，又通化学，他才是《化学指南》的合译者。虽然王钟祥亦出身于同文馆，而且也懂得法文及化学，但入馆时间较晚。毕利干翻译《化学指南》时，王钟祥尚未到馆，当然不可能参加合译工作。很可惜，关于联子振我们所知不多。

6.《化学卫生论》

《化学卫生论》四卷四册，木刻插图本，上海广学会刊于1879年（图4—44）。在这以前，该书分期先以铅字刊于上海《格致汇编》（*The Chinese Scientific and Technical Magazine*）（1876—1881），后来上海格致书室将各期合起来在1890年出版合订本两册。

〔1〕 张子高、杨根：徐寿父子年谱，《中国科学史料》1981年第4期，第58页。

〔2〕 〔法〕毕利干（A. A. Billequin）：《化学指南·凡例》，见《化学指南》书首。

英人真司腾著，傅兰雅及中国学者栾学谦合译。这是中国出版的第一部生理化学学术专著。此书的英文底本是真司腾著，罗以司增订的《普通生命化学》（*The Chemistry of Common Life* by J. W. Johnston，new edition revised by G. H. Lewes，Edinburgh-London：Blackwood and Co. 2Vols，1854 - 1855），分两册，由爱丁堡及伦敦的黑木出版社在1854—1855 年出版[1]。

原作者真司腾，今译为约翰斯顿（James Finlay Weir Johnston，1798 - 1855），是 19世纪前半叶英国著名农业化学家和生理化学家，1829 年留学瑞典，在大化学家贝尔泽里乌斯（Jöns Jacob Berzelius，1779 - 1848）指导下进修化学，返国后在 1833 年就出任为达勒姆大学（University of Durham）化学教授，著有《农业化学及地质学原理》（*Elements of Agricultural Chemistry and Geology*，Edinburgh，1842）、《农业化学及地质学教本》（*Lectures on Agricultural Chemistry and Geology*，Edinburgh，1844）及《普通生命化学》等书，都曾多次再版[2]。中国所据以翻译的是 1859 年由英国哲学家、科学家兼文学批评家罗以司修订的较新的版本。

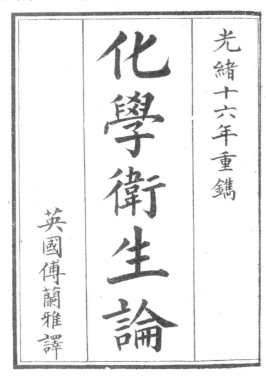

图 4—44　《化学卫生论》单行本（1879）

罗以司今译为刘易斯（George Henry Lewis，1817 - 1878），伦敦人，早年登舞台演戏，后研究哲学及自然科学，1838 年留学德国，返国后向杂志社投稿，1850 年创刊《论坛》（Leader），并担任主笔。1853 年发表《孔德自然哲学》（*Comte's Philosophy of Sciences*），此后转向自然科学，偏重生物学及生理学，著《生命与人类的问题》（*The Problems of Life and Man*，4 Vols，1874 - 1879）。他是一位博学多才的高产作者。当他对生理学发生兴趣时，便从事《普通生命化学》一书的修订工作。因此把这书介绍到中国，是件有意义的事，因为生理化学与人的医疗保健及生理卫生有密切关系，正是中国所需要发展的学科。此书的汉文书名《化学卫生论》，也正好反映了书中讨论的内容，也就是从化学角度研究人的生理卫生。因此该书出版后，立刻受到社会各界人士的欢迎而迅速流传起来，当时年青人都爱读此书，例如鲁迅先生 1898—1899

〔1〕 A. A. Bennett，*John Fryer*：*The Introduction of Western science and technology into nineteenth century China*，p. 87.

〔2〕 Partington，J. R. *A history of chemistry*，Vol. 4，p. 254.

年在南京新式学堂念书时，就阅读过木刻本《化学卫生论》。此书至 20 世纪初还在中国流通。参与翻译该书的栾学谦（1834—1899 在世），是当时在上海格致书院讲授化学的中国化学家。关于他的个人资料实在太少，只在《格致汇编》中见有他写的"格致书院教演化学记"一文，记载讲授《化学鉴原》时，向学生展示用仪器作氧气实验的细节。由这样一位专家与傅兰雅合译生理化学著作，可以预期会有较高水准。

7.《化学材料中西名目表》

《化学材料中西名目表》一册，铅印横排本，上海江南制造局初刊于 1885 年，后收录在《化学大成》（1896）及《富强丛书》（1896）之中。傅兰雅及徐寿合编，是一本小册子，但在学术上相当重要（图 4—45）。英文题为《英汉化学物质名词词汇》（*Vocabulary of Names of Chemical Substances，English/Chinese*）。此书是 1869—1870 年傅兰雅和徐

寿两位为翻译英国化学家蒲陆山的化学书时，经过反复推敲后编定的，完成于同治九年（1870）。如前所述，美国人嘉约翰翻译《化学初阶》时，曾参考了此书的稿本。这是中国近代第一部英汉化学辞典，是重要的翻译工具书，对中国后世翻译西洋化学著作和制订化学物质命名方面影响颇大。但书中对有机物多取音译，并不可取。

8.《化学源流论》

《化学源流论》四卷四册，木刻本，上海江南制造局初刊于 1900 年。英人方尼司著，中国学者王汝骕译。这是由中国学者翻译的一部化学专著。此本过去很少被科学史学者研究，因此对于其原底本、原作者姓名及事迹等均有待查明。经考证后，笔者认为方尼司即英国化学家福恩斯之旧译。1868 年 3 月 18 日傅兰雅向英国伦敦书

图 4—45　中国出版的最早英汉化学字典《化学材料中西名目表》（1885）

店替江南制造局采购的书籍订单中，确实开列了"福恩斯的《化学教程》"（*Fownes' Manual of Chemistry*）[1]，而此书亦与其他书籍随船运至上海，置于江南制造局译书馆中。

福恩斯（George Fownes，1815－1849）1815 年 5 月 14 日生于伦敦，早年留学德国，在著名学府基森（Giessen）大学随德国化学大师李比希（Justus von Liebig，1803－1873）习化学，1839 年获博士学位，返国后任伦敦大学（University College of London）化学教授，1845 年被选为英国皇家科学院院士（FRS），1844 年发表《基础理论化学与实用化学教程》（*A Manual of Elementary Chemistry*，*Theoritical and Practical*. London：Churchill，1844），简称《化学教程》（*Manual of Chemistry*），此后曾多次再版，成为英国当时最畅销的化学教本。1868 年正好出版了由化学家琼斯（H. Bence Jones）及瓦茨（H. Watts）修订的新版，为两卷本，仍由邱吉尔（Churchill）出版社出版[2]。译成汉文的应是以此书为底本。译者王汝骍（1886—1925 在世），乌程（今浙江吴兴）人，当时在江南制造局供职，从事翻译工作。此书卷一为一般化学理论，卷二为植物化学，卷三为动物化学，卷四为生物化学。

9.《最新化学理论：伊洪说及平衡论》

《最新化学理论：伊洪说及平衡论》一册，铅印本，《科学丛书》本，上海科学仪器馆初刊于 1903 年。日本人中谷平三郎著，钟观光等译。书名中的"伊洪"为日文"イオン"之音译，而日文又是西文 ion 之音译，现在汉文作"离子"，因而伊洪说即离子说。

此书为 19 世纪时日本化学家中谷平三郎介绍瑞典化学家阿列纽斯（Svante August Arrhenius，1859－1927）的电离学说的教本。阿列纽斯 1859 年 2 月 19 日生于乌普萨拉（Uppsala），1876 年入乌普萨拉大学攻读物理学和化学。1884 年用法文发表长达 150 页的学位论文《关于电解质导电性的研究》（*Recherches sur la conductivilité galvanique de électrolytes*），奠定其学说的初步基础。1887 年再用德文发表《论溶质在水中的离解》（*Ueber die Dissociation der im Wasser gelösten Stoffe*），使他的学说总其成[3]。1895 年阿列纽斯任斯德哥尔摩（Stockholm）大学教授，1897—1902 年间出任为该校校长，1910 年被选为英国皇家科学院院士，次年被选为瑞典科学院院士。1903 年因发展电离理论而获诺贝尔化学奖，也是在这一年，他原在 1887 年发表的经典著作通过日文被转译成汉文，从而使国人知道物理化学的最新发现。

此书的中国译者钟观光（1868—1940），字宪鬯（chàng），浙江镇海人，学识广博，既通化学，又通医理，是上海教育会组建人之一，曾主讲于北京大学，著《本草疏证》等书。

---

[1] Bennett，A. A. *John Fryer*：*The Introduction of Western Science and Technology into Nineteenth Century China*，p. 76.

[2] Partington，J. R. *A History of Chemistry*，Vol. 4，pp. 270－271.

[3] Ibid.，pp. 672－673.

10.《最新无机化学》

《最新无机化学》两册，铅印本，1905 年太原山西大学堂刊。瑞典人新常富讲述，习观枢等译。新常富即埃里克·尼斯特伦（Erik T. Nystrom），1902 年来华，任山西大学堂化学教习，此书是他讲课时的讲稿，书中同时讲述了阿列纽斯的电离理论，1911 年著《晋矿》一书，1930 年赴北京，在燕京大学的地理系兼课，1939—1949 年他出任瑞典通讯社通讯员兼北京瑞典协会会长，在华凡 55 年，1957 年卒于北京[1]。

11.《最新化学理论解说》

《最新化学理论解说》一册，上海中国图书公司出版（1907）。日本化学家池田清著，吴恘传译。

（二）分析化学及实验化学（13 种）

1.《化学分原》

《化学分原》八卷两册，木刻插图本，上海江南制造局初刊于 1872 年，插图 58 幅，后收入《化学大成》。英人蒲陆山著、傅兰雅及徐建寅合译。这是中国出版的最早一部分析化学专著。其底本为英国化学家蒲陆山编，鲍曼（John E. Bowman）所著的《实用化学及分析化学导论》美国第四版，由蒲陆山增订，1866 年出版于费城（*Introduction to practical chemistry including analysis* by John E. Bowman, edited by Charles L. Bloxam, 4th American edition from the 5th revised London edition, Philadelphia: Henry C. Lea, 1866）。这是个较新的版本。中国译者徐建寅（1845—1901）字仲虎，徐寿之长子，也是清末化学家，专长于化学及机器制造，与其父、李善兰及华蘅芳等以及外国学者合译过许多科技著作，后供职于天津机器局和福州船政局，1878 年任驻德使馆参赞，考察德、法、英诸国，后出任为湖北枪炮厂督办。1901 年建寅试制新式火药时不幸身亡，有多种著作传世。

2.《化学阐原》

《化学阐原》共 15 卷 19 册，活字插图本，同文馆刊（北京—巴黎，1882）。德人富里西尼乌司著，毕利幹及承霖、王钟祥合译。这也是一部分析化学专著。

富里西尼乌司今译为弗雷泽纽斯（Carl Remigius Fresenius，1818-1897）1818 年 12 月 28 日生于法兰克福（Frankfurt a/M），早年卒业于基森大学，后出任为李比希的助手，

---

[1]　孙瑞芹、黄光域：《近代来华外国人名辞典》，中国社会科学出版社 1981 年版，第 359 页。

1848 年在威斯巴登（Wisbaden）建立分析化学实验室并讲授分析化学，同时又兼任当地农学研究院教授（1845—1876）。其代表作为《定性分析化学教程》（*Anleitung zur qualitativen chemischen Analyse*），1841 年刊于波恩（Bonn），同年由布洛克（J. Lloyd Bullock）译成英文，附李比希序言（*Elementary Instruction in Qualitative Analysis* by C. R. Fresenius. Translated from the German by J. Lloyd Bullock，with short introduction by J. Liebig. London，1841）。弗雷泽纽斯还著有《定量分析化学教程》（*Anleitung zur quantitativen chemischen Analyse*），1845 年在布伦瑞克（Braunshweig）出版，同年由布洛克翻译成英文（*Instruction in Chemical Analysis Quantitative*. translated by J. L. Bullock. London，1846）。这两部书反映了李比希学派在分析化学方面的成果，因此很快便流传于欧洲各国，成为标准著作。除被翻译成英文外，这两部书还被翻译成法、意、俄、西班牙、荷兰文、汉文及日文。毕利幹所取的《化学阐原》底本为《定性分析化学教程》的法文版，合译者承霖、王钟祥 1878 年就学于京师同文馆，习化学及法文，两人后又任该馆化学副教习，1898 年承霖任天津军械局总办，而王钟祥则出任为同知衔候选知县。

3.《化学考质》

《化学考质》八卷，附图表，共六册，木刻插图本，上海江南制造局初刊于 1883 年（图 4—46）。后收录在《化学大成》。富里西尼乌司著，傅兰雅及徐寿合译。底本为纽约 1875 年经约翰斯顿修订的英译本《定性分析化学教程》（*Manual of qualitative chemical analysis* by C. R. Fresenius，newly ed.，by W. Johnston. New York：John Wiley & Sons，1875）。因而这是一部定性化学分析译作。

4.《化学求数》

《化学求数》共 15 卷，表一卷，共 14 册，木刻插图本，上海江南制造局初刊于 1888 年。后被收录在《化学大成》及《富强丛书》中，富里西尼乌司著，傅兰雅及徐寿合译。此译本底本为英国化学家瓦谢（A. Vacher）译自《定量分析化学教程》德文第六版，亦即英文第七版（*Quantitative chemical analysis* by C. R. Fresenius，7th English edition，translated from the 6th German edition by A. Vacher. London：John Churchill，1876）。至此，19 世纪西方

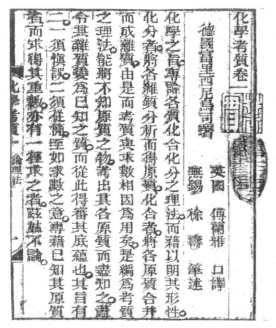

图 4—46　《化学考质》（1883）卷一首页

风靡一时的德国化学家富里西尼乌司的两部优秀的分析化学著作，已在1880年被翻译成汉文，并且有不同的版本。分析是化学研究的基本功，这两部书的出版对中国近代化学发展具有很大的意义。

5.《化学器》

《化学器》两卷一册，铅印插图本，初分期在1876—1881年刊于上海《格致汇编》中，1881年格致书室又出版单行本两册。英人格里芬著，傅兰雅译。此书过去有人说刊于1870年[1]，我们与最初发表此著的《格致汇编》及单行本原著核对，证明此说不确，因为1870年时格里芬（John Griffen）的原著尚未问世，自然《格致汇编》亦未创刊。这个例子说明，参考早期书目资料时必须小心，绝不能全都信以为真。事实是1868年7月31日傅兰雅替江南制造局从英国订购定量分析用全套化学仪器、试剂及橱柜，附带二百种矿物标本[2]。当这些仪器运到上海后，急需使用说明书，傅兰雅遂以英国化学家格里芬著《化学操作技术》（*Chemical handicraft* by John Griffen. London-Glasgow：John Churchill，1877）为素材，翻译了实验室各种仪器、器皿性能及用法等，编成《化学器》，并附有插图。这是他编译《格致释器》丛书中的一种。读者可据此书和《化学鉴原》及《化学求数》等书的说明自作化学实验。因为当时在上海等地可以购得化学仪器及试剂，所以傅兰雅更在《化学器》中附列当时各种试剂的价目。

6.《分化津梁》

《分化津梁》两册，活字本，有文无图，京师同文馆刊于1899年。施德明及王钟祥合译。据《同文馆题名录·历任汉洋教习》（1898）载，施德明（Carl Stuhlmann）1893年来馆，是德国汉堡的化学家，继法人毕利幹任化学教习[3]。为替学生准备分析化学教材，施德明与化学副教习王钟祥翻译此书。此书传本罕见，但笔者藏有一部，内容属于定性分析。书内不著原作者姓名，但其底本应是富里西尼乌司的《定性分析化学教程》。施德明及王钟祥在化学术语方面，仍沿用同文馆原来的命名系统，采用笔画较多的古怪字。

7.《验矿砂要法》

《验矿砂要法》一册，上海广学会刊本，具体刊年不详，但估计在19世纪90年代，由北京同文馆化学教习施德明译。共有10节，论从矿石内分析金、银、铜、铁和锡等金属之法。

---

〔1〕（清）卢靖：《西学书目表》（1897年刊本）。

〔2〕Bennett. A. A. *John Fryer：The Introduction of Western science and technology into nineteenth century China*，p. 77.

〔3〕朱有瓛主编：《中国近代学制史料》，华东师范大学出版社1983年版，第40页。

8.《化学定性分析》

《化学定性分析》一册，铅印本，附插图，初刊于上海《亚泉杂志》（1900—1901），另有普通学书室本。山下顺一郎校，平野一贯及河村汪编，亚泉学馆译。《亚泉杂志》创于 1900 年 10 月，每月出版两册，至第 10 册停刊（1901 年 2 月），则此书必在 1900—1901 年间刊于此杂志中。创刊人为 20 世纪初科学家杜亚泉（1873—1933），此人原名杜炜孙，字秋帆，亚泉为其号，浙江上虞人，1894 年卒业于杭州崇文书院，自学数学、物理学及化学，通晓日文，1900 年到上海创亚泉学馆及《亚泉杂志》，宣传和普及科学。1901 年又在上海创普通学书室，编译出版新科学知识读物。1904 年任上海商务印书馆理化部主任，1906 年往日本考察，1912 年主编《东方杂志》，1933 年卒于故里。他所编译的《植物学大辞典》及《动物学大辞典》至今仍受用，当时无其他同类作品能出其右。《化学定性分析》原书之校者山下顺一郎（1852—1912）是明治初期的药物化学家，1852 年生于尾张（今爱知县），1870 年入东京大学南校修德文，1878 年卒业于东京大学医学部制药学科，1881 年任母校助教授，编第一版《日本药局方》，1883 年留学德国，获斯特拉斯堡（Strasbourg）大学药物学博士学位，回国后 1887 年任东京大学教授，曾任日本药学会副会头，著有《药用植物学》、《生药学》等专书。1912 年 2 月 24 日卒。

9.《化学实用分析术》

《化学实用分析术》一册，铅印插图本，上海科学仪器馆刊于 1902 年。日人山下胁人编，虞和钦、虞和寅合译。此书三十二开本，篇幅不大，分三篇：上篇为分析准备，中篇定性分析，下篇定量分析。据日本原作者说明，此书是参考英国学者托马斯·索普（Thomas Edward Thorpe，1845‑1929）的《定性分析》及《定量分析》，显然指英国约克夏学院（Yorkshire's College，Leads）化学教授索普所著的《定性分析》（*Qualitative analysis*. London，1873）及《定量分析》（*Quantitative analysis*，London，1874）。译者虞和钦（1848—1938 在世）和虞和寅，为浙江镇海人，清末化学家。

10.《近世理化示教》

《近世理化示教》两卷一册，铅印插图本，上海科学仪器馆刊于 1902 年。日本学者和田猪三郎编，中国学者樊炳清译。此书以实验展示为主，有插图 62 幅，分上、下两篇：上篇物理学，下篇化学。此书传本罕见，故在以前书目中多不载录。

11.《分析化学原理》

《分析化学原理》一册，铅印本，万有学报社 1908 年刊于上海。德国化学家斯特著，莱与仁译。目前未见此书，不知其详。

12.《最新实验化学》

《最新实验化学》一册铅印本，科学社 1910 年于上海刊行，美国人马福生（W. Mepherson）著，史青译。

13.《新撰实验定性分析化学》

《新撰实验定性分析化学》一册铅印本，上海商务印书馆 1910 年出版，顾树森译，原著者及书名均不详。

（三）药物化学及农业化学（7 种）

1.《西药略释》

《西药略释》四卷四册，木刻本，广州博济医局初刊于 1871 年，再版于 1876 年，增订第三版刊于 1886 年。美国人嘉约翰及中国学者孔继良合译。汉文版不著原作者，嘉约翰称底本为《药物学与化学》（*Materia medica and chemistry*），[1] 此书原作者待考。汉文版首版只一卷，从第二版起增加篇幅，至第三版时已增至四卷。卷四附诸药汉英文名词对照表，卷首有嘉约翰的英文序，但并未指明译作的底本。

2.《西药大成》

《西药大成》十卷，序一卷，共十六册，木刻本，上海江南制造局初刊。卷一至卷三刊于 1879 年，卷四至卷十刊于 1894 年前，此后曾再版。英人来拉（J. F, Royle）及海德兰（F. W. Headland）合著，傅兰雅及中国学者赵元益合译。此书底本为第六版《药物学及治疗学》（*Materia medica and therapeutics* by J. F. Royle and F. W. Headland, 6th ed., revised by J. Horley·London, 1876）。译者赵元益（1840—1902）字静涵，江苏新阳人，幼习医，再从其表兄、科学家华蘅芳（1833—1902）学算学，再由华氏推荐入江南制造局译学馆翻译西洋书。1890 年随大臣薛福成（1838—1894）出访英、法、意、比四国为期三年考察科学技术。

3.《西药大成药名中西名目表》

《西药大成药名中西名目表》一册，铅印线装本，上海江南制造局刊于 1887 年。傅兰雅与赵元益合编。此书的英文名为《来拉著〈药物学及治疗学教程〉中药物名词词汇》（*Vocabulary of names of materia medica occourring chiefly in Royle's Manual of materia medica and Therapeutics*），编成于 1878—1879 年，即傅兰雅与赵元益合译《西药大

---

〔1〕 Kerr, John G. *Preface to the Second Edition of the Materia Medica and Chemistry* (Canton, 1878).

成》之时，是《化学材料中西名目表》的姊妹篇。

4.《万国药方》

《万国药方》八卷四册，石印本，上海美华书馆（American Presbyterian Mission Press）刊于 1890 年。书首有北洋大臣李鸿章（1823—1901）写的《序》（1890），1907 年重印。英人思快尔著，美人洪士提译。洪士提（S. A. Hunter）通医学，在美国获博士学位，来华后长期居于山东，他所译的《万国药方》英文名为《治疗学及药物学指南》（*A manual of therapeutics and pharmacy*），底本为英国药物学家思快尔（Squier）著《英国药物学指南》（*Companion to the British pharmacopoeia*）第十四版，同时增添美国、印度及中国等国的科学资料[1]，因而改称为《万国药方》。此书印刷及装订都很精美，内附药物名词汉英文对照表，堪称善本。

5.《农务化学问答》

《农务化学问答》两卷两册，木刻插图本，上海江南制造局初刊于 1899 年。又分期刊于上海《农学报》第 97 至 100 册（1900 年 3 月至 4 月）。英人仲斯敦著，英人秀耀春及中国学者范熙庸合译。此书非常重要，是中国近代出版的第一部农业化学译作。此书取问答体形式，凡 439 条。所据底本为英国著名农业化学家约翰斯顿《农业化学及地质学问答》（*Catechism of agricultural chemistry and geology*，23rd ed.，Edinburgh，1842）第 23 版。约翰斯顿（旧译为仲斯敦）被称为"英国的李比希"，其事迹已于本节《化学卫生论》条介绍过。约翰斯顿除了一译为仲斯敦外，傅兰雅将他译作真司腾，看来那时对于外国学者的译名尚未统一。《农务化学问答》的译者之一秀耀春（James F. Huberty，1856–1900）是英国浸礼会教士，1883 年来华，在山东青州从事传教活动，后调往济南，1892 年因与教会意见不合而脱离关系。1899 年到上海，任江南制造局译学馆英文教习，1900 年卒于中国。与他共同参加译述的范熙庸为上海人，亦在译学馆从事翻译。关于此书，另有专文[2]介绍。

6.《农产物分析表》

《农产物分析表》一卷，刊于上海《农学报》第 27 至 30 册（1898 年 4 月至 5 月）。日本学者恒藤规隆著，藤田丰八译。徐维则辑，顾燮光增订的《东西学书录》称此书："专辨动植物类所含之质，列表分析，足以知何物所含何质为多，于人身有益与否，一展卷即了然矣。"译者藤田丰八（1869—1929）字剑峰，是著名日本汉学家，1895 年卒业于东京帝国大学文学部汉文科，1897 年应罗振玉（1866—1940）之聘来华，在上海农学会

---

　　[1]　［英］Squier 著，［美］S. A. Hunter 译：《万国药方》（Chefoo，August 1886）卷八（English title page and preface to the Chinese edition by S. A. Hunter）。

　　[2]　潘吉星：论清代出版的农业化学专著《农务化学问答》，见《中国农史》（南京）1984 年第 2 期，第 93—98 页。

负责翻译农业专书，曾任北京农科大学总教习，1918 年在广州主编《岭南日报》，归国后任早稻田大学及东京大学教授，对中西交通史亦颇有研究。他的译本《农产物分析表》实际上是有关食品化学成分的著作。

7.《食物标准及食物各货化分表》

《食物标准及食物各货化分表》一册，铅印本，上海亚泉杂志社刊于 1900—1901 年。日本学者近藤会次郎、田中礼助著，亚泉馆译。译者杜亚泉此处节录近藤会次郎及田中礼助合编的《有机化学》中有关内容。

（四）应用化学及工业化学（29 种）

1.《火攻挈要》

《火攻挈要》共三卷，图两卷，木刻插图本，明崇祯十六年（1643）刊于北京。此后有 1831 年扬州重刊本，但易名为《则克录》，又有《海山仙馆丛书》本（1846）及《丛书集成》本（1936）等。汤若望（Adam Schall von Bell，1591 - 1666）及焦勖（1613—1663 在世）合译。此书专论火药及火炮、火箭等火器制造及其应用。汤若望为德国耶稣会士，1622 年来华，精天文、历算、机器及炮术等学，供职于钦天监，参与编《崇祯历书》、制天文仪器及铸炮。他与明代人焦勖共同合作译辑成的《火攻挈要》，取材于各种中西著作，如李盘的《金汤借箸十二筹》及意大利化学家毕林古乔（Vanuccio Birringuccio，1480 - 1539）的《炉火术》（*De la pyrotechnia*，1678）第二版等书。原刻本并未列出此译著的底本，此为我们据书中内容与他书对比而考得。

2.《坤舆格致》

《坤舆格致》七卷八册，木刻插图本，明崇祯十六年（1643）刊于北京。德国学者耕田著，汤若望及李天经等合译。李天经（1579—1659）字仁常，赵州吴桥（今河北）人，1613 年进士，历官于河南、陕西按察使司，迁山东布政使司右参政，精通天文及历算学，1632 年入京师历局继徐光启督修历法，编成《崇祯历书》。工作之余与德国耶稣会士汤若望合译西洋矿冶著作，题为《坤舆格致》。底本为文艺复兴时期德国学者阿格里柯拉（Georgius Agricola，1490 - 1555）的《矿冶全书》（*De re metallica*，1556）第一版（1556），原文为拉丁文。阿格里柯拉（Agricola）拉丁文中意为"农夫"，故明代人译作"耕田"。阿格里柯拉 1494 年生于德国格劳豪，莱比锡大学毕业后，到意大利深造。返国后在矿区任医生，广泛调查矿冶作坊，著冶金著作多种，而《矿冶全书》十二卷为他的代表作，有拉、德、意文版本，并曾多次重版，是文艺复兴时期西方矿冶经典。汉译始于 1638 年，至 1640 年翻译完毕，1643 年由户部奉崇祯帝御旨刊行。此书讲述的内容包括采矿和冶金，并兼述玻璃和强水等，内容丰富。关于此书翻译的始末，前人较少进行详细考证和研究，因此笔者 1983 年作了专题论述[1]，收入本书第十章，英文稿收入本书附录。

3.《神威图说》

《神威图说》（*Illustrations of artillery*）一书，是比利时耶稣会士南怀仁（Ferdinand Virbiest，1623－1688）编于 1683 年。清康熙年"三藩之乱"起，南怀仁奉旨于 1674—1682 年铸造火炮，试之皆验，乃编成此书，"谨备理论二十六，图解四十四，缮写成帙，进呈御览"。所取底本可能是波兰皇家炮兵司令西敏诺维茨（Casimirus Cieminowicz，c.1600－1650）《大炮技术·第一篇》（*Artis magnae artilleriae*，*Parts prima*，*Amsterdam*，1650）。康熙朱批"着议叙具奏，工部知道，图法留览"。看来为保密起见，未曾刊行或刊行后内部使用。南怀仁因铸炮有功，被授以工部右侍郎衔。

4.《西洋自来火铳制法》

《西洋自来火铳制法》一卷，木刻本，首次收入魏源（1794—1857）《海国图志》卷九十一（扬州，1842 年本）。丁守存辑述。此书介绍雷管起爆药雷酸银及纯硝酸制法，[2]在中国近代化学史中具有重大意义。丁守存（1812—1886）字心斋，山东日照人，1835 年中进士，授工部主事，充军机章京（相当于参谋），是道光年间化学家兼机器制造专家。他在鸦片战争期间为了报效国家，自作化学实验，研制新式火器和火药，因此而面部受伤。他所述的《西洋自来火铳制法》原始材料得自在广州的英国人，底本及作者均不可考。

5.《制火药法》

《制火药法》三卷，木刻本，上海江南制造局初刊于 1871 年。后收入《富强丛书》。英人利稼孙及华得斯著，傅兰雅及丁树棠合译。此书底本为伦敦 1865 年出版的《化学工艺学》卷 1 第 4 篇火药部分（*Gunpowder*，taken from the *Chemical Technology* by Thomas Richardson and Henry Watts，Vol.1，Chap.4，pp.372－483. London：Bailliere，1865）。参加合译的丁树棠当时在江南制造局供职。原书作者之一华得斯（Henry Watts，1815－1884）为英国化学家，皇家科学院院士，以编著化学参考书而闻名。利稼孙（Thomas Richardson）亦为英国化学家。

6.《冶金录》

《冶金录》三卷，木刻本，上海江南制造局初刊于 1873 年。此后收录在《富强丛书》

---

〔1〕潘吉星：阿格里柯拉的《矿冶全书》及其在明代中国的流传，见《自然科学史研究》卷 2，1983 年第 1 期，第 32—44 页。

〔2〕潘吉星：论清代化学家丁守存的雷酸银合成，见《科技史文集》，上海，1989 年 10 月，第 15 辑（化学史专辑），第 58—67 页。

和《矿务丛刻》丛书之中。美国人阿发满著，傅兰雅及赵元益合译。底本为美国冶金工程师阿发满（Frederick Overman）的《铸工及翻砂工袖珍指南》（*The moulders' and founders' pocket guide* by F. Overman. Philadelphia：A. Hart，1851）。译者之一赵元益（1840—1902），字静涵，江苏新阳人，为中国科学家，当时在江南制造局供职。

7.《西艺新知》

《西艺新知》正编 10 卷、续编 12 卷，共 22 卷，木刻插图本，上海江南制造局初刊于 1877 年。后有上海石印本。傅兰雅及徐寿合译。此书英文名是《西方近代技术及制造业》（*Modern arts and manufacture of the West*），故汉名译作《西艺新知》，这并不是西文原著之名，而是取材于制造局所藏西书中与制冰、火柴、皮革及化工技术有关的书籍，例如英国化学家尤尔（Andrew Ure，1778‒1857）的《技术、制造业及矿业辞书》（*Dictionary of arts，manufacture and mines*，1837‒1839）等书。

8.《西国造瓷机器》

《西国造瓷机器》一卷，铅印插图本，上海《格致汇编》刊于 1877 年。傅兰雅译，内容是介绍欧洲制瓷源流、机器制法及原料，底本取自当时传至中国的西洋书籍。

9.《炼石编》

《炼石编》三卷、图一卷，共三册，木刻本，上海江南制造局初刊于 1877 年。此后收录在《富强丛书》中。英人亨利黎特著，西士舒高第（Dr. V. P. Suvoong）及中国学者郑昌棪合译。此书专论"塞门德"（Cement）即水泥制法。译本的底本不清，有待进一步调查。

10.《造硫强水法》

《造硫强水法》一卷，插图木刻本，上海江南制造局初刊于 1877 年。此后收录在《富强丛书》（1896）。英人史密特（A. Smith?）著，傅兰雅及徐寿合译。此书的内容是专门讲述硫酸的制法。

11.《制玻璃法》

《制玻璃法》两卷，铅印本，初刊于上海《格致汇编》第二年秋季号（1877）。取材不详，附瓷面釉质。

12.《爆药纪要》

《爆药纪要》一册，木刻本，上海江南制造局刊于 1880 年。原书是由美国水雷局出版，西士舒高第及中国科学家赵元益合译。取材于《炸药与爆药》（*Fulminate and explosives* by the U. S. Government）。

13.《电气镀金法》

《电气镀金法》一册，铅印插图本，初刊于上海《格致汇编》（1880），此后江南制造局出版单行本，又收录在《富强丛书》。英人华特（Alexander Watt）著，英人傅兰雅及中国学者周郇雨合译。底本为伦敦 1875 年出版的《实用电冶金学》（*Electro-metallurgy practically treated* by Alexander Watt. London：Lockwood & Co.，1875）。

14.《造铁新法》

《造铁新法》四册，木刻插图本，上海江南制造局刊于 1880 年。《东西学书录》作《泰西制铁法》。英人非而奔著，傅兰雅及徐建寅合译。此书是译自英国工程师非而奔爵士（Sir William Fairbairn，1789－1874）的《铁的历史、性质及制造过程》（*Iron. Its history, properties and processes of manufacture*，3rd ed.，Edinburgh，1869）。非而奔爵士是英国钢铁大王，获多项专利，1835 年至 1849 年在伦敦创建大型造船厂，今译为费尔贝恩。

15.《火药机器》

《火药机器》一卷，铅印本，刊于上海《格致汇编》第四年（1881）。傅兰雅及徐寿合译。本书的内容是介绍西方机制火药之法，有插图，但未指明出处。

16.《宝藏兴焉》

《宝藏兴焉》十二卷，木刻插图本，上海江南制造局初刊于 1884 年。后收录在《矿务丛刻》之中。英人克卢司著，傅兰雅及徐寿合译。此书译自《实用冶金大全》（*A practical treatise on metallurgy* by Sir William Crookes. London：Longman，Green & Co.，1868－1870）。书中专论金、银、铜、锡、铅、汞、锌、镍、锑、铋和铂等金属性质及其制法，是清代出版的重要大型冶金学著作之一。原作者为英国物理学家及化学家克鲁克斯（William Crooks），旧译作克卢司，1832 年 6 月 17 日生于伦敦，1850 年至 1854 年间在伦敦皇家化学学院（Royal College of Chemistry）任霍夫曼教授的助手。1859 年至 1919 年主办《化学新闻》（*Chemical News*），在此期间从事独立研究，1861 年发现元素铊（Thallium），后又发明辐射计、发现 X 射线及电子，1897 年被封为爵士，1898 年任英国科学促进会（British Association for Advancement of Science）主席，1913 年至 1915 年被选为皇家科学院（Royal Society）院长，1919 年 4 月 14 日卒于伦敦。克鲁克斯在科学方面的发现促使物理学和化学在 20 世纪的进一步发展。因此《宝藏兴焉》的原著是出于名家之手，该书汉文书名料想取自《礼记·中庸》篇："今夫山，一卷石之多，及其广大，草木生之，禽兽居之，宝藏兴焉。"[1] 书名很古雅。

---

〔1〕［唐］孔颖达：《礼记正义·中庸》卷五十三，见《十三经注疏》下册，世界书局 1935 年版，第 1633 页。

17.《电气镀镍》

《电气镀镍》一卷，木刻本，上海江南制造局初刊于 1886 年。后收录在《富强丛书》中。英人华德原著，傅兰雅及徐华封合译。此书底本为《镀镍》(*Nickel-plating* by Alexander Watt)。该译文先前发表于格致书室所编的《格致汇编丛书》(*The Magazine Series*) 中，作为《电气镀金法》之附录，此为再版，并增加了插图，并作必要的文字改动。原作者华德是英国物理学家，此译著取自他所著《实用电冶金学》(*Electro-metallurgy practically treated* by Alexander Watt, London, 1875)。译者之一徐华封为徐寿的次子，在江南制造局从事翻译西书的工作，也就是说，傅兰雅先后与徐寿父子共事。

18.《种蔗制糖略论》

《种蔗制糖略论》一卷，铅印插图本，分期刊于上海《格致汇编》(1890—1891)。英人梅威令著，英人白莱喜及中国人郑仁铨合译。此书原著为《甘蔗之成分、栽培及制糖》(*The composition, cultivation and manufacture of raw sugar* by M. Wykelam)。译者白莱喜 (James R. Brazier) 是英国人，当时在台湾税务局供职，另一位译者郑仁铨则是台湾人。

19.《西国漂染棉布论》

《西国漂染棉布论》一卷，铅印本，刊于上海《格致汇编》第六年春季号 (1891)。傅兰雅译自西洋书。

20.《西国造纸法》

《西国造纸法》一卷，铅印本，刊于上海《格致汇编》第七年秋季号 (1892)。傅兰雅译。此书是介绍西方机制木浆纸生产技术，底本可能是伦敦 1860 年出版的《实用造纸指南》(*Practical guide to manufacture of paper*. London：Trübner, 1860)。

21.《开地道轰药法》

《开地道轰药法》三卷，图一卷，木刻本，上海江南制造局刊于 1893 年 (?)。此后有吴县叶氏重校本。英国武备学堂审定，傅兰雅及汪振声合译。译自英国卡塞姆 (Catham) 兵工学校未署名作者关于坑道兵所用爆轰方法的著作 (School of Military Engineering, Catham, Unidentified work dealing with methods of dynamiting employed by sappers)[1]。译者之一的汪振声当时在江南制造局供职，从事翻译工作。

---

〔1〕 Bennett, A. A. *John Fryer*, *The introduction of Western science and technology into nineteenth century China*, p. 99.

22.《制肥皂法》

《制肥皂法》两卷，木刻本，收入《富强丛书》（上海，1896）。林乐知及郑昌棪合译。林乐知（Young John Allen，1836－1907）是美国南方监理会（Methodist Episcopal Church，South）教士，1860 年来华，曾在上海江南制造局担任翻译及教习之职，1868 年主办《万国公报》（*Review of the Times*），风行一时，1907 年卒于上海。

23.《制芦粟糖法》

《制芦粟糖法》一卷，附图，刊于上海《农学报》第 26 至 29 册（1898 年 4 月至 5 月）。日本学者稻垣为著，藤田丰八译。芦粟为禾本科植物芦粟（*Sorphum vulgare*），俗称"甜高粱"，其秆内含糖质。

24.《验糖简易方》

《验糖简易方》一卷，刊于《农学报》第 35 册（1898 年 7 月）。日本农务局原本，藤田丰八译。此书内容介绍糖分测定方法及仪器。

25.《山蓝新法》

《山蓝新法》一卷，附图，刊于《农学报》第 112 册（1900 年 8 月）。日本学者崛内良平编，中国学者林壬译。此书介绍种山蓝、提蓝靛及染色法。山蓝又名马蓝或大叶冬蓝，即爵床科（Acanthaceae）植物马蓝（*Strobilanthes flaccidifolius*），其茎叶可提制出蓝靛。

26.《人造肥料品目效用及用法》

《人造肥料品目效用及用法》一卷，刊在《农学报》第 134 册（1901 年 3 月）。日本大阪硫曹公司编，林壬译。硫曹公司即硫酸苏打公司（Sulphuric Acid and Soda Company Ltd.）。

27.《化学工艺》

《化学工艺》共三集十卷，木刻插图本，上海江南制造局刊于 1898 年。德人能智著，傅兰雅及汪振声合译。这是清代出版的大型化学工业技术专著之一。初集四卷，图一卷，内容是论造硫强水（硫酸）；二集四卷，图一卷，讲述造盐强水（盐酸）；三集两卷，图一卷，述说制碱及漂白粉等。共附图 709 幅，均制成铜版，故十分清晰。此巨著原作者是乔治·龙格（旧译作能智），龙格（Georg Lunge，1839－1923）1839 年生于德国布累斯劳（Breslau），1859 年卒业于海德堡（Heidelberg）大学化学系，获博士学位。1865 年到英国北部任制碱厂化学师和厂长，1876 年赴瑞士任苏黎世（Zurich）工业大学工业化学教授，1907 年退休，1923 年卒于苏黎世。龙格的贡献是发展了联合制碱法，改进了制酸工艺。他所著有关硫酸及制碱方面的著作在西方各国很受重视，有德文、英文及法文版本[1]。其制硷代表作为《制碱工业大全》（*Handbuch der Soda-Industrie von G. Lunge. 2 Bände*，Braunschweig：Vieveg und Sohn，1879）。汉文版《化学工艺》底本为《硫酸、烧碱制造及附属工业之理论及实用大全》最新英文版（*A theoritical and practical treatise on the manufacture of sulphuric acid and alkali with the collateral branches* by George Lunge. London：J. von Voorst，1879 - 1880）。此译著的出版，使中国读者得以了解当时西方各国在化学工业方面的最新科学及工艺知识。

28.《染色法》

《染色法》一卷，收入上海《工艺丛书》（1902—1903）。伊达道太郎、小泉荣次郎著，沈纮译。此书的内容是介绍用化学药品使锌、铁、铜和锡等金属染成各种颜色的方法。

29.《合金录》

《合金录》四册，收入《工艺丛书》（上海，1902—1903）。桥本奇策著，沈纮译。

（五）通俗化学读物（12 种）

1.《博物新编》

《博物新编》三集一册，木刻插图本，上海墨海书馆刊行于 1855 年。英人合信著。合信（Benjamin Hobson，1816 - 1873）1816 年生于伦敦，是汉学家马礼逊（Robert Morrison，1782 - 1834）的女婿，1839 年来华，在澳门教会医院任医师，1843 年任香港教会医院院长，旋于广州博济医院行医，以汉文著医书多种。1855 年到上海，任同济医院（Chinese Hospital）医师。他除了在中国行医之外，还向中国学生传授医术，并介绍西方医学，从而在医学和化学方面为中国作了很多的贡献。他的《博物新编》取材于各种西洋书籍。在中国具有较大的影响，如前文述，中国著名化学家徐寿因早年读此书而产生对化学的兴趣。

2.《化学入门》

《化学入门》一册，木刻本，北京同文馆初刊于 1868 年。丁韪良编译。此书为《格致入门七种》丛书之一，后曾多次重刊。丁韪良（William Alexander Martin，1827 - 1916）字冠西，美国北长老会教士，1850 年来华，1869 年任京师同文馆总教习，在职达 25 年之久。1895 年京师大学堂成立，又出任为总教习，1916 年卒于北京，在华凡 66 年。他所著

---

[1]　Haber, F. *The Chemical Industry during the Nineteenth Century*，Oxford：Clarendon Press，1969，pp. 98 -105.

的《化学入门》名为《自然哲学与化学》（*Natural philosophy and Chemistry*）。原文底本不明，但类似的原作有《化学与自然哲学入门》（*Elements of chemistry and natural philosophy* by A. F. de Fourcroy, 5th ed., Edinburgh, 1800）等。此后广州刊出泰西厚美安的《化学入门》（1889），由傅兰雅在《格致汇编》第五年夏季号（1890）写书评。此译著虽和丁韪良编译的书同名，但内容却不相同。

3.《化学启蒙》

《化学启蒙》一卷，木刻本，上海江南制造局初刊于1879年。此后收入《西学大成》，上海又有石印本。英人罗斯古著，林乐知及郑昌棪合译。本书为当时制造局出《格致启蒙七种》丛书之一。罗斯古今译为罗斯科（Sir Henny Enfield Roscoe, 1833 – 1915）。1853年卒业于伦敦大学，1855年到德国留学，1857至1885年间任英国曼彻斯特欧文斯学院（Owens College, Manchester）化学系主任兼教授，与德国化学家肖莱马（Carl Schorlemmer, 1834 – 1892）教授一起是曼彻斯特化学学派的奠基人。罗斯科长于无机化学，对光谱分析及钒（Vanadium）的研究有重要建树。1866至1877年间他和其他曼彻斯特名人如赫胥黎等，每年冬季向公众发表演讲，推广科学知识，后以《为民众的科学演讲》（*Science lectures for the people*）为题，按学科印成小册子，每本只售一便士。[1] 当时罗斯科教授所写的《科学启蒙丛书》中的化学卷（*Science Primers Series-Chemistry. London*, 1866），便是汉文本《化学启蒙》的底本。这本书在英国重印十次，1883年出修订版，在1890年前又曾多次重印，在清代也有几个版本。此外，罗斯科所撰的《化学启蒙》还在1874年由日本学者市川盛三郎（1852—1882）翻译成日文三册，由文部省刊行，题为《小学化学书》，于1884年再版。[2]，蒙日本友人东京学艺大学大泽真澄教授相赠，笔者得藏此本。

4.《化学启蒙》

《化学启蒙》一卷，木刻本，初收录在上海刊行的《西学启蒙》（1886）之中。1896年上海著易堂翻刻再版。没有著录此书原著者的姓名，英国教士艾约瑟（Joseph Edkins, 1823 – 1905）译。艾约瑟是一位汉学家，1848年来华，先后在上海、天津、北京等地居住，译著很多，1905年卒于上海。英人傅兰雅指出：根据任中国海关总税务司赫德（Robert Hart, 1835 – 1911）的建议，由海关翻译艾约瑟译出《西学启蒙十六种》中之一《化学启蒙》22章。此外，傅兰雅又指出，艾约瑟所译和美国教士林乐知译本同出一稿，只是在详略方面有不同而已[3]，可见也是罗斯科同一原著之另一译本。

---

〔1〕　Panington . J. R. *A history of chemistry*，Vol. 4. pp. 899 – 901.

〔2〕　［日］大沢真澄：《ロスコーと日本の化学》，日本化学会年会特别讲演要旨，（东京，1986年4月）；大泽真澄：《ィギリス留学时代の市川盛三郎、杉浦重刚の事迹》，日本化学史研究会年会讲演要旨（大阪，1983年10月）。

〔3〕　［英］傅兰雅（John Fryer）：披阅《西学启蒙十六种》记，见《格致汇编》（上海，1891），第六年夏季号。

5.《化学须知》

《化学须知》两卷两册，木刻插图本，上海江南制造局刊于 1886 年。傅兰雅辑译。这是他编的《格致须知》丛书之一（Chemistry, Part I of the ［Science］outline series），他还还据《化学鉴原》及其《续编》改编成《化学易知》（Chemistry textbook of the hand-book series），1881 年出版，在 1884 年再版，两本译著均没有标明其底本及原著者。《东西学书录》认为傅译本"与罗［斯古］氏《启蒙》同出一本，译者稍异其文"。然而，将诸著比较研究后，发现并不尽然，傅兰雅的译本只有六章，显然是译自其他的书籍。

6.《化学新编》

《化学新编》一卷，南京金陵汇文书院刊于 1898 年。福开森及李天相合译。美国教士福开森（John Calvin Ferguson，1866－1945）在 1888 年来华，创办汇文书院（Nanking University），并出任为第一任总监，1897 年到上海，协助盛宣怀（1844—1916）创高等工业学堂（南洋公学），任首任监院，著有关于中国著作多种。

7.《昨日化学界》

《昨日化学界》一卷，铅印本，刊于上海《亚泉杂志》（1900—1901）。王季点译。此书译自日本物理学校杂志原本。王季点为 20 世纪初的中国化学家。

8.《理化学大意》

《理化学大意》两册，石印本，有插图，上海普通学书室刊于 1903 年。三根正亮编，杜就田译。此书内容是介绍日常现象中的理化知识。上册为物理学，下册为化学。

9.《化学探原》

《化学探原》一卷，石印本，上海会文学社刊于 1903 年。美国人那尔德（Nalder?）著，范震亚译。《译书经眼录》说此书"以实验各类元素、杂质（化合物）为主"。但我们没有看过原书。

10.《化学》

《化学》一册，铅印本，上海商务印书馆刊于 1903 年。美人史砥尔（Stille）著，中西译社译，由谢洪赉监定。全书共三章，第一章是总论，第二章是无机，第三章是有机，并有附表。

11.《化学导源》

《化学导源》两卷两册，江宁江楚书局刊于 1903 年。英人罗式古著，中国学者孙筠信译。全书二十二章，底本是罗斯科的《化学启蒙》（*Science Primers Series-Chemistry* by H. E. Roscoe，London，1866），与林乐知的译本相同。但孙筍信的译本内容则比较全面。

12.《化学》

《化学》一书全一册，铅印本，上海商务印书馆刊于 1910 年。美国人麦费孙、罕迭生著，屠坤华译。此书底本为《化学初探》（*An elementary study of chemistry*，by W. Mepherson and W. E. Henderson）。

（六）中级化学教本及教学参考书（28 种）

1.《化学周期律》

《化学周期律》一卷，铅印本，上海《亚泉杂志》刊于 1900 至 1901 年。虞和钦译。虞和钦（1868—1938 在世）为江苏镇江人，20 世纪初中国化学家。此书的内容是介绍俄国化学家门捷列夫（Дмитрий Иванович Менделеев，1834－1907）在 1869 年发现的化学元素周期律（The periodic law of the chemical elements），书中并附周期表。

2.《化学原质新表》

《化学原质新表》刊于上海《亚泉杂志》（1900—1901）。杜亚泉译自日文。全书介绍 76 种化学元素原子量（atomic weight），内有 13 种属于新元素。

3.《中等格致课本》

《中等格致课本》四卷，石印插图本，上海南洋公学刊于 1903 年。法人包尔培著，中国学者徐兆熊译。此书介绍动物学、植物学、矿物学、化学及生理学知识，并附练习题。包尔培或为法国作者布勒佩尔（Beaurpaire）之旧译。

4.《最新化学问题例解》

《最新化学问题例解》一册，武昌湖北官书局印于 1905 年。三泽力太郎著，李家诠译。

5.《师范教科书编化学》

《师范教科书编化学》一册，武昌湖北官书局印于 1905 年。三泽力太郎著，黄乾元译。

6.《最新化学讲义》

《最新化学讲义》三册，铅印本，上海文明书局印于 1905 年。日本学者池田清著，史浩然译。

7.《〔最新实用〕化学教科书》

《〔最新实用〕化学教科书》一册，铅印本，上海启新书局刊于1905年。高松丰吉著，张修爵译。原著作者高松丰吉（1852—1937）为近代日本应用化学家，1878年卒业于东京帝国大学理学部化学科，次年留学英国曼彻斯特欧文斯学院（Owens College, Manchester），随著名化学家罗斯科及肖莱马习化学，1881年再往柏林大学从霍夫曼习有机化学。1882年返国，任东京大学化学讲师，1884年升为教授。曾任帝国学士院院士，1937年9月27日卒于东京。此书虽然讲述普通化学内容，但偏重应用方面，是高松代表作之一。

8.《中等化学教科书》

《中等化学教科书》一册，铅印本，长沙湖南作民译社刊于1905年。日本学者小藤雄次郎著，中国学者余呈文译。

9.《江苏师范编化学》

《江苏师范编化学》一册，江苏学务处印于1906年。日本学者中村为邦著，师范生译。

10.《最新化学教科书》

《最新化学教科书》两册，石印本，上海点石斋印于1906年。中国学者沈景贤译。

11.《质学课本》

《质学课本》五册，铅印本，学部图书局印于1906年。英人伊那楞水孙著，中国学者曾宗巩译。书中将久已使用的"化学"一词易为"质学"，这是不妥的。书中对化合物用音译，故有些名词很怪，因此该著没有流传下去，今已少见。

12.《中学化学教育》

《中学化学教育》一册，上海广智书局刊于1906年。大幸勇吉著，林国光译。日人大幸勇吉（1867—1950）加贺（今石川县）人，1889至1892年就读于东京帝国大学理学部化学科，此后执教于熊本第五高等中学及高等师范学校，1899至1902年留学德国，1903年获理学博士学位，同年任东京大学农学部讲师。1904至1927年任京都帝国大学化学教授，1916年兼理学部学长，1927年退休，1933年被选为帝国学士院院士，1950年9月9日逝世[1]。大幸勇吉精于物理化学及分析化学。林国光的译本是大幸氏在熊本县教书时

---

〔1〕 京都大学理学部日本基础化学研究会：《日本の基础化学の历史的背景》，京都：中西印刷株式会社1984年版，第66—67页。

发表的教本。

13.《最新化学教科书》

《最新化学教科书》两册，上海文明书局刊于 1906 年。大幸勇吉著，王季烈译。

14.《中等教育工业化学》

《中等教育工业化学》一册，上海广智书局刊于 1906 年。近藤会次郎著，敏智斋主人译。

15.《中等初级用理化教科书》

《中等初级用理化教科书》一册，上海科学仪器馆印于 1906 年。虞祖光译，原著者不详。

16.《中等化学教科书》

《中等化学教科书》一册，上海文明书局印于 1906 年。日人龟高德平著，虞和钦译。

17.《中等化学教科书》

《中等化学教科书》两册，铅印本，东京清国留学生会馆印于 1907 年。日本学者吉水曾贞著。

18.《学生参考丛书·化学》

《学生参考丛书·化学》一册，上海新学会社印于 1907 年。日人加纳清三著，胡朝阳译。

19.《普通化学教科书》

《普通化学教科书》一册，上海文明书局印于 1907 年。日人原田等人著，钱承驹译。

20.《近世化学》

《近世化学》一册，铅印本，上海科学仪器馆刊于 1907 年。日人池田菊苗著，虞和钦译。池田菊苗（1864—1936）早年卒业于东京帝国大学化学科，留学德国后任母校教授，20 世纪初以研制味精（味の素）而闻名。

21.《中等最新化学教科书》

《中等最新化学教科书》两卷一册，表一卷，铅印本，教科书辑译社印于 1907 至

1908 年。日人吉田彦六郎著，何时爔译。分上、下两篇，上篇 35 章为无机化学，下篇 12 章为有机化学，有插图 36 幅，书末附元素周期表等。吉田彦六郎（1859—1929）为日本近代化学家，广岛人，1880 年毕业于东京大学理学部化学科，后于农商务省地质调查所任职，1884 年研究漆化学而闻名，1891 年获理学博士。1893 年发表《中等化学教科书》及《新撰化学教科书》，任东京第三高等学校教授，1898 年任京都帝国大学理工部制造化学科教授，1929 年卒于东京。[1] 则可知其在东京任教时发表的《中等化学教科书》即为汉译本之底本。

22.《无机化学教科书》

《无机化学教科书》三卷，木刻插图本，上海江南制造局刊于 1908 年。英人琼司（Jones）著，徐兆熊译。书中有插图 20 幅。

23.《无机化学讲义》

《无机化学讲义》一册，上海均益图书公司刊于 1908 年。日人藤本理著，范迪吉、张观光合译。

24.《有机化学讲义》

《有机化学讲义》一册，上海均益图书公司印于 1908 年。日人藤本理著，范迪吉、张观光合译。

25.《化学计算法》

《化学计算法》一册，上海瀚墨书店印于 1908 年。日人近藤清次郎著，中国学者尤金镛译。

26.《化学方程式》

《化学方程式》一册，瀚墨林书店印于 1908 年。日人藤井乡三郎编，中国学者尤金镛译。

27.《新撰化学教科书》

《新撰化学教科书》一册，上海商务印书馆印于 1908 年。日人吉田彦六郎著，钟衡臧译。如前所述，吉田彦六郎的《中学化学教科书》已译成汉文。此又将其在 1893 年发表的《新撰化学教科书》译成汉文。

---

〔1〕〔日〕沼田次郎等编辑：《洋学史事典》日文版，东京：日兰学会 1984 年版，第 739 页。

28.《无机化学粹》

《无机化学粹》一册，宏文馆印于 1908 年。日人山田董著，余贞敏译。

结　语

通过以上 100 种书目的考证，我们已将先前各书目中所载有关化学化工译作汇集在一起，并弄清这些著作刊行地点和时间，还就重点书作者和译者事迹及其底本作了解说，从而补充传统书目之不足，虽然此处所列举的，不敢说包括明清时出版的全部化学译作，但绝大部分（90％）都已列入，足可从中看出该时期出版情况的主要轮廓。在研究了这些著作的刊行情况后，我们可以得到如下认识：

第一，在明清时期（1640—1910）出版的化学译著，所介绍的学科比较全面，综合性化学学术著作占 11％，分析化学占 13％，两者共占 24％。农业化学及药物化学占 7％，工业化学占 33％，化学通俗读物占 12％，中等化学教科书及教学参考书占 28％。其中工业化学所占比例最大，其次是教材及纯化学著作。从著作刊行时间来看，清代占 98％，故可以说主要集中在清代。明代虽然曾经出版过数学、天文、历法和机械等方面译作，但化学著作的刊行甚少。而清代又主要集中在 19 世纪时期的清末，道光（40 年代）、咸丰（50 年代）及同治（60 年代）年间出版的化学著作各占 1％，同治末至光绪初（70 年代）占 19％，光绪初期到中期（80 年代）占 13％，光绪末（90 年代）占 14％，而 20 世纪初的十年（1900—1910）占总数 49％。大部分有学术价值的著作在 1870 至 1890 年代的二十年间出版，这是近代化学在中国打基础的时期。至于 20 世纪前十年间出版的，则以中级教材及科普作品为主，这是化学知识普及的时期。

第二，在化学方面的出版读物中，英、法、意、美、德、日各国系统的化学著作都被介绍到中国来了。译自英美出版的英文著作占 50％、日文 39％、德文及法文各占 3％、拉丁文占 2％，不明文种的占 3％。其中一半译自英文，而且大多是学术著作；其次是日文，主要是通俗读物及中级教材，大多在 1900 至 1910 年间出版。西方流行的较高水平的化学著作，如英人韦尔斯、布洛克沙姆、约翰斯顿、克鲁克斯，德人弗雷泽纽斯、龙格和意人马拉古蒂的优秀著作，都及时在清代出版。明代出版的阿格里柯拉的书也相当重要。从原著出版到汉文译作出版的相隔时间来看，清代译作普遍是需时较短，一般在原著刊后十至二十年内便被翻译和出版，而明代则要待西方原著出版后八十至九十年才有汉译本出现。

第三，清代翻译西书沿袭明代旧制，一般由中西人士合译。先由西士从原著分段口译，中国学者笔述，并润饰文字，同时双方共同厘定和创制新的名词术语，但清代译作水平较明代为高。在清代化学著作译述过程中，英人傅兰雅的工作特别出色，只是他同徐寿父子、赵元益、汪振声等中国学者合译的重要著作，便有 26 种之多，占总数 1/4 以上。其中又以傅兰雅和徐寿合译的作品数量最多，质量较高，译文流畅，堪称模范。没有此两人的可贵努力，就谈不上中国近代化学的发展。此外，美人嘉约翰、法人毕利幹及其中国同事何瞭然、孔继良、联子振及王钟祥等人，也在这方面作了开创性工作。清末时，日本学者藤田丰八及国人虞和钦、沈绲、杜亚泉等人也做了许多工作，也正是从这时起，科学方面的翻译工作进入了新阶段，即中国人开始直接从原著中独自从事翻译。这个阶段来得为时过晚，但毕竟结束了明代以来三百年间依赖外国人翻译的传统。这是因为向国外派遣留学生和在本国培养外语人才这一重要政策，只是从清末才作为国策而付诸实施。

第四，关于化学著作出版的地域分布，上海一直是清代最大的出版中心，有80％的译作都在上海刊行，翻译人才也大多是集中在此地。在上海又集中在江南机器制造总局，只是这里的出版物就占全国24％，接近1/4，超过所有外埠总和的两倍多。上海的《农学报》馆、科学仪器馆、商务印书馆和亚泉学馆，是仅次于江南制造局的另一出版中心。除上海之外，北京是北方的出版中心，出版了7％的化学著作。其余外埠出版力量比较分散和薄弱，有很多省份基本上靠外地出版物供应，很少或没有出版过化学著作。这就势必造成近代化学在中国各地发展不平衡的现象，基本上限定在上海、北京、广州、南京和武昌等几个大城市。而傅兰雅和徐寿所在的上海江南制造局译学馆，则成为推动化学译著出版的火车头。从这里产生的各种译作向全国发行。19世纪70年代以前的出版刊物都是木刻本，80至90年代是木刻本、石印本及铅字本并存时期，20世纪以后，铅字本居多数。这也反映出中国印刷技术的演进。

以上四点是对近270年间出版的100部化学译著统计分析中得出的认识。出版事业反映出社会经济、科学文化和一般历史发展的一个侧面。从这些化学译著出版情况，能看出明清各历史时期社会、政治、经济和科学文化发展过程中某些特征。从科学史角度来看，这些译作的出版对中国发展近代科学技术和教育事业至关重要的，同时也有助于我们了解中国在实现近代化过程中，如何从外国引进科学技术的若干细节。对于在当代科学前沿上从事化学研究、化学教育和化工生产、企业经营的人来说，从这里还可了解到一二百年前的国人是如何为了今日化学的发展而辛勤耕耘。语云："前事不忘，后事之师。"

第五章　生物学

一　达尔文与《齐民要术》
——兼论达尔文某些论著的翻译问题

6 世纪时北魏（386—534）农学家贾思勰（xié）（473—545 在世）的《齐民要术》（约 538），是中国农学史中的重要代表作。"齐民"即平民，《管子·君臣下》云："齐民食于力，则作本"，用现在的话说，就是老百姓。因此《齐民要术》的意思是《平民百姓所需的重要技术》，李约瑟博士将其译为 *Important arts for the people's welfare*（《造福人民的重要技术》），未尝不可。但笔者宁愿将其直译为 *Important arts for the common people's needs*（《平民百姓需要的重要技术》）。中国自古以农立国，农民占总人口中的绝大多数，因此贾思勰的这部书实际上是献给广大农民的。今本《齐民要术》十卷九十二章，共 11 万字，论及各种谷物栽培、农具、畜牧、兽医、农作物及食品加工、蔬菜、果树、茶竹等各个方面，堪称古代中国农业百科全书，为历代所推崇和广泛征引。

此书除在中国流传外，还在日本、朝鲜等亚洲国家及欧洲各国有广泛影响。早在 18 世纪（1786），其部分内容就被介绍成法文，在巴黎出版的《驻北京耶稣会士关于中国历史、科学、技术、风俗、习惯等论考》（*Mémoires concernant l'histoire，les sciences，les arts，les moeurs，les usages，ect，des Chinois par les Missionaires de Pékin*）第 11 卷收入题为"中国的绵羊"（*Des bêtes à laine en Chine*）一文，其中介绍《齐民要术》卷六《养羊第五十七》及明人邝璠（字廷瑞，1465—1505）《便民图纂》（1502）卷十四《牧养类·养羊法》中的有关内容[1]。这部法文著作简称《中国论考》（*Mémoires concernant les Chinois*），由布雷蒂埃（Gabriel Bretier，1723－1789）、布雷基尼（Oudert Feudrix de Brequigny，1716－1745）和德萨西（Sylvestre de Sacy，1758－1838）据在华法国耶稣会士写的有关中国的研究报告、实地见闻和对中国古籍的译稿编辑而成，共 16 巨册，1776—1814 年出齐，是全面介绍中国的大型丛书，其第十一卷刊于 1786 年，作八开（in

---

〔1〕 Collas，Jean Paul Louis. Des bêtes à laine en Chine. en：Gabriel Bretier et al.（réd.）. *Mémores concernant l'histore，les sciences，les arts，les moeurs，les usages，etc.，des chinois par les Missionaires de Pékin*. tom. 11. Paris，1786. pp. 35－73.

4°，相当现 16 开）精装本。该书卷五（1780）也介绍《齐民要术》。

上述"中国的绵羊"一文的执笔者为金济时（字保录，Jean Paul Louis Collas，1735－1781），生于法国东北的蒂翁维尔（Thionville），毕业于洛林大学（Université de Lorraine），长于博物学。清乾隆三十二年（1767）来华，通汉、满、蒙语，曾游历中国南北，在华凡十四年，1781 年 1 月 22 日逝于北京[1]。在这十四年间，他很少参与宗教活动，而是根据中国文献记载和实地调查见闻写出有关中国动物、植物、矿物及农业、工业技术的许多有价值的报道。寄回巴黎后，大部分收入《中国论考》中，尤其第十一卷。因他的这些作品科技含量丰富，没有任何宗教内容，以至方豪（1910—1980）的三册本《中国天主教史人物传》（1967—1973）收载 305 人中，竟不含金济时。然而金氏作品却是科学界最感兴趣的，正是科学家从中发现其价值所在。1864 年，来华的法国汉学家兼农业专家西蒙（G. Eugène Simon，1829－1896）将金济时论中国绵羊的报道摘要重刊于巴黎出版的《驯化学会会报》（Bulletin de la Société d'Acdimatation）中，并加注释[2]。1865 年西蒙本人也在其论文[3]中引用过《齐民要术》及金济时的作品。

需要指出的是，19 世纪英国生物学家达尔文（Charles Robert Darwin，1809－1882）在奠定与充实其生物进化论过程中，广泛涉猎了中国资料，作为其学说所以赖以建立的重要历史依据，或以中国事例阐述他的学说。在这过程中，他阅读了法文版"中国论考"有关中国科学技术的一些篇章，通过其中收入的金济时的报道文章，他了解了《齐民要术》关于人工选择的思想，而且予以引用和高度评价。这个事实并不为很多中外学者所知晓，因为达尔文在其原著中没有明确列出他引用的中国书的书名。达尔文著作的西方研究家和注释家长期间无法查考出来，于是成为历史悬案，因西方生物学家和生物学史家中懂汉文者为数甚少。要解决这个问题，需对中西文史及相关文献作深入对比及考证。达尔文著作的汉文译者应有责任作这项工作，并在译注中加以补充说明，但他们没有进行考证，基本上依英文原著照译。又由于其对西方汉学史了解不多，没有考察达尔文所引原始文献，因而译文间有不准确之处。不但原有问题未得解决，而且又出现新问题。有鉴于此，笔者从1959 年下决心解决这些问题，我在 1959 年文章中指出达尔文著作中引用的"中国百科全书"实指《本草纲目》或《齐民要术》[4]，此后又作了进一步研究。

达尔文在 1868 年发表的《动物和植物在家养下的变异》（The variation of animals and plants under domestication）一书（以下简称《变异》）一书第二十章《人工选择》节

　　[1] Pfister, Louis Aloys. *Notices biographiques et bibliographiques sur les Jésuites de l'ancienne Mission de Chine，1552－1773*，Vol. 1. Changhai：Imprimerie de la Mission Catholique，1932. pp. 953－957.

　　[2] Collas, Jean Paul Louis. Mémoires sur les bêtes à laine en Chine. Extrait des *Mémoires concernant les Chinois par les anciens Missionaires de Péking*，et annoté par G. Egène Simon. *Bulletin de la Société d'Acclimatation* (Paris)，1864，2e Sér.，1：567－579，683－694，726－734.

　　[3] Simon, G. Eugène. Consideration sur l'introduction des béliers à laine fin en Mongolie，les résultates qu'elle aurait，et la part que la Société d'Acclimatation pourraity prendre. *Bulletin de la Société d'Acclimation*，1865，2eSér.，3：207－213.

　　[4] 潘吉星：《中国文化的西渐及其对达尔文的影响》，《科学》（上海）1959.10，35（4）：211—222，达尔文与《齐民要术》，《农业考古》（南昌）1990 年第 2 期，第 193—199 页。

中谈到人的时尚对选择的影响时写道：

> 现在我要阐明，我们大部分有用动物的几乎任何特征，由于满足时尚、迷信或某种其他动机的需要，都曾受到重视，并且因而被保存下来。

他接下说：

> With respect to sheep，the Chinese prefer rams without horns；the Tartars prefer them with sprially horns，because the hornless are thought to loss courage.[1]

我拟将这段话译为：

> 关于绵羊，中国汉族人喜欢无角的公羊；蒙族人喜欢带螺旋形角的公羊，因为无角被认为失去勇气。

但汉译本将文内的 Chinese 译为"中国人"，将 Tartars 译为"鞑靼人"[2]，我们认为不妥，故改译为"中国汉族人"或"汉族人"及"蒙族人"。19 世纪以前，西方人一般用 Tartars 称蒙族人或满族人，这个用词是很不当的。在英语中 Tartar 指粗暴而暴虐的人（rough and violent persons），是一种蔑称。达尔文因引用 18 世纪西方文献只好沿用此词，但今天我们中国人不可再沿用。中国是多民族国家，Chinese 在这里只能译为汉族人，否则蒙族人、满族人便成为"外国人"了。另外，将耶稣会士（Jesuits）当外国人名音译为"捷修兹"，亦属不妥。

看来，翻译达尔文经典著作，也要像达尔文那样广泛涉猎各国文史，这本身就是文科和理科相结合的综合性研究工作，而不只限于单纯生物学著作的英译汉那样简单。达尔文在那段论述后，脚注中标明文献出处：*Mémoires sur les chinois* [by the Jesuits]，1786，tom XI，p. 57，我们译为："［耶稣会士们］著《中国论考》，1786，卷十一，第 57 页"。应当说，*Mémoires sur les chinois* 是达尔文自己为该书取的简称。此书由法国耶稣会士稿件编成，法国人简称是 *Mémoire concernant les chinois*[3]. 但更规范的简称应是 *Mémoires concernant les chinois par les Missionaires à Pékin*，1786，tome XI，p. 57。同时，达尔文也没有标出该卷所引文章的原名及作者名。若非专门查考法文原著，西方学者也不易摸

---

〔1〕 Darwin，Charles. *The variation of animals and plants under domestication*，Vol 2. New York-London：Appleton &. Company，1897. p. 194.

〔2〕 ［英］达尔文著，叶笃庄、方宗熙译：《动物和植物在家养下的变异》，北京：科学出版社 1982 年版，第 464 页。

〔3〕 Collas，Jean Paul Louis. Mémoires sur les bêtes à laine en Chine. Extrait des *Mémoires concernant les Chinois par les anciens Missionaires de Péking*，et annoté par G. Egène Simon. *Bulletin de la Société d'Acclimatation*（Paris），1864，2e Sér.，1：567—579，683—694，726—734.

清头脑。顺便说，达尔文标注的一些参考文献为节省用字，常自取简名。如香港英文刊物 "*Notes and Quires on China and Japan*"，他便简化为 *China Notes and Quiries*，这给后人研究多少带来困难。达尔文自己也有苦衷，倘若像当今那样详标参考文献，其著作篇幅势必成倍增加，全书版面也要改观，因此他作简化处理乃不得已而为之。

我们仔细阅读 1786 年《中国论考》卷十一法文原著后发现，金济时在文内引用《齐民要术》和《便民图纂》（1494）时，还结合自己在华见闻介绍养羊技术的。且将中国古书所述与自身见闻混在一起叙述。有时还将《齐民要术》不同章节的论述加以概括，在一处予以提要式说明，若非细心研读，是难以分辨的。然而他文内的基本思想源自《齐民要术》。他叙述 Mais comme du le livre *Tsi-Min-Yao-*［*Chu*］（"正如《齐民要［术］》所说"）之后，隔一大段又称 J'ai lu tout ce qu'a ecri de Bachelier Ting-tschae, dit le *Pien-Min*（"我曾读过廷瑞学士的著作《便民［图纂]》"）。在这里金济时用两部中国书的简称，因邝璠（1465—1505）字廷瑞，明弘治六年（1493）中三甲第二十一名进士，故金济时将他称为"廷瑞学士"（Bachelier Ting-tschae）。

接下，金济时在文内写道：

> C'est aussi le tems où l'on scie les cornes des agneaux destinés à être beliers, guand on n'en a pas pu trouvexr de n'es sans en avoir: car on prévere ici ces dernièrs, les Tartares dont les troupeaux paissent dans le désert ne suivent pas cette pratique, non plus que les chinois qui conduisent les leurs sur les montagnes; parce que, selox eux, les beliers perdant leux courage avec leurs cornes, et ne savent plus savancer sans crainte et conduise hardiment le troupeau. Mais ils préserent ceux dont les cornes sont contournées en spirale.[1]

这段话我拟译为：

> 要留做种羊的羊羔，这时要锯去角，要是找不到生来就不带角的羊羔的话。汉族人通常喜欢不带角的公羊；但蒙族人在沙漠里放牧，则不依此法行事；在山里放牧的汉族人也不依此法。因为在他们看来，公羊不带角就失去勇气，就不会毫无畏惧地前进，也不会大胆地带领羊群；他们喜欢带螺旋形角的公羊。

上述这段话正是达尔文引证的内容，不过如前所述，金济时这里将中国农书所述与自己在蒙古牧区的见闻混在一起讲的。关于内地人（汉人）对羊角的看法，金济时引自《齐民要术·养羊·第五十七》：

---

［1］　Collas, J. P. L. Des bêtes à laine en Chine, dans: *Mémoires concernant les chinois*, tom. XI. Paris, 1786. p. 57.

羝无角者更佳。有角者喜相觝触，伤胎所由也[1]（没有角的公羊更好。有角的羊，欢喜用角相互觝触，就常引起伤胎）。[2]

《便民图纂》卷十六《养羊法》引《齐民要术》亦云：

羝（公羊）无角者更佳，有角者喜相触，伤胎所由也。[3]

这是就圈养而言的。按《齐民要术》本义，内地汉人圈养绵羊时喜欢不带角的公羊，主要是怕伤害受孕的母羊及其腹中羊胎，久而久之对无角公羊也看得顺眼，这就是所谓时尚吧。金济时只引"羝无角者更佳，"却未引贾思勰接下所作的理由说明。至于蒙族人喜欢带螺旋形角的公羊，是金济时的实际见闻。因他奉乾隆帝谕旨至华北、西北及中南考察养羊，在蒙古牧区停留过。他倒说明因蒙族在广大沙漠区放牧，羊群分散，有角公羊觝触母羊机会较少，故蒙人喜欢有角公羊。不管怎样，达尔文已触及到《齐民要术》的部分内容。

达尔文《变异》第二十章《人工选择》中又写道：

In the great work on China published in the last century by the Jesuits，and which is chiefly compiled from an ancient Chinese encyclopaedia，it is said that with sheep "improving the breed consists in choosing with particular care the lambs which are destined for propagation，in nourrshing them well，and in keeping the flock separate". The same principles were applied by the Chinese to various plants and fruit-trees.[4]

汉译本有不尽如人意之处，我们特重译如下：

上一世纪耶稣会士们出版一部有关中国的大部头著作，这部著作主要是根据"古代中国百科全书"编成的。关于绵羊，书中说："改良品种在于特别细心地选择预定作繁殖之用的羊羔，对它们善加饲养，保持羊群隔离。"中国人对于各种植物和果树也应用了同样的［选择］原理。

脚注中标明文献出处：*Mémoires sur les Chinois*，1786，tom XI，p. 55；［1780］，tom V，p. 507。同样是《中国论考》1786年法文版卷十一第55页及1780年刊卷五第

---

［1］（北魏）贾思勰著，石声汉选译：《齐民要术选译本》，农业出版社1981年版，第368页。
［2］同上书，第354页。
［3］（明）邝璠著，康成懿校注：《便民图纂》，农业出版社1982年版，第214页。
［4］Darwin, Charles. *The variation of animals and plants under domestication*，Vol. 2. New York-London，1897. p. 189.

507 页。但卷五未标出版年代，是我们补入的。此处所引卷十一仍是金济时论绵羊的那篇报道，而卷五第 507 页所载之文，经我们查对法文原著，知题为"各种事物琐记"（*Notices sur différens objects*）〔1〕，也是篇较长文章，谈到植物和果树栽培，材料也取自《齐民要术》，执笔人仍是金济时。我们对这位法国耶稣会士颇有好感，因为他在华所写大部分作品都是质量较高的介绍中国科学技术的论文，因而被达尔文所看重并反复引用。他与其说是一名传教士，还不如说是常驻中国的博物学观察家。他可能被宗教界视为另类人，因而未被方豪写入《中国天主教史人物传》中，我们却要将他写入中国科学史和中欧科学交流史人物志中。

从达尔文上述那段话口气来看，他心目中的"古代中国百科全书"不是指法文版《中国论考》，因为他已用"一部有关中国的大部头著作"来称呼此书了。他所指的实为《中国论考》所引证的其他中国著作，而在此处是指《齐民要术》和《便民图纂》，因后者亦重复《齐民要术》内容，因而来源只有一个，即《齐民要术》。应当说，农学家贾思勰的这部书也确可称为"古代中国百科全书"而无愧。但需对达尔文的话略加说明，虽然他阅读的《中国论考》养羊部分，取材于《齐民要术》，但就整套十六册丛书而言，情况并非如此，可以说四书五经、诸子百家群书均在征引范围之中，我们已经考出其中一些具体书名〔2〕。现在转向《齐民要术·养羊第五十七》关于留作育种的羊羔选择的原始叙述：

> 常留腊月，正月生羔为种者上，十一月、二月生者，次之。非此数月生者，毛必焦卷，骨髓细小。……余月生者，剩而卖之。……所留之种，率皆精好，与世间绝殊，不可同日而语之。〔3〕

这是讲对种羊羊羔的选择。又说：

> 寒月生者，须燃火于其边。夜不燃火，必致冻死。凡初产者，宜煮谷豆饲之。

这是讲对种羊羊羔善加饲养。达尔文原文 nourishing them well 汉译本作"给予它们丰富的营养"，其实并非全是此意。我们理解为"对它们善加饲养"，给予精饲料是其中一部分，还应包括精心照料等。《齐民要术》还指出羊很易生疥，而

> 羊有疥者，间别之（隔离开来），不别，相染污，或能合群致死。……羊有病，辄相污。欲令别病法（要想法将有病的隔离开来），当栏前作渎（沟），深二尺，广四尺。往还

---

〔1〕 Collas, Jean Paul Louis. Notices sur différens objects. voir: Gabriel Bretier et al. （réd.）. *Mémoires concernant l'histoire, les sciences, les arts, les moeurs, les usages, etc. des chinois par les Missionaires de Pékin*, tom. V. Paris, 1780. p. 507.

〔2〕 潘吉星：达尔文涉猎中国古代科学著作考，《自然科学史研究》1991 年第 10 卷第 1 期，第 48—60 页。

〔3〕 （北魏）贾思勰著，石声汉选译：《齐民要术选读本》，农业出版社 1981 年版，第 368、370、374 页。

皆跳过者，无病；不能过者，入渎中行，过，便别之。[1]

这是讲保持病羊与健康羊的隔离。金济时将这些内容概括起来予以综述，便是达尔文用引号引述的那一段话，是金氏法文的英译，但材料和思想直接来自《齐民要术》。

《齐民要术》不但谈养羊时明确应用了选择原理，还将此普遍原理应用于各种蔬菜，谷物和果树栽培。例如《杂说第一》称"诸菜先熟［者］，亦须盛裹，亦收子"。《收种第二》称"远好穗、纯色者，劁（qiāo，割）刈，高悬之，……以拟明年种子"。《种枣第三十三》称"常选好味者，留栽之"。《种桃柰第三十四》称"选取好桃数十枚，擘取核，即内牛粪中，……至春，核［芽］始动时，徐徐拔去粪土，……合取核种之，万不失一"[2]。书中还明确使用了"选择"这一术语。金济时在《中国论考》卷十一第 56 页对这些内容概括后写道：

Nous avons rendu compte ailleurs du principe général des Chinois sur la bonification et perfection des fruits, grains légumes et herbages pour chaque pays. Celui qui concern les bêtes à laine n'en est qu'une application et une extension. [3]

现将其译成汉文：

我们已报道了中国人在改良、提高和完善果树、谷物、蔬菜和花草方面所用的普遍［选择］原理，而他们养羊时所遵循的不过是这项普遍原理的一项应用和引申而已。

达尔文注意到上述这段话的学术分量，因而在他论养羊那段话后，将金济时的行文加以变换地讲成"中国人对于各种植物和果树也应用了同样的原理"载入《变异》之中。稍有不同的是：金济时说中国人栽培植物时所用的普遍选择原理，在养羊时得到又一次运用和引申，而达尔文说中国人养羊时所用的选择原理也应用于栽培植物。口气稍异而实质内容相同，都是就《齐民要术》而言者。由于金济时只给出《齐民要术》的汉名音译，达尔文不懂得 *Tsi Min Yao Chu* 这个法文音译的含义，只好称之为"古代中国百科全书"了。如果既给出法文音译又提供意译，比如说 *Tsi-Min-Yao-Chu ou Arts importants pour les besoins du peuple*（《齐民要术，或百姓需要的重要技术》），达尔文就懂得书名含义了。

表明达尔文谈及《齐民要术》的另一事例，还见于《变异》第二十四章论风土适应的那一节，达尔文写道：

---

〔1〕（北魏）贾思勰著，石声汉选译：《齐民要术选读本》，北京：农业出版社 1981 年版，第 374、375 页。

〔2〕同上书，第 222、34、214、220 页。

〔3〕Collas, J. P. L. Des bêtes à laine en Chinois, dans: *Mémoires concernant les Chinois*，tom. XI. Paris, 1786. p. 55.

The common experience of agriculturists is of some value，and they often advise persons to be cautious in trying the production of one country in another. The ancient agricultural writers of China recommend the preservation and cultivation of the varieties peculiar to each country.[1]

这段话汉文意思是：

农学家们的普通经验具有某种价值，他们常常提醒人们当把某一地方产物试种在另一地栽培时要小心慎重。中国古代农书作者建议栽培和维持各个地方的特有品种。

他在脚注中写道："关于中国，参见《中国论考》，1786，卷十一第 60 页"（For China，see *Mémoires sur les chinois*. tom. XI，1786，p. 60）。再次引用金济时报道中带有结论性的叙述。

金济时此处用同样方法，首先通读《齐民要术》不同章节对某一问题的叙述，吃透其精神后，再加以概括说明。导出此处结论的主要依据来自《齐民要术·种蒜第十九》，其中说：

今并州无大蒜，朝歌取种，一岁之后，还成百子蒜矣。其瓣粗细，正与条中子同。……并州豌豆，度井陉以东，山东谷子入壶关上党，苗而无实，皆余目所亲见。非信传疑，盖土地之异者也。[2]

["现在［山西］并州没有大蒜，都得向［河南］朝歌去取得蒜种。种了一年，又成了百子蒜，蒜瓣只有蒜台中珠芽［子］那么小。……还有并州产的豌豆，种到井陉口以东，山东的谷子种到山西壶关上党，便都徒长而不结实。这都是我亲眼见到的，并不是单听传说。总之，都是土地条件的不同。"][3]

这就提醒人们将某一地方产物试在另一地方栽培时要小心慎重。贾思勰有时用民歌"男儿在他乡，那得不憔悴"作形象比喻。可见达尔文所说的"农学家"和"中国古代农书作者"，仍是指贾思勰及其《齐民要术》。

种种证据显示，早在 1840—1850 年代达尔文起草其划时代杰作《物种起源》（*The origin of species*）时已涉猎了《齐民要术》，因为这时他阅读了法文版《中国论考》。在 1859 年《物种起源》英文第一版第一章中，达尔文有一段最值得我们注意的话：

It may be objected that the principle of selection has been reduced to methodical prac-

[1] Darwin, Charles. *The variation of animals and plants under domestication*, Vol. 2. New York-London：Appleton & Company，1897. p. 304.

[2]《齐民要术选读本》，第 152 页。

[3] 同上。

tice for scarecely more than three-quarter of a century... But it is very far from true that the principle is a modern discovery. I could give several references to works of high antiquity, in which the full importance of the principle is acknowledged. .. The principle of selection I find distinctly given in an ancient Chinese encyclopaedia.[1]（图 5—1）

我们将这段重新译为：

> 将选择原理系统付诸实践，不过是最近七十五年来的事……但是如果认为此原理是一项近代的发现，就未免与事实相去甚远。我可以举出某些认识到此原理之充分重要性的很古老的参考文献。……我发现在一部古代中国百科全书中明确地提出了选择原理。

由于现行汉译本[2]对这段文字翻译中没有将达尔文所说"I find"（"我发现"）强调出来，我们才决定严格按达尔文原话重译一遍。这是他第一次提到"古代中国百科全书"，而且用它证明他的一个重要观点，即人类应用选择原理饲养动物和栽培植物古已有之，并非只是近代的发现。但他没有在脚注中标出他这一观点的文献依据，因他无法将早已收集到的大量文证、物证都容纳在这部首次阐明生物进化论的纲领性著作中，否则篇幅会显得过大，拖长出版时间，而朋友们都催促他早日出书。1982 年 10 月笔者在英国剑桥大学总图书馆藏达尔文档案卷中，看到他为准备《物种起源》写作而记下的大量读书笔记手稿，当时匆忙浏览的大笔记本就有二十多册，令人眼花缭乱。可以说达尔文《物种起源》中发表的每一重要意见，都有一系列证据为后盾，尽管未逐项列举出来。他把这项工作留在下一步进行，1868 年发表的《动物和植物在家养下的变异》和 1871 年发表的《人类的由来及性选择》（The descent of man and selection in relation to sex）二书，在某种意义上就是为此目的而写作的。在此二书中达尔文充实并发展了他的学说，而且公布了《物种起源》中未来得及列举的证据和文献资料。

我们可以有把握地说，《物种起源》中首次提到明确应用选择原理的"古代中国百科全书"就是指《齐民要术》。1859 年他虽未标出文献出处，但 1868 年给出答案。如前所述，《齐民要术》论养羊和种果树、蔬菜、谷物时都明确应用选择原理，且使用"选择"一词。达尔文起草《物种起源》时已对金济时的报道作了读书笔记。此处还可举出另一证据，《物种起源》第五章论风土适应时写道：

How much of the acclimation of species to any peculiar climate is due to mere habit, and how much to the natural selection of variaties having different innate constructions, and how much to both means combined, is an obscure question. That hab-

---

[1] Darwin, Charles. *The origin of species* (1859), New York-London: Appleton & Company, 1923. p. 38.
[2] ［英］达尔文著，谢蕴贞译：《物种起源》，科学出版社 1972 年版，第 24—25 页。

38   METHODICAL SELECTION.   [CHAP. I.

berries differ in size, colour, shape, and hairiness, and yet the flowers present very slight differences. It is not that the varieties which differ largely in some one point do not differ at all in other points; this is hardly ever,—I speak after careful observation,—perhaps never, the case. The law of correlated variation, the importance of which should never be overlooked, will ensure some differences; but, as a general rule, it cannot be doubted that the continued selection of slight variations, either in the leaves, the flowers, or the fruit, will produce races differing from each other chiefly in these characters.

It may be objected that the principle of selection has been reduced to methodical practice for scarcely more than three-quarters of a century; it has certainly been more attended to of late years, and many treatises have been published on the subject; and the result has been, in a corresponding degree, rapid and important. But it is very far from true that the principle is a modern discovery. I could give several references to works of high antiquity, in which the full importance of the principle is acknowledged. In rude and barbarous periods of English history choice animals were often imported, and laws were passed to prevent their exportation: the destruction of horses under a certain size was ordered, and this may be compared to the "roguing" of plants by nurserymen. The principle of selection I find distinctly given in an ancient Chinese encyclopædia. Explicit rules are laid down by some of the Roman classical writers. From passages in Genesis, it is clear that the colour of domestic animals was at that early period attended to. Savages now sometimes cross their dogs with wild canine animals,

图 5—1　《物种起源》原文

达尔文《物种起源》（1895）中论"中国古代百科全书"（此处指
《齐民要术》）之段落
引自《物种起源》英文版

it or custom has some influence，I must believe both from analogy and from the incessant advice given in agricultural works，even in the ancient encyclopaedia of China，to be very cautious in transporting animals from one district to another[1]。

---

〔1〕 Darwin，Charles. *The origin of species*. New York-London，1923. p. 175.

因通行的 1972 年汉译本未能准确表达原意，此处除转录达尔文原文外，更提供我们的新译文如下：

> 物种能适应于某种特殊风土有多少是单纯由于其习性，有多少是由于具备不同内在体质的变种之自然选择，以及有多少是由于两者合在一起的作用，却是个朦胧不清的问题。根据类例推理和农书中甚至古代中国百科全书中提出的关于将动物从一个地区迁移到另一地区饲养时要极其谨慎的不断忠告，我应当相信习性有若干影响的说法。

这里他再次提到"古代中国百科全书"，而且根据其中事例和思想解决了一个朦胧不清的问题，即物种的习性对其是否能适应某种风土有一定影响。显然，使他获得这一理论认识和灵感来自《中国论考》第十一卷第 55 页中下面一段话：

> J'ai lu tout ce qu'a ecri le Bachelier Ting-tschae，dit le *Pien-Min* et je me borne à observer que dans le Kiang-nan les bêtes à laine ont toujours la tête bien proportionnee au reste du corps et la toison trés-courte，au lieu que dans les Provinces voisiones，ellese ont la tête trés-petite，le corps，gras，et la toison pendante. Dans le Chensi，celles des vallées ont les jambres fort courtes，et celles de la montagne trés-longues. Sa conclusion est que le sol，le climat，l'air，la nourriture agissant sur ces animaux，il ne s'agit pas de voulsir lutter contre，par des especes ètrangeres qui exposent à des risques et dégénerent nécessairement.[1]（图 5—2）

笔者将这段法文翻译于下：

> 我曾读过廷瑞学士的著作《便民〔图纂〕》，而我本人也观察到，在江南绵羊头部与身体其余部分比例匀称，毛很细，而邻近省份的绵羊则头部较小，身躯肥大，羊毛下垂。在山西河谷里生长的羊腿短，而山上的羊则腿长。其结论是，土壤、气候、空气、饲料对这些动物产生了影响，不是谁想改变就能改变的。因此把外地的品种赶到本地饲养势必要冒风险，而且会引起退化。

法文版《中国论考》同页另一处也指出，若使羊群离开其原来的生长环境，它们便不再像先前那样肥美、健壮，这同饲养是否精心没有关系。上面大段话意思很清楚，当羊的习性已适应其生长环境的风土并受环境影响具有相应体质以后，如再突然将羊群迁到另外地区饲养，就要冒使其退化的风险，于是向人们发出忠告。这正是《物种起源》中所说"古代中国百科全书"提出将动物从一处迁至另一处饲养时要小心谨慎的忠告，也是金济时上述报道文字的转述，这里谈的是动物饲养。达尔文在《变异》中谈到中国古代农学家

---

〔1〕　Collas，J. P. L. Des bêtes à laine en Chine，*Mémoires concernant les chinois*，tom Ⅺ. Paris，1786. p. 55.

将某处产品试在另一处栽培时要小心谨慎，指的是植物栽培，其结论来自《中国论考》中引用的《齐民要术》。这样，达尔文就触及一个问题的两个方面，作了全面阐述。然而我们遍查《齐民要术》及《便民图纂》，却没有看到有关江南羊、山西羊及将羊群迁移至另一地区要冒风险的论述，这些必是金济的实地观察。

虽然金济时文内将中国农书记载及实地见闻放在一起叙述，但仔细读之，还是可以分辨的，因为他有时叙述自己见闻时用第一人称"我……"，是达尔文将金济时文内所述一切都当成中国农书所载。金济时关于江南羊、山西羊的观察结论有一定道理，但也不能排除通过人的努力将外地动植物品种引进本地后使之适应新的风土环境而成功繁育的可能性。无论如何，在达尔文心目中，他认为已从"古代中国百科全书"中获得重要科学信息，而此即《齐民要术》。因而在 19 世纪 40—50 年代他起草《物种起源》阶段通过查阅法文版

图 5—2　达尔文引用的法文版《中国论考》
卷十一原文（巴黎，1786）
美国费城宾夕法尼亚大学 Van Pelt 图书馆藏

《中国论考》已首先与《齐民要术》结下因缘。这可能是他较早涉猎的中国古书，当 1859 年《物种起源》首版问世时，他以"中国古代百科全书"名义两次提到《齐民要术》。1868 年当《动物和植物在家养下的变异》出版时，他四次谈论并引证《齐民要术》。足见他对此书的偏爱和重视，尽管他知道此书的音译书名，却不知书名含义。

19 世纪英国伟大生物学家达尔文和 6 世纪中国伟大农学家贾思勰，在认识选择原理重要性方面找到共同语言，产生思想共鸣。二人虽有一千三百年及一万八千里的时空距离，却多次进行历史对话。贾思勰九泉之下遇到东半球另一端的英国知音，达尔文正是以《齐民要术》的论述作为有力证据，驳斥了西方人将选择原理看成是近代发现的错误观点，

并正面论述中国古人如何运用这一原理。《齐民要术》在达尔文经典著作中始终起积极作用。通过我们的考证，已使达尔文涉猎《齐民要术》的细节昭示于世人，一百三十余年来一直悬而未决的问题获得澄清。但不应忘记 18 世纪法国人金济时在达尔文与贾思勰之间沟通思想的桥梁作用，我们对二百多年前向西方介绍中国传统科学技术的这位法国汉学家的业绩表示赞赏。

笔者还想通过上述事例表明，虽然中国翻译达尔文著作已作了半个世纪以上的努力，但译文仍有待改进的余地。希望今后再版时，在书中涉及中国的地方着力考证，尽力减少差错。上述文字发表后，笔者收到达尔文著作翻译家、中国农业科学院科技文献信息中心的叶笃庄教授来信，信中说："我仔细阅读了您在《农业考古》发表的一篇有价值的论文《达尔文与〈齐民要术〉》，受益匪浅，深表敬意！在这篇论文里，解决了我多年来未曾解决的一个问题，即达尔文著作中的《中国古代百科全书》的问题。记得我同已故的周建人（1888—1984）先生讨论过多次，均未得出明确的结论。您的考证表明《中国古代百科全书》就是《齐民要术》，是非常正确的。我将在我们的译本《动物和植物在家养下的变异》和《物种起源》中注明您的这一发现。此外，我还将把我们误译的'中国人'和'鞑靼人'改为'中国汉族人'和'蒙族人'。谢谢您指出我们的误译之处！"[1] （图 5—3）读到此信使笔者感到欣慰，盼望达尔文著作未来的英文版和其他外文版也能对其中涉及中国的地方作出新的注释。为此目的，1993 年 2 月我又将此文以英文写成[2]，一并附于本书之后。

二　达尔文涉猎的中国古代科学著作[3]

19 世纪英国伟大生物学家达尔文（Charles Robert Darwin，1809－1882）是一位在全世界范围内收集科学资料的敬业学者。他在奠定和充实其生物进化论过程中，广泛涉猎中国和西方各国的各种文献，作为支持其学说的历史证据或发挥其思想的科学论据。在他的《物种起源》（1859）、《动物和植物在家养下的变异》（1868，以下简称《变异》）和《人的由来及性选择》（1871，以下简称《由来》）三部代表作中，谈到人和各种动植物时利用了不下百种中国资料。他为了利用中国资料，阅读了汉文（借助于译员）、英文、法文、德文和意大利文发表的许多书刊。当他谈到中国和中国事物时，常用美好词句，表明他对中国的敬意和好感。他是近代西方科学界中认真钻研中国科学并从中吸取思想养料的

---

〔1〕 叶笃庄：致潘吉星的信（1991 年 2 月 23 日，发自北京）。

〔2〕 Pan Jixing. Charles Robert Darwin and the *Qi-min yaoshu* or *Important arts for the common people's needs*——A puzzle of "Ancient Chinese Encyclopaedia" in Darwin's works. Written on 25 February, 1993, in Beijing.

〔3〕 本文中所有西方人名，凡有固定汉名者不另重译，否则按"名从主人"原则取规范译法，因而与现版的达尔文著作之汉文本译名不同。如 S. Julien 本文作儒莲，而非朱利恩。W. Mayers 本文作梅辉立，而非梅耶尔。E. Huc 本文作古伯察，而非胡克。因这些汉学家有固定汉名，不可随意改译之。又如 S. Birch 本文作伯奇，而非倍契。Blyth 本文作布莱思，而非勃里斯。——作者

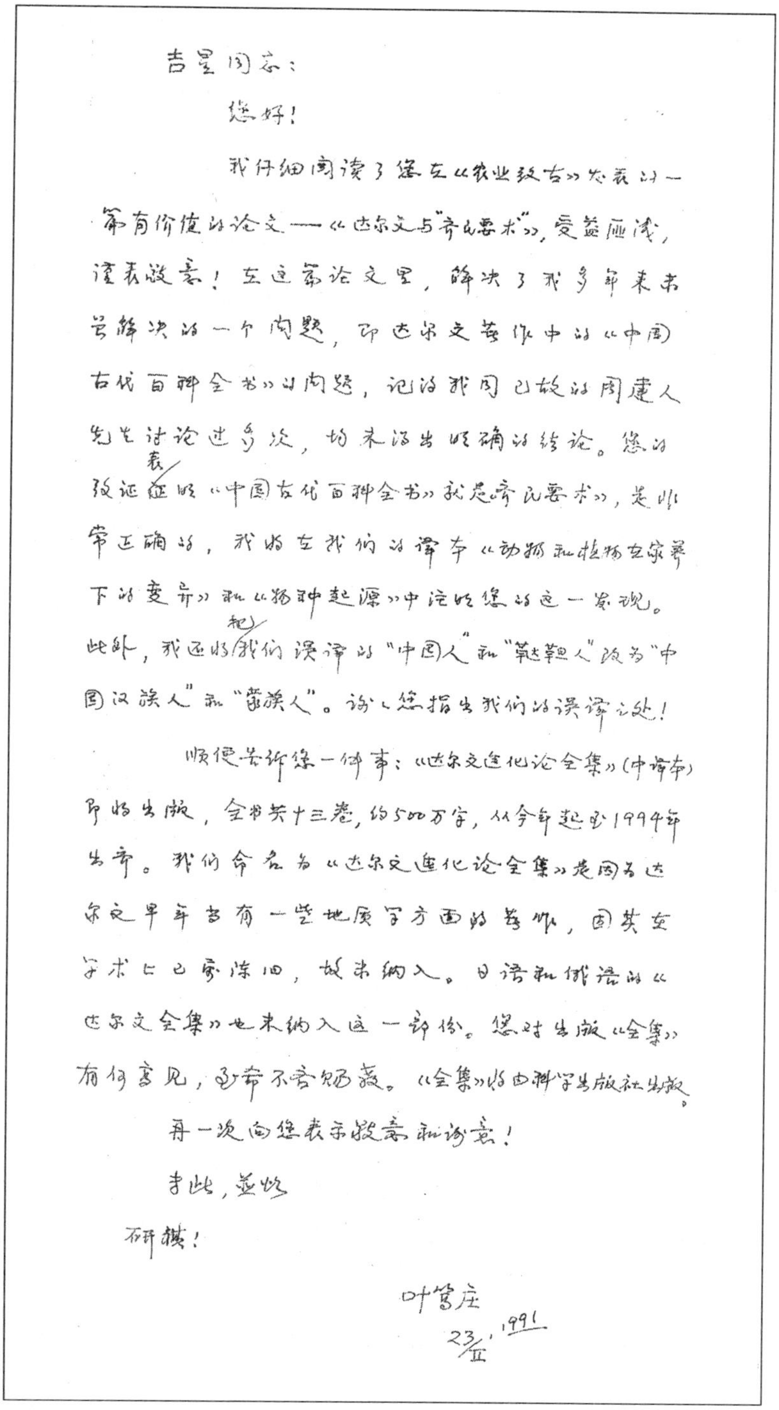

吉星同志：

　　您好！

　　我仔细阅读了您在《农业致古》发表的一篇有价值的论文——《达尔文与"齐民要术"》，受益匪浅，谨表敬意！在这篇论文里，解决了我多年来未曾解决的一个问题，即达尔文著作中的《中国古代百种全书》的问题，记得我同已故的周建人先生讨论过多次，均未得出明确的结论。您的发表证明《中国古代百种全书》就是齐民要术》，是非常正确的，我将在我们的译本《动物和植物在家养下的变异》和《物种起源》中注明您的这一贡献。此外，我还将我们误译的"中国人"和"鞑靼人"改为"中国汉族人"和"蛮族人"。谢谢您指出我们的误译之处！

　　顺便告诉您一件事：《达尔文进化论全集》(中译本)即将出版，全书共十三卷，约500万字，从今年起到1994年出齐。我们命名为《达尔文进化论全集》是因为达尔文早年曾有一些地质学方面的著作，因其在学术上已嫌陈旧，故未纳入。日语和俄语的《达尔文全集》也未纳入这一部份。您对出版《全集》有何意见，务希不吝赐教。《全集》由科学出版社出版。

　　再一次向您表示敬意和谢意！

　　专此，並此

　研棋！

叶笃庄
23/Ⅱ 1991

图 5—3　达尔文著作译者叶笃庄先生致笔者的信（1991.2.23）

代表性人物。

　　早在 19 世纪 40—50 年代起草《物种起源》阶段，达尔文就开始收集中国资料，60—70 年代又在更大规模上展开了。他这样作是有眼光的，因为中国是世界上饲养动物和栽培植物的一大中心，而且有悠久的历史，积累了丰富的经验。当代英国科学史家李约瑟博士在《中国科学技术史》各卷中，已向西方展示了中国古代科学成就及其国际影响的大量证据。达尔文在其革命性著作中广泛利用中国资料表明，甚至在 19 世纪中国资料仍能在西方派上用场。但长期以来很少有人对达尔文涉猎的中国资料作深入研究，这项工作难度较大，因为达尔文利用的中国资料并非总是显而易查的。他有时没有详细标明文献出处，有时依靠西方出版物提供的第二手信息。为此笔者在 1959 年《物种起源》发表 100 周年时研究过这一课题[1]。此处在原有基础上重作追加考证，着重探讨达尔文涉猎 10 部中国古代科学著作的细节，提供新的资料，在以下各段中逐一叙述此项研究成果。由于达尔文著作汉译本有时在涉及中国的地方未作考证，译文间有不准确之处，同时亦未指出达尔文原著中的少量疏漏，所以本节将根据我们的研究成果提供某些新的译文，并对达尔文原著进行个别文字校勘，以就教于海内外达尔文研究家。

（一）《齐民要术》与《便民图纂》

　　达尔文在 1859 年《物种起源》首版中两次提到"古代中国百科全书"，给以高度评价，但没有提供文献出处。不过在《变异》中则给出答案：

　　　　现在我要阐明，我们大部分有用动物的几乎任何特点由于时尚、迷信或某种其他动机都曾受到重视，并且因而被保留下来。关于绵羊，中国汉族人喜欢无角的公羊；蒙族人喜欢有螺旋形角的公羊，因为无角被认为是失去勇气的。（With respect to sheep, the Chinese prefer rams without horns; the Tartars prefer them with sprial wound horns, because the hornless are thought to loss courage.[2]）

　　汉译本将此处 Chinese（汉族人）译作"中国人"、将 Tartars（蒙族人）音译为"鞑靼人"是不妥的，而将 Jesuits（耶稣会士）当成法国人名，音译为"捷修兹"，更为不妥[3]，因而我此处作了改译。达尔文在这段文字脚注中标明文献出处：*Mémoires sur les Chinois* [by the Jesuits], 1786, tom. XI, p. 57。我们译为：耶稣会士们著《中国论考》，1786. 卷 11，第 57 页。*Mémoires sur les Chinois* 是达尔文为该书取的简名，而法国人使用的简称则是 *Mémoires concernant les Chinois*。这是一部有关中国的大型丛书，全名为

　　〔1〕 潘吉星：中国文化的西渐及对达尔文的影响，《科学》35 卷，第 4 期，第 211—222 页（上海，1959）；达尔文和中国生物科学，《生物学通报》1959 年第 11 期，第 517—521 页。

　　〔2〕 Charles Darwin *The variation of animals and plants under domestication*，Vol. 2. （London：D. Appleton & Company，1897）. p. 194. 此处汉译文为笔者提供。

　　〔3〕 [英] 达尔文著，叶笃庄、方宗熙译：《动物和植物在家养下的变异》，科学出版社 1982 年版，第 464 页。

《驻北京耶稣会士们关于中国人历史、科学、技术、风俗、习惯等论考》(*Mémoires cocernant l'histoire，les sciences，les arts，les moeurs，les usages etc，des Chinois par les Missionaires de Pekin*)，据在华耶稣会士稿件编成，共 16 册，1776—1814 年刊于巴黎。其第 11 卷 (1786) 第 25—72 页收入题为 "中国的绵羊"(*De betes à laine en Chine*) 一文，由法国耶稣会士金济时（字保录，Jean-Paul-Louis Collas，1735—1781）执笔。该文引北魏农学家贾思勰《齐民要术》(约 538) 及明人邝璠（字廷瑞）《便民图纂》(1502) 中养羊部分，结合金济时在华见闻而写成。

金济时文内在 "但正如《齐民要 [术]》所说"(Mais，comme dit 1e livre *Tsi-Min-Yao*) 之后，隔一段又写道："我曾读过廷瑞学士的著作《便民 [图纂]》"("J'ai lu tout cequ'a ecri le Bechelier Ting-tschae，dit le *Pien-Min*")，接着说：

> 要留作种羊的羊羔这时要锯去羊角，要是找不到生来就不带角的羊羔的话。汉族人通常喜欢不带角的公羊；但蒙族人在沙漠里放牧，则不依此法行事；……因为在他们看来，公羊不带角就失去勇气，……他们喜欢带螺旋形角的公羊。[1]

这正是达尔文所引之内容。《齐民要术》云："羝（公羊）无角者更佳。有角者喜相觝触，伤胎所由也。"[2]《便民图纂》引《齐民要术》亦有同样说法[3]。但按贾思勰的本义，喜欢不带角的公羊不是由于时尚，而是防止圈养时伤害受孕的母羊，金济时对此未予说明。至于蒙族人喜欢带螺旋角公羊，乃是他在蒙古牧区的实地见闻。达尔文在《变异》中又写道：

> 在上世纪耶稣会士们出版了一部有关中国的大部头著作，主要是根据古代中国百科全书编成的，关于绵羊，据说 "改良其品种在于特别细心选择预定作繁殖之用的羊羔，对之善加饲养，保持羊群隔离"。中国人对于各种植物和果树也应用了同样原理。[4]

从脚注中知道这条材料来自《中国论考》(1786) 卷 11 第 55 页及卷 5 (1780) 第 507 页。但《中国论考》所述内容引自《齐民要术》。从达尔文口气中亦可看出，他心目中的 "古代中国百科全书" 亦是指贾思勰的著作。

《齐民要术》曰：

---

〔1〕 Colas, Jean Paul Louis. *Des bêtes à laine en Chine. Mémoires concernant les Chinois*，tom XI，Paris，1786. p. 57. 此处译文为笔者提供。

〔2〕 （北魏）贾思勰著、石声汉选译：《齐民要术选读本》，农业出版社 1961 年版，第 368 页。

〔3〕 （明）邝璠著，康成懿校注：《便民图纂》，农业出版社 1982 年版，第 214 页。

〔4〕 Charles Darwin *The variation of animals and plants under domestication*，Vol. 2.（1897）. p. 189. 我们此处对现有译文作了修改。

　　　　羊羔腊月、正月生者留以作种，余月生者还卖。……所留之种率皆精好，与世间绝殊，不可同日而语之。

　　这是论种羊的选择。又说："寒月生者须燃火于其边。夜不燃火，必致冻死。凡初产者，宜煮谷豆饲之。"这是讲对羊善加饲养。"羊有疥者，间别之。不别，相染污，或能合群致死。"[1] 这是讲病羊与羊群的隔离。金济时将这些论述加以综合介绍，便是达尔文用引号引述的那些话。《齐民要术》不但论养羊时应用选择原理，且将此原理用于各种植物和果树。例如谈到枣、桃树留种时该书说："常选好味者留栽之"、"选取好桃数十枚，劈取核"，收作种，"诸菜先熟［者］并须盛裹，亦收子"[2]。贾思勰这里已明确使用了"选择"这个术语。金济时将上述内容概括后写道："我们曾经报道过中国人在改进、提高和完善果树、谷物、蔬菜及花草方面所用的普遍的原理，而他们养羊时所遵循的不过是这个普遍原理的一项运用和引申而已。"[3] 达尔文引这段话时在文字上稍作变动，但基本精神仍是相同的。由于本章第二节已详细论及达尔文引《齐民要术》情况，故此处从略。

（二）《本草纲目》与《三才图会》

　　《变异》论鸡的历史时说，意大利博物学家阿尔德罗万迪（Ulisse Aldrovandi，1522—1605）1600 年在二卷本鸟类学专著中"描述过 7—8 个鸡的品种，这是能够赖以考证欧洲品种发生年代的最古记录"。达尔文指出，当时在伦敦不列颠博物馆图书馆东方部任主任的伯奇（Sumuel Birch，1813—1885）告诉他说：

　　　　在 1596 年出版的中国百科全书中曾经提到过七个品种，包括我们称为跳鸡（Jumpers）或爬鸡（Creepers）的，以及具有乌毛、乌骨和乌肉的鸡，其实这些材料还是从各种更古老的典籍中收集来的。[4]

　　此处未提供文献出处。笔者在 1959 年已证明这里指的是明代伟大科学家李时珍（1518—1593）的《本草纲目》（1596）。该书写道：

　　　　时珍曰，鸡类甚多，五方所产，大小、形色往往亦异。朝鲜一种长尾鸡，尾长三四尺。辽阳一种食鸡、一种角鸡，味俱肥美，大胜诸鸡。南越一种长鸣鸡，昼夜啼叫。南海一种石鸡，潮至即鸣。蜀中一种鸧鸡。楚中一种伧鸡，并高三四尺。江南一

---

〔1〕《齐民要术选读本》，第 368—375 页。

〔2〕 同上书，第 22、34、214、220 页。

〔3〕 *Mémoires concernant les Chinois*，tom XI（Paris. 1786）. p. 55.

〔4〕 *The variation of animals and plants under domestication*，Vol. 1（1897）. p. 259.

种矮鸡，脚才二寸许也。[1]

共列举 7—8 种鸡，其中脚只有 2 寸的矮鸡即达尔文所说的跳鸡或爬鸡。谈到乌骨鸡时，

> 时珍曰，乌骨鸡有白毛乌骨者，黑毛乌骨者，斑毛乌骨者，有骨、肉俱乌者，肉白骨乌者。但观鸡舌黑者，则骨、肉俱乌，入药更良。[2]

但《本草纲目·禽部》那时还无西文译作，由此笔者判断必是达尔文向伯奇咨询，由他请本馆通晓汉文的馆员将馆藏《本草纲目》替达尔文摘译出来。如达尔文所述，《本草纲目》以前古书已载各地鸡种。如《三国志·魏志》（289）记古朝鲜马韩出细毛鸡，尾长五尺余，此即长尾鸡。葛洪（283—368）《西京杂记》载汉成帝（前 32—前 7 在位）时交趾（今越南）献长鸣鸡。《尔雅·释兽》载蜀鸡大而有力。又宋代的《物类相感志》（约 980）载乌骨鸡。时珍集诸书而总其成，这些材料确是"从各种更古老的典籍中收集来的"。达尔文又说："在中国古代百科全书中曾经提到过双重距（double spurs）的事例。其发生或可看作是相似变异的一个例子，因为某些野生鸡类如孔雀鸡（Polyplectron）就有双重距"[3]。此材料亦来自《本草纲目》，时珍引唐人孟诜（621—713）《食疗本草》（约 706）称："诜曰，鸡有五色者，玄鸡白首者，六指者，四距者。[4]"上述说明，达尔文论鸡时所引"1596 年出版的古代中国百科全书"，肯定是指《本草纲目》。但他又写道："不列颠博物馆的伯奇先生为我翻译了 1609 年出版的中国百科全书的一些片断，不过这部书是从更古老的文献汇编成的。它在这里说鸡是西方之牲，是公元前 1400 年一个朝代里引进到东方即中国的。"[5] 这是说商代（前 1600—前 1300）末期鸡从西方引进中国。

但《本草纲目》引 2 世纪人应劭《风俗通义》（175）云："俗以鸡祭门户，鸡乃东方之牲。"又引寇宗奭《本草衍义》（1116）曰："巽为风，为鸡。鸡鸣于五更者，日至巽位，感动其气而然也。"查《周易·系辞下》，巽为木、为风、为白、为鸡[6]。巽卦性质是号令，象征司晨的鸡；又指东方，"日至巽位"即日出东方。按阴阳八卦及五行说，鸡是对应于东方之动物，而马乃西方之牲，但此说法与动物起源没有关系。笔者认为达尔文所引"1609 年出版的中国百科全书"不是《本草纲目》而指明人王圻（1540—1615 在世）的《三才图会》（1609）。王圻写道："鸡有蜀、鲁、荆、越诸种。……旧说日中有鸡，鸡西方

---

〔1〕（明）李时珍：《本草纲目》（1596），卷四十八，《禽部·鸡》下册，人民卫生出版社 1982 年版，第 2583 页。

〔2〕同上书，卷四十八，下册，第 2590 页。

〔3〕《动物和植物在家养下的变异》，汉译本，第 187 页。

〔4〕《本草纲目》卷四十八，下册，第 2583 页。

〔5〕《动物和植物在家养下的变异》汉译本，第 174 页。引用时，我们对译文作了修改。

〔6〕《周易正义·系辞下》，十三经注疏本，上册，上海：世界书局 1935 年版，第 94—95 页。

之物，大明生于东，故鸡入之。《易》曰，巽为鸡，兑见异伏，故为鸡，鸡知时而喜伏故也。"[1] 但应指出，《三才图会》明刻本将"鸡东方之物"误刻为"鸡西方之物"，伯奇及其馆内同事没有觉察到此刻误。我们从上下行文可断定"西"应改为"东"。既然王圻引旧说"日中有鸡"、"大明生于东，故鸡入之"及"《易》曰巽为鸡"，他就只能得出"鸡东方之物"而非西方之物的结论。此一字之差造成 120 多年历史误会，现已至澄清之时了。

达尔文谈鸡的历史时，根据其友人英国动物学家布莱思（Edward Blyth，1810—1873）从印度加尔各答发来的一封信，信中说古代《摩奴法典》（*Manusmrti*）禁止杀食家鸡，只许杀食野鸡。又据英国专家琼斯（William Jones，1746—1796）意见，法典似乎成于公元前 1200 年。达尔文再引美国学者皮克林（Charles Pickering，1805—1878）著作，认为古埃及石刻有向第 18 王朝的图特摩斯三世（Thutmose III，1479—1425 B.C.）献的鸡头，而此人在位时间推定为公元前 15 世纪。这一切使达尔文相信鸡是公元前 1400 年从西方引入中国。但后来研究证明，《摩奴法典》实成书于公元前 2 世纪至公元 2 世纪之间[2]，而埃及石刻中的"鸡头"经鉴定为别的鸟类。任何中外古书都未提到鸡于商代自西方引入中国，故此说法已无历史证据。家鸡最早记载见于商代甲骨文。《尚书·周书·牧誓》记周武王（前 1046—前 1043）于商都郊外宣誓时说："古人有言曰，牝（pin）鸡无晨。牝鸡之晨，惟家之索。今商王受惟妇言是用。"[3] 这是说：古人云，母鸡不鸣晨，若母鸡鸣晨（转义为妇女发号施令），此家必萧条。今商纣王（前 1076—前 1046）只听妲己谗言，商必亡。20 世纪 70 年代在河南新郑县裴李岗、河北武安县磁山等地新石器时代遗址均有鸡的遗骸出土，说明家鸡在黄河流域驯化的年代可以早到公元前 6000 年左右[4]。从文献记载及考古资料来看，饲养家鸡始自中国。达尔文已接近得出此结论，但被当时西人对史料的误解所困惑，而一度踌躇不决。

（三）《七修类稿》

《变异》指出金鱼引入欧洲不过在 17—18 世纪，但中国自古以来即畜养了。他这条材料主要引自布莱思的《印度原野》（*Indian Field*）1858 年版第 255 页及其来信。1868 年英国驻华外交官兼汉学家梅辉立（William Frederick Mayers，1831—1878）看到《变异》后支持达尔文观点，但以为所引中国资料不足，遂于香港刊物《中日释疑》（*Notes and Queries on China and Japan*）上发表"论金鱼饲养"（Gold-Fish Cultivation）一文。文内写道：

---

[1]（明）王圻：《三才图会》（1609），《鸟兽类》卷一，下册，上海古籍出版社影印明刊本 1988 年版，第 2159 页。

[2]［法］迭朗善（A. Loiseleur—Deslongchamp）法译，马雪香汉译：《摩奴法典》译序，商务印书馆 1982 年版，第 ii—iii 页。

[3]《尚书正义·周书·牧誓》，《十三经注疏》本，上册，第 183 页。

[4] 夏鼐主编：《新中国的考古发现和研究》，文物出版社 1984 年版，第 196 页。

达尔文谈到他相信金鱼"在中国自古以来就已被畜养了"（《变异》卷一第296页），这是有充分根据的。所有有关博物学的中国著作都谈到金鱼，……在大约成书于1590年的《本草纲目》中，李时珍说："金鱼有鲤、鲫、鳅、鳖数种，鳅、鳖尤难得，独金鲫耐久，前古罕知。……自宋（建于960年）始有家畜者，今则处处人家养玩矣。"[1][2]

梅辉立接下引方以智（1611—1671）《物理小识》（1643）、郎瑛（1487—1566）《七修类稿》（1566）及陈元龙（1652—1736）《格致镜原》（1735）后写道：

1735年刊行的题为《格致镜原》的百科全书对这个题目提供很多引文，其中最重要的引自《七修类稿》。该书指出："杭〔州〕自嘉靖戊申（1548）以来，生有一种金鲫，名曰火鱼，以色至赤故也。人无有不好，家无有不畜，竞色射利，交相争尚。"同一作者紧接上述提法后补充说："金鱼不载于诸书，《鼠璞》（约1260）以为六和塔寺池有之。"故苏子美《六和塔诗》云："沿桥待金鲫，竟日独迟留。"苏东坡亦曰："我识南屏金鲫鱼。南渡（1129）后则众盛也。"[3]

文中的《鼠璞》是一书名，为宋人戴埴（1202—1270在世）所撰。梅辉立的结论是：

因而很明显，大约在诺尔曼人征服英格兰时（10—11世纪），中国就已熟悉了金鱼。

梅辉立文章发表于1868年8月，9月3日英国驻广州领事官、植物学家韩士（Henry Pletcher Hance，1827—1886）便将该文寄给达尔文[4]。达尔文对此文很重视，便将此材料收入《由来》论金鱼的脚注中：

由于我在《动物和植物在家养下的变异》中就此题目说过几句话，梅辉立先生便查考了古代中国百科全书（见《中日释疑》1868年8月第123页）。他发现金鱼自宋（建于960年）始有家畜者。及至1129年这类金鱼已盛行。另一文献说，"杭州自嘉靖戊申（1548）来，生有一种〔金鲫〕，名曰火鱼，以色至赤故也。人无有不好，家无有不畜，竞色射利，交相争尚"[5]。

---

〔1〕原文见《本草纲目》，卷四十四，《鳞部·金鱼》，下册，人民卫生出版社1982年版，第2450页。

〔2〕Mayers. W. F. Gold-Fish Cultivation, *Notes and Queries on China and Japan*, Hong Kong, 1868，2（8）：123—124. 此处译文由笔者提供。

〔3〕郎瑛：《七修类稿》（1566）卷四十一，《事物类·火鱼》（明刊本），第11页。

〔4〕Letter to Charles. Darwin from H. P. Hance, dated 3 September 1868. See F. Burkhardt et S. Smith：*A cadendar of the correspondence of Charles Darwin*. 1821—1882. London, 1985. p. 282.

〔5〕Charles Darwin *The descent of man and selection in relation to sex*, 2nd ed. （1874），rep. ed. London：D. Appleton & Company, 1924. p. 349. 此处笔者提供新译文。

达尔文引梅辉立的《七修类稿》译文时，省略若干句。达尔文熟读梅辉立之文，实际上他已触及《本草纲目》、《七修类稿》、《格致镜原》及《物理小识》等中国古书部分内容，甚至还有宋人苏舜钦（1008—1048）和苏轼（1037—1101）的诗句，扩充了他对中国养金鱼史的理解。因而1891年他已将过去所说"古代"具体化为宋代，而且提到1129年宋室南渡后金鱼在杭州大为普及。显然达尔文这里所说"古代中国百科全书"仍是《本草纲目》。《由来》首版印于1871年2月24日，而从1875年7月起达尔文开始修订《变异》第二版，同年10月出版。此次增订30多处，其中一处即第八章论金鱼那一节，补充了梅辉立提供的资料。

达尔文写道：

> 所以可以预料，在形成新品种时曾大量进行过选择；而事实上也确是如此。在一部中国古代著作中曾说，具有赤鳞的金鱼自宋始有家畜者，而"今则处处人家养玩矣"（and now they are cultivated in families everywhere for the sake of ornament）。在另一部较早的著作中也说道："人无有不好，家无有不畜，竞色射利，交相争尚。"（In another and more ancient work, it is said that "there is not a household where the gold-fish is not cultivated, in rivalry as to its colour, and as a source of profit".）[1]

脚注中注明出处：W. F. Mayers, "*Chinese Notes and Queries*", Aug, 1868, p. 123。这是达尔文自己给出的《中日释疑》刊物的简称，其规范简称应是 *Notes and Queries on China and Japan*。值得注意的是，达尔文在《由来》中将新资料放在脚注中，而在《变异》再版时已移入正文，且将《本草纲目》中"自宋始有家畜者，今则处处人家养玩矣"及《七修类稿》中"人无有不好，家无有不畜，竞色射利"之原话用引号引了出来。我之所以重译达尔文这段话，就是要反映出他当时从中国古书中发掘科学资料之苦心。我们认为今后再版达尔文著作汉译本时，必须注意他涉及中国的地方，精心使用译文措词。

（四）《康熙几暇格物编》

《变异》第20章《人工选择》指出，如果认为古代人没有意识到选择的重要性并实行选择，将是个很大的错误。为此他举出中国实例证明他这一观点。他说：

> 中国人对各种植物和果树也应用了同样的原理。皇帝降旨谕臣民选用特异稻种；甚至选种亦出于帝手，因为据说"御稻米"为昔日康熙帝在一块水田里注意到的（and selection was practised even by imperial hands; for it is said that the *Yu-mi* or imperial rice was noticed at an ancient period in a field by the Emperor Khang-hi），后

---

[1] *The variation of animals and plants under domestication*，Vol. 1，1897. p. 312. 译文为笔者新译。

将其保存起来并于禁苑内培育。后因此稻是能在长城以北生长的唯一稻种，所以显得更有价值。[1]

此处给出的"御米"原文拼音 *ya-mi* 有误，当为 *yu-mi*，以与汉语发音相符。达尔文所用康熙 Khang-hi 是法文拼音，英文拼音是 K'ang-hsi，说明他依据的文献原作者是法国人。他在脚注中标明出处：With respect to Khang-hi, see Huc's "*Chinese Empire*"，p. 311. 此脚注十分简略，经考证后我得知作者全名为 Evariste-Régis Huc（1813—1860），乃法国汉学家，其固定汉名为古伯察，因而《变异》汉译本按英语发音译为"胡克"是不对的，当然亦不能按法文发音译作于克。

古伯察 1839 年由法国遣使会（Congrégation de la Mission）派遣来华，1843 年与法人葛毕（Joseph Gabet，1808—1853）去蒙古、西藏游历，1848 年再赴浙江，在华凡 13 年，后于 1852 年返国。古伯察通汉、蒙、藏语，1853 年在巴黎发表"中国蒙藏及内地游记"（*Souvenirs d'un voyage dans la Tartarie, le Thibet et la Chine*）二卷，很快译成英文，题为《1844，1845 及 1846 年中国蒙藏及内地游记》（*Souvenirs of a Journey through Tartary, Tibet and China during the Years* 1844，1845 *and* 1846），1860 年出版于伦敦。此后他又写成《中华帝国：蒙藏游记续编》（*L'Empire Chinois faisant suite à l'ouvrage intitulè 'Souvenirs d'un Voyage dans la Tartarie et le Thibet'*）二卷，分别刊于 1853 及 1854 年，简称《中华帝国》（*L'Empire Chinois*）。此书以《贯穿中华帝国之旅行》（*A Journey through the Chinese Empire*）为名的英译本于 1855 年于美国纽约出版。1855 年伦敦也出版了英文版，题为《中华帝国：蒙藏游记续编》（*The Chinese Empire: Forming a Sequel to the Work entitled Recollections of Journey through Tartary and Tibet*），亦简称《中华帝国》（*The Chinese Empire*），1857 年又发行第二版。达尔文利用的是《中华帝国》1855 年英译本伦敦第一版，16 开二册精装本。古伯察在书中以亲自见闻并参考中西著作叙述了中国内地及蒙藏地区各方面情况，故其书一度风行欧美。我在查阅《中华帝国》英译本后发现译者不通汉语，故专有名词一律用法文原著拼音，显得不够协调，且有排印误字。该书卷二第 311 页起介绍康熙帝选种事迹时，引《康熙几暇格物编》卷下《御稻米》条。

《康熙几暇格物编》为清圣祖玄烨（1654—1722）于日理万机之暇研究科学技术的心得之作。早在 18 世纪，法国耶稣会士韩国英（字伯督，Pierre-Martial Cibot，1727—1780）就在《中国论考》卷四（1779）发表"康熙帝对科学与博物学的考察"（*Observations de physique et l'histoire naturelle faites par l'Empereur Khang-hi*）的长文[2]，实际上是康熙帝这部科学著作的法文摘译本。《康熙几暇格物编》的法文译名为《康熙帝于政务余暇对物类属性的考察》（*Recueil des observations sur la nature des choses, faites*

---

　〔1〕　*The variation of animals and plants under domestication*，Vol. 2，p. 189. 笔者新译此段。

　〔2〕　Cibot, P. M. *Observations de physique et l'histoire naturelle faites par l'Empereur Khang-hi*，*Mémoires concernant les Chinois*，tom IV，Paris，1779. pp. 452—484.

par l'Empereur Khang-hi，*pendant ses loisirs impériaux*），此著后于 1903 年在越南河内的《远东法兰西学院学报》（*Bulletin de l'École Française d'Extrême-Orient*）上再予以介绍。因此康熙帝的科学业绩早在 18 世纪已为欧洲人所知晓[1]。达尔文要想了解康熙事迹，除阅读古伯察的书外，还可在他所熟悉的法文版《中国论考》第四卷中查得。但他选择了古伯察法文原著的英译本，也许读起来更为方便。

为使读者了解古伯察原著内容，我特将有关部分翻译如下：

中国人在农业方面有很多发现，主要因其素质特别机警，这使他们肯于利用那些在欧洲被忽视的植物。他们很乐于研究自然界，而其最大的人物，甚至他们的皇帝也不轻视参加与此有关的最琐碎的事情，而且小心收集可能对大众有益的一切物种。著名的康熙皇帝因而对他的国家作出一项最重要的贡献。我们惊异地发现这位君主写的下列一段话：

"六月初一日朕行至"，康熙帝说，"已播种的稻田，稻子在九月前不能指望收获。朕突然注意到有一颗已吐穗，且高于其余诸稻，而且已经成熟。朕将其收集起来并带回，此谷粒长得很好而且丰满，这促使朕保存它作个实验，看看来年是否还保持这种早熟性，而事实上确是如此。从这种稻育出的所有稻，都在正常时间以前吐穗，而且在六月即可收割。这样每年都增加这种稻的生产，而现在已有三十年在朕餐桌上都用此稻进餐。这种稻呈长形，多少有点红色，但作成饭却有香气和很好的味道。由于它是在朕的苑田内首次培育出来的，故称'御稻米'（yu—mi or Imperial rice）。它是能在长城以北生长的唯一稻种，这一带冷得较早，而很晚才变暖，但南方一些省份气候较暖、土地较肥沃，种此稻可很容易在一年内两栽两获。这种稻能造福于朕之黎民，对朕来说是一种欣快的慰藉。"[2]

康熙帝的原话是：

丰泽园中有水田数区，布玉田谷种，岁至九月始刈获登场。一日［朕］循行阡陌时，方六月下旬，谷穗方颖，忽见一科（棵）高出众稻之上，实已坚好，因收藏其种，待来年验其成熟之早否。明岁六月时，此种果早熟。从此生生不已，岁取千百；四十余年以来内膳所进皆此米也。其米色微红而粒长，气香而味腴，以其生自苑田，故名"御稻米"。一岁两种亦能成熟，口外种稻，至白露前收割，故［承德］山庄稻田所收，每岁避暑用之，尚有赢余。曾颁给其种与江浙督抚、织造，令民间种之。……南方气暖，其熟必早于北地。当夏秋之交，麦禾不接，得此早稻，利民非小。若更一岁两种，则亩有倍石之收，将来盖藏渐渐可充实矣。……朕每饭时，尝愿

---

〔1〕潘吉星：康熙帝与西洋科学，《自然科学史研究》1984 年第 3 卷第 2 期，第 177—188 页。

〔2〕Huc. E. R. *The Chinese Empire*，translated from the French，2nd English ed.，Vol. 2. Port Washington/New York/London，1857. pp. 311—312. 这一大段由笔者所译。

与天下群黎共此嘉谷也。[1]

古伯察对上述文字稍作变动，但基本表达了中国原著精神。清人吴振棫（1792—1870）《养吉斋丛录》（约1871）卷二十六云：

> 康熙二十年（1681）前圣祖于丰泽园稻田中偶见一穗与众穗迥异，次年命择膏壤以布此种。其米作微红色，嗣后四十余年悉炊此米作御膳，……其后种植渐广，内仓存积始多。

可见康熙帝发现并培育御稻米良种始于1681年6月。他不但在丰泽园种稻，还在那里种桑养蚕。中国有这样一位爱好科学的皇帝亲自参加选种，使达尔文为之赞叹，因而康熙皇帝的科学业绩便由达尔文载入其经典著作中。可见达尔文涉猎了《康熙几暇格物编》部分内容。

（五）《大唐西域记》

《由来》第19章《人类的第二性征》谈不同民族审美观时写道：

> 按照我们的观念，锡兰土著居民的鼻子远不算太高，然而7世纪中国人看惯了蒙古人（应为蒙古利亚种人。——笔者注）的扁平面孔，对僧伽罗人的高鼻子不免表示惊讶，而［玄］奘甚至用"人身鸟喙"之词来形容他们。（The nose is far from being too prominent according to our ideas, in the natives of Ceylon; yet the Chinese in the seventh century, accustomed to the flat features of Mongol [ian] races, were surprised at the prominent noses of the Cingalese; and [Hiouen] Thsang described them as having "the beak of a bird, with the body of a man".）[2]

此处我们提供达尔文原文和我们的新译文，而且将对原著的文字校勘用方括号标出。因为从上下文义观之，Mongol（蒙古人）应作 Mongolian（蒙古利亚种人），而唐人玄奘 Hiouen Thsang 原文拼音中缺一"玄"Hiouen 字，应当补上。我们提请西方同行今后刊行达尔文原著时注意这两点。还要指出，玄奘的英文拼音是 Hsüan Tsuang，达尔文此处给出的 Thsang 是法文拼音，说明他引用的原始文献出于法国人之手。但脚注则称："关于中国人对僧伽罗人的意见，参见坦南特：《锡兰》，1859，卷二第107页"（On the ope-

---

　　[1]　（清）玄烨：《康熙几暇格物编》卷下，《御稻米》，下册，清光绪年宗室盛昱手录本石印本（1889），第6页。

　　[2]　*The descent of man and selection in relation to sex.* New York-London, 1924. pp. 590—591. 这处原文由笔者新译。

nion of the Chinese on Cingalese，see E. Tennent，"*Ceylon*"，1859，Vol. Ⅱ．，p. 107）。像往常一样，书名又用了简称。此书作者坦南特（James Emerson Tennent，1804—1869）是英国政治家、旅行家及东方学家，1845 年任锡兰总督府民政长官，从事锡兰研究，是该岛历史、地理及博物学等方面的权威。

坦南特著有《锡兰博物学概论》（*Sketches of the Natural History of Ceylon*，1861）及《锡兰：全岛概论》（*Ceylon：An account of the lsland，etc.*，1859）等书，1854 年被封爵，1862 年选为皇家科学院院士（FRS）。《锡兰：全岛概论》简称《锡兰》，作者根据当地见闻及各种文献对该岛作了全面介绍，共二卷，首版于 1859 年，后多次再版。达尔文引证了该书卷二第 107 页论古代斯里兰卡（Sri Lanka）岛国土著居民人种特征的描述，这里坦南特转引唐代中国佛学家、梵学家及旅行家玄奘（俗名陈祎，602—664）的《大唐西域记》（646）。众所周知，这部 12 卷的古书记录了玄奘 627—645 年间从长安出发前往印度求法的五万里旅行所经各国见闻，有重要学术价值。《大唐西域记》卷十一所述僧伽罗国（Simhaladvipa）为今斯里兰卡古称，阿拉伯人称 Silan，英文 Ceylon 与此音近，故达尔文所说 Cingalese 可译为僧伽罗人。玄奘在《僧伽罗国》条《那罗稽罗洲》项下写道：

> 国南浮海数千里，至那罗稽罗洲。洲人卑小，长余三尺，人身鸟喙。既无谷稼，唯食椰子。[1]

"人身鸟喙"是形容人有钩鼻，故英文作"have the beak of a bird，with the body of a man"此即达尔文从坦南特书中所引者。但坦南特写书时，《大唐西域记》尚无英译本，却有巴黎法兰西学院（Collège de France）汉学教授儒莲（Stanislas Julien，1799—1873）的法译本，坦南特于是参考了这个本子。

1853—1858 年间，儒莲出版总题为《中国高僧求法行记》（*Voyages des Pèlerins Bouddhistes*）的三卷本书，卷二（1857）及卷三（1858）即为玄奘《大唐西域记》法文译本，题为《西域记，玄奘于 648 年自梵文转为汉文，又由儒莲自汉文译成法文》（*Mémoires sur les Contrées Occidentales，traduits du Sanscrit en Chinois，en l'an* 648，*par Hiouen-Thsang，et du Chinois en Français par Stanislas Julien*）。坦南特引此书时，因不通汉语，故未用英文拼音玄奘，而用了儒莲提供的法文拼音 Hiouen Thsang，且将 Hiouen（玄）字脱掉。还要指出，玄奘谈具有钩鼻人的地区为那罗稽罗洲，而此洲（岛）在僧伽罗国南面海上"千里"之外，非指僧伽罗人。那罗稽罗洲为梵文 Narikela-dvipa 之音译，义为"椰子岛"。这与玄奘所述"既无谷稼，唯食椰子"是一致的。此地即今印度洋中的马尔代夫（Maldive）群岛或今孟加拉湾中的尼科巴（Nicobar）群岛[2]。总而言之，不是僧伽罗国，虽然它在《大唐西域记》内归入《僧伽罗国》条下。

---

〔1〕 （唐）玄奘：《大唐西域记》（646），卷十一，《僧伽罗国·那罗稽罗洲》，北京：中华书局 1977 年版，第 258 页。

〔2〕 陈佳荣、谢方、陆峻岭：《古代南海地名汇释》，中华书局 1986 年版，第 395、1006 页。

关于僧伽罗国，玄奘写道："僧伽罗国周七千余里，国大都城周四十余里。土地沃壤，气序温暑，稼穑时播，花果具繁。人户殷盛，家产富饶，其形卑黑，其性犷烈。好学尚德，崇善勤福。……此国本宝渚（岛）也，多有珍宝。"[1]这里只说僧伽罗人皮肤略黑，而未提到钩鼻。问题在于坦南特引《大唐西域记》法文译本时，误将僧伽罗国条内的那罗稽罗人当成僧伽罗人。达尔文引坦南特书时也沿袭了这种说法，此问题现在总算得到了澄清。但无论如何得要肯定，达尔文所说的 7 世纪中国人是玄奘，他还引了《大唐西域记》之部分内容。这正是我们所要解决的问题。顺便说，玄奘的书直到 20 世纪初才由英国驻华领事官及汉学家瓦特斯（Thomas Watters，1840—1901）译成英文，译本名为《玄奘的印度游记》（*On Yuan Chwang's Travels in India*，A. D. 620—645），以两卷于 1904 年问世。

（六）《周礼》

《由来》第 19 章《人类的第二性征》谈到人的音乐能力时写道：

> 音乐在我们身上唤起种种情绪，……它所唤醒的是一种比较文雅的情感……而这些又很容易转进到忠恳。中国史籍中曾经说过，"音乐有将天神感召至地上的能力"[2]。（In the Chinese annals it is said, Music hath the power of making heaven descend upon earth. ）

有的汉译本将引号中那句话译为"闻乐如置于天上"[3]，则恰与原文相背离。另一汉译本译者潘光旦（1899—1967）先生译为"音乐有力量使天神降到地上"[4]，较切合原文本义。达尔文对此材料未标出处，故需中国学者考证。潘光旦先生为此加了译注："此语出处未详，疑出《周礼·春官》，《春官·司乐》下说：'乐变而致象物及天神'；又说'若乐六变，则天神皆降，皆得而礼矣。'引语应是此二语，尤其后一语的意译。"[5]我们愿于此再补充论证和详加解释。

《周礼》作为儒家经典之一，成书于战国（前 476—前 222），杂合周及战国制度，寓以儒家思想编辑而成，共六篇，是研究先秦社会政治、经济、文化及礼法制度的有价值古书。今通行本为《十三经注疏本》，由东汉经学家郑玄（字康成，127—200）作注，唐代弘文馆学士贾公彦作疏。《周礼注疏》卷二十二《春官·宗伯下·大司乐》条云："大司乐掌成均之法，以治建国之学政，而合国之子弟焉。……以致鬼神示，以和邦国，以谐万

〔1〕（唐）玄奘：《大唐西域记》（646），卷十二，《僧伽罗国》，上海人民出版社 1977 年版，第 251—252 页。

〔2〕Darwin. Ch. *The descent of man and selection in relation* to sex. New York：Modern Library edition. p. 885.

〔3〕[英] 达尔文（Darwin）著，叶笃庄、杨习之译：《人类的由来及性选择》，科学出版社 1982 年版，第 690 页。

〔4〕[英] 达尔文（Darwin）著，潘光旦、胡寿文译：《人类的由来》，商务印书馆 1983 年版，第 865 页。

〔5〕同上书，第 886 页。

民，以安宾客，以说远人。……凡六乐者，一变而致羽物及川译之示，……六变而致象物及天神。……若乐六变，则天神皆降，可得而礼矣。"[1] 文内"成均"指周代之大学，"示"（qí 音棋）即神祇，"变"训作"遍"；"六乐"指黄帝乐云门、尧乐大咸、舜乐大韶、禹乐大夏、汤乐大濩及武王乐大武等六个朝代的乐舞；"象物"指麟、凤、龟、龙四灵物。对词义解释后，笔者试将《周礼》上述文字译述于下：

> 大司乐职掌［周代］大学教法，治理国家学政，集合国内子弟以教化之……［音乐］可用于祭祀鬼神，也可使国家安定、万民谐睦，更可安抚宾客、悦服边远之人。……祭祀时奏一遍六代音乐，可感召羽物及川泽之神，……奏六遍可感召象物之神及天神。……若奏乐六遍，天神都会下降，可以礼神了。

按此，音乐的力量对人起教化作用，唤起人文雅的情感，甚至能感召灵物和天神。这正是达尔文引《周礼》这段话的含义。

19 世纪前半的法国汉学家毕瓯（Edouard Biot，1803—1850）曾将《周礼》译成法文，译本题为《周礼或周代仪礼，已故毕瓯首次译自汉文》（*Le Tcheou Li ou rites des Tcheou，traduit pour la prémière fois du Chinois par feu Edouard Biot*），1851 年分两卷刊于巴黎。这是个较好的译本。除此，英国驻华外交官及汉学家金执尔（William Raymond Gingell）将胡必相的《周礼贯珠》译成英文，1852 年刊于伦敦，题为《周礼贯珠中所述中国人在公元前 1121 年的仪礼》（*The ceremonial usages of the Chinese* B. C. 1121, *as prescribed in the "Institute of the Chow Dynasty strung as Pearls" or Chow Le Kwan Choo*）。但此译本在规模上远不及法国人毕瓯的译本。达尔文使用的当是法文译本。表明他引证《周礼》的另一事例，是《变异》第四章称："家兔自古以来就被饲养了。儒家以为兔在动物中可列为供鬼神的祭品（The tame rabbit has been domesticated from an ancient period. Confucius ranges rabbits among animals worthy to be sacrified to the gods），因此决定了家兔的繁育，所以中国人大概在这样早的时期已经饲养兔了。"[2] 原文中 Confucius 在汉译本中译为孔丘或孔子，但我认为 Confucius 此处应作 Confucians（儒家）理解。因为在《论语》及其他与孔子有直接关系的古书中，没有找到以兔为祭品的记载。但《周礼·天官·冢宰·庖人》条却说："庖人掌共（供）六畜、六兽、六禽，辨其名物。凡其死生鲜薧之物，以供王之膳与其荐羞之物及［王］后、世子之膳羞，供祭祀之好羞，供丧纪之庶羞，宾客之禽献。"[3] 郑玄指出六畜为牛、马、羊、鸡、犬、豕，六兽为麋、鹿、熊、麕、野豕及兔，六禽为雁、鹑、鷃、雉、鸠、鸽。可见《周礼》指出周代兔与其他动物被列为祭物。因孔子（前 551—前 473）是儒家创始者，而《周礼》又

〔1〕《周礼注疏》卷二十二，十三经注疏本，上册，上海：世界书局 1935 年版，第 787—788 页；林尹：《周礼译注》，书目文献出版社 1985 年版，第 233—236 页。

〔2〕 Darwin. *The variation of animals and plants under domestication*，Vol. I.（New York-London，1897）. p. 107. 汉译为笔者重译。

〔3〕《周礼注疏》卷四，十三经注疏本，上册，世界书局 1935 年版，第 661 页。

是儒家经典，所以达尔文便把《周礼》记载与孔子联系起来，说孔子时代（前6—前5世纪）中国已饲兔，这是他在《变异》中列举养兔的最早史料。他虽未标明文献出处，但还是可以考证出来的。

（七）《康熙字典》及《竹谱》

《变异》第22章指出，从古至今在不同气候及环境下所有生物在家养或栽培时都发生了变异。金鱼和家蚕等动物如此，各种植物也是如此。接着他写道：

> 在中国，竹子有63个变种，适于种种不同的家庭用途。这类事实以及还可补充的其他无数事实表明，生活条件的几乎任何一种变化，都足以引起变异性。[1]

脚注云："关于中国竹子，参见古伯察的《中华帝国》卷二第307页"（On the bamboo in China, see Huc's "*Chinese Empire*", Vol. II, p. 307）。我现将古伯察原著翻译如下：

> 中国除拥有欧洲具备的谷物、水果和蔬菜之外，还在其植物领域内拥有丰富多彩的其他各种各样的产物，其中许多将无疑会在法国南方，尤其在我们极好的非洲领地上繁育。其中最著名的我们得要提到竹子，竹子的许多用途对中国人习惯已产生极大影响。可以毫不夸张地说，中国竹产比矿产更有价值；而居于稻米及丝绸之后，没有任何物产有像竹产那样获得如此巨大岁收。竹的用途是如此广泛和重要，以致人们很难设想没有竹中国会存在下去。它像文竹（asparagus）那样从土中长出，而成长后仍保持其粗细。《康熙字典》将竹定义为一种'非草非木'的产物，归为一种两性植物，既是草本，又属木本。在中国，竹作为原产物从远古时代就已熟知了；但其大量栽培只始于公元前3世纪。在这个帝国内总计有63种主要的竹类；某些品种虽然在直径、高度、竹节距离、竹的颜色及竹材厚度上互不相同，但其枝、叶和根以及奇特外形却是不变的。竹林所有者可获得相当可观的收入，如果他知道如何掌握好采伐的话。[2]

古伯察的上述报道既根据在华见闻，亦参考古书记载，此处他具名引用了《康熙字典》。《康熙字典》由康熙帝敕命吏部尚书兼文华殿大学士张玉书（1642—1711）率翰林院官集体编成，历时五年，于康熙五十五年（1716）成书，由康熙帝御制序。全书42卷

---

[1] Darwin, Ch. *op. cit.*, Vol. II. p. 243.

[2] Huc, E. R. The Chinese Empire: *Forming a sequel to the work entitled "Recollections of Journey through Tartary and Tibet"*, translated from the French, 2nd English edition, Vol. 2. Port Washington-New York, 1857. p. 307. 此处译文为笔者新译。

214 部，收 47035 字，是 20 世纪以前收字最多的中国字典。《未集上·竹部》释"竹"字时，引晋人戴凯之（418—483 在世）《竹谱》（约 460）云："植类之中有物曰竹，不刚不柔，非草非木，小异空实，大同节目。"[1] 又引《史记·货殖列传》云："渭川千亩竹，其人与万户侯等"，说明种竹有很大收入。再引《汉书·律历志》云：黄帝之时（相当新石器时代龙山文化时期，约前 2500—前 2000）令冷纶以竹制乐器，"断两间而吹之，以为黄钟之宫"，说明中国远古时已用竹。但《康熙字典》未载竹有 63 个品种，则古伯察想必又查考了成书于 5 世纪的《竹谱》。此书除含有《康熙字典》所引内容外，还记载竹的性状及 61 个品种。按竹多属禾本科多年生植物，中国产竹实有 100 种。达尔文论竹时，通过古伯察的著作实际上已至少触及《康熙字典》及《竹谱》有关内容，而且他再次看到康熙帝另一业绩，即倡导编纂一部大型字典。在浏览了古伯察的《中华帝国》后，我认为他对中国的介绍基本上是客观而全面的，且不时发出赞誉之词。此书直到 20 世纪还风行，读之引人入胜。

结　语

通过以上考证，19 世纪以来一直模糊不清的达尔文涉猎某些中国古书情况及资料原始出处多已明朗化，它们在他那里所发挥的作用自不难论述。笔者尾随达尔文查阅了各种 18—19 世纪英、法文书刊，且将西方资料与中国古书详加对比，终于证明达尔文在奠定和充实其生物进化论过程中至少先后涉猎并引用了《齐民要术》、《便民图纂》、《本草纲目》、《三才图会》、《七修类稿》、《康熙几暇格物编》、《大唐西域记》、《周礼》、《康熙字典》及《竹谱》等十部中国古书，其中他引证和谈论得最多的是《齐民要术》及《本草纲目》，将此二著誉之为"古代中国百科全书"。从事这项考证虽然相当费事，但只有这样做才能对达尔文利用中国科学资料的细节有所了解，并在此基础上提供达尔文著作中某些段落的新的译文。把达尔文的经典著作介绍成汉文，不只是单纯生物学作品的翻译，而是自然科学及人文科学相结合的综合性研究工作，要体现出达尔文那样的治学精神。在这项研究中，认识到达尔文作为伟大生物学家，他在自然科学和人文科学方面的广泛涉猎是所有科学工作者的学习楷模。我们不能不承认他是西方生物学界中的一位 Sinologist。

三　中国金鱼的家养史及其在东西方各国的传播

（一）中国金鱼的家养史

金鱼过去又称金鲫或金鲫鱼，是从鲫鱼（图 5—4）演化而来的观赏鱼类。一般体

---

[1]（清）张玉书：《康熙字典》（1716），《未集上·竹部》，中华书局影印本 1985 年版，第 1 页。

短而肥，尾鳍四叶，颜色有红、橙、紫、蓝、古铜、墨、银白及五花、透明等。因在中国长期受到精心的培育和人工选择，形成许多品种，大体可分为三大类：（1）**文种**，体形近似普通鱼，尾鳍分叉，体形如"文"字，如鹅头、珍珠鳞等；（2）**龙种**，两眼突出，鳍发达，如龙睛；（3）**蛋种**，无背鳍，如蛋头、虎头、水泡眼、丹凤等。研究金鱼的权威科学家陈祯（字协三，1895—1957）博士详细记录了金鱼鱼体各部位的变异情况：

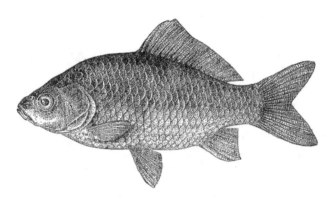

图 5—4　金鱼的祖先鲫鱼（*Carassius auratus* Linnaeus）
（体长 185 毫米）

引自《福建鱼类志》（1984）第 9 页

1. 颜色：灰、红、黑、白花斑、蓝、紫、五花。
2. 体形：狭长、圆短。
3. 背鳍：正常、残背、缺背（龙背）、长背、短背。
4. 尾鳍：单、双、上单下双、垂尾、展开尾、三尾、长尾、中长尾、短尾。
5. 臀鳍：单、双、上单下双、残臀、缺臀、长臀、短臀。
6. 腹鳍：长、短。
7. 头形：正常狭头、宽头、狮头、鹅头。
8. 眼：正常小眼、龙睛、望天眼、水泡眼。
9. 鳞：正常不透明、透明、珠鳞。
10. 鳃：正常鳃盖、翻鳃。
11. 鼻孔膜：正常薄膜、绒球[1]。

---

〔1〕 Chen, Shisan C. Variation in external characters of goldfish, Carassius auratus, *Contributions from the Biological Laboratory of the Science Society of China*, 1925, 1（1）：1—64；陈祯：金鱼的变异与天演，《科学》（上海），1925，10（3）；1—64；《金鱼家化史与品种形成的因素》，科学出版社 1955 年版，第 3—4 页。

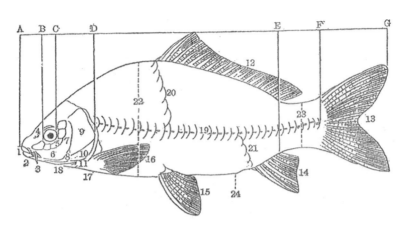

图 5—5　鲤属鱼的外形图

A—G. 全长；A—F. 体长；A—D. 头长；A—B. 吻长；B—C. 眼径；E—F. 尾柄长。

1. 上颌　2. 下颌　3. 颌须　4. 鼻孔　5. 围眶骨　6. 颊部　7. 前鳃盖骨

8. 间鳃盖骨　9. 鳃盖骨　10. 下鳃盖骨　11. 鳃盖条　12. 背鳍　13. 尾鳍

14. 臀鳍　15. 腹鳍　16. 胸鳍　17. 胸部　18. 峡部　19. 侧线鳞

20. 侧线上鳞　21. 侧线下鳞　22. 体高　23. 尾柄高　24. 肛门

引自《福建鱼类志》上卷（1984）第 9 页

可以毫不夸张地说，在人类所有家养动物中，金鱼是在几百年短期内发生变异最多、最大的物种，而且遍及其身体的各个部位。从生物进化论角度看，具有重大的学术研究价值。金鱼以其颜色鲜艳、小巧玲珑、体形独特而富有美感，人见人爱。其祖先是野生鲫鱼经自然变异而形成的金鲫鱼，中国是金鱼的起源地，世界各国的金鱼都是直接或间接从中国引进的，而且名字也源自中文，如英语 goldfish，法语 poisson rouge，德语 Goldfisch，荷兰语 goudvisch，意大利语 pesce rosso，西班牙语 pez dorado 和俄语 золотая рыбка（zolotaya rybka）等，都是中文"金鱼"的意译，17 世纪还一度用音译（kim-yu）。东亚汉字文化圈国家日本、朝鲜、越南过去直接用汉字"金鱼"一词，只是读音有所不同，如日语读作きんぎょ（kengio），朝鲜语读作금붕（geumbeung）。在动物分类学上鲤科（Cyprinidae）的金鱼曾归不同的属，18 世纪瑞典生物学家林奈（Carl von Liné，1707－1778）1738 年在《自然界体系》（Systema naturae. Leiden，1738）中将其命名为（Cyprinus auratus）列入鲤属[1]，为英国生物学家达尔文（Charles Robert Darwin，1809－1882）所采纳（1868）[2]。但英籍德裔动物学家京特（Albert Charles Lewis Günther，1830－1914）1868 年将金鱼命名为 Carassius auratus，列入鲫属[3]（图 5—5），这个学名为现

〔1〕 Linné, Carl von. *Systema naturae* (1738), 10th ed, Vol. 1. Stockholm, 1758. p. 322.

〔2〕 Darwin, Charles. *The variation of animals and plants under domestication* (London，1868), Vol. 1. New York：Appleton & Com. , 1897. p. 313.

〔3〕 Günther, A. Ch. L. *Catalogue of fishes in the British Museum*，Vol. 7. London，1868. p. 32.

图 5—6 中国金鱼某些品种示例

1，2. 蛋种：体短圆，尾鳍长而下垂，有或无背鳍

3. 狮头：体短，头部有瘤，有或无背鳍，尾鳍较长

4. 三尾朱砂鱼：体狭长，背鳍长，尾鳍三片

5. 突眼：体短，有背鳍，凸眼

6. 朝天眼：体圆，无背鳍，眼向上凸

7，8. 五花：体形，尾鳍如鲫，有或无背鳍，有彩色斑纹

9. 金鲫：背鳍，尾鳍及腹鳍如鲫，金黄色

引自《动物学大辞典》（上海，1933）

代生物学界普遍接受。因而我们看到，金鱼的拉丁文学名 *Carassius auratus*（意为"金色的鲫鱼"）与各欧洲语中的俗名皆源自其中文原名。

奥地利鱼类学家卡默雷尔（Paul Kammerer，1880—1926），1925 年在《获得性遗传》（*Neuvererbung oder Vererbung erworbenen Eigenschaft*. Heillbronn，1925）一书中给出一些金鱼品种的学名，如 *Carassius auratus var. japonicus bicaudatus*（双尾草金鱼）、*Carassius auratus* var. *japonicus simplex*（单尾草金鱼）、*Carassius auratus* var. *ovifor-*

mis（蛋鱼）、*Carassius auratus* var. *mactophthalmus*（龙睛）和 *Carassius auratus* var. *uranscopus*（望天眼）等[1]。但这些学名后来没有被生物学家普遍采用，倒是 *Carassius auratus* 这个学名在全世界通用起来。既用于指金鱼，又同时用于指鲫鱼。于是问题就出现了：金鱼虽从鲫鱼演变而来，但二者形态上差异甚大，为什么将人工育成的金鱼与野生鲫鱼定为同属、同种，且采用同一学名？这是因为专家们发现任何一种金鱼都可与野生鲫鱼杂交，其杂交后代仍有正常生殖下一代的能力[2][3][4][5]。其次，草金鱼与鲫鱼差别很小，只有颜色上红、灰之别和行为上畏人与不畏人之分。胚胎与幼稚期的单尾草金鱼与鲫鱼在形体上完全相同。最后，以金鱼与鲫鱼的血清作沉淀反应试验，证明二者是同种的[6]。

　　应当说，野生的鲫属鱼类在其他国家也有分布，为什么金鱼的起源地是中国呢？据德国鱼类学家贝恩特（Wilhelm Berndt）1928 年的报道，欧洲有野生的 *Carassius gibelio* Nilss 及 *Carassius vulgaris* Nilss 两种[7]。苏联鱼类学权威苏沃洛夫（Евгений Константинович Суворов，1880－1953）调查了苏联野生鲫属，有 *Carussius gibelio* (Bloch)[8]。换言之，在欧洲江河水系中没有分布 *Caràssius auratus* L. 之类的野生鱼，欧洲人也就不可能从中育出金鱼。苏沃洛夫指出，*C. auratus* 的分布只限于中国、日本和越南。日本人将其称为"鮒"，读作フナ（funa），古时作为食用鱼吃掉，并不在乎是何种颜色。只有中国人最先欣赏到野生鲫鱼自然变种金鲫的美观，并且作为吉祥之物加以保护，在长期间耐心的人工饲养下，将其培育成只供观赏的鱼类，而不是作食物。中国关于金鱼的文献记载不只是世界上最早的，而且是史不绝书的，最先出现在东西方其他国家的金鱼也都载明从中国引进，例如德舍克（M. de Schaeck）认为中国金鱼于 17 世纪末引入英国[9]，松井佳一（Matsui Yoshiichi）认为日本金鱼最初从中国传去，最早记载始于

〔1〕 Kammerer，Paul，*Neuvererbung oder Vererbung erworbenen Eigenschaft*. Heillbronn，1925；*The inheritance of acquired characteristics*，translated from the German by Maerker-Branden，New York，1928.

〔2〕 Chen，Shisan C. Transparency and mottling，a case of Mendelian inberitance in the goldfish，*Carassius auratus*，*Genetics*，1928，13：434－452.

〔3〕 Chen，Shisan C. The inheritance of blue and brown colors in the goldfish，*Carassius auratus*. *Journal of Genetis*，1934. 29：61－74.

〔4〕 Matsui Y. Genetical studies on goldfish of Japan. *Journal of Imperial Fisheries Institute*，1934，30：1－96.

〔5〕 Berndt，Wilhelm. Vererbungsstudien an Goldfischrassen. *Zeitschrift für Individuellen Abstammungslehre und Vererbungslehre*，1925，36：162－349.

〔6〕 Matsui Y. Genetical studies on goldfish of Japan. *Journal of Imperial Fisheries Institute*，1934，30：1－96.

〔7〕 Berndt，Wilhelm. Wildform und Zierrassen bei der Karausche. *Zoologische Jahrbücher. Abteilung für Allgenieine Zoologie und Physiologie der Tiere* (Jena)，1928，45：842－972.

〔8〕 Суворов，Е. К. *Основы ихтиологии*，2ое изд. Ленциград，1948.

〔9〕 Schaeck，M. de. Histoire du poisson doré (*Carassiam anratu*). *Bulletin de la Société d'Acclimatation* (Paris)，1893. 2ᵉ Sem：111－120，168－178.

1502 年[1]。英尼斯（W. T. Innes）主张金鱼传入美国始于 1874 年[2]，而贝特森（W. Bateson）说 18 世纪传入欧洲的中国金鱼都是双尾的[3]，等等。

关于中国金鱼外传情况，下面还要详谈。各国语言中对金鱼的称呼都源自中文原名。因此世界科学界一致承认金鱼起源于中国，是有充分理由的。至于金鱼的起源，不妨可先引用明代科学家李时珍（1518—1593）《本草纲目》（1596）卷四十四《鳞部·金鱼》条的论述：

> 金鱼有鲤、鲫、鳅（qiū）、鳖（cān）数种，鳅、鳖尤难得，独金鲫耐久，前古罕知。惟《博物志》云，出邛婆塞江，脑中有金盖，亦讹传。《述异记》载，晋桓冲游庐山，见湖中有赤鳞鱼，即此也。自宋始有家畜者，今则处处人家养玩矣。春末生子于草上，好自吞啖，变易化生。初出黑色，久乃变红。又或变白者，名银鱼。亦有红、白、黑白 相间无常者。[4]

对上述叙述需作若干解说和辨明。从分类学角度观之，鳅为鳅科（Cobitidae）鱼类，鳖为鳊亚科（Abramidinae）鱼类，都与金鱼无关。只有鲤科（Cyprininae）的鲫鱼（*Carassius auratus*）和鲤鱼（*Cyprinus carpio*）是金鱼的祖先，尤其鲫鱼。现传本西晋人张华（232—300）《博物志》（约 290）并无婆塞江鱼的记载，只有唐人段公路（804—905 在世）《北户录》（875）卷二引《博物志》称"金鱼脑中有麸金，状如竹头鱼，出邛婆江"[5]，显系讹传。北宋人李昉（925—996）《太平御览》（984）卷九三六引梁人任昉（460—508）《述异记》（约 505）曰："桓冲为江州，遣人周行庐山，见一湖中有赤鳞鱼"[6]，《晋书》（635）卷七十四《桓冲传》载桓冲（328—384）于 360—373 年出为江州（今江西九江）刺史，由此可知并非桓冲本人游庐山见湖中赤鳞鱼，而是他遣的下属人所见，时间应在晋穆帝升平三、四年间（360—361）。李时珍未详查史料，但他断此赤鳞鱼为野生金鱼之说可信。除鳅、鳖与金鱼无关外，李时珍的其余论述都是正确的。他认为金鱼从宋代（960—1279）开始家养，而至明代（1368—1644）已"处处人家养玩矣"，亦为各种史料所证实。至于始于北宋（960—1126）还是南宋（1127—1279）则需进一步论证。

根据我们的研究，中国金鱼的家养史大体可分为相互衔接的四个阶段：（1）对野生鲫鱼自然变种金鲫的发现→（2）将野生金鲫置入寺院放生池中的半家养阶段→（3）将金鲫置于家内池中人工饲养阶段→（4）将金鱼放入盆或缸内人工饲养阶段。显然，第一阶段是以下各阶段的必要前提，因为不发现野生金鲫，就谈不上将其家养成金鱼。这四个阶段

[1] Matsui Y. Genetical studies on goldfish of Japan. *Journal of the Imperial Fisheries Institute*，1934，30：1—96.

[2] Innes，W. T. *Goldfish varieties and tropical aquarium fishes*，12th ed.，Philadelphia，1929.

[3] Bateson，W. *Materials for the study of variation*. London，1894.

[4] （明）李时珍：《本草纲目》卷四十四，《鳞部》下册，人民卫生出版社 1982 年版，第 2450 页。

[5] （唐）段公路：《北户录》卷二，《四库全书·史部·地理类》（1765）。

[6] （宋）李昉：《太平御览》卷九三六，第 4 册，中华书局影印本 1960 年版，第 4158 页。

持续达二千多年，都是在中国最先完成的，再传到东西方各国，以下将分阶段加以论述。

1. 对野生鲫鱼自然变种金鲫的发现

自然界中的鲫鱼都是银灰色的，据现代研究，这种颜色由色素细胞（chromatophores）（图 5—7）的伸张或收缩而引起，也与色素细胞数目的增减及在鳞上、鳞下皮肤内的分布有关。有关野生鲫鱼颜色突然发生变化的机制，过去长期间得不到合理的科学解释。根据 20 世纪英国鱼类学家诺曼（John Roxborough Norman，1886—1944）《鱼类史》（*A history of fishes*，1931）第五版（1958）提出的学说，变色的主要动因来自外来的刺激通过眼球而引起，由眼传到脑，再由脑将刺激传到支配色素细胞的肌纤维。整个过程是一种反射作用，能在很短时间内完成。有些鱼类如鲫鱼的颜色在此作用影响下出现所谓黄白化现象（Xanthochroism），有时在自然状态下也会出现这种现象，但通常是由于人工饲养而引起的较多。出现黄白化现象的个体鱼的黑色素和褐色素完全消失，通体变成金黄色；如果橙色和黑色也不发达，就变成均匀的银白色[1]。原产于中国的野生鲫鱼喜欢栖息于各种水体水草丛生的浅水区，容易受到外界光线的照射，这种刺激是使其颜色发生变化的主要原因。英国鱼类学家坎宁汉（J. T. Canningham）在普利茅斯（Plymouth）实验所做的一系列研究表明，底栖鱼类腹部通常是无色的，但将镜子装在水族箱底部，用来照射鲆鱼腹部，经过 1—3 年后色素细胞慢慢发达了，有的个体上下颜色差不多相同[2]。将牙鲆鱼（Paralichthys）身体全部和头的后半部放在白色背景上，将眼以前的头部放在黑色背景上，则鱼的全部均呈暗色。

鲫鱼在天然水域中由于受到外来刺激的影响，有的个体颜色发生自然变异而成为金鲫，将其从群体中选择出来加以人工饲养，产生的变种就呈金黄色或银白色。从养殖环境中脱离的个体，如果再回到天然水域中，常有变回原来颜色的。因此必须使变种金鱼在人工隔离的环境下生长并繁殖后代，并不断进行选择，才能保持其特有的颜色和形态的稳定。值得注意的是，中国人早在二千七百多年前就早已发现这种少见的自然变种金鲫。我们在前述 6 世纪人任昉《述异记》卷下还读到下列记载；周平王二年（前 769）东周镐京一带（今陕西关中地区）大旱"十旬不雨，遣祭天神。俄而生涌泉，金鱼跃而雨降"[3]。这是文献中有关金鱼的最早记载，是公元前 769 年在黄河支流渭水（今渭河）水域发现的，时间和地点明确。

在古人看来，颜色特殊而罕见的自然变种金鱼有某种灵性，其出现是吉祥之兆，久旱可逢雨。对此，明人王象晋《群芳谱》（1621）卷三十《鹤鱼谱》引晋人张华《博物志》（约 290）曰："浙江昌化县有龙潭，广数百亩，产金银鱼，祷雨多应。"[4] 天旱时在江河

---

〔1〕 Norman，J. R. *A history of fishes*，5th. ed. Chap. 12. London：Ernest Benn Ltd.，1958，［英］诺曼著，邹源琳译：《鱼类史》，科学出版社（1966）1978 年版，第 200—201 页。

〔2〕 Norman，J. R. *A history of fishes*，5th. ed. ch12. London：Ernest Benn Ltd.，1958，邹源琳译：《鱼类史》，同上版，第 200—201 页。

〔3〕 （梁）任昉：《述异记》卷下，《百子全书》本第 7 册，浙江人民出版社 1984 年版。

〔4〕 （明）王象晋：《群芳谱》卷三十，《鹤鱼谱》，明沙村草堂刊本 1621 年版。

边祷神求雨，是中国自古以来的一种民间活动，如水中出现"龙"或金鱼，便认为是降雨的吉兆。梁人萧子显（487—537）《南齐书》（514）卷十八《祥瑞志》载，南齐武帝永明五年（488）"南豫州刺史建安（今福建建安人）王子真，表献金色鱼一头"[1]。这是 488 年在今安徽当涂县附近长江水面上捕捉到的，随即遣人护送到首都邺城（今河南临漳）献给齐武帝。前述《太平御览》卷九三六引《述异记》载，晋升平三、四年间（360—361）江州刺史桓冲遣人周行庐山，在今江西九江鄱阳湖水系中发现的赤鳞鱼，即清人屠粹忠《三才藻异》（1689）卷二十五所云"朱衣

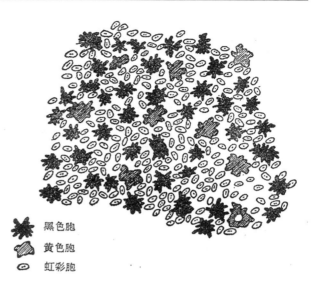

图5—7　鱼类的色素细胞
引自 J. R. Norman（1958）

■ 黑色胞
▨ 黄色胞
▱ 虹彩胞

鲋"，泗州（今安徽泗县）永春河中所出赤背鲫也"[2]。唐僧道世（617—678 在世）《法苑珠林》（668）载，"梁（502—557）释法聪临灵泉，有五色鲫鱼"[3]，这是 6 世纪在郢州（今湖北武汉）东南 60 里灵泉山山泉发现的，旧传旱祈有应，故名。

此后，南宋地理学家祝穆（1197—1264 在世）《方舆胜览》（1239）卷三《嘉兴府·陆瑁池》条云，嘉兴府城外有陆瑁池，"唐刺史丁延赞得金鲫鱼于此，即今之［嘉兴］西湖"[4]。但清人冯应榴、沈启震纂［嘉庆］《嘉兴府志》（1801）卷三十六据旧志查出秀水（嘉兴）刺史丁延赞不是唐代人，而是奉北宋正朔的吴越国（907—978）于开宝年（968—975）任命的[5]。因此可以说，吴越国秀州刺史丁延赞于 968—975 年间在浙江嘉兴府秀水县城郊西湖发现了野生的金鲫鱼，所发现的可能有若干条，而不是一条。南宋人潜说友（1221—1288 在世）纂［咸淳］《临安志》（1268）卷三十八《金鱼池》条载，在开化寺后山涧水底，有金银鱼[6]。卷七十七更称"慈恩开化教寺：开宝二年（969）吴越王就南果园建寺，造六和宝塔以镇江潮"[7]。这是说，在 969 年吴越国君钱俶（948—978 在位）在杭州西湖建六和塔和开化寺后不久，在寺的后山山涧中发现野生金鲫，时间当在 970—

〔1〕（梁）萧子显：《南齐书》卷十八《祥瑞志》，二十五史本第 3 册，上海古籍出版社 1986 年版，第 1590 页。

〔2〕（清）屠粹忠：《三才藻异》卷二十五，1689 年刻本。

〔3〕（唐）释道世：《法苑珠林·法聪传》，转引自（清）陈元龙：《格致镜原》卷九十一，广州 1717 年刊本，第 13 页。

〔4〕（宋）祝穆：《方舆胜览》卷三《嘉兴府》，1267 年刊本。

〔5〕（清）冯应榴、沈启震：［嘉庆］《嘉兴府志》卷三十六，1801 年刻本。

〔6〕（宋）潜说友：［咸淳］《临安志》卷三十八，《金鱼池》，振绮堂本 1830 年版。

〔7〕同上。

1030 年之间。《宋史》（1345）卷六十二《五行志一下》记载："淳熙十六年六月甲辰，钱塘旁江居民得鱼备五色，鲫首鲤身。"[1] 这是 1189 年 7 月 30 日在浙江临安府（今杭州）钱塘县钱塘江面上居民发现的野生红黄色鲫鱼。南宋人陈耆卿纂［嘉定］《赤城（台州）志》（1223）卷二十五《宁海县》条载"九顷塘西四十里，包山吞麓，其浸九顷……有金银鲫鱼"[2]。这是 13 世纪初在浙江宁海城郊大池塘发现的野生金银鲫鱼。清人李楷纂［康熙］《陕西通志》（1667）卷二十七《郿县》条载："鱼龙泉在县东南汤峪谷，每岁谷雨日，此泉先有金鲫数对游出，后有大鱼相继涌出，三日乃止。"[3]

现在可对关于历代发现野生金鲫的记载作一小结：（1）从发现省份而言，有陕西二次，浙江五次，安徽、湖北、江西各一次，大部分发现于江南五省，而浙江发现的次数最多。（2）以发现的朝代而言，周代一次，晋南北朝四次，宋代四次，明代一次，宋代发现的次数最多，而汉、唐则很少记载。（3）野生金鲫被发现的水系有：江河三处，湖泊、池塘及泉水各二处，山涧一次，江河出现的较多，包括黄河与长江两大水系，而以长江流域的水系出现的最多。（4）就发现的野生品种而言，只有金鲫与银灰色鲫两种，与天然鲫只有颜色上的变异，形体上与普通鲫没有差异。（5）从周代至清代的二千四百多年间先后发现野生变异金鲫共十次，平均隔二百四十年发现一次。宋代（960—1279）319 年间发现频率最大，平均每隔 80 年发现一次。每次只能发现一尾或数尾。清代最后一次发现过后二百多年，1931 年动物学家陈祯"在北京西郊见过一条新由河中捕得的野生红黄色鲫鱼。在别处，例如江苏无锡，也有人见过这样的鲫鱼"[4]。这说明，从古至今野生鲫鱼一直处于持续不停的自然变异过程之中。鲫鱼是中国自然水域中占优势的常见鱼类，只要有水的地方就有其踪迹，只要受到外界刺激，就有少数个体发生自然变异。红黄色自然变种虽不常见，但偶尔见到的可能性是有的。现代人能看到，古人自然也能看到。

2. 将野生金鲫置入寺院放生池中的半家养阶段

如前所述，古人在江河湖边祈神求雨时，偶尔看到颜色奇特的金鲫鱼，便将它看成具有神灵之物，它的出现是吉祥之兆。于是人们从水域中捕鱼而再发现自然金鲫时，便不忍伤害它，而将其放归到所栖息的水域。此即所谓放生，英文可用"free captive animals"表达。"放生"一词最早见于战国时成书的《列子·说符》篇（前 400），指将捕到鱼鸟等小动物放归自然，施恩于小生命可积福根。《列子》写道："邯郸（赵国）之民以正月之旦献鸠于［赵］简子（赵鞅，约前 544—前 479），简子大悦，厚赏之。客问其故，简子曰：'正旦放生，示有恩也。'"[5] 古时中国人信奉的道教和佛教都将不杀生作为基本理念之一，如道教典籍《初真戒》及佛教典籍《大乘义章》都将不杀生列为"五戒"之首。后来

〔1〕（元）脱脱：《宋史》卷六十二《五行志》，二十五史本第 7 册，上海古籍出版社 1986 年版，第 171 页。

〔2〕（宋）陈耆卿：［嘉定］《赤城志》，卷二十五《宁海县》，1497 年刊本。

〔3〕（清）李楷：［康熙］《陕西通志》，卷二十七《郿县》，1667 年刊本。

〔4〕陈祯：《金鱼家化史与品种形成的因素》，科学出版社 1955 年版，第 5 页。

〔5〕《列子》卷下《说符第八》，《百子全书》本第 8 册，浙江人民出版社影印本 1984 年版，第 14—15 页。

在道教和佛教寺观专设"放生池"作为被捕的鱼类放归自然的专门场所，而受到保护。唐人刘𫗧（684—744 在世）《隋唐嘉话》（约 714）曾记载说：佛教以不杀生为善举，梁武帝萧衍（502—549 在位）崇佛，置放生池，谓之长命洲，放养收赎的龟、鱼、螺蚌等。唐太平公主（约 680—713）柄政时，于京（长安）西置放生池。肃宗乾元二年（759）命境内临江处设放生池八十一所[1]。宋以后继续沿用前朝这一制度，而且由一些文献记载所著录，有的放生池由大臣奏准设立，具有法律效应。

　　根据上一段所述我们知道，宋代在浙江水域发现的自然金鲫不但频率高，而且数量较多，引起文人学士、地方官员和统治者的注意，被优先置于放生池中收养，自属意料中事。首先发生于嘉兴府和杭州府。［雍正］《浙江通志》（1736）卷一〇二载，自吴越国秀州刺史丁延赞于嘉兴府秀水县城外水池中发现一些野生金鲫鱼后，该池即作为放生池。［嘉庆］《嘉兴府志》（1801）卷十四称，本府内有金鱼池，因昔时刺史丁延赞于此发现野生金鲫而得名。又引起来此观鱼的北宋诗人梅尧臣（1002—1060）在《金鱼池诗》中曰："谁得陶朱术，修治一水宽。皇恩浃（jiá，波及）鱼鳖，不复敢垂竿。"[2] 可见至迟在北宋仁宗天圣年（1023—1031）时该池已奏准为放生池，有迹象表明放生池最初设置可追溯至宋真宗（968—1022）朝，从此无人再敢于池内垂钓。宋哲宗元祐年间（1086—1093），地方官令狐挺又于城外建月波楼，登楼可俯视金鱼池中之鱼，成为游览胜地[3]。嘉兴的金鱼池是文献中所见最早放养野生金鲫的放生池，这一保护措施也为发现野生金鲫的杭州官府所效法，新的放生池相继出现，看来以金鲫为主要放养对象。

　　杭州西湖自 969 年建六和塔和开化寺后，在 970—1030 年间在寺后山涧发现野生金鲫，后来在寺后置放生池。《方舆胜览》卷一谈到杭州西湖时，引苏轼（字子瞻，号东坡居士，1037—1101）任杭州府地方官时向朝廷送呈修西湖奏状内一段话："天禧中，故相王钦若奏以西湖为放生池，禁捕鱼鸟，为人主祈福。"[4] 经查考后得知，北宋大臣王钦若（962—1025）于宋真宗天禧元年（1017）拜相，次年（1018）出判杭州，奏请以西湖为放生池，得准。这是指以西湖整个湖面而言，六和塔寺的金鱼池位于西湖以南的钱塘江北岸，此处设放生池可能稍晚于西湖，大约在仁宗天圣年间。南宋人戴埴（1210—1261 在世）《鼠璞》（约 1214）谈到临安（杭州）养鱼时，写道：

　　坡公（苏轼）《百斛明珠》载：旧读苏子美（名舜钦，1008—1048）《六和塔诗》"沿桥待金鲫，竟日独迟留"。初不喻此语，及倅（cuì，任副职）钱塘，乃知寺后池中有此鱼，如金色。投饼饵久之略出，不食复入。自子美至今四十年已有迟留之语。苟非难进易退、不妄食，安得如此寿。[5]

〔1〕（唐）刘𫗧：《隋唐嘉话》，（清）王文诰辑《唐代丛书·初集》，1806 年刊本。

〔2〕（清）冯应榴：［嘉庆］《嘉兴府志》卷十四，1801 年刊本。

〔3〕（宋）祝穆：《方舆胜览》卷三《嘉兴府》，1267 年刊本。

〔4〕（宋）祝穆：《方舆胜览》卷一《嘉兴府》，1267 年刊本。

〔5〕（宋）戴埴：《鼠璞》，《百川学海·丙集》，博古斋景明弘治华氏本 1921 年版，第 39 页。

按苏轼于宋神宗熙宁六年癸丑（1073）因反对王安石新法，出任杭州府通判，位阶仅次于知府，所以他称"倅钱塘"，由此上溯四十年为仁宗明道二年（1033）。1033年苏舜钦来六和塔下观鱼时，此池已处于被保护状态之下，观鱼者当不会少。但金鲫仍然怕人，很少浮出水面，致使苏舜钦等了一整天才好不容易见到。苏轼初读子美诗句"竟日独迟留"时还不了解此意，待他1073年来此地观鱼时才切身注意到，向金鲫投放饼饵时后很久才有少数浮出水面，不食所投食物便又入水，方知观赏鱼之难，与四十年前情况一样。〔咸淳〕《临安志》卷七十七谈到六和塔下金鱼池时，还转载北宋诗人蒋之奇（1031—1104）《金鱼池诗》："全体若金银，深藏如自珍。应知嗅饵者，固自是常鳞"[1]，稍后，杭州西湖南的南屏山兴教寺也有放生池。清人查慎行（1650—1727）《东坡编年诗补注》（1702）卷三十一载，元祐四年己巳（1088）苏轼在1073年过后十五年再访南屏山寺，并赋诗："我识南屏金鲫鱼，重来拊槛散斋余。"[2] 可见在放生池边已加设护栏，游人不能太靠近池边，以免吓惊金鲫。

北宋僧人惠洪（1071—1128）《冷斋夜话》（约1100）卷二写道："西湖南屏山兴教寺池有鲫十余尾，金色。道人（寺院僧人）斋余争倚槛投饼饵为戏。东坡习西湖久，故寓于诗词耳。"[3] 可见池内金鲫除自然食料外，还有僧人和游人投放的食物，保证足够的营养，且数量已达十余尾之多。关于池内金鲫于何时最初发现，史料尚无明确记载，陈祯认为可能从六和塔寺池内引进[4]，因六和塔寺与南屏山寺同在一个城市，只有一湖之隔，距离很近。将野生金鲫从天然水域移入放生池中，并受到保护，改善了原来的栖息环境，避免再受垂钓的危险，又有人投放的饼饵作为食物补充，同时还便于人近距离观赏，使其处于半家养状态。但仍有其他品类的鱼鳖与之同处于池中，不利于金鲫在池中繁殖，而容易与普通鲫鱼杂交。但杂交后代是否仍呈金、银色则很难保证，因为无法进行人工选择。

3. 将金鲫置于家内池中人工饲养阶段

野生金鲫以其颜色独特而罕见，受到北宋文人学士如苏舜钦、梅尧臣、苏轼和蒋之奇等人的追捧，分别以诗咏之，又有朝臣王钦若奏准设放生池以资保护，前往观赏的人日渐增多。自然也引起统治者、皇亲贵戚和权贵阶层的喜爱，但他们身处首部汴京（今河南开封），深居简出，不便专程前往浙江亲观。问题还在于当时在北方尚没有发现野生金鲫，而有野生金鲫的嘉兴，杭州又都置于放生池中，有先帝降旨保护，在此捕获并解至京师，有违祖制，恐难强行，因而池养金鲫未能在北宋实现。文献记载表明，最早在池内家养金鲫的，是南宋第一个统治者赵构（1107—1187）。北宋因承平日久，政权渐趋腐败，至末代皇帝徽宗赵佶（1101—1126在位）时更趋腐败。赵佶是个大玩家，埋头于书画及享乐而疏于政事，用人不当，其子赵恒即位，是为钦宗，改元靖康（1126）。此时北方崛起的

〔1〕（宋）潜说友：〔咸淳〕《临安志》卷七十七《金鱼池》，振绮堂本1830年版。

〔2〕（清）查慎行：《东坡编年诗补注》卷九，1702年刻本，第6页。

〔3〕（宋）释惠洪：《冷斋夜话》卷二，《学津讨原》第十五集，商务印书馆据1805年张氏本影印，1922。

〔4〕陈祯：《金鱼家化史与品种形成的因素》，科学出版社1955年版，第9页。

金（1115—1234）派大军南下灭北宋，虏徽、钦二帝北上，史称靖康之变。同年徽宗次子康王赵构南逃，在杭州建立偏安政权南宋，此即高宗（1127—1162 在位）。赵构酷似其父皇，也是玩家，挥霍无度，在宫中造大石池，实以水银，池内置金制鱼，以满足他对金鲫的好奇心。

绍兴三十二年（1162）高宗 62 岁时传位于其养子赵昚（shèn），是为孝宗（1163—1189），奉高宗为太上皇，1163 年为其营造园林，建筑德寿宫。高宗退位后更为休闲，不满足于只观赏金制的仿造金鲫，而要饲养真鱼时时观赏。宋末人周密（1232—1298）在追忆南宋孝宗时杭州情景的《武林旧事》（约 1270）卷四谈到孝宗奉亲之所德寿宫时说，高宗爱湖山胜景，为此在宫中凿一大池，仿西湖冷泉、垒石为山，作飞来峰，内有金鱼池名"泻碧"[1]。[道光]《昌化县志》（1823）卷十九指出，杭州府昌化县西北千顷山"山巅有龙池，广数百亩。宋淳熙十三年（1186）夏，中使（宦官）奉德寿宫命来捕金银鱼"[2]。

昌化县在杭州以西约二百里，属山区。因此可以说，1163—1186 年是池养金鲫鱼阶段的起始年代，由已退位的宋高宗赵构养于杭州德寿宫御花园内的石砌金鱼池中，受到妥善的照料。上行而下效，皇家带头家养金鱼，富贵之家便竞相建池，也促使民间养鱼高手在很短时间育出金鱼，以应市场之需，于是形成一个专门行当，以贩金鲫为业。

南宋人吴自牧（1231—1309）《梦粱录》（1274）卷十八，《物产·虫鱼之品》写道：

> 金鱼有银白、玳瑁色者。……今钱塘门外多畜养之，入城货卖，名"鱼儿活"，豪贵府第宅含沼池畜之。[3]

"鱼儿活"就是南宋都城杭州钱塘门外专门培育与贩卖金鱼行业的名称。同时他们还为养鱼者提供饲料"蚍蝦儿"。卷十九还谈到鱼儿活有其行会。岳飞之孙岳珂（1184—1243）《桯（tīng）史》（1214）卷十二载，"逆曦之归蜀，汲湖水，浮载凡三巨舫以从，诡状瑰丽，不止二种。惟杭人能饵蓄之，亦挟以自随"[4]。此处所说的"逆曦"，即《宋史》卷四七五《叛臣传》中的吴曦（1162—1207）[5]，此人曾担任兴州、利州知州及西路安抚使，开禧二年（1206）奉命任四川宣抚副使，为省级第二号军政长官，握有兵权。吴曦从杭州赴四川时，随带金鱼、湖水、饲料及养鱼技工，共用三大船启运，其中金鱼形状奇特，不止两种。这是金鱼传入四川的开始。但吴曦到四川后，即叛国降金，1207 年称王，旋被讨逆军处死。

《桯史》卷十二还写道：

> 今中都（临安，即杭州）有鬻鱼者，能变鱼以金色，鲫为上，鲤次之。贵游多凿石

〔1〕（宋）周密：《武林旧事》卷四，《故都宫殿》，西湖书社 1981 年版，第 55 页。
〔2〕（清）王兆杏：[道光]《昌化县志》卷十九，1823 年刊本，第 11 页。
〔3〕（宋）吴自牧：《梦粱录》卷十八，《物产·虫鱼之品》，中国商业出版社 1982 年版，第 160 页。
〔4〕（宋）岳珂：《桯史》卷十二，《学津讨原》第十九集，张氏照旷阁刊本，1805 年。
〔5〕（元）脱脱：《宋史》卷四七五，《叛臣传》，二十五史本第 8 册，上海古籍出版社 1986 年版，第 1564 页。

为池，置之檐牖（窗）间，以供玩。问其术，秘不肯言。或云以阛市污渠之小红虫饲，凡鱼百日皆然。初白如银，次渐黄，久则金矣。未眼验其信否也。又别有雪质而黑章，的砾（dili，白色发光）若漆，曰玳瑁鱼，文采尤可观。

这里说的"小红虫"即水蚤（Daphina，Water flea），是一种节肢动物（图5—8），体甚微小而透明，体长仅1—3毫米，群栖于池沼沟水间。这种新发现的金鱼专用饵料对其发育成长有重要意义，为此后历代所沿用。但金鱼颜色与形体的变异与是否进食水蚤并无因果关系。南宋人戴埴《鼠璞》写道：

> 南渡驻跸王公贵人园池竞建，豢养之法出焉。有金、银两种鲫鱼，金鳅时亦有之，金鳖尤难得。鱼子多自吞吐，往往以萍草置池上，待其放子，捞起曝干复换水，复生鱼。黑而白始能成红。或谓因所食红虫而变。然投之饼饵，无有不出。能不食复入者盖寡。岂习俗移人虽潜鳞犹不能免耶。[1]

"驻跸"义为帝王出住之处或行在，此处指临安，"南渡驻跸"指南宋都城杭州。

元代（1280—1368）仍沿用宋代池内家养金鱼的方法。如［至顺］　《镇江志》（1332）卷四写道：

> 金鱼有鲫有鲤，初生正黑色，稍大而斑纹若瑇瑁，渐长仍成金色，既老则色如银矣。人家池塘多畜之。[2]

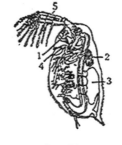

图5—8　水蚤（左）及其解剖（右）图
1. 眼　2. 心脏　3. 育儿囊　4. 第一触角　5. 第二触角
引自《动物学大辞典》（1933）

惟元人所著《居家必用事类全集》中的《养鱼法》条所述养鱼法大有改进之处。此书为一居家实用小百科全书，不录作者，约成于14世纪初。现传本有明嘉靖年（16世纪）司礼监刻本，藏中国国家图书馆。该书写道：

> **养金鱼法**：砖砌水池三座，甲乙丙为号。甲池养大金鱼七个，以旋蒸无盐料蒸饼薄切竹签插，晒干，逐日少取喂饲。候鱼跌子，预将湿草晒干撒入池中。鱼跌子湿草上，候鱼子跌尽，漉起湿草晒极干，却撒入丙池内，鱼出如针细，久而渐大，间有玳瑁斑者如草鱼者，日久仍为金鱼矣。缘春鱼子色杂，秋鱼子不变故也。候长如指大，

〔1〕（宋）戴埴：《鼠璞》，《百川学海·丙集》，博古斋影印明弘治华氏本1921年版，第39页。

〔2〕（元）俞希鲁：［至顺］《镇江志》卷四，冒广生依陈善余写本付梓1923年。

却尽数漉入乙池养，此则无大鱼啖吞小鱼之患矣。[1]

其要点是不用一个池养金鱼，而是以砖砌成三个池，以甲乙丙为号，甲池专养成年鱼十尾，逐日以无盐蒸饼饲之（如以小红虫或水蚤为饵料更好）。待鱼要产子时，将干的湿草放入池内，鱼便在草上产子，取出晒干，将子撒入丙池内。幼鱼长到手指大时，再移入乙池饲养。这样将成鱼与幼鱼分池饲养，便可防止大鱼吃小鱼，保证鱼的存活率，便于成鱼雌雄交配。自然还要注意池内换水。

明代成书的《群芳谱》（1621）卷三十《鹤鱼谱》载："元时燕帖木儿奢侈无度，于第中起水晶亭。亭四壁水晶镂空，贮水养五色鱼其中……壁内置珊瑚栏杆，镶以八宝奇石，红白掩映，光彩玲珑，前代无有也。"[2] 清代史家姚之骃（1685—1761 在世）《元明事类钞》（约 1730）卷三十九引《元氏掖庭记》，有相同记述[3]，按此燕帖木儿即《元史》（1370）卷一三八列传中的燕铁木儿（约 1268—1333）[4]，此人为钦察（Kipchak）突厥族人，因组织武装夺权，拥立文宗（1329—1332）即位有功，独揽朝廷大权，生活极端腐朽。他于府第内养的"五色鱼"可能即 1330 年从浙江运到北京的金鱼，放在玻璃柜内，因北京秋冬气温低，金鱼不能在户外池中饲养。入明以后，李日华（字君实，1565—1635）在《紫桃轩又缀》（1626）卷一中著文说："正德（1506—1521）中，南城金鱼日食燕饼白面二十斤。"[5] "南城"指紫禁城南，即今北京市南池子一带。从用面量来看，这当是以养金鱼为业的厂家所为，夏季在池内繁育金鱼，长大后再投放市场供官民收购。前述元代的《居家必用事类全集》所述养鱼法，不像是官宦富家之所为，而倒像是浙江杭州私人养鱼厂使用的方法，且此法直接承袭了前朝南宋"鱼儿活"行业的技术。南宋鱼行出于商业秘密，不肯将技术示人。南宋灭亡（1279）后至元代大德（1297—1307）这段时间（1279—1307）技术才逐渐外泄，明代时又传到北方新的都城北京。

现将家池饲养阶段作一小总。从 1163—1186 年起中国进入家内池养金鱼的阶段，比起先前在寺院放生池内饲养有很大改进，表现在从半家养过渡到家养，是技术上的飞跃。由于庭院内的金鱼池比放生池空间小，受到人的细心照料，经常人工换水、投放饵料，尤其投入水蚤，保证金鱼有足够营养。由于没有其他野鱼或天敌进入池内，可避免与野鱼杂交和种间争斗，易于顺利成长及繁育。保证新生的变异品种，将病鱼、死鱼或颜色不合意的鱼从池中剔除，这就有意无意实现了人工选择。同时，人们可在池旁可近距离随时观赏美丽的金鱼，不必远出家门到放生池去看。最初构想将野生的金鲫移入庭院内池中饲养的是南宋第一个皇帝高宗赵构。在他带动下，富贵之家竞相效法，形成市场需要。为此，民

〔1〕元人编著：《居家必用事类全集》丁集，《养金鱼法》，明嘉靖年（16 世纪）司礼监刊本。

〔2〕（明）王象晋：《群芳谱》卷三十，《鹤鱼谱》，明沙村草堂刊本 1621 年版。

〔3〕（清）姚之骃：《元明事类钞》卷三十九，《四库全书·子部杂家类》，商务印书馆影印文渊阁钞本 1983年版。

〔4〕（明）宋濂：《元史》卷一三八，《燕铁木儿传》，二十五史本第 9 册，上海古籍出版社 1986 年版，第 387—388 页。

〔5〕（明）李日华：《紫桃轩又缀》卷一，《国学珍本文库第一集》，中央书店排印本 1935 年版。

间养鱼高手迅即捕到野生金鲫，总结出其饲养及繁殖的技术，在杭州钱塘门外形成一种行业称为鱼儿活，并以此为生，各户还组织起来成立行会。育出的金鱼越来越多。1206 年杭州鱼工将金鱼及养鱼法传到四川，14 世纪传到江苏镇江和北京，明代时北京私人养鱼厂已能养育大量金鱼。这一阶段从 12 世纪到 16 世纪持续了四百年，金鱼野性已减，习惯进食人投下的饵料。

4. 将金鱼放入盆或缸内人工饲养阶段

池养阶段的黄金时期是南宋这一百多年，且主要盛行于杭州一带，与统治者和权贵阶层的爱好有直接关系。但南宋灭亡后至元及明代前半期（13—16 世纪）这三百年间池鱼热一度减退，饲养技术进展不大，有关记载也较少。究其原因，是因金鱼的发烧友在南宋亡后多失去权位，杭州不再是统治中心，元代的蒙古统治集团来自漠北，长于骑射，入主中原后，多不爱玩小鱼小鸟小虫之类。且统治中心由江南转移至华北的北京，由北纬 30°移至 40°，北移 1125 公里，气候环境有很大变化，北京不适于四季在庭院池内养鱼。明代统治中心虽一度（1368—1402）定在离杭州不远的南京，但大部分时间（1403—1644）是在北京。要想在北方观赏金鱼，只有将其养在室内更小的容器中，且有新鱼不断供应。另一方面，池养阶段的品种外形如鲫，只有金黄、银灰及黑白花斑（玳瑁）三色变异，再无其他品种。人情久而生厌，欲追求新品种，但却迟未问世。明代自嘉靖、万历（16—17世纪）以来商品经济高度发展，四方货物齐集京师，但政权腐败、统治集团贪求享乐，有如南宋再现。这使南宋临安鱼儿活的后代看到新的商机，于是研究出可在室内盆养金鱼的新品种，在颜色和形态上均非昔比。地方官入京进贡，或博统治者欢心，商人贩运可获丰厚利润。于是由家池饲养进入室内盆养阶段。

盆养阶段是从明世宗嘉靖戊申二十七年（1548）开始的，其标志是育出赤红色的鲫鱼。这种鱼的野生种在古代曾发现过，即所谓赤鳞鱼或赤鲋、赤鲫，只是偶尔浮出水面。现在人们可将其养在瓦盆中时时观赏，带来喜庆，岂不快哉。明代杭州文人郎瑛（1487—1566）在其笔记《七修类稿》（1566）卷四十一率先报道说：

　　　杭〔州〕自嘉靖戊申（1548）来，生有一种金鲫，名曰火鱼，以色至赤故也。人无有不好，家无有不蓄。竞色射利，交相争尚，多者十余缸，至壬子（1552）极矣。[1]

这种火鱼迅即遍及寻常人家，甚至人们开赛鱼会，比输赢，成为营利之源，看谁家的鱼颜色最鲜艳。同书卷四十三又写道：

　　　金鱼……始于宋，生于杭。今南北二京内臣有畜者，又异于杭，其红真如血色，

---

〔1〕（明）郎瑛：《七修类稿》卷四十一《火鱼》1566 年刻本，第 43 页。

然味比之鲋鲫远不及杭。又有金鲤亦佳。二鱼虽有种生，或曰食市中污渠小红虫，则鲋之黑者变为金色矣。……然予甥家一沼素无其种。偶尔一日，满沼皆金鲫，此又不知何故。恐前二说非也。[1]

郎瑛上述叙述中部分句子被李时珍转引于《本草纲目》卷四十四。作为杭州府籍文人，郎瑛是火鱼的见证人，明确提到它是缸养，而且有的家庭多至十余缸。他还说，当时南京和北京宫内的太监也养这种鱼，呈血红色，然味不及杭产。事实上，这种鱼主要供观赏，而非食用。郎瑛认为火鱼"虽有种生"，但听人说如吃了小红虫（水蚤）后又变成金色了，暗示对火鱼是否能遗传有疑惑。其实如果保持火鱼雌雄间世代繁衍，而不与其他颜色的鱼同缸，火鱼是可以遗传的，与饲料无关。明代浙江嘉定人沈弘正（1585—1651 在世）于万历、天启之际（1619—1624）写的博物学著作《虫天志》卷十，引江苏文人归有光（1506—1571）的咏火鱼诗曰：

> 水蓄非昔种，火鱼自新肇。仅以数寸奇，忽见五色皦（……置于盆盎中，独觉江湖淼）。……少年共咄吡，穷日相戏玃（戏耍）。……海上家尽然，吴中时仿效。[2]

可见在嘉靖年间（1522—1566）盆养火鱼已在江苏上海和苏州流行，与南北两京相呼应，金鱼在南北都打开市场。《虫天志》卷十还指出：

> 潘之恒（约 1536—1621）亘（gèn）史曰：维扬［州］人畜金鱼，初以红、白鲜莹争雄，后取杂色白身红片者。有金鞍、鹤珠、七星、八卦诸名，分缶（fǒu，瓦盆）投饵。击水波鸣则奔呷鹜至。或合缶用红白旗招之，各分驰如列阵然。其金银目、双环、九尾，徒美观尔，盖虾种也。此与骈枝赘疣者等，曷足珍焉。

这说明嘉靖年间扬州养鱼技工还育出有不同杂色的金鱼，将颜色与斑纹相同者分别在瓦盆内饲养，避免与不同色者混养，有金鞍、鹤珠、七星及八卦等名目。嘉靖年在扬州还育出在眼、尾（九尾）和头部（有赘瘤）形态特异的变种，是重大的技术突破。此时金鱼已经不怕人，甚至训练到听人使唤的程度。

明万历二十四年（1596）苏州府昆山籍书画收藏家和鉴赏家张谦德（后易名为张丑，1577—1643）还写一部有关金鱼的专著《朱砂鱼谱》，书中指出：

> 朱砂鱼独盛于吴中（苏州府），大都以色如辰州朱砂，故名之云尔。此种最宜盆蓄，极为鉴赏家所珍有。等红而带黄色者，即人间所谓金鲫，乃其别种，仅可点缀陂池，不能当朱砂鱼之十一，切勿蓄。……吴地好事家每于园地、斋阁胜处，辄蓄朱砂

〔1〕（明）郎瑛：《七修类稿》卷四十三《火鱼》1566 年刻本，第 8 页。
〔2〕（明）沈弘正：《虫天志》卷十，收入（明）何伟然辑《广快书》，1629 年刻本。

鱼以供目观。余家自戊子（1588）迄今所见不啻数十万头。于其尤者命工图写，粹集既多，漫尔疏之。有白身头顶朱砂王字者，首尾俱白腰围金带者，半身朱砂半身白及一面朱砂一面白作天地分者，满身纯白背点朱砂界一线者，作七星者；巧云者、波浪纹者，满身朱砂背间白色作七星者，白身头项红朱者，药葫芦者，菊花者，朱砂身头顶白朱者，白身朱戟者，朱缘边者，琥珀眼者，金背者，银背者，金管者，银管者，落花红满地者，朱砂白相错加锦者。种种变态，难以尽述。……

　　鱼尾皆二，独朱砂鱼有三尾者，五尾者，七尾者，九尾者，凡鱼所无也。……朱砂鱼之美不特尚其色，其尾、其花纹、其身材亦与凡鱼不同也。身不论长短，必肥壮丰美者方入格。或者癯（qú，瘦）或纤瘦者，俱不快鉴赏家目。……大都好事家养朱砂鱼，亦犹国家用材焉，蓄类贵广，而选择贵精。须每年夏间市取千头，分数十缸饲养，逐日去其不佳者，百存一二，并作两、三缸蓄之。加意爱养，自然奇品悉备。[1]

　　这里列举在颜色、花纹、尾鳍及形体上不同的变种达 29 种之多，是对鱼种严格选择的结果。

　　在明代，苏州成为继杭州、扬州之后另一个培育金鱼新品种的技术中心，除张谦德作了详细记载外，苏州大书画家文徵明（1470—1559）之子文震亨（1585—1645）在《长物志》（约 1640）卷四也指出："朱鱼独盛吴中，以色如辰州朱砂，故名。此种最宜盆蓄"[2]，接下列举一些品种名称及其特征，尤其介绍"蓝鱼、白鱼：蓝鱼翠白如雪，迫而视之，肠胃俱见，即朱鱼别种，亦贵甚"。这正是张谦德《朱砂鱼谱》中所说"盆鱼中其纯白者最无用。乃有久之变为葱白者，翡翠者、水晶者，迫而视之，俱洞见肠胃。此朱砂鱼之别种可贵者，但不一二年复变为白矣"。这种蓝鱼水晶鱼是一种透明鱼的变异，纯白、葱白、翡翠、蓝都是这类鱼的个别变异，后来通称"五花鱼"。此前［万历］《杭州府志》（1579）卷三十二谈到盆鱼时说："为金，为玉，为玳瑁，为水晶，为蓝。"[3]苏州、杭州和扬州等地的金鱼随京杭大运河运粮漕船运到北京。于慎行（1545—1607）《谷山笔麈》（1613 年刊）卷二谈到北京大内文华殿时记载说："东一室乃上（明神宗）所游息。一日，同二三讲臣入视，见窗下一几，几上设少许书籍，又一二玉盆，盆中养小鱼寸许，上所玩弄也。"[4]时在万历二年甲辰（1574）。可见除宫内太监养鱼外，皇帝也玩起金鱼了。

　　明人刘侗（1591—1634）在《帝京景物略》（1634）卷三写道：

　　金鱼池：金故有金藻池。旧志云，池上有殿，榜以瑶池，殿之址今不可寻，池泓（hóng，深而广）然也。居人界而塘之，柳垂覆之，岁种金鱼以为业。鱼之种，深曰金，莹白曰银。雪质墨章，赤质黄章，曰玳瑁。其鱼金，贵乎其银周之；其鱼银，贵

〔1〕（明）张谦德：《朱砂鱼谱》，见邓实辑《美术丛书》第二集第十辑，神州国光社排印本 1936 年版。
〔2〕（明）陈善：［万历］《杭州府志》卷三十二，1579 年刻本，第 12 页。
〔3〕同上。
〔4〕（明）于慎行：《谷山笔麈》卷二，1613 年刻本，第 8 页。

乎其金周之，而别管若箍，管者鬣（liè）下而尾上周其身者也。箍者不及鬣，周其尾也。鱼有异种者（鹤珠、银鞍、七星、八卦），有虾种者（眼目、金目、双环、四尾）。种故善变，饲以渠小虫，鱼则白，白则黄，黄则赤，无生而赤者。鱼病二，曰虱，曰瘟。……岁谷雨后，鱼则市。大者归他池若沼，小者归盆若盎，若玻璃瓶，可得旦夕游活耳。岁盛夏，游人携累饮此，投饼饵，唼呷（shàxiā，吃喝）有声，其大者衔饵竞去。[1]

由此可见，明代时北京人还将从南方引进的一些不同品种的金鱼，放在金鱼池（养鱼厂）繁殖，长成后贩卖给用户。此金鱼池在南外城天坛北、三里桥东南，直到清代还存在[2]。由于所养的鱼数量甚大，鱼厂分池养及盆养。北京东城有金鱼胡同，可能是贩卖金鱼的摊贩聚集处。

万历年间（1573—1619）在江浙间广泛游历的宁波籍进士屠隆（1542—1605），在《考槃余事》（1605）卷三《金鱼品》中也介绍一些品种：

> 惟人好尚与时变迁，初尚纯红、纯白，继尚金盔、金鞍、锦背及印头红、裹头红、连腮红、首尾红、鹤顶红。若八卦，若骰（tóu，色子）色，又出膺伪，继尚墨眼、雪眼、朱眼、紫眼、玛瑙眼、琥珀眼，四红至十二红、二六红。甚至有所谓十二白及堆金砌玉、落花流水、隔断红尘、莲台八瓣，种种不一。总之，随意命名，从无定额者也。至花鱼，俗子目为癫，不知神品都出自花鱼。将来变幻，可胜纪哉。而红头种类竟属庸板类。第眼虽贵于红凸，然必泥此，无金鱼矣。乃红忌黄，白忌蜡，又不可不鉴。如蓝鱼、水晶鱼，自是陂塘中物，知鱼者所不道也。若三尾、四尾、五尾原系一种，体材近滞而色都鲜艳，可当具品。第金管（尾也）、银管、广陵、新郎、姑苏竞珍之。[3]

其中新品种包括凸眼、三尾、四尾、五尾及透明。

清初康熙二十七年（1688）刊杭州人陈淏（hào）子（1612—约1692）《秘传花镜》卷六《附录·金鱼》条写道：

> 有名金鱼，人皆贵重之。……但鱼近土则色不红艳，必须缸养，缸宜底尖口大者为良。凡新缸未蓄水时，擦以生芋，则注水后便生苔而水活。夏秋暑热时需隔日一换水，则鱼不蒸死而易大。俟季春跃子时，取大雄虾数只，盖之，则所生之子皆三五尾。但虾拑须去其半，则鱼不伤。视雄鱼沿缸赶咬，即雌鱼生子之候也，跌子草上，

〔1〕（明）刘侗：《帝京景物略》卷三，1634年刻本。

〔2〕［日］冈本玉山解说，冈熊岳等绘图：《唐土名胜图繪》卷四，大阪：書林浅井一貫刊日文版，文化二年（1805），第6—7页。

〔3〕（明）屠隆：《考槃余事》卷三，《龙威秘书》五集，1794年马氏大酉山房刊本。

取草映日看，有子如粟米大，色亮如水晶者，即将此草另放于浅瓦盆内，止容三五指水，置微有树阴处晒之。不见日不生，若遇烈日亦不生，二三日后便出，不可与大鱼同处，恐为所食。子出后，即用熟鸡鸭子黄捻细饲之，旬子后随取河渠秽水内所生小红虫饲之，但红虫必须清水漾过，不可着多，至百余日后，黑者渐变花白，次渐纯白。若初变淡黄，次渐纯红矣。其中花色，任其所变，鱼以三尾五尾、脊无鳞而有金管银管者为贵。名色有金盔、金鞍、锦被及印红头、裹头红、连腮红、首尾红、鹤顶红、六瓣红、玉带围、点绛唇，若八卦、若骰子点者，又难得。其眼有黑眼、雪眼、珠眼、紫眼、玛瑙眼、琥珀眼之异。身背有十二红、十二白及堆金砌玉、落花流水、隔断红尘、莲台八瓣，种种之不一，总随人意命名者也。养熟见人不避，拍指可呼，尽堪寓目。至若养法，如鱼翻白，及水泛沫，亟换新水。恐伤鱼，将芭蕉叶根捣烂投水中，可治鱼汛。如鱼瘦而生白点，名为鱼虱，急投以枫树皮或白杨皮，即愈……[1]

陈淏子除列举当时已有的三十种变种外，还对饲养金鱼、鱼病及治法作了补述。此后更出现关于金鱼繁殖技术的补述。如姚元之（1773—1852）《竹叶亭杂记》（1820）卷八谈金鱼繁殖时写道：

> 鱼不可乱养，必须分隔清楚。如黑龙睛不可见红鱼，［见］则已串花矣。蛋鱼、纹鱼、龙睛尤不可同缸。各色分缸，各种异地，亦令人观玩有致。[2]

郭柏苍（1815—1890）《闽产录异》（1886）卷三指出："盆鱼雄者冬末则两腮发白点，挑其眼腮、首尾方正者至缸中，使春初感雌，不杂异类。"[3] 以笔名拙园老人写的《虫鱼雅集》（1904）写道：

> 出子时盈千累万，至成形后，全在挑选，于万中选千、千中选百、百里拔十，方能得出色上好者。……欲求好秧，全在老鱼有材，出子必佳。……养鱼一诀：各归各盆。母鱼食白，亦如孕娠，若相挽杂、种类不分，即或出子，必难成文。[4]

这些论述都是根据前代养鱼工的实际经验总结出来的，是符合现代科学原理的，对各地饲养金鱼的行业操作有指导意义。

由上所述可以看到，从北宋的放生池过渡到南宋的家内池养是个进步，但池养仍有其局限性。只有从池养转成盆养，才能进入养鱼的最佳状态。这个新阶段是从明代中期嘉靖

---

〔1〕（清）陈淏子：《花镜》附录《金鱼》，伊钦恒校注本，农业出版社1980年版，第432—433页。
〔2〕（清）姚元之：《竹叶亭杂记》卷八，1893年刻本。
〔3〕（清）郭柏苍：《闽产录异》卷三，《郭氏丛刊》本，1886年刻本。
〔4〕（清）拙园老人：《虫鱼雅集》，1904年刻印本，第17—21页。

二十七年（1548）开始的，此时杭州育出一种赤色金鱼，名曰火鱼或朱砂鱼。南宋还发现喂鱼的新饲料小红虫（水蚤），从此盆养火鱼便在民间普及开来，以至竞色射利、交相争尚，一家多者十余缸，且很快扩散到上海、苏州、扬州及南京、北京等南北各地。金鱼从广而较深的池中进入小而较浅的盆中饲养，其生活环境发生很大的变化，使它在拘禁条件下生活在狭小的空间中，长期间只能睁大眼睛作缓慢游动，否则便随时碰壁。为适应这种生存环境，其形体和某些器官就会发生变化，需增强的部分逐渐发达，不使用的部分便逐步削弱，即所谓用进废退，于是在体形、头部、眼部和尾鳍等方面发生变异或出现畸形。在盆内浅水中栖息，更容易受外界各种刺激，使鳞片中色素细胞分化成不同颜色或斑纹。另一方面，盆养时受到人的精心照料和仔细观察，任何新的变种都能受到及时注意并将此变种另放一缸内单独饲养，与其他不同变种隔绝，遇有不佳者随时剔除，借严格而有意识的人工选择，育出不少新的品种，各好事家以不同名目名之，以示区别。

　　古人在养鱼实践中已清楚认识到，哪些鱼可以同缸，哪些切忌同缸，总结出"各归各盆"的规律。对用作育种的鱼秧，则百里挑一，务求形体、颜色上最佳者，加意爱养，"亦犹国家用材焉"。有人说，中国有意识的人工选择金鱼始自清道光二十八年（1848）出版的署名为"句曲山农"写的《金鱼图谱》[1]，其中说"咬子时雄鱼须择佳品，与雌鱼色类大小相称"。我们难能同意这一论断，事实上，在此书出版前二百五十二年，即明代万历二十四年（1596）张谦德即在《朱砂鱼谱》中明确指出："大都好事家养朱砂鱼，亦犹国家用材焉。蓄类贵广，而选择贵精。须每年夏间市数千头，分数十缸饲养，逐日去其不佳者，百存一二，并作两三缸饲之。加意爱养，自然奇品悉备。"他还说："身不论长短，必肥壮丰美者方入格。"这不是有意识的人工选择，又是什么？张氏在1588—1596年间经手养的金鱼不下数十万条，对其中奇特者还请画工绘成图，只是未传下来而已。我们认为，南宋人将野生变种金鲫培育成可遗传的固定品种金鱼，就已有意识地实行了人工选择，否则不可能使此鱼持续存到明代。历史告诉我们，"有计划的选择从古代到今天都在不时地实行着，甚至半开化人也实行有计划的选择"[2]。更何况科学文化高度发达的南宋，养鱼工没有向前来打探其秘诀的文化人透露底细，是维护本行业商业利益，无可厚非，因而具体饲养技术没有记录下来，不能因此否定12世纪起中国人已用人工选择饲养的金鱼的历史事实。

　　在1163—1276年南宋在百多年间育成了黄、白及花斑三种金鱼，而在1548—1644年明代不到百年就新育成五花、双尾、双臀、长鳍、凸眼及短身等六个新种。清代晚期在五十多年内就出现墨龙睛、狮头、鹅头、望天眼和绒球等品种，明清育种进度之所以快于南宋，主要归因于盆养，因为生活环境变化越大，变异几率即随之越大。清代是传统盆养阶段的收尾期，清以后进入20世纪则属现代阶段，不是此处研究范围，我们只回顾宋元明清四朝中国金鱼家养史。应当说，从16世纪起中国金鱼开始走出国门，向东西方各国传播，成为世界范围上的观赏鱼类。

---

〔1〕　陈祯：《金鱼家化史与品种形成的因素》，科学出版社1955年版，第21页。
〔2〕　［英］达尔文著，叶笃庄、方宗熙译：《动物和植物在家养下的变异》，科学出版社1982年版，第489页。

（二）中国金鱼在东西方各国的传播

外国人看到中国特产金鱼后，无不喜欢这种美丽而奇特的小动物，于是便纷纷引进。16 世纪初传入日本，据 18 世纪日本江户时代（1603—1868）大阪府人安达喜之（Adachi Yoshiyuki，fl. 1718—1773）1748 年在《金鱼养玩草》（Kengio sodate gusa）这部日本第一部有关金鱼专著的记载，文龟二年正月十日（1502 年 2 月 26 日）从大阪府南的和泉州左海港运来了中国金鱼，这是从中国渡来金鱼的最早记载[1]。显然是从浙江港口赴日进行贸易活动中国商船连同其他货物运过去的，船家也将饲养及繁殖技术告诉了当地人。最初运去的主要有火鱼、短身和狮头三种。安达喜之的书共一册，有插图（图 5—9），以日文写成，谈到金鱼的渡来、品种、饲养方法、饲料、鱼病及疗法。次年（1749）他又刊出《金鱼秘诀录》 （Kengio hike tsuroku），作为《金鱼养玩草》的续编。从文化年间（1804—1816）以后，金鱼成为日本大众的爱玩之物，同时日本人还在本国以中国鱼种育出新的品种[2]，迅即在各地盆养。

与中国有一江之隔的近邻朝鲜，至迟在李朝后期（18 世纪）就由访华使团从北京引进金鱼。19 世纪李朝实学家李圭景（字五洲，1788—约 1862）以汉文写成的笔记式巨著《五洲衍文长笺散稿》（约 1857）卷十《金鱼、花鱼辨证说》中写道：

> 近世有金花鱼自燕（北京）来者，贵家多养之。有欲其孳长，纳于池中，经霖溃溢入京都（汉城，今首尔），……第其色各异，而金鱼为总号。予取金鱼比诸石竹花者，其种变幻不一。其故也，其类有鲤、鲫、鳅、鳖、鳖，而鳅鳖尤罕绝贵，不易得。养法详于《广群芳谱》，孳鱼者取种有春秋之别，春子色驳（杂），秋子不然。初出黑，久变红、或白者名银鱼，有红白黑斑相间者，名璃瑁鱼。而金管、银管者，三尾、五尾至于七尾者，游衍动荡，终乏天趣。更以人巧饲于沟渠红子子（俗名红虫，燕京有贾）。百日初白如银，渐黄，久则金矣。又养于瓮，不近土气，则色红鲜，随人所尚，与时变迁 。
>
> 中原人（中国人）所尚，初则纯红、纯白、复以金盎、金鞍、金被及印白红头裹红、连腮红、首尾红、鹤顶金。若八卦，若骰色，继以黑眼、雪眼、珠眼、紫眼、玛瑙眼、琥珀眼、四红至十二红、二六红，甚于十二白及堆金砌玉、落花流水、隔断红尘、莲台八瓣，种种不一，随意命名，本无定颜。花鱼则俗自为癞，然不觉神品都出于此鱼。将来变幻，不可胜言。红头种类乃为庸板，而第眼贵红凸，然若泥于此，则无金鱼矣。忌黄白，忌蜡，又不可鉴。至鱼于蓝鱼、水晶鱼，自是坡塘中物，知鱼者所不道也。品鱼之法，如此而已。且孳金鱼可验阴晴，鱼浮水而必雨，盖缸底热也，

---

〔1〕 ［日］松井佳一：金鱼の伝来とその飼育史，《历史日本》1943，2（7）：1—8。

〔2〕 ［日］上野益三：本草と博物学，见［日］木原均、篠遠嘉编：《黎明期日本の生物史》，东京：養賢堂 1972 年版，第 154—243 页。

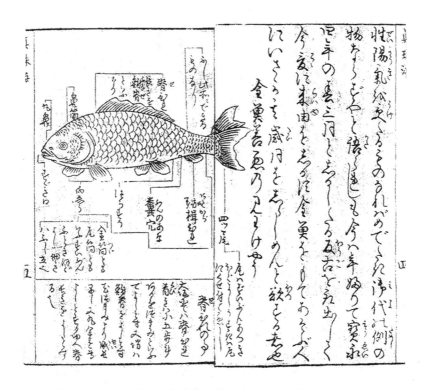

图5—9　安达喜之《金鱼养玩草》(1748) 中的正文及金鱼图

此是雨征而浮，（自注：今自燕中盛金鱼于琉璃缸（玻璃缸）出来署内置座上，观鱼避暑）。我东（朝鲜）则鲫有略带金色者，名以金鲋，而俗无所尚，故此等事篾如也，亦何妨也。近者游燕来者，或染其俗，盛言之。而其实不辨金鱼、花鱼之别，故证辨之如此。[1]

李圭景对金鱼的介绍除得自其见闻之外，主要引自明代人屠隆的《考槃余事》卷三及王象晋《群芳谱》卷三十，19 世纪以后，饲养金鱼扩及半岛南北各地。

中国金鱼还从 17—18 世纪清康熙（1662—1722）、雍正（1723—1735）和乾隆（1736—1795）年间传到欧洲一些国家。康熙三十六年（1699）来华的意大利耶稣会士利国安（Giovanni Laureati，1666—1727）在康熙五十三年（1714）7 月 26 日自福建用意大利文向本国德泽阿男爵（M. le Baron de Zea）发去的信中多次介绍了中国的金鱼。此信 1741 年被摘译成法文，发表在巴黎出版的《海外传教团某些耶稣会士所写［有关中国］的启示与珍奇书信集》第 25 卷，我们此处引用的是 1781 年刊该书第 18 卷。他在信中说：

---

〔1〕［朝］李圭景：《五洲衍文长笺散稿》卷十，《金鱼、花鱼辨证说》，影印本上册，汉城：明文堂 1977 年版，第 325—326 页。

中国人在自家中饲养各种颜色的小鱼（金鱼），呈金色或银白色，有特别的形状，其尾部与身体一样长。我们在教堂中也养这种鱼。有人希望带到欧洲养，没有成功，因每天要换淡水，而在船上是缺淡水的 。

又说：

有种金色的鱼叫金鱼（kim-yu），这种鱼在王公和宫廷大吏的宅子内增添美感，或养在中厅的小池中，或装在容器中装饰正厅。还有红色的，尾部有三叉，还有金色，银白色的，有白色带红斑的。金鱼动作快的惊人，喜欢在水面上游。[1]

利国安还谈到金鱼的饲养方法，并指出杭州府昌化县有一种与金鱼类似的鱼，叫昌化鱼，黄色带有白色条纹或红斑点。他所说的昌化鱼，在中国史书中也有记载，前引［道光］《昌化县志》（1825）卷十九据旧志称，南宋淳熙十三年（1186）夏，宦官奉德寿宫奉旨来昌化捕金银鱼，在宫内池养，后育成金鲫鱼。

清康熙三十二年十月（1693 年 11 月），俄国沙皇彼得一世（Petr I，1672—1725）派遣以荷兰人雅布兰（Evert Ysbrants Ides，1657—1708）为首的使团从陆路经西伯利亚访华。1695 年返俄后，雅布兰以荷兰文发表《使节雅布兰从莫斯科经陆路到中国三年旅行记》，1704 年于阿姆斯特丹发表[2]。清同治十二年（1873）京师同文馆俄文教习柏林（Алексай Попов，fl. 1832—1895）将其摘译成汉文题为《聘盟日记》刊于北京《中西闻见录》第 9—10 号，其中谈到他在北京前门外看到：

有古玩店，余购数器，因得觇（chān，看）其铺后花园，以盆植香桃及各种鲜花，罗列殆满。中一玻璃缸，水满其中，蓄鱼数十头，长约一指，色如真金。有脱鳞者，肉际紫色，实为天下所罕有。[3]

这里谈的正是金鱼。清人陈其元于《庸闲斋笔记》（1875）卷五转引了雅布兰的《聘盟日记》[4]。雅布兰的行记除荷兰文本外，还有英文本（伦敦，1706）、法文本（巴黎，1699）、德文本（汉堡，1707）并有俄文写本。俄文写本 1967 年出版于莫斯科，1980 年译成汉文。这些版本的记述比柏林摘译本更加详细。现介绍如下，1693 年 11 月雅布兰和

---

〔1〕 Extrait d'une lettre du R. Pére Laureati à M. le Baron de Zea. *Lettres édifiantes et curiouses écrites de Mission Étrangères*, Vol. 26. Paris, 1741；Nouvelle édition, Vol. 18. Paris, 1781. pp. 296—341.

〔2〕 Ides, E. Ysbrants. *Driejaarige reize naar China，te lande gedaan，door den Moskovischen Afgezant*. Amsterdam, 1704；*Three years of travel from Moscow orerland to China*. London, 1706.

〔3〕［荷］雅布兰著，［俄］柏林译：《聘盟日记》（《俄国钦差义兹柏阿朗特·义迭思日记》），载《中西闻见录》（北京），1873.4 第九号；1873.5 第十号。

〔4〕（清）陈其元：《庸闲斋笔记》卷五，《笔记小说大观》本第 21 册，江苏广陵古籍刻印社 1984 年版，第 214—216 页。

使团主要成员在清廷议政大臣索额图（约 1632—1703）陪同下，前往北京正阳门外商业区观光、购物，他们在同仁堂药店参观后，去一家服装店买衣服，接下说："店主家里有一座美丽的花园，花盆里种着各种花、灌木和柠檬树。在给我看的许多东西中，有一个盛水的大玻璃缸，手指长的小鱼在水里游来游去。它们天生的颜色就像镀了金一般，有的脱落了几片鳞，身体是鲜红色，真令人惊奇。"[1] 使团成员中有荷兰人、德国人和俄国人，都在北京看到前所未见的中国金鱼。

使团报告和耶稣会士的报道，使中国饲养金鱼的信息很快传到一些欧洲国家，激起这些国家引进中国金鱼的欲望。虽然运往欧洲需很长时间，只要船上有足够淡水，饵料和饲养得法，还是可以将其运回本国的。因此 17 世纪法国人将金鱼从中国引进本国饲养，英国人紧跟其后，接下来是荷兰、葡萄牙。18 世纪欧洲流行"中国热"，举凡中国产品如丝绸、瓷器、漆器、家具、茶叶等都受到欢迎，衣食住行及娱乐方面也以模仿中国为时尚，与此同时出版了大量有关中国的书籍。美丽的小动物金鱼就是在这一背景下传入欧洲的。仿照中国建筑风格的园林，在法、英、德等国盛行，例如在巴黎兴建的中国式园林建筑区内，人们可以看到中国式宝塔耸立，亭子立在假山上，树上有中国的鸟，甚至小桥下流水中有金鱼在游动。大约 1745 年法国国王路易十五世（Louis XV，1710—1774）的宠姜逢伯都侯爵夫人（Marquise de Pompadour，1721—1764）得到别人作为礼物送给她的金鱼，便唤人饲养在宫中玻璃缸中[2]。从此以后，养金鱼之风在巴黎上层社会成为时尚，很快在奥地利维也纳、德国和俄国也跟着盛行。1772 在北京的法国耶稣会士将一幅中国人的彩绘金鱼图（图 5—10）寄往巴黎，现藏于该市自然史博物馆（Musée d'Histoire Naturale)[3]，寄往欧洲的中国彩绘金鱼图当不止此一幅，在各国自然史博物馆中还藏有金鱼标本和图像资料。

曾任法国国王侍讲官的博学的耶稣会士葛鲁贤（Jean Baptiste Gabriel Grosier，1743—1813）1785 年在巴黎发表两卷本《中国通志，或该帝国实情概述》（*Description générale de la Chine，ou Tableau de l'état actuel de cet empire*），1788 年英文版《中国通志》（*A general description of China*）刊于伦敦。书中指出："中国人称为金鱼（kim-yu，gold-fish）的这种小的家养鱼，现在通常有很多人作为装饰而饲养在庭院和花园中。"[4] 德国文豪歌德（Johànn Wolfgang von Goethe，1749—1832）读过中国小说《玉娇梨》法译本后，1827 年 1 月 31 日对作家埃克曼（Johann Peter Eckermann，1792—1854）说，中国小说在情感叙述上与欧洲人是一样的，但不同之处是中国人将外界自然环

〔1〕 Избрант Идес и Адам Бранд. *Записки о Русском посольстве в Китае*（1692—1695）. Глава 15. Москва：Главная Редакция Восточной Литературы，1967；北京师范学院俄语翻译组译：《俄国使团使华笔记》，商务印书馆 1980 年版，第 217 页。

〔2〕 d'Aussy，La Grànd. *Histoire de la vie privée des Français*，Vol. 2. Paris，1815. p. 78.

〔3〕 Huard，Pierre et Ming Wong. *La médecine chinoise au cours des siècles*. Paris：Dacosta，1959；Chinese medicine，translated from the French by Bernard Fielding，New York：McGraw-Hill Book Co，1968. p. 128.

〔4〕 Grosier，Jean B. G. *Description générale de la Chine*，2 Vols. Paris，1785；*A general description of China*，translated from the French，2 Vols. Vol. 1. London：Robinson，1788. p. 575.

图 5—10   法国耶稣会士 1772 年从北京寄往巴黎的彩绘金鱼图
巴黎自然史博物馆藏

境与人物故事情节联系在一起。例如"你总会听到金鱼在池中游荡，鸟儿在枝头啼鸣，白天晴空万里，夜色无比皎洁……"（见《歌德和埃克曼谈话录》，引自《歌德全集》1914年莱比锡版，*Goethes Gesamtausgabe*. Leipzig，1914）。

养在池中的金鱼多是体形较长的赤色变种，而体形小、呈球状的变种则养于缸中作室内装饰物。18 世纪后半叶至 19 世纪，饲养金鱼已在欧洲各主要国家流行，并继续从中国进口，主要由各国东印度公司商船从广州连同鱼缸运回欧洲各口岸，由此再配送至其他城市，或转口外销。19 世纪，中国金鱼越过大洋传到美国和加拿大。而清代时培育出的一些新品种，最能引起欧洲人的好奇。在当时伦敦市场上可以买到二十种以上的中国金鱼，包括龙睛（Popeye）、狮头（Lion-head）、绒球（Flocouli）和幔尾（Veil-tail）等变种（图 5—11），在巴黎也同样如此，自然价格并不菲。不但上了年纪的人喜欢，青少年也如此，可以说男女老少皆宜观赏。由于拥有足够多的品种，金鱼便成为欧洲动物学家科学研究的对象。据《伦敦动物学会会报》（*Proceeding of the Zoological Society of London*，May 25，1842）报道，英国动物学家赫伦《B. Haron》爵士养过许多种金鱼，将所有畸形的鱼，如没有脊鳍的、具有双重臀鳍的或三尾的，都养在一个池中，但"其产生的畸形后代在比例上并不比完善的后代大"。这说明虽然有许多品种，但奇怪的是其变异性往往不遗传[1]。问题在于，他将不同品种都养在一起，发生了"串秧"，因此，变异性无法遗传。

---

[1] Sir R. Heron. *Proceeding of the Zoological Society of London*，May 25，1842，pt. 1，5 ser.

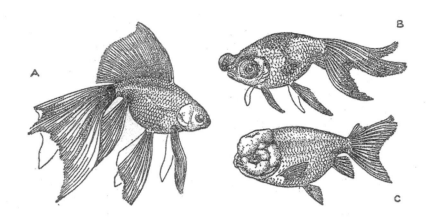

图5—11　18—19 世纪流入欧洲的一些中国金鱼品种
A. 幔尾（Vail-tail）或蛋种　B. 龙睛（Popeye）
C. 狮头（Lion-head）
引自 J. R. Norman（1958）

　　欧洲学者注意到，金鱼不只在颜色上千变万化，而且在构造上也出现最异常的变异。英国鱼类学家亚雷尔（William Yarell，1784—1856）在《英国鱼类史》（*The history of British fishes*，1836）中指出，他在伦敦买到的 24 种金鱼中观察到有些鱼脊鳍长度为脊背长度的一半以上，另些鱼的脊鳍则退化到只有五六根鳍刺，还有一条没有脊鳍。臀鳍有时是双重的，而且尾鳍常常是一个。后者这种构造上的偏差似乎"由于部分或全部牺牲了其他某些鳍而发生的"。亚雷尔还指出，法国的动物学家德·索维尼（M. de Sauvigny fl. 1740—1800）对 89 种金鱼作了描述，并绘制了彩图[1]。这在当时收集金鱼品种方面创下了新的纪录。此人 1780 年发表《中国金鱼的自然史》[2]，其中 37 幅图得自中国，包括龙睛、鸭蛋鱼等。此后又陆续收集中、欧材料，品种扩充。

　　据 19 世纪前半期出版的《博物学分类辞典》（*Dictionary of classication in natural history*，Vol. 5，p. 276）转引，法国地理学家兼科学家博里·德圣樊尚（Bory de Saint Vincent）或让·巴蒂斯特·乔治（Jean Baptiste Georges，c. 1778—1846）在西班牙马德里见过兼有脊鳍和三尾的金鱼。一个变种在头的附近背上生有一个瘤，这成了它的特征。按，此即中国人所说的狮头。英国博物学家杰宁斯（Leonard Jenyns，1800—1893）牧师在《博物学观察》刊物（*Observations in Natural History*，1846，p. 211）上还描述过从中国输入的奇特变种，这种金鱼几乎是球形的，同刺河豚（diodon）的形状相似，"尾的肉质部分好像被切掉了一般，尾鳍的位置稍后于脊鳍，而恰在臀鳍之上"。这种鱼的臀鳍和尾鳍都是双重的，臀鳍垂直附着于体部，眼睛特别大而凸出。

　　〔1〕　Yarel，William. *The history of British fishes*，Vol. 1. London，1836. p. 319.
　　〔2〕　Sauvigny，M. de. *Histoire naturelle des dorades de la Chine*. Paris，1780.

继前述法国鱼类学家索维尼之后，法国风土驯化学会（*Société Nationale d'Acclimatation*）博物馆馆长瓦扬（Léon Vaillant，1834—1914）教授 1891 年在该学会学报上著文，介绍博物馆所藏各种缸养鱼类[1]。两年后（1893），他又在学报上发表"中国金鱼的奇形怪状及本博物馆繁育的杂交品种"（*Sur les monstruosités du Cyprin doré de la Chine et la reproduction au Muséum de la variété dite telescope*）的长文，全面系统介绍了中国培育的金鱼品种和法国风土驯化学会博物馆科学工作者通过杂交育出的一些品种[2]。应当说，除哺乳类和鸟类之外，其他纲的动物被人饲养的为数并不多，而在所有家养动物中，没有任何一种像金鱼那样在颜色和形体方面出现如此众多的变异和变种。这当然不可能是在自然条件形成的，而是在中国千年间人工精心培育的结果。

金鱼的家养有很高的科学含量，它证明了生物科学中一条普遍性的法则，即动物一旦离开了其原来生活的自然环境就要发生变异，而且当人工选择被采用之后，一些新的族就会形成。而金鱼、蜜蜂和家蚕在这方面表现得更为明显，金鱼则最为典型与突出，它理所当然地受到 19 世纪英国生物学家、生物进化论创始人达尔文（Charles Robert Darwin，1809—1882）的特别注意。1868 年 1 月 30 日他在伦敦发表的两卷本《动物和植物在家养下的变异》（*The variation of animals and plants under domestication*，2 Vols. London，1868）卷二写道：

> 金鱼（*Cyprinrs auratus*）被引进到欧洲不过是两三个世纪以前的事情；但在中国自古以来它们就在拘禁状态下被饲养了。布莱斯先生根据其他种鱼的相似变异，推测金色的鱼不是在自然状态下发生的。这些鱼常常是在极不自然的条件下生活，而且它们在颜色、大小以及构造上的一些重要之点所发生的变异是很大的。……因为金鱼是作为观赏物或珍奇动物来饲养的，并且"因为中国人正好会隔离任何种类的偶然变种，且从其中找出使之成为交尾的对象"。所以可以预料在新品种的形成方面曾大量进行过选择。[3]

"在拘禁状态下被饲养"（'have been kept in confinement'），指在与自然水域隔绝的池或盆、缸中饲养金鱼。达尔文在《变异》第一版卷一中的上述论断，是根据英国动物学家布莱斯（Edward Blyth，1810—1873）的推断而作出的。布莱斯旅居印度，在加尔各答任孟加拉亚洲学会博物馆馆长，1858 年发表《印度原野》（*Indian field*），他根据其他种鱼的相似变异，推测金鱼是在极不自然的人工拘禁的状态培育出来的，其所以能在颜色、形体上出现很大的变异，是"因为中国人正好会隔离任何种类的偶然变种，且从其中找出

〔1〕　Vaillant，Léon. Les poissons d'aquarium conférence faite à la Société Nationale d'Acclimātation le 24 Avril 1891. *Bulletin de la Société d'Acclimatation*（Paris），1892. pp. 466—479，535—547.

〔2〕　Darwin，Charles. *The variation of animals and plants under domestication*，1st ed.，Vol. 1. London：John Murray，1868. p. 296.

〔3〕　Ibid.

使之成为交尾的对象"〔1〕，并加以人工繁殖。达尔文由此作出"可以预料在新品种的形成方面曾大量进行过选择"的结论。布莱斯 1856 年 1 月 23 日致信给达尔文也说他相信金鱼是从野生的中国鲤鱼的变种起源的。〔2〕

但当时布莱斯和达尔文对金鱼在中国的家养史实还所知不多，虽然其结论是正确的，所缺的是需有史实支撑。正在此时，英国驻北京使馆翻译官梅辉立（William Frederick Mayers，1831—1878）在读到《变异》后，考证了中国史料，在香港《中日评论与咨询》月刊发表《金鱼饲养》（图 5—12）一文。文内指出，达尔文相信金鱼自古以来就在中国在拘禁状态下被饲养，是有充分根据的。接下来列举主要事证：（1）《本草纲目》（约 1560，按：应为 1596）卷四十四载，金鱼从金色鲫鱼演变而来，"自宋（始于 960 年）始有家畜者，今则处处人家养玩矣"（It was during the Sung dynasty（which commenced A. D. 960）that they were first reared in cofinement（*chuh* 畜）；and now they are cultivated in families every where for the sake of ornament）。（2）《七修类稿》（1566）卷四十一称，北宋人苏子美、苏东坡等人都有关于金鱼的诗句，宋室"南渡（1129）后，则众盛也。据此始于宋，生于杭"。（3）《七修类稿》卷四十一、《格致镜原》（1735）卷九十一云，"杭自嘉靖戊申（1548）来，生有一种金鲫，名曰火鱼，以色至赤故也。人无有不好，家无有不畜。竞色射利，交相争尚，多者十余缸"（Since the year 1548 there has been produced at Hangchow a variety or *kin-tsi*（金鲫），called the fire-fish（火鱼），from its intensely red colour. It is universally admired，and there is not a household where it is not cultivated，in rivalry as to its colour and as a source of profit. ）。因此梅辉立作出结论说："It is therefore evident that at about the time of the Norman Conquest of England，gold fish were already known in China. ""因而很明显，大约在诺尔曼人征服英格兰时（11—12 世纪），中国就已熟悉了金鱼。"〔3〕他引用这些中国古书时，只给出书名的音译，而无意译，西方读者对书名不易看懂，但所述内容则可充分掌握。

梅辉立的文章在香港刊物上发表之际（1868），达尔文正着手写作《人类的起源和性的选择》（*The desent of man and selection to sex*）一书的写作，但还不知道香港刊物的这篇文章，所以他在书稿中写道：

With some fishes，as with many of the lowest animals，splendid colours may be the direct result of the nature of their tissues and of the surrounding conditions，without the aid of selection of any kind. The gold-fish（*Cyprinus auratus*）judging from the analogy of the golden variety of the common carp，is perhaps a case in point，as it may owe its splendid colours to a single abrupt varietion，due to the conditions to which this fish has

〔1〕　Blyth, Edward. *Indian field*，Calcutta，1855. p. 255.

〔2〕　Blyth, Edward. Letter to Charles Darwin, from Calcutta on 23 January 1856. cf. F. Burkhard & S. Smith (ed.). *A calendar of the correspondence of Charles Darwin*，1821—1888. New York：Garland Publishing Inc. ，1985. p. 92.

〔3〕　Mayers, W. F. Gold fish cultivation，*Notes and Queries on China and Japan*（Hong Kong），1868，2（8）：123—124.

Aug., 1868.]　NOTES AND QUERIES.　123

GOLD FISH CULTIVATION. (Vol. 2, p. 55.) —The belief mentioned by Darwin (*Variation of Animals and Plants, &c.*, vol. I., p. 296), to the effect that gold-fish "have been kept in confinement from an ancient period in China," is well-founded. All Chinese works on natural history contain notices of the *Kin Yü* 金魚 (i.e. Gold Fish), which name is applied to several *cyprinidæ*, but principally to the *cyprinus auratus* or proper gold carp. In the *Pén Ts'ao Kang Mu*, composed *circâ* 1560, we find Li Shih-chén saying : "Of gold fish, there are the *li* (carp), *tsi*, *ts'iu*, and *tsu* varieties ; of which the two last named are the most difficult to obtain. The golden *tsi* (tench ?) alone are of a lasting kind (獨金鯽耐久.) In ancient times little was known of them ; but the statement in the *Po Wu Chih* (a work dating from the third century) that "fish from the Li-po-sê river have gold in their heads" is probably a distorted reference to these fish. The "fish with vermilion scales," said in the *Shu I Chih* (a work of the eighth century) to have been seen by Hwan Chung of the Tsin dynasty, are no doubt also the same. It was during the Sung dynasty (which commenced A.D. 960) that they were first reared in confinement (*chuh* 畜) ; and now they are cultivated in families everywhere for the sake of ornament."

In the work entitled *Wu Li Siao Shih* 物理小識, compiled early in the 17th century, and printed in 1664, a section is devoted to the "Method of cultivating Gold fish," and an extract is here given from the *T'ing Shih* of Yo K'o, who wrote about A.D. 1200, and who states that : "The best (gold-fish) are the *kin tsi*, and next in order come the *li* (鯉.) For those that have three tails, and nine tails, and are white with vermilion spots, take small red insects (of a certain kind described) and feed the fish with them for 100 days, when they will all change their colour. From being at first white like silver they will grow gradually yellow, and in the course of time become golden."

The author of the *Wu Li Siao Shih* adds the following curious statement : "Gold fish with triple and quintuple tails are produced by covering the spawn, when dropped, with a large prawn ;—if there be no prawn, the tails are of the common kind."

The Cyclopædia called *Kĕ Chih King Yüan*, published in 1735, gives a multitude of quotations on this subject, the most important of which is from a work called *T'si Siu Lui K'ao* 七脩類蘽. In this it is stated that : "Since the year 1548 there

has been produced at Hangchow a variety of *Kin tsi*, called the fire-fish (火魚,) from its intensely red colour. It is universally admired, and there is not a household where it is not cultivated, in rivalry as to its colour and as a source of profit ; &c., &c." The same writer adds, immediately following the above statement : "There is no mention of the *kin yü* (gold fish) in [historical] literature ; and the *Shu P'o* expresses the opinion that they existed only in the lake of the Liu Ho Pagoda. Hence Su Tsze-

mei, in his poems entitled *Liu Ho T'a Shih* 六和塔詩, says : 'Leaning on the bridge I wait for the *kin tsi* to rise ;' and Su Tung-po also says : 'I know where the *kin tsi yü* 金鯽魚 lies by the southern screen.' Thus, the fish must have abounded after the period of removing the capital to Hangchow (A.D. 1129)."

The two poets above-mentioned flourished a considerable length of time before the period of the removal of the Capital, and the writer quoting them probably means that, inasmuch as it is found mentioned in their poems, the gold fish must have been thoroughly abundant by the middle of the 12th century. Su Tsze-mei was born in 1008, and died 1048. Su Tung-po died in 1101, aged sixty-six. It is therefore evident that at about the time of the Norman Conquest of England, gold fish were already known in China.

It may be added that the cultivation of fish appears to have been practised in China from a period of very high antiquity. The work called *Sze Lui Fu* 事類賦, published about A.D. 1000, quotes, indeed, a passage from the *Yang Yü King* 養魚經 or Treatise on Fish-rearing (which I have never seen mentioned elsewhere), to the following effect : "Wei, Prince of T'si, inquired of T'ao Chu Kung (the name assumed by Fan Li, the Chinese Crœsus, B.C. 470) by what art he had accumulated his enormous wealth. He replied that he had five methods of dealing with animals, the first and foremost of which was water cultivation, that is to say, the rearing of fish. He had turned six *mow* of ground into a pond, and made nine islands therein with blocks of stone to gather the spawn. . . . The reason that he cultivated the carp was because they do not devour each other, and moreover because they grow to a large size easily, and are much prized."

Although the statement regarding Fan Li is doubtless a fable, it nevertheless seems to indicate beyond doubt the very early rearing of fish in ponds set apart for the purpose.

Canton.　W. F. MAYERS.

图 5—12　达尔文反复引用的梅辉立的文章《金鱼饲养》（1868）全文

been subjectad under confirement. It is，however，more probable that these colours have been intensified through artificial selection，as this species has been carefully bred in China from a remote period.[1]

笔者特将这段文字重译如下：

某些鱼类像许多低等动物一样，华丽的颜色可能是其组织特性和周围条件直接造成的，无需借助任何种类的选择。从普通鲤鱼的金黄色变种的类比中判断，金鱼（gold-fish，*Cyprins auratus*）或许恰好是这样一个例子，其华丽颜色可能是由于个别的突然变异而引起，又起因于这种鱼一直处于拘禁状态下。然而更有可能的是，通过人工选择而使颜色变化加剧，因为这种鱼在中国从很早以前的时代起就一直受到精心的培育。

显然，当时达尔文还没有掌握更多的事证，尽管他的论断是正确的。但 1868 年 9 月 3 日，英国驻广州领事、植物学家韩士（Henry Fletcher Hance，1827—1886）将梅辉立的文章寄给达尔文[2]时，他需要的事证终于到手，于是根据文内所述对前引那段正文写了很长的脚注：

Owing to some remarks on this subject，made in my work '*on the Variation of animals［and plants］under Domestication*'，Mr. W. F. Mayers（'*Chinese Notes and Queries*'，Aug，1868，p. 123）has searched the ancient Chinese encyclopaedia. He finds that gold-fish were first reared in confinement during the Sung Dynasty，which commenced A. D. 960. In the year 1129 these fishes abounded. In another place it is said that since the year 1548 there has been "produced at Han［g］chow a variety called the fire-fish，from its intensely red colour. It is universally admired，and there is not a household where it is not cultivated，in rivalry as to its colour，and as a sources of profit."

现将这段脚注重译如下：

由于我在《动物和植物在家养下的变异》（按 1868.1.30 出版）中就这一问题发表一些议论，梅辉立先生（《中日评论与咨询》，1868.8，p. 123）考证了中国古代百科全书。他发现金鱼最初是在始建于 960 年（按宋太祖建隆元年）的宋代就在拘禁状态下被饲养了。在 1129 年（按宋室南渡后高宗建炎三年）这些鱼盛行起来。另一处文献（按指《七修类稿》卷四十一）说，1548 年（按明世宗嘉靖二十七年戊申）以来，"杭州产生一变种，名曰

〔1〕 Darwin, Charles. *The desent of man and selection in relation to sex*，2nd ed.，New York/London：Appleton & Co，1924. p. 349.

〔2〕 Hance, H. F. Letter to Charles Darwin, from Canton on 3 September 1868. cf，F. Burkhard & S. Smith（ed.）. *A calendar of the correspondence of Charles Darwin*，1821—1888. New York-London：Garland Publishing Inc.，1985. p. 282.

火<u>鱼</u>（fire-fish），因其有强烈的红色。它普遍受到爱赏，没有一家不饲养的，且在颜色上争奇斗胜，成为赢利之源"（按《七修类稿》原文为"杭自嘉靖戊申来，生有一种金鲫，名曰火鱼，以色至赤故也。人无有不好，家无有不蓄。竞色射利，交相争尚"）。

实际上达尔文这里摘引了《本草纲目》和《七修类稿》中的主要内容，对中国金鱼家养史有了进一步认识。因梅辉立只用书名音译 *Pen ts'ao kang mu* 及 *T'si siu lui k'ao*，达尔文不解何意，但对前者早有印象，因在研究鸡的家养及变异时曾接触过 *Pen Ts'ao Kang Mu*，并将此书称为"ancient Chinese encyclopaedia"（"中国古代百科全书"）。从1875 年 7 月起，他开始对《动物和植物在家养下的变异》第二版的修订工作，至 10 月出版，共修订 34 处，其中之一是糅合《本草纲目》及《七修类稿》所述内容，对第五章论金鱼部分作了补充说明。前引第一版中这部论述最后一句话是"所以可以预料在新品种的形成方面曾大量进行过选择"，第二版则在这句话后补充说："而实际情况正是如此。在一部中国古书中曾经说，具有朱红色鳞的鱼最初是在始建于 960 年的宋代在拘禁状态下育成的"，而现在它们在各处家庭被饲养供作观赏（按《本草纲目》原文为"今则处处人家养玩矣"）。在另一部更早的书中说，"没有一家不饲养金鱼的，且在颜色争奇斗胜，成为赢利之源"，云云。[1] 脚注中标明引自梅辉立的文章。此处说"一部中国古书"指 1596 年出版的《本草纲目》，"另一部更早的书"指 1566 年刊行的《七修类稿》。达尔文在《人类的起源和性的选择》脚注中那段话，现在移入到《变异》第二版的正文之中。他反复引用中国史料，是因为这些史料令人信服地证明野生金鲫的变种金鱼的形成是人工选择的结果，而金鱼的变异又是中国人在盆养阶段长期在拘禁状态下长期精心饲养造成的。他的论证使金鱼在国外的传播达到高潮。它是传到世界各国的一种古代高科技的产物，是鱼类中的佼佼者和小精灵。笔者自幼即喜爱金鱼，多年来一直想对其家养史及外传史作一透彻研究，现在终于如愿以偿。

四　中国茶和人参的起源及其外传

（一）中国茶的起源及其外传

茶是中国人每日不可缺的饮料。南宋人吴自牧（约 1231—1309 在世）《梦粱录》（1274）曰："盖人家每日不可阙者，柴米油盐酱醋茶"，因而后世有"早晨开门七件事，柴米油盐酱醋茶"。茶古称荼（tú）、槚（jiǎ）、茗（míng）等，"茶"字见于中唐（8 世纪）《开元文字音义》，后来逐步成为统一称谓。茶为山茶科常绿木本植物（*Camellia sinensis*），（图 5—13）其叶部含咖啡碱、茶碱、鞣酸和挥发油等有效成分，有兴奋大脑和

---

〔1〕 Darwin, Charles. *The variation of animals and plants under domestication*, 2nd revised ed., Vol. 1. New York: Appleton & Co., 1897. p. 312.

心脏作用，根叶俱可供药用。原产于中国西南云贵川一带，随着人工种植面积的扩大，后扩大到长江流域的广大地区。晋人常璩（287—360 年在世）《华阳国志·巴志》（347）载，周武王伐纣时（前 1046）得巴蜀之地，以其地产五谷、六畜、桑蚕麻纻、鱼盐铜铁及丹漆茶蜜，遂将这些产品列为向朝廷交纳的贡品[1]。可见至迟在商代（前 1600—前 1046）中国西南巴蜀地区即已产茶，并辗转运送到镐京（今陕西长安县），距今已达三千余年。

唐人陆羽（733—804）《茶经》（约 765）云，"茶之为饮发乎神农氏，闻于鲁周公。齐有晏婴（前 500 卒），汉有扬雄（前 53 年至后 18 年）、司马相如（前 179—前 117）……皆饮焉"[2]。按炎帝神农氏传为远古时农业和医药的创始者，曾教民稼禾、尝百草创医药，反映原始社会由采集渔猎过渡到农业的进步。中国各地新石器时代原始社会遗址的考古发掘中，曾出土各种家养动物骨骼和家养植物的子实以及农业、手工业产品即为历史见证[3]。鲁周公名姬旦，为西周王朝开创者周武王（前 1046—前 1043 年在位）姬发之弟，佐周成王（前 1042—前 1021 年在位）辅政，通称周公。西汉人王褒（前 61 卒）《僮约》有"烹茶尽具"、"武都（今甘肃境内）买茶"之句，说的就是煎茶，而西北甘肃人已能买到南方的茶。1972—1974 年湖南长沙马王堆发现的一号汉墓（前 166）及三号汉墓（前 165）内出土写有葬品清单的竹简上有"槚一笥"字样，槚为檟（jiǎ）的异体字，檟一笥即茶一箱。方竹器内之茶因在地下埋藏过久，已经腐烂。

图 5—13　中国茶树

近四十多年来，中国科学家结合地质年代对中国植被形成、演变及分布的地理环境以及境内云贵川野生大叶茶树的深入调查，证明中国西南地区是茶的故乡[4]，经中国人长期培育和人工选择，最终育出适于饮用的茶，再向四方传播，已为世界各国学术界所公认。此前，19 世纪 20 年代英国人在印度西北阿萨姆邦（Assam）发现野生大叶茶树[5]，因而拜尔顿（S. Baildon）1877 年认为印度是"茶树原产地"，向中国起源说提出挑战。这种挑战是缺乏科学根据的，因为印度有野生茶树，不一定就证明是茶树的起源地，还要考

〔1〕（晋）常璩：《华阳国志》卷一，《巴志》，四部丛刊本，商务印书馆 1936 年版。

〔2〕（唐）陆羽：《茶经》，吴觉农主编：《茶经述评》本，农业出版社 1987 年版，第 166 页。

〔3〕详见夏鼐主编《新中国的考古发现和研究》第二章，文物出版社 1984 年版。

〔4〕吴征镒：《中国植被》第一章第三节，科学出版社 1980 年版；吴觉农主编：《茶经述评》，科学出版社 1987 年版，第 13—17 页。

〔5〕Bruce, C. A. Report on the manufacture of tea, and on the extent and produce of the tea plantations of Assam, *Transactions of the Agricultural and Horticultural Society of India* (Calcutta), 1840, 7：1.

虑其他自然和人文因素[1]。先从自然因素谈起，据苏联著名历史植物地理学家吴鲁夫（Евгений Владимирович Вульф，1885—1941）在其《历史植物地理学绪论》（*Введение в историческую географию растений* 2-ое изд.，Москва-Ленинград，1933）中阐述的理论，当许多属集中分布在某一地区时，该地区就是这一植物区系的起源中心[2]。据胡先骕（1894—1968）《植物分类学简编》（1954）统计，山茶科植物在世界上有 23 属、380 种，内 10 属分布在美洲，其余分布于亚洲热带及温带，而中国就有 15 属 260 多种，多集中于云贵川一带。山茶属有 100 多种，云贵川就有 60 多种（占 60%），还在不断发现中，这说明该地区是山茶属的起源地。而印度东北部喜马拉雅山南麓的阿萨姆地区分布的山茶属种类很少，不能与中国云贵川一带同日而语。

其次，古地质学告诉我们，中国西南云贵川产茶区从三迭纪（Triassic，距今 2.8—2.3 亿年前）和侏罗纪（Jurassic，距今 1.9—1.4 亿年前）以来一直是陆地，是亚洲北半球温带植物区系的古老发育中心，没有受到地壳运动的破坏。而喜马拉雅山以南印度阿萨姆一带当时深陷于喜马拉雅海底。由晚期的新生代（Cainozoic，6700 万年前）发生的喜马拉雅运动（Himalaya movement），才使海底露出地面，因而印度阿萨姆的植被至少比中国西南地区晚 7000 万年，印度不可能是茶树的起源地。吴鲁夫教授对此写道：

> 喜马拉雅是很年幼的山系，因此在喜马拉雅向来就不是任何植物区系发育中心。与此相反，中国从三迭纪以及侏罗纪以来，就没有中断地存在着已存在的陆地，所以是亚洲和北半球温带地区植物区系古老的发育中心。[3]

他所说的"古老的发育中心"，正是中国西南云贵川地区。

最后，从人文因素观之，中国产茶有三千多年持续不断的历史，既有文献记载，又有两千多年前饮用茶的实物出土，历代育出新品种、栽种茶树和制茶技术不断创新。而印度产茶历史只有二百多年，是从英国殖民统治时期开始的。但用当地茶树采到的茶，不适合于饮用，只好在 19 世纪从中国引入良种、聘请中国茶匠指导后，才能生产出可饮用的茶。因此茶树原产地不是印度，而是中国西南地区，可以说已成定案。顺便说，世界各国称呼茶都是按汉文"茶"字发音音译的，如英语 tea、法语 the、意大利语 te、德语 tee、荷兰语 thee 和西班牙语 té，都与中国粤闽一带方言称呼茶的发音（tè）相近。而波斯语、印地语、葡萄牙语、新希腊语、俄语和土耳其语中的 *cǎi*（or *chai*），都与中国北方人对茶字的读音（chá）一致[4]。而日语和朝鲜语中也读作 *chá*。所有这一切都说明，中国作为茶树的起源地，最先将由野生转为园栽，并将其传向世界，成为全球通用饮料之一。唐代

---

〔1〕 吴觉农主编：《茶经述评》，科学出版社 1987 年版，第 13—17 页。

〔2〕 ［苏］吴鲁夫：《历史植物地理学》，科学出版社 1959 年版，第 25 页。此书有英译本：E. V. Wulff. *An introduction to historical plant geography*, translated from the Russian by F. Brissenden. Waltham, Mass：Chronica Botanica，1943.

〔3〕 ［苏］吴鲁夫：《历史植物地理学》，第 323 页。

〔4〕 Laufer, Berthold. *Sino-Iranica*, Chicago, 1919. p. 553.

（618—907）以后饮茶之风首先遍及中国各地，正在这一背景下，世界上第一部有关茶的专著陆羽（733—804）《茶经》于盛唐永泰元年（765）问世。此书共三卷，分十目，分别论述茶的特性与生产、采制用具、加工焙制、煎饮用具、烹煮方法、品尝性味和产地等，此后百多种中国茶书皆源于此。

早在一千多年前，茶首先从中国传到日本、朝鲜和越南等汉字文化圈国家。据日本史家营原道真（849—907）《类聚国史》（892）所述，弘仁六年（815）嵯峨天皇至近江国唐崎（今静冈县境），僧人永忠煎茶献上供饮，天皇觉得其味清香，遂下令于畿内之近江、丹波、播磨诸国种茶，每年献上。这是日本有关饮茶的最早记载。永忠在华留学三十年（777—804），与其他入唐日本学问僧空海（772—835）、最澄（767—822）等人都将饮茶风习从中国带回本国，最澄归国（822）后，还倡建日吉茶园。但饮茶主要在僧人中流行，尚未普及到社会大众。至 12 世纪僧人荣西（1141—1215）从南宋留学后于 1191 年归国，带来茶种，在各地建茶园，并写《吃茶养生记》（1192）献给幕府，从此饮茶之风逐渐兴起，制茶业也跟着发展起来[1]。今天"茶道"也成日本传统文化中重要组成部分。

在高句丽、百济和新罗三国并立时的朝鲜半岛，还不知饮茶，668 年统一半岛的新罗王朝（668—935）建立后，与唐帝国保持密切关系，大批留学生、留学僧前来中国，两国使节也往来频繁，饮茶风习也随之传到新罗。至王氏高丽王朝（936—1392）饮茶开始盛行，尤其高丽寺院普遍种茶。但高丽茶味稍苦，最好的茶从宋帝国输入，供上层统治者饮用。北宋宣和五年（1123）出使高丽的徐兢（1091—1153）在《宣和奉使高丽图经》（1124）中指出高丽：

> 土产茶味苦涩，不可入口，惟贵中国蜡茶并龙凤赐团［茶］。自锡赉之外，商贾亦通贩，故迩来颇喜饮茶。益治茶具，金花乌盏、翡色小瓯、银炉汤鼎，皆窃效中国制度。凡宴则烹于廷中，覆以银荷，徐步而进。[2]

后经改进，茶的质量和产量显著增加。越南在唐朝统治期间（618—905）由中国商人将茶叶贩入境内[3]，越南人黎崱（1260—1340 在世）《安南志略》（约 1339）称，"茶，古载出琼州古郡县，味苦，难为饮"[4]。后在当地华人帮助下，生产出更适饮用的茶。

中国茶还通过陆上及海上丝绸之路西传到欧洲。位于中国与欧洲之间的阿拉伯世界，唐代时即与中国有直接外交及通商往来，中国史书称为大食国。唐大中五年（851）阿拉伯商人苏莱曼（Suleiman al-Tājir）在其《中国印度见闻录》（*Al-kitab al-tāni min'aḥbār as-Sin wa l'Hind*）中谈到中国特产丝、茶和瓷器等物，他写道：

---

〔1〕［日］森本司朗：《喫茶养生と和敬清寂》，东京：日本茶道文化协会 1979 年；林加瑞译：《茶史漫话》，农业出版社 1983 年版。

〔2〕（宋）徐兢：《宣和奉使高丽图经》卷三十二，《笔记小说大观》本，第 9 册，广陵古籍刻印社 1983 年版，第 302 页。

〔3〕越南社会科学委员会编：《越南历史》汉文版第一集，人民出版社 1977 年版，第 122 页。

〔4〕［越］黎崱：《安南志略》，中华书局 1994 年版，第 364—365 页。

皇帝的主要收入是全国的盐税和泡开水喝的一种草税。在各城市里，这种干叶售价很高，中国人将其称为茶（sāx，或拼为 sakh）。此干叶比苜蓿叶长得多，也略比它香，稍有点苦味，用开水冲后喝，治百病。盐税和茶税是皇帝的主要财富。[1]

但阿拉伯帝国的其他作者都较少提到茶，苏莱曼可谓独具慧眼。中国茶大量传到阿拉伯世界，是在蒙元时期宪宗派其弟旭烈兀（1217—1265）率十多万大军西征（1253—1259）之后。1258 年他们攻下阿拉伯帝国最后一个王朝阿巴斯朝（Abbasids，750—1258）首都巴格达，在所征服的广大地区建立蒙古伊利汗国（Il-Khanate，1260—1353），定都于波斯境内的大不里士（Tabriz）。汗国统治者旭烈兀从中国调来大批工匠、技师、学者和医生等来此从事经济和文化建设，其所饮用的茶砖也随之运来。境内的阿拉伯人因此知道茶之为用，并将饮茶信息传到欧洲。元代时在中国任客卿的意大利人马可波罗（Marco Polo，1254—1324）就饮过蒙古奶茶，1292 年离华返欧后所写的行纪（1299）中对茶却只字未提，只能说是漏记。

西方第一个提到茶的，是 16 世纪另一意大利威尼斯人拉穆西奥（Giovanni Bathista Ramusio，1485—1557）。他曾编辑一部《航海与旅行》（*Delle Navigazioni e Viaggi*）1556—1569 年于其卒后分三卷出版于威尼斯，其中卷二收入马可波罗游记并加注，1559 刊行，他在导言中谈到马可波罗游记漏记的一些事物，其中包括中国人以茶为饮料，而马可波罗到过盛产茶的福建。关于饮茶的信息，拉穆西奥是从一波斯商人哈智·穆罕默德（Hajji Muhammed）那里得到的[2]。继拉穆西奥之后，在华居住 28 年（1582—1610）的另一意大利人利玛窦（Matteo Ricci，1552—1610）在《中国札记》（*I commentarj della Cina*，1610）中对茶作了更清晰与详细的介绍。他指出，有两三种中国物品欧洲人全然不知。

有一种灌木，它的叶子可以煎成中国人、日本人和他们的邻国人叫做茶（cia）的那种著名饮料。……在这里他们在春天采集这种叶子，放在荫凉处阴干，然后他们用干叶子调制饮料，供吃饭时饮用，或朋友来访时待客。[3]

他更指出，茶不要大饮，要趁热喝，其味略苦，但常饮则有益健康。茶叶分不同等级，最好的可卖一或甚至三个金锭一磅。茶是热饮料，

盛暑也是如此。这个习惯背后的想法似乎是它对肚子有好处，一般说来中国人比

〔1〕 Reinaud, J. T. （tr.）. *Relation des voyages faits par les Arabes et Persans dans l'Inde et la China le 9e siècle de l'ère chrétienne*, Vol. 1. Paris, 1845. p. 40.

〔2〕 Sir Yule, Henry （tr. ed）. *Cathay and the way thither*；*being a collection of medieval notices of China*, revised ed. Henri Cordier, Vol. 1. London：Hakluyt Society, 1913. p. 292.

〔3〕 ［意］利玛窦著，何高济等人译：《利玛窦中国札记》上册，中华书局 1983 年版，第 17 页。

欧洲人寿命长，直到七八十岁仍然保持他们的体力。这种习惯可能说明他们为什么从来不得胆石病，那在喜欢冷饮的西方人中是十分常见的。[1]

综合欧洲各国史料可以看到，17世纪明末以来，随着中欧贸易和人员往来的频繁，中国茶、丝、瓷器等成为对欧主要出口商品，辗转传到各国。1610年茶运到荷兰，1636年运到法国巴黎，1640年荷兰将红茶贩到英国。1640年荷兰医生蒂尔普斯（Nicolas Tulpius，1593—1674）在《对药用树木的观察》（*Observationum medicarum libre tres*）中注意到茶的药物性能。1648年法国人德莫里莱恩（Armand Jean de Maurillain）发表以茶为研究课题的医学论文，提倡读者饮茶。1659年茶由陆路运往俄国莫斯科[2]。当时贩到欧洲的茶价格较高，仍不能在一般民间普及，例如1658年茶在伦敦的售价是每磅4个金币（guineas），相当4镑4先令。英国著名日记作家佩皮斯（Samuel Pepys，1633—1703）在1660年9月25日的日记中写到，他"之所以参加一次集会，确是为一杯茶而去，这种中国饮料他以前从未喝过"（I did send for a cup of tea, a China drink of which I never had drunk before）[3]。为满足人们对茶树是何形状的好奇心，1683年英国画家赖恩（William Ten Rhyne）最先绘出茶树图，使读者一睹加工前茶叶及茶树原貌。

17世纪末英国东印度公司从澳门进口茶已达2万磅，其他国家进口量也逐步增加，用作英、法、德、俄宫廷及富贵之家聚会、宴会的饮料，饮茶成为代表社会身份的标志。再过一百年，1772—1780年间英国进口茶累计达1.1亿磅，欧洲各国人每年消耗茶量达550万磅[4]，茶已进入寻常百姓家。英国人成为饮茶民族，俄国人则有过之而无不及，饮茶之风也随着"中国热"的兴起而扩及其他欧陆国家。1743年1月13日英国首相沃波尔爵士（Sir Robert Walpole，1626—1745）将茶称为"the excellent and by all physitians approved China drink"（"最好的并且被所有医生称赞的中国饮料"）[5]。饮茶之风成为时尚后，迫切需要适当茶具与之配套，于是进口大量景德镇瓷器，但中国茶杯无柄，因此在中国定制有柄的白瓷茶杯供欧洲人使用，并按其兴趣加以彩绘[6]。

欧洲人在品尝中国茶的同时，很想知道它是怎样制成的。于是欧洲商人在闽粤采购茶时，要求中国业主提供采茶、制茶的图像。今法国雷恩（Rennes）市政博物馆所藏中国

---

〔1〕［意］利玛窦著，何高济等人译：《利玛窦中国札记》上册，中华书局1983年版，第69页。

〔2〕 Huard, Pierre & Ming Wang. *Chinese medicine*, translated from the French by Bernard Fielding. New York: Mcgrow-Hill, 1968. p. 128.

〔3〕 Bodde, Derk. *China's gifts to the West*. Washington, D. C.: American Council on Education, 1942. p. 12.

〔4〕 Staunton, George Leonard, *An authentic account of an embassy from the King of Great Britain to the Emperor of China*, 2 Vols. London, 1797；叶笃义译：《英使谒见乾隆纪实》，商务印书馆1965年版，第542页。

〔5〕 Walpole, R. Letter to Sir Horace Mann, Jan. 13, 1743. Cf. William W. Appleton. *A cycle of Cathay. The Chinese vogue in England during the 17th and 18th centuries*. New York: Columbie University Press, 1951. p. 93.

〔6〕 Reichwein, Adolf. *China and Europe. Intellectual and artistic contacts in the 18th century*, translated by J. C. Powell, Chap. 2. New York: Knopf, 1925；朱杰勤译：《十八世纪中国与欧洲文化的接触》，商务印书馆1962年版，第21页。

画册中，就有 18 世纪乾隆年中国民间画家画的采茶图[1]。同时期传入英国的中国壁纸（Wallpaper）也有以茶和瓷为题材的画[2]。1735 年由巴黎耶稣会士杜阿德（Jean Baptiste du Halde，1674—1743）根据在华 27 名法国耶稣会士发回的报告而编成的《中华帝国通志》（*Description de l'Empire de la Chine*）四卷对开本在巴黎出版，其中卷三第 480 页起就有题为"论茶树的生长"（*De la graine de thé*）一文，执笔者可能是康熙二十六年（1687）来华的刘应（Claude de Visdelou，1656—1737）。这部有关中国的大部头著作曾被译成德文（1747—1749）、俄文（1774—1777）及英文（1736，1738—1741），在欧洲风行。

18 世纪时欧洲人试图将中国茶种引种到当地，这样可减少进口，缩小对华贸易逆差。如 1744 及 1751—1754 年来广州的瑞典博物学家埃克贝里（Charles Gustave Ekeberg，1716—1784），曾将茶树的幼苗带回国内，送给大生物学家林奈（Carl von Liné 1707—1778）和乌普萨拉植物园（Uppsale Garden）[3]。但因找不到适当气候和土壤环境，而没有引种成功。当英国人发现其在南亚殖民地印度阿萨姆邦适于种茶时，1780 年东印度公司便从中国买回茶树及茶种作引种试验，因种植及加工技术不得要领，虽能制出茶，但不合欧洲顾客口味，经再三改进，仍无法与进口的中国正宗福建武夷茶相比。清道咸年间（1843—1857）英国奇齐克（Chiswick）皇家园艺学会暖室部主任福钧（Robert Fortune，1812—1880）多次奉派来华刺探中国福建及其他茶区产茶情况、栽茶及制茶方法，收集茶种、苗木数以万计，并以利诱方式带走有经验的中国茶农和制茶巧匠。此人返国后，先后发表多种专著[4][5][6]，附大量插图。此行他还收集其他经济植物标本、查看种棉、养蚕技术。英人将中国良种与印度野生大叶茶杂交，育出适于当地生长的新种，在中国茶农传授下，终于制成适于饮用的茶。后又在锡兰（今斯里兰卡）引种成功。

阿萨姆茶和锡兰茶产量很大，成为英国东印度公司经营的支柱产业之一，为帝国获取极大经济利益。茶又由英国传入其北美殖民地美国，美国独立战争前发生的"波士顿茶党"（"Boston Tea Party"）事件，使茶与美国革命联系起来。1773 年英议会为倾销东印度公司积存的茶，通过"茶税法"，规定出口到美国的茶免收入口税，禁止北美人买走私茶。为反对此税法，12 月 16 日波士顿八千市民举行抗议集会，要求将东印度公司茶船撤

〔1〕 Reichwein, Adolf. *China and Europe. Intellectual and artistic contacts in the 18th century*，translated by J. C. Powell, Chap. 2. New York：Knopf，1925；朱杰勤译：《十八世纪中国与欧洲文化的接触》，商务印书馆 1962 年版，第 129 页。

〔2〕 Hudson, G. F. *Europe and China. A journey of their relations from the earliest times to 1800*，Chap. 9，The Rococo style. London：Arnold，1931.

〔3〕 Huard, Pierre & Ming Wang. *Chinese medicine*，translated from the French by Bernard Fielding. New York：Mcgrow-Hill Companies，1968. p. 121.

〔4〕 Fortune, Robert. *Three years' wanderings in the northern provinces of China，including a visit to the tea，silk and cotton countries，with an account of the agriculture and horticulture of the Chinese，new plants*，etc. London：Murray，1847.

〔5〕 Fortune, R. *A journey to the tea countries*. London：Murray，1852.

〔6〕 Fortune, R. *A residence among the Chinese；Inland，on the coast and at sea；being a narrative of scenes and adventures during a third visit to China from 1853 to 1856，including notices of many natural productions and works of art，the culture of silk，with suggestions on the present war*. London：Murray，1857.

离该港。一批青年组织波士顿茶党，将港内茶船中重 1.8 万磅共 342 箱茶倒入大海，使英国与其北美殖民地的公开冲突日益扩大，终于导致推翻英殖民统治的独立战争。

20 世纪以来，茶又通过欧洲传到南美洲和非洲，从而传遍全世界，成为全球通用饮料之一。陆羽的《茶经》于 1935 年也被尤克斯（William H. Ukers）摘译成英文，收入其《茶叶全书》（*All about tea*）一书中[1]。1993 年再由卡彭特（Kenneth Carpenter）全译成英文，收入拜纳姆（W. F. Bynum）及波特（Roy Porter）所编《手册本医学史百科全书》[2] 中。近年来（2000）黄兴宗博士为李约瑟《中国科技史》用英文执笔《酿造及食品科学卷》时，对中国茶史及茶艺作了全面总结[3]，有助于国际友人了解中国悠久的茶文化。

（二）中国人参的起源及其外传

中国特产的强壮滋补药人参，具有许多奇特的医疗保健作用，驰名中外。在临床医学和经济上都有很大价值。中国人参以产于东北辽宁、吉林和黑龙江三省者最为名贵，俗称辽东参或辽参，与貂皮、鹿茸合称"东北三宝"。此外，山西上党（今长治）一带自古也以产人参著称，早在一千八百多年前，魏晋（3 世纪）时成书的《名医别录》称：

> 人参生上党山谷及辽东，二月、四月、八月上旬采根，竹刀刮暴干，无令见风。根如人形者有神。[4]

一般说，长白山和太行山一带自古以来是中国人参的集中产地，产于上党者俗称党参。唐代以后，又有许多地方产人参，据唐《新修本草》（659）卷六所载："今潞州、平州、泽州、易州、檀州、箕州、幽州、妫州并出，盖以其山连亘相接，故皆有之也。"[5]人参产地虽有增多，但仍以辽参最为闻名，有时亦看重与辽东山水相连的朝鲜人参。明代大医药学家李时珍（1518—1593）《本草纲目》（1596）卷十二说："今所用者，皆是辽参……辽参连皮者黄润，色如防风，去皮者坚白如粉。"[6]

两千多年前，西汉（前 1 世纪）成书的最早的药物学著作《神农本草经》已将人参收

---

[1] Ukers, W. H. (tr). *All about tea*, Vol. 1. New York: The Tea and Coffee Trade Journal, 1935. pp. 13—22.

[2] Carpenter, Kenneth. (tr). *Nutritional diseases*, in: W. F. Byrum & R. Porter (ed). *Companion encyclopaedia of the history of medicine*. London-New York: Loutledge, 1993. pp. 464—483.

[3] Needham, Joseph. *Science and Civilisation in China*, Vol. 6 (Chap. 5), *Fermentation & Food Science* by H. T. Huang, Cambridge University Press, 2000. pp. 503—570.

[4] （魏晋）无名氏编：《名医别录》（3 世纪），见（明）李时珍《本草纲目》（1596）卷十二，《草部·人参》条，校点本上册，人民卫生出版社 1982 年版，第 700 页。

[5] （唐）苏敬等人编：《新修本草》（659），尚志钧辑校本，卷六，《草部·上品·人参》，安徽科学技术出版社 1981 年版，第 160—161 页。

[6] （明）李时珍：《本草纲目》卷十二，《草部·人参》条，校点本上册，第 700 页。

入上品草药。书中说：

> 人参：味甘，微寒，主补五脏，安精神，定魂魄，止惊悸，除邪气，明目，开心益智，久服轻身延年。[1]

从这段有关人参功能的早期综合论述中可以看到，它具有补养身体，使人安神，增强脑力等功用，所谓"安精神，定魂魄、止惊悸"似指对高级神经活动产生良好影响。汉代以来历代医者，没有不曾利用人参开方治病的。将人参与其他药材配伍制成丸、膏和汤等不同剂型。汉代名医张机（字仲景，150—219）《伤寒论》（约 200）中有许多医方如桂枝人参汤、炙甘草汤方等，都用到人参。如"桂枝人参汤方"含有桂枝、炙甘草各四两，白术、人参、干姜各三两，水煎，分三次服。功能温中祛寒，兼散表邪。治太阳病外邪未解，而屡下之，以致协热而利，利下不止，心下痞硬者[2]。在其《金匮要略》内许多处方也是常用人参。1972 年甘肃武威东汉早期（25—88）墓葬出土的医药木简中，在治大风方及治久泄肠辟方中，也都将人参列为药物成分之一[3]。

南北朝梁人陶弘景（456—536）《本草经集注》（500）谈到人参的功用时说："疗肠胃中冷，心腹鼓疼，胸胁逆满，霍乱吐逆，调中，止消渴，通血脉，破坚积，令人不忘。"[4] 他还说："人参为药切要，与甘草同功"，是补虚扶正之要药。唐代医药学家孙思邈（581—682）《千金方》（约 670）中用人参"开心益智"。宋代医师严用和（1198—1273 在世）《济生方》（1253）中用人参治阳虚气喘。金元四大医家之一刘元素（约 1120—1200）认为"夫参之所以宜人者，以其力能补虚耳"。明初医学家朱橚（1362—1425）《普济方》（约 1418）用人参治脾胃虚弱。而李时珍《本草纲目》集中国古代药物学大成，对人参功用作了较为全面的论述："治男妇一切虚证，发热白汗、眩晕头痛、反胃吐食、痰疟、滑泻久痢、小便频数淋沥劳倦、内伤中风中暑、痿痹、吐血嗽血、下血血崩、产前产后诸候。"[5] 对读者来说，是否有这么多疗效还要看临床结果，因而所述内容只能提供参考。李时珍总结出的使用人参的医方有五十多种，分丸、膏、汤等剂型。

在不同地区或时期人参有各种别名，据不完全统计，至少有十多个：人薓、黄参、血参、人衔、鬼盖、神草、上精、地精、海腴、皱面还丹，见于《本草纲目》论人参部分的《释名》条。据李时珍考订，人参本作人薓，薓读作 shēn，意思是说这种宿根草本植物的根经多年浸渐长成，其形状如人形，故名"人薓"，后因文字太繁，遂以同音字"参"代之，乃讹传为"人参"。据李时珍讲，汉代人张机《伤寒论》古本中还用"人薓"之名，后来才易为"人参"，武威汉代医药简中也作人参。总之，人参的名称来源于外观如人形，是没有疑问的。日本语称にんじん（ninjin）则是"人参"之音读，朝鲜语拼为안삼读作

---

〔1〕（清）顾观光辑：《神农本草经》卷二，《上品·人参》，人民出版社 1956 年版，第 28 页。

〔2〕中医研究院主编：《简明中医辞典》，人民卫生出版社 1979 年版，第 685 页。

〔3〕甘肃省博物馆编：《武威汉代医简》，文物出版社 1975 年版，第 16、28 页。

〔4〕（梁）陶弘景：《本草经集注》，见《本草纲目》卷十二，上册，第 701—702 页。

〔5〕《本草纲目》卷十二，上册，人民卫生出版社 1982 年版，第 702 页。

yinsam，也与汉字发音近。在西方语中如拉丁语、英语、法语、德语和意大利语均作 gin-seng，也是汉语"人参"的音译，但与汉语发音最为接近的是俄语 Женьшень（renshen）。在世界所有语言中，人参一词实难义译，只好音译了。

　　人参是五加科人参属植物（*Panax ginseng* C. A. Mey）的根部（图 5—14）。此为多年生草本，高 60cm，主根肥大，肉质，圆柱状，常分歧，由根上部二分歧者称灵体；几不分歧或在下部分歧者称笨体，须根长。茎直立，绿色，细圆柱形，光滑无毛。叶轮生于茎侧，数目因生长年限不同，初生时一枚三出复叶，二年为一枚五出掌状复叶，三年生为二枚五出掌状复叶，四年为三枚，以后逐年增多，最后为六枚，叶具长柄。总花梗由茎端叶柄中央抽出，长 7—20cm，顶生伞形花序，有十余朵或更多黄绿色小花，从第四年始开花，生浆果状核果，成熟时红色，种子白色。花期 6—7 月，果期 7—9 月，生于茂密的林中，分布于东北三省及河北北部深山中。野生者称野山参，栽培者为园参。将幼小野参植于田中或将幼小园参植于山野，称移山参。其中以野山参最为贵重，因其甚为难得。

　　由于野山参的供应远远满足不了市场上的需要，便以栽培参来补充这一缺口。人参喜欢寒冷、温润的气候，忌强光、高温，要求排水良好的土层厚的土壤，含腐殖质、疏松而肥沃的沙质土壤最佳。种子繁殖分夏播、秋播及春播。夏播在 7—8 月果实成熟时立即播种，秋播在 11 月，春播在 4 月上中旬。先整地作畦，高 0.7—1 尺、宽 3.8—4 尺，畦间作业道为 6—8 尺。采用撒播，每平方米 1 两，播后覆土 1—1.5 寸，使土保持湿润，5 月上旬出苗。秋播、春播都用人工催芽，挖 5—6 寸深坑，将沙与种子按 1：1 比例拌好，放入坑中，覆土 2—3 寸，保持湿润，两个月后裂口，即可播种。第三年 10 月移栽，行株距 6×3 寸，盖土 5—2 寸。出苗前，搭前檐高 3—4 尺，后檐高 2—3 尺棚以遮阴。生长期间有斑点病、疫病、炭疽病为害，可以消毒剂喷洒防治[1]。9—10 月间采挖五年以上的，挖时要连根，除净泥土晒干，称生晒参。水烫、浸糖

图 5—14　人参

---

〔1〕　中医研究院中药研究所等编：《全国中草药汇编》上册，人民卫生出版社 1975 年版，第 20—21 页。

后干燥的称白糖参，蒸熟后晒干的称红参。

根据近百多年来中外学者对人参的科学分析研究，其中含多种人参皂甙（Panaxosides）、挥发油人参烯（Panacene）、单糖类、人参酸、多种维生素和氨基酸、酶、胆胺等。经药理学实验证明，如服用量得当，可对中枢神经起到兴奋作用，增强机体对非特异性刺激的适应能力，减少疲劳感，加强机体对有害因素的抵抗力。

对糖尿病患者能改善症状并降低血糖作用，与胰岛素有协同作用。还能促进性腺功能，改进贫血作用[1]。人参还可主治气短喘促，心悸健忘，失血及病后引起的虚脱，面色苍白，口渴多汗，呼吸微弱等病，对中医所说"大补元气、调营养卫"作用，西方人起初不相信人参有那样神奇的功效，待服用之后则打消了疑虑，对人参的科学研究也证明它有滋补、疗病作用，确是中国医药的一大发明。

由于人参有奇特的医疗保健功能，很早以前就传到东西方很多国家，受到重视并作为药材和营养品。我们知道，古代著名的辽东参主要分布在今吉林省长白山地区，与今朝鲜北部两江道陆上接壤，这一带也产参。有关人参的药用知识最早从中国传到山水相连的东邻朝鲜，是很自然的。前 194 年汉人卫满在半岛北部建卫氏朝鲜（前 194—前 108），都王险城（今平壤），汉武帝（前 140—前 87）即位后，卫氏朝鲜阻止周围部落与汉交往，武帝于前 108 年发兵灭之，于其地置乐浪等四郡进行直接统治[2]。西汉于半岛置郡县期间（前 108—后 221），大批汉官员、学者、医生、工匠和农民来此定居，将汉文化和科学技术带到这里。20 世纪初平壤以南乐浪遗址墓葬区出土的丝织物、铜铁器和漆器等都来自中国的内地。汉代是中医中药学发展的高峰，淳于意（前 216—前 150），张机（150—219）、华佗（153—208）等名医辈出，《内经》（前 3—前 2 世纪）、《本草经》（前 1 世纪）、《难经》（前 1 世纪）、《伤寒论》（约 200）等经典也在这一时期问世，并传至乐浪郡县，有关人参的知识于汉代已传到半岛[3]。

两汉之际（1 世纪前后）中国社会动乱，无暇东顾，朝鲜半岛韩民族相继建立三个国家：高句（gōu）丽（前 17 年至后 668 年）、新罗（前 57 年至后 935 年）及百济（前 18 年至后 660 年）形成鼎峙局面，史称三国时代。三国中高句丽在半岛北方，逐步攻取原汉代四郡中的三郡（只剩乐浪由汉统治），继承乐浪文化，又对南方的新罗和百济产生影响。新罗、百济更与中国南方六朝政权发展海上往来和人员与物资文化交流。在半岛医学史中，三国时代是大陆医学摄取期，唐人王焘（670—755）《外台秘要》（752）引《高丽老师方》、日人丹波康赖（912—995）《医心方》（980）引《百济新集方》和《新罗法师方》，这三部医方集就是三国时代的医药成果，所以至迟在三国时代后期（5 世纪）高丽、新罗和百济以人参入药已载入其医籍，自然都是用汉文写成的，其作者已不可考，很可能是居住在半岛内行医的汉人。

---

〔1〕 中医研究院中药研究所等编：《全国中草药汇编》上册，人民卫生出版社 1975 年版，第 20—21 页。

〔2〕 （汉）班固：《前汉书》，卷九十五，《朝鲜传》，卷二十八下，《地理志》，二十五史本第五册，上海古籍出版社 1986 年版，第 358、156 页。

〔3〕 ［韩］卢正祐：《韩国医学史》韩文版，汉城：高丽大学民族文化研究所 1970 年版，第 764 页。

据宋人唐慎微（1056—1163）《证类本草》（1108）卷六人参条所引，陶弘景于南齐永元二年（500）写的《本草经集注》中将中国上党参与百济参、高句丽参作了比较，指出山西上党参形长而黄，状如防风，多润实而甘。百济者形细而坚白，气味薄于上党。高丽参形大而虚软，不及百济参[1]。而在汉代成书的《神农本草经》中则只谈到中国产的人参，未谈半岛参。必定是此书传入半岛后，当地人也发现与此类似的野山参，再"贡献"到中国，为陶弘景所触及，因此5世纪在半岛采参入药应可肯定，以其稀少而又名贵，进山挖到一根能有很大一笔收入，人乐为之。除作为商品出现在国内外贸易市场外，还作为送给中、日两国政府的礼物之一。这也刺激了人参在半岛产地的扩大和产量增加。

朝鲜半岛还是中国医药学知识和人才传入日本的中介。日本奈良朝（710—794）舍人亲王（676—735）奉敕撰修于养老四年（720）的国史《日本书纪》卷十九记载，百济于威德王元年（554）曾将五经博士王柳贵、易博士王道良、历博士王保孙、医博士王有悷及采药师潘量丰等人送往大和国[2]，希望以此换取日本出兵及船帮助其攻新罗。这些拥有专业知识的中国人的到来，对日本文化和医药学发展有重要意义。万安亲王（788—830）执笔的《新撰姓氏录》（814）载，百济威德王九年（562）又有梁武帝后裔智聪携内外典、药书及明堂图等160卷来大和国，内典指佛经，外典指儒家经典，药书指《本草经》。《日本书纪》卷二十二称，推古十年（602）"冬十月，百济僧观勒来之，仍贡历本及天文、地理书并遁甲、方术之书也。是时选书生三四人以俾学习于观勒矣"[3]。医史家渡边幸三解释说，此处所述"方术之书"指陶弘景的《本草经集注》[4]。

通过中国医博士、采药师和本草书的介绍，使日本人知道人参的医疗保健价值，但日本山野不见自然生长的人参，只好靠从朝鲜半岛进口，如1719年朝鲜使即向幕府"进贡"人参50斤，也仍只能供少数人服用。另一方面有人受利益驱使，以沙参、荠苨根等冒充人参，为控制伪劣品流通，1701年实行人参专卖制，指定二家药商有营销权[5]，1720年在御药园试验种植人参、麻黄、防风等29种药草[6]。1737年田村元雄（1718—1776）以日文写成《人参谱》五卷，介绍真假冒俗人参共66种以及植参、取参、制参、藏参及择参之法[7]，此书未刊。但其《人参耕作记》则刊于1748年，内有人参图。田村还从幕府将军处得到一百多粒高丽参种子，作播种试验，但其药效仍不如野山参好。

朝鲜半岛内高句丽、百济和新罗三国分别与南北朝时期的中国发展关系后，佛教、儒学、医药学和其他部门科学技术相继传入半岛。前述562年携佛经、儒典和本草书赴日

〔1〕（宋）唐慎微：《证类本草》（1108）卷六，《草部·上品·人参》条，人民卫生出版社1954年版，第145—146页。

〔2〕［日］舍人亲王：《日本书纪》（720）卷十九，坂本太郎等校注本，第三册，东京：岩波书店1994年版，第312、496页。

〔3〕《日本书纪》卷二十二，第四册，第92、457页。

〔4〕［日］渡边幸三：陶弘景の本草に对する文献学的考察，《东方学报》（京都）1951年第20期，第195—222页。

〔5〕［日］上野益三：《日本博物学史》（日文版），东京：平凡社1973年版，第298页。

〔6〕同上书，第316页。

〔7〕同上书，第350页。

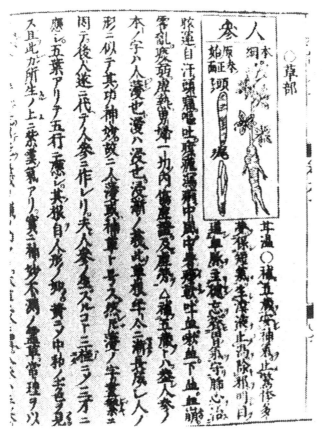

图5—15　日人冈本为竹《广益本草大成》（1698）
所载人参图

本的中国僧人智聪，在赴日前曾在高句丽讲学一年。此前几年王有悇和潘量丰等华人也是在百济担任过医博士和采药师之后再去日本的，他们先将有关人参的知识传到半岛，三国时期成书的《百济新集方》已将人参列入医方之中[1]。666年新罗在唐帝国支持下统一全半岛后，与唐关系更为密切，派遣大批留学生、留学僧前往唐学习各门知识，唐《新修本草》成为新罗培养医药人才的必读教材。新罗使者也将本国产人参、牛黄等药材作为礼物送给唐政府。有关人参的医药知识在朝鲜朝（1392—1910）进入总结性发展阶段，集中反映在《乡药集成方》（1426），《东医宝鉴》（1601）和《济众新编》（1799）这三大医书之中。除此，人参还为东南亚各国所爱用。

中国与西亚地区尤其波斯自汉唐以来，就有人员和商业往来，很多中国货物其中包括药材如大黄、黄连、麝香、肉桂和人参等通过陆上丝绸之路运往波斯。据法籍伊朗裔学者阿里·玛札海里（Aly Mazahéri，1914—1991）《丝绸之路》（*La route de la soie*. Paris：Papyrus，1983）所述，波斯人讲的 sahbyzk，hzarksay，strnk，shahbezag，hezarqusay 或 sturegn 的植物就是著名的中国人参，而他们所说的曼德拉草（mandrake）是当地产的人参代用品。人参在波斯语中为何有这么多不同名称他没有作出解释，但认为 *strnk* 当为 *snznk* 之误写，而 *snznk* 读音与"人参"相近，它像大黄一样，是中国与波斯之间大宗贸易的货物。阿巴斯王朝（Abbasids，750—1258）的波斯人塔巴里（Abūq-Hasan Ali al-Tabari）用阿拉伯文写的《智慧的乐园》（*Firdaus al-ḥikmah*，850）中长篇谈到这种药材。这部王朝药典在20世纪曾被

---

〔1〕［韩］金斗钟：《韩国医学史》（韩文版），汉城：探求堂1966年版，第79页。

译成德文[1]。中世纪诗人艾兹赖基（Azraqi）的诗，中有"在中国生长有酷似人形的人参"之诗句。在萨曼王朝（Samanids，819－1005）的药典《医方指南》和塞尔柱朝（Seljuks，1056－1194）的药典《花拉子模沙的财宝》都以很大篇幅介绍人参[2]。

人参更在近四百年前被介绍到欧洲各国，过去人们多认为欧洲人从 18 世纪起才知道人参，其实明万历四十一年（1613）来华的葡萄牙人鲁德昭（Alvarez de Semedo，1585－1658）就在其《中华大帝国志》（Relaçao de propagaçao de fé no regno da China. Madrid，1641）卷上谈到人参和茶等中国特产。此书上卷介绍中国综合情况，下卷介绍在华传教经过，1638 年写成，1641 年葡萄牙文版刊于马德里。其意大利文本（Relazióne della grande monarchio della Cina）1643 年在罗马出版，法文本（Histoire universelle du grand royaume de la Chine）1645 年刊于巴黎，最后，英文版《当今中华大帝国志》（The history of that great and renowed monarchy of China）1655 年问世于伦敦，鲁德昭在华居住二十多年后以其见闻介绍中国各省商贸产业、人民性情、习俗的书中所谈的中国辽参，很快就在意、法、英等国出版[3]。

介绍人参的还有 1643 年来华的意大利出生的卫匡国（Martio Martini，1614－1661）《中国新地图》（Novus atlas Sinensis. Amsterdam，1655）和 1687 年来华的法国耶稣会士李明（Louis le Comte，1655－1729）《中国现状新论》（Noureaux mémoires sur l'état présent de la Chine. 3 Vols，Paris，1696－1698）。稍后，布雷恩（J. P. Breyn）在波兰但泽（Danzig）于 1700 年发表《论草药人参根》（Dissertatio botanico medica de radice ginsen）的小册子，是西方最早研究人参的专著[4]。更详细介绍人参的早期欧洲作者，是清康熙四十年（1701）来华的法国教士杜德美（Pierre Jartoux，1668－1720），他在 1708 年与另一法国教士雷孝思（Jean Régis，1663－1738）随康熙帝去辽东，杜德美趁此机会走访辽东参产地长白山一带。1711 年 4 月 12 日他从北京给巴黎的印度中国传教会总视察写了一封长信，对人参产地、采制和功能等作出第一手的说明，而刊于《海外传教士启示与珍奇书信集》老版卷十（1713）及新版卷十八（1781）。

杜德美在文内指出，辽东长白山产参地区常年被封山，以木栅围起，有士兵把守，严禁其他人出入。康熙下令每年采参二万斤进御，有专业采参队，每百人一队，每十人一伍，沿一条线推进，进行地毯式搜寻，挖掘野山参。采参队由劳苦群众组成，带着粮食及衣被进山，在无人区内风餐露宿，这里常有野兽出没，如有人离队而迷失方向，便有生命危险。能够采到五年至十五年老参是很不容易的。粮食断绝，便以野果充饥，由满、汉人

[1] al-Tabari, Abū ᶜl-Hasan ᶜAli. Firdaus al-ḥikmah（The paradise of wisdom），ed. Muhammad Zubayr al-Siddiqi. Berlin，1928；A. Siggel. Die indischen Bücher aus dem Paradies der Weisheit über die Medizin des 'Ali ibn Sahl Rabban al-Tabari. Wiesbaden：Steiner，1950.

[2] ［法］玛扎海里（Aly Mazahéri）著，耿昇译：《丝绸之路——中国、波斯文化交流史》，中华书局 1993 年版，第 107 页。

[3] Cordier，Henri. Bibliotheca Sinica，ou Dictionaire bibliographique des ouvrages relatifs à l'Empire Chinois，tome 1. Paris：Librarie Orientaliste，1904. pp. 24－25.

[4] Needham，Joseph et al. Science and Civilisation in China，Vol. 6，Chap. 1. Botany. Cambridge University Press，1986. p. 34.

编成的数千人采参队虽挖出珍贵山参，却没有得到应有的劳动报偿。杜德美对野山参外观形态特征作了详细描述，并绘出人参图（图5—16）[1]。在那个时代，可以说辽东山参是只能供统治者和王公贵族少数人享用的特供药材及营养品。药店所售者多来自其他地区或伪品。

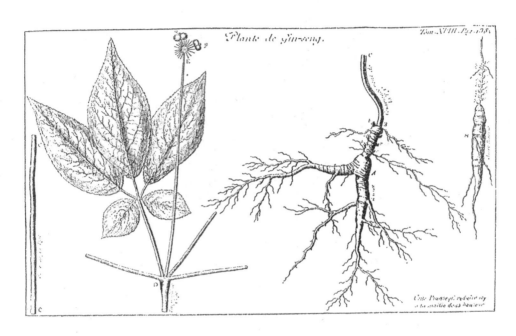

图5—16　法国人杜德美（Jartoux）1711年绘辽东长白山人参图
引自 Lettres édifiantes，1781，tome 3

　　巴黎耶稣会士杜阿德根据27名在华耶稣会士寄回的稿件编辑而成的《中华帝国及其边疆地区地理、历史、年表、政治及科学通志》（*Description géographique，historique，chronologique，politique et physique de l'Empire de la Chine et Tartarie chinois*）共四巨册，1735年出版于巴黎，是18世纪西方有关中国的百科全书式巨著，涉及中国的方方面面。此书卷三第437页起有一文标题为《节录〈本草纲目〉，或中国本草学或医用博物学纲要》（*Extrait du Pen-Tsao-Cang-Mu c'est-à-dire，de l'herbier chinois，ou histoire naturelle de la Chine，pour l'usage de la médecine*），实际上这是《本草纲目》全书内容纲要式介绍，还有第460页起还对人参、茶、冬虫夏草、三七、当归、阿胶和五倍子等中药的外观形及医疗功能作了特别介绍，取材于《本草纲目》。这部分译稿可能出自法人巴多

　　〔1〕　Jartoux，Pierre. Lettre du Pere Jartoux，Missionnaire de la Cie de Jesus，au Pere Procureur général des Missions des Indes et de la Chine（à Peking，le 12 d'avril 1711），sur le *gin-seng*，accompagnée d'un dessin de cette plante. *Lettres édifiantes et curieuses écrites des missions étrangères*，tome 10：Paris，1713. pp. 157—185；Nouvelle édition，tome 18. Paris，1781. pp. 127—143.

明（Dominique Parrenin，1665—1741）、汤执中（Pierre d'Incarville，1706—1757）或刘应（Claude de Vesderou，1656—1737）之手。此书法文本当年售光，次年（1736）荷兰海牙出第二版，1736 年出英文版，1747—1749 年译成德文，1774—1777 年前二卷俄文版问世，1789 年又有俄文缩译本。

我们仔细查阅了《中华帝国通志》法文版中有关人参部分，注意到主要译自《本草纲目》卷十二《草部》山草类人参条。按该书体例，该条药物含有《释名》（药名解释）、《集解》（产地、形态、采取）、《修治》（炮治）、《气味》（属性）、《主治》、《发明》、《正误》与《附方》等项，涉及人参的所有方面。法国译者译出了《集解》、《修治》、《主治》及《附方》（处方）等项基本内容，尤其《集解》几乎逐字逐句全部译出。例如《纲目》在《集解》中引苏颂（1020—1101）《图经本草》（1061）那个著名例证就被全文译出：

> 颂曰：为认知真正的上党人参，人们作了下列实验：二人一起行走，一人口含人参，另一人空口。走到距终点一半路程时，含人参者不觉呼吸短促，而另一人则感疲惫并气喘吁吁。这是此草药优良特点的可靠标志。[1]

前述杜德美也说他服人参后，顿感食欲增加，体力增强。当然，这只是人参多种功能中之一种。

由于不断介绍，欧洲各国开始对人参加以重视，这种药材也随之传入欧洲成为神奇草药，德国人肯普弗（E. Kaempfer，1651－1716）、俄国人基里洛夫（П. Е. Кирилов，1801—1864）等人，都曾将人参标本带回欧洲，欧洲根据人参生长环境及植物学形态，试图在欧洲本土找到野生种，但没有成功。于是他们准备到北美洲去碰碰运气，果然在 18 世纪后半叶，法国人拉菲托（François Lafitau）在北美洲加拿大发现野生人参[2]，其产地的气候与土壤与中国辽东很相近，很快又在与加拿大接壤的美国北部也发现这种人参，称为花旗参（Panax quinquefolium）或西洋参，成为辽参或高丽参的替代品。19 世纪以来，法、英、俄、德等国都试图引种中国辽参，但只有与东北三省交界的俄罗斯远东地区引种的品种有人参的医疗功能。

与此同时，各国学者对人参展开化学分析和病理学研究。例如 1854 年法国人加里格斯（S. Garrigues）在《化学与药物学年鉴》（Annalen der Chemie und Pharmacie）卷 90 发表论文说，他从花旗参中首次分离出人参皂甙，称为 Ponaquelon。20 世纪初以来，欧美、日本和中国学者如海基·李（Heiki Lee）、韦伯（Weber）、酒井和太郎、近藤治三郎、朝比奈泰彦、李希贤、陈克恢等人相继从人参中分离出其他有效成分，并作了一系列

---

〔1〕 *Extrait du Pen-Tsao-Cang-Mu c'est-à-dire，de l'herbier chinois，ou histoire naturelle de la Chine，pour l'usage de la médicine.* dans：J. B. du Halde（éd.）. *Description de l'Empire de la Chine*, tome 3. Paris, 1735. pp. 460 et seq.

〔2〕 Grosier, Jean Baptiste Gabriel. *A general description of China*，translated from the French（*Description générale de la Chine*，Paris，1785），Vol. 1. London，1788. pp. 541—543.

药理学实验[1][2]，使人们对其功用有更全面的科学认识，并开发出新药治疗相应病症或强身。第二次世界大战后，苏联科学院远东分院成立了世界上第一个专业的人参研究所，从 1947 年起开展集体的多学科研究，1954 年在列宁格勒市召开有关人参药理和治疗研究的全苏联学术会议，1955 年创办《人参及五味子研究资料》（*Материалы к изучению женьшеня и лимонника*）年刊，由别里科夫（И. Ф. Беликов）教授任主编。至 1960 年代以后各国学者经努力又弄清了各有效成分的化学结构[3]，为人工合成打下基础。现在全世界各国科学界公认人参是有特殊功效的贵重药材。

五　中国与中亚、西亚之间的植物交流

自公元前 2 世纪汉武帝遣张骞（约前 173—前 114）出使西域以后，打开了中国与中亚、西亚国家之间的陆上贸易通道，即所谓丝绸之路。双方沿丝绸之路保持持续的人员往来和物质文化交流，其中包括双方各种特产植物输向对方。从中国输入到西域国家的特产植物有桃、杏和一些中医药用植物，而药用植物将在本书第七章第二节集中叙述，此处只谈桃、杏。从中亚、西亚输入中国的植物有药用植物及一些瓜果，药用药物也将在第七章第二节介绍，此处主要谈瓜果输入中国的情况。

（一）中国输入中亚、西亚的桃和杏

桃为蔷薇科落叶小乔木（*Prunus persica*），为中国原产水果，其仁和花可入药。1973—1974 年在浙江余姚县河姆渡距今七千年前原始社会遗址发掘中就发现有桃核[4]。**杏**为蔷薇科落叶乔木（*Prunum armeniaca*），其仁亦可入药。春秋（前 7—前 6 世纪）时成书的《诗经·国风》中有桃的记载，同时期的《夏小正》中有杏的记载。劳弗在《中国伊朗编》（*Sino-Iranica*，1919）中认为桃和杏在西汉（前 2—前 1 世纪）时从中国传到波斯，再从波斯传到亚美尼亚，公元 1 世纪传到希腊和罗马[5]，这个意见是有历史根据的。波斯语将桃称为 šaft-ālu（"大李子"），将杏称为 zard-ālu（"黄李子"）。1 世纪罗马学者普利尼是最早提到这两种果树的欧洲人，公元 73 年他在《博物志》（*Historia Naturalis*）卷十五中将桃树和杏树分别称为 persica 及 armeniaca arbor（"波斯果树"及"亚美尼亚果树"）。看来这时它们已引种到地中海北岸，但将中国果树当成波斯及亚美尼亚原产，实在是个误会。

---

〔1〕　张昌绍：《现代的中药研究》，上海：中国科学图书仪器公司 1954 年版，第 35—38 页。

〔2〕　丘晨波：《中药新编》，上海卫生出版社 1957 年版，第 2、366 页。

〔3〕　江苏新医学院编：《中药大辞典》附编，中药化学成分索引，上海科学技术出版社 1979 年版，第 502—503 页。

〔4〕　浙江省文管会、浙江省博物馆：河姆渡发现原始社会重要遗址，《文物》1976 年第 8 期，第 6—14 页。

〔5〕　Laufer，B. *Sino-Iranica*，Chicago，1919. p. 539.

后来瑞典生物学家林奈（Carl von Linné，1702－1778）及德国生物学家巴奇（Batsch）为桃、杏取拉丁学名时，也决定在种加词中用了"波斯"及"亚美尼亚"字样，跟着以讹传讹。针对这种情况，19世纪瑞士植物学家德康多尔（Alphonse de Candolle，1806－1893）1855年在其《植物地理学论》（*Géographie botanique raisonée*，2vols，Geneva，1855）书中坚持认为，尽管人们推断说桃树原产地为波斯，但所有证据都证明实际上是从中国传过去的[1]。杏树也同样如此。

（二）中国从中亚、西亚引进的特产植物

中国向中亚、西亚输出植物及药材同时，还从那里引种一些植物，引种是从前2世纪汉武帝派张骞出使西域，打通中西陆上通商的丝绸之路开始的，但从西晋人张华《博物志》（约290）到明人李时珍《本草纲目》（1596）等不少著作都将一些植物引种者归之于张骞，需重新考虑。因他于前138年起出使中亚，前127年归途中被匈奴囚禁一年，仅只身而返，携回西域植物种子的只能是张骞以后其他中国使者或商人，以下分别加以叙述。

1. 苜蓿

在西汉时，中国与西亚植物交流中最早提到的植物恐怕是苜蓿和葡萄。前者是豆科苜蓿属一年生草本（*Medicago sativa*），原产于波斯，后传入东西方各国。古希腊作家亚里斯多芬（Aristophanes，c. 448－380 BC）在《骑士》（*Knights*，424BC）中提到此植物，称其为"米地克斯"（μηδικηs，medikēs），源自波斯境内古国米地亚（Media）之国名，由此又引出苜蓿属拉丁学名（Medicago）。在中亚大宛国（Ferghana，今乌兹别克斯坦境内的费尔干那一带）将此植物称为 muksuk，汉语"苜蓿"即此词之音译，用作大宛汗血宝马的优良饲料。

2. 葡萄

古时又称蒲陶或蒲桃，为葡萄科落叶木质藤本植物（*Vitis vinifera*），原产于高加索、里海地区，并传至东西方各国，果可生食或制干，汁可酿酒。劳弗认为汉文"蒲桃"当为波斯语 budāwa 的对音，而不太可能是希腊语 βότρυs（potrus）的音译，因为大宛国通行波斯语，不会借用希腊语称呼其境内早已栽培的植物[2]。苜蓿与葡萄在中国始见于西汉。张骞于前129年至前128年，在大宛停留一年后，返国时将其见闻报告给汉武帝，司马迁《史记》（前90）卷一二三《大宛传》对此作了报道：

---

　〔1〕　de Candolle, Alphonse. *Géographie botanique raisonnée*，Vol. 1. Geneva，1855；*The origin of cultivated plants*，Engl. 2nd ed.，London，1886. p. 221 et seq.

　〔2〕　Laufer, Berthold. *Sino-Iranica*，Chicago，1919. pp. 225－226.；〔德〕劳弗著，林筠因译：《中国伊朗编》，商务印书馆1964年版，第50—51页。

　　［大］宛左右以蒲陶为酒，富人藏酒至万余石，久者数十岁不败，俗嗜酒。马嗜苜蓿。汉使取其实来，于是天子始种苜蓿、蒲陶［于］肥饶地。[1]

　　此处所说"汉使"，指张骞第二次出使西域（前 119 年至前 115 年）后，汉武帝遣贰师将军李广利（约前 144 年至前 88 年）于太初元年（前 104 年）率军攻大宛时的随军人员，是他们带回大宛汗血宝马及其饲料苜蓿以及苜蓿与葡萄种子，武帝下令于首都长安郊区种植。此后种植区进一步扩大，而且在汉以后由历代本草学家列为药用，详见《本草纲目》卷二十七〈苜蓿〉条及卷三十三〈蒲萄〉条的综合论述。但李时珍认为它们由张骞引入中国，并不正确。

3. 胡桃

　　波斯原产的胡桃科落叶乔木胡桃（*Juglans regis*）之名在中国始见于西晋人张华（232—300）《博物志》（约 290），其中说"张骞使西域还，乃得胡桃种"[2]。北魏人贾思勰（473—545 在世）《齐民要术》（约 538）卷二及明人李时珍《本草纲目》卷三十皆从此说，但汉代文献中并不见与此相关记载，不过晋代中国肯定已引种了胡桃。除《博物志》外，《太平御览》（984）卷九七一《果部》引《晋宫阁铭》曰，晋宫内华林园种胡桃八十四株。又引郭义恭《广志》（3 世纪）曰："陈仓（陕西）胡桃皮薄多肌，阴平（甘肃）胡桃大而皮脆，急捉则破。"[3] 可见西晋时已在离首都洛阳很远的外省种植胡桃了，则其引种到中国始于 3 世纪西晋，传播的路线是从波斯到中亚经今新疆入甘陕，再至河南洛阳。

　　胡桃在波斯语中称"科兹"或"戈兹"（kōz or gōz），梵文作"播罗师"（pārasi）意为"波斯的"或"波斯果"。但中国人没有像苜蓿、葡萄那样按外来语作出音译，而是取了个中国式的名，以其果形如桃，又来自胡人所居之地，故名"胡桃"。"胡"指胡须，因包括波斯人在内的西域人多留长须，故古时称胡人，来自这些地区的事物则冠以"胡"字，因而"胡桃"意指"波斯桃"或"西域桃"。唐以后种植胡桃的地区从河洛向东扩展，且由本草学著作入药，如唐人孟诜（约 621—713）《食疗本草》（约 706）云，服胡桃可使须发黑泽。宋初人马志（约 935—1004）《开宝本草》（974）载胡桃"多食利小便，去五痔。"《本草纲目》卷三十综合介绍此药药性及主治，并将其称为核桃，此名遂被推广，沿用至今。从植物地理学角度观之，胡桃科天然分布很广，从东亚、中亚、西亚及地中海北岸都有原产核桃分布，都可食用。其中山核桃属落叶乔木山核桃（*Carya cathayensis*）即产于中国，而且在河南新郑及江西修水的新石器晚期遗址发现炭化的山核桃果核[4]。但不可否认，从晋代以来栽培的仍然是从波斯引进的胡桃，而不是山核桃。

〔1〕（汉）司马迁：《史记》卷一二三《大宛传》，二十五史本第 1 册，上海古籍出版社 1986 年版，第 346 页。
〔2〕（晋）张华：《博物志》卷六，范宁校注本，中华书局 1980 年版，第 76 页。
〔3〕（宋）李昉：《太平御览》卷九七一，第 4 册，中华书局 1960 年版，第 4306 页。
〔4〕李璠：《中国栽培植物发展史》，科学出版社 1984 年版，第 204 页。

4. 石榴

石榴科落叶小乔木石榴（*Punica granatum*），一般开红花，果实球形，内有很多种子，原产于伊朗，古波斯语称为"哈丹奈帕塔"（hādanaēpata），见于琐罗亚斯德（Zoroaster，7—6 centuries BC）创建的火祆教圣书《阿吠斯塔》（*Avesta*）[1]。但有迹象表明，石榴的这个古名称在波斯帝国（前 550—前 330）被希腊马其顿王国灭亡后停止使用，是何原因无法推测。在中国方面，《太平御览》卷九七〇《果部》收集很多中国有关石榴的早期记载[2]，其中最早提到石榴的是东汉末丞相曹操之子曹植（192—232）写的《弃妻诗》："石榴植前庭，绿叶摇缥青……翠鸟飞来集，拊翼以悲鸣。"在曹植诗中所说的石榴无疑应是在首都洛阳种植的。西晋文人潘岳（247—300）有《安石榴赋》，左思（250—305）《吴都赋》（291）曰："蒲桃乱溃，若榴竟裂。"而同时期的文人陆机（261—303）致弟陆云（262—303）的信中说："张骞为汉使外国十八年，得涂林安石榴也。"张华《博物志》（290）亦称"张骞使西域还，得安石榴"。按张骞于西汉使西域时有可能见闻过石榴，但西汉史料中没有关于他带回石榴的记载，由于张骞"凿空"，开辟通向西域的陆上通道，后人便将从西域传入的一些植物种子都说成由此人带回，不可尽信，需逐一重新审视。

从上述几条史料中可以看出，中国引种石榴的时间始于 2 世纪初东汉中期（100—154），其早期名称有"安石榴"或简称"石榴"、"若榴"、"丹若"及"涂林安石榴"等，显得杂乱，后来统一用"安石榴"或"石榴"二名。其中关键是"榴"字，为该植物名称的字根。东汉文字学家许慎（约 58—147）在最早一部汉字字典《说文解字》（100）中有"瘤"字并解释说："瘤，肿也，从疒，留声"。但没有收入"榴"字。魏晋人见石榴果实外形如赘瘤，且属木质，遂创一新字"榴"来称呼它，参见魏人张揖（190—254）《广雅》（230）的解释。"安石"当为波斯安息朝（Arsacid）之讹音，用来表示原产于波斯。至于"涂林安石榴"中的"涂林"（Tulim）或指波斯某一地方名。唐人李百药（565—648）《北齐书》（636）卷三十七《魏收传》载，北齐安德王高延宗纳李祖收之女为妃，一日王至李宅赴宴，妃母宋氏献二石榴于王，王问诸人，莫知其意，独魏收（506—572）曰："石榴房中多子，王新婚，妃母欲子孙众多。"王大喜[3]。此事发生于北齐天保九年（558），从这以后，石榴作为多子多孙的吉祥象征物一千多年间表现在中国文化的诸多方面。从魏晋人的《名医别录》（3 世纪）起，石榴还作为药物服用，治咽喉燥渴，止下痢漏精等[4]。

---

〔1〕 Jackson，A. V. W. *Persia，past and present*．New York-London，1909. p. 369.

〔2〕《太平御览》卷九七〇，《果部》第 4 册，第 4300—4301 页。

〔3〕（唐）李百药：《北齐书》卷三十七，《魏收传》，二十五史本第 5 册，第 51 页；又（唐）李延寿：《北史》卷五十六，《魏收传》第 4 册，第 218 页亦有同样记载。

〔4〕 参见《本草纲目》卷三十，《果部·安石榴》条，下册，人民卫生出版社 1982 年版，第 1782—1785 页。

5. 黄瓜

葫芦科一年生蔓生草本黄瓜（*Cucumis sativus*）古称胡瓜，原产于喜马拉雅山南麓，由此向东西两个方向传播[1]。埃及在公元前一千多年已有栽培，再由埃及传到西亚。中国北魏农学家贾思勰《齐民要术》卷二《种瓜第十四》谈到种胡瓜法[2]，似乎是关于胡瓜的最早记载。明代人李时珍《本草纲目》卷二十八《菜部·胡瓜》条称，"张骞使西域得种，故名胡瓜"，但没有给出史料出处，查汉代并无类似记载，故此说不可置信。胡瓜应是在 5—6 世纪南北朝时从西亚沿丝绸之路传到中国华北，再扩及各地。唐人孟诜（621—713）《食疗本草》（约 706）及陈藏器（672—745 在世）《本草拾遗》（739）均将胡瓜列入药物，有清热作用，且指出后赵（328—351）时为避羯族统治者石勒讳，将胡瓜易名为黄瓜[3]，如果这个记载属实，黄瓜传入到中国的时间还可追溯到东晋十六国时期（304—439），6 世纪又从中国传到日本，初见于平安时代和歌家源顺（911—983）所著《倭名类聚方》（937）。

6. 西瓜

另一葫芦科一年生茎蔓生草本西瓜（*Citrullus lanatus*）原产非洲，经埃及向东传至希腊、罗马，再传至西亚、中亚。唐以前中国文献中不载此物，至元人吴瑞（1299—1359 在世）《日用本草》（1331）始入药，他说："契丹破回纥，始得此种。以牛粪覆而种之，结实如斗大，而圆如匏，色如青玉，子如金色或黑麻色，北地多有之。"《本草纲目》卷三十三引这段记载后又说："按胡峤《陷虏记》言：峤征回纥，得此种归，名曰西瓜。则西瓜自五代时始入中国，今则南北皆有，而南方者味稍不及。"李时珍似未读胡峤原著，故误将他说成征回纥得瓜种。按胡峤（912—970 在世）为后晋（936—946）同州郃阳县令，946 年契丹灭后晋时被掳至契丹，953 年逃回后周（931—960），将在契丹见闻写成《陷虏记》，而征回纥的是契丹统治者派遣的契丹兵。胡峤写道：从契丹上京临潢府（今内蒙古境内）东行到一平原，始吃西瓜。此为契丹破回纥时得瓜种，以牛粪搭成种植，大如冬瓜，味甜[4]。由此看来，西瓜从西亚传入中国今新疆境内当在 9 世纪，10 世纪初移种至北方，再向南移种，至明代已南北皆有之。

---

〔1〕［日］星川清亲：《栽培植物の起源と传播》，《胡瓜》（きゆうり）条，东京：柴田书店 1978 年版；段传德、丁法元译：《栽培植物的起源与研究》，河南科学技术出版社 1981 年版，第 62 页。

〔2〕（北魏）贾思勰：《齐民要术》卷二，《种瓜第十四》，石声汉选释本，农业出版社 1981 年版，第 125 页。

〔3〕（唐）孟诜：《食疗本草》，谢海洲等人辑本，卷下，人民卫生出版社 1984 年版，第 137 页；又《本草纲目》卷二十八，下册，第 1701 页。

〔4〕（唐）胡峤：《陷虏记》，载《说郛》卷五十六，1646 年委宛山堂刻本。

第六章　农业

一　中国水车、铁犁和耧车的起源、发展和西传

（一）水车的起源、发展和外传

1. 水车的起源和发展

龙骨水车又称翻车，是中国人一千八百多年间长期使用的灌溉、提水机械，也用于排除田间积水，直到 20 世纪还广泛用于农村。1963—1986 年间笔者多次在南方赣、湘、浙、鄂、川等省农村考察传统手工业生产时，仍可到处看到（图 6—1）。史载翻车创始于 2 世纪东汉（25—221）后期。《后汉书》卷一〇八《宦者传·张让传》称，汉灵帝中平三年（186）中常侍张让使负责首都洛阳后宫贵人事务的掖庭令毕岚（约 160—189）

> 作翻车、渴乌，施于［平门外］桥西，用洒南北郊路，以省百姓洒道之费。[1]

唐人李贤（654—684）对此注曰：

> 翻车，设机车以引水。渴乌为曲筒，以气引水上也。

元人王祯（1260—1330 在世）《农书》（1313）卷十八《农器图谱十三》引《后汉书·张让传》后指出，"翻车，今人谓龙骨车也"[2]。如果说毕岚造的翻车吸水用于喷洒道路，那么魏人马钧（207—260 在世）则将其加以改进，使之用于农田灌溉，扩大了其应用范围。

刘宋史家裴松之（372—451）注《三国志》卷二十九《魏书·方技传》时，引晋人傅玄（217—278）《马［钧］先生传》云，扶风（今陕西境内）人马钧为名闻天下之巧匠，

---

〔1〕（刘宋）范晔：《后汉书》卷一〇八，《宦者传·张让传》，二十五史本第 2 册，上海古籍出版社 1986 年版，第 1024 页。

〔2〕（元）王祯：《农书》卷十八，《农器图谱十三》，上海古籍出版社 1994 年版，第 490 页。

魏明帝（227—239）时

> 居京都（今洛阳），城内有坡可为
> 圃，患无水以溉之，［马钧］乃作翻车，
> 令童儿转之，而灌水自覆，更入更出，
> 其巧百倍于常。[1]

这种以手摇动的翻车既轻巧，又便于操
作，为此后历代所沿用，一直持续用到近
代。北周诗人庾信（513—581）有诗曰：

> 云逐鱼鳞起，渠随龙骨开。[2]

诗中所说的"龙骨"显然指的是翻车，说明
其部件含有龙骨板叶，龙骨车之名可能在南
北朝（420—589）时即已出现。"龙骨水车"
一名比"翻车"能更形象表述其外观面貌，
又含有吉祥意义，因而宋元以来成为民间的
普遍称呼。例如南宋人陆游（1123—1210）
《春色即景》诗云：

> 龙骨车鸣水入塘，雨来犹可望丰穰。

图 6—1　20 世纪中国农村用的龙骨水车
引自《江西日报》1963.4.17，幼苗绘

隶唐统一中国后，经济繁荣，农业、手工业和科学技术也获得大发展，各种农具包括
龙骨水车随之进一步完善，应用范围扩及全国各地，制造方面逐步向标准化方向发展。
《旧唐书》（945）卷十七上《文宗纪》载：

> ［太和二年］闰三月丙戌（828 年 4 月 30 日），内［廷］出水车样，令京兆府造水车，
> 散给缘郑白渠百姓以溉水田。[3]

这就是说，由大内提出龙骨水车的标准式样，令首都长安所在的京兆府当局依样统一大批
量制造，再分发给京畿道内的郑白渠附近百姓，用以灌溉水田，制造水车的工匠来自江

〔1〕（晋）陈寿著，（刘宋）裴松之注：《三国志》卷二十九，《魏书·方技传》，二十五史本第 2 册，第 1164 页。
〔2〕（北周）庾信：《和李司录喜雨》，见丁福保编《全汉三国晋南北朝诗》下册，《全北周诗》，中华书局 1959
年版。
〔3〕（后晋）刘昫：《旧唐书》卷十七上，《文宗纪》，二十五史本第 5 册，第 3548 页。

南。唐代不但继承了汉魏以来的水车技术，而且还开发出新的水车品种。除原有的手摇水车外，还有脚踏水车和牛转水车，车体和抽水量越来越大，且节省人力，功效加倍。

董浩（1740—1818）等奉敕编《全唐文》（1814）卷九四八收入唐代文人陈廷章的《水轮赋》，以赋体文学形式描述一种水车，文字隐约，但从字里行间可判断为王祯《农书》卷十八所述之水转筒车，虽与水转翻车或水转龙骨车不同，但均属链式提水器。唐代更有脚踏翻车及牛转翻车，然唐人文献较少记载，仅在日本古书《类聚三代格》中有明确记载。"格"或"式"，合成"格式"（かくしき，kakashiki）在日本语中指政府颁布的法令，此书将日本平安时代（794—1189）初期弘仁（801—832）、贞观（859—876）及延喜（901—912）三朝法令加以分类汇编，是研究该时期历史的第一手资料。其卷八收入天长六年（唐文宗大和三年，公元 829 年）五月太政府符（传令）《应作水车事》，内称：

> 耕种之利，水田为本。水田之难，尤其旱损。传闻唐国之风，渠堰不便之处多构水车。无水之地，以斯不失其利。此间（日本）之民素无此备，动若焦损。宜下仰民间，作备件器，以为农业之资。其以手转、足踏、服牛回［转］，命随便宜。若有贫乏之辈不堪作备者，国司作给。经用破损，随即修理。[1]

根据以上所述可以肯定，中国在唐代初期至中期（7—8 世纪）已有手转翻车、足踏翻车和牛转翻车，而在唐文宗二年（828）朝廷颁发水车标准式样后，第二年（829）这些水车即传入日本，由太政府发布法令，要求在大行政区地方政府（国司）依唐式仿制，并分发给日本农户。前引《旧唐书·文宗纪》没有细述朝廷颁发的水车式样属何种水车，至此可以明确解读为手转、足踏及牛转三种龙骨水车。它们在唐代已按全国统一的标准模式制造，宋元、明清时农书所载的这类水车实由唐代演变而来。北京故宫博物院藏南宋宫廷画院画师马逵（1160—1224 年在世）所绘《柳阴云碓图》中有牛转龙骨车[2]，同样的图还出现在更早时间北宋画家郭忠恕（约 912—979）于乾德三年（965）所画《水车》中[3]，与后世技术书中所见完全相同，由此也可想见唐代牛转水车也当如此。

唐代既已有牛转龙骨车，又有水转筒车，也应有水转龙骨车，因为将水转筒车上的水激动力转装在牛转龙骨车上是再容易不过了。因此在唐代龙骨车中，手转、足踏、牛转及水转等不同动力驱动的类型已应有尽有。这些水车的部件装配及图像，在元人王祯《农书》（1313）卷十八、明人徐光启（1562—1633）《农政全书》（1638）卷十七及宋应星《天工开物》（1637）《乃粒》章中都可看到，现综述于下。足踏水车主体是长木槽，长 1—2 丈（3.33—6.66m），宽 4—7 寸（13.32—23.31cm），高 1 尺（33.7cm）。槽内架一与宽相等的行道板，槽或行道板上装大木轮轴。一条由若干方形龙骨板（刮水板）连成的长链环绕在行道板上下两面，龙骨叶的长链环在槽上端绕过大轮轴，槽下端绕过小轮轴。

〔1〕［日］无名作者：《类聚三代格》卷八，《太政府符·应作水车事》天长六年（829）五月条。
〔2〕（宋）马逵：《柳阴云碓图》，载《故宫周刊》（北平）1936 年第 484 期。
〔3〕（宋）郭忠恕：《水车图》，见刘海粟编《名画大观》第二册，图版，中华书局 1935 年版，第 21 页。

大轮轴装在岸上，下轮轴浸没水中。大轮轴上有拐木四个，人踏拐木，转动板叶，将低处水在行道板上刮到高处[1]（图6—2）。一般可将水提至1丈高度。欲提至3丈以上，可用三架水车，中途挖小水坑，递相传水车水上岸[2]。一车一日可灌田5亩[3]（图6—3）。

手摇翻车是水车的早期形式，魏人马钧所造的就是这类水车，其主体较小，不用足踏，而用手摇。与足踏不同的是，上端轮轴不大，不装拐木，而装曲柄，双手摇曲柄以转动轮轴，再带动木槽内行道板上的板叶，向上刮水，又称为拔车。只用于上下水位差不大的地方，可提水至2m高，小巧轻便，一人即可操作（图6—4）。畜力转动的翻车（图6—5）与人力翻车构造基本相同，所不同的是上端轮轴上装一立齿轮，其旁竖一大

图6—2　足踏龙骨水车
引自王祯《农书》卷十八

图6—3　灌田用龙骨水车
引自《天工开物·乃粒》

立轴，轴上装一卧齿轮，使立齿轮与卧齿轮相互衔接，用牛或驴转动立轴，经立、卧齿轮的转动，以带动翻车上的板叶，向上刮水。一牛每日可灌田10亩，两倍于足踏水车。

王祯《农书》、《农政全书》和《天工开物》等书还给出了一种不借人力或畜力，而是靠水力驱动的灌田水车图样，有两种形式，分别为水转翻车和水转筒车。前者构造与畜力翻车基本相同，但需在立轴下再装一个大水轮，置于河边，以水力冲击此大水轮，带动立轮旋转，经过立轴上的

〔1〕（元）王祯：《农书》卷十八，《农器图谱·翻车》，上海：农学会排印本1906年版，第7页。
〔2〕（明）徐光启：《农政全书》卷十七，《水利·翻车》，石声汉校注本，上册，上海古籍出版社1979年版，第419—422页。
〔3〕（明）宋应星：《天工开物·乃粒》，潘吉星译注本，上海古籍出版社1992年版，第9—10、232页。

卧式齿轮和另一横轴上的立式齿轮的传动，驱动长木槽内行道板上的刮板，向上刮水（图6—6），经输水槽灌入田中。水转筒车的主体是大的立式水轮，架在水边，轮的下部入水，立轮上均匀绑上一些小竹筒，轮辐间装引水槽。水力驱动水轮转动，转入水中的竹筒装满水后被带到高处，筒口向下，其中水流入引水槽，再灌入田中（图6—7）。这两种水车多用于江南有长流水的河岸边，昼夜自动工作，胜于足踏车。这些水车是唐宋时从汉魏人力翻车演变的，元明以后大为推广。所有类型的水车都由熟练木工按标准样式制成，一架水车至少可连续使用30年，是中世纪世界最先进的链式提水机械，被东西方各国所仿制。

图6—4　手转翻车（"拔车"）

引自《天工开物·乃粒》

图6—5　牛转翻车

引自《农政全书》卷十七

2. 中国水车的外传

在唐文宗于太和二年（828）下令按朝廷颁布的统一样式制造水车时，此样式迅即传到东邻日本并被仿造，前已述及。推动此举的是日本平安朝中期的皇室成员兼学者良岑安世（ヨシミネ・ヤスヨ，Yoshimine Yasuyo，785—830），他造水车是为便利诸国之民耕作[1]。按：良岑安世又名良峰安世，为桓武天皇皇子，受命参与编写《日本后纪》及《经国集》（822），累官至正三位的大纳言。由于他有这样的身份和权位，才能以政令方式

---

〔1〕〔日〕金子晋：《日本事物起源》日文第八版，东京：青山堂1911年版，第180页。

在日本全国推广大唐帝国颁行的统一式样的龙骨水车，从此一直持续用到江户朝（1600—1865）。

朝鲜在三国时代后期（6 世纪）引进中国水车，主要用以驱动碾硙[1]，以水车用于灌溉、排水始见于高丽朝（918—1392）。朝鲜史家郑麟趾（1395—1468）《高丽史》（1454）卷七十九《食货二》载，恭愍王十一年（1362）密直提学白文宝进言曰：

> ［中国］江淮之民为农而不忧水旱者，水车之力也。吾东方之人治水田者必引沟浍，不解水车之易注……宜命界首官造水车使效，工取样，可传于民间，此备旱垦荒第一策也。[2]

图 6—6　水转翻车
引自《农政全书》卷十七

李朝（1393—1910）实学家朴趾源（1737—1805）在其《热河日记》（1783）中呼吁利用中国书中所载各种水车灌田，"则吾东生民贫瘁欲死，庶几有疗耳"[3]。另一李朝学者徐有榘（1764—1845）于 1840 年代用汉文编成的《林园经济十六志·本利志》中引中国农书所载各种水车（图 6—9）。此书 1967 年在汉城重刊。清代时越南阮朝（1802—1945）驻华使节李文馥极力主张在本国推广使用龙骨水车[4]。

中国龙骨水车至迟在 16 世纪已传到欧洲，据德国学者齐默尔（G. H. Zimmer）1931 年在伦敦《纽科门学会学报》（*Transactions of the Newcomen Society*，Vol. 11. London）上发表的"汉普顿宫的 16 世纪链式提水器"（The 16th century chain-pump at Hampton Court）所述，伦敦附近的汉普顿宫（Palace of Hampton Court）为某一贵族所拥有，宫内有一架纯中国式的龙骨水车，是为清除污水而在 1516 年安装在那里的[5]。西方人将其称为 square-pullet chain-pump（"方形板叶链式提水器"）。此水车在 1961 年经李约瑟再次

---

〔1〕［韩］全相运：《韩国科学史》（韩文版），汉城：科学世界社 1966 年版，第 148 页。

〔2〕［朝］郑麟趾：《高丽史》卷七十九，《食货二·农桑》第二册，平壤：朝鲜科学院出版社 1958 年版，第 607 页。

〔3〕［朝］朴趾源：《燕岩全集·热河日记·车制》，平壤：朝鲜科学院 1952 年版，第 179 页。

〔4〕Huard, P. & M. Durand. *Connaissance du Viet-Nam*. Hanoi：Ecole Française de l'Extrême-Orient，1954，p. 127；Paris：Impremerie Nationale，1954，p. 12.

〔5〕Zimmer, G. F. The 16th century chain-pump at Hampton Court. *Transactions of the Newcomen Society*，1931，11：55.

图 6—7　水转筒车
引自《天工开物·乃粒》

研究后，认为其年代更可能是 1700
年[1]。齐默尔还注意到其刮水板尺寸
8 英寸×9 英寸（20.32cm×22.86cm），
很像中国习用尺寸。

在此以前，1671 年荷兰人蒙塔努
斯（A. Montanus）记述他于康熙二
年（1663）陪同荷兰使节访华情况
时，谈到在华南看到的龙骨水车：

> 沿开凿的运河将河水引至可
> 观距离的缺水之处，用此法中国
> 实现大通航，而且用机器将水从
> 低处提升到高处。它由四块方板
> 制成，携带大量的水，靠铁链拖
> 动，这些木板把水拉上来，就像
> 水斗那样。[2]

图 6—8　日本灌田用龙骨水车
引自［日］西川祐信绘《绘本土农工商》（1700）

〔1〕 Needham, Joseph. *Science and Civilisation in China*, Vol. 4, Chap. 2; *Mechanical Engineering*. Cambridge University Press, 1965, p. 349.

〔2〕 Montanus, A. *Atlas Chinensis; being a second part of a relation of remarkable passages in two embassie from the East India Company of the United Provinces to the Viceroy Singlamong and General Taising Lipovi, and to Konchi (K'ang-Hsi), Emperor of China and East Tartary*, Tr. J. Ogilby. London: Johnson, 1671, p. 675.

图 6—9　朝鲜学者徐有榘《林园经济十六志》
引自《农政全书》中的足踏翻车图

这一观察有不仔细之处，因为龙骨板不止四块，而且不是用铁链拖动，但却道出了龙骨水车的基本结构及工作原理。在汉普顿宫 1700 年安装龙骨水车后，德国工程师罗伊波尔德（J. Leupold）1724 年[1]、荷兰工程师范·齐尔（J. van Zyl）1734 年[2]、法国机械师贝利多（B. F. de Bélidor）1737 年[3]、英国建筑师钱伯斯（Sir William Chambers，1726—1796）1757 年[4]在其著作中都描述过中国龙骨水车。根据美国机械工程专家尤斑克（Thomas Ewbank，1792—1870）的研究，17 世纪末叶，英国军舰普遍用中国龙骨水车清除船底污水，而且直到 18 世纪仍未由活塞泵完全取代[5]。

1793 年（清乾隆五十八年）以马戛尔尼伯爵（Earl George Macartney，1737—1806）为首的英使访华团一行，于同年 11 月途经浙江舟山时看到龙骨水车，有手摇、足踏和牛转三种形式，副使斯当东（Sir George Thomas Staunton，1781—1859）在《英王使节谒见大清国皇帝纪实》（*An authentic account of an embassy from the King of Great Britain to the Emperor of China*，Philadelphia，1799）中就此写道：

在这里，我们又看到中国更巧妙、更有效的引水方法，这就是他们的水车。与英国军舰上所用的改进的链式提水机主要不同之处，在英国是圆柱形，在中国是方形。……中国水车是方底的槽，其中用木板隔成两段，将同木槽一样大小的方扁木板装在链子上。槽两端安两个转轮，链条在上面绕过。装在链条上的方木板通过轮轴转

〔1〕Leupold，J. *Theatrum machinarum génerale*. Leipzig，1724.

〔2〕van Zyl，J. *The atrum machinanum universale of groot algemeen moolen-boek，behelzende de beschryving en Afbeeldingen van allerhande Soorten van moolens，der zelver opstallen en granden*. Amsterdam：Schenck，1754.

〔3〕Bélidor，B. F. de. *Architecture hydraulique；ou l'art de conduire，d'elever et de ménager les eaux，pour les différens besoins de la vie*，Vol. 1. Paris：Jombert，1737，pls. 36. 37，p. 360.

〔4〕Chambers，William. *Designs of Chinese buildings，furniture，dresses，machines and utensils；to which is annexed，a description of their temples，houses，gardens*，etc.. London，1757，p. 13，pl. 18.

〔5〕Ewbank，Thomas. *A descriptive and historical account of hydraulic and other machines for raising water，ancient and modern...*，New York：Scribner，1842，p. 154 ff.

动，将相当于空木槽那样长、宽和厚的水带上来，因此称为引水机，有三种不同使用方法。如有大量水要提引，便在转轴的延长轴上装几个拐木，呈 T 字形，其表面弄圆、磨光，使脚容易踏在其上面。轴的两侧竖立两根木柱，上面由一横梁连起使之稳定。安好后，人扶在横梁上，脚踏下面轴上的拐木，转动轮轴，引水机便连续将水提升上来。下面的插图可帮助说明这种机器的运作。此法主要用于排除地上积水，或将水从池塘转到另一个池塘，或将河湖中的水引至高处。

斯当东在其访华录中出示那幅著名的中国足踏龙骨水车图后，继续介绍牛转水车：

> 一方法是将一水牛或其他家畜驾在一大卧式齿轮上，通过齿轮将其连在立式齿轮上，带动水车运转。这种方法只在舟山见到，其他地方没有（按：其他地方也很常见——引者注）。另一方法是将转轴与曲柄像普通转磨那样，装在水车一端的转轴上，由人手推曲柄。这种方法在中国很普遍，很多农民都有这种易于携带的简便机器，其功用对中国农民来说不亚于锄头对欧洲农民，许多工匠专门制造和修理这种农具。[1]

这是西方人据在华亲眼所见，对中国龙骨水车的最准确的描述。此书曾译成德文（柏林，1798）、法文（巴黎，1807）、俄文（圣彼得堡，1804）和中文（北京，1965），笔者引用时对中译文作了修改。

中国龙骨水车传入欧洲后，欧洲人对其构件尺寸和形制稍作改变后，便广泛用于引水及排水，再将其传入北美洲。1794 年荷兰东印度公司使节范百兰（Houekgeest Andre Everard van Braam，1739－1801）访华后以法文写成《荷兰东印度公司使节 1794、1795 年谒见大清皇帝纪实》（*Voyage de l'ambassade de la Compagnie des Indes Orientales Hollandaises*，*vers l'Empereur de la Chine*，*dans les années*，1794，1795. 2 vols. Philadelphia，1797），书中介绍了中国龙骨水车。此书 1798 年英文版刊于伦敦。书中写道："我把这种机器引入美国，它在那里证明在沿河两岸很有用，因为容易操作。"[2] 迟至 1938 年，美国犹他州的盐湖城（Salt Lake City，Utah）还将从中国运去的龙骨水车用于从盐湖中抽出可结晶成盐的盐水[3]。

公元 2 世纪中国汉代发明的龙骨水车是坚硬且能绕曲成两端连接呈环状的链式转动装置，也是此后中外各国研制的所有这类传动机的直系祖先和技术源头。7 世纪人侯白《启

---

〔1〕 ［英］乔治·斯当东著，叶笃义译：《英使谒见乾隆纪实》，商务印书馆 1963 年版，第 474—475 页。

〔2〕 van Braam Houckgeest，A. E. *An authentic account of the embassy of the Dutch East-India Company to the court of China in the year* 1794 *and* 1795，Tr. L. E. Moreau de St. Méry，Fr. ed，Vol. 1. Philadelphia，1797，p. 74.

〔3〕 Needham，Joseph. *Science and Civilisation in China*，Vol. 4，Chap. 2. *Méchanical engineering*，Cambridge University Press，1965，p. 350.

颜录》载，邓玄挺（？—689）在一寺院菜园中看到木斗水车从井中提水灌溉[1]。这是将人力转动的龙骨水车上的刮水板改成木桶，可用于缺少河湖的北方旱田井下提水。自然，将链条、刮水板再作变换，可使此机器推广用于疏浚、挖泥和物料输送等方面，这正是16世纪欧洲引入中国龙骨水车后，链式传动机的主要发展方向。

（二）中国传统铁犁的起源、发展和西传

1. 中国传统铁犁的起源和发展

耕地和播种是农业生产中最重要的基本操作，中国是世界农业起源中心之一，七千多年前已开始耕种活动。早期耕垦工具是木制的耒耜（léisi），《周易·系辞下》曰："神农氏作，斫木为耜，揉木为耒，耒耨之利以教天下。"[2]神农氏又称炎帝，传为上古时农业和医药的创始者，其所处时代相当新石器时代中期（前50—前35世纪）。耒为一木棍，下有横梁，以脚踏之。耜为木棒，下绑有U或V形石、骨质刃部，其上有横梁，可以脚踏或人拉，用以破土。在中国各地新石器时代遗址曾有出土实物发现，与文献记载相符。耜的刃部与地面所呈的斜角由45°逐渐减少到几乎平行[3]，而自商代（前1600—前1300）青铜技术发展后，刃部包以铜质，以提高其坚韧度，可由人拉，亦可牛拉，从而渐变成原始的犁。甲骨文中𠛂（"勿"）、𤘱（"物"）及"耕"字的出现就表现这一渐变过程[4]。

图6—10　汉代牛犁图
左：山西平陆县枣园村新葬、墓壁画，据《考古》1959（9）临绘
右：陕西米脂县东汉墓画像石，据《文物》1973（3）临绘

---

〔1〕（唐）侯白：《启颜录》，载（元）陶宗仪辑，（明）陶珽重校《说郛》宛委山堂刊本卷二十三，1646年刊；又见（宋）李昉《太平广记》卷二五〇，《诙谐类·邓玄挺》，《笔记小说大观》本第三册，广陵古籍刻印社1983年版，第172页。

〔2〕（唐）孔颖达：《周易正义》卷八，《系辞下》，十三经注疏本，上册，上海：世界书局1935年版，第86页。

〔3〕陆敬严、华觉明主编：《中国科学技术史·机械卷》，科学出版社2000年版，第315—318页。

〔4〕温少峰、袁庭栋：《殷墟卜辞研究·科学技术篇》，四川社会科学研究院出版社1983年版，第190—193页。

战国（前 476—前 222）、秦汉（前 221—后 221）时冶铁、铸铁技术获得大发展，过去原始犁的石质或骨质刃部，这时逐步以铁刃代之。1950 年河南辉县出土战国铁犁铧，此后陕西、河南和山东等省汉墓中更有放在铁犁铧上的铁犁壁出土，这一改进使犁具有松土、碎土和翻土功能。各地所见汉代牛耕图画像石，更为了解犁的结构提供实物资料（图 6—10）。《汉书·食货志》载，武帝晚年（前 89）悔过去征战过频，下诏提倡力农，命赵过（前 139—前 74 在世）为搜粟都尉，在首都长安附近的关中平原试点其先进的耕作方法"代田法"，再向其他地区推广。"其耕耘下种田器，皆有便巧。……用耦犁，二牛三人。"[1]"耦犁、二牛三人"意思是二牛共拉一犁，一人在前面牵牛，一人扶犁，另一人在犁旁压犁，以控制耕土深度。因那时犁铧、犁壁不能上下移动。到西汉末至东汉时（1 世纪初至 3 世纪初）犁具已有犁梢、犁底、犁辕、犁箭、犁铧、犁壁等构件，具备真正畜力犁的基本特征与功能。只是长的直辕形式有待改进，随着操作逐步熟练和人畜互动的加强，牵牛人和压辕人便可省去。从出土牛耕图中亦可见两牛二人或两牛一人（图 6—10）。

魏晋（3 世纪）以后，一人一牛出现更多，劳动效率成倍增长，除北方旱田外，还推广到长江流域的水田。至隋唐铁犁已达到完善程度，唐代学者陆龟蒙（约 821—881）《耒耜经》（880）是中国最早专论农具的作品，其中对典型的江东曲辕犁 11 个部件名称、尺寸作了详细介绍[2]。由此可做出准确的复原模型（图 6—11）。唐犁最大改进是直辕易为曲辕，从而降低犁的受力点，使其持续沿地面前进，有效使用畜力，也使整

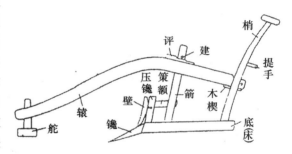

图6—11 唐代江东犁，据《耒耜经》（880）复原

个犁身缩短而机动灵活。宋元时推广于全国，在农具史中有重大意义。作为世界最先进的农具，这种犁一直使用到现代，它适应各种土壤、季节和气候以及不同作物，是有多种用途的耕垦农具，并于 17 世纪传入欧洲，导致 18 世纪欧洲农业革命。

2. 中国铁犁的西传

汉唐以来中国由于使用高效的铁犁、耧车及其他配套农具，辅之以有效施肥和精耕细作的操作，使农业保持持续发展的势头，养育着这个世界上人口最多的国家的人民。反观欧洲各国，由于农耕技术和农具滞后，严重阻碍了农业的发展，使农业拖了整个国民经济发展的后腿。李约瑟《中国科技史·农业卷》的执笔者白馥兰（Frecesca Bray）女士将 17 世纪为止的欧洲犁（图 6—12）与中国犁（图 6—13）作了比较研究[3]。她指出欧洲传

〔1〕 （汉）班固：《汉书》卷二十四，《食货志》，二十五史本第 1 册，上海古籍出版社 1986 年版，第 477 页。

〔2〕 （唐）陆龟蒙：《耒耜经》，《丛书集成初编·应用科学类》，上海：商务印书馆 1936 年版。

〔3〕 Needham, Joseph. *Science and Civilisation in China*, Vol. 6, Chap. 2, *Agriculture volume* by Francesca Bray. Cambridge University Press, 1984, pp. 140, 188.

统犁有以下特点：木制犁底宽而重，加大与土的摩擦力。有两个犁梢，辕平直且装有两个底轮。铁制犁镜（铧）不对称，有时两片。木制犁壁不对称，呈平面而非曲面，沿镜后方平置，因而与土的摩擦力增大。壁前置一犁刀，主要用于切割休闲草地之用。犁具很笨重，需以车或撬杠运载，通常以四牛或四马拉之，有的重犁甚至要驾十四匹牛马。而且每犁至少要三人照料，一人扶犁，一人压辕，另一人在前面牵牛马。

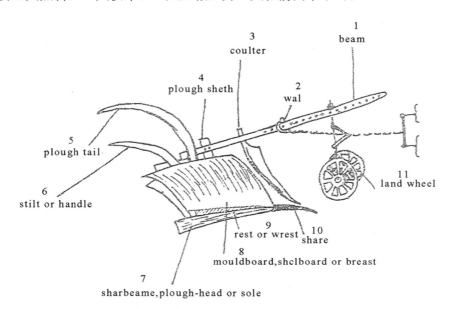

图 6—12　16—17 世纪英国木犁的形制及部件[1]
1. 辕　2. 箍　3. 犁刀　4. 犁键　5. 犁尾　6. 梢
7. 犁底　8. 犁壁 9. 托　10. 犁铧　11. 底轮
引自芬顿（A. Fenton，1970）

欧洲人犁地的情景看上去相当"壮观"，几十匹牛马、几十个农民前呼后拥，往来于田间，但因犁具结构不合理，造成人力、畜力和财力方面的巨大浪费，生产效率低，生产成本高，束缚了农业生产力的可持续发展。农场主不得不斥巨资买牛马、建圈饲养，还要留出土地做牧场，相应减少粮食产量。一般个体农户用不起这种犁，即令用，也人不敷出，于是干脆使用更原始的"曲锄"（"crook-spade"），这种 17 世纪兴起于苏格兰的"曲锄"（图 6—14）[2] 有时被视为欧洲犁的祖先，虽以人力操作，但只能开出浅沟，不能将底土翻出土面，从而导致技术倒退。欧洲传统宽底犁的梢、轮及木壁过重，靠多匹牛马才能拉动，但行动却很缓慢，因犁壁与镜之间未能完全密合，常有杂草及土块塞满相接处的缝隙，因而扶犁人不得不随时停犁，以木棒剔除犁壁前的泥土。在英国东南埃塞克斯

〔1〕　Fenton，A. The plough-song：a Scotish source for mediaval plough history. *Tools and Tillage*，1970，1，**3**：175.

〔2〕　Mc Donald，J. *General view of the agriculture of the Hebrides*，Edinburgh，1811，p. 57.

（Essex）郡中世纪时由四牛二马牵拉的一组耕犁每日只能犁地一英亩（one acre）[1]，其效率之低可想而知。

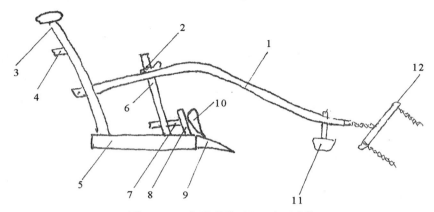

图 6—13　中国犁的形制及部件[2]

1. 辕　2. 键　3. 梢　4. 提手　5. 底　6. 箭　7. 策额
8. 压镵　9. 镵　10. 壁　11. 舵　12. 槃

引自霍梅尔（R. P. Hommel, 1937）

与欧洲犁相比，中国犁在结构和功能上的优越性是显而易见的。中国木制犁底狭而长，体轻，与土的摩擦力小，只有一个犁梢。辕呈曲形，其下没有底轮。铸铁犁镵对称，只有一片，其上放铁质曲面犁壁，镵、壁紧密接合而无缝隙，从而杜绝了杂草、泥土塞满接缝处的可能性。因犁壁为铁制曲面形，而非平面木板，不但大大减少与土的摩擦力，还能将底土翻开，将草压在土下，以犁箭调整犁土深度，因之无须另加犁刀。整个犁具精巧体轻，一人可肩扛携带，通常一人一牛即可连续作业，且前进速度快，如同平地走路。用中国犁可节省大量人力、畜力、财力和原材料，而其效率则比欧洲犁高十倍以上。对一般农户而言，一牛一犁足可种田十余亩，除养活全家外，尚有余粮。无牛无犁之家可以租用或以换工方式使用，富裕

图 6—14　17 世纪苏格兰的"曲锄"

引自麦克唐纳（J. Mc Donald, 1811）

---

[1] Fussel, G. E. *The farmer's tools：1500—1900*，London，1952，p. 36.

[2] Hommel，R. P. *China at work；an illustrated record of the primitive industries of China's masses，whose life is toil，and thus an account of Chinese Civilisation*，New York，1937；reprint，MIT Press，1969，p. 41.

的农户拥有多牛多犁经营大片土地，自不待言。因而中国犁在全国南北各地普遍行用，欧洲多匹牛马牵拉的重犁并非多数农户能用得起的。

中国高效犁使用千年以后，欧洲人仍对此知之甚少。元代时来华的意大利旅行家马可·波罗有机会看到这种先进农具，但其游记中却未加介绍。直到 16 世纪中、欧有了直接的海上贸易后，17 世纪前半叶荷兰海员在广东水田看到中国犁，并将其带回本国，仿制后用于沿海沼泽地区，获得成功[1]。不久，英国聘请荷兰技师来英格兰东部萨默塞特（Somerset）沼泽区从事排水工作，荷兰人便将其仿制的中国犁带到英国，英国人对这种从未见过的犁留有很深印象，将其称为"奇形荷兰犁"（"bastard Dutch plough"）或罗瑟勒姆犁（Rotherham plough）[2]（图 6—15）。与此同时，欧洲农学家将传统犁的改进问题提到了讨论日程。英国人马卡姆（Gerrase Markham）1635 年指出，宽阔的犁底是有效翻动黏性土壤所必须的，但却会增加犁重和摩擦[3]。布利斯（Walter Blith）看到奇形荷兰犁后，1649 年在书中指出欧洲传统犁上宽阔犁底的缺点，认为改进传统犁时所应遵循的原则应是，使犁及轮减轻、犁的高度及长度应减少，才能易于翻土及滑行。让犁自然运行，不必再以人压犁辕，犁镵宜锐利而薄[4]。实际上他主张对欧洲传统犁进行"瘦身"。

1707 年莫蒂默（John Mortimer）描述了英国东部犁的特点是"具有很特殊的铁制曲面犁壁，可使土或草丛翻转，比其他种类的犁要好得多"[5]。这是西方文献中有关铁质曲面犁壁的首次记载，也是对"荷兰犁"及其祖先中国犁的正面肯定与对欧洲传统笨犁的明确否定。1730 年起根据荷兰设计而制成的犁在英国获得专利[6]。此犁为轻型犁（图 6—15），不具滑轮，其底狭长，辕及镵均铁制，有二木梢，木壁曲面覆以铁片，与镵紧密结合无间，只需二马即可拉犁。这种当时欧洲最先进的犁与欧洲传统犁迥然不同，却充分体现了一千年前中国犁的设计思想和基本构件组合，又按当地情况作了部分变通。这种犁从英格兰传到苏格兰，再从荷兰传到法国和北美，经农民使用后发现既适于沼泽地区，也适于旱田。至 1770 年代仍是欧洲最轻便与最常用的廉价犁[7]。

〔1〕 Needham, J. *Science and Civilisation in China*, Vol. 6, Chap. 2, Cambridge University Press, 1984, p. 581.

〔2〕 *Science and Civilisation in China*, Vol. 6, Chap. 2, p. 578.

〔3〕 Markham, Gervase. *The English husbandman*, 2nd ed. London, 1635, p. 57.

〔4〕 Blith, Walter. *English improver*. London, 1649. Cf. Fussell, G. F. *The farmer's tools*：1500—1900, London：Andrew Melrose, 1952, p. 41.

〔5〕 Cf. Fussell, G. E. *The farmer's tools*：1500—1900, London：Andrew Melrose, 1952, p. 44.

〔6〕 Ransome, J. Allen. *The implements of agriculture*. London, 1843, p. 13.

〔7〕 Retars, Mathew. *Agriculture and the good husbandman*. London, 1776, cited by G. E. Fussel, *op. cit.*, p. 46.

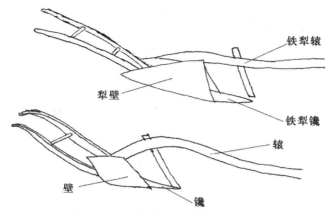

图 6—15　受中国犁影响的欧洲早期犁

上：1730 年英国按"荷兰犁"样式制造的罗瑟勒姆犁（Rotherham plough）

下：1784 年英国人斯莫尔（James Small）设计的犁

潘吉星据斯潘塞及帕斯美尔（Spencer & Passmore，1930）的照片[1]临绘（2006）

改进过荷兰犁的农机专家斯莫尔（James Small）1784 年谈到犁的关键部件设计原理时写道：

> 犁壁与犁镜的连接应是连续而平滑的表面，相接处没有任何中断的缝隙，因而翻土的曲面从犁镜前端开始，以极为平滑的表面延至犁壁。[2]

实际上这正是中国犁关键部件的设计原理。在 1784—1834 年 50 年间欧洲人根据这一原理，采用铁制犁架探索出通用犁壁，以适应不同土壤，犁具变得更加轻巧，为农民普遍采用。在美国建国初期，政治活动家杰弗逊（Thomas Jefferson，1743—1826）为发展农业，于 18 世纪末（1788—1793）设计了一种摩擦力最小的犁（图 6—16），用于弗吉尼亚州和宾夕法尼亚州等州[3]，这是与中国犁最为接近的西方犁。中世纪欧洲长期使用的传统犁，至 17 世纪已走入死胡同而无法再发展下去，症结在于其犁壁材质、形制及与犁镜结合方式极不合理，荷兰人和英国人毅然决定彻底放弃传统犁，引用按中国犁仿制的奇形犁，才找到出路，再经改进，至 19 世纪演变成近代犁。

---

〔1〕 Spencer，A. J. &. J. B. Passmore，*Handbook of the collections illustrating agricultural implements and machinery：A brief survey of the machines and implements which are available to the farmer with notes on their development*. London，Science Museum，1930，pl. 3.

〔2〕 Small，James. *Treatise of ploughs and wheel carriages*. Edinburgh，1784. cited by Fussal. *Farmer's tools*，p. 49.

〔3〕 Badini，Silvio R，（ed）. *Jefferson and science. Exhibition catalogue*，No. 46. Washington，D. C.；National Museum of American History，1981；Joseph & Frances Gies. *The ingenious Yankees*. New York：Crowell Co.，1976，p. 89.

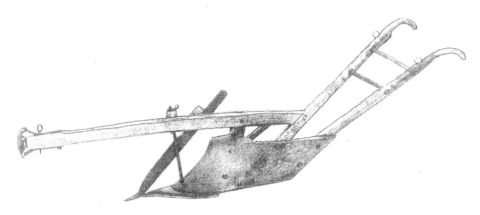

图 6—16   1793 年美国国务卿杰弗逊（Thomas Jefferson）设计的犁的模型
杰弗逊纪念基金会（Jefferson Memorial Foundation）藏

（三）中国耧车的起源、发展和西传

1. 中国耧车的起源和发展

中国在农具方面的另一个重要发明是耧车，又称耧犁或耩（jiǎng），即西方所谓"多管条播机"（multi-tube seed drill）。战国时在黄河流域有条播作物，已用简单耧车，至西汉则进一步推广。汉人崔寔（约 107—170）《政论》（155）写道，征和四年（前 89）——

> 武帝以赵过（前 139 至前 74 在世）为搜粟都尉，教民耕殖，其法：三犁共一牛，一人将（luō，握）之，下种挽耧，皆取备焉，日种一顷（35 亩）。至今三辅（陕西关中地区）犹赖其利。[1]

"三犁共一牛"意思是有三脚的耧犁由一牛驾之，一日可播种 35 亩。1959 年山西平陆县枣园村西汉末王莽时期（9—23）墓葬出土的壁画上绘有三脚耧[2]，同时北京清河镇出土西汉铁耧脚[3]，证实崔寔记载无误。东汉以后，全国普遍采用耧播，直到近代。

---

〔1〕（汉）崔寔：《政论》，《玉函山房辑佚书·子编·法家类》，1884 年楚南书局刊本。
〔2〕杨陌公、解希恭：山西平陆枣园村壁画汉墓，《考古》1959 年第 9 期，第 462—463 页。
〔3〕苏天钧：略谈北京出土的辽代以前的文物，《文物》1958 年第 9 期，第 50—52 页。

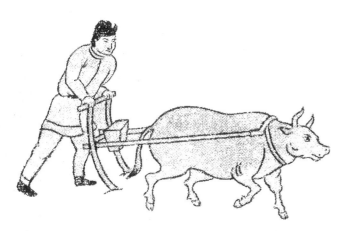

图6—17 7世纪唐初陕西三原县李寿墓壁画中的耧车

引自《文物》, 1978 (9)

这种耧车还见于7世纪唐初墓内壁画（图6—17）及元代科学家王祯《农书》（1298）[1]、明代科学家宋应星《天工开物》（1637）[2]中（图6—18、图6—19）。王祯引崔寔《政论》有关耧车记载后指出，耧即播种机，其形制不一，有独脚、二脚及三脚之别，河北、山东多用二脚耧，由一牛驾之。他还介绍了耧车各个部件及其总装图，但此图未能揭示其内部结构。为此1937年美国人霍梅尔（R. P. Hommel）对耧车内部结构作了进一步说明[3]，此后（1963）刘仙洲作了类似说明[4]：以二脚耧为例，耧脚下有两个小铁铧为开沟器，其后部中空，由两个空的木筒（输种管）与上面的子粒箱（耧斗）相通（图6—20）。扶耧人控制耧柄高低以调整开沟器入土，决定播种深浅。子粒槽下有开口与耧斗相通，斗内存种子。根据子粒大小及土壤情况，调节开口上的活动闸板，以木楔卡紧，控制子粒流量。为防开口处堵塞，悬一竹竿，其前端伸入耧斗下部，另端以绳系在支柱上。竹竿下部系一石块，扶耧人摇动耧柄，竹竿便随之摆动，子粒不致拥塞，从耧斗漏至两个子粒槽，流入两个圆筒，再从开沟器下部播入土中。耧后木框上悬一方形硬木，横放在播种的两垄上，将种粒埋入土中。

耧车兼具开沟、播种和压土三种功能，前进速度快、效率高，显然比人工撒种和以葫芦制成的瓠（hù）种器点播有无比的优越性，因为耧车以牛驾之，节省人力、时间和种子，保证种子沿垄的中线均匀而整齐地分布，且深浅合度，确是中世纪世界上最为先进的半自动化播种机器。元代又在耧斗后另置筛过的细粪，随种入土，将施肥与播种结合起来，详见王祯《农书》。从古代农书如北魏人贾思勰《齐民要术》（约538）、元人王祯《农书》的有关论述及对耧车的设计与使用实践中，可以总结出具有中国特色的下列播种理念：（1）使开沟、播种和翻土三项操作同时并举。（2）播种前，先以耕犁翻土做垄，将杂草压于土下，勿令与禾苗争肥，垄间保持一定距离。（3）保持种子排成行列，疏密适度，不可过密与过稀，避免种子的无端浪费。（4）种子入土深浅适度，不可过深与过浅。（5）节省人力与工时，提高效率与产量，每耧每日可播田20亩。这是长江以北广大地区千年来行之有效的播种方式。

〔1〕（元）王祯：《农书》卷十二，《农器图谱·耧车》，农学会排印本1906年版，第10页。

〔2〕（明）宋应星：《天工开物·乃粒》，潘吉星译注本，上海古籍出版社1992年版，第13页。

〔3〕 Hommel, R. P. China at work: an illustrated record of the primitive industries of China's masses, New York: John Day, 1937; Repr. MIT Press, Cambridge, Mass, 1969, pp. 45—47.

〔4〕 刘仙洲：《中国古代农业机械发明史》，科学出版社1963年版，第34—35页。

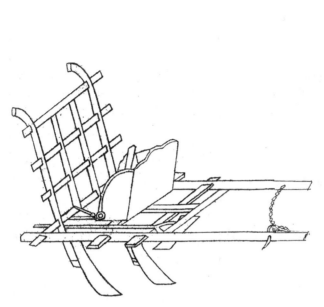

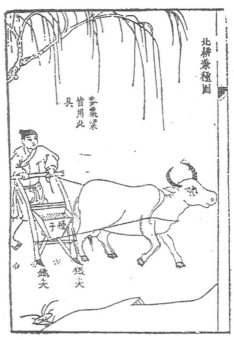

图 6—18　中国耧车图

引自王祯《农书》（1298）卷十二

图 6—19　《天工开物》所载耧车

2. 中国耧车的西传

但欧洲直到 18 世纪仍用手撒播方式种植大田作物[1]，比中国耧播技术落后了一千多年。英国农机专家塔尔（Jethro Tull，1674—1741）1733 年对欧洲这种落后播种方式作了下列评述：

> 以手撒播绝不能精确播种（尤其刮风天更难作到），土面不平坦使种子下落位置改变，多数种子落于低凹之处，耙土时又将种子深埋地下。低凹处种子常比高处多出十多倍，高处的种子很少或颗粒无有。这样分布不匀，浪费大量种子，因有大量种子挤于一处，其长势不可能像一处一粒那样好，又因幼苗过密，也不能很好吸收养料。苗根不能自然展开，因无法锄地开土，有些种子埋入土中（播种过深，不能发芽……），另一些因下雨而暴露地面，被鸟及害兽所食。[2]

---

〔1〕 Needham, Joseph, *Science and Civilisation in China*, Vol. 6, Chap. 2, *Agriculture*, by Francesca Bray, Cambridge University Press, 1984, p. 251.

〔2〕 Tull, Jethro. *Horse hoeing husbandry*, 1st ed. London, 1733, p. 121.

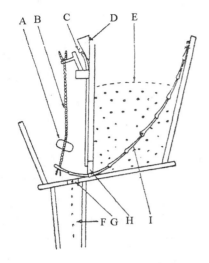
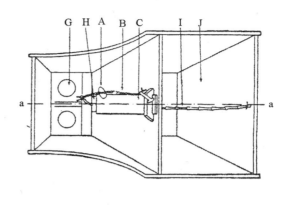

图 6—20　中国耧车播种装置内部构造示意图
A. 小石块　B. 绳　C. 活动闸板　D. 木楔　E. 种子　F. 下漏种子
G. 漏孔　H. 开口　I. 竹竿　J. 耧斗
引自刘仙洲（1963）

欧洲摆脱手工撒播落后播种方式的唯一出路，显然是采用机械播种方式。但欧洲人16 世纪时还不知道如何造出播种机，而中国行用千年之久的耧车则可成为他们仿造的现成模式或研究条播机的技术灵感来源。明万历十年（1582）来华的意大利耶稣会士利玛窦（Mathew Ricci，1552—1610）曾描述中国人掌握高度发展的机械工艺，"与我们工匠的做法最为不同的一些方面，足以说明他们的多才多艺"[1]。元明时，意大利威尼斯、热那亚商人与中国进行持续的贸易活动，而旅行家及宗教人士也纷纷踏入中土。他们对大田条播机耧车留有深刻印象，便将有关信息带回欧洲。这些信息包括耧车基本结构原理，耧架木制，有两个把手，两辕间有一牛驾之。耧有两脚，脚端有铁铧，用以开沟。铁铧及耧脚后各安输种管，管上与贮种槽的底孔相连。耧车前进时，脚铧开出两行直沟，震动种子槽，通过其中控制种子流速的机关，使种子均匀从槽底孔进入输种管，播入沟中。再以耧车后的硬木将种子压入土中，实现开沟、播种、压土一条龙作业。

欧洲人获得来自中国的上述技术信息后，茅塞顿开，即令没有耧车实物模型可资仿造，亦足以为研制条播机打下基础。1566 年威尼斯议会授予托雷洛（Camillo Torello）关于节省种子、提高产量的播种系统的专利[2]。此系统核心必是某种播种机，但人们并不知其细节。14 年后，1580 年另一意大利人卡瓦利尼（Tadeo Cavalini）在波伦亚（Bolo-

〔1〕　Ricci，Mattee. *I commentarj della Cina*（1610）；何高济等译：《利玛窦中国札记》，中华书局 1983 年版，第19 页。

〔2〕　Anderson，Russel H. Grain drills through thirty-nine centuries，*Agricultural History*（Washington，D. C.），1936，10（4）：162.

gna）申请了播种机的专利，1602 年意大利人塞尼（Battista Segni）对卡瓦利尼的机器作了如下叙述：

> 用此机器种玉米而不用撒播，可节省大量种子。其构造类似有两个轮子及一辕杆的车上的面粉筛，筛的上部装要播的种子，其下部穿孔，每孔对准一铁管，铁管向地面下垂，直至开沟的铁铧后面为止，筛过的种子经铁管进入足可将其覆盖的沟中，不受任何损失。[1]

根据上述描述可以看出，卡瓦利尼的播种机在结构原理上与王祯《农书》中的描述的中国古代耧车相似，只是外形及控制种子流速方式不同。可见欧洲最早的播种机是受中国启发而制成的。因中国耧车主要用于北方旱田地区，无法运到欧洲人往来的南方港口，他们得到的关于耧车的概略性叙述和中国书中粗略性插图，不能得知其结构细节，不得不借自身想象研制整个机体。这可称之为激发性传播（stimulus diffusion）的实例，即世界上某个地区首先发展出某种技术的消息或哪怕是一种思想暗示传开后，就会激励另一民族以自己的方式解决同一问题。因此中、欧播种机设计理念相通，但结构细节并不一致。意大利人的播种机因未解决好控制种子流速问题，而没能推广使用。

意大利人未解决的问题在 1731 年由英国人塔尔解决，他研制的播种机（图 6—21）有四轮三脚，可播三行种子，由一马驾之。种子箱有精巧的转轴配种装置[2]。1733 年他又提出马耕农业（horse hoeing husbandry）原理：（1）破土开沟与播种同时完成；（2）以机器条播代替手工撒播可节省种子；（3）播种前耕地除草、疏松土壤；（4）播种深浅适度，保持适当行距[3]。这与前述中国汉代以来传统播种理念完全符合。但塔尔的机器虽好用，却构造复杂，造价昂贵，操作困难，仍不如便宜耐用、有效而易于操作的中国耧车更切实用。

遗憾的是，中国耧车在欧洲条播机造出后才亮相在那里。18 世纪前半叶法国在华耶稣会士汤执中（Pierre d'Incarville，1706—1757）将耧车微缩模型寄至法国，供农业专家杜蒙索（Henri-Louis Duhamel du Monceau，1700—1782）研究[4]。杜蒙索 1751 年在其《关于培土耕种操作的探索和思考》（*Experiences et réflexion relatives au traité de la culture des terres*）一书中，绘有中国耧车图，与王祯《农书》所载者类似。杜蒙索看到的中国耧车模型太小，未能显示其控制种子流速装置的细节无从仿制，这部分只好自行设计，所以他发展的播种机与塔尔的机器十分类似，可能是 19 世纪以前欧洲最成功的播种机。但其结构复杂、零部件多和难以维修的缺点仍无法克服，直到 1850 年以后才造出有效而

---

〔1〕 Fussel, G. E. *The farmer's tools*：1500—1900，London：Andrew Melrose，1952，p. 94.

〔2〕 Anderson, Russel H. Grain drills through thirty-nine centuries，*Agricultural History*（Washington, D. C.），1936，10（4）：169—170.

〔3〕 Tull, Jethro. *Horse hoeing husbandry*，1st ed.，London，1733，p. 117.

〔4〕 Berg, Gösta. The introduction of the winnowing-machine in Europe in the 18th century. *Tools and Tillage*，1976，3（1）：37.

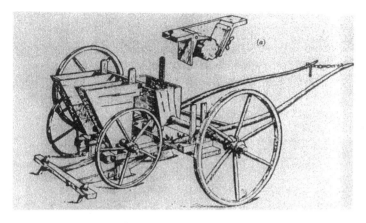

图6—21 1733年英国人塔尔(Jethro Tull)设计的播种机复原图
引自安德逊（R. H. Anderson，1936）

经济的通用播种机。17世纪以来由于引进了中国农具技术，欧洲开始有了新式耕犁、播种机等先进农具，从而使农业生产力大幅提高，告别了中世纪落后生产模式，导致18—19世纪的农业革命，如果欧洲及早引进中国耧车原件、了解其结构细节，并加以改进仿制，这场农业革命本可提前一百年到来。

二 中国养蚕术、丝织品和丝织术的西传

中国是养蚕和丝织业的起源地，其发展已有五千多年历史。1958年浙江吴兴县钱山漾新石器时代遗址出土一批丝带、丝线和绢片，其年代为公元前5260±100年，距今5260±135年[1]。1980年河北正定县南阳庄仰韶文化遗址出土两件陶蚕蛹，长2cm，腹径0.8cm，灰黄色。据动物学家郭郛鉴定，是对实物仿制的家养蚕蛹，同时还出土可理丝、打纬的骨匕70件。遗址距今5400年左右[2]。此后养蚕、织丝业在历代经久不衰，且不断革新，丝成为对外出口的重要商品，从长安出发，经今甘肃、新疆运往中亚，经波斯作为最大中转站，再转运至欧洲。波斯、罗马帝国统治阶层都喜欢穿丝绸衣服，希腊人、罗马人将中国称赛里斯国（Seres），即"丝之国"，源于ser（"丝"字之音译）。

罗马帝国学者普利尼（Gaius Plinius Secundus，23—79）《博物志》（*Historia naturalis*，73）卷六第20章称，沿里海和咸海（Seythian Ocean）行进再转向东，即可到赛里斯国。"其林中产丝，驰名宇内，丝生于树叶上，取出，以水浸之，理之成丝，再织成丝绢，贩运至罗马，富贵夫人裁成衣服，光彩夺目。"[3] 这只反映早期认识，对养蚕实际情况尚不了解。普利尼在卷十二第41章又说，罗马人讲求奢华，不惜斥重金进口丝绸，江河日下，每年为求珠宝和丝绸而流入印度、赛里斯国和波斯的金币达一亿赛斯特（Ses-

〔1〕 浙江省文管会：吴兴钱山漾遗址第一、二次发掘报告，《考古学报》1960年第2期，第73—91页。
〔2〕 梁家勉主编：《中国农业科学技术史稿》，农业出版社1989年版，第40页。
〔3〕 Pliny the Elder. *Natural history*，Ⅲ，20. translated by Bostock and Riley. London：G. Bell & Sons, 1856.

trces)[1]。约折合 5.7 万两黄金。公元 80—89 年间，一位埃及的希腊人在其《埃里斯莱海周航记》（*Periplus de Mare Erythraeum*）中记述他在印度洋的阿拉伯海、波斯湾和红海航行见闻时指出，过了今缅甸后即可到秦国（Thinae），其国产生丝、丝线和丝绢经陆路运到巴克特利亚（Bactria，汉代称大夏），也可由海路经印度西运[2]，值得注意的是，书中将中国称为"秦国"。

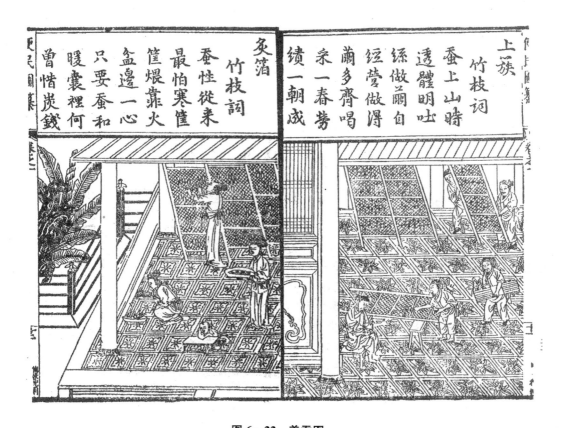

图 6—22　养蚕图

引自（明）邝璠《便民图纂》（1494）

丝在波斯语中称 *saragh*，阿拉伯语称 *sarah*，与希腊文中的 σερ 及拉丁文 ser 一样，从"丝"（sī）字发音演变的。而波斯语称中国为 Cin，阿拉伯语称 Sin，也是从秦的国号演变的。波斯学者贾希兹（Abū Uthmān 'Amr ibn Bahr al-Jāḥiz，776—868）的《商务观察》（*Kitāb āl-tabassur bil-tijāra*）列举中国出口的货物有丝绸、瓷器、纸墨、马鞍、佩

〔1〕 Yule，Henry（tr. ed）. *Cathāy and the way thither*，*being a collection of medieval notices of China*，revised ed. by Henri Cordier，Vol. 1. London：Hakluyt Society，1913，pp. 196—200.

〔2〕 Ibid.，Vol. 1. pp. 183—185.

剑、麝香、肉桂等[1]。阿拉伯人胡尔达兹比赫（Abu al-Qāsim 'Ubaydallāh Abdallah ibn-Khordādzbeh，c. 825—912）《道里邦国志》（Kitāb al-masālik wa 'l-mamālik，885）所记中国出口物与贾希兹相同，但又补充花缎、沉香、貂皮和高良姜等[2]。笔名为费尔都西（Firdausī）的波斯诗人曼苏尔（Abul Qasim Mansur c. 940—1020）在《列王纪》（Shah namah c. 976）中谈到中国的锦缎成为波斯著名的装饰品，还有彩饰的中国绸缎叫 paniyān[3]。1973 年新疆吐鲁番出土拜占庭金币和波斯银币[4]，就是这种贸易活动的见证。同样，在叙利亚境内巴尔米拉（Balmyra）一座公元 83 年古墓中出土的中国生丝[5]，也是丝绸西传的历史见证。这类文献和实物资料不胜枚举，兹不赘述。

　　贩运丝绸是赚钱最多的生意，但从中国内地经多次中转运到西域，运费相应增长。因而于阗（Khotan，今新疆和田）人便想到在当地组织丝的生产，以减少从内地运输费用，并获利更多。唐代高僧玄奘（602—664）《大唐西域记》（646）卷十二记载，他 644 年从印度归国时途经瞿萨旦那国（Kustana）即于阗，此地崇尚佛法，接下写道：

　　　　王城东南五、六百里有鹿射僧伽蓝，此国先王妃所藏也。昔者，此国未知桑蚕，
　　闻东国有之，命使以求。时东国君秘而不赐，严敕关防，无令桑蚕种出也。瞿萨旦那
　　王乃卑辞下礼，求婚东国，国君有怀远之志，遂允其请。瞿萨旦那王命使迎妇，而诫
　　曰："尔致辞东国君女，我国素无丝绵桑蚕之种，可以持来，自为裳服。"女闻其言，
　　密求其种，以桑蚕之子置帽絮中，既至关防，主者遍索，唯王女帽不敢以检，遂入瞿
　　萨旦那国，止鹿射伽蓝故地，方备仪礼，奉迎入官，以桑蚕种留于此地。阳春告始，
　　乃植其桑，蚕月既临，复事采养。初至也，尚以杂叶饲之，自时厥后，桑树连荫。王
　　妃乃刻石为制，不令伤杀，蚕蛾飞尽，乃得治茧，敢有犯违，明神不佑。遂为先蚕建
　　此伽蓝（寺庙）。[6]

　　除玄奘谈到中原种桑、养蚕技术传入于阗的经过之外，西藏史册中也有类似记载。美国汉学家柔克义（William Woodville Rockhill，1854—1914）1884 年于其《佛祖生平及佛教早期历史》（The life of Buddha and the early history of his order，1884）中附有藏文《于阗国悬记》（Lihi-gul Lun-bstan-Pa；Kainsadesa-vyā Karena），内称于阗王毗阇耶（Vijaya）娶中国公主为妃，她将蚕种带到于阗在马札（Madza）饲养。有人告诉于阗王说蚕会变成蛇，便将蚕室烧了，王妃抢救出一些蚕，缫出丝，制成衣，国王大为懊

　　〔1〕 Jahiz. Kitab al-ta baṣṣur bil-tijāra，ed. Cherles Pellat，Arabia，1954 (2).
　　〔2〕 ［阿拉伯］伊本·胡尔达兹比赫著，宋岘译注：《道里邦国志》，中华书局 1991 年版，第 73 页。
　　〔3〕 ［德］劳弗尔（B. Laufer）著，林筠因译：《中国伊朗编》，商务印书馆 1964 年版，第 367 页。
　　〔4〕 新疆维吾尔自治区博物馆编：《新疆出土文物》，文物出版社 1995 年版，第 133 页。
　　〔5〕 Hitti，P. K. History of Syria，London：Macmillan，1951，pp. 388—389.
　　〔6〕 （唐）玄奘：《大唐西域记》卷十二，《瞿萨旦那国，蚕桑传入之始》，上海人民出版社 1977 年版，第 301—302 页。

悔[1]。宋人欧阳修（1007—1070）《新唐书》（1061）卷二二一上《西域传·于阗》亦称：于阗或曰瞿萨旦那，有玉河产美玉：

> 自汉武帝以来，中国诏符节，其王传以相授，人喜歌舞，工纺绩……初无桑蚕，丐邻国，不肯出，其王即求婚，许之。将迎，乃告曰，国无帛，可持蚕，自为衣。女闻，置蚕帽絮中，关守不敢验，自是始有蚕。女刻石，约无杀蚕蛾，飞尽得治蚕。[2]

1901 年斯坦因（Aurel Stein，1862—1943）在新疆于阗丹丹—威利克（Dandan-Viliq）古寺遗址发现 8 世纪画板，其画面中央有一贵妇人头戴高帽，旁边一篮内盛蚕茧，右侧有纺织用具，贵妇人左侧有一侍女以手指向妇人高帽，表示藏蚕种之处。此画形象地描绘了公主向于阗传桑蚕种的故事[3]。上述四条材料都相符合，说明确有此事，但都没有交代发生于何时。查《魏书》（554）卷一〇二《西域传》载焉耆（今新疆焉耆县）"养蚕不以为丝，唯充绵纩"，又称龟兹（即于阗）"物产与焉耆略同"[4]。因此于阗养蚕当起于东晋十六国至南北朝之际，由北魏（386—534）引进。德国东方学家施皮格尔（Friedrich von Spiegel，1820—1905）认为北魏公主于 419 年嫁于于阗，养蚕术由此再传到叶尔羌（Yarkand，今新疆莎车）及中亚费尔干那（Ferghana，今乌兹别克斯坦境内）及波斯萨珊朝（Sassanidae，226—641）后期（7 世纪中叶），波斯的吉兰（Gilan）是重要产丝地[5]，劳弗同意这一判断[6]。斯坦因 1900—1901 年在上述发现画板的寺院遗址还找到丝[7]。于阗自 5 世纪以来直到 20 世纪一直种桑、养蚕、织丝。斯坦因 1913—1916 年第三次来新疆时，在吐鲁番阿斯塔那（Astana）高昌时期（513—618）古墓群发现大量丝织品，有来自内地的，也有一部分来自于阗和中亚，有的死者遮面用的印花绢，从图案上看是波斯萨珊朝的[8]。

641 年萨珊朝被阿拉伯帝国推翻后，波斯成为阿拉伯帝国的一部分。阿巴斯朝（Abbasids，750—1258）建立后，阿拉伯帝国版图已扩充至中亚，与东方的唐帝国接壤。中亚国家与唐关系密切，向唐请兵求援，751 年唐与大食国在中亚怛逻斯（Talas，今哈萨

［1］Rockhill, W. W. *Life of the Buddha and the early history of his order*，1884，pp. 238—239.

［2］（宋）欧阳修：《新唐书》卷二二一上，《西域传·于阗》，二十五史本第 6 册，上海古籍出版社 1986 年版，第 4798 页。

［3］Stein, Aurel. *On ancient Central-Asian tracks*. London：Macmillan，1933，p. 63；[英] 斯坦因著，向达译：《西域考古记》，上海：中华书局 1936 年版，第 45 页。

［4］（北齐）魏收：《魏书》卷一〇二，《西域传·焉耆国》，二十五史本第 3 册，上海古籍出版社 1986 年版，第 2428 页。

［5］von Spiegel, Friedrich. *Frankische Altertumskunde*，Bd. 1. Berlin，1871，S. 256.

［6］Laufer, Berthold. *Sino—Iranica；Chinese contribution to the history of civilisation in ancient Iran*. Chicago，1919，p. 537. 林筠因译：《中国伊朗编·中国对古代伊朗文明史的贡献》，商务印书馆 1964 年版，第 367 页。

［7］*Stein, Aurel. Innermost Asia*，2 Vols. London：Macmillan，1912；向达译：《亚洲腹部考古记》，上海：中华书局 1936 年版，第 673—680 页。

［8］*Stein, Aurel. Ancient Khotan：Detailed report of an archaeological exploration in Chinese Turkestan*，Vol. 1. Oxford：Clarendon Press，1907，p. 297.

克斯坦境内的 Dzhambul）交兵，有些中国士兵被俘，其中京兆（今陕西西安）人杜环（731—796 在世）被辗转解送到美索不达米亚，762 年搭乘中国商船回国，著《经行记》（约 765）以记其经历与见闻。可惜此书已佚失，幸而其族人杜佑（735—812）《通典》（801）卷一九一至一九三引该书一些片断，才能对其内容略知一二。杜环在《经行记·大食国》条中说：

> 大食一名亚俱罗……锦绣珠贝满于市肆。……绫绢机杼、金银匠、画匠、汉匠起作。画者京兆人樊淑、刘泚（cǐ），织络匠者河东人乐隈、吕礼。[1]

对上述一段话，法国汉学家伯希和（Paul Pelliot，1878—1945）在"751—762 年在阿巴斯朝首都的中国手艺人"（*Des artisans Chinois à la capitale Abbaside en 751—762*）一文[2]内作了很好的解释。亚俱罗为 Aqule 的对音，即对叙利亚语地名库法（Kufa）的称呼，在今伊拉克的纳贾夫（Najaf），为阿拉伯帝国阿巴斯朝最初的首都。杜环说库法城内店铺充满丝绸、珠宝等商品，但"绫绢机杼、金银匠、画匠、汉匠起作。画者京兆人樊淑、刘泚、织络匠者河东人乐隈、吕礼"一段似费解，笔者这里拟将其译成语体文如下：

> 汉人工匠将其纺织绫绢的机具、制造金银器物和绘画等技艺传到这里，其中画匠有长安人樊淑、刘泚，纺织匠有山西人乐隈、吕礼。

这说明 8 世纪伊拉克境内的库法已有了养蚕、丝织业，而丝织机是由山西人乐隈和吕礼直接传入的。他们和杜环一样，应是 751 年被俘而来到阿巴斯朝献艺并传授技术的。

古波斯帝国（Parthia）安息朝（Arsacidae，250B. C—226A. D）长时期垄断中国丝绸对欧洲的出口贸易，从中获得大利，促使罗马金币滚滚外流，因他们没有与之等值的出口物。欧洲人一直想绕开波斯直接与中国通商，于是出现了《后汉书》（450）卷一一八《西域传》所载汉桓帝延熹九年（166）大秦（Roma）王安敦（Marcus Aurelius Antonius，r. 161—180）遣使借海路来华通商之举[3]。当波斯萨珊朝后期有了丝织业后，欧洲人便设法刺探养蚕织丝技术秘密。拜占庭（东罗马帝国）史家普罗科皮乌斯（Procopius，500—566）用希腊文写的《对哥特人的战争》（*De bello Gothico*，c. 550）和塞奥法尼斯（Theophanes，758—818）补述 284—813 年间的《辛凯罗斯编年史》（*Annalés de Georgios Synkelles*）都谈到拜占庭帝国皇帝查士丁尼（Justinianus，483—565）在位时（527—565）从中国引进蚕种的事，18 世纪英国史家吉本（Edward Gibbon，1737—1794）

〔1〕（唐）杜环：《经行记》，见（唐）杜佑《通典》卷一九三，王文锦等人点校本，第 5 册，中华书局 1988 年版，第5280 页。

〔2〕Pelliot, Paul. Des artisans Chinois à la capitale Abbaside en 751—762. *T'oung Pao*，1928，26：110—112.

〔3〕（刘宋）范晔：《后汉书》卷一一八，《西域传》，二十五史本第 2 册，上海古籍出版社 1986 年版，第1057 页。

《罗马帝国衰亡史》卷四引用过上述两位拜占庭史家关于蚕种西传的记载[1]。但他又添加了原史料中不存在的枝节，反而失真。

我们现在应转向普罗科皮乌斯的《对哥特人的战争》，此书有美国人洛布（James Loeb，1876—1933）提供的英文全译本及英国人玉尔（Henry Yule，1820—1889）的摘译本，分别由齐思和（1907—1980）及张星烺（1888—1951）转为汉文[2][3]。近年（1983）法国人玛扎海里（Aly Mazahéri，1914—1991）又摘译成法文，由耿昇转为汉文[4]。今据英、法文本将普罗科皮乌斯的有关记载重译如下：

> 同时有印度僧人来君士坦丁堡（Constantinople，拜占庭帝国首都），得知查士丁尼皇帝极力想使拜占庭人不再从波斯购买丝绸，乃向查士丁尼进言，可使其无须向波斯或其他国家再买丝绢，并声称他们曾居赛林达（Serindia，指中国新疆一带），其地养蚕，可介绍其秘密。查士丁尼听后，问如何能在拜占庭产丝以及他们是否能办成此事。他们说丝是从一种虫从口中自然吐出，但很难从那里将虫取来，但有法可使虫所产的大量卵包藏起来，用粪掩盖以保温至一段时间，再孵化之。皇帝听后表示，如办成此事将予重赏。他们便回印度（按：实乃中国——引者注）取卵，过了一段时间便将虫卵带到拜占庭，按其法行之，获得很多用桑叶饲养出的虫，从此拜占庭境内便开始制丝了。

据上述记载吾人得知，东罗马帝国养蚕、缫丝技术是 6 世纪时直接从中国新疆和田传入的，此时和田地区养蚕已有一百多年历史。但有几点需要辨明，对普罗科皮乌斯所说的"印度僧人自印度取回蚕卵"之语不可作字面理解。因中世纪中国物资经陆路或海路运往欧洲，需经波斯或印度过境，欧洲人有时便将其误称为"波斯货"或"印度货"，如中国桃称为"波斯李子"（*Prunus persica*），中国大黄成了"印度大黄"（*Rhabarber indicus*），在丝绸之路上"印度"一词引申为"外洋"、"海外"，如法国人玛扎海里所说，"其实主要是中国的学问，被记在印度的账上"[5]。在罗马人拉丁文词汇中如是单数 India 或 Hind，指印度或印度人，但改成复数 Indiae 或 Hindou，便泛指佛教徒了。而于阗人笃信佛法，因而普罗科皮乌斯所述向拜占庭传养蚕术的"印度僧人"，实指中国新疆于阗人，而非印度人。中国丝绸虽在汉代已输入印度，但印度人在 8 世纪初（727）时还不知道如何制丝[6]。

〔1〕 Gibbon，E. *The history of the decline and fall of the Roman Empire*（1790），2nd ed.，Vol. 4. London：Strahan，1798. pp. 233—234.

〔2〕 Procopius. *History of the wars*，ed. Loeb Classical Library，bk 5. London，1912，pp. 227—231. 齐思和：《中国和拜占庭帝国的关系》，上海人民出版社 1956 年版，第 22—23 页。

〔3〕 Yule，Henry. *Cathay and the way thither*，Vol. 1. London：Hakluyt Soc.，1915，p. 202；张星烺：《中西交通史料汇编》第 1 册，北平：京城印书局 1930 年版，第 77 页。

〔4〕 Mazahéri，Aly. *La route de la soie*，pt. 2. Paris：Papyrus，1983；耿昇译：《丝绸之路——中国、波斯文化交流史》第二编，中华书局 1993 年版，第 422—423 页。

〔5〕 ［法］玛扎海里著，耿昇译：《丝绸之路》，中华书局 1993 年版，第 537 页。

〔6〕 季羡林：《中印文化关系史论文集》，三联书店 1982 年版，第 96 页。

在埃及的希腊人塞奥法尼斯（Theophanes，c. 758 — 818）《辛凯罗斯编年史》（*Annalés de Geogios Synkellos*）中也谈到拜占庭引进蚕种之事：

> 查士丁尼帝在位时（527—565），有一波斯人向拜占庭人指出其以前不知道的养蚕方法。他从赛里斯国（中国）返回，将蚕种藏在行路手杖中顺利地携至拜占庭。开春时，将蚕卵放在蚕最佳食物的桑叶上，生出的蚕虫长大，完成整个过程。后来查士丁尼帝向突厥人展示养蚕、吐丝时，使他们吃惊，因以前运赛里斯国货的港口和市场由波斯人控制，后来由突厥人掌握。[1]

此处指 6 世纪时统治新疆和中亚地区的西突厥，与拜占庭结交以共同对付波斯对丝绸贸易的垄断，说在华居住的波斯僧人向拜占庭传蚕种，似不合情理。合理的解释是于阗人将蚕种及养蚕术带到拜占庭，此举与西突厥统治者与拜占庭结成商业联盟、在那里另立丝绸贸易中心以共同遏制波斯垄断的政策并行不悖[2]。

前述英国史家吉本在《罗马帝国衰亡史》卷四（pp. 233—234）中也觉得认为波斯人向拜占庭传蚕种不合逻辑，但他囿于塞奥法尼斯的原文，又圆场说：此波斯人为基督教僧侣，在中国首都南京久居，出于宗教热忱，胜于爱国之心，遂将养蚕制丝之法献给查士丁尼皇帝。此解释似是而非，因吉本对中国史地知识所知甚少。传蚕种之事发生于 6 世纪（527—565），此时今南京称建康，为南北朝时南朝梁（502—557）、陈（557—589）首都，去于阗十万八千里，在迄今所见中外史籍中均不见有波斯僧人久居建康之记载，其次，如果此"波斯人"为基督教僧侣，当为中国史中所说景教（Nestorians）僧，而景教徒从 7 世纪才进入中亚及中国[3]。通过以上述论述可以作出结论，罗马人普罗科皮乌斯和希腊人塞奥法尼斯所载向拜占庭传蚕种及养蚕、缫丝之事应属信史，传播技术的人是于阗人，如果说他有宗教背景的话，应当是佛教。

查士丁尼获得中国桑蚕技术后，便下令在首都君士坦丁堡皇宫内建丝织工厂，使女工从事此业，在欧洲独占制造及贩丝之权[4]。后将养蚕术传入西西里岛（Sicily），欧洲本土有了养蚕业。12 世纪初，维塔里斯（Ordericus Vitalis，1075 — c. 1140）在《教会史》（*Historia ecclesiatica*）中叙述诺曼底公国（Normandy）圣艾弗洛尔（St. Evroul）地区主教从意大利南部阿普利亚（Apulia）带回丝绢数匹赠人[5]，可知 12 世纪前意大利南部已有丝织业。由此再传至佛罗伦萨（Firenze）、米兰（milan）、热那亚（Genoa）及威尼斯等地。1480 年法王路易十一世（Louis XI，r. 1461—1488）在图尔（Tours）始经营丝

---

〔1〕 Müller, C. *Fragmenta historicorum graecorum*, Vol. 4. Paris：Didot, 1870, p. 270, Yule, H. （*ed.*）*Cathay and the way thither*, Vol. 1, London, 1915, pp. 204—205. 齐思和：前揭书，第 23 页。

〔2〕 ［法］沙畹（E. Chavannes）著，冯承钧译：《西突厥史料》，上海：商务印书馆 1934 年版，第 166—171 页。

〔3〕 ［英］慕阿德（Moule, Arther Ch.）著，郝镇华译：《一五五〇年前的中国基督教史》，中华书局 1984 年版，第 60 页。

〔4〕 姚宝猷：《中国丝绢西传史》，重庆：商务印书馆 1944 年版，第 59 页。

〔5〕 同上书，第 61 页。

织业，1520 年法王弗朗西斯一世（Francis I，r. 1515—1547）派人从米兰取得蚕种，于今罗纳河（Raone）流域里昂（Lyon）一带养蚕、织丝。丝织业在亨利六世（Henry Ⅵ，1422—1461）时传入英国，至 16 世纪末始见发达。16—17 世纪桑蚕技术从欧洲传入美洲。由于丝绸是中国供给世界的重要礼物，所以我们用较大篇幅谈其西传的历史。

三　从中国传入朝鲜的四种美洲原产农作物

中国明代中期（1460—1552）以后，由于美洲新大陆的发现（1492）及绕道非洲南端通往亚洲的新航线的开辟（1498），使中外交通和物质文化交流进入崭新的阶段。随之而来的是一些原产于美洲的农作物传入中土，再从中国传到邻邦朝鲜或日本。本文以花生、红薯、土豆和玉米四种农作物为例，论述从中国传入朝鲜的过程。

（一）落花生

花生又称落花生（*Arachis hypogaes*）为豆科落花生属植物，是一种油料作物，又是大众食用的干果。与其他豆类不同，花生结果期不在地上而是花梗下垂，荚果自行进入土内成熟。表现出它对干燥、高温和沙性土不良环境的适应性，花生原产南美洲，具体产地有不同说法，有主张是巴西和秘鲁[1]，另有主张是玻利维亚[2]，各有依据，一时还不能定夺。15 世纪末，花生由葡萄牙人传到印度尼西亚，16 世纪初西班牙人再将其从南美洲引入菲律宾。印尼华侨很快就在 16 世纪初将花生引入华东及东南沿海地区，以后传至南北各地。1962 年江西省修水县原始社会遗址发现四个碳化花生，于是推断四千年前中国已种植花生，"不过这还只是推断，没有肯定的结论"[3]。我们所食用的花生一直是美洲原产物。

有关花生的早期记载，见于明弘治十七年（1504）唐锦纂修的《上海县志》、正德元年（1506）王鏊纂修的《姑苏志》、嘉靖十七年（1539）邓汝弼修的《常熟县志》等。其中江苏《常熟县志》说：落花生"三月栽，引蔓不甚长，俗云花落在地，而生子土中，故名"。明湖北蕲春人李时珍《本草纲目》（1596）不载此物，但江苏长洲（今吴县）人张璐（1617—1707）《本经逢原》（1695）卷三则称"长生果产闽北，花落土中即生，从古无此，近始有之"。赵学敏（1719—1805）《本草纲目拾遗》（1765）卷七有较详细说明："一名长生果，[见康熙十一年（1672）《福清县志》]，出外国，昔年无之。蔓生园中，花谢时其中心有丝垂入地结实，故名 [落花生]。一房可二、三粒，炒食，味甚香美。"[4] 由于其味

〔1〕 李璠：《中国栽培植物发展史》，科学出版社 1984 年版，第 87 页。

〔2〕 [日] 星川清亲：《栽培植物の起源と伝播》，东京：柴田书店 1978 年版；段传德、丁法元译：《栽培植物的起源与传播》，河南科学技术出版社 1981 年版，第 60—61 页。

〔3〕 佟屏亚：《农作物史话》，中国青年出版社 1979 年版，第 112 页。

〔4〕 （清）赵学敏：《本草纲目拾遗》卷七，《果部》，上海：世界书局 1937 年版，第 226 页。

美且易于种植，清末前已在全国推广，除食用外，还以其子实榨油。

落花生虽早已种植于中国，但传入日本和朝鲜半岛的时间较晚。落花生在日本语中称らつかせい（rakkasei），日本学者认为江户朝（1603—1868）园艺家伊藤伊兵卫（1676—1757）于享保十九年（1733）刊行的《地锦抄付录》卷三所载落花生是宝永三年（1706）从中国传入日本[1]，是日本种植花生之始，日本人又将其称为"南京豆"。朝鲜史籍则称李朝（1393—1910）正祖二年、清乾隆四十三年（1778）从中国传入落花生。李朝后期（1725—1909）实学派学者李圭景（1788—约1862）在其所写"落花生辨证说"一文内详细叙述了引入朝鲜的经过。李圭景著《五洲衍文长笺散稿》60卷，考证一千四百多项事物的源流，广泛参引中国及半岛大量著作，约成书于1855—1860年之间，论落花生一文收入该书卷十四。李圭景的祖父李德懋（1741—1793）博学多识，正祖时（1776—1790）任内阁文库奎章阁检书官，曾多次随使节访华，与中国士大夫交往，著《盎叶记抄》，其中描述了落花生形味。

《五洲衍文长笺散稿》卷十四首先引《盎叶记抄》所述："落花生形如蚕而促身，其腰如束，色如干姜，有酪如牛胲，又如蝉翅，其形大抵如屈拇指而磬折，长盈寸。博半之中有二房，房各有一核，核如蛹，包以紫膜，莹白，味如芝麻。尝见中国以此日用，如西瓜仁。绵竹李雨邨调元谓柳弹素曰：此果南方广东、四川皆有之，系草本，四月开花，花谢落于沙地之上，因成果，与本身不相连属，即于沙土取出，明年下种，又成根苗，花落地上结果如前。北方地寒不产，盖以子为种，宿根不复生。弹素曰，吾友李某（李德懋）多识草木，欲使见之。雨邨曰：一包带回东土以试。"[2] 此处所说的柳弹素指李德懋的同僚及友人柳得恭，李雨邨为清代文学家李调元。

柳得恭（1749—约1819）字弹素，朝鲜文学家，任奎章阁检书官，博学多才，与李德懋、朴齐家（1750—1805）、徐理修齐名，号称"四检书"。当时检书官常随朝鲜正使访华，在北京书肆负责购书携回国内，并与清廷文人士大夫交往讨论学术，获得科学文化信息，故多由饱学之士充任。李调元（1734—1803）字羹堂，号雨邨，四川绵州（今绵阳）人，乾隆时文学家，中乾隆二十八年（1763）进士，授翰林院庶吉士，进吏部考功司员外郎、主事，迁广东学政，因忤权相和珅，而被发配新疆伊犁充军，在李调元离京前，柳得恭随正使蔡济恭来北京，与吏部官员李调元交谈。李调元招待他吃炒花生米、喝茶，边交谈。于是话题从落花生谈起，李调元向他介绍花生种植情况。此时柳得恭提出其友李德懋对博物学特别爱好，也想见见落花生是什么样子，李调元遂以一包生花生相赠，带回朝鲜试种。柳得恭返国后将花生交给李德懋，李便将有关花生知识写入其《盎叶记》中。这是花生传入朝鲜之始。李圭景将其祖父所述又载入其《落花生辨证说》中。

李圭景又继续说："某岁正庙戊戌，王考入燕（随沈蕉斋书状念祖入燕），逢雨邨从父

〔1〕［日］上野益三：《日本博物学史》（日文版），东京：平凡社1973年版，第301页。又参见〔2〕。

〔2〕［朝］李圭景：《五洲衍文长笺散稿》卷十四，《落花生辨证说》，写本影印本，上册，汉城：明文堂1982年版，第442—443页。

弟墨庄、骥元，详闻其种法。"[1] 这段话意思是说，朝鲜朝正祖二年、清乾隆四十三年戊戌（1778）李圭景的祖父李德懋随使臣沈念祖一行来访北京，但没有遇见李调元，却遇到他的两个堂弟李鼎元和李骥元，他们详细介绍了种花生的方法。按李鼎元（1749—1810在世）字墨庄，绵州人，乾隆四十三年（1778）三甲第一名进士，授翰林院庶吉士，转检讨，任内阁中书，久滞冷官，嘉庆年任兵部主事。李骥元（1751—1805在世）字凫塘，绵州人，乾隆四十九年二甲第三十五名进士，授庶吉士，转编修，乾隆末任山东乡试副考官。李调元、李鼎元和李骥元皆在文学上有造诣，又同中进士，时人称"绵州三李"，但官运均不佳。李德懋1778年来北京时，正是会试之年，李鼎元则被授以翰林院庶吉士，李骥元此次未中第，六年后才成为进士。

大约1779年李圭景从祖父那里得知花生种法后，很想见到实物，遂托前往中国的人带回数十包花生子实，但因存放过久，种在中州乡以后未有出芽。1830年："沢西人传华城赵侍郎庄多种成，亩一蔓所收比麦、菽（豆）甚优云，而犹未信也。丙申（1835）闻大陵衙南某家种之云，故躬往见之，则叶似扁豆而稍细，蔓生，果在根下沙中，只数包云。此得新种于燕（北京），故能生成矣。"[2] 李圭景又称，宪宗八年（1842）"徐尚书种于家甚盛，余得数十枚，闻其后复种于乡庄（在马屿）"云。此处所说徐尚书指徐有榘。徐有榘（1764—1845），字准平，号枫石，大邱人，1780年进士，授翰林院侍校，进副提学，累官至吏曹判书、兵曹判书、左右参赞及大提学，为正二品阁臣，大提学相当中国的殿阁大学士，是李朝正祖、纯祖及宪宗三朝（1777—1849）宠臣。他虽身居高位，却坚持科学研究，在家园内种植落花生和其他经济作物，又参考各种图书写成《林园经济十六志》113卷，是有关自然经济的百科全书，涉及农业、博物学、矿冶、医药、气象、建筑和纺织等各方面知识，约成书于1840年代，因篇幅浩瀚，未能刊行，只有徐氏家藏写本传世，直到1967年才在韩国汉城出版。由于徐有榘、李圭景等人的提倡，落花生遂在朝鲜半岛各地生根。

（二）红薯

红薯又名甘薯（*Dioscorea escculenta*），属薯蓣科番薯属栽培植物，花紫红或白色，其根块供食用，是一种重要粮食作物。中国栽培的主要有两大类，一为山薯，原产于闽广；别类为番薯，从海外传来，现中国各地种植的甘薯都来自南美洲，原产于墨西哥和危地马拉地区[3]。1492年哥伦布发现新大陆后，将甘薯携回西班牙，16世纪西班牙人在墨西哥学会种甘薯技术，将甘薯传到菲律宾的马尼拉，葡萄牙人再将其带到马来半岛。据明人何乔远（1557—1631）《闽书·南产志》（1620）载"番薯，万历中闽人得之于外国，瘠

〔1〕［朝］李圭景：《五洲衍文长笺散稿》卷十四，《落花生辨证说》，写本影印本，上册，汉城：明文堂1982年版，第442—443页。

〔2〕同上。

〔3〕［日］星川清亲：《栽培植物の起源と传播》，东京：柴田书店1978年版；段传德、丁法元译：《栽培植物的起源与传播》，河南科学技术出版社1981年版，第106—107页。

土沙砾之地皆可以种，用以支岁，有益贫下。予尝作《薯颂》，可以知其概也。《颂》曰，度闽海而南有吕宋国（今菲律宾）……其国有朱薯，被野连山而是，不待种植，夷人率取食之，其茎叶蔓生……夷人虽蔓生不訾省，然吝而不与中国人，中国人截取其蔓咫许，挟小盖中以来，于是入闽中十余年矣。"[1]

　　明代农学家徐光启（1562—1633）在万历三十六年（1608）写的《甘薯疏》也谈到甘薯的传入经过，此《疏》收入其《农政全书》（1639）卷二十七《树艺》篇中。他说："薯有二种，其一名山薯，闽广故有之；其一名番薯，则土人云：近年有人在海外得此种，海外人亦禁不令出境。此人取薯藤，绞入汲水绳中，遂得渡海，因此分种移植，略通闽广之境也。……闽广人赖以救饥，其利甚大。"[2] 此《甘薯疏》为同时代人王象晋（约1574—1644）《群芳谱》（1621）卷十六《蔬谱》所转引。上述何、徐二氏均指出甘薯于万历年间自海外引进，何氏更指出引自吕宋国，但没有提到引进者之姓名。我们从清乾隆三十三年（1768）刊福建晋安（今福州）人陈世元《金薯传习录》中得知其名。该书卷上称，作者先祖陈振龙于吕宋经商，见其地所生甘薯产量甚大，易种，又益于人，遂有引种于家乡之意。但西班牙殖民当局严禁此物出境，陈振龙乃将其种密藏起来，于万历二十一年（1593）带回福建家乡，试种成功。次年（1594）福建遭遇台风袭击，农作物尽毁，百姓面临饥荒，福建地方官金学曾发出征求救荒之策，陈振龙乃将甘薯种及种植之法献上，金学曾加以推广，以当谷食，虽荒而不成灾，闽人纪念其功，称为"金薯"[3]，盖实应称为"陈薯"。

　　陈振龙称"种薯有六益八利"，王象晋认为甘薯有"十三胜"（十三项优点）。徐光启认为"此种传流，决可令天下无饿人也"，他不只总结以往群众种植甘薯的经验，还从自己试种的实践中指出黄河以北地区皆可种甘薯。北方因冬天寒冷，薯种易冻坏，可贮入地窖中避免冻坏。清初以来种植区不断北移，说明徐光启的预见已实现。明万历三十三年，日本江户朝庆长十年（1605）日本在琉球那霸的官员前往中国福建，带回甘薯苗，赠给当地的日本长官并传授其种植之法[4]。这是甘薯传入日本之始。据日本学者曾槃（1758—1834）及白尾国柱合著的《成形图说》（1804）《菜蔬部》记载，元录十一年（1698）琉球中山王将甘薯一筐赠与萨摩国（今九州鹿儿岛）种子岛领主，萨摩开始种甘薯[5]。宝永二年（1705）萨摩国山川乡渔夫前田利右卫门航至琉球，取回甘薯数个，于本乡种植，分与乡民。[6]

　　享保十八年（1733）日本本州诸国饥馑，但九州岛的萨摩、大隅等地则有赖甘薯充饥，饿死者甚少。次年（1734）实学派兰学家青木敦书（通称昆阳，1698—1769）于江户

　　〔1〕（明）何乔远：《闽书·南产志》，明崇祯二年（1629）刊本，国家图书馆藏抄配本。
　　〔2〕（明）徐光启：《农政全书》卷二十七，《树艺篇》，石声汉校注本，中册，上海古籍出版社1979年版，第689页。
　　〔3〕（清）陈世元：《金薯传习录》卷上，清乾隆三十三年（1768）刊本，农业出版社1982年重印本。
　　〔4〕〔日〕上野益三：《日本博物学史》，东京：平凡社1973年版，第246页。
　　〔5〕同上书，第295页。
　　〔6〕同上书，第301页。

（今东京）着手甘薯栽培试验，并参考中国的《农政全书》、《闽书·南产志》等书以汉文编成《甘薯记》一卷，叙述甘薯效用、种植法及食法。享保二十年（1735）正月呈给幕府大将军德川吉宗，建言试种甘薯以防饥荒，将军准他在小石川药园试种，自萨摩取来181个薯苗，收获5651个甘薯，分与江户近郊农村扩大种植面积，从西日本扩及到东日本。同年二月青木又结合实际经验写成《蕃薯考》一册，列举甘薯十三条利点及栽培法，被任命为"甘薯御用挂"（幕府掌管甘薯事务的专员），1769年再用汉文写成《蕃薯考补》。同年逝世后，其墓石上写有下列文字："享保二十年青木敦书蒙命种甘薯，因人呼予曰甘薯先生，甘薯流传使天下无饿人，是予愿也。今作寿冢，书石曰甘薯先生者。"[1]

江户朝正德五年（1715）原田三郎右卫门将甘薯从萨摩移植到对马岛[2]，此岛最靠近朝鲜半岛。半岛在李朝将甘薯称为南薯，而将马铃薯称为北薯，这种称谓说明了传播的路线，中国甘薯是通过日本的媒介传入半岛的。李朝显宗四年、清康熙二年（1663）朝鲜人金丽辉在琉球见过甘薯，但似乎未将薯种带回本国种植。据反映朝鲜通信使在日本活动的《海槎日记》英祖四十年六月十八日条记载，英祖三十九年、清乾隆二十八年（1763）通信使赵曮（1719—1777在世）入访对马岛，发现"岛中有草根可食者，名曰甘薯，或谓孝行芋，音'古贵为麻'……"，此为日本语こうこういも（kokoimo）之音译，义为"孝行芋"。赵曮将甘薯薯种带回，在半岛南方离对马岛不远的釜山镇试种成功[3]，这是半岛种植甘薯之始。

英祖四十一年（1765）晋州人姜必履写成《甘薯谱》，是朝鲜人所写有关甘薯栽培的最早作品，篇幅不大，实际上是篇文章，又称为《姜氏甘薯谱》。此后英祖五十二年、清乾隆四十一年（1776）柳重临在其《增补山林经济·治农》篇末尾附有甘薯种植法一文，文内指出："如此奇产，我国之民曷不极力取种广植八域，而只使清人、倭人独专利重，可胜惜也。"[4] 看来这时甘薯还主要在南方一些地区种植，并没有普遍推广。柳重临的书问世二年后（1778），奎章阁检书官朴齐家在《北学议·种薯》篇中指出甘薯可在凶年救荒，提倡在北方种植。这时朝鲜注意借使节来北京之际，派人随团前往北京琉璃厂书肆访求中国有关农书，至1780年代明人徐光启《农政全书》等书已传入半岛。正祖四年、清乾隆四十五年（1780）随使节来华的实学家朴趾源（1737—1805）在《热河日记·车制》中已引用《农政全书》，其中《甘薯疏》对半岛推广甘薯种植、解决所遇技术问题起了积极作用。

纯祖十三年、清嘉庆十八年（1813）金长淳的《甘薯新谱》又称《金氏甘薯谱》在内容上已较《姜氏甘薯谱》充实。至纯祖三十四年、清道光十四年（1834）时任湖南巡察使的徐有架的《种薯谱》问世后，半岛种薯技术才进入新的大发展阶段。此书由按察完营于1834年秋以木活字出版单行本，由李圭景主持刊行工作。该书广泛引用徐光启《甘薯

〔1〕［日］上野益三：《日本博物学史》，东京：平凡社1973年版，第344页。

〔2〕同上书，第310页。

〔3〕［韩］李春宁：《韩国农学史》（韩文版），汉城：民音社1989年版，第129页。

〔4〕同上。

疏》、王象晋《群芳谱》等中国书及《姜氏甘薯谱》、《增补山林经济》、《北学议》等朝鲜书，结合徐氏在湖南种甘薯经验，对种甘薯技术作了全面总结。内容包括叙源、起渠、性状、名称、传种（薯种贮藏越冬）、种候（下种时节）、土宜、耕治（耕地施肥）、种栽、壅节（覆土成根）、移插、剪藤、收采、制造（造粉、制酱、造酒等食法）、功用、救荒、丽藻等十四项，涉及各个方面。其所述薯种越冬贮藏法是保证在北方寒冷地带种薯成功的关键，这方面参考了徐光启介绍的方法。后来这些技术得到推广，种植区遍及南北，一直用到近代。1982 年中国农业出版社将清人陈世元《金薯传习录》与徐有榘《种薯谱》合刊于北京，说明其在中国也受到重视。

（三）马铃薯

马铃薯（*Solanum tuberosum* L.）为茄科茄属植物，俗名土豆、山药蛋、洋芋等，本为多年生草本，但作一年生或一年两季栽培，高达 1 米，地下块茎呈圆、卵、椭圆等形，有芽眼，皮红、黄、白或紫色。块茎含丰富淀粉等养料，可做粮食、蔬菜，也是制淀粉、酒精的原料，它与水稻、小麦、燕麦、玉蜀黍并称为世界五大粮食作物。马铃薯原产于南美洲秘鲁，在印加帝国时期分布在高寒地区，作为重要食用作物栽培[1]。1492 年哥伦布发现美洲新大陆后，马铃薯 16 世纪被带到西班牙和英国，再转到意大利等欧洲国家。17世纪前半期由荷兰人引入中国台湾，1650 年荷兰人斯特勒伊斯（Henry Struys）访问台湾，见岛上栽培马铃薯，称为"荷兰豆"[2]。台湾属福建省，海峡两岸人民往来密切，马铃薯种于 17 世纪后半叶被带到福建种植。早期引入的史料仍有待发掘，但清初人潘拱辰于康熙三十九年（1700）纂修的《松溪县志·物产志》载："马铃薯叶依树生，掘取之，形有大小，略如铃子，色黑而圆，味苦甘。"[3] 松溪县在清代属福建建宁府，在闽西北，料想此前在福建沿海州府已有马铃薯种植。说其色"黑"，恐有笔误。

清代植物学家吴其濬（1789—1846）《植物名实图考》（1848）卷六对马铃薯记述较详细，称其为阳芋："阳芋滇、黔有之，……山西种之为田，俗呼山药蛋，尤硕大，花色白。闻终南山氓民种植尤繁，富者岁收数百石云。"[4] 从这里可见在道光年间马铃薯已扩及到云南、贵州、山西和陕西等省。同时期在湖北、四川各地亦有种植，如道光十七年（1837）王协梦编纂的湖北《施南府志·物产志》称："郡在万山中，……近城之膏腴沃野，多水宜稻。"不能种稻之处，则以包谷（玉蜀黍）、番薯为正粮，郡中最高之山，地气苦寒，居民多种洋芋。因马铃薯生长期短，耐寒凉气候，贫瘠之地亦可生长，使苦寒地区人民赖以生存。光绪十九年（1893）王良弼纂四川《奉节县志》谈到玉米、洋芋和番薯时指出"乾嘉以来渐产此物，然犹有高低土宜之异，今则栽种遍野，农民之食全恃此

〔1〕 李璠：《中国栽培植物发展史》，科学出版社 1984 年版，第 74 页。
〔2〕 梁家勉主编：《中国农业科学技术史稿》，农业出版社 1989 年版，第 486 页。
〔3〕 （清）潘拱辰：福建《松溪县志·物产志》，清康熙刊本（1700）。
〔4〕 （清）吴其濬：《植物名实图考》卷六，道光二十八年（1848）刊本。

矣"[1]。19世纪清末时马铃薯扩展到华北和东北，东北称其为土豆。

江户朝庆长八年（1601），荷兰商船从几内亚港口将马铃薯运到日本，宽政年间（1789—1800）又从俄国传到北海道[2]，日语称为ばれいしよ（bareishyo）为"马铃薯"之音译，又称"じゃがいも"（jiagaimo），义为"芋薯"。马铃薯传入朝鲜半岛的时间较晚，如前所述，朝鲜人将其称为北薯，以有别于南薯（甘薯），但这个名称因一时误会而使用，因而是不正确的，后来此名已废。李圭景在《五洲衍文长笺散稿》卷三写道："北薯晚出，而入于我东（朝鲜）者，才经一纪（十二年）。姑无表章著录，未得噪名……北薯则越豆满［江］，入于北寒。似在我纯庙甲申、乙酉之间（1824—1825），自英庙乙酉（1746），距纯庙甲申（1824）之间，则已经一甲（六十年），自纯庙甲申、乙酉之间，距今当丁未（1847）则又过二十二年矣。南薯之来既在乙酉，而北薯之出，适当周甲之际，若有运数之存焉者，亦云异矣。"[3] 这段话意思是说，自1764年甘薯传入朝鲜过后，至1824—1825年马铃薯传入半岛正好经历一个甲子循环（60年），这并非有什么规律可言，乃纯属偶然。而自马铃薯传入至李圭景写此文之时（1847）又过22年。

李圭景接下写道："北薯之来，未满一纪，播种诸处，俱得其利（扬州、原州、铁原等邑，凶岁种此充饥，北关镜城府，输城驿距二十里山谷村落近五六十户，专种为业，为一年之粮云），试种都下数弓沙土，繁庶不已，称颂者方滔滔，若因此广播……得为独阜民之利哉。但恐北薯兴，则南薯衰矣。前贤艰得之功，可不惜哉，是或乘除之理也。……北薯一名土甘薯，纯庙甲申、乙酉之间，始自关北出来，或云明川府金某业唐举者，游京师（汉城）传北薯始出，曰：此物自北界彼地（中国境内）而传种。厥初彼人（中国人）以采［人］参犯越我境，结棚出谷，种此为食。及其人去，其踪伏处畦间遗一物。叶如芜菁，根似薯芋，不知为何物，移栽我土，极繁殖。询以开市彼商，则以为北方甘薯，食以为粮云。李茂山亨在为茂山倅也，闻而求诸民间，不应焉。问其故，咸曰：前此谣言。北薯渡江，寸土如金，州宰恶之，禁其种莳。然民间利其食，冒禁潜种，故不敢进。李倅以盐易之，仍得流播。其状不类薯而名北薯……此虽北产，遍于四方，无处不生……此物不与五谷争地，虽深山穷谷，掘区埋蕡栽种，与平日同……诚济民之奇货也，我东贵耳贱目，故不重。"[4]

上述一段话的意思是说，李朝纯祖二十四、二十五年，清道光四、五年甲申、乙酉之间（1824—1825），中国奉天府（今辽宁）有人越境进入朝鲜北部山区开采人参，他们在那里搭棚居住，并带去马铃薯在当地种植，用以充饥，在他们离开后，地上遗留马铃薯秧，被当地朝鲜人发现，便移植于朝鲜北方，于是便繁殖起来，马铃薯便以这种特殊方式于1824—1825年从中国传到朝鲜半岛。后来明川府的金某将马铃薯传到京城汉城，讲出

---

〔1〕梁家勉主编：《中国农业科学技术史稿》，农业出版社1989年版，第486页。

〔2〕［日〕星川清亲：《栽培植物の起源と传播》，东京：柴田书店1978年版；段传德、丁法元译：《栽培植物的起源与传播》，河南科学技术出版社1981年版，第105页。

〔3〕［朝〕李圭景：《五洲衍文长笺散稿》卷三，《北薯辨证说》，写本影印本，上册，汉城：明文堂1982年版，第65—67页。

〔4〕同上。

传入原委，但因州官以寸土为金，怕马铃薯与五谷争地，禁止种植，百姓利其食，仍偷偷种之。后有李亨以盐易其种加以推广，十多年内全域普及。因马铃薯可在深山穷谷种之，无处不生，并不与五谷争地，"诚济民之奇货也"。

李朝后期还有篇《北薯耕种说》传世，不详其作者姓氏，内称："顷于纯祖庚寅（三十年，1830）有申钟敏者，[于]北关六镇界得[北]薯数本而来，盖自宁古地流出者也。老圃金士升者见而宝之，分栽燥湿异宜之地验之，数年始得耕[种]之妙，十年之间扩播于中外，多有食效者。"[1] 根据这一记载，纯祖三十年、清道光十年（1830）朝鲜人申钟敏又得到来自中国吉林宁古塔（今黑龙江省宁安市）的马铃薯数枚，由老农民金士升引种成功，十年之内扩植于各地。通过这两次引种，遂在半岛生根。辽宁与吉林都与朝鲜接壤，气候条件大致相同，首先在半岛北方种植，故称北薯，继而在南方种植，与甘薯一样成备荒重要粮食作物。此后出现一种讹言说：纯祖三十二年壬辰（1832），有英吉利国船泊于洪州牧古大岛，种此物于不毛岛中而入于朝鲜，李圭景认为此"乃是谎说，何足为征信者也"[2]。何况此时马铃薯早已从中国传入且得到推广。

（四）玉蜀黍

玉蜀黍（*Zea mays* L.）为禾本科玉蜀黍属一年生草本植物，根系强大，有支柱根。秆粗壮，高1—4米，不分枝。中国四川、河北、山东及东北等地为主要产区。子粒除食用外，可做淀粉、酒精等，秆、叶、穗可做青饲料。异名较多，有玉米、包谷、包米、玉麦、御麦、棒子、珍珠米等名，通称玉米或包谷，是历史悠久的栽培作物。一般认为其原产地为南美洲，由此扩展到中美和北美洲。1492年哥伦布发现新大陆后，西班牙人将其带回，逐步传遍欧洲[3]。15世纪末，葡萄牙人将其带到印度尼西亚的爪哇，16世纪初即由华侨传到福建、广东，再由此向内地辐射。地方志中最早记载出现在明人刘节于正德六年（1511）纂修的安徽《颖州志》中。赵时春嘉靖三十九年（1560）纂甘肃《平凉府志》较早叙述了玉米的形态特征，称其为番麦："番麦一曰西天麦，苗叶如蜀秫（高粱）而肥短，末有穗如稻而非实。实如塔，如桐子大，生节间，花垂红绒在塔末，长五六寸。三月种，八月收。"[4] 康绍第于嘉靖三十四年（1555）修河南《巩县志》记有玉麦，为玉米别名。

明代钱塘（今杭州）人田艺蘅（1542—约1605）《留青日札》（1573）《御麦》条载，"御麦出于西番，旧名番麦，以其曾经进御，故名御麦。干叶类稷（高粱），花类稻穗，其苞如拳而长，其须如红绒，其实如芡（睡莲科鸡头，*Euryale ferox*）实，大而莹白，花开

---

〔1〕［韩］李春宁：《李朝农业技术史》（韩文版），汉城：韩国研究院1964年版，第88页。

〔2〕［朝］李圭景：《五洲衍文长笺散稿》卷三，《北薯辨证说》，写本影印本，上册，汉城：明文堂1982年版，第65—67页。

〔3〕李璠：《中国栽培植物发展史》，科学出版社1984年版，第69页。

〔4〕（明）刘节：《颖州志·物产志》，明正德六年（1511）刊本，宁波天一阁藏本。

于项，突结于节，真异谷也。吾乡（杭州）传得此种，多有种之者"[1]。湖北蕲春人李时珍万历二十一年（1593）写成的《本草纲目》卷二十三《谷部》载："玉蜀黍种出西土，种者亦罕（此语似不确切，引者注），其苗叶俱似蜀黍而肥矮，亦似薏苡。苗高三四尺（按此为矮玉米，亦有更高者，引者注），六七月开花成穗，如秕麦状。苗心别出一苞，如棕鱼形，苞上出白须垂垂，久则苞拆子出，颗颗攒簇，子亦大如棕子，黄白色，可煠炒食之。炒拆白花，如炒拆糯谷之状。"[2]又称玉高粱。王象晋（约 1574—1644）《群芳谱》（1621）卷九《玉蜀黍》条所载与《本草纲目》大体相同[3]。

记载玉蜀黍的明代地方志还有万历十八年（1590）刘思诚修山东《平原县志》、嘉靖三十年（1551）林鸾编的河南《襄城县志》和嘉靖四十二年（1563）李元阳纂云南《大理府志》等。值得注意的是，万历三年（1575）前往福建访问的西班牙人拉达（Martin de Herrada，1533—1578）在其游记（1576）内也提到福建人食品中有玉米饼。此游记收入其本国人门多萨（Juan Gonzales de Mendoza，1540—1620）1585 年在罗马用西班牙文发表的《中华大帝国志》（Historia del gran regno de China）第十五章，此书由帕克（Robert Parke）于 1588 年译成英文，1853 年刊于伦敦[4]，西班牙文 borona 意思是用玉米面所做成的饼，拉达说不但福建有玉米，在中国其他省份也有。入清以后，康熙十二年（1673）牛一象修的河北《昌平州志》、康熙二十一年（1682）骆云纂编的辽宁《盖平县志》、康熙六十一年（1722）蒋深纂修贵州《思州府志》等都载有玉米，说明 17 世纪已扩植至东北辽宁，而《思州府志》称包谷有"红、白、黄三色"。

清乾隆七年（1742）内府官刊鄂尔泰（1677—1745）等奉敕编纂的《授时通考》卷二十四载玉蜀黍，引《本草纲目》所述内容后，指出："米性坚实，黄白色，有二种：黏者可和糯秫（黏高粱）酿酒、作饵；不黏者可以作糕，煮粥可以济荒，可以养畜。梢可作帚，茎可织箔席，编篱供爨（cuàn），最有利于民者。"[5] 由于玉米适应性强，易于种植，又是高产作物，深得百姓喜爱，贮存之可以备荒，全身都有用途，以其秆编织成器还可增加收入，故清代已遍及全国，尤其北方种植更为普遍。

日本江户朝天正七年（1579）葡萄牙人首次将玉蜀黍传到九州的长崎地区，19 世纪 70 年代明治初年又从美国将玉蜀黍引入北海道[6]。玉米传入朝鲜半岛的经过，史料所载不像落花生和马铃薯那样详明，也并不多。在李朝中期（1568—1727）的有关著作，如申洬（1600—1661）的《农家集成》（1656）、洪万选（1643—1715）的《山林经济》（1718）等书中，都没有关于玉蜀黍的记载，说明是在李朝后期引入的，因为这一时期记载玉蜀黍

〔1〕（明）田艺蘅：《留青日札·御麦条》，明万历元年（1573）刊本。

〔2〕（明）李时珍：《本草纲目》卷二十三，《谷部》下册，人民卫生出版社 1982 年版，第 1478 页。

〔3〕（明）王象晋：《群芳谱》（1621）卷九，玉蜀黍条，《广群芳谱》本第 1 册，上海：商务印书馆 1935 年版，上海书店 1985 年影印本，第 198 页。

〔4〕Mendoza, Juan Gonzales de. *Historia del gran regno de China*，ch. 15. Roma，1585；Historie of the king-dome of China, *translated by Robert Parke in 1588*, Vol. 2. London：Hukluyt Society，1853，p. 57.

〔5〕（清）鄂尔泰等人：《授时通考》卷二十四，上海实业研究社影印本，民国初年，第 4 页。

〔6〕［日］星川清亲：《栽培植物の起源と传播》，东京：柴田书店 1978 年版；段传德、丁法元译：《栽培植物的起源与传播》，河南科学技术出版社 1981 年版，第 29 页。

的中国著作，如李时珍《本草纲目》等已携至半岛。英祖末年（1776）柳重临写的《增补山林经济》中说："玉蜀黍有五色，俱春〔种〕秋熟，宜肥地，一尺种一科（稞），可蒸食，作粥甚佳。"其实玉米并不要求肥沃之地。19世纪初纯祖初年徐有榘在《杏浦志》中写道："玉蜀黍一名玉高粱，蜀黍之类也。有青白红三种，屑之充粮敌麦面，然东人不甚尚也。"[1] 徐氏将玉米列为谷类，但在各地推广种植似不迅速。至于它从中国传入的时间，应在柳重临著录前不久，即18世纪中期清乾隆年间，显然来自中国华北或东北。

多年间笔者在研究中、朝、日三国近三百年来科技交流时一直有种感觉，中、朝陆上相连，相距较地处大海中的日本更近，但很多中国科学书籍和科学技术传入朝鲜的时间反比日本迟，这是为什么呢？料想原因是中、日间往来、人员及经济交流在这段时间内更频繁，每年四季不断有中国浙江、福建、江苏等省商船载中国各种书籍及货物至长崎港口卸下，再运到京都、江户（今东京）及大阪等地，中国学者也有时随船访日。而中、朝相对说海上贸易较少，陆上只在东北边境有小规模交易或在北京采购，朝鲜使团只定期前来北京作短期停留。同时，朝鲜与西洋各国之间交通也较少，而日本在这段时间与荷兰、葡萄牙、英美等西方国家常有直接交通。这就是说，朝鲜所获科学信息来源有限，又不及时。就本文讨论的四种农作物而言，落花生于1504年从南洋引入中国后，经202年传入日本，再经274年才从中国引入朝鲜。甘薯于1593年从菲律宾引入中国后，经12年即从中国引入日本，过170年经日本传到朝鲜。马铃薯1650年由荷兰人传入中国，而日本从荷兰引入、反比中国早49年，在中国引种后174年才从辽宁传到朝鲜。玉米1510年由印尼华侨从爪哇引入中国，69年后日本从葡萄牙人引入，而在中国种玉米二百多年后，才引入朝鲜。这些时间上的差别正是前面分析的原因造成的。不管怎样，至18世纪由美洲印第安人最先栽培的这些有用农作物已传遍东亚，成为全人类共同的食用作物。

四　清代出版的农业化学专著《农务化学问答》

（一）《农务化学问答》翻译的底本及其作者

为开展对明清化学史、中外科学交流史的研究及了解该时期中国有关化学方面的出版情况，1973年夏，笔者参照有关书目对明清时期的化学译著作了一次普查，后又对其中100种重点著作补加了一系列考证。在这过程中，发现清代出版的《农务化学问答》一书，读起来很有兴趣。现根据考证结果，特对该书作一介绍，以供研究中国近代农史的同行们参考。

有关清代译著书目的早期编辑者新会人梁启超（1873—1929）在其《西学书目表》（1896）中说：

---

〔1〕〔韩〕李春宁：《李朝农业技术史》（韩文版），汉城：韩国研究院1964年版，第88页。

西人富民之道，仍以农桑畜牧为本。论者每谓西人重商而贱农，非也。彼中农家近率改用新法，以化学粪田，以机器播获，每年所入视旧法最少亦可增一倍。中国若能务此，岂患贫耶?! 惜前此洋务诸公不以此事为重，故农政各书悉未译出，惟《农事略论》、《农家新法》两种，合成不过万字，略言其梗概耳。[1]

"化学粪田、机器播获"，确实是改变中国农业落后局面的科学措施，用现在的话说，就是农业化学化和农业机械化。农业的这"两化"问题，至今还是中国实现农业现代化的重要课题。而要达到这个目的，就必须发展与此有关的科学技术，农业化学在这里就显得格外重要了。"化学粪田"既然在清末引起有识之士的注意，则翻译这类著作自然也是社会生产的需要。

但此处介绍的《农务化学问答》一书，并没有收入梁著书目中，比梁著稍迟的徐维则辑《东西学书录》（1899），也没著录这部讲求用化学务农的专著。显然，在梁、徐二位编书目时此书还未问世。我们是在顾燮光增订的徐辑《东西学书录》（1902）卷二《农政第六》中，才看到有下列记载：

> 《农务化学问答》二卷，农学报本，英仲斯敦著，英秀耀春口译，范熙庸笔述。凡答问四百三十九，于化学有关农务者言之甚详（顾补）。[2]

顾氏对此书的介绍总共只有这 48 个字，没有指出《农学报》本的刊行年代，也没有提及此本以外的版本，因而需要补加说明。

查罗振玉（1866—1940）等人于 1896 年在上海成立农学会，1897 年该会创办《农学报》，并聘中外专家翻译外国农书。从 1897 年起至 1906 年停刊止，《农学报》及农学会先后刊出农书百种，在促进中国近代农业及农学发展方面作出了不少贡献。上述《农学报》本《农务化学问答》分三次于 1900 年 3—4 月间在第 97—100 册中刊完[3]。但这并非初刊本，而是重刊本。笔者藏有此书初刊本，为 1899 年上海江南制造局刊行，分上下二卷（二册）。扉页印："《农务化学问答》。光绪己亥五月诸炳星书。"（图 6—23）背面印有"江南制造总局镌版"字样。上卷卷首标明"《农务化学问答》卷上，英国农业教习仲斯敦著，英国秀耀春口译，上海范熙庸笔述"。此处书名、著译者姓名与顾补《东西学书录》所载尽同，唯顾氏编目时尚不曾知道此本是农学报本之底本。

江南制造局本《农务化学问答》以江南竹纸印成，每页直高 27.5 厘米，横长 16.8 厘米，页 10 行，行 22 字，有插图 31 幅。细审正文内容可以看出，秀耀春及范熙庸合译此书时，在化学名词术语方面参考了《化学鉴原》（1871）的译者英国傅兰雅（John Fryer，1839—1928）及无锡徐寿（1818—1884）二人于 1869—1870 年编写的《化学材料中西名

〔1〕 梁启超：《西学书目表》，上海：1896 年，志强斋本。
〔2〕 （清）徐维则辑，顾燮光增订：《增版东西学书录》卷二，《农政第六》，1902 年石印本。第 1—2 页。
〔3〕 上海图书馆编：《中国近代期刊篇目汇录》，上海人民出版社 1980 年版，卷一，第 727、758—759 页。

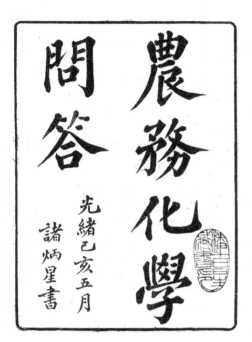

图6—23 清光绪二十五年（1899）上海江南制造局刊《农务化学问答》扉页
潘吉星藏

目表》（*Vocabulary of Chemical Substances, English-Chinese*）。实际上这是中国第一部英汉化学名词汇编，对后人译述西洋化学著作影响较大。该书于1885年正式刊于江南制造局，共一册，为铅字排印本，作线装形式。书前有傅兰雅于1885年5月用英文写的序，谈此书编辑之原委。笔者亦藏有此书。现在举几个例子。在《农务化学问答》中，fibrine（纤维朊）音译为非布里尼，celloluse（纤维素）作写留路司或本纹质，humic acid（腐殖酸）作呼迷克酸等，这都与《化学材料中西名目表》一致，可见《名目表》当时确起到名词规范化的作用。也正因有此书存在，我们才能完全看懂仲斯敦著作的中译本内容。

查《农务化学问答》的译者秀耀春，原名弗·休伯蒂·詹姆斯（F. Huberty James，1856—1900），英国浸礼会（English Baptist Missionary Society）教士，1883年来华，先在山东传教，1892年因与该会意见不合而脱离关系，1899年来上海江南制造局译学馆任英文教习[1]。他这时期与在该馆任职的上海人范熙庸合译了《农务化学问答》。在研究此书内容并考察其著者传记后，笔者认为，此书翻译时所用原文底本是英国著名农业化学家约翰斯顿的《农业化学及地质学问答》（*Catechism of Agricultural Chemistry and Geology*，by J. F. W. Johnston. Edinburgh，1842）。Johnston当时译成仲斯敦。

詹姆斯·芬利·威尔·约翰斯顿（James Finlay Weir Johnston，1798—1855）于1798年11月13日生于苏格兰格拉斯哥（Glasgow）市西部的派斯莱（Paisley）。在格拉斯哥大学毕业后，约翰斯顿于1829年赴瑞典斯德哥尔摩留学，就教于瑞典大化学家贝尔泽里乌斯（Jöns Jacob Berzelius，1779—1848），返国后从1833年起任英格兰北部的达勒姆大学（University of Durham）的化学及矿物学教授，1844—1849年任苏格兰农业化学协会（Agricultural Chemistry Association of Scotland）的讲师和化学师，著有《农业化学及地质学原理》（*Elements of Agricultural Chemistry and Geology*. Edinburgh，1842；17 ed，revised by C. A. Cameron and C. M. Aikmann. Edinburgh，1894）、《普通生命化学》（*The Chemistry of Common Life*，2 Vols. Edinburgh，1855；2nd ed. revised by A. H. Church，1879，1880）及《农业化学与地质学讲义》（*Lectures on Agricultural*

---

〔1〕 中国社会科学院近代史所翻译室编：《近代来华外国人辞典》，中国社会科学出版社1981年版，第237页。

Chemistry and Geology. Edinburgh，1844；2nd ed.，1847）等书及许多论文[1]，1855 年 9 月 15 日（一作 18 日）卒于达勒姆，享年 57 岁。

约翰斯顿是英国 19 世纪前半期有成就的化学家和农业化学家。他的著作受到科学界的好评，多次再版。他的农业化学论著还引起了马克思和恩格斯的注意。马克思把约翰斯顿称为"英吉利的李比希"，而且还在写作《资本论》时阅读过他的作品。例如，1869 年 11 月 26 日，马克思在致恩格斯的信中写道："英国农业化学家约翰斯顿在他的关于美国的评论中分析道：新英格兰的农业移民迁往纽约州，是离开较坏的土地去找较好的土地……"[2] 就是这样一位优秀的英国农业化学家的著作，在清代被译成中文出版，确实是件可喜的事。

特别应当指出的是，除《农业化学问答》外，约翰斯顿的另一力作《普通生命化学》也在清代被译成中文出版。这就是当时驰名的《化学卫生论》。查《化学卫生论》四卷，英人真司腾著，英罗以司订，英博兰雅及栾学谦合译。最初此书于 1876—1881 年分期发表在上海的《格致汇编》（*Chinese Scientific and Technical Magazine*）中。1891 年在上海刊出单行本（4 册），笔者亦藏有此本。因当时翻译西人姓名没有规范化，故此处将 Johnston 译为真司腾，将书的修订者刘易斯（G. H. Lewes）译为罗以司。《化学卫生论》的原文底本是约翰斯顿所著《普通生命化学》的刘易斯增订本（*The Chemistry of Common Life* by J. F. W. Johnston，new ed. revised by G. H. Lewes. Edinburgh-London：Blackwood and Co.，1854—1855，in two Vols）[3]。这是在英国相当流行的一部生理化学著作。如博兰雅所说，此著在中国出版后亦不胫而走，不得不再版。鲁迅（1881—1936）先生年轻时在南京求学期间曾看过《化学卫生论》[4]。因而英国学者约翰斯顿的著作，对我们近百年来的中国读者来说并不陌生。

（二）《农务化学问答》的内容介绍

《农务化学问答》1899 年初刊本（二册）上卷有 14 章 226 问，下卷 9 章 213 问，总共 23 章 439 问，另有插图 31 幅。下面逐章叙述其内容。由于清末时代所用化学术语与今不同，有机物常取音译，化学式以汉字表示，为便现代读者弄清其意，因此我们将在原名后括号内给出英文原文、现代译法或化学符号，并在原书各章标题后，概述其讨论的重点。

《农务化学问答》上卷

纲领或序论（第 1—5 问）讲述全书的内容梗要

〔1〕 Partington. J. R. *A History of Chemistry*. Vol. 4. London：Macmillan & Co.，1962，p. 254.

〔2〕 马克思：致恩格斯的信（1869 年 11 月 26 日），《马克思恩格斯全集》卷 32，人民出版社 1976 年版，第 384 页。

〔3〕 潘吉星：明清时期（1640—1910）百种化学译作书目考，《中国科学史料》1984 年第 1 期，第 23—39 页。

〔4〕 刘再复、金秋鹏、汪子春：《鲁迅和自然科学》，科学出版社 1976 年版，第 18 页。

一开始作者谈到农事即耕地之艺，而耕地目的"欲收获丰而费小，而又不伤地力"。为此，就应了解"植物、泥土（soil，土壤）和肥料之性质，各植物所宜之肥料，各肥料应如何制造而使植物易得其益"。农夫于树艺外，更应"牧畜使之肥腯，及制造乳油、乳饼"等。而欲各事完美，又须知"畜类之性质及其所需之料、牛乳之性质，制乳油、乳饼之法，及其法所本之理"。

第一章（第6—11问）论植物、泥土、动物相关之理。自此章起为正文。本章讨论植物、动物与土壤三者间的相互关系。三者都含"死物质"（无机物）即矿物质和"生物质"（有机物）。动物体内的矿物质得自食物，植物中矿物质得自土壤，土壤中矿物质得自石，因土由石所化。动物中有机物得自食物，植物中有机物得自土壤及空气，土壤中有机物得自已死动、植物腐败物化于土中者。

第二章（第12—28问）论植物、动物所含之生物质（organic substance，有机物）。本章指出植物中的有机物为木纹质（纤维素）、小粉（淀粉）、糖、胶、蛋白质、哥路登（gluten，谷朊）、流质油（植物油）、定质油（fats，脂肪）等，并逐个解释这些物质，指出其在植物各部位之含量。动物有筋肉、脂肪、骨、皮。筋肉含血及纤维朊，骨、皮含动物胶。动、植物中有机物的区别在于：动物中蛋白质、脂肪多，植物中纤维素及淀粉多。

第三章（第29—40问）论植物、动物、泥土所含生物杂质（有机物）之原质（element，元素）。本章提到动、植物及土壤所含有机物中最重要的元素是炭（碳）、轻（氢）、养（氧）及淡（氮），还有少量硫及燐（磷）。

第四章（第41—58问）论植物所食之生物质。指出植物为生长，必

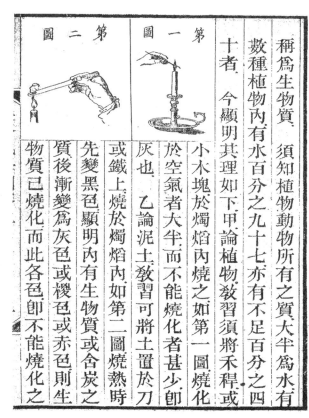

图6—24　《农务化学问答》卷上第一章正文

须不断分别通过叶部从空气中和通过根部从土壤中吸收养料。从空气中吸收炭养$_二$（二氧化碳，CO_2）；从土中吸收淡轻$_三$（氨，NH_3）及淡养$_五$（硝酸酐），最后成为植物中氮的来源。

第五章（第59—77问）论水、淡轻$_三$、淡养$_五$之性质。此处逐个介绍水、氨、氧化氮（硝酸，因当时原子量标准不同，故硝酸酐式子写成淡养$_五$）之性质及来源。

第六章（第78—88问）论木纹质、小粉、胶、糖、呼迷克酸（腐殖酸）及土内所成之质。指出所有这些物质都含有碳、氢、氧，由根、叶所吸收的二氧化碳、水和空气而合成。谈到植物的光合、呼吸和氮的自然循环，以及腐殖酸的固氮作用。

第七章（第89—94问）论动、植物内油质、哥路登、非布里尼。

本章说明植物内含有脂肪、植物油，均由碳、氢、氧构成，而谷朊及纤维朊则含碳、氢、氧、氮及少量硫、磷。

第八章（第95—111问）论植物、动物、泥土内之死物质（inorganic substance，无机物）、金类不能烧之质。指出这些无机物中有钾养（氧化钾，K_2O）、钠养（氧化钠，Na_2O）、钙养（氧化钙，CaO）、镁养（氧化镁，MgO）、锰养（氧化锰，MnO）、矽养（二氧化硅，SiO_2）、铝二养三（三氧化三铝，Al_2O_3）、磷养五（五氧化二磷，P_2O_5）、炭养二（CO_2）、绿（氯，Cl）、碘、弗（氟，F），并分别解释这些物质。

第九章（第112—115问）论各种泥土之情状。本章言土壤中含无机物及有机物，土分为沙土、胶土、含钙土、呼莫司（hummus，草煤土），又细分为杂土、钙胶土、轻土、重土等。

第十章（第116—153问）论用深耕下层犁、泄水各法以增地力。指出用下层犁深耕使下层土松散，空气与水入内使下层土变为美土，再翻上更得空气与水之宜。又述培养植物及筑沟泄水之法。

第十一章（第154—164问）论土有生长力之理。影响土壤生长力的有气候、经纬度、地势高下及方向、土之本质等。土吸水、气多寡，决于土之本质及耕法，吸热气多寡视土之本质土色。植物所得于土，最要者为氮、氧化磷、氧化钾。讲到土内亦含对植物有害物质，宜除之。

第十二章（第165—176问）论土内淡（氮）气。土内氮含于生物质中，分解可吸收，亦有人工造氨盐。土中之氨由拔克替里亚（bacteria，细菌）微虫之力成氧化氮，而氨得自于固氮根瘤菌。

第十三章（第177—199问）论土内死物质与植物之相关。土中无机物矿物质之功能在使其根直立、提供养料、变化有机酸质成植物所吸收的形式。分别列举并叙述这些无机物。植物及土壤中所含无机物不尽同，土中有 Al_2O_3，为植物所无。植物中无机物来自土，由根而入。列表说明烧草后所含无机物种类及数量，有些量虽少，但仍必需，又列表说明不施肥土、施肥土及瘠土所含无机物成分，介绍使瘠土变肥之法。

第十四章（第200—226问）论植物吸土内各质之力。指出常年种一种作物而不追肥，土力必弱。列举谷物或根茎作物所需矿物质种类及数量，又列举各肥料种类及施肥之必要性。

《农务化学问答》下卷

第十五章（第227—246问）论植物肥料。列举种类。

第十六章（第247—270问）论动物体内可为肥料之物。指出这类物有血、肉、骨、毛、鱼之废料等。列举上述物所含成分及其用法。

第十七章（第 271—314 问）论各动物之粪。列举人粪及动物粪种类、功效及优劣比较（鸟粪最佳）。论流质肥（尿）、发酵肥、古阿奴（guano，秘鲁鸟粪石）用法及农家发酵肥制法。

第十八章（第 315—342 问）论盐类质、金类质肥料。列举矿肥种类、成分、用法，列表说明施矿肥与不施矿肥之收获量对比。

第十九章（第 343—373 问）论灰石及烧钙养、用钙养之法。列举灰石种类、成分、制法。论玛而拉（marl，泥灰岩）。

第二十章（第 374—393 问）论植物所含小粉、哥路登、油质之数。本章论各种粮食作物所含上述物质之数，列表指出各种饲料中所含成分，列表说明各种谷类所含物质成分、百分比及各种油料植物之成分。

第二十一章（第 394—402 问）论各种谷及饲畜料内所含之小粉与饲畜种类之相关。植物之要用在于饲养动物，动物从食物中得淀粉、糖、哥路登（谷朊）、蛋白质、植物油、脂肪及盐类等无机物。动物呼吸时呼出之（碳）气要靠淀粉来补充，亦可增加脂肪。列举每人每日所需淀粉量。论碳的自然循环。

第二十二章（第 403—430 问）论动物、植物内之哥路登、油质、金类质之理。本章讲动物食植物中之谷朊、蛋白质可增补筋肉或生热而增脂肪。指出人体内每 30—40 天更新一次，为平日不觉，故用心、用力过度，必以食物补充。如 12 时不食，则夏季体重失 1/14。所费者变为粪尿、汗及呼出之气。脂肪可补体内之消耗，令体常温而增肥。无机物可补骨、血中所需金属。介绍家畜育肥之法。

第二十三章（第 431—439 问）论牛乳、乳油、乳饼及饲养乳牛之法。论述牛奶成分及其与饲料之关系。饲养奶牛所需饲料、牛奶中的营养物等。

书的最后还印有"乌程王汝骋校字"。王汝骋（1865—1925 在世）为浙江吴兴人，任江南制造局翻译，既懂英文，又懂化学，曾将英国化学家福恩斯（George Fownes，1815—1849）的化学著作译成中文。因此由他来担任校对，是再好不过的了。

综上言之，英国约翰斯顿教授的《农务化学问答》，是一部很成功的专著和教材。它以问答的形式深入浅出地论述了农业化学的基本原理及其实际应用。书中既有科学理论知识，又有丰富实际资料。是用通俗形式写成的学术著作。中文译笔也相当流畅，反映出原作的风格。书中一问接一问、一环扣一环地把著者想要阐明的各项问题联系成一体系，逻辑性很强。在回答每题之后常补之以化学实验演示以验证所述观点，并附以实验设备插图，简便易行。按：中国农业有悠久历史，精耕细作、施肥选种、抗旱排涝、捕蝗灭鼠，都有所发明。但有清以前，多凭经验积累及农家总结出的一些条理，尚缺乏近代科学理论之武装。以施肥而论，多用农家肥，而少用人造化学肥。《农务化学问答》一书的出版，首次将西方农业化学新成果及理论原理传入中国，使农家能知其所以然之故，自觉以化学方法实行科学耕种及饲养，确是很有积极意义的。

第七章　医药

一　《本草纲目》在东西方国家的传播

中国古代药物学即本草学，是医药及有关动物、植物及矿物等方面知识的宝库，在增进人民健康、防治疾病方面起了很大作用。至明代科学家李时珍（1518—1593）所著《本草纲目》（1596）问世后，本草学进入新的发展阶段。时珍历时 27 年才完成这部巨著，参阅前人八百余种著作，于万历六年（1578）成书，二十四年（1596）首刊于金陵（南京）。全书 52 万字，载药 1892 种，附药方 11096 个，附图 1，110 幅。前两卷为总论，叙述本草学史及用药理论；卷三至卷四论百病主治药；卷五至卷五十二为各论，将诸药分水、火、土、金石、草、谷、菜、果、木、服器、虫、鳞、介、禽、兽及人部共十六部为纲，部下再细分类为目，共六十类，各类下再叙每一味药。全书规模宏大，体系严密，内容丰富，纲举目张，方药结合，记载翔实，可谓集本草学之大成，为前无古人之杰作。三百多年来此书是医家必读之作。它不但在中国成为"士大夫家有其书"的受欢迎作品，还很早就流传到亚洲、欧洲和美洲一些国家，或翻刻重版，或译成外文，或被仔细深入研究和高度评价，其所到之处都产生良好影响，笔者自 1959 年以来五十多年间考察这一过程，现将考察结果综述于下。

（一）《本草纲目》在日本的传播和影响

首先回顾一下《本草纲目》在亚洲一些国家的流传情况。1987 年笔者在日本京都大学人文科学研究所工作期间，以江户时代（1603—1868）中日医学交流史为研究课题，以《本草纲目》为重点，因而经常去京都大学医学部查阅那里收藏的大量古籍。研究表明，当《本草纲目》在中国出版后不足二十年便于明万历末年（1604—1619）最先传到东邻日本国。日本江户时代初期大学者、幕府参机侍讲官林信胜（字罗山，又名林道春，1583—1657）于庆长十二年（1607）从对外商埠长崎得到一套江西刊本《本草纲目》（1603）[1]，

---

〔1〕［日］富士川游：《日本医学史》日文版，东京：日新书院 1941 年版，第 555 页；［日］上野益三：《日本博物学史》日文版．东京：平凡社 1973 年版，第 247 页。

并献给江户幕府第一代大将军德川家康
(1542—1616),遂由家康置于座右,以示珍
重,就像中国万历皇帝那样。据近藤守重
(字重藏,号守斋,1771—1829)《右文故
事》称:"《本草纲目》明版四十四册称神君
御前本,则御手泽本也。"此即指德川家康
御用之本。这是该书传入日本之始。显然是
由中国商船运至日本的。有关《本草纲目》
传入日本的时间、地点、途径及经手人都十
分清楚。此后,1705、1706、1710、1714、
1719、1725、1735、1804、1841 及 1855 年
从南京和广州到日本的"唐船",都将该书
不同版本运到长崎[1],再转至京都、江户
(今东京)、浪华(今大阪)等地。本文所述
均见于向井富的《商舶载来书目》(1804),
然而未收入这书目的还有很多,如医药学家

图 7—1　有关李时珍(1518—1593)的最早肖像

引自日人下津元知《图解本草》(1685)书首

曲直濑玄朔(号东井,1549—1631)更得到金陵初刻本,时间不会晚于 1614 年,据他
书中跋语:"东按,大明万历庚寅(1590)迄我邦庆长十九载(1614),二十四易草木
也。"[2]"东"即曲直濑玄朔的自称,他认为此书初刻于万历十八年(1590),二十四年
后(1614)传至日本。实际上金陵本初刊于 1596 年,此后 18 年即迅速东渡。今东京
内阁文库藏金陵版即为曲直濑氏旧藏本,由井口直树于 1875 年 7 月 23 日进呈给明治天
皇[3],故称为"内阁文库藏本"。现日本各地图书馆及私人藏书中有其他多种明、清诸
版,大多是 18—19 世纪由中国商船载入长崎港的。日本的江户时代读书人像中国士子
一样,习汉字古文、四书五经、赋诗练字,且多以汉文写作,因而可直接阅读《本草
纲目》。

　　在室町时代(1412—1610),日本医药界推崇宋人唐慎微(1056—1136)的《证类本
草》(1108),言必称《证类》。及至江户时代,当《本草纲目》传入后,很快便取代《证
类本草》,而占主导地位,受到科学界,尤其医药界的普遍重视,竞相传习、争购和引用;
因为单靠从中国进口汉籍原著已不能满足读者需要,于是从宽永十四年(1637)起,首次
出现日本翻刻本《本草纲目》[4]。这一年即明崇祯十年,由京都书林鱼屋町通及信浓町的
野田弥次右卫门付梓印行,这是最早的和刻本,而以江西本为底本。所谓"和刻本",除
照样翻刻汉文原文外,还对原文作校订和标点,在汉字旁用片假名填注、标音和解通语

〔1〕[日]大庭修:《江户时代における唐船持渡书の研究》,京都:大宝印刷株式会社 1967 年版。
〔2〕[日]上野益三:《日本博物学史》,第 250、606 页。
〔3〕同上书,第 606 页。
〔4〕同上书,第 258 页。

法，施加"训读"或"训点"（くんてん，kunten），更便于日人阅读。

此处据京都大学已故上野益三教授提供的资料重新核对，并予以系统化，将各种和刻本汇总于表7—1中。从表中可看到1637—1714年不到八十年的时间，日本就至少刊行了八种《本草纲目》和刻本，差不多每十年刊行一次，且多刊于京都。

表7—1 《本草纲目》主要和刻本一览表

| 版次 | 刊刻年代 | | | 书名 | 卷册数 | 出版地 | 刊刻者 | 训点者 | 汉文底本 | 说明 |
	公元	日本纪年	中国纪年							
1	1637	宽永十四年	崇祯十年	《本草纲目》	52卷55册	京都	书林野田弥次右卫门		1603年江西本	附《奇经八脉》
2	1653	承应二年	顺治十年	《本草纲目》	52卷	京都	书林野田弥次右卫门		1640年杭州本	插图比宽永十四年刊本佳
3	1657	明历三年	顺治十四年	《本草纲目序例》	3卷	京都	书林田原仁左卫门			只将诸本序集在一起刊印，施训点
4	1659	万治三年	顺治十六年	《新刊本草纲目》	52卷55册	京都		野村观斋	1640年杭州本	一般称万治本
5	1669	宽文九年	康熙八年	《重订本草纲目》	52卷38册	京都	风月堂	松下见林	1640年杭州本	书首题签用篆字，一般称篆字本
6	1672	宽文十二年	康熙十一年	《校正本草纲目》	52卷39册	京都		贝原笃信	1640年杭州本	附《傍训本草纲目品目》、《本草名物附录》，包括药物和汉名对照
7	1689	元禄三年	康熙二十八年	《订正本草纲目》	52卷	京都		南部里庵、上岭伯仙		南部里庵另有《订正本草纲目解诂》六卷
8	1714	正德四年	康熙五十三年	《新校正本草纲目》	52卷	江户、京都	唐本屋清兵卫、万屋作右卫门、唐本屋八郎兵卫	稻生宣义	1603年江西本	据承应二年本改版，订正训点，补脱句，附《奇经八脉》、《本草纲目图》

在诸和刻本中，以著名本草学家贝原益轩（名笃信，1630—1714）、稻宣义或稻生宣义（号若水，1655—1715）及松下见林（号秀明，1637—1703）所校订和训读的版本最为完善，而其所据底本均为明刊善本。多种和刻本的出版，进一步促进了《本草纲目》在日本的流传。然而社会上对此书需求量很大，以至于如前所述，从中国一再运来汉籍原本仍然十分畅销。与此书同时到达的，更有其他一些本草、医书、农书及植物学等方面的中国著作，如《医宗金鉴》、《本草发明》、《天工开物》、《农政全书》及《群芳谱》等。《本草纲目》日文译本出现较晚，因当时日本人都能阅读汉文原著和加上训读的和刻本。先前有人认为《本草纲目》日文译本是天明三年（1783）刊行的小野兰山（名职博，字以文，1729—1810）的《本草纲目译说》[1]。从书名来看，确像译本，但我们研究此书内容后，便知其实并非如此。按小野兰山曾用日本语于京都向门人讲授过本草，自然以《本草纲目》为主要教本，但他更参考其他一些著作，结合日本情况，加入己见。其讲义由门人整理，其中包括《本草纲目译说》，由门人冈田麟、石田熙所整理，但从未出版。唯一刊行的讲义是小野兰山之孙职孝（号慧亩，？—1853）依其师祖讲稿整理的《本草纲目启蒙》（图7—2），正文内有时整段是汉文，有时则是日文，因而不是译本。

图7—2 小野兰山《本草纲目启蒙》（1803）扉页

实际上，在小野氏之前已有人最初尝试翻译《本草纲目》。元禄十年（1698）冈本为竹（号一抱）发表《图画和语本草纲目》，又名《广益本草大成》，共27卷7册，由京都书林小佐治半右卫门梓印。此书将《本草纲目》中各品物释为日本语：收载药物1834种。此后，元文三年（1737）服部范忠（号玄黄）用日文编成了《本草和谈》，又名《本草和谭》，全书共45卷，从《水部》始至《人部》终，通载药物1905种，各品下有和名，附编者的叙述[2]。该书序云："《本草和谈》者，和谈《本草纲目》是也。"因而书的全名应是《和谈本草纲目》。但同样，此书亦未刊行，现存有写本23册，可谓一种编译本。严格译本是1934年东京春阳堂出版的15册十六开精装铅印本《头注国译本草纲目》。该本以金陵本为底本，将原书全文译成现代日语，附校注、解说及索引。参加译注工作的包括白井光太郎（1863—1932）、牧野富太郎（1862—1957）和铃木真海等15位著名专家。这是日本学者集体译注的版本，简称"春阳堂本"。多年来它一直是最完善的《本草

〔1〕 陈存仁：李时珍先生的《本草纲目》传入日本以后，《中华医史杂志》1953年第4期，第199—202页。
〔2〕 ［日］上野益三：《日本博物学史》，第350页。

纲目》日文译本，也是唯一一部外文全译本。自 1974 年起，又刊行增订第二版，名为《新注校正国译本草纲目》，也是由春阳堂出版。此本补正了过去的漏误，增加许多新资料，故更趋完善。参加增订的有薮内清、木村康一、北村四郎、宫下三郎等十多位专家，至 1979 年全书已刊行完毕，也是十六开精装本。

　　《本草纲目》原著、和刻本及编译本的广泛传播，使该书成为日本本草学家的专门研究对象。他们以此书为标准教材，讲授本草之学，亦以此书为蓝本和样板，写出结合日本情况的本草著作。有些学者更以时珍为榜样，往山野采集药材，做实地调查研究；亦于药园内栽培药用植物，作科学试验。他们就本草学问题互相讨论，一时人才辈出，形成江户时代以稻宣义、贝原益轩和小野兰山等为代表人物的新本草学派，在促成日本近世药物学、博物学和化学的发展方面中起了很大作用。为使读者一目了然，特将日本新本草学派研究《本草纲目》的情况概括地列于表 7—2 之中。此处着重介绍几位研究《本草纲目》有突出成就的代表性人物。首先应指出曲直濑玄朔，玄朔名正绍，京都人，后由曲直濑道三（号正庆，1507—1594）收养，遂承养父之名亦称道三，号东井。早在庆长十三年（1603）曲直濑玄朔即依刚传入日本的明刊《本草纲目》中资料，对其养父曲直濑道三于天正八年（1580）完成的三卷本《能毒》一书加以修订，以《药性能毒》为名，出版了木活字本（1608）。这位增订者在该书跋中写道："近《本草纲目》来朝，予披阅之，撷至要之语，复加以增添药品。"[1] 此乃日本人参照《本草纲目》著书立说之始，时在中国明代万历三十六年（1608）。稍后，庆长十七年（1612）林信胜（罗山）将他自长崎得到的明版《本草纲目》加以摘录及训点，写成《多识篇》五卷，体例上仿效平安时代醍醐天皇御医深根辅仁于延喜十八年（918）从唐代《新修本草》（659）中摘录的《本草和名》（共十八卷），目的在于便利读者简要地掌握《本草纲目》之内容。按《罗山先生文集》（1630年版）所载，林信胜曾就此写道："壬子之岁（1612）予拔写《本草纲目》，而付国训鸟兽草木之名，不在兹乎目以命名。"[2] 由他谚解的《新刊多识篇》共五卷两册，后于宽永八年（1631）由京都书林村上宗信、田中左卫门刊行，又名《古今和名本草》，因其列出诸药之日文名。这是日本最早研究《本草纲目》的专著。顺便说"林"也是日本姓氏，读作はヤし（Hayashi）。

表 7—2　江户时代日本学者研究《本草纲目》之著作一览表

序号	年代			书名	卷册数	作者	内容说明
	公元	日本纪年	中国纪年				
1	1612	庆长十七年	万历四十年	《多识篇》	5卷	林道春（罗山）	摘录《本草纲目》并加训点、考订日本名称。1631 年《新刊多识篇》五卷刊于京都，又名《古今和名本草并异名》

---

〔1〕〔日〕上野益三：《日本博物学史》，第 247 页。
〔2〕同上。

续表

序号	年代			书名	卷册数	作者	内容说明
	公元	日本纪年	中国纪年				
2	1666	宽文二年	康熙五年	《本草纲目序注》	1卷	林道春（罗山）	解释《本草纲目》中王世贞、夏良心和张鼎思等序中难解之语，京都书林伊东氏开版
3	1572	宽文十二年	康熙十一年	《傍训本草纲目品目及本草和名附录》	各2卷	贝原笃信（益轩）	附于该年刊行的和刻本《本草纲目》书后，该版由贝原氏校订和训点，在京都刻印
4	1680	延宝八年	康熙十九年	《本草纲目目录和名》		贝原笃信（益轩）	供检索《本草纲目》的索引式著作。
5	1685	贞享二年	康熙二十四年	《图解本草》	10卷10册	下林元知	以《本草纲目》为准绳，药品按"イロハ"顺序排列，日文译本，书首有李时珍画像及图赞
6	1689	元禄二年	康熙二十八年	《订正本草纲目解诂》	6卷	南部里庵（处仁）	同年该作者刊出和刻木《本草纲目》，在此基础上写成是书
7	1714	正德四年	康熙五十三年	《本草图卷（本草图翼）》	4卷2册	稻生宣义（若水）	收载《本草纲目》中的图及以外的图，共443幅
8	1714	正德四年	康熙五十三年	《本草纲目指南》	6卷4册	内山觉顺	按"イロハ"顺序编的《本草纲目》索引书，无编者及刊记，从版式来看，与稻宣义《新校正本草纲目》同时刊行，编者疑为稻宣义之子内山觉顺
9	1719	享保四年	康熙五十八年	《本草补苴》	8卷	神田玄泉	主要收录《本草纲目》中水、火、土、金、石诸部
10	1724	享保九年	雍正二年	《本草会志》	3册	松岗玄达（恕庵）	由门人鹫泽益庵、岭川三折整理的松岗玄达讲《本草纲目》的讲稿，未刊刻
11	1729	享保十四年	雍正七年	《本草大义》	4卷	神田玄泉	《本草纲目》的和文释义，未刊行。卷一：水火土金石；卷二、卷四：草，有图
12	1737	元文二年	乾隆二年	《本草和谈》	45卷5册	服部范忠	又名《本草和谭》，传写本23册，日文译本，未刊，水部始至人部终，共载药1905种。《本草纲目》之日文解释，附作者解说

序号	年代			书名	卷册数	作者	内容说明
	公元	日本纪年	中国纪年				
13	1738	元文三年	乾隆三年	《本草或问》	2卷	神田玄泉	问答体裁，乾卷以《本草纲目》为题，坤卷以《大和本草》、《本草纲目新校正》及《救荒本草》和刻本为对象，未刊刻
14	1746	廷享三年	乾隆十一年	《本草一家言》	16卷	松冈玄达	以《本草纲目》为教材的讲义记录，未刊行
15	1752	宝历二年	乾隆十七年	《本草纲目补物品目录》	2卷	后藤梨春（光生）	列举《本草纲目》以外的药品目录并加注，用汉文写成，京都书林鹤本平藏刊行
16	1755	宝历五年	乾隆二十年	《本草为己》	7册		摘录《本草纲目》要点，属笔记性的，序尾有："宝历五年乙亥季春书于莲花亭?"
17	1771	明和八年	乾隆三十六年	《本草纲目会读荃》	20卷	曾槃（占春）	日文译文，卷一至卷八出版，其余未刊
18	1791	宽政三年	乾隆五十六年	《本草纲目记闻》		源九龙整理	将老师小野兰山口授《本草纲目》的讲课笔记整理而成，未刊。同样内容的讲义还由小野兰山的其他学生整理成《本草纲目译说》、《本草纲目释说》、《本草纲目约说》、《本车纲目纪闻》和《本草会志》等书，均未刊行
19	1798	宽政十年	嘉庆三年	《本草纲目纂疏》	20卷	曾槃	用汉文写成，未刊，但卷一至卷三在享和三年（1803）刊行，卷一水部43种、火部11种、土部61种。卷二金石部，金类23种，石类106种。有享和壬戌丹波元简序
20	1803	享和三年	嘉庆八年	《本草纲目启蒙》	48卷	小野兰山	将《本草纲目》用日文讲解，加上个人意见，最初由小野职孝据小野兰山讲稿整理而成，1803年始刻行，至1806年刊毕，1811年再版
21	1809	文化六年	嘉庆十四年	《本草纲目启蒙名疏》	7卷8册	小野职孝（蕙亩）	将《本草纲目启蒙》中、日文译名和汉药名予以类聚，按"ィロハ"顺序分46篇排列，是一部索引书，众芳轩藏板，江户须原屋善兵卫发兑

续表

序号	年代			书名	卷册数	作者	内容说明
	公元	日本纪年	中国纪年				
22	1811	文化八年	嘉庆十六年	《本草倭名释义》	5卷	小野高洁	此书不是日本的《本草和（倭）名》之释义，而是《本草纲目》之和名释义
23	1819	文政二年	嘉庆二十四年	《本草纲目纪闻》		木内成章整理	把老师小野兰山讲授《本草纲目》的笔记整理而成，未刊刻，内容比1791年源九龙整理的《本草纲目》更加详细
24	1833	天保四年	道光十三年	《本草纲目纪闻》	60册	水谷丰文（助六）	按《本草纲目》的分类，列举植物1960种，精绘植物写生图，似未刊行。此书虽与木内成章整理的书名相同，但内容则异
25	1837	天保八年	道光十七年	《质问本草》	8卷5册	吴继志（子善），琉球人	取问答形式讨论本草问题，论及《本草纲目》，分内篇、外篇各四卷，160图，江户须原屋茂兵卫付梓
26	1842	天保十三年	道光二十二年	《本草纲目穿要》	13卷	岩崎常正	卷一：水土金石39种，卷二至卷九：草157种、谷蔬菜51种、木44种，卷十以下动物：虫18种、鱼4种、介3种、禽2种、兽18种、人7种，共343种
27	1844	弘化元年	道光二十四年	《重修本草纲目启蒙》	48卷36册	小野兰山著，梯南洋重修	本书是《本草纲目启蒙》的第三版，刊于京都学古馆
28	1847	弘化四年	道光二十七年	《重订本草纲目启蒙》	48卷20册	小野兰山著，井口望之校订	《本草纲目启蒙》之第四版，此版最为完善。卷一有丹波元坚撰《小野兰山先生传》，并有谷文晁绘小野兰山肖像
29	1850	嘉永二年	道光三十年	《本草纲目启蒙图谱》	2卷4册	井口望之（乐山）	将《本草纲目启蒙》中山草部配成图谱，共227种，服部雪斋、坂本纯译加绘
30	1856	安政三年	咸丰七年	《袖珍鉴本草纲目》	1卷	前田利保	按《本草纲目》分类列举草木日文译名和汉名，并且予以解说，恋花园刊本，此书后来出版增订本

　　继曲直濑玄朔及林信胜之后，江户时代第二代《本草纲目》研究家中，较重要者为稻宣义。宣义字彰信，号若水，江户（今东京）人，早年从福山德顺学本草，博学多能，后自成一家，是本草学界京都学派创始人。稻宣义的汉文造诣甚高，下笔"之乎者也"，在校订及训点《本草纲目》和刻本的同时，更在 1714 年刊行同样体裁的《本草图翼》四卷二册，又著《结毫居别集》四卷，均以汉文写成，皆参照《本草纲目》等中国文献。他更以《本草纲目》为教本，讲授本草之学，后世的本草学者如松冈恕庵（号玄达，1668—1746）等人均出其门下。松冈也承其师业，于京都继续开讲《本草纲目》。享保九年（1724）鹭泽益庵及岭川三折将其师松冈恕庵主讲《本草纲目》之讲授记录整理成三册，题为《本草会志》，惜未刊行。松冈卒后，稻宣义系统的京都学派本草学家中最著名人物是小野兰山。小野氏本姓左伯，名职博，字以文，号兰山，享保十四年（1729）生于京都。十三岁时从七十四岁老翁松冈恕庵习本草。松冈卒后，小野立志秉承师业，乃于京都自家书房"众芳轩"设讲坛，用日本语向青年讲授《本草纲目》，兼带门人至山野实地考察和在药园栽培植物。小野兰山后来居上，成为江户时代最有影响的《本草纲目》研究家之一，也是将《本草纲目》日本化最成功的学者之一。由于他成功的教学活动，培养了不少下一代本草学者，其讲稿由门人整理成各种稿本。

　　宽政二年（1791）源九龙将其师小野兰山讲授纪录整理成《本草纲目记闻》。文政二年（1819）水户人木内成章将同样内容听讲笔记整理成《本草纲目纪闻》，内容比前者详细。其他弟子也以其课堂笔记整理成书稿，如石田熙、冈田麟的《本草纲目译说》，这点在前文已曾叙述。此外，更有《本草纲目约说》、《本草纲目释说》和与松冈恕庵讲义重名的《本草会志》等，都不曾出版，只以写本传世。唯一刊刻过的是小野职孝据祖父兰山翁口授而整理的讲稿。经过兰山翁亲自审订。从享和三年（1803）起以《本草纲目启蒙》为名于京都开雕，花了三年时间在文化三年（1806）全书 48 卷巨帙全部出齐，这是最权威的本子。该书以《本草纲目》体例、药物分类及正文内容为主要依据，同时参考 235 种中、日、朝古籍，用日语解说《本草纲目》，附以个人见解及见闻，结合日本实际情况，加以发挥，反映了小野氏的辛勤劳作。

　　他在研究《本草纲目》时所作的努力，为当时中国学者所不及。小野氏在书中水、火、金、石、草、木、鸟、兽、虫、鱼等各部中，分别叙述诸药名称、产地、形态、功用、方言等，是一部重要本草作品。其门人田中惠操谈此书时写道："兰山翁尝著《本草纲目启蒙》。予每阅之，如见翁面，如闻翁声，如侍翁之讲席。"[1] 可见一读此书，即可了解当初兰山执教时的授课内容。文化八年（1811）刊行此书第二版。

　　弘化元年（1844）京都人梯南洋订正了原刊本中错脱字，由京都学古馆刊第三版，名为《重修本草纲目启蒙》，共 48 卷 36 册。弘化八年（1847）井口望之（号乐山）的新校订本 48 卷 20 册再刊行于世，是为第四版，从文字上看，这是更完善的本子。以上刊行的诸本均有文无图，颇成憾事。于是井口望之又编撰《本草纲目启蒙图谱》两卷四册，在嘉永八年（1850）出版，由画家服部雪斋及坂本纯洋等名手加绘药物插图，由江户的和泉善

---

〔1〕〔日〕上野益三：《日本博物学史》日文本，东京：平凡社 1973 年版，第 443—440 页。

兵卫上梓，共有插图 227 幅，可惜只限于山草部。文化六年（1809）小野职孝更编《本草纲目启蒙名疏》，共七卷八册，由江户书林须原屋善兵卫刊行（众芳轩藏板）。书中将原著中和、汉药予以类聚，依《本草纲目》分类法，按日文"いろは"五十音顺分别编就。实际上这是供检索用的引得书。由此可见，由于《本草纲目》在日本的传播，引起日本许多有关著作的问世，此书是促进日本本草学迅速发展的催化剂。

除小野兰山在京都众芳轩开讲《本草纲目》外，比他年长一辈的江户幕府医官多纪元孝（1695—1766）也准备开设正式的私立医学校。他在明和二年（1765）四月向幕府提出申请，五月获准。于是在江户司天台（天文台）附近找到地址办医学校，名为"跻寿馆"，由多纪元孝亲自主持。次年（1766）六月，这位创建人病逝，馆务由其子多纪元德（1732—1801）主持，各方从学者日众。该馆教学内容规定：生徒必须习四书五经、《素问》、《灵枢》、《难经》、《伤寒》、《金匮》及《外科正宗》，而本草科生徒则必须习《本草纲目》，可见教材多用中国原典。正当学校的规模走上轨道之际，馆内于 1772 及 1786 年两次大火，需破费巨资才能重建。因而馆方于 1787 年提出改由幕府接管，作为官立医学校，得允。遂即改迁校舍，仍沿用"跻寿馆"之名，仍由多纪元德主持馆务。宽政二年（1790）幕府下令将跻寿馆改制，命名为"医学馆"，仍由多纪元德主馆。在此官学中招收日本各地医官进修及习医子弟就读，同时负责对医官考试。教学内容仍依照跻寿馆旧制。文化三年（1806）由于在学人员增加，故新建校舍。多纪元德卒后，再由其子多纪元简（1755—1810）[1] 主持。天保十四年（1843）再建寄宿舍，有陪臣医师及町医师前来听讲。不管该馆如何改制，在本草学方面始终视《本草纲目》为经典，以此为教材。

约与稻宣义同辈的另一位《本草纲目》研究家是贝原益轩，他属江户学派本草学者，本名笃信，字子诚，号益轩，宽永七年（1630）生于筑前国福冈，长成后移居江户，从向井元升（号以顺，1609—1677）习本草，博读群书，涉猎广泛，勤于著述；宽文十二年（1672）校订和刻本《本草纲目》，此后更进一步深入钻研。积三十年潜心研究及实地考察所得，以七十九岁高龄于宝永六年（1709）发表其一生代表作《大和本草》或《大倭本草》。此书 16 卷，附图两卷，基本上以日文写成，然有些地方书以汉文。其门人鹤原韬（字君玉）于《大和本草·序》（1708）中写道："吾老先生尝有喜斯学……乃自弱冠（1649）把读明李时珍《本草纲目》及诸家本草、诸州府志群书。集类之中，凡有预此者，平昔无不旁达远引，以采录之。积且成编，其旧闻与新得，亦须不可捐也。遂合纂以为《大和本草》十六卷以昭于世。"[2] 作者贝原翁也在《大和本草凡例》（1708）中写道："此书拣于《本草纲目》所载诸说之中最切要者，约而收录之。若夫诸品之形状、性味之详者不载于此，须熟谙《本草纲目》。"[3]

据贝原笃信所述，《大和本草》收药 1362 种，采自《本草纲目》772 种，其余来自他

---

〔1〕［日］富士川游：《日本医学史》，第 597 页；［日］上野益三：《日本博物学史》，第 387、389、416 页。

〔2〕［日］鹤原韬：《大和本草·序》（1708），《益轩全集》本（东京：日本益轩会刊，1911），第 1 页。

〔3〕［日］贝原笃信：《大和本草》（宝永年原刻本，1709）卷一《大和本草·凡例》，1708 年版，第 19—20 页。

书，并增日本产药物。此书像小野兰山《本草纲目启蒙》一样，将中国本草学大师李时珍巨著创造性地应用于日本，且有新的发挥。在叙述各药名称、来历、形态、产地及效用时，除引用时珍基本观点外，还据日本情况加以解说。此书是贝原氏一生研究《本草纲目》之心得，也是江户时代日本学者执笔的最早一部具有系统的本草代表作。正德九年（1715）益轩遗著《大和本草诸品图》两卷及《大和本草附录》两卷同时刊于京都，由永田调兵卫梓行。前者是《大和本草》之附图，后者为该书本篇之补遗。《诸品图》标明各药汉名及简单说明，载植物 214 种、动物 117 种，共 331 种。这样，《大和本草》全 20 卷均已相继刊行于世，图文并茂。此书在日本近世药物学、博物学发展中起了承先启后的作用，至今仍为学者推崇。和《本草纲目》一样，《大和本草》也是本草学家研究与讲授的对象，除小野将此书当作教材外，1773 年深尾左乘在《大和本草校正》中订正了原书不足的地方，而直海龙（字玄同）亦对《大和本草》增补订误，写成《广大和本草》一书。

由于贝原益轩和小野兰山深入研究、发展《本草纲目》和本草学，造成江户时代日本本草各学派之间争鸣鼎盛的局面，学术研讨气氛相当浓厚。此处只简介日本学者围绕《本草纲目》等书而展开的学术讨论的局部情况。安永五年（1776），尾张（今名古屋）人松平君山（字秀云，1697—1783）用日文发表《本草正讹》12 卷六册，对《本草纲目》及《大和本草》以及松冈恕庵之说提出正讹意见；全书将药物分为十二部，并载《本草纲目》以外药物。两年后（1778）山冈恭安（字守全）又用日文发表《本草正正讹》，向松平君山提出 620 条异议。一年后（1779）杉山维敬在名古屋发表《本草正正讹刊误》，对山冈恭安之说又提出不同意见[1]。由于这些学术争鸣，使日本本草学界顿时活跃起来，学术水平也因此而提高。与此同时更出现日本人著大部头本草专著，其中较重要的是天保十三年（1842）小野兰山弟子岩崎常正（字灌园，1876—1942）发表的 96 卷 92 册巨著《本草图谱》。这是一部大型植物图说，书中精美彩色插图是岩崎本人自绘。岩崎卒后，此书卷五十五以下部分由其子岩崎信正及门人小山广孝为共同校订清样。此书标志着传统本草学发展的一个新高峰，也预告由传统本草学向近代科学过渡的新发展阶段即将到来。

在"兰学"即西洋科学传入日本以前，以《本草纲目》为代表的传统本草学体系，确实在江户时代二三百年间成为日本学者进行科学研究、教学及医疗实践中的重要知识来源之一。《本草纲目》是培养过好几代日本本草学家的标准教材及参考书；在日本古典本草和博物学过渡到近代科学的长期历史发展中，起了巨大的杠杆作用。博物学史家上野益三教授写道：

> 像《本草纲目》这样一部有关药物的著作，更兼富有博物学内容。在整个江户时代，《本草纲目》是我国（日本）本草和博物学者们十分重要的参考书。它代替中世纪以来的《证类本草》，其影响力延至两个半世纪的长时间内，对我国本草学以至博物学的发展作出了极大的贡献。[2]

〔1〕〔日〕上野益三：《日本博物学史》，第 400—402 页。
〔2〕同上书，第 42 页。

科学史家矢岛佑利博士在他主编的《日本科学技术史》中指出：

> 《本草纲目》刊行后不足二十年就已在庆长十二年（1607）传入我国。它支配了我国江户时代的本草和博物学界，其影响更远及至十九世纪末叶。[1]

本草学史家森村谦一博士谈到《本草纲目》时写道：

> 本书是一位民间人士完成的业绩，集中国本草学之大成，而从编写方式及内容来看，都有合理性和科学性，因此在整个自然科学史中有世界的价值。[2]

（二）《本草纲目》在琉球、越南及朝鲜之影响

《本草纲目》至迟在 18 世纪已传到琉球。1789 年琉球人吴继志于其《质问本草》中写道："自神农氏尝药以来，赭鞭之本草学广被八方，家传弘景之学，人奉东璧之书。深林丛篁搜索无遗，远岛遐荒剔扶殆尽，至今大明于世焉。"[3]此处所说"弘景之学"指梁朝人陶弘景《本草经集注》，而"东璧之书"则是指李时珍《本草纲目》。吴继志字子善，琉球中山人，业医，曾熟读《本草纲目》，并于琉球本土采集药材，积多年钻研，于乾隆年间（1781—1785）着手著述，通过琉球来华贡使及在华游学者，向中国各省精于医药者质问，写成《质问本草》。全书内、外两篇八卷，附录一卷，载药 160 种，附有精绘写生插图，均为植物药，有些不见于《本草纲目》。继志以《本草纲目》为蓝本，调查当地药用植物，遇有疑难，再向中国人提问，而中国人也据《本草纲目》作答，因而此书可看作他将《本草纲目》应用于琉球具体场合的产物，并作了进一步发挥和补充。如《质问本草》称："马鞭草一名龙牙草，又名凤头草，气味、主治载在《本草纲目》。"[4]又外篇卷四云："野茴香……兹质实是大茴香，载在《本草纲目》。荤辛类可稽。"[5]道光七年（1827）琉球使臣吕凤仪来华，曾向江苏名医曹仁伯提问许多医药问题，仁伯则以《本草纲目》为依据——作答。后来基于他们之间问答整理成《琉球百问》一书，在琉球广为流行。从吴继志所述"人奉东璧之书"的话中可得知，琉球医生也大多推崇《本草纲目》。

据现有文献来看，《本草纲目》传到朝鲜和越南的时间反比日本还要晚些，但至迟在 18 世纪已在这两个国家产生明显影响。越南 18 世纪著名医学家黎有卓（1720—1791）于 1786 年完成《海上医宗心领全帙》一书，共 66 卷。黎有卓号海上懒翁，唐豪县（今海兴省安美县）人，是一位学问渊博的医学家，受中国文化影响很深。曾进士及第，以十年时

〔1〕［日］矢岛佑利、関野克监修：《日本科学技术史》，东京：朝日新闻社 1978 年日文版，第 237 页。

〔2〕［日］森村谦一：《本草纲目の解题》，见《中国の古典名著》，东京：自由国民社 1980 年版，第 367 页。

〔3〕［琉球］吴继志：《质问本草·例言》（1789），见《质问本草》，萨摩府学藏版，天保八年精刻本 1837 年版。

〔4〕［琉球］吴继志：《质问本草》，中医古籍出版社影印本 1984 年版，《内篇》卷三，第 119 页。

〔5〕［琉球］吴继志：《质问本草》卷四，《外篇》，第 364 页。

间研究中医典籍，一度在嘉定讲授儒学，晚年从事医学著述，越南人称他为"医圣"。在他的《海上医宗心领全帙》一书中，曾广泛引用中医古籍，包括《内经》、《伤寒》、《本草纲目》及明清之际海盐医学家冯兆张（字楚瞻）的《冯氏锦囊秘录》（1694）等著。在该书《岭南本草》章列举越南特产药物 305 种，同时还从《本草纲目》等古书及民间收集医方 2854 则[1]。18 世纪时医生阮儒等人用越南文替《本草纲目》写作提要，题为《本草纲目》（*Ban-thao cuong-muc*）。据另一位越南医生阮公天在其《植物节录》（*Thuc-vat tiep-luc*，1752）中列举三百余种中国及越南药物，书中也引用《本草纲目》。19 世纪以前越南人大多能读汉文，并以汉文著书，但传世越南版古医药书实在太少，因而《本草纲目》在越南传播情况，尚有待以后深入研究。

然而《本草纲目》在朝鲜的传播情况却有更多的资料，一是因为我们可以读到不少朝鲜版医药书；二是因日本研究朝鲜医学史专家三木荣先生的《朝鲜医学史及疾病史》（1963）[2]及近年来韩国其他学者有关著作的发表，提供了不少这方面的更多细节。《本草纲目》问世时（1596），正值朝鲜李朝的中期（1518—1724），在这以前，朝鲜半岛通行的中国本草学著作是宋人唐慎微的《证类本草》，无论王廷举办的医科考试，或学校讲授的教材，都在本草科所著中以此书为依据[3]，这与日本的情况一样。当时朝鲜人写的有代表性的医书，如俞孝通等人奉王命编的《乡药集成方》（1433）及许浚（1546—1618）奉命纂《东医宝鉴》（1610）等都广泛引用《证类本草》。从李朝中期及后期开始，这种情况有了变化，朝鲜学者转而引用《本草纲目》，而《证类本草》原来的地位逐渐被《本草纲目》取而代之。《本草纲目》传入朝鲜的时间当在 17 世纪末至 18 世纪初之间，也就是在清代康熙年间（1662—1722），通过朝鲜赴中国使团自陆路携入。康熙五十一年（1722），即李朝肃宗在位 38 年成书的《老稼斋燕行录》一书内"所买书册"项下，记有李时珍《本草纲目》。这是朝鲜使节从中国购入而带回的本子。其实在这以前，该书就有可能流入，因为那时朝鲜与中国关系十分密切，学者之间交往也很频繁。18 世纪以后，《本草纲目》原刊本陆续运至朝鲜，于是从英祖（1725—1776 在位）、正祖（1777—1800 在位）以来，此书便成为医家所熟悉的参考书，而至李朝末期（1801—1910），《本草纲目》影响尤为显著[4]。由于该书卷帙较大、插图较多，加以李朝后期政治和经济情况走向下坡，《本草纲目》一直未能在朝鲜翻刻。

然而，成书于正祖时期的《本草精华》两卷，是按《本草纲目》而编写的，附朝鲜文"谚字解"，像和刻本加日文片假名"训读"那样，便于读者看懂汉文原文语法关系及发音。此书作者及成书年代均不详，未曾刊于世，只以写本形式流传。正祖十四年（1790），进士出身的朝医李景华著《广济秘籍》四卷，在引用书目中列举了《本草纲目》。此书分

〔1〕 Pierre Huard and Ming Wong. *Chinese Medicine*（New York：Mc Graw-Hill Book Company，1968），translated from the French by Bernard Fielding，pp. 100—101；［越］黎陈德：《海上懒翁的生平及其医学事业》，河内：1970 年越南文第二版。

〔2〕 ［日］三木荣：《朝鲜医学史及び疾病史》，大阪：富士精版印刷株式会社 1963 年版。

〔3〕 ［韩］卢正佑：《韩国医学史》，汉城：高丽大学民族文化研究所刊 1970 年韩文第二版，第 854 页。

〔4〕 潘吉星：《本草纲目》在朝鲜的传播，《情报学刊》（成都刊行）1980 年第 2 期，第 45—47 页。

《救急》、《杂病》、《妇科》、《小儿科》及《药品》等篇，由咸镜道观察使李秉模（1742—1806）为之刊行。引用《本草纲目》最著名的医书是《济众新编》（1799）。此书与《乡药集成方》及《东医宝鉴》并称为李氏朝鲜本国学者著成的有代表性的三大医书。作者康命吉（1737—1800）字君锡，升平人，英祖十四年（1737）生，四十四年（1767）医科登第，次年入内医院为医官，后任扬州牧使。及正祖李祘即位，又召康命吉为内医院典医，即王廷首席医官，先后任职凡二十年，以其功高而进阶为崇禄大夫、知中枢府事（正二品），卒于纯祖元年（1800），享年六十四岁[1]。《济众新编》成书于正祖二十四年（1799），为康命吉初入内医院时受王命而编纂的，历时近三十年。此书以《东医宝鉴》为底本，删繁就简，补正讹漏，供医者便览，复参考《寿世保元》、《医林撮要》、《万病回春》、《医学正传》及《本草纲目》等中国医书医方及内医院方，编成八卷五册，书以汉文。书成次年由内廷刊行，后数度再版。传入中国后，嘉庆二十二年（1817）北京经国堂翻印，咸丰元年（1851）秋水书屋再版，1983年北京的中医古籍出版社以中医研究院藏朝鲜原刻本影印出版，可见此书受到中、朝两国医界的欢迎。

差不多与康命吉同时的另一位朝鲜学者丁若镛（1762—1836），于正祖二十三年（1798）成书的《麻科会通》中引用了数十种中国的医学著作，包括李时珍的《本草纲目》及其父李言闻的《痘疹证治》。《麻科会通》分《源证》、《辨似》、《资异》、《我俗》、《吾见》、《合剂》等七篇，是痘疹方面的综合性著作。作者丁若镛字茶山，号候庵，罗州人，李朝后期实学派著名学者。生于英祖三十九年（1762）六月，父丁载远为晋州牧使，十岁从父学诗文，稍长通历算，并通过中国书籍而接触西学。正祖十三年（1788）中进士第，供职奎章阁摛文院。十九年（1794）进兵曹参知、右副承旨至左副承旨，于奎章阁校内廷典籍。正祖二十一年（1796）转谷山府使。正祖二十三年（1798）调刑曹参议，次年归乡。因纯祖时，丁若镛兄弟三人被诬陷下狱，旋被流放，此间专心耕读。若镛有大才，自经史百家至天文历算、桥梁建筑、农学医药、机械制造，无所不通，终以忧死，享年七十有五[2]。他一生遍览中西著述，留下多种著作，收入《丁茶山全书》之中，共三册，多以汉文写成，1936年有影印本出版。丁若镛次弟若铨亦与兄于流放时期从事著述，用汉文写成《兹山鱼谱》（1814），书中亦引用《本草纲目》卷四十三至卷四十四《鳞部》。此书由郑文基译成朝鲜文，1977年由汉城知识产业社出版。

纯祖时（1800—1833），朝鲜医生洪得周（字慎伯）将《本草纲目》中附方编辑成《一贯纲目》，共50卷，刊行于义州府。这部书类似清人蔡烈先（字承侯，号茧斋）的《本草万方针线》（1719），将《本草纲目》所载一万余药方按主治疾病予以分类，便于医生临床之用。李朝后期另一位朝鲜学者徐有榘（1764—1845）的《林园经济志》，是一部卷帙浩瀚有关自然经济和博物学的百科全书，共115卷52册。作者徐有榘，字准平，号枫石，大邱人，为大提学徐命膺之孙。生于英祖四十一年（1764），幼承家学，博览家藏

〔1〕［韩］金斗钟：《韩国医学史》，汉城：探求堂1966年韩文版，第404页。
〔2〕［韩］金庠基：丁茶山先生传，见《丁茶山全书》，汉城：大同精版社影印本，1936年韩文版，第一册，第1—3页。

图书。正祖十一年（1786）中进士，历任翰林院侍校、副提学，累官至吏曹判书、兵曹判书（正二品），迁左右参赞，转大提学（正二品）。宪宗十二年（1845）卒，享寿八十二岁，谥文简[1]。吏曹判书及兵曹判书相当中国的吏部尚书及兵部尚书，而大提学则相当于中国的内阁大学士，可见徐有榘是正祖、纯祖时朝鲜重要阁臣。他在政务之余，勤于读书及著述，利用奎章阁珍藏秘籍及家藏图书，凡有所得必笔录之。其《林园经济志》分为《本利》（谷物）、《灌畦》、《艺畹》、《晚学》、《展功》（蚕桑、棉）、《魏祥》、《佃减》、《鼎俎》、《赡用》、《葆养》、《仁济》（医药）、《乡礼》、《游艺》、《怡云》、《相宅》和《倪圭》等十六志，故有时亦称《林园经济十六志》，每志下再分为细类。其中与医药有关内容主要是《葆养志》（卷五十二至卷五十九）和《仁济志》（卷六十一至卷八十七）中；有关本草药材内容见于《灌畦》、《艺畹》、《晚学》及《鼎俎》诸志中。全书引用中国及朝鲜古籍达854种之多，包括《本草经》、《本草衍义》、《救荒本草》、《本草纲目》、《农政全书》、《授时通考》等[2]。例如《葆养志·服食部》中分为服气方、服水方、服金石方、服草木方及服谷方等；在《服食部》的诸药方屡次引用《本草纲目》各有关卷[3]。由于此书卷帙浩瀚，故未能刊行，其家藏写本今存日本大阪府立图书馆。1969年汉城大学古典刊行会曾出版写本影印本[4]。

19世纪后半叶，在朝鲜京城（今汉城）武桥开业的名医黄度渊（字惠庵，1809—1884）于哲宗六年（1855）编写了一部《附方便览》，共14卷，列举各种疾病及主治药方，疾病名称大体按李朝中期内医院首医许浚《东医宝鉴》中的目次，但在各处方的注中，则引用清人蔡烈先《本草万方针线》这部《本草纲目》之附方目录索引，因而黄度渊这部分的药物学资料来自《本草纲目》。后来他又将《附方便览》增订成《医宗损益》，附有《药性歌》，总共12卷六册，在高宗五年（1868）刊行。其中《药性歌》可视为一单独本草学著作，因此又称为《损益本草》，是康命吉《济众新编》卷八《药性歌》的补编。所谓"药性歌"，是用四言四句诗歌形式概述诸药性味和疗效等，使人易于记诵和掌握用药要点。每首歌下均有小字作注解，说明每药炮制、配伍、禁忌等。明代中国医学家龚廷贤（字子才，号云林，1547—1620在世）在《万病回春》（1587）及《寿世保元》（1615）中以这种方式收录了几百首药性歌，后来康命吉在《济众新编》中从《寿世保元》采录了300首药性歌，而黄度渊的《药性歌》则是从《寿世保元》采录了360首、从《济众新编》选出80首，新增73首，共得413首。值得注意的是：黄度渊对药物分类采用了《本草纲目》进步的分类法，例如他将草类药分为山草、芳草、湿草、毒草、蔓草、水草、石草和苔草等，这与《本草纲目》卷十二至卷二十一《草部》的分类是一致的。同时黄度渊在每首歌下小注中列出该药的朝鲜文名称，再从《本草纲目》正文作出摘引，补述诗中言犹未尽之处。

〔1〕［韩］金斗钟：《韩国医学史》，第414页。
〔2〕同上书，第356—357页。
〔3〕［韩］全相运：《韩国科学技术史》，汉城：科学世界社1966年韩文版，第233页。
〔4〕［韩］尹炳泰：《朝鲜後期의活字와册》，汉城：泛友社1992年韩文版，第370页。

现从黄度渊《药性歌》或《损益本草》之《草部·山草类》所述人参为例，其中写道：

> 人参味甘，大补元气；止渴生津，调荣养卫。……以细辛密封，经年不蛀。反藜芦，畏五灵脂、皂角、黑豆、紫石英，忌铁器。补气须用人参，血虚亦须用之。人参补五脏之阳，沙参补五脏之阴，回元气于无何有之乡。得升麻，泻肺脾火；得茯苓，泻肾火。得麦门冬，生脉；得干姜，补气。得〔黄〕芪、甘〔草〕，除大热、泻阴火。又疮家圣药。（《本草纲目》）[1]

此处所加有关本草学知识的注解中，标明出处为《本草》者，均为《本草纲目》之简称。《入门》则指《医学入门》，《备要》指《本草备要》，都是中国医书。上引《人参》条内容可在《本草纲目》卷十二《草部·山草类·人参》项看到同样记载[2]，只不过在文字上略作取舍而已，有些原句顺序作了变动，但精华俱在。黄度渊对中、朝古医方庞大篇幅加以提炼，又借助《本草纲目》将诸药药性予以解说，汇医方与本草于一体，作出了显著成绩。此外，他还著有《古今三统医方活套》，于1869年刊行。黄氏卒后，其子黄泌秀（字慎村）又将《医方活套》与《损益本草》合编为一，题为《方药合编》，1885年出版。1887年黄度渊门人玄公廉将此书增订再版。

李朝后期实学派学者李圭景（1788—1857?）对于《本草纲目》、《天工开物》及《农政全书》等中国科学著作素有研究。积多年心得于晚年（1845）成《五洲衍文长笺散稿》60卷60册巨著。该书对朝鲜、中国古今事物计1434项作考订辨证，兼及西学，涉猎史地、考古、宗教、哲学、艺术、经济、典章制度、风俗习惯、军事及各门科学技术，是一部百科全书，但与古时所谓"类书"不同，作者对每一条目都给予考据辨证，充分显示五洲先生之渊博及学术判断力。可惜该书篇幅浩瀚，难以出版，长期以来只以写本形式传世，故见者罕。直至1982年我们才看到由韩国汉城明文堂刊出限定版缩印影印本上、下两册。

李圭景在其著作中考证各种名物时，反复引用《本草纲目》作为立论依据。例如《五洲衍文长笺散稿》卷十三《大黄辨证说》文内写道："近者药铺所卖大黄，多羊蹄根。西关人亦云，西土人（中国人）以羊蹄根称大黄。故详考《本草纲目》，果有羊蹄大黄，即羊蹄菜根，其性味与大黄不甚相远，故称大黄云云矣。我东（朝鲜）俗训将军草，在处有之。"[3]查《本草纲目》卷十七，载大黄别名将军，时珍曰："苏〔颂〕说即老羊蹄根也。因其似大黄，故谓之羊蹄大黄，实非一类。"[4]现在看来，诚如时珍所说，大黄（*Rheum officinale*）与羊蹄（*Remex dentatus*）同属蓼科（Polygonaceae）植物，且有类似生态

〔1〕 ［朝］黄度渊：《医宗损益·草部·山草》之《人参》条，1868年朝鲜木刻本。
〔2〕 （明）李时珍：《本草纲目》卷十二《草部》，人民卫生出版社校点本，1982年版，上册，第701—702页。
〔3〕 ［朝］李圭景：《五洲衍文长笺散稿》卷十二，汉城：明文堂1982年版，上册，第420—421页。
〔4〕 （明）李时珍：《本草纲目》卷十七《木部·大黄》，人民卫生出版社排印本，1982年版，上册，第1106页。

及药性，然两者并非一物。卷十二《乌桕油烛辨证说》云："有人盛称中原（中国）为乌桕油烛者，啧啧不已。故遍阅往牒，则《本纲》、《农政》、《授时》、《群芳》、《天工》诸书甚详，其言大同小异。"[1] 这里所引用中国文献，均用简称，其中《本纲》指《本草纲目》卷三十五《木部·乔木类》的《乌桕木》条。同一文内圭景又说："予将诸书勤抄同异，或从旁大笑曰：君年今将六旬，抄此方第往江浙、广信得乌桕种哉？"由此可知，作者写此书时已年近六十岁，约是在宪宗十二年（1845）。韩国专家多认为该书成于宪宗二年（1835），时圭景四十八岁，则与此条自述相左，故《五洲衍文长笺散稿》实成书于1845 年间，我们更由此推测其卒年约在哲宗九年（1857）前后。在李圭景的《五洲书种博物考辨》中论砂汞、草汞、轻粉、粉霜、铅粉等制法时，亦多次引用《本草纲目》。如在介绍铅粉制法后指出："李时珍传嵩阳人方，今我东亦用此法。"[2] 李朝最后的《本草纲目》著名研究者是池锡永（字公胤，1885—1935），他兼通东、西医学，著有《本草采英》，是《本草纲目》的摘录，其稿本至今传世。

（三）《本草纲目》在 18 世纪欧洲的传播

至迟在 18 世纪，《本草纲目》传入欧洲。自 19 世纪以来，该书已分布于各国图书馆中。英国汉学家道格思（Robert Kennaway Douglas，1838—1913）在伦敦不列颠博物馆（British Museum）图书馆任职时，1877 年编就该馆所藏汉籍书目。从此书目中，可以看到该馆有《本草纲目》的 1603 年江西本、1655 年张云中刊本及 1826 年英德堂刊本等。[3] 在英国其他图书馆，例如剑桥大学、牛津大学及曼彻斯特大学总图书馆汉籍部，笔者都看到《本草纲目》的一些版本。法国巴黎国家图书馆（Bibliothèque Nationale）是欧洲仅次于不列颠图书馆的第二个汉籍收藏中心。根据 20 世纪初法国汉学家、里昂大学教授古恒（Maurice Auguste Louis Marie Courant，1865—1935）的编目[4]，该馆藏有 1655 年太和堂刊本、1694 年张朝璘本、1717 年本立堂本、1735 年三乐斋本及 1767 年芥子园重刊本。书目序言中说其中很多书籍早已到达法国，而国家图书馆汉籍是在 18 世纪皇家文库（Bibliothèque Royale）旧藏基础上扩充的，而《本草纲目》就属于旧藏本。德国柏林皇家图书馆（Königliche Bibliothek zu Berlin）也有许多汉籍。据德国汉学家葛拉堡（Heinrich Justus Klaprath，1788—1830）1822 年为该馆编的书目[5]，该馆更珍藏有 1596 年金陵本及 1603 年江西本。葛拉堡说，他所编的书目以原柏林普鲁士皇家图书馆（Preus-

---

〔1〕 ［朝］李圭景：《五洲衍文长笺散稿》上册，卷十二，第 410 页。

〔2〕 ［朝］李圭景：《五洲书种博物考辨·铅粉类》，见《五洲衍文长笺散稿》影印本，下册，第 1197 页。

〔3〕 Douglas R. K. *Catalogues of Chinese printed books*，*manuscripts and drawings in the British Museum.* London，1887.

〔4〕 Courant，M. *Catalogue des livies Chinois，Coréens，Japonais，etc.* Paris，1903. Quatriéme Fassicule，No. 5068—5634.

〔5〕 Klaproth，J. *Verzeichniss der Chinesischen und Mandschuischen Bücher und Handschriften der Königlichen Bibliothek zu Berlin.* Paris，1822.

sische Staatliche Bibliothek）的 18 世纪旧藏书为基础的，但第二次世界大战期间，此图书馆很多藏书毁于战火。柏林的原普鲁士科学院（Preussische Akademie der Wissenschaften）所藏柏林大学教授、东方学家哥罗特（Jean Jakob Maria de Groot，1854—1912）遗书及美因河畔法兰克福的汉学研究所（China-Institut，Frankfurt a/M），都有《本草纲目》。在俄国圣彼得堡国立图书馆（Государственая библиотека в Санкт-Петербурге）、圣彼得堡大学图书馆及莫斯科等地，以及罗马、哥本哈根、斯德哥尔摩、马德里等地的图书馆，甚至比利时鲁汶大学（Katholieke Universiteit Leuven），我们都可以找到该书。

在大西洋彼岸的美国各地也有大量汉籍，以《本草纲目》而言，华盛顿的国会图书馆（Library of Congress）即藏有金陵本及江西本[1]。1982 年 5 月，笔者在国会图书馆亲见此金陵本，细审后发现此本原为 19 世纪日本著作家及剧作家狄原乙彦（1816—1888）的藏书，书内有朱笔眉批，如卷十三写有"辛巳八月二十六日一读过。七十九翁枳园"，下钤"立之"朱印。卷十四有"一读过，加朱笔。森立之"[2]。按森立之（1807—1885）字立夫，号枳园，江户人，1854 年以辑录《本草经》著名。可见此本是由中国传至日本，再由日本传至美国，且经名家校读过。然而森立之题记年代及年岁不符，经考证，当以明治十四年辛巳（1881）为准，其时他是七十五岁，这是年老误笔。笔者在美国普林斯顿大学、纽约哥伦比亚大学、芝加哥大学、哈佛大学、耶鲁大学及费城宾夕法尼亚大学图书馆都见有明、清版本。显然 18—19 世纪至 20 世纪以来，《本草纲目》汉籍原著已流入欧洲及美国各地。自然首先受到汉学家及在华欧美人士的注意，通过他们翻译、介绍，然后引起西方各学者的兴趣。

《本草纲目》从何时开始被译成西文呢？又被译成何种语文呢？对于这些问题，20 世纪 50 年代时有学者提出波兰人卜弥格写过一本小册子，将《本草纲目》内几十种药物译成拉丁文，于 1656 年在维也纳印行。"该书并有梯文诺（M. Thévenot，1620—1692）氏的法文译本，于 1696 年出版。"[3] 此说在二三十年间颇为流行，为一般人所接受。这里所说的拉丁文小册子，指的是《中国植物志》（*Flore Sinensis*）。作者卜弥格（字致远，Michael Boym，1612—1659），1612 年生于波兰锡吉斯蒙德（Sigismond），1624 年入耶稣会，通医学及博物学，1649 年来华，居澳门，旋至广西，后赴欧洲，再度返华[4]。在华期间用拉丁文写了《中国植物志》，1656 年在维也纳出版。法国汉学家费赖之（字福民，Louis Aloys Pfister，1833—1891）报道说，该小册子共 57 页，内附中国植物、动物插图 23 幅[5]。

笔者决定查看原著以弄清究竟，但一时未见拉丁文原本，遂查阅其法文译本。此译本

〔1〕　王重民：《美国国会图书馆藏中文善本书录》，华盛顿，1957 年版，第 546—555 页。

〔2〕　潘吉星：美国医史研究动态及旅美见闻，见《中华医史杂志》卷 12 1983 年第 2 期，第 126—127 页。

〔3〕　王吉民：祖国医药文化流传海外考，见《医学史与保健组织》1957 年第 1 期，第 8—23 页。

〔4〕　Pfister, L. A. *Notices biographiques et bibliographiques sur les Jésuites de l'ancienne Mission de Chine* (*1552—1773*). Changhai：Imprimerie de la Mission Catholique, 1932, Vol. Ⅰ, pp. 269—279.

〔5〕　Ibid.

收入法国人泰弗诺（M. Thévenot，1620－1692）所编《旅行志》（*Relations de livres voyages*）卷 2，第 15—30 页中，1696 年于巴黎出版。泰弗诺前人译为梯文诺，今据法文原音重译。卜弥格《中国植物志》法文译本全名为《中国植物志，或中国特产花果、植物及动物概述》（*Flora Sinensis，ou Traité des fleures，des fruites，des plantes，et des animaux particuliers à la Chine*）。细检原文，发现除载有植物外，确亦有少量动物，但这均为卜弥格在两广所见闻，包括椰子、槟榔、荔枝、龙眼、凤梨、枇杷、大黄、芭蕉、土利壤、桂皮等 22 种植物及野鸡、绿毛龟等动物，附插图及汉字名。这些虽然载入《本草纲目》，但并非取自此书。"土利壤"为当地俗名，不见于《本草纲目》。总之，《中国植物志》与《本草纲目》无关，当然也不是后者的拉丁文译本。[1]《本草纲目》译成拉丁文之说不能成立。

18 世纪前半叶，《本草纲目》引起法国学者的注意。法国医生旺德蒙德（Jacques François Vandermonde，1723－1762）在澳门行医时于 1732 年得《本草纲目》汉籍，按书中所载收集了 80 种无机矿物药标本，占全书矿物药总数 60%，又在当地中国人帮助下，按书中所述，对每种药作了说明，更标出各药汉名，一一作了标签。最后他用法文编写了一份材料，题为《〈本草纲目〉中水、火、土、金石诸部药物》（*Eaux，feu，terres，mineraux，metaux et sels du Pen-Tsau Kang-Mu*）[2]。实际上这是《本草纲目》卷五至卷十一部分内容的摘译。他返回法国后，将带回中药标本及说明材料本应赠与矿物学家或化学家，但相反却送给巴黎科学院院士、植物学家朱西厄（Bérnard de Jussieu，1697－1779）。由于朱西厄只是对中国植物标本感兴趣，遂将中国矿物药标本再转交巴黎自然史博物馆（Musée d'Histoire Naturalle à Paris）收藏，但将《本草纲目》法文摘译稿留了下来，未及时研究，亦不曾向科学院其他有关专家出示，致使译稿长期未能发挥作用。待朱西厄于 1797 年死后，才由其家人将稿本送交自然史博物馆。直到 1839 年，这批手稿才引起法国汉学家毕瓯（Edouard Biot，1803－1850）注意，此时已进入 19 世纪了。毕瓯请其友人、当时任自然史博物馆教授的地质学家布龙尼亚（Alexandre Brongniart，1770－1847）化验这些标本，将化验结果发表于巴黎《亚洲学报》（*Journal Asiatique*）[3]。该文发表后，1896 年德梅利（François de Mély）及库雷尔（M. H. Courel）将旺德蒙德在中国人帮助下完成的《本草纲目》金石等部法文摘译全文发表出来[4]，但这已至 19 世纪末叶了。这些作品引起法国著名化学家、巴黎法兰西学院（Collège de France）教授马赛兰·贝特罗（Marcellin Bertheot，1872－1907）的极大兴趣，他读后，立即写了评介文

〔1〕 潘吉星：关于《本草纲目》外文译本的几个问题，见《中医杂志》（北京）卷 21，1980 年第 3 期，第 62—66 页。

〔2〕 Needhaam J.，*Science and Civilisation in China*，Cambridge University Press，1974，Vol. 5，Chap. 2，pp. 160—161.

〔3〕 Biot，Edouard C. Mémoires sur divers minéraux Chinois appartenant à la Collection du Jardin du Roi，*Journal Asiatique* (Paris) 1839，Vol. VIII，3e Sér，p. 206 et seq.

〔4〕 de Mély F. et M. H. Courel. Les lapidaires Chinois，*Les lapidaires de l'antiquité et du moyen âge*. Paris，1896，Vol. I，pp. 156—248.

章，发表于《亚洲学报》（Vol. Ⅷ，3ᵉ Sér、1896，p. 573）。

当旺德蒙德的《本草纲目》金石等部法文摘译稿在朱西厄院士那里被积压时，其他在华法国耶稣会士早已开始以《本草纲目》作为研究中国医药学及博物学的参考书了，而且将其研究成果以通讯形式寄回法国及时发表。1735 年巴黎出版了用法文编写的八开本巨著《中华帝国通志》，全名是《中华帝国及其边疆地区地理、历史、编年、政治及学术通志》（*Description géographique，historique，chronologique，politique，et physique de l'Empire de la Chine et de la Tartarie Chinois*）。全书共四卷四册，由巴黎耶稣会士杜阿德（Jean Baptiste du Halde，1674—1734）据 29 名在华传教士寄来的通讯稿件编辑整理而成。他在《前言》中说，提供稿件的有卫匡国（字济泰，Martin Martini，1614—1661）、南怀仁（字敦伯，Ferdinand Verbiest，1623—1688）、洪若（或洪若翰，字时登，Jean de Fountaney，1643—1710）、白晋（或白进，字明远，Joachim Bouvet，1656—1730）、张诚（字实斋，Joan François Gerbillon，1654—1707）、李明（字复初，Aloys Louis le Comte，1655—1728）、刘应（字声闻，Claude de Visderou，1656—1737）、雷孝思（字永维，Jean Baptiste Régis，1663—1738）、马若瑟（Joseph Henri de Prémare，1666—1735）、殷宏绪（字继宗，François Xavier d'Entrecolles，1662—1741）、巴多明（字克安，Dominique Perrenin，1665—1741）、杜德美（字嘉平，Pierre Jartoux，1668—1720）及赫苍璧（字儒良，Julien-Placide Hervieu，1671—1746）等人，有些稿件用拉丁文写成。杜阿德将这些稿件译成法文，再按性质归类编成此书。而《本草纲目》法文摘译本便出现于该书中。

《中华帝国通志》（1735 年法文版）卷 3，第 437 页，开始收入《本草纲目》法文摘译，标题为《节录〈本草纲目〉，即中国本草学或中国医用博物学》（*Extrait du Pên Tsau Cang Mou c'est-à-dire de l'Herbier Chinois，ou histoire naturalle de la Chine，pour l'usage de la médecine*）（图 7—3）。此译文前尚有一段说明，笔者特将其译成中文：

> 本书由出身明代世医家庭的医生李时珍晚年时所编写，但此作者尚未及使此书杀青，便突然去世，遂由其子将此书献给万历皇帝。根据请求，帝于万历二十四年（1596）敕礼部刊行此书。此后在康熙皇帝盛世时之二十二年（1683），此书复重刊再版。[1]

书内特意用法文标出李时珍及《本草纲目》之汉字拼音 Li Che-tchin，*Pên Tsau CangMou*，还指出该书是李时珍卒后于万历二十四年（1596）首次刊行的。此处主要摘录了《本草纲目》卷一所述历代诸家本草中《神农本草经名例》、梁朝人陶弘景《名医别录·合药分剂》及《本草纲目》各卷内容的简介。《中华帝国通志》卷 3，第 460 页以后，更逐一介绍人参、茶、海马、夏草冬虫、三七、当归、阿胶、五倍子、乌柏木等中药性能及用途。总之，将《本草纲目》前两卷中所述的本草学史、用药理论以及以后各卷对若干

---

〔1〕 du Halde, J. B.（éd.），*Description de l'Empire de ta Chine*. Paris, 1735, tom. Ⅲ, p. 437.

图 7—3　《本草纲目》前两卷最早的法文摘译本
引自《中华帝国通志》卷三（巴黎版，1735）

药物的叙述都翻译了出来。执笔者可能是赫苍璧，由于汉文原著卷帙浩瀚，故不可能作出全译。

当时不通晓汉文的欧洲本土广大读者，最初是通过《中华帝国通志》而认识到《本草纲目》的。18 世纪时欧洲兴起一种"中国热"，而这部根据在华各方面观察介绍中国的插图本巨著，正切合欧洲了解中国的需要，因此该书出版后迅即引起各界的注意，首版很快售罄，次年（1736）于荷兰海牙再版。与此同时，《中华帝国通志》又很快译成英文，全名为《中华通志，包括对中华帝国及其边疆地区以及朝鲜地理、历史、编年、政治及学术通志，附对其习惯、风俗、仪礼、宗教、艺术及科学的准确而详细的说明》（*History of Forstall China, Containing a Geographical, Historical, Chronlogical, Political and Physical Description of the Empire of China, Chinese-Tartary, Corea and Thibet Including an Exact and Particular Account of Their Customs, Manners, Ceremonies, Religion, Arts and Sciences*），于 1736 年由瓦茨（John Watts）在伦敦刊行，亦为四册。1747—1749 年又从法文翻译成德文，题为《中华帝国及其边疆地区通志》（*Ausführliche Beschreibung des Chinesischen Reichs und der grossen Tartarey*），在罗斯托克（Rostock）出版，亦是四卷四册。1738—1741 年又有两种英文版问世，其一题为《中华帝国及其边疆地区通志》（*Description of the Empire of China and Chinese Tartarey*），由凯夫（Edward Cave）出版，8 开本二册。另一英文版属瓦茨版系统，1741 年刊于伦敦。1774—1777 年《中华帝国通志》法文版又译成俄文，出版于圣彼得堡，书名是严格地按法文全名译出的（*Георафическое, историческое, хронологическое，политическое и физическое описание Китайской Империи и Тартарии，сочиненное Дюгальдом，со французского*）。俄文版只印出法文原版的前两卷。然而我们知道，18 世纪俄国知识界大多数学者都通晓法语，就像那时日本知识界大多通晓汉语一样。1789 年莫斯科出版了根据《中华帝国通志》德文版翻译成俄文的缩译本[1]。由上所述可知，自 1735 年《本草纲目》部分内容摘译成法文发表于《中华帝国通志》卷 3 之后，在 18 世纪又被转译成英文、德文，可能还有俄文，而英、法文版又多次再版，这使欧洲读者有机会看到李时珍原作的部分面貌，从此该书便引起欧洲学者的注意。

　　18 世纪时的瑞典植物学家拉格斯特伦（M. von Lagerströn，1696－1759）一度在瑞典东印度公司供职，在中国采集一千多种南方植物标本，并且得到《本草纲目》原著。拉格斯特伦是著名生物学家、植物分类体系奠基人林耐（Carl von Linné，1709－1778）的朋友。据贝勒（Emil Bretschneider，1833－1901）报道[2]，后来拉格斯特伦返国时，曾将这批中国植物标本送给正从事植物分类研究的林耐，无怪林耐为表示与这位朋友的友谊，用其姓命名一属植物千屈菜科（Lythraceae）紫薇属（Lagerstroemia）。林耐用"双名制"命名法（Binomial nomenclature）为植物厘定拉丁文学名时，常用 sinensis（中国的）作为种加词（specific epithet），就是因为他有很多特产于中国的植物标本。拉格斯特伦既然将中国植物标本赠给林耐，自会向他介绍绘有大量植物插图和含丰富植物学资料的《本草纲目》，因为林耐对中国植物和科学文化也有兴趣，一旦看到《本草纲目》，便会得到很多科学信息，而插图是每一位植物学家的共同语言。林耐还有个学生奥斯贝克（Peter Osbeck，1723－1805）在中国广东等省游历，返国后写成游记，也被林耐读过。奥斯贝克的《中国及东印度游记》，曾以德文及英文出版，共两卷，其中描述了一些特产于中国的植物及其特征、家养植物栽培方法等[3]。他也把在中国搜集的植物标本交给林耐研究。探讨林耐与中国，特别是与《本草纲目》有何关系，是一项激动人心的研究课题，但这势必进行艰苦的劳动方有所得。18 世纪时巴黎还出版了多卷本《中国论考》（*Mémoires concernant les Chinois*），也是根据在华耶稣会士的通讯稿所编成，其中也引用《本草纲目》，例如，卷 11（1786 年出版）收有法国人韩国英写的论硼砂的文章就引用了《本草纲目》卷十一[4]。

---

　　[1]　Описание историческое и географическое Кимайсктой Империи с Немечкого. Санкт Петербург，1879；See B. Szezesnisk，A Russian translation of J. B. du Halde's *Description de l'Empire de la Chine*，*Monumenta Serica*，1958，Vol. ⅩⅦ.

　　[2]　Bretschneider，Emil. Early European Researches into the Flora of China，*Journal of North China Branch of the Royal Asiatic Society*，1880，Vol. ⅩⅤ，p. 119.

　　[3]　Osbeck，Peter. *A Voyage to China and East India*，etc. translated from the German by Forster，Vol. Ⅰ-Ⅱ. London，1771.

　　[4]　Cibot P. M. Sur le borax，*Mémoires concernant les Chinois*. Vol. Ⅺ，Paris，1786，p. 311.

（四）《本草纲目》在 19 世纪欧洲的传播

19 世纪初，著名法国汉学家勒牡萨（Jean Pierre Abel Rémusat，1788－1832）对《本草纲目》的研究和介绍，对促进此书在欧洲的传播有很大贡献。勒牡萨先前有人译为雷慕沙，但笔者藏有他用法文写的《汉文启蒙》（Elément de la Grammaire Chinoise，1822），见扉页用汉文印有他自己取的汉名为勒牡萨，因此从之。日本学者石田幹之助（1891—1974）对此人写过很详细的传记[1]，特据此作介绍。1788 年勒牡萨生于巴黎的皇家侍医之家，幼时因坠楼而险些丧生，也因此一目失明。17 岁丧父，遂立志承父业习医。在四国宫中心学校（École Centrale à Palais des Quatre-Nations）习医时，对植物学发生兴趣。有一次，他在巴黎森林修道院（Abbaye-aux-Boix）一位神甫那里观看古董时，一部印有大量动物和植物插图厚厚的博物学著作引起他的注意；这部古书是用他当时还看不懂的汉文写成的，此即《本草纲目》。从这里亦可看到当时此书确已在欧洲广泛流传，以致修道院神甫都曾收藏。年轻的勒牡萨深为《本草纲目》所吸引，为了读懂它，发誓专心自学汉语。他手持博尔蒙（Etienne Fourmont，1683－1745）的《汉语语法》（Grammatica Sinica. Paris，1742）及有关著作，积五年苦读，终于克服了语言难关，此时他亦修完医学课程。1813 年他年方 25 岁，便将对《本草纲目》及中国医药的研究论文提交巴黎大学医学系，获得高度评价，因此而获医学博士，这是西方国家学府以《本草纲目》为题材而颁授学位的开端。此文后以"论中医"（Sur la médecine des Chinois）为题发表于《亚洲研究杂著》（Mélanges Asiatiques）中[2]。他还研究过中国医学史。

勒牡萨以其钻研《本草纲目》之心得，对书中医药学思想、中药性能及功用加以论述和解说。由于他既通汉文，又懂医学及植物学，他的研究作品便具有一定的权威性。时值法国皇帝拿破仑一世率大军远征俄国，勒牡萨以一目失明而免除兵役，后任皇家陆军军医官及军医院院长。1814 年法国政府决定在巴黎高等学府法兰西学院开设汉语及梵文讲座时，勒牡萨博士又被选为该大学首任中国语文教授。他自此脱离医学界，而献身于培养汉学人才和介绍中国文化之事业。他是亚洲学会（Société Asiatique）及《亚洲学报》的发起人，将法显《佛国记》、中国小说《玉娇梨》译成法文；此外，又有多种著作行世。1832 年巴黎流行霍乱（cholera），勒牡萨于抢救患者时不幸感染而身亡。惜哉！此誉满欧美汉学界之硕学终年只有 44 岁。19 世纪的法国汉学居欧洲先列，人才济济，多出自勒牡萨门下。回顾其一生，最初是因偶然机会看到《本草纲目》才被吸引到汉学领域之中，并获得成功，结下丰盛硕果。这是相当有趣的历史故事。自从 19 世纪初勒牡萨研究《本草纲目》及中医以来，欧洲学者便逐步发展中国的本草学研究。法国人和英国人率先在这方面付出很大努力，并取得明显成果。

1813 年法国奥尔良（Orleans）人勒帕日（François-Albin Lepage）根据 18 世纪时在

---

〔1〕　［日］石田幹之助：《欧人の支那研究》。东京：共立社 1932 年日文版，第 234 页。

〔2〕　Rémusat A. Sur la médecine des Chinois（1813），*Mélanges Asiatiques*（Paris）1725，Vol. Ⅰ，pp. 240－252.

华的法国教士巴多明和吴多禄（Pierre Foureau）等寄回的通讯稿，经整理研究后写成《关于中国医学之历史研究》[1]。巴多明 1698 年来华，虽然身为耶稣会士，但受过科学训练，通晓植物学及医药学，任法国科学院海外通讯院士，曾与白晋一起为康熙皇帝进讲西洋解剖学，因而也对中医中药发生兴趣。他精通满、汉语文，读过《本草纲目》，寄至法国科学院的通讯稿及植物标本很多。勒帕日从专业角度整理这批稿件并予以解说，自然会一新巴黎科学家的耳目。所以当他在 1813 年 8 月 31 日将其长篇论文送交巴黎医学院和经答辩后，亦获得医学博士学位。有趣的是，差不多同时法国大学授予两位年轻学者勒牡萨及勒帕日医学博士学位，而两人都是以中国医药为论文题材。接着英国人里夫斯（John Reeves）于 1826 年发表题为"中国人所用某些本草药物之解说"[2]。与此同时，德国人格尔松（Gerson）及尤利乌斯（Julius）在 1829 年发表"中国医史"[3] 一文。稍后，一度在广东收集中国植物标本的法国植物学家于安（Melchior Yuan，? —1891）1847 年在巴黎发表 45 页的小册子，题为《关于中国药物学的信札》（Lettre sur la pharmacie en Chine）。上述作品均与《本草纲目》有关，且取材于此书。如前所述，1732 年法国旺德蒙德的《本草纲目》金石等部摘译稿，在沉睡了将近一个世纪后，被汉学家毕瓯所唤醒而与世人见面。19 世纪前半叶，在北京俄国布道团任医生的医学博士塔塔林诺夫（Александр Алексейвич Татаринов，1817—1886），对中医中药也有所研究，长期致力于研究中国医史，在华收集植物标本，再寄往俄国。他在 1853 年发表题为《中国医学》（Китайская Медицина）的长文[4]中，对李时珍及其《本草纲目》作详细介绍。

19 世纪后半叶，通晓汉文的英国科学家、皇家科学院院士（FRS）丹尼尔·汉伯理（Daniel Hanbury，1825—1875）1860 至 1862 年间连续在《制药学杂志》（Pharmaceutical Journal）上发表总标题为《中国本草学备注》（Notes on Chinese Materia Medica）的长篇论文[5]。这位作者的兄弟托马斯·汉伯理（Thomas Hanbury，1832—1907），汉名为汉璧理，于 1853 年来华，在上海经营地产致富，从事慈善事业，并收藏中国古书，其中包括《本草纲目》。后来听说其兄丹尼尔对中药发生兴趣，于是将《本草纲目》及其他中国医书相赠。丹尼尔接到这批书后，因不懂汉文而苦恼，于是像法国的勒牡萨那样，立志专修汉语，终于学成。只是为了读懂《本草纲目》，先后有法、英学者发奋攻习汉语，真是无独有偶，亦足见此书有巨大的科学吸引力。丹尼尔·汉伯理在刊物上发表论文后，

〔1〕 Lepage F. A. *Recherches historiques sur la médecine des Chinois*, Thèse présentée et soutenue à la Faculté de Médecine de Paris, le 31 août 1813, Paris, 1813. p. 103.

〔2〕 Reeves J. An account of some of the articles of the Materia Medica employes by the Chinese. *Trans. Med. Bot. Soc.* (London), 1826. pp. 24—27.

〔3〕 Gerson und Julius. Geschichte der Medizin in China, *Magazin der ausl. Hell Kunde* (Berlin), 1827, Bd. XIV, S. 1.

〔4〕 Татаринов, А. Китайская медицина, *Труды Членов Руссской Духовой Мисспии в Пекине*, 1853, том 2, стр. 359—441.

〔5〕 Hanbury D. Notes on Chinese Materia Medica, *Pharmaceutical Journal and Transactions*, July and August 1860; May and October 1861; November and December 1862.

1826 年又将其以单行本形式在伦敦出版，书名未易[1]。此后他又在原有基础上继续增订，1876 年出版题为《药物学与植物学科学论丛》（*Science Papers，chiefly Pharmacological and Botanical*. London：Macmillan，1876），此论文集长达 543 页。前半部介绍大量中药，从药物学及植物学角度加以解释，从第 214 页起论述《本草纲目》，并介绍其内容梗要。1879 年丹尼尔·汉伯理院士再发表长达 803 页的专著，题为《药物学，重要植物草药之历史》[2]。此书的出版使他的研究成果更加系统化。上述著作在当时欧洲医药界和科学界中都有相当大的影响。因为那时西方医生偏爱无机矿物药，药物学家同时也是化学家，他们不太看重草药，一般医生对中草药也了解不多。由于汉伯理对中药的科学论证，刺激了西方科学家对中草药的研究。

早在汉伯理《论丛》出版前，德国学者马齐乌斯（Wilhelm C. Martius）已将汉伯理在《制药学杂志》上发表的连载长文《中国本草学备注》译成德文，1862 年以同样标题（*Beiträge zur Materia Medica Chinas*）在斯派尔（Speyer）城以单行本出版。当汉伯理发表研究《本草纲目》和中国本草学取得成功的同时，法国同行也不甘落后。1865 年法国药物学家德博（Jean O. Debeax）发表题为《论中国本草学及药物》（*Essai sur le pharmacie et la matière médicale des Chinois*）的专著，在巴黎出版，全书 120 页。接着，巴黎药学院教授苏比朗（Jean Léon Soubiran）与法国驻华领事铁桑（Debry de Thiersant）合作，通力研究《本草纲目》，1873 年在巴黎出版题为《中国本草学·提至巴黎医学科学院的报告》（*La matiere medicale chez les Chinois，précedé d'un rapport à l'Academie de Medecine de Paris*）的专著，正文 323 页。在这以前，1872 年药物学家古贝勒（M. A. Gubler）教授曾以药物学家布沙尔达（M. Bouchardat）教授、化学家勒尼奥（Henri Victor Regnault，1815—1875）教授及其本人所组成的专门委员会名义，就苏比朗与铁桑的研究向巴黎医学科学院作了一个报告，题为《关于中国药物的研究》[3]，通过后当年出版，报告共 11 页。此报告又很快被翻译成英文，刊于《中国评论》（*China Review*）卷 3，第 119—124 页。因而可以判断：1872 年发表的报告，实际上是苏比朗和铁桑整个研究之提要，第二年他们才公布全书内容，而这项研究得到巴黎一流专家委员会的通过。这是法国药物学家与汉学家取长补短、共同努力的结晶。苏比朗长期保持对中药的兴趣，1886 年又在《药物学及化学杂志》上发表《中国本草学中矿物药研究》[4]，他的所有研究都以《本草纲目》为主要参考文献。

19 世纪 70 年代以后，欧洲人继续以《本草纲目》为研究中国本草学主要参考书。1871 年上海的伦敦布道会士、医生史密斯（Frederick Porter Smith，1833—1888）发表

〔1〕 Hanbury，D. *Notes on Chinese Materia Medica*. Printed by J. E. Taylor. London，1862，pp. 48.

〔2〕 Hanbury，D. *Pharmacographia，A History of Principal Drugs of Vegetable Origin*. London，1879. pp. 803.

〔3〕 *Études sur la matière médicale des Chinois*，Rapport fait à l'Académie de Médicine par M. A. Gubler sur un travail de M. M. L. Soubiran et Debry de Thiersant au nom d'une Commission composée de M. M. Bouehardat，Gubler et Regnault，Paris，1872，pp. 11.

〔4〕 Soubiran J. L.，Études sur la matière médicale Chinois（minéraux），*Journal de Pharmacie et de Chimie* (Paris)，1856，2e Partie，pp. 5—19.

《中国本草学及博物学研究稿》（*Contributions toward the Materia Medica and Natural History of China*）一书，由上海美国教会出版部出版，全书正文共 237 页。1873 年，默尔（J. Mohl）在巴黎的《亚洲学报》（7^eSer.，1873，Vol. I，pp. 123—124）上写书评。在书中，史密斯根据《本草纲目》、《尔雅》和《广群芳谱》等中国著作，对一千种中药进行专门研究，1879 年再版。1876 年俄国人柯尔尼耶夫斯基（Петр К. Корниевский）的"中国医学史料"一文以俄文写成，被收入《医学论文集》[1] 中。文内列举二十多名中国古代著名医学家传记，介绍其作品及医学成就，其中包括李时珍及其《本草纲目》。除了法、英、德、俄等国学者研究《本草纲目》及中国本草学之外，荷兰学者海尔茨（Anton Johannes Cornelis Geerts，1843—1883）也加入了这个行列。他在日本居住多年，是日本学专家，1859 年在长崎新设的医学校中执教，对日本和中国的天然产物，尤其矿物药做了系统研究。1878 及 1883 年他用法文在横滨出版一书，题为《日本与中国天然产物名称、历史及其在技术、工业、经济及医学等方面的应用》[2]。在扉页上，海尔茨将此书取汉文名为《新撰本草纲目》。此书以江户时代日本本草学家小野兰山《本草纲目启蒙》为基础，结合研究《本草纲目》及《天工开物》等书，对中、日两国天然出产的矿物名称、成分、用途、性质及其历史作了考释，此书只出两卷，未及完成而作者病故。

担任俄国驻北京使馆医生的贝勒，是 19 世纪后半期闻名的《本草纲目》研究家，他在植物学史方面的一些著作都与李时珍的《本草纲目》有关。1833 年贝勒生于拉脱维亚的里加（Riga），1858 年在多尔帕（Dorpat）大学得医学博士学位，后在海外行医，1866 至 1884 年任俄国驻北京使馆医官，在华十多年，精通中国文史，并研究植物学史及中外交通史。1884 年退职后，在圣彼得堡从事著述工作。在中国期间，他用英文发表《中国植物志·中西典籍所见中国植物学随笔》（*Botanicum Sinicum，Notes on Chinese botany from native and Westrn sources*）。此作品分三部分：第一部分为《导言及书目提要》，1881 年刊于《皇家亚洲学会华北分会会刊》或《亚洲文会学报》（*Journal of the North China Branch of the Royal Asiatic Society*）；第二部分是《中国典籍中之植物》，1890 年发表；第三部分是《中国古代本草学之植物学研究》，1894 至 1895 年在上述刊物中发表。[3] 1881 年贝勒还在上海出版《早期欧洲人对中国植物之研究》一书，全书 192 页。[4] 在此基础上他又扩写成《欧洲人在中国作出植物学发现之历史》，此书长达 1167 页，1892 年在伦敦出版。此外他还撰有《对中国植物学著作之研究及评论》（*On the study and values of the Chinese botanical works*），1870 年在福州出版，全书共 51 页。

〔1〕　Корниевский，П. К. Материалы для истории китайской медицины，*Медицинское Сборник*，1828，no. 24.

〔2〕　Geerts A. J. C. *Les products de la nature Japonaise et Chinoise comprenant la dénomination，l'histoire et les application aur arts à l'industrie，à l'économie，à la médecine，etc.* Yokohama：Lévy，1878 et 1883.

〔3〕　Bretschneider，E.，*Botanicum Sinicum*，Pt. I，*Journal of the North China Branch of the Royal Asiatic Society*（*JNCBRAS*）(1881)，Vol. XVII，reprinted in London (1882)；Pt. II. JNCBRAS (1890)，Vol. XXV，pp. 1—46，reprinted in Shanghai (1892)；Pt. III，JNCBRAS (1895)，Vol. XXIX，pp. 1—623 (1894—1895)，reprinted in Shanghai.

〔4〕　Bretschneider，E. *Early European researches into flora of China* Shanghai，1881，pp. 192.

1935 年石声汉曾将此小册子译成汉文，易名为《中国植物文献评论》。

贝勒的上述各种著述，资料丰富，引用了大量中西书籍，特别是《本草纲目》，而其《中国植物志》第三部分《中国古代本草学之植物学研究》（*Botanical investigation into the materia medica of ancient China*），专门考订《本草纲目》所载各种植物的种名。所定拉丁学名，很多是正确的，虽然有些欠妥，但他用力良勤，毕竟作出了可贵的开端，其工作是值得称道的。

贝勒在研究《本草纲目》的过程中，对此书给予较高评价。他写道：

> 植物学上若干问题之解决，大有待于对中国植物典籍之研究，解决栽培植物起源地这一问题所赖尤多。此某所以取材《本草纲目》及其他中国著述，杂陈是篇之原旨也。

又说：

> 《本草纲目》为中国本草学名著，有此一书，足以代表。……李时珍洵不愧为中国自然科学界卓越古今之作者，后此本草学著作盖无能出其右者。[1]

由于贝勒上述一些著作的问世，使《本草纲目》内容及其价值为更多的欧美学者所了解。继此之后，香港植物园主任福特（Charles Ford）及克罗（W. Crow）两人于 1887 年发表长篇文章"中国本草学评论"[2]，其中用很多篇幅评介《本草纲目》。至于 19 世纪末时，法国德梅利对巴黎自然史博物馆藏《本草纲目》金石药译稿进行整理，发表于《古今石类》（*Les lapidaires de l'antiquité et du moyen âge*）卷 1《中国之石》（*Les lapidaires Chinois*）章，前已述及。

由于《本草纲目》所载的一些有效中药，如人参、当归、大黄、三七、冬虫夏草和五味子等，从 18—19 世纪以来陆续介绍到欧洲，为那里的科学界打开了新的眼界；他们从中国医药宝库中发现有许多珍品可资利用，有许多科学资料可资借鉴。西方科学家除参考《本草纲目》对中国本草学作文献研究、历史考察和植物学鉴定外，从 19 世纪下半叶起，更借实物标本对中药进行化学分析，找出有效成分，再作药理学实验，或对植物作分类研究，进行药物栽培实验，进而将本草学研究推向一个新的阶段，结果完成许多科学发现。例如加里克（S. Garriques）从人参中提出有效成分人参素（Panaquilon），其成果发表在柏林《化学及药物学年鉴》（*Annalen der Chemie und Pharmacie*）卷 90（1853），后来其他学者又发现人参含有的另外有效成分，而药理实验证明人参是有特殊疗效的。1899 年默尔克（E. Merck）将妇科良药当归制成浸膏，向德国医药界推荐，经妇科患者服用，有

〔1〕 Bretschneider, E. 著，石声汉译：《中国植物学文献评论》，商务印书馆 1957 年版第二版，第 3、12 页。

〔2〕 Ford，C. E. and W. Crow, Notes on Chinese Materia Medica, *China Review*（Hong Kong）1886, 15：214—220，274—276 & 345—347；*China Review*（Hong Kong），1887, 16：1—9。

较好效果[1]。20 世纪以来,日本和中国学者利用近代科学方法研究传统中药,也获得许多成就。事实证明,只有用近代科学知识和科学方法研究《本草纲目》,才能看出其真正价值,并且更准确地评价李时珍的贡献,从而迈开新的前进步伐。

《本草纲目》西传后,人们不但发现它有实用价值,是开拓新的有效药物的资源,而且还有理论价值,因为其中包含许多优秀的科学思想。19 世纪英国伟大生物学家达尔文在奠定其生物进化论时,系统查阅了各国科学著作,其中包括中国科学著作《本草纲目》等书。他在此书中找到他的学说的历史证据。他在《物种起源》、《动物和植物在家养下的变异》和《人类的由来和性的选择》等书中多次引用,并誉之为"古代中国的百科全书"。笔者于 1959 年经仔细考证,证明达尔文笔下的"古代中国的百科全书"有时即指李时珍的《本草纲目》[2]。达尔文在《动物和植物在家养下的变异》中谈到家鸡的变异现象时写道:

> 伯奇先生告诉我说:……在 1596 年出版的"中国百科全书"中曾经提到过七个品种,包括我们称为跳鸡即爬鸡的,以及具有黑羽、黑骨和黑肉的鸡,其实这些材料还是从各种更古老的典籍中搜集得来。[3]

这里所提到的人是塞缪尔·伯奇(Samuel Birch,1813—1885),1982 年 9 月笔者在不列颠博物馆看到有关他的档案资料,1850 年代他任不列颠博物馆图书馆东方文献部主任,他请馆内通晓汉文的同事替达尔文从馆藏《本草纲目》中摘译出这条材料。《本草纲目》卷四十八《禽部》确有同样的记载,李时珍列举七种鸡时,更提到:"乌骨鸡,有白毛乌骨者,黑毛乌骨者,斑毛乌骨者,有骨肉俱乌者。"[4] 同时,李时珍更引北宋人李昉(925—996)主编的《太平御览》(983)关于乌骨鸡的记载。在旧题苏轼《物类相感志》中也有类似说法[5]。

达尔文在谈到金鱼家化史写道:

> 金鱼被引进到欧洲不过是两三个世纪以前的事;但在中国,自古以来金鱼就在鱼缸中被饲养了。在一部中国古代著作中曾经说,具有朱红色鳞的鱼,最初是始于 960 年的宋代在鱼缸中育成的,而"今则处处人家养玩矣"。更早的著作也曾说道:"人无有不好,家无有不畜,竞色射利,交相争尚"云云。[6]

〔1〕 张昌绍:《现代的中药研究》,中国科学图书仪器公司 1954 年版,第 35、100 页。
〔2〕 潘吉星:中国文化之西渐及其对达尔文的影响,《科学》(上海)1959 年第 35 卷第 4 期,第 211—222 页。
〔3〕 Darwin, C. *The variation of animals and plants under domestication*. Vol. 1. New York—London, 1897, p. 259.
〔4〕 (明)李时珍:《本草纲目》卷四十八《禽部·鸡》,人民出版社 1982 年版,下册,第 2590 页。
〔5〕 (宋)苏轼:《物类相感志》,宝颜堂秘籍本,1922 年上海文明书局石印本,第 32 页。
〔6〕 Darwin, C. *The variation of animals and plants under domestication*,Vol. I,p. 312.

达尔文这些材料引自英国汉学家梅辉立 1868 年写的"金鱼饲养"一文[1]，而梅辉立则引用李时珍《本草纲目》、陈元龙（1652—1736）《格致镜原》（1735）等书。查《本草纲目》卷四十四《鳞部》有言曰：

> 时珍曰：金鱼有鲤、鲫……数种……独金鲫耐久……赤鳞鱼即此也。自宋江始有家畜者，今则处处人家养玩矣。[2]

此外，明人郎瑛在《七修类稿》（1566）中也说：

> 杭［州］自嘉靖戊申（1548）来，生有一种金鲫名曰火鱼。……人无有不好，家无有不畜。竞色射利，交相争尚，多者十余缸。[3]

郎瑛也认为金鱼"始于宋，在于杭"。更早的记载还见于南宋人张世南《游宦纪闻》（1228），书中说：

> 三山溪中产小鱼，斑纹赤黑相间，黑中儿絫之，角胜负为博戏。[4]

由此可见，达尔文研究家养动物和植物变异时，从汉文、英文文献中一再引用《本草纲目》，作为其观点的论据。《本草纲目》也因为达尔文所引用而造成其在西方国家流传时的高潮。

（五）《本草纲目》20 世纪以来在欧美的传播

20 世纪以来《本草纲目》除了一如既往地仍为欧洲学者所关注和研究外，美国人也开始在这方面进行大量研究工作。20 世纪初，美国的米尔斯（Ralph Mills）博士在朝鲜讲授药物学，便有将《本草纲目》翻译成英文的愿望，他和他的朝鲜同事多年致力于这项翻译工作，完成译稿 40 余册，后因事返国，使工作中断。1920 年米尔斯将稿本连同实物标本移交给当时在华的英国药物学家伊博恩（Bernard Emms Read，1887—1947）[5]。伊博恩早年获药学博士学位，来华后，1920—1935 年在北京协和医学院任药理系教授兼系主任。1935 年为上海雷士德医学研究院（Henry Lester Institute of Medical Research）的研究员。他在米尔斯原有工作基础上，与中国学者刘汝强、李玉田和朝鲜学者朴柱秉等人

---

〔1〕 Mayers, W. P. Goldfish Cultivation, *Notes and Queries on China and Japan* (Hong Kong)，1868，2：123—124.

〔2〕 （明）李时珍：《本草纲目》卷四十四《鳞部·金鱼》，下册，第 2450 页。

〔3〕 （明）郎瑛：《七修类稿》卷四十一《事物类·金鱼》，明刊闽本，第 11 页。

〔4〕 （宋）张世南：《游宦纪闻》，《知不足斋丛书》本，上海影印版 1921 年版，卷五，第 9 页。

〔5〕 王吉民：伊博恩传，《中华医学杂志》，1949 年第 11—12 期。

合作下，终于在 20 至 40 年代分期用英文对《本草纲目》卷八至三十七、卷三十九至五十二总共 44 卷（占全书 85%）内容做了全面介绍和研究，涉及原著内《草部》、《谷部》、《果部》和《木部》[1]、《兽部》和《人部》[2]、《禽部》[3]、《鳞部》[4]、《介部》[5]、《虫部》[6] 及《金石部》[7]。他们在这项翻译工作中，首先从《本草纲目》内列出各种药物，并鉴定其名称，述明其有效成分，再参照诸家的论述，加以注释，每药都标出汉文原名、学名及药性，全书附加插图及索引。这是一项艰巨的工作，虽非《本草纲目》英文全译本，却全面介绍该书内容及后人的研究成果，是研究中国传统药物的一个总结。

20 世纪初，美籍德裔汉学家劳弗（Berthold Laufer，1894—1934）于 1919 年发表的《中国伊朗编·中国对古代伊朗文明史的贡献》（*Sino-Iranica. Chinese contributions to the history of civilisation in ancient Iran*. Chicago，1919）一书内，利用《本草纲目》中的大量材料，再参考其他中外著作，研究栽培植物以及矿物（包括其制成品）的历史和中国、伊朗之间的物质文化交流史。作者在《导言》中列举该书所引文献时提到：

> 李时珍在 1578 年完成了那部包罗万象的著名的《本草纲目》，尽管这书有错误和不正确的引证，但它仍然是一部极其渊博而具有充实内容的不朽巨著。[8]

例如当谈到葡萄酒时，劳弗写道：

> 第一个有条理地叙述和有见识地讨论葡萄酒的〔中国〕作者，是 16 世纪末的李时珍。他熟知这种酒在古代只有西域国家制造，而其制法是唐代破高昌后传到中国的。[9]

这里指的是《本草纲目》卷二十五《谷部·造酿类·葡萄酒》条：

---

〔1〕 Read, B. E. and Liu Ju-ch'iang. *Plantae Medicinalis Sinensis*. Peking, 1923；Rev. ed.：Chinese Medical Plants from the Pên Ts'ao Kang Mu. Peking, 1936.

〔2〕 Read and Li Yü-tien. *Chinese Materia Medica*, Animal Drugs, *Peking Natural History Bulletin*（PHNB）(Peking), 1931, 5 (4)：37—80；Vol. 6 (1)：1—102.

〔3〕 Read and Li. "Chinese Materia Medica, Avian Drugs", *PNHB* (Peking), 1932, 6 (4)：1—101.

〔4〕 Read and Li. "Chinese Materia Medica, Dragon and Snake Drugs", *PNHB* (Peking), 1934, 8 (4)：297—357；Read and Yü Ching-mei, *Chinese Materia Medica*, *Fish Drugs*, PNHB (*Peking*), t939.

〔5〕 Read and Yü Ching-mei. *Chinese Materia Medica*, Turtle and Shellfish Drugs, *PNHB* (Peking), 1936, Suppl, pp. 1—136.

〔6〕 Read and Yu. *Chinese Materia Medica*, Insect Drugs, *PNHB* (Peking), 1941.

〔7〕 Read and C. Pak, A compendium of minerals and stones used in Chinese medicine, from the Pan *Ts'ao Kang Mu*, *PNHB* (Peking), 1928, 3 (2)：1—120；Revised and enlarged edition (Peking), 1936, printed by French Bookstore.

〔8〕 Laufer, B. *Sino-Iranica*, *Chinese contributions to the history of civilisation in ancient Iran*. Chicago, 1919, p. 206.

〔9〕 Laufer, B. *op. cit.*, Chicago, 1919, p. 237；Ibid., Peking, 1940. reprinted by the French Bookstore.

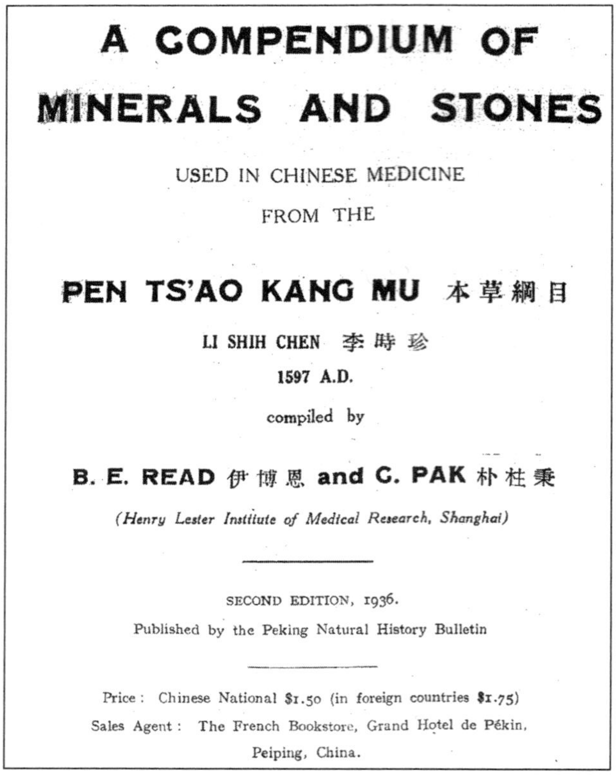

李时珍曰：蒲萄酒有二样，酿成者味佳。……古者西域造之，唐时破高昌，始得其法。

20 世纪初研究《本草纲目》的还有美国在华医师斯图尔（George A. Stuart，1859－1911）。此人 1886 年来华，在南京美以美会创设的医院任职，一度任中华博医会（China Medical Missionary Association）会长，并主编《博医会报》。他将在华英国医师史密斯先前对《本草纲目·草木部》植物性中药的研究作品加以增订，重新再版，题为《中国本草学·植物药》，1911 年出版于上海[1]。斯图尔的增订版还有题为《李时珍〈本草纲目〉翻译及研究》，共 467 页，其中重新补译《本草纲目》的一些内容。美国旧金山 1973 年出版了再版[2]。

现在要提出一个问题：《本草纲目》是否在 20 世纪有德文译本出现？

A COMPENDIUM OF
MINERALS AND STONES

USED IN CHINESE MEDICINE
FROM THE

PEN TS'AO KANG MU 本草纲目

LI SHIH CHEN 李時珍
1597 A.D.

compiled by

B. E. READ 伊博恩 and C. PAK 朴柱秉

(Henry Lester Institute of Medical Research, Shanghai)

SECOND EDITION, 1936.
Published by the Peking Natural History Bulletin

Price: Chinese National $1.50 (in foreign countries $1.75)
Sales Agent: The French Bookstore, Grand Hotel de Pékin,
Peiping, China.

图 7—4   《本草纲目·金石部》英文本
第二版（1936）扉页

1951 年陈存仁先生从瑞士旧书店购得一套插图本德文书，署名作者为达里奇（Max Dalitzsch）及罗斯（Ross）。王吉民（1889—1972）先生研究后写道："至《本草纲目》〔德〕译本则有医学博士兼大学教授 Dalitzsch 及其助手 Ross 氏合译本，书共十四册巨著，并有精美插图，1928 年葛廷根及明兴城 T. F. Schreiber 书店出版。查此书并非全译，《金石部》等都被删去，只是由《草木部》译起。"[3] 文内更公布两张德文"本草纲目图谱"照片。另一文又标德文书名：Dalistzsh und Ross，*Pflanzenbuch*. T. F. Schreiber，1928[4]，笔者将其译为："达里奇及罗斯著《植物志》，施雷贝出版社，1928。"译成汉文后，此书名便令人生疑。但书的藏主著文说，此即《本草纲目》德文译本[5]。在未览原著前，许多人都对此信以为真，而且竟持续达二十多年。后来笔者在北京图书馆看到同一

〔1〕 Smith F. P. *Chinese materia medica, vegetables kingdom*. Revised by G. A. Stuart. Shanghai, 1911.

〔2〕 *Li Shih-chēn* (1518—1593). *Chinese medical herbs*. Translated and researched by F. P. Smith and G. A. Stuart. Translation from *Pen Ts'ao Kang Mu*. San Francisco: Georgetown Press, 1973, pp. 467.

〔3〕 王吉民：李时珍本草纲目外文译本谈，《中华医史杂志》1953 年第 4 期，第 203—206 页。

〔4〕 王吉民：祖国医药文化流传海外考，《中国新医药》1957 年第 1 期，第 18—23 页。

〔5〕 陈存仁：德人研究中国医药考，《中国新医药》1954 年第 1 期，第 1 页。

德文原著，发现上述说法乃属误会。[1] 现将扉页德文全文翻译如下："彩图本植物志。供用作院校植物学教科书。达里奇教授、博士及罗斯博士合著。附 210 幅墨线图及 428 幅彩色图，第六版。埃斯林根及慕尼黑施雷贝出版社。"[2] 扉页背面注明 1928 年出版。再查作者《初版序言》，知初版印于 1897 年，可见是一部畅销书。全书用老式德文哥特体（Gotische Schrift），即俗称"花体"字排印。我们更比较王吉民提供的两幅照片与北京图书馆藏本第 168 页及 189 页插图，确认同陈存仁藏本在页数、图面、文字及版式等方面完全相同，可断定两本为同一著作。

从扉页文字即可知道，达里奇同罗斯合著的书是 1897—1928 年之间德国大学通行的植物学教科书。再细读正文更会知道，书的前半部论述植物解剖学、植物生理学及植物地理学等基础知识，下半部则是叙述植物各论。就是说此书同《本草纲目》没有任何关系。第 168 及 189 页插图中的植物亦非《本草纲目》所有，自属意料中事。王、陈两位医史家未审此书内容，便误将德文近代植物学教程当作《本草纲目》德文译本，同时将第六版（1928）当成初版（实初版于 1897 年），又将出版地埃斯林根（Esslingen）误为葛廷根（Gättingen），造成达二十多年的误会。有一点还要指出：我们看到的是 32 开本全一册，因而料定陈存仁先生在瑞士购得的"十四巨册"，必有其他作品，很可能是一套丛书。其余 13 册是否有《本草纲目》德文译本呢？经过周密调查，证明没有。20 世纪 20 年代德文作品中，我们注意到许伯特（Franz Hübotter）1929 年在莱比锡（Leipzig）出版的《20 世纪初的中国医学及其历史发展过程》（*Die Chinesischen Medizin zu Beginn des XX. Jahrhunderte und ihr historischer Entwicklungsgang*）一书，其中介绍了李时珍及《本草纲目》，并对中国医史作简短回顾，附有插图，但偏重介绍 20 世纪初的中国医学，自然不能指望它是《本草纲目》的德文译本。

20 世纪 40 年代以来，此书仍为西方学者重视及研究。执教于上海震旦大学的法国学者雅克·鲁瓦（Jacques Roi）在中国同事的帮助下，1942 年在北京出版《著名药物学著作〈本草纲目〉中的中草药》一书[3]。此书正文 142 页，介绍 210 种常用植物性中药及其药性功能。返国后，又持续从事他在这方面的研究，1955 年在巴黎出版《中国草木药概论》[4]，全书共 488 页，这是在 1942 年在中国发表的那本书基础上扩写的。就在同一年，德国柏林两位学者莫斯希（Alfred Mosig）及施拉姆（Gottfried Sehramm）合撰《中国草木药及药材以及中国本草学标准著作〈本草纲目〉的重要性》[5] 一书，由柏林人民

〔1〕潘吉星：关于《本草纲目》外文译本的几个问题，《中医杂志》1980 年第 21 卷第 3 期，第 62—66 页。

〔2〕*Pflanzenbuch mit in den Text eingedruckten farbigen Abbildungen. Ein Lehrbuch der Botanik zum Gebrauch im Frein in der Schule* von Prof. Dr. DaIitzsch unter Mitwirkung von Dr. Ross. /210 Schwarze und 428 farbige Texbilder. / Sechste Auflage. / Verlag von T. F. Schreiber in Esslingen und München，1928.

〔3〕Roi, J. *Plants médicinales Chinois d'après le traité célèbre de pharmacopée, le Pen-Ts'au Kang-Mu* (1596). Pékin, 1942. pp. 442.

〔4〕Roi, J. *Traité des plants médicinales Chinois*. Paris: P. Lechevalier, 1955, pp. 488.

〔5〕Mosig, A. und G. Schramm. *Der Arzneipflanzen-und Drogenschatz Chinas und die Bedeutung der Pen-Ts'ao Kang-Mu als Standardwerk des chinisischen Materia Medica*. Berlin: Verlag Volk und Gesundheit, 1955, SS. 1—71.

与保健出版社出版。全书共 71 页，用很大篇幅介绍《本草纲目》内容及其科学价值，但像法国人鲁瓦的书一样，偏重中草药而不谈及矿物药。与此同时，法国学者尚福劳（A. Chamfrault）等人 1954 至 1961 年用法文在巴黎出版多卷本《中医学概论》（*Traités de Médicine Chinois*）。这是一部中国古代医药学原典提要的大型作品，目的是为读者提供汉籍原著的精华。全书共五卷，卷三是本草学，1951 年出版，主要摘译出《本草纲目》各卷内容，并加以述评。

50 年代以后，该书又成为欧美科学史家的研究对象，巴黎两位长期合作的医史家华德（Pierre Huard，1901—1983）及黄明（Ming Wong，1926—1989）多年来发表的有关中国医史的作品，都涉及《本草纲目》，1956 年他们发表的《中国医学家传》[1] 中，对李时珍及其著作作了较为详细的介绍；其他类似作品包括俄罗斯学者费多洛夫（Иван Игнатьевич Фидоров）1960 年在莫斯科医学出版社用俄文出版的《中医概论》[2]。英国剑桥大学的科学史家鲁桂珍博士（1904—1991）1960 年发表的《中国最伟大的博物学家李时珍简传》[3]，高度评价《本草纲目》。桂珍亦出身医学世家，1986 年她和李约瑟博士访问李时珍故乡湖北蕲春时，曾说她鲁家本蕲春人，后受时珍影响，故而业医，因此她对此次回乡访问感到特别亲切。1973 年美国学者库帕（William Cooper）及席文（字文之，Nathan Silvin）发表长篇文章《人身中的药剂》，共 72 页，内容是讨论人体中衍生出来的八种可供药用的物质。文内写道：

> 对本章讨论人体中产生的八种物质中的每一种，我们都按李时珍 1596 年发表的《本草纲目》对其制备及应用给出说明。这部书仍然是传统医生的一部标准参考书。[4]

席文还在美国出版的多卷本《科学家传记辞典》（*Dictionary of scientific biography*）中撰写李时珍传（Vol. VIII，pp. 390—398，1973）；他像鲁桂珍一样，高度评价《本草纲目》。李约瑟在他那部著名的《中国科学技术史》巨著中几乎每一卷都要引用《本草纲目》。然由于时珍这部伟大著作卷帙浩瀚、内容博大精深，尽管欧美各国学者世代作出研究努力，至今为止尚未见有任何西文全译本问世，只有日本学者在这方面获得较大的成功。可以期望在 21 世纪内，《本草纲目》将会有英文全译本的出现，而将此书译成现代汉语并加注释，也会在未来世纪内提到日程。

自 1596 年《本草纲目》问世至今已有 415 年的历史，作者李时珍去世距今也有 418 年。在这长达近四个世纪里，这部伟大的经典著作始终保持其学术价值，光芒依然未减，

〔1〕 Huard，P. et M. Wong. Bio-bibtiographie de la médicine Chinoise，*Bulletin de la Société des Etudes Indo-Chinoises*. Paris，1956，31：181—246.

〔2〕 Фидоров，И. И. *Очерки о народной медицине*. Москва：Медгиз，1960，77 стр..

〔3〕 Lu Gwei-Djen. China's greastest naturalist：A brief biography of Li Shih-chen，*Physics*，1960，13：382—392.

〔4〕 Cooper，W. C. and N. Sivin. Man as a medicine，*Chinese Science：Exploration of an ancient tradition*. Cambridge，Massachusetts：MIT Press，1973，edited by N. Sivin，pp. 202—272.

且成为世界各国人民的共同科学财富。李约瑟博士高度评价李时珍及《本草纲目》。现将其原话翻译如下：

> 毫无疑问，明代最伟大的科学成就，是李时珍那部在本草学中登峰造极的著作《本草纲目》。此书成于 1578 年，问世 1596 年。李时珍作为科学家，达到了同伽利略（Galilei Galileo，1564—1642）、维萨里（Andreas Vesalius，1514—1564）的活动相隔绝的任何人所能达到的最高水平。大约有一千种植物和一千种动物被详尽地描述在此书的六十二类中，当然总要谈到它们在药用上的真实价值或可能有的价值，而这种价值确实比现代轻率的批评家们所愿承认的还要多。附带的一项工作是收入了八千种以上的医方。[1]

在这里，李约瑟把李时珍与西方文艺复兴时代意大利天文学家伽利略及比利时医学家维萨里相比。此外，他又写道：

> 不用说，我们在这些卷中经常要引证的还有一部明代著作，即中国博物学家的"无冕之王"李时珍写的《本草纲目》。直到今天，这部伟大著作仍然是研究中国文化中的化学史及其他各门科学史的一个取之不尽的知识源泉。[2]

李约瑟博士在 1986 年访问李时珍故乡蕲春后说："李时珍是我的本家，因为我也姓李。"[3] 他对李时珍充满敬意和亲切感，特称其为"中国博物学家的'无冕之王'（"uncrowned king" of Chinese naturalists)"，这个比喻饶有风趣。他这种评价代表当代西方有识之士对李时珍和《本草纲目》的看法，正如同达尔文将此书称为"古代中国百科全书"代表 19 世纪西方有识之士的看法那样。的确，像李时珍这样的人物在科学史中的业绩足可与同时代西方文艺复兴时的科学巨匠伽利略、维萨里等人并列。他的《本草纲目》在世界范围内传播的历史事实也正好证明了这一点。

二　中国与阿拉伯之间的医药交流

（一）中国传入阿拉伯的中药材

这里所说的阿拉伯，是指中世纪阿拉伯帝国统治过的中亚、西亚和北非一些国家，其中不乏文明古国。在阿拉伯帝国（7—13 世纪）建立以前，公元前 2 世纪西汉时中国就与

---

〔1〕　Needham J. *Science and Civilisation in China*. Vol. 1. Cambridge University Press，1954，p. 147.

〔2〕　Ibid.，Cambridge University Press，1976，Vol. 5，Chap. 3，p. 216.

〔3〕　潘吉星：李约瑟博士在中国，见《瞭望周刊》（海外版）1987 年第 2 期，第 33 页。

这一地区通过陆上贸易通道即丝绸之路保持着频繁的人员往来和物质文化交流，中国一些特产的丝绸、铁器和中药等物资运到中亚的大夏（Bactria）、大宛（Ferghana）和安息（波斯）等国，由此再转运到希腊和罗马帝国。西域国家特产的香料、珠宝和毛织物等也运到中国，揭开中西物资大交流的序幕，这种交流在唐帝国与其西邻阿拉伯帝国于 7 世纪建立正式关系之后达到新的高潮。本节着重谈双方在医药方面的交流。史料记载表明，中国输入阿拉伯的中药材，主要有肉桂、姜、黄连、大黄、茯苓、樟脑、麝香、人参和乌头等，现分述如下。

人参是五加科属多年生草本（Panax ginseng）的根部人参，是中国特产药材，有补养身体、增强脑力等多种功用。前 1 世纪成书的《本草经》中列为上品草药，以其形状如人形，故名人参。它像其他中药一样沿丝绸之路运往中亚、西亚国家。法国学者玛扎海里（Aly Mlazahérí，1914—1991）教授在《丝绸之路》（La routa de la soie. Paris，1983）一书中提供了我们需要的很多阿拉伯史料，此书已由耿昇先生译成中文。玛扎海里指出，人参在波斯语中有 sahbyzk，hzarksay，strnk 及 shal bêzag 等不同名目，其中 strnk 正确拼法应是 snznk，此为汉语"人参"一词的音译[1]，相当法语中的 ginseng 或拉丁文中的 ginsen。它与大黄一样，是中国与波斯之间的大宗贸易的货物，但价格比大黄昂贵。后来在中亚发现了曼德拉草（mandrake），可作为人参的代用品，但功效远不如人参。阿拉伯帝国阿巴斯朝（750—1258）的波斯学者塔巴里（Abū 'l-Hasan 'Ali al-Tabari，783—858）850 年写的《智慧的乐园》（Firdaus al-hikmaḥ）中长篇谈到这种药材，这部王朝药典于 20 世纪曾被译成德文发表[2]，其中谈到这种药材状似人形，大家都承认它有多种疗效。波斯萨曼王朝（Samanids，819—1005）药典《医方指南》，塞尔柱朝（Seljuks，1056—1194）药典《花拉子模沙（Khwarizm Shah）的财宝》都详细介绍人参。

大黄是蓼科大黄属多年生草本的根，为《本草经》以来历代本草书所著录，有泻火解毒、治便秘、腹痛胀满、痢疾和牙疼等，主产于滇川陕甘青等省，主要有药用大黄或南大黄（Rheum officinale）、撑叶大黄或北大黄（Rheum Palmatum）及唐古特大黄（Rheum tanguticum）三种，成品药材呈黄褐或红棕色，横切面有白色锦纹及星点（图 7—5）。据劳弗研究，"从 10 世纪起大黄成为中国输入西亚的商品"，并认为波斯药物学家"阿卜·曼苏尔（Abu Mansur，fl. 937—982）是最先谈到中国大黄的波斯学者"[3]，此人说中国产的大黄（riwand-i-sini）使用最广，而波斯呼罗珊（Khorasan）产的可能是 Rheum ribes，外形类似，药效欠佳。中古波斯语中 riwand，rewās 是大黄的当地土名，中国原产物则在土名中加"中国的"（riwand-i-sini）以示区别，有时干脆就称 cini 或 sini（中国的）。

〔1〕 Mazahéri，Aly. La route de la soie，partie 1. Paris：Papyrus，1983；耿昇译：《丝绸之路》第一编，中华书局 1993 年版，第 107 页。

〔2〕 al-Tabari，Abū 'l-Hasan 'Ali. Firdaus al-hikmah（Das Paradies der Weisheit，or The paradise of wisdom），ed. Mūhammad Zubāyr al-Sīddīqi. Berlin，1928.

〔3〕 Laufer，B. Sino-Iranica. Chinese contributions to the history of civilization in ancient Iran. Chicago，1919，p. 547.

介绍中国大黄最详细的是阿拉伯著名药物学家伊本·白塔尔（Abu-Muhammad Abdullāh ibn-Ahmàd ibn al-Baytar al-Mulaqi）1248 年写的《单药集成》（*Al-Mughni fi ʾl-adwiya al-mufrada*），此书由 19 世纪法国阿拉伯学家勒克拉尔（Ludovic Leclerc）摘译成法文，刊于《文字学及文学研究院文集》（1877）[1]，并由法国东方学家费琅（Gabrial Ferrand）转载于其所编《13—18 世纪阿拉伯人、波斯人和突厥人有关远东的游记及地理书叙述》[2]，此书由耿昇、穆根来译成中文，改书名为《阿拉伯波斯突厥人东方文献辑注》（1989）。白塔尔引 12 世纪埃及医生伊本·贾米（Ibn Djami）《大黄考》云：中国大黄

图 7—5　中国大黄
1. 叶　2. 果序　3. 花　4. 果实
顶端下凹，红色。花果期 6—7 月。
分布湖北、四川、云南、贵州等地。
引自《中药大辞典》（1986）

来自中国北方，波斯语称为 čin mačin，阿拉伯语称为 čin al-čin（指"广州海货"——引者注），是一种植物根茎，外表呈红棕色。最好的大黄味道浓，而黄色的最纯，颜色是区分优劣的标志。大黄可排除人体内淤液及积气，扩大疏通阻塞部位，清洗血管、疏通尿道，控制炎症发展，强健弱化器官，促使溃疡部分结痂。还有催泻作用，可增强几乎所有内部器官功能，又有驱风、制止因风寒引起的疼痛，对各种水肿有疗效[3]。因篇幅关系，此处无法逐一转引，详情可查原著。可以毫不夸张地说，白塔尔是论述中国大黄的所有方面最为详尽的外国医生，其论述内容值得中国医生参考。

白塔尔《单药集成》引 1 世纪希腊医生迪奥斯科里德斯（Pedanius Dioscorides，fl. 30—90）《药物学》（*De materia medica*）及盖伦、4 世纪希腊医生奥里巴休斯（Oribasius, c. 325—400）、7 世纪阿拉伯医生保罗·德吉纳（Paul d'Egine）及 9 世纪波斯医生拉兹（al-Razī, 866—925）等人著作中有关大黄的论述，在阿拉伯医药学中确是集了大成。考虑到大黄的药用性质最初在中国发现并最早列入西汉时（前 1 世纪）成书的药物学专著《本草经》中，而希腊、波斯和阿拉伯人关于大黄的论述都比中国晚出二百至九百

---

〔1〕 Leclerc, Ludovic（tr.）. Traité des simples. Notices et extraits des manuscrits. *Mémoires de l'Académie des Inscriptions et Belles-Lettres*（Paris），1877, Vol. 23.

〔2〕 Ferrand, Gabrial（éd）. *Relations de voyages et textes géographiques Arabes, Persans et Turks relatifs à l'Extrême-Orient* du 13³ au 18ᵉ ciècles. , Traduit, revus et annotés par G. Ferrand. 2 Vols. Paris：E. Leroux, 1913.

〔3〕 Ferrand, Gabrial（éd）. *Relations de voyages et textes géographiques Arabes, Persans et Turks relatifs àl'Extrême-Orient* du 13³ au 18ᵉ ciècles. , Traduit, revus et annotés par G. Ferrand. Vol. 1. Paris：Leroux, 1913, pp. 266—274；耿昇、穆根来译：《阿拉伯 波斯 突厥人东方文献辑注》上册，中华书局 1989 年版，第 288—297 页。

年，因而我们有理由相信中国大黄早在汉代已沿丝绸之路传到波斯，劳弗的 10 世纪西传
说肯定是不正确的。阿卜·曼苏尔也并非如劳弗所说是最早谈到大黄的波斯学者。

波斯人得到大黄后，再将其转卖到希腊，而最先谈到大黄的希腊人迪奥斯科里德斯家
乡正好靠近波斯。波斯人和希腊人迅即将中国大黄引种于其境内，于是在博斯普鲁斯海峡
（Bosporus Str.）西岸和波斯境内也种植了大黄。但正如玛扎海里博士所说：大黄产自中
国，又从那里沿丝绸之路西传。在许多国家中都引进并栽培大黄，但引进的品种从未达到
原产地大黄那样的药效，所以中国配制好和晒干的大黄继续运往西方[1]。最后要谈的是
大黄的波斯语土名"莱文德"（*rayvend*），rewand 或 riwend 由词根 ray 及词缀 vend 组
成。词根源自波斯高原古民族斯基泰人（Scythians）所说的 ray，本义是"星光"；词缀
vend 或 wend 意思是"关于"，因而 rayvend 实际上是描述中国原产大黄根的一个显著特
征，即横切面围绕中心有许多星状纹理，所以我们可将 rayvend 理解为"有星状纹理的药
草根"，*rayvend-i-čini*，指中国原产者。大黄另一波斯名为 *čini*，意思是"中国货"，此词
既无前缀亦无后缀，表明它可能是最早输入波斯的中国药材，后来进口的中国药材多了，
才加更多词缀以示区别。

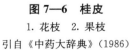

图 7—6　桂皮
1. 花枝　2. 果枝
引自《中药大辞典》（1986）

因而我们看到中药肉桂在波斯语
中称为 *dār-čini*（"中国木"）即中国
木本药，相当于阿拉伯语中的 *dar-
sīni*。**肉桂**是樟科常绿乔木肉桂树
（*Cinnamomum cassia*）之皮，又称桂
皮。生长 5—10 年后始可剥皮，晒干
后桂皮呈弯曲状或半筒状（图 7—6），
外皮黑褐色，内皮红棕色，有香味，
有暖脾胃及腰膝、散风寒、通血脉、
止呕吐及治筋骨疼痛等功能，主要产
于南方，古称菌桂，见于《南方草木
状》（304），梁人陶弘景《本草经集
注》（500）中入药。9 世纪波斯地理
学家伊本·胡尔达兹比赫（Abu al-
Qāsim ‘Ubaydallāh Abdallāh ibn-
Khordādzbeh, c. 820—912）848 年用
阿拉伯文写的《道里邦国志》（*Kitāb
al-masālik wa ‘l-mamālik*）将肉桂
（*dar-i-sini*）列入从广州经海路向阿

〔1〕 ［法］Mazahéri 著，耿昇译：《丝绸之路》，中华书局 1993 年版，第 536 页。

拉伯帝国出口的货物清单中[1][2]。与此同时，伊拉克巴士拉（Al-Basra）学者贾希兹（Abū 'Uthmān 'Amr ibn Bahr al-Jāhiz，776—868）在《商务观察》（*Kitāb al-tabassur bil-tijāra*）中列举从世界各地输入阿拉伯帝国首都巴格达货物，其中从中国输入的货物中有丝绸、瓷器和肉桂等[3]。

伊本·白塔尔《单药集成》（1248）中有专门条目谈中国肉桂，但读时需注意，由于樟科樟属乔木有十多个变种，分布在中国南方、东南亚和欧洲南部爱琴海沿岸，古代中国人、希腊人曾以这些变种的树皮入药，但与中国本草学书中的肉桂在形色及功能方面有别。肉桂是中国人发现的药材，白塔尔书中将肉桂（*dār-sini*）与樟属其他变种的树皮混在一起，造成混乱，必须鉴别其中何者是肉桂、何者不是。书中引10世纪突尼斯人伊斯哈克·伊本·伊姆朗（Ishāk bin 'Imrān）的话说，中国木（*dār-čini*）有几种，而真正的中国木呈红色，有香气，略带甜味。又引12世纪医生伊本·哈卡姆（Masīh ibn al-Hakam）的处方说，此药有驱风作用，对治子宫痛有良效，常与治感染和祛毒药混用，还可治寒战和颤抖。932年去世的埃及医生伊斯哈克·本·苏莱曼（Ishāk bin-Sulaymān，alias IL Isrāīlī）的药物书说，肉桂能治疗从头到胸肺的动脉性充血[4]。

黄连为毛茛科黄连属多年生草本黄连（*Coptis chinensis*）的根状茎（图7—7），有清热燥湿、泻火解毒功能，主治眼病、急性炎症、疮疡、痢疾、胃肠炎、痞满、吐血等病，西汉《本草经》中已入药。10世纪波斯药物学家阿卜·曼苏尔·穆瓦法格（Abū Mansūr Muvaffaq bin 'Ali al-Haravi，fl. 935—982）在970年用波斯文写的《药物真性之基础》（*Kitāb-ulabniyat 'an haqā，iq-uladviyat*）中谈到黄连（*māmirān*）的药性[5]。此书由波斯医生阿琼道夫（Abdul-Chaliq Achundow）译成德文于1873年发表，他在注中指出这是一种原产于中国的根茎。前述另一波斯药物学家伊本·白塔尔（1248）引贾菲基（Al-Jafikī）的话说，*māmirān*（黄连）来自中国，性能与姜黄类似[6]。摩洛哥旅行家伊本·巴图塔（Muhammad ibn-Abdullāhibn-Battutah，1304—1377）也有同样叙述。1550年波斯商人哈吉·穆罕默德（Hajji Mahomed）论中国的作品中指出，甘肃肃州（Su-čou）山区生长一种小根茎，被称为中国黄连（*māmirān-i-čini*），并说"此物甚贵重，多用以治病，尤其用于治眼病。将它与玫瑰水在石头上研细，再擦在眼上，结果非常有效"[7]。关于黄连的西传，可参考劳弗的综合考证[8]。

〔1〕［波斯］胡尔达兹比赫（Ibn-Khordādzbeh）著，宋岘译：《道里邦国志》，中华书局1991年版，第73页。

〔2〕Ferrand，Gabrial（éd）. *Relations de voyages et textes géographiques Ababes，Persans et Turks retatifs à l'Extrême-Orient*，Vol. 1. Paris：E. Leroux，1914，p. 31.

〔3〕Pellat，Charles. *Jahiziana. 1，Kitāb al-tabassur bil-tijāra. Arabica*（Leiden），1954（2）.

〔4〕［法］费琅（Ferrand）编注，耿昇、穆根来译：《阿拉伯波斯突厥人东方文献辑注》上册，第283—286页。

〔5〕Achundow，A. C.（tr）. *Die pharmakologischen Grundsätze des A. M. Muwaffak*，in R. Kobert's *Historische Studien aus dem Pharmakologischen Institute der Universität Dorpat*，1873，S. 138.

〔6〕Leclerc，Ludovic（tr.）. *Traité des simples par Ibn al-Baytār*，Vol. 2. Paris，1877，p. 441.

〔7〕Yule，Henny（ed. tr.）. *Cathay and the way thither*，new ed. revised by Henri Cordier，Vol. 1. London：Hakluyt Soc.，1913. 292.

〔8〕Laufer，Berthold. *Sino-Iranica*. Chicago，1919，pp. 546—547.

中国产的另一种根茎药材是姜科姜属多年生宿根草本姜（*Zingiber officinale*）的根茎，又称生姜，通常作一年生栽培，繁体字作"薑"。《本草纲目》（1596）卷二十六《生姜》条载，《吕氏春秋》（前239）已谈到西蜀之姜。魏晋时（3世纪）成书的《名医别录》已将其入药，此后收入历代本草书中，表里呈黄色，有芳香和辛辣味，可食，用于烹饪，药用则治腹胀、眼病，除风寒、热寒，治头痛、牙痛等[1]。10世纪波斯药物学家阿卜·曼苏尔的书（970）中将姜称为 zanijabīl，并说姜有三种：中国产的，桑给巴尔（Zanzibar）产的和梅林纳威（Melinawi）产的，而以中国产的为最佳[2]。13世纪初叙利亚人札因丁（Zayn ad-Din ʻAbd ar-Baḥim bin ʻOmar al-Djawbari）1225年写的《泄露机密的作品选》（*Katāb al-mukhtār fi kafs al-asrārwa batk al-astar*）中谈到增强姜的药效的调制方法，由魏德曼（E. Wiedemann）译成德文[3]，费琅再将其转为法文[4]。

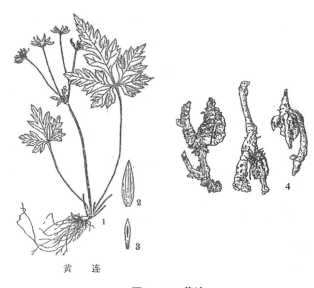

图7—7 黄连

1. 植物全形 2. 萼片 3. 花瓣 4. 黄连药材

引自《中药大辞典》（1986）

玛扎海里在《中国生姜与丝绸之路》一文内收集了许多有关中国姜西传的资料。他指出12—13世纪之际波斯设拉子（Shirāz）人阿卜·法德尔·哈桑（Abū-ʼl-Fadl Hasan）和14世纪波斯医生哈吉扎因·丁·阿塔尔（Hàdjzayn ad-Din Athar，1329—1403）都异口同声地说"最好的药用生姜是从中国传到我们中间的"[5]。正如玛扎海里所说，在中世纪早期，中国是唯一掌握生姜栽培技术和保存方法秘诀的国家，在其药用方面也一直保持领先地位，因而善于经商的中亚粟特人（Sogdians）首先将其沿陆上丝绸之路运到波斯，波斯人再从中国大量进口，并转运给拜占庭人、阿拉伯人和拉丁人，中国原产以姜粉、干姜和糖姜饯等加工形式启运。穆斯林医生与中国医生用生姜治病方面有共同点，都用于暖

〔1〕（明）李时珍：《本草纲目》卷二十六，《生姜》，人民卫生出版社1982年版，下册，第1620页。

〔2〕 Achundow, A. C. (tr.). *Die pharmakologischen Grundsätze des A. M. Muwaffak*, in R. Kobert's *Historische Studien aus dem Pharmakologischen Institute der Universitàt Dorpat*, 1873, S. 76.

〔3〕 Wiedemann, E. (tr.). *Beiträge zur Geschichte der Naturwissenschaft* (Berlin), 1919, 26：206—207.

〔4〕 Ferrand, Gabrial (éd. tr.). *Relations de voyages et textes géographiques Arabes, Persans et Turks relatifs à l'Extrême-Orient*, Vol. 2. Paris：E. Leroux, 1914, p. 609；《阿拉伯 波斯 突厥人东方文献辑注》中文版，下册，第693页。

〔5〕 ［法］玛扎海里（Mazahéri）著，耿昇译：《丝绸之路》，中华书局1993年版，第503—518页。

腹，消除头痛，治眼病、牙疼和毒虫螫伤。唐宋以后，生姜与其他货物还由中国商船海运到波斯，沿途各国见如此大量贩运生姜获巨额利润，于是马来亚、印度等东南亚、南亚和东非国家纷纷引种，虽比中国原产便宜，但药性仍以中国原产最佳。姜在波斯文中称 *zangibil*，由此引出阿拉伯文为（*zindjibil*），拉丁文 *zingiber*，希腊文 *ziggiberis* 和梵文 *sringalveta* 和法文 *gingembre* 和英文 *ginger* 等，其中都有汉字姜（*jiāng*）的字根音译[1]。

第三种传入阿拉伯世界的中国原产根茎药材是百合科菝葜属多年生攀缘灌木**土茯苓**（*Smilax glabra*）的根茎，又名土草薢、刺猪苓、草禹余粮及冷饭团等。梁人陶弘景《本草经集注》（500）中入药，为此后历代医药书所载，有清热解毒、利湿功能，主治梅毒、痈疖肿毒和湿疹皮炎等。《本草纲目》卷十八《土茯苓》条引宋人苏颂（1019—1101）《图经本草》（1061）云："施州（今湖北恩施）一种刺猪苓，……彼土人用傅疮毒，殊效。"可见从 11 世纪起中国已以土茯苓治疮毒。明代弘治、正德年间（1488—1501）岭南盛行梅毒，由南向北传染，《本草纲目》举汪机（1463—1539）《本草会编》（约 1520）及 15 世纪人邓笔峰《卫生杂兴方》所述以土茯苓治愈梅毒的成功案例及处方[2]。药商发现此特效药有利可图，除在国内行销外，还从广州向海外出口，或从四川经新疆运到克什米尔，再南运至印度、西运至波斯，当时国外患者也正急需此药。

劳弗引证不少实例说明中国原产土茯苓药材外传情况。他指出土茯苓在波斯文中称为"库比西尼"（*čubi-čīnī*），而在新梵文中称"库巴西尼"（cuba-cīnī）或"库帕西尼"（*co-pa-cīnī*），意思都是"中国根茎"（"China root"）。这是治疗所谓"美洲病"（Morbus americanus）或梅毒（syphilis）的良药[3]。这种病是西班牙探险家哥伦布（Cristobal Colon，1451—1506）1492—1496 年发现美洲后由他的水手们带到欧洲的，又由葡萄牙人瓦斯科·达伽马（Vasco da Gama，1469—1524）1497—1498 年船队的水手们带到了印度，梵文称为 *phirangaroga* 或"佛朗机病"（disease of the Franks），传染范围很快扩大。德国印度学家约利（Julius Jolly）在《印度医学》（*Indische Madicin*）一书中说，16 世纪的印度梵文书《婆缚波罗迦婆》（*Bhāvaprakāça*）中用中国药治梅毒。葡萄牙人加西亚·达奥尔塔（Garcia da Orta）1563 年在果阿发表的《试论印度单药与成药》中写道："因为这些国家和中国、日本都有梅毒病，慈悲的上帝便提供这种树根作为药物，良医用它治好病患，但很多庸医则用错药。1535 年用此药治好病之际，便追查到这种树根来自中国。"这位葡萄牙作者还说中国人将其称为"*Lampatam*"[4]，此即土茯苓的别名"冷饭团"，见邓笔峰《卫生杂兴方》"用冷饭团四两、皂角子七个，水煎代茶饮。浅者二七（14 天）、深者四七（28 天）见效"。土茯苓在葡萄牙文中为也称"中国根"（"*raiz da China*"）。

---

[1]《丝绸之路》，第 503—518 页。

[2]（明）李时珍：《本草纲目》卷十八，《土茯苓》，人民卫生出版社 1982 年版，上册，第 1294—1296 页。

[3] Laufer, B. *Sino-Iranica*. Chicago, 1919, pp. 556—557.

[4] Markham, C. R. (tr.). *Colloquies on the simples and drugs of India*, translated from the Portuguese of Garcia da Orta. London: Southeran, 1913, p. 379.

　　传入阿拉伯世界的另一植物来源的药材是**樟脑**（*camphor*），这是从樟科樟属常绿乔木樟树（*Cinnamomum camphora*）的树干和根枝提炼出来的白色粗状结晶，具有特殊的辛味，有通窍、杀虫和止痛功能，可治疮疡、疥癣，止痒，能兴奋中枢神经，并有局麻作用。樟树分布于两广、云贵川等南方各省，在唐人陈藏器（678—745 在世）《本草拾遗》（739）中入药。李时珍《本草纲目》卷三十四《樟脑》条称：樟脑又称韶脑，因"樟脑出韶州、漳州，状似龙脑，白色如雪，樟树脂膏也"。又引元人胡演（1209—1309 在世）《升炼丹药秘诀》中所述提炼樟脑之法及宋人李石（1108—1183）《续博物志》（1153）、余纲（1182—1208 在世）《余居士选奇方》、明人朱橚（1362—1425）《普济方》（约 1418）及刘文泰（1445—1505 在世）《本草品汇精要》（1505）等书关于樟脑药用的论述，为我们提供了系统知识[1]。但有两点美中不足，一是樟与樟脑二者应放在同条目内或紧密衔接，但二者之间却隔着十个条目。二是没有指出樟脑最初是从何时出现的，给人的错觉似乎它是宋以后晚出的药材。

　　樟脑古称韶脑或潮脑，说明它最初是在岭南盛产樟树的广东韶关和潮州民间提炼出来的，以其外观形色、气味特殊而药效又显著，在本草学家还没有来得及写入书中之前，它已作为出口商品从广州运销到西亚的波斯，并在那里放出异彩。有迹象表明，樟脑至迟在南北朝刘宋（420—479）至齐（479—502）时已于岭南出现，波斯的史料足可弥补中国史载之缺失，在这方面玛扎海里贡献颇多[2]。阿拉伯文将樟脑称为"库府尔"（*kufùr*），用以形容其气味，也可能源自"广府"（Khānfu），由此引出法文 camphre 和英文 camphor 这些樟脑的俗名。伊斯兰教经典《古兰经》第 76 章第五节载穆斯林信徒于 7 世纪进军至波斯境内泰西封（Ctesiphon）城，发现在仓库中有大量樟脑，以为是盐，波斯医生伊本·拉班·塔巴里（Alī ibn Sahl Rabban al-Ṭabarī）在其所编波斯药典《智慧的乐园》（*Firdaus al-hikmah*，850）中收入了樟脑，此书有德文译本[3]。在阿拉伯商人苏莱曼的《中国印度见闻录》（850）中还谈到，运抵广州港的樟脑有 3/10 由政府收购，每曼那（*mana*）出价 50 法库（*fakkouj*），相当一千个铜钱，供国内需用，其余 7/10 出口到阿拉伯帝国[4]。以砖的形式装箱启运。

　　阿拉伯人用樟脑作为对死者遗骸的防腐剂，因此用量很大。伊本·白塔尔《单药集成》（1248）列举其药用价值时，指出可用于消炎、治眼病、牙疼，并使人头脑清醒，但用量需适度[5]。阿拉伯人还将有关樟脑的知识传给拜占庭人，例如 11 世纪的西蒙·塞斯（Simon Seth）成为最早介绍樟脑及其药性的拜占庭作者。在西欧，直到 16 世纪

---

〔1〕《本草纲目》卷三十四《樟脑》条，下册，第 1968—1969 页。

〔2〕 Mazahéri 著，耿昇译：中国的樟脑与丝绸之路，《丝绸之路》，第 444—451 页。

〔3〕 Alī ibn Sahl Rabban al-Tabarī. *Firdous al-hikmah*, ed. Muḥammad Zubayr al-Siddiji. Berlin, 1928；A. Siggel (tr.). *Die indischen Bücher aus dem 〈Paradies der Weisheit über die Medizin〉 des Ali ibn Sahl Rabban al-Ṭabarī.* Wiesbaden：Steiner, 1950.

〔4〕 Seuraget, Jean (tr.). *Relation de la Chine et de l'Inde*，穆根来等人译：《中国印度见闻录》，中华书局 1983 年版，卷 1，第 15 页。

〔5〕 参见［法］费琅（Gabrial Ferrand）编译，耿昇、穆根来译：《阿拉伯波斯突厥人东方文献辑注》上册，中华书局 1989 年版，第 311—314 页。

德国药物化学家帕拉塞尔苏斯（Paracelsus，1493—1541）时代才发现并使用樟脑。由于贩卖樟脑获利很高，印度尼西亚境内经商的中国人便在那里就地提炼樟脑，再贩运到西亚。在中国出口药材中樟脑是个少见情况，就是说它早已在中国提炼出并从7世纪大量向伊斯兰国家出口，在那里广为使用，但在中国却长期默默无闻，对阿拉伯史料的研究使樟脑在中国的早期历史重显于世，这说明研究中外科学交流史有助于研究中国科学史。

最后要谈的是动物来源的药材**麝香**，这是鹿科动物麝（*Moschus moschiferus*）的雄体（图7—8）香囊内的分泌物干燥而成，呈红褐色粒状，香气浓烈。在中国分布很广，以康藏高原及四川为主要产地。香囊位于麝鹿的生殖器与肚脐之间，重15—45克，用作香料和药用，有开窍辟秽、通络散瘀功能，治中风惊痫、心腹暴痛、跌打损伤、痈疽肿毒等病，早在西汉（前1世纪）已于《本草经》中入药，为历代医药书所载，是古老的中药之一。早在6世纪麝香已经陆上丝绸之路运往波斯和伊拉克，波斯文将其称为"纳法格"（nāfag），阿拉伯文（nāfdjah），意思是肚脐，用作收敛药、发热兴奋剂、增性欲，并利尿、增强血脉流通等。最早提到麝香的阿拉伯作者是540年逝世的诗人伊姆鲁·盖斯（Imuru-al-Qays）[1]。据阿卜·贾法尔·穆罕默德·伊本·塔巴里（Abū Jāfar Muhammad ibn al-Tabari，961—1038）《波斯列王本纪》（*Tarikh al-umam wa 'l-mulūk*，c.915）记载，萨珊王朝的科斯洛·帕雷斯二世（Khosrau Parrez Ⅱ）在位时（590—620）曾问其侍从官什么是最香的香料，答曰：花露水、龙涎香、麝香和樟脑[2]，后二者来自中国，此处引自佐登堡（H. Zotenberg）法文译本。

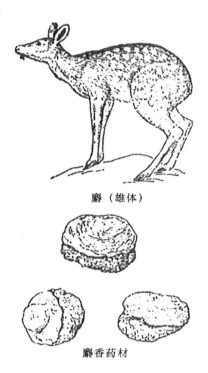

麝（雄体）

麝香药材

图7—8 麝及麝香
引自《中药大辞典》（1986）

波斯人马苏迪（Abū 'l-Hasan Ali al-usayn al-Masūdī，893—956）943年所著《黄金牧场与珍珠宝藏》（*Murūj al-dhaḥab wa ma' udin al-jawhar*）卷一中指出，阿拉伯世界所用的麝香有两个来源，一是通过陆路将吐蕃（西藏）产的运到波斯，二是从广州经海路将内地产的运往波斯湾港口。西藏产的麝香质量比内地产的好，也更昂贵，因中国内地麝香产量虽大，但在海运过程中容易受潮而变质，丧失药力[3]。所以富贵之家更喜欢西藏麝香，用作刺激性欲的药或特效解毒药，还常在膳食中

〔1〕 ［法］Mazahéri 著，耿昇译：中国的麝香与丝绸之路，《丝绸之路》，第522—531页。

〔2〕 Zotenberg, H. （tr）. *Histoire des rois des Perses*, traduit de l'ouvrag de al-Ta'a barī, Paris, 1900, pp. 708—709.

〔3〕 de Barbier, C. et P. de Courte (tr.). *Le prairies d'or（Murūj al-dhabeb de Masudi*）, Vol. 1. Paris, 1861, pp. 353—356.

作添加物，以保健。马苏迪还报道说，在北非建立的穆斯林法蒂玛王朝（Fatimid，907—1171）的哈里发阿齐兹（al-Aziz）在位时（975—996），所用御膳中每年要加入五囊（相当 210—250 克）麝香及 20 克樟脑[1]。

　　由于麝香在香囊中含量甚少而价又贵，有人便向其中掺假，因此阿卜·法德尔·贾法尔（Abū 'l-Fadl Dja'far）于 1175 用阿拉伯文写的《鉴别好坏商品和假冒品须知》（*Kitāb al-isāra ilā mahāsin at-tidjāra wa ma'rifa al-djayyid al-a'rād wa radihā wa ghusūs al-mudallisīn fihā*）中写道："在许多药品中最常见的伪造或仿造品是麝香。如是瓶装，需检查封口印签并细查上面标记者是否为诚信可靠之人。再打开容器，看其颜色是否淡红，香气是否浓烈宜人，味道是否苦涩。因为服食麝香时，苦味并不强烈。首先要检查麝香囊外部，再鉴定其内部。"[2] 波斯人喜欢麝香，在中国史书中亦有记载。查后晋人刘昫（888—947）《旧唐书》（945）卷一九八《波斯传》载，波斯人事神"以麝香和苏涂须、点额，及于耳鼻，用以为敬"[3]。以上所述只是一些实例，传入阿拉伯世界的中国药材和成药远不止这些，因篇幅关系，不能再逐一介绍了。

（二）中医学在阿拉伯的传播

　　中国药商贩卖药材时，必定向阿拉伯和波斯买主介绍这些药材的来源、性味、功能与主治病症以及配方及禁忌等，经服用后它们的疗效显著，引起当地医生和药物学家的注意，导致中国医学和本草学知识的西传。伊斯兰药物学中的两位代表人物阿卜·曼苏尔的《药物真性之基础》（970）及伊本·白塔尔的《单药集成》（1248），奠定了阿拉伯药物学的基础，在中亚、西亚和北非地区有广泛影响，在这两部经典著作中载入了大量中国原产药材和阿拉伯医生们使用这些药材的疗效。继药材西传之后，中国医书和医生在阿拉伯地区的出现，导致中国医学的西传。首先应指出，阿拉伯旅行家苏莱曼于 852 年写的《中国与印度见闻录》中介绍了中国医生用艾灸（moxibustion）疗病的方法[4]，即以菊科多年生草本艾的叶加工成艾绒，再搓成条，点燃后以温灼穴位的皮肤表面，达到治病的目的。苏莱曼还提到在中国［广东］海里有一种蟹，上岸后变成石头，"可用来制眼药，对某些眼病有良好效果"[5]。这实际上是古代节肢动物石蟹（Telphasa sp.）化石，主要成分为碳酸钙（$CaCO_3$），中医用来治眼病及解毒。

---

　　[1] de Barbier, C. et P. de Courte (tr.). *Le prairies d'or（Murūj al-dhabeb de Masudi）*，Vol. 1. Paris，1861，pp. 353—356.

　　[2] Ferrand, Gabrial (éd.，tr.). *Relations de voyages et textes géographiques Arabes，Persans et Turks relatifs à l'Extrême-Orient du 13^eau 18e ciècles*. Vol. 2. Paris，1913，pp. 603—604. 耿昇、穆根来译：《阿拉伯 波斯 突厥人东方文献辑注》，下册，第 687 页。

　　[3] （后晋）刘昫：《旧唐书》卷一九八，《波斯传》，二十五史本第 5 册，上海古籍出版社 1986 年版，第 639 页。

　　[4] Suleiman al-Tajir. *Kitāb al-tāni min'ahbār as-Sīn wa l'Hind*（852）；cf. Jean Sauvaget（tr.）. *Relation de la Chine et de l'Inde*，§ 72，Paris，1948；穆根来译：《中国印度见闻录》，中华书局 1983 年版，第 24 页。

　　[5] 穆根来译：《中国印度见闻录》，第 10 页。

　　有关中国医生在阿拉伯帝国阿巴斯朝（750—1258）首都巴格达活动的情况，当时此城内的书店老板和文具商纳迪姆（Ibn Abī Ya'kūb al-Nādim，921—996）在 987 年写的《百科书目》（*Kitāb al-fihrist al-ᶜulum*）中有一段珍贵记载，其中写道：阿拉伯世界最伟大医学家之一拉兹（Abū Bakr Muḥammad ibn Zakariyā al-Rāzī，866—925）曾经说："一位中国男子来到我家"，他在巴格达居住一年，只用五个月就精通阿拉伯语，而且掌握速记法。在回国前一个月，向拉兹辞行时，希望拉兹口述罗马著名医生盖伦（Clandius Galenus，c.130—200）的十六种作品，以便记录下来带回中国。因他写的速度比拉兹及其学生口授的还快，令人惊奇[1]，可惜没有留下他的名字。这位中国医生随带一些中国医书前往巴格达，必与拉兹经常讨论医学问题，包括诊断、医治各种疾病的方法，临床用药及医学理论等，着重介绍晋代医学兼炼丹家葛洪（284—364）的《肘后备急方》（341）和《抱朴子》（约 320），讨论的结果由拉兹写入其各种书中。

　　葛洪《肘后备急方》初名《肘后救卒方》，由他摘录其《玉函方》中急救医疗，实用有效的单方而成，经梁人陶弘景（456—536）增补，易名《补阙肘后百一方》（500）。葛洪在书中第一次记录了"天行发斑疮"，即天花（smallpox）或痘疮，这是一种传染性强、病情险恶的病毒性传染病。《本草纲目》卷十三《升麻》条引葛洪《肘后方》曰："比岁有病天行发斑疮。头面及身须臾周匝，状如火烧疮，皆带白浆，随决随生，不治，数日必死。瘥（cuó，病）后瘢黯，弥岁方减，此恶毒之气所为。云晋元帝时（317—322）此病自西北流起，名虏疮。以蜜煎升麻，时时食之，并以水煮升麻，绵沾拭洗之。"[2] 现传本为金代人杨用道（1114—1169 在世）据《证类本草》（1108）方增补葛、陶二人所著书而成，在正文中窜入唐人语，并不足取，因而我们引《肘后百一方》。

　　前引葛洪那段话是说，4 世纪初西北流行天花，通过西北用兵时被俘士兵传染到中原，发病时全身及面部长疮，呈鲜红色如火疮，接着疮顶灌脓出现白浆，此处结疤，彼处又发作，如不及时治疗，便致死亡。既令不死，留下的疮疤变成黑色，"此恶毒之气所为"。可以毛茛科升麻属多年生草本升麻（*Cimicifuga foetida*）之根状茎治疗。葛洪在《肘后方序》中写道，他写此书目的是为贫穷人提供简便易行的急救各种疾病的经验方法和治疗技术，所用药物都随处可得或价廉有效，所有这一切都可在六百年后的波斯医学家和炼丹家拉兹那里得到再现。他出生于今伊朗首都德黑兰以南的雷伊（Rey）古城，成名后任雷伊和巴格达医院院长，医院兼办医学学校，培养年轻医生，形成一个学派，有著作一百多种，篇幅长短不一，多以阿拉伯文写成，于 10 世纪在阿拉伯世界广为流传。

　　拉兹的重要作品之一是论传染病的专著《天花与麻疹》（*Al-judar wa 'l-hashah*），其

〔1〕　al-Nādim，Ibn Abī Ya'kūb. *Kitāb al-fihrist al-ᶜulum*（971），*Ausgabe Roediyer und Müller*，Bd. 1. Leipzig，1871，SS. 16—17；Gabrial Ferrand（tr. éd）．*Relations de voyages et textes géographiques Arabes，Persans et Turks relatifs à l'Extrême Orient du 13ᵉ au 18ᵉ ciècles*. Vol. 1. 81. Paris：Leroux，1913，p. 81；耿昇、穆根来译：《阿拉伯 波斯 突厥人东方文献辑注》上册，第 152—153 页；又纳迪姆的《百科书目》由道奇（Beyard Dodge，1888—1972）译成英文，共二卷，见 B. Dodge（tr. ed）. *The Fihrist of al-Hadim：a tenth-century survey of Muslim culture*，Vol. 1，New York：Columbia University Press，1970.

〔2〕《本草纲目》卷十三，《草部·升麻》，刘衡如校点本，上册，人民卫生出版社 1982 年版，第 798 页。

中对天花病程、征兆、症状和治疗的叙述受葛洪《肘后方》的影响，而其知识来源就是当时在巴格达旅居的与他友好往来的那位中国医生，他成为将中国医学传播到西方的一位文化使者。由于拉兹在书中介绍了西方以前很少知道的可怕的传染病天花，所以相继被译成希伯来文和拉丁文，他的名字在欧洲被拉丁化，人称拉泽斯（Rhazes）。他还写有《穷人的医学》（*Tibb al-fuqarā*），与葛洪写《肘后方》的宗旨完全一致。拉兹的医学著作还有《医学集成》（*Kitāb al-hawi fi tibbi*）30 卷和《医学秘典》（*Kitāb al-mansuri*），前者是阿拉伯临床医学的经典著作，汇集前人和他本人的各种医方、所用药剂及主治疾病等，其中包括不少来自中国的资料。后一部书是希腊医书汇编，附有批判性评语。拉兹像葛洪一样，还是炼丹家，他在这方面所受的中国影响已在本书第四章中讨论。

阿拉伯医学的另一代表人物是伊本·西那（Abu Ali ibn Sina，980—1037），希伯来语称为阿维西那（Aven Sina），由此演变成拉丁文献中的阿维森纳（Avicenna），亦即今日的通称[1]。由于他的医学深受中医影响，因而他取的这个名字（ibn Sina）本义是"中国之子"。他的全名是阿卜·阿里·胡赛因·伊本·阿卜达拉·伊本·哈桑·阿里·伊本·西那（Abū Alī al-Husein ibn Abdallāh ibn al-Hassan Alī ibn Sīna），生于中亚乌兹别克斯坦的布哈拉（Bukhara），在唐代为"昭武九姓"中的何国，与中国有密切的政治、经济和文化联系，境内居住很多中国人。由此西行便至波斯，因而布哈拉是中、波物质文化交流和人员往来的枢纽。他在这里受医学教育，城内有很大的图书馆，内藏中国医书。伊本·西那 20 岁（1000）成为名医后，前往阿巴斯王朝波斯、伊拉克巡诊、进修，出入于各地宫廷并从事著述，卒于波斯哈马丹。生前有著作百多种，涉及各个领域。其中最重要的是 1020 年写成的《医典》（*Al Qanūn fi 'l-tibb*）。

《医典》共五大卷，以阿拉伯文写成，据初步统计，有百多万字。卷一、二谈生理、病理及饮食卫生，卷三、四谈对各种疾病的治疗，包括妇科，卷五为药物及药方，堪称医学百科全书。书中吸取了希腊、罗马、中国、印度医药知识及其阿拉伯前辈的成果，附有他本人的实践心得。在诊病方面，伊本·西那引用了中国汉魏时名医王熙（字叔和，180—265）《脉经》（242）中的脉诊技术，并通过《医典》将其传到欧洲[2]。书中所载脉法名称如浮、沉、迟、快、长、短等与《脉经》相同。《医典》中很多论述不见于西方及印度医书，却与中国医书吻合，今举数例以示所受中国思想影响。该书卷二谈到"某种重病患者频动手指，如从身上取物，此乃临死之征兆"。这与隋代医生巢元方（约 550—630）《诸病源候论》（610）卷九所述"循衣摸床"现象相同，指病人昏迷到双手不自主地摸床沿及衣被（picking and fumbling of the bed and clothing by an unconscious patient，i. e. corpbologia），"如此数日必死"。伊本·西那又说，糖尿病患者的尿有甜味，也与唐代医生王焘（670—755）《外台秘要》（752）所述一致，此病中医称为"消渴"（emacia-

---

[1]　Sarton, George. *Introduction to the history of science*，Vol. 1. Bartimore：Willilam & Wilkins Co.，1927，pp. 709—713.

[2]　Sarton. *op. cit.*，Vol. 1，p. 709. Aldo Mieli. *La science Arabe et son role dans l'evolution scientifique mondiale*，Leiden：Brill，1938，p. 102.

tion-thirst diseases），王焘引《李郎中消渴方》曰："消渴者……每发即小便至甜。"这是西方医生以前所不知道的。伊本·西那还像王焘一样，指出糖尿病的另外症状是多饮、多尿、身体消瘦。

图 7—9　中国与阿拉伯脉象名称对照表
引自任应秋《通俗中国医学史话》（重庆人民出版社，1957）

　　伊本·西那在论热病如天花、麻疹这类传染病的病因时，指出是由肉眼看不到的一种致病物所引起，此即巢元方所说的"戾（lì）气"（epidemic qi），它虽看不见，却是传染病病因，现代医学称为高传染性病原体（pathogenic factors of highly infectivity）。伊本·西那所述麻疹预后（红润者吉，黑陷者凶）、以烧灼法治疯狗咬伤、刺络放血疗法及灌肠术等，都受中医影响。《医典》卷五用药部分收入不少中药，如麝香、肉桂、樟脑、大黄、干姜、中国巴豆（dand-sini）等，反复出现在各种处方中。值得注意的是，他使用汞治梅毒，也与中国古代医生所用的疗法一致。伊本·西那的《医典》在阿拉伯世界有广泛影响，自从意大利人杰勒德（Gerardda Cremona）译成拉丁文后在欧洲广泛传播，1650 年在法国蒙彼利埃（Montpellier）及比利时卢万（Louvain）大学作为教材。1930 年由格鲁纳（O. C. Gruner）译成英文（*A treatise on the Canon of Medicine of Avicenna*. London：Luzac & Co.，1930，reprint. 1973）。关于他受中国影响，中国学者此前也多有报道[1][2][3]。

---

〔1〕　范行准：中国与阿拉伯医学的交流史实，《医史杂志》1952 年第 4 卷第 2 期，第 83—110 页。

〔2〕　马坚：阿维森纳传，《中华医学杂志》1952 年第 38 卷第 4 期，第 295—300 页。

〔3〕　宋大仁：中国和阿拉伯的医学交流，《历史研究》1959 年第 1 期，第 79—89 页。

13 世纪中叶，当蒙古军西征，灭阿巴斯朝并于其境内建立伊利汗国（1260—1353）后，汗国统治者旭烈兀从中国调来大批工匠、技师、学者和医生前来，建立天文台、医院、图书馆，并请波斯科学家拉施德丁（Raschid ed-Dīn Fadl Allāh，1247－1318）与中国及阿拉伯同事共襄此举。拉施德丁生于波斯哈马丹，为职业医生，通阿拉伯文、蒙文、土耳其文、希伯来文，甚至汉文[1]，与其他中国医生一道曾任旭烈兀汗及阿巴哈汗（1265—1282）之御医，合赞汗（1295—1304）时出任宰相，对中国事物及蒙古史有特别研究，主编《史集》（*Jàmi al-tawārikh*，1311，西方人称为 *History of the Mongols of Persia*）和《伊利汗国的中国科学宝库》（*Tanksuq-nāmah-i-'Ilkhan dar funūn-i 'ulūm-i Khītai*，西方人称为 *Treasure of Ilkhan on the science of Cathay*，1313），二书都是在中国人合作下用波斯文写的。后一部书是 20 世纪 30 年代土耳其伊斯坦布尔大学医学史教授因韦尔（A. Süheyl Ünver）在本城圣索菲亚图书馆（Bibliothèque de Sainte-Sophie）发现的，是一波斯文写本（编号 3596），其中标明由加瓦姆（Muḥammad ibn Aḥmad ibn Mabmād Qawām al-Kirmānī）于回历 713 年抄写于伊利汗国首都大不里士（Tabriz）。此人为拉施德丁身边的抄书手之一，则此本当为刚完工时的定稿本，年代为公元 1313 年，因韦尔随即将其译成土耳其文，1939 年出版于伊斯坦布尔[2]。1940 年旅居巴黎的土耳其人阿德南（Abudulhak Adnan）用法文对此书作了介绍[3]，引起美国科学史家萨顿（George Sarton，1884－1956）的注意[4]。1972 年伊朗德黑兰大学出版《拉施德丁全集》波斯文版时，卷二收入了伊斯坦布尔藏本的影印本，共 519 页，附明诺维（Majtabā Minovi）写的导言。1981 年笔者旅居美国时看到这些版本并部分影印，我认为此书很值得中国医史工作者深入研究。

《伊利汗国的中国科学宝库》正文共四卷，但书首有长篇引论，实际上也构成一卷，全书有插图及图表。绪论中谈到医学在其他科学中的价值、不同气候的特征及其对不同民族的人的影响，中国表意文字的优越性及其语言上的独立性及随之而来的国际性，是中国医学的优秀之处。接下来是自然的和抽象的讨论，介绍论脉学的书、人体解剖、胚胎与妊娠等。在脉学部分提到用阿拉伯文拼写的作者名 Wānk Shū-khū，这显然是《脉经》作者王叔和（201—280），从已出版的波斯文及土耳其文版本中还可看到脉图、人体内温度分布图、人体解剖图等（图 7—10），以说明正文所述内容，这些图当引自宋人有关著作。正文中卷一论中国医学的基本理论和治疗实践，尤其介绍艾灸疗法，卷二为中国药物学，介绍各种中药的疗效，卷三蒙古药物学，卷四通过统治者与大臣之间的对话介绍蒙古政权的政体。总之，这部书的出现标志着中医中药学全面传入阿拉伯世界的高潮，参与此书写

　　[1]　Sarton, George. *Introduction to the history of science*, Vol. 3（Chap. 1）；Baltimore, 1947, p. 965 et seq. ; Joseph Needham. *Science and Civilisation in China*, Vol. 1. Cambridge University Press, 1954, p. 218.

　　[2]　Ünver, Süheyl（tr.）. *Tanksuknamei Ilhan der fününu ulumu Khatai mukaddimesi*（Turkish translation from the Persian of Rushid ed-Dīn）. Istanbul, 1939.

　　[3]　Adnan, Abudulhak. Sur le *Tanksuknāme-i-Ilhani der ulum-u-funu-i-Khatai*, *Isis*（Washington, D. C.）, 1940：44—47.

　　[4]　Sarton, George. *Introduction to the history of science*, Vol. 3, Chap. 1. Baltimore, 1947, pp. 969—972.

作的至少有两名在大不里士的中国医生，可惜拉施德丁没有提到他们的名字。

中世纪基督教和伊斯兰教文化区严禁解剖人体，但中国北宋有吴简、杨介等人对囚犯尸体进行解剖并绘出解剖图传于后世。元代时中国医生将宋人解剖学成果带到波斯，写入拉施德丁主编的医书中，而且还在蒙古人统治下的伊利汗国首都大不里士医院附设学校内，演示并传授如何解剖死去的犯人尸体，讲述各器官构造及血液流通等知识，允许境内犹太医生与汉族医生共事，因而当他们返回意大利后，便可向正在酝酿中的文艺复兴传播医学最新成果。中医从萨珊朝以来的波斯享有的声望，至13世纪中叶后得到复兴，这时以波斯医学为核心的阿拉伯医学，有一半以上充满中国的临床医药学内容。15世纪被认为是阿拉伯人或意大利人的某些发明发现归根到底要追溯到中国医学。[1] 这就是玛扎海里研究中国、波斯文化交流史后得出的结论。

迟至16世纪，中医仍受到穆斯林的高度评价。例如布哈拉出生的逊尼派穆斯林商人契丹裔赛义德·阿里·埃克贝尔（Said Ali Ekber al-Khitāyi）于明孝宗正德（1488—1505）末年

图7—10 《伊利汗国的中国科学宝库》（1313）引中国脉书图

（约1500）与同伴访华后于回历922年（公元1516）用波斯文写的《中国志》（*Khitāi-nāmah*）中记述在华见闻，全书共20章，于1582年被译成土耳其文。法国东方学家谢费尔（Charles Schefer）1883年将其中三章译成法文[2]，1933年牛津大学的卡勒（Paul Kahle）用英文作了介绍[3]，1983年玛扎海里将全书译成法文并加注释。该书第十二章标题为《中国人的神奇技术》，作者写道：听说中国医生能打开患者腹部，将内脏中的黄水取出，将器官归位后缝合。接下说：他的一个同伴几年前腹痛难忍，到中国后便请中国医生诊治，医生剖开此患者腹部，取出肝脏并切去有一枚迪拉姆（dirham，硬币名）大的一块，再火灸伤口，将器官放在原处，缝合腹部，病人病愈。"我们在那里看到许多其他

〔1〕 ［法］Mazahéri 著，耿昇译：《丝绸之路》，中华书局1993年版，第299页。

〔2〕 Schefer, Charles（tr.）. Trois chapitres du *Khitay namah*, dans：*Mélanges Orientaux*, Paris, 1883.

〔3〕 Kahle, Paul（tr.）. China as described by Turkish geographers from Iranian sources, *Proceedings of the Iranian Society*, 1940, 2（4）：48—59；Eine islamische Quelle über China um 1500（*Des Khitāi-nāmah* der ᶜAli Ekber），*Acta Orientalia*（Copenhagen），1933，12：91.

这类奇迹。"[1] 其实这类剖腹手术早在 13 世纪中叶，中国医生也在波斯大不里士医院附设学校教学时当众演示过[2]。做这类手术需术前正确判断病灶所在部位，进行针刺及草药麻醉，掌握生理解剖知识、外科手术技巧及术后调理等综合技能，避免任何一个环节出现差错。中医师的这种神奇技术被穆斯林视为奇迹。

<h2 style="text-align:center">（三）传入中国的阿拉伯医药</h2>

中国从西域引进的药材也不少，唐代在华波斯药物学家李珣（约 855—930）用汉文写的《海药本草》（约 923）曾予收录、叙述其药性、药效。此书虽失传，但为宋以后本草书所引。西亚传入中国的药物可举数例以见一斑。如本草书中的**诃黎勒**，为使君子科榄石树属落叶乔木诃子树（*Terminalia chebula*）之果实，椭圆形，黄褐色（图 7—11），治久泻久痢、脱肛、便血、尿频及哮喘等。原产于印度，其果实由印度传入波斯，再由波斯输入中国。唐人萧炳《四声本草》说"波斯舶上来者，六棱黑色肉厚者良"。此物于 5 世纪南北朝初期从波斯输入中国，刘宋人雷斆（xiào，约 430—500）《雷公炮炙论》（约 470）谈到诃黎勒的炮制方法，见《本草纲目》卷三十五引语。此物在梵文中称 haritakī，由此导出波斯文 halīla、阿拉伯文 halīlāj 和吐火罗文 arirāk[3]，因而汉文"诃黎勒"显然是波斯语 halīla 的音译。《隋书》（656）卷八十三《波斯传》载该国特产时提到诃黎勒，且指出隋与波斯双方经常有贸易及人员往来[4]。唐人孟琯（786—845）《岭南异物志》载诃子树在广州法性寺有四五十株，可见唐代已引种于岭南，宋以后便用国产品了，见苏颂《图经本草》（1061）[5]。

唐人苏敬（620—680 在世）《新修本草》（659）新增的药物**阿魏**（asafoetida），是伞形科阿魏属多年生草本植物阿魏（*Ferula assa foetida*）的根或根茎切断后所出的胶质，呈软块状，有蒜臭味，遇水乳化，原产于伊朗、阿富汗的多沙地区，唐初传入中国。作为药物有消积、杀虫和解毒功能，外用为多。《唐本草》说："阿魏生西蕃……体性极臭，而能止臭，亦为奇物也。"[6] 阿魏在中外有多种异名，《大般涅槃经》中称"央匮"，劳弗认为阿魏、央匮来自印度或伊朗土语中的 ankwai 或 ankwa[7]。元代蒙古人忽思慧《饮膳正要》（1331）称为"哈昔泥"，即《北史》（659）中的伽色尼（Ghazni），在今阿富汗境内，因地名而命名。中医所用阿魏实为草本而非木本，故《本草纲目》卷三十四将以前本草书中草部移入木部，非也。问题出在段成式《酉阳杂俎》（863）前集卷十八称："阿魏木生

〔1〕 Ali Ekber al-Khiḥāyi. *Khiṭāi-nāmaḥ*（1516），ch. 12；参见 Mazahéri 法译，耿昇汉译：《丝绸之路》，第 294—295 页。

〔2〕 Mazahéri 著，耿昇译：《丝绸之路》，中华书局 1993 年版，第 299 页。

〔3〕 Laufer, Berthold. *Sino-Iranica*，p. 378.

〔4〕 （唐）魏徵：《隋书》卷八十三，《西域传·波斯》，二十五史本第 5 册，第 222 页。

〔5〕 《本草纲目》下册，第 2027 页。

〔6〕 （唐）苏敬：《新修本草》，尚志钧辑校本，安徽科技出版社 1981 年版，第 245 页。

〔7〕 Laufer, B. *Sino-Iranica*，p. 361.

波斯国及伽阇那国（Ghazni），木长八九丈"，实际上在波斯长不出这样高的"阿魏木"。后来波斯阿魏移植新疆，育出新疆阿魏（*Ferula caspica*），此多年生草本高 2—6 尺，其他地区也有种植。

《唐本草》（659）中新增的药物 **无食子**，是壳斗科植物没食子树（*Quereus infectoris*）上寄生的没食子蜂（*Cynips gallae-tinctoriae*）在幼枝上产生的虫瘿（瘤状物），略呈球形，直径 1 厘米左右，产于土耳其、伊朗及希腊等地，治泻痢、便血，有收敛、止血功能。中国最初见

图 7—11　诃黎勒（诃子）
1. 果枝　2. 花　3. 诃子药材
引自《中药大辞典》（1986）

于《雷公炮炙论》（约 470）称"墨石子"，由词根"墨石"（古音 mok-saik）及后缀"子"组成。《隋书·西域传》载萨珊朝波斯特产"无食子"，说明于 5 世纪南北朝后期从波斯传入。《酉阳杂俎》（863）卷十八载无食子出波斯国，呼为"摩泽"或"摩贼"。《唐本草》称无食子主赤白痢，出西戎砂碛间。宋人寇宗奭（shì，约 1071—1146）《本草衍义》（1116）卷十五称："今人以无石子合他药染须。"综上所述可知，此药有墨石子、无食子、摩泽、无石子、没石子（《开宝本草》）及没食子（《海药本草》）等不同异名，直到近代才统称为没食子。按汉语中"墨"、"没"、"摩"以及"石"、"食"皆音同，"没"、"无"义同，可相互通用，都是中世纪波斯语 muzak 或 mudzak 的不同音译。

蒙元时期中国与阿拉伯世界医学交流空前活跃，双方物资与人员交往在陆上与海上同时并举。正如中国医生将中国医药学直接传到阿拉伯方面一样，阿拉伯医生也将其医药知识直接传到中国，其中最重要的人物是 1247 年来华的叙利亚景教徒伊萨·塔贾曼（Isa Tarjaman，1227—1308），汉名爱薛[1][2][3]。此人通西域多种语文及蒙古文、汉文，又擅长天文历算及医药，深受蒙古大汗器重与信任，累官至平章政事（从一品阁臣），封秦国公，卒赠太子太师（正一品），是西域人中任内阁重臣的唯一一人。初，元世祖忽必烈即位后，1260 年诏设西域星历及医药二司，令爱薛主其事，任内筹建"回回（穆斯林式的）医药院"。1270 年改西域医药司为广惠司，仍由他任提举，秩正三品，隶属太医院，掌御用回回药物及和剂，并疗文武官员中在京的色目人患者，下辖大都（北京）及上都（开平）回回药物院。他还任秘书监卿，采进波斯文及阿拉伯文医药书籍。元人王士点

〔1〕（明）宋濂：《元史》卷一三四，《爱薛传》，二十五史本第 9 册，第 378 页；卷八十七《百官志》，第 9 册，第 259 页。

〔2〕 d'Ohsson, Mouradja. *Histoire des Mongols dépuîs Tchinguiz Khan jasqu'à Timour Bey ou Temerlan*, Vol. 2, La Hague/Amsterdam, 1852, p. 377.

〔3〕 Pan Jixing. *Biography of Isa Tarjaman*, 1997.

（约 1295—1358）《秘书监志》（1352）卷七载内府藏"忒毕医经十三部"，"忒毕"为阿拉伯文 tibb（"医学"）之音译，十三部外更有爱薛 1283—1286 年出使伊利汗国后带回的新书。

这些西域医学典籍成为爱薛及其下属以及后继人聂只儿（Negir）、答里麻（Tarimah）、鲁合（Rukheh）等人在广惠司任内的参考文献。《秘书监志》没有列出这些书名，但明初洪武年间（1368—1398）以汉文编成的《回回药方》（*Collection of Muslim Prescriptions*）却为我们提供相关信息。此书共 36 卷巨帙，主要依据元内府藏西域医书编译而成，包括内科、外科、妇儿科及五官科各科内容，现只存四册抄本，含卷十九至三十六的目录，卷十二、三十（图 7—12）及三十四，藏于北京国家图书馆善本部（编号01193）。2000 年由中华书局出版该抄写本影印本，附有阿拉伯学家宋岘的《考释》[1]。从考释中得知，《回回药方》汉文本是依据一些西域文原著编译出的。西域病名、处方、药物及医药术语多用音译，但标出波斯文或阿拉伯文原文，如接骨木作"伯里桑"（balsam）等。

从正文行文风格、语法结构观之，乃出于原大都西域医官之手，汉人医生没有参与。现据宋岘先生的考释将《回回药方》所用翻译底本举例如下：

（1）阿卜·阿里·伊本·西那（Abu Ali ibn Sina，980—1037）的《医典》（*Qarūn fi ᶜl-tibb.*，1020）.

《回回药方》中称为"先贤阿不·阿里·撒那"或"先贤卡阿里"，现残存四卷中有110 个医方引自医典。

（2）波斯著名医学家穆罕默德·伊本·扎卡里亚·拉兹（M uḥammad ibn Zakariyā al-Razi，866—928）的《医学集成》（*Kitāb al-hāwi fi tibbi*）。

《回回药方》中称其为"马哈麻的·咱可里牙"，省去"拉兹"，见于卷二十八及三十之目录，正文散失。

（3）波斯医学家阿里·伊本·阿巴斯·马朱西（Ali ibn Abbas al-Majusi，d. 994）的《医术全书》（*Kāmil al-sinā'at al-tibbiyath*）。

《回回药方》卷三十引《可眉里文书》即指马朱西《医术全书》阿拉伯文书名第一个词 *Kāmil*（《全书》）之音译。

（4）阿巴斯朝（750—1258）早期（9 世纪）巴格达医学家萨布尔·伊本·萨里（Sābūr ibn Sahli，d. 869）的《药理学》（*Aqrābādhin*）及伊萨·伊本·萨哈尔巴赫特（Isa ibn Ṣāhārbakht）《草药的功效》（*Kitāb quwā al-adwiya al-mufridat*）。

《回回药方》卷三十《杂证门》内云："又一方是沙卜而·撒哈里造者"及"又撒哈而八黑忒文书内说"，沙卜而·撒哈里即 Sābūr ibn Sahli 的音译，而"撒哈而八黑忒文书"指 Sāhārbabht 所著的书。

（5）9—10 世纪阿巴斯朝首都巴格达景教徒医生阿卜·叶海亚·马尔瓦齐（Abu Yaḥ

［1］宋岘：《回回药方考释》上册《考释卷》，下册（残本原文影印），中华书局 2000 年版。

ya al-Marwazi）的医方。

《回回药方》卷三十中所说的"麻而瓦吉"即阿卜·叶海亚，麻而瓦吉为 al-Marwazi 之音译，源自波斯古城马尔夫（Marw）之名，在今土库曼斯坦境内。阿拉伯人有时在其名的最后附上籍贯，如拉兹全名最后有 al-Hamādāni（"哈马丹人"），故"麻尔瓦吉"意为马尔瓦齐人，其名被省略。如同在中国一提昌黎人，便想到韩愈一样。

（6）阿巴斯朝叙利亚医学家胡纳因·伊本·伊斯哈克（Hunayn ibn Ishaq，808—873）的医方。

此人即《回回药方》卷三十所引"虎迁尼·宾·亦西哈黑"，为叙利亚景教徒医生，精通希腊文，后皈依伊斯兰教，任御医，将古希腊医学著作译成叙利亚文，使阿拉伯医学吸取希腊医学成果。

《回回药方》还引用其他穆斯林医书，因篇幅关系，无法一一列举。值得注意的是，书中还多次引用"卜忽剌忒"及"扎黑奴西"之说，实际上指古希腊医学家希波克拉底（Hippocrates，c. 460—370 BC）及盖伦（Claudius Galenus，130—200）的著作的译本。《回回药方》只残存三卷正文，全书所引波斯文、阿拉伯文和叙利亚文医药书当会更多，这些书都在13世纪元代时流入中国，成为广惠司及所属医药院内西域医官的内部参考书，《秘书监志》卷七著录的"忒毕医经十三部"只是其中一小部分，这些西域医官均可直接阅读。为什么后来他们还要用汉文编成《回回药方》呢？我们料想是因明王朝建立后，1368年置回回司天监，召前朝原监官黑的儿（Haider）等十四人来南京议历法。此时前朝广惠司的回回医官受到鼓舞，遂匆忙编译出《回回药方》奏报，希望新王朝在太医院内也设回

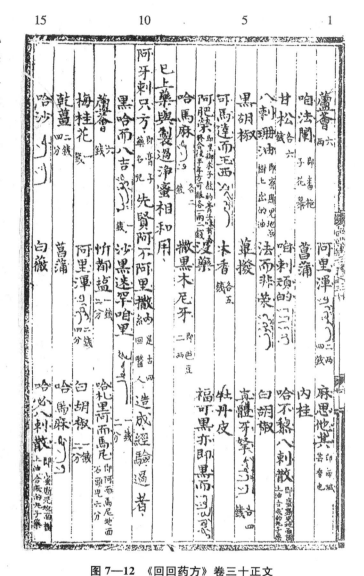

图 7—12 《回回药方》卷三十正文

北京国家图书馆藏，文内"阿不阿里撒纳"为 Abu Ali ibn Sina

回医药院，但建议未被采纳，《回回药方》遂留中不用，因明太祖及其都城南京内的臣民绝大多数是汉人，习用中医中药。其次，《回回药方》编译过程中没有邀请汉族医生合作并拟定出与中国文化结合，能为本国人接受的语言表达方式，很难在内地推广。随着西域医官的离去，再无人接续其工作。

从中外科学交流史角度观之，《回回药方》的编译并非无谓之举，此书将阿拉伯医药体系包括基础理论、诊治实践及用药等方面内容完整地介绍过来，还通过它使人了解到古希腊医药学成果，有心的中国医生精研此书确可从中吸取不少科学养料，并扩展视野。遗憾的是，该书未能付梓以广其传，篇幅过大且含大量阿拉伯文、波斯文原文，不易传抄，很多冗长的音译汉人不解其意，因而对明代医药界人士的影响毕竟有限，像《本草纲目》这样赅博的巨著竟片言未提《回回药方》，其他明代医书也如此。究其原因，恐因此书从14世纪以后便流传不广。然其存在毕竟在中阿医学交流史中写下浓重的一笔。

三　18世纪旅日的中国医学家
陈振先、周岐来及其著作

（一）　陈振先及其著作

1. 陈振先著作版本考

陈振先的《采药录》又名《药草功能书》（图7—13），是他在18世纪初旅居日本国时写的有关本草学的小册子。据我们了解，此书在中国向无传本，因此书过去长时间内未曾出版，只在日本以写本形式存在，且藏诸秘府。1987年，笔者在日本京都大学作日中两国本草学比较研究时，从《内阁文库汉籍分类目录》中知其仍在藏，遂决定作专题研究。我们今天所能看到的该书日本写本，有两个系统。其一收入《爱香楼博物书》，这是爱香楼主将有关博物学著作收集在一起的一套写本丛书，其中第47册题为《采药录》，现藏于东京内阁文库（编号1193—59—47），全一册，书以楮皮纸，共46页。书内钤有"喜多村氏藏书之印"长方形篆文朱印。文库书目说此乃"喜多村信节旧藏"。查喜多村信节（1786—1858）名节信，通称彦助、彦兵卫，号筠居、静斋、静舍，字信节，江户人，天明六年（1786）生，江户著名国学家，幼好读书，通和汉之学，著《嬉游笑览》、《瓦砾杂考》、《筠居丛话》、《筠居杂录》及《物类辨疑》等书，安政三年（1858）六月二十三日卒，年七十三[1]。

但当我们细审此书内容后，或可对"喜多村信节藏书"说存疑。此本正文前题为《陈振先药草功能书·采药录》，把两种书名写在一起，旁边有用不同字迹写的按语："直按，以上三则一本无，以下五字本无，作《采药录》。"这段日本语式的汉文很难懂，经推敲，

---

〔1〕　［日］日置昌一：《日本历史人名辞典》，东京：名著刊行会1973年日文版，第297页。

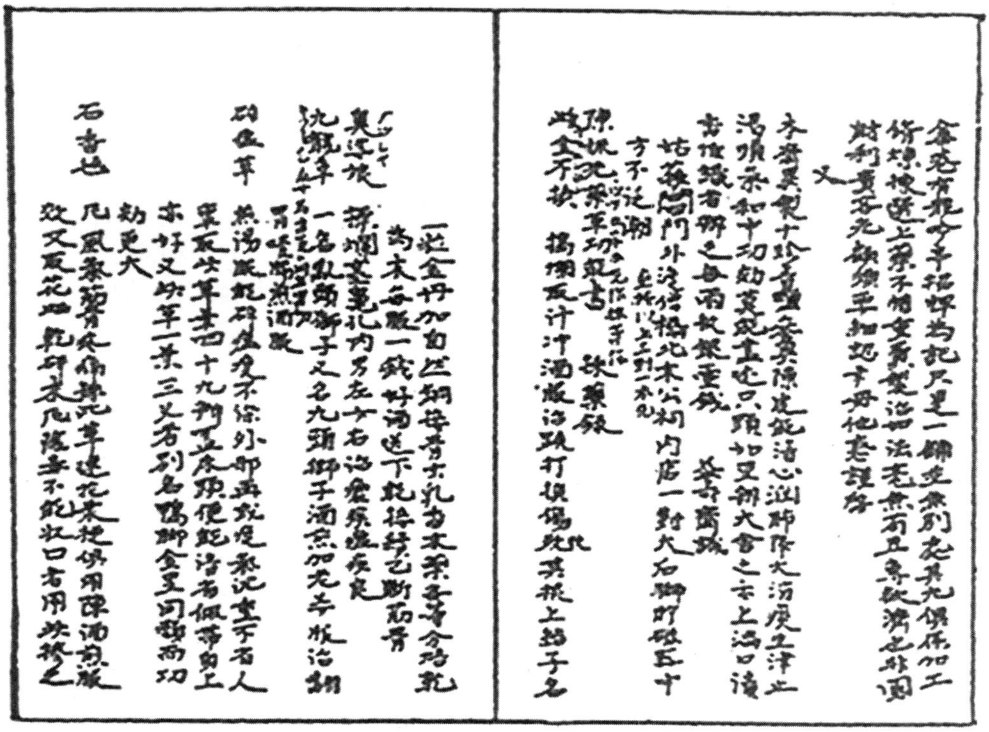

图 7—13 陈振先《采药录》（1721）写本首页

大意是说有两种写本，一本作《陈振先药草功能书》，另本作《陈振先采药录》，故同时给出两种书名，以求其全。正文内校注字字迹有的亦与此同，说明是名为"直"的藏书者所写。而喜多村信节的各种字号中则无"直"字，这使我们想到喜多村栲窗（1804—1876）。此人名直宽，字士栗，通称安斋，号香城，江户人，文化元年（1804）生，幕府医官槐园之子，幼从父学医，又从安积良斋学经文，是幕末有名儒医，著《内经讲义》、《伤寒金匮疏义》等书，明治九年（1876）十一月九日殁，年七十三[1]。笔者以为收藏《采药录》的正是此人。因他名直宽，号香城，以精通医术才藏有此书并写校注。而喜多村信节不通医药学，其成名之作《嬉游笑览》是一部小说。尚应注意者，《采药录》书首钤有"明治十三年购求"之长方形小印，为 1880 年进入内阁文库者，当直宽卒后四年，而距信节卒年则已二十二载。因之，"直按"应出于直宽之手。我们称此本为"爱香楼本"或简称"香本"。

香本在正文之末有向井元成（1656—1727）的《附记》、曾槃（1758—1834）的《题记》及无名氏的后记。《附记》及后记以日文书写，而题记书以汉文（图 7—14）。向井元成字叔明，号凤梧，别号樵夫、惰鱼、无为、礼焉子，长崎人，医家向井元升（1609—

---

〔1〕〔日〕日置昌一：《日本历史人名辞典》，东京：名著刊行会 1973 年日文版，第 29 页。

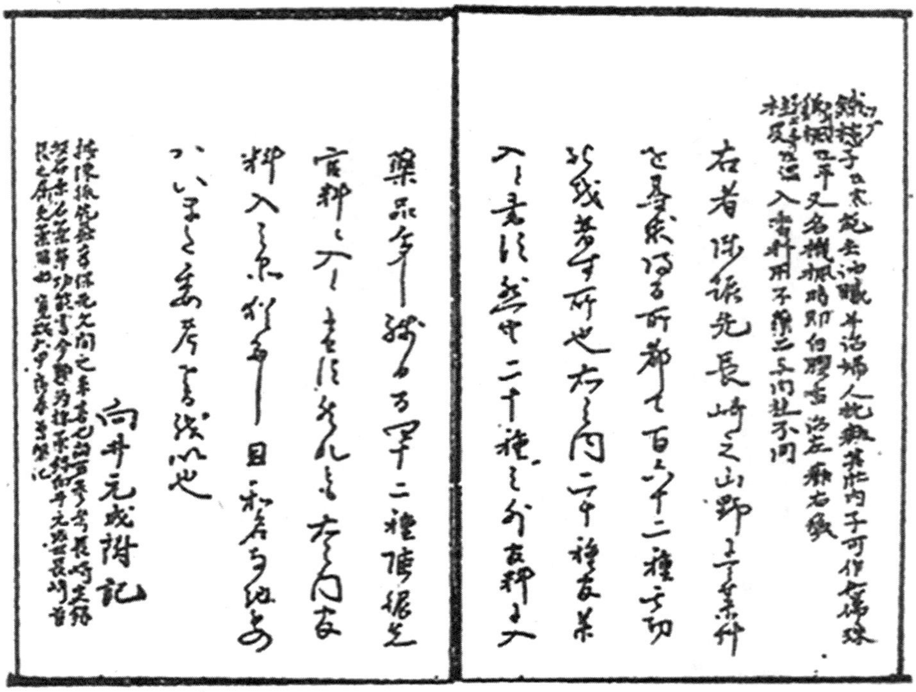

图 7—14　《采药录》尾页，向井元成附记，曾槃题记

1677）之幼子（第三子），承应三年（1654）生，幼随父居京都，长而游于四方，延宝七年（1679）返长崎，精于医学、算学，然贡献于儒学尤巨。元成二十七岁时任长崎圣堂（孔子庙）祭酒，贞享二年（1685）兼任书物改役，负责检查舶来书籍，此职后由其子孙世代相继，直至明治维新。正德元年（1711）元成请官府于长崎中岛村扩建立山书院，成为儒学研究中心，享保十三年（1728）二月九日卒，年七十二。事迹载《长崎先贤人物传》，内更称：

> 清国医师陈振先来崎，跋涉山野、采集药草，元成搜集笔录之，编成《陈振先药草功能书》，所收药都一百六十二种云。[1]

《附记》中说陈振先采药百六十二种，内书入官药者二十种，且元成标入和名。我们在书中所见，标明"入官药"者二十种，但总的药物品类非百六十二种，而是百六十一种，内四十七种未标出和名。《附记》墨迹秀丽飘洒，当出于学者之手，同正文字迹有别，是否为元成手迹，不敢肯定，但其最初写此附记之年代肯定是享保六年辛丑（1721），元成六十七岁之时。

---

〔1〕《长崎县人物传·向井元成传》，东京：大谷红兵卫、大谷仁兵卫梓 1919 年版，第 511 页。

　　写题记的曾槃字子考，号占春，又称焕卿，江户人，宝历八年（1758）生；定居于长崎的明代人曾庸辅之后代，著名本草学家，幼从田村蓝水学医，曾任庄内侯、萨摩藩录仕，天明年间（1781—1788）任幕府医官，创建"药品会"鉴定药品，以此名声大振。著《本草纲目纂疏》、《成形图说》、《国史草木昆虫考》及《占春禽鱼品》等书，天保五年（1834）二月二十日卒，年七十七[1]。他写此题记在宽政六年（1794）春，值三十六岁于萨摩藩（今鹿儿岛）任职之时。可见香本系写本一度由曾槃收藏，且作了校订。继曾氏之后写后记者未署名，只指出："陈振先乃享保年（1716—1736）中所来之清朝人也。原本似甚不全，宜参考。"从字迹看，不像喜多村氏所写，当为另一藏主。有关此本的流传情况，大致如此。

　　陈振先著作的另一写本系统初见之于《和汉寄文》卷四（第六册）中。这部全八册共四卷的写本现藏于国立国会图书馆及内阁文库（编号 184—302）。此书由松宫观山（1686—1780）所编。松宫氏名俊仍，字绳川，通称主铃，号观山，下野人，贞享三年（1686）生，本姓菅原，早年名菅原仍。十四岁时由江户处士松宫政种收为养子，遂易姓松宫，于江户从北条氏如（字守约）学北条流兵学，后随师就官邸在外凡三十余年。氏如隐退后，观山又随之来长崎。观山通华语，享保年间任长崎奉行之属吏，在职期内广为收集有关中国资料，享保十二年（1726）据以编成《和汉寄文》[2]。但此书未曾上梓，长期间只以写本形式流传。"寄"者"译"也，寄文即译文，"和汉寄文"即将汉文译成和文之谓。该书第六册第310—330页即《陈振先药草功能书》，我们称此本为"和汉寄文本"或简称"寄本"。内阁文库不愧为日本内府珍藏大量秘籍的文库，只此一处便藏有陈著两种写本。日本国过去保留大量中国失散、失传古籍，现在又提供了这方面的新的例证。

　　将以上二本对比后，我们发现正文内容基本相同，都是开门见山即讲药物功能，而无作者所写前言及跋语，但书末均有向井元成用日文草书写的《附记》。然两本有下列不同处：一是香本封面题为《采药录》，正文则题为《陈振先药草功能书·采药录》；寄本只题《陈振先药草功能书》。二是香本正文为汉文，又是校勘本，书内更有曾槃等题记及喜多村直宽之校注，但向井元成所标药物和名保留；寄本正文乃长崎唐馆通事以片假名施以训读，实际上是译文或半译文，正文无校勘，故错字较多，如"土"误为"上"、"革"误为"草"等。但对日本读者来说，读寄本易而读香本难。毫无疑问，两本都抄自同一祖本，即享保六年（1721）向井元成标注药品和名的陈振先汉文稿本。此本经训读后，便成为和汉寄文本。从此便很快由长崎传至浪华、京都、江户及萨摩等地，因篇幅不大、很易传抄，虽未正式刊行，但流传面相当广。更要指出的是，《采药录》摘要曾收入大学头林光韦（Hayashi Akira，1800—1859）于嘉永六年（1853）所编《通航一览》卷二二七，第19—20页，此书后曾付印。大阪关西大学大庭修教授于1986年将《和汉寄文》全文发表，从此陈振先的书始与广大日本读者见面。

---

〔1〕［日］上野益三：《日本博物学史》，东京：平凡社1973年日文版，第516页。
〔2〕［日］大庭修：《享保时代の日中关系资料》，京都：同朋舍1986年日文版，第366—367页。

2. 陈振先事迹考

至于陈振先的事迹，我们所能找到的史料不多，即令有，也嫌不够详细。综合现有资料，只能作一简介。陈振先为江苏人，幼时科举应试不第，乃改医为业，医术精湛，享保六年（1721）六月十六日随丑十四番南京船船主沈茗园来长崎，时值清康熙末年（六十年），事见《信牌方记录·享保六辛丑年》条。估计他此时年四十岁左右，如果这样，他当生于康熙二十年（1681）左右。抵崎后，下榻于唐馆之内。当时值幕府第八代将军德川吉宗（1681—1751）在位，他提倡实学研究，尤其注意医药学的发展。鉴于当时日本朝野治病以汉方医为主体，每年从中国进口大量中药材，耗去很多财力，吉宗主张将中国药草移植于日本，并通过华商聘请中国医师传习医术、介绍中药功能。南京商人沈茗园正投其所好，不只为吉宗带来了珍贵的辽东人参苗，更带来了本省名医陈振先。吉宗得知后，命振先去长崎附近山野采药，再说明其名称、药性功能及用法等。这就促使他写出了《采药录》。振先不辞辛劳，跋山涉水，采集野生药草 161 种，由长崎圣堂祭酒向井元成合作，按标本逐一鉴定，由元成标出和名，抄送幕府。而振先这次发现的野生药草疗效奇特，不被以前日本医书所载，亦不见于幕府在各地设立的御药园中。

陈振先的工作在日本医界受到重视。他对日本医学事业发展所作的第一个贡献是，通过实地考察指出扩大日本国内药草供应的可能性，使其提高药材自给程度及发掘本国药材资源。他的第二个贡献是，著录了日本产的从前未被注意的一些药草功能，丰富了江户时代本草学内容，为日本医师治病用药提供了借鉴。在他来崎前一年，享保五年（1720）十二月二十三日，幕府已下令于长崎立山役所建立药园，作为将中国产的药草移植到日本的试验场。享保六年正月，幕府更召京都本草学家松冈玄达（1668—1746）至江户鉴定药品[1]。因而这年六月清国医师陈振先的到来，自然引起了将军德川吉宗的注意，他对陈振先的工作是满意的。据《信牌方记录》记载，享保七年（1722）二月十七日，因沈茗园献人参苗及陈振先著《采药录》有功，幕府特褒奖他们美铜[2]。这条史料说明，1722 年二月陈振先仍在日本，三月十五日沈茗园随船放帆返国，振先有可能同时返回。因此他从 1721 年六月起至 1722 年三月止，在日本停留了九个月。沈茗园此后再度来日本，但陈振先便不再出洋了。他与沈之间可能有亲戚关系。当振先返国后，已值雍正年间（1723—1735），他继续行医，卒于乾隆中期，如果假定他享年七十五，大约卒于乾隆二十年（1755）。总之，他是康、乾时人。

在中国医学史中，陈振先的作用也值得肯定。我们知道，明代科学家李时珍（1518—1593）的《本草纲目》（1596）集本草学大成，增旧本不载之药七百余种。清人赵学敏（1719—1805）的《本草纲目拾遗》（1765）又增《纲目》未载之药七百余种，多为民间药及外来药，将本草学又推进一步。陈振先的《采药录》中 161 种药为中、日两国所共有，

---

〔1〕［日］上野益三：《日本博物学史》，东京：平凡社 1973 年版，第 316—317 页。
〔2〕［日］古贺七二郎：《信牌方记录·享保七壬寅条》。内讲赏陈振先美铜百斤，可能行文有误，当不致如此之少。

内百余种不见于《本草纲目》，实际上他也在做《纲目》拾遗的工作，但比赵学敏早 44 年。振先著书时，学敏刚满 3 岁，而其所载药物有的亦不见于《拾遗》。他是时珍与学敏之间承上启下的人物。有趣的是，时珍同学敏均未出中土，而振先则渡航东瀛，在异国考察药草、从事著述。我们今天研究此著，有助于进一步发掘中国药物学遗产。在日本方面，贝原益轩（1630—1714）的《大和本草》（1708）是发挥《本草纲目》的重要作品，新增 590 种药。至小野兰山（1729—1810）的《本草纲目启蒙》（1806），又增添不少新药，推动了本草学发展[1]。在丰富日本药草资源及本草学内容方面，可否说陈振先是介于益轩与兰山之间的人物呢？要之，李氏之后，陈、赵、贝益、小野等人都继承了时珍的事业，在《本草纲目》基础上补充发挥，各自作出努力。在振先离日后，他对日本的贡献仍受到肯定。长崎诹访公园内竖立着 19 世纪时修建的《乡土先贤纪功碑》，上面刻有陈振先的名字。他与来长崎的德国医师肯普费尔（Engelbert Kaempfer，1651—1716）及西博尔德（Pilipp Franz von Siebold，1796—1866）等人一道作为对日本文化作出特殊贡献的外国人，而被奉为"乡土先贤"的[2]。而《长崎先贤列传》中也有他的传记[3]。可见他是在日本受到尊敬的历史人物。

3. 《采药录》之内容简介

以陈振先的学识和经验而言，本可写出更有分量和规模更大的著作，但限于时间、地点和条件，他只留下了这本小册子，致使其潜力未能发挥。尽管如此，《采药录》仍有其独到之处。它逐一列举了各药名称、别名、入药部位、主治病症、处方及服用方式等，实际上是一本简明本草学作品，或一位医家有关本草学的考察报告。书中所记野生药草名多来自民间，如"臭婆娘"、"铁指甲"、"八棒槌"等，说明作者早就在民间作过调查。从药草名及分布看，作者除在江苏、浙江活动外，还至少去过福建省。书中特别强调用药时"冲酒服"或"酒煎"，因有效成分多溶于酒中，可增加疗效。所记药物虽不及二百种，但主治疾病却包括中医各种主要病及常见病，而贵重药并不多，这对广大农民及一般患者来说是至关重要的。书中有时介绍药草不同部位的功能，如鼓槌疯梗名鼓槌疯，治疯气、毒疮；子名鬼虱子，治疮疥；根名土牛藤，捣汁入醋擦患处，治疮毒。有时提醒服药禁忌，如千层塔"捣汁冲酒服，能消五蛊十胀，一服即愈。宜少不宜多……百日之内忌食盐。倘未满百日食盐，再发便不治矣"。有时对药草植物特征作了简明描述，如辟瘟草单从名字很难断为何种植物，但书中说此草一叶三叉，别名鸭掌金星。这就使我们相信是水龙骨科植物金鸡脚（*Phymatodus matopsis*）。据现代研究成果，我们发现书中所述多数药草疗效是有效的，且至今仍在采用，这就肯定了此书的价值。由此可见，当它 290 年前出现在日本时很快成为医药界的参考文献，是很自然的事。

---

〔1〕 潘吉星：《本草纲目》之东被与西渐，载《李时珍研究论文集》，湖北科技出版社 1985 年版，第 227—240 页。

〔2〕 ［日］福井忠昭：《长崎市史·地志编·名胜旧迹部》，大阪：清文堂 1938 年版，第 184 页。

〔3〕 《长崎县人物志·陈振先传》，东京：大谷红兵卫、大谷仁兵卫刊 1919 年版，第 1006 页。

　　为重新展示二百多年前陈振先《采药录》原貌，我们以爱香楼汉文写本为底本，以和汉寄文本为参考本，加以文字校勘、断句及注释，以方便读者。我们在新本中作了下述处理：（1）每品药按香本给定顺序予以标号，药名以黑体字排印。正文内日本学者向井元成等注语以六号小字排印，将书内日文译成汉文，但保留各药的和名。（2）正文之后方括号内用小五号小字作出简短注释，包括药草汉文及拉丁文植物学名、现代著作论该药功能、主治及用药部位。脚注中标出引用文献，可从中查出该药有效成分、植物学特征、临床效果及现代处方。（3）注释中更标明某药见于《本草纲目》或其余著作。原文中明显错字直接改正，不加校注。难以定出学名者，只录原文。这项研究最困难的是订出药草植物学名，原书没有留下植物原图，对特征描述不详。我们根据和汉名、别名，结合功能说明及其他暗示，再查古今文献而判断的。在此过程中，笔者常同研究植物学史的朋友罗桂环先生讨论，获益良多。订出的学名未必都准确，望名公示正。我们还补入 16 幅植物图。下面是《采药录》全文及校注。

（二）陈振先《采药录》校注

　　（1）雌金不换（ヤスニンジン）：捣烂取汁，冲酒服，治跌打损伤效。其根上结子，名一粒金丹，加自然铜接骨，虫乳香、末（没）药各等分，焙干为末。每服一钱，好酒送下，能接续已断筋骨。〔注：《本草纲目拾遗》卷五载一粒金丹："江南人呼飞来牡丹，处处有之。叶似牡丹而小，其根下有结粒，治跌打损伤"，此为牡丹科植物野牡丹（*Metastoma candidum*），药用其根，治跌打损伤[1]。〕（图 7—15）

图 7—15 雌金不换（野牡丹）
Matastoma candidum

　　（2）臭婆娘（メジシャ）：揉烂，塞鼻孔内，男左女右，治疟疾、瘟疾良。〔注：亦名臭茶、臭娘子、土常山，马鞭草科植物腐婢（*Premna microphylla*），《本草纲目》卷二十四云："今海边有小树，状如栀子，茎叶多曲，气如腐臭，土人呼为腐婢，疗疟有效。"按臭婆娘与腐婢同义，指同一植物，主治疟疾、吐血、痛肿、疔疮[2]。〕

　　（3）九龙草（キゥ子ノシノカサ）：与马齿苋同名异物，一名乱头狮子，又名九头狮子，酒煎，加老姜服，治翻胃、噎隔，煎酒服。〔注：《本草纲目拾遗》卷五云："生石上，蔓延丈余，节处生根，苗头极多。叶绒细，青色。又名九头狮子草，又名金钗草"，此乃爵床科植物九头狮子草（*Peristrope japonica*），治咽喉肿痛、感冒发烧及小儿消化不良[3]。〕（图 7—16）

〔1〕 福建省医药研究所编：《福建药物志》第一册，福建人民出版社 1979 年版，第 348—349 页。
〔2〕 同上书，第 406 页。
〔3〕 同上书，第 437 页。

（4）**辟瘟草**：煎汤服，能辟瘟疫，不染外邪。再或疫气沉重不省人事，取此草叶四十九辫置床头，便能消毒。佩带身上亦好。又此草一叶三叉者，别名鸭掌金星，同类而功效甚大。〔注：《本草纲目拾遗》卷四载辟瘟草"一名独脚金鸡，又名鸭掌金星。佩带之可辟疫气……辟瘟草叶如鸭掌，有三歧，一茎一叶"。此为水龙骨科植物金鸡脚（*Phymatodus matopsis*），单叶或三裂，形似鸭掌，又名鸭掌金星草，全草入药，有祛风清热、利湿解毒[1]功能。〕（图 7—17）

图 7—16 九龙草（九头狮子草）

Peristrope japonica

图 7—17 辟瘟草（金鸡脚）

Phymatodus matopsis

（5）**石香球**：凡风气筋骨疼痛，采此草连花叶梗，俱用陈酒煎服效。又取花晒干研末。凡阴毒不能收口者，用此擦之甚妙。〔注：似为马鞭草科植物兰香草（*Caryopteris inncana*），又名金石香、石上香，有散瘀止痛功能[2]。〕

（6）**手脚鸭儿芹**：取叶晒干，炒燥为末，服二钱，酒送下，能治痞块，性微温。〔注：伞形科鸭儿芹属植物（Cryptotaenia），性湿，有消炎解毒、活血消肿功能[3]。〕

（7）**土大黄**（キンキン）：即羊蹄草，治疥癣、顽癣，用醋摩擦。〔注：蓼科植物羊蹄草（*Rumex japonica*），亦名土大黄。《本草纲目》卷十九载羊蹄草治头秃、疥疮，治癣，杀一切虫。〕

（8）**箭头草**（コマヒキ）：一名银剪头，冲酒服，治神鬼二箭，血脉不合。〔注：《本草纲目拾遗》卷四玉如意条称，一名箭头草，剪刀草，花有紫白二种，白花者曰银剪刀。此为唇形科风轮菜属植物（Clinopodium）邻近风轮菜（C. confine），又名剪刀草，有清热解毒、止血功能[4]。〕

〔1〕 中医研究院中药研究所等编：《全国中草药汇编》上册，人民卫生出版社 1975 年版，第 533 页。

〔2〕 同上书，第 222 页。

〔3〕 福建省医药研究所编：《福建药物志》第一册，福建人民出版社 1979 年版，第 75 页。

〔4〕 江苏省植物研究所编：《新华本草纲要》第一册，上海科学技术出版社 1988 年版，第 429 页。

（9）**胭脂花**（ケンゥノハナ）：结子如大胡椒一样，破开，内中是白粉，故谓之胭脂粉。其粉治耳中湿脓。〔注：《本草纲目》卷七紫茉莉条称，花有紫白黄三色，子实黑色，内有白粉。此为紫茉莉科植物紫茉莉（Mirabilis jalapa），通称胭脂花，子实黑色豆状，内有白粉，有清热解毒、利湿消肿功能[1]。〕

（10）**野良姜**（メゥガ）：性辛，而散又可入药，但子不及高良姜。所发之芽乃良姜之花，其性温，亦为药品，主治吐血、白带、血淋、疟疾等症。〔注：此或为《本草纲目》卷十五所载之襄荷。姜科植物襄荷（Zingiber mioga），又名山姜、野老姜，根味辛，性温，治血崩经闭，痛疽肿毒，胃寒[2]。〕

（11）**神仙掌**（トリノァジ）：性寒，酒煎服，治热结、白浊、利小水。〔注：凤尾蕨科凤尾草（Pteris multfida）又名仙人掌草，清热利湿，解毒止痢，凉血止血[3]。〕

（12）**鼓槌疯**（ェノコヅ子）：此草梗名鼓槌疯，治疯气疮毒。子名鬼虱子（モノゲルィ），治疮疥。根名土牛藤，治双蛾、单蛾，捣汁入米醋搅匀，雁毛擦入患处即愈，并治疮毒。〔注：苋科植物土牛藤（Achyranthes aspera），治痈疽肿毒[4]。〕

（13）**桦皮脸**（ドクスシレ）：又名老鸦蒜，煎汤熏洗脏毒并偷粪老鼠。〔注：即《本草纲目拾遗》卷四之老鸦蒜，又名石蒜，治单双蛾。石蒜科老鸦蒜（Lycoris radiasa），有解毒、催吐功能[5]。〕

（14）**蛇梦草**（クチメゥィメコ）：酒煎服，治乳痈、痰毒、病瘰。子名蛇喞子，与小龙芽同名异物，烧酒浸服，治瘰疬。〔注：或为《植物名实图考》（1848）中之蛇莓，蔷薇科蛇莓（Ducheanea indica），主乳腺炎，疗疮肿毒，毒蛇咬伤[6]。〕

（15）**土黄莲**（スィジ）：捣烂，入川椒、明矾，擦一切头癣。〔注：此或为《救荒本草》（1406）中之白屈菜，又名土黄连，罂粟科植物白屈菜（Chelidonium majus），有消炎功能[7]。〕

（16）**风藤**（フゥトゥカツラ）：深山老者即海风藤，治疯气。〔注：胡椒科植物海风藤（Piper kadsure），藤本，治风湿腰疼、风湿性关节炎[8]。〕

（17）**荠菜花**（メッドノハナ）：晒干为末，治痢疾、红痢，蜜调服。白痢乌糖调服，水泻米汤调服。〔注：十字花科荠属（Capsella bursa－pestoris），消炎解毒，治痢疾[9]。〕

（18）**雉尾草**：酒煎服，治吊脚肠痈。根名管仲，入群药，治痈疽发背，但以生在水滨者、色黑而大为良耳。《本草〔纲目〕》以管仲，贯众为一种，与此说有异。然管仲、贯众无甚异，为一类而少别。〔注：此为鳞毛蕨科贯众属植物小贯众（Cyrtomium fortunei），解毒杀虫[10]。《本草纲目》卷十二又称为凤尾草，"根名贯众……俗名贯仲，管仲者皆谬称也"。但从形态描述

〔1〕 福建省医药研究所编：《福建药物志》第一册，福建人民出版社1979年版，第90页。
〔2〕 江苏省植物研究所编：《新华本草纲要》第一册，上海科学技术出版社1988年版，第551页。
〔3〕 中医研究院中药研究所等编：《全国中草药汇编》上册，人民卫生出版社1975年版，第216页。
〔4〕 同上书，第40页。
〔5〕 同上书，第506页。
〔6〕 福建省医药研究所编：《福建药物志》第一册，福建人民出版社1979年版，第168页。
〔7〕 江苏省植物研究所编：《新华本草纲要》第一册，上海科学技术出版社1988年版，第222—223页。
〔8〕 福建省医药研究所编：《福建药物志》第一册，福建人民出版社1979年版，第19—20页。
〔9〕 江苏省植物研究所编：《新华本草纲要》第一册，上海科学技术出版社1988年版，第250页。
〔10〕 中医研究院中药研究所等编：《全国中草药汇编》上册，人民卫生出版社1975年版，第93—94页。

及图观之，本品确为贯众属植物。〕

(19) 牛口刺（ヲニアザミ）：又名牛不食，捣汁冲酒服，治火毒，其渣用敷患处。〔注：似菊科大蓟（*Cirsium japonicum*），又名牛母刺、刺菜，有清热祛湿、凉血止血功能[1]，载《本草纲目》卷十五。〕

(20) 雪里青（ダビラコ）：捣汁冲酒服，治喉痈、喉肿，又煎汤洗痒疮亦良。〔注：载《本草纲目拾遗》卷五。唇形科筋骨草（*Ajuga decumbens*），治喉炎、扁桃体炎、白喉、疔疮[2]。〕

(21) 马蔺头：加大蓟、小蓟煎服，治吐血、鼻衄。〔注：似为鸢尾科马蔺（*Iris lacta*），治吐血、咯血、衄血[3]。〕

(22) 佛耳草（モチヮ）：又名绵絮头，煎汤洗肾肠风。〔注：菊科鼠曲草（*Gnaphalium affine*），又名佛耳草，祛风湿[4]。载《本草纲目》卷十六。〕

(23) 鹅儿肠（ハコペ）：一名鹅肠草，又名蘩菜，加铜末、糯米饭共捣，治伤筋断骨，敷包患处。〔注：石竹科繁缕（*Stellaria media*），载《本草纲目》卷二十七，称繁缕，又名鹅肠菜。〕

(24) 六月雪（コノゴメ）：又名银钗草，入子鸡腹内酒炖食，治弱症、骨蒸、劳怯。〔注：茜草科六月雪（*Serissa serissoides*），有祛风除湿、补脾调气功能[5]。〕

(25) 铁指甲（ティカカッゥ）：加白凤仙花、当归、龙眼蒸酒服，治诸般疯气。〔注：载《本草纲目拾遗》卷五，又名佛指甲。景天科佛甲草（*Sedum lineare*），清热解毒[6]。〕

(26) 钹儿草（クママクサ）：又名遍地香，名铜钱草，名遍地金钱，煎汤洗诸般疮效。〔注：《本草纲目拾遗》卷三金钱草条称，又名遍地香、遍地金钱，"其叶对生，圆如钱。钹儿草叶形圆，二瓣对生，像铙钹。此草异物同名者多，江苏所产为唇形科连钱草（*Glechoma longituba*），清热解毒[7]。〕（图7—18）

(27) 石见穿：酒煎服，治痰毒、瘰疬、儿疮、筋瘤。〔注：《本草纲目拾遗》卷五称石打穿，又名石见穿。唇形科紫参（*Savia chinensis*），味苦，有清热解毒功能[8]。〕

图7—18　钹儿草（连钱草）
Glechoma longituba

〔1〕 福建省医药研究所编：《福建药物志》第一册，福建人民出版社 1979 年版，第 461—462 页。
〔2〕 中医研究院中药研究所等编：《全国中草药汇编》上册，人民卫生出版社 1975 年版，第 410—411 页。
〔3〕 福建省医药研究所编：《福建药物志》第一册，福建人民出版社 1979 年版，第 84—85 页。
〔4〕 中医研究院中药研究所等编：《全国中草药汇编》上册，人民卫生出版社 1975 年版，第 889—890 页。
〔5〕 福建省医药研究所编：《福建药物志》第一册，福建人民出版社 1979 年版，第 451 页。
〔6〕 中医研究院中药研究所等编：《全国中草药汇编》上册，人民卫生出版社 1975 年版，第 888 页。
〔7〕 同上书，第 538 页。
〔8〕 同上书，第 242 页。

（28）**宽皮草**（マコャシ）：又名尖刀草，治龟头生疳，革其皮包在头上，胀肿非常。用此草煎汤熏洗，其皮方宽，故名之。〔注：石蒜科仙茅（Curuligo orchloides），又名尖刀草，有补肾壮阳、散寒除湿功能[1]。〕

（29）**酸眉草**（カタバミ或コカ子クサ）：捣汁入明矾共煎，治走马牙疳。子名葶苈子，与《本草纲目》之说同，入群药，治蛊胀、水肿。〔注：载《本草纲目》卷十六。十字花科独行菜（Lepidium apetalum），种子称葶苈子，治胸胁满闷、水肿、小便不利[2]。〕

（30）**夜合草**（ノエンドゥ）：治眼目并妇人白带，利小水。与何首乌、合欢同名异物。〔注：似为大戟科植物叶下珠（Phyllanthus urinaria），又名夜合草、珍珠草，清热利尿，明目，清积[3]。《本草纲目拾遗》卷五载真珠草或即本品。〕

（31）**三角风藤**：酒煎服，治风气。〔注：或为五加科常春藤（Hedera nepalensis），又名追风藤、三角风，祛风利湿，活血消肿[4]。〕

（32）**地蜈蚣**：治五蛊十胀，酒煎服。〔注：《本草纲目》卷十六载此，为杜鹃花科地蜈蚣（Cassiope stelleriana）。〕

（33）**野苎麻**（シロ）：取叶，风干为末，治刀斧破伤。〔注：载《本草纲目拾遗》卷三，治诸毒，活血止血，蛊胀。荨麻科野苎麻（Boehmeria grandifolia）。〕

（34）**嬉儿草**（タドメ）：晒干为末，猪肝为丸，治妇人血牙痞块。〔注：《本草纲目拾遗》卷五称镜面草，"土人呼为嬉儿草"，治肺火结成脓血痈疽，月闭。〕

（35）**龙凤藤**（ィトカツラ）：酒煎服，治脱力虚黄。子名海金沙，入群药，治遗精、白浊、蛊胀、黄疸。〔注：载《本草纲目》卷十六。海金沙科植物海金沙（Lygodium japonicum），草质藤本，又名金沙藤，清热解毒，利尿[5]。〕

（36）**毛石蚕**：治大麻疯、紫云疯，加群药，酒煎服。光石蚕、毛石蚕、雉尾草三种为同类别种。〔注：阴石蕨属植物白毛蛇（Humata tyermanni），祛风除湿[6]。〕

（37）**珍珠兰**（チャラン）：其根叶可擦顽癣。〔注：日本称茶兰，金粟兰科植物金粟兰（Chloranthus inconspicnus），消肿解毒，治皮肤瘙痒、痈肿。〕

（38）**火疳草**（レンゲソゥ）：治小儿瘅贡头，并热疖、热疮，入盐捣烂敷之。

（39）**土桔梗**（ノキキヤウ）：入官药，治咳嗽、伤风。〔注：载《本草纲目》卷十二，或为桔梗科荠苨（Adenophora trachelioides），有清肺火、化痰功能[7]。〕

（40）**石菖蒲**（セキセウ或セキショゥ）：开心窍，安神定志。〔注：天南星科石菖蒲（Acorus graminecus）之根状茎，有开窍、益智、宽胸功能[8]。〕

（41）**破凉草**（フキ）：一名大天荷叶，清凉解毒，利小水。〔注：菊科款冬属植物（Pet-

〔1〕 江苏省植物研究所编：《新华本草纲要》第一册，上海科学技术出版社1988年版，第463页。

〔2〕 中医研究院中药研究所等编：《全国中草药汇编》上册，人民卫生出版社1975年版，第832页。

〔3〕 同上书，第263页。

〔4〕 同上书，第745—746页。

〔5〕 同上书，第646页。

〔6〕 江苏省植物研究所编：《新华本草纲要》第一册，上海科学技术出版社1988年版，第280页。

〔7〕 中医研究院中药研究所等编：《全国中草药汇编》上册，人民卫生出版社1975年版，第487页。

〔8〕 同上书，第250—251页。

asites japonica），消肿，散瘀，解毒[1]。〕

（42）**广三七**：又名旱三七，治诸般血症。三七有数种，羊肠三七、竹叶三七谓之水三七。人参三七、萝蔔三七谓之广三七，又云旱三七。〔注：五加科人参属三七（Panax pseudo-ginseng）之块根，治衄血、吐血、咳血、血淋、血崩[2]。载《本草纲目》卷十一。〕

（43）**朱藤花**（ノフチ）：即干葛花，能解酒积。根名干葛，入官药，治伤寒、伤风、解表等用。〔注：豆科植物葛花（Pueraria lobata），解酒止渴。其根名干葛，治感冒发烧[3]。〕

（44）**小尖刀**（コズァシクサ）：又名小剪刀，治神鬼二箭。

（45）**接骨草**（ムグラ）：取溪内活蟹共捣烂，包敷患处，能接骨续筋。〔注：《本草纲目拾遗》卷三称其苗如竹节，治折伤，续断骨。金粟兰科草珊瑚（Sarcandra glabra），治跌打损伤、骨折，俗称接骨草[4]。〕（图7—19）

（46）**最星草**（キンホゥケ）：一名小虎掌，能去眼内星瘴。子名晚娘拳头，能消痞块。〔注：似为天南星科虎拳（Arisaema thunbergii）[5]。〕

（47）**薤蒜**（ヒル）：可作菜食，能驱暑解毒。〔注：百合科葱属蒜（Allium chinensis）。〕

（48）**疔疮草**：捣汁冲酒服，治疔疮热毒。〔注：唇形科韩信草（Scutellaria indica），又名疔疮草，清热解毒[6]。〕

（49）**鸡荷藤**：入群药，蒸酒服，治风湿流注。〔注：似为茜草科鸡矢藤（Paederia scandens），又名清风藤，祛风利湿[7]。〕

图7—19 接骨草（草珊瑚）
Sarcandra globra

（50）**鸡脚藤**：入群药，酒煎服，治疯气。

（51）**凌霄草**：捣烂敷火毒，定疼止痛。

（52）**马蔺藤**（クヮクヮラ或クッカソゥ）：加大蓟、小蓟煎服，治吐血、鼻血。子名马蔺子，与蠡实同名异物，入群药，治一切疝气。根名土草薢，一名假奇良，治下部风湿脚气，好酒煎服，并治疮毒。〔注：《本草纲目》卷十五称马蔺，其实名蠡实，非指本品。〕

〔1〕福建省医药研究所编：《福建药物志》第一册，福建人民出版社1979年版，第878页。

〔2〕同上书，第360—361页。

〔3〕中医研究院中药研究所等编：《全国中草药汇编》上册，人民卫生出版社1975年版，第829页。

〔4〕福建省医药研究所编：《福建药物志》第一册，福建人民出版社1979年版，第24页。

〔5〕中医研究院中药研究所等编：《全国中草药汇编》上册，人民卫生出版社1975年版，第164页。

〔6〕同上书，第471页。

〔7〕同上书，第425—426页。

（53）**石寄生**：治半肢风、筋骨疼痛。铁指甲之小者。

（54）**野鸡枫**：煎汤，洗漆疔疮。〔注：金缕梅科枫香属（Liquidambar）植物。〕

（55）**乌饭叶**（ヒサカキ）：能乌发、黑须。〔注：从和名查得为茶科柃（Eurya japonica）。〕

（56）**麦门冬**（シヤゥカヒク）：治白火疽，栽过即官料门冬，治咳嗽、吐血，清心敛肺。唐山（指中国）麦门冬以灰肥催之，故其根大。生于日本山野者根小，不及唐山者。〔注：载《本草纲目》卷十六。百合科麦冬（Liriope spicata）之块根，治肺结核咯血、肺热燥咳[1]。〕

（57）**官司草**（ヲハコ）：又名野田菜，治无名肿毒、遗精、白浊，用酒煎服。子名车前子，入官药用，治尿血、梦泄遗精，能补肾、明目，利小水。〔注：《本草纲目》卷十六称车前，车前科植物车前（Plantago asiatica），清热利尿，祛痰止咳，明目[2]。〕

（58）**野薤蒜**（ノゼル）：又名小根菜，治腹内生虫，可作菜食。〔注：百合科葱属小根蒜（Allium macrostemon），又名野蒜，治慢性胃炎、痢疾[3]。〕

（59）**山楝青**（ャフカゥシ）：煎汤熏洗痔疮，并洗痔疮烂腿。〔注：从和名查得为紫金牛科紫金牛（Ardisia japonica），但功能与本品异，151号药平地木为紫金牛，故此处和名有误。〕

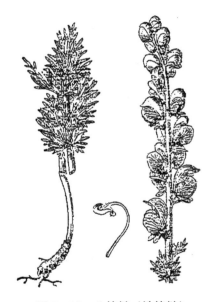

图7—20　八棒槌（铁棒槌）
Aconitum szechenyianum

（60）**青木香**：治心疼、肚痛、脚气、蛇咬，入官料。子名马兜铃，治咳嗽、痢疾。叶名清风藤，与青藤同名异物，治无名肿毒，煎汤洗蛇伤、犬咬。〔注：见《本草纲目》卷十八。马兜铃科马兜铃（Aristolochia debilis），又名青木香，治腹痛、胃痛、胸腹痛、咳嗽，全草治毒蛇咬伤[4]。〕

（61）**辣蓼草**（ノクデ）：煎汤，洗寒湿脚气、㾦疮烂腿。〔注：蓼科辣蓼（Polygonum flaccidum），解毒消肿，杀虫止痒，祛风利湿[5]。〕

（62）**括公刺**（クイイチコ）：治风湿流注。

（63）**八棒槌**：治跌打损伤、伤筋断骨，酒煎服。〔注：当为毛茛科铁棒槌（Aconitum szechenyianum），又名八百棒，块根治跌打损伤[6]。〕（图7—20）

（64）**山紫苏**：一名野紫苏，又名单鞭救主，治腰闪挫气、跌打损伤，取此草去其根，煎酒服之效。

（65）**小将军**：治诸般风气、风湿流注，又治吐血肠红，酒煎服。〔注：见《本草纲目拾遗》卷四。似为远志科瓜子金（Polygara japomca），又名散血丹，止血解毒药[7]。〕

〔1〕　中医研究院中药研究所等编：《全国中草药汇编》上册，人民卫生出版社1975年版，第406—407页。

〔2〕　同上书，第169页。

〔3〕　同上书，第920—921页。

〔4〕　福建省医药研究所编：《福建药物志》第一册，福建人民出版社1979年版，第58—59页。

〔5〕　中医研究院中药研究所等编：《全国中草药汇编》上册，人民卫生出版社1975年版，第896页。

〔6〕　同上书，第703页。

〔7〕　江苏省植物研究所编：《新华本草纲要》第一册，上海科学技术出版社1988年版，第289页。

（66）**石蕊**（イワゴケ）：与陟厘同名异物，又名石衣，加冰片、硼砂治喉癣。〔注：见《本草纲目拾遗》卷八石衣条。〕

（67）**目莲豆腐**（イタフ）：能消暑。其实能消暑，造豆腐。〔注：桑科榕属薜荔（*Ficus-pumila*），又名木莲、冷粉果，其实可作凉粉。〕

（68）**石珊瑚**（クウンスイチコ）：入群药，治疬瘰。此草名野茶蘼，不入药品。石珊瑚乃野茶蘼子。

（69）**佛指甲**（マメッタ）：治肺痈、肺痿、大小便不通，好酒煎服。〔注：景天科指甲草（*Sedum lineare*），又名佛甲草，消热解毒[1]。〕

（70）**五爪龙**：治无名肿毒，好酒煎服。

（71）**宝剑金星**：治吐血、鼻衄、尿血，水酒各半蒸好，冲童便服。

（72）**菠棱草**（ハウレンソウ）：煎汤熏洗牛奶痔疮。〔注：蓼科羊蹄（*Runex japonica*），又名野菠菱，清热解毒[2]。〕

（73）**五方草**：与马齿苋同名异物，一名五抬头，又名猫儿眼，治弱症、疬瘰、吐血，红枣煮食，其脂兴阳，久战不泄。〔注：大戟科猫儿眼草（*Euphorbia lunulata*），利尿消肿，拔毒止痒[3]。《本草纲目》卷二十七载马齿苋又名五方草，与本品同名异物。〕

（74）**鹤虱草**（ノニンジン）：治疥癞、肥疮。子名鹤虱，入官料。〔注：本品有南北之别，南鹤虱为伞形科野胡萝葡（*Daucus carota*），有消炎杀虫功能[4]。〕

（75）**过山龙**（アカマナクサ）：治诸般风气兼跌打损伤，好酒煎服。根名茜草，又名地苏木，治吐血、鼻衄、肠红、便血[5]。〔注：茜草科茜草（*Rubia cordifolia*），根治吐血、衄血、便血。《本草纲目》卷十八称茜草又名过山龙。〕

（76）**石苇**（ヒトツバ）：又名石鳅，治遗精、白泻、咳嗽，去背上毛，水酒各半煎服。〔注：见《本草纲目》卷二十。水龙骨科石苇（*Pyrrosis petiolosa*），治肾炎、尿道炎、肺热咳嗽[6]。〕

（77）**天茄儿**（コナスヒ）：治疗疮、对口流、火热等毒症，捣汁冲酒服，渣敷患处。〔注：茄科龙葵（*Solanum nigrumm*），又名茄子，清热解毒，利水消肿[7]。〕（图 7—21）

图 7—21 天茄儿（龙葵）
Solanum nigrum

〔1〕 中医研究院中药研究所等编：《全国中草药汇编》上册，人民卫生出版社 1975 年版，第 888 页。
〔2〕 福建省医药研究所编：《福建药物志》第一册，福建人民出版社 1979 年版，第 75 页。
〔3〕 中医研究院中药研究所等编：《全国中草药汇编》上册，人民卫生出版社 1975 年版，第 792 页。
〔4〕 同上书，第 910—911 页。
〔5〕 同上书，第 605 页。
〔6〕 中医研究院中药研究所等编：《全国中草药汇编》上册，人民卫生出版社 1975 年版，第 333 页。
〔7〕 同上书，第 259—260 页。

（78）**萝兰**：根白者名蝴蝶花，紫花者又名紫萝兰，皆能通大便、消水肿。〔注：《本草纲目》卷十七称射干种者名紫花，又名紫蝴蝶。按鸢尾科射干（*Belamcanda chinensis*）俗名蝴蝶花，清咽，消肿，解毒[1]。〕

（79）**眼眉藤**：煎汤常服，能清心明目，治狗咬。子名枸杞子，入官料。根名地骨皮，入官药，去骨蒸劳热。〔注：茄科枸杞（*Lycium chinensis*）之果实，滋补肝肾，益精明目[2]。见《本草纲目》卷三十六。〕

（80）**商陆**（ヤニコキフ）：一名棒槌花，取根捣汁，冲酒服，治水肿、蛊胀。服后忌食盐百日，如百日内食盐，即复发不能治矣。根红者能杀人，不可轻〔服〕。〔注：见《本草纲目》卷十七，商陆科商陆（*Phytolacca aciinosa*），根治腹水、水肿、肾炎，有消肿解毒功能[3]。〕

（81）**百合**（ノユリ）：入官料，一名夜合花，治肺痈、肺痿，止咳清心，入肺经。〔注：见《本草纲目》卷二十六，百合科百合（*Lilium brownii*）之鳞茎，治肺结核咳嗽、痰中带血、神经衰弱、心烦不安[4]。〕

（82）**草麻子**（トウゴマ）：取仁，和螳螂虫共捣作饴，治痔漏，贴患处，其管自出。〔注：似指桑科大麻（*Cannabis sativa*）之种仁。〕

（83）**鬼臼**：清瘿瘤、痰毒，取根敷患处。名雌南星，功效不及雄者。〔注：见《本草纲目》卷十七。小蘗科鬼臼（*Podsphyllum versipelle*）。〕

（84）**蒲公英**（タンポポ）：又名黄花蒂丁，蒂或作地，消乳痈，治诸般疮毒，煎酒服。〔注：见《本草纲目》卷二十七。菊科蒲公英（*Taraxacum mongolicum*），又名黄花地丁、婆婆丁，清热解毒，消痈散解，治乳腺炎、痈疖疔疮[5]。〕

（85）**薏苡仁**（ジュスタマ）：入官药，取根煎酒服，治热结、白泻、遗精梦泄。〔注：禾本科薏苡（*Coix lachrymajobi var frumentacea*），种仁治肺脓疡、腹泻，有健脾利湿、清热排脓功能[6]，见《本草纲目》卷二十三。〕

（86）**干柯**（カキ或カヤ）：一名刀茅，取根，边花如笔头样者，酒煎服，治诸毒。〔注：或为禾本科白茅（*Imperata cylindrica*）之根，又名茅草。〕

（87）**芭蕉根**（ハセヲ）：一名甘露根，捣烂敷乳痈、乳吹、热毒可散汗，冲酒服。〔注：芭蕉科芭蕉（*Musa bajoo*）。〕

（88）**光石蚕**（シタ）：治诸般风气。

（89）**金剪头**：治斑痧、牛毛疗。

（90）**歇壁苔**（コケ类）：煎汤，洗流火毒风。

（91）**紫背天葵**：晒干，治病瘰。每一斤用好酒十斤，入瓶内隔汤煮一炷香，每晚饱腹饮之即消。忌一切发气、闭气、动火毒物，并戒气恼。承治小肠疝气、膀胱坠。于冬至后二月中采，过则无功。与莵葵亦同名，功效亦同。〔注：毛茛科紫背天葵（*Semiaquilegia ad-*

---

〔1〕 福建省医药研究所编：《福建药物志》第一册，福建人民出版社 1979 年版，第 503 页。

〔2〕 中医研究院中药研究所等编：《全国中草药汇编》上册，人民卫生出版社 1975 年版，第 587—588 页。

〔3〕 福建省医药研究所编：《福建药物志》第一册，福建人民出版社 1979 年版，第 91 页。

〔4〕 中医研究院中药研究所等编：《全国中草药汇编》上册，人民卫生出版社 1975 年版，第 323 页。

〔5〕 同上书，第 871—872 页。

〔6〕 同上书，第 922 页。

oxoides），块根治疗疮痔肿、淋巴结核、小便不利[1]。即《本草纲目拾遗》卷四之千年老鼠屎。〕（图7—22）

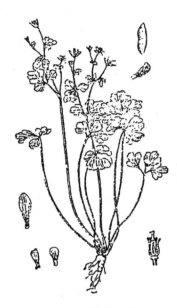

图7—22 紫背天葵
Semiaguilegia adoxoides

（92）**羊毛草**（ゴンキヤウブツ）：晒干，酒煎服，治羊毛疔、神鬼二箭。

（93）**浮苔**（タカノツメ）：去土〔洗〕净，晒干，瓦上炙为末，加冰片、鬼茶、凤凰衣共研匀，擦阳物破烂，疳疮即愈。

（94）**金丝草**（コキノシタ）：一名金丝荷叶，又名虎耳草，治耳内疼痛、黑疔。捣汁灌入耳内，一刻再换，止痛立愈。〔注：虎耳草科虎耳草，又名耳聋草（*Saxifraga stolonifera*）、金丝荷叶，治中耳炎、痈肿疔疖[2]。见《本草纲目》卷二十。〕

（95）**芫荽**（ニガゲリ）：一名胡荽，可作菜食。又小儿难发痦疹，煎汤服之，并与洗浴，发出矣。〔注：伞形科芫荽（*Coriandrum sotivum*），有发表透疹功能，治麻疹不透，用全草[3]。见《本草纲目》卷二十六。〕

（96）**海底松**（イワマツ）：一名还魂草，又名山柏，洗净晒燥，瓦上炙为末。每服一二分，酒送下，治疯气，不可多食。〔注：卷柏科（*Selaginella*）植物。〕

（97）**麻雀饭**（イラサクサ）：一名白米饭，治吐血、鼻血，捣汁冲酒服神效。如晒干，煎酒亦好。

（98）**酱板头**（コンサクサ）：治火毒、热疖，捣烂敷患处。

（99）**观音草**（エノコクサ）：煎汤，洗风火时眼。

（100）**益母草**（メハンキ）：女科圣药，治胎前产后一切等症。子名芫蔚子，入官药。〔注：唇形科益母草（*Leonurus hetrophyllus*），子名芫蔚子，治月经不调、闭经、产后瘀血腹痛、肾炎浮肿[4]。见《本草纲目》卷十五。〕

（101）**山半枝莲**（ゴマエンドウ）：治蛇咬，捣烂敷之。〔注：唇形科黄芩属半枝莲（*Cutellaria barbata*）〕，有清热解毒之功，治蛇咬[5]。〕

（102）**铁扫帚**（エテキキ）：酒煎服，治乳管不通。子名地肤子，入官药。〔注：藜科地肤（*Kochia scoparia*），果实名地肤子，见《本草纲目》卷十六。〕

（103）**田夜合**（チンパリクサ）：捣敷热疮、火毒。

（104）**马蹄草**（カキトウロ）：一名馄饨草，治热结、白浊、热淋。

（105）**野蔷薇子**（シトントパラ）：加杜仲、续断、故纸、茴香，酒煎服，治腰疼。

---

〔1〕 中医研究院中药研究所等编：《全国中草药汇编》上册，人民卫生出版社1975年版，第844页。

〔2〕 同上书，第160页。

〔3〕 同上书，第450页。

〔4〕 同上书，第655—656页。

〔5〕 同上书，第223—224页。

〔注：蔷薇科多花蔷薇（*Rosa multifiora*），又名野蔷薇，根可祛风活血，治风湿性关节痛，跌打损伤〔1〕〕

（106）鸭舌草（ツコクサ）：治白浊、热淋，捣汁冲酒服。〔注：或为雨久花科少花鸭舌草（*Monochoria vaginalis presl* var *pauciflora*），有清肝凉血功能〔2〕。〕

（107）萹蓄（ニクヤナキ）：能清火痰，利小水。煎汤熏洗，兼治鸡痔。〔注：蓼科萹蓄（*Polygonum aviculare*），清热利尿，解毒驱虫〔3〕。见《本草纲目》卷十六。〕

（108）贯众（オニセンマイ）：入官药，治无名肿毒。〔注：贯众同名异物者多，此或为乌毛蕨科乌毛蕨（*Blechnum orientale*），或鳞毛蕨科鳞毛蕨（*Dryoteris crassirphizama*）。〕

（109）野葡萄（カ子フ）：其根入群药，治疯气。〔注：葡萄科蛇葡萄（*Ampelopsis brevipedunculata*），根皮清热解毒，祛风活络〔4〕。〕

（110）石荞：入群药，蒸酒治疯气。〔注：或为蓼科荞麦属野荞麦（*Dichondra repens*），清热解毒〔5〕。〕

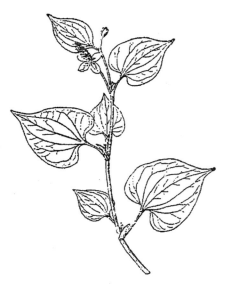

图 7—23　细叶鱼腥草（蕺菜）
Houttuynia cordata

（111）小馄饨：清凉之物，捣敷火毒。〔注：或为旋花科马蹄金（*Polygonum cymosum*），叶片似馄饨，清热利湿，解毒消肿〔6〕。〕

（112）猢狲竹（イタトリ）：其根即土黄芩，治肠红、便血，为末可敷肿毒。〔注：蓼科虎杖（*Polygonum cuspidatum*），又名斑竹，清热利湿，通便解毒，治肠炎、便秘〔7〕，见《本草纲目》卷十六虎杖条。〕

（113）细叶鱼腥草（テクサレニンジン）：煎汤熏洗痔疮。〔注：三白草科蕺菜（*Houttuynia cordata*），又名鱼腥草，清热解毒，利尿消肿〔8〕。〕（图 7—23）

（114）狗牙半枝莲（ヲランヂドメクサ）：治疔疮、火毒，捣烂入酒浆敷患处。〔注：景天科垂盆草（*Sedum sarmentosum*），又名半枝莲、狗牙半枝、石指甲，清热解毒，消肿排脓〔9〕。见《本草纲目拾遗》卷五。〕

（115）小五爪龙（クチヤワクサ）：一名地五爪龙，为末酒送，治痔漏。捣汁冲酒服，渣敷患处，治乳痈。

（116）龙芽草（クチナワクサ）：又名金顶龙芽，

〔1〕中医研究院中药研究所等编：《全国中草药汇编》上册，人民卫生出版社 1975 年版，第 371—372 页。
〔2〕福建省医药研究所编：《福建药物志》第一册，福建人民出版社 1979 年版，第 492—493 页。
〔3〕中医研究院中药研究所等编：《全国中草药汇编》上册，人民卫生出版社 1975 年版，第 834 页。
〔4〕同上书，第 783—784 页。
〔5〕同上书，第 788 页。
〔6〕同上书，第 85 页。
〔7〕同上书，第 508 页。
〔8〕同上书，第 553 页。
〔9〕同上书，第 555—556 页。

治吐血、咳嗽、鼻衄、便血、五劳七伤，煎酒服之皆效。〔注：蔷薇科龙芽草（*Argimonia pilosa*），通称仙鹤草、金顶龙芽草、治鼻衄、咯血、外伤出血、伤风感冒及腰扭伤[1]。〕（图7—24）

（117）**鸭儿芹**（ミツバ）：可作菜食，治风时火眼。〔注：伞形科鸭儿芹〔*Cryptotaenia japonica*），祛风止咳[2]。见《本草纲目》卷十六。〕

（118）**土续断**（ヤマキキョウ）：治腰痛、腿痛、跌打损伤。〔注：川续断科川续断属植物（*Dipsacus*）。〕

（119）**紫花蒂丁**（ハキクサ）：蒂丁一作地丁，与剪刀草同名异物，治六十三种疔毒，煎酒服，收取晒干备用。〔注：堇菜科紫花地丁（*Viola philiphica*），清热解毒[3]。见《本草纲目》卷十六。〕

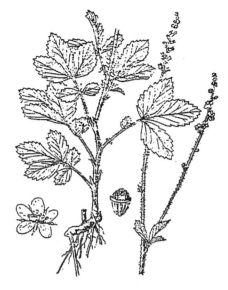

图7—24 龙芽草（仙鹤草）
Argimonia pilosa

图7—25 铃儿草（乌蔹梅）
Cayratia japonica

（120）**铃儿草**：一名五龙草，治发背痈疽、疔疮、恶毒。〔注：葡萄科乌蔹莓（*Cayratia japonica*），又名五龙草，解毒消肿[4]。〕（图7—25）

（121）**夏枯草**（ウッサクサ）：入官药，治疬瘰、痰毒。〔注：唇形科夏枯草（*Pranella vulagris*），治腮腺炎、乳腺炎、喉炎[5]。见《本草纲目》卷十五。〕

（122）**薄荷**（ヤマクサ）：清凉发散，治咽喉风热大毒皆效。〔注：唇形科薄荷（*Mentha haplocalyx*），治感冒发烧、咽痛、牙痛、头痛[6]。见《本草纲目》卷十四。〕

（123）**萱草**（ワスレクサ）：根名飞龙夺命丹，治乳痈，捣汁冲酒服，渣敷患立消。〔注：百合科萱草（*Hemerocallis flava*），见《本草纲目》卷十六。〕

（124）**穿心银铃草**（ヲトリキソウ）：加金银器物，取正楔上下共煎汤服，治疯癫痫症，兼治疔毒。

（125）**鱼胆草**：捣烂敷热疖、痒贡瘰头疮。

〔1〕 中医研究院中药研究所等编：《全国中草药汇编》上册，人民卫生出版社1975年版，第278页。
〔2〕 同上书，第693—694页。
〔3〕 同上书，第837—838页。
〔4〕 同上书，第214—215页。
〔5〕 同上书，第417页。
〔6〕 同上书，第923—924页。

（126）**水苋菜**：又名鹤脚红，治疗疖热毒，捣烂敷之。

（127）**木记草**（イタクサ）：一名大蓼，炼丹炉上用。〔注：蓼科红蓼（*Folygonum orientale*），祛风利湿，活血止疼[1]。《本草纲目》卷十六。〕

（128）**山五爪龙**：性温，根名五加皮，入官药，治跌打损伤、诸般疯气。〔注：五加科五加（*Acanthopanax gracilistylus*），树皮入药名五加皮，治跌打损伤、风湿关节痛、腰酸腿痛[2]。见《本草纲目》卷三十六。〕

（129）**灰苋**（アカサシ）：性平，可作菜食，老梗可作藜杖，煎酒服之，治血淋、白带。〔注：藜科藜（*Chenopodium album*），俗名灰菜。〕

（130）**防风**（ハマホウフウ）：入官料，治一切感冒风寒。根大者名漏芦，丹炉圣药。与《本草〔纲目〕》所记异。〔注：伞形科防风（*Ledebouriella seseloides*），根部治风寒感冒[3]。《本草纲目》卷十三未提防风为丹炉圣药，亦未提根名漏芦。〕

（131）**三七**：取根，用治一切血症。其叶捣烂，敷跌打损伤，性温。〔注：菊科土三七（*Gynura segetum*），治吐血、衄血、尿血、便血[4]。〕

（132）**鼠尾草**（ミメハキ）：性微寒，治鼠咬、狗咬，煎酒服，渣敷患处。

（133）**神仙对坐草**：治一切无名肿毒、疔疮。〔注：《本草纲目拾遗》卷五称神仙对坐草，又名蜈蚣草。〕

（134）**小蓟**：治一切血症，性温。〔注：菊科刺儿菜属小蓟（*Cephalanoplos segetum*），治衄血、尿血、外伤出血、功能性子宫出血[5]。〕

（135）**石老虎**：一名半枝莲，治疔疮、热毒，煎酒服，性平。〔注：唇形科半枝莲（*Scutellaria barbara*），治疮病肿毒、蛇头疔[6]。〕

（136）**青蒿**（カラコモキ）：治一切诸般痧气，清凉解暑。〔注：菊科艾属黄花蒿（*Artemisia annua*），又名青蒿。〕

（137）**白茅藤**（ヒヨトリゼウコ）：治疯气，其子治痔痒，好酒蒸服，子名雪里红，一名茅藤果，用猪肉之精者同煮食、治痰毒、病癞。〔注：茄科白英（*Solanum lyratum*），又名白毛藤，清热利湿，解毒消肿，抗癌[7]。或为《本草纲目拾遗》卷七载白茅藤，又名天灯笼。〕

（138）**千层塔**：捣汁冲酒服，能消五蛊十胀，一服即愈。宜少不宜多，食后每日再用石干为末，每早晚服一钱。百日之内忌食盐，倘未满百日食盐，再发便不治矣。〔注：石松科蛇足石松（*Lycopodium sematum*），又名千层塔，治瘀血肿痛，外用治疗疖肿毒[8]。〕（图7—26）

（139）**乌蛇头草**：治白蛇缠，捣汁冲酒服。其根治跌打损伤，捣汁冲酒服。

（140）**雄天南星**：入官药，性温〔注：天南星科天南星（*Arisaema consanguineum*）及同属植

---

〔1〕中医研究院中药研究所等编：《全国中草药汇编》上册，人民卫生出版社1975年版，第185—186页。

〔2〕同上书，第146—147页。

〔3〕同上书，第351页。

〔4〕同上书，第749—750页。

〔5〕同上书，第96页。

〔6〕福建省医药研究所编：《福建药物志》第一册，福建人民出版社1979年版，第418页。

〔7〕中医研究院中药研究所等编：《全国中草药汇编》上册，人民卫生出版社1975年版，第291页。

〔8〕同上书，第123页。

物的球状块茎，雌雄异株，治半身不遂、癫痫、小儿惊风。外用治疗疮肿毒、蛇咬[1]。〕

　　(141) 狗黄精：九蒸九晒，有人参之功，入官药，大补。〔注：百合科黄精（*Polygonatum sibiricum*），补脾润肺，养阴生津[2]。见《本草纲目》卷十二。〕

　　(142) 良姜：性大温，入官药，子即红豆蔻，治胃寒。〔注：姜科大高良姜（*Alphinia galanga*）之果实名红豆蔻，治胃寒疼痛，消化不良，腹部胀痛[3]。〕

　　(143) 半夏（カラスヒンヤク）：入官药。〔注：天南星科半夏（*Pinellia ternata*），块根有燥湿化痰、降逆止呕功能[4]。见《本草纲目》卷十七。〕

　　(144) 金银藤（スイハナカツウ）：性温，一名二宝藤，治风气，洗疮疥。〔注：忍冬科忍冬藤（*Lonicera japonica*），花蕾名金银花，茎枝名忍冬藤或金银藤，治疗疮肿毒、流感、肺炎、风湿性关节炎、上呼吸道感染[5]。〕

　　(145) 三请诸葛亮：又名金盘荔枝，能利小水。〔注：或指唇形科荔枝草（*Salvia plebeia*），清热解毒，利尿消肿[6]。〕

　　(146) 野艾（ヨモギ）：性微温，又名蟛蜞菊，入官药，煎汤洗浴治疯气。〔注：菊科蟛蜞菊（*Wedelia chinensis*），有清凉解毒功能[7]。〕

图7—26　千层塔（蛇足石松）
Lycopodium sematum

　　(147) 野淡竹叶（サザクサ）：性寒，清凉，能利小水。〔注：禾本科淡竹叶（*Laphatherum gracila*）的地上部分，有清热除烦、利小便功能[8]。〕

　　(148) 对坐草：治无名肿毒，酒煎服。〔注：报春花科金钱草（*Lysimachia christinae*），又名对坐草、过路黄，清热解毒，利尿排石[9]。〕（图7—27）

　　(149) 红牙大戟（ハギ）：用水洗净，以磁碗锋刮去面上浮皮，其第二层厚皮即为大戟，入药用。日本大戟较唐山（中国）之大戟长。〔注：茜草科红大戟（*Knoxia valerianoides*），又名红牙大戟，其块根治水肿腹胀、胸腹积水、痈疔肿毒[10]。〕

　　(150) 鹤柞草（ゲミ）：性平，酒煎服，治黄白疸瘀。家者子名山萸肉，即山茱萸。〔注：山茱萸科山茱萸（*Cornus officinales*），又名山茱萸肉，以除去种子之果入药。见《本草纲目》卷三十六。〕

〔1〕　中医研究院中药研究所等编：《全国中草药汇编》上册，人民卫生出版社1975年版，第161页。
〔2〕　同上书，第775—776页。
〔3〕　同上书，第379页。
〔4〕　同上书，第229—230页。
〔5〕　同上书，第540—542页。
〔6〕　同上书，第604页。
〔7〕　同上书，第932页。
〔8〕　同上书，第728页。
〔9〕　同上书，第538页。
〔10〕　同上书，第382—383页。

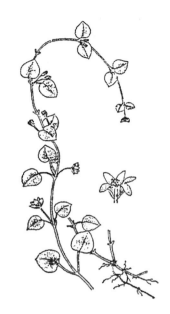

图7—27　对坐草（金钱草）
Lysimachia christinae

（151）**平地木**（ハナクタチハナ）：消蛊胀，治黄疸，止吐血，煎汤洗痔疮。〔注：紫金牛科紫金牛（*Ardisia japonica*），又名平地木，祛风解毒，活血止痛[1]。〕

（152）**棟树子**（センタン）：性温，加橘核、荔枝核、小茴香、木香、胡荽黄、炮姜、香树子，酒煎服，〔治〕疝。〔注：楝科楝树（*Melia azedarach*），果实治腹痛、疝气[2]。〕（图7—28）

（153）**臭梧桐**（クサキ）：叶治痧、木腿，酒煎服。臭梧桐非常山，功能亦同。根名骡马骨，治诸般疯气、筋骨疼痛，酒煎服。花名霹雳箭，治左瘫右痪、麻木不仁、半身不遂，好酒煎服。〔注：马鞭草科海州常山（*Clerodendron trichotomum*），又名臭梧桐，治风湿性骨痛、半身不遂、痈疽疮疖、疟疾[3]；《本草纲目拾遗》卷六臭梧桐又名八角梧桐。〕（图7—29）

（154）**石楠叶**（シセクナギ）：性平，煎汤洗瘫疮、烂腿。〔注：蔷薇科石楠（*Photinia serrulata*）之叶。〕

（155）**野肥皂**（コウカノキ）：梗内虫治无名肿毒。〔注：此植物为豆科肥皂荚（*Gymnocladus chinensis*），又名肥皂树。〕

（156）**扦扦活**（タシノキ）：一名万金不换，治诸般肿毒，捣汁冲酒服，渣敷患处。〔注：或指忍冬科陆英（*Sambucus chinensis*）之根。〕

（157）**香樟叶**（クス）：性平，煎汤洗瘫疮、烂腿，能拔去毒火。〔注：樟科樟树（*Cinnamomum camphora*），又名香樟，其叶外用治下肢溃疡、皮肤瘙痒[4]。〕

（158）**女贞子**（夕子ワタン）：性寒平，能明目补肾、乌须黑发，轻身祛病，久服成仙。〔注：木犀科女贞（*Ligustrum lucidum*）之果实，滋补肝肾，乌发明目[5]。见《本草纲目》卷三十六。〕

（159）**铁患子**（ツブ）：性寒，能去油腻，并治妇人枕痛，其肚内子可作念佛珠。〔注：无患子科无患子（*Sapindus mukorossi*）之子实可入药，亦可作佛珠[6]。见《本草纲目》卷三十五。〕

（160）**鸡枫**（カイテ）：性平，又名鸡枫脂，即白胶香，治左瘫右痪。〔注：金缕梅科枫香树（*Liquidambar taiwaniana*），又名鸡枫树，其树脂名白胶香，有解毒生肌、止血止痛功能。[7]〕

〔1〕　中医研究院中药研究所等编：《全国中草药汇编》上册，人民卫生出版社1975年版，第838—839页。
〔2〕　福建省医药研究所编：《福建药物志》第一册，福建人民出版社1979年版，第254页。
〔3〕　江苏省植物研究所编：《新华本草纲要》第一册，上海科学技术出版社1988年版，第410页。
〔4〕　中医研究院中药研究所等编：《全国中草药汇编》上册，人民卫生出版社1975年版，第912—913页。
〔5〕　同上书，第137页。
〔6〕　同上书，第159页。
〔7〕　同上书，第499—500页。

（图 7—30）

图 7—28 棟树 *Melia azedarach*

图 7—29 臭梧桐（海州常山）*Clerodendron trichotomum*

图 7—30 鸡枫（枫香树）*Liquidambar taiwaniana*

(161) **桂皮**（サツマニケイ）：性温，入香料用，不入药品，与肉桂不同。〔注：樟科樟属川桂皮（*Cinnamum mairei*）之树皮，供作香料或调味料用，入药不及肉桂（*C. cassia*）为佳[1]。〕

　　右者为陈振先于长崎之山野寻求药草所得，都百六十二种，所著其功能者也。右之内二十种书入官药，然此二十种之外，多未入官料。陈振先书入其余百四十二种：然右之内入官料之品犹多，且未记和名者，尚待考也。

〔享保六年（1721）辛丑〕向井元成　附记。

　　按陈振先盖享保、元文间之来客也。尚宜参考长崎实录。此书原名《药草功能书》，今题为《采药录》。向井元成世为长崎首长属吏药监也。

宽政六年（1794）甲寅春　曾槃记。

　　陈振先乃享保年中所来之清朝人也。原本似不甚全，宜参考。

（无名氏　题记）

（三）周岐来及其著作

　　在享保年间旅日的中国医学家中，周岐来（1670—约1744）很值得研究。其事迹在中国只有乾隆《崇明县志》（1760）有简短记载：

　　周南字岐来，诸生。以侍母病治医，遂精其术，能起沉疴。康熙六十年（1721）日本〔国〕王耳其名延之，往试皆奏效。王使国中诸医受业，留五年归。所著见《艺文志》[2]。

　　同书卷十一《艺文志》载《周南山房集》九卷，今不可得见。但中医研究院（北京）藏其《其慣集》1736年版[3]。对中国学者而言，过去掌握的材料就是这些。1987年笔者在京都大学工作时一度研究过此人，后在中国科学史京都国际讨论会上报告初步成果[4]。现在对过去的研究再引申一步，试写出周岐来详传。

1. 周岐来的早年事迹及首次访日

　　有关周氏资料中国虽不多，日本却较丰富。早期的岐来传记出于其日本门人城门章之手[5]。综合各方材料，可对其事迹作如下介绍。周氏讳南，字岐来，号慎斋，江苏崇明人，康熙九年（1670）生。其先祖为北宋（960—1126）哲学家周敦颐（1017—1073），敦颐字茂叔，道州营道（今湖南）人，宋代理学奠基人，著《太极图说》、《通说》，以所居

---

〔1〕 中医研究院中药研究所等编：《全国中草药汇编》上册，人民卫生出版社1975年版，第258—259页。
〔2〕 （清）赵廷健修，韩彦曾等纂：《崇明县志》卷十六《人物志》，乾隆二十五年刊本（1760）。
〔3〕 薛清禄主编：《中医研究院图书馆藏中医线装书目》，中医古籍出版社1986年版，第266页。
〔4〕 潘吉星：《日中医学交流史の中の周岐来》（日文），中国科学史京都国际讨论会，Session 9论文，1987年。
〔5〕 ［日］城门章：《周先生〈其慎集〉序》（1731），载《其慎集》卷首，大阪，1736年版。

曰濂溪，世称其为濂溪先生。周岐来也因此自称为"濂溪后人"。早年学先祖《太极图说》，究心《易》理，二十岁时（康熙二十九年，1690）于本县县学以诸生就读，考试名列前茅。学成后无意仕进，性至孝，以侍母病习医，投师张星门下。张星（1638—1717在世），字豫宿，长洲（今江苏吴县）人，明崇祯年生，出身医学世家。其从父张璐（1617—1700），字路玉，号石顽，业医数十年，著《伤寒缵论》、《伤寒绪论》、《诊宗三昧》、《本经逢原》、《千金衍义》及《张氏医通》（1695）等书。张星有可能受教于张璐，至少承长洲张氏医学学派传统。如城门氏所云，岐来受业于张星，"其统可谓源远矣"。岐来从名门学医，学成后便以济世活人为己任，至康熙末其医术已趋精湛，能起沉疴，"故遐迩企慕负笈而至者，络绎道路"云。岐来继承其师业传统，以《内经》为基础，医法以《伤寒论》等古方为参考，但结合新实践而活用，遵古不泥古。凡危病经他诊治，无不奏效，故已远近闻名，从医、从学者日众。

康熙末至雍正年间，当日本享保年（1716—1735），时幕府第八代将军德川吉宗（1681—1751）在位。这位将军特别重视实学，不但鼓动本国学者研究，还常常"发给清朝商人临时信牌，聘来中国良医"，周岐来便是其中之一[1]。城门章谈岐来首次来日时写道：

　　　　乙巳（1725）夏，先生航海来，因吾国聘也。始抵长崎，次华馆，后出舍译胥柳氏之宅。[2]

图7—31　18世纪中国商船及进入长崎外港卸货图
神户市立博物馆藏版画

由此看来《崇明县志》所述康熙六十年辛丑（1721）周氏抵日，乃为误记。记载1714—1726年日、中在长崎通商史的《信牌方记录》，更详细叙述周岐来于享保十年乙巳六月十八日（1725年7月27日）随拾四番南京船船主费赞侯抵崎，时年五十六岁，苏州府崇明县人。同行者更有樊方宜、周维全及仆人毛天禄（图7—31）。他们于七月十一日奉幕命宿于柳屋治左衙门宅[3]。清楚载明岐来抵日时间及年岁，由此方推算出其生年。我们更知他1725年六月十八日至七月

〔1〕［日］木宫泰彦著，胡锡年译：《日中文化交流史》，商务印书馆1980年版，第707页；［日］富士川游：《日本医学史·日本医史年表》，东京：日新书院1941年日文版，第41页。

〔2〕［日］城门章：《周先生〈其慎集〉序》（1731），载《其慎集》卷首，大阪，1736年版。

〔3〕［日］古贺七二郎：《信牌方记录·享保十年乙巳年条》，见［日］大庭修《享保时代の日中关系资料》，京都：同朋舍1986年日文版，第81页。

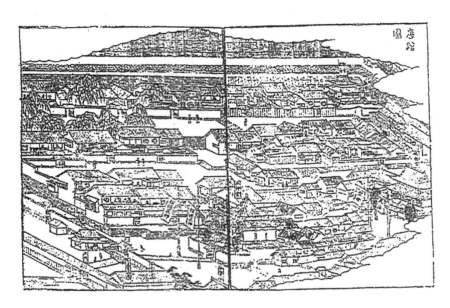

图 7—32　长崎唐馆图
（周岐来曾于此居住）引自《长崎名胜图绘》

十日的前二十多天内，先住于华馆或唐馆，即官府为来日华商提供的住所（图 7—32）。幕府得知其到来后，便安排住在柳屋氏宅，从七月十一日迁入，直住到返国时止。柳屋治左卫门在享保年间任唐馆大通事，其先人柳屋次兵卫 1641—1662 年亦任同职，是明末流寓日本的华人柳氏之裔，通事一职后由子孙世袭。柳屋治左卫门受命关照周氏起居、提供翻译之便，成为他认识的最早的友人。周氏乃于此处以"滋德堂"为名开业悬壶，地址在居民区内，使他有行动自由，而不像在唐馆那样出入经门卫盘查。这是他享受的一种优待。

　　除周岐来外，幕府还聘来福建医师朱子章（1673—1726）、朱来章（1679—？）等人。他们到达后，幕府便向各藩发出通告，命令对医书或医学问题有疑惑者，均可径向他们质疑提问，因之岐来在崎时每日都很忙。他要在滋德堂接诊大量患者，还要当面或书面回答各种质疑。他医术有妙手回春之效，能治愈很多患者疑难危症，故医名称著一时。他治愈的患者不下数百人，只享保十年（1725）一个月内便治愈重病患者六十余人，就医者常有室满之众。他不得不请弟弟周岐兴来协助。《信牌方记录·享保十一丙午年》条云，1726年八月七日周岐来弟岐兴与仆人毛天福乘拾番船船主陆南坡之船来崎，九月二日住柳屋治左卫门宅。周岐兴作为制药手帮岐来工作，而仆人毛天福显系上年与岐来同来的毛天禄之兄。这样滋德堂人手增加，可使堂主将更多时间用于门诊。由于岐来在日本行医的成功及应对各种提问的能力，不但他受到幕府好感，而且费赞侯因渡来了这位良医也受到幕府奖赏。1726 年十月褒奖该船主丙午年厦门船信牌一枚。"信牌"是对日通商许可证，无牌者不得入港，商人所追求者正是此物。

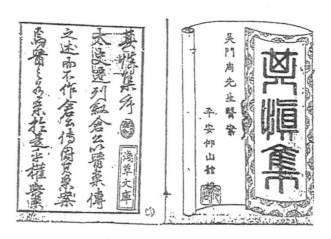

图 7—33 周岐来《其慎集》（1736）扉页及平君舒《其慎集序》（1731）

2. 周岐来的著作《其慎集》

岐来在长崎行医时，更勤于著述。如上所述，1725 年七至八月的 30 天内他治愈患者 62 人，平均一天治愈二人。他每诊治一位患者都有记录，故一月之内便写下一部医案，题为《其慎集》，共五卷。书名说明作者治病投药慎之又慎，与其号慎斋是同一含义。第一版于享保二十一年（1736）由大阪平安仰山馆梓、京寺町佛光寺上所升屋孙兵卫藏版，有城门章之和文训读（图 7—33），现藏东京内阁文库、北京中医研究院，1979 年日本盛文堂曾据以重刻。黑田源次《中国医学书目》载中国沈阳、大连等地藏书亦有此版[1]，但今不知去向。《其慎集》第二版易名为《千金要方》，安永八年己亥（1779）五月改版，由大阪心斋久太郎町的书林柳原喜兵卫梓，今藏京都大学医学部富士川文库，此本较少见。二本内容基本相同，卷首有长崎平君舒（字仲缓）序（1731）、京都源昌言（字子俞）序（1731）、山阴城门章（字阳秋）序（1731）、郡山藩侍医橘正瞭的序（1733）及周岐来自序（1725）。序后是作者写的《凡例》，叙述十条治病用药原则及理论见解。正文前四卷是医案，载患者姓名、籍贯、年岁、病历、诊治情况、处方及疗效，并从理论上说明病因、病变及主治方向，是岐来的医疗经验总结。卷一、卷二为医治长崎重病患者三十一人的医案，均为内科。卷三乃外地十四名患者病历，也是内科。卷四为内科以外患者病历，含外科三人、妇科七人、眼科三人、僧人三人及唐馆患者一人，共十七人。由此可见岐来不只专于内科，对外科、妇科、眼科亦甚精通。

医案最后一卷即卷五，是作者 1725 年七、八月间对各地来函所询医学问题的答复，共十二件。平均每三天回答一件来问。他在同一时间平均每天诊治二名重病患者，说明其

〔1〕［日］黑田源次：《中国医学书目》（1931），台北：文海出版社 1954 年影印版，第 582 页。

工作效率是高的。上述工作都是 30 天内完成的,则他一年 12 个月内所完成的工作至少会十倍于此。卷五所收答问中有复雪虬先生关于消暑丸问题、答肥后藩研罩居问《幼科折衷》原委问题、答交感丸药性、中年人服史国公酒、药中用生姜法、妇人养胎法、痘疮医法、疝病疗法、肥前藩主病案及女人痹症治法等。歧来在书面答复中详细向对方提供满意答案,阐发了他在医学方面一系列精辟见解,读之令人信服。例如,《答雪虬先生消暑丸论》(1725)中歧来表明他尊古方而不泥古的一贯见解:

> 古人立方以教后学,原欲学者神而明之,斟酌可否,权宜变通,务期于确当,不至有过,始不负其立法之初心也。若执药性之主治方治之效验,而刻舟求剑,则一药可兼治数病也。何取乎立方?一病立一方足矣,何取乎多方?古今来方书充栋,轩岐之道不能共白于天下者,大抵义理不揆夫中正、议论不求夫至当也。[1]

此论可谓至理名言,意在与日本医师讨论如何对古方持权宜应变的态度,而非机械照搬。又如按当时日本习惯,小儿痘疹灌浆结痂后,更要用酒洒拭。有的医生问歧来此法是否得当?歧来答曰:"酒汤洒拭之法,在于初见点之时。痘出不快者,或用以润肌松表,使其易于起发也。若灌浆之后之腠理惟恐其不密,岂有结痂之后必须酒汤润之哉?!日本用之,或风土所宜,唐山(中国)未之见也。"[2] 这就很礼貌地指出此种治痘风习未必足取,而且指出所以然的道理。

1725 年冬,肥后(今熊本)藩藩主研罩居向周歧来提问,内称他藏有《幼科折衷》写本二册,题广野山人景明秦昌运著,此书是否刊行?作者何时人也?书内为何无序?歧来答曰,他看过该本后认为"其词简而理明。其援引经言及古人之明论,皆确当不易。其采取方药皆平正、不尚奇僻。此诚医宗之王道,而慈幼之嘉惠也。惜其书未经坊刻,中外未能流播,所以前不著序,后不加跋"。他对此书源流及作者考证后,建议藩主刊刻,以广其传:"然私之一家,不若公之一世。念切苍生者,保民如保赤子,保赤更有良方……宜加考订,当付之梨枣。[3]"建议被采纳,1726 年刊于肥后。歧来再为此刊本写序。此书乃明末人秦昌运著,辗转传抄,后写本流入日本,幸被歧来发现并认出其价值,得首刊于日本。中国方面今中医研究院有清抄本,只是近年才由上海古籍书店据旧抄本复印,比日本晚了二百多年[4]。现在让我们介绍《其慎集》前四卷基本内容。此书在治病理论方面以《内经》为准绳,参用古方,但能活用,结合日中两国患者不同情况临症施治,针对病情病变投方,且有屡治屡愈之捷效。歧来于书首以五言诗作《箴言》,可谓全书之纲,亦是作者医病经验谈及理论总结。今录之于下:

〔1〕(清)周歧来:答雪虬生消暑丸论(1725),《其慎集》卷五,大阪,1736 年版,第 1—2 页。

〔2〕(清)周歧来:答痘疮灌浆结痂后不必用酒汤洒拭(1725),同上书,第 11—12 页。

〔3〕(清)周歧来:答研罩居问《幼科折衷》缘由(1725),同上书,第 6—7 页。

〔4〕薛清禄主编:《中医研究院图书馆藏中医线装书目》,北京,1986 年版,第 203 页。

方法皆遵古，权且悉酌今。普天同理性，率土异方音。
强弱由姿秉，风寒在外侵。逸劳移气体，忧喜感其心。
老幼不同例，本标须更斟。病因新久变，治办实虚禁。

望闻可知略，问切乃得深。法中参活法，风症莫轻临。
寒热多生假，虚阳防伏阴。寒如投桂附，热即进连芩。
得当如桴鼓，失宜转祸褛。须知真与假，对疾若锋针。

崎邑山川秀，幅员人总林。平生皆好洁，过半爱椒馨。
水土亦非薄，七情倍六淫。所需之药饵，大概用芪参。
无论症大小，三因仔细寻。其难宜其慎，以此名作箴。[1]（图7—34）

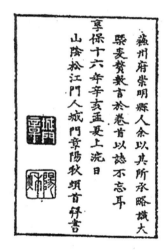

图7—34　《其慎集·引言》首页及城门章《周先生其慎集序》
（1731）尾页

　　上述《箴言》也是《其慎集》的《引言》或总论。所谓"方法皆遵古"即医法、处方以《内经》、《伤寒论》为依据。但必须"权且悉酌今"，即考虑所面对的当代患者不同具体情况，分析病因本标关系，借望闻问切之诊断深入了解患者。同时注意掩盖真实病症的假象，慎重医治，古法中参以活法。

3. 周岐来医疗实践之特点

　　周岐来疗病、处方概括说来有以下特点。第一，他借望闻问切诊病手段深查患者致病

---

〔1〕（清）周岐来：《其慎集·引言》，载《其慎集》卷首。

之病根，从病状分析中判断病因之主次，而首先攻主病因。如他在《其慎集·凡例》所述："问病之新久起于何因，言语不能悉达者，不惮再三，必得其情而后止，所谓治病必求其本也。"[1] 第二，病因判断后，便对症下药，不断变换药味及剂量，以清除病源。他主张"制方贵乎权变，不必拘于俗情。又不可好奇，而师心自用，务期恰当，斯合乎道[2]"。他反对轻易用冷药、奇药，"故方不必好奇药，不必求异，惟辨证明用。药当针芥相投，至奇即在于至庸中也[3]"。第三，患者主病因消除、病情见愈后，再另施药加以调养，使之恢复固有健康。此即攻补兼施之法。第四，依日本风土民情、习惯及患者体质、老幼等不同情况区别对待。《凡例》中说："风俗不同，人情各异。服食起居，各适其宜。……不失人情，方可治病。"药剂分量，七方中，原有轻重大小不同，不可执一。当以其人之强弱、老少、病之轻重、久暂以及饮食多寡为进退。予询崎阳通例，药剂不过一、二钱。若有重症，一昼夜可服二、三剂。予仿此意以制方。"[4] 第五，每治病均有记录在案，既表示态度慎重，亦可供下次诊治参考。"无论病之轻重、功之成否，皆详载始末者，凡以志慎也。况次第诊视，不费思索。异日展卷，成效可稽。"[5] 岐来不愧是有心人，在旅日的中国医师中如他这样载医案者，是少有的。而每案对病因判断、诊治及投药均提出理论依据，而其解释总能自圆其说。他之所以是医学家，而非只是开业医师，原因即在此。最后一个特点是，岐来较少用难得的贵重药，反对用奇药、冷药，但其所投之药疗效快、神速立验，且能连根拔除病患。

为说明周氏治病用药上述特点，我们从《其慎集》中列举几例医案。读者阅后，自可悟出其中奥妙。其一，患者诸熊小平次，肥前武弁，年近三十岁。三年前患左半身不遂，右面肿。因多服大枫子使肌肉麻木，目不可瞬，指头及臂部不仁，头痛且响，医者遍身灸火不效。岐来接诊后，断为因病致病，而治病必究其本。"左不遂，血分病也。右肿大，气分病也。不理气养血，惟务灸火，更耗其血矣。不用调荣养卫之方，反服恶劣之药，更伤其正矣。气血不足且不和，经脉紧急，麻木不仁之不免也。头痛响者，风火升也。欲治风火，必先养血。以逍遥散加麦冬、黄芩、秦艽，每剂重两许。十剂而头痛止，额脉宽。但目瞬不交睫，病久而经脉已定，必难复也。又五剂而效。"[6] 岐来论治愈此病要点为"治久病相因，变病寻源而治捷效"，以十五剂治好三年之久病。而其他医生不知病本，遍身灸火，只会加重病情。

其二，患者森田权左卫门，长崎人，四十五岁。十年来舌根胀硬，肩颙、肩胛并前胸胀痛。有时上行，头角板重牵引而痛，痛楚甚不可忍。岐来诊其脉，两寸关滑大两尺弱，断为上盛下虚之脉，痰火上逆于经络为患。"治宜遵《内经》'火郁发之'之义，而兼消痰之药，使在经之郁火有所开泄，在络之痰气无所阻滞，庶胀痛可消。方以柴胡、钩藤、甘

〔1〕（清）周岐来：《其慎集·凡例》（1725）。

〔2〕同上。

〔3〕同上。

〔4〕同上。

〔5〕同上。

〔6〕（清）周岐来：治久病相因变病寻源而治捷效（1725），《其慎集》卷三，第7—8页（1736）。

菊、薄荷，以散少阳之风火。以桔梗、桑皮以清太阴之金气。以广皮、半夏、芥子以消痰，山栀引诸经之火曲屈下行。更加竹茹以引药入胆，大其剂作汤而频频热服。三剂霍然，又二剂而脉亦和平，竟停药四五十日，其病不复作矣。十年之郁火而熄于五剂之间，不亦快哉！”[1]（图 7—35）。治愈关键是用治上焦火郁之药，五剂而治愈十年之久病。

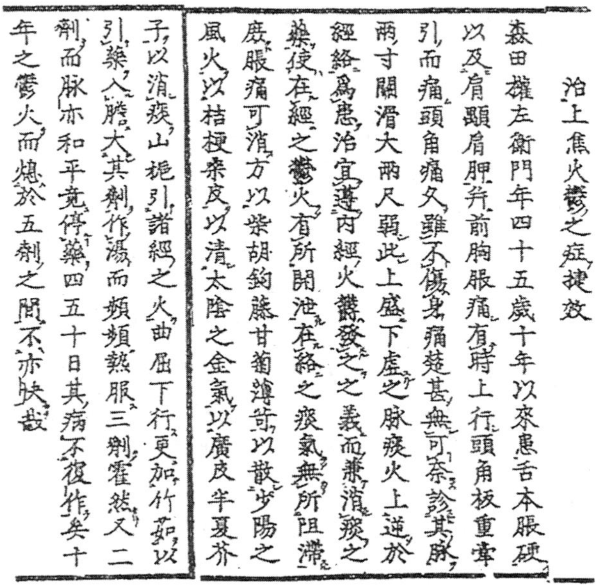
治上焦火鬱之症捷效
森田雄左衛門年四十五歲十年以來患舌本脹硬
以及肩顒肩胛并前胸脹痛有時上行頭角板重牽
引而痛頭角痛久雖不傷身痛楚甚無可柰診其脉
兩寸關滑大兩尺弱此上盛下虛之脉痰火上逆於
經絡爲患治宜遵內經火鬱發之之義而兼消痰之
藥使在經之鬱火有所開泄在絡之痰氣無所阻滯
庶脹痛可消方以柴胡鈎藤甘菊薄荷以散少陽之
風火以桔梗桑皮以清太陰之金氣以廣皮半夏芥
子以消痰山梔引諸經之火曲屈下行更加竹茹以
引藥入膽大其劑作湯而頻頻熱服三劑霍然又二
劑而脉亦和平竟停藥四五十日其病不復作矣十
年之鬱火而熄於五劑之間不亦快哉

图 7—35　《其慎集》卷二病例

其三，患者津司武助，长崎人，二十余岁。暑月患重痢，日几十行，小便茎中痛。痢如鱼脑，兼黑色。医见其食少，脉数至二旬余，皆谢手不治。始请岐来就医，“诊其脉虽数，而身不大热。食虽少，而谷气未绝。舌有苔、小便痛者，丹田之热也。其行数之多，不必计也。此初时失于推荡，其暑气未消，故缠绵不已也。当清大小肠热，尚有可图。方以黄芩芍药汤加姜茶调天水散，一服而二便顿快，脉乃细缓。即易益气汤加莲子、乌梅，行次减半。乃以芍药甘草汤加莲子平调，两日食增、痢减，一昼夜二、三行，可无虑矣。但足有肿意，更加实脾补气，二旬日而全愈”[2]。该例表明周氏独特的治疗方法，其他医生谢手不治之重症，经他医治二旬便痊愈。

其四，梅野仪右衙门之妻，四十岁。面黄而浮青气，享保十年（1725）四月患湿疮，以热汤频洗，致足上肿起。九月，头脸肿满，胸膈胀硬，呼吸不利。下体腰肋肿痛，按之如板，坐卧不能，喘呼欲绝，诸药不效。岐来诊之，脉细无力，断为风火相搏、一身尽肿之症。但他以为肿病之危多延时月，断无一重即如此之危者。“细察其由，盖因偶饮冷酒以致斯极，此与阴气填塞，腹胀乃生，大不相同。《〔内〕经》曰，形寒饮冷，主伤乎肺。肺伤则不能通调水道，下轮膀胱，所以内外合邪，上下逆迫，而见此危候也。治宜先散肺邪以救急，后治脾肾以成功可也。方以麻黄汤合四苓散，剂重一两，煎成与之，徐徐饮下。药未服已，气即稍宽。不及一夜，胀退气平，肿减三分之一，可坐可卧。其势即退，乃用缓治之法，以五苓散加麦冬、车前以清其化源，五剂肿愈大半。后以济生肾气汤以治其本，又五剂而肿胀全退[3]。”此例是发现与一般肿胀不同，经仔细询问知患者偶饮冷酒，再从理论上分析冷饮伤肺，决定先除肺邪、后治脾肾，果然奏效。为加快药效，此处

〔1〕（清）周岐来：治上焦火郁之症捷效（1725），《其慎集》，卷二，第 6—7 页（1736）。
〔2〕（清）周岐来：治痢重症（1725），同上书，卷二，第 3—4 页（大阪，1736）。
〔3〕（清）周岐来：治妇人肿胀急病（1725），同上书，卷四，第 6—7 页。

剂重一两，也是临症变通。

其五，患者纸屋久次郎，长崎人，三十余岁。二年前因生下疳，多服土茯苓。一年前耳渐无闻，小水不利，食减体瘦，面白无神。忽然晕倒，磕伤头面，两耳尽聋。今年小便不利，小腹胀坠。岐来诊之，"脉大而无力，观其形如槁木萧索欲仆。此正《内经》所谓目盲不可以视，耳聋不可以听。溃溃乎，若坏都，汩汩乎，不可止之候也。阳气大败，所以形槁、神澹、肢寒、气微，若不可终日之象。予思阳气亏于下，则膀胱无气以化，所以胞胀、小便难。阳气不上行于经，则空窍闭塞，所以耳聋无闻。治宜升其下陷之阳，鼓其流行之气，使之清升浊降，阳气可复，而病可已。先以补中益气汤加官桂、川附。至八月初六日服，至初十日，一候而阳气大复、病势大退。至二十日，坐皆适意，惟行走尚艰，脉已和缓。宜滋养气血，以人参养荣汤服至一十九日，行止自如。九月初一日，入寺还愿矣。原其所以得效之捷，有微意寓焉。补中所以升阳，而阳又有不宜升之戒，恐虚阳随升柴而飞越也。故权加附子，助其元阳以下行温经。加薄、桂扶其少火，即以利膀胱下陷者，升以举之。虚微者温而补之，如寒谷层冰得东风而立解。二三剂而小便流长、小腹胀消，职是故也。设此症拘于常例，即方药合宜，亦难捷效。何也？久病大虚，阳气甚微，阴霾深固，仍以一钱几分之轻剂，自春徂秋，病深药浅，终见无功矣。故立方治病，不特症必办阴阳，而药尤当酌轻重也[1]"。

4. 日本医界对周岐来的评价

中国自司马迁《史记》中列仓公医案以来，历代医家所著医案传世者不下数百，然所记患者均为本国人。周岐来医案《其慎集》另辟门径，别具特色。他作为在外国行医的中国医师，所写医案患者均为外国人。因而此书不但在日中医学交流史中有意义，而且在中、日两国医学史及疾病史中亦有意义。对与他同时代的日本医界而言，此书有很大参考价值，可从中找到诊治日本患者各种疾病及立方投药方面的借鉴。书内所述极其详备，是作者医疗实践的成功记录。此外，既然"普天同理性"，则这部以日本患者为医治对象的医案，对中国医界亦有参考价值，因作者以中医理论医治外国患者，而疾病是没有中外之分的。此书在日本一再刊行，正表明它是受到欢迎与重视的。这里将引用享保年各地学者对此书的评价。郡山藩侍医橘正瞭写道：

吴门（江苏）周翁，航海来崎，起废愈痼，随手辄效，请医者户履恒满。翁素不谙崎之地纪、民习，而其施治奏效有如此焉，于戏其非真通机变者乌能之！乃其临病，莫不据案以辩论，如老吏结款，而罪状无所逃然。案积成编，翁谓病变难处，宜其慎焉。因作《箴〔言〕》以冠之，并命其名。……不佞熟玩其书。立论确当，发奇见于常理之表。辨证精审，加新意于古方之上。学原轩岐，识该古今。一编公案，实可为医法之规矩焉。[2]（图7—36）

---

〔1〕（清）周岐来：治久次郎危病得痊（1725），《其慎集》，卷一，第4—5页（1736）。

〔2〕〔日〕橘正瞭：题《其慎集》后序（1733），见《其慎集》，卷五之书尾（1736）。

享保辛亥夏五月既望（1731年五月十五日），长崎著名学者平君舒写道：

> 太史迁列叙仓公，以医案传之，述而不作。《仓公传》因其案案焉。医之有案，于是乎权舆。案也者，治病患状，良医唯能道。后世名家案，无虑数百篇，昭昭乎有闻也，其人则已。吴门周君岐来，踏海东来，既东馆于崎三历年所。初〔受〕官命视病，周君抑乎如弗胜也。迨诊候气脉，关系水土，刚柔、强弱所自来有差，则释然无不南面（治愈）疲癃者、废疾者，使二竖（病魔）不得辟之、刀圭（用药）之所当，若此即效，辄录诸左右，随治随成。前所谓状者，未始尝不为今之案也。积案成卷，命其集曰《其慎》，犹之自号曰慎斋，而医一于慎也。……且周君知已于我，而不相目击。吾不为不慊，安敢舍诸。乃为论之曰：病可疗也乎？曰：不必尽疗。药可验也乎？曰，不必尽验。然则医案之奚为也？应机变，察虚实，辨当否，寒温补泻，燮理调养咸称宜，何药之不验、何病之不疗？此仓公之创，犹信诸名家有继哉。周君乎，有所能攻也。近古罕闻，附骥几人？[1]

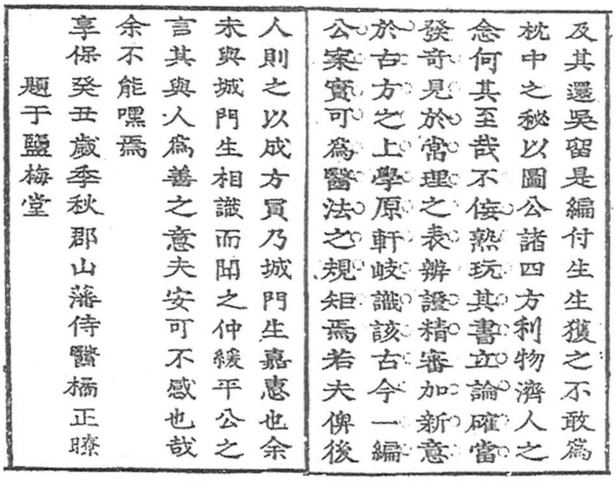
及其還吳留是編付生生獲之不敢爲
枕中之秘以圖公諸四方利物濟人之
念何其至哉不佞熟玩其書立論確當
發奇見於常理之表辨證精審加新意
於古方之上學原軒岐識該古今一編
公案實可爲醫法之規矩焉若夫僕後
人則之以成方買乃城門生嘉惠也余
未與城門生相識而聞之仲綏平公之
言其與人爲善之意夫安可不感也哉
余不能嘿焉
享保癸丑歲季秋郡山藩侍醫橘正瞭
題于鹽梅堂

图7—36　橘正瞭《其慎集·后序》（1733）尾页

这段话原文是古文草书，个别字难辨，大意是说：只有良医才能写出医案。而周君岐来航海到日本三年间，受幕命治病，医术无人胜过。他诊治患者能据不同水土、体质而投药，治愈顽症危病。又随时写下医案名《其慎集》，与其号慎斋一样重在谨慎。平君舒接下说他是岐来的知己，但未尝谋面。医案的作用在帮助医生应机变、察虚实、辨当否，使寒热温补、燮理调养得当，则病可疗而药可验。最后他认为："由古代名医仓公开创的医案事业，已有各名家继承。周君岐来即这方面有建树者。像这样的人真是近古罕闻，有几个人能比得上呢？"[2] 对岐来的这种评价不可谓不高。

京都学者源昌言写道："慎斋周先生者，古吴〔人也〕。来游医于长崎，多起废癃，尽倾其青囊以授诸门人。"[3] 唐津藩侍医河野玄达写道："……《其慎集》若下案，悉本

〔1〕［日］平君舒：《其慎集》序（1731）。
〔2〕同上。
〔3〕［日］源昌言：《其慎集》序（1731）。

《内经》，而审察方宜与人情，兹知鸿术固有由也。可贵，可贵。"[1] 他更称岐来为"大国手周先生"。在安永八年（1779）出版的《其慎集》第二版，易名为《千金要方》，在扉页上印有下列识语：

> 吴门周岐来先生，享保中客寓崎阳。三年间治本邦之人且不寡也。因五方土风而施治，因刚柔强弱而处方。见垣之察，良相之材，无所不尽也。医案数百，〔皆〕治疗之标准，岂谓无一助乎![2]

此评论作者未具名，只作"摄陇积玉圃主人"，说明是大阪书店主人。查该本版权页有"安永八年己亥五月改版。心斋桥南、久次郎町[3]/浪华书林柳原喜兵卫"字样，可能即积玉圃主人。又查《德川时代出版者·出版物集览》，载"河内屋喜兵卫（柳原氏积玉圃），大阪心斋桥通北、久太郎町"。此处有疑点，既然柳原氏积玉圃主人指柳原喜兵卫，又为何再标河内屋喜兵卫？前述识语更云："尝梓《千金要方》藏家久，今复校正刊行。"但1736年版《其慎集》版权页则称："京寺町佛光寺上所、升屋孙兵卫藏版"，而扉页又称"平安仰山馆梓"。说明刊行者为仰山馆主人升屋孙兵卫，地址、堂名及姓名均与积玉圃主人柳原氏不符。但日本只有1736及1779年二版，后者书口上也有"仰山馆梓"之字。为何同一家大阪书店主人前后用不同堂名、地址及姓名，这问题只好待日本出版史专家解决了。最后，还应谈谈岐来弟子城门章对老师的评价：

> 每投药饵有验。凡崎人疲癃废疾，无不应手而立愈。先生之于医也，可谓神矣。[4]

5. 周岐来于1726年在日本的活动

周岐来在日活动只有1725—1726年有详细材料。前已述及，1725年冬，他致书肥后藩研罩居谈《幼科折衷》原委，对该书给予肯定并建议刊行。肥后藩主拨库资于享保十一年丙午（1726）七月出版此书，题为《新刻幼科折衷》，上下二卷，以乾坤装册，计乾上、乾下、坤上、坤下四册。书首有岐来的《新刻幼科折衷序》，写于丙午清和月既望，即1726年四月十五日，按岐来手迹刻印。序中说："然时当明季，天步方艰，兵荒洊至，未及付梓，中国无传。百年之后，名将湮没矣；此书之所以诲也。予客岁（1725）游崎，适肥后当宁（藩主）以是书致询，见其理醇词畅，辨症、用药各极其正，惜无坊刻以行世。何幸当宁保赤孔殷，即欲剞劂（刊行）公诸当代。此诚幼科之津梁、婴儿之宝筏也。予深

〔1〕[日]河野玄达：致周岐来的信（1725年9月），载《和汉寄文》卷四。
〔2〕[日]柳原喜兵卫：对《千金要方》之题款（1779），《千金要方》扉页（1779）。
〔3〕[日]矢岛玄亮：《德川时代出版者，出版物集览》，仙台：万叶堂书店1976年日文版，第67页。
〔4〕[日]城门章：周先生《其慎集》序（1731），载《其慎集》卷首，大阪，1736年版。

喜此书之复明，而知遇之在东国，实有莫为而为之者。景明先生虽往（亡），而著述之苦心应亦慰也已。"[1] 此序后是岐来复藩主的信，接下是正文。最后一册（坤下）书尾有肥后藩儒臣江惊纯（字斌龙）于1726年七月十五日写的跋语，内称："我肥〔后藩〕之源公牧本州，弘张治具。往者麾下之臣弓削清胤进斯书二卷，乃汉人誊本也。公览而契旨，将推幼幼之诚，以广其传。会清医古瀛周岐来寓馆崎港，瞩之序辩诸端，遂下库资以梨锲焉。仍命臣副以国训。"[2] 可见此书汉文写本初由肥后藩臣弓削清胤所藏，再献给藩主，最后刊行，命藩臣江惊纯施加训读，从此乃于日本流传。我们所见为内阁文库藏本，中国尚未藏有此本。

周岐来的医学活动受长崎当局赞扬，并向幕府报告，引起将军德川吉宗的重视，且不止一次直接向他提问各种问题。据《和汉寄文》卷四上所载：1726年夏，吉宗向岐来提出痧症治疗、人参种植、吐剂用法、橘柑橙柚形性及鲤鱼形态等问题。岐来据所知均一一作答[3]，由柳屋治左卫门译成和文呈至幕府。与此同时，吉宗更向在崎的福建汀州人医师朱子章、朱来章提出同样问题，以资比较。将军接到答复后，很快又向周岐来、朱来章提出新的问题，要求他们与日本同事合作，将192种动植物的和名标出汉名、别名、俗名及中国文献出处。这是项大规模考证工作，必须有很深的功底才能胜任。据大庭修氏统计，其中有鱼贝145种、鸟兽13种及植物34种[4]，与前次不同，这次吉宗希望周岐来、朱来章二人联合作答。之所以没有朱子章参加这项工作，因为他已于1726年三月二日客死于长崎，享年五十四岁[5]。1726年八月十九日，周岐来与朱来章完成了吉宗将军的嘱托，对192种动植物汉名及出处作了考证，写成报告书呈至幕府。此报告书收入《和汉寄文》卷四，题为《御寻之仪答书》即答德川吉宗将军御问书，但未标作者及写成时间。然内阁文库藏有《享保十一年八月十九日，南京船载来唐医周、朱等复言御寻之仪答书》写本，内容与《和汉寄文》所载同，可断为周岐来及朱来章所写。

该报告书篇幅较长，此处只能给出若干实例。例一："コィ：本名鲤鱼，出《本草纲目》，无释名、俗语。"查《本草纲目》卷四十四载鲤鱼，为鲤科鲤鱼（*Cyprinus carpro*）。例二："インポハゼ：本名杜父鱼，释名渡父鱼、黄鲋鱼、船矴鱼、伏念鱼，出《本草纲目》。俗语土附、鲈土"。与《本草纲目》卷四十四所载同，为塘鲤科杜父鱼（*Hypseleotris swinhonis*）（图7—37）。"俗语土附、鲈土"不见《纲目》，为岐来所加。例三："石カメ：本名水龟，释名玄衣督邮，出《本草纲目》。俗语乌龟，腹下甲曰龟板。"与《纲目》卷四十六所载同，为龟科水龟（*Clemmys mutis*）。例四："カキ：本名牡蛎，释名牡蛤、蛎蛤，又古贲，出《本草纲目》。俗语蚝，又蛎黄。"与《纲目》卷四十六所载同，为牡蛎科牡蛎（*Ostrea gigas*）。例五："靑シトト：本名蒿雀，出《本草纲目》。俗语黄雀，无释名。"此载《本草纲目》卷四十八，从岐来所给俗名看，当为雀科黄雀（*Car-*

〔1〕（清）周岐来：新刻《幼科折衷》《序》(1726)，载《新刻幼科折衷》书首 (1726)。
〔2〕［日］江惊纯：跋《幼科折衷》后跋 (1726)，载《新刻幼科折衷》坤下册之尾 (1726)。
〔3〕（清）周岐来：《御寻之仪奉答书付之内状书》(1726)，载松宫观山《和汉寄文》卷四上。
〔4〕［日］大庭修：《江户时代における中国文化受容の研究》，京都：同朋舍1986年版，第467页。
〔5〕同上书，第470页。

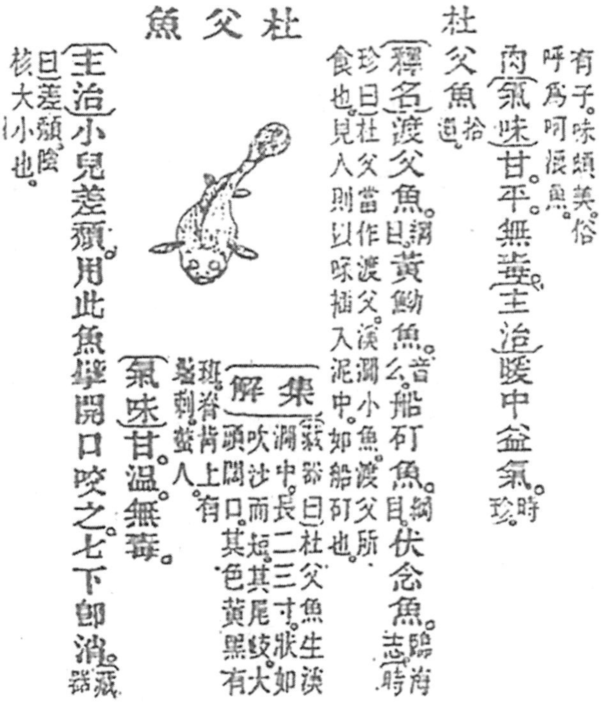

有子。味頗美。俗呼爲阿浪魚。
肉【氣味】甘，平，無毒。【主治】暖中益氣。時珍
杜父魚　拾遺
【釋名】渡父魚。綱目　黃𩶘魚。音船　矴魚。綱目　伏念魚。臨海志
珍曰：杜父當作渡父。溪澗小魚，渡父所食也。見人則以喙插入泥中，如船矴也。
【集解】藏器曰：杜父魚生溪澗中，長二三寸，狀如吹沙而短，其尾岐，大頭闊口，其色黃黑有斑。脊背上有鬐刺，螫人。
【氣味】甘，溫，無毒。
【主治】小兒差頹。用此魚擘開口咬之，七下即消。藏器
曰：差頹，陰核大小也。
杜父魚

图 7—37　《本草纲目》卷四十四杜父鱼条

dualis spinus)。例六："モミ：俗语土杉，又温杉，又柳杉，本名、释名未详"。查土杉，又名罗汉松，载《本草纲目拾遗》卷六，为竹柏科罗汉松（*Podocarpus macropyyllus*）。《纲目拾遗》成于 1765 年，岐来写报告时此书尚未问世。

报告书广泛参引《本草纲目》及《福建通志》、《台湾府志》、《浙江通志》、《广东通志》、《盛京通志》、《花镜》、《三才图会》、《食物本草》等书。大多动植物从上述书中考出名称，但仍有少数不详，我们今天可以考得。如"カヲテ：俗语野鸡枫，又名机枫，本名、释名不详"。我们可从享保年来长崎的清医陈振先《采药录》（1721）第 160 号药查得："鸡枫（カィテ)：又名机枫脂，即白胶香，治左瘫右痪。"此为金缕梅科植物枫香树（*Liquidambar taiwanian*），又名野枫树，树脂名白胶香（图 7—30)。又如："サクラ：此花唐山（中国）无之。"查サクラ（sakura）即樱花，为蔷薇科樱属植物（*Prunus serralata*），乃原产日本的观赏植物。岐来时中国无之，但后来移植于中国南北各地。从报告书内容看，岐来考证名词时可能在长崎看到实物标本。如"タィラキ"或"马甲蛀"条，便云"长崎未见之"；则其余大多数已于当地见到。这些动植物为日中两国所共有，又见于中国文献，于是这项工作便有了科学意义。此乃两国学者合作鉴定大量动植物标本，从事和汉名词对译与核实工作。因其中大多数有药用价值，日本读者可利用岐来这一研究成果，知道某药和汉名、别名，便可按汉籍方书本草正确投药，不致名词混淆也。

6. 周岐来与河野玄达之学术往来

周岐来与河野玄达（1673—1745 在世）之学术交往及友谊，是日中医学交流史中之趣话。河野玄达字通尧，号空图子，生于宽文、延宝年间，累世习医，享保时在唐津藩（今佐贺）任侍医，对《内经》素有研究，著《续溯洄集》。唐津藩在长崎东北方，与肥前相邻。玄达因慕岐来之名，于享保十一年（1726）九月来崎与之会见。二人一见如故，交谈甚契，恨相逢之晚。订交后便不断书信往来，讨论各种医学问题，收入《和汉寄文》卷四下，总题为《唐津医之臣河野玄达、唐医周岐来と问答之写》，共六件。第一件是玄达致岐来信，内称："比来窃闻盛名，愿一接高仪，而今幸得青睐，忽慰素怀，拜谢拜谢。"

在赞誉《其慎集》稿之后，接下提了五个问题，包括如何理解《内经·阴阳应象大论篇》中所述"少火"、"壮火"之含义及如何评价后世诸家之注释、《外科正宗》中瓜儿血衄问题。同时，玄达更将其《续溯洄集》稿及芳村恂益（字北山）《二火辨妄》（1715）托柳屋治左卫门带给岐来，请他阅后提出意见，再将二书退回。关于少火、壮火，玄达是在读《其慎集》卷一《治久次郎危病得痉》病案（内容见前引）后而提出的。岐来云："故权加附子助其元阳，以下行温经。加薄、桂扶其少火，即以利膀胱下陷者，升以举之"，因而引出玄达的提问。信中更就岐来《其慎集·引言》中诗句，讨论其原典出处《诗经·商颂》中"幅陨既长"章句问题。都是学术性很专的问题。信的末尾，玄达赠岐来一首七言诗，赞岐来有"起死回生"之妙术。诗的全文如下：

> 杏林事业自轩岐，起死回生君独知。
> 相遇心身俱爽快，即今应饮上林时。[1]

　　岐来阅毕玄达所带来的二书及来信后，随即写了回信。首先谈少火、壮火。《内经》原文为："壮火之气衰，少火之气壮。壮火食气，食气少火。壮火散气，少火生气。气味辛甘发散为阳，酸苦涌泻为阴。"[2] 于是岐来写道："即如先生所问，少火、壮火在经文前后皆言气味，似乎指药物而言也。然本论是《阴阳应象》，由天地而及人身，由水火而及气味，言气味而推厚薄以及厚薄之功用，气味之义尽此矣。……若壮火、少火专指气味而言，后不必复申提'气味'二字矣。可见前曰水为阴、火为阳，阳为气、阴为味，则壮、少二火发明火为阳之精义，辛甘酸苦直指气味之实在也。经意在论阴阳，明乎少火谓天地阳和之气，壮火乃酷烈之气，而物之气味在其中也。"[3] 接着解释医案中用薄荷、桂皮，乃"会经之意以用方，非释经之文以立说"。与"随经文以释其义"的望文生义式议论有别，岐来是"经世致用"。他还赞扬了两部日本医书，谈到河野玄达继明人王履（字安道，1332—1391）《医经溯洄集》之后编著《续溯洄集》时写道："犹幸而远至崎，得见通尧先生，古道照人，相见如故。而精研《素〔问〕》、《难〔经〕》，阐发奥旨，又胜于安道先生。……览此二集，欣欣若有所得，先生之惠我不浅矣。"在答复其他问题后，岐来在信尾步玄达之原韵也回赠诗一首：

> 志同道合路无岐，雅奏高山自有知。
> 萍水忽逢何忽别？葭苍露白溯洄时。[4]

　　河野玄达接信后，当月又向周岐来写了一信，除继续讨论少火、壮火外，更提到艾灸

---

〔1〕〔日〕河野玄达：致周岐来的信（1726年九月），《和汉寄文》卷四下。
〔2〕《黄帝内经素问》卷二，《阴阳应象大论篇第五》，人民卫生出版社1979年版，第33页。
〔3〕（清）周岐来：答河野玄达的信（1726年九月），《和汉寄文》卷四下。
〔4〕同上。

问题。玄达写道："本邦之医，多不明经脉，不正灸法，……滥点腧穴，漫施壮数。甚者曰世医未知真穴也，而恣倍壮数。或日焫（爇）至千万壮，病势扇扬，则言犹未足，而愈灸愈衰。……先生之明断如何？俯乞审教我矣。"信尾还请岐来为《续溯洄集》写序[1]。岐来接信后，于1726年九月底将《续溯洄集叙》写好寄去，因忙于医务，未就其余问题发表意见。十月二十七日，玄达接书序后，写信表示感谢。但仍望听到岐来对艾灸的看法，又追问温泉浴问题："本邦之人，多不问虚实，不辨内外，不分新久，诸病概浴，而不敢责验否，靡然成俗。贵邦亦然么？"[2]十月十五日，岐来致玄达信中回答说："前承明问艾焫一事，乃自古治病良法，医所必用，特不可滥用也。艾焫原以病用，病愈则止。非谓病已去，而数用此焦皮烂肉之为也。况病有禁灸之病，脉有禁灸之脉，穴有禁灸之穴，必不得已始用此火攻之一法也。若无病之时以艾焫为保养之类，窃更惑焉。……贵处之病者乐于艾焫，一身瘢痕不下数百，而病日甚何也？艾焫以耗气血，非所以益气血也。……至于阴虚之人、细数之脉，或因先天不足，或因斫丧太过，则艾焫不能补虚，而反助火。不惟无益，而有害也。"[3]

至于温泉浴，岐来写道："据所知者，大抵出于硫黄者为多。所以人浴其中，可以愈风湿、疗疮疥者，皆硫黄之功效也。但风湿者四肢之疾，疥疮者皮肤之疾，其内本无亏损，故浸渍而或效。若内有宿疾，不宜于湿热者，吾见坐汤一七之后，即发眩晕者。……此皆不审虚实，辄轻试之效也。[李]时珍遍考诸温泉之各异，又著浴温泉之功效，而必复戒曰：'非有疾人，不可轻入。即有筋挛顽痹疥之人，浴之亦大虚惫，必得饮食药饵调补之。岂非欲求益而反取损乎？设若不入温泉，而投驱风湿、养气血之药，未必不效也。'"[4]周岐来从理论与实践两方面正确表述了他对艾灸及温泉浴疗法的意见。他认为艾灸与温泉浴应针对患者病情而施治，不可滥用，否则不但无益，反而有害。而当时日本风俗是不论何病或有病无病，都习惯于艾灸及温泉浴，结果使很多患者病情加重。岐来坦率地提醒医师们不可带头滥用这两种疗法，而河野氏也认识到这种做法的危险性。他们的讨论对日本医学界及广大患者是有益的。

7. 周岐来的日本弟子

周岐来不但有不少日本友人，还招收日本弟子传授其医术。在他的弟子中，首先应指出城门章，此人后将《其慎集》原稿公之于世。城门章字阳秋，山阴松江人，享保十一年（1726）四月因慕岐来之名，前来长崎拜师，在滋德堂受业二年，习得周氏秘方妙术，后于摄津（大阪）行医。长崎平君舒写道："城门阳秋为摄之阳生云人，闻〔周〕君名欣欣焉[5]，而西出入门下，得受其卫生之术，业已卒周君言，旋令阳生观光上国（国都），将

---

[1] [日] 河野玄达：致周岐来的信（1726年九月），《和汉寄文》卷四下。
[2] [日] 河野玄达：致周岐来的信（1726年十月），同上书。
[3] （清）周岐来：复河野玄达的信（1726年十月十五日），同上书。
[4] 同上。
[5] 平君舒：《其慎集》序（1731）。

刊行以广其传，志尚可嘉焉。”京都源昌言亦指出：“慎斋周先生……尽倾其青囊以授诸门人云阳秋，浮海而归，是秋也，潜究审验，深获活法，遂欲寿梓于海内。”〔1〕所谈均指岐来之得意门生城门章，他在刊刻老师医案方面作出努力与贡献。关于他投师经过，他也作了自我介绍：

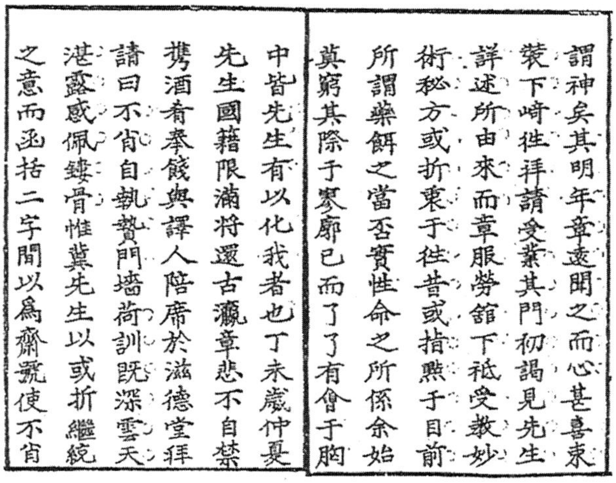
謂神矣其明年章遠聞之而心甚喜束
裝下崎往拜請受業其門初謁見先生
詳述所由來而章服勞舘下祗受教妙
術秘方或折衷于往昔或指點于目前
所謂藥餌之當否實性命之所係余始
莫窮其際于寥廓已而了了有會于胸
中皆先生有以化我者也丁未歲仲夏
先生國籍限滿將還古瀛章悲不自禁
携酒肴奉餞與譯人陪席於滋德堂拜
請曰不肖自執贄門墻荷訓既深雲天
湛露感佩鏤骨惟冀先生以或折繼統
之意而函括二字間以爲齋號使不肖

图 7—38 城门章《周先生〈其慎集〉序》(1731)

其中叙述拜师周岐来之经过

《其慎集》者，吾周先生之所自名其〔医〕案也。乙巳(1725)夏，先生航海来，因吾国聘也。……其明年(1726)章远闻之，而心甚喜，束装下崎，往拜请受业其门。初谒见先生，详述所由来。而章服劳馆下，只受教妙术秘方，或折衷于往昔，或指点于目前。所谓药饵之当否，实性命之所系，余始莫穷其际于寥廓，已而了了有会于胸中，皆先生有以化我者也。〔2〕(图 7—38)

城门章继续写道：

丁未岁仲夏（1727年五月），先生国籍限满，将还古瀛（中国）。章悲不自禁，携酒肴奉饯，与译人（柳屋治左卫门）陪席于滋德堂。拜请曰：‘不肖自执贽门墙（受教于门下），荷训既深，云天湛露，感佩镂骨。惟冀先生以或折继统之意，而函括二字间以为斋号，使不肖永传于后，幸明示之。’先生曰：‘喜哉，尔之好医也。’乃自挥毫题为‘景岐斋’而言曰：‘景者慕也，岐者岐伯也。将此二字为斋号，使尔子孙能慕岐伯，知究心于《灵枢》、《素问》而医学粹精，则杏林春永矣。’章乃谢之曰：‘轩辕所敬者岐伯天师，吾所慕者岐来夫子。’先生大悦曰：‘助我者其阳秋乎。’复授章秘方一卷、医案一册〔及〕《东垣十书》，执手而嘱曰：‘古今医籍之广，充栋汗牛。尔以臾所授书为阶梯，则骎然入域矣。’其情惓惓，章再拜而受，遂别去。其案乃在崎所疗之病，章虽愚鲁，深感其指示造次颠沛弗能忘也。读之至再至四，则知吾师之学术明贯天人，洞彻微奥者也。是年，余来寓摄城（大阪），欲寿诸梓以布海内焉。〔3〕

〔1〕［日］源昌言：《其慎集》序（1731）。

〔2〕［日］城门章：《周先生〈其慎集〉序》（1731）。

〔3〕同上。

"是年"指1727年，城门将其师所赠医案稿施加训读后，于大阪联络出版，似一时未成。直延至享保二十一年（1736）才刊行于大阪。该版诸序中最晚年份为享保十八年癸丑（1733），故在此以前未曾梓行。尽管1725年已成书，岐来初未尝欲刊之于世也。

周岐来的另一弟子是吉野五运。五运字尊德，大阪人，以制药为业。柳原喜兵卫写道："摄坂（大阪）吉野氏受周氏之传，制人参三脏圆（丸）施世，经验最多，故都鄙拳踵购求。余近来卧病，殆将不起。服此药而得一生，释然不胜兴起之至。尝梓《千金要方》藏家久，今复校正刊行，扩其传云。"[1] 再查《难波丸纲目》，载安永四年（1775）制药项下有三脏圆，由吉野五运制[2]。人参三脏圆是以人参等多种药调制，专治心、脾、肾三脏诸病之特效药，也是补劳滋虚的营养药，有神效。此药可能亦载入周岐来离日前传授给城门章的那册秘方之中。吉野氏从岐来习得此药处方后，大量制成成药于大阪出售，患者服之立验，以致竞相购求。书商柳原氏因此药而得一生，乃刊周氏之书以扩其传耳。吉野药店亦因此药而名闻全国，其子孙世代相继此业。而人参三脏圆则一直流行到现在。太田南亩的《一话一言》称，幕府认许的各药房中，包括制该药的药房。除大阪外，文化十年（1813）又在江户开板，后来名古屋也仿制之，亦得幕府认许。今岐阜县"くすり（kusuri）博物馆"（药物博物馆）更藏有江户时代所制三脏圆实物标本（图7—39）。调合所为大阪鳝谷三休桥筋西江入町的吉野五运家[3]。周岐来的贡献是，他传授的这种药在三百多年间治愈了无数患者。

人参三臓圓／江户／131×42强壮　　人参三臓圓／江户／136×52强壮　　人参三臓圓／江户／140×44强壮

图7—39　周岐来传授吉野五运所制之人参三脏圆
岐阜くすり博物馆藏

周岐来在长崎时，还与任掌书监兼唐馆通事的卢草拙（字元敏，1671—1729）建立友谊及文字之交。草拙通天文学及儒学，享保十二年（1727）奉幕府命校订《大清会典》，尝计划研究长崎历史人物事迹，惜志未就而先卒[4]，其子卢骥继承此业。卢骥字千里，长崎人，生于宝永四年（1707），幼从东谷氏学诗文，享保十年任唐馆通事，后于享保十六年（1731）完成《长崎先民传》，文政二年（1819）刊行。卢骥在该书自序中说："享保中，周、沈二夫子前后应聘而来，骥亦受业其门。"[5] 周指周岐来，沈指沈燮庵。卢骥作为岐来的弟子，还请老师为《先民

〔1〕［日］积玉圃主人（柳原喜兵卫）：《〈千金要方〉识语》（1779），载《千金要方》扉页（大阪，1779）。
〔2〕［日］野间光辰监修：《校本难波丸纲目》，大阪：中尾松原堂书店1977年版，第506页。
〔3〕［日］青木允夫、小山みか子编：《くすり看板》，内藤纪念くすり博物馆1986年版，第27页。
〔4〕《长崎县人物传·卢草拙传》，东京：大谷红兵卫、大谷仁兵卫梓，1919年版，第525—527页。
〔5〕（清）卢骥：《长崎先民传》自叙（1731），载《长崎先民传》书首（东京，庆元堂梓，1819）。

传》写序。周序中追述了与卢氏父子的交往："乙巳岁（1725）余馆崎，得谒元敏先生，见其古道照人，职在校书，已无书不览，而其自视虚怀若谷焉。既而令嗣千里，谬行执贽，益悉其著述之富、文行之优。古之君子，当不是过也。千里姿本聪慧，又兼庭训之谆谆，诗文之日异月新，已见一斑。"[1] 此处所说"谬行执贽"，便指岐来向卢骥传授学业，看来还不只限于医术，而是还有经史诗文。卢骥虽已属日本国民，但其先祖卢君玉为明代福建人，1612 年流寓长崎，娶日本妻于此定居，1631 年卒。沈燮庵（1673—?），名炳，字登伟，燮菴为其号，浙江仁和人，是享保年旅日的著名学者，奉幕命校《唐律疏义》，1731 年返国[2]。

8. 周岐来之返国及二次访日

周岐来以紧张而不懈的姿态很快完成了幕府聘任的工作，准备启程返国。但返国年代及滞日时间，史料有不同记载。有的说他留二年或二年余，而于 1727 年夏五月返回[3]。有的说他在日三年，于 1728 年离日[4]。上述记载或出于《长崎志》，或出于岐来友人、弟子之手，均有可信之处。然为何不同？料想原定住二年并于 1727 年五月返回，后临时改变行期，又续住数月。因而笔者倾向于认为他于 1728 年夏离开日本，滞留近三年，这是当时法律允许外国人旅日的最长期限。在中国史料中也可找到印证，查《雍正朱批谕旨》载浙江总督李卫（1686—1738）于雍正六年（1728）十二月十一日上奏称："费赞侯供认，曾带来崇明县医生周岐来往彼（日本）治病，业经回籍。臣于途间唤到岐来，面讯是实。"费赞侯即雍正三年（1725）六月带岐来去日本的南京船主。而李卫于雍正六年八月传唤船主，他承认曾带岐来"往彼治病"，且已回国。李卫便唤到岐来面讯属实，没有其他活动，便不再追究。这也说明岐来是 1728 年夏离日的，而非 1727 年。此时岐来已年近花甲，仍在江苏行医，并与卢骥等在崎友人通信，同时还写了一些诗文。他是否娶妻生子，县志未载。按周氏为崇明大姓，或可从其族谱中得详，尚待考也。

岐来为《长崎先民传》写序，末尾题"时岁次癸丑清和望日，古吴慎斋周南书于崎馆借绿楼"，即 1733 年四月十五日写于长崎唐馆借绿楼。说明他又再次访日，但此次未下榻于柳屋治左卫门宅。岐来于序中说："辛亥冬，余复来崎。元敏先生已赴玉楼（故世）。……千里（卢骥）绸缪（深厚情谊）如昔。一日出《先民传》一帙，问序于余。"[5] 辛亥当享保十六年、清雍正九年，则可知岐来 1728 年夏返国居住三年后，1731 年冬再来长崎，此时已六十一岁矣。写上述序时，已在崎又居住两年。此时老友卢草拙已去世，其子千里已承乃父遗愿。他再访日之活动载诸史料者，尚有为《大墨鸿壶集》写序，时在癸丑仲冬，即 1733 年十一月。当时奈良古梅园主人松井元泰曾制重二十斤之方形、圆形大墨，

[1]（清）周岐来：《先民传》序（1733），载《长崎先民传》书首（东京，1819）。
[2] 潘吉星："18 世纪旅居日本的中国学者沈燮庵"（1989），待发表。
[3]《长崎志》第二册（江户时代写本）；城门章：《周先生〈其慎集〉序》（1731）。
[4] ［日］平君舒：《其慎集》序（1731）；柳原喜兵卫（积玉圃主人），《千金要方》识语（1979）。
[5]（清）周岐来：《先民传》序（1733），载《长崎先民传》书首（东京，1819）。

分赠在崎清国友人，希望他们或作画、或写诗文以咏此墨。从元泰处获得大墨者有周岐来、沈燮庵、孙辅斋、赵淞阳、蒲三桥及丁书崑等人。后来江户日本桥的小川彦九郎将这些人写的诗文收集成书，题为《大墨鸿壶集》，再请岐来为全书冠序。[1] 此书于享保十九年（1734）春出版。看来他此次访日除医学活动外，主要是以文会友，故地重游。通过阅读弟子卢骥《长崎先民传》稿，使他对此地历史、风土人情及先民事迹有了更多了解。此次造访非奉幕府之聘，而是应友人之邀而来，亦无商业上的目的。

在周岐来的再次访日期间，他的另一弟子城门章仍在为出版《其慎集》而奔走。而且正是在这段时间内（1731—1733），城门氏的努力取得了进展，先后求得平君舒、源昌言及橘正暸为本书写序，而阳秋本人也写了序，对作者事迹作了介绍，替出书作好必要准备。因此我们可以说，周氏这次到来，对此书出版起了某种促进作用。按当时情况，出版某书如有名家作序，意味着得到学术推荐与认可，书商才愿意梓行。岐来作为名家，替一些别的书写了序，现在轮到他自己的书，也得请其他学者作序。然在其此次两年滞留期间，仍未见其书出版，于是乃决定归国。估计在他为《大墨鸿壶集》写序（1733年十一月）后不久，便浮海而返。《崇明县志》说他"留五年归"，这是正确的。不过他不是连续在日本居住五年，而是分作两次：第一次三年（1725—1728），第二次二年（1731—1733）。第二次返国时，他已六十四岁。而《其慎集》直到1736年即他六十七岁时才出版。这时他在远近早已成为知名人物了。我们估计他应能得知此书出版的消息，而且会看到此书。因为他在日本有很多友人，而往来于长崎的中国商船四季不断。其晚年情况我们知道不多，约卒于乾隆初年。古时医者多寿，假定他享年七十五，则其卒年便在乾隆九年（1744）前后。

9. 评周岐来之历史贡献

纵观岐来一生，博学多才，幼时"家世易学，参究阴阳，玩占爻象。弱冠步黉，其才卓荦"。以侍母病，不求仕进而业医，出自长洲张氏医学学派门下，深得其传。精医术，起沉疴，遐迩企慕负笈而至者，络绎于路。雍正三年应幕府之聘，航海来崎，以医术悬壶，游学于日本，于海外大显身手，事业颇为成功，致请医者户履恒满，慕名拜师、问学者有人焉。虽偏居于崎阳，然其活动在整个日本都有影响，归纳起来，他至少有下述贡献值得肯定。第一，岐来作为开业医生，于滋德堂以其精湛医术治愈各地大量重病及疑难病患者，且疗效神速立验。其他医生谢手不治或愈治愈危之症，经他诊治后均能很快平复。他有一整套独特诊治方法与思路，其成功经验可为其他医生借鉴。第二，作为医学家，他更写出医案《其慎集》刊于日本。此书不但有充实的临床实践资料，更有指导实践的医学理论思想。他带来了既重视经典理论与古方，又能临症应变、权宜变通而不泥古的实事求是精神。而这正是当时日本汉方医学界所需要与提倡的。他的医疗实践与思想观点以及行医精神与日本勃兴的古方派早期优秀代表人物相呼应，试图从中古传统中闯出一条新路。

〔1〕［日］大庭修：《江户时代における中国文化受容の研究》，京都：同朋舍1986年版，第262页。

第三，岐来滞日期间与各地医学界人物展开学术交流，答复各种质询，共同讨论医学理论与紧迫的治疗问题。他作为日中医学交流的使者，与日本同道切磋医术，互相启发，共同提高认识。有些认识有助于克服积习成俗的错误医疗方法，如滥用艾灸及温泉浴、不解病本而投恶药等。第四，他还尽倾其青囊将其妙术、秘方无私地传授给日本弟子，使医统得继，造福社会。第五，他奉将军德川吉宗之命，与朱来章及日本同道一起，对 192 种动植物标本作了系统鉴定与和汉名词对译，并查出文献出处。这项工作具有很大学术意义，因为正是这些动植物名词较难把握。这项工作克服了两国学者应用对方医学文献时可能产生的对药名误解或错用药物的危险。第六，他还发现流散到日本的明人秦昌运所著《幼科折衷》写本的价值，推动其刊行，使几近湮没的幼科医书重见天日，继续嘉惠儿童患者，保赤有方。此外，岐来虽为医学家，但亦通经史文学，除医学交流外，更以诗文会友，且授业卢骥，有助其撰编《长崎先民传》。与日本同道亦讨论文史，在传授弟子时注意医德教育，且身体力行。这样的人可被视为当时日本社会中受人尊敬的儒医，他的活动加深了日中两国人民之间的友谊与相互了解。

因岐来滞日多年，通晓该国风土民情。他应能会讲一些日本语并阅读日本文献，当然对日本医学也较熟悉。他很愉快，自己能受知遇于东国，看到那里钻研中医古典且学有成就者，可与中土互相发明。在清代医学家中他是有特殊经历的人物，但这样一位难得的人才返国后，却没有受到应有的礼遇，反遭官府盘查。似乎士人学子一出洋，就要"里通外国"，因而岐来东瀛之行替中国增光添彩的事迹，并未被地方官上报朝廷予以表扬，此乃清朝官吏之无知。雍正皇帝知道周岐来其人，但没有像将军德川吉宗那样知人善任，使岐来在本国充分发挥才智。以岐来医术而论，本可供职太医院；以其学识而言，本应授予进士。然他却没有得到这类名位，终以布衣而竟其一生，造成"墙里开花墙外红"的局面。《其慎集》亦长期未在中国出版，虽然日本已出版三次。这是一个历史悲剧。吾人今日为岐来立传，亦意在为他国内受到的不公正遭遇鸣不平。

[后记] 1987—1988 年，我在京都大学人文科学研究所东方部及日本部工作，参加中国科学史研究班（山田庆儿先生主持）及日本文化史研究班（横山俊夫先生主持）的活动。为了与研究班同事们兴趣相一致，我选"江户时代日中医学交流史"为研究题材。本文是这项系列研究的一部分，蒙山田先生及田中淡先生好意，得以收入《中国古代科学史论》续集之中。我必须说明，在这项研究中始终得到山田氏、横山氏及他们主持的研究班内其他同事的好意帮助，京都大学的吉田光邦先生和大阪关西大学的大庭修先生的帮助同样是有价值的。谨向以上各位以及内阁文库、京大总图书馆、人文所图书馆、京大医学部图书馆致以衷心谢意。

四 17 世纪流寓日本的中国名医陈明德

1987—1988 年，笔者曾在日本国京都大学人文科学研究所的日本部与东方部工作。

当时选定以江户时代（1617—1868）日中科学交流史为研究课题，本文就是这项研究的一部分。17 世纪在日本长崎曾有一位中国名医陈明德（1596—1674）在彼开业。长崎是江户时代日本与明、清时代中国进行经济与文化交流的窗口。每年都有中国沿海各省商船（日本叫"唐船"）到长崎从事贸易活动。随商船而来的中国人中，主要是商人和船员，但有时也有学者和医师。陈明德便是其中之一，在日本文献中他以颍川入德之名而著称。在长崎华岳山樱场村的春德寺内，耸立着一块高 5.2 尺的陈明德墓碑，题为"颍川入德医翁碑铭"（汉文）[1]。与此同时，《长崎县人物传》（1919）还收入用日文写的"颍川入德传"[2]。碑铭与传记二者大同小异，但传记所含有些文字为碑铭所无。今特就这两项原始资料对陈明德事迹作一介绍。

陈明德字完我，明代浙江杭州府金华县人，生于万历二十四年（1596）。少为诸生有大志，奈乡试中屡试不第，乃弃儒就医。碑文述其此时心情时写道："士君子不得为宰相，愿为良医。虽显晦不同，而济人则一。"他出生那年正是李时珍（1518—1593）巨著《本草纲目》首刊于南京之时，而他实际上与李时珍年轻时遭遇相同，最后也选择了同样的事业，以济世救人为己任。他刻苦努力，医术精湛，尤其长于小儿科。然至而立之年时，正值明代天启年间（1621—1627）阉党巨奸魏忠贤专权误国，到处捕杀东林党人，并株连其师友弟子。在这动乱的社会里陈明德怀才不遇，加之他思想激进，个性耿直，对黑暗统治不满，为避危难，乃随浙江商船东渡日本。《长崎县志》称："明万历、崇祯年间，中土兵乱大作，人民逼于困厄，多携仆从数辈前来长崎，以避危难。此种人民，与一般商人迥不相侔。"陈明德是作为义民而流寓至长崎的。

关于陈明德去日本的年代，碑铭作"崇祯年中"（1628—1644），相当日本宽永年间（1624—1643）。但传记则作"庆安年间"（1648—1651），已是入清后的顺治初年，我们认为他这时去日的可能性不大。因清初海禁甚严。复检大学头（大学士）林炜（1800—1859）主编的《通航一览》（1853）卷二二三，则载浙江金华医者陈明德于宽永四年（1627）来崎，此记载应属可靠。宽永四年相当明天启七年，同年八月熹宗朱由校（1605—1627）死，弟信王朱由检（1611—1644）嗣位，是为思宗，改明年为崇祯元年。因此我们认为陈明德是于 1627 年崇祯帝即位的当年东渡日本的，时年三十二岁，正值有为之时。碑铭说他于崇祯年来日，也还说得过去，因该年虽未正式用崇祯年号，但崇祯确已即位。陈明德初来时独身一人，而长崎便成为他在日本的落脚点。此后便久居于此，直到去世。抵崎后，因其医术高明，日本患者多慕名就医，遂于长崎开业悬壶，碑铭称其"每投药饵，起死回生"。接着他便在日本住了一年多，而未随原船返航。根据日本法令，华人在崎不能久留。但由于日本朋友一再挽留，向官府请求延长他滞日期限，加之崇祯十七年（1644）明亡，清兵入关，而有强烈反清思想的陈明德，遂绝返回乡国之念。

〔1〕［日］安东省庵："颍川入德医翁碑铭"（1674），收入《省庵文集》，又见［日］福田忠昭《长崎市史·地志编·名胜旧迹部》，大阪：清文堂出版社株式会社 1938 年版，第 877—878 页。

〔2〕［日］安东省庵：颍川入德传（1674），收入《长崎县人物传》，东京：大谷红兵卫、大谷仁兵卫梓 1919 年版，第 660—662 页。

陈明德在日本住了十几年后，熟悉了当地环境，精通了日本语，又娶日本妇女为妻，遂易姓名为颍川入德（Yorikawa Nyutoku），以从其国俗。我们推想，他的这个姓氏说明其远祖可能是颍川（今河南许昌）陈氏，因以颍川为姓。今长崎日本人颍川姓氏者多为陈氏后代。比他更早（1599）到此地定居的还有另一位浙江人陈九官（1581—1671），其后代亦称颍川氏。陈明德行医期间，治愈了很多日本患者，因而，闻名遐迩。承应二年（1654）他与日本儒者安东省庵（Ando Seian，1622—1701）订交，相谈甚契，恨相见之晚。此人便是为他写碑铭的作者。安东省庵名守约，幼名守正，字默然、子牧，号省庵、耻斋，筑后（今大分县）柳州人，生于元和八年（1622），早年就学于京都著名儒者松永尺五（名遐年，字昌三，1592—1657），后任柳州儒官。明末反清学者朱舜水（1600—1682）来长崎时，省庵割俸禄之半以养之，伊藤东涯（1690—1736）称其为"关西巨儒"，元录十四年（1701）十月二十日卒，所著有《省庵文集》、《省庵手简》、《初学心法》、《理学要抄》及《日本史略》等[1]。他为陈明德写的碑铭，曾收入《省庵文集》之中。他是朱舜水和陈明德的共同朋友。

时安东省庵多病，陈明德乃投良剂使其康复，从此二人友谊更笃，书信往来不绝。省庵谓明德处方初无定制，因时、因人、因病而异，旨在对症下药，辨证施治。筑后藩主患痈，"危症百出，群下失色"，省庵乃荐明德往治，终于治愈。宽文三年（1663），省庵妹患产后热，遍访良医就诊无效，体胀、残喘，濒临危急，再请明德诊治，进数十剂而顽病尽消。从此明德医名大振，四方就医与就学者履满户外，很多日本危急患者都经他医治而得救。鹤城氏指出：陈明德在长崎行医时，荷兰的"兰方"尚未传入，汉方医仍占主导地位，故四方日本医家效法明德，"盖小儿科汉方医自颍川入德始为之一新"[2]。19世纪时，在长崎诹访公园内竖立一块由贵族院议长、正二位一等公爵德川家达篆额的《乡土先贤纪功碑》，碑上刻下对日本作出重大贡献的长崎历史人物，而陈明德（颍川入德）就是其中医学界的代表人物之一[3]。陈明德作为对日本文化作出贡献的侨居长崎的明清人士之一，他的名字也常常被日本有关科学文化史著作所提及[4]。遗憾的是，在中国出版的这类著作中却很少谈到他。

陈明德不但在临床诊治方面有起死回生之医术，还结合医疗实践进行医学理论研究，著成《心医录》一书。他在书中批评庸医不识《素问》及《难经》为何物，徒以一二方书为准绳，且不审四时之脉及四季六气之病，悉照古方投药。他指出："医者意也，医术通心，施治如持权衡以较轻重，苟非通心，假令病痊，亦偶中耳。"他推崇元代医学家朱震

---

〔1〕［日］日置昌一：《日本历史人名辞典》，东京：名著刊行会1973年版，第52页。

〔2〕［日］安东省庵：颍川入德传（1674），收入《长崎县人物传》，东京：大谷红兵卫、大谷仁兵卫梓1919年版，第660—662页。

〔3〕［日］安东省庵：颍川入德医翁碑铭（1674），收入《省庵文集》，又见［日］福冈忠昭《长崎市史·地志编·名胜旧迹部》，大阪：清文堂出版社株式会社1938年版，第162—163页。

〔4〕例如，［日］富士川游：《日本医学史》，附录《日本医事年表》，东京：日新书院1943年版；［日］木宫泰彦：《日中文化交流史》，商务印书馆1980年版，第702页；［日］辻善之助：《日支文化の交流》，大阪：创元社1938年版，第202页。

亨（1281—1358）在《局方发挥》中所阐明的观点，反对固守古方，认为以古方治今病，如拆旧屋构新屋，其材木虽一，复经匠氏之手，其用则异。他认为世医以古方治今病，乃鲁莽乱杂的误人之举。陈明德发挥了朱震亨的医治理论，主张精究《内经》医理，应用处方时宜临症变通，而不为古方所限，只有这样才能收到良好疗效，当然这要求医师有丰富的临床经验。他的医疗实践与理论思想对发展日本汉方医有不小的贡献。其《心医录》是他长期实践和理论研究的总结。可惜宽文三年癸卯（1663）长崎大火之际，此书化为灰烬。但看过此书并了解其医学思想的日本学者，仍受到他的影响。在他的门人中，尚有柳如琢，其事迹待考。

　　陈明德不但医术高明，亦具有高尚品格。其日本友人安东省庵在碑铭中写道：翁之为人天性坦直公正，遇人穷则慷慨解囊相助。家人怨之，则谓："汝知何也？"故终日家无余财。他只满足于以医术济人，未尝想到致富。他与朱舜水友善，二人有共同的政治思想，都一直不忘祖国，明德经常隔海翘首西顾，未曾改变反清复明之念。延宝二年（1674）六月二十日病故于家，享寿七十有九。葬于长崎华岳山春德寺内，碑铭由关西巨儒安东省庵撰写，已如前述。明德卒后遗有一子畏三，日本名颍川藤左卫门，长于文史，曾从安东省庵学诗词，亦从父习医，后任长崎唐馆大通事。"唐馆"是日本官府专门为华商兴建的贸易场所及下榻处所。唐馆通事属官府编制，由通晓华语、日语及文史的有学问的人充任。陈明德还有两个孙子，后来在文坛中崭露头角。长孙陈严正（1684—1723），字雅昶，日本名颍川四郎兵卫，为人奇伟高迈，知识过人，博极经史，通古今及日本掌故，承父职任唐馆大通事。平生藏书数万卷，构一书阁，匾曰"立习"，更收有古器及书画，人欲见则出示之，时人称为"陈书阁"，好吟诗，受日本公卿士大夫宠爱[1]。其弟陈道光（1689—1723）亦通经史百家，享保八年（1723）游学京都时，不幸染病逝于旅次。

　　陈明德在日本史中以颍川入德之名而著称于世。但在我们所涉猎的现存文献中，详细介绍其事迹的还不多见。为保留史料计，今特将碑铭附在本文之后，再将传记中有关内容以方括号补入碑铭中所缺部分，以见两种史料的全貌。所要说明的是，传记原文虽为汉文，但笔者得到的则是日文译文，而此次再从日文回译成汉文时，可能在文字上与原文略有出入。

附录　颍川入德医翁碑铭[2]

　　翁姓陈，讳明德，字完我，浙之金华人也。昔在明朝，再试不第，退而叹曰："士君子不得为宰相，愿为良医。"〔虽显晦不同，而济人则一也。〕卒改业为医，〔尤精小儿科。〕崇祯年中，航海抵崎。每投药饵，起死回生。崎人留而不归，〔居年余。时有国法，华人来者不许久留。〕厥后强胡（满清）猾扰，翁乃绝念于乡国，遂易姓

〔1〕（清）卢草拙、卢骥（千里）：《长崎先民传·颍川四郎兵卫传》，京都：庆元堂1819年版。
〔2〕方括号内的文字系传记中的内容，为笔者所补；圆括号内文字为笔者所加之注。

名号为颍川入德，盖从其国俗云。承应三年（1654）予自京（京都）游崎，始获荆识，往复谈论，恨相见之晚也。〔时予多病，求治于翁，乃授良剂以愈。见其处方，则因时而变，初无定方。明历二年（1656）予于东武，家兄染疾，再请翁，翁曰："此易治者"，投剂痊之。先主公（筑后藩主）患痈，危症百出，群下失色，复延翁往医，数日乃痊。〕万治二年（1659）予在京，翁将赴东武，路经京，〔往令嗣畏三兄之寓所，〕再会尽欢。未几，予还乡（筑后柳州），翁亦返崎。翁谬加品题，推以为令嗣畏三词盟之指南。〔宽文三年（1663），家妹患产后热病，遍访良医无效，周身肿胀，残喘难忍，再迎翁。翁查脉色，审标本，进数十剂而霍然矣。〕翁专心医术，尝著有《心医录》〔若干卷，谓曰："庸医不知《素〔问〕》、《难〔经〕》为何物，徒以一二方书为准绳，且不知四时之脉。四季六气之病。"〕夫医者意也，医术通心，施治如持权衡以较轻重。苟非通心，假令病痊，亦偶中耳。〔丹溪[1]集医术之大成，其言曰："以古方治今病，犹如拆旧屋构新屋，其材木虽一，复经匠氏之手，其用则非矣。"此诚为确论也。王节斋[2]谓，东垣[3]、丹溪深明本草，洞究《内经》，因得制良方。世医效而治病，卤莽乱杂，误人匪鲜矣。薛立斋[4]因曰："古方不可效，效则早亡，至应用则贵权宜。"翁著以《心医录》名之，所见远矣。〕惜哉癸卯（1663）之灾，已化为灰烬。〔翁天性坦直，内心无邪，且人穷则怀金以救。家人怨之，则曰："汝知何也？"故终日家无余财。其志常不忘本，尝翘首西顾，未尝易恢复之念。呜呼，世情不正，文过饰非，甚且落井下石者有焉，然比翁风奈何？〕哀哉，延宝二年（1674）六月二十日翁以寿终于家，〔年七十有九。数年前，翁谓予曰："我闻我将死之时，当航渡于一苇之中，与君握手永诀，此乃平生之愿耳。"然予往见其面，已于幽明之中，有负前约，伤哉。岩者或谷，谷者或陵，凭不朽之石葬之，以示后昆。〕未几，畏三词盟捐馆（长崎唐馆），门人柳如琢请予以碑铭，〔爱访墨卿〕以芜词铭曰：

　　翁生中华，终于日东。生死国异，魂游惟同。还丹云成，伯阳[5]为仙。谁道翁亡？尸解登天。

　　　　　　　　　通家持教生安东［守］正[6]省庵甫顿首拜撰

---

　　〔1〕丹溪指朱震亨（1281—1358），字彦修，通称丹溪先生，浙江义乌人，元代著名医学家，著《格致余论》、《局方发挥》、《伤寒论辨》、《素问究略》等书。他在《局方发挥》中认为，无明确医学理论指导医疗实践，只"集前人已效之方，应今人无限之病，何异刻舟求剑、按图索骥！"

　　〔2〕王节斋，即王纶，字汝言，号节斋，浙江慈溪人，明代医学家，成化进士（1484），著《名医杂著》、《本草集要》、《医论问答》等，其原病定方不泥古，亦不悖古，论者以为丹溪复出。

　　〔3〕东垣，指李杲（1180—1250），字明之，晚号东垣老人，河北真定人，金元间著名医学家，著《脾胃论》、《活法机要》、《兰室秘藏》、《医学发问》等书。

　　〔4〕薛立斋，即薛己（1487—1559），字新甫，号立斋，江苏吴县人，明代医学家，著《内科摘要》、《女科撮要》、《本草约言》等，又有《薛氏医案》。

　　〔5〕伯阳，即东汉炼丹家魏伯阳，著《周易参同契》（142）。

　　〔6〕原文作安东正，实指安东守正，为安东省庵幼时之名。

第八章　造纸

一　中国造纸术在 18 世纪以前世界各国的传播

造纸术与指南针、印刷术及火药合称为中国古代科学技术的四大发明，在推动人类文明的发展中起了重大作用。造纸术比其他三项发明得更早，因而最先传遍世界各地。在未发明造纸术前，中国古代书写记事的材料有甲骨、金石、缣帛及简牍等，而外国则除用金石外，还用莎草（*Cyperus papyrus*）片、贝叶（*Borassus flabelliforeuis*）、树皮及羊皮等。由上述材料发展到纸，经历了一个很长的演变过程。我们可将古典书写材料分为三类来与纸作一比较：第一类为重质硬性材料，如金石、甲骨及简牍，容字不多，比纸笨重而且不方便携带，又不能舒卷，而所占的体积又大。用青铜或铁器铸字，耗去金属及人工，工费颇巨。第二类为轻质脆性材料，如莎草片、贝叶、树皮，在坚牢性上不及上述第一类，但重量较轻，容字多，较方便携带。但同纸相比，这类材料则性脆而不耐折，亦不能舒卷及随意运笔，而扎成书册后又占较大的体积，而且较纸重。第三类为轻质柔性材料，如缣帛、羊皮，表面平滑受墨，容字多，可任意运笔，尤其缣帛可舒卷、拼接，携带方便；而羊皮亦有柔性，但和纸相比，这类材料则昂贵而不容易多得。纸有下列优点：

(1) 表面平滑、洁白受墨，幅面大而容字多。

(2) 体轻、柔软耐折，可任意舒卷，便于携带。

(3) 寿命长，物美价廉，原料随处可得。

(4) 用途广，既可书写、印刷、绘画，又可用作包装材料，而且纸制品在工、农业及日常生活中用途多样。

所有上述材料都无法和纸媲美。纸从中国推广到世界之后，成为国际通用材料为期达千年以上，是中国人给全人类的一份厚礼。本节要讨论的是造纸术 18 世纪以前在东西方传播的千年万里旅程。

（一）中国造纸术的发明

首先要弄清什么是纸。传统上所说的纸是指植物纤维原料经机械、化学作用，成为较纯而分散的纤维，与水配成浆液后，经漏水模具打捞，使纤维在模具上交结成湿膜，再滤水、干燥形成有一定强度的平滑薄片，作为书写、包装及印刷等用途的材料。以往由于没有弄清楚或规定纸的定义，将不是纸的材料当成纸，造成造纸术起源问题上的误会。如《后汉书》作者范晔（397—445）认为"其用缣帛者谓之纸"，这就错了。缣帛是丝织物，不符合纸的定义，不是纸。有人以为西方莎草片是纸，似乎造纸术起源于西方[1]，它虽为植物原料，但制造过程及物理结构与纸大相径庭，不能视作纸。更有人说树皮布（tapa）是纸[2]，其实这与莎草片、贝叶一样，都不符合纸的定义，都不是纸。先秦时没有"纸"字，纸字可能创于西汉，同造纸术起于秦汉之际有关。许慎（30—127）《说文解字》（100）说："纸，絮一苫也。从糸，氏声。"这是说此字会意从糸，发音从氏。苫又作箔，即席子。他认为纸是在席子上形成的一片絮，絮就是纤维。此定义谈到造纸原料及成纸模具，只是未谈絮是动物纤维还是植物纤维。从考古发掘物中看到，早期纸都是由植物纤维（麻类）制成，因而《说文解字》所说的絮指麻絮即麻纤维。

　　关于造纸术起源，长期以来有两种不同意见：第一种意见认为东汉（23—220）宦官蔡伦（63—121）于105年发明纸；第二种意见以为西汉初（前2世纪）即有纸，蔡伦是造纸术的改良者。在蔡伦之前到底是否有纸？如果有，其原料、形制又如何？这都是问题讨论的实质，单靠书本是解决不了的，因书本所载互相矛盾，那么就只有靠地下考古发掘的资料了。1933年考古学家黄文弼（1893—1966）博士在新疆罗布淖尔汉烽燧遗址首次掘得一片麻纸。

　　　　同时出土者有黄龙元年（前49）之木简，为汉宣帝年号，则此纸亦为西汉故物也。[3]

　　1957年陕西西安市郊灞桥工地古墓中出土文物一百件，其中有一批纸，上有铜锈绿斑，考古学家对同出器物逐一研究后，断定墓葬年代不晚于西汉武帝（前140—前87）[4]，经化验证明是麻纸[5]；1973年甘肃省考古队在额济纳河岸汉居延地区的肩水金关遗址，用科学方法发掘、清理出纪年木简、纸等，古纸两片，年代分别为公元前52年及公元前6年，经化验均为麻纸[6]；1978年陕西扶风县中颜村出土汉代窖藏，其中有白色、质地较好的麻纸，年代为公元前93年至前49年[7]；1979年甘肃汉长城联合调查团在敦煌郊外马圈湾西汉烽燧遗址做科学发掘，清理出麻纸五片，最大一张为32厘米×20

　　〔1〕翦伯赞：《中国史纲》卷2，上海生活出版公司1947年版，第511页；J. Černey, *Paper and Books in Ancient Egypt*. London，1952，p. 31，Note 2.
　　〔2〕凌纯声：《树皮布、印纹陶与造纸、印刷术发明》，台北，1963年版；〔日〕国分直一：东亚古代に於けるタパ文化，《广岛大学历史研究》，1953年版，第52页。
　　〔3〕黄文弼：《罗布淖尔考古记》，北平，1943年版，第68页。
　　〔4〕田野：陕西省灞桥发现西汉纸，《文物参考资料》1957年第7期，第78—81页。
　　〔5〕潘吉星：世界上最早的植物纤维纸，《文物》1964年第11期，第48—49页。
　　〔6〕初师宾：居延汉代遗址和新出土的简册文物，《文物》1978年第1期，第1页。
　　〔7〕罗西章：陕西扶风中颜村发现西汉窖藏铜器和古纸，《文物》1981年第10期，第1—8页。

图 8—1　汉代造麻纸工艺过程图
潘吉星设计、张孝友绘（1979）

厘米，年代为公元前 1 世纪至公元初年[1]；这些出土的纸均无字迹，但在 1986 年甘肃天水市郊放马滩西汉墓中出土的纸上则绘有地图，"此墓的时代当在西汉文、景时期"[2]，即汉文帝（前 179—前 157）、景帝（前 156—前 141）在位时期。尤其令人兴奋的是：1990 年冬考古学家又在敦煌郊区汉悬泉遗址发掘了二十余块西汉纸，年代为元帝至成帝时（前 48—前 17），其中有的纸上面留有清晰可辨的文字[3]。

〔1〕　岳邦湖、吴礽骧：敦煌马圈湾汉代烽燧遗址发掘简报，《文物》1981 年第 10 期，第 1—8 页。
〔2〕　何双全：甘肃天水放马滩战国秦汉墓群的发掘，《文物》1989 年第 2 期，第 9、31 页。
〔3〕　文纪：1990 年中国重大考古发现综述，《文物天地》1991 年第 2 期，第 47 页。

　　综上所述，1933—1990 年间在新疆、陕西、甘肃及广州各地已先后八次发掘出西汉初至西汉末（公元前 2 世纪至公元 1 世纪）制造的蔡伦前麻纸，经化验后符合纸的定义，有些纸上还留有墨迹，这就准确无误地证明造纸术起源于西汉初期，且从一开始就是为书写目的而制造的。虽然蔡伦不再是纸的发明者，但其作用亦仍肯定：第一，他总结了西汉制造麻纸技术的经验，又组织一批更好的麻纸生产，起了革新及推广作用；第二，他主持研制楮（*Broussonetia papyrifera*）皮纸，突破以木本韧皮纤维造纸的技术，扩充了造纸原料，推动了造纸发展。目前，虽然仍有人坚持蔡伦是造纸术的发明者，但考古发掘提供的大量事实是无法否定的。总有一天人们的认识会趋于一致，而将中国造纸术的发明锁定在秦汉之际（前 3—前 2 世纪之交）。西汉造纸术经历一百多年后至东汉，纸已在较大规模上生产，很快扩及各地。至魏晋南北朝（3—6 世纪）时，除麻纸、楮皮纸外，又有桑皮纸、藤皮纸，而中原地区普遍用竹帘床模具抄造，同时发展表面涂布及染色技术。4 世纪时，纸成为唯一的主要书写材料，纸写书卷迅速增加，促进文化的发展。隋唐五代（6—10 世纪）是麻纸全盛时期，印刷术的发明刺激了纸业的兴旺。唐末南方更开始造出竹纸。在纸加工方面，形式多样，有涂蜡纸可防水，且呈半透明状；有金花纸，在色纸面上饰以金粉、银粉，使其本身成为艺术品，再在上面写字或作画。水纹纸及砑花纸也是在这时期出现的。宋元（10—14 世纪）是造纸术发展时期，质量改进的皮纸和廉价的竹纸成为主要的纸种，麻纸因原料关系而开始衰落；这时能造出巨幅匹纸，长丈余，反映了造纸技术的进步。普遍在纸浆中加"纸药"作为纤维漂浮剂，从杨桃藤、黄蜀葵等中提取植物黏液作为纸药。纸的大宗用途仍是书写及印刷，中国在这时期还发行纸币，用纸制衣服、帐子等。苏易简（958—996）的《纸谱》（986）是关于纸的最早专著。明清（14—20 世纪）是造纸术集大成阶段，还出现了宋应星《天工开物》（1637）这样的插图本技术著作，其中《杀青》一章论造纸，有很大影响[1]。20 世纪后，因有机制纸与之竞争，于是中国手工纸逐渐失去往昔全面发展的势头。机制纸出现于 18—19 世纪欧洲，在近代机制纸生产及加工程序的各主要环节和产品项目中，都可从中国古代造纸工艺中找到最初发展形式。也就是说，中国古代为世界提供了一整套完备的造纸技术体系和模式，再通过陆路和海路不同途径，逐步传至世界各国。很多国家按中国方式造纸持续千年以上，至今仍未完全断绝。

（二）中国造纸术在东亚、南亚和东南亚的传播

　　中国地处亚洲大陆东部，因此纸和造纸术首先传播到邻近的亚洲国家，这是不言自明的。朝鲜和越南两国都与中国相连，交通最为方便，很早以来就与中国有往来和交流。早在汉末至魏晋南北朝时期，中国纸张就已传到这两个国家。这时相当朝鲜半岛上的新罗（57—668）、高句丽（37—668）和百济（18—666）的三国时代。三国之中，高句丽发展较早，其位置又与中国东北部相接壤，与汉魏有联系，中国北方文化就从大陆移向高句丽

---

〔1〕　关于中国历代的造纸技术，参见潘吉星《中国造纸史》各章，上海人民出版社 2009 年版。

境内。高句丽后又与东晋及南朝的中国通使，吸取了长江流域的文明。百济也是在北朝时与中国通使，至南朝仍往来不绝。当时半岛知识界以"五经三史"为普遍读物，通行中国文字，自然中国纸本书也就不断涌入。《日本书纪》载应神天皇十六年（晋武帝义熙元年，405）在百济任五经博士的汉人王仁（369—440在世）将《论语》等书卷纸写本带到日本，则说明高句丽和百济已得到并使用纸本书当在这以前。朝鲜半岛造纸当在晋、南北朝之间，即4—5世纪。早期生产的主要是麻纸，后来发展有楮皮纸及桑皮纸。现存最早纸写本是韩国湖岩博物馆藏754年新罗朝楮皮纸写《华严经》。王建（877—943）建立的高丽朝（936—1392）结束了三国鼎立局面，使朝鲜半岛得到统一，并同宋朝保持密切往来，此时造纸业有很大发展，皮纸成为主要纸种。高丽朝造皮纸特点是纸质较厚重、强韧而洁白，深得中国士大夫喜爱。南宋人陈槱在《负暄野录》（约1210）卷下论纸品时写道："高丽纸类蜀中冷金，缜实而莹。"可见这时高丽纸已通过各种渠道流入中国。

北宋时人们喜欢用高丽纸作书画卷子的衬纸，因其质地坚实。文人还以高丽纸作为赠送友人的礼物，如韩驹（？—1135）诗云："王卿赠我三韩纸。"三韩是朝鲜国古称，三韩纸即高丽纸。高丽纸扇较大，带动的风量也大，宋人苏轼及邓椿等都曾夸赞过高丽纸扇好用。宋室南渡后，临安（今杭州）城内市场上开设出售折叠扇的店铺，仿制高丽纸扇，确比当时中国使用的纨扇、羽扇等方便。纸制折扇扇面上还可请人题诗和作画，成为实用艺术品。元代人鲜于枢（1257—1302）《牋纸谱》（约1300）中提到高丽贡纸作为名纸之一，实际上是用于书画的高丽纸。元代时朝廷屡次派使臣往高丽朝选购印造佛经的经纸。另一种纸叫"鹅青纸"，是一种染色纸，黄庭坚（1045—1105）和金章宗完颜璟等喜欢在这种纸上写字。明初，学者宋濂（1310—1381）编纂《元史》（1317）时，也选用这种"翠纸"做书衣。[1]明初时，朝鲜半岛由李成桂（1335—1408）推翻了王氏高丽，建立了李朝（1392—1910），改国号为朝鲜，也是个统一的政权。此后造纸业得到进一步发展，然而主要仍以楮、桑为生产皮纸的原料，偶尔在世宗时（1418—1450）生产少量竹纸，除本色纸外，还有各种色纸及发笺等艺术加工纸。但李朝所造的皮纸，中国人仍按过去习惯称之为"高丽纸"。明人沈德符（1578—1642）《飞凫语略》（1600）提到"高丽贡牋"时写道：

> 今中外所用纸，推高丽贡牋第一，厚逾五铢钱，白如截脂玉。每番揭之为两，俱可供用。以此又名镜面牋，毫颖所至，锋不可留，行、草、真〔书〕可贵尚，独稍不宜于画，而董元宰酷爱之，盖用黄子久泼墨居多，不甚渲染故也。

这种评论系出于行家之言，说得十分中肯。文内所说的董元宰指明代著名书法家、画家兼书画鉴赏家董其昌（1555—1636），而黄子久则是指元代书画家黄公望（1260—1354）。董其昌喜欢在高丽镜面笺上写字，偶尔也作画，今北京故宫博物院藏董其昌《关山雪霁图》画卷，本幅纸即高丽镜面笺，经检看为桑皮纸，白色，粗横帘纹。这种纸一般确厚逾五铢钱，用单抄双晒法制成，故可揭而为二，但纸面上纸须较多，故沈德符说"独

---

〔1〕 张政烺等：《五千年来中朝友好关系》，开明书局1951年版，第68页。

稍不宜于画"，尤其不宜于工笔设色画和花鸟画，但用以写字则非常适合。中国画家作工笔设色、人物画，一般仍用国产较薄而紧细的皮纸，但水墨山水画则可用高丽纸。

明人屠隆（1543—1605）《考槃馀事》（1600）卷二谈到高丽纸时写道：

> 以绵茧造成，色白如绫，坚韧如帛，用以书写，发墨可爱，此中国所无，亦奇品也。

这些评论都是中肯的。至于说到造纸原料方面，经我们检验宋、元、明、清四朝流入中国的书写用高丽纸，其原料并非绵茧所造，而大部分是桑皮纸或楮皮纸。因其纤维白细而发亮光，粗看起来像是蚕丝，遂误以为是绵茧所造。我们还看到故宫藏明清内库存品及清初满文老档，以及朝鲜国王致明清皇帝的国书等，有写在各种幅面的高丽白笺、五色彩笺和发笺上者。所有这些纸都具有我们前面所述的特点，形制上与中国皮纸不大相同，一眼就可以辨认出来。这些特点在王氏高丽时已经形成，后世纸工沿用其传统技法抄造，一直没有多大改变。这些纸在李朝时还大量用于印书，包括雕版、活字本。我们所见的朝鲜版古籍大多较大开本，版面天地头留出的空白较多，大有宋版书的遗风，也一律是用皮纸。封面多用更厚的色纸，纸面上还砑出几何形纹或波状纹，作为装饰。王氏高丽时纸的特点，也许还可追溯到朝鲜史中的三国时期。根据我们的认识，高丽纸特点是：

（1）纸质厚重，厚度一般为 0.25—0.3 毫米，相当于中国宋、元、明、清纸厚度的两倍。

（2）原料主要是楮、桑等木本韧皮纤维，特别是王氏高丽朝以后的纸，主要是皮纸。

（3）纸色洁白。

（4）虽然纸面上的纤维是分散的，但纤维较长；又由于纸厚，故纸质强韧。

（5）纸面上的帘纹较粗，竹条纹及编织纹一般为 1.0—1.5 毫米，编织纹有时还粗些。

在有帘纹处的纸浆稀薄，而编织纹之间间距较小，故迎光看高丽纸，帘纹处显得明亮，因此处纸浆稀。这些高丽纸的特点是从三国时代以来逐步形成。三国时代最初造麻纸，从魏晋南北朝时的中国直接引进了造麻纸技术。我们知道那时中国麻纸，特别是北方麻纸，一般都较厚重。这既与造纸技术发展水平有关（造薄纸需要精细的技术），也与抄纸设备构造有关。北方各地不产竹，技工不善于用细竹条编制抄纸用竹帘，有时用其他较粗的植物茎秆代替竹条编帘，结果条径既较粗，间距又较大。用这种纸帘抄纸，由于滤水较快，势必要用较浓纸浆抄出较厚的纸，方能保证纸有足够的强度，所以在唐以前，中国北方麻纸一般较厚重，而朝鲜三国时代的麻纸正好具有中国北方麻纸的特点。朝鲜半岛产竹量很少，像中国北方一样，一直习惯于用粗条编帘抄纸，三国时的麻纸必亦厚重。三国后期至王氏高丽初期，又从中国引入造皮纸技术，由于仍沿用过去传下来的模具抄纸，所造皮纸依然厚重。在唐以后，中国南方普遍造纸，南方技工精于制篾器，能用细竹条或极细竹条编制成竹帘，所造麻纸和皮纸都较薄，纸上帘纹也较细。薄纸和大幅纸成为中国纸的主流，而厚纸和较小幅纸成为朝鲜纸的主流。宋以后的皮纸和竹纸是中国主要的纸种，王氏高丽后，皮纸是朝鲜纸的主要纸种。

朝鲜制皮纸时，基本沿用中国技术，但工具和技法略有不同。他们将生皮剥下沤制、蒸煮后，细心将所有外表青皮剥去，甚至逐根处理，再用日光漂白，这就保证所造纸的白度。同时，用木棍击打纸料，需要花很长时间和体力，皮料的纤维打成分散状态后并不切短，结果用这种长纤维抄造，也只能抄出厚纸，无法抄出薄纸。当这些技术世代传递后，便形成高丽纸的各种特点。另一方面，中国用踏碓、磨和碾等石制设备春捣纸料，冲击力大，故纤维遭强烈粉碎，有时还辅之以切短工序，故纤维较短，也只有这样的纤维才能抄成薄纸。中国纸工，特别是南方纸工，沿着这种习惯技法及工具形成造薄纸的传统。中国和朝鲜纸工各自沿自习惯已久的方向发展，形成各自造纸的风格。从历史及技术方面看，高丽纸与中国魏晋南北朝以来的北方麻纸属同一类型，又渗入唐以后的皮纸技术，结合朝鲜具体情况而成型的。正如下面要谈到的，中国造纸术通过朝鲜半岛传入日本，因此日本纸（和纸）也具有鲜明的高丽纸的特点，就一点不足为奇。不但如此，通过陆路从中国传到阿拉伯的造纸术，基本体现了中国北方麻纸的主要特点（厚重），阿拉伯麻纸也较厚，而造纸术再从阿拉伯传到欧洲后，欧洲手工纸也较厚。这可以说是一种造纸术的"技术遗传"现象。[1]

在地理上，中国与越南相邻，两国关系也很密切。两汉时期（公元前2—公元2世纪）以来，越南境内一些地区受中国封建王朝统治达千年之久，文人通汉字，习四书五经，因此中国纸和书卷在2世纪就已传到越南。西汉末因中国内地社会动乱，大批人去越南避难，带去了先进文化和生产技术。至汉末、魏晋时期，在越南北部地区已能造纸。三国时吴（222—280）人陆玑（210—279在世）在《毛诗草木鸟兽虫鱼疏》（约245）中谈到榖或楮树时写道：

> 荆、杨、交、广〔诸州〕谓之榖，……今江南人绩其皮以为布，又捣以为纸，谓之榖皮纸。

在蔡伦时（105）以楮皮造纸已在洛阳开始，其后很快推广到南方。三国时吴所属的一些地区，如广州和交州已能制造楮皮纸，而交州在今越南北部河内附近。在这以前，这些地方应能制造麻纸，因而越南是中国以外掌握造纸术最早的国家之一。晋人稽含（262—306）《南方草木状》（304）说：

> 蜜香纸以蜜香树皮作之，……太康五年（284）大秦献三万幅，〔帝〕尝以万幅赐镇南大将军、当阳侯杜预（222—284），令写所撰《春秋例释》及《经传集解》进，未至而预卒，诏赐其家令藏之。

---

〔1〕潘吉星：中、日、韩三国传统纸工艺的比较及传统纸发展前景，《第二届东亚纸本文物保护国际讨论会论文集》，日本福冈，2007年，第16—22页；Pan Jixing. A comparison of traditional papermaking technique in China, Japan and Korea, *Essays of the Second International Synposium on Paper Conservation in East Asia*, Fukuoka, Japan, 2007. pp. 16—22.

《晋书·武帝纪》载，太康五年（284）林邑和大秦国各遣使来献[1]，大秦指东罗马帝国，而林邑指越南中部的占城或占婆（Champa）。蜜香树可能是越南生长的瑞香科（Thymelaeaceae）沉香树（Aquilaria agallocha），其皮可造纸。

　　上述中国史料大意是说：284 年东罗马帝国来人向晋武帝献上三万张用瑞香科树皮造的纸。武帝司马炎（265—290）收下后，将其中一万张赐给镇南大将军、当阳侯杜预（222—284），令用这批纸书写其所著《春秋例释》和《经传集解》以进，但未待这批纸送至杜预处，而杜预病逝，乃将纸赐其家令藏之，其余二万张纸则放入内府收藏。考虑到 3 世纪时西方人还不会自行造纸，因此这批纸便有可能是途经越南港口或中国港口时就地购入，再作为礼物献给晋武帝。德国汉学家夏德（Friedrich Hirth，1845—1927）在其所著《大秦国全录》（China and the Roman Orient，1885）一书中就此写道："284 年东罗马使臣或亚历山大城（Alexandria）商人来中国广东通商，途经越南时，将当地所造沉香皮纸充作本国物品向中国朝廷作为进贡礼物，就像汉代延熹九年（166）大秦（东罗马）王遣使从越南购得象牙、犀角、玳瑁献给中国朝廷那样。"[2] 这个认识是正确的。古代印度和西方使者、商人和中国的海上交通或中国人航海西行，都要停泊越南，因而使越南成为中转站。由此看来，公元 3 世纪时，越南境内不但生产楮皮纸，还生产瑞香科皮纸，然而需要指出的是：瑞香科皮纸并不具有香味，因为在造纸过程中香味素已被除去，不能因为它称为蜜香纸便产生它有香味的错觉。

　　古代越南北部地区因与中国关系密切，造纸术发展较早，南方用纸由北方输入。宋元以后，越南南方造纸术逐渐扩展起来。据明人高熊徵（1373—1440 在世）《安南志原》卷二所载，陈朝（1225—1398）艺宗绍庆元年（1370）遣使将越南产纸扇送给明太祖朱元璋（1328—1398）作为礼物，得朱元璋喜爱。1407 年以后的十几年间，越南北方六个府每年送给明廷纸扇一万枚。《越南辑略》卷一称，1730 年清统治者雍正帝将中国书籍、缎帛、珠宝玉器赠越南，而越南方面回赠的有金龙黄纸二百张、斑石砚二方、土墨一方、玳瑁笔一百支。在造纸业发展后，越南又在 13 世纪从中国引进印刷术，除印刷书籍外，更发行纸币。越南史家吴士连（1439—1499 在世）《大越史记·陈纪》（1479）记载，陈朝末期"顺帝九年（1396）夏四月，初行通宝钞票"。越南木版书多以汉文写成，其版式及字体与中国书籍大同小异，晚期越南版书籍多印以竹纸，因为越南像中国南方一样，有丰富竹材资源。从近代越南手工造纸调查情况来看，其所用设备及方法是与中国一致的，越南纸也类似中国纸，而与高丽纸及和纸不同。

　　和中国一衣带水的东邻日本国，其造纸术也有千年以上历史。而其"和纸"（ゎし，Washi）是著名传统手工艺产品之一，就是在机制纸高度发达的今日日本，手漉和纸仍是书画家和艺术家所喜爱的产品，也是人们日常生活必需品，具有广泛用途。日本不但拥有造纸方面的丰富文献记载和各个时代的实物遗存，而且日本学者在纸史方面作了大量研究工作。如前所述，中国纸和造纸术传入日本是通过朝鲜的。日本现存较早的史书是 720 年

　　〔1〕（唐）房玄龄，《晋书》卷三，《武帝纪》，二十五史本第 2 册，1986 年版，第 12 页。

　　〔2〕［德］夏德（F. Hirth）著，朱杰勤译：《大秦国全录》，商务印书馆 1964 年版，第 119—120 页。

时成书的《日本书纪》，载有 405 年从百济将中国书卷带到日本。《日本书纪·推古天皇纪》更称推古天皇十八年（610）："春三月，高丽王贡上僧昙征、法定，昙征知《五经》，且能作彩色及纸墨，兼造碾硙，盖造碾硙始于是时软。"据这条史料，高丽王于 610 年遣佛教高僧昙征来日本。昙征不但通晓五经，且有较深厚的汉学功夫，并懂得造纸、墨及碾硙。过去日本史家一般认为该国造纸始于 610 年；然而和纸史专家町田诚之先生认为，日本开始造纸有可能早于这个年代[1]。他的意见是有道理的。因为《日本书纪》并未明确说日本造纸始于 610 年，而制造碾硙也不会这样晚才开始。实际上，在南北朝或更早时期，中国与日本已有直接往来，从隋朝（589—618）开始，日本不断派使者和学问僧到中国，也有中国人东渡到日本，而日本因与朝鲜半岛距离最近，相互间人员和文化往来当会更早。根据笔者的最新研究，日本在 5—6 世纪已自行造纸，传授造纸技术的是 405 年从百济来日本的汉人五经博士王仁（369—440 在世）及其随行的汉人工匠[2]。根据对法隆寺、东大寺所藏飞鸟时代（592—714）及奈良时代（715—805）的大宝年（701—703）户籍残卷及天平年（729—748）用纸化验结果，当时造纸原料多是破麻布及楮皮、雁皮。[3]如神龟四年（727）《大般若经》写以麻纸，已见于史书。天平十三年（741）圣武天皇的《宸翰杂集》、天平十六年（744）光明皇后写的《乐毅论》，也都是用白麻纸。在奈良时代已开始以雁皮造纸。日本纸制浆技术同中国一样，用植物灰水对原料蒸煮，更在浆液中加淀粉糊。日本像中国北方和朝鲜那样，产竹较少，故所制抄纸竹帘的竹条较粗，条间距离较大，日本纸也较厚，像高丽纸及中国北方麻纸那样，因而也逐步形成日本和纸的风格。

905 年成书的《延喜式》载有不少平安时代（794—1192）造纸史料。如在皇宫行政编制中有图书寮，下设"头一人，掌经籍、图书、修纂国史、装潢功程，给纸墨事。……装潢手四人，掌装潢经籍"。文中述说了装潢手除修复、装潢书卷外，还加工各种色纸。书中更叙述了造纸所用纸帘形制及大小（36 厘米×66 厘米）。当时中国唐朝政府编制中也有装潢手，负责皇家图书装潢，说明日本政府编制与唐政府编制是一致的。平安时代成书的《令义解》（833）中记有："凡造纸，长功日截布一斤三两，春二两，成纸百九十张。"句中的"长功"即技术熟练的造纸工人。又说："长功煮穀皮三斤五两，择一斤十两，截三斤五两，春十两，成纸百九十六张。"又说："凡造纸者，调布大一斤（600 克），裴皮五两（180 克），造色纸三十张。穀皮、裴皮各一斤，造色纸各三十张。"[4] 此处所说的裴皮即雁皮，瑞香科灌木，日本语称为ガンピ（kampi），学名为 *Wisktroemia sikokiaha*，是重要和纸原料之一，从这里可知日本早期生产的纸有麻纸、楮皮纸和雁皮纸。平安时代在伊势（今三重县）、尾张（今爱知）、三河（今爱知）、越前（今福井）等地造楮纸、裴纸、麻纸及檀纸，而在京都更有官办的"纸屋院"。古典小说《源氏物语》（1007）更提到制造蜡染纸、青折纸、紫纸、赤纸、胡桃色纸及交纸等加工纸。[5] 与此同时，中国各种

〔1〕［日］町田诚之：《和纸の伝统》，东京：骎骎堂 1984 年版，第 75 页。
〔2〕潘吉星：王仁事迹与世系考，《国学研究》2001 年第 8 期，第 196—201 页。
〔3〕［日］加藤晴治：古代和纸の研究（1），《纸パ技协志》1963 年第 17 卷第 3 号。
〔4〕［日］町田诚之：《纸と日本文化》，东京：日本放送协会 1989 年版，第 46—48 页。
〔5〕［日］渡边素舟：《平安时代国民工芸の研究》，东京：东京堂，1943 年版，第八至九章。

纸和书卷也陆续流入日本，在奈良正仓院藏有不少唐代纸，经检看其中较薄的麻纸，当是中国南方所造无疑。

　　日本纸后来也在中国流传，并且受到好评。《新唐书·日本传》（1061）载唐德宗建中元年（780）日本使者真人兴能献百物，"兴能善书，其纸似茧而泽"。这大概是指楮皮纸。宋人罗濬《宝庆四明志》（1225）指出：

> 日本即倭国，地极东，近日所出，俗善造五色牋，中国所不逮也。

明代人方以智（1611—1671）《通雅》（1636）卷二十二也提到"日本国出松友纸"。宋应星《天工开物》（1637）说："倭国有造纸不用帘抄者，煮料成糜时：以巨阔青石覆于炕面，其下蒸火，使石发烧。然后用糊刷蘸糜，薄刚石面，居然顷刻成纸一张，一揭而起。"[1] 此处所述日本造纸方法乃出于误传，实际上并非如此，日本纸用竹帘抄造是惯用的传统。镰仓时代（1190—1335）以后，麻纸渐少，皮纸成为主要纸种，其中以楮皮纸产量最大，日本古书中"加迟纸"、"梶纸"均指楮纸，正仓院藏古代日本文书纸中还有褚皮及雁皮混合原料抄成的纸。江户时代（1603—1868）手漉和纸继续发展，除传统原料外，还有三桠（ミヅマタ，mitzumata）即瑞香科结香（*Edgeworthing chrysantha*）。此植物中国称结香或黄瑞香，而日本称三桠，为中、日两国所产。日本印刷术也发展很早，显然也是从中国引入的。著名的刻印本《百万塔陀罗尼》是宝龟元年（770）完成的，此后印刷大量书物，促进了皮纸的发展。在亚洲国家中就现存印本书数量而言，除中国外，要算日本。值得注意的是，有些印本书或手抄本也用相当薄的皮纸，这说明日本可以造出任何种类的纸。和纸文化在今日日本仍受到高度重视。

　　中国纸和造纸术还向南传到印度、巴基斯坦、孟加拉、尼泊尔、泰国、柬埔寨和缅甸、印度尼西亚等国。这些国家在古代时没有纸，而以树皮、贝叶或动物皮革为书写材料。唐代中国高僧玄奘（602—644）在其所著《大唐西域记》（649）卷十一记载说南印度恭建那补罗国（Konkanapura）：

> 城北有多罗树林，周三十余里，其叶长广，其色光泽，诸国书写，莫不采用。[2]

苏易简《文房四谱·纸谱》（986）谈到这种书写材料时写道：

> 西域无纸笔，但有墨，……彼国人以指夹贝叶或藤皮……以竹笔书梵字，横续成文，盖顺叶之长短也。

"多罗"或"贝多罗"导源于梵文 pattra 或 patra，巴利文为 patla，本义是叶子，亦即棕

---

〔1〕（明）宋应星：《天工开物·杀青》（1637），中华书局影印明崇祯十年本1959年版，中册，第74页。
〔2〕（唐）玄奘：《大唐西域记》（649）卷十一《恭建那补罗国》，上海人民出版社1977年版，第261页。

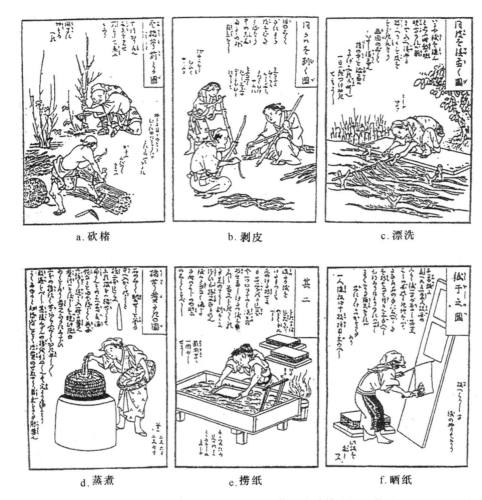

　　　　a. 砍楮　　　　　　　　b. 剥皮　　　　　　　　c. 漂洗

　　　　d. 蒸煮　　　　　　　　e. 捞纸　　　　　　　　f. 晒纸

图 8—2　《纸漉重宝记》（1798）载日本造楮皮纸工艺图

桐科扇椰树的树叶。因此玄奘在 7 世纪访问印度时看到当地人以贝多罗树叶书写佛教经典，那时候印度还没有纸，也无毛笔，而只用竹笔。除印度外，古代的巴基斯坦、尼泊尔、缅甸、泰国等国也用树叶做书写材料，但因其质地硬脆，不能折叠和卷曲，颜色又深，受墨性差，当然不及用纸便利。当中国纸和造纸术引入这些南亚和东南亚国家之后，同样引起这些国家书写材料的演变。这些国家造纸之所以比朝鲜、越南和日本晚，是因为与中国之间陆路交通不便，而海路相距又较远，又是在汉字文化圈之外。中国与印度直线距离虽近，但中间有大山相隔，交通不便，须绕道而行，但汉代中国商人还是能克服这些困难，将蜀布、邛竹杖、丝绸等从中国西南经陆路运往印度；另一方面，佛教也沿同样的路线从印度传至中国。在纸发明并在中国通行后，纸与丝绸一起输入印度。造纸术传入印度的时间和途径，仍是有待深入研究的课题，虽然中、印学者已发表了这方面的作品[1]，但在印度古籍中有关这方面的确切记载较少。

有人认为印度早在公元前 300 年已发明了造纸术，中国的造纸术似乎是从印度传入的[2]。这种说法缺乏证据，除了引起人们的怀疑之外，没有人支持此说。前面已引玄奘的著作证明 7 世纪时印度仍用贝多罗叶书写。我们还可举出东晋时在印度旅行的另一位中国高僧法显（337—422）在那里的亲自见闻。他在《佛国记》（412）中说：

> 法显本求戒律，而北天竺（北印度）诸国皆师师口传，无本可写。

这就是说 4—5 世纪时印度没有纸本书。唐代以后，中、印交通和文化交流有了新的发展，双方人员交往也更加频繁，前来中国的印度人有机会接触到纸，而往印度的中国人也会携带纸和纸本文书。因此在 7 世纪时，印度始有"纸"字，梵文作 kākāli，现代印地语作 kāgad，这个词与波斯语 kāgaz、阿拉伯语 kāgad 有同一语源，即汉语中的"穀纸"或"楮纸"。这说明将纸带到印度去的除中国人之外，还有与中、印两国通商的中亚人、波斯人和西亚阿拉伯人。"纸"字在梵文中出现还表明在 7 世纪印度境内已有了纸张，究系外国所产或当地所造仍不能肯定。玄奘在其所著《大唐西域记》（649）中没有关于印度用纸的任何记载，但比玄奘更晚一些往印度的唐代另一高僧义净（635—713）在著作中则有了印度用纸的信息。义净在 671 年启程往印度，694 年返国，但他不是经由陆路来往印度，而是沿海路。他在《梵语千字文》中提到"纸"的梵文是 kākāli，又在《南海寄归内法传》（689）卷二写道：

> 必用故纸，可弃厕中。既洗净了，方以右手牵其下衣。

卷四又说：

> 造泥制底及拓模泥像，或印绢、纸随处供养。

前一条用纸的事不一定全指印度，但是后一条指印度纸却是可以肯定的。因为接着还有"西方法俗莫不以此为业"[3]。也就是说，义净去印度时，那里已有了纸，他在梵文中接触到"纸"字也就不足为奇了。

值得注意的是，在中国西北沿丝绸之路有关地方，如甘肃、敦煌和新疆和阗地区，20世纪以来出土用梵文写成的纸本书卷，其年代可能较晚，但不会晚于 9—10 世纪，说明这

---

〔1〕 Gode，P. K. Migration of paper from China to India，*Studies in Indian Cultural History*（Poona），1964：1—12；季羡林：中国纸和造纸法输入印度的时间和地点问题，《中印文化关系史论文集》，三联书店 1982 年版，第 11—39 页。

〔2〕 Gosaui.，P. P. Did India invent paper？ *Pulp and Paper Canada*，1981，（4）：p. 12.

〔3〕 季羡林：《中印文化关系史论文集》，三联书店 1982 年版，第 30—38 页。

一带有印度人足迹。印度境内从 11 世纪末至 12 世纪起，纸写本书逐渐增多，这相当于历史上的德里苏丹国（Sultanate of Delhi）时代（1206—1526）初期。正是在这一王朝统治期间，中、印关系比过去更为密切，双方技术交流十分活跃，火药和烟火也是这时从中国传入印度的。自此之后，印度有必要和可能用当地原料按中国方法造纸，最初在北方和西北方，后在南方建立造纸作坊。而造纸术传入印度的途径可能是通过汉代起就已开辟的陆上商路，随着纸的出口而实现了造纸技术的传播。有两条陆上通路可从中国到达印度：一是从西藏经喜马拉雅山山口南下，二是从今新疆经克什米尔（Kashmir）至印度西北部。前者路程较近，但要翻山越岭，比较艰苦；后者路程较远，但较为平坦易行。两条通道都有商队的足迹，他们无孔不入，不畏任何艰险。两条通路的中国一侧，新疆在十六国（304—439）时期已于当地造纸，而西藏从唐初（7 世纪前半叶）就有了造纸作坊[1]，印度造纸法及纸的形制与新疆及西藏的类似。印度现存最早的纸写本年代为 1231 及 1241年，因此至迟在 12—13 世纪印度有自己的造纸业是肯定的，造纸术传入南亚次大陆的时间当然还要早些，但也不会早于 8 世纪。

造纸术传入尼泊尔、巴基斯坦和孟加拉国的时间，大体上应与传入印度的时间相近。尼泊尔人用瑞香科瑞香属（Daphne）植物纤维造纸，用织纹纸模（wove mould）抄造[2]，与中国西藏造纸法相同，显然受藏族人造纸技术的影响。从地理位置上看，孟加拉国造纸可能稍迟于尼泊尔和巴基斯坦，但 14 世纪末至 15 世纪初时孟加拉皮纸已受到中国旅行家的好评。1406 年随航海家郑和（1371—1435）下西洋的随员马欢（1410—1470）在《瀛涯胜览》（1451）中提到榜葛剌（Bengal，即孟加拉国）纸时写道：“一样白纸，亦是树皮所造，光滑细腻如鹿皮一般。”同时，随郑和下西洋的巩珍在《西洋番国志》（1434）中也提到孟加拉纸是：“一等白纸，光滑细腻如鹿皮，亦有是树皮所造。”将其形容如鹿皮，说明纸质比中国纸较厚些。关于缅甸和泰国的手工造纸技术，美国纸史家亨特（Dard Hunter，1883—1966）曾作过现场调查[3]。至迟在宋元时期中国造纸术已传到该地区。造纸术还从海路南传到大洋中的印度尼西亚。南宋人陈槱在《负暄野录》（1210）卷下提到：“外国如高丽、阇婆，亦皆出纸。”此处所说的阇婆即今印度尼西亚主要岛屿爪哇（Java），则那里在 13 世纪时已有了造纸业。北宋末年有大批中国人来此避难，带来书籍及先进生产技术，则印度尼西亚造纸应早于 13 世纪，毫无疑问是由到这里来的华侨直接传入的。

（三）中国造纸术在中亚、西亚和北非的传播

在中国古籍中将中亚和西亚各国通称为“西域诸国”。从内地长安出发到甘肃，再至今新疆后顺天山南北两麓西行，经万里跋涉，即可到西域诸国。早在西汉时，旅行家和探

---

[1] 潘吉星：《中国造纸史》，上海人民出版社 2009 年版，第 418 页。

[2] Koresky, E., *Hand Papermaking in Nepal*. Kasama, Japan, 1981.

[3] Hunter, D., *Papermaking in Southern Siam* Ohio, 1936, p. 27.

险家张骞（前173—前114）就沿此路径访问西域诸国，此后中国丝织品、铁器、药材、纸张等商品便沿此路西运。至唐代时，这条商路再度繁荣，几至使者、商人相望于道。20世纪以来沿丝绸之略所经之处都有古纸出土，在这个意义上也可将该陆上商路称为"纸张之路"（Paper Route）。1900年瑞典人斯文赫定（Sven Hedin，1865—1952）在新疆楼兰遗址发掘出年代为嘉平四年（252）、泰始二年（266）、咸熙三年（265）及永嘉四年（310）等魏晋纸本文书[1]，大多是麻纸。1901年英籍匈牙利人斯坦因（Aurel Steirl，1862—1943）在新疆发现东汉字纸。1933年黄文弼在新疆罗布淖尔发掘出西汉麻纸。此后，在通向中亚、西亚各国的中国境内西北各地，有两汉、魏晋至唐代古纸大量出土。这些纸由骆驼商队从甘肃、新疆向西流传。唐以后除陆路外，中西海路交通也相当活跃。中国船队至印度洋、波斯湾和红海甚至地中海沿岸各国通商，然而毕竟陆上贸易是持续不断的通道。20世纪以来在新疆、陕西和广东等地先后出土波斯和罗马金币，就是中西通商的历史见证。中国西北常有西域客商往来居住，他们首先有机会使用中国纸。1907年斯坦因在敦煌发现九封用中亚粟特文（Sogdian）写成的书信，经检验后都证实是中国的麻纸。这是客居凉州的中亚商人南奈·万达（Nanai Vandak）在311—313年间写给在撒马尔罕（Samarkand）友人的信件[2]。古时粟特国靠近里海附近，唐代又称康居，其人以经商著名，常来中国做生意。《魏书·西域传》（554）称粟特"其国商人先多诣凉土贩货"。"凉土"在今新疆、甘肃境内。可见粟特人早在4世纪已使用中国纸写信。

在新疆和甘肃敦煌除出土有粟特文字纸外，还有吐火罗（Tukhara，古称大夏Bactoria）文、波斯文（450年前后）、叙利亚文、希腊文和梵文等不同语文写在纸上的文书，都是外国人在中国使用纸张的明证。这就是说早在魏晋南北朝（3—6世纪）当造纸术西传之前，中亚和西亚的粟特人、撒马尔罕人、波斯人、叙利亚人就已在中国接触到纸，再将其贩运到西域诸国，由于纸比这些国家使用的其他书写材料有无比的优越性，他们必然想方设法知道造纸的技术，以便就地生产，减少长途贩运。7—8世纪正当中国唐代盛世时，阿拉伯伊斯兰帝国在西方崛起，先后建立首都在大马士革的倭马亚（Omayyids）王朝（661—750）和首都在巴格达的阿巴斯（Abbassids）王朝（750—1257）。中国史书称倭马亚王朝为白衣大食，而称阿巴斯王朝为黑衣大食，将阿拉伯帝国统称为大食国。"大食"一词音译自波斯语Tajik或Tazi，起源于阿拉伯一个部族Tayyi的名称。大唐帝国与阿拉伯帝国是中世纪时世界上两个疆域辽阔的强盛国家，两国的势力范围在中亚一带相接。双方贸易及人员往来频繁。中国出口物有丝织品、纸张、瓷器、金属制品、书籍和药材等，进口物为香料、珠宝、良马、药材和玻璃制品等。在650至707年间，阿拉伯需纸量剧增，导致中国纸大量出口。史载波斯及阿拉伯宫廷文件都用纸书写，阿拉伯再将纸转运到欧洲，以增加其出口收入。

既然东西方这两个强大帝国势力范围在中亚一带相接，双方关系便既有友好交往的一

---

〔1〕　姚士鳌：中国造纸术输入欧洲考，《辅仁学志》1928年第1卷第1期，第27页。

〔2〕　Henning，W. H. The date of the Sogdinan ancient letters. *Bulletin of the School of Orient and African Studies*，University of London，1948，12：601—615.

面，也有利害矛盾的一面。为了经济和政治上的利益，双方都极力争夺对东西方贸易要冲地带中亚各国的控制，最终发生军事冲突。《新唐书·玄宗本纪》(1061)、《高仙芝传》及《旧唐书·李嗣业传》、《段秀实传》都记载玄宗天宝十年（751）唐帝国与大食在中亚的怛逻斯（Talas，今哈萨克斯坦境内的 Dzhambul）用兵。唐军由安西节度使高仙芝（约700—755）统率，阿军由齐亚德·伊本·卡利（Ziyad ibn Calih）指挥。在战争中，有一部分唐军士兵被俘，其中有入伍的造纸工人。阿拉伯一直想寻求造纸的秘密，发现战俘中有纸工，乃将其解送至内地，要求他们传授技术，这就使中国造纸术西传。战俘中，其他行业的技术工人也被留在阿拉伯境内。至于阿拉伯战俘是否也被解至中国，史无记载。10世纪阿拉伯学者比鲁尼（A1-Biruni，973－1048）在《印度志》（*Tarikh al-Hind*）中写道：

> 造纸始于中国……中国战俘把造纸法输入撒马尔罕，从此，许多地方都造起纸来，以满足当时的需要。[1]

撒马尔罕（Samarkand）唐时称为康国，709年由大食部将屈底波（Kataiba ibn Muslim）率兵所占。751年伊本·卡利将造纸匠送至撒马尔罕，强迫中国战俘造纸，这里便建成第一批阿拉伯境内的造纸作坊。19世纪德国阿拉伯学专家卡拉巴塞克（J. Karabacek）在《阿拉伯纸》（*Das Arabische Papien*，Wien，1888）一书中引10—11世纪作者塔利比（Abu Mansur 'Abd-al. Malik a1-Thalibi，961－1038）的《世界明珠》（*Yalimat al-Dahr*）说：

> 在撒马尔罕特产中应提到纸。由于纸更美观、适用和简便，它便取代了先前用于书写的莎草片和羊皮。纸只产这里和中国。《旅途和王国》一书作者告诉我们，纸是由战俘从中国传入撒马尔罕的。这些战俘由沙利（Salih）之子齐亚德（Ziyad ibn Calih）所有，在其中找到了造纸工。造纸发展后，不只能供应本地的需要，也成为撒马尔罕人的一种主要贸易品。由此它满足了世界各国的需要，造福人类。[2]

这条史料清楚说明751年怛逻斯战役时中国造纸术西传的经过。

自从751年撒马尔罕纸场建立后，由于纸的销路十分理想，呼罗珊（Khorasan，今伊朗东北）总督叶海亚（Barmakids al-Fadl ibn Yahya，?—803）便倡议于793年在巴格达建立第二个造纸中心，技术力量来自撒马尔罕，当然这个造纸中心是在中国人指导下建立的。纸场投产后，叶海亚之弟、阿巴斯朝哈里发哈伦·拉施德（Harun al-Rashid，c,

---

〔1〕 *Al-Biruni's India*，ed. C. Schau. London，1914，p. 71.

〔2〕 Carter，T. F. *The invention of printing in China and lts spread westward*. 2nd ed. revised by L. C. Goodrich. New York，1955，p. 134.

764—809）的宰相贾法尔（Jafar）便下令政府公文一律用纸写，不再用昂贵的羊皮[1]。9世纪时在阿拉伯半岛东南的蒂哈玛（Tihāmah）再建纸场，9世纪又在大马士革建立了更大的纸场。由于阿拉伯势力延伸至非洲北部，所以造纸术也随之传入北非。641年倭马亚朝派兵征服埃及，将阿拉伯文化及典章制度带到那里，在900年左右在开罗建立了非洲的第一个纸场。第四代哈里发阿里（Ali ibn al-Talih，600—661）后裔阿拉（Moez Ed-Din Allah）于969年在埃及建立法蒂玛（Fatimah）王朝（969—1170），定都于开罗，中国史称"绿衣大食"。从这时起，埃及境内造纸业有了进一步发展，更越过地中海向欧洲出口。法蒂玛朝更于986年征服摩洛哥，至哈基姆（Abu Ali Mansur al-Hakim）任哈里发时（996—1021在位），该王朝科学文化相当发达，为适应社会需要，又约在1100年于摩洛哥境内的费兹（Fez）建立非洲的第二个纸场。这样一来，在751至1100年的349年间在中亚、西亚及北非先后都有了造纸工场，纸已在阿拉伯全境普及开来。

　　1877至1878年在上埃及的费雍（al-Faiyîm）、乌施姆南（al-Ushmunein）及伊克敏（Ikhmim）三地出土大量古代写本。[2] 这些写本于1884年归奥匈帝国雷纳大公（H. I. H. Archduke Rainer）收藏，共十万件，以十种不同文字写成，时跨2700年（公元前14世纪至公元14世纪），大多数是写在莎草片上的，也有写在羊皮及纸上的。这是震动世界的古代写本的大发现。其中有用阿拉伯文写的纪年纸本文书，将回历换成公历后，年代相当于791、874、900及909年。这些8—10世纪阿拉伯文纸写本经检验后证明都是麻纸，原料为破麻布，纸上有帘纹，纸浆内曾添淀粉糊。对阿拉伯古纸和新疆、甘肃出土魏晋时中国古纸比较表明，两者原料一致，纸的外观及制法也一致，阿拉伯纸是用中国技术方法制造的。早期阿拉伯造纸法可从伊本·巴狄斯（Al-Mucizz ibn Bādis，1007—1061）的作品中得见其大端。他写道：将亚麻（Linum usitatissimum）料与苇类水浸，再用石灰水浸，切碎，舂捣成泥，洗涤，加入槽中，添水与纸料搅匀，荡帘抄纸，干燥砑光[3]。从技术上来看，还应有蒸煮及加淀粉糊的工序，此处漏记，但其他作者则提到。此外，阿拉伯造纸主要以破麻布为原料，而较少使用麻的生纤维。因而巴狄斯的记载间有不准确之处。阿拉伯地区不产竹，故其抄纸模具与中国略异，中国唐代用细竹条编成的竹帘抄纸，而阿伯人用织纹纸模或其他较粗植物茎秆编的纸帘，故纸质较厚。阿拉伯人有时用生麻纤维沤制后造纸，在中国人看来，是不合算的，不过唐代也偶用野生生麻造纸。巴狄斯虽提到"在锅中煮之"，此工序在造纸过程前后顺序中讲得不明确，但他描述了染色纸方法。据卡拉巴塞克引阿拉伯文献，造纸时先对破麻布进行选择，除去污物，再用石灰水蒸煮。将煮烂麻料用石臼、木棍或水磨打碎，与水在槽内搅成浆液，用漏水细孔纸模抄

　　〔1〕　Bloom, Jonathan. *Paper before print. The history and impact of paper in the Islamic world.* New Haven: Yale University Press, 2001, p. 48.

　　〔2〕　Hoernle, A. F. R. Who was the inventor of rag-paper? *Journal of the Royal Asiatic Society* (London), 1903, Arts ⅩⅫ, p. 663 and seq.

　　〔3〕　Levey. M. Chemical technology in medieval Arabic bookmaking. *Transactions of American Philosophical Society*, 1962, Vol. 52, Chap. 4, pp. 1—55.

纸，半干时以重物压之，即成纸张[1]。

当中亚撒马尔罕造纸后，其纸便成闻名商品。869 年朱海斯（Juhith，？－869）说："西方有埃及莎草片，东方有撒马尔罕纸。"叙利亚境内除大马士革产纸外，班毕城（Bambycina）也产纸。Charta Bambycina 本是班毕纸之义，由于 Bambycina 音讹为 Bombycina（棉花），于是欧洲人曾一度将班毕纸误称为"棉纸"。从马可波罗时代起直到 1885 年为止，欧洲长期间认为阿拉伯纸及早期欧洲纸都是棉纸，这是个误会；阿拉伯地区并不造棉纸。从雷纳收藏的古写本历代所用书写材料演变中，还可看出纸与莎草片竞争中节节取胜的情况。例如回历 2 世纪（719—815）纪年文书中写在莎草片上的有 36 件，很少有纸本。回历 3 世纪（816—912）阿拉伯文纪年文书中写在莎草片上的为 96 件，纸本为 24 件。而回历 4 世纪（913—1009）起写在纸上的有 77 件，写在莎草片上的只有 9 件。写在莎草片上的最晚一件纪年文书年代为 936 年。从 10 世纪以后，纸基本上已在阿拉伯境内取代了莎草片[2]。在出土的 9 世纪（883 及 895）两封阿拉伯文书信末写道："此信用莎草片写成，请原谅。"写信人因没有用纸写信而表示歉意，说明这时纸已成为通用的信笺。有位波斯游客于 1480 年谈他在开罗时看到："卖菜的人和香料贩都随备纸张，以便用来包装任何卖出的物品。"再过一个世纪，巴格达的医生拉蒂夫（Abd ul-Latif）告诉我们，因商贩所用包装纸原料是破布，于是"贝都因人和埃及农民都在寻找古代城市遗址，剥下裹在木乃伊尸体上的布带。如果不能再用来作衣料，便将其卖给工场用来造纸。用于食品市场的，必定是这种纸"。

（四）中国造纸术在欧洲、美洲和大洋洲的传播

中国造纸术是通过阿拉伯而传入欧洲的，虽然在这以前欧洲人早已接触并使用了纸，但许多是从阿拉伯进口的，每年要为此而付出大量硬币。最早接触纸和造纸的欧洲国家是西班牙、法国和意大利，这三个国家成为造纸术在欧洲传播的第一批转运站。阿拉伯帝国阿巴斯王朝哈里发阿巴斯（Abu'l Abbas，c.721－754）于 750 年夺取政权后，下令除尽被推翻的倭马亚朝宗室成员，他们有很多人被杀，但前朝王子拉赫曼（'Abd al-Rahman）带一批人逃到北非避难，再前往西班牙，756 年在西班牙境内建立独立统治，定都于哥尔多华（Córdoba），史称后倭马亚王朝（756—1036）。9—10 世纪时，后倭马亚朝势力渐强，经济文化发达，将西班牙置于强有力的穆斯林统治之下，这使西班牙成为用纸和造纸最早的欧洲国家。纸张出现在西班牙不会迟于 10 世纪，在圣多明各（Santo Domingo）城发现的 10 世纪手写本是迄今西班牙最早的纸本文物，由亚麻纤维所造，又经淀粉糊施胶，与阿拉伯纸类似。后倭马亚朝因用纸骤增，乃于 12 世纪自行造纸。写在纸上的 1129 年写本，其用纸或许是进口的，或许是当地制造的。最早的纸场建于萨狄瓦（Xativa），因该

［1］ Karabacek，J. *Das Arabissche Papier*. Wien，1887，S. 128 et seq.

［2］ Carter，T. F. *The invention of printing in China and its spread westward*，2nd ed.，revised by L. C. Goodrich，New York，1955，p. 13.

地盛产亚麻，附近又有水源。1150 年阿拉伯地理学家艾德里西（Al-Idrisi，1100—1166）谈萨狄瓦城时写道："该城制造文明世界其他地方无与伦比的纸张，输往东西各国 。"这是欧洲本土上造纸的开端。然而，西班牙境内的早期造纸生产，大多操之于阿拉伯人之手。1031 年以来，后倭马亚朝统治削弱，分裂成一些独立的封建领地，而西班牙人也借此展开收复失地的运动。1157 年在靠近法国的边境城市维达隆（Vidalon）建立了由西班牙人经营的另一个纸场。当时在该国居住的犹太人也精于造纸术[1]。

　　由于法国与西班牙接壤，因此法国很可能是从西班牙引进造纸技术。见之于记录的第一家法国纸坊，1189 年建于比利牛斯山北的法国南方靠近地中海的埃罗（Hérault）。由于产纸量少，在此后一个世纪内所需的纸仍由大马士革和西班牙境内伊斯兰教徒所开办的纸场供应。1348 年法国境内的特鲁瓦（Troyes）城另建新厂，1354—1388 年间在埃松（Essones）、圣皮埃尔（Saint-Pierre）、圣克劳德（Saint-Claud）和特瓦勒（Toiles）又增建新的纸坊，大体满足了国内用纸的需要。毫无疑问，西班牙和法国所建的纸场主要生产麻纸，而欧洲纸在形制上与阿拉伯纸很相似，这也自属意料中事。11—12 世纪时，阿拉伯纸除由大马士革经土耳其的君士坦丁堡（Constantinpole）转运到欧洲外，还有第二条商路，即由北非的埃及、摩洛哥将产品经地中海运到意大利的西西里（Sicily）岛，再由意大利输入欧洲大陆。造纸术传入意大利可能就是通过这第二条海上商路。12 世纪写成几份古老的意大利纸本文书至今仍保留下来，已成珍贵文物，例如西西里国王罗哲尔一世（Roger I or Roger Guiscard，1036—1101）的一张诏书，在 1109 年用拉丁文及阿拉伯文写在色纸上。在热那亚（Genoa）档案馆所藏早期纸写本中，有年代为 1154 年者，但这些早期纪年文书纸并没有证据证明是在当地制造的，很可能是从阿拉伯进口的。由于纸价较贵，1221 年意大利国王下令禁止用纸写官方文件，以抵制阿拉伯纸的倾销，但用纸量并未因此减少，整个 13 世纪，大马士革纸源源流入意大利。看来最好的对策是生产本国制造的纸；1276 年终于在蒙地法诺（Montefano）建起了第一家意大利纸场，生产麻纸。意大利纸场在造纸技术上有很大改进，用金属制成打浆器（metal beater），增加了冲力，又向纸内施动物胶（animal glue）以代替淀粉糊，同时在 1282 年生产水纹（watermarks）纸。这使他们的纸更有特色，而为其他纸坊所效法；1293 年在波伦亚（Bologrla）这个文化城市兴建了新的纸场。意大利造纸业发展得很快，至 14 世纪时成为欧洲用纸的供应地，产量超过西班牙和大马士革。

　　14 世纪后半叶的德国用纸量也与日俱增，但要靠从意大利进口。当中国印刷术传入欧洲后，德国还从法国进口纸张。纽伦堡（Nurenberg）是那时的印刷业中心，也是德国最早的造纸基地。据史料所载，纽伦堡第一个纸坊是 1391 年由施特罗姆（Ulman Strömer，1328—1407）同意大利人合营的（图 8—3）。施特罗姆在他的纸场所造纸上印出了字母"S"作为水印标记[2]。与此同时，科隆（Cologne）也建起了纸坊。值得一提

〔1〕 Blum，Andrè. *On the origin of paper*. translated from the French (*Les origines du papier*，1922），by H. M. Lydenberg. New York：Bowken，1934，pp. 28—29.

〔2〕 Blum，A. *On the Origin of Paper*. Translated from the French by H. M. Lydenberg. New York，1934，p. 33.

图 8—3　1391 年德国纽伦堡的施特罗姆（Ulman Stromer）纸场
引自 H. Schedel. *Liber Chronicarum*（1493）

的是，纽伦堡的著作家阿曼（Jost Amman，1539—1591）1568 年更在其所著《造纸》（*Der Papier*）一书中附有描绘造纸过程的第一幅木刻画（图 8—4），其中抄纸设备形状与中国及阿拉伯纸工所用的极其相像。在中国古籍中这类插图见于 1637 年出版的《天工开物》，因此可以说造纸插图以阿曼的图为最早。与德、法交界的荷兰从 14 世纪就已开始用纸，海牙档案馆中收藏的最早的纸本文书的年代为 1346 年，然而荷兰早期纸坊则建于 1428 年，1586 年以后造纸业有新的发展，在多德雷赫特（Dorderecht）兴建了新的更大

的纸坊。荷兰人对造纸术的贡献是 1680 年发明了机器打浆机，人们称之为"荷兰机"（Hollander beater），用快速旋转的金属刀切割纸料，比传统的水碓更加省力，而且功效更大。通行德语的瑞士在 15 世纪中叶以前还靠进口纸，但 1433 年在巴塞尔（Basel）建立造纸工场。像纽伦堡那样，巴塞尔也是印刷业的中心，就地造纸促进了印刷业的发展。德国南面的奥地利也于 1498 年在维也纳设厂造纸。从这里可以看到，从南欧意大利将造纸术引入地处中欧的德国后，德国又成为向北欧和东欧传播造纸术的媒介。与德国接壤的波兰 1491 年于克拉科夫（Crakow）建立了该国的第一家纸场，接着于 1522 及 1534 年分别在威尔诺（Wilno）及华沙建设纸场造纸。俄国虽然较早就接触了纸，但该国造纸生产较晚，最早的纸场是 1576 年在莫斯科兴建的，那时可能是聘请了德国技工。

由于英国与欧洲大陆有一海之隔，造纸时间较一些欧洲大陆国家为晚，但 14 世纪初时英国已用纸作为书写材料，纸是从西班牙进口的。英国印刷业早期代表人物卡克斯敦（William Caxton，c.1420—1491）1476 年在国内首次用欧洲大陆纸印书。英国最早纸坊是 1494 年在哈福德郡（Hartfordshire）建立的，1557 年又在芬德福德（Fen Dertford）设场造纸。欧洲大陆北部一些国家也因地理位置的关系发展造纸业的时间较晚，例如丹麦于 1635 年始行造纸，而挪威最早的纸坊建于 1690 年。然而至 17 世纪时，欧洲各主要国家都已有了自己的造纸业。

这时美洲新大陆仍用羊皮、树皮等古老材料书写，有时也用纸，但要从欧洲进口。1575 年西班牙人移居墨西哥后，在那里建立了美洲第一个纸坊。美国最早的纸坊是 1690 年在费城附近的杰曼顿（Germantown）由德国移民建立的。18 世纪初，美国另两家纸场

于宾夕法尼亚（Pennsylvania）
州分别在 1710 及 1729 年投
产，场址也离费城不远。美国
造纸业发展受到大科学家和政
治家富兰克林（Benjamin
Franklin，1706－1790）的推
动。他是印刷工出身，对印刷
业和造纸业都十分关注，主要
在费城活动，使费城成了美国
最早的印刷和造纸中心。1788
年富兰克林还在费城的美国哲
学会（相当于科学院）会议上
作了介绍中国造纸方法的报
告。美国北部的加拿大，最初
从美国和欧洲进口纸，1803 年
在魁北克（Quebec）附近的圣
安德鲁斯（Saint Andrews）由
来自美国马萨诸塞州的纸工参
加建立加拿大第一家纸场。
1819 年在哈里法克斯（Hali-
fax）附近的贝德福德盆地
（Bedford Basin）建立起另一
家纸场[1]。至于大洋洲，第一
个纸场 1868 年在澳大利亚的
墨尔本（Melbourne）附近
建成。

图 8—4 1568 年德国人阿曼(Jost Amann)
书中的造纸插图

　　到 19 世纪后半叶，中国造纸术已传遍世界五洲列国。回顾造纸术西传历程，从中世
纪的中亚、西亚阿拉伯世界到欧美大陆各国，其之所以能分享造纸术发明的成果，归根究
底受益于 751 年怛逻斯战役中中国战俘的技术传授。这些穿着士卒服装的纸工确实为中国
以西各国的文明作出了很大贡献，可惜至今人们还不知道他们的姓名，他们是中西科学技
术交流史中的无名英雄。现将中国造纸术外传图示之于下（图 8—5）。

[1] Hunter, Dard. *Papermaking：The history and technique of an ancient craft* (1947), chap XⅧ, New
York：Dover, 1978, pp. 464ff.

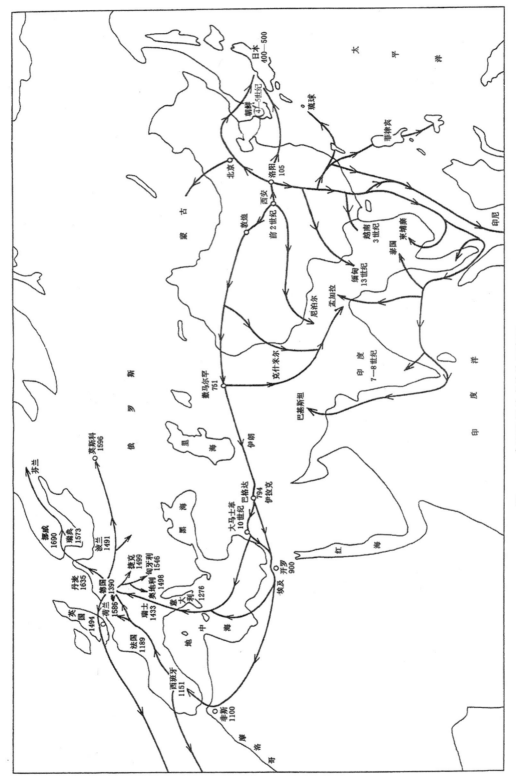

图8-5 中国造纸技术外传示意图
潘吉星绘 (1998)

二　中国造纸术对 18—19 世纪欧美国家造纸的影响

（一）18 世纪欧美如何再引进中国技术

18 世纪以后，随着欧洲经济、科学、文化教育和印刷业的发展，社会上耗纸量与日俱增，由于单一生产麻纸，使原料破布的供应严重短缺，各国纸厂普遍面临原料危机，许多厂家纷纷倒闭，威胁着造纸业的进一步发展，也殃及印刷业。人们在探索是否可找到代替破布的其他造纸原料。纸厂也在设法抄造大幅平滑纸，以满足市场上不断增长的需要，并在相互竞争中推出新产品。因原料和工艺问题引起的纸价上扬局面得不到控制，为降低成本，除改换原料外，还要改革现有工艺。改善造纸现状是当时各国政府和社会各界一致关切的问题，就在这时欧洲人将目光投向造纸业经久不衰的中国。中国之所以被引起注意，也还由于 18 世纪欧洲大陆掀起的"中国热"正在势头之上。

有心人开始查阅有关中国的著作和中国书的译文，询问访华归来的旅行者或访问侨居欧洲的中国人，以期获得造纸技术信息。有关中国著作中及在华耶稣会士发回的通信中，不少地方谈到中国造纸，尤其巴黎刊行的《中华帝国通志》（4 卷，1735）[1]、《海外耶稣会士书信集》（34 卷，1702—1776）[2] 和《北京耶稣会士有关中国论考》（16 卷，1776—1814）[3] 等书，成为获得中国知识的宝库。例如《中华帝国通志》卷二引宋人苏易简（958—996）《文房四谱》（986）卷三《纸谱》，介绍中国以不同原料造纸时说：

> 苏易简《纸谱》云：蜀纸以麻为之，唐高宗敕命以大麻作高级纸以写密令。福建以嫩竹造纸，北方以桑皮造纸，浙江以稻麦秆造纸，江南以树皮造皮纸，更有罗纹纸，湖北造者名楮纸。[4]

欧洲读者读后，立刻会联想产生用其他原料造纸的念头。从中国获得技术信息的最典型人物，是 1774 年至 1776 年任法国财政大臣的经济学家杜尔阁（Anne Robert Jacques Turgot，1727—1781）。他在任利摩日（Limoges）州州长期间（1761—1774）读过有关中国作品，对中国造纸已有初步了解。为发展法国造纸业，这位州长率先采取措施引进中

---

〔1〕 du Halde, Jean Baptiste（éd.），*Description géographique，historique，chronologique，politique et physique de l'Empire de la Chine et de la Tartarie Chinois*，4 Vols（Paris，1735）.

〔2〕 le Gobien, Charles J. B. du Halde et Louis Patouillet（éd），*Lettres édificiantes et curieuses ecrites de missions étrangerès par quelques missionaires de la Compagnie de Jésus*，34 Vols（Paris，1702—1776）.

〔3〕 Bretier, Gabriel Oudart Feudix de Brequiney. et Sylveste de Sacy（éd.），*Mémoires concéernant l'histoire，les sciences，les arts，les moeurs，les usages etc des Chinois，par missionaires de Pékin*，16 VoIs（Paris，1776—1814）.

〔4〕 du Halde, J. B（éd.），Du papier, de l'encre, des pinceaux, de l'imprémerie et de la reliure des livres de la Chine. *Description de l'Empire de la Chine*，Paris，1735. tome 2，pp. 237—251.

国技术。正好 1754 年（清乾隆十九年）北京两青年高类思（Louis Kao，1733—1780）和杨德望（Étienne Yang，1734—1788）赴法留学，在高等学校修读自然科学，学成归国之际，1765 年杜尔阁来巴黎与他们会面，面交 52 项有关中国问题，希他们返华后帮助解决[1]，其中几项与造纸有关，如（1）中国编制抄纸帘的材料和技术，希望提供实物样品，以便仿制；（2）造纸所用各种原料种类，希望得到这些原料的实物标本及用诸种原料所造的各种纸样，以便试制；（3）中国如何抄造 8 尺×12 尺大幅纸，如何荡帘入槽，又如何将湿纸从帘上揭下而不致破裂；（4）希望得到 300—400 张适于铜版版画印刷的 6尺×4 尺幅面的皮纸纸样，以便仿制。

　　杜尔阁提出的这些问题都是当时法国和欧洲其他国家急切要解决的，他们把解决这些问题的希望寄托于中国，果然没有失望。1766 年高类思、杨德望回到中国后，就利用离法前路易十五（Louis XV，le Bien-Aime，1710－1774）国王赠给的年金 1200 里弗尔（1ivres），购买杜尔阁所希望得到的中国纸帘、各种造纸原料标本及纸样，连同技术说明材料，通过商船寄运到法国，使该国首先获益。

　　为使读者了解杜尔阁向高、杨二青年所提问题的具体内容，我们选造纸部分翻译于下：

　　（31）要造一张纸，需用一种将纸浆摊开成型的纸模，即抄纸帘。中国人不像欧洲那样用黄铜粗丝编成帘面，而用从藤条抽出的纤维（按：应当是用细竹丝）编帘。据说以这种方法抄纸，可使纸面更加平滑。希望得到一个中号的抄纸帘。

　　（34）……我们想得到二三里弗尔（livres，相当1—1.5公斤）各种各样的造纸原料。要将其用槌打碎，放入罐中，而且要加以干燥。包装后要附加正确的标签。所寄各种原料的量要足以保证用它试制各种纸之用。至于竹料，请寄来原物和制浆时各阶段的样品。

　　（35）请附寄用诸种原料制成的各种纸的样品。

　　（36）我们造纸时，将纸浆摊在纸模上以成型，然后将湿纸转移到布上以吸收其水分。在欧洲使用称为法兰绒（flanchet）的厚羊毛布来达到这一目的。中国很少用这种毛布，那么将湿纸从帘上取下后放在什么材料上呢，是绢布还是棉布，还是用其他某种材料的布，希望得到一枚制上等纸所用的这种新布（按：中国从不用任何布垫湿纸，而是将湿纸在木板上直接层层摞起）。

　　（38）请详细说明造长一丈二尺、宽八尺大幅纸的工艺方法，如何在纸槽中荡帘，使纸浆分布于帘上，又如何从槽中提起纸帘。如何将帘翻转过来使湿纸不发生卷曲，并将其摊放于布上，又如何将这样大幅纸揭下来、再将其摊开而不发生破裂，最好加以详细说明。

　　（39）希望二位寄来一百或二百张长六尺、宽四尺的最好的纸。如果这种纸适于

〔1〕 Bernard-Maitre, Henri. Deux chinois du 18éme siècle ā l'école des physiocrates françois. *Bulletin de l'Universiré l'Aurore*，1949，3e sér. Vol. 19, pp. 151－197.

铜版印刷，我们有意试制。我们只要皮纸，不要竹纸，最好寄来三百至四百张皮纸。纸放在包装箱内时，不要折叠，尽可能按原样平放。[1]

法国人在 18 世纪向中国学习造纸技术这一事实，甚至还成为法国现实主义作家巴尔扎克（Honoré de Balzac，1799—1850）作品中的创作题材。他的小说《幻想的破灭》（Les Illusions Perdues）发表于 1843 年，但反映的事件发生于 18 世纪后半叶至 19 世纪初。小说中主人公大卫·赛夏（David Séchard）是造纸技术家，有两项奋斗目标：一是试用其他植物原料造纸，以代替日益昂贵的破布，或以其他原料与破布混合制浆，以降低麻纸生产成本；二是试验将胶料配入纸浆中，代替成纸后逐张施胶。这正是欧洲造纸业普遍面临的两个问题，但在中国早已解决。大卫阅读有关中国作品后，以中国纸为模仿对象，在中国技术思想影响下以草类、芦苇为原料从事造纸试验，又试用浆内施胶技术，终于成功，后遭奸商暗算而放弃其发明专利，使他科学研究的幻想破灭。我们将在下一节中对此详细介绍。

如果说杜尔阁代表引进中国造纸技术的西方政界人物，那么富兰克林（1706—1790）可说是号召西方采用中国技术的科学界人物。1788 年 6 月 20 日，曾任驻法大使（1776—1783）的美国开国元老和科学家富兰克林在费城向相当于美国科学院的美国哲学会（American Philosoplical Society）会议上宣读一篇论文，题为"论中国人造大幅单面平滑纸的方法"。论文于 1793 年发表于《美国哲学会会报》上。这篇论文郑重表达了 18 世纪的欧美人在造纸技术方面要向中国人重新学习的普遍愿望。文内首先讲欧洲通用的造纸方法，并批评这种方法手续繁杂，重复无谓的劳动，浪费工料与工时。与此相比，中国人的方法显得极其简便而有效。他接着介绍中国造大幅平滑纸的方法。

我们将其所述概括于下：将纸浆放在大纸槽中，以大幅竹帘抄纸，帘床系以绳，绳的另一端固定在天花板上，此即"吊帘"，为的是荡重帘时操作省力，而由两名纸工协调荡帘。如欲施胶，则将施胶剂直接配入纸浆中，抄出之纸便具同样效果。待帘面多余水从竹帘空隙流出后，再由两人将湿纸用刷子刷在光滑的烘墙上烘干，不必再逐张研光，纸已单面平滑。富兰克林写道：

> 中国人便这样制成了大幅平滑的施胶纸，从而省去了欧洲人所用的很多操作手续。[2]

他说，中国人用简练的工艺所造的纸长 4.5 埃尔、宽 1.5 埃尔。埃尔（ell）为英国古尺名，1 埃尔＝45 英寸＝114.3 厘米＝3.43 华尺，换算后上述中国纸为 5.14 米×1.71

---

[1]　Turgot，Anne Robert Jacques. *Oeuvres complètes de Turgot*，éd. de Gustave Schelle，tome deuxieme，Paris，1914，pp. 523—533.

[2]　Franklin，Benjamin. Description of the process to be observed in making large sheets of paper in the Chinese manner，with one smooth surface. *Transactions of the American Philosophical Society*（Philadelphia），1793，pp. 8—10.

米。虽然所述若干细节不全准确，但介绍造大幅平滑施胶纸的原理是正确的，这就为欧美纸工拓宽了思路。富兰克林这篇论文旨在希望人们摆脱欧洲传统技术影响，"按中国人的方式造大幅单面平滑施胶纸"，正体现他的远见卓识。

图 8—6　流入英国的清代造竹纸图（1800）

伦敦 Victoria and Albert Museum 藏

（二）18—19 世纪传入欧洲的十项中国造纸技术

18 世纪末，清乾隆年由中国画师所手绘的造竹纸全套工艺过程的工笔设色组画，由在京法国耶稣会士蒋友仁（Michel Benoist，1715—1774）寄往巴黎，可能是应法国方面的要求。蒋友仁是前述留法的高、杨二青年的拉丁文老师，参与圆明园的建筑设计，受乾隆帝赏识。他寄回的造竹纸系列图共 24 幅，有宫廷画师画风，因其兼具艺术和技术双重价值，欧洲人不断临摹，彩色摹本藏于巴黎国家图书馆、法兰西研究院图书馆及德国莱比锡书籍博物馆（Buchmuseum，Leipzig）等处，法、美等国还有 19 世纪中期摹本。[1]1815 年巴黎出版的《中国艺术、技术与文化图说》[2]，公布了其中 13 幅造纸图。

编者说，画稿是在华法国耶稣会士请中国人画的，送巴黎后制成铜版。但我们发现画面被西洋人润色，很可能经改绘后制版。这些铜版画为此后其他有关造纸著作所转引，前述富兰克林的论文中所附插图，即引自中国画稿的法国铜版画。可以想象到这套组画传播开来之后，定会在欧美产生很大影响。1952 年，贝内代罗（Adolf Benedello，1886—

〔1〕　*Girmond*，*Sybille*. Chinesische Bilderalbum zur Papierherstellung. Historische und Stilistische Entwickelung der Illustrationen von Produktions Prozessen in China von den Anfängen bis ins 19. Jahrhundert，*in*：*Chinesische Bambuspapierherstellung. Ein Bilderalbum aus dem 18. Jahrhundert*，Berlin：Akademie Verlag，1993，SS. 18—33.

〔2〕　*Arts*，*métieres et culture de la Chine*，*réprésenté dans une suite de gravures exécutées d'āprès par les dessins originaux de Pékin*，*accompagnés des explications données par les missionaires françois et étrangers. Paris*，1815.

1964）于德文版《18 世纪中国造纸图说》[1] 中公布了全套图的黑白照片。后来笔者应德国友人委托，对莱比锡藏本（27 cm×32cm）从造纸技术角度作了专题研究。[2] 此组画最重要的几点是向欧洲人展示了抄纸竹帘的形制及用法、湿纸人工干燥技术、植物黏液的使用等。当时我们没有看到画稿上汉文解说词，但德文解说中有 Koteng-Pflanze 一词，当是指植物黏液或纸药，而 Koteng 可能是"膏藤"之音译。由于纸浆中加纸药，才能保证抄出皮纸、竹纸后，直接摞起，压榨后易于揭下，从而免去用毛布垫纸的欧洲工序。纸药还能帮助纤维在槽内悬浮而不产生絮聚现象。这是欧洲人过去未曾掌握的一项重要技术。

明代的《天工开物》早在 18 世纪就传到巴黎，藏于皇家文库，1840 年法兰西学院汉学教授儒莲（Stanislas Julien，1799－1873）将其中造纸章译成法文，刊于《科学院院报》第十卷[3]，1856 年又于《东方及法属阿尔及利亚评论》上发表"竹纸制造"一文[4]，至此中国传统造纸技术原著内容已译成欧洲人能看懂的法文。如果说 18 世纪时高、杨两位北京人向杜尔阁提供的技术资料只供内部使用，则儒莲提供的中国权威著作的译文已公开发表于法国科学院刊物中，任何人都可阅读。《天工开物》为西方人提供的技术信息是：（1）除破布外，还可以楮、桑、芙蓉皮、稻草、竹类造纸，废纸亦可回槽再生；（2）以不同原料混合制浆造纸的原料配比，如 60％楮皮及 40％竹，70％皮、竹及30％稻草。按需要调整配比，制出质地与价格不同的纸；（3）制造皮纸、竹纸的工艺技术与设备，尤其可弯曲的竹帘形制、编制及使用；（4）通用的具有光滑烘面的强制烘纸装置；（5）以杨桃藤（*Actinidia chinensis*）植物黏液配入纸浆中作为纸药的重要技术措施。欧洲人在 18 世纪得到的有关中国技术的零散信息，至此以系统形式出现，而且《天工开物》中的插图在技术上是准确的。

笔者的研究表明，清康熙年（1662—1722）中国不只用竹帘，同时还用铜网抄纸。而且对铜帘予以改革，研制出"圆筒侧理纸"（"tube-shaped paper with oblique screen-marks"），纸呈长丈余的筒形。这是按下述三项技术构思实现的：（1）圆筒形铜网抄纸器的设计；（2）用筒形抄纸器旋转抄纸；（3）以两个反方向旋转的圆筒对湿纸压榨去水。乾隆年间（1782）再次仿制于浙江。由此可知，中国人在 18 世纪时最先提出后来西方所谓的 revolving endless wire cloth（无端环状旋转式纸帘）抄纸的技术构想，并在实践中加以应用。标志近代世界造纸技术革命的 18—19 世纪两种类型的造纸机结构原理，都与中国上述技术构思相吻合，但比中国晚了一个世纪。这也说明为什么圆筒侧理纸很像近代西

〔1〕 Benedello, Adolf. *Chinesische Papiermacherei im 18. Jahrhundert in Wort and Bild*. Frankfurt am Main, 1952.

〔2〕 Pan Jixing. Die Herstellung von Bambuspapier in Chine. Eine geschichtliche und verfahrenstechnische Untersuchung. *Chinesische Bambuspapierherstellung. Ein Bilderalbum aus dem 18. Jahrhundert*, Berlin: Akademie Verlag, 1993, SS. 11—17.

〔3〕 Soung Ying-Sing, Description des procédés chinois pour la fabrication du papier. Traduit de l'ouvrage chinois intitule *Thien-kong Kai-wu* en français par Stanislas Julien. *Comptes Rendus Hebdomadaires des Sciences de l'Académie des Sciences* (Paris), 1840, 10: 697—703.

〔4〕 Julien, Stanislas. (tr.), Fabrication du papier de bambou. *Revue de l'Orient et de l'Algerie* (Paris), 1856, 11: 74—78.

洋机制纸的原因。圆筒侧理纸曾批量生产，进御后又由皇帝赏赐群臣，相互间以诗唱和，且有不少流入民间，可以说朝野上下众人皆知。这种纸不会不引起在华耶稣会士和商人的注意，并通过各种渠道介绍到欧洲。与此同时，中国以不滤水的材料将大纸帘间隔成几段，从而用一帘一次抄出几张纸的技术以及以白色矿物粉与胶水刷于纸表实行表面涂布的技术，都传入欧洲。[1]

综上所述，18—19 世纪上半叶通过各种渠道欧洲从中国引进的造纸技术和技术思想，归纳起来至少有下列十项：（1）造纸原料多元化，即用破布以外的木本韧皮纤维、竹类茎秆纤维、草本植物纤维造纸；（2）制造各种皮纸、竹纸、草纸的技术；（3）以破布与皮料、竹类、草本及故纸等不同原料，按一定配比混合制浆造纸；（4）以可弯曲的大纸帘抄大幅纸，代替欧洲以不可弯曲的小纸帘抄小幅纸的传统技法；（5）将植物黏液或纸药配入纸浆中，以保证纤维均匀悬浮于浆内和将湿纸直接摞起揭而不裂的技术，代替以大量厚羊毛布垫湿纸的笨拙方法；（6）将胶料配入纸浆中实行纸内施胶，代替成纸后逐张表面施胶；（7）以具有光滑烘面的人工强制烘干器烘纸，借以使纸具有平滑表面；代替将纸吊起自然晾干法；（8）圆筒形铜网抄纸器的设计、使筒形抄纸器旋转抄纸的构思和以旋转滚筒压榨脱水的设计原理；（9）以不滤水材料将大抄纸帘帘面间隔成几段，一次抄出几张纸的技术，代替一帘一次只抄一张纸的做法；（10）以白色矿物粉与胶水混合剂刷于纸表的表面涂布技术和以白色矿物粉的水悬浮液加入纸浆制成填料纸的技术。

以上十项中国技术都是 17 世纪以前欧洲所缺乏的，引进后要涉及对欧洲传统造纸生产中所用原料、制造工艺、基本设备方面的改变和革新，换言之，使其脱离中世纪技术面目并对原有造纸技术路线作新的调整。法国、德国和英国在这方面走在其他欧洲国家前面。

欧洲人首先在造纸原料方面按多元化思想做了许多试验。法国首先从中国引种楮树，以期造楮皮纸，接着美国也仿此事例，然因气候及土壤条件不同，楮树在这两个国家长势不佳。与此同时，法国科学家盖塔尔（Tean Étienne Guettard，1715—1786）和德国植物学家谢弗（Jacob Christian Schäffer，1718—1790）等人都做过巴尔扎克小说中主人公大卫·赛夏类似的工作。盖塔尔发表过"对各种造纸原料的考察"和"对可能用作造纸的原料的研究"[2]等论文。尤其访问过亚洲的谢弗，1765 年至 1772 年发表 6 卷本著作，题为《不全用破布，而以破布掺入少量其他添加物制造同样纸的实验和实验样品》，该书卷二（1765）介绍以破布与大麻、树皮、稻草等中国所用原料纤维混合制浆造纸的实验，并附以这些混料纸的纸样（图 8—7）[3]。

1800 年，库普斯（Matthias Koops）在伦敦试验以木材、稻草造纸，并以所造草纸

〔1〕 潘吉星：从圆筒侧理纸的制造到圆网造纸机的发明，《文物》1991 年第 7 期，第 91—93 页。

〔2〕 Guettard. Jean Étienne, Observations sur différentes matières dont on fabrique le papir. *Mémoires de Paris* (Paris，1741)；Recherches sur les matières qui peuvent servirā faire du papier. *Mémoires sur Différentes Parties des Sciences et Arts*，Vol. 1 (Paris，1768).

〔3〕 Schäffer, Jacob Christian, *Versuche und Muster ohne alle Lumpen oder doch mit einem geringen Zasatze derselben Papier zu machen*，Bd. 1—6，Regensburg，1765—1771.

Jacob Christian Schäffers

Doctors der Gottesgelehrsamkeit und Weltweisheit;
Pred. zu Regensburg; Er. Königl. Maj. zu Dänemark Norwegen
Rathes und Prof. honor. zu Altona; der Academie der Naturforscher,
zu Petersburg, London, Berlin, Norcredo und München, der Gesell-
schaft der Wissenschaften zu Duisburg und churfürstlichen Gesell-
schaft zu Florenz, der deutschen Gesellschaft zu Göttingen, Leipzig,
Altdorf und Erlangen Mitgliedes; wie auch der Academie
zu Paris Correspondentens

Versuche und Muster

ohne alle Lumpen

oder doch

mit einem geringen Zusatze derselben
Papier zu machen.

Erster Band.

Nebst vier ausgemahlten Kupfertafeln.

Regensburg, 1765.

图 8—7　德国人谢弗论造纸原料的专著
第一卷（1765）扉页

印自己所著有关书史的作品[1]，次年该书再版时又印以再生纸，即《天工开物》所描述的以废纸回槽重新抄造的纸，此人于 1800—1801 年得到制草纸、再生纸和木浆纸的三项专利。至 1856 年，英人戴维斯（Charles Thomas Davis）于《纸的制造》（*The manufacture of paper*）一书中已能列举 950 种可能供作造纸的原料。接着 1857—1860 年英国人

---

[1] Koops, Matthias. *Historical account of the substances which have been used to describe events and to convey ideas from the earliest date to the invention of paper*. Printed by T. Burton (London, 1800).

劳特利奇（Thomas Routledge）以生长于西班牙和北非的禾本科野生植物针茅草（*Stip tenacissims*）造纸成功，用以印刷《伦敦图片报》（*Illustrated London News*）。法国从法属阿尔及利亚获得此草后，也忙于做造纸的试验。

1875 年，劳特利奇又以竹为原料试制竹纸，并以其印刷自己著的《作为造纸原料的竹》[1] 的小册子。因英国不产竹，所用竹材需由印度供应。第二年（1876），荷兰阿纳姆（Arnhem）城用荷兰文出版同样书名的书（*Bamboe en Ampas als Grondstaffen voor Papierbereiding*），也是印以竹纸。这些事例都证明欧洲人学习中国人利用破布以外的其他植物原料造纸，或以破布与其他原料混合制浆造纸取得成功，使 18 世纪以来的原料危机获得缓解。这是中国对欧洲近代造纸所作出的一大贡献。

随着造纸原料的改变，欧洲于 18 世纪中叶开始用从中国引进的可弯曲的竹帘抄纸器抄纸，以代替过去的固定型纸模。法国人将这种中国式抄纸器称为 type de vélin，这种类型抄纸器由竹帘和支撑竹帘的帘床（框架）两部分组成，二者可分可合，故称活动帘床。正如富兰克林所说，它具有三个优点：（1）可以制成大幅纸；（2）抄出的湿纸易于脱离帘面；（3）所造的纸表面较平滑。如果将竹帘用不滤水材料分割成几段，还可一次抄出几张纸，这是欧洲人以前不曾想象到的。1826 年英国肯特郡沃特曼（James Whatman）造纸厂在欧洲首次用这种中国技术一次抄出八张做信纸用的纸。

（三）中国造纸术的再传入和欧洲造纸的近代化

中国抄纸竹帘的可弯曲性体现一种先进的造纸思维方式，因而有极大发展前途，是通向近代造纸机的必要阶梯。美国著名纸史家亨特说：

> 今天的大［机器］造纸工业，是根据两千年前最初的东方（中国）竹帘纸模建造的。[2]

这个论点正确而公允，但需要加以解说，才能使更多的读者了解其含义。如前所述，欧洲 18 世纪面临的造纸问题是原料单一，工艺过程烦琐，抄纸设备陈旧，不能造大幅平滑纸。在解决原料问题后，下一步要解决的问题是简化工艺程序和对竹帘抄纸器的改革。具有工业革命背景的欧洲人这时认识到，解决问题的出路在于实现造纸过程的机械化和近代化，以赶上其他已实现这两化的工业部门。因为在手工生产方式下用再好的竹帘抄纸，成纸的长宽度总要受到限制，欧洲人在中国技术和设备的启发下思路大开，想要用机器代替手工劳动，造出无限长的纸，这就导致近代造纸机的发明。

第一个作出这种尝试的是法国人罗贝尔（Nicolas-Louis Robert，1765—1828）。他曾受雇于迪多（Franxois Didot，1730—1804）在埃松（Essonnes）经营的法国最重要的纸

---

〔1〕　Routledge, Thomas. *Bamboo, as a papermaking material*. London, 1875.

〔2〕　Hunter, D. *Papermaking. The history and technique of an ancient craft*, New York：Dover, 1978, p. 132.

厂，在厂主支持下 1797 年做了用机器造纸的试验，后来终于制成两张大纸。1798 年 11 月 8 日，罗贝尔申请发明专利。他在申请书中写道：

> 几年来我受雇于法国一家主要的纸厂，一直梦想简化造纸操作程序，用最低的成本制造幅面特别大的纸，而且不用任何工人，只用机器方式操作。通过努力工作、经验积累，并付出可观的代价，我取得成功，所制成的机器实现了我的预想。这种机器能减少工时与成本，且能制成长 12 米至 15 米的大张纸……总之，我在埃松工厂主、公民迪多的厂家所建造的机器，业已启动。[1]

法国政府部门迅速承认了罗贝尔的发明，允许其拥有 15 年专利权，且奖以 3000 法郎以制造更大的机器。根据罗贝尔在原始材料中的描述，他的机器是将一长的竹帘两头接起，形成类似坦克履带那样的无端长椭圆形抄纸帘，由两个转轮驱动，使其沿水平方向在纸槽上移动。浆料桶中的纸浆通过导流装置均匀流到帘面，纤维留在帘上，水从帘面空隙流入纸槽中。湿纸层经包有毛毡的滚筒压榨，便可以脱离纸帘，再吊起晾干。纸帘抄出一张纸后，移动至一端时，再像坦克履带那样转动到下方，再由另一端重新转动于上方抄纸，沿着长椭圆形轨迹循环转动。这就是近代第一台长网（长帘）造纸机（图 8—8、图 8—9），它的结构相当简单。罗贝尔说"甚至小孩子都能操纵这台机器"。

因法国大革命爆发而引起的社会动荡，造纸机没能取得进展，罗贝尔又将专利权转给迪多。迪多请其姻亲英国工厂主甘布尔（John Gamble）筹措资金用罗贝尔的图纸重造机器。甘布尔发现伦敦文具商富德里尼尔（Henry Fourdrinier，1766－1854）兄弟有意投资，又建议请机械师唐金（Bryan Donkin，1768－1855）按罗贝尔的发明制造机器。制成后，1803 年获英国专利。次年唐金又加以改进，这种长网造纸机便称为"富德里尼尔"（"Fourdrinier"），与原文具商富德里尼尔同名。法国的发明现在却打上了英国的烙印。由于富德里尼尔兄弟申请的专利中没有提出，如其他厂家仿制时要支付技术转让费，结果

图 8—8　1799 年法国人罗贝尔（N. L. Robert）发明的长网造纸机

引自 Mumford（1968）

---

〔1〕　Hunter，D. *op. cit.*，p. 344.

各厂家纷纷仿制。英国的造纸机每台售价低至 715—1040 镑，致使投资 6 万英镑的富氏兄弟蒙受相当可观的经济损失。这种造纸机接着经英国技师改进后，将竹帘易以铜网，增加了伏辊、压辊及蒸汽烘辊、卷纸辊，机器越来越庞大和复杂，形成从纸浆到成品纸的连续一条龙作业（图 8—10），至 19 世纪中叶时欧洲建立起纸的大机器生产，实现了造纸生产的近代化过程。

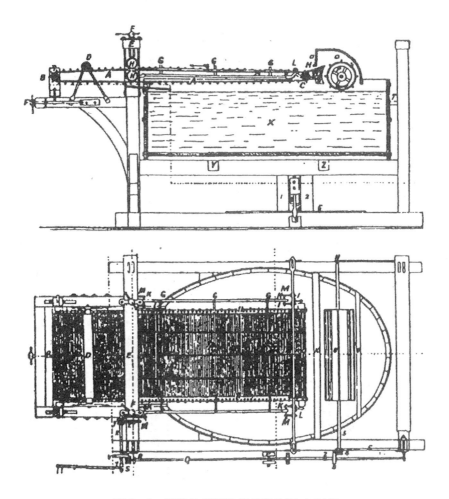

图 8—9　罗伯特长网造纸机结构图（1802）

引自 R. W. Sindall 的书（1920）

长帘机投产后，英国人迪金森（John Dickinson，1782－1869）于 1809 年又制造出与罗伯特纸机在成纸方式上不同的另一类型的造纸机。其主要部件为圆筒形框架包以一层铜网，使抄纸帘呈圆筒形，放在浆槽内旋转抄纸，由筒内形成的真空吸水，这就是单筒圆网造纸机。后来圆网机又被改进。这两种类型的造纸机都可制造无限长度的纸。

　　自从长网机、圆网机相继问世与投产后，彻底解决了欧洲传统工艺的改造问题，工业革命又促使机制纸生产获得迅速发展。以木材及其他植物原料为处理对象的化学制浆法的发明，又使机制纸的发展如虎添翼。欧洲造纸之所以能实现近代化，有赖于原料的拓宽和造纸机的发明，归根到底有赖于下列六项原理（或思想）的运用：（1）原料多元化；（2）以可弯曲的纸帘抄大幅纸的思想；（3）以圆筒形纸模在浆内旋转抄纸；（4）以旋转圆辊对湿纸压榨去水；（5）以热源对湿纸强制干燥；（6）以机器生产代替手工造纸。

　　此处第（2）项至第（6）项与造纸机发明有直接关系，而第（2）项至第（5）项是造纸机关键部件设计的思想基础。例如罗伯特长网机的关键是将可弯曲的竹帘制成无端环状，圆筒形纸模是迪金森圆网机的心脏。没有以热源对湿纸强制干燥的设想，就设计不出烘辊。旋转圆辊在造纸中的运用具有重大意义，否则谈不上压辊、伏辊、烘辊和卷纸辊的安装，也就达不到连续流水作业的结果。而可弯曲的竹帘、圆筒形纸模、旋转圆辊和强制烘干器的运用，都是中国纸工在欧洲人之前使用过的，且与此有关的信息或实物已于18世纪传入欧洲。

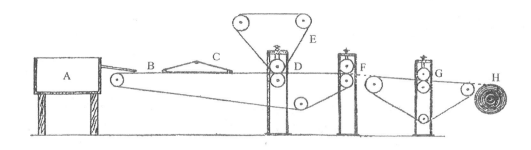

图 8—10　经改进的迪金森圆网造纸机（Fourdrinier machine，1807）

A. 浆槽　　B. 环形纸帘　　C. 定边板　　D. 压榨辊

E. 移动式毡布　　F. 伏辊　　G. 压辊　　H. 卷纸辊

引自 Sindall（1920）

　　将17世纪以前的欧洲传统造纸各技术要素加以分解后，我们注意到几乎没有一项能与近代技术接轨（仅17世纪出现的打浆机一项例外），相反，起源于中国并从中国传入欧洲的前述十项技术要素内有一半以上却能与近代技术挂上钩，并直接转化为近代技术的组成部分。这是中国对欧洲近代造纸发展所作出的第二大贡献。只有以机器生产代替手工造纸是欧洲人最先想到与做到的。但如果他们不掌握此思想得以落实的前述几项技术要素，也只是梦想而已。清代康熙、乾隆年间制成的圆筒侧理纸设备，无疑是长网机和圆网机的先驱，但近代造纸机毕竟发明于欧洲，而不是中国。这是因为18至19世纪之际的欧洲具备了实行机器生产的各种社会条件，而中国缺少这些条件。尽管如此，18至19世纪中国造纸技术和技术思想的再传入，在欧洲从手工纸生产向近代机器大生产转变的过渡时期内起了重要的技术接轨作用。没有来自中国的技术和技术思想，欧洲造纸机是不会凭空制造出来的[1]。

纸之所以比其他书写记事材料优越，除上述各点外，还因为其他材料都只对原料作简单机械加工，没有改变原料成分、形态和自然本性，而纸则是将原料中有效成分（植物纤维）用化学方法提制成纯品，排除其他杂质，再经一系列机械处理后制成的。原料既经受了外观形态上的物理变化，还经受了组成上的化学变化，纸是对原料深度加工的产品，而且纸本身还可作各种加工，形成系列产品。中国发明纸之后，并未垄断专用，而是与各国共享。魏晋时造纸术首先传到邻国朝鲜、越南和日本，唐代时传到印度次大陆、中亚、西亚和北非的阿拉伯世界，12世纪通过阿拉伯传到欧洲，16—17世纪又通过欧洲传到美洲，走完了在世界上的千年万里旅程。其所到之处，立即成为其他古代材料的有力竞争对手，逐一取而代之。

不管是信奉佛教，还是信奉伊斯兰教或基督教的地区，人们都喜欢用纸写不同文字，原来写在其他材料上的典籍又重抄于纸上，使之永存于世。其他材料的古籍因时间推移而逐渐消失、减少，但其纸抄本则世代传承，纸在保存人类文化遗产、使之继续流传方面有不可磨灭的历史功勋。它使古代文化得以延续、发扬光大，古希腊、罗马学者的著作、印度梵文典籍、阿拉伯作品以及中国的先秦诸子百家学说等都有赖纸抄本保存下来。纸再与中国发明的印刷术结合，更如虎添翼，以更快速度、更大规模传播人类文化精华，使人从中受到思想启迪，共享成果，开未来学术之先河。可以说，纸写本和印本书是传播人类文明的圣火。

三　巴尔扎克的小说《幻想破灭》中的中国资料

Sur les matériels chinois dans la roman
Illusion Perdues de Honoré de Balzac

（一）《幻想破灭》的故事梗概

19世纪前半期法国现实主义大作家巴尔扎克（Honoré de Balazc，1799—1850）的名字及其作品，是很多中外读者所熟悉的。他1799年5月20日生于法国西北部安德尔卢瓦尔省省会图尔城（Tours，Indre-et-Loire）的中产阶级家庭，家乡城市在巴黎西南206公里，是个新兴的工商业城市。1818年他带着理想和憧憬从外省来首都巴黎，最初学法律，任公证人事务所书记，再转而投入文学界，1818至1828年间用笔名发表一些通俗小说。同时经营印刷厂、铸字厂和造纸厂，均以失败告终，负债累累，在社会上饱尝辛酸，不得不经常昼夜工作，靠写作收入还债、谋生。因过度劳累，这位才华出众的作家在创作巅峰时，便于1850年8月18日50岁时过早逝世。

从1834年起，巴尔扎克计划写出反映当时法国社会生活的系列作品，总标题为《人

---

〔1〕 潘吉星：从造纸史看传统文化与近代化的接轨，《传统文化与现代化》1996年第1期，第74—83页。

间喜剧》（*La comédie humaine*），预计由 100 部小说构成（包括先前发表的），但实际上只完成 90 部。在这套系列小说中各行各业的人物都登上舞台，与文学较远的内容如财政金融、工商业和农业、银行业务、商店经营、科学技术、法律诉讼等都进入了小说，大大扩充了文学创作的题材。实际上成为了解当时法国社会生活的百科全书。《人间喜剧》中，分别于 1837、1839 及 1843 年问世的总标题为 *Les illusion perdues* 的三部曲，是巴尔扎克一生中的重要代表作，此法文书名本义是《失落的幻想》。但已故文学翻译家傅雷（1908—1966）先生去世后于 1980 年发表此书汉译本时，将书名略译成《幻灭》，我们觉得还不如再加上二字作《幻想破灭》意思更清楚些。

《幻想破灭》这部长篇小说，集中反映了作家本人的生活经历和思想感受，也是资产阶级日益得势和贵族社会趋于解体的当时法国社会的忠实写照[1]。小说的中心内容是两个有才能、有抱负的青年理想破灭的故事。其中吕西安·夏同（Lucien Chardon）是位诗人，在外省颇有名气，带着幻想来到巴黎，在新闻界恶劣风气毒害下，脱离了严肃的文学道路，沦为报痞文氓，最后在党派倾轧、文坛斗争中身败名裂。他的妹夫大卫·赛夏（Darid Séchard）是位埋头苦干的发明家，一心想改变法国造纸技术现状，且已获得成功，但遭同行业奸商暗算，放弃发明专利，弃绝科学研究理想。从这个意义上说，两位主人公的遭遇和剧情结局并不是"人间喜剧"，倒是人间悲剧。

巴尔扎克将吕西安和大卫的遭遇与整个一代法国青年的精神状态以及社会生活尤其巴黎生活联系在一起。巴黎是法国政治、经济和文化中心，也是 18 世纪末资产阶级革命的策源地，对外省青年有巨大的吸引力。他们云集此地，必然出现相互竞争，而在激烈竞争中取胜，获得显赫地位和发财致富的毕竟只是少数，而大多数人则成为竞争的牺牲品，难逃理想破灭的悲惨结局，这就是无情的现实。小说中使我们最感兴趣和最喜欢的主人公是大卫·赛夏这个正面人物。他为人正直宽厚，淳朴善良，有高尚道德理想，不想来巴黎冒险，宁愿在家乡将全部精力投身科学事业。其故乡为法国西南部夏朗德省省会昂古莱姆城（Angouleme，Charente），以盛产各种纸张而闻名。其父在当地经营一家印刷厂，为人吝啬、贪财，将儿子送到巴黎迪多印刷厂深造，却一分钱都不肯给，他只好边打工边学习，自己养活自己。

迪多印刷厂历史上确实存在，由著名出版家弗朗索瓦·迪多（François Didot，1689—1757）创建于 1713 年，其子孙世守其业，成为法国最大民营出版集团，以改良活字铸造及引用铅版印刷而在技术上处于领先地位，且在巴黎南的埃松（Essonnes）拥有大规模造纸厂，成为集造纸、铸字、排版、编校、刷印、装订、发行等一条龙作业的大型联合企业。大卫来此学徒时，正值迪多家族第三代掌门人皮埃尔·迪多（Pierre Didot，1760—1853）、菲尔曼·迪多（Firmin Didot，1764—1836）和亨利·迪多（Henri Didot，1765—1852）主控的企业大发展时期。大卫在这里看到了先进的印刷技术和设备，学会了造纸技术，又得知各种重要技术信息，扩大了眼界。1819 年父亲让他离开巴黎，回昂古莱姆城接管印刷厂，条件是他必须向父亲支付 3 万法郎和 1200 法郎房屋租金，才能得到

---

〔1〕　关于《幻想破灭》的综合评介，参见艾珉的汉译本序（1979）。

自主经营权，在款交齐前印刷厂收入由父子均得。大卫明知厂内陈旧设备值不了那么多钱，但考虑到父子情分，还是接受了父亲的盘剥。

大卫的印刷厂生意不好，为生计起见他决定另辟蹊径，改行从事造纸技术研究，一旦在这方面有所发明，不但不愁生计，还有益于社会。为此他作了一系列秘密实验。其主要目标是以中国纸为样本，用破布以外的植物原料造纸，这样就可使纸更便宜，减少印刷品的成本。他说：

> 目前造纸还用破旧的苎麻布和亚麻布，这种原料很贵，法国出版业必然会有的大发展因此延迟了。我们不能加速破布的生产，那是大众用旧的东西，数量受一国的人口限制。……假如纸厂的需求超过法国破布的供应，或是超过一倍或是超过两倍，我们就得采用另外一种原料，才能有便宜的纸张。[1][2]

大卫懂化学和造纸技术，能看得出市场上的需要，摸索的人不止他一个，如他能捷足先登，就能有很大一笔收入。他尝试用当地野生禾本科多年生草本植物芦苇（*Phragmites communia*）、野生荨麻科（Urtica）多年生草本植物造纸，又将麻与草本植物混合制浆，经不懈努力，利用这些原料造出与中国纸一样洁白紧密与拉力强的纸，比破布纸便宜一半。

大卫在造纸方面的另一个奋斗目标是模仿中国纸实现纸内施胶（internal sizing），以代替欧洲现行的纸表施胶（surface sizing）。一般说用墨水在纸上写字容易洇，因在纸纤维中有无数孔隙，墨水在其中向四处散开或渗透。为此需将空隙堵塞住，对纸用机械力研光、捶打，或在纸上加淀粉剂或胶料，即可避免洇纸，称为施胶。最有效施胶方法是在纸上加动物胶及使其在纸上沉淀的明矾 [alums，$KAl(SO_4)_2 \cdot 12H_2O$]，此法为中国人所首创，称此为胶矾纸。将胶矾水逐张刷于纸上，称纸表施胶，废时费工，而且还要研光，18世纪时欧洲即用此法。将胶矾水放入抄纸槽中的纸浆，则抄出之纸即成施胶纸，此省时省工的纸内施胶法，中国北宋（10世纪）时即已行用，大卫就尝试用此法施胶。

巴尔扎克指出，在法国一个人花多年心血完成的发明，可能会被同行的一点改进而将专利权夺走。光是发明廉价纸浆还是不够的，大卫还要探索新的施胶技术，整个发明才算配套。巴尔扎克写道：

> S'il devenait possible de coller la pâte dans la cuve, et par une colle peu dispend-ieuse (ce qui se fait d'ailleurs aujourd' hui, mais imparfaitement encore), il ne rester-ait aucun perfectionnement à trouver.[3]

---

〔1〕 de Balzac，*Honoré. Les illusion perdues*. Moscou：Editions en Langues Étrangérs，1952，p. 107.

〔2〕 ［法］巴尔扎克著，傅雷译：《幻灭》，人民文学出版社 1980 年版，第 97 页。

〔3〕 de Balzac，*Honoré. Les illusion perdues*. Moscou：Editions en Langues Étrangérs，1952，p. 548.

傅雷将这段话译为："若能用一种便宜的胶水在煮纸浆的锅内上胶，——如今就用这办法，可是还不完善，——他的发明就没有什么需要改进了。"[1] 照汉译本所述，在技术上是行不通的，因纸内施胶只能在抄纸槽（欧洲称抄纸桶）内进行，断不可在蒸煮锅内施胶，更不应将纸浆与胶液在锅内共煮。

小说中的法文原文叙述并没有错，问题在于汉译本将抄纸用木桶（cuve）误译为蒸煮纸料用的金属锅，遂引来技术上的误解。为恢复法文原文本义，笔者现将前述那段话重译为：

> 如果能用便宜的胶液在抄纸木桶内施胶（他现正用此法，然还不够十全十美），他的发明就无须别人改进了。

经过几个月的最后冲刺，1823 年大卫的实验获得成功，两项预期目标均已达到，从而完成他在造纸方面的整个发明。他所造的施胶纸"与中国纸一样的柔软"。但本城的奸商戈安得（Boniface Cointet）兄弟用卑鄙手段刺探到他造纸实验的秘密，又设毒计使大卫陷入官司，勾结诉讼代理人和法官侵吞了大卫的造纸发明权及其利润。

巴尔扎克在小说中写道：

> 自从有了大卫·赛夏的发明，法国的造纸业好比一个巨大的身体得到了养料。因为采用破布以外的原料，法国造的纸比欧洲无论哪一国都便宜。荷兰纸（按即全用破布造的纸——引者注）绝迹了，不出赛夏所料。大势所趋，恐怕早晚需要办一个王家纸厂，就像高勃冷（Gobelins）、萨伏纳里（Saronnerie）王家地毯厂，赛弗（Sèures）王家瓷器厂和王家印刷厂一样。[2]

为法国造纸业发展呕心沥血，作出贡献的善良发明家赛夏，却没有从社会得到应有回报，而是经受一系列艰难、困苦、折磨和欺骗，最后使他幻想破灭，退居乡下。而侵吞他发明的奸商戈安得则大发横财，当上议员，又进贵族院，可望成为下届内阁中的商业部长。巴尔扎克对社会的这种不公正现象作了无情的揭露，发人深省。

（二）大卫·赛夏发明活动得益于中国技术启发

巴尔扎克《幻想破灭》中的主人公大卫·赛夏在造纸方面的发明活动，不是凭空杜撰出来的，而是有着深刻的时代背景，反映 18—19 世纪中国造纸术第二次西传的历史事实。巴尔扎克本人就是这一事实的见证人，由于他有经营印刷厂和造纸厂的亲身经历，写这类题材的小说可谓轻车熟路。大卫·赛夏的事迹不一定是真人真事，但在当时现实社会生活

---

〔1〕 ［法］巴尔扎克著，傅雷译：《幻灭》，人民文学出版社 1980 年版，第 522 页。
〔2〕 同上书，第 641 页。

中，这样的人确实是存在的，我们甚至可以举出其真实姓名。作家把赛夏科学实验的细节描述得活灵活现，有如身临其境，列举的事例和数据又如此准确，甚至不排除赛夏这个主人公有作家本人的身影，至少他耳闻目睹过这类发明家的遭遇。正验证"现实生活是文学创作源泉"这一真理。巴尔扎克 1842 年 12 月 21 日致韩斯卡夫人（Madame Evelina Hanska）信中指出，这部小说"充分地表现了我们的时代"。

此处宜论述这位纸发明家所处的时代背景和他的发明活动如何得益于中国技术的启发。众所周知，造纸术起源于中国，而后传遍全世界。据 1933—1992 年八次考古发掘资料，早在公元前 2 世纪西汉初期就已制成可适用于书写的麻类植物纤维纸，原料为麻头、破布。公元 2 世纪东汉时还制成楮皮纸，4 世纪晋代有了桑皮纸，9 世纪唐代发明竹纸，10 世纪宋代又有了以禾本科植物稻麦秆为原料的草纸[1]。中国是世界上人口最多、耗纸量最大的国家，之所以一直能保证廉价纸的充分供应，在于造纸原料多样化和技术的不断更新，又有适于造纸的丰富植物资源，而且常用不同原料混合制浆造纸，包括以废纸回槽造"还魂纸"（再生纸，reborn paper）实现资源的循环利用。中国造纸术于 12 世纪通过阿拉伯人为媒介传入欧洲，至 17 世纪已遍及欧洲各国，完成中国造纸术的第一次西传。

然而与中国不同，欧洲人长期以来以破布为原料单一生产麻纸，不会用其他植物原料。18 世纪中叶以后，由于机器生产在造纸业中的推广和西方各国科学文化、印刷业的发展，使社会上耗纸量猛增，破布的供应出现短缺，原料价格一涨再涨，也使纸的生产成本相应提高。以法国为例，19 世纪初的耗纸量比大革命（1789—1794）初期增加十倍。1814 年只普鲁斯特（L. J. Proust）一人在一场破布交易中数量就达 1000 万斤，价值 400 万法郎，18 世纪中叶至 19 世纪前半叶，虽然纸厂林立，却普遍面临原料危机，不少纸厂因而倒闭。巴尔扎克小说中反映的法国纸业情况，正好发生在这一时期。他本人经营的纸厂也因此倒闭而有深切体会。因此当时欧洲各国技术家和科学家都在思考可否找到破布以外的廉价易得的原料用来造纸，以缓解因破布供应短缺所带来的社会经济问题。

正在此时，欧洲人将目光转向造纸业经久不衰的中国，探索中国为何千年造纸而从未出现原料危机之谜。当时中、欧已有了直接贸易往来和人员交流，将中国古书有关造纸记载、相关实物标本及技术信息传到欧洲并非难事，这是中国造纸术第二次西传与第一次西传的不同之处；另一不同是第一次西传只是将唐代北方麻纸技术和陈旧的设备传了过去，所造的纸幅面小、厚重而表面不平滑，而第二次西传则包括南方先进的皮纸技术，先进设备和唐宋以来新发展起来的竹纸技术，纸内施胶等加工技术。更重要的是各种原料和幅度的中国单面平滑施胶纸、抄纸用纸帘、原料和纸浆标本等都能运到欧洲，供仿制时参考。

应本国有关当局的要求，法国在华耶稣会士及时将中国造纸技术信息发回，巴黎耶稣会士杜阿德（Jean-Baptiste du Halde，1674－1743）据在华 27 名教友发回的报告，编成《中华帝国及其边疆地区地理、历史、史志、政体及科学通志》（*Description géographique, historique, chronolgique, politique et physique de l'Empire de la Chine et Tartarie chinois*），简称《中华帝国通志》（*Description de l'Empire de la Chine*）。1735 年全书以对

---

〔1〕 潘吉星：《中国古代四大发明》第 1—2 章，中国科技大学出版社 2002 年版。

开本四巨册在巴黎出版，作为有关中国的百科全书，在欧洲广为传播，很快译成英、德、俄文。该书卷二收入"中国纸、墨、毛笔、印刷和书籍装订"一文，对中国写本和印本书所用的原材料、制法及装订等作了全面介绍。此文未署作者姓名，但有迹象表明很可能出于 1699 年来华的法国耶稣会士殷弘绪（字继宗，François-Xavier d'Entrecolles，1664—1741）之手。文内转述宋人苏易简（958—996）《文房四谱》（986）卷三《纸谱》所述及作者见闻，对中国历代造纸原料作了如下介绍：

> 汉代早期用废丝絮造纸，后汉和帝时（105）宦官蔡伦以破布、麻绳头及树皮造纸。使用研光技术，使纸表平滑。蜀纸以麻为之，唐高宗敕命以大麻造高级纸，以纸写密令。福建以嫩竹造纸，北方以桑皮造纸，浙江以稻麦秆造纸，江南以树皮造皮纸，更有罗纹纸，湖北造者名楮纸。[1]

因而可以看到中国人既以破布、麻绳头造麻纸，又以楮皮、桑皮等木本韧皮纤维造皮纸，以嫩竹、稻麦秆等禾本科茎秆纤维造竹纸、草纸，走造纸原料多元化的可持续发展道路。其中所说汉代以丝絮造纸属误记，考古发掘表明汉初即以破布造麻纸，至蔡伦时得到改进。

《中华帝国通志》卷一第 111—260 页还收入《中国十五省地志》（*Description géographique des quinze provinces de la Chine*），其中谈到南方产纸区的纸厂将动物胶和明矾溶液放在纸槽中与纸浆混合后抄纸，则所抄出之纸便成双面施胶纸。此法比欧洲人制成纸后一张一张地用毛刷施胶确是省时省工省钱，对欧洲纸厂而言是一大福音。1759 年来华的法国耶稣会士韩国英（字伯督，Pierre-Martial Cibot，1727—1780）将其执笔的"介绍桑科植物楮榖"［*Notice sur le chou-keou（sorte de mûrier）*］寄回本国，文内介绍楮树形态特征、生长环境及以楮皮造纸的方法，并建议法国引种中国原产的楮，再用于造纸。此文收入史家布雷蒂埃（Gabrier Bretier，1723—1789）等编辑的《驻北京传教士关于中国历史、科学、技术、风俗及习惯等论考》（*Mémoires concernant l'histoire，les sciences，les arts，les moeurs，les usages etc，des Chinois par Missionnaires de Pékin*）卷十一（1786）[2]。此书简称《中国论考》（*Mémoires concernant les chinois*），共 16 卷八开本，1776—1818 年刊于巴黎。与《中华帝国通志》齐名。法国技术家能很容易读到这两部名著。

法国还直接通过中国人获得造纸技术信息和实物标本。1751 年（清乾隆十六年）两位中国青年高仁（字类思，1733—1780，法文名 Louis Kao）和杨执德（字德望，1734—1788，法文名 Étienne Yang）在法国耶稣会士卜日升（字若望，Jean Baborier，1678—

［1］ Du papier，de l'encre，des princeaux，de l'imprimerie et de la reliure，des livres de la Chine，dans：*Description de l'Empire de la Chine*，tome 2：237—251. Paris：La Mercier，1735.

［2］ Cibot，Pierre-Martial. Notice sur le *chou-keou*（Sorte de mûrier），dans：*Mémoires concernant les chinois*，tome 11. Paris，1786，pp. 294—298.

1752）带领下离开北京前往法国留学达十一年（1754—1765），先习法文、拉丁文、伦理学与神学，继而在亨利·贝尔坦（Henri Bertin，1720—1792）关照下，学习物理学、化学、印刷术等科学技术[1]。贝尔坦 1763 至 1780 年间任国务大臣（相当于宰相），兼管外交、外贸事务，是 18 世纪最大的 Sinophile（亲华派）和耶稣会士的保护人。他有个中国式的办公室，与驻华耶稣会士保持频繁通信联系。他希望向法国人灌输中国思想，使法国发生变革，更主张引进中国特长的技术以滋养法国产业。

高、杨归国之际（1764），上维埃纳省（Haute-Vienne）省长杜尔阁（Anne Robert Jacques Turgot，1727—1781）在与宰相商量后，前来巴黎与中国二青年见面，向他们提出 52 个有关中国的问题，希返国后帮助解决。这些问题涉及：（1）财富、土地分配与耕作；（2）造纸、印刷技术；（3）地质与博物学，共三大类。上维埃纳省在法国南方，省会利摩日（Limoges）是制造业及商业大城，以制革、造纸、陶瓷、印刷和纺织业而闻名。杜尔阁提出的造纸、印刷问题与其想振兴法国产业密切相关。这些问题包括：（1）中国编制抄纸帘的材料和技术，希望提供实物样品，以便仿制；（2）造纸用各种原料种类，希望得到这些原料实物标本及用不同原料造出的各种纸样，以便仿制；（3）中国如何抄造 8 尺×12 尺大幅纸，如何荡帘入槽，又如何将湿纸从帘上揭下来而不致破裂；（4）希望得到 300—400 张适于铜版版画印刷用的 6 尺×4 尺幅面的皮纸纸样，以便仿制[2]。

采集各种样品、标本及运至法国所需费用，由高、杨返国前路易十五世国王所赠 1200 镑（livre）银币中支付。1766 年高、杨二人返国后，与贝尔坦保持通信联系，并将杜尔阁希望得到的造纸原料标本、抄纸帘、纸样及技术说明寄回法国，使法国和欧洲造纸业因而获益。杜尔阁 1774—1776 年任财政大臣时，同贝尔坦一起按中国技术对法国造纸业作了重要改革，使其在欧洲处于领先地位，也促使英、德等国接着跟进。

1776—1783 年曾任驻法大使的美国开国元勋兼科学家富兰克林（Benjamin Franklin，1706—1790）在法国得知中国造纸技术后，1788 年 6 月 20 日在费城美国哲学会（American Philosophicnl Society）会议上宣读一篇论文，题为《按中国人方法造大幅单面平滑纸的过程》[3]，文内指出欧洲传统造纸方法手续繁杂，重复无谓劳动，浪费工料、工时，而中国人的方法简便有效。接下叙述中国造大幅平滑纸方法：将纸浆放入大木槽中，以大幅竹帘抄纸，由两名纸工协调荡帘。如欲施胶，则将施胶剂直接配入木槽内纸浆中，抄出之纸即施胶纸，无须再逐张施胶。抄出纸后，待帘面多余水从竹帘空隙流出，再由二人持帘并将其弯曲，使湿纸转移到木板上，以同法令湿纸层层叠起，以木榨压去水分。最后由二人将湿纸以毛刷刷在平滑烘墙上烘干，即得单面平滑施胶纸。富兰克林号召美国人也仿效中国方法造纸。

〔1〕 Bernard-Maitre，Henri. Deux chinois du 18éme siècle à l'école des physiocrates Français. *Bulletin de l'Université l'Aurore*，1949，3e sér.，19：151—197.

〔2〕 *Oeuvres comptétes de Turgot*，éd. de Gustave Schalle，tome deuxieme，Paris，1914，pp. 523—533.

〔3〕 Franklin，Benjamin. Description of the process to be observed in making large sheets of paper in the Chinese manner，with one smooth surface. *Transactions of the American Philosophical Society*（Philadelphia），1793，pp. 8—10.

与此同时，法国科学家盖塔尔（Jean Etienne Guettard，1715—1786）1768 年发表《对各种造纸原料的考察》、《对可能用作造纸的原料之研究》[1]。德国植物学家谢弗（Jacob Christian Schäffer，1718—1790）1765—1772 年发表六卷本著作，题为《不全用破布，而以破布掺入少量其他添加物造同样纸的实验和实验样品》[2]，该书卷二（1765）介绍以破布与大麻、树皮、稻草等中国所用原料造纸的实验，附有混料纸纸样。法国、美国先后引种中国楮树用于造纸，因气候、土壤环境不适，楮的长势不好。1800 年英国人库克斯（Matthias Koops）以稻草造纸成功并以此纸印其有关作品[3]。上述西方人士共同目标都是以中国技术对欧洲传统造纸原料和制造工艺进行改革，寻求造纸发展的新出路，缓解面临的产业危机局面，他们从事与《幻想破灭》中主人公赛夏同样的工作，也说明巴尔扎克创作的这部小说有现实基础，只不过他对赛夏铺陈了更多的故事情节。

（三）巴尔扎克笔下的插图本中国造纸技术作品

巴尔扎克在《幻想破灭》中指出，促使主人公赛夏投身造纸发明活动的原因有三：一是他与中学时的同学吕西安·夏同久别重逢后，听说吕西安的父亲学化学，曾计划用美洲某种植物造纸，类似中国人用的原料，可使纸价便宜一半。二是他听说朗葛莱（Langlée）纸厂的列尔（Léorier de l'Isle）1776 年打算解决吕西安父亲想到的问题。三是他在巴黎迪多印刷厂学徒时，有一次在办公室内听到几个人关于中国造纸原料展开的一场争论。事后他写道：

> 由于中国纸一开始就胜过我们的纸。中国纸又薄又细洁，比我们的好多了，而且这些可贵的特点并不减少纸的韧性，不管怎么薄，还是不透明的。当年大家对中国纸极感兴趣。有位非常博学的编审（巴黎的编审中有不少学者）傅立叶和勒罗此刻就在拉希华第埃（Lachevardiére）那儿当编审！……我们正在讨论，那时正在做编审的圣西门伯爵来看我们。[4]

于是一场关于中国造纸原料的学术争论便开场了。

这场争论对赛夏日后下决心从事造纸研究有决定性的影响，因为上述有关吕西安父亲及列尔研究计划都是从另外人那里听到的片言只语，缺乏细节，而他在迪多厂办公室直接

〔1〕 Guettard, Jean Etienne. Observation sur différentes matières dont on fabrique le papier. *Mémoires de Paris*. Pairs，1741；Recherches sur les matières qui peuvent servir à faire du papier. *Mémoires sur Différentes Parties des Sciences et Arts*. Vol. 1. Paris，1768.

〔2〕 Schäffer, Jacob Christian. *Versuche und Muster ohne alle Lumpen oder doch mit einem geringen Zasatze derselben Papier zu machen*. Bd. 1—6. Regensburg，1765—1771.

〔3〕 Koops, M. *Historical account of the substances which have been used to describe events and to convey ideas from the earliest date to the invention of paper*. London，1800.

〔4〕 见《幻灭》，人民文学出版社 1980 年中文版，第 109 页。法文 córrecteur 原译为"校对员"，我们改译为"编审"。

听到的则是学者间的讨论细节，并看到描述造纸过程的插图本中国著作，给他的印象最深。小说内提到的傅立叶（François Marie Charles Fourier，1772－1835）和圣西门（Comte de Saint-Simon，1760－1825）伯爵，均为 18 世纪法国学者和空想社会主义者，勒罗（Pierre Leroux，1797－1871）是圣西门的理论信徒。这些人物出场后，小说便通过赛夏之口介绍有关中国造纸原料争论的细节。由于这段话很重要，而汉译本有不准确之处，我们现将法文原文转录于此，并提供我们的新译文：

Il nous dit alors que selon Kaempfer et du Halde, le broussonatia fournissait aux Chinois la matière de leur papier, tout végétal, comme le nôtre d'ailleurs. Un autre correcteur soutint que le papier de Chine se fabriquait principalement avec une matière animale, avec la soie, si abondante en Chine. Un pari se fit devant moi. Comme MM. Didot sont les imprimeurs de l'Institut, naturellement le débat fut soumis à des membres de cette assemblée de savants, M. Marcel, ancien directeur de l'Imprimerie impériale, désigné comme arbitre, renvoya les deux correcteurs pardevant M. l'abbé Grozier, bibliothècaire à l'Arsenal. Au jugement de l'abbé Grozier, les correcteurs perdirent tous deux leur pari. Le papier de Chine ne se fabrique ni avec de la soie ni avec le broussonatia; Sa pâte provient des fibres du bambou triturées. L'abbé Grozier possédait un livre chinois, ouvrage à la iconographique et technologique, où se trouvaient de nombreuses figures représentant la fabrication du papier dans toutes ses phases, et il nous montra les tiges de bambou peintes en tas dans le coin d'un atelier à papier supérieurement dissiné. Quand Lucien m'a dit que votre pére, par une sorte d'intuition particulière aux hommes de talent, avait entrevu le moyen de remplacer les débris du linge par une matière végétale excessivement commune, immédiatement prise à la production territoriale, comme font les Chinois en se servant de tiges fibreuses, j'ai classé tous essais tentés par mes prédécesseurs et je me suis mis enfin à étudier la question. Le bambou est un roseau: j'ai nuturellement pensé aux roseaux de notre pays.[1]

笔者现将这段法文重译如下：

当时圣西门伯爵对我们说，根据肯普弗和杜阿德的记载，中国人用楮［皮］为料制造他们的纸，像我们的纸一样也以植物为原料。另一位编审认为，中国纸主要以动物原料制成，即中国丰富的丝絮。他们在我面前打赌，迪多先生们的工厂承印［法兰西］研究院的印件，他们自然把这项争论交给研究院的院士们。由前王室印刷厂厂长马赛尔先生作出仲裁。他提请两位编审去见军械库图书馆馆长葛鲁贤神甫先生。据葛

---

〔1〕 de Balzac. *Les illusion perdues*. Moscou，1952. p. 111.

鲁贤神甫的判断，两位打赌的编审都输了。中国纸既不是由丝絮所造，也不是由楮所造，而是由捣碎的竹纤维作成纸浆。葛鲁贤神甫收藏一部插图本中国技术书，其中有不少描写整个造纸过程的图。他指给我们看纸坊内摊放着大批竹竿，画得很好。我听吕西安说，其父靠有才干人的特殊直觉，想到破布的代用品，用很普通的本地可得的植物为造纸原料，像中国人用茎秆纤维一样。我将前人的各种想法作了归纳，终于决定研究这个问题。竹是一种芦竹[1]，我自然想到我们国家的芦苇。

于是赛夏试用芦苇造纸，并取得成功。我们对上文所述需作补充和注释。巴尔扎克将 Kaempfer 这个德国姓拼为 Kempfer，脱一字母"a"，我们已补入所引原文中。此即 17 世纪德国旅行家和医生恩格尔贝特·肯普弗（Engelbert Kaempfer，1651－1716），他先后于德国、瑞典大学学习博物学和医学，1681 年移居瑞典，被派往俄国及波斯任使团秘书，写过波斯游记。后任职于荷兰东印度公司，1690—1692 年在日本长崎的荷兰商馆任医师，写过《日本的历史及概论》（*Geschichte und Beschreibung von Japan*），1727 年先以英文发表，题为《日本志》（*The History of Janpan*），后以荷兰文、法文及德文出版。这是西方人有关日本的早期作品之一。书中介绍日本造纸及技术，提到楮纸、雁皮纸及三桠皮（瑞香皮）纸，指出日本从中国传入造纸术，也对中国纸作了介绍。

图 8—11　1774 年蒋友仁（Benoist）寄往法国的中国造竹纸画册中池内沤竹图
莱比锡德国书籍博物馆藏

小说中提到的杜阿德，即我们前面介绍过的编辑《中华帝国通志》的巴黎耶稣会士，书中引宋人苏易简《文房四谱》云，中国除用破布外，还以楮皮、桑皮、藤皮、竹类和稻麦草造纸以及纸内施胶技术。今天看来，两位编审关于中国造纸原料的争论双方各执片面

〔1〕芦竹为禾本科多年生草木（*Arundo donàx*），与同科多年生草本芦苇（*Phsagmites communis*）外形相似，故法国均俗称为 *roseau*。——笔者注

之词。事实上中国纸从一开始就同时以多种植物原料制成，而从未以丝絮造纸[1][2][3]。对争论作仲裁的法兰西研究院院士马赛尔（Jean-Joseph Marcel，1770—1854）是东方学家，通数种东方语文（但不懂汉文），曾随拿破仑去埃及，主持法国远征军印刷厂，1804年任巴黎王室印刷厂厂长，但他没有发表意见，而是请两位编审见军械库图书馆（Bibliothèque de l'Arsenal）馆长葛鲁贤（Jean Baptiste Gabriel Grosier，1743—1823）神甫。此馆为法国重要图书馆之一，傅译本将 Arsenal（军械库）音译为"阿尔什那图书馆"，有欠考虑。

葛鲁贤为博学的耶稣会士，曾任国王侍讲官，法兰西学院阿拉伯语教授，在整理、出版驻北京耶稣会士冯秉正（字端友，Joseph Marie Anne de Mailla，1669—1748）自《通鉴纲目》等所译法文稿《中国通史》（Histoire générale de la Chine，12vols）过程中，对中国情况已有相当了解，他将杜阿德所编《中华帝国通志》及其他资料缩编成《中国通志，或该帝国实情概述》（Description générale de la Chine ou Tableau de l'état actuel de cet empire），1785 年在巴黎出版，全一册四开本，共 798 页。此书分上下两篇，上篇为各省区地志，下篇为《最近在欧洲获得的有关中国政体、宗教、风俗、习惯、科学和技术知识概述》（Un précis des connaissances le plus recemment parvenues en Europe sur le government，la religion，les moeurs，les usages，les sciences et les arts des chinois），其中也介绍了中国造纸用多种植物原料，此书英文版 1788 年在伦敦出版。

小说中交代说，葛鲁贤在仲裁中并未像他在其书中所说中国用楮、桑、竹、稻麦草多种原料造纸，而只说以竹造纸，并且在迪多印刷厂办公室向众人出示他所藏描述造竹纸过程的中国插图本著作。赛夏见图中所绘禾本科毛竹在形态上与同科植物芦竹相似，由此联想到以法国生长的芦苇造纸。对赛夏产生如此重大影响的中国技术著作是否真有其书，到底是哪部书？百多年来没有人研究过这个问题。1992 年笔者在一篇探索性文章[4]中指出，此书有可能指明代科学家宋应星（1587—约 1666）的《天工开物》（1637），近来通过深入研究觉得此说需要修正。虽然《天工开物》明清两种版本于 18 世纪已传入法国，入王室图书馆，其中《杀青》卷详细叙述福建竹纸技术并附有插图，且已译成法文 [Description des procétés chinois pour la fabrication du papier. Traduit de l'ouvrage chinois intitulé Thien-kong-kai-we par S. Julien. Comptes Rendus de l'Académie des Sciences (Paris)，1840，10：697—703]，但译出时间稍晚。我们认为巴尔扎克小说中所说对赛夏有启发作用的那本中国插图本技术书，更有可能指清乾隆三十九年（1774）传入法国的中国民间画家彩绘的造竹纸图册。

巴黎国家图书馆版画室（Cabinet des Estempes）所藏东方版画，编号 OE 110，由 27张彩绘造竹纸图组成，以西法装订成册，纸本，每幅 30.5cm×40cm，由中国民间画工仿

〔1〕 Renker，Adolf. *Papier und Druck in fernen Osten*，Mainz，1936，S. 9.
〔2〕 Alibaux，Henri. L'invention du papier，*Gutenberg Jahrbuch*（Mainz），1939，S. 24.
〔3〕 潘吉星：《中国科学技术史·造纸与印刷卷》，科学出版社 1998 年版，第 6—7 页。
〔4〕 潘吉星：巴尔扎克笔下的《天工开物》，《大自然探索》（成都），1992 年第 11 卷第 3 期，第 121—125 页。

宫廷画师风格绘制，描述造竹纸全过程。有汉文及法文说明，扉页有法文题记：

Les explications out été envoyés en 1775 à M. De La Tour par le P. Benoist missionaire jésuite mort à Pékin.

这段文字的意思是：

由卒于北京的耶稣会士蒋友仁神甫作出的这些说明，于 1775 年夏寄到德拉图尔先生处。

同馆藏品卡片索引对编号 OE 110 藏品更加说明：

Art de faire du papier en Chine par le P. Benoist[1].

译成中文应是：

蒋友仁神甫解说的中国造纸技术 ［图册］。

由此我们得知，中国原作于 1774 年上半年，由蒋友仁寄出，至 1775 年夏到达巴黎的德拉图尔手中时，蒋友仁已逝于北京。

蒋友仁（字德翊，Michel Benoist，1715—1774）为法国耶稣会士，乾隆九年（1744）来华，进《坤舆全图》（*Mappe monde en deux hémisphéres*），造浑天仪、验气筒，译《书经》，参加圆明园西洋水法及西洋楼房设计，受乾隆帝赏识[2]。乾隆三十年（1765）受帝命将意大利耶稣会士郎世宁（字若瑟，Joseoh Castiglione，1688—1766）等奉敕所绘《平定西域武功图》16 幅寄至法国制成铜版精印，即将完工时，1774 年 10 月 23 日卒于北京[3][4]。蒋友仁还是前述高、杨二青年留学法国的举荐人和拉丁文启蒙老师，二人回国后，同他谈到如何将中国造纸原料及纸样标本寄回法国。他还与国务大臣贝尔坦通信谈及此事及制铜版画之事。贝尔坦关心的是将中国造纸秘诀弄到法国，将铜版画制好，以便与英国、荷兰竞争，维护法国利益。

〔1〕 Girmond，Sybille. Chinesische Bilderalben zur Papierherstellung. Historische und stilistische Entwicklung der Illustrationen von Poduktionsprozessen in China von den Anfängen bis ins 19. Jahrhundert. in：*Chinesische Bambuspapierberstellung. Ein Bilderalbum aus dem 18. Jahrhundert*，Berlin：Akademie Verlag，1993，S. 28.

〔2〕 Pfister，Louis Alloys. *Notices biographiques et bibliographiques sur les Jésuites de l'ancienne mission de Chine*，1552—1773. tome 2. Changhai：Imprimerie de la Mission Catholique，1934，pp. 813—826.

〔3〕 Pelliot，Paul. Les conquêstes de l'Empereur de la Chine. *T'oung Pao* (Leiden)，1921，2 (4—5)：183—274.

〔4〕 ［法］伯希和著，冯承钧译：乾隆西域武功图考证，《西域南海史地考证译丛》卷二，商务印书馆 1995 年版，第 69—183 页。

造纸图册的收件人德拉图尔（L. François Delatour，1727－1807）是 18 世纪巴黎富有的建筑师、中国文物图籍收藏家，1803 年出版《试论中国建筑、园林、医学、风俗与习惯》（*Essai sur l'architecture des chinois，sur leur jardins，leurs principes de médecine，leurs moeurs et usages*）。他与蒋友仁有通信往来，谈论圆明园建筑及《武功图》铜版制作事宜，在国内与贝尔坦等政界人物也有过从。蒋友仁在本国授意下，将造纸图寄到巴黎后，德拉图尔将其转交给贝尔坦，又由法国画家摹绘若干副本，逐步在社会上传播开来。法兰西研究院（L'Institut de France）总图书馆藏编号为 MS 1066 的彩绘图册，是中国原作的另一摹绘本，1994 年以《中国竹纸》（*Chine，bambou，papier*）为名影印出版，共 27 幅，每幅 32.5cm×30.5 cm。由巴黎法国高等实验学院（Ecole Pratique des Hautes Études）的汉学家戴仁（Jean-Pierre Drège）教授作出解说[1]，笔者蒙戴仁好意得到一册。

此摹绘本原藏者德马雷（Nicolas Desmarest，1725－1815）为造纸专家，1763 年任奥弗涅（Auvergne）纸厂厂长，1768 年赴荷兰考察造纸，1771 年起为巴黎科学院院士，1788 年任法国制造业总监，并发表《造纸技术概论》（*Traité de l'art de fabrication du papier*，1788），其中谈到中国造纸。他与财政大臣杜尔阁关系密切。中国画册的另一 18 世纪摹绘本后来从法国传到德国，现藏莱比锡德国书籍及文书博物馆（Deutsche Buch- und Schriftmuseum），彩绘 24 幅，1952 年出版黑白照片影印本[2]，1993 年出版彩色影印本，由吉尔蒙德（Sybille Girmond）[3] 和笔者[4]作了解说。中国造纸图册除有多种彩色摹绘本外，19 世纪初还制成铜版，以黑白版画形式与广大读者见面。

1811 年，法国地理图书馆创建人布勒东（Jean Beptiste Joseph Breton）在巴黎出版十八开四卷本《从缩微画看中国，或以 74 幅多由贝尔坦大臣先生生前密藏未发表过的附有历史及文献解说的表现该帝国服饰、技术和手工业原画制成的铜版画选集》[5]，其中引用三幅中国造纸图原作，1812—1813 年英文版刊于伦敦。1814 年巴黎出版儒莲（Stanislas Julien，1799—1873）编辑的《由北京原创系列写生画制成铜版画所反映的中国技术、手工业和文化，附路易十四世、路易十五世和路易十六世国王资助的法国和海外传教士所作的说明》[6]，简称《中国技术、手工业及文化［图说］》（*Arts，métiers et cultare de la Chine*），书中《竹纸》（*Papier de bambou*）节内引造纸图册（OE 110）中的图达 15 幅之

〔1〕 *Chine，bambou，papier*. Paris：Imprimerie de l'Indre，1994.

〔2〕 *Chinesische Papiermacherei im 18. Jahrhundert in Wort und Bild*. Frankfurt：Hagen-Rabel，1952.

〔3〕 Girmond，Sybille. *op. cit.*，SS. 18—33.

〔4〕 Pan Jixing（潘吉星）. Die Herstellung von Bambuspapier in China. Ein geschichtliche und verfahrenstechnische Untersuchung. in：*Chinesische Bambuspapierherstellung. Ein Bilderalbum aus dem 18. Jahrhundert*，Berlin：Akademie Verlag Gmb H，1993，SS. 11—17.

〔5〕 Breton，J. B. J. *La Chine en miniature，ou Choix de costumes，arts et métiers de cet empire，réprésentés par 74 gravures，la pluport d'après des originaux inétits du cabinet de feu M. Bertin，Ministre，accompagnés de notices explicatives historique et littéraires'*，4 vols，in-18. Paris：Napveu，1811.

〔6〕 Julien，Stanislas（éd），*Arts，métiers et culture da la Chine，réprésentées d'après les dessins originaux de Pékin，accompagnés des explications données par les missionaires françois et étrangers*，pensionés par Louis ⅩⅣ，Louis ⅩⅤ，Louis ⅩⅤ. Paris，1814.

多[1]。

　　因此可以说，《幻想破灭》中葛鲁贤神甫出示的那部插图本讲述竹纸制造的中国技术书，必与 1774 年从北京传来的中国画册有关，不管是原件、摹绘本或铜版印本，都有可能被葛鲁贤看到，他甚至可能拥有摹绘本或印本。巴尔扎克写作时，经常去大的公共图书馆查阅其所需的有关中国资料，作为创作的素材。人们不能要求他逐一开列所利用的这些文献资料出处及原作书名，因为毕竟他是写小说，而非学术论著。通过本文的考证，已基本弄清他塑造大卫·赛夏这个人物形象时所掌握的有关中国资料的出处，他是学者型的作家，写作《幻想破灭》过程中，不但凝聚了他丰富的人生感受和对社会的深刻观察、剖析，还体现他勤奋阅读人文科学和自然科学领域内众多著作所积累的渊博学识。正如同时代的英国生物学家达尔文（Charles Robert Darwin，1809－1882）在奠定生物进化论时，引用大量有关中国资料[2]，作为其学说赖以建立的历史依据那样，巴尔扎也引用很多有关中国资料，作为其小说主人公科学发明的思想源泉。中国优秀传统科学文化甚至在 19 世纪还能对欧洲产生良好影响。巴尔扎克是文学领域中的达尔文，达尔文是科学领域中的巴尔扎克，二者都对中国文化充满敬意。

---

[1]　Julien, Stanislas. *op. cit.*

[2]　Pan Jixing. Charles Darwin's Chinese sources. *Isis. An International Review Devoted to the History of Science and Its Cultural Influence* (Philadelphia), 1984, 175 (278)：530－535；潘吉星：《中外科学之交流》，香港中文大学出版社 1993 年版，第 1—84 页。

第九章　印刷

一　中国木版印刷技术的发明和外传

（一）有关印刷术的一般概念

　　书籍对人类来说实在太重要了，它是获得知识、信息和吸取思想的来源，是开启智慧之门的钥匙，甚至能改变人一生的命运。人类历史上积累的精神遗产有赖书籍而得以保存和继承，使人类文明得以持续发展。古时的书籍多是抄写在简牍、缣帛、羊皮、莎草片、树皮和贝叶等材料上，有了纸以后，逐步改用纸写本。但抄书耗去很多人力和时间，大部头书动辄数月至数年才能抄毕，且只能完成一份，欲留副本还得重抄，这就制约了在社会上的流通。但用印刷术的机械复制方法，则一次可印千万份内容和字迹相同的副本，且短时间内即可完成，印本既便宜又方便使用与携带，且流通速度甚快，数周至一月内即可传至广大地区，有力促进人类文明的发展。这种技术是在中国发明的，并相继传至全世界。印刷术是复杂的技术体系，大体说可分为木版印刷和活字印刷两大部门，每个部门又有若干分支，本节主要研讨中国传统木版印刷术的起源及其外传。

　　木版印刷（woodblock printing）或雕版印刷是印刷术的最早发展形式，所有其他印刷形式归根到底都由木版印刷演化而来，因此探讨印刷术的起源实际上意味探讨木版印刷的起源。印刷术是在有了纸以后出现的，并以纸的存在为前提，这个历史事实必须肯定下来。印刷品多以书籍形式出现，但印刷史不等于印书史，因为除书籍外，还有诸如票证、纸币、户籍、广告和告示等其他品种，都应是印刷史的研究对象。近代印刷是从古代印刷发展而来，原理虽相同，但生产方式相差很大，而现代印刷又不同于古代和近代印刷。在探讨印刷术起源之前，宜考虑到以上各点为它下个定义。翻看中外各有关著作，对印刷术给出的定义不尽相同，外延和内涵差别很大，有时将古代和近代现代印刷都涵盖在同一定义中，造成概念混淆，并不可取。我们认为，在讨论古代印刷时，要像 1980 年版《新不列颠百科全书》（*The New Encyclopaedia Britannica*）"印刷"条那样，在定义中强调"传统"一词[1]，因为现代印刷定义不能完全适用于传统印刷，如现代印刷材料除纸外还

---

　　〔1〕　*The New Encyclopaedia Britannica*，Vol. 14. London，1980，p. 105.

有高分子合成物、木材、玻璃和陶瓷制品等，并非古代所用。需结合历史实际情况，反映古代印刷实践，对传统印刷内涵、外延加以界定。

传统印刷包括整版印刷（monoblock printing）和活字印刷（movable-type printing），而木版印刷属于整版印刷。整版印刷是按原作文字、图画在整版上做成凸面反体，于板材上加着色剂，将反体在纸上转移成正体，作读物的多次复制技术；活字印刷是将原作文字在硬质材料上做成凸面反体的单独字块，再按原稿内容将单独字块组合成整版，以下程序与整版印刷同。二者区别是制版方式不同，且活字版印刷后可回收活字，重组新版，整版只能印同一内容，可反复翻印。整版印刷包括木雕版印刷和铜版印刷（copper-plate printing），活字包括非金属活字和金属活字。在我们提出的这个定义中含三项要素：（1）**印刷材料**：印刷品主要物质载体是纸，整版板材为木材或金属合金材料。活字由黏土、木材与金属合金制成；着色剂主要是墨汁，彩色印刷用各种染料、颜料。（2）**过程和方法**：使整块木板或金属板上显出原稿文字、图画的凸面反体，或在硬质材料上显出凸面反体的单独字块再拼成整版。然后在版上加着色剂、覆纸、刷印。（3）**目的**：制成的产品主要用作读物，其次用作纸币、票证、装饰材料等。此三要素构成的印刷术定义，基本反映了历史上中外传统印刷内容或遗留下来的印刷品实质。定义中将载体限定为纸，因为这是传统印刷品的主要材料，如有人指责此定义是狭义的，我们愿接受指责，因为"广义"印刷术不是我们的研究对象。

整版和活字版印刷工作平台是近现代大型印刷机的祖先，而活字印刷又是近代世界印刷的发展起点，这两项机械发明都完成于中国，并传向东西方其他国家，在推动人类文明发展中起了重大作用。木版印刷是在钤印、碑拓和版型印花等古典复制方法之后出现的，但不是前者的单纯改进产物，而是一项新的技术发明，因所用工具、过程、操作等方面，都不同于以往复制方式。以机械复制方法直接生产文化读物，代替一切手抄写本，这一基本思想是印刷活动的出发点，古典复制无法做到这一点。印刷术的出现是长期历史酝酿的结果，除受先前古典复制启导外，还要有适合的社会、经济、文化、技术和物质基础等综合背景，更与历史传统、语言文字、宗教信仰等因素有关。只有这些条件成熟后，才会出现印刷术。中国比其他国家最先具备这些条件，因而是印刷术的起源地。印章、碑刻、版型印染在东西方国家古代都曾出现，但通向印刷之路受阻，因那里没有发展印刷的物质载体即纸。据 20 世纪的古纸发掘和研究，早在公元前 2 世纪时的西汉（前 203—后 24）中国就有了麻类纤维纸并作为书写材料[1][2]，东汉（25—221）时麻纸技术得到改进，又出现皮纸，至南北朝（402—589）已造出适于印刷的纸[3]。有了纸以后，经历以纸抄写读物的阶段之后，才深感手抄劳动的辛劳和对新型复制技术的需要。

中国用纸比其他国家早几百年，在这期间已有足够时间发展印刷术。石刻文字虽在东

〔1〕　劳幹：中国古代书史后序，见钱存训《中国古代书史》，香港中文大学出版社 1975 年版，第 183—184 页。

〔2〕　何双全：甘肃天水放马滩秦汉墓群的发掘，《文物》1989 年第 2 期，第 1—11、31 页。

〔3〕　潘吉星：《中国科学技术史·造纸印刷卷》，第一章第二节，第三章第一节，科学出版社 1998 年版；《中国造纸史》第一章，第三章，上海人民出版社 2009 年版。

西方国家都有，但以纸拓印碑文则是中国特有现象，西方从未出现，日本和朝鲜拓印时间很晚，碑刻反体文字也少见于外国。《隋书·经籍志》（636）载，开皇三年（583）遣人于民间搜求汉魏石刻儒家经典的"相承传拓之本"计十八卷[1]，其拓印时间当在南北朝，从拓印向印刷演变只能发生在中国。其他国家古代也有织物印花，但将雕花版印在纸上用于宗教和文化方面则很晚。从文化和技术传统而言，各种古典复制方式向印刷术方向的演变都最先发生于中国。印刷术作为推动文化发展的手段，是社会相对稳定、经济繁荣和文教昌盛的产物，只有在这样的环境下才能出现。就中国而言，公元前 3 世纪秦始皇建立统一的封建帝国，结束了战国时代分裂割据局面，这一成果在汉晋得到进一步巩固。此后经南北朝短暂分裂，至 6—10 世纪隋唐又重归一统，国力强盛，文教发达，建立起科举制度，学校和读书人数目迅速增加，中国成为文教之邦。像儒学一样，佛教、道教也大力发展，各地寺观林立，僧尼、道士和信徒众多。

《汉书·艺文志》（100）载经史子集书近 1.5 万卷，而《隋书·经籍志》则增至 5 万多卷，隋内府嘉则殿藏书达 37 万卷。这些浩如烟海的文献用手逐字抄写在纸上非常费力，耗去很多时间，因此迫切要求新的复制技术代替手抄劳动，木版印刷正满足这一要求。自秦汉统一文字以来，汉字发展进入新阶段，魏晋以来楷隶盛行，至隋形成稳定的楷书字体，易认易刻，是适合版刻的文字字体。南北朝以来，造纸、制墨技术的新发展为印刷业提供原材料和物质基础，南北朝后期已为印刷术的出现准备了各种必要条件。在手抄阶段，熟练的楷书手一人一天可抄写 1 万字。如用印刷方法，每个工人一天可印 1500—2000 印张（平均 1750 张），每张 400—500 字，则一人一天可印出 80 万字，不但免除抄书之苦，还可大大提高劳动效率。制版时经过文字校对、使用统一印刷字体，错漏字较少，且印本比写本便宜。一块雕版可连印 1 万次。

再看看其他国家或地区古代情况，欧洲奴隶社会持续时间很长，比中国晚一千年才进入封建社会。476 年西罗马帝国的灭亡标志奴隶制的瓦解，但欧洲早期封建制仍带有农奴制的特征，中世纪长期处于所谓黑暗时代（Dark Age），社会发展裹足不前，经济进展缓慢，文教事业不振，识字的人很少。有些书抄写在羊皮或莎草片（papyrus）上就足以满足需要了，社会上没有对新型复制文献技术的迫切需要。正如英国史学家韦尔斯（Herbert George Wells，1866－1946）所说，当隋唐帝国以高度文明与富强统一的大国屹立东方时，西方国家仍在相互厮杀之中，每个国家内部君主与教皇间的争权夺利导致社会动荡，这种社会环境与中国形成鲜明的对照[2][3]。至于其他文明区，古埃及及中东两河流域的古代文明后来中断，连文字都失传，更谈不上发展印刷术了。印度奴隶社会持续到 6 世纪才逐渐解体，古代的梵文（Sanskrit）只有少数人能看懂，当印度 7—8 世纪开始造纸

〔1〕（唐）魏徵：《隋书》卷三十二，《经籍志一》，二十五史本第 5 册，上海古籍出版社 1986 年版，第 113—119 页。

〔2〕 Wells，H. G. *The outline of history，A plain history of life and mankind*，Chap. 25，29. New York：Doubleday & Co.，1971；［英］韦尔斯著，吴文藻等人译：《世界史纲》，人民出版社 1982 年版，第 629 页。

〔3〕 Bernal，J. D. *Science in history*，Chap. 4，London：Watts 1954；［英］贝尔纳著，伍况甫等译：《历史上的科学》，科学出版社 1959 年版，第 130—132 页。

时，中国人已使用印本书了。阿拉伯文明在中世纪一度放出光彩，但为时过晚。在东亚，隋唐帝国的社会文化、科学技术水平高于同时期的日本和新罗，这两个国家在全力吸收中国文化，不可能在印刷方面走在中国之前。

（二）中国木版印刷起源于 6—7 世纪的隋唐之际

关于中国木版印刷起源问题，过去长期未能得到妥善解决，因为人们主要根据古书中某一句话立论，很少从考古发掘、印刷发展规律和社会经济、文化背景作综合研究，而对古书文义又有不同理解，因而一时出现众说纷纭的局面，起源时间竟相差几百年。近五十多年来随着研究的深入和资料的积累，已经到了结束这种局面的时候了。首先，木版印刷不是在某一年突然出现的，应将其起源看成是一个过程的产物，即社会上探索代替手抄劳动的新型复制技术的过程，按文献记载、出土实物和技术推理，划定在一个适当时期内，这样可能比单靠某书某句话研究起源时间更稳妥一些。

李约瑟 1984 年写道：

> 我一直觉得中国的佛教徒们在复制文献的技术上可能有过作为，因为这些善男信女对无休止的复制佛经具有狂热，正如我曾经在敦煌千佛洞唐代石窟的墙壁上有足够机会所观察的那样。[1]

他的话有某些道理，印刷术最初确是来自民间，与广大佛教信徒的宗教活动有关，因为几乎所有佛经都传达佛祖的教导：反复诵读、抄写和供养佛经、经咒和佛像，可积福根、消除灾患，死后更可免除受地狱之苦。信徒们疲于反复抄写经、咒，而以雕版技术复制经、像，可提供大量廉价副本，信徒只要填上姓名和发愿词即可买到现成经、像，故乐为之。印刷术就这样在民间盛行起来。文献记载和考古发现表明，7 世纪唐初已有印刷活动，因此就目前掌握的资料而言，隋至唐初或 6—7 世纪之际（590—640）这五十年是导致最早印刷品出现的关键时期。隋人费长房（557—610 在世）《历代三宝记》（597）卷十二载：

> 开皇十三年十二月八日，隋皇帝佛弟子姓名（杨坚）敬白……属周代乱常，侮蔑圣迹，塔宇毁废，经、像沦亡……做民父母，思拯黎元，重显尊容，再崇神化。颓基毁踪，更事庄严，废像遗经，悉令雕撰……再日设斋，奉庆经、像，日十万人，香汤浴像。[2]

---

〔1〕 Needham, Joseph. Foreword to *Science and Civilisation in China*, Vol. 5, Chap. 1, *Paper and printing volume* by Tsien Tsuen Hsuin, Cambridge University Press, 1985, p. xxiii.

〔2〕 （隋）费长房：《历代三宝记》卷十二，见 ［日］高楠顺次郎主编《大正新修大藏经》卷 49，东京：大正一切经刊行会 1924 年版，第 108 页。

　　这段话大意是说，594年1月5日笃信佛法的隋文帝杨坚（541—604）陈述，由于北周（557—581）武帝于建德三年（575）下令禁止佛教，捣毁寺院佛经、佛像，强令沙门还俗的逆举，使塔庙毁废，经、像沦亡。推翻北周政权，建立统一的隋王朝统治者希望使后周时被毁的佛塔、寺院，佛经、佛像都恢复起来，重振佛教，造福黎民。这位开国皇帝还与皇后当众布施，使"废像遗经悉令雕撰"，待铜像铸成后，再集众人香汤浴佛。此处所说的"像"主要指铜铸佛像，"经"主要指纸本佛经。按雕者刻也，南宋文字学家毛晃（1121—1181在世）《增修互注礼部韵略》谓撰者造也。"雕撰"此处当训为"雕造"，"撰"此处不应释为"著述"。因此"废像遗经悉令雕撰"实乃"废像遗经悉令雕造"。"造"指铸造佛像和雕造（或雕印）纸本佛经、佛像。费长房用语中雕撰或雕造是及物动词，其补语为佛像及佛经。对佛像而言，意味通过铸造而重显其尊容；对佛经而言，意味通过印造而再崇神化。《历代三宝记》所述可视为隋朝有关印刷记载，不能因其用词简略而加以怀疑。

　　事实上明代人陆深（字子渊，号俨山，1477—1544）《河汾燕间录》就依上述理解，提出木版印刷始于隋：

　　　　隋文帝开皇十三年十二月八日（594年1月5日），敕废像、遗经悉令雕撰，此印书之始，又在冯瀛王（五代人冯道）先矣。

　　明代版本目录学家胡应麟（1551—1602）《少室山房笔丛》（约1598）《甲部·经籍会通四》也认为：

　　　　载阅陆子渊（陆深）《河汾燕间录》云，隋文帝开皇十三年十二月八日，敕废像、遗经悉令雕撰，此印书之始。据斯说，则印书实自隋朝始，又在柳玭（848—898在世）先，不特先冯道、母昭裔（约902—967）也……余意隋世所雕，特浮屠经像，盖六朝崇奉释教致然，未及概雕他籍也。唐自中叶以后，始渐以其法雕刻诸书，至五代（907—960）而行，至宋而盛，于今（明）而极矣。……遍综前论，则雕本肇自隋世，行于唐世，扩及五代，精于宋人。此余参酌诸家，确然可信者也。

　　胡应麟赞同陆深主张木版印刷起源于隋朝的观点，还认为早期印刷品多为宗教尤其佛教读物，唐以后逐渐出现非宗教刻本，这大体说是合乎实际的。胡氏还对隋、唐、五代、宋、明五朝木版印刷演化史作了精辟而简练的点拨。研究《历代三宝记》时，应当把它放在当时隋朝社会的大背景中加以分析，还要考虑到它与此后不久唐初出现的印刷文献记载和出土印刷品年代间的衔接关系。隋文帝时（581—604）全国统一，海内殷富，统治者大力扶植佛教，为尽快使前朝后周毁失的佛经重新流通，用印刷方法是最快捷的途径，也有这种可能，催生印刷术问世的所有条件在文帝时均已具备。陆、胡的雕版起于隋朝说，还得到明末科学家方以智（1611—1671）的支持[1]，19世纪巴黎法兰西学院教授、博学的

────────────

〔1〕（明）方以智：《通雅》（1613）卷三十一，《方以智全书》第一册下，上海古籍出版社1988年版，第959页。

汉学家儒莲（Stanislas Julien，1799－1873）在"中国有关木版、石版与活字印刷技术史料"（*Documents sur l'art d'imprimer à l'aide des planches au bois，des planches au pierre et des types mobiles*，1847）一文同样支持隋朝说[1]，此后英国的日本学家和汉学家萨道义（Ernest Mason Satow，1843－1929）持同样观点[2]，最后隋朝说载入 1911 年第 11 版《不列颠百科全书》（*Encyclopaedia Britanica*，11th ed.）"印刷术"条中。

　　然而清代人王士禛（1634—1711）对隋朝说提出异议，他在《居易录》卷二十五谈到陆深的观点时写道："予详其文义，盖雕者乃像，撰者乃经，俨山（陆深）连读之误耳。"近人张秀民（1908—2007）先生也认为"雕撰"指雕刻佛像、撰集佛经，怀疑隋朝雕印佛经[3]。他们如此解读费长房的原话，未必令人信服，反而造成新的误解，如"悉令雕撰"中的"雕"专指佛像，问题就出现了。唐代僧人义净（635—713）《南海寄归内法传》（约 689）卷四谈到，寺院浴佛只应用于铜佛像，而铜佛像皆铸成，岂能雕刻？"雕者乃像"的理解不合费文本义。如果指泥塑佛像或木雕佛像，又怎能以香汤沐浴或灌浴？这样做只能对佛像起破坏作用，这是怀疑论者未曾考虑到的。另一条隋朝史料也值得注意，《隋书》卷七十八《卢太翼传》载，卢太翼（548—618 在世）幼称神童，博览群书，旁及佛、道，受隋文帝赏识，"其后目盲，以手摸书而知其字"。大业九年（613）从炀帝至辽东，后数载卒于洛阳[4]。清代人王仁俊（1866—1914）对此解释曰："以手摸书而知其字，按此摸书之版耳。……此时书有其版甚明，故知所摸为书版。"[5] 此说讲得通，因版刻文字为反体，以手摸反体而知正体，才显出卢氏聪明过人。有人说他摸的是石碑碑文[6]，但碑文皆正体，一般人闭眼均可摸出为何字，显不出卢氏有何本事，且石碑不能以"书"称之。这两条隋朝史料在无足够理由否定之前，还是要保留下来为妥。

　　唐初以来有关印刷记载接连出现，首先应提到僧人彦悰（625—690 在世）为其恩师玄奘（602—664）写的传，其中写道：玄奘晚年在高宗显庆三年至龙朔三年（658—663）五年间，**"发愿造十俱胝（zhi）像，并造成矣"**[7]。"俱胝"又作"俱致"，为梵文数量词 *koṭi* 之音译。《测公深密记·第三》云："俱胝相传释有三等：一者十万，二者百万，三者千万"[8]，此处指十万。"造"在唐人用语中指印造，即印刷，如咸通九年（868）刊《金刚经》（*Vajra-cchedikā sūtra*）卷尾题记曰："王玠（jiè）为二亲（父母）敬造普施。"

〔1〕 Julien, Stanislas. Documents sur l'art d'imprimer à l'aide des planches au bois，des planches au pierre et des types mobiles. *Journal Asiatique*（Paris），1847，4ᵉ sér，9：505－538.

〔2〕 Satow, E. M. On the early history of printing in Japan. *Transactions of the Asiatic Society of Japan*，1882，10：48－83.

〔3〕 张秀民：《中国印刷术的发明及其影响》，人民出版社 1958 年版，第 33 页；《中国印刷史》上册，浙江古籍出版社 2006 年版，第 15 页。

〔4〕《隋书》卷七十八，《卢太翼传》，二十五史本第 5 册，上海古籍出版社 1986 年版，第 212 页。

〔5〕（清）王仁俊：《格致精华录》卷二，《刊书》，上海石印本 1896 年版，第 14 页。

〔6〕 张秀民：《中国印刷术的发明及其影响》，第 35 页。

〔7〕（唐）慧立、彦悰：《大慈恩寺三藏法师传》（688）卷十，《大正新修大藏经》第 50 册，东京：大正一切经刊行会 1927 年版，第 275 页。

〔8〕 丁福保编：《佛学大辞典》，下册，上海医学书局 1922 年版，第 1775 页。

因此彦悰那段话意思是说：

> 在 658—663 年的五年间玄奘法师发愿印造十俱胝（一百万枚）佛像，而且印造成了。

印造这么多佛像是为布施众生，他在完成这一功德后第二年（664）圆寂。当然，这中间有他的众多弟子参与其事。与这条史料呼应的还有 10 世纪金城（今甘肃兰州）人冯贽《云仙散录》（*Scattered Remains of Clouded Immortals*，926）卷五所载：**"玄奘以回锋纸印普贤菩萨像，施于四众，每岁五驮（tuó）无余。"**[1] 两条史料可相互补充和印证，谈的是同一件事。过去有人疑心《云仙散录》为北宋人王铚（1090—1161 在世）"伪作"，但此书有开禧元年（1205）郭应祥刻本，卷首有冯贽天成元年（926）自序，且为孔传《孔氏六帖》（1161）所引，书中所记玄奘印《普贤菩萨像》（*Protrait of Budhisattvā Samantabhādra*）之事依然可信。

早期印刷品因唐武宗（841—846）李炎于会昌五年（845）颁布禁止佛教令之逆举，大量印本、写本佛经、佛像再遭厄运，多被焚烧，很少流传下来，这是很可惜的损失。只有此前入葬墓中的早期少数印本近年来时有出土。据陕西考古学家韩保全先生报道，1974 年西安市文物管理委员会考古人员在西郊西安柴油机械厂征得单页印刷的陀罗尼经咒（Dhārani Charm），出自唐墓中。经咒装入一铜臂钏（chuàn，镯）中，同出尚有一规矩四神铜镜，其他器物散失。印页呈方形，高 27cm，宽 26cm，正中央有一 7cm×6cm 空白方框，其右上方写有"吴德囗福"四字，有一字脱落，吴德当是墓主。方框外四周为经咒印文，上下均 13 行，左右残缺，估计也是 13 行。咒文四边围以三重双栏边框，内外边框相距 3cm，其间有莲花、花蕾、法器、手印（modra）、星座等图案（图 9—1）。咒文究系梵文，还是僧伽罗文（Singhalese）字母拼写的巴利文（Pāli-bhāsā），难以定夺。

铜臂钏呈弧圈形，长 4.5cm，宽 4.2cm，两侧变细，各长 12cm，其下部有中空半圆形筒，筒径 2.8cm，筒两端有铜片封严，经咒叠置于筒中，展开后已残损。铜镜径 19.5cm，厚 0.3cm，沿高 0.8cm。通体银白色，圆铉龙形方座，内区青龙、白虎、朱雀、玄武各据一方，四神间饰以四规，规内各有一兽头。外区内圈有铭文，内外区隔以锯齿（图 9—1B）。从形制上可断为隋至初唐之物，与西安出土其他同时期铜镜相同。中科院考古所编《西安郊区隋唐墓》（1966）对镜式及分期作了研究，对照此镜，铭文、纹饰分属Ⅰ型二式及Ⅱ型四式，为隋至初唐时期。印文及图案与西安发现的其他唐代陀罗尼印页比，其版刻技术粗放，边角处及咒文墨色模糊，其年代应更早些。韩先生根据上述情况，结合唐代密教发展情况，将此经咒定为 7 世纪唐初印刷品，"因而它是当前世界上已知最

---

〔1〕（五代）冯贽：《云仙散录》卷五，文渊阁《四库全书》影印本第 1355 册，商务印书馆 1983 年版，第 666 页。

古的印刷品"[1]。1996 年 11 月 20 日，陕西省文物鉴定委员会组织专家进行集体鉴定，确认原断代结论，定为一级文物。断代问题已经解决，为中国悠久的印刷文化提供难得的有力物证，令人欣慰。

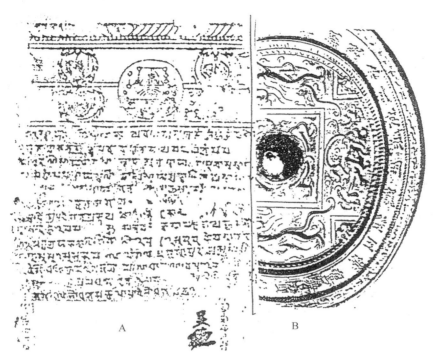

图 9—1　1974 年西安唐墓出土的 7 世纪初梵文陀罗尼单页印刷品（A）和铜
　　　　镜（B）（局部）

然而 1997 年赵永晖著文认为此经咒为中晚唐（756—845）印页，理由是：（1）印页与铜镜从被破坏的墓地中收集到的，出土情况不明，未留下发掘报告，二者间关系无从查对。（2）从中晚唐起才盛行佩戴经咒之风，图像排成方阵，四周绕手印、法器、图案也始自中晚唐。（3）"吴德冒福"字迹没有初唐书法笔意[2]。但反论者赵永晖并不懂得经咒咒文。为弄清究竟，笔者对原件进行研究。首先请教原报道作者关于印页与铜镜出土情况，他说 1974 年至现场调查时，虽然出土物多散失，"巧幸的是装外文印本经咒的臂钏与同墓出土的四神规矩铜像尚未散失"[3]。当时入库文件明确说二者关系是同墓出土。怀疑理由之一已不能成立。1974 年值"文化大革命"时期，停止业务工作，无处发表发掘报告，

〔1〕　韩保全：世界最早的印刷品：西安唐墓出土印本陀罗尼经咒，见石兴邦主编《中国考古学研究论集》，三秦出版社 1987 年版，第 404—410 页。
〔2〕　赵永晖：关于印刷术起源问题的管见，《中国文物报》1997 年 2 月 16 日第三版。
〔3〕　韩保全：致潘吉星的信（1996 年 12 月 5 日，发至西安）。

但他们能征得这件国宝级文物功不可没，今天不应受到指责。1997 年 4 月笔者请中国社会科学院亚洲及太平洋所梵文专家蒋忠新先生认读咒文，确认是至迟从 6 世纪戒日王（Rājaputra Śilāditya，590－647）在位时（628—643）通行的梵文字体[1]，玄奘从印度带回的佛经即用此字体写成。笔者依此研究梵文字母及字句排列方式，咒文绕中央空白方框（唐代称"咒心"）排列成方形字阵，确呈曼荼罗（maṇḍala）方坛形，上、下、左、右各 13 行，共 52 行。如将写有墓主姓名的部分当正面，会发现咒心下各行字皆正置，上方的字皆倒置。将咒文向任何方向扭转 90°，也可看到同样现象。文字从咒心左下角最内一行排起，至右下角转行，经右上角及右上角绕咒心一周，完成第一圈。此后以同法排列，直到第 13 圈（图 9—2）。

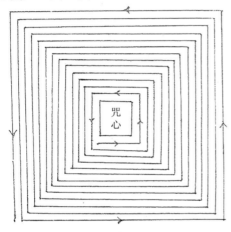

图 9—2　1974 年西安唐墓出土的梵文陀罗尼印页梵文排列及环读方向示意图
潘吉星绘（2000）

梵文为印欧语系的拼音文字，从左向右横书。只有按上述方法不断扭转角度阅读此咒文，才能一气读完。中国密教（Esoteric Buddhism）史表明，佩戴经咒、将咒文、图像排成方块曼荼罗形，至迟在初唐已流行，绝非自中晚唐才开始，怀疑此印本经咒年代的理由之二，同样不能成立。持明密教（Vidya-dhārani-yāna）在北周、隋（550—600）时已传入中国，至 7 世纪唐初传译弘扬兴隆，东西两京（洛阳、长安）为密教中心，中土僧人智通（580—645 在世）于隋大业年（605—618）在长安设道场传密教[2]，译秘典《千手观音陀罗尼经》（Sabasrabhuja-sahasranetra avalokite-ś avara dhárani-sūtra）。据初唐福寿寺大德波仑（660—714 在世）载，千手观音密法早在唐高祖武德年（618—626）已从印度传入中国：

　　　　时有中天竺婆罗门僧瞿多提婆（Gotādeva）于细毡上图画形质及结坛、手印经本，至京进上。[3]

　　此即将梵文经咒排成可环读的方坛形字阵，在咒文四周画有菩萨手印、法器等图案的经本。1974 年西安出土的经咒印页，即根据武德年从印度传来的梵文写本形制而刻版刊行的。具体说它取自持明密教典籍《千手观音陀罗尼经》中《大身咒》的梵文原文，由智

〔1〕蒋忠新：与潘吉星的谈话（1997 年 4 月 15 日，北京）。
〔2〕吕建福：《中国密教史》，中国社会科学出版社 1995 年版，第 162—163 页。
〔3〕（唐）波仑：《千眼千臂观世音菩萨陀罗尼神咒经》序，见《全唐文》卷九一三第 10 册，中华书局 1983 年版，第 9511—9522 页。

通等人译于唐太宗贞观十二年（638）[1]。

武周长寿二年（693）罽宾（Kashmir）僧宝思惟（Ratnacinta，619－721）在洛阳天宫寺译出《随求即得大自在陀罗尼神咒经》（*Maha pratisara dhārani-sūtra*），其中说"若欲书写、带此咒者，应当依法结如是坛"，"于其纸上先向四面书此神咒"，即将咒文围绕咒心向四面写成曼荼罗形，咒心内根据愿望临时加绘不同图像，再佩戴身上，即可发挥经咒法力。如欲求雨，则在咒心画九头龙；如妇人欲生男，便画一童子，等等。再在咒文四周画栏线以表示结坛，坛内有莲花、法器、手印。妇人将咒佩于颈下，男子佩于右臂，以臂钏藏之，可受菩萨保佑，死后升天上[2]。活人、死人皆可佩戴。赵文只知乾元元年（758）不空（Amogharajra，705－774）译《随求陀罗尼经》而认定坛法起于中晚唐，并不知道此前唐初宝思维早已译出同名密典，且已流行。赵的论点当然难以成立。此梵文陀罗尼印纸，经我们检验为白色麻纸。咒文四周三重双线边栏表示一种坛法。按永徽四年（653）阿地瞿多（Atikuta，fl. 617－672）译《陀罗尼集经》卷十二所述，有四肘、八肘、十二肘及十六肘坛法，又有一院、双重院、三重院、七重院不等。西安出土经咒经我们研究，取四肘坛、三重院之坛法。"院"为梵文 *arāma* 之意译。指围以土墙的房舍，以线表之。取何种坛法，由咒师选定。有人不了解这一点，据唐刊陀罗尼四周一重双线、三重双线或线间图案定年代早晚而将西安出土物年代排后[3]，这是不正确的。用何种坛法也还根据持咒者需要不同而变换，不同坛法并无时间先后关系，也不能成为断代依据，因各种坛法在初唐时均已齐备，为后世沿用。

至于梵文经咒上的"吴德囡福"手迹，原报道认为"是风行唐初的王羲之行草"，赵文认为没有唐初笔意。我们将此四字与王帖、唐初法帖、写本对比，觉得原报道意见仍能维持，只是因并非书法高手，仓促间信笔书成，谈不上有什么书法艺术性。从印刷技术角度观之，将此本与现存其他唐刊梵文陀罗尼本比较后，发现此本在版刻、刷墨上更显古拙，其梵文字体也较早。因此将 1974 年西安柴油机械厂区内唐墓出土的梵文陀罗尼印页断为 7 世纪唐初印刷品的原断代结论是正确的，必须维护。说它是中晚唐印页的反对意见所据理由与史实相违，不能成立。此本作为现存最早印刷品的地位不能动摇，其具体刊刻年代当在太宗贞观后期至高宗显庆年之间（640—660），与前述玄奘在 658—663 年间印造普贤像印页差不多是同时期发生的，反映唐初印刷活动的真实侧面。由此上溯至隋文帝 594 年"废像遗经悉令雕造"尚不足半个世纪，从印刷发展规律观之，唐初印刷总应有个事前的胎动时期。因此明人胡应麟所倡"雕本肇自隋时，行于唐世"之说，今天已有新的内容可以充实。

继太宗、高宗之后，至武则天（624—705）称帝时革唐命，改国号为周（690—704），史称武周。则天武后笃信佛法，天授二年（691）将佛教置于道教之上，升为国教。又从中亚、印度延请高僧，于两京设译场加译梵典，鼓励版刻经像，刺激佛教印刷发展。她倚

〔1〕潘吉星：1974 年西安发现的唐初梵文陀罗尼印本研究，《广东印刷》2000 年第 6 期，第 56—58 页；2001 年第 1 期，第 63—64 页。

〔2〕（唐）宝思惟译：《随求即得大自在陀罗尼神咒经》（693），不列颠图书馆藏唐写本（S 403）及北京国家图书馆藏唐写本（7444）。

〔3〕宿白：《唐宋时期的雕版印刷》，文物出版社 1999 年版，第 8—9 页。

重的法师法藏（643—712）通晓印刷术，695—699 年奉制参译 80 卷本《华严经》（*Buddhā-vatam sakamahā-vaipulya sūtra*）。此前人们用 421 年译的 60 卷本，内载佛祖成道后在八次法会上的说法内容。天台宗认为，八会分前后，前七会是佛祖成道后的前三个七日间所述者，第八会是此后的说法内容。华严宗理论家法藏持反对意见，认为佛祖前七日没有说法，而在第二个七日内说出全部佛法。他在高宗仪凤二年（677）前后在《华严五教章》中以印刷作比喻阐明其观点：

> 是故依此普闻，一切佛法并于第二七日一时前后说，前后一时说。如世间印法，读文则句义前后，印之则同时显现。同时、前后，理不相违，当知此中道理亦尔。[1]

在法藏看来，《华严经》内八会经文排列顺序有前后，但一切佛法是佛祖成道前后同时悟出的，正如印本书上的文字那样，文句有前后，但在印版上刷印则同时显现于纸上。因此"前后"、"同时"从道理上并不矛盾。他在 677 年以印本书为比喻解说《华严经》八会形成机制，说明印刷在唐初已相当普及了。此处所引法藏论述材料是日本学者神田喜一郎博士首先发现的[2]。

唐人刘肃（770—830 在世）取材《载初实录》等资料而写成的《大唐新语》（807）还谈到天授二年（691）凤阁舍人张嘉福指使洛阳人王庆之上表，请立武后之侄武承嗣为皇太子，而废其生子李旦。武后未予采纳，王庆之"覆地以死请，则天务遣之，乃以内印印纸谓之曰：持去矣，须见我以示门者当闻也"[3]。所谓"内印印纸"，指内府以纸印成的出入宫通行证。唐人用语中"印纸"为有特殊用途的官方印刷品，如《旧唐书·食货志》载德宗建中四年（783）以印纸为抽税单据，印纸制度在宋代仍推行。

人们或许会问，既然隋唐之际已有印刷术，为何此时期统治者不以此技术广印经史子书，反而令人抄写这类书？甚至有人怀疑隋唐之际是否有印刷，进而否定早期文献记载。明人胡应麟对这个问题早已给出回答：

> 隋世既有雕本矣，唐文皇何不扩其遗制，广刻诸书，复选五品以上子弟入弘文馆抄书耶？余意隋世所雕，特浮屠经像，盖六朝崇奉释教致然，未及概雕他籍也。唐至中叶以后，始渐以其法雕刻诸书，至五代而行，至宋而盛，于今而极矣。[4]

他的这段话符合史实，消除了人们的疑虑。事实是，早期印刷活动主要由佛教信徒们推动，印刷品多是佛经、佛像，受到识字不多或字写得不好的信徒的欢迎，拥有广大市场。而士大夫因长期传统习惯驱使，不愿用新技术复制儒家典籍，宁愿手抄。就像今天虽

---

〔1〕（唐）法藏：《华严五教章》（677）卷一，《大正新修大藏经》卷 42，第 482 页。

〔2〕[日] 神田喜一郎：中国における印刷术の起源について.《日本学士院纪要》（东京），1976 年第 34 卷第 2 期，第 89—102 页。

〔3〕（唐）刘肃：《大唐新语》卷九，《笔记小说大观》本第 1 册，广陵古籍刻印社 1983 年版，第 48 页。

〔4〕（明）胡应麟：《少室山房笔丛·甲部·经籍会通四》，上海：广雅书局刻本 1896 年版。

然中学生都会用电脑代笔，却仍有不少人包括笔者宁愿用笔写作一样，改变旧习惯要有个适应过程。中晚唐以后，世俗读物刊本渐多，包括字典、音韵等语文工具书、相宅算命书、历书等面向大众、销路广的出版物相继问世。

历书由礼部奏准颁行天下，但民间有人为获利常私印之。故唐文宗太和九年（835）"敕诸道府，不得私置历日板"[1]，因成都、淮南和扬州等地私历在官历于腊月颁行前已售于各地。伦敦不列颠图书馆藏唐僖宗乾符四年（877）历书残页（图9—3），印刷精美，版面复杂，图文并茂。内容之多，几与清代历书相近。王谠（dǎng，1075－1145在世）说："僖宗（874—888）入蜀（881），太史历本不及江东，而市有印卖者，每差互朔晦，货者各征节候，因争执。"[2]这是说，江东扬州、苏杭及绍兴私历为太史官历所不及，但推算方法不一，朔望、节候互异，故而发生争执。咸通年（860—873）成都出版的《唐韵》、《玉篇》等语文工具书还传到日本。865年随唐商船返国的日本学问僧宗睿《书写请来法门等目录》中列举带回的下列中国书：

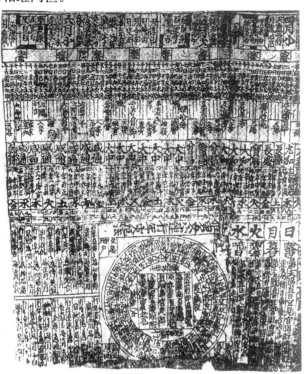

图9—3　敦煌石室发现的唐乾符四年（877）刊的历书
不列颠图书馆藏

西川印子《唐韵》一部五卷，西川印子《玉篇》一部三十卷。右杂书等，虽非法门，世者所要也。[3]

"西川印子"即四川印本，这些书藏于奈良东大寺。唐人柳玭（pín，848－898在世）《柳氏家训》称，中和三年（883）他在陪都成都书肆上看到阴阳、占梦、相宅、九宫、五纬之类的书，"率雕版印纸"[4]。法国国家图书馆藏唐刻本《大唐刊谬补缺均韵》（P5531）

〔1〕（后晋）刘昫：《旧唐书》卷十七下，《文宗纪》，二十五史本第5册，第76页。

〔2〕（宋）王谠：《唐语林》（约1107）卷七，上海古籍出版社1978年版，第256页。

〔3〕〔日〕木宫泰彦：《日华文化交流史》（日文版），第四章，东京：富山房1955年版，胡锡年译《日中文化交流史》，商务印书馆1980年版，第202页。

〔4〕（唐）柳玭：《柳氏家训·序》，见（宋）薛居正《旧五代史》卷四十三，《唐书·明宗纪》注引语，二十五史本第6册，第71页。

残卷，属小学书。

由于世俗读物印本不断推向市场，唐末读书人已经受不住这些廉价读物的诱惑，纷纷加入印本书的消费者队伍。在传统手抄图书中，只有儒家经典似乎还保有最后一片“世袭”领地，但新生事物是不可抗拒的，图书雕版化已成发展趋势。五代（907—960）时由政府主持刊行士子必读的儒家《九经》，正是唐末发展趋势的延续，使印本书终于登上大雅之堂，发动此举的是后唐宰相冯道（882—954）。王钦若（962—1025）《册府元龟》（1013）卷六〇八载，长兴三年（932）冯道向后唐明宗李嗣源（867—933）奏曰：

> 臣等尝见吴、蜀之人鬻（yù，卖）印版文字，色类绝多，终不及[儒家]经典。如经典校定，雕摹流行，深益于文教矣。

冯道为振兴北方文教事业，建议以长安《开成石经》为底本，由国子监诸经博士校定文字，刻板刊行儒家《九经》。明宗准奏，朱批御旨曰：

> 朕以正经事大，不同诸书，虽已委国学（国子监）差官勘注，盖以文字渐多，尚恐有差误……更令详勘，贵必详研。

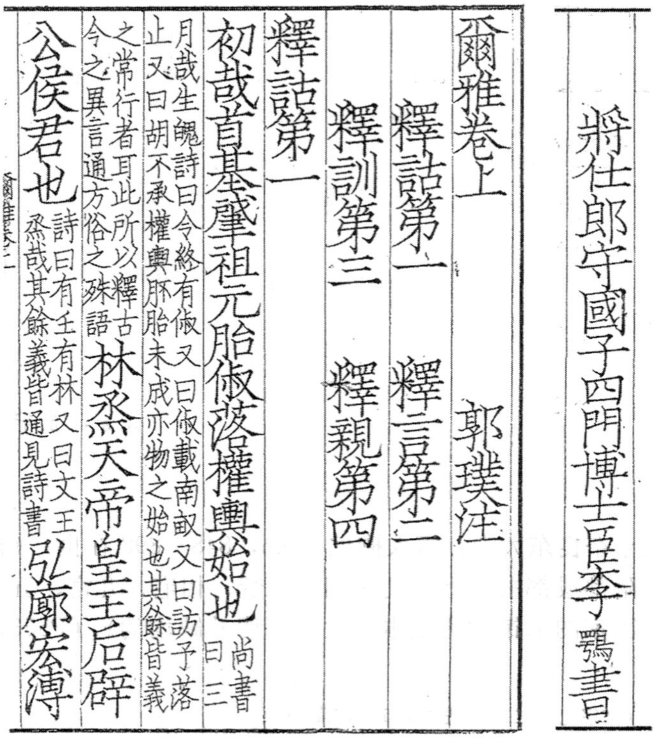
將仕郎守國子四門博士臣李鶚書

爾雅卷上　郭璞注

釋詁第一　釋言第二

釋訓第三　釋親第四

釋詁第一

初哉首基肇祖元胎俶落權輿始也尚書曰三月哉生魄詩曰令終有俶又曰俶載南畝又曰訪予落止又曰胡不承權輿胎未成亦物之始也其餘皆義之常行者耳此所以釋古今之異言通方俗之殊語林烝天帝皇王后辟公侯君也詩曰有壬有林又曰文王烝哉其餘義皆通見詩書弘廓宏溥

图 9—4　五代国子监刊《九经》中《尔雅》郭璞注本字样及版式

引自日本室町时代（1336—1408）据五代本覆刻本，见宿白（1999）

五代末学者王溥（922—982）《五代会要》（961）卷八也记载说：

> 长兴三年（932）中书门下奏请依石经文字刻《九经》印版。敕令国子监集博士、生徒，将西京（长安）石经本各以所业本经广为抄写，仔细看读。然后雇召能雕字匠人，各部随秩刻印，广颁天下。如诸色人要写经者，并依据所印敕本，不得更使杂本交错。本年四月，敕差太子宾客马缟（854—约938）、太常丞陈观、太常博士段颙（yóng）、路航、尚书屯田员外郎田敏（约881—972）充详勘官，兼委国子监于诸色选人中，召能书人端楷写出，施付

匠人雕刻，每日五纸[1]。

北方虽更换四个朝代，冯道始终保持相位，刊经从未中断，在马缟具体主持下，自后唐长兴三年起至后周广顺三年整个工程完毕，共用21年（932—953），计刻印《易经》、《尚书》、《诗经》、《春秋左传》、《春秋公羊传》、《春秋穀梁传》、《仪礼》、《礼记》及《周礼》共130卷。采用统一体例及字体，按规定操作程序运作，在印刷史中有重大意义及深远影响。

北宋（960—1126）作为实现统一的新兴王朝，发扬了五代刻印学术著作的传统，统治者重视印刷事业，将其看成巩固统治、振兴文教和宣扬国力的一项措施。先是，宋太祖（960—975）开宝四年（971）敕命高品、张从信往益州（成都）主持《大藏经》刻印，历12年（971—983）板成，共5048卷，名《开宝大藏经》，用13万块雕版，刻印精良（图9—5），对此后国内外刊印藏经有深远影响。及宋太宗（976—996）即位，于太平兴国二年（971）敕翰林学士李昉（925—996）开馆主持《太平御览》、《太平广记》及《文苑英华》三部大书的编纂和开雕，三书共2500卷，印刷量超过五代《九经》十多倍。太宗及真宗（988—996）刊《十二经注疏》，加上1011年刊《孟子》，构成《十三经》，994年又始印《十七史》，至此经史俱备。国子监本管理严、质量高，为全国出版表率。印本书在宋代已居主导地位，内容涵盖所有领域，各少数民族地区也发展了印刷，全国形成官刻、坊刻和私家刻的印刷网络，木版印刷进入黄金时代。除单色印刷外，又有了多色印刷及版画印刷。唐代以来的铜版印刷，此时也得到发展。宋代中国成为继唐帝国之后世界上唯一的印刷业超级大国，元代印刷在此高起点上继续发展。由于唐宋印刷在世界上处于领先地位，印刷品向国外出口，导致印刷术的外传。

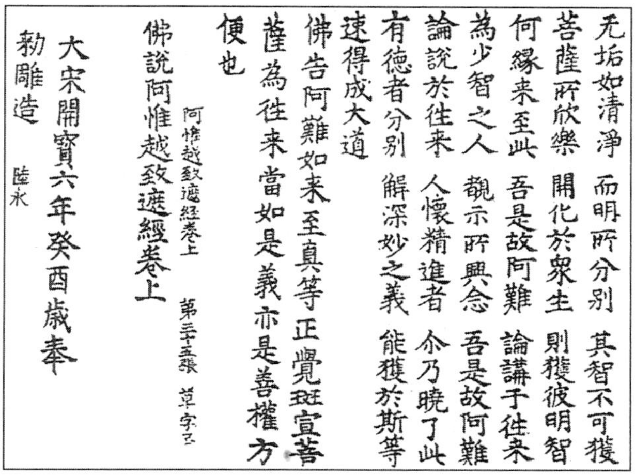
无垢如清淨　而明所分别　其智不可獲
菩薩所欣樂　開化於衆生　則獲彼明智
何縁来至此　吾是故阿難　論講于往来
為少智之人　覩示所興念　吾是故阿難
論説於往来　人懷精進者　尒乃曉了此
有德者分别　解深妙之義　能獲於斯等
速得成大道
佛告阿難如来至真等正覺斑宣菩
薩為往来當如是義亦是善權方
便也
佛説阿惟越致遮經卷上　阿惟越致遮經卷上　第三十五張　草字
大宋開寶六年癸酉歲奉
勅雕造　陸永

图9—5　北宋开宝六年（973）成都雕印的佛教大藏经《开宝藏》中的《佛说阿惟越致遮经》（局部）
国家图书馆藏

（三）中国木版印刷术在世界各国的传播

1. 木版印刷术在日本和朝鲜的传播

中、日两国一衣带水，两国往来和文化交流有两千年历史。“日本”一词在中国史书

[1]（宋）王溥：《五代会要》卷八，《丛书集成初编》本，商务印书馆1935年版，第96页。

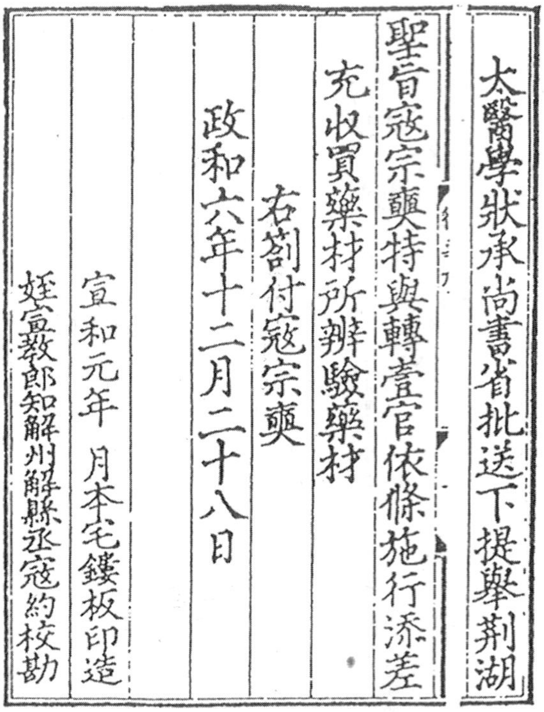
太醫學狀承尚書省批送下提舉荆湖
聖旨寇宗奭特與轉壹官依條施行添差
充收買藥材所辨驗藥材
右劄付寇宗奭
政和六年十二月二十八日
宣和元年　月本宅鏤板印造
姪宣教郎知解州解縣丞寇約校勘

图 9—6　北宋宣和元年（1119）寇约刊寇宗奭《本草衍义》

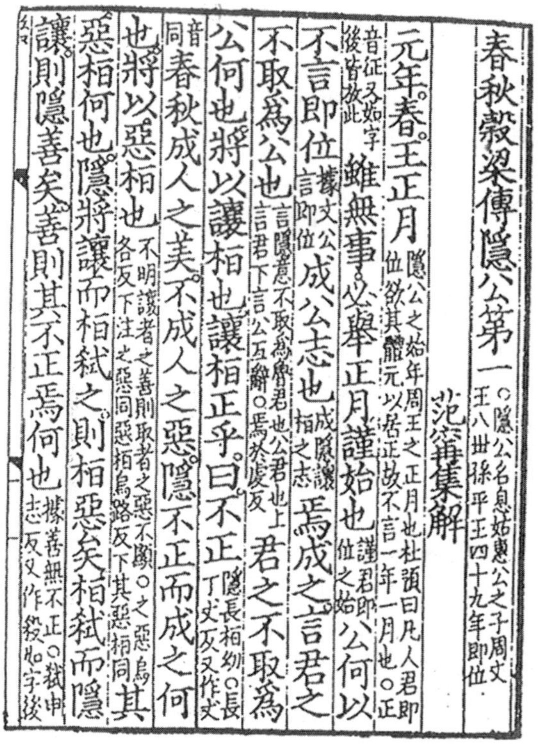
春秋穀梁傳隱公第一　○隱公名息姑惠公之子周文王八世孫平王四十九年即位
范甯集解
元年春王正月　隱公之始年周王之正月也杜預曰凡人君即位欲其體元以居正故不言一年一月也○正音征又如字後皆放此
雖無事必舉正月謹始也　謹君即位之始
公何以不言即位　據文公言即位　成公志也　成隱讓桓之志　焉成之言君之不取為公也　言隱意不取為魯君也公君也上言君下言公互辭○焉於虔反
君之不取為公何也將以讓桓也讓桓正乎曰不正　隱長桓幼○長丁丈反又作丈
春秋成人之美不成人之惡　同音
隱不正而成之何也將以惡桓也　不明讓者之善則取者之惡不顯○之惡烏路反下注之惡同
其惡桓何也隱將讓而桓弒之則桓惡矣桓弒而隱讓則隱善矣善則其不正焉何也　據善無不正○弒申志反又作殺如字後

图 9—7　南宋绍熙二年（1191）建安余仁仲刊《春秋谷梁传》

（注意文内"桓"字缺末笔）

此二图引自中山久四郎《世界印刷通史》（日文版）第二册《中国、朝鲜篇》（东京：三秀舍，1930）

中始见于《旧唐书·日本传》（945），此前称其为倭国。《前汉书·地理志》（83）载，"夫乐浪海中有倭人，分为百有余国，以岁时来献见"，可见西汉时日本列岛有许多部落小国，但一年四季通过汉设置乐浪等郡县的朝鲜半岛与汉帝国有往来，从中国引进先进的农业和手工业技术，社会生产力迅速发展，原始氏族公社制度逐步瓦解。前 1 世纪一些部落国家开始兼并，至 3 世纪部落国数锐减至三十余，最后剩下位于今九州的邪马台国（Yamatai）和本州的大和国（Yamato），此时中国的纸与纸本文书已传入日本。至 4 世纪后，大和政权完成统一日本的事业，该朝誉田（Homuta）在位时（4—5 世纪之际）已成世袭大王，此即后世所谓的"应神天皇"。应神十六年（中国东晋义熙元年，405）在百济国任五经博士的华裔学者王仁（369—440 在世）应聘前来大和国，携来《论语郑注》及钟繇 yáo（151—230）《千字文》（约 210）等书前来，是为中国汉籍及儒学传入日本之始。他在大和朝任书首（相当今官房长官）和太子师傅，将造纸术传至日本[1]。王仁还拟定以汉字标和音的方法，结束了日本无文字的历史。如"我"古日语读为 ware，王仁标为"和

〔1〕 潘吉星：王仁事迹与世系考，《国学研究》（北京大学）2001 年卷 8，第 177—207 页。

礼",等等。又如 a，i，u，ka，ki，ku，su，ta，na 等音标为阿、伊、宇、加、岐、久、须、多、那等，日本古代诗歌集《万叶集》即以此表音汉字写成。现在日语中的假名（アイウ或あいう）是在奈良朝（710—794）才出现的。

关于日本造纸之始，过去一度将《日本书纪》（720）卷二十二，认为日本造纸是由推古十八年（610）从高句丽来的僧人昙征、法定传来的，且将这两位在半岛的华裔人当成高丽人。但《书纪》并未明文说造纸由他们传入，只说他们会造纸墨。19世纪人五十岚笃好《天朝墨谈》（1854）卷四就主张在此二人入日以前已有人造纸。近二十多年日本纸史家持同样见解[1][2][3]。笔者亦有同感，因而提出王仁传入说，具体论据详见拙文"王仁事迹与世系考"。至飞鸟朝（592—710）圣德太子摄政（592—622）造纸业大发展。日本木版印刷始于奈良朝孝谦女皇（746—758）在位时，她像武则天女皇那样笃信佛法，758年让位于舍人亲王之子淳仁，自称太上皇，剃法为尼，拜高僧道镜为国师，修炼佛法。时外戚藤原仲麻吕为太政大臣（首相），专横跋扈，受淳仁庇护，764年发兵叛乱，太上皇平叛成功，藤原被诛。同年上皇废淳仁，复位为女皇，史称称德天皇。叛乱初起时，上皇发愿：乱平后誓造百万佛塔，每塔各置经咒，供奉各地。《续日本纪》（797）卷十写道：

> 初，[称德]天皇八年（764）乱平，乃发宏愿，令造三重小塔一百万基，各高四寸五分，基径三寸五分。露盘之下各置《根本》、《慈心》（《自心印》）、《相轮》、《六度》等陀罗尼，至是功毕，分置诸寺。赐供事官人以下、仕丁以上一百五十七人爵各有差。[4]

奈良《东大寺要录》卷四《诸院章》云：

> 神护景云元年（767）造东西小塔室，实忠和尚所建也。天平宝字八年（764）甲辰秋九月一日，孝谦天皇造一百万小塔，分配十大寺，各笼《无垢净光大陀尼》摺本。

按藤原仲麻吕（被淳仁赐名惠美押胜）764年九月叛乱后，旬日内即被镇压，天平胜宝九年正月初一日（765年1月26日）称德女皇为庆祝胜利和重登皇位，改元天平神护，任命国师道镜为太政大臣，主持造塔纳经事宜。从764年起至770年四月完工。道镜（约710—772）俗姓弓削，为归化汉人后裔，熟谙梵、汉文，尤精密教，尝向女皇进讲密宗典籍，造塔纳经可能出于他的主意。小木塔百万，内放《无垢净光大陀罗尼经》中《根本陀罗尼》、《自心印陀罗尼》、《相轮陀罗尼》及《六度（六波罗蜜）陀罗尼》四经咒，皆梵文的汉字音译，每塔一咒。每咒直高5.4厘米左右[5]，分藏十大寺院，现仍有大量传世，

---

〔1〕[日]寿岳文章：《和纸の旅》，东京：芸草堂1973年版，第28页。
〔2〕[日]久米康生：《和纸の文化史》，东京：木耳社1977年版，第7—10页。
〔3〕[日]町田诚之：《和纸の风土》，京都：骎骎堂1981年版，第16页。
〔4〕[日]菅野真道等：《续日本纪》卷三十，下册，东京：讲谈社2000年版，第33页。
〔5〕关于百万塔及其中陀罗尼印页形制，详见[日]增田晴美。静嘉堂文库所藏の百万塔及び陀罗尼について，《汲古》（东京），2000年第37期，第8—50页。

笔者在日本时曾亲见多枚。《东大寺要录》所说"摺本"（すりはん，surihon）为古代日本技术术语，相当汉语中"印本"。《无垢净光大陀罗尼经》为唐武周高僧法藏与中亚吐火罗国（Tukhara）僧弥陀山（Mitrasanda，fl. 660－720，汉名法号寂友）于长安元年（701）于洛阳佛授记寺译自梵典（*Āryaraśmi-vimalvi śuddhaprabhā nāma-dhārani sūtra*），次年刊行[1]，作小型卷轴装，成为奈良朝刊印四经咒的底本。称德女皇在完成这一心愿后于同年驾崩，为后世留下一笔珍贵技术遗产。

奈良朝这次突如其来的大规模印刷所用技术从何而来？日本佛教印刷史家秃氏祐祥（1879—1960）博士写道：

> 从奈良时代（710—794）到平安时代（794—1192）与中国大陆交通的盛行和中国给予我国（指日本）显著影响的事实来看，此陀罗尼的印刷绝非我国独创的事业，不过是模仿中国早已实行的做法而已。

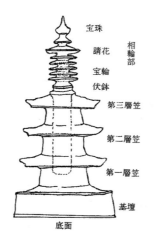

图9—8　日本770年造百万枚小木塔及塔内所置百万枚印页陀罗尼咒
（此处为《无垢净光大陀罗尼经》中的《自心印陀罗尼》部分咒文）
参见增田晴美（2000）

他还进而指出，754年东渡日本的唐代高僧鉴真（687—763）大和尚及其一行人传授了印刷技术[2]。因为鉴真与称德女皇和道镜有来往，他和他的弟子成为印刷秘宗典籍的技术顾问应是自然的事。印刷史家木宫泰彦博士写道：

〔1〕 潘吉星：论韩国发现的印本《无垢净光大陀罗尼经》，《科学通报》，1997 年第 42 卷第 10 期，第 1009—1028 页；Pan Jixing. On the origin of printing in the light of new archeological discoveries. *Chinese Science Bulletin*，1997，42（12）：976－981。

〔2〕 ［日］秃氏祐祥：《东洋印刷史研究》（*Tōyō insatsushi kenkyū*，日文版），青裳堂 1981 年版，第 166、182 页。

从当时的日、唐交通、文化交流等来推测，我认为是从唐朝输入的。[1]

平安朝以后，前朝社会康平局面结束，皇室政权逐渐衰微，由于长期内战，前朝不少典籍毁于战火。但北宋中国印刷术的大发展给日本带来外来刺激。宋太宗雍熙三年（986）日本贵族出身的僧人奝（diāo）然（约951—1016）率弟子成算等人入宋求法，得宋太宗所赐《开宝大藏经》及十六罗汉像等[2]，带回国内，为日本刊经提供精良善本。平安朝后期公卿日记、文集列举了1009—1169年间出版的佛经，计单本8601部2058卷。如藤原道长（969—1027）《御堂关白集》载1009年刊《法华经》千部[3]。镰仓时代（1190—1335）时，宋代佛教禅宗和儒家理学传入日本。宋代理学家兼治佛典，而佛僧多通"外典"（儒学），日本留宋僧人也将这一学风带回国内，因而一些寺院也以宋刊本为底本翻刻儒典，如陌巷子于宝治元年（1247）据宋本刊《论语集注》十卷，元亨二年（1322）僧素庆又翻刻宋本《古文尚书孔氏传》，可作为僧人刊儒典的范例。此传统持续到14世纪，如正平十九年（1364）僧道祐刊《论语集解》（图9—9），今存南宗寺。

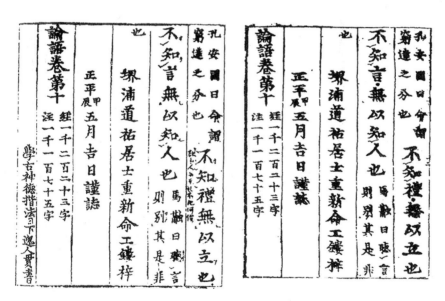

图9—9　日本正平十九年（1364）道祐刊《论语集解》
左：二跋本，框高27.9厘米，右：单跋本，框高26.7厘米
引自中山久四郎（1930）

〔1〕［日〕木宫泰彦：《日本古印刷文化史》（*Nihon furu insatsu bunkashi*，日文版），东京：富山房1932年版，第17—29页。

〔2〕（元）脱脱：《宋史》卷四九一，《日本传》，二十五史本第8册，第1600页。

〔3〕［日〕木宫泰彦：《日本古印刷文化史》（*Nihon furu insatsu bunkashi*，日文版），东京：富山房1932年版，第34—37页。

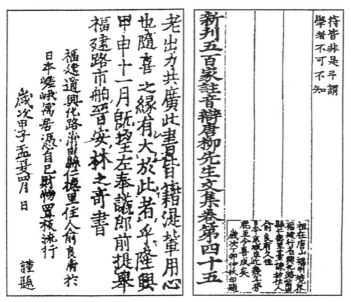

图 9—10　1384 年福建人俞良甫在京都刊《传法正宗纪》（左）
和 1287 年刊《柳文集》（右）

引自中山久四郎《世界印刷通史》第二册《中国朝鲜篇》
日文版（东京：三秀舍，1930）

14 世纪后半叶，中国元末动乱之际，东南沿海福建、浙江印刷工随其他人东渡日本避难，将宋元高度发达的印刷技术带到日本。据中山久四郎《世界印刷通史》第一册《日本篇》（1930）报道，福建刻工俞良甫（1340—1400 在世）、陈孟荣和陈伯寿等人于室町时代（1330—1573）在京都参加刻书工作，俞良甫除协助天龙寺刻书外，还自行开业刊刻书籍（图 9—10）。中国刻工为京都印刷文化带来生机，首先是印本书种类多样化，除佛经外，还刊行文史等世俗读物，而文史书以前在日本是很少出版的。其次，日本刊本多用手书字体，每部书用字因楷书手书法风格不同而各式各样，中国人到来后，常用宋版书字体即印刷字体，各字笔画整齐划一。书的版面设计及装订形式取元刊本形制，即线装（thread-stitched binding），日本人称为"袋缀装"（ふくろとじ，fukurotoji），更便使用和阅读。元朝刻印工在京都传授的刻书、印书形式对后世日本印刷产生长远影响。室町时代以前日本写本、和刻本汉文书多无标点，与中国书一样，只有汉文水平较高的人能一气连读下去而知所述内容。为便日本年轻人阅读，开始加标点和片假名边注，表示语法关系的"训点本"（くんてんほん，kuntenhon）于应永五年（1398）约斋居士道俭出版的《法华经》中出现。17 世纪以后，训点本成为主要流行的印本，线装也成为主要书籍形式。

朝鲜半岛与中国只有一江之隔，半岛历代政权与中国都有往来和文化交流，又共同使用汉字。汉代在半岛置郡县期间（前 108—后 24），大批汉官员、学者、工匠和农民来到这里，带来了汉文化和科学技术。《前汉书·地理志》载，乐浪郡（半岛中西部）有 6.2 万户 40.6 万人，辖 25 县，其中多数是汉人，境内通行汉语，行政与文化设施如同中国内地[1]。20 世纪以来乐浪遗址古坟出土许多丝绸、铜铁器和漆器等物，皆来自中国内地。鉴于汉西北各地多次出土西汉麻纸，则乐浪等郡当时也应使用纸。1 世纪前后，两汉之际处于多事之秋，无暇他顾，此时半岛相继出现高句丽（前 57—后 668）、新罗（前 57—后

---

〔1〕（汉）班固：《前汉书》卷二十八下，《地理志》，二十五史本第 1 册，上海古籍出版社 1986 年版，第 156 页。

668）和百济（前18—后660）三个新兴政权，从此进入三国时代（前57—后668）。原玄菟郡落入高句丽控制下，汉的统治只限乐浪，时汉辽东太守公孙度父子割据一方，接管乐浪郡县，205年在郡南新置带方郡辖七县（今韩国黄海道境内），接纳中原前来投奔的人。魏统一中国北方后，灭公孙氏割据政权，领有乐浪、带方，继魏而起的是晋朝，此时纸已成为主要书写材料，又有大批汉人来朝鲜半岛，随之带来了造纸技术。4世纪西晋末高句丽攻取乐浪、带方，统一半岛北部，境内4—5世纪已生产麻纸，纸工为汉人工匠[1]。百济、新罗与华东海上往来频繁，且境内有数以万计的汉人，其造纸时间虽晚于高句丽，但不会晚太多。1920年新罗古坟有纸出土[2]，说明三国时代中期半岛已自行造纸。

　　6—9世纪隋唐时与半岛三国交往更为频密，此时中国兴起的皮纸技术促进半岛楮皮纸生产进一步发展。现存新罗最早有年款的佛经是韩国首尔湖岩美术馆藏天宝十四年（755）写《华严经》，卷尾有用"吏读文"（ridokmeun）写的题记，这是当时以汉文与朝鲜语汉字标音的混合文体。其中说以香水灌楮树，长成后剥楮皮造白纸，敬写此经[3]。显然按唐人法藏《华严经传记》（约702）卷三所述行事。新罗写本几乎多是佛经，世俗作品较少传世，也未留下有关印刷记载。过去认为属新罗印刷资料者，经研究证明不确。李朝（1392—1910）古志认为岭南道陕川郡海印寺藏"八万板大藏经"印版为新罗哀庄王（800—808）丁丑年所刻，但查对后发现皆高丽朝（918—1392）雕造，因版上有"某某年高丽国大藏都监奉敕雕造"之题记，且哀庄王在位时无丁丑年，因此百多年前朝鲜学者已指出此说法不正确[4]。1966年韩国庆州佛国寺释迦塔内发现一卷印本《无垢净光大陀罗尼经》，有人认为是706—751年新罗刊行的"世界现存最早印刷品"[5]，进而主张木版印刷发明于韩国[6]。经美、日、中学者进一步研究后，证明此经本是传入新罗的唐代刻本，它也不是最早印刷品[7]。

　　文献记载和实物资料显示，半岛木版印刷是从高丽朝前期引进北宋技术后始于11世纪初，至11世纪中叶有了官方大规模印刷。北宋太宗兴国八年（983）完成5049卷巨型佛教丛书《开宝大藏经》刊刻工程，直接刺激高丽发展印刷。美国著名印刷史家富路特（Luthur Carrington Goodrich，1894-1986）博士说中国印刷术传到日本和朝鲜半岛是通过佛教的媒介进行的[8]，可谓言之有理。高丽历代统治者都笃信佛法，《开宝藏》刊毕之

　　〔1〕潘吉星：《中国造纸史》，上海人民出版社2009年版，第449—450页。

　　〔2〕［日］关义城：《手漉纸の研究》，东京：木耳社1976年版，第372页。

　　〔3〕［韩］文明大：新罗华严经写经과그변相图의研究（1），《韩国学报》（汉城）1979年第14期，第31页。

　　〔4〕［朝］李圭景：《五洲衍文长笺散稿》（约1857）卷二十四，《刊书原始辩证说》上册，汉城：明文堂影印本1982年版，第685页。

　　〔5〕［韩］金梦述，世界最古木板印刷物发现（朝文），《朝鲜日报》（汉城），1966年10月16日，第7面。

　　〔6〕［韩］孙宝基：《韩国印刷史》朝文版，汉城：高丽大学民族文化研究所，1981年版，第974—975页。

　　〔7〕详见潘吉星的综述，《无垢经》：中韩学术论争的焦点，《出版科学》（武汉），2000年第4期，第33—41页。

　　〔8〕Goodrichi, L. C. Printing: preliminary report of a new discovery, *Technology and Culture* （Washington, D. C.），1967.8（3）：376—378；潘吉星译．关于［韩国］新发现的印刷品的初步报道，《出版科学》1997年第4期，第6—7页，译后记，第8—10页。

时值高丽成宗（982—997）即位伊始，他鉴于新罗朝亡后国内佛典残缺不全，遂即遣韩蔺卿等臣使宋，再遣僧人如可持表来觐，"请《大藏经》，至是赐之，仍赐如可紫衣，令同归本国"[1]。宋太宗淳化二年（991）高丽成宗王治再遣兵部尚书韩彦恭（940—1004）使宋，"表述［王］治意求印佛经，诏以藏经并御制《秘藏逍遥咏》、《莲华》、《心轮》赐之"[2]。高丽史料亦载"兵部尚书兼御史大夫韩彦恭奏请《大藏经》，帝赐藏经四百八十一函、凡二千五百卷，又赐御制《秘藏逍遥》、《莲花》、《心轮》还王"[3]。则宋太宗于989及991年向高丽赠送两套《开宝藏》，而高丽求经目的就是想在本国翻刻。

淳化四年（993）宋太宗特派掌管图书出版的秘书丞、直史陈靖及秘书丞刘式赴高丽，可能随带工匠，传授印刷技术，受成宗嘉奖，持谢函而返。成宗还派王彬、崔罕等人入宋国子监及各道学习，被授以进士及秘书省秘书郎衔，放归本国[4]，他们成为高丽第一批印刷骨干。成宗再遣使向宋太宗致谢，表示还想得到宋国子监刊本《九经》用敦儒学，宋太宗许之。宋政府对高丽的请求可谓有求必应，990—993年间已从宋引进木版印刷技术及佛教、儒学方面最好的刊本为翻刻蓝本，又有了留学北宋的印刷人才，诸事俱备，所缺的是安定的社会环境。不幸的是，中国北方契丹族建立的辽（916—1125）不时南下对宋滋扰，还对高丽多次发动侵略战争，造成社会动荡。成宗未能实现刊刻藏经、九经的愿望，994年在辽压力下与北宋中止往来，997年忧郁而死。

高丽穆宗（998—1009）嗣位，但嗜酒好猎，不留心政事，被奸臣康兆（又作康肇）所弑。但此时民间印刷活动已开始，将半岛印刷起源时间定在10世纪后期是适宜的。现存刊年最早印本是1007年总持寺刊《宝箧印陀罗尼经》（*Phatu-kāranda-dhārani-sūtra*），共一卷（图9—11），现藏日本东京国立博物馆。从其版式、字迹、装订插图等方面观之，显然是以中国五代吴越王钱俶（929—988）975年在杭州刊行的同名经本（图9—12）为底本的，只要将两本放在一起对比，便一目了然。高丽穆宗被弑后，显宗（1010—1031）即位，此时权奸康兆又惹来大祸，杀死辽使及辽属女真部95人。辽圣宗大怒，1010年率契丹兵大举入侵，斩康兆，破京城（今开城）。显宗至南方避难，并与群臣发愿，如契丹兵退，则誓刻《大藏经》以成先王遗愿。高丽翰林学士李奎报（1168—1241）1237年就此追记曰：

　　因考厥初草创之端，则昔显宗二年（1011）契丹兵大举来征，显宗南行避难，［契］丹兵屯松岳（开城）不退。于是乃与群臣发无上大愿，誓刻成《大藏［经］》，然后丹兵自退。[5]

〔1〕《宋史》卷四八七，《高丽传》，二十五史本第8册，第6761—6762页。

〔2〕同上。

〔3〕［朝］郑麟趾：《高丽史》卷九十三，《韩彦正传》第3册，平壤：朝鲜科学院出版社1958年版，第71—72页。

〔4〕《宋史》卷四八七，《高丽传》，二十五史本第8册，第6762页。

〔5〕［朝］李奎报：大藏刻板君臣祈告文（1237），见《东国李相国全集》卷二十五，《朝鲜群书大系》第二期续集，汉城：朝鲜古书刊行会1913年版。

图 9—11　1007 年高丽总持寺刊印的《宝箧印陀罗尼经》

日本东京国立博物馆藏

图 9—12　1925 年杭州发现的吴越国 975 年印《宝箧印陀罗尼经》

国家图书馆藏

偏巧，辽圣宗对高丽造成严重破坏后，于 1011 年正月班师回朝，二月显宗还京城，随即开雕藏经，在位时已刊出大半，至宣宗（1048—1088）四年（1087）刊毕[1]，共约六千卷。在这过程中辽《契丹藏》汉文本约于 1160 年刊毕，亦赠高丽，因而高丽藏以北宋《开宝藏》为底本，参考《契丹藏》，先后用 76 年功成，版存庆尚北道大邱的符仁寺，今有传本（图 9—13）。

　　高丽在刊印藏经同时还刊印儒家经典、文史和科技著作，多以来自中国的刻本为底本，包括北宋国子监本《九经》及《史记》、《汉书》、《三国志》和《晋书》等，还有历日、《太平圣惠方》（992）等，都是宋政府所赠的。宋商人海运来的书也很多，甚至杭州的书版也贩运到高丽。至迟从靖宗（1035—1046）时起便开雕世俗读物，如靖宗八年（1042）"东京（庆州）副留守崔颢、判官罗旨说……等奉制新刊《两汉书》与《唐书》以进，并赐爵"[2]。三年后（1045）秘书省新刊《礼记正义》、《毛诗正义》。文宗十年

〔1〕［朝］郑麟趾：《高丽史》卷十，《宣宗世家》，第 1 册，平壤：朝鲜科学院出版社 1957 年版，第 145 页。

〔2〕同上书，卷六《靖宗世家》，第 1 册，第 89 页。

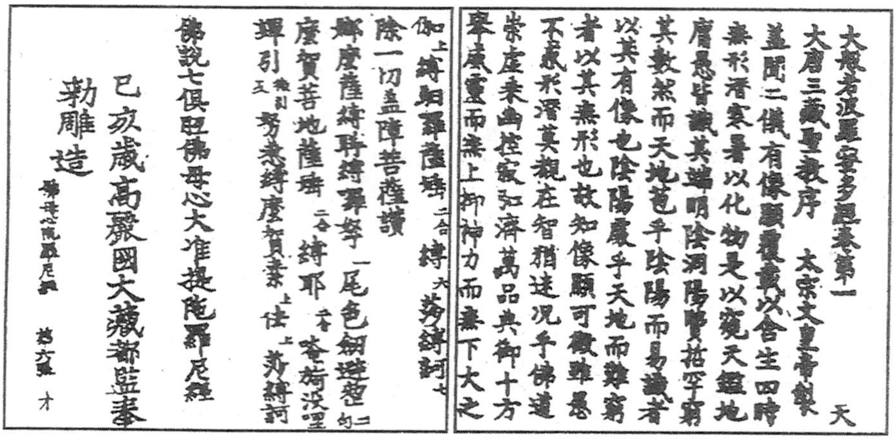
大般若波羅蜜多經卷第一　天
大唐三藏聖教序　太宗文皇帝製
蓋聞二儀有像顯覆載以含生四時
無形潛寒暑以化物是以窺天鑑地
庸愚皆識其端明陰洞陽賢哲罕窮
其數然而天地苞乎陰陽而易識者
以其有像也陰陽處乎天地而難窮
者以其無形也故知像顯可徵雖愚
不惑形潛莫覩在智猶迷況乎佛道
崇虛乘幽控寂弘濟萬品典御十方
舉威靈而無上抑神力而無下大之

除一切蓋障菩薩讃
佛說七俱胝佛母心大准提陁羅尼經
已亥歲高麗國大藏都監奉
勅雕造

图 9—13　高丽朝 1239 年刊《大藏经》

引自中山久四郎（1930）

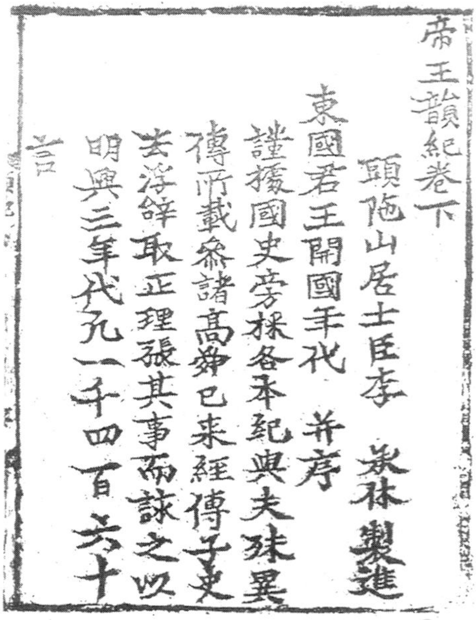
帝王韻紀卷下
頭陁山居士臣李承休製進
東國君王開國年代并序
謹據國史旁採各本紀與夫殊異
傳所載參諸堯舜已來經傳子史
去浮辭取正理張其事而詠之以
明興亡年代凡一千四百六十
言

图 9—14　高丽朝东京（庆州）1360 年官刊本《帝王韵纪》

韩国东国大学中央图书馆藏

（1056）西京（今平壤）留守请将所刊《九经》、《汉书》、《晋书》、《唐书》、《论语》、《孝经》、子史，诸家文集、医卜、地理、律算诸书置于诸学院，供士子习之，“命有司各印一本送之”[1]。文宗十二年（1059）忠州牧进新雕《黄帝八十一难经》、《玉川集》、《伤寒论》、《本草括要》等，诏置秘阁。此后各地刊印书籍的工作进一步发展，一直持续到朝鲜朝或李朝。

高丽本多以宋刊本为底本，版式同宋本，由儒臣对较，以楮皮纸刷印，字体一般较大。印刷地点集中于开京（开城）、东西两京（庆州、平壤）、忠州牧、海州及南原府等地。除中国书外，还出版高丽人作品，如《三国史记》、《帝王韵纪》（图 9—14）等。高丽版书每种刊行数少，一般只数十册，但种类多，其中不乏善本，有的在中国已绝版，因此宋哲宗元祐六年（1091）下令购求丽版书，如《尔雅图赞》、《高丽志》、《周处风土记》、鱼豢《魏略》、《水经》等[2][3]。高丽高宗十六年（1231）蒙古统治者窝阔台汗以其使节在高丽被杀为由派大军入境，拔四十余城，

〔1〕［朝］郑麟趾：《高丽史》卷七，《文宗世家》，第 1 册，第 109 页。
〔2〕《高丽史》，卷十，《宣宗世家》，第 1 册，第 150 页。
〔3〕［韩］朴文烈：馆伴求书目经部书校勘考（韩文），《古印刷文化》（清州），1995 年第 2 期，第 87—138 页。

符仁寺、兴王寺所藏高丽正续藏经及经版毁于战火，高宗避难于江华岛拜佛禳兵，至1235 年蒙古将高丽沦为属国后才退兵。高宗发愿再雕藏经，至 1251 年功毕，计 6797 卷版八万多块，称"八万板大藏经"，藏陕川加耶山海印寺，至今完好。为省木料，每版双面刻字，经作经折装，以千字文编号，每卷尾题记无年号，用干支纪年，如"丁酉岁（1237）高丽国大藏都监奉敕雕造"[1] 等。

2. 印刷术在其他亚非国家的传播

越南与中国西南广西、云南陆上相连，自古与中国有密切联系。越南民族是分布于长江中下游古代百越之一支，后迁徙至今越南北部，形成一些部落，出现瓯雒（ōuluò）国和南越国。汉武帝元鼎六年（前 111）灭南越国，于其地置交趾、九真及日南等郡，此后直到北宋初千多年间越南与中国大陆受同一封建朝廷统治，用同样年号和汉字。东汉时广西博学之士士燮（137—226）任交趾太守，任内四十年间（187—226）发展文教，收留大批汉人工匠、农民和学者，造麻纸技术此时从中国引进境内。三国吴（222—280）统治者孙权封交趾太守士燮为卫将军及龙编侯，将交趾、九真及日南合并为交州，由士燮、士一兄弟掌权，此时交州又从广州引进造皮纸技术[2]。

唐代以后，木版印刷品陆续传入越南，包括佛经和历书等。宋代以后，刊本流入剧增，《宋史·真宗纪》载，景德三年（1006）"交州来贡，赐黎龙廷《九经》及佛氏书"。黎龙廷为越南前黎朝（980—1009）统治者，宋真宗赠他儒家《九经》为宋国子监刊精刻本，而"佛氏书"可能是《开宝藏》，这两套巨帙丛书对越南进一步发展儒学、佛教和印刷业有重要促进作用。1075 年越南推行科举取士制度，对读物的需要增加，单靠进口宋版书已满足不了需要，于是从中国引进印刷技术就地印书。越南印刷起于何时，有待深入研究，但至迟从 13 世纪陈朝（1225—1400）初，即以木版印制户籍。越南史家吴士连（1439—1499 在世）《大越史记全书》（1479）《陈纪二》写道：

> ［陈明宗］大庆三年（1316）阅定文武官给户口有差，时阅定官见木印帖子，以为伪，因驳之。上皇闻之曰：此元丰（1251—1258）故事，乃官帖子也。因谕执政曰，凡居政府而不谙故典，则误事多矣。

这里所说的"木印帖子"，指 1251—1258 年陈太宗以雕版印制的户口簿。此后，陈英宗（1293—1313）于 1295 年遣中大夫陈克用使元，再求得《大藏经》一部，1299 年天长府（今南定）刊印了其中一部分佛经。阮朝（1802—1945）国史馆总裁潘清简主修的《越史通鉴纲目》（1884）卷八《陈纪》载：

> 英宗七年（1299）颁释教于天下，初（1295）陈克用使元，求《大藏经》，及回，

---

〔1〕［韩］全相运：《韩国科学技术史》（韩文版），汉城：科学世界社 1966 年版，第 163—164 页。
〔2〕潘吉星：《中国造纸史》，上海人民出版社 2009 年版，第 482—484 页。

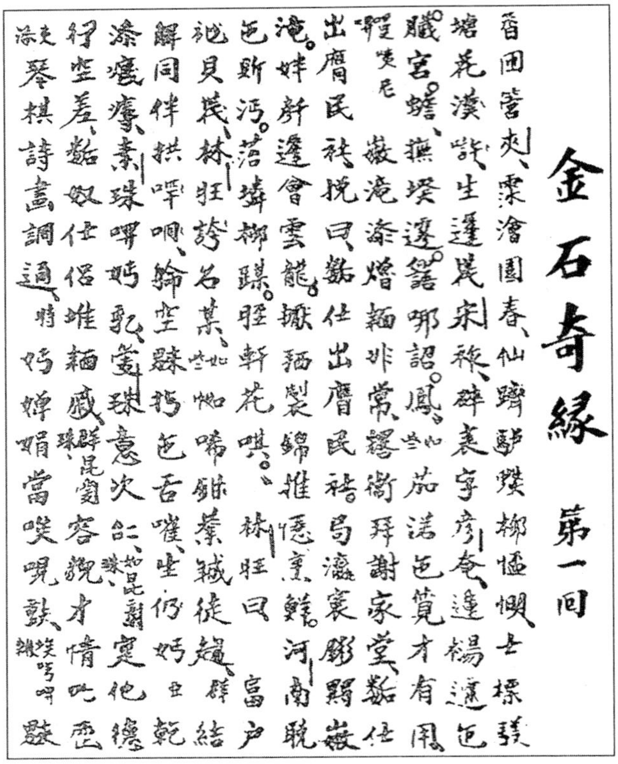

图 9—15　越南出版的以汉字与喃字写的剧本《金石奇缘》

引自钱存训（1985）

留天长府，副本刊行。至是（1299）又命印行佛教法事道场、公文格式，颁行天下。

《越史通鉴纲目》卷三十七《黎纪》称，后黎朝（1428—1527）太宗绍平二年（1435）官刊《四书大全》，以明刊本为底本。黎圣宗（1460—1497）光顺八年（1467）又颁《五经大全》及诸史、诗林、字汇等印本，刻印地点集中于历代京城河内，除官刊本外，还有私人坊家出版的面向大众的读物。越版书主要是汉文和汉文的字喃注本。"字喃"（chum-nom）是13世纪初越南李朝末期用汉字笔画和造字方法创造的记录越语的方块象声文字。如汉字"年"越语读作 nam，字喃写作"𢆥"，既表其音又表其义。汉字"天"读作 troi，则写作"𡗶"，表会意。这种字是为汉文程度不高的越南人设计，对不通越语的中国人而言是很难看懂的，如以汉字夹杂喃字

的剧本《金石奇缘》（图 9—15）就是普通民众用的读物。19 世纪时阮朝（1802—1945）定都于南方的顺化，这里成为另一印刷中心，出版过宗教、文史和科技著作，如黎有卓（1720—1791）的《海上医宗心领全帙》，是一重要医学和本草学作品，北京国家图书馆有藏本。越版书版式与中国版本相同，多印以竹纸，虽书目著录者很多，但至今传世者少见。

东南亚的菲律宾是群岛之国，与中国福建、广东和台湾只有一海之隔，帆船三日可到。自古以来中、菲往来不断，至明代进入新阶段，明成祖永乐年（1403—1424）三保太监郑和（1371—1433）率庞大舰队七下西洋时，曾三入其国。《明史·吕宋传》载，"闽人闻其地饶富，商贩者至数万人，往往久居不返，至长子孙"。这大批华侨在那里经营农业、手工业和商业，包括造纸与印刷。1565 年菲律宾沦为西班牙殖民地后，殖民统治者迫害华侨，但也不得不承认，没有华侨就很难使经济正常运转。殖民者将天主教带到菲律宾，强迫当地人信教，但并没有尽早发展印刷，这项业务是由华侨承担的。在首府马尼拉从事印刷出版的最著名的华侨是福建人龚容（Kong Yong, c. 1538 - 1603），其西名为胡安·维拉（Juan de Vera）。殖民当局不但强迫菲律宾人和华侨改信天主教，还强迫改用西班牙姓名。马德里国立图书馆（Biblioteca National de Madrid）藏最早刊于菲律宾的汉文雕版书，是明万历二十一年（1593）

龚容刻印的《天主教义》(*Doctria Christiana*)(图 9—16)[1]。

此书汉文原名《新刻僧师高母羡撰〈无极天主正教真传录〉》，其西班牙文原名 *Rectificacion ymojora de principios naturales*，可译为《对自然法则的理顺与改善》。前三章与宗教有关，后六章介绍地理学、生物学知识，包括地圆说。作者汉名高母羡(Juan Cobo)今译为胡安·科沃，为西班牙多明我会士(Dominian)，1588—1592 年在菲律宾传教，从华侨习汉文[2]，写成此书。同一年(1593)龚容还以菲律宾当地民族的他加禄文(Tagalog)出版上述书，也是木版刊行[3]。他加禄文 1962 年定为菲律宾国语。因此可以说，菲律宾印刷是从龚容首开其端的。在华人的技术传授下，1608—1610 年以后才有菲律宾人参与印刷工作[4]。

泰国是东南亚国家中按中国传统技术发展印刷的另一国家。大城王朝(Ayuthaya dynasty，1350 - 1767)时与明保持友好往来，双方遣使达 131

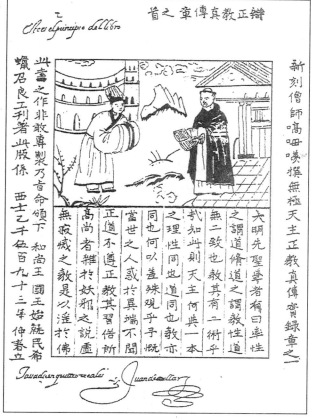

图 9—16　1593 年中国人龚容在马尼拉出版的汉文木刻本《无极天主正教真传实录》
引自 H. Bernard-Maitre (1942)

次，泰国遣明使有 112 次，平均每两年一次。明人王圻(1540—1615 在世)《续文献通考》(1586)卷四十七《学校考》载，暹罗国王明洪武四年(1371)派年轻子弟来南京国子监学习，此后两国互派人员学对方语文。而福建、广东手艺人也随商船去泰国谋生，隆庆元年(1567)以后在那里经营农具、铜铁器制造、糖茶和造纸、印刷等行业。明人黄衷(1474—1553)《海语》(1536)称，暹罗首都阿瑜陀耶(Ayuthia)有奶街为华侨区，有华

〔1〕 Bernard-Maitre, Henri. Les origins chinoise de l'imprimerie aux Philippine. *Monumenta Serica* (Shanghai)，1942，7：312.

〔2〕 Pelliot, Paul. Notes sur quelques livres ou documents conserés en Espagne. *T'oung Pao* (Leyden)，1929，26：48.

〔3〕 van der Loo，P. The Manila Incanabula and early Hokkeins studies. *Asia Major* (Leipzig)，1906，12 (1)：2—8.

〔4〕 Boxer，C. R. Chinese abroad in the late Ming and early Manchu periods，compiled from contemporary sources 1500 - 1750. *T'ien-Hsia Monthly* (Shanghai)，1939，9 (5)：459.

人在此经营纸店。吞武里朝（Thon Bury，1767－1781）时每年有来自淞江（今上海）、宁波、厦门和潮州的商船达五十多艘，随船来者每年达数千人，他们在旅途中以《三国演义》为消遣读物，将此书传到泰国。查卡里朝（Charkri）或曼谷朝（18—19世纪）建立者拉马一世（Rama Ⅰ，1782－1809）对《三国演义》很有兴趣，命臣下译成泰文，泰文本和汉文本同时出版。拉马二世（1809—1825）时又将《水浒传》、《西游记》、《东周列国志》、《封神演义》、《聊斋志异》和《红楼梦》等中国小说译成泰文出版，在泰国广为流行[1]。拉马五世（1868—1910）时代以后曼谷有三个宫廷印刷厂和一个专门出版中国古书的乃贴印刷厂，这时用机器印书，在这以前泰国印刷由当地华侨书坊承担。

　　中亚和西亚各国在中国古书中通称西域诸国，该地区在阿拉伯帝国阿巴斯朝（Abbasids，751－1258）统治初期，已于751年引进中国造纸技术，生产麻纸。最早纸厂设在今乌兹别克斯坦境内的撒马尔罕（Samarkand），后在伊拉克、叙利亚和伊朗境内建纸厂，但穆斯林世界没有及时从中国引进印刷技术，想必与其宗教和文化背景不同所致。大概因《古兰经》与佛经不同，不要求信徒多次反复书写经文，因而没有像佛教那样对印刷有刺激作用。我们注意到，当信仰佛教的蒙古人入主原伊斯兰教国所属中亚、西亚地区后，印刷术很快就在这里发展起来了。成吉思汗（1162—1227）1206年在中国漠北建蒙古汗国后，1211年灭西辽（1124—1211），1214—1223年进军至中亚，破花拉子模（Khwarizm），陷布哈拉（Bukhara）、撒马尔罕，西进至里海（Caspian Sea）。阿巴斯朝从唐帝国夺取的西域诸国，现在皆由蒙古汗国控制。窝阔台（1189—1241）即汗位后，派拔都（1209—1256）等领兵第二次西征，占领俄罗斯大片土地，建钦察汗国（Kiptchac Khanate，1240－1480），建都于伏尔加河下游的萨莱（Sarai，今俄罗斯的Astrakhan）。蒙哥汗（1208—1259）时1253—1259年再派其弟旭烈兀（1219—1265）第三次西征，1258年以火炮攻下巴格达，灭阿巴斯朝，结束了中世纪显赫一时的阿拉伯帝国的统治。

　　1259年忽必烈（1215—1294）即汗位，册封旭烈兀于所征服地区建蒙古伊利汗国（Il-Khanate，1260－1353），包括今伊朗、伊拉克、叙利亚和小亚细亚（土耳其亚洲部分），定都伊朗的大不里士（Tabriz），汗国东起阿姆河，西临地中海与欧洲隔海相望，北邻钦察汗国的高加索或古代西徐亚（Scythia），南至印度洋。蒙古军以武力打通东西方一度阻塞的丝绸之路，使伊利汗国成为东西贸易和科学文化交流的枢纽。旭烈兀的孙子阿鲁浑汗（Argun Khan）执政时（1284—1291），汗国经济、文化进一步发展，至其弟海合都汗（Gayhatu Khan，1240－1294）统治（1291—1295）时，汗国采取的一项重大经济举措是采用元朝币制印发纸币。波斯学者拉施德丁（Rashid-ad-Din Feḍl Allāh，1247－1313）1311年奉合赞汗（Ghazan Khan，1295－1304）之命主编的《史集》（*Jami-i-Tawārikh* ou *Histoire des Mongols de la Perse*），以波斯文写成，其卷三叙述了1294年海合都汗下令印发纸币之原委。该卷有汉文本（1986），转译自俄文全译本（1952）。我们引用时已将专有词从俄文拼写成拉丁文，并对不规范译名作了新译。现将有关记载概述

---

〔1〕　葛治伦：1949年以前中、泰文化交流，见周一良主编《中外文化交流史》，河南人民出版社1987年版，第516—517页。

如下：

回历 691 年十二月六日（1292 年 11 月 10 日）海合都汗任命萨德拉丁（Sadr-ad-Dīn Jackhan）为宰相兼财政大臣，693 年六月初（1294 年 5 月初）召开会议，萨德拉丁和几个总督提出用什么方式在汗国推行中国已通用的宝钞，并向海合都汗报告了此事。海合都汗命元朝出使汗国的孛罗丞相（Pulad Činsang）说明这方面情况。孛罗说，宝钞是钤有御玺的字纸，代替铸币通行于整个中国，而将可做硬币的银锭送入国库［作为本位］。于是下令在大不里士印造纸钞，拒者斩。一周内人们害怕处死，接受了纸钞，但在市上换不到多少东西，城内大部分居民出走，最后推行纸钞的事没有成功[1]。

1294 年伊利汗国在波斯大不里士印造的纸钞，仿元代"至元通行宝钞"形制，面额从半个迪拉姆（Dirham）至十第纳尔（Dinar）不等，票面印以蒙古文和阿拉伯文，标明印发年代及伪造处斩等内容，还有汉字"钞"及其音译 čaw 等字。除此，还应有票面流水编号。考虑到元宝钞初用木版及木活字制版，1276 年后用铜版及铜活字，大不里士可能用前一种方式制版。汗国推行纸币虽然失败，但在印钞方面是成功的，在西亚印刷史中有重要意义。拉施德丁还在《史集》世界史部分谈到中国木版印刷技术。同时波斯诗人达乌德（Abu-Sulayman Dau'd）1317 年在《论伟人传及其世系》（*Rawdatu 'uli-'l-albab fi tawarkhi 'l-akabir wa'l-ansab* or *On the history of great men and genelogy*）中引用拉施德丁的叙述，此书简称《智者之国》（*Tarikh-i-Banakati* or *Garden of the intelligents*），与拉施德丁的《史集》齐名，受文艺复兴时期欧洲人的注意。拉施德丁原始记载 1834 年译成法文，达乌德引文 1920 年转为英文。美国印刷史家卡特（Thomas Francis Carter，1882－1925）对比法、英译文后，认为基本内容相同。笔者译成汉文时，发现个别用词不够准确，已做了校改，现将笔者的译文抄录于下：

中国人按其习惯，曾采用一种巧妙的方法，使写出的书稿原样不变地复制出来，而且至今仍是如此。当他们想要正确无误而不加改变地复制出写得非常好的有价值的书时，就让熟练的写字能手工笔抄稿，再将书稿文字逐页转移[2]到木板之上。还要请有学问的人加以仔细校对，且署名于版面的背面。再由熟练的刻字工将文字在木板上刻出，标上书的页码，再将整个木版逐一编号，就像铸钱局的铸钱范那样，将木版封入袋子内，再将其交由可信赖的人保管，上面加盖特别的封印，置于特为此目的而设的官署内。倘有人欲得印本书，需至保管处所申请，向官府交一定费用，方可将木版取出，像以铸范铸钱那样，将纸放在木板上［刷印］，将印好

〔1〕Rashid-ad-Din. *Sbornik letopisei*, tom. 3. Biographia Geihatu-khana, perevod so persidskovo na russki iazyk Arondesom. Moskva, 1952（Рашид-ад-Дин. *Сборник летописей*, том 3, Биография Гейхату-хана, Перевод со персиского на русский язык Арондесом. Москва, 1952.）；［波斯］拉施德丁著，［苏］阿伦德斯自波斯文译成俄文，《史集》卷三，《海合都汗传》，莫斯科，1952；余大钧自俄文译成汉文，《史集》卷三，《海合都汗传》，商务印书馆 1986 年版，第 225—229 页。

〔2〕原文作"写"，误，因中国人不将字写在版上，而是将纸上的字以反体转移到木版上，再刻字。——引者注

的纸交申请人。这样印出的书没有任何窜加和脱漏，是绝对可以信赖的。中国的史书就是这样流传下来的。[1][2]

图 9—17　波斯文《古兰经》重刊本（1491）
引自 Willhelm Sanderman. *Die Kulturgeschichte des Papier*（Berlin，1988）

可以说 1311 年拉施德丁对中国传统木版印刷术的上述叙述，是西亚地区关于印刷术的最早记载。这位学者和医生在合赞汗时还担任过宰相，1313 年还以波斯文主编《伊利汗国的中国科学宝库》（*Tanksuq-nāmak-i-Ilkhan dar junūn-i ʿulūm-i Khitāi or Treatures of the Il-Khanate on science of Cathay*），介绍中国医学知识，1934 年译成土耳其文出版[3]。自合赞汗起蒙古统治者加速伊斯兰化，他本人也从佛教皈依伊斯兰教，下令刊印《古兰经》和其他著作，使汗国印刷进一步发展。但这类早期实物遗存下来的很少，伦敦不列颠博物馆藏 1491 年波斯文印本（图 9—17）可作为早期标本之一。有迹象表明，14 世纪后半叶信奉犹太教而居住在伊利汗国和埃及之间的犹太人也学会了印刷技术，因为英国剑桥大学吉尼查特藏部（Taylor-Schacher Genizah Collection）藏有该时期的希伯文木版印刷品[4]。

北非的埃及 641 年已成阿拉伯帝国的一部分，900 年前后在开罗建起非洲第一家纸厂，纸逐步取代了传统的莎草片作为主要书写材料。阿拉伯势力于埃及的统治结束后，由突厥人军事集团建立的马穆鲁克王朝（Mameluk dynasty，1250－1517）取而代之，1260 年伊利汗国蒙军欲略取埃及，但被顽强抵抗而收兵，此后两国保持贸易往来。马穆鲁克王朝时的埃及也发展了印刷，其技术显然是从伊利汗国传入的。1878 年埃及北部法尤姆（el-Faiyum）古墓出土大量纸写本和五十多件印刷品残页，也有很多莎草片写本，后归奥匈帝国赖纳大公（Erzherog Rainer）所

〔1〕　Klaproth，H. J. *Letter à M le Barón Alexandre de Humboldt sur l'invention de la boussole*. Paris，1834，pp. 131—132.

〔2〕　Browne，E. G. *Persian literature under the Tartar dominion*. Cambridge University Press，1920，pp. 100—102.

〔3〕　Sarton，George. *Introduction to the history of science*，Vol. 3，Chap. 1. Baltimore：William & Wilkins Co.，1947，p. 969.

〔4〕　*The Jewish Weekly*，8 October 1982，p. 26. cf. Joseph Needham，*Science and Civilisation in China*，Vol. 5，Chap. 1. Paper and Printing Volume by Tsien Tsuen-Hsuin，Cambridge University Press，1985，p. 307.

有，他卒后由奥地利国家图书馆赖纳特藏部收藏。1922 年格鲁曼（Adolf Grohmann）鉴定印刷品为木版印成，有一件印在羊皮上，五件印在纸上。印纸较大者为 30cm×10cm，其余为较小残片。各件印刷质量不一，除黑字外，还有朱字。卡特研究后写道：

> 现在有种种证据显示，它们不是以按印方式印成的，而是用中国人的方式，将纸铺在木版上用刷子轻轻刷印成的。[1]

这批出土物印以不同字体的阿拉伯文，没有留下年款。阿拉伯学家卡拉巴塞克（Joseph Karabacek）和格鲁曼认为内容是伊斯兰教祈祷文、辟邪咒或《古兰经》经文。他们还按字体将这批印刷品定为 900—1350 年之间，应理解为时间上限和下限，下限定在 1350 年是正确的，因同出纪年写本止于此时。但将上限定在 900 年肯定为时太早，就以被认为最早印件（Reiner Collection 946）而言，是《古兰经》第 34 章第 1—6 节残页（图 9—18），10.5cm×11cm。卡特指出，以字体断代有局限性，字体早的印件可能以早期写本字体刻印，而在 10 世纪那样早不可能有印刷术。1954 年格鲁曼重返埃及，也对此件断代生疑，因 1925 年在上埃及的乌施姆南（el-Ushmūnein）、伊克敏（Ikhmin）古墓出土更多木版印件，都在 10 世纪以后[2]。

图 9—18 埃及出土的 1300—1350 年雕印的阿拉伯文《古兰经》残页
引自 Carter（1925）

因此对上述《古兰经》印件需重新断代。从中国印刷术西传史角度观之，它不管字体如何，都是蒙古西征后的产物，不可能早于 1294 年，因这一年起阿拉伯文化区才开始有印刷活动，笔者认为此件年代应在 1300—1350 年之间。此时埃及在突厥族建立的马穆鲁克王朝统治下，Mameluk 在阿拉伯语中是"奴隶"，因此该朝又称奴隶王朝。13 世纪以前阿拉伯统治者以中亚突厥奴隶充军，骁勇善战，成为正规军和宫廷卫队骨干。奴隶出身的拜柏尔斯（al-Marik al-Zehr Rakn-al-Din Baybars，1233-1277）在反抗蒙古入侵和欧洲十字军东侵时立军功，握有军权，遂推翻阿拉伯统治，建立自己的王朝统治。突厥为中国古代民族之一，游牧于今新疆阿尔泰山一带，唐以后迁至中亚，有中国种源。突厥统治者虽改信伊斯兰教，但没有禁止刻印《古兰经》的戒律。在亚洲的南亚佛教大国印度虽然在 8 世纪已会造纸，但却在 16 世纪欧洲人到来之前一直没有印刷，究竟为何，还找不出答

---

〔1〕 Carter, T. F. *The invention of printing in China and its spread westward*, 2nd ed. revised by L. C. Goodrich. New York: Rowald, 1955, pp. 176—178.

〔2〕 Carter. *op. cit.*, p. 181.

案。但 13—14 世纪在地中海东岸和南岸这些欧洲周边的西亚和北非地区都有了印刷技术，欧洲人对此不可能毫无所知。

（四）中国木版印刷术在欧洲的传播

12—13 世纪欧洲国家如西班牙、意大利和法国通过阿拉伯地区引进中国造纸技术并建立起生产麻纸的纸厂，此后其他欧洲国家相继造纸，但这时的读物仍然靠手抄。14—15 世纪以后，西欧文艺复兴时期由于社会经济、城市工商业、科学文教和基督教的发展，对读物的需要迅速增加，手抄本的供应满足不了社会需要，因而有了刺激印刷术出现的温床，而印刷术的兴起又反过来促进社会的发展。当欧洲需要但没有印刷术时，中国元明两朝印刷已经过宋代黄金时代而进入全面发展的新阶段，而正是中、欧直接接触的空前活跃之际，欧洲除通过西亚、北非获得印刷知识外，更有可能经陆上丝绸之路直接从中国引进印刷术。由于 13 世纪蒙古军队的西征重新打通了一度阻塞的这条大通道，为东西方经济、技术交流和人员往来创造了条件。从元大都（今北京）到罗马、巴黎等欧洲城市之间的交通畅行无阻，沿途设蒙古驿站，有驻军把守，旅行是安全的。突厥史家、花拉子模统治者阿卜加齐·巴哈杜尔汗（Abul' Ghazi Bahadur Khan, 1603 - 1664）在《蒙古史》中追记这条中西通道时写道：

> 在成吉思汗统治下，在伊朗和土兰（Turan，即突厥）之间的所有国家都享有这样一种和平局面，以至人们头上顶着金盘从日出之地至日落之地旅行，不会受到任何人的危害[1]。

在元代，中、欧双方使者、游客、商人、教士、工匠和学者互访，欧洲人有可能在中国看到印刷品，得知相关技术知识。如 1245 年意大利教士柏朗嘉宾（Jean Plano de Carpini, 1182 - 1252）受罗马教皇派遣出使蒙古，随行者有波兰教士及奥地利商人，1246 年到和林受蒙古定宗贵由汗接见。1247 年返回法国，用拉丁文写了《东方见闻录》（Libellus historicus），对中国作了介绍，指出中国人精于工艺，技巧在世界上无比，且有文字，史书详载其祖先历史[2]。还说中国有类似《圣经》的经书，当指印本佛经。与此同时，法国国王路易九世派法国方济各会士罗柏鲁（Guillaume de Rubrouck, 1215 - 1270）带意大利人巴托罗梅奥（Bartolomeo da Cremona）等人访华，1253 年在和林受蒙哥汗接见。1255 年返回巴黎，在《东游记》（Itinerarium ad Orientalos）中谈当时印发的纸钞时写道：

---

〔1〕　Abu'l Ghazi Bahadur Khan. *Histoire des Mongols et des Tartars*, traduit par Desmaisons, Vol. 1. Paris, 1871, p. 104.; René Grousset. *The empire of steppes*. English edition, New York, 1970, p. 252.

〔2〕　Dawson, Christopher（ed.）. *The Mongol mission*. London/New York: Sheed & Ward, 1955, p. 22; Friedrich Rische（ed.）. Johann de Plano Carpini. *Geschichte der Mongolen und Reisebericht*. 1245 - 1247. Leipzig, 1930.

中国通常的货币是由长宽各有一掌（7.5cm×10cm）的皮纸作成，票面上印刷有类似蒙哥汗御玺上那样的文字数行。他们用画工的细毛笔写字，一字由若干笔画构成[1]。

元代以桑皮纸印钞，罗柏鲁是最早介绍中国用印刷技术印制纸币的欧洲人。他还在和林看到有一己之长的日耳曼人、俄罗斯人、法国人、匈牙利人和英国人为大汗宫廷服务[2]。元世祖忽必烈时，威尼斯商人尼哥罗·波罗（Nicolo Polo）兄弟来华并受接见，返国时遣使者与之同行，带去致罗马教皇书信。1271年他们完成使命后再次来华，带来年轻的马可波罗（Marco Polo，1257-1327），被世祖留在宫中，后委以重任，在华凡17年，1292年从泉州返欧，1296年回威尼斯。其《马可波罗行纪》（1299）打开欧洲人眼界，使他们对中国的富饶和高度的物质文明有更多了解。书中也谈到北京印钞厂以桑皮纸印成纸币，在全国流通，用久以旧换新[3]。

元代时意大利威尼斯和热那亚（Genoa）商人热衷于对华贸易，1952年广州出土威尼斯银币，扬州出土1342及1399年热那亚两商人的拉丁文墓碑[4]，都是历史见证。威尼斯市政档案还记载，1341年当地一被告携巨款来华经商遭到诉讼[5]。来华商人如此之多，以至于佛罗伦萨（Florence）商人佩格罗蒂（Francesco Balducci Pegolotti，fl. 1305-1365）1340年用意大利文著《通商指南》（*Practica della mercantura*）中设专章介绍如何来华贸易[6]。当时在中、欧之间有北南两条交通路线，北线从新疆出发，取道钦察汗国经俄罗斯、波兰、波希米亚（Bohemia）到神圣罗马帝国，基本沿陆上丝绸之路；南线从泉州或广州港出发，取道伊利汗国经亚美尼亚、波斯、土耳其到意大利，这是陆海兼行的路线。有时来程取北线，返程取南线，或走与此相反的路线。一般说单程需1—2年，包括在沿途城内停滞所需时间。

在欧人东来同时，也有中国人西行至欧洲，如《元史·文宗纪》载1253年元政府遣必阇别儿哥一行人至俄罗斯持户籍清查户口。俄国史亦载1257年蒙古军官至俄罗斯的梁赞（Ryazan）、苏兹达尔（Suzdal）及穆洛姆（Marom）等地计民户口，设官收税。1259年别儿哥和哥萨奇克率眷属及部下多人至沃尔赫夫（Volkbov）计民户口[7]。元代户籍由户部统一印制相应表格及文字，随时填写有关内容，再装册存档，这使俄罗斯人常看到来自北京的印刷品。《元史·英宗纪》又称，1320年俄罗斯等部内附，赐钱钞1.4万贯，遣

[1] Dawson, Christopher. *The Mongol mission*. London/New York，1955，pp. 171—172.

[2] Ibid.，pp. 157，176—177，185.

[3] *The travels of Marco Polo*，edited by Manuel Komroff，9th ed. . New York 1932，pp. 137—180；李季译：《马可波罗游记》，上海：亚东图书馆1936年版，第159—161页。

[4] 夏鼐：扬州的拉丁文墓碑和广州威尼斯银币，《考古》（北京）1979年第6期，第552页。

[5] Larner，J. *Culture and society in Italy* 1290-1420，London，1971，p. 30.

[6] Yule，Henry（tr. ed.）. *Cathay and the way thither*，revised ed. by Henri Cordier，Vol. 3. London：Hakluyt Society Publication，1914. pp. 137，171.

[7] 张星烺：《中西交通史料汇编》第2册，北平：京城印书馆1930年版，第45—47页。

还其部，可见俄罗斯境内还通用大汗印发的纸钞，当他们得知其印制方法时，会转告路经于此的西欧人。13—14 世纪走访西欧的中国人中，有北京出生的维吾尔族景教徒巴琐马（Raban Bar Sauma，1225－1293）及其蒙古族弟子马忽思（Marcos，1244－1314）。1275—1276 年二人离北京经新疆西行去耶路撒冷朝圣，1280 年到巴格达被留住，巴琐马任景教总视察，马忽思任巴格达教区主教。1285 年伊利汗国阿鲁浑汗遣马忽思出使罗马，1287 年再派巴琐马去罗马，顺访热那亚和巴黎，受法国国王接见，参观巴黎大学等处，再去波尔多（Bordeaux）会见在那里的英国国王，1288 年在罗马向教皇递交国书。返回巴格达后，用波斯文写了游记[1]，19 世纪译成叙利亚文和法文，20 世纪又译成英文。巴琐马是最早到西欧的中国人，自幼在北京受教育，懂得印刷术，又途经祖籍地新疆印刷中心，欧洲人问起他中国书如何制成时，他会乐于介绍。

　　1288 年罗马教皇尼古拉四世（Nicholas Ⅳ，1288－1292）接见巴琐马第二年，又派意大利教士约翰·孟高维诺（Giovanni da Monte Corvino，1247－1328）从罗马来华，随行有教士尼古拉（Nicholas da Pistoia）和意大利商人佩德罗（Pietro da Lucalonga），途经伊利汗国至印度时，尼古拉病逝。1293 约翰和佩德罗至福建泉州，1294 年抵北京，值元世祖忽必烈驾崩，受成宗（1295—1307）接见，上教皇玺书后，得准传教。巴黎国家图书馆藏孟高维诺用拉丁文致罗马教廷的两封信。第一信写于 1305 年 5 月 18 日，谈初来时受景教排斥，"不许刊印不同于景教信仰的任何教义"，因受元成宗保护才得以单独传教，1298 及 1305 年在北京建两所教堂。1303 年德国科隆人阿诺德（Arnold de Cologne）修士来北京协助工作，施洗 6000 人，招 40 名儿童习拉丁文和宗教仪礼，组成唱圣歌的合唱队。他此时已通蒙古语，将《新约全书》和《圣咏》译成蒙文[2]，可见信徒多是蒙古人。

　　第二信写于 1306 年 2 月 13 日，其中说"我根据《新约全书》绘制圣像图六幅，以便教育文化不高的人。图像之后有拉丁文、图西克文（Tursic）和波斯文，这样凡懂得其中一种文字者，便可阅读"[3]。汉译本将图西克文译成突厥文，其实这种文字早已不用，而应指蒙古文。卡特认为孟高维诺提供的带有文字的宗教画应是印刷品，因"在当时中国把任何重要作品付之印刷，已经成为很自然的事"。他还说孟高维诺在北京刊印宗教画以后五十年，欧洲本土也出现类似宗教画印刷品，"也许并不是一件完全偶然的巧合"[4]，就是说欧洲人将这位意大利人在中国使用的方法套用于欧洲本土，卡特这一见解有道理。因孟高维诺初到北京时就发现景教印本，当他想仿此方式刊印基督教义时受景教徒反对，待他得元成宗和蒙古亲王阔里吉思（1234—1298）支持后，才能自行刊印宗教画。印出三种文字是想向境内外广大信徒散发，与景教抗衡。因份数成千上万，在元代中国首都不可能

　　〔1〕 Chabot，J. B. Relations du Roi Argoun avec l'occident，*Revue l'orient Lain*. Paris. 1894. p. 57；A. C. Moule. *Christians in China before the year 1550.* New York，1976. p. 106.

　　〔2〕 ［英］慕阿德（Moule，A. C.）著，郝振华译：《1550 年前的中国基督教史》，中华书局 1984 年版，第 193、199 页。

　　〔3〕 同上书，第 203—205 页。

　　〔4〕 Carter，T. F. *The invention of printing in China and its spread westward*，1st ed. New York，1925. 吴泽炎译：《中国印刷术的发明和它的西传》，商务印书馆 1957 年版，第 139 页。

——手绘手写，只能刻板刊行。刊印时间当在大德年间（1298—1307）建成教堂之际，由中国人与西人合作刻印。对孟高维诺和阿诺德而言，他们在中国完成了欧洲人从未作过的参加印刷的创举，这些印刷品很容易带到欧洲，并如法仿制，1300—1368 年来华的欧洲人成为传播的媒介。

图 9—19　丝绸之路上新疆出土的 14 世纪中国印的纸牌

引自 Carter（1925）

　　13—14 世纪欧洲人接触的中国印刷品除纸钞、宗教画和印本书外，还有大众娱乐品纸牌。14 世纪元代印制的纸牌（图 9—19）在 20 世纪初于新疆吐鲁番出土，当是蒙古军队用过的，蒙军从新疆出发西征时，将纸牌传到欧洲，很快就在一些欧洲国家流行，纸牌成为印刷术传入欧洲的先导。1350—1400 年是欧洲发展木版印刷的最初阶段，早期印刷品正好是面向大众的纸牌和宗教画，德国和意大利是最先出现这类印刷品的欧洲国家。据德国南方奥格斯堡（Augsberg）和纽伦堡早期市政记录，在 1418，1420，1433，1435 和 1438 年记事中多次提到"纸牌制造者"（"Kartenmacher"）[1]。纸牌以手绘、捺印和印刷方法制成，显然印刷品成本最低，应是更通用的方法。现存早期意大利纸牌有些是印刷的，但年代难以确定。有一条史料年代明确，即 1441 年威尼斯市政当局发布的公告，其中说：

　　　　鉴于威尼斯以外各地制造大量印制的纸牌和彩绘图像，结果使原供应威尼斯使用的造纸与印制圣像的技术和秘密方法趋于衰败。对这种恶劣情况必须设法补救……特规定从今以后所有印刷或绘在布上或纸上的上述产品，即祭坛背后的绘画、圣像、纸牌……都不得输入本城[2]。

这条史实说明，威尼斯是纸牌和宗教画的印刷中心，因受外地争夺本地产品市场的威胁，市政当局才采取这种保护本地利益的政策。此举可能是针对德国产品的倾销，因为据同时期德国乌尔姆（Ulm）城的记载，该城将印刷的纸牌装入木桶中运往西西里岛和意大利。17 世纪意大利学者扎尼（Valere Zani，c.1621‑1696）称，威尼斯的纸牌从中国传入，他写道：

　　　　我在巴黎时，一位巴勒斯坦的法国教士特雷桑神甫（Abbe Tressan，1618‑1684）给我看一副中国纸牌，告诉我有一位威尼斯人第一个把纸牌从中国传入威尼

〔1〕［日］庄司浅水：《世界印刷文化史年表》日文版，东京：プックトム（Bookdom）社 1936 年版，第 32 页。
〔2〕［美］Carter 著，吴泽炎译：《中国印刷术的发明和它的西传》，商务印书馆 1957 年版，第 161、165、166 页。

斯，并说该城是欧洲最先知道有纸牌的地方。[1]

从元代中国与意大利威尼斯、热那亚之间商业频繁往来情况观之，扎尼的说法是有根据的。威尼斯商人在万里旅途的船上玩中国纸牌是消磨时间的最好方式，而纸牌传入欧洲可通过多种途径。欧洲城市市民阶层人数的增加，为纸牌制造者提供新的商机。能印制纸牌的厂家自然也能印制宗教画，而宗教画形制应与孟高维诺在北京印的相似。欧洲这两种早期印刷品出现在意大利和德国，再由此向其他国家扩散，并非偶然。意大利是罗马教皇所在之地，又是文艺复兴的策源地，海外贸易发达，作为马可波罗的故乡与元代中国人员往来频繁，最先引进印刷术是理所当然的。德国地处中欧，四通八达，又与意大利和蒙古汗国较近，汇集来自各地的商品和信息。最早在北京用中国技术印刷宗教画的欧洲人来自意大利和德国，这个事实本身就能说明问题。

图 9—20　1423 年德国木版刻印的宗教画
《圣克里斯托夫与耶稣像》

1769 年在奥格斯堡发现，28.5cm×20.5cm
现藏英国曼彻斯特赖兰兹图书馆

现存有年代可查最早的欧洲木版宗教画，是 1423 年印的圣克里斯托夫（St·Christopher）与耶稣画像（图 9—20），直高 28.5cm，横宽 20.5cm，1769 年在德国奥格斯堡修道院图书馆内发现，被贴在一手写本的封面上，现藏于英国曼彻斯特市赖兰兹图书馆（Rylands Library, Manchester）[2]。画面印出后，再填以彩色。从画面上可看到圣克里斯托夫背着年幼的耶稣渡水，左下角还有从中国引进的水车。画面刻有两行拉丁文韵语，译成汉文是"无论何时见圣像，均可免除死亡灾"，颇有些像中国佛教印制的护身符。1400—1450 年德国、意大利、荷兰和今比利时境内的弗兰德（Flanders）等国盛行木版印刷。这期间弗兰德的列日城（Liege）内德国神甫欣斯贝格（Jean de Hinsberg，1419－1455）及其姊妹在贝萨尼（Bethary）修道院的财产目录中有"印刷文字和图画用的工具一件"（Unum instrumentum ad imprimendes scripturus et ymagines）及"印刷圣像用的木版九块和其他印刷用的石板十四块"（"Novem printe lignee ad imprimendas ymagines cum quatuordecim altis lapideis printis)[3]，明确说用木版印圣像。早期印刷品多是刻得较为粗放的宗教画，

〔1〕［美］卡特著，吴泽炎译：《中国印刷术的发明和它的西传》，第 166 页，注 21。

〔2〕Oswald, J. C. A history of printing. Its development through 500 years. Chap. 24. New York, 1928；［日］玉城肇译：《西洋印刷文化史》（日文版），东京：铛书房 1943 年版，第 365 页。

〔3〕《西洋印刷文化史》日文版，第 365 页。

取自《新旧约全书》中的故事，印好后有时添上颜色，图上刻有简短的拉丁文手书体文字说明。如印出多幅相关联的组画，则装订成册。

伦敦不列颠图书馆等处有不少这类藏品，但大部分没有刊行年代、地点和刻工姓名。从版面形制、刀法和画工粗细、画风等方面大体可以看出何者较早。除上述 1423 年刻印的圣像外，最有名的是德国出版的《往生之道》（*Ars moriendi*），年代为 1450 年，共 24 张，每纸一版，订为一册，用来说明如何安乐地离开人世。稍早的还有 1425 年出版的《默示录》（*Apocalypse*），刊地不祥（图 9—21）。荷兰出版的

图 9—21　欧洲木刻画《默示录》（约印于 1425 年）
引自 de Vinne（1875）

《穷人的圣经》（*Biblia pauperum*）也属早期刊本。15 世纪末，图文并茂的木刻本继续出现，同时还有全是文字的印本，首先是大众读物《拉丁文文法》（*Ars gramatica*），为 4 世纪罗马人多纳特（Aelius Donatus）编写的，长期以来一直是学校必读课本。到后来，以文字为主的印本逐步增多。

欧洲早期木刻本形制和制造工艺与中国元刻本很类似。据美国出版家和印刷史家德文尼（Theodor Law de Vinne，1828 - 1914）的研究，欧洲人先是将文稿用笔写在纸上，将纸上墨迹刷上米浆贴在木板上形成反体，刻工持刀顺着板材纹理向自身方向刻字。每块木版刻出两页，版心有中缝。刻好字后，将纸铺在有墨汁的版面上，以刷子擦拭纸，进行单面印刷。最后将印纸沿中缝对折，有字的一面在外，将各页折边对齐，在另一边穿孔，以线装订成册[1]。由此可见，欧洲 15 世纪早期木刻本在版面形制、刻板、上墨、刷印和装订等工艺操作上，完全按中国传统技术方法进行，因而欧洲印本具有元代线装书的面孔，是不足为奇的。只是欧洲印文横行，而不是直行。欧洲木版书的一版双面、单面有字，沿着中线对折，是与欧洲书的传统形制相违的，完全是中国式的做法。在德文尼以前，其他欧洲学者也注意到这一点，并认为这种技术是从中国传入的。如英国东方学家柯曾（Robert Curzun，1810 - 1873）1860 年指出中、欧木版印本各方面相同后，明确写道：

我们必须认为，欧洲木版书的印刷过程肯定是根据某些早期旅行者从中国带回来

———

〔1〕　de Vinne, T. L. *The history of printing*. New York：Hart, 1876, pp. 119 - 120, 203.

的古书样本仿制的，不过这些旅行者的姓名没有流传到现在。[1]

这些传递印刷技术信息的旅行者必是元代时来华的欧洲人，我们前面已列举了与此有关的一些人士的姓名，还有些人也起了同样作用，他们是谁并不重要，重要的是欧洲人发展印刷时采用了中国现成的技术。欧洲在古罗马时代就有印章和印花版，但长期间未能使其转变成复制文献的印刷技术，直到1350—1400年中国印刷术传入后才有了这种可能，因此卡特博士说：

　　　在欧洲木版印刷的肇端中，中国的影响其实是最后的决定性的因素。[2]

柯曾和卡特的见解是符合历史事实的，早已成为定论。

二　中国活字印刷技术的发明和外传

（一）中国活字印刷术的发明

1. 中国非金属活字印刷术的起源

如前所述，中国宋代是木版印刷的黄金时代，活字印刷就是在北宋时从木版印刷演变而来的，而且是其发展的必然结果。木版刻工终日劳动刻出的一套印版只能印一种书，且耗费大量板材。如使其产品同时能印不同内容的书，即可省去重复刻字之苦。办法很简单，将木版上的字以细锯锯成单个字块，再将各字块组成印版，刷印后取下字块，还可组成新版，用一套字块实现多套雕版功能，使死版变成活版，活字印刷便由此产生。从技术发展规律而言，木活字应是最早的活字，只要能刻成含许多字的木雕版，就能刻成单个木活字用于印刷。活字是事先制成的，以活字组版可提高制版过程时效、节省版材。活字印毕可拆版、回收再利用，又易于贮存。活字印刷改变了印刷过程中制版工艺面貌，已构成一项发明。活字印刷是继木版印刷之后印刷史中又一重要里程碑，具有划时代意义，近代世界印刷就是从活字印刷发展起来的。这项发明同样完成于中国，而后传遍全世界。

至迟在10世纪五代至北宋之际，有人已从事木活字印刷的试验尝试，至11世纪已处于实用阶段，用于官府发行的契约和票据的印刷。北宋初各州县发行大量田契，由政府制定统一格式以木版印成。马端临（1254—1323）《文献通考》（1309）卷十九载，绍兴五年（1135）印田宅契纸时，写道：

---

〔1〕　Curzun, Robert. *The history of printing in China and Europe*, Philobiblon Society Miscellanies（London），1860，6（1）：23.

〔2〕　［美］卡特（Carter）著，吴泽炎译：《中国印刷术的发明和它的西传》，第161、165、180页。

　　初，令诸州通判印卖田宅契纸，……县典自掌印板，往往多印私卖。今欲委诸州
通判，立千字文号印造，每月给付诸县。遇民买契，当官给付。[1]

　　在田契上印出千字文编号，每契变换一种字号，田契的印刷数量就受到监控，且由诸州握有监察官吏实权的通判掌管印造、分发，防止县官多印私卖以肥己。因《千字文》由1000个不重复的字编成，适于连续编号。宋人谢深甫（1145—1210 在世）《庆元条法事类》（1202）卷三十《经总制》称："人户请买印契，欲乞依旧，令逐州通判立料例，以千字文为号。每季给下属县，委［县］丞收掌，听人户请买。"字号、料例、料号这里指官契上印出的千字文流水编号。《宋会要·食货廿五之十三》乾道七年（1171）二月一日条载，"降指挥专委诸路通判印造契纸，以千字文号置簿送郡，令民请买"。可见各路（省）通判以千字文编号印造的契纸，在发至各县出卖前，还要登记入簿，以便事后查验。

　　《宋史·食货志》载，上述制度可追溯至宋太宗雍熙（984—987）及端拱（988—989）年间发行盐钞及茶引之法。此后庆历八年（1048）及熙宁七年（1074）依此法印造盐引、茶引，官府收取商人现钱，发给以千字文印造的贩卖许可证即"引"，再加盖公章、登记入簿，商人持"引"便可到各处贩卖盐、茶。北宋各路或户部提举司通过各州第二号官员通判，发至诸县的官契，皆以木版印造而成，但每契都有不同的千字文编号统一由通判印造，则这些字号只能以木活字印出，不可能因几个字之异重刻一块雕版。这就是说，在官契印版上相应部位刻出一些凹槽，将需要的字以木活字植入其中，印完一张后取出，再换另外活字印之。整版大部分内容不变，只有字号随时变化。田宅契纸、盐引茶引是将木雕版与木活字结合而印造的官契和票证，可见至迟在 11 世纪前半期木活字已用于这种特殊印刷业务。

　　北宋既能以木活字印官契，当然也能用来印经史和佛经，只是较少保存下来，1999年笔者在台北故宫博物院见南宋理宗淳祐十二年（1252）徽州刊《仪礼要义》文字歪斜不齐、墨色浓淡不匀，当为木活字本。木活字在北宋发展后，迅即扩散到西北与宋并存的西夏（1038—1227），这是由党项族建立的政权，与宋有密切政治、经济及文化往来。1036年野利仁荣（？—1042）仿汉字笔画创西夏文，与汉文共用。1991 年宁夏贺兰县拜寺沟西夏方塔内发现密宗典籍《吉祥遍至口和本续》（Maha-laksmi dharani-sūtra）蝴蝶装西夏文印本 220 页，10 万字，印以白麻纸（图 9—22），为 12 世纪下半期（1150—1180）木活字印本[2]，由党项人与汉人合作印造。从印本可见做界行的竹片之印迹，说明排版时每满一行字加一薄竹片将活字挤齐，无字空白处以大小不同的木块填充，使活字在刷印时减少移动，印完又易于拆版。此前 1909 年在黑水城（今内蒙古额济纳旗）出土的西夏文文献中也有木活字本，如 12—13 世纪的世俗读物《三代相照言集文》，卷末还有"字活新印者陈集金"字样，"字活"即活字，则此木活字本由陈集金印造[3]。西夏木活字本的出

〔1〕（元）马端临：《文献通考》卷十九，《征榷六》上册，中华书局 1986 年版，第 187 页。
〔2〕牛达生：西夏文佛经《吉祥遍至口和本续》，《中国印刷》1994 年第 2 期，第 38—48 页。
〔3〕史金波：西夏活字印本考，《北京图书馆馆刊》1997 年第 1 期，第 67—80 页。

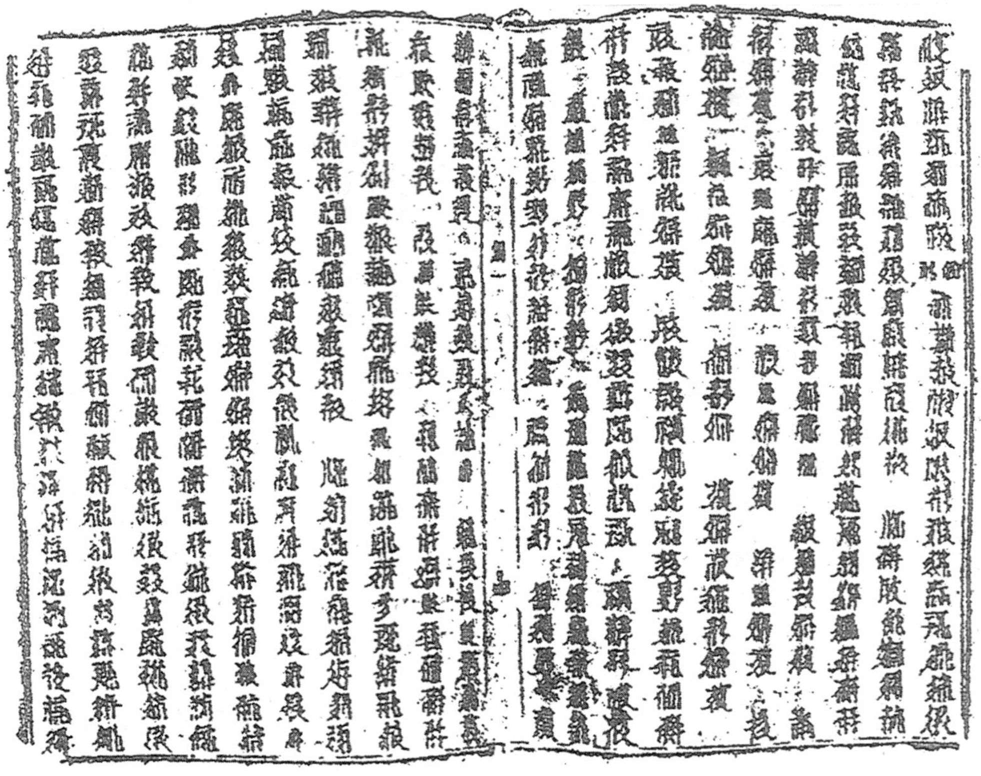

图 9—22　1150—1180 年西夏文木活字印本《吉祥遍至口和本续》

半页版框 23.6cm×15.5cm，印以白麻纸

引自牛达生（1994）

土为了解中国 11 世纪早期木活字技术提供了实物资料。

北宋发明的木活字虽较木雕版优越，但因写书用汉字一般为 2 万字，印书需刻 10 万—20 万木活字或更多，这个工作量并不小，且对木材质量要求较高，投入的资金较多，所以未能取代木雕版，而是与之并行发展，在发展中逐步完善。北宋印刷工毕昇（990—1051 在世）于庆历年（1041—1048）研究出新的方法，制成泥活字（earthenware-type）或陶活字（pottery type），大大降低生产成本。同时期科学家沈括（1031—1095）《梦溪笔谈》（*Notes written at Villa Mengxi*，1088）卷十八对此有下列记载：

庆历（1041—1048）中，有布衣毕昇为活板。其法：用胶泥刻字，薄如钱唇。每字为一印，火烧令坚。先设一铁板，其上以松脂、蜡和纸灰之类冒之。欲印，则以一铁范置铁板上，乃密布字印，满铁范为一板，持就火爆之。药稍熔，则以一平板按其面，则字平如砥。若止印三、二本，未为简易。若印数十百千本，则极神速。常作二铁板，一板印刷，一板已自布字。此印者才毕，则第二板已具，更互用之，瞬息可就。每一字皆有数印，如"之"、"也"等字，每字有二十余印，以备一板内有重复者。不用，则以纸贴之。每贴为一韵，木格贮之。有奇字，素无备者，旋刻之，以草木火烧，瞬息可成。不以木为之者，木理有疏密，沾水则高下不平，兼与药相粘，不可取，不若燔土。用讫，再火令药熔，以手拂之，其印自落，殊不沾污。昇死，其印为予群从（侄子）所得，至今保藏。[1]

对沈括上述记载需要解说，方能知其本义。"用胶泥刻字，薄如钱唇"是什么意思呢？按"钱唇"为铜钱的边，厚约 2mm，有人认为指活字厚度或高度[2]，这是不正确的。因这样的活字难以烧造与排版，强度也小，不堪使用。我们认为 2mm 指刻字深度，在技术上才合理。"欲印，则以一铁范置板上，乃密布字印"这句话意思是说：刷印前，将活字植于铁制印版中，再以薄铁片为夹条将活字夹紧，每植满一行字，加一铁条，使活字整齐排列。取来黏土后，晒干并碾细、过筛，加水制成泥浆，经过滤、沉淀，得到细泥，半干时捣细，加入模具中制成形状、大小一致的泥坯，呈可塑状态。

"用胶泥刻字"我们的理解是，先制成具有阴文正体字的字模，将其压入黏土字坯上，形成阳文反体，再入窑烧固。此时发生化学变化，黏土活字烧成陶活字，将其称为"泥活字"是不恰当的，但此名已经叫开，也只好如此。只是要强调规范的称呼应是陶活字（pottery type）。当黏土材料在 700℃—800℃ 温度下烧成陶器后，吸水率为 5%—10%[3]，适于做印刷用活字。因此毕昇陶活字烧成温度应在 600℃—1000℃ 之间，600℃—800℃ 可能最为适宜[4]。活字烧成后经过修整处理即可使用。活字呈长立方形，表面光滑，有足够强度，吸墨性好。印书需不同型号活字，每字若干个，常用字几十个，其尺寸应与宋代木版书中的字相当，长宽约 0.5—1cm，高约 1—1.5cm。活字按字韵分类、编号，放入木柜抽屉格子内，外面贴上标签，便于捡字、归字。印版由四周有边框的铁板制成，为使活字固着于板上，先放入松香、蜡等为"粘药"。以火烘铁板，粘药熔化后，植入活字，各行以铁条夹之，不用铁条亦可。排满整版，以平板压平活字，令均匀受墨。印书用两块版，一板植字完毕即上墨刷印，另版继续植字。两版交替使用。遇冷僻字，则临时刻泥活字速烧而成，或刻一木活字充之。

毕昇用上述方法制成陶活字印书，用过的活字传到沈括侄子那里，便将此技术记录下来。毕昇在木雕版、木活字原有技术基础上发明陶活字印刷技术，扩大了活字原料来源，降低了生产成本，促进了活字印刷的发展，对他的历史贡献应给以充分肯定。继沈括之后，浙江学者江少虞（1036—1169）《皇朝事实类苑》（1145）卷五十二也对毕昇技术作了类似记载。宋代这类版本还有实物出土，1965 年浙江温州白象塔发现 12 世纪刊印的《无量寿经》（*Aparimitāyur sūtra*）残页（图 9—23），13cm×10.5cm，经文印以宋体字，作回旋排列，

〔1〕（宋）沈括：《梦溪笔谈》卷十八，《技艺》，元 1305 年刊本影印本，文物出版社 1975 年版，第 15—16 页。

〔2〕[韩] Yun Byong-tae（尹炳泰）. The significance of the invention of the movable metal-type. Speech at the International Forum on the Printing Culture（2 Oct.，1997），Chongju, Korea. *Collected Papers* sent out by the Organizing Committee，1997，p. 7. Seoul.

〔3〕冯先铭等：《中国陶瓷史》，文物出版社 1982 年版，第 47—50 页。

〔4〕潘吉星：《中国科学技术史·造纸与印刷卷》，科学出版社 1998 年版，第 325—326 页。

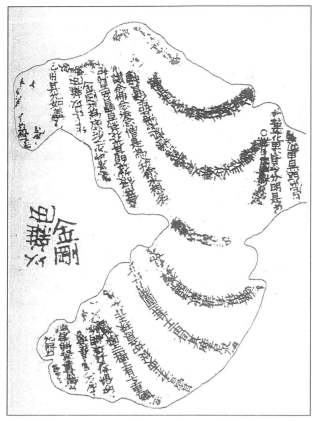

图 9—23　1965 年温州白象塔内发现的《无量寿经》

北宋活字本（约 1100）13cm×10.5cm，

左上第二行"色"字横置

引自金柏东（1987）

回旋处以"O"标之，存 12 行 166 字，字的大小、笔画粗细不一，皆为适应回旋排列需要而制作。字体稚拙，脱字较多，各字墨色浓淡不一，纸上字迹有微凹陷，且"杂色金刚"中"色"字横卧。考古学家据同出其他北宋文物，将此经定为 12 世纪陶活字印本[1]。有人见经文上下字间距小、笔画相接，主张是木刻本[2]。但印刷史家钱存训研究后认为原报道结论正确[3]，我们亦有同感。1403 年高丽铸癸未铜活字本就有"上下字间有重叠现象"[4]，不能以此为由否定其为活字本。

更何况以毕昇的陶活字技术而刊印的西夏文活字印本也有出土。1987 年 5 月，甘肃武威新华乡出土西夏文陶活字印本《维摩诘所说经》（*Vimalakirti-nerdeśa sūtra*）残页（图 9—24）共 54 页，每页 7 行，每行17 字，每页直高 28cm、横宽 12cm，经折装，字径 1.4—1.6cm，年代为 13世纪 20 年代（1223—1226）[5]。1909年俄国人科兹洛夫（Peter Kuznich Kozlov，1863‑1935）在黑水城西佛塔遗址发现的西夏文印本《维摩诘所说经》，现藏俄罗斯科学院东方学研究所圣彼得堡分所（No.223，737），共五卷，经折装，也是陶活字印本[6]，刊年不迟于 13 世纪初。同时期的宋朝人周必大（1126—1204）也以毕昇之法出版陶活字版书籍，绍熙四年（1193）他致同年友人程元成信中说：

　　某素号浅陋，老益谬悠，兼之心气时作，久置斯事。近用沈存中法，以胶泥铜板移换、摹印，今日偶成《玉堂杂记》八十八事，首混台览。尚有十数事俟追记，补段续

〔1〕 金柏东：温州白象塔出土北宋佛经残页介绍，《文物》1987 年第 5 期，第 15—18 页。

〔2〕 刘云：对早期活字印刷术实物见证一文的商榷，《文物》1988 年第 10 期，第 95—96 页。

〔3〕 钱存训：《中国书籍、纸、墨及印刷史论文集》，香港中文大学出版社 1992 年版，第 130—132 页。

〔4〕 [韩]曹炯镇：《中、韩两国活字印刷技术之比较》，台北：学海出版社 1986 年版，第 108 页。

〔5〕 孙寿龄：西夏泥活字版印经，《中国文物报》1994 年 3 月 27 日。

〔6〕 史金波：西夏活字印本考，《北京图书馆馆刊》1997 年第 1 期，第 67—80 页。

纳。窃计过目念旧，未免太息岁
月之沄沄（yún，流逝）也。[1]

收信人程元成（名权达，1120—
1197）于绍兴二十年（1150）与周必
大为同榜进士，曾任御史，累官华文
阁直学士，著《玉堂集》，"玉堂"为
翰林院别称。周氏 1191 年罢相，屈
就潭州（今长沙）通判，悠闲时刊
《玉堂杂记》（可英译为 *Memoirs of
the past of the Imperial Academy*）。
"用沈存中法"实即用沈括介绍的毕
昇技术，"移换"、"摹印"指植字、
刷印，但他将铁制印版易为铜印版，
更加考究。因此 1193 年周必大在长
沙自费出版的追记翰林院往事的这部
书，当是精美的陶活字本，此本也许
还有实物遗存，有待查考。

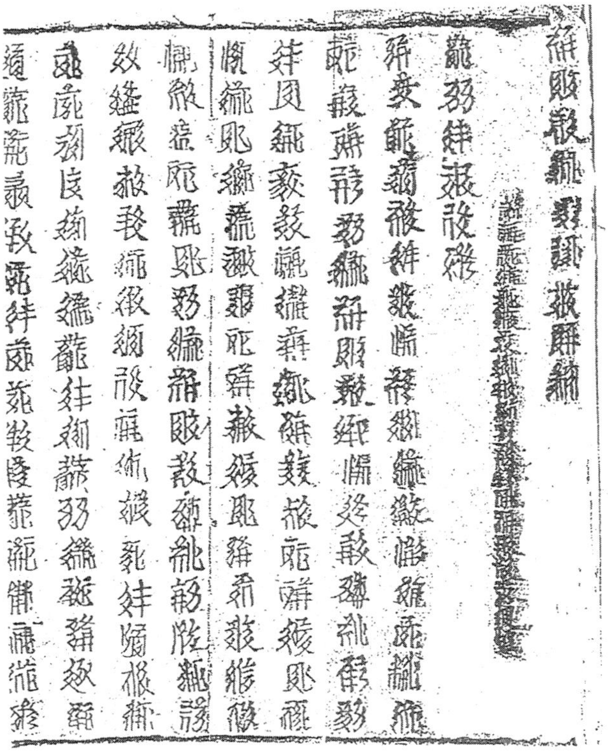

2. 中国金属活字印刷的起源

我们之所以将北宋称为印刷史中
的黄金时代，不但因木版印刷在此时

图 9—24　1987 年甘肃武威出土的 12—13 世纪西夏文陶
活字本《维摩诘所说经》
引自孙寿龄（1994）、史金波（1997）

高度成熟，还因出现非金属活字（木活字和陶活字）印刷，更在此基础上出现古代印刷的最
高发展形式金属活字印刷。宋代多种印刷形式同时并举的传统一直持续到 19 世纪的清代，
构成一道绚丽的中国印刷文化景观。因为在这个历史悠久、人口众多的世界大国里，各种形
式的版本读物和印刷品都有其特色和广大市场。金属活字（特别是铜活字）印刷从技术遗传
学角度看，是铜版印刷（copper-plate printing）和活字（非金属活字）印刷结合后的产物，
而铜版印刷早在 8 世纪唐代已处于实用阶段。清人叶昌炽（1847—1917）《语石》（1907）卷
九载"开元（713—741）《心经》铜范、蜀刻韩［愈］文书范，亦皆反文"。《心经》为玄奘
译《般若波罗蜜多心经》（*Prajna-paramitahr-daya sūtra*）简称，共一卷，叶氏所记开元年遗留
下来的有凸面反体文的《心经》铜范不是作书范之用，而是可直接印刷该经的铜铸印版[2]。

北宋以后商品经济发展，铜版印刷还用于商业领域。中国国家博物馆藏北宋济南府刘
家针铺订铸的铜版广告，12.4cm×13.2cm，既有针铺商标（白兔儿）又有广告文字。方

---

〔1〕（宋）周必大：与程元成给事启（1193），《周益国文忠公全集》卷一九八；欧阳棨咸丰元年（1851）重刊本
第 49 册，第 4 页。
〔2〕庄葳：唐开元《心经》铜范系铜版辨，《社会科学》（上海），1979 年第 4 期，第 151—153 页。

法是将刻有阳文反体字的模板压入黏土范上，形成阳文正体的陶范，再浇铸成有阳文反体字的铜质印版，用于刷印。铜活字可看成是只含一个字的小型铜版，用同法可以铸成，以铜活字代替木活字组版，便成铜活字印版，可刷印书籍及各种印刷品。这两大要素在北宋均已齐备，首先用于印刷纸币。中国是世界上最早发行纸币的国家，而纸币是以铜版和铜活字印制的，因而铜活字技术起源于中国是很自然的事。过去中外学者对中国金属活字印刷起源缺乏深入研究，将起源时间定得非常之晚，如外国学者认为15世纪末明代始有铜活字印刷[1]，甚至中国作者也持这种看法[2]。但据笔者研究，早在11—12世纪北宋印发纸币时已大规模铸铜活字用于印钞了[3][4][5]。考察中国早期铜活字，必须从印钞史入手。我们认为，印刷史不等同于印书史，还应包括票证、钞币、广告和告示的印刷在内，必须改变将印刷史等同于印书史的陈旧印刷史观，这种史观当今已不合时宜。

印制钞票是古今各国政府掌控的一种大规模特种印刷业务，攸关国计民生。但钞币的最初形式起于民间，后来才由政府接管。北宋商人往来于各地贸易，携带大量铜钱或铁钱既不方便也不安全，因而借用唐代"飞钱"旧制，于真宗大中祥符年间（1008—1016）由四川成都16家富商联手发行纸印的兑换券，名曰"交子"（exchange media）。时张咏（946—1015）镇蜀，支持此举，在票面加盖益州官印，私人发行的交子成为纸币的前身。据宋人李攸（1101—1191在世）《宋朝事实》（约1130）卷十五《财用》条所述，交子以特制纸印刷，除文字外还有图案、铺户花押和保密编号，以朱墨双色印成。宋仁宗（1023—1063）时由官方发行交子，以铁钱为准备金，遂成为最早的官方发行的纸币[6][7][8]，在世界货币史中是革命性创举。北宋纸币以铜版印刷[9]，与北宋并存的金（1115—1234）也仿效北宋制度，于1154年发行纸币，名曰"交钞"[10]。此后在元、明、清三朝继续印发纸币，现所能见到的纸币实物只有这三朝者，而早期的宋金纸币则没有流传下来，幸而其印版有传世品和出土物，更有大量文献记载可资参考。

大体说来，宋金纸币多以所铸铜版印刷，钞面上包括钞币名称、面额、流通区域、印

〔1〕［韩］Chon Hye-bong（千惠凤）．Development process of metal-type printing in Korea. Speech at the International Symposium on Printing History in the East and West（Seoul，30 Sept.，1997）. Collected Papers sent out by the Organizing Committee，Seoul，1997，p. 79.

〔2〕李致忠：《古代版印通论》，紫禁城出版社2000年版，第365页。

〔3〕潘吉星：论金属活字技术的起源，《科学通报》，1998年第43卷第15期，第1583—1594页。

〔4〕潘吉星：《中国金属活字印刷技史》，辽宁科学技术出版社2001年版，第38—46页。

〔5〕Pan Jixing. On the origin of movable metal-type technique. Chinese Science Bulletin，1998，43（20）：1681-1691.

〔6〕（元）脱脱：《宋史》卷一八二，《食货志下三》，二十五史本第7册，上海古籍出版社1986年版，第5741页。

〔7〕（宋）李攸：《宋朝事实》（约1300）卷十五，《财用》，中华书局1955年版。

〔8〕刘森：《宋金纸币史》，中国金融出版社1993年版，第24—26页。

〔9〕（元）马端临：《文献通考》卷九，《钱币考二》上册，中华书局1986年版，第100页。

〔10〕（元）脱脱：《金史》卷四十八，《食货志三》，二十五史本第9册，第7034页。

发机构、印造时间、惩赏告示等文字和装饰性花纹图案，这些部分都随铜版事先铸出。但为防伪造，还采取其他措施，除加盖官印外，还为每张纸币加设字号、料号，以千字文编号，类似现在钞票上的冠号，同时有印造及发行机构官员的花押，这部分不与其他内容同时在铜版上铸出，而是在版上留出凹槽，临印钞时再将相应字以铜活字植入其中，才能形成完整版面。而每钞字号各异，印完一张后需更换字号再印，故必须用铜活字。因此宋金纸币是铜版印刷和铜活字印刷相结合的产物，而铜活字也随纸币的发行获得长期的大规模应用。现所能看到的完整印版，是清代太仓人徐子隐（1792—1857 在世）旧藏金代宣宗贞祐年（1215—1216）铸贞祐宝券五贯面额的铜印版（图 9—25A），在字料上明显可见小字"輶"为植入的铜活字[1]。字号还应有一活字，但脱落。"輶"字见于《千字文》中"易輶攸畏、属耳垣墙"句，故脱掉之字为"攸"。还有 12 名官员花押需以活字表示，故每版需植入 14 个铜活字。

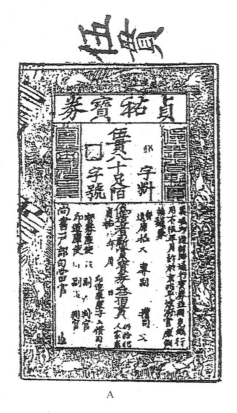

图 9—25　1215—1216 年铸金代贞祐宝券伍贯铜印版

A. 版上植入有"輶"字的铜活字，引自罗振玉（1914）

B. 版上未植入铜活字前的印版，上海博物馆藏

〔1〕罗振玉：《四朝钞币图录》卷一，收入《永慕园丛书》，上虞罗氏影印本 1914 年版；卫月望等编：《中国古钞图辑》（1986），第二版，图 2—10 及图 2—11，中国金融出版社 1992 年版，第 25—26 页。

金代纸币流水编号取《千字文》中两字为一组，按公式 m（m－n＋1）/n 计算，可得出 499，500 种（近 50 万）不同编号，式中 m 为总字数（1000），n 为每组字数（2）。如户部与地方各路同时印发五种不同面额的纸币，则所需铜活字总数当以万计。上海博物馆藏同时期金贞祐宝券铜印版上可见字料、字号栏各有"□"形空槽（图 9—25B），经实测长宽各为 1.3cm 及 1.5cm，深 1.6cm，表示铜活字的尺寸与此相当。官员花押多未以活字表示，表明此版未植字前的状态。

文献记载和出土实物资料表明，中国以铜活字印刷纸币始于 11 世纪北宋，至 12 世纪又扩及到金及南宋，此后历代继承，直到 19 世纪清代，因此金属活字印刷于 11 世纪发明于中国这个历史事实已确切无疑，不管有些人是否愿意承认这一点，它总是客观存在。所谓铜活字并不用纯铜，因成本高且熔点 1083℃，不易熔化，一般用铜合金，其成分应与铜钱相当。中国从春秋、战国（前 8—前 3 世纪）以来以铜—锡—铅三元合金铸钱，此后遂成定式。但历代合金配比有所变化，根据对出土北宋铜钱的化学分析[1]，平均含铜 64%、锡 9%、铅 23%，此外含铁 2%、锌 1%，铜活字成分大体与此相同。南宋时铜的供应短缺，合金中锡、铅相应增加，如"夹锡钱"含铜 50%，锡、铅各 25%。因此铜活字在成分上确切说应是铜—锡—铅三元合金。关于铜活字铸造技术，前人很少涉猎，笔者对此作了专题研究，详见拙著《中国金属活字印刷技术史》第四章[2]，这里只将操作过程图（图 9—26）转载于下：

11—12 世纪宋金时期中国既然能铸出大量铜活字用于印钞，当然也能用来印书。为什么宋金时的金属活字本书籍现在较少遗存呢？对这个问题是不难作出回答的。在两宋、金与蒙古政权并存时期，相互间战争不断，产铜地区控制权不断易手，造成每个政权控制区铜产量较前减少，铜主要用于铸造火器、铜钱以及印钞等方面，必须优先考虑。中国有成熟的木版印刷和非金属活字印刷技术，足以保证印本书的供应。政府不必再运用缺乏的战略物资铜来铸字印书，民间坊家也不肯在战乱时期斥巨资出版铜活字本而与廉价的木刻本、非金属活字本竞争。对读者而言，只要花少量钱能买到书就心满意足了，不计较用何种方式制版。对 11—12 世纪中国出版界而言，没用铜活字印书非不能也，是不为也。当国家统一、产铜量增加、铜价下降后自然会动用铜活字印书，这是此后朝代的事。

有人说只有以大量金属活字刷印书籍才算是金属活字印刷，而以少量金属活字刷印钞币不能算是金属活字印刷，理由是后者缺乏排版、拆版、回收活字的工序，不符合活字印刷定义。这种论调似是而非，在理论和实际上都难以成立。事实是，将十多个铜活字植入印钞铜版上，这本身就是排版行为，没有这一步是不能印出可用的钞票的。印完一张后，将字料、字号铜活字从版上取出回收，另植入新的料号活字，刷印另一张钞票，这不就是

〔1〕 理科生（许蘷章、黄绍辙）：中国制钱之定量分析，《科学》（上海）1921 年第 6 卷第 1 期，第 1173 页。

〔2〕 潘吉星：《中国金属活字印刷技术史》（*A history of movable metal-type printing technique in China* by Pan Jixing），第四章《中国传统金属活字铸造技术》，辽宁科学技术出版社 2001 年版，第 103—115 页。

拆版、回收活字工序吗？以铜活字印钞完全符合活字印刷定义，与印书唯一不同是排印活字的数目有多寡之别，原理与操作没有差异。

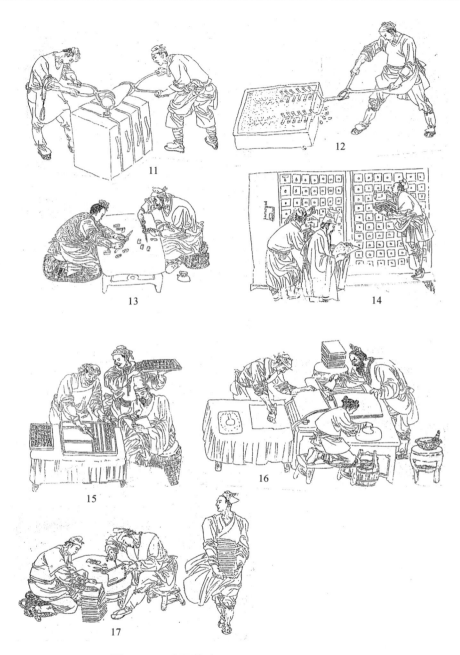

图 9—26　中国传统金属活字印刷工艺流程图

1. 写字样　2. 将字样反体字转移到板上　3、4. 刻字　5. 锯成字模　6. 将黏土及细沙装入沙框中，作为铸范造型材料　7. 舂实　8. 将字模及浇道模装入沙框中，形成半个铸范

9. 将另半个沙框套在上述沙框上，装入黏土及细沙，舂实　10. 坩埚内熔炼合金　11. 浇注

12. 从铸范中取出铸件　13. 修整活字　14. 捡字　15. 排版　16. 刷印　17. 装订

潘吉星设计　郭德福绘图（2001）

其实宋人也完全有可能以更便宜的锡活字印书。元初王祯于 1298 年写的《造活字印书法》中写道：

> 近世又铸锡作〔活〕字，以铁条贯之作行，嵌于盔内（植入印版内）界行印书。但上项字样（活字）难以使墨，率多印坏，所以不能久行。[1]

在汉文中"近世"指距本朝不远的时代，此处指距元初不远的南宋（12—13 世纪）以铸锡活字印书。以代替铜活字。锡活字为长立方体，字身有一小孔道，排版时以细铁丝贯之，将活字逐个穿连成行，植于印版上。再以薄竹片将各行活字夹紧，作为界行，以防活字移动。但王祯说锡活字不易着墨，加力刷印时纸易划破，"所以未能久行"。是否如此，要具体分析。按北宋、金已成功用铜版、铜活字印钞，着墨问题早已解决。1998 年扬州广陵古籍刻印社以锡活字印书用普通墨汁即可，纸也没划破，此为笔者所亲见。有人将王祯所说"近世"理解为元初，不合原文本义，因他文内已用"今世"表示元初了。再由此断言中国 14 世纪以前用金属活字"以失败告终"（ended in failure），从 15 世纪明代才开始有金属活字印刷[2]，便与史实相违了。我们认为南宋人以锡活字印书是不成问题的，而这类形制的活字一直沿用到清代，还传到国外。

（二）中国活字印刷技术在亚洲国家的传播

1. 朝鲜活字印刷技术之始

朝鲜半岛高丽朝（918—1392）11 世纪初发展木版印刷之后二百多年，至高丽末期（14 世纪末）又从中国引进活字印刷技术，时值中国元明之际。李朝（1392—1910）学者李圭景（1788—约 1862）谈到半岛活字印刷时写道：

> 然今以诸书互相证据，其创制版刻印书已昉（始）于隋，而至唐末宋初而浸盛。……又有活版乃刻板之别种也。沈括《梦溪笔谈》〔载〕庆历中（1041—1048）有布衣毕昇又为活版……〔我东〕活字之始亦自丽代（高丽），流传而入于国朝（李朝）。太宗三年癸未（1403）命置铸字所，出内府铜为〔活〕字。按：金祗《大明律跋》，以白州知事徐赞所造刻〔木活〕字印书颁行，时洪武乙亥（1396），而距我太祖开国（1392）后四年，则知活字已在丽代而流入也。[3]

〔1〕（元）王祯：《造活字印书法》（1298），《农书》卷二十二附录，上海古籍出版社 1994 年版，第 359—762 页。

〔2〕〔韩〕Sohn Po-kee（孙宝基）. Invention of movable metal-type printing in Koryo：its role and impact on human cultural progress, Speech at the International Symposium on Printing History in East and West（Seoul, 29 Sept. 1997）. *Collected Papers* sent out by the Organizing Committee, p. 9.

〔3〕〔朝〕李圭景：《五洲衍文长笺散稿》卷二十四，《刊书原始辨证说》上册，汉城：明文堂影印本 1982 年版，第 686 页。

李圭景查考中、朝各种文献记载后指出,据沈括《梦溪笔谈》所载,活版由北宋布衣毕昇创于庆历年间(1041—1048),半岛活字之始起自高丽朝,流传而入于李朝。李朝太宗三年(1403)命置铸字所,以内府库藏铜铸成活字印书。又据金祇为《大明律》写的跋所述,李朝太祖四年(明洪武二十八年乙亥,1395),此书以白州知事徐赞所造木活字印成,颁行于半岛全境。李圭景在另一文中又写道:

> 铸字一名活字,其法之流来久矣。中原(中国)则布衣毕昇创活版,即活字之谓也。我东则始自丽季(高丽末期),入于国朝,太宗(1401—1408)朝命铸铜字,而列圣所铸字样事实,一通载于内阁所印书籍之末,可征也。其盛行莫如近时,以木代铜,其省费尤胜铸字,然书体版俗,恨无书卷气也,且制度又未尽善。[1]

李圭景精通中、朝学术及典章制度,堪称博洽,认为半岛活字印刷始于高丽朝末期,而将其技术源头溯至北宋,这是符合历史实际的。这里拟作出一些补充论述。按:记载毕昇活字技术的宋人沈括的《梦溪笔谈》成书于 1088 年,1166 年首刊于南宋,不大可能于此时传入高丽,因当时南宋对金战争中节节败北,很少与高丽来往,崛起的蒙古先联合南宋灭金,再灭南宋,建统一全国的元朝。《笔谈》于元大德九年(1305)再版,流入高丽的应是大德年刊本。高丽人是通过此书掌握活字印刷思想的,但他们将沈括所说“以胶泥刻字,薄如钱唇”(2mm)误解为活字高度(实际高度应在 10mm 以上),因而未能仿制成功。但掌握了活字印刷思想和排版技术,木活字和金属活字技术差不多同时出现于高丽朝末期。半岛有关铸字的早期记录见于进士郑道传(1335—1395 在世)1391 年向高丽恭让王(1389—1392)的奏文:“欲置书籍铺铸字,凡经史子书、诸经文以至医方、兵律,无不印出。俾有志于学者,皆得读书,以免失时之叹。”[2]

恭让王准奏,“四年(1392)置书籍院,掌铸字印书籍,有令丞”[3]。但高丽于同年亡,恭让王同时死去,书籍院成立后并未运作。但说明 14 世纪后半叶有铸字印书活动,才使郑道传有此奏议。现存半岛最早铸字本是宣光七年(1377)清州牧兴德寺刊《佛祖直指心体要节》(图 9—27),共上下二卷,仅存下卷,藏于巴黎国家图书馆(BN MS Coréen 109)[4]。法国人将此书译为 *Traités édifiants des patriaches bouddhiques*(《佛门高僧启示录》),作者为景闲(Kyŏnghan,1298 - 1374)和尚,集佛经典故和禅师语录阐述佛法精义。宣光七年为北元年号,相当高丽辛禑(yù)王三年,但次年起便行用明朝年号,像

---

〔1〕[朝]李圭景:《五洲衍文长笺散稿》卷二十四,《铸字印书辨证说》,上册,明文堂影印本 1982 年版,第 699 页。

〔2〕[朝]郑道传:《三峰集》卷一,《置书籍院铺诗并序》(1391),见《增补文献备考》(1908)卷二四二,《艺文考》,汉城:亚细亚文化社影印本 1972 年版。

〔3〕《高丽史》卷七十九,《百官志》第 2 册,平壤:朝鲜科学院出版社 1958 年版,第 573 页。

〔4〕Curant, Maurice. *Supplément à la Bibliographie Coréene*, No 3738, Vol. 1. Paris: Imprimerie Nationale, 1901, pp. 70—72.

木刻本一样，高丽铸字本也是先从民间开始的。此铸字本的字形劣拙，排列歪斜，缺字较多，以小字补之，显示当时技术尚很幼稚。

名爲智智能入覺不思議
求古禪師常勸諸人莫學佛法但自無心去利根
人盡時解脫鈍根人或三五年遠不過十年若不
悟去老僧替你入拔舌

白雲和尚抄錄佛祖直指心體要節卷下
宣光七年丁巳七月　日　清州牧外興德
寺鑄字印施

直　下　三十九

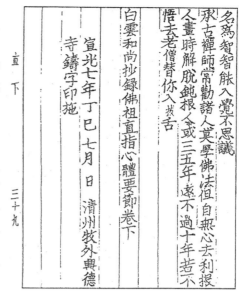

图 9—27　1377 年高丽刊铜活字本《佛祖直指心体要节》卷下

巴黎国家图书馆藏

推翻高丽的大将军李成桂建立的新王朝即李朝，改国号为朝鲜。建国伊始即恢复书籍院建制，但未很快铸字，最初的官刊本是木活字本。李朝与明朝是两个新兴王朝，关系密切，共用同样年号。洪武二十八年，朝鲜太祖四年（1395）功臣都监刊《开国原从功臣录券》即木活字本（图 9—28）。此本字体不工整，各字排列歪斜不齐，墨色浓淡不匀，显示半岛早期木活字技术仍较稚拙。现列为韩国 69 号国宝。1492 年重刊本《大明律直解》收入金祗《跋》曰："付书籍院，以白州知事徐赞所造刻字印出，无虑百余本，而试颁行，庶不负钦恤之意也。时洪武乙亥初吉，尚友斋金祗谨识。"[1] 1395 年以白州知事徐赞所造木活字排印的《大明律直解》与《开国原从功臣录券》为同年出版，但前者原刊本已不得见，是否用徐赞的木活字排印，不能论定。高丽大学六堂文库藏 1400 年前后刊木活字本《释氏要览》中的字及其排列、墨色与《开国原从功臣录券》一样稚拙[2]，由此推断《大明律直解》也当如此。

高丽朝末期金属活字印刷只零星使用，未形成规模。大规模铸字印书始于李朝第二个统治者太宗（1401—1417）时，已进入 15 世纪初期。太宗三年（1403）命置铸字所于京城汉城，内府及臣僚出资铸铜活字印书。《李朝实录·太宗实录》（1431）卷五太宗三年癸未二月庚申条载，1403 年 3 月 4 日王命"新置铸字所"，由艺文馆提学等主持。当时阁臣权近（1352—1409）在活字本《十一家注孙子》的跋文（1403）中说，1403 年春二月以内府藏中国刊本《诗经》、《左传》之字为铸字字体范本，数月内铸出数十万铜活字。这一年为癸未年，后来将官方首次铸的活字称为"癸未字"（Kyemi-cha font）。以此活字刊印的书现有《十一家注孙子》、《十七史纂古今通要》（图 9—29）、《宋朝表笺总类》等。朝鲜王廷自太宗以来对金属活字情有独钟，想短期刊出种类更多的书，随得随印，反复排版、拆版，用金属活字最为合适，但一般只出三、五百部。1403—1883 年间共铸字 37 次，内铜活字 30 次、铅活字 2 次、铁活字 5 次[3]。有时以铜活字与木活字混合排版。铸

〔1〕［韩］曹炯镇：《中、韩两国古活字印刷技术之比较研究》（中文版），台北：学海出版社 1986 年版，第 106，151 页。

〔2〕同上书，第 106 页。

〔3〕［韩］千惠凤：《韩国书誌学》（韩文版），汉城：民音社 1997 年版，第 577—579 页。

字由政府垄断，民间很少参与，这是与中国和欧洲不同的。李朝学者成俔 xiàn（1439—1504）《慵斋丛话》（1495）卷三谈到铸字方法时写道：

> 大抵铸钱之法，先用黄杨木刻活字，以海浦（海边）软泥平铺印板，印着木刻字于泥中，则其所印处凹而成字。于是合两印板，熔铜从一穴泻下，流液分入凹处，一一成字。遂刻剔，重而整之。[1]

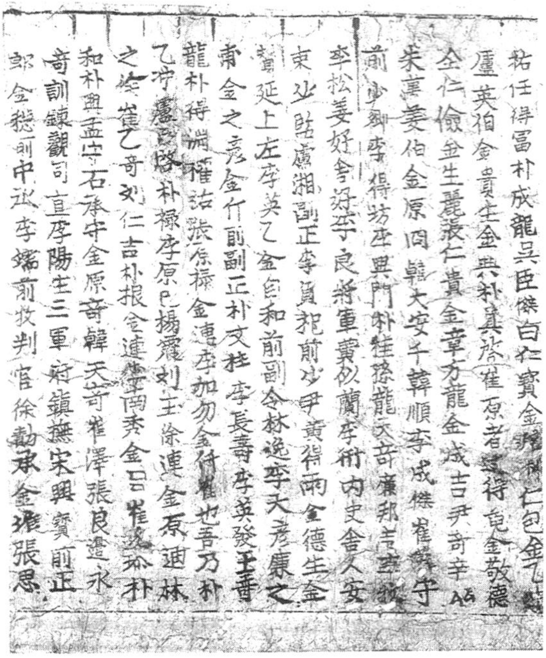

图 9—28　1395 年朝鲜功臣都监刊木活字本《开国原从功臣录券》
版框直高 27cm，倒数第 4 行倒第 5 字"吕"
字倒置，首尔诚庵古书博物馆藏
引自千惠凤《韩国典籍印刷史》（1990）

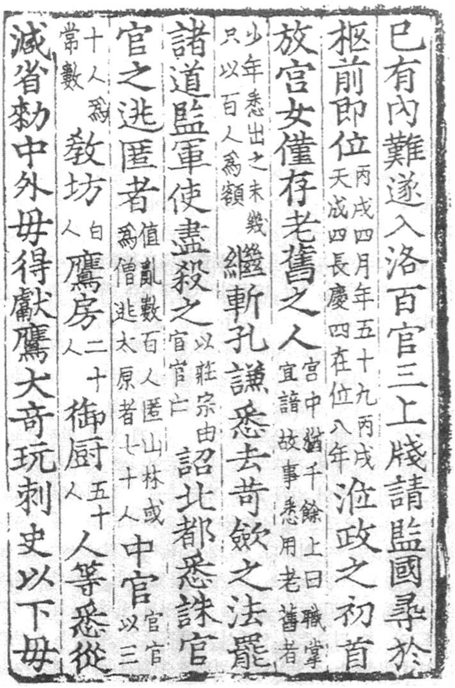

图 9—29　李朝太宗三年（1403）以癸未年（1403）铜活字刊印的《十七史纂古今通要》卷十七正文
韩国国立中央图书馆藏
引自千惠凤（1997）

　　这就是说，铸铜活字之法与铸铜钱同，而半岛铸钱始于高丽朝成宗七年（北宋哲宗崇宁元年，1102）。铸字前按字样字体刻成凸面正体的木活字为母模，以黄杨木（*Buxus sinica*）为木料，以海边软泥及细沙铺在四周有边的框架中，将木活字插入软泥中。再以同样铺有软泥的框架扣在有木活字的沙框上，加入软泥、细沙，打实。于是在两个沙框中形成中空的凹面正体字的铸腔，取出木活字即成泥制铸范。在两范接合处留出孔道，将熔化的铜水沿孔道

---

[1]　［朝］成俔：《慵斋丛话》卷三，《大东野乘》第 1 册，汉城：朝鲜古书刊行会 1909 年版，第 158 页。

穴口泻入铸范，便铸成活字，取出修整后即可排版。由此可以看出，朝鲜铸字方法与二三百年前中国宋代铸字方法（参见图9—26）相同。但中国活字为长立方体，朝鲜活字为矮立方体，字背凹空，这是为了节省铜料（图9—31）。《慵斋丛话》还谈到活字排版技术：

> 始者，不知列字之法，融蜡于板，以字着之……其后始用竹、木填空之术，而无融蜡之费，是知人之用巧无穷也。

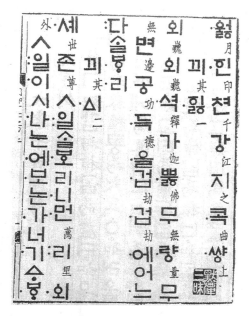

图9—30　李朝世宗二十九年（1447）以甲
寅年（1434）铜活字出版的有汉
文及朝鲜文的《月印千江之曲》
引自千惠凤（1997）

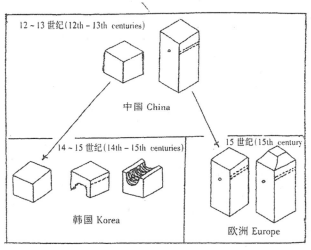

图9—31　中国、韩国和欧洲早期金属活字
形状之比较
潘吉星绘（2001）

可见李朝初期（1403—1420）仍用毕昇陶活字方法以蜡将铜活字固定在铁制印版上。《李朝实录·世宗实录》（1454）卷六十五就此写道："然蜡质本柔，植字未固，才印数纸，字有迁动，多致偏倚，随即均正，印者病之。"一日只能印二十余纸。世宗乃令工曹判书（相当明代工部尚书）李蕆 chán（1375—1451）改进排字方法，于是以"竹木填空之术"代替蜡质固字法，"字皆平正、牢固，印出虽多，但不偏倚，一日可印四十余纸，比旧为倍"[1]。1434年世宗召李氏于内殿嘉奖，从此遂成定式。排字法的改进发生于1420—1434年间，所用方法实即元代人王祯《造活字印书法》（1298）中所述木活字排版法，此

---

〔1〕　朝鲜春秋馆编：《李朝实录》卷六十五，《世宗实录》（1454）世宗十六年（1434）秋七月条，东京：日本学习院东洋文化研究所影印本1967年版。

法起于北宋，实物证据为出土的西夏文木活字本《吉祥遍至口和本续》（1150—1180）。

　　如本章第二节所述，中国从 10—11 世纪起以木活字与木版结合印发官方票据，12 世纪起以木活字印刷书籍，并以铜活字和铜版结合印造钞币，均属世界首创。将铜活字从印钞转为印书易如反掌，只是用途上的改变，并无技术上的创新。朝鲜半岛以木活字印书并以铜活字与铜版印钞，进而印书，均始于 14 世纪后半期。半岛活字印刷晚于中国三百多年，铸字印刷用金属活字晚中国二百多年，其发展金属活字技术受到中国的思想和技术影响是显而易见的。大体说，中国金属活字技术在半岛的传播可分几个阶段，持续时间很长。高丽朝末期通过《梦溪笔谈》而引进陶活字制造及排版技术，又随着纸币发行而引进铜活字技术。元世祖时（1280—1293）加速高丽蒙古化进程，1276—1290 年高丽全境通用元代宝钞，12—13 世纪在高丽设征东行省时又设宝钞提举司印造宝钞，印钞之法随即传入，1391 年恭让王：

　　　　依仿会子、宝钞之法，置高丽通行楮货，印造流布。[1]

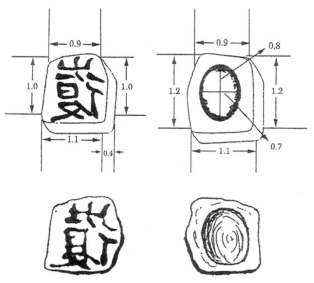

图 9—32　具有反体"複"字的铜制字块及其各部尺寸
韩国中央博物馆藏
引自千惠凤（1979）

这就意味按中国方法以铜版及铜活字印楮币。由此引出郑道传向恭让王建言置书籍院铸字印书之议，因高丽朝迅即覆灭，此事只好留待新王朝李太宗去完成了。李朝早期铜活字以毕昇陶活字法借蜡质将活字固着在版上，颇为不便。世宗时用王祯介绍的"竹木填空之术"排版，保证了活字排列整齐和刷印时避免移动。甚至铸字的字样也仿照中国版本的字体。以上所述均有可靠文献记载和实物资料为据，表明李朝学者李圭景关于半岛金属活字技术起源于丽末的见解是客观而正确的。

　　然而在过去二十多年来，有人将中国金属活字技术起源时间从 11 世纪拖后到 15 世纪，将半岛金属活字技术起源时间从 14 世纪拉前到 12 世纪，这样一拖一拉的目的是企图说明金属活字印刷起源地不是中国而是韩国。他们提出的证据之一是 1913 年开城德寿宫博物馆从日本古董商赤星佐七（Akahoshi Sashichi）手中买到的有"複"字的铜字块，据说从高丽王陵中掘出，其化学成分被认为与高丽"海东通宝"铜钱相近，于是断为铸于 1102—1232 年的"世界现存最早的金属活字"[2]。此物形

〔1〕《高丽史》卷七十九，《食货二·货币》第 2 册，第 608—609 页。
〔2〕［韩］孙宝基：《新版韩国의古活字》（韩文、英文、日文版），汉城：宝晋斋 1982 年版，第 62、129、192 页。

状不规则（图9—32），四边不呈90°直角，根本不是印刷用活字。活字印刷思想并非半岛所固有，而是来自中国，韩国学者一致同意活字印刷思想是在《梦溪笔谈》传入半岛后才为当地人所掌握。但《梦溪笔谈》在1305年以后才输入半岛，高丽人怎能在1102—1232年铸出铜活字？岂不自相矛盾，此物断代肯定是有问题的。说它化学成分与高丽铜钱相近，还不能证明二者为同一时期之物。唐开元（713—741）与宋熙宁（1068—1077）铜钱成分相近，但二者相差三百年[1]。西汉与唐代铜镜化学成分相似，但相差九百年[2]，类似实例不少。总之，这个所谓"物证"是不能成立的。

还有人引高丽翰林学士李奎报（1168—1241）代宰相崔怡（约1175—1249）起草的《新印详定礼文跋》，认为半岛在1234—1241年已"铸字印书"[3][4]。《详定礼文》五十卷由崔允仪（1102—1162）诸臣奉王命编成[5]，经崔怡之父崔忠献（1149—1219）增补，名《古今详定礼文》，抄成两部，一部交礼官，另一部藏于崔家。1232年蒙古军入侵，高宗迁都江华岛。礼官未及将此书带入岛内，崔怡乃出家藏本，"用铸字印成二十八部，分付诸司藏之"[6]。李奎报草稿全名为《新序（印）详定礼文跋尾，代晋阳公行》，其中说："果于迁都之际（1232），礼官遑遽未得赍（ji）来，则几若已废，而有家藏一本得存焉。予然后益谂先志，且幸其不失，遂用铸字印成二十八本（部），分付诸司藏之。凡有司者谨传之勿替，毋负于用志之痛勤也。月日某（崔怡）跋"[7]，《跋》文未署年歟，从行文观之，"铸字"在迁入江华岛期间。但问题是李圭报称崔怡为"晋阳公"，而他1234年始被封为晋阳侯，1242年才升为晋阳公[8]。李奎报卒于1241年，死人怎么可能代活人起草跋文，这条史料记载是否属实或行文是否有错字，令人生疑。韩学者对此疑点未作任何解释。当时王廷避难于江华小岛，物资匮乏，兵荒马乱时是否有必要和可能只为分发28部《礼文》，便在岛上大规模铸字印书，亦令人难以置信。退一步说，即令此时在岛上铸字，也比中国晚一百多年，因北宋早在12世纪已铸铜活字用于印钞。

另一被征引的史料是崔怡为《南明证道歌》写的跋，此书全名《南明泉和尚颂证道歌》。《证道歌》为唐代禅僧玄觉（643—713）以韵语阐明禅宗法门之作，后有南明山（浙江新昌县南）法泉和尚为之补颂（注），北宋熙宁九年（1076）于括苍（浙江丽水）刊行，有当地人吴庸及祝况作序，书的篇幅并不长。此本传入高丽后，成为了解禅宗要旨的入门书。崔怡在跋文内称，他"于是募工重雕铸字本"以广其传。有人将这句话理解为他1239年在江华岛上募工刻木版重刊铸字本《证道歌》，则此前（13世纪中叶）高丽已于开

〔1〕王琎等：《中国古代金属化学与金丹术》，上海科学技术出版社1957年版，第88—89页。

〔2〕周始民：《考工记》六齐的研究，《化学通报》1978年第3期，第54—57页。

〔3〕[韩]尹炳泰：高丽活字本卟ㄱ로起源，《图协月报》（汉城）1973年第14卷第8期，第8—12页。

〔4〕[韩]千惠凤：《韩国典籍印刷史》（韩文版），汉城：泛友社1990年版，第212—214页。

〔5〕《高丽史》卷九十五，《崔允仪传》第3册，平壤：朝鲜科学院出版社1958年版，第96页。

〔6〕[朝]李奎报：《东国李相国后集》卷十一，《新序详定礼文跋尾，代晋阳公行》，[朝]金宗瑞等奉教修：《高丽史节要》（1450）卷十，亚细亚文化社影印本1972年版，第3页。

〔7〕同上书。

〔8〕《高丽史》卷一二九，《崔怡传》第3册，第637页。

城铸字印书[1][2][3][4]。但此"铸字本"至今没有原件传世，现所能看到的是"据铸字本翻刻的木版本，藏于三省出版博物馆（甲本）[5] 及韩国中央图书馆一山文库（乙本）[6]（图9—33）。从图中可以看到两本印刷字体和版式完全相同，应属同一版本，韩学者亦作如是观。但仔细研读之后，疑团重重，如入五里雾中，现将吾人疑点陈述于下。

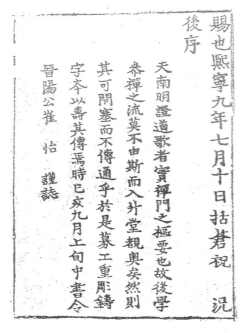

图9—33　甲本《南明证道歌》崔怡跋文

韩国三省出版博物馆藏本

参见千惠凤（1997）

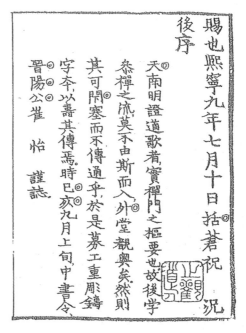

图9—33　乙本《南明证道歌》崔怡跋文

韩国中央图书馆一山文库藏本

参见曹炯镇（1986）

其一，乙本将甲本中"夫"误为"天"，将"升堂"误为"外堂"，是不该出现的常识性错字，中书令崔怡绝不会允许在其跋中出此洋相。为何同一版本不同机构的藏本出现文字歧异？令人不解。如认为中央图书馆藏本为崔氏1239年刻本，则此本难逃伪作之嫌。甲、乙本在崔跋中均署"巳亥九月上旬，中书令晋阳公崔怡谨誌"。"巳"又是个不该出现

〔1〕[韩]金元龙：《韩国古活字概要》（韩文版），汉城：乙酉文化社1954年版，第2—3页。

〔2〕[韩]金斗钟：高丽铸字本의重刻本과《南明泉和尚颂证道歌》，《书誌》，1960年第1卷第2期，第26页。

〔3〕[韩] Sohn Pow-key（孙宝基）. Early Korean printing. *Journal of the American Oriental Society*，1959，79（2）：98.

〔4〕[韩]千惠凤：《高丽铸字版重雕本〈南明泉和尚颂证道歌〉解说书》韩文本，汉城：三省出版博物馆1990年版，第4—5页。

〔5〕《三省博物馆开馆纪念图录》（韩文本）：汉城，1990年版；[韩]千惠凤：《韩国书誌学》（韩文本），汉城：民音社1997年版，第10页。

〔6〕[韩]曹炯镇：《中、韩两国古活字印刷技术之比较研究》，台北：学海出版社1986年版，第315页。

的错字，按干支纪年只有"己亥"，根本没有"巳亥"，崔怡跋文再次出错。以他的文化水平，当不会如此。因而现传本是否为 1239 年原刻本，令人生疑。如是后人刻本，亦难逃赝品之嫌。

其二，己亥（1239）年崔怡写跋时只是晋阳侯，高丽国王于 1242 年始封他为晋阳公，他怎能提前三年自封为公爵？有违史实。册封爵位乃王廷特权，只要王廷存在，任何臣子不能越权自封。

其三，依前述新印《礼文跋》，既然崔怡于 1234—1241 年间已于江华岛上大规模"铸字印书"，为何 1239 年在岛上不用活字排印《证道歌》，反而募工以木版刊之。更令人费解的是，据《高丽名贤集》记载，替崔怡起草文稿的翰林学士李奎报 1241 年七月病危，"晋阳公（崔怡）闻之，遣名医问诊不绝。乃取公平生所著前后文集凡五十三卷，募工雕印。其督役甚急，欲及公之亲见，以慰其情也。然以役巨，未能告毕。越九月初三日忽离常寝"[1]。如果像一些人所说，1234—1241 年间崔怡已在江华岛上铸字印书，而他又急于尽快出版李相国文集，当以现成的活字排印为最佳首选，何必在 1241 年募工刻印木版，致使李氏瞑目前未能亲见其文集刊行。纵观以崔怡名义写的二跋，不但自相矛盾，还相互矛盾，使人对其铸字印书一事有 chase the wind and clutch at shadows（捕风捉影）之感。以此二跋为文献证据将半岛铸字印书提前至 13 世纪，实难服人。我们承认朝鲜半岛人民对金属活字印刷发展所作的贡献，但他们动用此技术毕竟在中国之后，却比欧洲先行七十多年。如有人坚持半岛发明金属活字技术，我们乐见他们能举出 11—12 世纪以前半岛铸字印书的新证据。

2. 日本活字印刷之始

如本章第一节所述，日本自 8 世纪奈良朝从中国引进木版印刷之后，到镰仓时代（1190—1335）不时发生内战，与中国往来一度减少，没有及时引进活字印刷技术。直到安土桃山时代（1573—1603）后期，才通过朝鲜引进中国活字技术。而在此以前，意大利耶稣会士范礼安（Alexandre Valignani，1538‐1606）于 1590—1592 年从明代澳门来日本传教，随带西洋印刷工、西文活字及印刷设备在九州及长崎活动。范礼安在日本称为"伴天连"（ベチレン，Bachiren），为葡萄牙语之日语音译，本义为师父，转义为宣教师。基督教在日语中称为"吉利支丹"（キリシタン，Kirishitan），为 Christiān 之音译。他在日本以活字印过一些西文及日文书，称为吉利支丹版[2]。但印刷技术掌握在少数西人手中，不久禁教令下，他们迅即离境，因而对日本印刷没有产生多大影响，只留下一些印本藏于各图书馆中。

对日本产生影响的是中国系统的以汉字为主体的活字技术，并很快扎根于日本社会。1586 年军阀丰臣秀吉（1537—1598）任太政大臣后，元录元年壬辰（1592）发动侵略朝鲜的战争，遭到朝鲜军民奋力抵抗，后来明朝派军援朝，在中朝联军回击下，侵略军以失

---

〔1〕《高丽名贤集》第 1 册，汉城：成均馆大学大同文化研究院影印本 1973 年版，第 10 页。

〔2〕［日］高祖敏明：西洋式活字印刷术の日本伝来てキリシタン版，《江户时代の印刷文化——家康は活字人间だた》，东京：凸版印刷株式会社 2000 年版，第 42—46 页。

败告终，丰臣秀吉忧郁而死。但日本随军人员在朝鲜看到活字印书，遂将活字本书如《左传》、《书经》、《前汉书》等及数万铜活字带回日本。最后，将这些铜活字（包括铸字用的木活字模）献给后阳成天皇（1586—1610）。天皇喜欢文学，命以活字印书[1]。但铜活字不齐全，而木活字易制，遂于庆长二年丁酉（1597）以木活字出版诗文名句集《锦绣段》。书末题记曰：

> 兹悉取载籍文字，镂一字于一梓，綦布诸一版，印一纸，才改綦布，则渠录亦莫不适用。此规模顷出朝鲜，传达天听（天皇），乃依彼样使工模写（印刷）焉。

1597 年据皇命又刊出历朝君臣《劝学文》，卷尾亦题云：

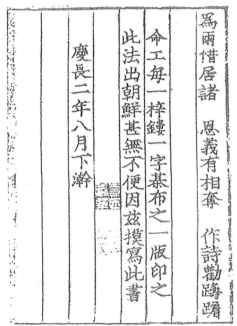

图 9—34　日本 1597 年刊木活字本《劝学文》
参见川濑一马（1967）

> 命工每一梓镂一字，綦布之一板印之。此法出朝鲜，甚无不便。因兹模写此书。庆长二年八月下澣（图 9—34）。

上面一段话以汉文表述日本旧时术语，一般读者不易看懂，笔者特译成现代汉语如下：

> 命刻字工在每一木活字块上刻一字，再将各活字植于一块印版上，然后刷印。这种方法得自朝鲜，甚为方便，因而用来印此书。庆长二年八月下旬（1597 年 10 月）。

16 世纪末，日本发展木活字和铜活字印刷技术虽从朝鲜传入，但这些技术起源于中国，朝鲜成为技术传播的中间媒介。看来日本活字印刷从木活字开始，除上述两书外，1599 年又刊行《日本书纪·神代纪》（720）、《四书》、《职原钞》（1304）等，因皆由后阳成天皇敕命出版，故称"庆长敕版"，每部书发行量约 200，都是木活字本，传世的《劝学文》藏于东京早稻田大学图书馆等处，而《日本书纪》藏于东洋文库，其印刷字体优美，印以上等楮皮纸。据说文录二年（1593）后阳成天皇曾令以朝鲜铜活字印《古文孝经》一卷，但此书今无传本，其详情尚不明了。然铜活字印刷从江户时代（1603—1868）初期（17 世纪初）已有更大发展。丰臣秀吉死后，其麾下"五大老"之首德川家康（1542—1616）建江户（今东京）幕府，

---

〔1〕［日］庄司浅水：《世界印刷文化史年表》，东京：ブックドム社 1936 年版，第 85—87 页。

成为号令全国的实权统治者，从此日本进入江户时代或德川时代。德川家康除以武力消灭丰臣氏势力外，还致力于文教建设。他与中国恢复了昔日频繁交流的传统，注重儒学尤其宋代理学，使之成为官学，设国家图书馆，在京都伏见建立学校。他还对活字印书表现出很大热情，日本学者称他是"活字人间"（katsushi-jinkan，'typographic man'）。后阳成天皇以活字印书时，得到德川家康的支持，他还下令于庆长四年至十一年（1599—1606）以10万木活字刊《孔子家语》、《六韬》、《贞观政要》等书，八年内刊八种80册，称伏见版，为幕府官版之始[1]，由临济宗禅僧元佶（1548—1612）在京都圆光寺具体主持。元佶是德川家康倚重的高僧，制作木活字的经费由幕府开支。

1605年德川家康将征夷大将军位让于其子德川秀忠（1579—1632），自己于骏河（今静冈市）府内视政，仍大权在握。据舟桥秀贤（1575—1614）《庆长日件录》（1613）记载，德川家康1605年命元佶于圆光寺铸铜活字，至1606年已铸出大小铜活字九万二千多及印版等附属品，1607年山城守直江兼续（1560—1619）在京都法要寺以这批铜活字印《六臣注文选》61卷。据德川家的史书《骏府记》所述，1614年德川家康的顾问、京都南禅寺金地院禅师崇传（1569—1633）向幕府献上《大藏一览集》十卷。此书由宋代人陈实摘录藏经二百种佛典中一千多条经文分类概述。德川家康认为此书重要而宜付印，同时他认为唐人魏徵（580—643）诸臣奉太宗敕命所编的《群书治要》（631）五十卷可供治国理政参考，拟一并开版。崇传的日记《本光国师日记》称，元和二年（1616）一月德川家康命大儒林罗山（1583—1657）及国师崇传主持校订、刊行工作，因前铸九万余铜活字尚不敷用，于是再令唐人（中国人）林五官补铸大小铜活字1.3万枚。1615年刊《大藏一览》（图9—35），1616年刊《群书治要》（图9—36），刷印100部，称为骏河版。这批铜活字中三分之一现藏于东京凸版印刷株式会社，内有铜活字三万多枚、木活字五千多枚，1962年被日本政府指定为重要文化财产[2][3]。

据日本学者百濑宏和藤本幸夫二先生2000年发表的最新研究[4][5]，结合我们对日本史料的理解，可以说在铸字、排印过程中任技术总监的林五官（1544—1620在世）是明朝江南（今江苏）人，曾从事钱庄生意，熟悉财贸业务和铸钱技术。江苏、浙江和福建当时都是盛行铜活字印书的省份，林五官也通晓此技术，还精医术。万历初年（1573—1574）他与另外一些同伴乘船载货来日本经商，后因船舶出事，人亡货毁。只剩林五官等五人于天正二年（明万历二年，1574）漂泊到骏河湾，其中四人返回中国，但林五官被德川家康挽留并给以礼遇，赐予他朱印状（通商许可证），因为他看重林五官掌握的知识和技术。林五官除于1615年补铸1.3万铜活字外，还有可能于1606年参加铸9万铜活字的活动。在这过程中帮助日本年轻技工掌握铸造铜活字及其排印书籍的技术。但有人却认为林五官是朝鲜国活字印刷技术家，丰臣秀吉1592—1597年派军入侵朝鲜时被俘至日本，帮

〔1〕 ［日］庄司浅水：《世界印刷文化史年表》，东京：ブックドム社1936年版，第85—87页。
〔2〕 ［日］百濑宏：骏河版铜活字への道，《江户时代の印刷文化》，第86—88页。
〔3〕 ［日］藤本幸夫：朝鲜朝の金属活字文化と日本へのとの影响，《江户时代の印刷文化》，第61—62页。
〔4〕 ［日］百濑宏：骏河版铜活字への道，《江户时代の印刷文化》，第86—88页。
〔5〕 ［日］藤本幸夫：《朝鲜朝の金属活字文化と日本へのとの影响》，《江户时代の印刷文化》，第61—62页。

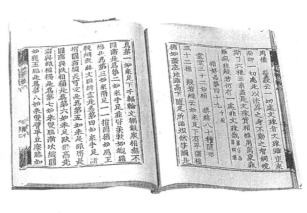

图 9—35　1615 年日本以铜活字刊宋人陈实编《大藏一览》十卷，称骏河版

版框 30.6cm×30.2cm，书中有德川家康钤印　胜愿寺藏

引自《江户时代の印刷文化》（2000）

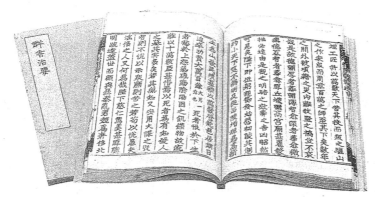

图 9—36　1616 年日本以铜活字刊唐人魏徵等奉敕编《群书治要》
五十卷，称骏河版

版框 27.3cm×19.0cm，东京印刷博物馆藏，当时旅日的

中国人林五官受命主持铸字

引自《江户时代の印刷文化》（2000）

助德川家康发展金属活字印刷[1]。这是毫无证据的臆断。通晓中、日、韩三国语文和印刷史的藤本幸夫先生指出，有人推断说林五官是朝鲜人，而实际上他是 1594 年时漂着到骏河湾的五位明朝人中之一人。当年主持铸字的崇传禅师在其日记中谈到参与骏河铜活字印书人中有日本工匠，没有朝鲜人，而林五官可能是铸字指导者[2]。百濑宏引该日记称，德川家康命唐人林五官任活字铸造，共铸大小铜活字一万三千[3]。崇传的日记现有副岛种经的校注本《新订本光国师日记》，1970 年由"续群书类从完成会"出版，日记中明确说林五官是中国明朝人，而根本不是朝鲜人。这个事实必须澄清。

---

〔1〕〔韩〕孙宝基：韩国的金属活字印刷及其在人类文化发展中的作用及影响（韩文、英文本），《世界속의韩国印刷出版文化——第一回国际出版文化学术会议论文集》，清州，1995，第 15、145 页。

〔2〕〔日〕百濑宏：骏河版铜活字への道，《江户时代の印刷文化》，第 86—88 页。

〔3〕〔日〕藤本幸夫：朝鲜朝の金属活字文化と日本へのとの影响，《江户时代の印刷文化》，第 61—62 页。

江户时代初期，日本以木活字出版中国汉文典籍之际，也有出版者用日文假名出版一些面向大众的书，如文人角仓素庵（1571—1632）和画家木阿弥光悦（1558—1632）合作于 1608 年刊出平安朝中期（926—1058）成书的言情小说《伊势物语》（*Ise Monogatari*），此书以草体平假名（Hiragana）的连绵体木活字印成，每个字块含 2—4 个连写在一起的字母（图 9—37），读起来使人感觉像是手抄本，刻字难度较大，再配上版刻的工笔插图，收图文并茂之效，而且用纸相当考究，以云母纸刷印，纸上有砑花图案。这种读物很受读者欢迎，至今已成珍本，在东京东洋文库和早稻田大学图书馆还可看到传本。此本所用木活字使我们想起 12—13 世纪中国西北维吾尔族使用的古回鹘文木活字。新疆与日本相距遥远，但维吾尔族与大和民族用本族语文刻木活字时完全想到一起了，这是很有趣的。两位日本民间出版家从 1608 年以后的数年间先后推出日文书达二十多种，如《徒然草》（つれづれぐさ，*Tsurezuregusa*）等[1]。以其出版地位于京都之嵯峨，后世称这类版本为嵯峨本（Saga-bon）。他们这类版本后来也被其他出版者所效法。

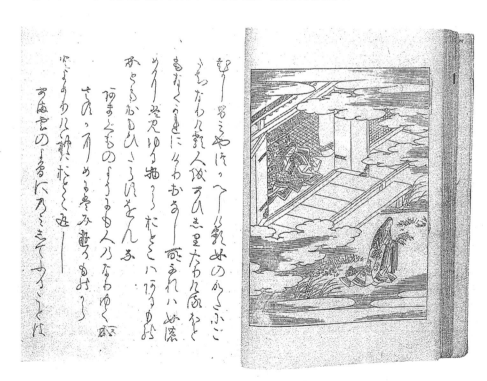

图 9—37　1608 年日本人以连绵体平假名木活字刊印的小说《伊势物语》，称嵯峨本

版框 27.3cm×19cm。日本东洋文库藏

---

〔1〕［日］和田维四郎：《嵯峨本考》（日文版），东京，1916 年版；［日］川濑一马：《嵯峨本图考》（日文版），东京：一诚堂 1932 年版。

江户时代与以前时代不同，出版佛经不再是印刷的主流，儒学、经史、文学和科技等书占了上风。但刊刻《一切经》或《大藏经》的巨大工程此处不能不提。自镰仓朝（1190—1335）起日本僧众即有刊行佛藏的凤愿，因中国和朝鲜两个邻国早有此举，然列岛一直没能如愿。至江户朝已有足够条件这样做了，因中、朝不同版本的藏经皆已传入，可资借鉴。宽永十四年（1637）大僧正天海（1536—1643）法师受幕府第三代大将军德川家兴（1604—1651）之命，于东睿山宽永寺主持刊行《一切经》，由幕府出资。此工程积12 年努力，于 1648 年 3 月告成，共 1453 部、6323 卷，665 函，刻工及用纸皆精，世称天海本（Tenkai-bon）或宽永寺本。这是日本刊第一部大藏经官刊本，也是日本藏经开版之始。天海本还是木活字本[1]，意义更大。此前中、朝刊本皆为雕版，元英宗 1321—1323 年计划以铜活字刊藏经，且已运作，因被叛臣所弑而未果。活字版藏经是日本首先完成的，开创一新纪录。天海在藏经刊毕之前已圆寂，享寿 107 岁，为表彰其业绩，后光明天皇敕谥他为慈眼大师。纵观江户朝日本印刷，仍以木版印刷为主，相应发展铜活字和木活字印刷，从 19 世纪中叶引进西洋技术以后，铅活字印刷逐步成为主流。

3. 越南、菲律宾活字印刷之始

地处东南亚的越南，发展活字印刷始于陈朝（1225—1400）末年即 14 世纪末印发纸币之时。据越南史家吴士连（1439—1499 在世）《大越史记全书》（1479）卷八《陈纪》所述，陈顺宗九年（1396）仿中国明代大明宝钞制度发行纸币，名"通宝会钞"：

> 顺宗九年（1396）夏四月，初行通宝会钞。其法十文幅面藻，三十文幅面水波，一陌（百文）画云，二陌画龟，三陌画麟，五陌画凤，一缗（千文）画龙。伪造者[处]死，田产没官。印成，令人换钱。[2]

此次印发纸币是依少保王汝舟之议，仿中国明代"大明通行宝钞"制度，印发通宝会钞。印成后，令收京城（河内）及各地铜钱入国库，禁民间私藏、私用铜钱，伪造会钞者处死。面额有七种：十文、三十文、一陌（100 文）、二陌、三陌、五陌及一缗（1000 文），每种面额钞面饰以不同图案，最高面额者饰以龙纹，票面钤以官印。钞面上还有字号，取《千字文》中的字与大写数字组合编号，如"某字某某号"，每钞一号，字号皆以活字印出。中国历代钞币向以铜版和铜活字印制，越南通宝会钞亦当如此。就是说，1396 年起按中国方法以铜版和铜活字印刷。后因滥发纸币无度，造成经济混乱，至后黎朝（1428—1527）又恢复用铜钱[3]。但活字印刷已在越南付诸实践。

越南主要以发展木版印刷为主流，活字印刷没有受到注重，直到 19 世纪阮朝（1802—1945）才偶有记载，如成泰年间（1889—1907）抄本《圣迹实录》、《法雨实录》

---

〔1〕 ［日］川濑一马：《古活字版の研究》第 1 册，东京：日本古书籍商协会 1967 年版，第 32—38 页。
〔2〕 ［越］吴士连：《大越史记全书》卷八，《陈纪》。
〔3〕 越南社会科学委员会编：《越南历史》第一集第七章（越文版），河内：社会科学出版社 1971 年版。

内有"奉抄铜板，只字无讹。嘉福成道寺藏板"等字。此处所说"铜板"书，应理解为铜活字本，则其刊行时间当在成泰年以前，然这类书没有保留下来。阮朝是越南最后一个封建王朝，阮宪祖绍治年间（1841—1847）从中国买回一套清代木活字，1855年用以排印《钦定大南会典事例》96册，1877年再印《嗣德御制文集》、《诗集》68册。阮翼宗阮福时对中国文学很有修养，以木活字出版其诗文集[1]。由于受战乱影响和西方列强入侵，使越南古籍被大量毁灭，甚为可惜，也为印刷史研究带来一定困难。

如前一节所述，东南亚的菲律宾华侨龚容（Kong Yong, c. 1538－1603）于明万历二十一年（1593）以木版在马尼拉刊书以来，万历三十年（1602）又成功铸出铜活字用来刊印汉文及西文书。1640年西班牙传教士阿杜阿尔特（Aduarte）谈到龚容时写道：

> 他致力于在菲律宾这块土地上研制印刷机，而在这里没有任何印刷机可供借鉴，也没有与中华帝国印刷术迥然不同的任何欧洲印刷术可供他学习。……龚容（Juan de Vera）不懈地千方百计且全力以赴地工作，终于实现了他的理想。……因此这位华人教徒龚容是菲律宾活字印刷机的第一个制造者和半个发明者。[2]

很可惜，他在研究铜活字印刷技术成功后，次年（1603）便长眠于马尼拉。他的弟弟佩德罗·维拉（Petro de Vera，汉名待考）和徒弟接过这些活字和印刷设备出版活字本书，事实上他们亦事先参与铸字试验。1911年西班牙人雷塔纳（W. E Retana）在《菲律宾印刷术的起源》[3]一书中介绍说，奥地利维也纳帝国图书馆（Biblioteca Imperial de Vienna）藏有汉文刊本《新刊僚氏正教便览》（图9—38），作者汉名译为罗明敖·黎尼妈（Dominigo de Nieba），现规范译名应为多明戈·涅瓦。"僚氏"为西班牙文 Dios（天主）之音译，则此书应今译为《新刊天主正教便览》，书的扉页印有下列西班牙文：

图9—38　1606年华人龚容之弟在马尼拉以铜活字出版的《正教便览》

A. 西班牙文扉页　B. 汉文正文，维也纳帝国图书馆藏

引自 Retana（1911）

Memorial de la Vida Christiana. En lengua China // compuetto par el Pedre Fr.

〔1〕 张秀民：《中国印刷术的发明及其影响》，人民出版社1958年版，第157—158页。

〔2〕 Fernandez, Pablo, *History of the church in the Philippines* (1521－1898). Manila, 1979, pp. 358－359.

〔3〕 Retana, W. E. *Origines de la imprenta Filipina*. Madrid, 1911, p. 71.

Domingo de Nieba. Prior del conuento de S. Domingo // con licencia en Binondoc en casa de Petro de Vera. Ságley Impresor de Libros，Año de 1606[1]。

笔者现将上述西班牙文翻译如下：

> 《天主教义便览》由多明我会士多明戈·涅瓦神甫以汉文编成。//由佩德罗·维拉（龚容之弟）刊于宾诺多克的萨格莱书铺，时在 1606 年。

雷塔纳 1911 年提供的该书扉页书影（图 9—38）左边十行字有几个西班牙文字母没有显示出来，后人转引时未能补上，于是造成误解。笔者此次在上述引文中已将缺字补齐，对原版排印时一些词的拼法及词头大小写作了规范处理。如 denieba 应当是 de Nieba，era sagley 应为 Vera Ságley，方豪（1900—1980）先生释为 "Cra Sangley 华侨书店"[2]，肯定是弄错了。除扉页为西班牙文外，全书正文皆为汉文，从序页可知其书名及作者名："巴礼罗明敖·黎尼妈《新刊僚氏正教便览》。"巴礼为西班牙文 el Pare（神甫）之音译，相当法文 le Père，因而现在宜重译为 "多明戈·涅瓦神甫《新刊天主正教便览》"，才易于读懂。接下来，这位在菲西班牙教士用并不通顺的汉文在序中写道：

> 夫道之不行，语塞之也。教之不明，字异迹也。僧因行道教（天主教），周流至此（菲律宾）。幸与大明（中国）学者交谈，有既粗知字语。有感于心，乃述旧本，变成大明字语（汉文），著作此字，以便入教者览之。

多明戈·涅瓦（罗明敖·黎尼妈）是继胡安·科沃（Juan Cobo，? - 1593，高母羡）之后，在菲华侨区传教的另一教士，为开展工作，必须习汉文汉语，但比起当时在华的意大利教士利玛窦（Matteo Ricci，1552 - 1610）等人的汉文水平，他们还有差距。此刊本《正教便览》半页 9 行，行 15 字，有人认为是木版印刷本[3]，但笔者在仔细研究后主张是铜活字本[4]。试将此本与 1593 年龚容刊木刻本《无极天主正教真传实录》两相比对便会发现下列异点：1593 年本文字结体流畅、活泼，多繁体，较少走样，每行字排列笔直而整齐，插图文字与正文有同样特点，显示为木刻本。1606 年本汉字结体呆滞、粗放，多简体，每行字排列不整齐，横向不对齐，个别字歪斜，字下有不该出现的空白，显示为不成熟的初铸铜活字本。简化字的应用便于铸字。且 1640 年阿杜阿尔德已明确记载龚容研制成活字印刷机，原文含义即指铜活字。这说明他铸成活字不久辞世后，其弟即用以印

〔1〕 Retana，W. E. *Origines de la imprenta Filipina*. Madrid，1911，p. 71.

〔2〕 方豪：明万历间马尼拉刊行之汉文书籍，《方豪六十自定稿》下册，台北：台湾学生书局 1969 年版，第 1518 页。

〔3〕 张秀民：《中国印刷术的发明及其影响》，人民出版社 1958 年版，第 169 页。

〔4〕 潘吉星：《中国科学技术史·造纸与印刷卷》，科学出版社 1998 年版，第 557 页；Pan Jixing. Les origines de la typographique métal-type en Chine et sa diffusion vers les autre pays de l'Asie Orientale. *Chine-Europe*：*Histoires de Livres*（8e/15e -20e Siècles）. Colloque-franco-chinois，15 - 16 Octobre 2005. Pèkin，2005，pp. 188—192.

书，以成乃兄遗愿。

　　从 1593 年起至 1608 年止，菲律宾的印刷一直由华人垄断，他们既经营印刷厂，又开书店，形成产销一条龙作业。西班牙史家雷塔纳 1911 年在《菲律宾印刷的起源》（*Origines de la imprenta Filipina*）一书中列举出 1593—1640 年在菲的八名华侨印刷人的名字，但没有给出其汉名，只讲出西班牙名。他们出版过汉文、西班牙文和菲律宾他加禄（Tagalog）文书籍[1]，形成有实力的出版集团。明代福建人龚容无疑是其中为首的一位，他们兄弟在马尼拉华人聚居区巴连（Parian）开设的萨格莱书铺（Ságley Impresor de Libros）是该城最大的书坊，既出木刻本，又出铜活字本，供应全国。我们知道，明代福建省铜活字印刷相当发达，因此龚容的铸字技术来自他的故乡，他可能在刷印设备上有所创新。在华人的技术传授下，1608—1610 年以后才有菲律宾人参与印刷工作[2]。

（三）中国活字印刷术在欧洲国家的传播

1. 欧洲木活字印刷之始

　　纵观中国印刷史，在 6—7 世纪隋唐之际发明木版印刷过后四五百年，至 11—12 世纪宋代又发明了木活字、陶活字和金属活字印刷，因而从技术上讲经历了木版印刷→非金属活字印刷→金属活字印刷三个发展阶段。中国的这个三阶段发展模式在世界印刷史中起了典型的示范作用，为其他一些国家所效法。我们看到，在朝鲜、日本、意大利、荷兰和德国这些在东西方较早出现印刷术的国家也沿着与中国类似的轨迹发展印刷，不能说这只是出于偶然巧合，而是与中国进行技术交流的结果。因东亚国家木版印刷比中国晚五六百年，活字印刷晚二三百年；欧洲国家木版印刷比中国晚八九百年，活字印刷晚四百年，这样长的时间间隔足以使中国技术有机会向东西两个方向传播。其次，中国从木版过渡到活字版经历四五百年，而欧洲国家只用几十年就实现这一过渡，有的国家甚至从木版直接跳跃到金属活字版，显然走了一条捷径，这是由于欧洲人借鉴了中国活字技术的现成经验。

　　欧洲木版印刷技术从中国引进，在国际学术界基本上已取得共识，成为众所周知之事。然而欧洲活字技术是否和如何受过中国影响，并非很多人都清楚，有关论著过去也较少触及，因之这个问题需要认真研究。先前很长一段时间尤其 19—20 世纪以来欧洲流行一种观点，认为活字印刷技术是欧洲人独立发明的，究竟是否如此，也需要分析。科学史家根据世界范围内大量史实概括出大家一致同意的技术传播理论指出：在公元后第一个千年至近代科学兴起之前这段时期（1—15 世纪）内，越是较复杂的技术就越不可能在一定时间内在几个不同地区重复发明。当一个国家有了某种技术过后一段时间，另一国家或地区又出现类似技术，只能用技术传播来解释[3]。活字印刷技术就属于这种情况，当中国

---

　　[1]　Retana, W. E. *Origines de la imprenta Filipina*. Madrid, 1911, p. 71.

　　[2]　Boxer, C. R. Chinese abroad in the late Ming and early Manchu periods, Compiled from contemporary sources 1500—1750. *T'ien Hsia Monthly* (Shanghai), 1939, 9 (5): 459.

　　[3]　Needham, Joseph. *Science and Civilisation in China*. Vol. 1. Cambridge University Press, 1954, p. 229.

于 11 世纪发明活字印刷技术后，过了四百年又在欧洲出现，欧洲人独立发明此技术的可能性就微乎其微。

13—14 世纪蒙古军队西征并在邻近欧洲的地区建立汗国之后，中、欧陆上交通大开，沿重新打通的古老的丝绸之路，双方人员往来和物质文化交流频繁。东西方海上丝绸之路也基本上在蒙元帝国控制之下。由于中世纪中国科学技术在世界上处于领先地位，因而中国一些发明接二连三地西传至欧洲，如指南针、火药、船尾舵、弧形拱桥、纺丝机等，木版印刷就是在这一背景下西传的，接踵而至的是活字印刷西传[1]。元朝木活字、陶活字和金属活字印刷在宋代高起点上继续发展，元初科学家王祯《造活字印书法》（1298）收入其《农书》中于 1313 年出版，文内系统总结了木活字印刷技术，还谈到铸锡活字印书。宋人沈括记毕昇造陶活字印书法一文收入其《梦溪笔谈》卷十八，此书于 1305 年再版。这两部书在当时北京和其他大城市都能够买到。以铜版和铜活字印发的至元宝钞通用于全国及蒙古汗国，而伊利汗国在波斯也以此法发行纸币。往来东西方的欧洲人都有可能接触过这些印刷品。

欧洲人沿丝绸之路从新疆进出中国国门，总要经过吐鲁番地区，这里当时是西北印刷中心之一，生产各种文字的木刻本和木活字本。12—13 世纪的回鹘文（古维吾尔文）木活字 1908 年在敦煌发现[2]，是汉文过渡到拼音文活字的创举，也揭示了活字技术从内地传到新疆，再由此向西传播的路线。欧洲语文为拼音文字，通用的拉丁文有 26 个字母（但斯拉夫文有 28 个字母、希腊文 24 个字母），其他民族语文也是 26 个字母，与汉文方块字不同，圆转之处较多，如 a，b，d，e，g，p 等，且各词的一些字母要求紧连在一起，因此刻木版时刻工不易下刀，欧洲刻工刻字较费力费时。当欧洲人得知中国人用活字排版印书时，很快就接受了这种新的印刷方式。在各种活字中，木活字最易制作，而欧洲最早使用的活字便是木活字。16 世纪瑞士苏黎世（Zurich）大学教授、东方学家特奥多尔·布赫曼（Theodor Buchmann，1500－1564）1548 年就此写道：

> 最初人们将文字刻在全页大的木版上，但用这种方法相当费工，而且制作费用较高，于是人们便做出木活字，将其逐个拼连起来制版。[3]

这是欧洲使用木活字印书的重要记载。布赫曼从姓氏判断，是操德语的瑞士人，在德语中 Buchmann 义为"书人"，因此他的姓常被希腊化为比布利安德（Bibliander），有同样含义，不可将布赫曼与比布利安德当成两个人。他学术活动时间上距欧洲使用木活字印

〔1〕 Needham, Joseph. Science and China's influence on the world, in：B. Dawson （ed.）：*The lagacy of China*，Oxford，1964，pp. 234－308；潘吉星译：中国震撼世界的二十项科学发明和发现，见潘吉星主编《李约瑟集》，天津人民出版社 1998 年版，第 331 页。

〔2〕 Pelliot, Paul. Une bibiothèque medievale retrouvée au Kansou. *Bulletin de l'Ecole Française d'Extrême-Orient* （Hanoi），1908，8：525—527.

〔3〕 Oswald, J. C. *A history of printing．Its development through 500 years*，Chap. 22. New York，1928；〔日〕玉城肇译：《西洋印刷文化史》（日文本），东京：鲇书房 1943 年版，第 333—334 页。

书只有几十年，其记载应是可信的。欧洲人做木活字时，先将写在纸上的字以反体转移到木板或木条上，刻出阳文反体字，再以细锯锯成单个活字，修整后排版。印好后拆版，回收活字，再印别的书。这正是中国人四百年前用过的技术。木活字是从木版通向金属活字版的桥梁，其使用使欧洲人第一次掌握活字印刷思想和操作。

意大利、尼德兰（Nederland，今荷兰）和德国这些较早发展木版印刷的欧洲国家，最有可能率先在欧洲从事木活字印刷。19 世纪英国东方学家柯曾（Robert Curzon，1818 -1873）在"意大利图书馆简史"（*A short history of libraries in Italy*，1854）一文内就报道说，意大利医生和印刷人卡斯塔尔迪（Pamfilo Castaldi，1398 - 1490）1426 年在威尼斯城用大号木活字出版过大型对折本，据说这些书保存在他的故乡贝卢诺省费尔特雷（Feltre，Belluno）档案馆中[1]。此地旧称费尔特里亚（Feltria），在威尼斯西北。卡斯塔尔迪因此被称为欧洲活字技术的奠基人，1868 年在意大利伦巴第（Lombardia）城特意为他竖立铜像以资纪念。据柯曾的记载，卡斯塔尔迪 1426 年以木活字印书，上距欧洲最早木刻本并没有几年，因此李约瑟（Joseph Needham，1900 - 1995）博士说，欧洲发展木版印刷后，紧接着又从中国引进活字印刷技术[2]。

除意大利外，尼德兰人也从事过木活字印刷，因布赫曼的同时代人阿德里安·尤尼乌斯（Hadrian Junius，1511 - 1575）曾有类似记载，此人在阿姆斯特丹附近的阿勒姆城（Haarlem）任医生，曾谈到本城人劳伦斯·杨松（Laurens Janszoon，fl. 1395 - 1465）于 1440 年以大号木活字印过《拉丁文文法》和《幼学启蒙》（*Horn book*）等书[3]。杨松当时任阿勒姆城天主教本堂区财产管理委员，荷兰语将这一职务称为"科斯特"（koster），相当法语中的 marguillier，因此人们又将杨松称为科斯特（Koster or Coster），实际上并非其姓名。早期德国文献如 1499 年出版的《科隆编年史》（*Cologne chronicle*）也谈到过杨松，因此荷兰人认为他是欧洲活字印刷的奠基人，并在阿勒姆城，为他竖立铜像，19 世纪还召开过大型会议纪念他。看来欧洲在 15 世纪前半期以木活字版取代木雕版印书的技术尝试，在不同国家初获成功，已是不争的史实。

过去欧洲学术界发生过本地区活字技术从何时、何地起始的论争。有人主张起于意大利或荷兰的木活字，另有人认为起于德国的金属活字。这涉及对"活字"一词的技术界定，16—17 世纪以来金属活字本风行全欧洲，于是人们习惯将活字与金属活字等同起来。但从发展的角度看，这样理解活字并不符合历史实际。要知道木活字也是活字，且出现在金属活字之前，考察活字起源应从非金属活字谈起。主张欧洲经历过木活字阶段和受中国影响的观点一度受到质疑。例如英国作者里德（Talbot Baines Reed）1887 年说，借近代

---

[1] Curzon, Robert. *A short history of libraries in Italy*. Philobiblon Society Miscellanies（London），1854，1：6；Henry Yule（ed.）. *The book of Ser Marco Polo*，3rd ed.，Vol. 1. London：Murry，1903，pp. 138—140.

[2] Needham, Joseph. Science and China's influence on the world, in：B. Dawson（ed.）：*The legacy of China*，Oxford，1964，pp. 234—308；潘吉星译：中国震撼世界的二十项科学发明和发现，见潘吉星主编《李约瑟集》，天津人民出版社 1998 年版，第 331 页。

[3] ［日］庄司浅水：《世界印刷文化史年表》（日文版），东京：ブックドム社 1936 年版，第 35 页。

精密设备和工具制造小号木活字的模拟实验均告失败[1]。实际情况可能确是如此，但这些模拟实验的作者无法否定这样一个事实：制造大号西文木活字无须动用精密仪器、工具，而且可以排版印书。他们的先辈们就这样做了。欧洲人模仿中国人作大号木活字印书的这段历史是不容忽视和否定的。有了木活字印刷的经验，为此后出现的金属活字印刷奠定了基础。

但也应指出，1420 年前的欧洲并没有活字印刷的传统，活字印刷思想和活字排版技术是 11 世纪宋代中国的产物，已如前述。从世界史角度看，15 世纪以后欧洲出现的活字技术，不管是木活字还是金属活字，都不是原创发明，只能是中国古老技术的翻版。至于哪个国家最先在欧洲发展活字印刷，在欧洲人之间早就争议不休，最好由他们自行解决，与中国无关。但我们注意到，2008 年 8 月 8 日北京举办奥运会盛大开幕式上表演中国发明的活字印刷后，荷兰的《阿勒姆日报》（*Haarlem Dagblad*）8 月 10 日报道说，该市市长伯恩特·施奈德斯（Berndt Schneiders）致信北京奥运会组委会，内称：活字印刷术是杨松在约 1400 年于阿勒姆城发明的，因此中国声称活字印刷发明于中国，"这一定是出于一种误会"，信中还附有杨松雕像的照片。荷兰人认为杨松的助手偷走了他的印刷设备，与德国人谷腾堡合伙做起生意。法新社 8 月 11 日海牙电讯也转引了《阿勒姆日报》的报道。笔者认为，荷兰人似有理由向谷腾堡发起挑战，但向活字印刷（木活字和金属活字）的原创国中国下战书，未免找错了对象。如果他们读一读用中文或西文写成的中国印刷史料，就会发现与中国争发明权是班门弄斧（foolish display of the axe in front of Lu Ban, the ancestor of carpenters）。

2. 欧洲金属活字印刷之始

欧洲 1420—1440 年以大号木活字印书，势必耗费较多的纸并使书厚重，而当时纸还是较贵的。为使印纸容纳更多的字，要求使活字字号缩小，但在制造以一个字母为单位的小号木活字时遇到技术困难，一是难以下锯，二是没有机械强度，木活字的发展受到限制。因此中国宋元金属活字又为欧洲人提供借鉴。有了木活字印刷经验后，只要解决金属铸字问题，就能实现金属活字印刷。前述荷兰阿勒姆人杨松在制木活字时，就曾以王祯报道过的南宋锡铅活字作过试验。据德国纽伦堡大学技术史教授沃尔夫冈·冯·施特勒默尔（Wolfgang von Strömer）的研究，杨松的同时代人、德国银匠普罗科普·瓦尔德福格尔（Prokop Waldfoghel，fl. 1367 - 1444）也作过同样试验。他在德意志帝国卢森堡王朝（神圣罗马帝国）皇帝查理四世（Charles Ⅳ von Luxemberg, 1347 - 1418）统治下的波希米亚（今捷克）首府布拉格定居。1367—1418 年以制造餐具而驰名。波希米亚人反对德皇统治的胡斯战争（Hussite War, 1419 - 1434）爆发后，1433—1441 年移居纽伦堡，在冶金厂做工。1439 年成为离瑞士巴塞尔城不远的卢塞恩（Lucerne）城公民。

---

[1]　Reed，Talbot Baines. *A history of the old English letter foundries*. London, 1887.

1441 年瓦尔德福格尔再迁居法国东南部阿维尼翁（Avignon），在天主教大分裂时期，1309—1417 及 1439—1449 年这里是教皇的驻地，也是抄写和贩卖书籍的中心。此地距欧洲木版和木活字印刷发源地之一的意大利很近，向东北行又进入神圣罗马帝国境内，汇集各国人士和各方信息。瓦尔德福格尔在阿维尼翁发展一种"假写技术"（ars scribendi artificialiter），即以金属制成活字印书而代替手抄本，并将此技术传给犹太人卡德鲁斯（David Caderousse）、达克斯（Dax）教区学士维塔利斯（Manuel Vitalis）及其友人阿诺德·德·科斯拉克（Arnaud de Coselhac）以及阿维尼翁的富人乔治（George de la Jardin）[1]。向他习艺的多是业务合作伙伴，或出力或出钱，想以此为业。19 世纪法国神甫雷金（Pierre Henri Requin）提供的资料内称，1446 年卡德鲁斯订制了 27 个希伯来文铁制字母（scissac in ferro）和木、锡与铁制工具，两年间他拥有 408 个拉丁文字母作为贷款的抵押。1444 年 7 月 4 日的一份文件说，维塔里斯与瓦尔德福格尔合伙时，保管 2 个钢字母（duo abecedaria calibia）、2 个铁模（formas ferreas）和 48 个锡字模以及"与假写技术有关的其他东西"[2]。后来将其卖掉，说明这些东西有使用价值。"假写技术"用现在的话解读，指不用手写，而以字块拼合成字句，印成像手写的读物；换言之，瓦尔德福格尔及其合伙人 1441—1446 年在阿维尼翁从事金属活字印刷。

十多年后，另一德国人谷腾堡也作类似工作并大获成功。约翰·谷腾堡（Johannes Gensfleisch zum Gutenberg，1400－1468）为莱茵河与美因河汇流处的工商业城市美因茨（Muinz）人，1418—1420 年就读于埃尔福特（Erfurt）大学，因父亡辍学，回乡习金工。1434—1444 年去斯特拉斯堡（Strasburg）谋生，与德里策恩（Andreas Drizehn）、里费（Hans Riffe）和海尔曼（Andreas Heilmann）签约，共同加工宝石，以新法制镜，谷腾堡出技术，其他人出资，获利共享。德里策恩 1436 年死后，其兄弟以继承人身份要谷腾堡转让秘法遭拒绝，遂至官府起诉。案卷内称，1436 年谷腾堡向法兰克福人迪内（Hans Dunne）支付 100 基尔德（Gulden）金币，以换取"与印书有关的东西"（things to do with printing, das zu dem Drucken gehort）[3]。这说明他在磨宝石、制镜过程中突然改行，转向印刷方面的秘密试验，但告失败。1444—1448 年他外出旅行，可能去荷兰、瑞士巴塞尔和意大利威尼斯等地[4]，带着问题作技术考察，这些地方是书籍出版中心。1448 年回美因茨，旅行使他眼界大开，想出解决问题的适当办法。遂向本城富商富斯特（Johann Fust，c. 1400－1466）贷款，以所开发的技术和设备为抵押，五年合同有效期内利益均分，期满后将本息偿还债主。试验取得突破，1450 年铸出的金属活字已处于实用阶段，用大号字出版拉丁文《三十六行圣经》（Thirty-six Line Bible），字样为手抄本哥特体（Gotisch Schrift）粗体字。1454 年出版教皇尼古拉五世（Nicolas V，1447－1455）

［1］ von Strömer, Wolfgang. Hans Friedel von Seckington, der Bankier der Strassburger Gutenberg-Geselschaften. *Gutenberg Jahrbuch*（Mainz），1983，58：45－48.

［2］ Martin, Henri-Jean. *The history and power of writing*，Translated from the French（*Histoire et pouvoirs de l'écrit*. Paris，1988）by Lydia Cochrance. University of Chicago Press，1994，p. 217.

［3］ Martin, H. -J. *The history and power of writing*，University of Chicago Press，1994，p. 219.

［4］ Ibid.

颁发的《赎罪券》（*Indulgence*）。

谷腾堡技术生涯中最大成就是 1455 年用较小号字（20 point，相当今二号字）出版拉丁文《四十二行圣经》（*Forty-two Line Bible*）精装本拉丁文版，版面 30.5cm×40.6cm，每版含二页，双面印刷，共 1286 页，分两册装订（图 9—39）。每印张四边及两页间边栏都有木版刻成的花草图案，木版版框内植字，实际上是集木版与活字版于一身的

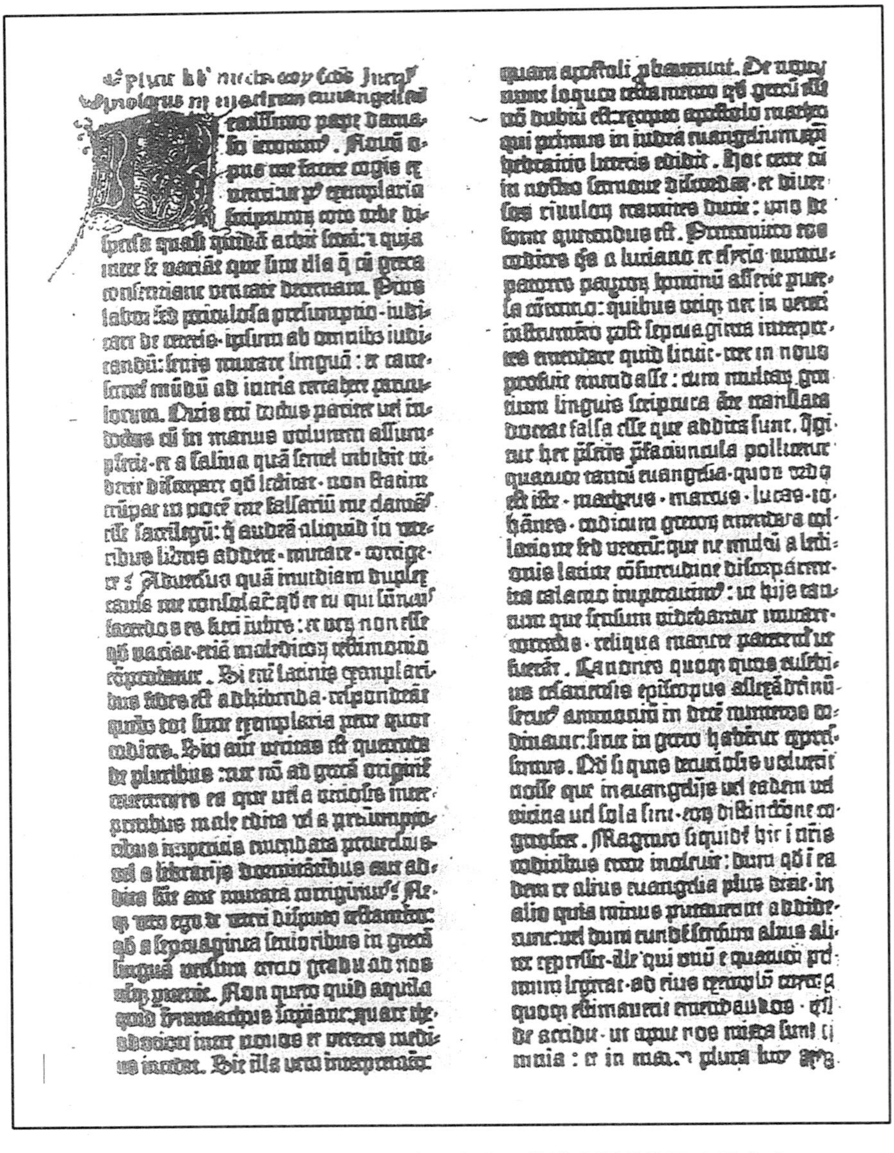

图 9—39　1455 年德国人谷腾堡在美因茨城出版的拉丁文活字本
《四十二行圣经》

纽约摩根图书馆藏

珍本[1]。这一年合同期满，但他无力还债，经官府判决，富斯特拥有印刷厂，继续雇用原有技师、工人，其中包括在巴黎大学习艺术、擅长书法的德国人舍费（Peter Schöffer, c. 1425 – 1502），铸字字样皆出其手，后来成为富斯特的女婿和继承人。他们合作出版不少书，还对活字字体、版面设计和铸字方面作了改进。谷腾堡再向其他人贷款，1456 年在美因茨城郊另建新厂，继续出书。原在富斯特厂的普菲斯特（Albert Pfister, fl. 1400 –1465）又回到谷腾堡这里成为重要助手。1462 年美因茨发生动乱，富斯特印刷厂被毁，员工前往斯特拉斯堡、科隆、班贝格和纽伦堡等地逃命，将金属活字技术扩散到德国其他城市以至欧洲各国，成为印刷的主流。

谷腾堡的金属活字技术在当时欧洲无疑是最好的，但在历史上并不是最早的。因为在他以前已有其他欧洲人作了尝试，四百多年前中国已付诸实践。他之所以能取得成就，是因为吸取和总结了前人在这方面的技术构思和经验，并结合欧洲具体情况，因地制宜加以变通，研制出适合拼音文字的拉丁文文化区和基督教世界的活字印刷工艺，从而使中国发明的活字技术欧洲化并扎根于欧洲土地。现将谷腾堡的技术方法与中国古法加以比较，就可看出这种情况。

第一，中国 11—13 世纪以铜和锡的合金为活字材料，基本成分为铜—锡—铅三元合金，以木活字为字模，以翻砂铸造法（sand-casting method）铸出活字。谷腾堡改以铅合金为活字材料，基本成分为铅—锡—锑三元合金，铅含量较高，故俗称铅活字，比铜活字便宜，熔点低（300℃）而易铸，加入锑可增加硬度，在用材上有改进。我们认为谷腾堡以木活字模借翻砂法铸字省力省财，美国学者[2][3]也有同样推断。但德国研究者认为他在钢块上逐一刻出阳文反体为字模，以强力将其打入厚铜板上做成阴文字范，放入黄铜铸箱中浇铸[4][5]，似费力耗资，不如翻砂法合算。中国汉代曾以金属范铸钱，但宋元以来不用于铸字、铸钱。考虑到小号西文木活字模强度小，只好刻钢字模，幸好字母只有26 个。

第二，中国古代木版、木活字以松烟炭黑加胶水配成的墨汁刷印。金属活字用松烟或油烟炭黑与动物胶以 100：30—100：50 之重量比调成稠汁，经发酵而成的墨，有时加入少量植物油。谷腾堡将亚麻仁油煮沸，加蒸馏松脂得到的松油精（terebene）等物，发酵后制成铅活字的油墨[6]。这是因为欧洲不习惯用松烟和油烟（欧洲不产油桐）制墨。

第三，中、欧木版和中国活字版都是将纸覆在已上墨的印版上，以棕刷或皮垫擦拭，

〔1〕 Oswald, J. C. *A history of printing. Its development through 500 years*, Chap. 2. New York，1928.

〔2〕 ［美］卡特（Carter, T. F.）著，吴泽炎译：《中国印刷术的发明和它的西传》，第 23 章，商务印书馆 1957 年版，第 200 页，注 24。

〔3〕 ［美］奥斯瓦尔德（Oswald, J. C.）著，［日］玉城肇译：《西洋印刷文化史》（日文版），第 22 章，第 335 页。

〔4〕 Hanebutt-Benz, Eva. *Feature of Gutenberg printing process*. Speech at the International Forum on the Printing Culture (Ch'ongju, Korea, 2 Oct.，1997).

〔5〕 Füssel, Stephan. *Gutenberg and printing in the Western culture*. Speech at the International Symposium on Printing History in the East and West (Seoul, 29 Sept.，1997).

〔6〕 林启昌：《印刷文化史》，香港：东亚出版社 1980 年版，第 104 页。

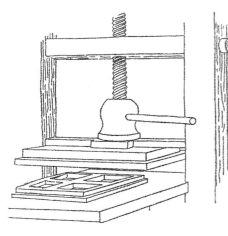

图9—40 欧洲早期的压印器
引自 Oswald（1928）

单面刷印，再沿印纸中线对折，装订成册。谷腾堡将欧洲压葡萄、油料或湿纸的螺旋压榨器加以改造，做成立式螺旋压印器。其框架为木制（图9—40），底部座台上固定木版，其上面的压印板由铁制螺旋杆控制，可上可下，板下有硬毛毡。人力驱动拉杆，调整压印板向印纸所施的压力。以羊皮包以羊毛的软辊蘸墨涂在印版上，再铺以纸，摇动螺旋拉杆，通过压印板压力印出字迹。虽仍一版双页，但每纸两面印刷，印纸不再对折。此装置可印厚纸、羊皮板，为一项创新设备。

由上所述可以看出，谷腾堡的铅活字印刷技术仍沿用中国活字技术原理和基本操作工序，但因地制宜以自己的方式变换了活字字模和字范的用材、墨汁来源和压印方法，成功用于印书。他之所以作出这些变换，主要由于西方拼音文字与汉文表意文字不同以及西方造不出平滑的薄纸有关，且西方厚麻纸比中国纸更昂贵，为提高其利用率，需两面印刷，必须借压力更大的装置。由于纸贵且供应不足，他还不得不以部分羊皮板充作刷印材料。从外国引进技术，必须使其适应当地环境才能可持续发展。谷腾堡的技术适应欧洲本土情况，故能广为推广，使欧洲从15世纪进入铅活字印刷时代，他作为欧洲金属活字印刷的奠基人是应予以肯定的。此技术后来又几经改进，成为世界近代印刷的发展起点，对他的贡献和历史作用应给以恰如其分的评价。当他铸金属活字之际，他的德国同胞正忙于用中国传入的技术铸造金属火炮，而告别了冷兵器时代。欧洲人用印刷术作为对封建社会进行批判的思想武器，又用火炮作为对封建社会进行武器批判的物质手段，这就是文艺复兴时期发生的事。

但长期以来西方流行一种观点，认为金属活字印刷是谷腾堡在没有受到任何外来影响下独自发明的，甚至无视古老的东亚活字印刷文化的存在，把他说成是整个活字技术的创始者。欧洲中心论（Euro-centrism）观点至今还在一些外行人那里不时流露出来。他们多半不了解东西方印刷史，尤其对中国印刷史和中、欧关系史知之甚少，只将目光局限于欧洲。他们看不到金属活字是从非金属活字演变而来，而非金属活字又是从木雕版演变而来，所有这一切在谷腾堡出世前几百年已出现于中国并向西方传播。李约瑟博士1954年发表的《欧亚之间的对话》一文内呼吁欧洲人多了解中国，与亚洲对话，这样才能进一步了解欧洲和世界[1]，说得何等好啊！随着时间的推移和东西方学者研究的深入，欧洲独立发明金属活字印刷说已引起西方专家的怀疑。最新的事例是1997年在韩国汉城召开的"东西方印刷史国际讨论会"上，欧洲印刷史家采取力图了解、重视亚洲情况的明智态度。

〔1〕 Needham, Joseph. Le dialogue entre l'Europe et l'Asie. *Comprendre. Rovue Politigue de la Culture*（Venice），1954，（12）：1—8；又见潘吉星主编《李约瑟集》，人民出版社1998年版，第127—143页。

与会的德国美因茨城谷腾堡博物馆馆长哈内布特—本茨（Eva Hantbutt-Benz）博士发言中谈到欧洲金属活字印刷产生的历史背景时指出：

> 考虑到这些历史事件，不可避免地会遇到两个问题。第一，谷腾堡是否知道从12世纪就已存在的东亚活字印刷的成就？这个问题不易回答。……但当人们认识到12—13世纪东亚与欧洲之间的接触程度时，我相信那些取道丝绸之路的旅行者会知道活字，即令未将这种知识作书面介绍，也会作口头传播。因此我不能想像谷腾堡从未听说过这种印书方式。我认为正是这种思想使他热衷于找到解决问题的适当方式，以适应他在国内面临的情况。[1]

法国巴黎大学历史与哲学系教授、印刷史家马丁（Henri-Jean Martin，1924－2007）也在会上说：

> 东方印刷技术和亚洲在这一领域内领先的发明，一直是法国和欧洲其他国家印刷史家的兴趣所在。因此四十年前，我请一位中国问题专家吉尼亚尔（Roberte Guignard）女士为我与费夫尔（Lucien Fevre）合著的《书籍时代的到来》（*L'apparition du livre*. Paris，1958）一书执笔论述东方印刷史的一章。……在试图反对如此长期统治非专业界人士思想的欧洲中心论观点时，我多少有些冒失地提出，作为传播印刷技术的发明家谷腾堡和瓦尔德福格尔，与东亚伟大的智慧之神一比，就不再是此间的造物主了。[2]

作为出席这次国际会议的中国代表，我亲自听到这些发言感到高兴。马丁先生还告诉我们说，当他从巴黎出席东亚召开的这次国际会之前，他收到德国纽伦堡大学技术史家沃尔夫冈·冯·施特勒默尔教授特意写来的信和委托他向与会者散发的论文。信中指出有两点需要注意："第一，是知识的传播。在这方面要强调查理四世皇帝在布拉格的宫廷所起的作用。布拉格当时是东方丝绸到达欧洲的一个主要终点，信息可能在此后从布拉格传到德国工商业城市，如纽伦堡、斯特拉斯堡和美因茨。我正在作这方面的研究，可望得出肯定的成果。第二，要关注的事实是，所有［印刷］技术革新都是一步步或分阶段进行。每个阶段都适应一个固定的目标，并旨在发展一种特殊的产品。"[3]

我从马丁赠给我的近作《书籍的历史和威力》（*Histoire et pouvoirs de l'ecrit*. Paris.，1988）和施特勒默尔向与会者散发的最新研究《从吐鲁番到卡尔施坦》（*Von Turfan zum Karlstein*，1997）中，已注意到他们在追溯谷腾堡技术活动的历史背景方面取得的

---

[1] Hanebutt-Benz, Eva. *Feature of Gutenberg printing process*. Speech at the International Forum of the Printing Culture (Ch'ongju 庆州, Korea, 2 Oct.，1997).

[2] Martin, Henri-Jean. *The development*，*spread and impact of printing from movable type in 15th and 16th century Europe*. Speech at the International Symposium on Printing History in East and West (Seoul, 29 Sept.，1997).

[3] Ibid.

进展。我完全同意施特勒默尔在信中谈到要注意研究的两点。这些情况说明，第二次世界大战后西方一些专家从自身研究中已逐步摒弃了欧洲中心论思想，继美国已故学者卡特（Thomas Francis Carter，1882－1925）和富路特（Luther Carrington Goodrich，1894－1986）之后，力图探索欧洲印刷特别是金属活字印刷的中国背景方面又取得新的成果。因而会后，我借施特勒默尔先生之题略加发挥，草成"从元大都到美因茨——谷腾堡技术活动的中国背景"（Von Khanbalique zum Mainz——Chinesische Hintergrund der technischen Aktivitäten von Johannes Gutenberg）一文[1]。

如前所述，谷腾堡 1434—1444 年在斯特拉斯堡城与德里策恩、里费等人合伙加工宝石和制镜期间突然改行，秘密从事印刷试验，并非一时心血来潮，必是受到外在因素激发。因在他十多年前，瓦尔德福格尔在阿维尼翁与其他人作过金属活字印刷试验，谷腾堡有可能从这里获得相关信息。因他的合伙人汉斯·里费的亲戚瓦尔特·里费（Walter Riffe）是斯特拉斯堡城的金匠，与谷腾堡是邻居，在这段期间常去阿维尼翁[2]。瓦尔德福格尔的"假写技术"已传授给一些人，其产品还曾售出，已处于半公开状态。瓦尔特·里费得知此情况无意间谈起，却引起谷腾堡的极大兴趣。据雷金提供的资料，瓦尔德福格尔与其他人铸锡、铁活字时已年迈，其技术还未达到印书的规模生产阶段前就散伙了。思想敏锐的谷腾堡年富力强，看准这是有潜力的行业，遂招来法兰克福的金匠迪内作印刷试验，没有证据证明这期间获得成功。他从 1444 年失败到 1450 年以后成功，无疑应归因于 1444—1448 年他在荷兰、瑞士、意大利和德意志帝国各地如科隆、纽伦堡和布拉格的广泛旅行，使他知道其他欧洲先行者在活字印刷方面的工作和面临的问题，包括荷兰人杨松、意大利人卡斯塔尔迪、德国人瓦尔德福格尔等人的工作。

在肯定谷腾堡贡献时，不能无视其他欧洲人的早期工作，这些人的活字印刷思想又从何而来呢？要回答这个问题，就要将源头追溯到那些取道丝绸之路的旅行者从中国带回的有关活字印刷知识。谷腾堡及其先行者直接或间接从旅行者那里得知这类知识，否则便很难想象为什么他们都突然放弃现有职业而作起印刷试验。在 13—14 世纪亚欧交通开放的元代，木活字、金属活字与木版、铜版印刷并行发展，有足够时间和各种渠道西传到欧洲。在元大都（今北京）与莫斯科、基辅、布拉格、纽伦堡、科隆、巴黎、阿维尼翁、威尼斯、热那亚和罗马等欧洲城市间，有商人、教士、使者和旅行者穿梭往来，除陆路外还可通过泉州、广州等港口经海路或陆海兼程到达威尼斯和热那亚。正是这些人将中国活字印刷信息带回欧洲，即令不作书面介绍，也会口头传播，哪怕一种思想暗示也足以引起技术传播。李约瑟以印刷术为例说明：

至于印刷术的传播，我感到高兴的是谷腾堡知道中国的活字技术，至少听说

---

〔1〕 潘吉星：从元大都到美因茨——谷腾堡技术活动的中国背景，《中国科技史料》1998 年第 19 卷第 3 期，第 21—30 页。

〔2〕 Martin, H. J. *The history and power of writing*. University of Chicago Press，1994，p. 220.

如此。[1]

其次，正如德国专家施特勒默尔所指出的，这种技术传播是一步步或分阶段进行的，每个阶段都旨在发展一种特殊产品。就是说，欧洲经历了造纸→纸抄本→木版本→铜版本→木活字本→金属活字本等技术发展阶段，随之而来的技术革新历程也是如此。但从一阶段向另一阶段过渡所需时间较中国大大缩短，因有中国现成技术可资借鉴。

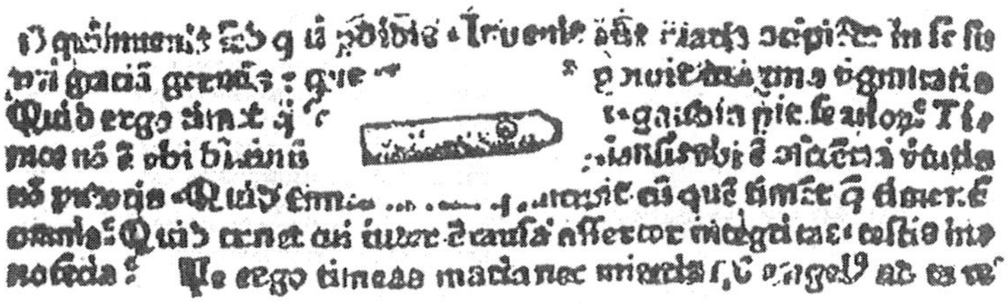

现在还可将中国和欧洲金属活字形体进行比对。谷腾堡的德国弟子策尔（Ulrich Zell, fl. 1440 – 1505）1468 年在科隆出版的拉丁文本《怡情少女颂》（*Liber de laudibus ac festus gloriosae virginis*）一书中，有一页在排版时误将一个铅活字横放，被印了出来（图 9—41）。

图 9—41　1468 年在科隆出版的《怡情少女颂》中出现的活字形象
引自 Ostwald（1928）

可清楚看到谷腾堡时代的金属活字为长立方体实体铸件，但字身上部有一小洞[2]，其外观形体与中国 12—14 世纪金属活字很类似。字身留洞是为了在植字时以细铁线穿之，将活字穿连成行，防止晃动。中、欧活字形体如此相似，说明谷腾堡时代欧洲人以中国人用过的技术构思铸字。虽然现下还难以查出传递技术信息的人是谁，但中、欧史料记载不少有可能充当此角色的有名或无名旅行者。前一节提到的意大利教士孟高维诺（Giovanni da Monte Corvino，1247 – 1328）、商人佩德罗（Pietro da Lucalonga）和德国教士阿诺德（Arnold de Cologne）1298—1307 年在中国人帮助下在北京出版有拉丁文、波斯文和蒙古文的基督教圣像[3]后，1307 年法国人日拉尔（Gerard de Alboni）、意大利人安德烈（Andrew de Perugia）和西班牙人佩雷格里诺（Peregrino de Castello）又来北京与之相会，后赴福建泉州传教[4]。安德烈在华近三十年，1336 年返回欧洲。这批人在华时间长，参与木版印刷圣像，亦当对活字技术有了解，又与欧洲保持联系，还会见过访华的其他欧洲人，有的还返回本国，他们会将有关中国各种信息传到欧洲。

1315 年意大利人和德理（Odoric de Pordenone，1226 – 1331）和爱尔兰人詹姆斯（James）沿孟高维诺来华路线东游，1321 年到印度，次年经广州到泉州，会见安德烈等人。1322—1328 年去金陵（今南京）、杭州和扬州等地，在北京居住三四年，与孟高维诺

---

〔1〕 Needham, Joseph. Science and China's influence on the world, in: R. Dawson（ed.）. *The legacy of China*. Oxford，1964，pp. 234—308，note 10.

〔2〕 Oswald, J. C. A *history of printing. Its development through 500 years*，Chap. 22，New York，1928；〔日〕玉城肇译：《西洋印刷文化史》，东京：鲇书房 1943 年版，第 336 页。

〔3〕 潘吉星：《中国金属活字印刷技术史》，辽宁科学技术出版社 2001 年版，第 223—224 页。

〔4〕 Moule, Arther Christopher. *Chistians in China before the year 1550*，Chap. 7. London：Society for the Promotion of Christian Knowledge，1930.

等人会面。1329 年二人经新疆、中亚和波斯西归，1330 年返欧洲[1]。和德理在《东游录》（*Itinearium de Orientalium*，1330）中说，他在威尼斯遇见不少到过中国的商人，因 13—14 世纪威尼斯、热那亚和佛罗伦萨等地商人热衷于对华贸易。广州、扬州出土的元代拉丁文墓碑和威尼斯银币[2]，就是他们在华活动的证据。这说明了卡斯塔尔迪为什么能在威尼斯作起活字印刷试验，而谷腾堡也到过这里。

佛罗伦萨教士约翰·马黎诺里（Giovanni de Marignolli，c. 1290 - 1357）1238 年受教皇派遣，从阿维尼翁率 50 人起程来华，1341 年经新疆进入内地，1342 年到北京时只剩 32 人，据当时文人欧阳玄（1274—1358）《圭斋集》卷一所载，他们受元顺帝（1333—1359）接见，并献上名马。1342—1346 年在北京居住四年后，经杭州至泉州，1353 年返回阿维尼翁[3]。1355 年神圣罗马帝国皇帝查理四世至阿维尼翁教廷加冕时，听说马黎诺里出访过中国，便请他来波希米亚的布拉格，为王廷效力，受命编写《波希米亚编年史》（*Monumento Historica Bohemiae*），其中谈到在华见闻。查理四世积极发展与东方贸易往来，布拉格便成为中国丝绸等货物运往欧洲的一个终点，由此再转运到尼德兰（今荷兰）和德国纽伦堡、斯特拉斯堡和美因茨等工商业城市。布拉格当时还是当时东西方人员会集之地和信息交流中心。除马黎诺里外，这里也像威尼斯一样，有到过中国的其他一些欧洲人。恰巧前述从事金属活字试验的德国人瓦尔德福格尔也在这里长期居住过。

值得注意的是，所有访问元代中国的欧洲旅行者都毫无例外地沿丝绸之路上的新疆、甘肃、宁夏入境或出境，13 世纪以来这一带有木版和活字印刷业，20 世纪初还出土版刻纸牌、木活字、木活字印本和大量铸有蒙文、汉文单个字的印押即单个铜活字。元代时除中国全境外，在中亚、俄罗斯部分地区也通行北京印发的纸币，而纸币就是用铜版及铜活字印刷的。从泉州出入境的欧洲旅行者北上途中经过的省份和城市也有印刷、贩书中心，尤其浙江早在南宋即以锡活字印书。因此就中国而言，活字技术的西传可通过南北两条路线进行。从北京出发到乌拉尔山及里海以西的欧洲境内如果走北线，则从北京到新疆，取道钦察汗国经俄罗斯、波兰、波希米亚到德国，此即亚欧陆上丝绸之路。如走南线，则从北京出发到泉州或广州，绕过印度洋取道伊利汗国，经波斯、亚美尼亚和土耳其到意大利，此为陆海兼程。早期欧洲作者也是这样讲的。

16 世纪意大利史学家焦维奥（Paolo Giovio，1483 - 1552）1546 年在威尼斯用拉丁文出版的《当代史》（*Historia sui temperis*）一书中写道：

　　广州的金属活字印刷工用与我们（欧洲人）相同的方法将历史和仪礼等方面的书印刷在长幅对开纸上，……因此可以使我们很容易相信，早在葡萄牙人到印度（14

〔1〕 Cordier, Henri. *Les voyages du Frère Oderic de Pordenone*. Paris, 1891；Henry Yule（ed.）. *Cathay and the way thither*, rev. ed. Henri Cordier, Vol. 2, London；Hakluyt Society, 1913.

〔2〕 夏鼐：扬州拉丁文墓碑和广州威尼斯银币，《考古》1979 年第 6 期，第 532 页。

〔3〕 Moule, A. C. *Christians in China before the year 1550*, Chap. 9；Henry Cordier（ed.）. *op. cit.*, Vol. 3. London, 1914, pp. 209—269.

世纪）以前，对文化有如此帮助的这种技术就通过西徐亚和莫斯科公国传到我们欧洲。[1]

文内所述西徐亚（Scythas or Sythia）为里海及黑海之间亚、欧两洲交界处的古国名，此处指蒙古伊利汗国辖下的亚美尼亚。莫斯科公国（Moscos or Moscovite）指蒙古钦察汗国当时控制的古俄罗斯（Russ or ancient Russia）。如前所述，这正是中国活字印刷西传的南北两线上靠近欧洲的地区。亚美尼亚人信奉基督教，其国王海敦一世（Hayton Ⅰ，1224 - 1269）1246 年降于蒙古后，派其弟于 1254—1255 年经新疆入境，受元定宗（1246—1248）接见，写有游记[2]。亚美尼亚人精于金工工艺，常去欧洲谋生。焦维奥所说的"typographos artifices"指"金属活字印刷工"，因为他认为此法即"我们的方法"（'more nostro'），而当时欧洲通用金属活字印书。为便读者判断，此处将有关词的拉丁文原文标出。

焦维奥的论述可与 1585 年西班牙学者胡安·冈萨雷斯·门多萨（Juan Ganzeles de Mendoza，1540 - 1620）1585 年在罗马以西班牙文发表的《中华大帝国志》（*Historia del gran Regno de China*）的记载相印证。此书于 1588 年由帕克（Robert Parke）译成古体英文发表，其中第十六章谈到中国印刷术西传，现翻译如下：

> 根据大多数人的意见，欧洲［金属活字］印刷术的发明始于 1458 年，由德国人谷腾堡所完成……然而中国人确信这种印刷术首先在他们的国家开始，他们将发明人尊为圣贤。显然，在中国应用此技术许多年之后，才经由俄罗斯（Ruscia）和莫斯科公国（Moscouia）传到德国，这是肯定的，而且可能经过陆路传来的。而某些商人经红海从阿拉伯半岛（Arabia Felix）来到中国，可能带回书籍。这样，就为谷腾堡这位在历史上当作发明者的人奠定了最初的基础。看来很明显，印刷术这项发明是中国人传给我们的，他们对此当之无愧。[3]

门多萨在这部欧洲人有关中国的第一部专著中，除参考西方各种早期记载外，还取自西班牙奥斯丁会士（Augustinian）马丁·德拉达（Martin de Rada，1533 - 1578）的《福建游记》（*Narrativa mission de Fukien or Narrative of mission to Fukien*）或《大明中国见闻录》。马丁通汉语，明万历三年（1575）与墨西哥人马林（Geronimo Marin）从菲律宾出访福建省，在泉州、漳州和福州等地购买大量汉籍。1576 年这批书和马丁的游记由

〔1〕　Jovius, Paolo（Giovio, Paolo）. *Historia sui temperis*（1546），Vol. 1. Venezia，1558，p. 161；cf. T. F. Carter. *The invention of printing in China and its spread westward*，2nd ed. revised by Luther Carrington Goodrich, note 4. New York：Ronald，1955，pp. 159，164—165.

〔2〕　Boyle, J. A. The journey of Het'un I, King of Little Armenia. *Central Asiatic Journal*，1964，no. 9；何高济译：《海屯行纪》，中华书局 1981 年版，第 1—22 页。

〔3〕　de Mendoza, Juan Ganzeles. *The history of the great empire and mighty kingdom of China*，translated by Robert Parke in 1588，edited by George Thomas Staunton. Vol. 1. London：Hakluyt Society，1853，pp. 131 - 134.

马林返欧时献给西班牙国王菲力普二世（Philip Ⅱ）。马丁在游记中谈到他与福建地方官对话时写道：

> 当这位中国官员听到我们也有印刷的活字（script），而且我们也和他们一样印刷书籍时，大为惊奇，因为他们使用这种技术比我们要早几百年。[1]

我们知道，16—17 世纪明代东南各省有大规模金属活字印刷活动，所刊之书均标明“铜版活字”即铜活字版，至今传世。马丁曾买到这些书，因而与当地中国官员谈起金属活字印刷。他所说的 script 指手书体金属活字，也证明这一点。

当代英、美、德、法和中国等国学者的研究证明四百多年前意大利人焦维奥和西班牙人门多萨的记载是正确的，即中国金属活字印刷知识通过 13—14 世纪元代时访问中国的旅行者传入欧洲，从而为瓦尔德福格尔和谷腾堡研制金属活字奠定了最初的基础。谷腾堡技术活动的中国背景现在是越来越清晰了。知识传播可能通过南北两条路线，但沿陆上丝绸之路的北线传播的可能性看来更大，这正是蒙古大军 1253—1259 年第三次西征时踏出的亚欧直通的安全路线，中国火药术、木版和木活字技术等发明西传所经历的路线，金属活字技术亦同样如此。

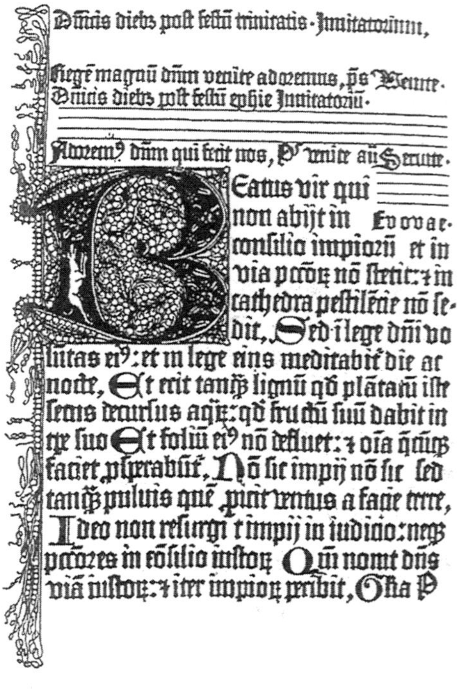
Dñicis diebꝫ post festũ trinitatis · Inuitatoriũ.
Regē magnũ dñm venite adoremus, ps Venite.
Dñicis diebꝫ post festũ ephie Inuitatoriũ.
Adorem⁹ dñm qui fecit nos, P̃ venite aũ Seruite.
Beatus vir qui non abijt in Euouae. consilio impiorũ et in via pctõꝝ nõ stetit: ꝛ in cathedra pestilẽcie nõ sedit, Sed i lege dñi voluntas ei⁹: et in lege eius meditabit̃ die ac nocte, Et erit tanq̃ lignũ qd̃ plãtatũ iuxta decursus aquaꝝ: qd̃ fructũ suũ dabit in tpe suo Et foliũ ei⁹ nõ defluet: ꝛ oĩa q̃cũq̃ faciet, psperabũt, Nõ sic impij nõ sic sed tanq̃ puluis quẽ, piicit ventus a facie terre, Ideo non resurgẽt impij in iudicio: neq̃ pctõres in cõsilio iustoꝝ Qm̃ nouit dñs viã iustoꝝ: ꝛ iter impioꝝ peribit, Gl̃a P

图 9—42　1457 年富斯特与舍弗合作印刷出版的《圣诗篇》朱墨双色本
引自 Ostwald（1928）

3. 金属活字印刷在欧美各国的发展

谷腾堡的铅活字技术在美因茨用于印书后很快就扩散到德国各地和欧洲各国。富斯特经营的印刷厂在舍弗的帮助下，1457 年出版对折本《圣诗篇》（*Psalter*），供教堂作弥撒时用（图 9—42）。此书在欧洲首次出现朱、墨双色印刷，又首次标明印刷者姓名、出版年月和地点以及印刷厂用的商标或徽章（emblem），这些内容在中国宋版书中早已出现。《圣诗篇》为 20 及 24 行大字豪华本，1458、1459 年及以后多次重印。1459 年又刊主教杜兰蒂（Duranti，1237－1295）的《神职规范》（*Rational divinarum officiorum*），1460 年出版教皇克勒蒙五世（Clement Ⅴ，1305－1314）的《律令大全》（*Constitution*），是西方最早出版的法律书。1462 年再刊对折本《四十八行圣经》，在活字铸造上有改进，一是字号小，二是有罗马字体书风，或可

〔1〕 Boxer，C. B.（ed.）. *South China in the 16th century*，London：Hakluyt Society. 1953，p. 255.

称为圆状哥特体细体字，便于阅读。

　　谷腾堡单独经营的印刷厂在普菲斯特帮助下，1456 年出版《1457 年年历》，是挂在墙上的单张印刷品。1459 年再刊《三十六行圣经》，1460 年出版大众教科书《教堂课读》(*Catholion*)，是含拉丁文文法和神学辞典在内的一册本，748 页。从 1450 年代起，美因茨两家印刷厂成为全欧洲金属活字印刷的策源地。1458 年谷腾堡的助手普菲斯特将技术传到班贝格（Bamberg）并在那里印书。同年其另一合作者门特林（Johann Mentelin，1410－1478）在斯特拉斯堡建立印刷厂，1466 年刊德文版《圣经》，是用近代欧洲民族语文出版的早期著作。在同一城印书的还有埃格施泰因（Heinrich Eggestein，d. 1486）。1466 年谷腾堡弟子策尔在科隆开业，四十年内出书 200 种。1470 年在奥格斯堡的普夫兰茨曼（Jodocus Pflanzmann）出版插图本德国《圣经》，图以木版刻成。同年，科隆的阿诺德（Arnold der Hoernon）出版的书中首次加印页码及扉页（title page）。1473 年科贝格尔（Anton Koberger，d. 1513）在纽伦堡设立的印刷厂雇工百人，印书 236 种，又在瑞士巴塞尔、法国里昂设分厂，其著名出版物为 1513 年刊《纽伦堡编年史》(*Nurnberg Chronicle*)，596 页，有 1809 幅木版插图、人物像和地图等，用 645 块木板刻成。

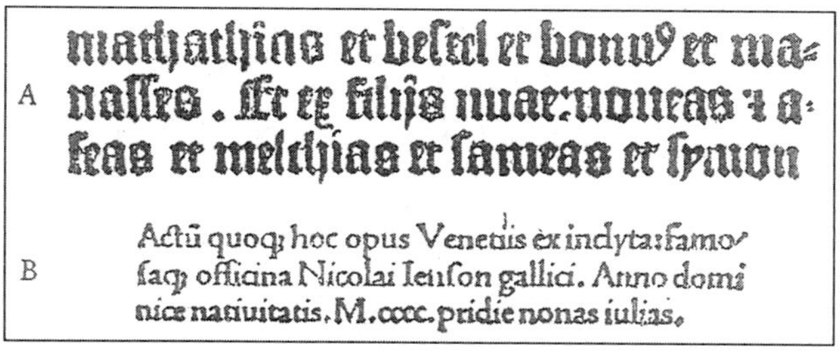

　　德国培养的一些印刷工借自身技术出国闯荡，1465 年富斯特厂雇用的斯韦因海姆（Conrad Sweyenheim）和潘纳尔兹（Arnold Panartz）在罗马市郊斯比阿科（Subiaco）村建起意大利第一家印刷厂，两年内出版拉丁文文法、西塞罗（Marcus Tullius Cicero，106－43 BC）《演讲集》及宗教文学作品，铅活字、压印器及油墨用马车从德国运来。1467 年该厂迁至罗马，为适应意大利读者习惯，活字用罗马字体，如

图 9—43　谷腾堡 1455 年铸的哥特体活字（A）和让松 1470 年铸的罗马体活字（B）

Gothic type cast by Gutenberg in 1455 (above)，Raman type cast by Nicholas Jenson in Venice in 1470 (bellow)

1469 年刊《罗马史》即以此字体付印[1]，已接近现代印刷字体，与谷腾堡、富斯特等德国厂用的哥特体大不相同（图 9—43），是字体上的改革。谷腾堡用的字体属古代手抄本字体，富斯特去法国推销书时还不敢说是印本，而伪称手抄本，怕引起抄书手行会的抵制。活字印刷发展后，以抄书为职业的人纷纷改行，印刷厂才以印刷体活字印书，是进步现象。1469 年德国斯派尔城（Spira or Speyer）印刷人约翰（Johannes）和温德林（Vendelin）兄弟在威尼斯建厂，也以罗马字体印书，此字体便风行起来。1468 年原在谷腾堡厂打工的鲁佩尔（Berthold Ruppal）在瑞士巴塞尔建厂，后该城成为印刷中心，文艺复兴时期出版很多重要著作。因之，除德国外，意大利和瑞士是较早发展金属活字印刷的欧洲国家。

---

〔1〕　Oswald，J. C. *A history of printing：Its development through 500 years*，Chap. 8. 23. New York，1928.

法国国王查理七世（Charles Ⅶ，1422－1461）得知谷腾堡以活字印书后，1458 年派造币局局长让松（Nicolas Jenson，1420－1480）前往美因茨学习秘法，他在富斯特厂停留多年，掌握了活字技术。但返国后，查理七世退位，其子路易十一世（1461—1483）夺王位后，对此新技术不感兴趣。让松一怒之下离开故国，1470 年来意大利威尼斯创业，用优美罗马字体出版 150 种书。让松的出走使法国发展活字印刷推迟，不得不付金币进口印本书。1470 年法国政府以高薪从瑞巴塞尔请来克兰茨（Martin Cranz）、格林（Ulrich Gehring）和弗里堡（Michael Friburger）三名德国人在巴黎建厂。1474 年以后法国印刷业迅速发展，1476 年最早的法文版《法兰西编年史》（*Chroniques de France*）在邦欧姆（Bonhormme）印刷厂出版，此前多出版拉丁文本。

1475 年帕尔马特（Lambert Palmart）在西班牙的巴伦西亚（Valencia）建厂，先后出书 15 种。1473—1474 年赫西（Hesse）在布达佩斯建成匈牙利第一家印刷所。在荷兰，曼西昂（Colard Mansion）于 1475 年在布鲁日（Bruges，今比利时境内）建印刷所。二年后（1477）范德米尔（Van der Meer）于德尔夫特（Delft）设厂出《旧约全书》。英国最早印刷人卡克斯顿（William Caxton，1422－1491）在布鲁日经商时认识曼西昂，并在他厂内学得技术。他先将中世纪爱情小说《特罗伊之坎坷史》从拉丁文译成英文（*The recuyell of the historyes of Troye*），1475 年与曼西昂合作将译本出版。这是用英文出版的第一部书。1476 他返回英国，在伦敦西敏寺（Westminster）建成英国第一家印刷厂，次年出版教皇颁发的《赎罪券》。1477 年出英文版《哲人格言及教导》（*The dicta and sayings of the philosophers*），字体用哥特体粗体字，先后印书三十多种。北欧丹麦最早印刷厂是斯内尔（Snell）1482 年在欧登塞（Odense）开办的。葡萄牙印刷厂是托雷达纳（Toledana）1489 年在里斯本建立的。俄国活字印刷厂是 1563 年费多罗夫（Ivan Fedorov）及姆斯季斯拉韦茨（D. T. Mstislavetz）奉伊凡四世（Ivan Ⅳ Vasilievich，1530－1580）之命建于莫斯科，四年间出三种书，后工厂遭破坏，1589 年再建新厂。1450—1500 年短短五十年间印刷厂已遍及欧洲各国，总共 250 家，出书 2.2 万种。以每种书印 300 部计，则总共出版 660 万部书[1]。

新大陆第一家印刷厂是西班牙人帕布洛斯（Juan Pablos）1539 年在墨西哥城建立的，1540 年出版过传教会所编天主教义之类的书。美国最早的印刷厂是独立前在马萨诸塞州的剑桥（今波士顿）于 1638 年建立的。所需设备和活字由英国牧师格洛弗（Jesse Glover）从英国运来的，同行者有英国印刷工斯蒂芬·戴（Stephen Day，1594－1668）和格洛弗全家。计划为哈佛学会（今哈佛大学前身）使用，但格洛佛死于途中，斯蒂芬·戴按死者遗愿投入运营，1639 年出版《自由人之誓约》（*Freeman's Oath*）及历书。1640 年刊行美国版的《圣诗篇》（*Bay Psalm Book*），印刷设备是老式螺旋压印器，但这时美国还不能造纸，纸靠进口。1690 年宾夕法尼亚州费城有了造纸厂后，印刷业才有发展基础，费城也成了印刷基地。美国开国元勋富兰克林（Benjamin Franklin，1706－1790）在该城当过印刷工。加拿大迟至 18 世纪才有印刷厂，工人来自美国和法国。

---

〔1〕［日］庄司浅水：《世界印刷文化史年表》（日文版），第 63 页。

图 9—44　17 世纪德国印刷厂内景
引自 Sandermann（1988）

　　欧洲大陆至 16 世纪在很多城市都有印刷厂，相互之间出现竞争，在这过程中有的破产或被兼并，使原有印刷布局发生变化，一些大厂相对集中于某个城市，意大利、法国、德国、荷兰和瑞士成为欧洲印刷大国，印刷量比 15 世纪增加二倍。在谷腾堡时代我们仍能看到中国技术的影响痕迹，但 16 世纪以后至近代机器印刷工业到来之前这段时期，欧洲各国的印刷实际上是谷腾堡技术的延续和改进，并未脱离原有的工艺模式，仍属早期印刷阶段（图 9—44）。此处我们考察了中国金属活字印刷的起源、发展和外传，虽然此技术发端于中国，但外传后其他国家或地区的人民对其进一步发展也都作出贡献，也应载入史册。各国学者可能会对某个问题有不同意见，可以摆事实讲道理，相互讨论。从世界史、东西方技术交流史和比较研究的视角考察印刷史，将有助于加深各国人民的相互友谊和了解。

第十章　冶金

一　中国铸铁、炼钢技术的发明和西传

（一）中国铸铁和以铸铁炼钢技术的发明

地球各地蕴藏着丰富的铁矿，但远古时人类不知道从中炼铁，而是用天上掉下的陨铁加工成铁器作为青铜器的代用品，但陨铁数量有限，降落到地球各地的机会也不多。于是三千多年前在美索不达米亚（今伊拉克境内）、小亚细亚（今土耳其境内）和埃及等西亚和北非古代文明区发现铁矿，进行人工炼铁。方法是将铁矿石与木炭在小型炼炉中于800℃—1000℃下炼出含碳量小（0.05％）的熟铁（wrought iron）[1]。因为铁的熔点为1537℃，古人无法造成如此高温，铁在炉内无法液化而流出炉外，需拆炉取出铁块，只能间歇生产，而炉的产量又小。熟铁有展性，可锻打成工具和兵器，但因柔软，不堪使用，只好将其在炭火中反复锻打，实现固体表面渗碳，以提高硬度，成为早期的渗碳钢，再打造成器。其缺点是部件内外含碳量不匀，金相观察中有层状组织，含夹杂物较多，钢质不佳（少数精品例外）。因不能浇铸成品，需一件件反复加热锻打，因而生产率低，劳动成本高。

古代中国也经历了使用陨铁到从矿石炼出熟铁的早期历史。虽然比西亚晚些，但很快就发现生产中问题所在并找到解决办法，此即将小型炼炉改建成较大型竖炉，加强鼓风能力，以数个大型皮囊鼓风器（比西亚及欧洲用的手风琴式鼓风器效力更大）同时鼓风，将炉温提高到1200℃以上。在此温度下，被木炭还原而形成的固态铁迅速吸收碳，从而使其熔化温度急剧下降。当含碳2％—4％时，熔化温度降至1380℃—1160℃，得到的液态生铁或铸铁（cast iron）从炉内流出，故可不间断生产。冶金史家韩汝玢先生提出，液态生铁冷凝时，碳以渗碳体 Fe_3C 形式存在，与奥氏体（austenite）状态的铁在1146℃共晶，此共晶物称为莱氏体（ledeburite），是性脆而硬的白口铁。液态铁碳合金有良好铸造

〔1〕　Tylecote, R. F. *A history of metallurgy*, Chap. 5. London: The Metals Society, 1976；华觉明、周曾雄译：《世界冶金发展史》，第五章，科学技术文献出版社 1985 年版。

性能，通过模具铸成形状复杂的器物和工具[1]。中国是世界上发明和最早使用铸铁的国家，铸铁的发明使中国在铁器生产方面后来居上。

有关铸铁的最早文献记载，出现在公元前 4 世纪成书的史册《左传·昭公二十九年》条：

> 冬，晋赵鞅、荀寅帅师城汝滨，遂赋晋国一鼓铁，以铸刑鼎，著范宣子所为《刑书》焉。[2]

对"遂赋晋国一鼓铁"句，西晋经学家杜预（222—284）《春秋经传集解》（284）注释曰：

> 令民各出功力，均赋其功也。冶石为铁，用橐扇火、动橐谓之鼓，今时俗语犹然。令众人鼓石为铁，计令一鼓便足。

杜预的解释是正确的。因此这段记载的意思是：公元前 513 年冬，晋国正卿赵鞅（约前 544—前 479）会同荀寅带领军队至汝河之滨新征服的原陆浑地区建立城池，征兵赋，要各地出人力、物力，以皮囊鼓风器鼓风，将铁矿石冶炼成铁，用来铸造含有晋国大臣范宣子（名士匄，前 593—前 533 在世）起草的刑法的铁鼎。此处明确说用生铁可以代替青铜作为铸鼎材料，自然也可铸造兵器、器物及生产工具。

中国各地的考古发掘证明生铁出现的时间比文献记载更早。例如 1979 年以来，在山西（晋国境内）天马—曲村春秋（前 770—前 477）遗址作了科学发掘，在探方 12 第四层发现春秋早期（前 8 世纪）的铁器残片，经鉴定其金相组织为过共晶白口铁，白条状为一次性渗碳体（Fe_3C），基体为莱氏体共晶，含碳 4.5%。探方 44 第三层的铁器残片为春秋中期（前 7 世纪），金相组织也呈共晶白口铁，含碳 4.4%。以上两件是迄今已知最早的铸铁残件，比文献记载早二百年，说明公元前 8 世纪春秋早期中国已制出液态生铁（见前引韩汝玢书）。早期的生铁硬度虽高，但因性脆，不易锻造成各种兵器和工具，只能铸造成器，这就限制了其更广泛用途。为克服此缺点，古人发明一种生铁柔化的热处理技术，即退火技术。将生铁在炉内加热到 900℃，保温 2—3 天，再缓慢冷却至 700℃左右，这样既保留原有硬性，又增加韧性。此技术出现于春秋、战国之交的公元前 5 世纪，1974 年河南洛阳水泥制品厂出土战国早期（前 5 世纪）的铁锛，经金相检验是白口生铁经退火处理后制成的[3]。

战国中晚期，铸铁可锻化退火技术更趋成熟，促进了秦汉时期钢铁技术和社会生产力的发展。战国中晚期（前 4—前 3 世纪）制造和出土的铁器比以前种类多、数量大、产地

---

[1] 韩汝玢：中国古代钢铁冶金技术，见韩汝玢、柯俊主编：《中国科学技术史·矿冶卷》第六章，科学出版社 2007 年版，第 384—385 页。

[2] （春秋）左丘明著，（晋）杜预注，（唐）孔颖达疏：《春秋左传正义》卷五十三，《左传·昭公二十九年》，（清）阮元校：《十三经注疏》下册，世界书局影印本 1935 年版，第 2122 页。

[3] 李众：中国封建社会前期钢铁冶炼技术发展的探讨，《考古学报》1975 年第 2 期，第 5—6 页。

广，其中农具有犁铧、锄、镢、铲、镰等，生产工具有斧、削、凿、锥等，兵器有刀、剑、戈、戟、矛、匕首、箭镞等，有些就是用退火处理的可锻铸铁打造的。在有了铸铁之后，熟铁并未淘汰，而是与生铁并行发展，二者在发展中被不断改进，最后导致钢的出现，钢的含碳量（0.025%—2%）介于熟铁与生铁之间。既有熟铁的韧性，又有生铁的刚性。将熟铁中碳含量提高，有可能使其钢化，方法是将熟铁加热后反复锻打，因与炭火接近，碳便渗入铁中，成为渗碳钢，硬度增加，可用以打造兵器及工具。但渗碳只限于表面，夹杂物很难除尽，且有层状组织。固体渗碳技术古代一些民族都曾用过，如古代埃及、波斯由熟铁加工成的渗碳钢一直持续到中世纪后期，所谓"大马士革钢"（"Damask steel"）就是这类产品。中国春秋中期（前 8 世纪）已有熟铁渗碳钢兵器，但至西汉（前 1 世纪）已为由生铁制成的钢所取代。

由于中国单独掌握炼制生铁的技术长期领先于世界其他地区，由生铁制钢的各种技术都发端于中国。冶金史家韩汝玢等人系统研究了这些技术，现介绍如下。公元前 5 世纪中国发明将生铁加热到一定程度（900℃以上），通过退火使其在固态下脱碳成钢的技术。前述洛阳水泥制品厂出土的战国铁锛就是使用此技术的最初表现。1974 年河南渑（miǎn）池出土汉魏窖藏生铁农具及兵器，含碳 0.2%—0.9%，为含不同碳量的钢件[1]。西汉中期（前 2 世纪）还以生铁为料，入炉在 1150℃—1200℃下熔化，不断鼓风并搅拌，像炒菜那样，使铁中的碳被氧化，故制成的产物称为"炒钢"。至东汉（2 世纪）进一步普及。1958—1959 年河南巩县铁生沟西汉冶铁遗址出土铁器中 73 件，经金相鉴定，内 14 件是用炒钢锻制的。炒钢是中国独创的技术产物。在炒钢基础上又在东汉出现了百炼钢（*bailian-gang* or *steel of a hundred forgings*），以其作刀，非常锋利。晋人崔豹（255—320 在世）《舆服注》载吴大帝孙权（182—252）有宝刀三，一曰百炼刀[2]。1974 年山东临沂地区苍山县出土东汉环首钢刀，铭文称永初六年（112）造三十炼大刀。金相鉴定由珠光体及铁素体细晶粒组成，含碳 0.6%—0.7%，是以炒钢为原料，经反复加热锻打制成，刀口经局部淬火处理，这种东汉钢刀在江苏、四川也有发现[3]。

中国古代炼钢的另一技术创举，是将生铁与熟铁合炼成钢。5 世纪梁人陶弘景（456—536）《本草经集注》（500）称，"钢铁是杂炼生、鍒作刀、鍒镰者"[4]。"生"指生铁，"鍒"（rou，音柔）指熟铁。《北史》（659）卷八十九《綦母怀文传》载，綦母（古音读作 qíwù，旗勿）怀文（520—595 在世）在大约 550 年造宿铁刀，"其法，烧生铁精，以重（chóng，重叠）柔铤（柔铁），数宿则成刚（钢）"[5]。这段话意思是：将生铁化成铁水，

---

〔1〕 韩汝玢："中国古代炼钢技术"，韩汝玢、柯俊主编：《中国科学技术史·矿冶卷》第十章，科学出版社 2007 年版；He Tangkun. *Metallurgical achievements in ancient China. Ancient China's technology and science*. Beijing：Foreign Languages Press，1983，pp. 392—407；German trans. *Wissenschaft und Technik im alten China*. Berlin，1989.

〔2〕 参见（宋）李昉：《太平御览》卷三四五，《兵部·刀上》，中华书局影印本 1960 年版，第 2 册，第 1588 页。

〔3〕 见前引《中国科学技术史·矿冶卷》第十章，科学出版社 2007 年版。

〔4〕 引文见（明）李时珍《本草纲目》卷八，《金石部·铁》. 上册，人民卫生出版社 1982 年版，第 486 页。

〔5〕 （唐）李延寿：《北史》卷八十九，《綦母怀文传》，二十五史本第 4 册，上海古籍出版社 1986 年版，第 314 页。

与熟铁擦在一起，经数日，即成为钢。此技术至迟当起于 5 世纪。北宋人沈括（1031—1095）《梦溪笔谈》（1088）卷三对此解释说：将熟铁条卷曲成团状，以生铁插入其间，下以泥封之，在炉内烧炼[1]。因生铁熔点比熟铁低，先化为铁水，灌入熟铁团中，生铁中的碳渗入熟铁中，生铁的含碳量减少，而熟铁含碳则增加，再将其锻打，便成好钢，名曰"灌钢"或"团钢"。这种技术在宋元明清四朝得到进一步继承和发展。据李约瑟报道，1954—1955 年英国技术家在苏格兰对中国灌钢技术作了模拟实验，得到优质工具钢[2]，鉴于西方以前从未有这种钢，李约瑟特为它取了新名"co-fusion steel"（"合炼钢"）。此处之所以用较多篇幅叙述中国古代铸铁冶炼及以铸铁炼钢的技术，是因为这是世界铸铁及炼钢史的最初篇章，是各国发展此技术的源头，不了解这些，是无法研究中外技术交流史的。

（二）中国铸铁、钢制品及其制造技术在阿拉伯地区的传播

中国铸铁术西传的第一站是阿拉伯地区的中亚和西亚的波斯。应当说波斯冶炼熟铁有悠久历史，19—20 世纪在伊朗北部古城苏萨（Susa）发现直径 5 毫米的带有铜锈的铁戒指，年代为公元前 1000—前 750 年[3]，在神庙基址上又出土铁剑和有铁环的甲胄等，年代为公元前 1100 年[4]。里海沿岸的库班（Kuban）出土前 6 世纪波斯镀金的铁制战斧[5]。据希腊史家希罗多德（Herodotus, c. 484 - 425 B.C.），在《希腊—波斯战史》中报道，公元前 480 年波斯军队身披铁制鳞片状铠甲[6]。其所用长矛和箭镞或用青铜或用铁[7]。波斯帝国皇帝阿塔克塞克塞斯（Artaxexes I. r. 464 - 425BC）将钢刀作为礼物送给同时代的希腊史家克泰西阿斯（Ktesias, 4th c. B. C.），这可能是后世所谓的"大马士革钢刀"（damascend' blade）[8]，即以熟铁为原料加工而成的渗碳钢刀，因属皇帝御用，做工精细，是古代西亚地区最高技术产物，但尚难普遍使用。总的说，西亚铁器（熟铁）时代的兵器刃部柔软，冲锋陷阵时容易弯曲，不能有效杀伤敌人，需随时将弯曲的部分扳直，这就贻误战机。

中国铸铁器和铸铁术的西传始于西汉，《前汉书·张骞传》载，自公元前 2 世纪张骞通使西域后，汉使（指商人）赴西域者"相望于道"，多者结队数百人，少者百多人，一年多则十多批，少则五、六批，携中国商品前往贸易。但在丝绸之路的中亚一段常受到匈

〔1〕（宋）沈括：《梦溪笔谈》卷三，元刊本（1305）影印本，文物出版社 1975 年版，第 14 页。

〔2〕 Needham, Joseph. *The evolution of iron and steel technology in East and Southeast* Asia, see T. A. Wertime & J. D. Muhly（ed.）*The coming of age of iron*. New Haven: Yale University Press, 1980. pp. 507—541.

〔3〕 Berthelot, M. *Archéologie et histoire des sciences*. Paris, 1906. pp. 91, 94.

〔4〕 de Morgan, J. J. *Délégation en Perse*, Vol. 7. Paris, 1905. pp. 45f.

〔5〕 Rostovitzoff, M. *Iranians and Greeks in south Russia*. Oxford, 1922. p. 50.

〔6〕 Herodotus. *History* of Graeco-Persian wars, ed. Staventragen, Vol. vii. Leipzig: Teubner, 1922. pp. 61, 62.

〔7〕 Rawinson, G. *The five great monarchies of the ancient eastern world*. Vol. 3. London, 1875. pp. 175. 177—178.

〔8〕 Zippe, *Geschichte der Metalle*. Vienne, 1857. p. 115.

奴的阻挠，为使商路畅通，公元前 102 年汉武帝遣李广利将军率六万大军攻打亲匈奴并杀汉使的中亚大宛国（Ferghana，今乌兹别克斯坦的费尔干纳），终使其与汉结盟，《史记·大宛传》载：

> 自大宛以西至安息，国虽颇异言，然大同俗，相知言，其人皆深眼多须，善市贾……其地皆无丝漆，不知铸铁器，及汉使亡卒降，教铸作他兵器。[1]

对这段有关中国铸铁与炼钢技术西传的重要记载，需作某些解释。"大宛以西至安息"中的安息，指阿尔萨克朝（Arsacids，250BC－AD226）的波斯，西史又称帕提亚王国（Parthia）。"汉使亡卒"指在西域的中国客商或在此前汉攻大宛后撤退时失散的士卒留居当地者。因此时大宛与汉结盟，所以他们中懂铸铁术的人才肯将技术传至当地。既然是教当地人铸作兵器，便不能只用铸铁，还要用柔化处理的可锻铸铁及以铸铁制成的钢，因而此次西传的，实际上包括铸铁、可锻铸铁和制钢技术。

《前汉书》卷七十《陈汤传》载，公元前 2 世纪初，中亚大宛和康居（ Sogdiana，在波斯西北）"颇得汉巧"，兵器大有改善，提高了士兵的战斗力。制造这些兵器所用新材料的技术迅速传到西亚大国波斯的安息王朝（前 250—后 226）。波斯从西汉引进铸铁、可锻铸铁及以铸铁脱碳制钢技术后，情况为之一变，兵器更加坚硬、锋利，绝不弯曲，杀伤力顿增，因而"中国铁"或"中国钢铁"这些新词出现于波斯，引起罗马人注意。罗马学者普利尼（Gaius Plinus Secund，23－79）《博物志》（*Historia Naturalis*，73）称赞说，安息国产的铁仅次于中国铁[2]。波斯人将铸铁称为"中国铁"（ fulād-i sini），普利尼将其译成拉丁文 ferrum sericum（"中国铁"），sericum 这个形容词源自希腊文 Seres（"丝绸之国"），即中国。后来铸铁技术又传到土耳其和俄罗斯。

唐代以后，波斯被纳入新崛起的阿拉伯帝国版图，阿拉伯帝国倭马亚王朝（Umayyads，661－750）时与唐帝国建立正式外交关系，双方物资交流及人员交往更趋活跃。很多中国产品受阿拉伯人喜爱，因进口物供不应求，他们便从中国引进制造及加工技术，以便就地仿制。这种情况反映在 9 世纪阿巴斯王朝（Abbasids，750－1258）用阿拉伯文写成的《物性之书》（*Kitāb al-hhawāṣṣ al-kabīr*）一书中，据专家介绍[3][4][5]，书中涉及一些有关中国产品制造技术，其中包括在刀剑、木器上涂保护层的方法和将熟铁（*narmāhan*）转变成钢（*fūlādh*）的方法，这可能指中国以生铁与熟铁合炼成灌钢的技

〔1〕（汉）司马迁：《史记》卷一二三，《大宛传》，二十五史本第 1 册，第 346 页。

〔2〕 Plinus, Gaius. *Historia naturalis*，xxxiv：14.

〔3〕 Ruska, Julius. Chinesisch-arabische technische Rezepte aus der Zeit der Karolinger. *Chemiker Zeitung*（Berlin），1931，55：297.

〔4〕 Kraus, Paul. *Jabir ibn Hayyan*；*Contributions à l'histoire des idées scientifiques dans l'Islam*，Ⅱ. Jabir et la science grecque. *Mémoires de l'Institut d'Egypte*（Cairo），1942，45：78—79.

〔5〕 Needham, Joseph. et al. *Science and Civilisation in China*，Vol. 5，Chap. 4，Cambridge University Press，1980，pp. 451—452.

术，由此可见，至 9 世纪中期阿拉伯人不只是使用从中国进口的钢铁制成品，还引进中国钢铁技术。

10 世纪波斯人阿卜·卡西姆·曼苏尔（Abu Qasim Mansur，c. 940 - 1020）取笔名为菲尔达乌西（Firdausi），在其三卷本史诗式的《列王本纪》（Shahnamāḥ，1010）中引用很多古代波斯史料，此书由 19 世纪德国人吕克特（E. Rückert）译成德文，再由莫尔（J. Mohl）转为法文。书中谈到用中国钢铁制成的剑和枪以及用兽血淬火后变硬的兵器[1]。10—11 世纪中亚布哈拉人艾迈克（Aimeq）咏阿姆河流域大刀的诗句中有"如同披挂中国铸铁铠甲的象群"[2] 字句。因此中国铸铁术西传在西史中亦得到佐证。

在整个中世纪直到 15—16 世纪的漫长时期中，波斯还不断从中国进口小巧的铸铁制品，据波斯史家玛扎海里（Aly Mazahéri，1914 - 1991）在《丝绸之路》（La route de la soie，Paris，1983）一书所载，其中包括铸铁锅，波斯文称为 degrikhten，还有理发师用的剃刀、剪刀，裁缝衣服用的钢针以及梳妆用的铁镜、铜镜，使用时需时时擦拭以保持光亮。除这些日常生活用品外，波斯还采购中国的铁钳、铁锉等小五金商品，经陆上丝绸之路运回[3]。波斯人将中国钢针称为 ibra al-khatā。钢针虽小，但用途大，外科医生也用得上，但制造颇难，一根钢针在波斯可换一头羊。中国人在晋代（3—4 世纪）发明的铁制马镫在萨曼朝（Samanids，819 - 1005）传入波斯，波斯人称为"中国鞋"，后来叫"脚套"，铁制，它使人与马融为一体，对提高骑士驭马能力有重要意义。10 世纪波斯诗人鲁泰基（Lutaidji）有诗曰：

> 我以旧鞋和毛驴而开始自己的生涯。如今我提升到与拥有"中国鞋"（马镫）和阿拉伯马的人为伍。[4]

13 世纪蒙古军队通过两次西征，控制中亚和西亚后，波斯文中又出现了有关铸铁的新词 jwyn 即 tchūyun，后又变为 tchuden，是"铸铁"的蒙文名称，词根有汉语"铸"的音素。

（三）中国铸铁及以铸铁制钢技术在欧洲的传播

13 世纪由于蒙古军队第二次（1235—1244）西征占领了俄罗斯（Россия）腹地，并建立钦察汗国，而在第三次西征（1253—1258）时灭阿拉伯帝国阿巴斯王朝，于其地建伊利汗国。蒙古统治者在这些地区驻扎军队，使东西陆上丝绸之路畅通，又从中国内地调来大量学者和工匠参与建设，导致印刷术、火药和火器技术等一系列技术发明的西传。中国

〔1〕 Rückert, E. (tr.). Das königsbuch, 1: 105, 129; 2: 323, 394, 459. Berlin, 1890—1893.

〔2〕 Mazahéri, Aly. La route de la soie，Chap. 1, Chap. 12. Paris：Papyrus, 1982；耿昇译：《丝绸之路》，商务印书馆 1993 年版，第 297 页。

〔3〕《丝绸之路》，第 4—5、324—325 页。

〔4〕 同上书，第 296 页。

铸铁术及以铸铁制钢的技术于 14 世纪传到欧洲，首先是俄罗斯，正如前述。俄语中将铸铁称为 чугун（chugun），源自"铸铁"的蒙古语名称，仍保有汉语中"铸"的音素。促使欧洲发展铸铁生产的主要动力来自军事方面的迫切需要。因为 14 世纪中国火药和火器技术传入欧洲后，欧洲人力图按中国方法制造威力强大的金属火炮，但以青铜铸炮成本过高，且因产量有限，不能将所有的铜都用在铸炮上。而以熟铁板箍在一起制成的铁炮使用起来总是不成功，于是欧洲人自然会想到用中国人的方法以铸铁铸造火炮，应当是唯一的出路。在中、欧交通开放的这个时期，掌握古老的中国技术生产铸炮用的铸铁似乎没有太多的技术困难。

其实在罗马时代，就有可能偶尔炼出铸铁，试验表明在熟铁炉内只要加大木炭对矿石的比例，将炼炉做得稍高一些并有足够的送风，便能炼出铸铁[1]。但罗马人对这种情况并没有在意，没有化偶然为必然，在中世纪漫长时期内以矮小的炼炉炼制熟铁的生产模式一直原封不动地延续下来。以效率低的手风琴式吹风器用人力驱动，间歇送风，无法造成足够的高温。中世纪欧洲人懂得以水力驱动碾谷磨连续运转，但没有将这种装置及时用于冶金领域。而没有连续的送风系统，炼铁炉就只能间歇作业，每出一炉就要停产，不但产量小，而且造成热能和原材料上的过多浪费，产品是只能锻造的熟铁，根本无法满足铸炮的技术需要。这时欧洲人才意识到他们的传统炼铁工艺与中国相比是大大落后了，必须放弃传统而采用中国技术系统。与欧洲相距不远的波斯早就这样做了。

要做到这一点，至少需要采取下列一些技术措施：（1）将以水力驱动的连续送风装置装设在炼铁炉上，以保证连续送风，维持炉内高温。（2）改变炉体形制，砌成 2 米或 2 米以上的中国式高炉，以提高装料量，使生铁水从炉底流出。（3）加大木炭对矿石的比例，以保证既能使矿石还原成铁，又能使铁的渗碳得以实现。（4）使炼炉保持连续作业状态，除非炉体损坏需要修复。这就意味着在工艺技术和使用的设备方面启用以前欧洲从未曾出现过的一种全新的生产模式，但却是从公元前 8 世纪以来中国一直沿用的成熟的技术系统。它在 14—15 世纪之交突然出现在文艺复兴时期欧洲弗兰德地区（Flanders，在今法国北部至比利时至荷兰一带）和意大利，只能用技术传播来解释，即欧洲人用中国的技术建起了新型铁厂。虽然眼下缺乏早期文献记载或考古发掘能提示这类铁厂最初于何时及如何建起的，但亦非没有迹象可寻。

据 15 世纪建筑师菲拉雷特（Filarete）所描绘的意大利费里雷（Firriere）炼铁炉[2][3]，是有水力鼓风的 2 米高炼制铸铁的高炉，鼓风器以卧式水轮驱动，与同时代的波斯高炉类似[4]。如前所述，波斯高炉是按中国模式建成的。意大利高炉鼓风器不以竖式水轮驱动，而是采用卧式水轮，颇具中国特色，与 1313 年元初科学家王祯（1271—1368）《农书》（1313）卷十九描绘的水排是相同的，而以卧式水轮驱动皮囊鼓风器用于冶

〔1〕　Tylecote, R. F, et al. *Journal of the Iron and Steel Institute*（London），1971，209：342.

〔2〕　Spencer, J. R. *Technology and Culture*（Detroit），1963，4：201.

〔3〕　Smith, C. S, et al. ibid.，1964，5：386.

〔4〕　Böhne, E. *Stahl und Eisen. Verein Deutscher Eisenhüttenleutel*（Düsseldorf），1928，48：1577.

铁还可追溯到汉代南阳太守杜诗（约前 27 年至后 38 年）于公元 31 年所造的水排，详见本书第十一章第二节。欧洲人比中国人晚一千多年才认识到将水力鼓风装置用于冶金领域的必要性，错过了及早享用铸铁的大量时光，但晚总比没有好。描绘铸铁炉的菲拉雷特为佛罗伦萨人，其真实姓名是安东尼奥·迪·彼得罗·阿韦利诺（Antonio di Pietro Averli-no, c. 1400 - 1470），他描绘的炼炉的年代为 1463 年，显然它不是欧洲最早的冶炼铸铁的高炉，却可由此看到 14 世纪后半期欧洲这类高炉的身影。新式铸铁炉在欧洲发展很快，至 16 世纪已扩及到西欧大部分地区，1517 年法国人尼古拉·波旁（Nicola Bourbon）用拉丁文写的《铁矿琐事》（*Ferraria nugae*. Venizia，1517）中首次对高炉作了描述，英国人斯特雷克（E. Straker）在其《威尔地方的铁》（*Wealden iron*）一书中据该书法文版（Paris，1533）将这段描述译成英文[1]。此炉建于今法国东北的阿登（Ardennes）地区，为石结构，以沙石内衬，炉后有两个水轮驱动的大型皮制手风琴式鼓风器。矿石与木炭装炉、烧炼后，炉渣不能流动，须以铁钩钩出，铁水注入圆形铸范内，再送精炼炉精炼。炉的寿命为两个月。

16 世纪前半期的弗兰德画家亨利·布莱斯（Henricus Blesius，c，1480 - 1550）画了一幅高炉图，装料台约有 4.6 米高，送风口设在炉的侧面。在这一时期内，罗马时代的老式块炼炉已弃而不用，炼熟铁的炉也像炼铸铁的炉那样向高炉方向发展，而且必要时也可生产铸铁，成为两用炉。这类炼铁炉多以石块砌成，横截面呈方形，两侧有送风口及出铁口。每六天为一冶炼期，昼夜不停运转，炉龄为两个月。所产的铸铁足以满足铸炮的需要[2]。欧洲人在掌握中国铸铁技术并生产铸铁的同时，自然也掌握中国以铸铁炼钢的技术。如前所述，钢的含碳量（0.025%—2%）介于熟铁与生铁之间，既有熟铁的韧性，又有生铁的刚性，是优质金属材料。16 世纪欧洲用渗碳法制钢，可从意大利冶金学家比林古奇奥（Vanuccio Birringuccio，1480 - 1539）1540 年用意大利文在威尼斯出版的《炉火术》（*Pirotechnia*）中得知其详。此书由史密斯（C. S. Smith）和贡迪（M. T. Gundi）于 1942 年译成英文。其方法是将砸碎的铸铁在炼炉中熔化，再加入熟铁块，让生铁水淋在熟铁块上，炉温保持在 1150℃—1200℃，经一段时间后将铁块取出，经淬火、砸碎后再熔，使之均匀渗碳[3]。这种渗碳钢用于刃具，如刀、剑、镰刀等。显然这正是 5 世纪中国所用的方法，宋代科学家沈括（1031—1095）《梦溪笔谈》（1085）卷三称之为"灌钢"。比林古奇奥叙述的以渗碳法制钢的技术，被文艺复兴时期冶金术代表人物德国的阿格里柯拉（Georgius Agricola，1490 - 1555）的《矿冶全书》（*De ra metallica*，1555）逐字逐句地重述。铸铁虽可铸成火器及其他器物，但不能锻造，其更多用途受到限制。1671 年英国王子鲁珀尔（Rupert，1619 - 1682）获得使铸铁可锻的方法。1722 年法国科学家德·

〔1〕 Straker, E. *Wealden iron*. London，1931. p. 41.

〔2〕 Tylecote，*A history of metallurgy*，Chap. 8，London：The metals Society，1976；华觉明、周曾雄译：《世界冶金发展史》，科学技术文献出版社 1985 年版，第 210—211 页。

〔3〕 Birringuccio，V. *Pirotechnia*，*libri* IX. Venizia，1540；*The Pirotechnia of V. Birringuccio translated from the Italian with an introduction and notes*，by C. S. Smith and M. T. Gundi. New York：American Institute of Mining Engineers，1942. p. 68.

雷奥米尔（René Antoine Ferchault de Réaumur，1683－1757），发表《熟铁转变成钢和铸铁柔化技术》（*L'art de convertir le fer forgé en acier et l'art d'adoucir le fer fondu*. Paris，1722）一书，此书 1956 年由西斯科（A. G. Sisco）译成英文[1]。德·雷奥米尔造一高 2 米的大型砖炉，将铸铁在炉内加热至 950℃—1000℃，使其中部分碳氧化，保温一个时间，再缓慢冷却，控制石墨化程度，使白口铸铁成为可锻铸铁。而这正是公元前 5 世纪战国时代以来中国行用的技术在欧洲的翻版。人类自从有了铸铁和以铸铁为基础发展起来钢铁冶炼和加工技术以后，使社会生产力较前大为提高，进而促进了工农业、交通运输业、商业、国防工业、科学技术和整个社会的进步，为近代物质文明奠定了技术基础。因此我的美国友人、材料学家德尔蒙特（John Delmonte）博士认为"中国古代冶金学中最重要的活动是制造铸铁"[2]。这也是中国对人类作出的另一重大贡献。

二　东西方黄铜、锌和白铜冶炼技术的起源和交流

黄铜、白铜是现代重要合金材料之一，具有广泛用途，而锌是制造这两种合金的原料之一。关于此三物在东西方的起源和相互交流问题，长期以来是各国学者讨论的对象，先后出现各种意见。近年来人们的讨论兴趣仍然未减，因而笔者也想就此发表个人管见，以就教于海内外同道和广大读者。

（一）东西方的黄铜

黄铜为铜锌合金总称，仅由铜和锌组成的现称普通黄铜，常用有两类：（1）六八黄铜或 α 黄铜，俗称三七黄铜，含锌 30%—33%，余为铜。有良好塑性，可受冷、热压力加工，制成管、丝、板或垫圈、导管等深冲零件。（2）六二黄铜或 α＋β 黄铜，俗称四六黄铜，含锌 36.5%—39.5%，余为铜。可受热加工，制成棒料。再经切削加工成各种零件。在黄铜中再加入铝、锡、锰、铁、硅等合金元素可制成具有特殊性能的特种黄铜。如加入铝可提高切削性能，加入锡可提高抗蚀性，称海军黄铜等。黄铜在希腊文字中称ορειχαλκοs，意为"黄色的青铜"，由此引出拉丁文 aurichalcum。在英文中称 brass，法文 laiton，德文 Messing，俄文 латунь，古汉文称鍮（tōu）或鍮石，日文为"真鍮"（しんちゆう，shinchū）。

18 世纪英国化学家沃森（Richard Watson，1737－1816）说得好，由于以金属锌与铜合炼成黄铜的时间很晚，因此所有古人都是以锌矿石与铜炼出黄铜的，在欧洲至 18 世纪

〔1〕　de Réaumur, R. A. F. *L'art de convertir le fer forgé en acier at l'art d'adoucir le fer fondu*. Paris，1722；*Réaumur's Memoirs on steel and iron*，translated from the French by A. G. Sisco. University of Chicago Press，1956.

〔2〕　Delmonte, John. *Origin of materials and process*，Lancaster：Technomic Publishing Co.，Inc.，1985. p. 241.

还使用这种方法[1]。这就是说，在古代世界只在发现有锌矿蕴藏的国家或地区，才有可能生产黄铜，而这样的地方并不多，屈指算来在 15 世纪以前主要在波斯（今伊朗）、中国和印度三国已知有锌矿并生产黄铜，产区分布在东亚、西亚和南亚等亚洲文明区，古希腊、罗马是在占领了波斯的锌矿区以后才拥有黄铜的，而其欧洲本土当时并未发现锌矿，欧洲本土发现锌矿是文艺复兴（Renaissence）以来 15—16 世纪以后的事。

不可讳言，从文献记载和出土实物观之，波斯是世界上最先生产黄铜的国家。英国杰出的化学史家帕廷顿（James Riddick Partington，1886 - 1965）先生在其经典著作《应用化学的起源和发展》（Origin and development of applied chemistry. London，1935）中认为，伊朗在古波斯帝国阿黑门内德王朝（Achaemenid，550 - 330 BC）已制得黄铜[2]。此王朝在大流士（Darius I，558 - 486 BC）统治时期（前 552—前 486）是疆域扩及中亚、西亚及北非的庞大帝国。据拜占庭帝国（Byzantine Empire，395 - 1453）中期（749—1101）的希腊人托名亚里士多德（ψ-Aristotle or pseud-Aristotle）用希腊文写的《奇闻录》（Περι Θαυμσιων ακουσματωγ）所述，大流士拥有外观很像金制的碗，但有一种特别的味道[3]。此书在 12 世纪由欧洲人译成同一书名的拉丁文（De mirabilibus auscultationibus），进而构成 13 世纪德国学问僧大圣阿贝特（Albertus Magnus，c. 1206 - 1280）所著《世界奇妙事物》（De mirabilibus mundi）的资料来源之一。17 世纪德国化学家贝歇尔（Johann Joachim Becher，1635 - 1682）《地下博物学》（Physica subterrenea，1669）引用了上述《奇闻录》中的这条史料，认为大流士大王用的碗由黄铜所制[4]，这已为西方古今学者所公认。

公元前 6 世纪成书的波斯琐罗亚斯德教（Zoroaster，中国古称祆教）经典《阿吠斯塔》（Avesta，意为"智识"）讲到神话中的原人伽玉玛特（波斯文 Gayōmart）是人之始祖，公元前 3 世纪成书的另一宗教经典《凡狄达德》（Vendidad）则认为伽玉玛特的身躯是由特殊材料组成的，头部由铅（srub）组成，血液含锡（arjiz）、骨骼含铜（rod）、脚含黄铜（asim）、骨髓含银（sim）、肉含钢（polad）、脂肪含汞（zivag），而灵魂含金（zar）[5]。以上是据英国研究波斯宗教史专家韦斯特（Edward William West，1824 - 1905）编译《东方圣书》（Sacred Books of the East）所提供的译文。同时期的法国东方学家鲁热蒙（F. de Rougement）《青铜时代和西方闪族人》（L'age du bronze et les Sémites en Occident. Paris，1866. p. 36.）也指出《凡狄达德》中提到黄铜[6]。这部古代波斯圣书中所述神话人物当然不足为信，但书中提到黄铜则不必怀疑。有关古代希腊、罗马和中国对波斯黄铜的记载，将在下面分别介绍。

据德国 19 世纪波斯语专家许布施曼（Carl Hübschmann）《波斯语研究》（Persische

〔1〕 Watson, R. Chemical essays. Vol. 4. London 1776, p. 49f.

〔2〕 Partington, J. R. Origin and development of applied chemistry. London: Longmans Green 1935, p. 410.

〔3〕 ψAristotle. De mirabilibus auscultationbus, Caption 49. cf. J. J. Becher's Physica Subterranea (1738).

〔4〕 Becher, J. J. Physica subterranea. Leipzig, 1738, p. 279.

〔5〕 West, E. W. (tr.). Sacrad books of the East. Vol. 5. London 1875, p. 183.

〔6〕 de Rougement, F. L'âge du bronze et les Sémites en Occident. Paris, 1866, p. 36.

Studien），在公元后新波斯语中将黄铜称为"皮林"（pirin），后为 pirinj，波斯境内库尔德人称为 pirinjok，亚美尼亚人称为 plinj，此词没有进入其他语言中，因而不是欧洲语中 bronze（青铜）的字源[1]。古希腊文称青铜为 χ'αλκοs（chalkos），拉丁文为 chalcum，黄铜的希腊文、拉丁文名意思是"金色的青铜"（"golden bronze"）。德国东方学家劳弗（Berthold Laufer，1874－1934）在《中国伊朗编》（*Sino-Iranica*，1910）中认为黄铜首先在波斯帝国盛产菱锌矿（calamine）的地区制得[2]。我们知道，在波斯帝国境内东南克尔曼省（Kerman Satrapy）山区长期以来以盛产菱锌矿及铜而闻名，是黄铜制造中心之一，产品远销境内外各地。

902 年阿拉伯地理学家伊本·法基赫（Ibn al-Faqih）在其著作中谈到波斯克尔曼省的德玛文德（Demawend）的锌矿（"al-qalami"），并指出此矿区一直由政府所垄断[3]。现英、法文中的 calamine（菱锌矿）导源于拉丁文 calamina，而此拉丁名又来自波斯文 qalami。另一阿拉伯文作者贾奥巴里（al-Jawbari）于 1225 年还谈到炼菱锌矿（al-qalami，中国古称"炉甘石"）的方法[4]。此后，元代时旅居中国的意大利旅行家马可波罗（Marco Polo，1254－1324）1291 年离华返乡的途中，于 1293 年路过波斯克尔曼省，他在其游记（1299）中较详细记载了当地矿区从锌矿炼黄铜（tutia）及副产品（spodium，氧化锌）的方法和设备[5]，与希腊人、罗马人的描述大体相同。尽管现行英、法文及各种汉文译本用词不妥，总的过程还是可以了解的。这说明克尔曼锌矿区的开采从古波斯帝国以来经过许多朝代已持续了接近二千年，其蕴藏量之大可想而知。马可波罗来访时，波斯正处于蒙古人建立的伊利汗国（Il-Khanate，1260－1353）统治下，黄铜生产照样进行。

古波斯帝国阿黑门内德王朝时另一黄铜生产中心是位于地中海东部的塞浦路斯（Cyprus）岛。Cyprus 希腊文为 Κυπλοs，本义是"铜"，因此"塞浦路斯"义为"铜岛"，英文 copper（铜）来自拉丁文 cuprum，归根到底溯源于希腊文。古希腊人和腓尼基人来此殖民，后来该岛从公元前 525 年起受波斯统治。岛内山区不只产铜，而且有锌矿，因而亦产黄铜。希腊医生盖伦（Claudius Galenus，c. 130－200）于 2 世纪来此访问，谈到岛内的锌矿（καδμια，cadmia）和从烧炼黄铜（ορειπαλκοs，aurichalcum）炉中附带生产出的最好的药物"波特鲁提斯"（βοπρυιτιs，botryitis，氧化锌）来自塞浦路斯[6]。但 2 世纪起一度停产。

据 19 世纪德国金属学家比布拉（E. von Bibra）《青铜和铜合金》（*Bronzen und*

〔1〕 Hübschmann, Carl. *Persische Studien*，27；cf. Laufer B. *Sino-Iranica*. Chicago，1919，p. 513.

〔2〕 Laufer, B. *Sino-Iranica*：*Chinese contributions to the history of civilisation in ancient Iran*. Chicago 1919. p. 512.

〔3〕 Ibn al-Baitār. *Treatise des simples*，No. 437；cf. Ludovic Leclere（tr. ）. *Notices et extraite des manuscrits*，23：322，Paris 1878.

〔4〕 Ferrand, G（éd）. *Relations de voyages et textes géographiques Arabes Persans et Turks relatifs à l'Extrême-Orient du 13ᵉ au 18ᵉ ciècles*. Paris，1913. p. 610.

〔5〕 *The book of Ser Marco Polo*，éd Henry Yule . Vol. 1. London：Murry，1871. p. 20. ；ed. Manuel Konmroff，New York，1932. p. 45.

〔6〕 Galenus, C. *Opera*，Vol. 5. fols. 68v. ，7or. Venice，1562；cf. J. R. Partington，*op. cit.* ，p. 368.

Kupferegierleungen，1869）书中的报道，在波斯境内顿河流入黑海的入海口处出土一公元前打造的戒指，经化验含铜91％、锌9.0％及微量铁、镍和锑[1]。显然应由波斯黄铜打造。但20世纪初，爱尔兰考古学家麦卡利斯特（Rebert Alexander Stewart Macalister，1870－1950），在巴勒斯坦的盖泽尔（Gezel）发掘出一古巴比伦时期（前1400—前1000）的剑，经普尔维斯（J. E. Purvis）化验，含铜66.40％、锌23.40％及锡10.17％[2]。从成分上看这应是一把黄铜剑。帕廷顿研究黄铜史时，只是客观转述这项发掘报告，而未加评论，说巴勒斯坦在公元前1400年已制出黄铜[3]。美国著名化学史家马尔特霍夫（Robert P. Multhauf）1967年在《化学的起源》（*The origin of chemistry*）一书中已注意到麦卡利斯特和帕廷顿传递的有关巴勒斯坦黄铜古老历史的信息，但明确表示婉拒态度，他指出：据正规发掘和可被接受的断代意见，已知最早的黄铜实物是公元前700年在波斯制造的[4]。

　　笔者赞同老友马尔特霍夫的上述意见。虽然巴勒斯坦地区在历史上是波斯帝国的一部分，但该地区并没有锌矿，也不产铜，不可能在公元前1400年隶属于巴比伦王国那样早的时期造出黄铜，该地区后来也没有生产黄铜的记录。这是一个偶然而孤立的现象。正如19世纪英国化学家瓦茨（Henry Watts，1818－1884）《化学辞典》（*Dictionary of chemistry*，1872）中所说，某些铜矿偶尔含有一定量锌，熔炼后可直接得到黄铜[5]。此前，1665年德国化学家基歇尔（A. Kircher）也谈到用这种共生矿可直接炼出黄铜[6]。这种情况在中国也偶尔发生，不能说明史前时期的黄铜是由锌矿和铜炼出的。综合以上讨论，将波斯最初制造黄铜的时间定在公元前700—前500年这段时间是稳妥的，时值波斯史中的米地亚王朝（Media，800－700 BC）末期至阿黑门内德王朝初期之间，这也是世界上最早出现的黄铜。因其颜色像黄金，又易加工，所以便大量生产，成为官府重要财源之一。

　　波斯帝国与古希腊之间常年（前500—前449）发生战争，最后于公元前449年波斯被打败，而希腊马其顿帝国（Macedon Empire）亚历山大大帝（Alexander the Great，r. 336－323 BC）统治期间又占领整个波斯。后来崛起的罗马帝国抓住希腊与波斯战争时双方俱伤之机，于公元前2世纪后半叶征服马其顿和希腊，又使波斯成为附属国。因而我们看到，波斯的黄铜生产区先后受希腊和罗马所控制，希腊人和罗马人也掌握了黄铜制造技术知识。首先应指出，公元前1世纪罗马开始用黄铜合金造币，据卡利（E. R. Caley）和考普（L. H. Cope）等人对公元前79年罗马币的分析，含铜81.13％、锌15.95％，无锡、铅；公元前45年罗马币含铜71.1％、锌27.6％，亦无锡，铅；公元161—162年罗

[1] von Bibra, E. *Bronzen und Kupferlegierungen*. Berlin 1869, SS. 98, 108.
[2] Macalister, R. A. S. *Excavations of Gezer*, Vol. 2. London, 1912, pp. 303f.
[3] Partington, J. R. *op. cit.*, p. 475.
[4] Multhauf, Robert P. *The origin of chemistry*. New York：Franklin Watts, 1967, p. 34.
[5] Watts, H. *Dictionary of chemistry*, Vol. 2. London, 1872, pp. 34.
[6] Kircher, A. *Mendus subterraneus*, Vol. 2. Amsterdam, 1665, p. 228.

马币含铜 88.96%、锌 7.89%、锡 2.43%、铅 0.18%[1]。而此前的罗马币成分以银、铜为主，并不含锌，通称银币。

公元 1 世纪希腊医生迪奥斯科里德斯（Pedanius Dioscorides，c. 30‐90）在其《药物学》（De materia medica）卷五描述了黄铜冶炼炉的构造及产物。此书有拉丁文本、德文译本，部分内容译成英、法文，可资参引。书中介绍名为"蓬福利克斯"（Πομφολξ，pompholex，实为氧化锌 ZnO）的白色药物制法时说，塞浦路斯岛上炼黄铜的炉建在二层房的第一层上，炉顶开一口、经管道与二层的进料槽相连。炉壁有孔与鼓风器相通，鼓风器及鼓风工人在隔壁房内。熔炼时，将燃料木炭送入炉内并点火，再将碾成粉末的卡兹米阿（καδμια，cadmia，即菱锌矿）及更多木炭从炉的上部经管道装入炉内。上好的烟上升，聚集在二层的墙上和天花板上，初如泡沫，后如羊毛，此即蓬福利克斯。次等的便落在下面，称为斯波佐斯（σποδος，spodos 即不纯的氧化锌），经粉碎、洗净，仍可做药用[2]。

今天看来，希腊人迪奥科里德斯这里介绍的是以菱锌矿与木炭在高温下煅烧制取氧化锌的过程。为保持希腊文原称，我们用音译而非意译，原料矿石卡兹米阿相当今天的菱锌矿，主要成分为碳酸锌（$ZnCO_3$），它在高温（900℃以上）的还原气氛下能还原成锌，锌蒸气以炉烟形式上升，遇氧再氧化成氧化锌，此即蓬福利克斯，质量较纯，炉内形成的较重的氧化锌以炉渣形式下沉，称为斯波佐斯。如果炉内再加铜，则能产生黄铜（οριχαλκος，aurichalkos），这时炉渣氧化锌便成副产品，除以上二名外，又称沃特雷蒂斯（βοτρυτλς，botryitis）及季弗里盖斯（διφρυγς，diphryges）。氧化锌之所以有这么多希腊文古名，因其有不同颜色和成色，又出自不同人之口和不同地点。

在罗马帝国学者普利尼（Gaius Plinus Secundus，23‐79）在世时，虽然帝国境内仍在使用黄铜，但并没有比希腊作者提供有关黄铜的更多技术知识。以博学的普利尼而论，公元 73 年他在其用拉丁文写的《博物志》（Historia naturalis，73）中叙述黄铜（aes）时，不知道它是由金属制成的合金，只知道其制造时所用的原料，他谈到制造黄铜原料时列举卡兹米阿（菱锌矿）和铜矿（chalcites），说二者在炉内煅烧可得出一种黄铜，但不知卡兹米阿含有金属成分。他认为塞浦路斯的黄铜由冠状（coronarium）矿及规则形（指晶体）矿制得，二者都有可展性，而前者可制成薄片，应是铜。后者捶击时即粉碎，但熔炼后则硬化如金属[3]。今天看来应指三方晶系，晶体呈菱面体的菱锌矿。

至于中世纪欧洲人有关黄铜的知识，我们可以举出两位被认为最有学问的人的作品为代表作一介绍，一是德国的"万能博士"，大圣阿贝特用拉丁文写的《金属与矿物的奥秘》（De rebus metallicis et mineralibus，5 vols）卷四，谈到黄铜的性质并认为它源自汞和硫，

〔1〕 Caley, E. R. Analysis of ancient metals. Oxford: Pergamon, 1964; H. N. Cope Numismatic chronicle (London), 1968, 8: 115.

〔2〕 Dioscorides, P. De materia medica, bk 5, Chap. 85. Latin ed. C. Leipzig: Sprengel. 1829—1830 (2 vols); German ed. J. Berendes. Stuttgart, 1902; cf. John M. Stillman. The story of early chemistry. New York, 1924. p. 45.; G. Ferrand (tr. éd). op. cit., pp. 252f.

〔3〕 Stillman, J. M. The story of early chemistry. New York, 1924. pp. 66—67.

这显然受阿拉伯炼丹术关于万物由盐、硫、汞三元素组成的思想影响，今天看来是错误的。接下他说黄铜（aurichalcum）由铜和他称之为卡拉米纳（calamina）的矿石所制成。所谓 calamina 或 cadmia 指今天我们所说的锌矿。他写道："在我们这个地区，即巴黎或科隆（Cologne）和我到过的地方，那些大量经营铜业的人以一种称为卡拉米纳的矿石粉将铜变成黄铜。而当此矿石气化时，仍有深色光泽，外观略像金，由原来浅色因此变成金黄色，将其与锡配合，黄铜失去铜的可锻性。那些想要骗人并生产类似金的光泽的人拥有此矿石（calamina），使它在黄铜熔炉中保持较长时间而不是从黄铜中很快气化。"[1]

另一位饱学之士是 13 世纪的英国人罗杰·培根（Roger Bacon，1214－1292），1266—1267 年他在其《小论》（*Opus minus*）这部拉丁文著作中谈到黄铜的制造，并指出某些作者因语言上的无知，导致所用的术语出现错误，因而需作正名工作。他写道："几乎所有的人都不知道是如何将 cuprum，aes，electrum 及 orichalcum 错误地称为 aurichalcum，也不知道该如何正确称呼。"[2] 此意见在原则上是对的，虽然他的具体论述未必尽然。我们经考证后认为 electrum 是古埃及人知道的一种合金形式，在普利尼时代还使用此词，意思是金银合金，绝对与黄铜没有关系。但 aes 这个拉丁文词有多种含义，可用于指铜、青铜或黄铜及其他合金，视具体情况而论，并不专指黄铜。至于 cuprum，很明显是指金属铜。培根认为将铜与卡拉米纳（calamina，锌矿）在熔炉中烧炼而得到的更深黄色的产物是黄铜，这是对的。但他说见于《圣经》、医书及其他圣贤书中的 orichalcum 才是黄铜的正宗名称，而"aurichalcum 一词则什么都不是，而是近代人如此错误的称呼"。其实来自希腊文的这两个词是黄铜在拉丁文中的不同拼法而已，发音基本相同。由此可见在中世纪欧洲有关黄铜的知识并不比希腊、罗马时期有多大长进，但在欧洲本土似已发现锌矿并用于炼黄铜，这是一大进步。

作为古代世界已知有锌矿蕴藏的中国，冶炼黄铜也有千年的历史。20 世纪 70 年代在陕西临潼、渭南及山东胶县新石器时代仰韶文化（前 50—前 35 世纪）及龙山文化（前 2300—前 1800）遗址出土三件器物，经化验含锌均在 20％以上，是现存世界最早的黄铜器物[3][4]。需注意的是，此后千多年间中国没有相关记载和实物出现，因而史前时期的这三件器物与前述巴勒斯坦盖泽尔出土的公元前 1400 年的黄铜剑一样，是偶然的产物，不能视为有计划冶炼黄铜的开始。中国出现有关黄铜记载是在与西亚另一原产黄铜的古国波斯有了交往之后，《史记》（前 90）卷一二三《大宛列传》载，公元前 2 世纪汉武帝派张骞（约前 173—前 114）通使西域、打通陆上丝绸之路，汉帝国与中亚、西亚各国有了

〔1〕　Albert Magnus. *De rebus metallicis et mineralibus*，Liber Ⅳ，Tract. I，Cap. 6；cf. Stillman，*op. cit.*，p. 251.

〔2〕　Bacon，Roger. *Opus minus*. *Opera quaedam hactenus inedita*，ed. J. S. Brewer，Vol. 1. London，1859. p. 385. cf. Stillman，*op. cit.*，pp. 266—267.

〔3〕　安志敏：中国早期铜器的几个问题，《考古学报》1981 年第 1 期，第 270 页。

〔4〕　孙淑芸、韩汝玢：中国早期铜器的初步研究，载《中国古代化学史研究》，北京大学出版社 1985 年版，第 314—315 页；韩汝玢、柯俊：姜寨第一期文化出土黄铜制品的鉴定报告，《姜寨——新石器时代遗址发掘报告》，文物出版社 1988 年版，第 148 页。

人员往来和物质文化交流。此时正值帕提亚王国（Parthia）阿尔萨克王朝（Arsacids，250BC‐AD226）最盛时期，中国史书称为安息，领有伊朗高原及两河流域。东汉（25—221）以后，安息特产黄铜输入中国。作为铜锌合金的黄铜，古称鍮（tōu）或鍮石，此字不见于最早的字典，东汉人许慎（约58—147）的《说文解字》（100），在字书中初见于梁人顾野王（519—581）《玉篇·金部》（543）："鍮，石似金也。"

看来"鍮"是个晚出的外来字。前已指出古波斯文将铜锌合金称为比林（birin or birinj），而此词并非鍮的字源，因除库尔德语及亚美尼亚语之外，它没有再进入其他语言中，需另寻字源。据东方学家豪特姆‐欣德勒（Houtum-Schindler）考证，中古波斯语将炼黄铜时的炉内副产品（氧化锌）称为杜德哈（dudha），后又演变成图蒂阿（tutia or tutiya）。其本义是"烟"，因此物是从黄铜炉中作为升华物而形成的[1]。后来 tutia 这个词作为黄铜的同义语进入包括汉语在内的许多其他语言中，*tutia* 成为"鍮"或"鍮石"的字源。今天看来这实出于历史误会，但名字既已叫出，人们只好沿用，再为氧化锌另取新名，前已述及，这就是为当初命名错误所付出的代价。

在中国文献中，"鍮石"一词最早出现于3世纪三国时期。北宋大臣李昉（925—996）奉敕编写的大型类书《太平御览》（983）卷八一三引魏国司徒钟会（225—264）《刍荛论》曰："夫莠生似禾，鍮石像金。"[2] 莠（yòu）即禾本科一年生草本狗尾草（*Setaria viridis*），是田中杂草，形似谷子。钟会这个比喻非常巧妙，说明当时人对鍮石已习以为常了。东晋文人王嘉（约315—385）《拾遗记》（370）卷九讲到后赵（328—351）统治者石虎（334—349 在位）奢华腐败，"为四时浴室，用鍮石、碔砆（似玉之石）为堤岸，或以琥珀为瓶勺，夏则引渠水以为池"[3]。浴池所用黄铜当由波斯进口，《魏书》（554）卷一〇二《西域传》载波斯国产金银、鍮石等，神龟年（518—519）其王遣使上书贡物[4]。此时帕提亚王国安息王朝已由波斯贵族阿尔达希尔（Ardashir，r. 226‐241）建立的萨珊王朝（Sassanidae，226‐641）所取代，这是波斯帝国最后一个王朝，此后便成为阿拉伯帝国的一部分。

梁朝人宗懔（lǐn，约500—563）《荆楚岁时记》（550）谈到湖南、湖北地区民间的季节活动时写道："七月七日为牵牛、织女聚会之夜。是夕，人家妇女结彩缕，穿七孔针。或以金银、鍮石为针，陈瓜果于庭中以乞巧。"[5] 说明鍮石此时已进入百姓家。隋（589—668）唐（618—907）时期中国统一，经济繁荣，隋时西部虽有突厥，并未完全阻隔与波斯的交通。《隋书》（656）卷八十三《西域传》载，波斯产金银、鍮石、铜矿等物，

〔1〕 Houtum-Schindler. *Journal of the Royal Asiatic Society*（London），1881，12：492；Henry Yule（tr. ed.）. *The book of Ser Marco Polo*，3rd ed. revised by Henri Cordier，Vol. 1. London：Murry，1903. p. 127.

〔2〕（魏）钟会：《刍荛论》，载（宋）李昉，《太平御览》卷八一三，中华书局 1960 年版，第 4 册，第 3615 页。

〔3〕（晋）王嘉：《拾遗记》卷九《晋时事》，《百子全书》本第 7 册，浙江人民出版社 1984 年版。

〔4〕（北齐）魏收：《魏书》卷一〇二《西域传·安息》，二十五史本第 4 册，上海古籍出版社 1986 年版，第 2429 页。

〔5〕（梁）宗懔：《荆楚岁时记》，谭麟译注本，湖北人民出版社 1985 年版，第 109 页。

"突厥不能至其国，亦羁縻之，故波斯每遣使贡献"[1]。唐灭西突厥后，疆域几与萨珊朝波斯为邻，双方交往更为频密，鍮石源源运入中国。《旧唐书》（945）卷四十五《舆服志》记载，唐高宗上元元年（674）八月颁布各级官员朝服等级制度，规定文武三品以上官穿紫服，腰佩金、玉带；四、五品各穿深、浅绯（红）服并金带；六、七品各着深、浅绿服并银带；八、九品各着深、浅青（蓝）服，佩鍮石带。庶人只能佩铜、铁带[2]。装饰腰带的金属制品中，鍮石（铜锌）仅居金、银之下。

唐人谈鍮石的事例也比前朝更多，民间使用更不在少数。如唐初炼丹家孙思邈（581—682）《太清丹经要诀》多次提到波斯鍮。唐代 659—686 年成书的炼丹书《皇帝九鼎神丹经诀》卷十九有杀鍮铜毒法须用"真波斯马舌色上鍮"[3]。唐人王士元于 754 年托名庚桑楚而写作的《亢仓子》曰："玉之所以难辨者，谓其有怪石也。金之所以难辨者，谓其有鍮石也。"[4] 因怪石似玉，鍮石像金。诗人元稹（779—831）在《估客乐》诗中有"鍮石打臂钏，糯米吹项璎"之句[5]，是说以鍮石镯充金镯、以糯米球串起当成是珍珠项链。除文献记载外，还有实物出土，如新疆尉犁县出土的汉晋黄铜手镯、指环，还有青海都兰县出土的唐代黄铜器五件，经化验含锌 17%—30%，当由锌矿与铜烧炼而成的黄铜制品[6]。可以说唐代是使用黄铜器物的大普及时期。

五代（907—960）时，中国又陷入分裂割据，同时通往西域的丝绸之路受阻，波斯鍮石难以经传统的陆上商路运往中国内地。这种情况迫使国人考虑利用本国资源自行研制黄铜制造，而唐末以来炼丹家早已作了这方面的实验尝试。唐末（9 世纪）四明（今浙江鄞县）出生的炼丹家兼本草学家日华子（870—938 在世）就是这方面的先驱者。他在本草学史中以《日华子本草》而出名，全书 20 卷，收药六百余种，是实用性强的临床药用书。虽今已佚，但被北宋人掌禹锡（999—1066）《嘉祐本草》（1060）及日本人源顺（911—983）《和名类聚抄》（937）所引用[7]。源顺为日本平安朝（794—1189）初期嵯峨天皇（809—822）后裔，其所著日本最早的国语字典《和名类聚抄》完成于承平七年（937）[8]，《日华子本草》成书时间自当在此以前，经我们考证，当在唐末至五代初之间（887—917）。由此可认定日华子在世于唐显通元年至吴越宝正二年（860—927）。日华子是其道号，真实姓名不可考。

《日华子本草》未曾刊印，作者卒后此作品只以写本形式流传于北宋。掌禹锡得之，频频于其《嘉祐本草》中引用。据掌禹锡介绍，该书作者为四明人，书中"不著姓氏，但

〔1〕（唐）魏徵：《隋书》卷八十四，《西域传·波斯》，二十五史本第 5 册，第 3470 页。

〔2〕（后晋）刘昫：《旧唐书》卷四十五，《舆服志》，二十五史本第 5 册，第 3712 页。

〔3〕《黄帝九鼎神丹经诀》（659—686），《道藏·神部·众术类》第 584—585 册，涵芬楼影印本，上海，1926。

〔4〕（唐）王士元：《亢仓子·君道篇第四》，《百子全书》本第 8 册，浙江人民出版社 1984 年版。

〔5〕（唐）元稹：《估客乐》诗，载（清）彭定求编《全唐诗》卷四一九，影印本上册，上海古籍出版社 1984 年版，第 1023 页。

〔6〕韩汝玢、柯俊主编：《中国科学技术史·矿冶卷》，科学出版社 2007 年版，第 726 页。

〔7〕尚志均：《日华子本草》成书年代的探讨，《中华医史杂志》1982 年第 12 卷第 2 期，第 114 页。

〔8〕［日］永原庆二主编：《日本史年表》，日文增补版，东京：岩波书店 1999 年版，第 62 页。

云日华子大明序，集诸家本草及近世所用药，……其言功用甚悉"[1]，因此遂将其成书时间定为"国初（宋初）开宝中（968—985）"。这实是误会，因唐、五代之际私家著作中所载新药虽被北宋医生所用，不能因此说这些书皆出宋人之手。明人李时珍（1518—1593）《本草纲目》因袭掌氏之说，将日华子定为宋人，且认为他"姓大名明也，或云其姓田"，不足为据。《中医人名辞典》（1988）再将其直称为"田日华，字大明"（p. 122），更属以讹传讹。相比之下，元代人陶宗仪（1316—1396）《辍耕录》（1366）卷二十四《历代医师》中将日华子列为五代人[2]，更接近实际。之所以费些笔墨谈日华子，是因为他在中国黄铜冶炼史中是一重要人物。

在讨论了日华子在世及著述年代之后，可以介绍宋人孟要甫（玄真子）等人编辑的《诸家神品丹法》卷六所引《日华子点庚法》即"日华子点铜为金法"，原文为：

> 百炼赤铜一斤，太原炉甘石一斤，细研。水飞过石一两，搅匀，铁合内固济阴干，用木炭八斤。[同入鼓]风炉内，自辰时下火，煅二日夜足，冷取出，再入气（风）炉内煅，急扇三时辰，取出打开，去泥，水洗其物，颗颗如鸡冠色。每一钱点淡金一两成上等金。[3]

《日华子点庚法》的写作和实验时间约与《日华子本草》成书同时或前后不久，即唐末。此法肯定能得到铜锌合金，与波斯人、希腊人、罗马人所用的原料和方法相同，但比他们谈得更具体可行，提到原料用量、配比及反应时间，只是没有提及炉内副产品（氧化锌），而西域人谈到了。日华子的这项工作标志中国人迈开了自行制造铜锌合金的决定性的第一步，具有历史意义。

日华子的工作还表明，当时中国国内已找到锌矿并掌握其特征及矿脉走向，为大规模普查打下基础，他还为此矿给出专门名称"炉甘石"，而这就是菱锌矿。或西方所谓的cadmia、qalami，但"炉甘石"或"炉先生"是典型的中国炼丹术名称。《本草纲目》卷九《石部·炉甘石》条解释此名时说，此物点化为神药，故尊之为炉先生，又"炉火所重，其味甘，故名炉甘石"。"其味甘"指药性温而无毒，不是说其味甜。同时李时珍还指出其产地在川、湘、晋、滇等地，可见五代以后发现更多产区。他又指出，将炉甘石煅烧后产物经处理，可治眼病，这实际上就是指氧化锌，至迟宋元时已发现。继日华子之后，北宋人崔昉（998—1065在世）也谈到鍮石制造。崔昉字晦叔，道号文真子，也是炼丹家，著《大丹要诀本草》（1045），后世称《外丹本草》，《本草纲目》卷九转引该书云：

> 用铜一斤，炉甘石一斤，炼之即成鍮石一斤半，非石中物取出乎？真鍮石生波

---

〔1〕参见（明）李时珍：《本草纲目》卷一，《历代诸家本草》，刘衡如校本，上册，人民卫生出版社1982年版，第8页。

〔2〕（元）陶宗仪：《南村辍耕录》卷二十四，《历代医师》，中华书局1959年版，第301页。

〔3〕（唐—五代）日华子：《日华子点庚法》，载（宋）孟要甫编《诸家神品丹法》卷六，《道藏·洞神部·众术类》第594册，涵芬楼影印本，上海，1926。

斯，烧之赤而不黑。[1]

应当说炼炉还应加入木炭，此处漏记[2]。

当炼丹家用丹炉做制造锗石的小型实验时，民间在作坊中却从事更大规模的工业制造，以便加工成各种器物作为商品投入市场营销，对促进铜锌合金技术发展意义更大。清人徐松（1781—1848）辑《宋会要辑稿·食货门卅四之廿一》载宋真宗在位时"景德三年（1006）神骑卒赵荣伐、登闻鼓言，能以药（炉甘石）点铜为锗石。帝曰：'民间无铜，皆熔钱为之，此术甚无谓也。'诏禁止之"[3]。

事实上是禁而难止的，南宋学者李焘（1115—1184）《续资治通鉴长编》（1183）卷七十一载，真宗大中祥符二年（1009）"民间多熔钱点药以为锗石，销毁货币，滋民奸盗，命有司议定科禁，请以犯铜法论"[4]。此乃治标之策，较好的办法是政府出面开采铜矿、炉甘石矿并于官营工厂冶炼锗石，以满足社会的需求，不足部分允许民间冶炼。宋政府也稍稍在这方面走了一步。据洪迈（1123—1202）《容斋三笔》（1193）卷十一所述，"大中祥符年间（1008—1010）大兴土木之役，于京师（开封）置局，化铜为锗，冶金箔、锻铁以给用"[5]。

然官局锗石只供政府之需，百姓所用仍靠民间作坊供应。这种情况一直持续到后世。明人宋应星（1587—约1666）《天工开物·五金》章（1637）称：

> 凡红铜升黄色（制铜锌合金）为锤锻用者，用自［来］风煤炭百斤灼于炉内，以泥瓦罐载铜十斤，继入炉甘石六斤，坐于炉内。自然熔化。[6]

宋氏在"自来风煤炭"后加注曰："此煤碎如粉，泥糊作饼，不用鼓风，通红则自昼达夜。江西则产袁郡及新喻邑。"这段话意思是，欲将铜炼成可锤锻的锗石，用一百斤细煤粉与泥作成饼状放入泥罐中升火，再放入铜十斤，炉甘石六斤，烧炼后自然成为锗铜。实际上这是中国人曰华子、古代波斯人、希腊人、罗马人制造铜锌合金的传统方法。

南亚另一古国印度也与波斯有密切往来，不但从波斯进口锗石，还学到其制造技术。但印度何时开始制造锗石，还没有确切记载，有关梵文著作起始编写年代很早，但编成年代很晚，持续达几百年，有时很难判断某一事物发生于哪个明确年代，为研究带来很大困难，因此我们先从可靠的记载入手。唐初高僧玄奘（602—664）627—646 年在西域求法后写成《大唐西域记》（646）记录其经历及见闻，631—643 年遍游印度各地。他在该书卷二《印度

〔1〕（明）李时珍：《本草纲目》卷九《石部·炉甘石》，上册，人民卫生出版社 1982 年版，第 558 页。

〔2〕同上书，第 559 页。

〔3〕（清）徐松编辑：《宋会要辑稿》（1835）《食货门卅四之廿一》，真宗景德三年条，中华书局缩印本 1957 年版。

〔4〕（宋）李焘：《续资治通鉴长编》卷七十一，影印本第 1 册，上海古籍出版社 1984 年版，第 622 页。

〔5〕（宋）洪迈：《容斋三笔》卷十一，《笔记小说大观》本，第 6 册，江苏广陵古籍刻印社 1983 年版，第 293 页。

〔6〕（明）宋应星：《天工开物》（1637），《五金》章，潘吉星译注本，上海古籍出版社 2008 年版，第 44 页。

总述·物产》中提到"若其金、银、鍮石、白玉、火珠，风土所产，弥复盈积"[1]。卷四载北印度屈露多国（Kuluta）"既邻雪山，遂多珍药，出金、银、赤铜及火珠、鍮石"[2]。此地在今西姆拉（Simla）西北的苏丹普尔（Sultanpur）。卷五谈到 642 年他应中印度羯若鞠阇国（Kanyakubja）戒日王（Rājaputra-śilāditya，590 - 647，r. 606 - 647）之邀，来恒河西岸的王都曲女城参加佛教大会时，游当地佛寺，见"其中佛像众宝装饰，或铸金、银，或熔鍮石"。寺附近有大精舍，"中作如来立像，高三十余尺，铸以鍮石，饰诸妙宝"[3]。

　　玄奘在《大唐西域记》卷九载 631—635 年在中印度摩羯陀国（Magadha）王舍城（Rajagrha）的那烂陀（Nāranda）寺停留时，见有戒日王所建的鍮石精舍，虽未竣工，但高度估计十丈，尚待完成[4]。此处所引版本是章巽校点本（1977），专有名词的梵文原文是笔者补加的。根据玄奘的见闻可断定印度至迟在 6 世纪已生产鍮石，所用原料为铜及炉甘石，最初起于北印度，再扩及中印度，产鍮石时间比波斯晚，但比中国早，在玄奘以前，东晋高僧法显（342—423）于 399 年从长安出发赴印度求法，足迹遍及印度北部、中部及东部等地凡三十余国，历十五春秋，于 412 年经海路返国，著《佛国记》（416），又称《法显传》，载其亲自经历。我们遍查此书，不见任何有关鍮石记载[5]，说明此时印度还没有制造黄铜。梵文古典《摩奴法典》（Manusmrti）只在卷十一第 167 节偶尔提到"偷宝石、珍珠、珊瑚、铜、银、铁、黄铜或［鍮］石，应该只食碎米十二天"[6]。据奥地利梵文学家比勒（Georg Bühler，1839 - 1898）《印度古文字学》（Indische Paläographie，1896）考证，此书成于公元前后二百年间。黄铜这节年代很晚，为后人窜入，究竟黄铜是从波斯进口，还是印度所产，交代不清，我们不认为法典成书时期印度生产黄铜。

（二）东西方的金属锌

　　锌（Zinc，Zn）是继金、银、铜、铁、锡、铅之后，人类发现的第七种金属元素，外观呈蓝白色，有光泽，较活泼，在自然界中不以游离状态存在，只以矿石形态存在。其主要矿石是菱锌矿（calamine）和闪锌矿（sphalerite，ZnS）。菱锌矿有效成分为碳酸锌（$ZnCO_3$），中国古称炉甘石，是东西方古人最先发现并大量使用的锌矿，主要是与铜炼成黄铜（brass）或鍮石（tutia）。锌作为软金属，其本身没有直接用途，但其化合物及与其他金属制成的合金则有广泛用途。锌的硬度为 2.5，密度 7.14，加热至 100℃—150℃可展，至 210℃变脆可粉碎，至 419.4℃熔化，907℃则沸腾成气。菱锌矿或炉甘石中的碳酸锌为无色三方晶体，密度 4.44，加热至 300℃开始分解，放出二氧化碳。

---

〔1〕（唐）玄奘：《大唐西域记》卷二，《印度总述·物产》，章巽校点本，中华书局 1977 年版，第 42 页。

〔2〕同上书，卷四，第 89 页。

〔3〕同上书，卷五，第 112 页。

〔4〕同上书，卷九，第 218—219 页。

〔5〕（晋）法显：《法显传》，章巽校注本，中华书局 1985 年版。

〔6〕Loiseleur-Deslongechamps, A.（tr.）. *Mânava-Dharma-Sâstre. Lois de Manou.* Traduites de Sanskrit, Paris：Librarie Garnier Frères, 1836；［法］迭朗善译，马香雪转译：《摩奴法典》第 11 章第 167 节，商务印书馆 1982 年版，第 278 页。

从历史发展脉络观之，人类对金属锌的认识、炼制和应用大体经历以下四个阶段：
（1）将与锌矿共生的铜矿和木炭在炉内炼铜时，无意间得到锌铜合金。此共生矿并不多见，用另外地方的铜矿冶炼，仍得到的是铜。这种偶然现象在中东巴勒斯坦和中国西北地区距今二三千年前的新石器时代曾经发生，这是锌以合金形式在人类史中的首次亮相。
（2）发现独立的锌矿并有意识地与铜及木炭在炉或坩埚内放在一起在较高的温度（＞900℃）下烧炼，得到黄铜及副产物氧化锌，此技术首先于公元前700年在波斯产生，后由希腊、罗马、印度和中国所仿行，一直持续到18世纪。（3）将锌矿与木炭或煤粉在炉或坩埚内在较高温度（＞900℃）下烧炼，得到氧化锌，氧化锌再被还原成气态锌，经冷凝得到金属锌。此技术于1—2世纪曾朦胧地出现于希腊文化区，12—13世纪以后在亚洲的中国和印度得到有效发展，一直持续到19世纪以降。（4）制成金属锌以后，将其与赤铜直接合炼成高质量、高纯度的黄铜，或制成有不同用途的其他锌化合物。由此可见，人类的认识在一步步加深与提高。关于前两阶段，前已讨论，下面讨论后两个阶段情况。

我们知道，古代东西方将炉甘石、铜与木炭在较高温度下烧炼时，发生了下列反应：

$$ZnCO_3 \longrightarrow ZnO + CO_2$$

$$CO_2 + C \longrightarrow 2CO$$

$$ZnO + CO + Cu \longrightarrow Cu—Zn + CO_2$$

$$ZnO + C \longrightarrow Zn + CO$$

$$2Zn + O_2 \longrightarrow 2ZnO$$

当炉温至300℃时，炉甘石开始分解成氧化锌和二氧化碳，后者又被碳还原成一氧化碳。炉温继续升高，氧化锌还原成锌。罗杰斯（W. Rogers）指出，氧化锌在铜存在下比无铜时更易于在较低温度下被碳还原成金属锌[1]。倘若炉内有过量炉甘石和木炭，则在达到一定高温，且有口向外敞开时，必然会有锌蒸气随炉烟逸出。若不及时捕集并加以冷却，锌蒸气便再次氧化成氧化锌，因之锌被发现的时间较晚。但氧化锌却早已发现并用作药物，已如前述。

历史上，锌的幽灵时隐时现，一直挥之不去，只要古人在高温下以木炭煅烧锌矿，不管有铜无铜，总有锌的身影闪现，难免被偶尔捕捉到。早在公元前7年，希腊地理学家斯特拉波（Strabo，63BC - AD25）在其《地理学》（Γευγραφια，Geographia）中谈到烧炼炉甘石与木炭，得出他所谓"φυδαργυροσ"（pseud-argros）的物质，此希腊文名称含义是"假银"（"mocksilver"）[2]。今天看来似乎是最早朦胧地谈到金属锌，但只能是个偶然发现。同样过程也发生于17世纪德国戈斯拉尔（Goslar）矿区，当时德国矿冶学家勒奈斯（Georg Engolhardt von Löhneyss，1552 - 1625）《采矿报告》中指出，当炼炉破裂产生缝隙而未封密，便有"孔特费特"（"Counterfeht"）的金属状物聚集其间，以其不值钱，工人取之，用来换点酒喝[3]。此处所说的孔特费特可能是指锌，但counterfeht这个古德文

〔1〕　Rogers，W. *Journal of the American Chemical Society*，1927.49：1432.

〔2〕　Strabo，*Geographia*，ⅩⅢ，i，56，610 C.；W. Leaf. *Strabo and the Troad*. Cambridge，1923. p. 287.

〔3〕　von Löhneyss，G. E. *Bericht von Bergwercken*. Leipzig，1690，S. 83. cf. Herman Kopp. *Geschichte der Chemie*，Bd. 3. Braunschweig；Vieweg und Sohn，1845. SS. 260－261.

词本义是什么，还弄不清。它的制得也是偶然的，因为正常的炼炉是不允许出现裂缝的，可见欧洲早期记载是不充分和不清晰的，即令偶尔得到，也没有认识到是与锡、铅不同的单质金属，也不知有何用途。

然而在16世纪德国药物化学家帕拉塞尔苏斯（Paraselsus，真名为 Philippus Theophrastus Bombastus von Hohenkeim，1493－1541）1538年写的《科恩藤地方志》（*Chronica des Landts Körnten*，1538）中提到今奥地利境内科恩藤或卡林西亚（Carinthia）地区有很多种矿物，如铅、铁、金、矾等矿，"还有一种 Zincken 矿，是欧洲其他地方没有发现的，是一种比其他金属更奇怪的金属"[1]。他在《论矿物》（*De mineralibus*）中又说："能制成仪器的金属，如金、银、铁、铜、锡、铅，都是众所周知的金属。现在有某些金属是在古代哲人作品中没有认识到的，也没有被普遍认为是金属，如可在火中锤锻的 Zincken 和 Kobaltet。"[2] 此处 Zincken 和 Kobaltat 可译作锌和钴，帕拉塞尔苏斯是欧洲最早明确将锌看成是金属物质的人，他使用的 Zincken 术语成为今日欧文 Zinc（锌）的最早形式。Zinken 或 Zincken 在德文中本义是锯齿，借用此词用来表述该金属的晶体特点。他的两卷本德文全集（*Opera*）1616年刊于斯特拉斯堡（Strassburg），某些化学作品收入韦特（Arthur Edward Waite）用英文编译的《炼金术作品》（*Hermetic and alchemical writings*，2Vols. London：Elliott，1894）中。

文艺复兴时的德国技术家阿格里柯拉（Geogius Agricola，1490－1555）《矿冶全书》（*De re matallica*，1555）及其他作品中没有谈到锌，直到1558年他的《矿冶全书对话》修订版（*Bermannus sive de re metallica*. Basileae，1558）中简单提及西里西亚（Silesia）炼出的锌（zincum）。17世纪时，德国化学家孔克尔（Johann Kunckel，1630－1703）和施塔尔（Georg Ernst Stahl，1660－1734）相信菱锌矿中含有可与铜形成黄铜合金的金属，但没有进一步制出或看到这种金属。1735年瑞典化学家勃兰特（Georg Brandt，1694－1768）坚持说，从菱锌矿中不可能还原出金属，除非有铜存在下[3]。但1746年德国化学家马格拉夫（Andreas Sigismund Marggraf，1709－1782）以菱锌矿与木炭混合物在没有铜的情况下，在一密封器内加热，得到一种在硬度、比重和其他性质上不同于所有其他金属的一种金属，称之为 Zink（or zinc，锌)[4][5]，从此以后在西方化学界中锌作为一种独立的金属元素被普遍承认。此前，锌在欧洲化学文献中一直是若隐若现，犹抱琵琶半

〔1〕 Paracelsus. *Chronica des Landts Körnten*（1538），*Opera bücher und schrifften*，ed. Joannem Huserum Brisgoium，Bd. 1. Strassburg，1616. S. 251. cf Stillman *op. cit.*，p. 318.

〔2〕 Paracelsus. *De mineralibus*，*Opera*，Bd. 2. Strassburg. 1616. S. 134.

〔3〕 Kopp，H. *Geschichte der Chemie*，Bd. 4. Brauschweig：Viewag und Sohn，1847. SS. 113 — 120.；J. W. Mellor. *Comprehensive treatise on inorganic and theoretical chemistry*，Vol. 4. Article on Zinc. London：Longmans Green & Co. 1923. pp. 398—405.

〔4〕 Sur la expérience de Marggraf en 1746，cf. *Histoire de l'Académie Royale à Berlin*，1746，2：49—57，Berlin 1748.

〔5〕 Marggraf，A. S. *Experimenta von Hervorbringung des Zinkes aus seiner wahren Minera dem Galmey-Stein*，*Chymische Schriften*，1，Aufl.，Bd. 1. Berlin，1748. SS. 263—290.

遮面。

当 1735 年瑞典乌普萨拉（Uppsala）大学化学教授勃兰特著文怀疑在无铜情况下不可能从菱锌矿中还原出金属时，他并不知道此前 98 年（1637）中国江西奉新县科学家宋应星（1587—约 1666）在《天工开物·五金》章中已明确说，从菱锌矿中在无铜情况下可还原出一种金属，谓之"倭铅"（古时读作 wōyàn），即锌，而且已在山西、湖北和湖南等省大规模生产。现将《天工开物》原文抄录于下：

> 凡倭铅古书本无之，乃近世所立名色。其质用炉甘石熬炼而成，繁产山西太行山一带，而荆、衡为次之。每炉甘石十斤，装入一泥罐内，封裹泥固，以渐研干，勿使见火拆裂。然后逐层用煤炭饼垫盛，其底铺薪，发火煅红（图 10—1）。罐中炉甘石熔化成团，冷定毁罐取出，每十耗去其二，即倭铅也。此物无铜收伏，入火即成烟飞去。以其似铅而性猛，故名之曰倭［铅］云［1］。

对上述叙述有几点需要解说：首先，炉甘石在高温下分解成氧化锌和二氧化碳，氧化锌需在还原剂碳作用下才能进一步还原成金属锌，因此坩埚内除炉甘石粉外，还应装入煤粉（或木炭粉），此为宋应星所漏记。其次，锌的沸点 907℃，与还原温度（＞900℃）接近，必须在坩埚上装冷凝回收部件，才能使锌蒸气迅速冷却后聚集成金属锌，但宋应星只给出坩埚外观图（图 10—1），未讲其内部构造。为此，1983 年胡文龙和韩汝玢赴贵州省赫章县对传统炼锌作坊做了实地调查，绘出坩埚内部构造图（图 10—2）［2］，可补《天工开物》未备。从图 10—2 中可见，坩埚呈圆锥形，内放炉甘石及煤粉，下部周围堆满煤饼，这部分是高温（＞1000℃）反应区。坩埚内上部有一耐火泥做成的斗形隔板用以承受冷凝后的锌，隔板一侧留一通气孔。坩埚上部加盖，不可盖严，而是在与"斗"的通气孔相对的另一侧留出孔隙，斗形隔板以上部分是冷凝区（500℃—700℃）。由于锌蒸气的冷凝部件放在坩埚内部，我们可将其称为"内冷式炼锌坩埚"（crucible for zinc-smelting with internal condenser component）。实际生产时坩埚不是随便堆放在一起，而是以若干个坩埚为一组，一排排地立放在砖砌平台上，每个坩埚下部堆满煤饼，保证均匀受热。详情可见韩汝玢、柯俊主编的《中国科学技术史·矿冶卷》第 330—333 页（科学出版社，2007）。

再次，宋应星认为倭铅是明代（1368—1644）以来给出的新名，过去未用过，因其似铅而性猛（大概指锌沸点比铅低，"见火即成烟飞去"），故曰倭铅，此名颇具时代感。按：日本古名倭国，自明初洪武二年（1369）以来，中国东南沿海地区长期受凶猛的日本海盗侵袭，官兵屡捕不靖，倭寇之乱成为朝野心腹之患。因而倭铅含义为猛铅（Měngyàn or

---

〔1〕（明）宋应星：《天工开物》（1637），《五金》章，潘吉星译注本，上海古籍出版社 2008 年版，第 145—146 页。

〔2〕胡文龙、韩汝玢在贵州调查传统炼锌技术后绘出坩埚内部结构图，可补《天工开物》之未备，参见其"从传统炼锌看我国古代炼锌术"，《化学通报》1984 年第 7 期，第 59—61 页。

fierce lead[1]），有的《天工开物》英译本将其译为"Japanese lead"[2]，是不正确的。还有人据《本草纲目》卷九引五代人青霞子（829—924）《宝藏论》（918）中所谓"倭铅可勾金"一语，说 10 世纪已有倭铅之名并炼出锌[3]。此说欠妥，因《宝藏论》或《宝藏畅微论》早已佚失，其同时期或稍晚的宋元诸书皆无此名，疑此语为李时珍填注，与引文混在一起刻版刊出。

图 10—1　炼锌图

引自《天工开物》（1637）

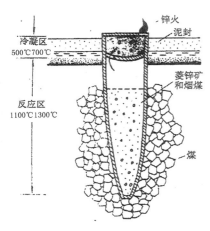

图 10—2　中国传统工艺所用内冷式炼锌坩埚内部构造图

引自胡文龙、韩汝玢（1984）

通过以上解说，《天工开物》关于炼锌的记载便十分清晰。宋应星叙述的炼锌过程与百多年后德国化学家马格拉夫 1746 年使用的过程是相同的；不同之处在于：马格拉夫是在实验室内作小型实验，而宋应星介绍的是更早时期中国晋楚湘三省的工业大规模生产，

〔1〕 潘吉星：《天工开物校注及研究》，巴蜀社 1989 年版，第 365—366 页。

〔2〕 Sun Ying-Hsing. *T'ien-kung k'ai-wu，Chinese technology in the 17th century*，translated by E-Tu Zen Sun and Shiou-chuan Sun. Pennsylvania State University Press，1966. p. 247.

〔3〕 曾远荣：中国用锌之起源，《科学》（上海），1925 年第 10 期，第 1572 页；又载《中国古代金属化学及金丹术》，上海：科学技术出版社 1957 年版，第 92—93 页。

说明中国炼锌技术领先于欧洲。因而《天工开物》18 世纪传入巴黎后，自 19 世纪以来引起欧美学者的重视，纷纷加以介绍[1][2][3][4][5]。应当指出，中国古代作坊炼锌时使用两种设备，除《天工开物》记载的以外，还有另一种不同的设备，长期以来未引起国内技术史家的注意，这就是 18 世纪清乾隆年间英国马戛尔尼（Earl George Macartney，1737–1806）使团 1792—1794 年访华时，使团成员吉兰博士（Dr. Gillan）1793 年 12 月在广州实地调查时介绍广东人使用的设备，特转引如下：

> 锌的制造方法是将炉甘石碾成粉末，与木炭末混在一起，装入泥制坩埚中用火煅烧。锌便像烟雾那样升起，使它通过蒸馏器凝结在水中。这种锌矿稍含铁质，不像欧洲同类锌矿那样含有铝和砷。欧洲矿石中的这些杂质，使它作出的器皿没有中国的那样精巧。[6]

上述英使访华录有中文译本[7]，但译文有不准确处，不得不重译。显而易见，华南广东所用的炼锌坩埚与《天工开物》所载华北、华中或西南用的炼锌坩埚有很大不同，因为从广东所用坩埚中冒出的锌蒸气通过蒸馏装置进入水中凝结成金属锌，冷凝部件必定放在坩埚外部，我们可将其称为"外冷式炼锌坩埚"（crucible for zinc-smelting with outer condenser component）或"带有外部冷凝部件的炼锌坩埚"。但英使访华纪要中没有进一步对这种坩埚形制作出介绍。从技术上分析，其形制应该有两种：一是将盛有水的冷凝槽放在坩埚上部，二者之间以铁制弯管连接；二是有水的冷凝槽放在坩埚下部，二者之间以铁制直管连接。两种形制的炼锌坩埚都能使其蒸气冷凝成金属锌。广东使用的外冷式坩埚看来与印度所用坩埚类似，因而可能也是中、印以前波斯用过的。这就是说，中国既有内冷式又有外冷式两种冷却锌蒸气的装置，而内冷式是中国人独立发展出来的，二者各有千秋。

虽然《天工开物》1637 年明确记载了锌的冶炼工艺，但不能说中国炼锌就始自明末崇祯年间，仍可找到比这更早的炼锌信息，先从一些确切的事例说起。据赵匡华的研究，明代从嘉靖年（1523—1566）起以铜锌合金铸"嘉靖通宝"硬币，申时行（1535—1614）编三修本《大明会典》（1587）卷一九四载其中含锌在 12%—19% 之间，而赵的化验表明锌为 12%—20%，二者较为吻合，锌的成分稳定，应是以锌与铜合炼成黄铜。如以炉甘

〔1〕　Julien, Stanislas et Paul Champion. *Industries anciennes et modernes de l'empire chinois*. Paris 1869. p. 46. illust 2.

〔2〕　de Mély F. *Les lapidaires chinois*. Paris 1896. p. xxxii.

〔3〕　Davis, J. F. The Chinese: *A general description of the Empire of China and its inhabitants*, Vol. 2. London 1836. p. 246.

〔4〕　Partington, J. R. *Everyday chemistry*, London, 1929. p. 73. Fig. 68.

〔5〕　Weeks, M. E. *The discovery of the elements*. Easton, Pa: Mack Priating Co. , 1934. p. 20.

〔6〕　Staunton, George Leonard. *An authentic accout of an Embassy from the King of Great Britain to the Emperor of China*, Vol. 2. London: Bulmer & Nicol, 1797. p. 540.

〔7〕　[英] 斯当东著，叶笃义译：《英使谒见乾隆纪实》，商务印书馆 1965 年版，第 501 页。

石与铜合炼，则很难控制锌的成分[1]。此后隆庆（1567—1572）、万历（1573—1619）所铸通宝都依此例行事。就是说在《天工开物》问世前百年，中国已炼锌铸币了，其产量相当之大，除供国内需要外，16—17世纪以来还向欧洲出口。欧洲商人将其讹称为"锸唐纳克"（tutanague or tutanag），意为"制造锸石用的金属"，中国古代将锌铜合金（黄铜or brass）称为"锸石"（tousek），借用波斯文"锸替亚"（tutiya）。英国汉学家库寿龄（Samuel Couling，1855‐1922）报道说，20世纪初英国人在广州发现有明万历十三年乙酉（1584）年款的锌锭，应是16—17世纪输往欧洲的 tutanague[2]，后经化验，含锌98％以上[3]。此后直到清代，欧洲持续进口中国产的锌，1745年瑞典东印度公司的"哥特堡"（Gotheberg）号商船从中国运来瓷器、丝绸、茶叶和锌锭等返航时，于哥德堡（Gothenburg）港附近触礁沉没，1870年捞回一些瓷器和锌，后经化验含锌98％—99％[4]。

有记录表明，明初宣德初年（1426—1428）铸造供祭祀用的鼎彝炉时已使用倭铅。主持此事的礼、工二部尚书吕震（约1367—1426）、吴中（1373—1442）等人奉旨编成《宣德鼎彝谱》（1428）八卷，内载当时铸器图式、用料及供用名目，宣德三年（1428）由内府刊行。该书引当时《工部物料清册》称，用暹罗（今泰国）铜31680斤铸鼎彝等备用，用倭源白水铅13600斤供入铜中冶炼用。另用倭源黑水铅（铅）6400斤，造铅砖铺铸局地，并杂用日本红铜800斤、锡640斤[5]。张子高[6]、袁翰青[7]和赵匡华[8]等化学史学家都认为此处所说的"倭源白水铅"即《本草纲目》、《天工开物》等书中的倭铅，亦即锌，我们赞同这一判断。1925年王琎（1888—1966）化验了两个宣德炉，各含铜、锌分别为52.7％∶20.4％及48％∶36.4％，另杂有少量锡、铅和铁[9]，也说明15世纪初中国炼黄铜时所用的"倭源白水铅"即金属锌，尽管这个名称有点古怪，但不必因词废意。

入清以后，倭铅继续生产，主要产地为云南、贵州。据云贵总督高其倬（1676—1738）雍正二年十一月廿一日（1725.1.5）奏报，该省四局一年共用倭铅67.6万斤，每年买用贵州倭铅50万斤。贵州巡抚张广泗（约1700—1749）雍正七年十二月廿一日（1730.2.8）题奏，该省威宁、大定府所属砂朱、大兴厂产倭铅，前者自七月二十五日得矿起至九月廿二日不到两个月便烧出倭铅8.8万多斤，大兴厂自八月廿二日得矿起至十一

　　[1]　赵匡华、周卫荣：明代铜钱化学成分剖析，《自然科学史研究》1988年卷7第1期；又见其《中国科学技术史·化学卷》，科学出版社1998年版，第190—192页。
　　[2]　Couling, S. *The encyclopaedia Sinica*. Shanghai：Kelly & Walch Ltd.，1917. p. 374.
　　[3]　Chêng, C. E. & M. C. Schwitter. Nickel in alcient bronze, with an appendix on chemical analysis by X-ray fluorescence by K. G. Carrol. *American Journal of Archaeology*，1957，61：351.
　　[4]　Hommel, W. The origin of zinc-smelting. *Engineering and Mining Journal*，1912，93：1185.
　　[5]　（明）吕震、吴中：《宣德鼎彝谱》，载《丛书集成·艺术类》第1544册，商务印书馆1935年版，第7—11页。
　　[6]　张子高：《中国化学史稿》，科学出版社1964年版，第109—110页。
　　[7]　袁翰青：《中国化学史论文集》，生活·读书·新知三联书店1956年版，第67页。
　　[8]　赵匡华：《中国科学技术史·化学卷》，科学出版社1998年版，第196页。
　　[9]　王琎：中国黄铜业全盛时代之一斑，《科学》1925年第10卷第4期，第495—503页。

月二日两个多月内烧出倭铅 6.9 万多斤[1]。明清时除将锌称为倭铅外，还称"白铅"。如屈大均（1630—1690）《广东新语》（约 1690）卷十六称："白铅出楚中，贩者由乐昌入楚，每担价二两［银］，至粤中市于海舶，每担六两。……俗称倭铅，实不产［于］倭（日本）。……每倭铅百斤，价亦六两。"曾国荃（1824—1890）纂光绪《湖南通志·物产志》（1885）载，乾隆五十年（1785）郴州年产白铅 1.8 万斤，桂阳（今衡阳）等处年产白铅 11 万斤。

由上所述，可以看到明清两代（1368—1911）持续不断地生产倭铅已有五百四十多年历史，"锌"这个名称是 1871 年上海江南制造局出版的由中国化学家徐寿（1818—1884）和英国人傅兰雅（John Fryer，1839-1928）翻译的《化学鉴原》中出现的，将 zinc 译作锌，金字偏旁表示它是金属元素，"辛"表示谐音，既合造字原理，又与国际接轨，从此便取代老名，一直用到现在，关于中国炼锌的起源，在 20 世纪 20 年代国内化学界一度成为讨论对象。章鸿钊（1878—1951）1923 年著文，引《汉书·食货志》载王莽（前 45—后 23）于居摄年（公元 6—7）改币制，铸泉布用铜杂以连锡，认为"连"即菱锌矿[2]。又引 1922 年王琴希对新莽钱币的分析，内含锌多至 4%—6%，进而认为连即是锌[3]，主张西汉末（1 世纪）已始炼锌。此说显然证据不足，难以成立。近二十年来对可靠来源的新莽钱分析，并不含锌，而所谓"连"或"镰"乃是铅，绝非锌，1922 年化验的莽钱有可能是后世赝品[4]。

既然明初已大量生产锌并用以与铜炼成合金黄铜，按技术发展规律来看，此前还应有个孕育时期。中国炼锌起源虽不能追溯到汉和宋，至少可追溯到距明很近的元代（1280—1368）。对元代炼锌史的研究过去作得很少，这方面的史料尚待深入发掘。有一条 14 世纪的阿拉伯地理学家迪马什基（Sams al-Din Abū ʿAbdallāh Ṣūfi al-Dimashqi，1254-1327）的记载值得注意，他在约 1325 年用阿拉伯文写的《历代精品和陆海奇物》（*Nokhbet al-dahr fi al-jāib al-birr wa l-bahr*）中提到来自中国的锌，白如锡，不易生锈，敲之有钝声。又说在贾比尔·伊本·哈扬（jābir ibn-Hayuyān）和其他人作品中都未提到此物。此原作由梅伦（A. F. Mehren）译成法文，题为《中世纪世界志概要》（*Manuel de la cosmographie du moyen âge*），1874 年刊于丹麦哥本哈根[5]。阿拉伯原文中锌的称呼来自波斯文"塞菲德鲁"（séfid-rou，i. e. isfidruj），本义是"白色的铜"（"white copper"）[6]，注意不是汉语中的"白铜"（铜镍合金）。迪马什基的记载说明在元代中期（1309—1339）中国已炼出金属锌。

〔1〕 中国人民大学清史研究所编：《清代的矿业》第三章《铅矿》，中华书局 1983 年版。

〔2〕 章鸿钊：中国用锌的起源，《科学》1923 年第 8 卷第 3 期，第 233—243 页。

〔3〕 章鸿钊：再述中国用锌之起源，《科学》1925 年第 9 卷第 9 期，第 1116—1127 页；《石雅》第二版，卷十，北平：中央地质调查所印 1927 年版，第 340 页。

〔4〕 赵匡华：《中国科学技术史·化学卷》，科学出版社 1998 年版，第 193—194 页。

〔5〕 Mehren, A. F. M（éd, tr）. *Manuel de la cosmographie du moyen âge par al-Dimashqi*. Copenhagen 1874. p. 60.

〔6〕 Bonnin, A. *Tutenag and paktong*. Oxford 1924. pp. 6, 18.

迪马什基关于中国炼锌的记载，由英国冶金史家福布斯（R. J. Forbes）转引于其所著《古代冶金术》（*Metallurgy in antiquity*，1950）中[1]。在阿拉伯世界虽然在贾比尔·伊本·哈扬时代（8—9 世纪）还不知炼锌，但有迹象表明在阿巴斯王朝（Abbasids，750-1258）后期（11 世纪）波斯已炼出锌，锌的另一波斯文名称是"贾斯特"（jast or jasta）[2]，印度梵文中称锌为 jasada 或 jasata，应当是从波斯文衍生的。波斯人将金属锌与铜按不同比例混合炼出不同颜色的黄铜[3]。13—14 世纪期间，波斯处于蒙古伊利汗国（Il-Khanate，1258-1368）统治之下，汗国与元帝国有密切的往来和政治关系，因而波斯炼锌技术信息能及时传到中国，同时中国一些发明如印刷术等也传到波斯，中波双方技术交流密切。

中国引进波斯炼锌技术后，又作了发展，除前述两种炼锌设备外，还有一种与铜制成合金的独特方法。据 1793 年 12 月英使访华录报道，炼黄铜时不是将锌、铜合炼于炉内，而是另有方法：

> 吉兰博士在广州时被告知说，中国工匠用高温将铜烧红，再打成很薄的薄片，火的温度高到铜的熔点［按：>1000℃］。将此烧红的薄铜片放在锌的升华器上，下以旺火烧之。锌的蒸气上升，渗透到铜片内部，与铜片牢固结合。以后再遇高热，锌便不会与铜分离。这种锌铜合金制成后，慢慢冷却后，其质地精细，颜色光亮，远胜过用欧洲方法所制造出来的。[4]

此中国方法之所以能实现，有赖中国双动活塞风箱的强有力的连续鼓风，可迅速造成高温，且能控制到接近铜的熔点（1083℃）而尚未熔化的火候。其次，广东制造锌铜合金方法之所以能实现，还在于它借鉴了中国古代发明的制造灌钢的技术原理，这在《天工开物·五金》中有精彩的表述。将含碳量较低的熟铁打成薄片并捆紧，放在含碳较高的生铁块之下，在炉内升温至 1000℃—1200℃，则生铁熔化成铁水淋入熟铁之中，将其中的碳均匀渗入熟铁之中，最后得到含碳量适中但性能更高的钢。对灌钢（interfussed steel）原理在黄铜制造中的活学活用表现在将烧成赤热的铜块打成薄片（恐怕也得捆起来），趁热放在锌的升华器上，锌的蒸气上升，均匀渗透到铜片之中，形成合金。所不同的是：制造灌钢时，生铁水从上向下淋入熟铁片之中；而制造黄铜时，锌蒸气从下向上渗透到铜片之中。共同点是用此法使两种物料在高温下达到均匀汇合而变成新材料的目的。当然，中国炼制黄铜也采用将锌块与铜块共同在坩埚内合炼的常规方法。两种方法并行不悖。广东在 18 世纪仍在使用的外冷式炼锌罐及独特的黄铜冶炼法在中国古籍中较少记载，我们倒要

[1] Forbes, R. J. *Metallurgy in antiquity*; *a notebook for archaeologists and technologists*. Leiden: Brill, 1950, pp. 28—43.

[2] Hommel, F. *Zeitschrift für Angewandte Chemie* (Berlin), 1912, p. 99. *Chemiker-Zeitung* (Berlin) 1912, pp. 905, 918.

[3] Bucher, B. *Geschichte der technischen Kunst*. Bd. 3. Berlin 1893, S. 46.

[4] Staunton, George Leonard, *op. cit.*

感谢英国使团中细心的吉兰博士当时据现场调查所作的报道填补了史籍中之未备。

与中国同属汉字文化圈的东亚日本和朝鲜关于炼锌的技术知识，显然都直接或间接来自中国。17世纪时与中国有贸易关系的荷兰，还同时与江户时代（1603—1868）的日本保持贸易往来，且在日本长崎港设有商馆，有荷兰人常驻于此，日本人从荷兰人得知锌。江户时代中期大阪医生寺岛良安（Terashima Ryoan，fl. 1680 - 1746）用日文写的《和汉三才图会》（1713）矿物篇中提到一种金属，他称为"亚铅"（あえん or a-en），并写道："亚铅又名止多牟（totamu），此词来自番语（外来语），不解为何物，属铅之列，故名亚铅。此物制成一尺长之板状，五六寸宽，厚不及一寸，……以中国广东所制者最佳……制黄铜时入亚铅，而亚铅自炉甘石中炼出……"[1] 从这段记载可知，当时中国向荷兰等欧洲国家出口的锌，是以锌板形式交货的，且有固定尺寸，与日本向中国出口的铜交货形式相同，均呈板状。自1713年以后直到今日，日本人一直将锌称为亚铅。寺岛良安这段记载曾由梅利（François de Mély）译成法文[2]，再由李约瑟转为英文[3]。

寺岛良安写书时，记载炼锌（倭铅）的中国古书《天工开物》还未传到日本，直到《和汉三才图会》1713年出版后，《天工开物》才运到长崎。佐藤信渊（1767—1850）《山相秘录》（1827）是19世纪日本采矿冶金技术的重要专著，书中引用了《天工开物·五金》章，却未提到锌的冶炼。可见1713—1827年日本还未自行炼锌。而宇田川榕（1798—1847）自荷兰文化学著作中所译《舍密开宗》（1837）中对亚铅条加译注时，虽引《天工开物》，亦未谈及其中所述制法。但1873年来日本的德国人内特（Curt Nette，1847 - 1909）在《日本矿山编》（*Mining in Japan*，1879）中谈到日本国产镍、亚铅（锌）、砒石仍不足供日用，因日本菱锌矿（炉甘石）蕴藏量甚少，故1878年尚需进口锌100万斤（Catty）[4]。由此可知，日本产锌应始于19世纪30—40年代以后，不足部分则从中国进口。

与中国陆上毗邻的朝鲜，对锌的记载反而晚于日本和欧洲。19世纪朝鲜实学派学者李圭景（号五洲，1788—约1862）《五洲衍文长笺散稿》（约1857）卷十八写道："五金之外有亚铅（锌）、折铁，而人多不晓其为何物，自燕市（北京）、马岛（对马岛）出来故然也。又不能深究，而竟不知焉，愚亦何知?! 每览群书，强记其可据者，以为证辨之，因知其原委也。亚铅者，中原（中国）则称倭铅，倭人（日本人）则呼亚铅，其实一也。我东（朝鲜）名以含锡者即是物也。按《和汉三才图会》及《天工开物》俱有制法，以炉甘石炼制。而炉甘石详见《本草纲目》，一名炉先生。其状如羊脑，松如石脂，亦能粘舌，乃

〔1〕 ［日］寺岛良安：《和汉三才图会》，《矿物篇·亚铅》条，大阪，1713。

〔2〕 François de Mély et M. H. Courel. *Les lapidairer chinois. Les. lapidaires de l'antiquité et du moyen âge*，Vol. 1. Paris 1896，p. 41.

〔3〕 Needham, Joseph and Lu Gwei-Djen. *Science and Civilisation in China*，Vol. 5，Chap. 2. Cambridge University Press，1974，p. 212.

〔4〕 Nelle, Curt. *Mining in Japan*，Tokyo，1877；［德］克鲁特·内特乌撰，［日］野吕景义译：《日本矿山篇》，东京大学法理文学部刊行，1880；［日］三枝博音编：《日本科学古典全书》卷九，东京：朝日新闻社1942年版，第133页。

金银苗也。产于金坑者为上，出自中原，然从倭来者称亚铅。"[1] 李圭景认为日本人所谓亚铅即中国所说的倭铅，是完全正确的，而朝鲜看到的锌，则来自中国北京和日本对马岛，本国并不产，故知之者甚少。

为使本国人对锌有正确知识，李圭景乃据《天工开物》、《格致镜原》（1735）和《本草纲目》等书编成《五洲书种博物考辨》（1834），其中《黄铜类》称：

> 制黄铜法：炼黄铜以炉甘石或倭铅，每红铜六斤，入倭铅四［斤］，先后入罐熔化，冷定取出，即成黄铜，……此黄铜我东称豆锡，铸黄铜用红铜六成，倭铅四成，熔炼最精。[2]

同一书内《白铜类》称：

> 中国白铜造法：铜与砒石同炼成白铜。又称倭铅以炉甘石煎炼而成。[3]

但李圭景对这两点有疑惑之处。首先，他以朝鲜所产砒石与黄铜冶炼，所得产物大逊于中国白铜，只归因于"或炼之不如法也"。殊不知中国云南所产砒石，实为含锌、镍的砷矿石，与铜合炼成铜—锌—镍三元合金即云南白铜，而朝鲜砒石含锌、镍甚少，故与铜炼不出白铜。其次，《天工开物》谈以炉甘石炼锌时，漏记在坩埚中加入煤粉或炭作为还原剂，而不加还原剂，只能炼出氧化锌，不能得到锌。李圭景那个时代因化学知识不足，故而产生疑惑是自然的，经此处解释其疑惑便可消矣。

在 19 世纪以前的亚洲国家中，除中、日、朝三国外，另一个炼锌的国家就是印度了。像中国一样，印度也是个文明古国，而且蕴藏炉甘石矿。但在研究印度炼锌史时遇到的困难是，其中有关炼锌起源的史料年代难以准确敲定。正如印度已故总理尼赫鲁（Jawaharlal Nehru，1889－1964）所说："不像希腊人，也不像中国人和阿拉伯人，印度人在过去不是历史家，这是很不幸的。因此这就使我们难于确定历史中的时代和制订精确的年表。……我们就只得求助于史诗想象的历史和其他书中的同时代的一些记载、铭刻、艺术品和建筑物遗址、钱币以及大量的梵文著作，在那里面去找些偶然的暗示。当然许多来到印度的外国旅行家的游记，特别是希腊人和中国人的，以及较晚时期阿拉伯人的，也都可供参考。"[4] 尼赫鲁这里为我们提供解开印度古史资料中有关记事年代疑团的一种研究方法。

问题在于，印度古代著作常常不标明著述年代及其中事物发生的年代，且归于某人名下的著作实出于不同时代的许多人之手，有后人增补的新内容和改动或诠释，与原始本正

---

〔1〕［朝］李圭景：《五洲长笺衍文散稿》卷十八，《亚铅，折铁，含锡胎镁辨证说》，上册，汉城：明文堂影印本 1982 年版，第 545 页。

〔2〕［朝］李圭景：《五洲书种博物考辨》，《黄铜类》，同上书，下册，第 1103 页。

〔3〕同上书，《白铜类》，下册，第 1106 页。

〔4〕［印］尼赫鲁（Nehru, Jawaharlal）著，齐文译：《印度的发现》，世界知识出版社 1956 年版，第 117 页。

文混杂在一起，一部书成书时间往往持续好几百年。且早期原始本多已失传，现传本多是中世纪后期流传下来的，原有事物和几百年后添加的事物都混在一起，必须像尼赫鲁说的参考诸多旁证，才能将它们剥离开来。但有的科学史作者不做这种剥离工作，而习惯于将一些技术在印度的起源时间定得很早，经检验后实难置信，这方面笔者是深有体会的。例如他们引《摩奴法典》（*Manusmṛti*），说印度于公元前 300 年已发射了火箭（rockets），后经证明是误读了梵文原典[1]。在炼锌问题上如不用旁证资料核对某些人引用的梵文史料，就很容易以讹传讹。

　　明显的例子是，英国化学史家帕廷顿在其《化学简史》（*A short history of chemistry*，3 rd ed. ，ch. 3. London，1957）中轻信了某些人的说法，即："阇（shè）罗迦（Charaka，c. 100）和妙闻（Saśruta，c. 200）都谈到锌。"此说很难令人信服。按阇罗迦曾任贵霜王国（Kusana，78－220）国王迦腻色迦（Kaniska，r. 144－170）之御医，因而是 2 世纪人，妙闻比他晚一辈，二人都被视为古印度医学权威。今本《阇罗迦集》（*Charaka-samhita*）中有 1/3 内容由 800 年出生的克什米尔人特里达巴罗（Dridhabala）于 9 世纪所添加，且对全书作了改写，原始本已面目皆非。现传本为 11 世纪后半叶孟加拉人察克罗般尼达陀（Chakrapanidatta）的诠释本，又添写了新内容。怎能知道炼锌部分一定是阇罗迦原著中所载？是谁也无法考证出来的，因原著已不复存在，同时期或后世其他梵文著作也没有类似引文。皮之不存，毛将焉附？

　　至于《妙闻集》（*Suśruta-samhita*），也经后人改写及续写，其中包括龙树（Nāgājuna，700 or 850）等人所改写。妙闻擅长外科医学，其原著及早期改写本、诠释本皆已无存，现存最早本为察克罗般尼达陀 11 世纪后半叶写的注释本。以上是英国梵文权威、生于印度的牛津大学教授麦克唐纳（Arthur Anthory，Macdonell，1854－1930）的研究结果[2]。由于现传本阇罗迦和妙闻名下的著作中不少内容为后人添加，年代早的和年代很晚的事物都混在一起，不能成为有关印度炼锌的第一手原始文献。于是近又有人提出炼丹家龙树记述了炼锌工艺[3][4]。同样无法令人信服。因为没有其他旁证材料支持，反之，倒可举出一些反证。

　　古代印度铭刻和在印度长期旅居的中国高僧法显（342—423）、慧生（473—560）、玄奘（602—664）和义净（635—713）等人的游记都未提到过印度炼锌，尽管义净对印度医学有详细叙述，1000 年前后旅居印度的波斯人比鲁尼（al-Biruri，973－1048）见过印度

〔1〕　潘吉星：《中国火箭技术史稿》，科学出版社 1987 年版，第 24—25 页。

〔2〕　Macdonell，A. A. *India's past*，Chap. 7. London，1927；［英］麦克唐纳著，龙章译：《印度文化史》，上海：中华书局 1948 年版，第 142—146 页。

〔3〕　Craddock，P. T. et al. *Zinc in India*，2000 *years of zinc and brass*，*British Museum*（*Ooccasinonal paper*，no. 50），1990，29—33.

〔4〕　Rāy，P. *History of chemistry in ancient and medieval India*，Calcutta：Indian Chemical Society，1956，pp. 129，157. et seq. 按：精通古梵文文献、治学严谨的印度老一辈化学家及化学史家赖伊（Praphulla Rāy，1861－1944）博士在其第一版《印度化学史》（*A history of Hind chemistry*，1st ed. ，2 Vols. Calcutta，1904）中，并未将印度炼锌起源年代定得那样早。他卒后，有人修订此书，窜加新的内容，将第二版书名也改了，但仍用他的名义出版，实际上并不代表赖伊生前的观点，幸亏他的第一版仍在。

金属冶炼及炼丹术书，但在其《印度志》（*Jarikh al-Hind*，1030）中也未提到炼锌。阇罗迦和妙闻的医学书于 800 年译成波斯文和阿拉伯文，后又转为拉丁文，但在这些译本中也未见有锌的记载。倒是在 14 世纪阿拉伯文文献中有中国炼锌的记载，已如前述。梵文中称锌为 jasada，这是个外来语，导源于波斯文 jasta，这说明印度是在波斯之后炼锌的。这些反证证明印度不可能在 9 世纪以前炼出锌，是某些人讲阇罗迦、妙闻和龙树名下的现存著作中 11 世纪以后追加或补写的有关炼锌的内容强加在这三位古人所在的时代，与事实相违。

应当说，印度在 13 世纪以后出现的梵文有关锌的记载才是可信的。近些年来在印度西北部拉贾斯坦邦内炼锌遗址的考古发掘，也表明其时间上限为 11—13 世纪，下限为 19 世纪，梅建军已对此作了报道[1]。我们要补充的是，正如德裔美籍汉学家劳弗在《中国伊朗编》中所说："炼锌术既不起源于印度，也不起源于中国，而是波斯"[2]，但我们不认为波斯像劳弗所说从 6 世纪那样早就炼锌，而是如前所述起于阿巴斯王朝后期。炼锌术从波斯传入印度的时间比传入中国的时间略早百多年，但从波斯传到中、印两国的炼锌装置是相同的，此即拉贾斯坦邦和广东使用的外冷式炼锌坩埚。由于中国炉甘石矿比印度分布更广，南北各地都有，且品质高、产量大，每年炼锌数以百万斤计，都是 98％以上纯度，与铜可制成高质量黄铜，受到欧洲人青睐，17—18 世纪持续从中国进口。例如 1760—1780 年间只是英国就每年进口 40 吨锌。

如前所述，欧洲人虽然在 16—17 世纪已提到过锌，但锌矿只在德国、奥地利境内少数地方偶尔发现，还未实现，也不知如何实现工业规模生产锌。瑞典化学家贝格曼（Torbern Bergman，1735 - 1787）1779 年指出：

> 有一英国人若干年前曾去过中国，为的是学到炼锌或 tutenago 的技术，虽然他熟练地掌握了秘密并顺利返国，但却谨慎地不肯示人。[3]

贝格曼没有说出这个英国人的名字。但后来英国人英戈尔斯（W. R. Ingalls）告诉我们：

> ［欧洲］工业规模上生产锌最初始于英国，听说采用了中国的方法，是伊萨克·劳逊博士（Dr. Isaac Lawson）引进的，他特意去中国学习此技术。1740 年约翰·钱皮恩（John Champion）在布里斯托尔（Bristol）设厂并开始实际生产锌，但产量很小，大部分仍靠从印度和中国输入。[4]

---

〔1〕 梅建军：印度和中国古代炼锌术的比较，《自然科学史研究》1993 年第 12 卷第 4 期，第 360—367 页。

〔2〕 Laufer, Berthold. *Sino-Iranica. Chinese contributions to the history of civilisation in ancient Iran*, University of Chicago Press, 1919, p. 515. 参见林筠因译《中国伊朗编》，商务印书馆 1963 年版，第 344 页。

〔3〕 Bergman, T. *Opuscula physica et chemica, pleraque antea seorsim edita, jan ab auctore collecta* et aucta. Vol. 2. Upsala 1779, p. 317.

〔4〕 Ingalls, W. R. *Production and properties of zinc*. New York-London, 1902, pp. 2—3.

李约瑟博士考证后认为，伊萨克·劳逊为苏格兰人，1737 年曾以有关锌的论文在荷兰莱顿（Leyden）大学获得博士学位[1]。由上所述可以得知，苏格兰人劳逊来华探求炼锌技术秘密的时间大约在清代雍正末年至乾隆改元之间（1731—1736），他考察的地点无疑应是广东广州一带。六十年后，英使访华团中的吉兰博士也在这里采访到外冷式炼锌坩埚炼锌的方法，应与劳逊所学到的方法相同，但他在博士论文中不会全部透露技术细节，待找到有利可图的机会时，才会乐于吐出在中国学到的一切，而企业家威廉·钱皮恩和约翰·钱皮恩兄弟便为他提供了此机会。据摩尔根（S. W. K. Morgan）[2] 的描述，1738—1740年钱皮恩一家在布里斯托尔工厂炼锌的方法是，将炉甘石粉末与煤或炭末在带盖的坩埚内煅烧，坩埚底部开一孔，下接一铁管，铁管通向下面的冷却槽，其中放另一装水的坩埚，锌蒸气便在此冷凝。这正是劳逊在广东学到的方法，钱皮恩厂对炼锌法在半个世纪内保守秘密，甚至 1766 年沃森主教（Bishop Watson）被允许参访时仍是"hush-hush"（保密的）[3]。炼锌方法后来终于公开，几经改进，加上更多锌矿的发现，至 19 世纪进入产锌的新时代。中国虽非炼锌起源地，但在世界炼锌史中作出了如下贡献：（1）研制出内冷式炼锌设备和不用坩埚将锌、铜制成合金的渗透法，丰富了炼锌方法；（2）将炼锌技术传到日本、朝鲜等亚洲国家和英国等欧洲国家，促进了此技术在世界的传播。

（三）东西方的白铜

如果说古代波斯、印度和中国都以境内所产铜和锌矿冶炼黄铜的话，那么以铜和斜方砷镍矿（rammelsbergite，Ni As$_2$）炼成的白铜（packtong or cupro-nickel）则是中国特产。此处所说的白铜，主要指铜镍合金或铜镍锌三元合金，具有银白色光泽、抗腐蚀等性质，用以制造日用器物、文具、仪器、铸币等，以代替贵金属银，主要产于云南，因云南分布含镍的富矿，又盛产铜。制出白铜这种优质合金，是中国古代冶金史中的一项重大发明。中国冶炼白铜已有千余年历史，有关生产白铜的早期记载，见于东晋人常璩（278—360 在世）于 347 年写的《华阳国志》卷四：

> 螳螂县因山而名也，出银、铅、白铜。[4]

书中所说白铜即铜镍合金，螳螂县即今云南会泽，附近有四川会理铜镍矿，矿石含镍 2%[5]，且两地有驿道相通。另一方面，在西南地区镍矿石常与铜矿石共生，中国古代直

　　[1] Needham, Joseph & Lu Gwei-Djen, *Science and Civilisation in China*, Vol. 5, Chap. 2. Cambridge University Press, 1974, p. 214.

　　[2] Morgan, S. W. K. *Chemistry and Industry* (London), May 16, 1959, p. 614.

　　[3] Needham, Joseph & Lu Gwei-Djen, *Science and Civilisation in China*, Vol. 5, Chap. 2. Cambridge University Press, 1974, p. 214.

　　[4] （晋）常璩：《华阳国志》卷四，刘琳校注本，巴蜀书社 1984 年版，第 416 页。

　　[5] 夏湘蓉、李仲均、王根元：《中国古代矿业开发史》，地质出版社 1980 年版，第 272—273 页。

接用这种共生矿冶炼出镍铜合金是完全可能的。总之，汉（前206—后221）、晋（265—420）时期生产镍白铜是有可能的[1]。

魏徵（580—640）《隋书》（636）卷十三《音乐志上》载，北魏军攻南齐，南齐雍州刺史萧衍（468—549）于497年奉命至襄阳救援时：

> 有童谣云：襄阳白铜蹄，反缚扬州儿。识者言，白铜蹄谓马［蹄］也。及义师之兴，实以铁骑，扬州之士皆面缚（投降），果如谣言。即位之后，帝自为词三曲，以被管弦。[2]

看来萧衍以白铜为马蹄掌是个好兆头，501年他入建康（今南京），废齐统治者萧宝卷为东昏侯，自任中书监、大司马、扬州刺史，封建安郡公。502年萧衍为梁公，晋爵为王，遂灭齐，自立为帝，改国号为梁，是为梁武帝（502—549），正应以前童谣所言。梁开国大臣沈约（441—513）也有诗云："襄阳白铜蹄，圣德应乾来。"刘昫（888—947）《旧唐书》（945）卷四十五《舆服志》载，唐代（618—907）对臣工所着衣冠、所乘车辆等级都有明文规定：皇太子乘四马拉的车，车辂以黄金装饰。"一品乘白铜饰犊车"[3]，不能乘马车，只能乘牛车，车辂饰以白铜，此处所引文献中所说的白铜，当为铜镍合金。

宋代炼出的白铜至今还有实物遗存，例如中国国家博物馆藏宋代"库银"，呈长方形，有铭文"大宋淳熙十四年造"，可知造于1187年，时当南宋孝宗时期（1163—1189）。经分析为铜镍锌三元合金，含镍8.9%、锌29.9%、铜48.4%，此外还含少量铁和铅。另一件实物是西安半坡遗址仰韶文化扰土层中出土的白铜片，经分析含镍16.0%、锌24.0%、铜60.0%，也是铜镍锌三元合金。考古学家夏鼐（1909—1985）认为其年代不早于北宋徽宗（1101—1123）[4]，也是南宋产物。上述国家博物馆藏1187年造长方板形白铜锭，像锌锭一样是厂家出厂的产品形式，对外贸易时也以这种形式出口，经熔化后再打造成各种器物，不能将其称为库银。

元代时中国全境重归大一统，而且中西交通大开，中国产白铜输入地处西亚的蒙古伊利汗国（ILKhanate，1258-1368）。美籍德裔汉学家劳弗说，汗国境内的波斯人将白铜称为 *xār-čīnī*，而阿拉伯人则称为 *xār-ṣīnī*，意思是"中国石"，西班牙语中的 *kazini* 是从阿拉伯语衍生的。波斯人说，中国人用这种合金制成镜子。波斯人还将汉语中的白铜意译成 *isfidruj*，意思是"白色的铜"（or "white copper"）。我们在前面引用的波斯地理学家迪马什基1325年写的《历代精品和陆海奇物》中指出：

> 中国石（xar-ṣini），是来自中国（Sini）的金属，是将铜的黄色矿与黑、白色的

---

〔1〕柯俊、韩汝玢等：《中国冶金简史》，科学出版社1978年版，第165页。

〔2〕（唐）魏徵：《隋书》卷十三，《音乐志上》，二十五史本第5册，上海古籍出版社1986年版，第400页。

〔3〕（后晋）刘昫：《旧唐书》卷四十五，《舆服志》，二十五史本第5册，第234页。

〔4〕韩汝玢、柯俊主编：《中国科学技术史·矿冶卷》，科学出版社2007年版，第737页。

矿混合起来炼出的。从中国进口的镜子称为"变形镜"（"mirrors of distortion"），就是用这种合金制造出来的[1]。

这个记载是较准确的，只是没有用现代科学语言表达出来。我们知道，炼铜镍合金所用的白矿石为斜方砷镍矿（rammelsbergite，Ni As$_2$），黑矿石为黑铜矿（tenorite，CuO），而黄铜矿（chalcopyrite，CuFeS$_2$）呈黄色，内含镍，都是炼白铜的原料。

明、清两代白铜产区、产量较前代增加，但仍主要集中在西南地区，有关技术记载逐步出现。但应指出，明代有的科学家将传统意义下的白铜（镍白铜）与砷铜合金（砷白铜）都称之为"白铜"，遂造成混淆，而后者不是本文讨论对象。例如李时珍《本草纲目》卷八称：

> 铜有赤铜、白铜、青铜。赤铜出川、广、云、贵诸处山中。……白铜出云南……人以炉甘石［与赤铜］炼为黄铜，其色如金。砒石［与赤铜］炼为白铜。[2]

今天看来，以砒石（As$_2$O$_3$）与赤铜合炼得到的是砷化铜（Cu$_3$As），虽然也呈银白色，但与白铜迥异，冶金史家将其称为砷白铜，此物有毒性，不宜制成日常用品，且颜色不能持久，不能与白铜相提并论，即令制成日用品，也只能冒充白铜器物，制成毒箭头倒可伤人，因而没有发展前途。

关于明清时白铜冶炼情况，梅建军、柯俊二位在其"中国古代镍白铜冶炼技术的研究"[3]一文通过引证文献及实地调查，提供了大量资料。这一时期除官办厂家外，还有大量私营炉户生产白铜。清人吴忠苍纂撰同治《会理州志》（1870）载，只四川会理黎溪厂户在1754年就产6.3万斤。加上力马河、九道沟、清水河等地厂家每年可产37吨，由此可见一斑。该书卷九更载，"煎获白铜需用青、黄二矿搭配，黄矿炉户自行采办外，青矿另有"。黄矿指黄铜矿，黑矿石为镍矿。20世纪30年代于锡猷赴川南会理一带调查后写成的《西康之矿产》一书，对冶炼白铜所用原料及传统炼法作了记录。有助于我们了解古人炼白铜的技术细节，特转引如下：

> 取炉厂大铜厂之细结晶黑铜矿与力马河镍铁矿各半，混合，收入普通冶铜炉中冶炼。矿石最易熔化，冷后即成黑块，性脆，击之即碎。再入普通煅铜炉中，用煅铜法反复煅九次。用已煅矿石七成与小关河镍铁三成，重入冶炉中冶炼，即得青色金属块，成为青铜，性脆，不能制器。乃以此青铜三成，混精铜（红铜）七成，重入冶炉，可炼得白铜三成，其余即为火耗及矿渣。[4]

〔1〕 Laufer, Berthold. *Sinco-Iranica*, University of Chicago Press, 1919, p. 555.

〔2〕 （明）李时珍：《本草纲目》卷八，《金石部·赤铜》，刘衡如校点本，上册，人民卫生出版社1982年版，第465页。

〔3〕 梅建军、柯俊：中国古代镍白铜冶炼技术的研究，《自然科学史研究》1989年第19期，第67—77页。

〔4〕 于锡猷：《西康之矿产》，中国国民经济研究所刊1940年版，第32页。

梅建军和柯俊二先生对上述记载作出解释说，整个冶炼白铜的工艺分四个步骤进行：
(1) 配矿料和初次冶炼，将黑铜矿（tenorite，CuO）与白色镍铁矿［awaruite，(Fe，Ni)
S_4］按 1：1 比例配合，放入炼铜炉中冶炼，经氧化焙烧和初步冶炼得到黑色块状冰铜镍
（crystal copper-nickel confusion material，Ni_3S_2、Cu_2S、FeS 的熔合物）及炉渣混合物。
(2) 物料煅烧，将黑色块状物放入煅铜炉中，反复煅烧九次，以氧化方法脱去硫分，得到
富集的铜、镍氧化物，即"可煅矿石"，内含氧化镍（NiO）、硫化镍（Ni_3S_2）、氧化亚铁
（FeO）、硫化亚铜（Cu_2S）等混合物及炉渣。(3) 再次配料和第二次冶炼，将"已煅矿
石"与镍铁矿以 7：3 之比例配合，装入炼铜炉中再次冶炼，得到所谓"青铜"，此过程中
氧化物（Cu_2O 及 NiO）与硫化物（Cu_2S、Ni_3S_2 及 FeS）发生反应，使铜、镍被还原出
来形成"青铜"，氧化亚铁（FeO）等形成炉渣。(4) 配入纯铜进行第三次冶炼，因"青
铜"中所含镍量虽渐高，但杂质亦不少，需再次精炼。将"青铜"与纯铜按 3：7 之比例
配合，再入冶铜炉中冶炼。"青铜"中杂质如铁被氧化成为炉渣，铜与镍形成铜镍合金
白铜[1]。

但于锡猷在其书中没有谈到炼炉形制及冶炼温度。梅建军至现场访查后得知，炼炉高
5 米，以水力驱动的大型活塞风箱鼓风。这种炼炉在清代云南普遍存在。清道光二十三年
（1843）刊吴其濬（1789—1846）《滇南矿厂图略》介绍炼炉时称："其炉长方高耸，外实
中空，上宽下窄，高一丈五尺（约 5m），宽九尺（约 3m），底深二尺有奇（约 0.7m）。"
书中对炉的构造作了叙述，可作为了解会理炼白铜炉构造之参考。对会理各地古代炉渣软
化温度的测定 1300℃—1400℃，炉渣成分及矿相分析表明其流动性较好，可与金属分离，
冶炼技术水平较高。云南白铜一般用于制造面盆、墨盒、镇尺、香炉、水烟袋、笔筒、烛
台和祭祀用品等，行销南北各地。笔者就藏有清代云南产方形白铜墨盒，盒盖上刻山
水画。

前引《会理州志》及《西康之矿产》中所载川南会理县白铜厂所用四大步骤的生产工
艺，所得产物是镍铜二元合金。然而从白铜遗物的分析化验来看，多是铜镍锌三元合金。
例如 18 世纪瑞典矿产部供职的化学家恩格斯特罗姆（Gustav van Engeström, fl. 1726 -
1791）对东印度公司从中国进口的白铜锭作了化验，结果在 1776 年发表在《瑞典皇家科
学院院报》上，其中指出白铜含铜 40.6%、镍 15.6% 及锌 43.8%[2]。1822 年英国化学
家法伊夫（A. Fyfe）在《爱丁堡哲学杂志》上发表对中国出口的白铜面盆和水壶的化验
结果，含铜 40.4%、镍 31.6%、锌 25.4% 及铁 2.6%[3]。1929 年中国化学家王琎
（1888—1966）对其所藏清代中期云南白铜墨盒作了化验，表明含铜 62.5%、镍 6.1%、

〔1〕 梅建军、柯俊：中国古代镍白铜冶炼技术的研究，《自然科学史研究》1989 年第 19 卷第 1 期，第 67—
77 页。

〔2〕 Engeström, Gustav van. Paktong, en chinesisk huit Metal, *Kuningstilgar Sevenska Vetenskapsakademiens
Handlinga* (Stockholm)，1776，37：35—38.

〔3〕 Fyfe，A. An analysis of tutenag or white copper of China. *Edinburgh Philosophical Journal*，1822，7：69.

锌 22.1%、铁 0.64% 及锡 0.28%[1]。类似的化验还有一些，不必一一列举。这些化验说明，出厂的白铜多是以三元合金形式投入市场的，就是说整个工艺中还应有第五个步骤，即向镍铜合金中加入锌。

从镍铜二元合金制造过程中可以看到，由于镍铁矿中含铁，虽以炉渣形式排出，仍难除尽，加入锌可改善白铜颜色和性能。在这方面有文献记载为凭，如 1907—1912 年任云南银公司（Syndicat du Yunnan，Ltd）经理的英国矿业工程师高林士（William Frederick Collins，fl 1865－1927），1912—1917 年任公司董事，任职期间研究中国矿业，著《中国的采矿企业》（*Mineral enterprise in China*，1918；2nd ed. Tientsin，1922），1927 年译成中文。书中写道：

> 冶工初铸白铜为铜饼，铜匠购而重新熔化，和以别种金属加减其量，以合于铸造水管、茶罐及各种器具之用。[2]

此前，清末（1890）所刊无名氏所著《中国矿产志略》亦写道：

> 白铜以云南为最佳，熔化制器时须预派紫铜〈赤铜〉、黄铜即青铅〈锌〉若干，搭配合熔以定黄白。若搭冲三色三成，只用真云［南］铜〈铜镍合金〉三成，已称上高白铜矣，至真云铜熔化时，亦须帮搭紫铜与青铅，便能色亮而韧。[3]

铜镍合金制成后，将其熔化，加入适当量锌，成为铜镍锌三元合金，可使其颜色更加亮白，又可增加韧性，这样便抵消杂质铁的负面影响。

中国白铜除向西亚的阿拉伯地区和东南亚国家（特别是印度尼西亚）出口外，从 17 世纪初（1605）起还通过荷兰和英国东印度公司商船运往欧洲，瑞典、法国继起为之，进口白铜一直持续到 19 世纪，至清乾隆、嘉庆年间（1750—1800）进口量达到高峰。白铜以华南港口广州为出口集散地，因此在西方语中将白铜按广州方言音译为 packtong，后来又常讹称为 pakfong[4]，如法语中就称为 packfung，还将汉语"白铜"意译为 cuivre blanc，意为"白色的铜"。中国出口物有白铜面盆、烛台、水壶等制成品和白铜板锭。因这些制成品形制不适宜欧洲用户需求，后来便大宗出口板锭，再由欧洲厂家将其熔化制成各种餐具、烛台等物或用于铸币，类似银器，但不上锈、变色，又胜于银器，深受客户欢迎。经营对华贸易的货商最初只求图利，对这种合金如何炼出并无大兴趣，但欧洲本土科技界和工业界则对白铜原料成分及制造方法存在好奇心，以便能仿造，于是从 18 世纪起出现介绍和研究中国白铜的高潮。

---

〔1〕　王琎：中国铜合金内之镍，《科学》（上海）1929 年第 13 卷第 10 期，第 1418—1419 页。

〔2〕　［英］高林士著，汪湖桢译：《中国矿业论》，1918 年版，第 229 页。

〔3〕　无名氏：《中国矿产志略》，清末光绪年刊本（约 1890 年版），第 38—39 页。

〔4〕　Bonnin, A. *Tutenag and paktong; with notes on other alloys in domestic use during the eighteenth century.* Oxford, 1924, pp. 18f. 35f.

最先谈到白铜的欧洲本土人是德国化学家利巴维乌斯（Andreas Libavius，1540－1616），他在用拉丁文写的《化学》（*Alchemia*，1597）中提到白铜时，没有用汉语"白铜"一词的音译（paktong），而是用意译 aes album，此词义为"白色的铜"，认为它是外表用汞或银镀成白色的铜[1]。但事过二年后（1599）他在其《起源论》（*Singularium*）内一篇短文"论金属性质"（*De natura metallorum*）中则认为白铜（aes album）是来自东印度的一种新的金属，但不是锌，而是特别种类的响锡，于是西班牙人将其称为"tin-tinaso"[2]。此处"来自东印度"有两种解释，一是由东印度公司商船运来的，二是由中国经印度尼西亚运来的，总之是中国货。西班牙语 tintinaso 由 tintinare（叮叮作响）及 tutenag（锌）二词混淆在一起而成。很快就弄清白铜既不是锌，也不是锡，对其本性的认识是个缓慢过程。

继利巴维乌斯之后，法国天主教神甫兼学者莫雷里（Louis Moreri，1640－1680）1674 年用法文发表的《历史大辞典》（*Grand dictionnaire historique*）中谈到中国时写道：

> 中国亦有许多矿产，如水银、银朱、蓝宝石和矾石等。这里还制成白铜（cuivre blanc or white copper），黄铜不见得有它珍贵。[3]

莫雷里对白铜的认识显然比利巴维乌斯进了一步，但他没有对白铜作更多的介绍，此后六十多年间欧洲文献中出现一段关于白铜记载的空白，但进口则并未中断，直到 1735 年巴黎耶稣会士杜阿德（Jean Baptiste du Halde，1674－1743）据在华法国耶稣会士发回的通信和报道而用法文编成的四卷本大部头著作《中华帝国通志》。（*Description de l'Empire de la Chine*）发表后，才打破了沉默局面。该书卷一对中国白铜作了报道，笔者今翻译如下：

> 最不寻常的一种铜叫白铜（petung）或白色的铜（cuivre blanc），自矿中挖出时呈白色，其内部比外表更白。据在北京做的大多数实验，似乎它的颜色并不是因为是混合金属（按：指合金）。反之，所有混合物会降低其美。倘处置得当，白铜外观确是像银，无须再混入少许 tutenag（按：指锌）或某些这类金属以使柔韧或防止变脆，因而白铜就更显得不同寻常，因或许除中国外别处没有这种铜，况且它只产于云南省。[4]

以上一段叙述见于全书开头处《中华帝国概说》（*Idée général de l'Empire de la*

〔1〕 Libavius, Andreas, *Alchemia* (1597), cf F. Rex et al. (tr). *Die Alchemia des Andresa Libavius, ein Lehrbuch der Chemie*. Weinheim, 1964, S. 173.

〔2〕 Libavius, Andreas, *De natura metallorum*, *Singularium*, pars prima, Frankfurt, 1599; cf. Joseph Needham and Lu Gwei-Djen. *Science and Civilisation in China*, Vol. 5, Chap. 2. Cambridge University Press, 1974, p. 227.

〔3〕 Moreri, Louis. *Grand dictionnaire historique* (1674) 9ᵉ ed., Amsterdam et La Hague, 1702, p. 154.

〔4〕 du Halde, J. B. (éd). *Description de l'Empier de la Chine*, tom. 1. Paris, 1735, pp. 1－38; *The general history of China*, Vol. 1. London, 1736, p. 16.

Chine）一节之中（tom. 1，pp. 1—38），没署作者姓名。文内向欧洲人提供的信息有对的也有错的。看来杜阿德在中国的教友化学知识并不高明，认为白铜不是合金等，今天看来都是错误的。这也不全怪耶稣会士，而是受当时科学发展水平的限制。但 18 世纪 50 年代欧洲人完成了一个意外发现，17 世纪德国有一种红砷镍矿（nicorite，NiS），表面有绿斑，称为"Kupfernickel"，意思是"假铜"，1694 年希尔内（Hierne）著文认为假铜是铜、钴和砷的混合物。假铜溶于酸后溶液呈绿色，与铜的酸溶液颜色类似。1751 年瑞典矿产部化学家克隆斯泰特（Axel Friedrich Cronstedt，1722－1765）研究后证明上述两种溶液色同而性异，他将铁片投入假铜酸溶液中却不见有铜析出，说明假铜内不含铜，他将此矿石受气候变化而在表面形成的绿色结晶，烧成灰（氧化物）后再与木炭焙烧，还原出一种白色金属，与铜迥异。再仔细研究其物理、化学及磁学性质，确认是与已知其他金属不同的新的金属，定名为 nickel（镍），而将研究结果以德文发表在《瑞典科学院研究报告》[1] 中。1775 年瑞典化学家贝格曼取得高纯度镍，证实了克隆斯泰特的发现。镍的发现揭示了白铜合金中一个重要成分的秘密。

金属镍发现后，刺激了欧洲化学界和矿冶界对中国白铜的研究。化学史家张资珙（1905—1979）于"略论中国镍质白铜和它在历史上与欧亚各国的关系"（1957）一文内提供了丰富资料[2]，化学史家黄素封（c. 1895—1962）译《化学元素的发现》时也添加了一些译注[3]。其中最重要的史料是 1775 年英国出版的《年度文摘》（*Annual Register*）所载一篇短文，文内指出：英国东印度公司派驻广州的商船货仓库员布莱克（John Blake）去世前不久，曾寄来中国云南产的白铜（peaktong）矿石和锌（spelter）的矿石等，还附有以这些金属矿制成器物的过程说明，以便转交给他的朋友穆尔（Samuel Moore）先生在英国化验研究。穆尔是当时英国技术及工商业促进会（Society for Encouragement of Arts，Manufacture and Commerce）秘书长。穆尔根据这些矿石标本和说明作出的金属，与中国白铜在色泽和纯度上都相同，只是较为柔韧。英国的技术与工商业促进会后来改组成为皇家技术学会（Royal Society of Arts），是英国工程技术领域内最高学术机构。穆尔关于白铜仿造的研究成果因保密起见未曾公开发表，但内部有关人士已知晓。我们引用时，据原文对译文作了适度修改。

在英国人研究中国白铜的同时，瑞典人也在做同样的工作。如前所述，瑞典矿产部化学家恩格斯特罗姆 1776 年在《瑞典皇家科学院院报》第 37 卷以瑞典文发表题为"论白铜或中国白色金属"（*Paktong en Chinesisk huit Metal*）的论文，他在文内写道："前不久，在辞去皇家科学院职务之前，我研究了中国的这种白色金属，它被中国人称之为'白铜'（pakfong），意即白色的铜，外观上很像银，击之有音响。卜拉克（Blach）先生曾多次去东印度（按：指印度尼西亚），带回这种金属，有制成品或混合矿石，也有粗制品和未混合矿

〔1〕 Cronstedt, A. F. *Abhandlungen der Schwedischen Akademie der Wissenschaften*（Stockholm）1751，p. 293；1754，p. 38.

〔2〕 张资珙：略论中国的镍质白铜和它在历史上与欧亚各国的关系，《科学》1957 年第 33 卷第 3 期，第 91—99 页。

〔3〕 ［美］韦克斯（M. E. Weeks）著，黄素封译：《化学元素的发现》，商务印书馆 1965 年版，第 49—50 页。

石，他可能是带回这些材料到欧洲的第一人。他曾协助我做实验。他采用小量在煤火上用吹管检验，证明其中含镍，随后我化验时也证明属实。取这种原料与硫肝（hepar sulphuris）共熔，得到两种金属，一种色红易煅，应是铜；另一种色灰白而质脆，断口如钢，经实验为镍，含少量钴。镍与铜之比为 5：6 或 13：14。"

恩格斯特罗姆在文内继续写道：由原矿产区运到广州的矿石，由含镍的铜矿熔成，但不敢说所得的原矿石即如此。因这种混合物（按：指白铜合金）红而不白，运到广州后需另加一种金属，使之变成银白色。这里的工匠很多，用白铜制成匙、碟、匣、烛台等家用器物。实验证明，所加入的金属是锌。先用煤火煅烧，损失 7/16，可算出锌的百分比，余下者为铜和镍，而镍中含微量钴，因其量太少，不应作为成分之一。锌的成分不一，或因工人技术不齐，或因适应客户要求而定。因所加入的锌量不等，白色的程度也有差别。白铜做成装饰品后，如不接触酸碱，在空气中永不改变其美丽光泽，这是因含锌之故。如生锈，则是暗绿色。制成器物后，非常美观，运到欧洲后价格颇昂。如在合金中加入砷，比白色合金更美，但至今所分析的并未有砷。他对来自中国的白铜所含铜、镍和锌三种金属百分比的分析结果，前已提及。文内最后说，"本文之作，或可供关心此问题的读者参考，待所有问题解决后，必将有助于公营和私营矿产"[1]。总之，该文内容翔实，判断准确，符合中国实际情况。

可以说经过近两个世纪的蹉跎后，欧洲人在 18 世纪 70 年代起对中国白铜的认识走上了正确的轨道，也促进了欧洲金属化学和冶金业的发展。先前发表的有关中国白铜的欧洲文献报道中的错误也得到了纠正，代之以新的知识。这里可举出一个典型事例，来说明这种知识更新情况。1786 年英国剑桥大学的兰达夫主教（Bishop of Llandaff）兼化学家沃森（Richard Watson，1737－1816）教授在其《化学文集》（Chemical essays）卷四一篇文章中谈到白铜时，引用前述法国耶稣会士杜阿德 1735 年编的《中华帝国通志》内一篇报道，其中说中国白铜（petong）之所以呈银色，因其不是混合金属（按：指合金），混合金属会降低其颜色之美，因而无须加入锌。对此沃森评论说："虽然此处说白铜的颜色并不是因为它是混合金属，但我可肯定地说，中国的白铜正如运到我们这里来的那样，是一种混合金属（合金），因而从矿石中提炼出的白铜必含不同种类的金属物。"[2] 换言之，杜阿德的书中否认白铜是合金，而沃森承认白铜是至少含三种主要金属成分的合金。

16—18 世纪欧洲人在使用术语方面的混乱，也反映出对白铜知识的贫乏。他们一方面按广东方言将其称为 packtong，peaktong，pektong，再讹称 pakfong；另一方面又称 aes album（拉丁文白色的铜），再讹称 tintinaso。欧洲人一方面将波斯语中称呼炉甘石的 tutia 转变成 tutenag 来讹称锌；另一方面又将波斯语称呼白铜的 isfidiūj（意为表面呈白色的铜）转变成英语中的 spelter，德语中的 Spiauter，Speauter，来称呼锌[3]，从而又将锌

〔1〕 Engeström, Gustav van. Paktong en chinesisk huit Metal. *Kuningstilgar Sevenska Vetenskapsakademiens Handlingar* (Stockholm)，1776，37：121.

〔2〕 Watson, Richard. *Chemical essays*，Vol. 1. London 1786，p. 116f.

〔3〕 Laufer, B. *Sino-Iranica*. Chicago，1919，p. 555.

与白铜混淆在一起了。鉴于这种用词上的混乱，沃森在其《化学文集》卷四中对 tutenag 一词两用（Zinc 及 paktong）作了辨别[1]，他还在卷五一文内严格区分了砷白铜（arseni-cal copper）与镍白铜（paktong）[2]。我们今日读西方古文献时，对术语含义的理解宜特别谨慎推敲，有些含糊不清的词到 19 世纪以后才逐渐成为历史陈迹，而代之以更确切的名词，唯一保留下来而不易误解的词是 paktong。

在剑桥大学化学教授沃森谈中国白铜以后七年（1793），这种合金材料再次引起英国朝野的关注。由马戛尔尼伯爵（Earl George Macartney，1737-1806）率领的英国使节访华团成员 1793 年 12 月在广州看到白铜器物后在纪行报告中写道：

> 中国的白铜质地精细，很像白银，经过细磨制造出许多仿银器物。精确的分析表明其中含铜、锌，少量银、铁和镍。[3]

使团中的机械师丁维迪博士（Dr James Dinwiddie，1746-1815）还从广州带回炼制白铜的矿石标本[4]，自然也会探听到制造方法。纪行报告中有关白铜成分的说法有误，执笔者可能没读到恩格斯特罗姆 1751 年用瑞典文发表的分析报告，其中谈到中国白铜只含铜、锌和镍三种金属，并不含银。英国人自己的化验也证明如此，少量的铁只是杂质，而非合金成分。

至 18 世纪末时，欧洲人已知道中国白铜的化学成分及其炼制过程和工艺技术，而且拥有原产地云南所出各种原料矿石标本，只要在欧洲找到类似的矿藏，就可如法仿造。因此从 19 世纪初起，在欧洲仿造中国白铜已提到技术家的日程，英、德两国首开其端。英国技术与工商业促进会秘书长穆尔早在 18 世纪 70 年代已根据东印度公司驻广州人员提供的中国原料和技术信息作了这方面的最初尝试，但没有将其工作贯彻到底。于是他的同胞托马森（E. Thomason，fl. 1778-1843）接过这项工作，经试验制成了白铜，其中含铜 40.4％、锌 26.2％、镍 31％及铁 2.4％。1823 年他将其研究报告提交给由技术与工商业促进会改建成的皇家技术学会，希望得到这个权威学术机构的认可，并组织生产。但学会专家审议后认为了无新意而漠然处之[5]。究其原因，可能与穆尔的方法大同小异，也可能是没有在中国技术的基础上研究出一套适于 19 世纪工业大生产的工艺模式。但这个问题很快由其他人解决，1833 年在伯明翰有了白铜制造厂，伦敦也建立了精炼厂[6]。

几乎与此同时，德国人比英国人走得更远，普鲁士帝国"奖励工商界勤勉者协会"

〔1〕 Watson, Richard. *Chemical essays*，Vol. 4. p. 28.

〔2〕 Ibid. ，Vol. 4，p. 116f.

〔3〕 ［英］斯当东著，叶笃义译：《英使谒见乾隆纪实》，商务印书馆 1965 年版，第 501 页。

〔4〕 Fyfe，A. *An analysis of tutenag or white copper of China. Edinburgh Philosophical Journal*，1822，7：69.

〔5〕 Needham，Joseph & Lu Gwei-Djen. *Science and Civilisation in China*，Vol. 5，Chap. 2. Cambridge University Press，1974，p. 229.

〔6〕 Aitchison，L. *A history of metals*. Vol. 2. London：Mac Donald & Evans，1960，p. 482.

（Verein zur Beförderung des Gewerbefleisses）公开悬赏研制白铜工艺技术的人[1]。结果德国冶金技术家，如盖特纳（E. A. Geitner）和冯·格尔斯道夫（J. R. von Gersdorff）等人纷纷投入这项工作，而且迅速投入生产，据霍厄德—怀特（F. B. Howard-White）的统计，19 世纪初，在德国出现了六、七十种白铜商标，但成分并无大差异[2]，其中以亨宁格（Henninger）兄弟 1823 年制造的最为闻名，行销国内外。从此 packtong 又有了新的欧洲语名称 argentan 或 German silver（"日耳曼银"）。此 argentan 源自拉丁文 argentum（银），意为"赛似银"；然而欧洲产的白铜与中国白铜相比，含镍量高出 2—5 倍甚至更多，为降低生产成本，欧洲人多年间力图尽可能减少镍的含量。白铜生产很快就在欧洲成为非铁金属工业迅速发展的行业。

　　欧洲有了白铜工业后，除用以制造各种器物供日常生活用外，还用于铸币、奖章。此外，更在白铜中加入锰、铁、铝等合金元素，制成新材料，如蒙乃尔金属（Monel metal）即有抗酸性的镍铜铁合金和电阻合金康铜（Constantān）或铜镍锰合金等。且研究中国白铜的兴趣依然未减。例如 1827 年芬兰化学家加多林（Johann Gadolin，1760 - 1852）发表"关于中国白铜的考察"[3]，1833 年法国汉学家儒莲（Stanislas Julien，1799 - 1873）在《化学年鉴》（Annales de Chimie）上发表题为"铜合金、白铜和锣钲"一文，译自《天工开物·五金》章及《锤锻》章，包括炼锌，炼制黄铜、白铜、响铜等[4]。此文很快译成英文（1834）[5] 和德文（1847）[6]。1869 年他与化学家尚皮翁（Paul Champion，1839 - 1884）合编的《中华帝国工业之今昔》（Industries anciennes et modernes de l' Empire Chinois）一书出版，系统介绍这些知识。同时吴其浚的《滇南矿厂图略》也译注成法文，1873 年刊于巴黎[7]。

　　最后要谈的是，伦敦不列颠博物馆（British Museum）藏有 19 世纪出土的公元前 2 世纪巴克特里亚（Bactria）王国铸造的硬币和同时期有铭文的人物像，考古学家将硬币断为该国国王攸提腾二世（Euthydemus II）于公元前 180 年至前 170 年及其二个弟弟潘塔列昂（Pantaleon）及阿加索克里斯（Agathocles）于公元前 170 年至前 160 年铸造的。由希腊人建立的巴克特里亚在《史记》（前 90）及《汉书》（83）中称为"大夏"，是自西汉

〔1〕 Schubarth. Über das chinesisches Weisskupfer und die vom vereine angestellen Versuche dasselbe darzustellen. *Verhandhingen der Verein zur Beförderung des Gewerbefleisses in Preussen*，1824，3：134.

〔2〕 Stanley，R. C. Nickel，psst and present. *Proceedings of the Second Empire*，*Mining and Metallurgical Congress*. 1928，Chap. 5. *Non-Ferrous Metallurgy*，pp. 1—34.

〔3〕 Gadolin，Johann. Observations de cupre albo chinesium petong. *Nova Acta Regiae Societetis Scientiarum Upsaliensis*，1927，9：137—159.

〔4〕 Julien，Stanislas.（tr.）Alliages du cuivre blanc，gongs et tamtams. traduit du chinois，*Annales de Chimie*（Paris），Novembre，1833；*Comptes Rendus de e'Académie des Science*（Paris），1847，24：1069—1070.

〔5〕 Chinese method of making gongs and cymbols，translated from the French，*Journal of the Asiatic Society of Bengal*，1834，3：595—596.

〔6〕 Julien，S（tr）. *Journal für praktische Chemie*（Berlin），1847，47：284—285.

〔7〕 Ko，Thomas et Doudart de Lagrée（tr.），*Tiennan kuangtchang toulio ou Traité détaillé des minerais et des mines du Royaume de Tien aujour d'hui Province de Yunnan*，dans：D. de Lagrée，*Voyage d'exploration en Indo-Chine*，tom. 2. Paris 1873，pp. 171—281.

起即与中国有人员及物资交流的中亚古国，领土包括今阿富汗和阿姆河中上游地区。又称希腊—巴克特里亚王国，原为塞琉古王国（Seleucidae，312－64BC）一个行省，公元前3世纪中叶总督迪奥多德（Diodotus）据地称王，遂为独立王国。继承其王位的迪奥多德二世于公元前230年被攸提腾一世所取代。此人在位时，国势最盛，领有东伊朗、阿富汗和印度西北，是中国的西邻，公元1世纪为中亚贵霜王国（Kusana，78－220）所灭。《史记》卷一二三载，公元前139年汉武帝派张骞（约前173—前114）出使西域，公元前129—前128年他在大月氏（Indoscythe）和大夏时看到四川的邛竹杖和蜀布，问当地人后始知从身毒（Sindhu，印度）贩来[1]，这说明在此以前就有一条从四川、云南经缅甸、印度通向巴克特里亚的商路。而张骞开辟的是从长安出发经甘肃、新疆西行通向巴克特里亚的另一条交通线，即所谓丝绸之路。《前汉书·张骞传》载汉与中亚各国交往频繁，以至往来"使者相望于道"，一年多者十多批，每批人数为百人至数百人，携大批货物贸易。

　　1868年英国人弗莱特（W. Flight）对不列颠博物馆藏上述大夏国硬币作了化验，证明是由镍白铜（Cupro-nickel）铸造的，其中含铜77.6%、镍20%及铁1%、钴0.5%[2]。这个成分具有早期镍白铜的特点，因为其中不含锌，为镍铜二元合金，与中国早期白铜相同。此后，1957年郑嘉福（C. F. Chêng 译音）与施伟特（C. M. Schwitter）再次研究了巴克特里亚硬币，在"巴克特里亚的镍与汉代邛竹杖"一文内利用中国史料揭示了巴克特里亚王国于公元前2世纪铸币的中国背景，并附有化学家卡罗尔（K. G. Carroll）用X射线荧光光谱仪检测结果，内含铜70.5%、镍11.2%、铅6.6%及铁1.4%，他们的研究发表在《美国考古学杂志》（American Journal of Archaeology）卷61[3]。最后，1963年英人霍厄德—怀特在《镍的历史评述》一书中又公布了对此硬币的新的X射线检测结果：含铜74.6%、镍14%、铁1.2%及钴0.7%[4]。上述三次化验在数据上略有差异是正常现象，但都无可置疑地确认大夏国硬币由镍铜合金铸成。

　　鉴于巴克特里亚王国所在的希腊文化区有炼锌铜合金或黄铜的历史传统，但没有冶炼镍铜合金或白铜的历史传统，古希腊文献中也没有关于白铜的记载，在古代波斯文、阿拉伯文和16世纪以来欧洲拉丁文、英文、法文等作者心目中，白铜一直是中国有悠久历史的特产合金材料，因而1873年英人坎宁安（A. Cunningham）在《亚历山大大帝在东方继承者的硬币》一文内认为巴克特里亚的硬币所需的镍料必定是沿陆路从中国运去的[5]，再仿制成白铜。此说得到权威学者塔恩（W. W. Tarn）[6]和马歇尔（Sir

〔1〕（汉）司马迁：《史记》卷一二三，《大宛列传》，二十五史本第1册，上海古籍出版社1986年版，第344—346页。

〔2〕Flight，W. On the chemical composition of a Bactrian coin，*Numismatic Chronicle*（London），1868（new series），8：305.

〔3〕Chêng，C. F. & C. M. Schwitter，Nickel in ancient bronzes，*American Journal of Archaeology*（Baltimore，Maryland），1957，61：351.

〔4〕Howard-White，F. B. *Nickel, Ahistorical review*. London：Methuen，1963，p. 11.

〔5〕Canningham，A. Coins of Alexander's successors in the East，*Numismatic Chronicle*，1873，（n. s），13：186.

〔6〕Tarn. W. W. *The Greeks in Bactria and India*. Cambridge University Press，1951，pp. 87，111，363.

John Marshall)[1] 等人的赞成和冶金史家弗兰德（J. N. Friend）[2] 的支持。中国学者闻讯后，也参加了这一讨论，例如化学史家袁翰青（1907—1994）[3] 和张资珙[4]等人都对此加以论证。但此说却受到卡利（E. R. Caley）[5] 和卡曼（S. van R. Cammann）[6]的反对，理由是将沉重的金属锭或矿石从川滇经缅甸、阿萨姆和印度或新疆运到巴克特里亚是不可想象的。正反双方各执其词，争论两个回合[7][8]后，这件历史公案仍未定夺。

我们今天不妨可以对上述正反双方各自的主张作一番梳理和评述：（1）在公元前 2 世纪西汉帝国与大夏王国之间有南北两条陆上商路运送物资，这一事实是争议双方都承认的。（2）《史记》卷一二三所载中国铸铁术、凿井术在西汉时传入中亚大月氏、大夏一带也是无法否认的。（3）中国东晋（347）起就有云南生产白铜的记载，此后史不绝书，此前汉代生产白铜是有可能的，只是尚待考古发现佐证。（4）在用各种语文写成的历史文献中从无关于大夏国生产白铜的记载，有的只是出土白铜币及造像。（5）说将中国矿石及白铜锭长途运往大夏是不可想象的，低估了古代商队的本事。既然他们能沿陆路将波斯黄铜锭源源不断地东运到中国，同样也能将中国白铜锭西运到大夏，反方理由不足为据。退一步讲，即令不从中国运去矿石，离大夏国西部很近的阿纳拉克（Anarak，今伊朗境内）地区仍有镍矿石[9][10]可资利用，只要从汉人那里知道炼白铜技术及所用原料，便可就地生产，正如汉人传入铸铁术时不一定从中国运去铁矿石及铁块一样。

通过以上五点评述，不难看出反方举不出有力证据和论点，尽管其言辞激烈，亦难服人。反之，正方有的论据也有瑕疵，他们说《诗经·秦风·小戎》"有厹矛鋈錞"（qiú-mao-wù-chún）句，而将鋈理解为白铜（镍铜合金），未免牵强。排除这一项后，历史的天平便向正方观点倾斜，现在唯一缺乏的是西汉的镍白铜还未出土，但谁都不应断言今后没有这种可能。巴克特里亚以白铜铸币在历史上只昙花一现，当欧塞德穆斯二世铸币时，王国于公元前175 年已处于分裂及衰落时期。再过十几年他两个弟弟再铸白铜币，已成为绝响。白铜在这

〔1〕　Sir Marshall, John. *Taxila*; *An illustrated account of archaeological excavations carried out at Taxila under the order of the government of India between the years 1913 and 1934*，1：40，107，129；2：571—572. Cambridge University Press，1951.

〔2〕　Friend, J. N. *Man and the chemical elements*. London，1927，p. 294f.

〔3〕　袁翰青：中国古代的炼铜技术，《中国化学史论文集》，三联书店 1956 年版，第 64 页。

〔4〕　张资珙：略论中国的镍质白铜和它在历史上与欧亚各国的关系，《科学》1957 年第 33 卷第 3 期，第 91—99 页。

〔5〕　Caley, E. R. The earliest use of nickel alloys in coinage. *Numismatic Chronicle*，1943，（n. s.），1：17.

〔6〕　Cammann, S van R. Archaeological evidence for Chinese contacts with India during the Han dynasty. *Sinologica* (Basel)，1956，5：1.

〔7〕　Cammann, The 'Bactrian nickel theory' (criticism on Chêng and Schwitter's paper of 1957)，*American Journal of Archaeology*，1958，62：400.

〔8〕　Cheng & Schwitter, Bactria nickel and the Chinese bamboos (reply to Cammann's paper of 1958)，*American Journal of Archaeology*，1962，66：87.

〔9〕　Wulff, H. E. *The traditional crafts of Persia*; *their development*，*technology and influence on Eastern and Western civilisations*. Cambridge, Mass: M. I. T. Press，1966，p. 16.

〔10〕　Curzon, G. N. *Persia and the Persian question*. London，1892，p. 519.

里来有影却去无踪，王国覆灭后，技术随即失传，对后世西方人冶炼白铜没有任何影响。16世纪以来的欧洲人是在看到从中国进口的白铜后，才知道世上竟有如此令人喜爱的合金材料，并从中国人那里学到其冶炼技术的，历史事实就是如此，毋庸置疑。

三　文艺复兴时期西洋科技巨著《矿冶全书》在中国的流传

乔治·阿格里柯拉（Geogius Agricola，1494－1555）是文艺复兴时的德国科学家，他的《矿冶全书》（*De re Metallica*）是欧洲采矿冶金技术经典。本章在原有的论文[1]基础上加以扩写，并介绍阿格里柯拉生平简历及其著作的主要内容，特别是利用中西史料，分四个阶段考证三百年前这部西方名著在明代（1368—1644）末期中国的流传、改编和翻译的情况。

（一）阿格里柯拉的生平及其《矿冶全书》的内容

阿格里格拉 1494 年 3 月 24 日生于德国萨克森（Sachssen）公国的格劳豪（Glauckau）城，20 岁进入有名学府莱比锡大学，1515 年卒业后留校工作，1518 年任茨维考（Zwikau）市立中学副校长并教授希腊文，1520 年升为校长。1522 年返回母校任希腊文讲师，并从斯特勒默尔（Heinrich Strömer）教授习医学。1524—1526 年前往文艺复兴运动发源地意大利深造，在波洛尼亚（Bologna）、威尼斯（Venzia）及帕多瓦（Padova）各大学习哲学、医学和自然科学；在这时期，他结识了荷兰人文主义者伊拉斯谟（D. Erasmus. c. 1469－1536）。伊拉斯谟后于瑞士巴塞尔（Basel）城福罗本（Johann Froben，1466－1527）开办的出版社担任编辑之职，因此，阿格里柯拉的科学作品都是在他的协助下，由该出版社出版。1526 年返国后，他在茨维考居住，次年被选任为波西米亚（Bohemia）矿区圣雅西姆施塔尔（St. Joachaimsthal，今捷克斯洛伐克境内）的雅希莫夫（Jachymov）的城市医师兼药剂师。圣雅西姆施塔尔是中欧矿冶生产技术中心，他经常往矿区为工人治病，了解工人劳动情况及生产技术，因而使他对冶金化学发生兴趣，并开始了这方面的研究工作。阿格里柯拉本名乔治·鲍尔（Georg Bauer）。"Bauer"这个姓在德语中意为"农夫"，因此很可能在他读书时期，老师将他的姓拉丁化为 Agricola，具有同样的含义。阿格里柯拉通晓希腊文、拉丁文、意大利文和法文等多种西方语言，他在矿区现场调查的同时，更查阅了大量文献，1530 年他在冶金化学方面的第一部专著《矿冶问

---

〔1〕 潘吉星：阿格里柯拉的《矿冶全书》及其在明代中国的流传，见《自然科学史研究》1983 年卷 2 第 1 期，第 32—44 页；Pan Jixing, H. U. Vogel und E. Theisen-Vogel, "Die Uebersetzung und Verbreitung von Georgius Agricolas *De re Metallica* im China der Späten Ming-Zeit（1368—1644）", *Journal of Economic and Social History of the Orient*, 1989, 32: 153—202；Pan Jixing, "The Sprend of Georgius Agricola's *De re Metallica* in Late Ming China", *T'oung Pao*（Leyden）, 1991, 72: 108—118.

图 10—3　阿格里柯拉（1494—
1555）肖像
张孝友绘（1983）

答》（*Bermannus sive de re metallica dialogus*）一书，以拉丁文在福罗本出版社出版，由伊拉斯谟负责编辑工作。

从 1533 年起，阿格里柯拉迁回德国境内萨克森公国的克姆尼茨（Chemnitz）城，任城市医师，并在那里定居，直到逝世。1534 年乔治大公任命他为宫廷历史编纂官，因而得以阅览各种史册，同时他仍继续研究矿冶技术。发表《论化石性质》（*De natura fossilium*，1540），这是关于矿物分类的著作。1546 年发表《论地下矿藏来源及成因》（*De ortu et causis subterraneorum*），这是论矿产成因的地质学著作。同年，出版《古今矿冶概论》（*De veteribus et novis metallica*），总结他二十年来研究矿冶技术的心得，更撰写《矿冶全书十二卷》（*De re metallica libri* Ⅻ），仍是由巴塞尔福罗本出版社发排，因插图较多，使出版时间延迟了。阿格里柯拉连续四天发高烧后，于 1555 年 11 月 21 日突然逝世[1]。在他有生之年未见此书出版，拉丁文第一版是 1556 年 2 月问世的。这书概括了作者本人及罗马帝国科学家普利尼（Gaius Plinus Secundus，23-79）以来千年间欧洲人掌握的矿冶技术知识，并且集其大成，先后在 1561、1621 及 1651 年重印；除拉丁文版外，还被译成德文（1557）、意大利文（1563）；20 世纪时更有英文本（1912）及日文本（1968）。在 16—17 世纪，《矿冶全书》是西方技术家必读之书，被视为矿冶技术的经典。我们此处参用的是第三十一届美国总统胡佛（Herbert Clark Hoover，1874-1964）夫妇译注的英文本[2]及日本科学史家三枝博音（1892—1963）的日文译注本。[3] 1556 年的拉丁文本共十二卷，八开精本，以手工抄造的白麻纸印成，附以雕版插图 275 幅。作者在《序言》中说：

　　我在这方面花费了很多心血和劳动，甚至破费了不少钱财。因为我不但用语言描述矿脉、工具、容器、溶槽、机器和冶炼炉，还雇请画工绘出其形状，以免单纯的文字叙述不为当代人理解而给后世带来困难。……我舍弃我未亲见的材料或从非我所信赖的人那里的传闻。我未见到或读到、听到而未深思熟虑者，一律不写进去。

由此来看，《矿冶全书》以严谨可信而著称，配置插图又能加深读者的理解。

---

〔1〕　关于阿格里柯拉生平，参看 H. C. Hoover. *Introduction to G. Agricola's De re Metallica*（London：Mining Magazine，1912），English edition，p. x et seq.

〔2〕　Agricola，G. *De re Metallica*（London，1912）. Translated from the Latin by H. C. Hoover；reprinted by New York：Dover Publication，1950.

〔3〕　［德］アグリコラ著，［日］三枝博音译：《テ・ル・メタリカ——近世技术的集大成》，东京：岩崎美術出版社 1968 年版。

《矿冶全书》卷 1 是《总论》，谈到矿冶技术的重要性及经营者必须具备的知识，反对将矿业视为"旁门左道"的说法；卷 2 论矿业师必有的品格及采矿前的准备、矿脉的发现，以及论地表形状、性质及矿产权等，揭穿用"魔杖"找矿的欺骗性；卷 3 论矿脉、地层迸裂、岩层及用罗盘测定走向之方法；卷 4 涉及矿区测量、技师职责及矿山区划；卷 5 论矿井开凿、勘察及挖矿技术，绘出各种竖井、测量仪器；卷 6 谈矿山工具及机器：滑轮、齿轮系起重升降机、提水泵、绞车、载重车等；卷 7 论矿石检验，并介绍试金石、试金针、试金炉试金方法；卷 8 谈矿石分选、破碎、洗涤及焙烧，并介绍水动粉碎机，叙述矿石熔炼、溶解前的作业；卷 9 论熔炼方法及各种熔炉。处理的金属有金、银、铜、铁、锡、铅、锑、汞及铋；卷 10 介绍从贱金属中分离出贵金属及相反过程

图 10—4　阿格里柯拉《矿冶全书》1556 年拉丁文首版扉页

的方法，叙述精炼金、银的技术及试金术；卷 11 继续谈从铜铁分离出金、银的熔析法及熔析炉；最后的卷 12 论各种盐（食盐、苏打、明矾等）的来源及制法，包括硫黄、沥青及玻璃。从化学角度来看，卷 9 至卷 12 最为精彩，其中详述各种金属冶炼、提纯及分离、检验技术。分离金银时用"强水"（aqua valens）法（即无机强酸处理法），所用的强水硝酸借矾盐与硝石蒸馏而制得，用硝酸溶解银，使其与金分离；分离金、铜时，使两者与硫在炉内共烧，铜与硫化合成硫化铜；分离银、铜时，借用铅先制成铅铜合金，从含铅多的铜铅合金再分出铜，用熔析法使合金在还原气氛下加热，熔点低的铅必先熔出。对各种金属成分测定，都有系统的介绍，用试金石、试金针的比色测定法。书中对玻璃制造及炼炉的介绍亦饶有兴趣。

《矿冶全书》是作为中世纪炼金术（Alchemy）的对立物而出现的，它不是教人用巫术及魔法借所谓"哲人石"（philosopher's stone），使贱金属点化成"金"在社会上骗财，而是教人按自然规律清楚认识矿脉及地层的特点，用实际的劳动借工具设备开矿，再将其冶炼成金属。所述的方法详细，插图逼真，以致任何人皆可行之有效。这部书标志着西方

化学在摆脱了炼金术之后开辟的一个新方向。19 世纪德国化学史家肖莱马（Carl Schor-
lemmer，1834 - 1892）在《有机化学的产生和发展》（*Der Ursprung und die Entwicke-
lung der organischen Chemie*. Braunschweig，1889）一书中写道：

> 直到 16 世纪以前，寻找哲人之石（Stein der Weisen）几乎是化学研究的唯一对
> 象，但是从这一时期开始，化学开始在两个新的和不同的途径中发展起来。开拓这些
> 途径的是两位卓越人物——冶金［化］学创始人阿格里柯拉和医药化学奠基者帕拉塞
> 尔苏斯（Theophrastus Bombastus Paracelsus，1443 - 1591）。[1]

图 10—5　《矿冶全书》（1556）的插图

值得注意的是，开拓化学研究新方向的上述两人都是德国人。阿格里柯拉的书实现了三个结合：第一，理论探讨与实际操作结合；第二，文字叙述与插图描绘结合；第三，实地技术调查与文献研究结合。因此《矿冶全书》在促进欧洲科学技术发展中有很大贡献，受到各国学者的赞扬是受之无愧的。正当这书在西方社会风行时，又远涉重洋，在明代天启元年（1621）传至东亚的中国，并且很快被翻译成汉文，受到中土学者的赞许，而大明帝国的崇祯皇帝更敕令将汉译本颁至各省总督、巡抚，并着令地方官员以为开采之所本，因而导致《矿冶全书》在亚洲国家传播之先例。《矿冶全书》汉文本是继拉丁文、德文及意大利文本之后第四种语言的版本，较英文本早了达 270 年之久。所有其他语言的版本都是非官方出版的，只有汉文本是中国政府礼部主持译述，由户部出版的官刻本。关于此书的发行还提到内阁会议的议事日程，明崇祯帝又曾屡降朱批谕旨，这的确是中西科学交流史中一件非常有趣的事情。

（二）《矿冶全书》传入中国的早期概况

西方文艺复兴时期正值中国的明代，此时中西交通及文化交流进入空前活跃的阶段。这时，科学复兴运动好像一次地壳运动，在旧大陆东西两端都有回响。既然西方发生了人类从未经历过的社会和科学文化方面的进步变革，则其变革之风也不能不吹到世界其他的地区，包括中国。事实上也正是如此。西方天文学、数学、力学、机械学、矿冶技术及铸

---

〔1〕〔德〕肖莱马（Carl Schorlemmer）著，潘吉星译：《有机化学的产生和发展》，科学出版社 1978 年版，第
7 页。

炮术、地理学、解剖学以及科学仪器（如望远镜、天文仪器）等，都在明代时传入中土，成为中国学者的研究对象，有利于中国的科学技术发展。就在这时期，阿格里柯拉的《矿冶全书》拉丁文原著及哥白尼的《天体运行论》等书，同时途经万里航程被带到中土。携带这批书的是法国耶稣会士金尼阁（Nicolas Trigault，1571－1628）。金尼阁字四表，杜埃（Dauai）人，1594 年大学毕业，1610 年首次来华，1613 年返欧，在法国、意大利、德国、西班牙等国漫游，募集图书及科学仪器，以期在华创建教会图书馆，后携书返华，卒于杭州[1]。他是名著《西儒耳目资》的作者，汉文版初刊于天启六年（1626），法文名为《按欧洲人发音编成的汉语词汇》（Vocabulaire disposé par tons suivant les Européens）。书中用二十多个拉丁文字母拼写汉字发音，打破中西语文的阻隔，对沟通中西文化有很大作用。

天启元年（1621）金尼阁将七千部西洋书带至中国，除宗教书外，更有文艺复兴时期的优秀科技作品。据德国专家魏特（Alfons Väth）1933 年发表的《驻华教士、帝国天文学家兼北京宫廷顾问汤若望传》（Johann Adam Schall von Bell，Missionar in China，Kaiserlicher Astronom und Ratgeber am Hofe von Peking，1592－1666，ein Leben und Zeitbild）一书的考证，《矿冶全书》是 1616 年 8 月金尼阁在葡萄牙时，从德国巴伐利亚大公那里募集得来的[2]。最先将此书以汉文推介给中国读者的是邓玉函（Joannes Terrenz or J. Schreck，1576－1630）及王徵（1571—1644）。邓玉函字涵璞，瑞士国康斯坦斯（Constance）人，在德国大学习数学、医学、自然科学及哲学。通晓拉丁文、希伯来文、希腊文、法文、英文、意大利文及葡萄牙文等，与伽利略等同被选为意大利林琴科学院（Academia dei Lincei）院士，1611 年又被选入莱克斯科学院，与德国天文学家刻普勒（Johannes Kepler，1571－1630）友善，名闻于德国及意大利科学界[3]。1618 年他在葡京里斯本（Lisbon）与金尼阁相遇，并协助金尼阁选书，因此所选之书多是科学方面的著述。1621 年他随金尼阁携书来华，后在北京历局参加修订《崇祯历书》（1634），著有《测天约说》、《大测》。更在《泰西人身说概》（1620）中介绍西洋解剖学，在《远西奇器图说》（Instrumentorum mathematicum descripstio et explanatio，1627）中介绍西洋力学及机械学，1630 年 5 月 11 日卒于北京，享年 55 岁。

与邓玉函共译《奇器图说》的王徵是机械工程专家。王徵字良甫，号葵一、了一道人。陕西泾阳人，隆庆五年（1517）生，父应选（号浒北，1549—1628）以经算教授乡里，著《算术歌诀》。舅张鉴（字湛川，1546—1605）任职河东督运司，通机械、火器、制造等经济实学。徵少聪颖，幼从父、舅学，有经世志，善穷究度数之学，能自制机器。年十六补弟子员，次年入庠，万历二十二年（1594）中陕西举人，九上公车不第，以著述力田为务。尝自制虹吸、鹤饮、轮壶、代耕及自转磨、自行车诸农具，每春夏耕作，即驱

〔1〕 Pfister, L. A. Notices biographiques et bibliographiques sur les Jesuites de l'ancienne mission de Chine，Vol. 2. Changhai，1932，pp. 110—120.

〔2〕 ［德］魏特（A. Väth）著，杨丙辰译：《汤若望传》，第一册，商务印书馆 1949 年版，第 46—47 页。

〔3〕 Pfister, L. A. Notices biographiques et bibliographiques sur les Jésuites de l'ancienne mission de Chine，Vol. I，pp. 153—158.

所制诸器于田间。凡耕种、汲水、舂米、炊饭皆以机器，而收获以自行车载禾束以归。乡人奇之，徵传其术而众效行。所居室窍一壁以传语，一人语窍则前后十屋皆闻，名曰"空屋传声"。见者以为诸葛孔明（181—234）复出。天启二年（1622）再至京师会试，中壬戌科进士，次年就任北直隶（今河北）广平府推官，整治清水河闸，溉田千顷。七年（1627）转南直隶（指今江苏）扬州府推官，时阉奸魏忠贤（1568—1627）专政，辞官归。崇祯四年（1631）山东登莱巡抚孙元化（字初阳，1581—1632）知徵有才，荐为山东按察司监军佥事，督辽海军务。未几归里不复出。甲申（1644）明亡，徵绝食殉国，门人私谥"端节先生"，著《新制诸器图说》（1627）、《两理略》等书。[1] 王徵一生宦途不顺，然始终坚持研究机械工程之学，而且所到之处，推广他的研究成果，造福当地黎民。所制的上述机器及刻漏、连弩、自鸣钟等，俱载于《诸器图说》中，刊于天启七年（1627）。

王徵不但精通本国的传统技术，而且亦兼晓西学，曾多次进京会试，因而能与在京的西洋人交往论学，协助金尼阁著成《西儒耳目资》，并从其习蜡顶文（拉丁文），他是中国最早研习拉丁文的人。当意国人艾儒略《职方外纪》（1623）出版后，王徵阅读时，发现所载西洋奇器为中土所未见闻，故急思一睹其图形为快。1626 年冬他在北京会见邓玉函、意国人龙华民（字精华，Nicolas Longobardi，1559－1654）及德国人汤若望（字道未，Johann Adam Schall von Bell，1592－1666）等人，朝夕晤谈，谈及《职方外纪》所言奇器，邓玉函出示自欧洲携来论机器制造插图本书籍，王徵遍览后发觉有些地方与他往昔所制造的相合，亦有更精巧者，因而与邓玉函商议，将这类书译为汉文，而邓玉函谓欲习善其事，必须先通力学及数学，"测量、计算、比例等学而后可"；徵习数日即知其梗概。于是两人取西洋诸书，由王徵选所译部分，再由邓玉函口述，徵命笔记录再重校润色，乃成《远西奇器图说录最》一书。"录最"者，如王氏书序所言：

> 非切民生日用者不录，录其最切要者。作法难而费工者不录，录其最简便者。一法多种或一种多器，或重或繁者不录，录其最精妙者。[2]

由此可见具有先进科学思想的专家王徵所规定的译述三原则是：第一，录其最切民生日用者；第二，最简便易行与最精妙之机器；第三，约定行文"简明易晓，以便人人阅览"[3]。

天启七年（1627）刊出这部中国最早介绍近代力学及机械工程学的插图本著作。英人李约瑟博士将王徵称为"中国第一个'近代'工程师，确是文艺复兴时之一人"[4]，一点

〔1〕 陈垣：《陈垣学术论文集》第一集，中华书局 1980 年版，第 227—231 页；刘仙洲：王徵与我国第一部机械工程学，见《真理杂志》，卷 1，第 2 期（1944）；方豪：王徵事迹及其输入西洋学术之贡献，见《方豪六十自定稿》，上册，台湾学生书局 1969 年版，第 319—378 页。

〔2〕 （明）王徵：远西奇器图说录最序（1627），见《远西奇器图说》，商务印书馆影印守山阁本 1936 年版，第 10 页。

〔3〕 同上。

〔4〕 Needham, J. *Science and Civilisation in China*，Cambridge University Press，1974. Vol. 4，Chap. 2. p. 171.

也不过誉。

　　天启本出版后，有崇祯年金陵武位中的刊本，至清代收入《古今图书集成·考工典》（1726）及《四库全书·子部》（1782）中，并收入《守山阁丛书》（1844）；此外，更有道光年活字本和嘉庆年刊本，而到 20 世纪时有多种印本。王徵在序中说："《奇器图说》乃远西诸儒携来彼中国者，此其七千余部中之一支。"卷一更列举辑译此书所依据的西洋书底本之作者："今时巧人最能明万器之所以然者，一名末多，一名西门。又有绘图刻传者，一名耕田，一名剌墨里，此皆力艺学中传授之人也。"[1]

　　所谓力艺学就是力学，或确切说是应用力学。这段文字提到四位作者：末多、西门、耕田及剌墨里。李约瑟、方豪（字杰人，1910—1980）认为末多指公元前 1 世纪罗马建筑师、《建筑十书》（*De architectura libre X*）作者维特鲁维斯（Pollio Vitruvius. fl. 50 -26 B. C.)[2]。西门指文艺复兴时的数学家和工程师西蒙·斯泰芬（Simon Stevin，1548 - 1620），著有静力学及流体力学方面的著作：《静力学原理》（*De Beghinselen der Weeghconst*，1586）及《流体力学原理》（*De Beghingelen des Waterwichts*）。西蒙·斯泰芬生于布鲁日（Brugge，当时属荷兰，今在比利时境内），卒于海牙（Hague），因他长期在荷兰居住，故其著作均以荷兰文发表。至于耕田，毫无疑问是指阿格里柯拉，因 Agricola 本义即"农夫"。至于剌墨里，则指意大利工程师拉梅里（Agotino Ramelli，1537 - 1608）。他在 1588 年出版插图本《各种奇妙机器》（*Le diverse et artificiose machine*）。问题是：末多是否真的指古罗马人维特鲁维斯呢？直至目前，这问题仍

图 10—6　《奇器图说》（1621）
引自《矿冶全书》插图

是存疑。鉴于邓玉函挑选的作品多为文艺复兴时期与他同时代作者之书，说者认为末多实指意大利科学家维多里奥·宗卡（Vittorio Zonca，1568 - 1602），而《奇器图说》中确有四幅图是引自其著作的[3]。笔者赞成此说。

　　〔1〕（明）王徵、［瑞士］邓玉函编译：《远西奇器图说》（1627），卷一，上册，商务印书馆 1936 年版，第 44 页。

　　〔2〕Needham, J. *Science and Civilisation in China*, Cambridge University Press, 1974. Vol. 4，Chap. 2. pp. 211—218；方豪：《方豪六十自定稿》上册，第 353—355 页。

　　〔3〕方世奎：《王徵及其科学工作研究》（1991 年中国科学院自然科学史研究所硕士论文）。

王徵和邓玉函按拉丁文献方法，将 Agricola 意译为"耕田"，但其他人的姓名则取其音译。我们今按通行惯例，仍音译为阿格里柯拉。李约瑟注意到《奇器图说》卷三（商务印书馆影印守山阁丛书本，第 236 页）之图说，取自《矿冶全书》。因此该书部分内容及其作者已在 1627 年通过《奇器图说》而推介给中国读者，并得到王徵的高度评价，这是阿格里柯拉以"耕田"为名在中国第一次亮相。要指出的是：金尼阁 1621 年携入北京的七千部西洋书中，《矿冶全书》是首批介绍出来的书籍之一。王徵一眼看中这书，确是一位有慧眼的科学家。谈到译述的动机时，他指出，此举不是为猎奇，而是为满足国计民生之急需，他说：

> 学原不问精粗，总期有济于世人；亦不问中西，总期不违于天。兹所录者，虽属技艺末务，而实有益于民生日用、国家兴作，甚益也。

书中所载，确尽是工农业生产及居家日用所必需，故以《矿冶全书》作为取材的来源便不足为奇了。这项工作对于当时在华的汤若望也有影响，导致他日后决心与中国学者合作，将阿格里柯拉的书再次推介出来。以上所述，是《矿冶全书》在明末中国流传的第一个阶段的情况。

（三）《矿冶全书》全译成汉文的经过

《矿冶全书》在《奇器图说》问世后十一年，以《坤舆格致》为名全译成汉文。负责这项工作的是光禄寺正卿（从三品）李天经（1579—1659）。《吴桥县志》卷六云：李天经字仁常，号性参，赵州（今河北）吴桥人，万历四十七年（1613）进士，任官河南、陕西按察使司，迁山东布政使司右参政。以其精通天文历算，崇祯五年（1632）礼部尚书兼东阁大学士徐光启（字子先，号玄扈，1562—1633）荐入京师历局修历。次年光启卒，天经继任历法督修官，崇祯十一年（1638）以修历成绩显著，进光禄寺正卿。入清后，清廷屡招不出，著《浑天仪论》四卷。[1]

京师历局是崇祯二年（1629）九月奉旨开设编修新历法的官方机构，由礼部摄理，敕命徐光启主其事，并举南京太仆寺少卿、天算学家李之藻（字我存，1565—1630）及西洋人龙华民、邓玉函共襄历事[2]。1630 年邓玉函卒后，又举汤若望及意国人罗雅谷（Jacobus Rho，1593－1638）供事历局。汤若望是科隆（Koln）人，通天文历算及技术，在历局时制天文仪器多种，并获嘉奖；崇祯九年（1639）奉旨督造火炮；清顺治二年（1645）任钦天监监正，1666 年卒于北京，生前著《浑天仪说》（1636）、《古今交食考》（1633）、

---

〔1〕（清）任先觉修，杨萃纂：康熙《吴桥县志》（1678），卷六，第二版；李俨：《中国算学史》，商务印书馆 1945 年版，第 208 页。

〔2〕（清）谷应泰：《明史纪事本末》（1658），中华书局 1977 年版，卷十三《修明历法》第四册，第 1225—1229 页。

《远镜说》（1630）等。罗雅谷，字味韶，意大利米兰（Milano）人，亦随金尼阁及邓玉函来华，1630 年起在历局修历，著有《测量全义》（1631）、《五纬历指》（1635）、《比例规解》（1631）等[1]。

明代沿用元代科学家郭守敬（字若思，1231—1316）的《授时历》（1280），但由于年久失修，故屡有差误，因而有主张用西洋新法改历之议。自 1629 年开历局以来，由徐光启及李天经主持，在中外学者的合作下，积五年努力，1634 年历法告成，题为《崇祯历书》。李天经主持修历的后期工作，更鉴于国家面临经济困境，提出开发矿藏以裕国储和支付抗清辽饷的对策。他与汤若望商议，决定修历之后，将西洋论矿冶著作翻译刊行，再奏请朝廷发至各地实施。所选的底本即阿格里柯拉的《矿冶全书》，译述工作在北京朝阳门附近的历局进行，由汤若望负责翻译；当时，他会同历局的中国见习官杨之华、黄宏宪等人工作；杨任绘图、黄任笔录，整个工作由李天经总其成。《矿冶全书》汉名译为《坤舆格致》，原文为 1556 年拉丁文第一版。汤若望在翻译时，曾与罗雅谷讨论过疑难问题，后因罗雅谷于 1638 年病逝北京，汤若望只好自行翻译了。崇祯十二年七月初二日（1639 年 7 月 31 日），李天经在奏疏中谈到译述经过：

> 微臣蒿目时艰，措饷为急。每欲生财一节，仰佐司计筹，乃一切屯田、鼓铸与夫盐法、水利。在廷诸臣言之详矣，乌容复赘。惟于修历之馀，同修历远臣汤若望等遵旨料理旁通诸务，以图报称。简有西庠（洋）《坤舆格致》一书，窥其大旨，亦属度数之学。……去冬（1638）臣与远臣汤若望及办事历局、加衔光禄寺录事杨之华、黄宏宪等，正与翻译恭进。比值臣遂奉旨坐守朝阳门，弗获躬任其事。而远臣汤若望等感恩图报，芹曝急公之义，正不在臣下。故曾于敬献微尘疏内，业已题明。随因奉旨"再为该生传授新法"，遂不能专意绘事。迩者传习已完，燃膏继晷，谨先撰译缮绘得《坤舆格致》三卷，汇成四册，敬尘御览。尚有煎炼、炉冶等诸法一卷，工倍于前，匪能一朝猝办。如蒙圣明俯采，一面容臣督同远臣汤若望及局官杨之华、黄宏宪等，昼夜纂辑续进；一面敕发各镇所在开采之处，一一依法采取，自可大裕国储，其于措饷不无小补。[2]

上述的奏疏内容大意是：鉴于朝廷因抗清而引起财政困难，筹措军饷乃成为当务之急。户部、兵部所提的办法除向百姓加派"辽饷"外便是屯田、开矿、煮盐征税及兴办水利等，在朝诸臣言之详尽，不必赘述。近于修历之后，与汤若望等奉旨研习有关科学技术。近来发现西洋有《坤舆格致》一书，阅其大意亦属科技著作。去冬（1638）会同汤若望及办事历局的光禄寺禄事杨之华、黄宏宪等开始翻译此书，以求奏上，并已将此事上

〔1〕 Pfister, L. A. *Notices biographiques et bibliographiques sur les Jesuites de l'ancienne mission de Chine*, Vol. I, pp. 188—191.

〔2〕（明）李天经：《代献刍荛以裕国储疏》（1639），见（清）李杕编辑《徐文定公集》卷四，徐家汇藏书楼版 1933 年版，第 84—86 页。

报。复因奉旨令杨之华等从汤若望学习新法，使杨不能专心绘图，翻译工作曾一度受到阻延。我们料想在翻译前，中国学者必须掌握一些基本技术知识和中西不同的术语，方可从事工作，故需待传习完毕，才可开译。他们昼夜工作，至崇祯十二年（1639）七月已译完三卷，缮绘成四册献上供御览。尚有一部分有关冶炼金属部分的难度较大，将陆续译述。最后奏请朝廷颁发至各军事重镇开采之处，一一依法采取，必可就地生财，使国家财政储备增加，对于措饷方面亦有很大益处。自 1638 年 12 月起至 1639 年 7 月的半年时间即译完前三卷。崇祯帝朱由检（1611—1644）接奏后四天，七月初六日（1639 年 8 月 4 日）即降朱批：

> 这《坤舆格致》留览，馀书著（着）纂辑续进。该部知道。钦此钦遵。

意思是说："这《坤舆格致》前三卷留在宫内，以便御览。其余部分应继续纂译，完毕后再奏上。令礼部将此事通知各地。钦此。"

李天经等接旨后，立即着手后半部分的译述工作；而其所在的礼部也奉旨咨文各地，首先通过邸报形式，将此事周知天下，因而京内外各地也皆知翻译《坤舆格致》一事。看来皇帝完全采纳了李天经的奏议。崇祯十三年六月二日（即 1640 年 7 月 20 日）天经再奏曰：

> 臣报国有心，点金无术，因于旁通小事内采译西庠（洋）《坤舆格致》一端，成书三卷，于去岁（1639）七月内恭尘御览，随奉圣旨。……窃思今天下之言开采者比比，而卒无一效者，其法未详也。盖开采不惟察地脉有法，试验有法，采取有法；即煎炼、炉冶其事较难，其法较密。前所述书虽备他法，而煎炼、炉冶之法书尚未成。即奉明旨"纂辑续进"，微臣曷敢少缓，因即督同远臣汤若望及在局办事等官次第纂辑，务求详明，昼夜图维。于今月始获卒业，为书四卷，装潢成帙，敬尘御览。倘蒙鉴察，敕发开采之臣，果能一一按图求式，依文会理，尽行其法，必可大裕国储。[1]

接下报告汤若望、杨之华、黄宏宪等人译述时尽心竭力，昼夜工作，奏请皇上敕吏部予以加衔奖励。四天后，崇祯帝再降御旨：

> 这续进《坤舆格致》留览，馀该部议复。钦此钦遵。

意思是：这继续纂译的《坤舆格致》四册留宫内御览，其余事着礼部会同吏部商议作复。当时的礼部尚书是林欲楫，而吏部尚书是傅永淳。

由此可知，该书的译述是分两个阶段进行：第一阶段是 1638 年 12 月至 1639 年 7 月，共八个月完成汉译稿前三卷，相当拉丁文原著卷 1 至卷 8 论开矿及冶炼前准备部分；第二

---

〔1〕（明）李天经：《遵旨续进〈坤舆格致〉疏》（1640），见《徐文定公集》卷四，第 87—88 页。

阶段为 1639 年 7 月至 1640 年 6 月，花了 11 个月完成最后四卷译稿，相当原著卷 9 至卷 12 论冶金及金属分离部分。译稿共七卷八册，后四卷因"工倍于前，匪能一朝猝办"，故需时较久，篇幅也较大。至 1640 年 6 月翻译工作全部完成。崇祯帝对《坤舆格致》一书十分重视，把它置于御书房中阅览，并就此书屡降御旨。法国汉学家裴化行（字冶堂，Henri Bernard，1887 年生）在"改编成汉文的欧洲著作"一文中说："《坤舆格致》在 1639 年 7 月 31 日至 1640 年 7 月 20 日译述完毕，1640 年 7 月 24 日将书献给崇祯帝，全书共四卷。"又说此书系"改编自阿格里柯拉的《矿冶全书》1556 年巴塞尔拉丁文原著"（Adapté de l'ouvrage d'Agricola, *De re metallica*, Bâle, 1556），但对于该译著是否在北京刊行则不大清楚，标上问号"？"[1]。此处日期都由裴化行标以公历；此外魏特的书也有同样记载。20 世纪 40 年代以前，不少中外学者阅读过金尼阁带至中国的《矿冶全书》1556 年拉丁文原著，但他们都不曾细读书中的内容及拉丁文的手书批注。

为了查看原底本使用情况，笔者 1963 年 2 月再细读《矿冶全书》的拉丁文原著，发现书页旁边有汤若望的笔迹，如第 108 页插图内原有的"A，B，C"被毛笔改写成"甲、乙、丙"汉字，从书法风格判定是出于汤若望之手。同页更有他的拉丁文批注多处。又第 132 页插图人物所穿着的西洋短裤，由细毛笔改绘为清代人的服装，显然系出自杨之华之手。此外，第 109 页、第 174—194 页、第 216—217 页、第 222、234 页及 239 页都有墨笔或朱笔写下的字。显然，这些改动及边注都是为适应后来汉译本出版之需要。仔细研究这些改动及批注，可以了解当初翻译细节及译本的梗概。方豪先生此前亦曾阅过 1556 年拉丁文本，但他说："上有作者赠邓玉函之拉丁文题词，书中多处加有注语，或出邓氏之手。"[2] 然而，此论断是出于误解，因卒于 1555 年的阿格里柯拉断不可能向 1576 年才出生的邓玉函赠书题词。实际上，书中多处注语及其他笔迹乃出自汤若望及杨之华之手。

对《坤舆格致》的价值及西国开采，李天经在 1638 年奏疏中论曰：

> 于凡大地孕毓（育）之精英，无不洞悉本源、阐发奥义。即矿脉有无利益，亦且探厥玄微。果能开采得宜、煎炼合法，则凡金银铜铅铁等类，可以充国用，亦或生财措饷之一端乎！……诚闻西国历年开采，皆有实效，而为图为说，刻有成书，故远臣携之数万里而来，非臆说也。且书中所载，皆窥山察脉，试验五金。与夫采煅有药物，冶器有图式，亦各井井有条，而为向来所未闻，亦或一道矣。[3]

科学家李天经高度评价《坤舆格致》一书，说明它在中国十分受欢迎，也是当时社会所必需。这是该书在明末中国流传的第二个阶段的情况。在这一阶段中，全书被翻译成汉文，受到君臣的重视，但译稿八册送宫中时，崇祯帝只批"留览"，看来 1640 年时还未付

〔1〕　Henri Bernard, *Les adaptations Chinois d'ouvrages Européens*, *Bibliographie chronologique depuis la nenue des Portugais à Candon jusqu à la Mission Française de Pékin*, *Monumenta Serica*, 1945, 10: 355.

〔2〕　方豪：《方豪六十自定稿》上册，第 355 页。

〔3〕　（明）李天经：《代献刍荛以裕国储疏》（1639），见（清）李杕编《徐文定公集》，上海排印本 1932 年版，卷四，第 84—86 页。

梓出版，呈上的应是写本。皇帝在宫中细玩此书时，想必对它产生偏爱与好感。

（四）《矿冶全书》译本的出版及发行

自 1639 年 7 月《坤舆格致》译毕送至大内后，通过发至县级的政府官方邸报，消息很快便传到各地，引起当时的科学家们的兴趣。明末南直隶（指今安徽）科学家方以智（字密之，1611—1671）在《物理小识》（1643）卷七谈到"礬水"（盐酸）时写道：

> 道未公为余言之。崇祯庚辰（1640），进《坤舆格致》一书，言采矿分五金事，工省而利多。壬午（1642），倪公鸿宝为大司农，亦议之，而政府不从。[1]

此处所说的倪鸿宝，当为倪元璐（1594—1644）。倪元璐字玉汝，号鸿宝，浙江上虞人，天启（1622）进士，授翰林院庶吉士，进编修。崇祯十四年（1641）官至兵部右侍郎兼翰林院侍读学士。十六年癸未（1643）超拜（越级提拔）户部尚书，充日讲官，十月兼礼部尚书，明亡前内阁最后一班阁臣，甲申（1644）殉国，谥文正，清初再谥文贞。[2]

此外，倪元璐又是书画家，工于行草、山水及水墨画。方以智提到的"道未公"，当是汤若望，曾与以智交往。在中国古代官制中，各部尚书与《周礼》六官相配，如兵部尚书称大司马、刑部尚书称大司寇等，独户部尚书不称大司徒，而称大司农。"倪公鸿宝为大司农"即倪元璐为户部尚书，但方以智弄错其就任年代，不是壬午（1642），而实为癸未（1643）五月。方以智在《物理小识》中谈了三件事：第一，介绍礬水性质、制法，知识来自汤若望，而后者基于《矿冶全书》；第二，1640 年《坤舆格致》送大内后，因某种原因曾一度被搁置，虽然它"言采矿分五金事，工省而利多"；第三，1643 年户部尚书倪元璐奏议过此书，而政府不从其奏。于是问题出现了：该书既是好书，并有皇帝降旨，又为何一度被搁置？倪元璐的奏议内容如何？政府所持态度又如何？这些问题长期以来都悬而未决，只有找出这些问题的答案，才能知道该书进一步的流传情况。看来只有从研究倪元璐传记资料及其奏议入手。

《明史》（1735）卷二六五《倪元璐传》并未载他在崇祯末年奏议，亦未提及《坤舆格致》，但他的儿子倪会鼎（1621—1705 在世）的《倪文贞公年谱》中却有我们所需要的史料。在《倪文贞公年谱》中指出崇祯十六年五月十一日（1643 年 6 月 26 日），他的父亲以左侍郎衔越级提为户部尚书（正二品）兼翰林院学士，参机内阁，十月兼礼部尚书。同年十二月三日（1644 年 1 月 12 日）上《请停开采疏》。《年谱》转引元璐奏疏说：

---

〔1〕（明）方以智：《物理小识》（1643），商务印书馆 1937 年版，卷七《金石类·礬水》，下册，第 170 页。

〔2〕（清）张廷玉：《明史》卷二六五《倪元璐传》，见二十五史本第 10 册，上海古籍出版社 1986 年版，第 3516—3517 页。

时国用匮绌，泰西人汤若望多艺能、精术数，奏上《火攻》、《水利》、《坤舆格致》等书，上（崇祯帝）善之，谕户部奉行开采。府君（倪元璐）力陈未便。其说有六："铸山虽埒（相当）煮海，利害实相径庭。海挹注而已，山须凿发，劳费，一也。庐墓所在，钽蒯及之，二也。毁掘所加，动伤形势（风水），三也。自万历年间（1573—1691）矿使为害，议苟复兴，群心动摇，四也。当年进奉，总属包承，尽是民脂，岂为地宝，五也。有矿卒（开矿的士兵）殃民，必有矿贼（造反的矿工）殃矿，此辈一聚，不可复散，六也。有此六者，臣不敢议。以臣之见，莫如确循明谕，使各［总］督、［巡］抚自制财用，听其便宜。不听。"[1]

"其说有六"之后文字为崇祯十六年（1643）十二月（实际上是1644年1月）户部尚书倪元璐上疏的主要内容。而朝廷对奏疏的态度则是"不听"，即不予采纳。

倪元璐的同年友人、前少詹事黄道周（字幼平，号石斋，1585—1646）写的《明鸿宝倪公墓志铭》（1644）中亦有与上述内容相同的记载：

远西人汤若望挟技巧以开采进内，珰（阉党）因主之，以为无害。公具疏曰：古称铸山埒于煮海，原其利害，实相径庭。其说有六：……[2]

"其说有六"后面文字与倪会鼎《年谱》所载相同，兹不赘引。从上述两段史料可知，第一，1643年汤若望奏上《火攻》、《水利》及《坤舆格致》，受皇帝嘉许，谕户部奉行开采；第二，1643年12月户部尚书倪元璐上疏，力陈六点理由请停开采，因与帝意相左而未被采纳。这就明确了倪元璐的奏议内容及政府对此奏的态度。因在1640年李天经已曾奏上译稿，则1643年所进者必为京师官刻本。值得注意的是：方以智更在《钱钞议》（1645）一文内再次谈到《坤舆格致》：

然钢铁之冶原未尝禁，而滇、黔（云南、贵州）之矿何尝闭耶？但当令有司司之，勿轻遣内臣（宦官）耳。前年（1643）远臣（汤若望）进《坤舆格致》一书，而刘总宪斥之。近日蒋臣献钞法，而倪大司农奏而官之。然钞造不能行者，以未先识禁银引钱，通商屯田议，信无从立，而徒以片楮（纸币）令人宝之，岂有此情理哉！[3]

按：当时左都御史通称"总宪"，左副都御史称"副宪"，则刘总宪为任左都御史之刘姓者。查《明史》卷一一二《七卿表》，崇祯朝任此职而刘姓者只有刘宗周（1518—1645）一人。崇祯十五年（1642）八月任，十二月削籍，由李邦华接任。关于刘宗周，《明史》

---

〔1〕（清）倪会鼎：《倪文贞公年谱》，《粤雅堂丛书》本，1854年木刻版，卷四，第17—18页。
〔2〕（明）黄道周：《明鸿宝倪公墓志铭》（1644），见《倪文贞公集·卷首》（1772年木刻本），第13页。
〔3〕（明）方以智：《钱钞议》（1645），见《浮山全集·曼寓草》，中国社会科学院历史研究所藏抄本，卷上，第138—139页。

本传写道：刘宗周字起东，号念台，浙江山阴（今绍兴）人，万历（1601）进士，天启元年（1621）任礼部主事，因忤魏忠贤而削籍。崇祯初（1628）召为顺天府尹，九年授工部左侍郎，因直言规谏，忤旨削为民；十四年（1641）再召任吏部左侍郎。次年八月擢左都御史（正二品），十二月又因抗旨削为民。及清兵破杭州，绝食而死，私谥忠义，清初谥忠介。〔1〕

刘宗周任北京都察院左都御史时，崇祯十五年闰十月初一日（1642年10月24日）帝召阁臣在宫内中左门平台议事，问御敌及用人之策。御史杨若桥荐汤若望善火器，请召试。"宗周曰：'边臣不讲战守、屯戍之法，专恃火器。近来陷城破邑，岂无火器而然？我用之制，人人得之，亦可制我，不见河间反为火器所破乎？'帝大怒，曰：'火器终为中国之长技。'命宗周退下。"〔2〕杨若桥在御前会议上举汤若望廷试火器，亦提到他所翻译的《坤舆格致》，并在会议上讨论了这些事情，但遭刘宗周的反对。他像后来的倪元璐一样，在这件事上与皇帝之意相违背，因崇祯帝不但想采用西洋新法修历，并且希望引用西法铸炮及开矿。宗周在会上顶撞皇上，故被削职归乡。由于御史杨若桥奏议被采纳，便加紧了汤若望火器著作及《坤舆格致》的出版。这使他在次年（1643）能将刊本进呈朝廷，其中火器书即该年出版的《火攻挈要》又名《则克录》，论火药、火炮及火箭的制造。参与执笔此书的尚有中国火器专家宁国（今安徽）人焦勖（1603—1663）。此书已及时发至各边镇驻军之处参用。

与《火攻挈要》同时进呈的《坤舆格致》刊本又如何呢？可从倪元璐1643年奏疏及皇帝朱批中得知其详。奏文是倪元璐年谱及墓志铭有关段落的原始素材。倪元璐在《请停开采疏》中写道：

> 题为民情宜顺、开采宜停事。本月初二日阁臣陈演等传臣至阁，恭叙上（皇上）传二事："一议开采，一议事例，钦此。"该臣看得为开采之言者，盖以此天地自然之利行之，必无可弊者也。然臣中夜思之，窃犹以为未便。

接下列举前述六点理由后说：

> 臣唯恐诏令一出，示人以端，有司欲以见功，奸人因之生事。天下皆山也，闻风而至，言矿之徒日集，辇下鼎鼎骚骚，安知所底。以臣之见，莫如确循明谕，使该督抚自制财用，听其便宜。曰便宜，则百事俱在，苟无害吾民，即斟酌行之，非必绝意开采也。至于事例，内如准贡义生等议，或不妨暂行。容臣会同礼、工二部酌妥奏闻。崇祯十六年十二月初三日具叙。〔3〕

〔1〕《明史》卷二五五，《刘宗周传》，见二十五史本第10册，第8485—8487页。

〔2〕（清）谷应泰：《明史纪事本末》（1658）卷七十二，《崇祯治乱》第三册，中华书局1977年版，第1206页。

〔3〕（明）倪元璐：《民情宜顺、开采宜停疏》（1643），见《倪文贞公集·奏疏》1772年木刻本，卷十，第11—12页。

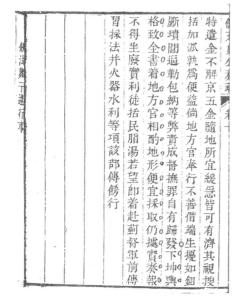

图 10—7　倪元璐于崇祯十六年十二月三日（1644.1.12）致崇祯帝《请停开采疏》
首页（右）及崇祯帝朱批御旨（左）
引自《倪文贞公文集·奏疏》卷十（1772 年刊本）

此处所提陈演（约 1590—1644），《明史》有传。陈演，井研人，天启（1622）进士，授翰林院庶吉上，进编修，崇祯时历官少詹事、掌翰林院。十三年（1640）擢礼部右侍郎、协理詹事府。演庸才寡学、结纳阉党，同年拜礼部左侍郎兼东阁大学士入阁，十四年（1641）进礼部尚书，次年加太子少保，改户部尚书，十六年（1643）进为首辅（宰相），甲申（1644）为李自成所杀。[1]

陈演任首辅时，与户部尚书倪元璐意见不合，指使魏藻德言于帝曰："元璐书生，不习钱谷。"因而他们对开采持不同政见是必然的。

崇祯十六年（1639）十二月二日，首辅陈演奉旨召开内阁会议，议题之一是讨论如何将汤若望所进的《坤舆格致》推广至各地奉行开采。除陈演及倪元璐参加会议外，还应有工部尚书范景文（1587—1644）、吏部右侍郎兼东阁大学士李建泰（？—1650）、兵部尚书张缙彦、刑部尚书张忻及左都御史李邦华（1574—1644）等人。在内阁会上，大臣之间就开采事宜发生争议。首辅陈演主张将《坤舆格致》发至各地后，由朝廷派员监督开采，以为利用天地自然之利，必无弊病可言，同时又会增加财富。然而户部兼礼部尚书倪元璐请停开采，以为将重演万历年矿监税使在地方滋扰，造成社会不安，莫如皇帝令地方官自开财源。他们的意见各有可取之处，也各有偏激之处。最好像方以智《钱钞议》所述，由各地方自行开采，不要轻易派宦官监督。他认为倪元璐请停开采是不可取的，也批评倪元璐

〔1〕《明史》卷二五四《陈演传》，二十五史本第 10 册，第 8482 页。

用人不当，造成财政混乱。

《明史·食货志·钱钞》说，自弘治、正德（1488—1521）开始废除纸币，天启时复请印造，"崇祯末，有蒋臣者申其说，擢为户部司务，倪元璐方掌部事，力主之，然终不可行而已"[1]。1643年上召廷臣及桐城诸生蒋臣于中左门，此人由尚书倪元璐保举为户部司务：

> 言"其钞法曰：经费之条、银、钱、钞三分用之，纳银卖钞者以九钱七分为一金。民间不用，以违法论。不出五年，天下之金钱尽归内帑矣"。时吏科给事中马嘉植上疏弹劾此议。[2]

倪元璐请停开采，却支持蒋臣的坏主张，以为滥发纸币可使"天下金钱尽归内帑"，简直荒唐可笑！方以智说"岂有此情理哉"，可谓一针见血。看来倪元璐真是一名"不习钱谷"的书生。由于他反对开采，使《坤舆格致》刊本滞存京师，未及时发至各地，这是该书在明末流传的第三个阶段的情形。

（五）崇祯帝对《坤舆格致》的朱批御旨及明代的覆亡

前述崇祯十六年底召开的内阁会议上，由于主要大臣间对开采政见不一，尤其主管此事务的户部尚书倪元璐反对开采，这问题只好由皇帝作出决断。倪元璐为坚持己见，内阁会议翌日上疏陈情，列六点理由请停开采：

（1）开矿与煮海盐相当，利害参半，而开矿尤难。

（2）要破坏民宅及坟墓。

（3）挖矿会破坏龙脉。

（4）万历年派宦官督矿酿成的社会不安局面将重演。

（5）过去上缴的矿银尽是民脂，非来自地宝。

（6）矿卒殃民，矿工造反毁矿，其祸无穷。

前三个理由根本是不能成立的，后三个理由可作为历史教训，不能构成反对开采的借口。或许倪元璐的用心是良苦的，但笼统反对开采则失于短视，还是当初科学家李天经奏疏中的主张最为可取。其他科学家如宋应星、方以智也有相同的意见。这些有经济头脑又懂技术的专家审视问题，比山水画家倪元璐高明得多。陈演与倪元璐对开采之争议，也还含有浓厚的党派斗争色彩，即阉党与东林党之争。政治上的偏激和意气用事，使双方都不能理智地思考问题，不能求同存异。平心而论，及早把《坤舆格致》发至备省开采，总应是一件好事，不应加以阻挠，而事实上却并非如此，形成虎头蛇尾之势。当初翻译时"雷声很大"，及至发行时则雨点很小。

---

[1]《明史》卷八，《食货志·钱钞》，二十五史本第10册，第7991页。

[2]（清）谷应泰：《明史纪事本末》（1658），卷七十二《崇祯治乱》第三册，第1208页。

崇祯帝接倪元璐的上疏后，迅即作了如下朱批：

> 览卿奏，自属正论，但念国用告绌，民生寡遂，不忍再苦吾民。如以地方自生之财，供地方军需之用，官（宦官）不特遣，金不解京，五金随地所宜，缓急皆可有济。其视搜括、加派，孰为便宜。倘地方官奉行不善，借端生扰，如钼劂坟间，逼勒包纳等弊，责成督抚，罪自有归。发下《坤舆格致》全书，着地方官相酌地形，便宜采取，仍据实奏报，不得坐废实利，徒刮民脂。汤若望即着赴蓟督军前，传习采法并火器、水利等项。该部传饬行。钦此钦遵。[1]

这道御旨对开采问题作出最后决策，这是崇祯帝临死前一年所作出的最明智的决策之一。他吸取了大臣们不同意见中的合理部分，予以折中处理。"该部传饬行"即"户部传达此敕令执行"。此御旨有下列要点：

（1）各地方开矿冶金，以自生之财，供当地军需之用，朝廷不再特派宦官监矿，所得收入亦不必解送入京师。

（2）发下《坤舆格致》全书，令各地方官选择地形，因地制宜开采，据实奏报，不得坐废实利、徒刮民脂，或借端滋扰，否则以各地总督、巡抚是问。

（3）立即派汤若望赴蓟辽总督统率的部队中传授开采之法、火器及水利技术。

（4）以上各项由户部传旨执行。

派汤若望至蓟辽总督所属军前传习采法，大概是想在离京师不远的地方进行试典，然后再推而广之。蓟辽总督统率的重兵驻扎在山海关、宁远、锦州、广宁等地（在今河北、辽宁地区），属精锐部队，直接与清兵相抗。崇祯帝令士兵开采，亦含有其所述"不忍再苦吾民"之意。除开采之外，汤若望还要向明军传习西式火器及水利技术。

由此可见，崇祯帝所定的开采方针是正确的，而主体精神也与李天经、方以智的主张相合，同时也考虑到持反对意见的倪元璐奏疏中可取之处。倪元璐作为户部尚书，领旨后当立即执行，这就是说，《坤舆格致》刊本在崇祯十六年底至十七年初应已发至部分省份，首先是京师附近的省份，即今河北、辽宁、山东等地。按常理来说，这部被朝廷发至各地方的图文并茂的七卷八册《坤舆格致》全书不应是写本，必定是刊印本，然印数可能有限。这就再次证明，至1643年底已有刊本存于库中待发。判定《坤舆格致》刊于1643年是较为稳妥的。然而遗憾的是，这部西方文艺复兴时优秀科学著作汉文本刊行得太晚了，又因阁臣对开采事宜争论不已，也使崇祯帝作出决策的时间太晚。

当朝廷颁发此书时，正值社会处于极度动荡之际。明廷受清兵及李自成（1606—1645）兵两面夹攻，形势十分危急，王朝统治已至末日。各总督、巡抚即令接到所发之书，也来不及遵旨奉行开采。就在崇祯帝敕户部颁书当月，李自成军已攻入山西，"郡县望风迎款"，自成乃挥军直趋京师。三个月后，即崇祯十七年三月十九日（1644年4月25

---

〔1〕（明）朱由检（崇祯帝）：崇祯十六年十二月初二日朱批御旨，见《倪文贞公集·奏疏》卷十，1772年木刻本，第12页。

日），李自成大军攻占北京，而这位明朝末代皇帝自缢于煤山（今北京景山公园内），于是明廷宣告灭亡。户部尚书倪元璐、工部尚书范景文、左部御史李邦华等阁臣都在此时殉国自尽。四月，原镇守山海关的明将吴三桂（1612—1678）率部降清，与多尔衮统辖的清兵合攻北京，李自成率众出走。五月一日（6月5日）清兵入城。一百日内京师两遭兵火，并两易政权。这是《矿冶全书》在明末流传的第四个阶段的情况。在这最后一个阶段中，此书已刊行，并由朝廷发至各地奉行开采，但由于兵火频仍，明廷迅即覆亡，而使此事中止。

《坤舆格致》是否刊行或刊行年代，前人大多没有翔实考证。如前所述，法国汉学家裴化行及德国作者魏特谈到此书时，都不能肯定是否曾在北京刊行，而国人徐维则谈到此书时写道："《坤舆格致》五卷，明崇祯十三年刊本。"[1] 在这里，他将该书卷数及刊刻年代都弄错了，因为崇祯十三年（1640）是李天经向朝廷奏献此书译稿的年代，尚未出版，而全书亦非五卷。《明史·艺文志》甚至没有著录此书，查诸家藏书目录亦不见有传本，这只能解释为由于明末社会动乱不已，故此书刊本在北京迅即于兵火中失佚。多年来我们一直在海内外访求，迄未获得《坤舆格致》一书。阿格里柯拉的书能在中国明末翻译成汉文确属不易，但却未能及时发挥社会效益，亦未尝不是一件令人遗憾的事。

需要指出的是，李天经献此书译稿的前三年，崇祯十年（1637）江西南昌府刊刻了中国科学家宋应星的《天工开物》，内容较《矿冶全书》还要广泛，且是在没有外来影响下写成的。该书共三册十八章，插图123幅，涉及工农业32个技术领域的生产技术，反映很多技术发明，是中国科学史中的重要代表作。《天工开物》在17至18世纪时流传到日本、朝鲜及欧洲，有广泛的影响，19世纪以来又译成多种外国语言，受海内外学者推崇。书中《燔石》、《五金》、《冶铸》及《锤锻》四章叙述采矿冶金及金属加工技术，可与《矿冶全书》相比和互补。无怪乎李约瑟称宋应星为"中国的阿格里柯拉"。明末，中国同时出版了东西方两部技术著作，说明社会上确是有实际需要。

对《坤舆格致》感兴趣的方以智未能看到此西洋著作译本，但却及时阅读到东洋的《天工开物》，且于《物理小识》中反复引用。宋应星的书在明末最后九年内总算是发挥了一些社会效益，而福建书林杨素卿更在明末刊行第二版，然未及发行而明代已覆亡了。在动乱年代，《天工开物》像《坤舆格致》一样，未及在全社会内流通。社会上需要这类书籍，但却又抑制其流通，历史就是如此复杂和充满矛盾。

回顾三百年前中国有识之士徐光启、王徵、李天经等人，已认识到为使国家富强必须发展生产、开发自然资源，同时要使开采得法，必须讲求"度数之学"。他们清醒地看到西洋各国在科技方面已取得长足进步，值得中土效法，故愿意抛弃妄自尊大的陋习，与西方人合作，引进科学技术，完成《崇祯历书》、《奇器图说》、《坤舆格致》等科技书籍的纂译，即使在今日来看，亦为远见之举，值得称道。翻译阿格里柯拉书的西洋人邓玉函、汤若望都具有科学素养，供职于历局，在推介西洋科学方面付出努力，对沟通中西科学文化

---

〔1〕（清）徐维则辑，（清）顾燮光修订：《东西学书录》卷四上，《附录上·东西人旧译著书》，1902年上海石印本，第4页。

有很大功劳。明末引进西洋科学还得到崇祯皇帝的大力支持。崇祯帝有相当魄力，愿意打破传统观念，以西法治历，这在中国历史上是少见的，他更下令以西法开采，这也是前无古人，他的这一作为应予以肯定。

重温阿格里柯拉巨著在明末四个阶段的流传，确实为我们提供有价值的历史借鉴。当时要发展科学技术，除依靠本国学者努力外，还需要吸取外国的有益成果，使"洋为中用"。当宋应星致力于总结本国传统技术时，王徵、李天经将目光投向引进外国技术方面。以矿冶技术而言，阿格里柯拉介绍的寻找矿脉、辨别岩层、以强水处理原料、冶炼金属铋及先进矿山机器，为中土所不及，亦不见于宋应星的《天工开物》。将此介绍过来，会丰富中国科学技术内容、开阔人们的眼界。另一方面，宋应星所述以煤炭冶炼、活塞风箱鼓风、生熟炼铁炉串联、灌钢技术、冶炼金属锌及其合金，又为西洋所不及，亦不载于阿格里柯拉之书。如果明末开采综合此二著所长，情况就会大为改观。只因当政阁臣不懂科技威力，陷于党争及纠缠历史旧账，使此二书未能及时受用。刘宗周、倪元璐虽文章气节高天下，但对科学之无知亦当讥刺。倘若王徵、李天经或方以智入阁并握有权柄，情况亦会改观。崇祯帝引进西洋科学时，以徐光启为礼部尚书，是正确的人事安排，但徐卒后，再没有科学家入阁，皇帝周围没有懂科学的阁僚作为他的助手，其身边尽是阉宦和儒臣。此外，发展科学技术需要有相对安定的社会环境，然而明末缺乏这个必要的条件。因而不管《天工开物》、《坤舆格致》是如何之好，奈时局动荡，只能遭到厄运。这是历史悲剧，今天只能作为经验教训而已。我们期待有朝一日能将《矿冶全书》再译成汉文出版，以飨广大读者。

第十一章 机械

一 中国深井钻探技术的起源、发展和西传

（一）中国深井钻探技术的起源和发展

　　食盐（氯化钠，NaCl）是人类每日不可缺少的食用品。在生理上，食盐是维持体内渗透压平衡的主要物质，缺乏时可导致严重病理情况（失水），甚至休克、昏迷而死亡。它还是血液中所含体内必需的营养成分，人久不食盐，必弱而死。家养大牲畜亦然。此外，食盐还用于染色、皮革和陶瓷等工业生产中，其年耗量相当之大。制盐为民生所必需，制盐业获利甚巨，盐税成为古代各国政府财政收入的重要来源。解决食盐的供应问题，是关系各民族生存的头等大事。中国自古以来就是幅员辽阔、人口众多的大国，古人费尽心机在全国范围内寻找盐的不同来源。据北宋人掌禹锡（996—1066）等撰《图经本草》（1061）所述，食盐按其来源有海盐、井盐、岩盐、池盐、土盐、砂盐和树盐等七种[1]，可以说把全人类所能观察和使用的一切找盐方法都用上了。明代科学家宋应星（1587—约 1666）《天工开物·作咸》章（1637）再次重申这一见解并发出至理名言："四海之内，五服而外，皆有寂灭之乡，而斥卤则巧生以待"，换言之，就是说 The sources of salt can be found everywhere in the world and await to be explored by the mankind。中国井盐多产于离海较远的川、滇内陆地区，但从历史地质学角度看，川滇在中生代（2.3 亿至 6700 万年前）本是海湾，因受多次海进、海退作用的结果，在某些地区地下存在含丰富盐水和岩盐的资源，在深浅不同的地层所含盐分也有所不同，通过凿井、钻井技术加以开采。本节以四川井盐开发技术为研究对象。

　　中国开采井盐有二千二百多年历史，大体说可以分为三个发展阶段：（1）大口浅井（shoal well of major diameter）* 阶段，时跨战国末至北宋中期（前 256—后 1041）持续近 1300 年，井径 2—9m，井深 20—250m，以人力挖掘方法凿井。(2) 卓筒井或小口深井

---

　　[1]（宋）掌禹锡、苏颂：《图经本草·玉石部·食盐》（1061），见（宋）唐慎微《证类本草》卷四，人民卫生出版社 1954 年版，第 102 页。

　　* 为便外国读者易读，我将一些中国古代技术术语以英文表述，以下同此。——作者

(deep well of minor diameter) 阶段，北宋中期至清代中期（1041—1815），持续 774 年，采盐同时兼采天然气和石油，井径一般 30cm 左右，井深 100—800m，以铁制钻头借绳式冲击钻进法（rope percussion drilling）钻井。（3）清代后期的 95 年间（1815—1910），对宋朝以来深井钻探技术作了全面改进。在这一阶段除钻出盐井外，还有天然气井，井径 30—32cm，井深 800—1200m，仍以前一阶段的绳式冲钻方法钻至地下岩层。重大改进表现在明代发明的"撞子钎"（震击器，jar）安装在钻井工具上，使钻进深度达到前所未有的 1000m 以上的水平。清代以后进入现代机械钻进阶段，不在此处研究范围之内。

四川井盐开发始于公元前 3 世纪战国末期，显然利用了古代采矿时凿井的现成技术。1974 年湖北大冶铜绿山发掘的战国（前 4 世纪）铜矿竖井已深达 50m，井口 1.1—1.3m 见方，解决了通风、排水、挖掘提升和照明等井下作业技术[1]。晋代史家常璩（287—360 在世）依汉以前至晋有关四川古史资料编成的《华阳国志》（347）卷三《蜀志》称：

> 周灭后，秦孝文王以李冰为蜀守。冰能知天文、地理，……识齐水脉，穿广都盐井诸陂池，蜀于是盛有养生之饶焉。[2]

对上述一段话需作出解说，才能明了其所述内容。据《史记·秦本纪》记载，秦孝文王只在位三日，此处应改为秦昭襄王（前 306—前 251 在位）。公元前 316 年，秦惠王遣兵灭古蜀国，至昭襄王即位后，为将蜀地建成重要基地，并治理岷江水患，乃任命李冰（前 322—前 247）为蜀郡郡守。李冰在任期间领导当地群众，兴修大型水利工程都江堰，灌田万顷（100 万亩）促进农业发展，又在广都（今四川双流）凿井取盐，因而"蜀于是盛有养生之饶"，成为天府之国。"识齐水脉"中的"齐"读作跻（ji），义为上升，"水脉"为地下之伏流，因此这句话的意思是说，李冰晓得提升地下卤水伏流的技术。《华阳国志》说"周灭后，秦昭襄王以李冰为蜀守"，按《史记·秦本纪》，昭襄王五十一年（前 256）灭东周，则李冰任蜀守、凿广都盐井时间为公元前 256 年至前 251 年间。书中没有谈到所凿盐井深度，从当时技术发展水平并与后世盐井比对来看，李冰时代的盐井应是大口径浅井。他幸运地在今四川双流县一带找到距地表不太深的地下盐卤水暗流所在之处。含盐浓度不会高，但有开采价值。

在战国末期李冰奠定井盐开采技术的基础上，汉代（前 206—后 211）得到进一步发展，产盐区扩大，盐产量随之提高。西汉时蜀郡成都出生的文学家扬雄（前 53—后 18）在《蜀王本纪》中写道："宣帝地节中（前 69—前 66），始穿盐井数十所"[3]，这是说，在汉宣帝地节年间三年内又新开盐井数十口。东汉史家班固（32—92）《前汉书》（83）卷九十一《货殖列传》载，成帝、哀帝时（前 32—1），成都人罗裒（póu）财至钜万，用平

---

〔1〕 铜绿山考古发掘队：湖北铜绿山春秋战国古矿井遗址发掘简报，《文物》1975 年第 2 期，第 1—12 页。
〔2〕 （晋）常璩：《华阳国志》卷三，《蜀志》，《四部丛刊·史部》，初刊影印本，商务印书馆 1919 年版。
〔3〕 （汉）扬雄：《蜀王本纪》，见（宋）李昉《太平御览》卷八六五，第四册，中华书局 1960 年版，第 3840 页。

陵（今陕西咸阳）人石氏资本往来于巴、蜀经商，数年内积金千多万，"擅盐井之利，期年所得自倍，遂殖其货"[1]。这条史料说明，西汉时出现靠经营盐井致富、使资本增值的实例。

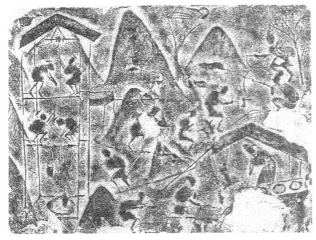

图11—1　四川邛崃县出土的1世纪东汉盐井画像砖
四川省博物馆藏

除文献记载外，有关汉代盐井形象的实物资料也有出土。20世纪50年代在成都市和邛崃县东汉墓中发现反映井盐生产的画像砖[2]（图11—1），生动描述了盐井形制、盐工工作情景。此画像砖拓片发表后，美国汉学家鲁道夫（Richard C. Rudolph）很快就在1952年用英文作了介绍[3]。出土的1世纪东汉盐井画像砖共二枚，内容大同小异，可互相补充。从拓片可清晰看到，盐井开凿于山上。图左显示盐井上立有高架，架上安装有辘轳，用以转动系在绳上的吊桶在井内上上下下，木架分两层，每层各有二人相对站立，左侧的二人将装有盐卤水的吊桶从井中向上提升，右侧二人则将空吊桶向下拉入井中以灌入卤水。提至井上的盐水，注入井右侧的立方形卤水槽中，由此再通过竹筒引至煮盐灶旁的五口大铁锅内，灶前一人摇扇以助火力，后有烟囱。山上另有二人背着盐包向山下走去，运至库房。画面上还有二人射猎山上野兽，以衬托盐井位于人烟稀少的山区。如以人体身长比对，吊桶直径约40—50cm，井径1.6—2.0m。井内可由二人作业，坐在竹筐内由辘轳引至井下，以锥、锸、铲、凿等铁制工具挖掘、破碎岩石，再将其送出井外。如此重复作业，越凿越深，直至发现盐卤层为止。为防井体塌陷，井壁周围抹上一层由石灰、河沙、黄土及黏米糊构成的三合土，外面再以厚木板或条石加固。李冰时代以来的早期盐井，就是用上述方法凿成的。

在讨论早期盐井深度前，有必要了解四川主要产盐地区盐卤资源蕴藏状况。浅层的卤水浓度低，深层的卤水浓度高。分布于川西白垩系卤水蕴藏深度为20—300m，川中侏罗系卤水埋藏深度为100—300m，这些地层卤水均为黄卤，每升含氯化钠10—100g不等。三迭系卤水为黑卤，川西南大约为700—1500m，川中则深达2000m以下，川东北为2000m[4]。用大口径凿井技术很难采到地下深层的高浓度卤水，这就决定了井深的最大

〔1〕（汉）班固：《前汉书》卷九十一，《货殖列传》，二十五史本第1册，上海古籍出版社1986年版，第406页。

〔2〕于豪亮：记成都杨子山一号墓，《文物参考资料》1955年第9期，第70—78页；刘志远等：《四川汉代画像砖与汉代社会》，图版五，文物出版社1983年版，第47页。

〔3〕Rudolph, Richard C. A second century Chinese illustration of salt mining, *Isis*, 1952，43：39—41.

〔4〕林元雄主编：《中国井盐科技史》，四川科学技术出版社1987年版，第144页。

极限一般不能超过 300m。而且在那个时代因穿井工具效能不高，井越深则口径越大，投入的人力、物力也越大。究竟凿至多深，视各地地质构造之不同而定，其间差异较大。

关于古代盐井深度，现在只能看到一些零星的记载。据唐人李昉（925—996）《太平广记》（978）卷三九九载，四川"陵州盐井，后汉仙者沛国张道陵（34—156）之所开凿，周迴四丈（径 9.2m），深五百四十尺（124.2m），置灶煮盐，一分入官，二分入百姓家，因利所以聚人，因人所以成邑"[1]。唐人李吉甫（758—814）《元和郡县图志》（813）载，四川仁寿县陵井"纵广三十丈（93m），深八十三丈（257m）"[2]，是一庞然大井。《旧唐书·地理志》（945）载"泸州（今四川富顺）界有富世盐井，深二百五十尺（77.5m）"[3]。此井井身以柏木加固，井侧设大绞车系牛皮囊入井汲盐水，像如此超大的盐井非一般井商所能为之。史载，陵井初由东汉五斗米道教主张道陵（34—156）于顺帝（126—144）时聚广大教徒之资开凿的。其他盐井在规模和深度上都不能与陵井相比。

古代大口径盐井开凿技术，随着时间的推移，其局限性逐步凸显起来。一是投入的人力、物力过大，而采出的又是浓度较低的盐水，加大煮盐的工作量。二是凿井速度缓慢，动辄十多个月至数年。如费力凿出一井，却不见卤水，该井就废弃。由于频繁的开采，地下浅层的盐卤资源已逐步呈现枯竭态势，需要向更深的层位凿井，才能见卤获利，而用传统挖井方法已无能为力。唐末五代以来的盐务政策又束缚了盐业的发展，因而 10 世纪起大口井盐生产开始衰落。从公元前 3 世纪李冰开创的井盐技术经过一千二百多年的发展，已完成其历史使命，也为后世留下一笔技术遗产。人们致力于总结已有的经验教训，寻求新的出路，重点放在总结寻找地下盐脉露头的规律，研制新式而有效的钻井工具和钻井、固井方法，从而进入了井盐开发史的第二个阶段。

中国井盐史的第二个发展阶段是从北宋（960—1126）开始的，经宋初几十年的集体努力，一种新的钻井工艺在北宋中期（1016—1071）形成，此即在井盐生产中心四川问世的小口深井钻进工艺或卓筒井工艺。按，"卓筒井"一名，初见于北宋人文同（1018—1079）向朝廷呈上的一篇奏折中。文同，字与可，梓州永泰（今四川盐亭）人，皇祐间（1049—1053）进士及第，授太常博士，历邛州军事判官、汉州通判，知陵州（今四川仁寿）、洋州，元丰初（1079）知湖州，为苏轼表兄，长诗文，工书画，有《丹渊集》四十卷行世[4]。宋神宗熙宁间（1068—1077），文同任陵州知州期间，鉴于辖区内井研县于庆历年间（1041—1048）新发明的卓筒井采盐技术迅速扩展，此井易于隐藏，逃避盐税，且雇佣外地流民来此打工，遂奏请朝廷加派京官为知县以加强监管。《丹渊集》卷三十四收入《奏为乞差（chāi）京朝官知井研县事》写道：

---

〔1〕（宋）李昉：《太平广记》卷三九九，《盐井》，《笔记小说大观》本，第五册，广陵古籍刻印社 1983 年版，第 136 页。

〔2〕（唐）李吉甫：《元和郡县志》卷三十三，《四库全书·史部·地理类》。

〔3〕（五代）刘昫：《旧唐书》卷四十一，《地理志四》，二十五史本第 8 册，上海古籍出版社 1986 年版，第 205 页。

〔4〕（元）脱脱、欧阳玄：《宋史》卷四四三，《文同传》，二十五史本第 8 册，第 1485 页。

伏见管内井研县去州治（陵州）百里，地势渊险，最号僻陋。在昔至为山中小邑，于今已谓要剧索治之处。盖自庆历（1041—1048）以来，始因土人凿地植竹，谓之卓筒井，以取咸泉，鬻炼盐色。后来其民尽能此法，为者甚众。遂与官中略出少月课，乃倚之为奸，恣用镌琢，广专山泽之利，以供侈靡之费。访闻豪者一家至有一二十井，其次亦不减七八。曩时朝廷尝已知其如此，创置无已。深虑寝久事有不便，遂下本路转运司止绝，不许造开。今本县内已仅及百家，其所谓卓筒井者，以其临町易为藏掩，官司悉不能知其实多少数目。每一家须役工匠四五十人至三二十人者，此人皆是他州别县浮浪无根著之徒，抵罪逋逃，变易姓名，来此佣身赁力。……况复更与嘉州并梓州路荣州疆境甚密，彼处亦皆有似此卓筒盐井者颇多。……[1]

但文同没有对卓筒井形制及钻井方式作出说明，这方面的遗漏由其表弟苏轼作了补述。苏轼（1037—1101）字子瞻，号东坡，眉州眉山（今属四川）人，嘉祐二年（1057）进士，历官直史馆、杭州通判、密州知州等，元祐初（1086）任中书舍人、翰林学士、知制诰、杭州知州、扬州知州，七年（1092）召为礼部尚书。哲宗亲政（1094），出知定州，后被谪惠州（今属广东），为北宋大文豪[2]。其《苏文忠公全集》卷十三有《蜀盐说》一文，此文在《东坡志林》卷四则题为《筒井用水鞲法》，内容一致，今引述如下：

蜀去海远，取盐于井。陵州井最古，渍井、富顺井盐亦久矣，惟邛州蒲江县井，乃祥符中（1008—1016）氏王鸾所开，利入至厚。自庆历（1041—1048），皇祐（1049—1053）以来，蜀始创筒井，用圆刃，凿如碗大，深者数十丈（124m—280m），以巨竹去节，牝牡相衔为井，以隔横入淡水，则咸泉自上。又以竹之差小者，出入井中为桶，无底而窍其上，悬熟皮数寸，出入水中，气自呼吸而启闭之，一筒致水数斗。凡筒井皆用机械，利之所在，人无不知。[3]

苏轼笔下的"筒井"，即文同所称的"卓筒井"。根据以上二人所述，可得出以下认识：卓筒井技术始于北宋仁宗庆历年间（1041—1048），首先出现于成都府路南部的井研县。在皇祐至熙宁不到三十年间（1049—1077），此技术已为很多人所知，从者甚众，并迅速扩散到周围的嘉州、梓州，已开出一千多口井，每家井主佣工 20—50 人。用铁制圆刃钻头开小口径（20—30cm）盐井，井深 100—300m，足以钻到白垩系和侏罗系卤水层，得到高浓度卤水。与古代大口径盐井靠人的自身体力在井内以原始工具凿出的作业方式不同，小口径盐井中容不得人在井下劳动，而用全新的作业模式，即以冲击式铁制圆刃钻头（percussion iron-bit with ring edge）钻探的机械方式钻井，以其冲击力强度大，能穿透坚

〔1〕（宋）文同：《丹渊集》卷三十四，《奏为乞差（chāi）京朝官知井研县事》，《四库全书·集部·别集类》，商务印书馆影印本 1935 年版。

〔2〕《宋史》卷三八八，《苏轼传》，二十五史本第 8 册，第 1218 页。

〔3〕（宋）苏轼：《东坡志林》，华东师范大学出版社 1983 年版，第 123 页。

硬岩层，故能钻至足够深度。因而北宋于 11 世纪前半期研制的这种新式钻井工具和钻井技术是一项重大发明，是深井钻探工程赖以实现的制胜法宝，具有深远的历史意义和世界意义。

小口径深井钻出之后，无法用古代传统方式固井，因此卓筒井研制者引入一种新法，以一丈（3.1m）多长的巨大毛竹（*Phyllostachys pubercens*）筒（径 10—30cm）去掉中节，再将七八个中空竹筒（总长 23—35m）两端以榫（sǔn）卯相接，接缝处以麻绳拴紧，再以灰、漆固之。最后将长竹筒送入井下，竹径与井径相当。实际上这是套管，可防止井塌，又可避免井壁周围淡水渗入。所谓"卓筒"，意思是直立的粗大竹筒；"卓筒井"含义因而是有直立套筒的小口径井。如果用英文表达，应当是 *zhuo-tong-jing* or minor diameter salt-well with vertical sleeve barrel，只有这样才能将它与古代竖井（vertical well）区别开来。钻好井后，以比井径稍小的竹筒为汲卤筒，去其中节，筒底开口，安放与筒径相当的熟牛皮皮钱，构成单向阀门。入井后，卤水冲开皮钱进入筒内，水柱又靠其自身压力将阀门关闭。将汲卤筒提升至井外，以人力顶开阀门，卤水泄入槽中，以备煮盐。每次可提出卤水数斗（数公升，litres）。

《宋史》卷一百八十三《食货志下五》载，至绍兴二年（1132）时"凡四川四千九百余井，岁产盐约千余万斤（600 万 kg）"[1]，为 1500 年英国年产量的两倍以上。卓筒井工艺定型后，继续发展，至明清达到高潮。明代四川地方官郭子章（1542—1618）称，万历年间（1573—1619）成都附近的射洪县内盐井浅者五六十丈（155—186m），深者百丈（310m）[2]。清雍正八年（1730）四川井盐扩至四十州县，有 6116 口井，产盐九千二百多万斤[3]。至乾隆二十三年（1758）又增二千眼井。嘉庆末年（1815—1820）盐井深度达"百数十丈至三四百丈（960—1280m）[4]，已钻至三迭系地层的黑卤。道光十三年（1835）在自贡盐场钻出的燊（shēn）海井，至今还保存完好，其深度达 1001.42m，125m 以上井径为 11.4cm，以下至井底为 10.7cm，日产天然气 8500m³，黑卤 14m³[5]，是见证中国古代深井钻探技术的活标本，也是宋代卓筒井的直系后代。宋人苏轼第一个揭示了卓筒井钻头钻井及吸卤方法，但如何将钻头及吸卤筒送入井下、再提起，他只以"凡筒井皆用机械"一语带过，这到底是什么机械、如何工作，尚待解读。查明清人著作及有关插图，参考现存古井，可对古代深井钻探技术有全面了解。

明代人马骥（1543—1613）《盐井图说》（约 1578）对盐井工艺作了全面的概括性叙述。马骥为四川射洪县人，隆庆年间（1567—1572）中举，万历二年（1574）任本县县令，任内在盐井区"三问灶丁、井匠，颇得其详"，基于实际调查而写成《盐井图说》，由岳谕方加配插图，请四川学政郭子章作序。郭子章，字相奎，江西泰和人，隆庆（1571）

　〔1〕《宋史》卷一八三，《食货志下五》，二十五史本第 8 册，第 578 页。
　〔2〕（明）郭子章：《盐井图说》序（约 1578），见（清）谢廷钧等人编光绪《射洪县志》卷五，《食货志》，1886 年刊本。
　〔3〕（清）丁宝桢主编：《四川盐法志》卷七，宪德、黄廷桂奏略，1882 年木刻本。
　〔4〕（清）严如煜：《三省（川陕鄂）边防备览》卷十，道光十二年（1822）木刻本。
　〔5〕胡砺善：《四川盆地自流井构造天然气开采的研究》，石油工业出版社 1957 年版，第 15 页。

进士，授广东潮州知府，万历初（1576—1579）任四川学政，由此可知《盐井图说》约成于万历六年（1578）。此书虽未曾刊行，但有写本传世。文字收入明人曹学佺（1574—1647）《蜀中广记》（约 1610）卷六十六[1]及明清之际学者顾炎武（1613—1682）《天下郡国利病书·蜀中方物记·井法》篇（1929 年《四部丛刊》本）以及清人谢廷钧等所编光绪《射洪县志》（1886）卷五《食货志》，然其中插图已佚。幸而清光绪八年（1882）刊四川总督丁宝桢（1820—1886）主编的《四川盐法志》卷二《盐井图说》提供的精美插图足可补此缺憾。这些插图于 1891 年曾转载于法国巴黎出版的《矿务年鉴》（*Annales des mines*，1891，Sér 8，Vol. 19）中，并附有法文解说。

　　清人吴鼎立（1825—1882）著、同治十一年（1872）由富顺思源堂刊行的《自流井风物名实说》，是专论富阳县自流井盐区管理和生产技术的少见著作，简称《自流井说》。吴鼎立，字铭斋，河南光州固始人，道光三十年（1850）进士，出为地方官，同治十年（1871）补四川富阳县令，据实地调查写成此书，附插图，记载翔实可靠[2]。另一清人李榕（约 1819—1889）也据实际调查于光绪二年（1876）写成《自流井记》，叙述井盐生产及资源，尤其对深井地质层位有重要记载。李榕，字申夫，四川剑州（今剑阁）人，咸丰二年（1852）进士，历任浙江盐运使、湖北按察使，累官至湖南左布政使，同治初（1865）以后退居故里从事著述，有《十三峰书屋全集》九卷行世，于其卒后次年（1890）由湖南龙安书院刊行，1914 年成都文伦书局再刊。《自流井记》收入该书卷一[3]，1948年由房杜联哲译成英文发表在美国科学史学会机关刊《艾西斯》卷 39（*Isis*，1948，Vol. 39）[4]。今以《盐井图说》文字说明为纲，辅以《自流井说》及《自流井记》等相关记载，再配上《四川盐法志》的插图，附加必要的解说[5]，按工艺过程分段叙述操作要点，对中国古代绳式深井钻探技术作如下介绍。

　　（1）确定盐井的所在位置（旧称"相井地"）　　《盐井图说》称："凡匠氏相井地，多于两河夹岸，山形险急，得沙势处。"一般说，在射洪县一带近河处，水多而淡；山地，水少而咸。在高山区择其低处平坦地而开井，低山区择其曲折凸起处开井，多有成效。《自流井记》更载不同地层钻井取样特征，对选择井位有指导意义。它说，钻井时须审地中之岩，钻头初下时见红岩，其次为瓦灰岩，次黄姜岩，见石油。其次见草白岩，次黄砂岩，见草皮火（薄的天然气层）。次青砂岩、次绿豆岩，见黑水（浓盐水层）。钻井时不一定见所有岩，但必得有黄姜岩和绿豆岩[6]，各种岩是按其颜色及形状取名的。黄姜岩相当于侏罗系油气层，黄水为侏罗系盐水。绿豆岩为三迭系地层，黑水为三迭系地层的浓盐

　　〔1〕（明）马骥：《盐井图说》（约 1578），见（明）曹学佺《蜀中广记》（约 1612）卷六十六，《方物·盐谱》，《四库全书·史部·地理类》，商务印书馆 1935 年版。

　　〔2〕（清）吴鼎立：《自流井风物名实说》，同治十一年（1872），富顺：思源堂木刻本，共 16 页。

　　〔3〕（清）李榕：《自流井记》（1876），《十三峰书屋全集·文稿》卷一，湘乡龙安书院刊本，1890 年。

　　〔4〕 Li Jung. Account of the salt industry at *Tzu-liu-ching-chi*（Szechuang），translated by Lian-Che Tu Fang. *Isis*，1948. 39：228—234.

　　〔5〕林元雄主编：《中国井盐科技史》，四川科学技术出版社 1987 年版，第 193—204 页。

　　〔6〕（清）李榕：《自流井记》（1876），《十三峰书屋全集·文稿》卷一，湘乡龙安书院刊本，1890 年。

水[1]。钻井时见到黄姜岩、绿豆岩，说明大功告成。这些符合科学的规律是井匠长期经验积累获得的。

（2）开井口、立石圈 前述宋代卓筒井时期钻出小口深井后，以七八个直径稍小于井口的中空长竹筒接在一起，总长 7—8 丈（22—25m）插入井中，作为护井套筒。在此以下井内因岩层坚固，无须加套筒。但井上部土质松软，使竹筒承受不小的拉力和挤压力，时久便易开裂。明代对固井作了改进，方法是选好井位、平整周围土地后，用人工挖掘出"井口"或井的最上部井腔（图 11—2）。打出井口后，再在其中放入外方内圆的石圈，圆径 26—30 或 36—40cm，周边 60cm，厚 0.3—0.6m，共放 30 个（图 11—3），逐个放至井口，石圈周围以土及碎石填实。因石圈比竹筒坚硬，使井壁上部能承受更大外力作用而不塌陷。

图 11—2 开井口图
引自《四川盐法志》（1882）卷二

（3）钻大口井、排除井内杂物 明清除在井最上部加石圈护井外，还以中空长木筒为固井套筒，这就需先钻出大口井腔（旧称"大窍"），以大型钻具（"鱼尾锉"）钻探。为此，在井上安设驱动钻具的两种动力装置，即足踏碓架、牛拉绞盘及其传动系统（旧称"花滚"），靠井架（"楼架"）支撑。以绞车收放或踏板起落之势引动钻头冲击岩层。碓架

---

〔1〕 申力生主编：《中国石油工业发展史》第一卷，石油工业出版社 1984 年版，第 110 页。

图 11—3　立石圈图

引自《四川盐法志》

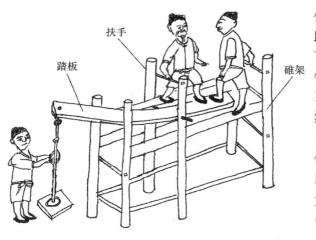

扶手

踏板

碓架

图 11—4　踏碓操作示意图

潘吉星绘 (2008)

借杠杆原理制成。《自流井说》称，人踩在碓架踏板上跳来跳去，带动钻头下冲及上升。另一人在井口不断旋转钻头方向，保持钻孔垂直不弯（图 11—4）[1]，此法操作简便。用绞车和滑轮系统（图 11—5）亦可达到同样的目的，但更适合于在井的深度更大时使用，而踏碓适合在开始钻井时使用。以绞车为动力时，要在井旁立两根高大木柱，二者间有一横木装有绞盘（旧称"木滚子"），上面缠着篾绳。绳一端系着钻具（图 11—5），另一端与立式滑轮（旧称"地滚"）相连，通过此滑轮再连向鼓状的立式绞盘，以牛拉使之旋转，将钻具提升。再将牛卸下，使鼓形绞盘反方向转动，钻具因重力作用降下冲击井内岩层。不管用何种方式驱动钻头，每钻进 1—2 尺都应取下钻具，换上底部有单向

---

〔1〕（清）吴鼎立：《自流井风物名实说》，同治十一年（1872），富顺：思源堂木刻本，共 16 页。

阀门（旧称"皮钱"）的中空一丈长的竹筒送入井中，汲取其中被击碎的石屑及泥水，这道工序旧称"扇泥"（图11—6），再行钻进。如此重复操作，直到见红岩层为止。

图 11—5　以大铁钻钻大口井图
引自《四川盐法志》

图 11—6　清除井内碎石及泥水图
引自《四川盐法志》

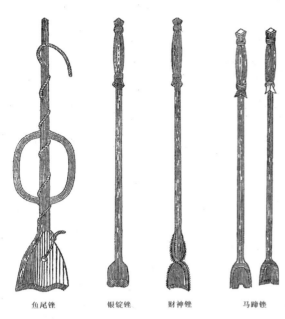

鱼尾锉　银锭锉　财神锉　马蹄锉

图 11—7　四川盐井区使用的主要钻井工具
引自林振翰《川盐纪要》(1916)

大型钻具为铁制，长 3m 多，重 100—200 斤（约 60—120kg），钻头宽 30—40cm，底部呈鱼尾形，旧称"鱼尾锉"(fish-tail shaped iron bit)（图 11—7）。钻杆上有圆铁环，当转动钻头方向时，可令钻孔垂直。上接震击器（旧称"转槽子"），将在下面专门介绍。所有连接各部件的绳索，均用以劈开的竹片拧成的篾绳，构成中国绳式顿钻的特点。开始钻井时，需向井内注水，"及二三丈许，泉蒙四出，不用灌水"[1]。一般说大口井腔需钻至 20—30 丈（62—93m），井径 26—40cm。

(4) 下木质套筒　明清较少用宋代始用的竹套筒固井，而用更坚固的松柏等木质套筒。《盐井图说》载，将木纵向锯成两半，使其中空，合拢成中空木筒，内径略小于井径，两端有榫卯可逐个连接，接缝处缠以麻绳，再以桐油和石灰密封（图 11—8）。木筒底端仍缠以绳，油、灰抹面，以便与井壁岩石紧密结合。通过井架上的滑轮（旧称"天滚"或"天车"），将套筒送入井下，此井架最上端的滑轮通过传动装置与牛拉绞盘以篾绳连在一起（图 11—9），木套筒总长可达 45—90m。

(5) 钻小口径井　木质套筒入井后，便用小的铁制钻头钻小口径深井（旧称"小窍"）。钻头上有长柄，总长 1.2 丈（3.72m），重 80—140 斤（约 48—84kg），刃部如银锭，旧称"银锭锉"（图 11—7）。钻头高 6—7 寸或 8—9 寸（18.6—27.9cm），前后椭圆，左右中削。钻具上仍装震击器（"转槽子"），由绞盘驱动（图 11—10），钻法与钻大口井腔相同，此不赘述。这段井身占全井深度的 80%—90%，是盐井主体部分，也是裸井部分。因岩层坚硬，钻井所需时间很长，《自流井记》称有的井需要四五年至十数年不等。《自流井说》载小口井径"老井则二寸四五（8—8.25cm），大者三寸二三（11cm）……小眼则四五寸（13—16cm）为度"。深度因各地地质情况不同而变化很大。据严如煜（1759—1821）《三省边防备览》（1822）卷一，最深可达"百数十丈至三四百丈"（960—1280m），创当时世界最高纪录。

---

〔1〕（明）马骥：《盐井图说》（约 1578），见（明）曹学佺：《蜀中广记》（约 1612）卷六十六，《方物·盐谱》，《四库全书·史部·地理类》，商务印书馆 1935 年版。

图 11—8　制木质套管图

引自《四川盐法志》

图 11—9　下木质套管图

引自《四川盐法志》

图 11—10　钻小口深井图
引自《四川盐法志》

（6）吸取盐水　钻井时遇到有色的盐水（旧称为"卤"），即大功告成。接下是用吸卤筒将盐水吸取出来，此为中空长竹筒，底部有牛皮圆片为单向阀门。进入井下后，井内盐水顶开阀门进入筒中，靠自身重量将阀门关闭。提至井上时，以铁钩顶开阀门，将盐水倒入槽中，送去煮盐，其工作原理与前述清理井内碎石及泥水的竹筒相同。《盐井图说》对提升吸卤筒的装置做了简介，《四川盐法志》又给出插图。在井上以数木支起高几丈的井架（"楼架"），上安一定滑轮（"天滚"），地上再放一滑轮（"地滚"）。井的另一处有带草棚的立式绞盘（"大盘车"），以牛拉动。绞盘周长 5m，绕以很长的篾绳，牵引力超过宋代。在地上滑轮与绞盘之间还装有枢轴的导轮（"车床"）用以改变力的方向。以上各部件间皆以篾绳相连（图 11—11）。

由此可以看到，井架最高处的滑轮（"天滚"）承受吸卤下降的重力和地上滑轮（"地滚"）的牵引力，这两种力在此定滑轮上交会，又改变力的方向。牛拉绞盘时，其上篾绳一端通过地上滑轮的导轮将吸卤筒（或钻具）从井中提出来。当牛向相反方向慢行，则滑轮上篾绳向左拉下，篾绳悬挂的吸卤筒借重力下降至井底吸取盐水。就地上滑轮与绞盘之间而言，篾绳沿从左向右或从右向左方向运动；就井架上滑轮与地上滑轮之间而言，吸卤篾绳沿从低到高或从高向低的方向运动。靠着这种灵巧的机械装置实现不同力的传送和作用方向的改变。

（7）井下事故处理　钻井过程中井下事故时有发生，从 11 世纪北宋以来，发展了一整套处理事故的工具和方法，至明清时更趋完备，不但见于文献著录和插图，更有老井的

图 11—11　吸取盐水图
引自《四川盐法志》

实物遗存，藏于自贡市盐业历史博物馆及有关生产现场。在处理事故前，先由有经验的师傅以带有倒钩的探测杆，旧称"提须刀"（图 11—12）放入井下，查出事故原因、坠入何物及在井中位置，再采取对应措施。对此，《盐井图说》指出，如钻井时钻探工具及篾绳偶尔中折掉入井中，将其取出的方法很巧妙，使用的工具也不同。可用铁制的五爪将其取出，它如手的五指伸直再合拢那样，下分五股，各大如指且有倒钩，专取滑而难钳之物。如井中被游动的泥沙塞满，使钻探受阻，则以下端有细齿的铁杆将粘在一起的泥沙冲松，再用竹筒（旧称"刮筒"）将泥沙从井中取出。此筒长丈余，与吸卤筒不同，不去中节，而是在每节端部凿出方口，放入井中将泥沙吸出。至清代，钻进、打

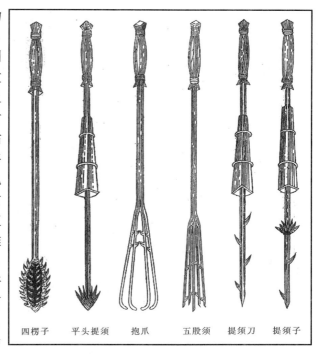

四楞子　平头提须　抱爪　五股须　提须刀　提须子

图 11—12　四川盐井区使用的部分打捞工具
引自林振翰《川盐纪要》（1916）

捞工具已达七十种，处理井下事故的工具亦有几十种，详见《四川盐法志》卷三，皆有图式。

中国式震击器"转槽子"的发明

(The invention of *zhuan-cao-zi* or Chinese jar coupling)：

另一常见的井下事故是钻头冲击岩层时，因冲力过猛而卡入其中，提不起来，使钻探中断，如硬是提拉，易使篾绳裂断或钻具损坏，后果更为严重。古人为防止这种情况发生，发明了震击器，放在篾绳与钻具之间，由于它能对钻头撞击后产生一种反弹力，使钻头不致陷入岩层中，起自动解卡作用，故旧称"撞子钎"。此名见于 1578 年成书的《盐井图说》中，现川北古井中仍可见实物遗存。有迹象表明，撞子钎至迟在 14—15 世纪明初即用于四川盐井区深井钻探中。明清时撞子钎还有"挺子"、"转槽子"等不同名称和诸多品种，用于井下钻探的不同作业，见于《自流井说》及《四川盐法志》卷三，后者更给出了图式。这些地域性强的俗名说明此装置是四川钻井工发明的，作为连接装置放在与井上升降系统的篾绳与井下钻进、打捞及汲取工具之间，是这些井下作业不可缺的活动部件，起着垂吊、扶正、指示、震击、保护和解卡等作用。

转槽子造型和结构简练，是积数百年钻井经验教训后研制出来的最具技术巧思、保证深井钻探成功的关键装置。根据上引书所述，它由四楞铁杆（旧称"鸡脚杆"）及其上宽下窄的底座（旧称"球球"）、铁套筒（旧称"鸡蛋壳"）构成（图 11—13）。转槽子长 1.9m，重 20kg，其铁杆上部有穿绳孔，此处拴篾绳直通井上。铁杆下部是方楞形，其底座为平截面圆锥形，上大下小；铁杆外有空心铁套筒，可上下滑动，上可滑至铁杆顶部，向下则滑动至铁杆的底座为止。再将转槽子下部的铁杆、套筒及底座与钻头尾部通过"把手"连接在一起（图 11—13），把手由四根弯成椭圆形的竹片组成，均匀分布于前后左右四个方向，接头处缠以麻绳，外面以铁箍箍紧。方形铁杆在"把手"内上下活动产生上击、下撞（撞至钻头尾部），起震击和解卡作用。

因转槽子加重了钻具，增强钻头破碎岩层的能力。当钻井篾绳长短适度时，钻头至井底不再运动。此时转槽子下行，与钻头碰撞发出的声音传到井口，说明钻头冲至井底。如篾绳短或过长，则井上人听不到声音，可及时调整绳长，因而转槽子还起指示器作用[1]。因中国有完备钻井及处理或防止井下事故的工具以及不断创新的技术，所以在深井钻探方面千百多年间居于世界领先地位。中国发明的转槽子是 19 世纪 30 年代在美国和德国这些西方国家最先出现的 jars 或 Wechselstück 等不同名目的震击器的直系祖先，具有其全部功能。关于它的西传历程，详见本节第二部分。

中国还最早将深井钻探技术用于对地下天然气和石油资源的开发，此举具有世界历史意义。天然气是蕴藏在地层内的碳氢化合物可燃气体，成分以甲烷为主，其次是乙烷、丙烷、丁烷和其他重质气态烃，还含氮、氢、二氧化硫和硫化氢等，储存于地下岩石孔隙、空洞中，以导管输送到使用地点作燃料用。石油为深褐色天然油状可燃液体，是多种烷烃、环烃及芳香烃组成的混合物，亦含少量有机硫、氧及氮化合物，平均含碳量 80%—

---

〔1〕 刘德林、周志征：《中国古代井盐工具研究》，山东科学技术出版社 1990 年版，第 138—140 页。

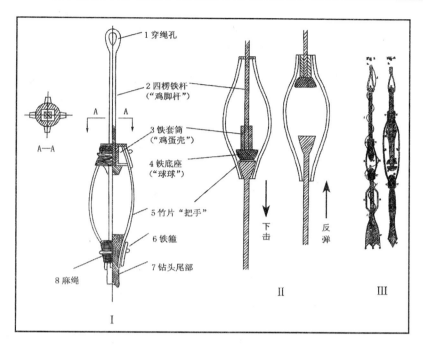

图 11—13 中国发明的震击器（转槽子）结构及运转示意图
I. 中国式震击器结构示意图，潘吉星绘（2008），参照林元雄（1987）
II. 中国式震击器运转示意图，潘吉星绘（2008）
III. 法国《矿务年鉴》1891 年卷 11（Annales des mines. 1871. Vol. 11）
所载中国震击器结构图

86%、氢 10%—14%，热值 1 万 Kcal/kg。石油聚集于有孔隙、裂缝的岩石中，借钻井方法开采而得。一般认为，石油由低等动植物在地层和细菌作用下，经复杂的化学和生物化学变化而成，出现于浅油层及深油层中。露出地表的油气分为油苗、气苗和沥青，最易为古人发现。沥青是有机胶凝材料，也主要由碳氢化合物组成，含少量氧、硫及氮化合物，色黑而有光泽，呈液态、半固态或固态，有黏结性、抗水性和抗腐蚀性。

根据中国大地构造环境和古书有关记载，早在两千多年前的西汉（前 204—后 24），就在西北高奴县（今陕西延长产油区境内）发现地表浅层的原油及其可燃性[1]，唐人称为石漆，用作车轴润滑剂及燃灯照明[2]。北宋科学家沈括（1031—1095）1080 年来这里考察，将其称为"石油"，这个名字一直沿用到现在。他认为"石油至多，生于地下无穷，不若松木有时而竭……此物后必大行于世"[3]。据《元一统志》（1303）卷五记载，宋元之际（13 世纪后半期）"在延长县南迎河有凿开石油一井，其油可燃。又延长县西北八十

〔1〕（汉）班固：《前汉书》卷二十八下，《地理志》，二十五史本第 1 册，上海古籍出版社 1986 年版，第 520 页。

〔2〕（唐）段成式：《酉阳杂俎》卷十，《四部丛刊·子部》，商务印书馆 1919 年版。

〔3〕（宋）沈括：《梦溪笔谈》卷二十四，《杂志》，元刊（1305）影印本，文物出版社 1975 年版，第 1—2 页。

里永平村有一井，岁办四百斤入［延安］路之延丰库"[1]。这是中国有关钻井采油的较早文献记载。四川石油分布于中生代深度地层中，从明代才有采油记载。《本草纲目》（1593）卷九称："国朝正德末年（1521）嘉州（今四川乐山）开盐井，偶得油水，可以照夜。……近（1540—1550）复开出数井，官司主之，此亦石油，但产于井尔。"[2] 这是继宋元之际陕北延川油井后，第二批开凿的油井，由官府承办。嘉靖《四川总志》（1545）亦有类似记载。何宇度（1560—1630）《益都谈资》（约1598）卷上云："油井在嘉州、眉州、青神、洪雅、犍为诸县，居人皆用以燃灯。官长夜行，则以竹筒贮而燃之，一筒可行数里，价减常油之半，而光明无异。"[3] 唐、五代之际（10世纪）还对黏稠的黑色"石漆"（原油）进行粗制蒸馏加工，得到火力更猛的流体石油制品，称"火油"，用于火攻[4][5]。

西汉人还发现并利用天然气。扬雄（前53—后18）《蜀王本纪》曰："临邛（今四川邛崃）有火井，深六十余丈，火光上山，人以筒盛火，行百余里犹可燃也。"[6] 晋人张华（232—300）《博物志》（约290）及常璩《华阳国志》（347）卷三都记载临邛县有火井（天然气井），以其中喷出的天然气煮盐[7][8]。明人宋应星《天工开物》（1637）也提到四川火井，以长竹筒插入其中引出火气可以煮盐[9]。清代在四川自贡地区钻出不少天然气深井，如乾隆三十年（1765）钻成的老双盛井深达530m，日产气160m^3。嘉庆二十年（1815）钻成的桂粘井深797.8m。道光十五年（1835）钻成的燊海井深1001.4m，已达三迭系地层，日产气4800—8000m^3。道光二十年（1840）磨子井深1200m，钻至石灰岩层主气层，喷出火舌达几十丈的高压天然气，成为火井王[10]。在当时世界其他国家还未曾钻出千米以上的深井。

纵观中国古代钻井史，虽始终以开采地下食盐资源为主，但在13—16世纪还用深井钻探技术开采地下石油，而在18世纪更大规模用于开采天然气，为后世世界各国所效法。中国之所以能做到这些，有赖于国内有特殊地质构造蕴藏的天赋资源，且很早就被及时发现和利用；有赖于许多世代科学家、技师和能工巧匠在自然探索中积累的丰富经验和智慧以及追求技术不断创新的精神。中国发明的深井钻探技术有很大科学技术含量，包括化学、地质学、力学和机械、采矿、冶金等工程技术方面的知识结晶和一系列科学发现、技

---

〔1〕（元）孛兰肹、虞应龙等人编：《元一统志》卷五，赵万里校辑本，下册，中华书局上海编辑所1966年版，第527页。

〔2〕（明）李时珍：《本草纲目》卷九，《石部·石脑油》，上册，人民卫生出版社1982年版，第570页。

〔3〕（明）何宇度：《益都谈资》（约1598）卷五，《四库全书·史部·地理类》。

〔4〕（宋）钱俨：《吴越备史》（995）卷二，《四部丛刊续集·史部》，商务印书馆1934年版，旧题作者林禹，实为钱俨。

〔5〕（宋）马令：《南唐书》卷十七，《丛书集成初编·史地类》，排印本，商务印书馆1935年版，第117页。

〔6〕（汉）扬雄：《蜀王本纪》，见《太平御览》卷八六九，《火部》，第4册，中华书局1960年版，第3853页。

〔7〕（晋）张华：《博物志》卷二，《异产》，范宁校点本，中华书局1980年版，第26页。

〔8〕（晋）常璩：《华阳国志》卷三，《蜀志》，《四部丛刊·史部》，初次影印本，商务印书馆1919年版。

〔9〕（明）宋应星：《天工开物》，《作咸·井盐》，潘吉星译注本，上海古籍出版社1992年版，第35—37、243页。

〔10〕胡砺善：《四川盆地自流井构造天然气开采的研究》，石油工业出版社1957年版，第15页。

术发明与革新。中国掌握深钻技术几百年后，又将其火炬棒传至欧美点燃，古老的华夏知识逐步在近代世界成为新的科学观念和理论基础，也成为有关工程设计的基本理念，推动了相应学科的建立和发展。近代国际社会运用这些科学技术开采石油，经化学加工制成各种石油产品，导致一些新兴工业和产品如汽车、飞机、拖拉机、机车、发电机、轮船、军舰、坦克和装甲车等的出现，改变了以往社会政治、经济和军事格局，还影响到人们的生活方式，世界面貌为之一变。直到今天，我们还切身感受到这些变化带来的后果。所有这一切，归根结底都是由中国中世纪发明的深井钻探技术引起的。现将历代盐井及气井钻进深度列表于下。

中国历代凿井、钻井深度一览表

时间		井深		地点	文献出处
公元	朝代	米	丈		
前256—前251	战国	20—30	10—15	广都（四川双流）	《华阳国志》卷三
前207	西汉	53	19	云阳白兔井	林元雄140，井径3m
1世纪	东汉	158	60	临邛（四川邛崃）	《太平御览》卷八六九
280	晋	72	30	江阳	《舆地纪闻》（1227），井径2—9m
581	隋	57.5	25	富世（自贡）	《旧唐书》卷四十一（地理志）
589	隋	80—90	27—30	自贡玉女井	林元雄 p.115
697	唐	124.2	54	陵州	《太平广记》卷三九九，井径9.2m
9世纪	唐	248	80	仁寿	《元和郡县图志》卷三十三
1041	宋	100—300	数十（30—90）	四川	《东坡志林》卷四，井径30cm
1050	宋	230	69	四川	林元雄 p.115
1253	宋	175.7	58	泸南（云南姚安）	《元一统志》卷四
1518	明	186—217	60—70	四川	正德《四川总志·物产志》
1578	明	155—311	50—100.3	射洪	《盐井图说》（1578）井径26cm
1765	清	530	165.6	自贡老双盛井	胡砺善 p.145
1815	清	797.8	249.3	裸咸井	林元雄 p.115
1820	清	960—1280	300—400	犍为富顺	《三省边防备览》卷十
1821	清	864	270	自流井气田	《自流井记》（1876）
1835	清	1001.4	312.9	自贡燊海井	林元雄 p.192
1840	清	1200	375	磨子井	胡砺善 p.145
1850	清	770	241	自贡气井	胡砺善 p.15
1853	清	865	270.3	自贡气井	胡砺善 p.15
1857	清	918.4	287	自贡	胡砺善16，井径11cm
19世纪50年代	清	1045	327	自贡	林元雄 p.201，井径32cm

第一阶段（大口浅井）、第二阶段（小口深井）、第三阶段（小口径超深井）

（二）中国深井钻探技术的西传

现在需要回顾世界其他地区特别是欧美西方国家井盐开发及深井钻探史，并与中国进行比较，进而论述中国技术之西传。欧洲从古代至近代所需的食盐一直以海盐为主，在16世纪以前欧洲人不知道凿井取盐[1]，在这方面比中国落后一千多年，欧洲人掌握的钻井取盐技术是从中国引进的。经我们研究，中国钻井技术在欧洲的传播大体说可以分为三个阶段：（1）14—16世纪时值中国元明时期，中国凿井取盐的技术思想首次传入欧洲并付诸实践。（2）17—18世纪之际，时值中国清初康熙中期（1683—1703），此时中国以铁制钻头借冲击钻进法的深井钻探技术传入欧洲并被实际应用。（3）19世纪的前三十年，时值中国清末道光初年（1826—1830），此时中国经改进的绳式冲击顿钻钻深井技术全面传入欧洲及北美，一直用到19世纪末至20世纪初，成为世界近代钻井技术的基础。

很多欧洲国家都濒海，因此自古以来至16世纪的漫长时间所用食盐绝大多数（80%以上）以海盐为主，内陆国家或地区所需的盐由盐商以马车辗转从沿海盐场运进。统治沿海地区的官府和海盐业主由此获得丰厚的财政收入，形成盐务垄断。少数地区有地表或地下浅层的土盐、砂盐，但品质不佳、产量很小，且开发殆尽，已趋衰落。令人奇怪的是，欧洲人长期不知道地下深层蕴藏丰富的岩盐和盐水。虽然古代希腊、罗马作者提到意大利西西里岛和西班牙内陆有岩盐矿，但在中世纪已被遗忘，或认为纯属奇谈怪论而不予置信。除此之外，欧洲内陆地区的岩盐矿之所以长期未能开采，还因为多位于山区，交通不便。但更重要的原因是沿海国家政府和业主极力维护生产海盐的既得利益，不想在内陆开发矿盐与海盐竞争，甚至对此加以压制。内陆地区和国家不得不每年付出巨资进口海盐。

正当欧洲内陆地区想自主发展盐业、摆脱对进口盐的依赖而苦无良策时，中国古代凿井取盐的技术信息传到欧洲。传递这一信息的是1271年从威尼斯出发，沿欧亚陆上通道东行而于1275年到达元世祖忽必烈汗上都的意大利旅行家马可波罗（Marco Polo，1254-1324），在华居住十七年后，1291年返回故国。他在其游记（1298）中谈到至元十七年（1280）奉命从大都（今北京）至四川过金沙江（Brius）至云南行省（Karajang）首府大理路（Yachi）时写道：

> 此国内有很多盐井，国人从其中取得食盐，且皆赖此盐以谋生，而国王亦从贩盐中得到很大一笔收入。[2]

这里马可波罗以在华见闻传递两个信息：一是在内陆地区地下深处蕴藏食盐资源，二

---

〔1〕 Multhauf，Robert P. *Naptune's gift. A history of common salt*. Baltimore：John Hopkins University Press，1978. p. 29.

〔2〕 *The travels of Marco Polo*，ed. by Manuel Komroff，9th ed，New York：Garden City，1932. p. 173；李季译：《马可波罗游记》卷二，第四十八章，上海：亚东图书馆1936年版，第196页。

是通过凿井之法可以开采出来。

马可波罗的游记 1298 年由比萨人吕斯蒂西恩（Rusticien de Pise）首先以古法文笔录成书，至 14 世纪出现各种法文写本及意大利文、拉丁文译本流行于世。现存年代较早的有 13 世纪意大利人奥尔曼尼（Michael Ormanni，1244－1309）手抄的意大利文本、1400年法文写本、1320 年波伦亚人皮皮诺（Francesco Pipino）的拉丁文译本，译自意大利文。1477 年德国纽伦堡城刊行的德文译本是第一个印刷的版本。1532 年格里纳欧斯（Grynae-us）在瑞士巴塞尔城以拉丁文出版的《新世界》（Novus orbis）中收录的该游记，以皮皮诺本为底本。意大利地理学家拉穆西奥（Giovanni Bathista Ramusio，1485－1557）编辑的《航海与旅行集》（Delle navigazioni e viaggi，3vols，Venezia，1556－1569）三卷以意大利文出版于威尼斯城，其中卷二刊于 1559 年，收入《威尼斯人马可波罗游记》（I vi-aggi di Marco Polo Veneziano），译自皮皮诺的拉丁文本。由此可见，在 14—16 世纪时《马可波罗游记》已有了大多数欧洲人能看懂的法文、意大利文、拉丁文和德文本流行于世[1]。

"凿井取盐"这一中国技术思想在欧洲本土是前所未闻的，虽然古希腊、罗马时代以来欧洲人知道凿井，但主要是用来取水，从未想到从井中取盐，因为他们不知道或不相信在内陆地区地下深层贮藏有纯度较高的食盐。马可波罗的报道带来了利好信息，但拥有海盐的西欧国家对此却无多大兴趣，而对马可波罗所说中国人凿井取煤则反应敏捷，因欧洲在冶金过程中耗费大量木材，几乎将森林砍光，于是从 17 世纪初便凿井采煤[2]。西欧对井盐和井煤的态度适成对照，因对井盐没有急迫的需要。但对离海很远的东欧、中欧内陆地区或国家而言，情况就不同了，迫切需要新的盐源。得知凿井取盐的信息如久旱逢甘雨，迅即付诸实践。在西欧凿井取煤的同时，16 世纪前后在喀尔巴阡山脉（Carpathian Mts.）西麓的东欧三个地方，即波兰南部工商业城市克拉科夫（Krakow）附近的维耶利奇卡（Wieliczka）、博赫尼亚（Bochnia）和山南坡匈牙利境内的苏沃尔（Soovar）出现了实际运作的第一批盐井，直到 18 世纪还在生产。

1673 年英国人布朗内（Edward Browne）来匈牙利苏沃尔访问，谈到这里的盐有不同的颜色，井深 190m，以滑车将盐从井下取出[3]。1724 年德国人布鲁克曼（Ernest Bruckman）再次来访，将其观察通报给伦敦皇家科学院的斯隆爵士（Sir Hans Sloane），此时井深已达 256m，年产盐 600 万 kg，以马拉吊桶取盐[4]。1500 年时波兰的维耶利奇卡盐井年产盐 300 万 kg（博赫尼亚则产 500 万 kg），以人力踏车（图 11—14）从井下提取盐。17 世纪（1670）时有关维耶利奇卡盐井的报道使伦敦皇家科学院感到惊奇，"一位

〔1〕 Yule，H & Cordier H.（tr.）. The book of Ser Marco Polo the Venetian，Introduction，Vol. 1 Chap. 10. London：Murray，1920；张星烺译：《马可波罗游记导言》，第十章，《马可波罗游记各项刊行版考》，北平：中华印书局 1924 年版。

〔2〕 Nef，John U. Rise of the British coal industry，Vol. 2. London：Routledge，1932. pp. 446—448.

〔3〕 Browne，Edward. A brief account of some travels in divers parts of Europe. London，1673.

〔4〕 Bruckmann，Ernest. An account of the imperial salt works of Sóowár. Philosophical Transactions of the Roy-al Society of London 1730，36：260—264.

德国先生"说，井深360m，以马拉盘车通过滑车将 30—40 人送入井下或从井下提升出，盐有三种颜色，从白至黑，井下有灯照明[1]。又据1591 年英国访问者报道，在俄罗斯圣彼得堡南 200km 处的斯塔尔札（Starja）也有盐井[2]。

图 11—14　17 世纪波兰维耶利奇卡人力挖掘的盐井取盐图
德乌戈什（A. Dlugosza）复原，克拉科夫省维耶利奇卡博物馆
（Museum zup Krakowskich Wieliczka）藏

按理说，元代时云南盐井与四川盐井一样，应是北宋发展起来的卓筒井，即以铁刃钻头借冲击钻进法钻出的小口深井。但马可波罗没有进一步介绍具体钻井方法，于是欧洲人便将盐井理解成像一般水井或矿井那样，按常规凿井方法行事。因此，16 世纪欧洲最早一批盐井是大口井，凿井技术相当于八百至一千多年前中国汉唐时代的水平，然而这在欧洲毕竟是一种新事物。西欧国家如德、英、法、西班牙、奥地利等国是通过对东欧波兰、匈牙利盐井访问的报道中开始知道食盐矿藏开采情况的。他们眼见波兰国王和业主因此聚积了大量财富，便起而效法，决定在与波、匈产盐区有类似地质构造的本国内陆地区开辟新的盐源，在当地政府支持下，16—17 世纪在德国东部萨克森（Saxony）、南部巴伐利亚（Bavaria）和英国中部柴郡（Cheshire）等地也出现了盐井。这些井是按维耶利奇卡的模式开凿的大口浅井，没有达到足够深度得到岩盐，但却采出有经济价值的盐水。这是中国盐井技术西传第一阶段的大致情形。

西欧拥有盐井时已经历了文艺复兴和科学革命，但当时的科学技术还帮助不了盐工摆脱人工挖掘大口浅井的陈旧作业模式，只在提取盐水、煮盐和使用煤为燃料方面作出局部改进。因为凿井深度不够，得不到浓盐水和岩盐，使井盐进一步发展受到限制。在这种情况下，清初康熙年间（17—18 世纪之交）中国先进的钻井取盐的技术信息传到欧洲。在汉语中"凿井"（well digging）与"钻井"（well drilling）是两个不同的概念，必须明确区分。"凿井"是以镢（jué）、铲、锸（chā）、凿等常规工具人工挖掘出大口浅井；"钻井"是以铁刃钻头借冲力的机械作用钻出小口深井，是获得浓盐水和岩盐的有效手段。传递钻井取盐技术信息的是在华欧洲传教士，他们与马可波罗不同的是，多在大学受过科学教育、精通汉语，能深入内地，在传教同时，以收集中国科技信息为重要目的之一，因此

〔1〕 Hrdina，J. N. *Geschichte der Wieliczkaer Saline*. Vienna，1842.
〔2〕 Bell，Johan. *A journey from St. Petersburg to Pekin 1719－1722*. Edinburgh，1762.

他们关于盐井的报道应比马可波罗更进一步。

据 19 世纪法国科学史家菲古耶（Guillaume Louis Figuier，1819 - 1894）《科学奇迹》（*Les marveilles de la science*，4 Vols. Paris，1867 - 1870）卷四（1870）所载，塔不拉斯卡主教（Évêque de Tabrasca）1704 年 10 月 11 日用法文发表在《启示书信集》（*Lettres édifiantes*）中的一封信，介绍了中国的盐井[1]。按《启示书信集》全名为《海外传教团某些耶稣会传教士所写的启示与珍奇书信集》（*Lettres édifiantes et currieuses écrites des Missions Etrangéres par quelques Missionnaires de la Compagnie des Jesus*），这套书由巴黎耶稣会士杜阿德（Jean Baptiste du Halde，1674 - 1743）及勒·戈比安（Charles le Gobien，1653 - 1708）据在华传教士所写的有关中国的考察或研究报告而编成，共 34 集（Recueil），每集相当于一卷，1703—1776 年刊行于巴黎，卷四刊于 1704 年（清康熙四十三年）。这套书与《中华帝国通志》（*Dessription de l'Empire de la China*，4 Vols，Paris，1735）及《中国论考》（*Mémoires concernant les Chinois*，16 Vols.，Paris，1776 - 1814）并称为有关中国的三大丛书，在欧洲有广泛而深远的影响。

菲古耶还引用 17 世纪最后几年（清康熙末年）荷兰首都阿姆斯特丹出版的法文本《别致的游历》（*Voyage pittoresque*），书中也介绍了四川盐井。我们知道，早在明崇祯十三年（1640）意大利耶稣会士利类思（Ludovico Buglio，1606 - 1682）就在四川成都创建了传教区，设有教堂。清康熙三年（1664）法国海外传教团在重庆有天主教堂和传教士住院，发展教徒二三十人[2]。康熙三十八年至四十四年间（1699—1705）重庆天主教堂有意大利人毕天祥（Louis Antoine Appiani，1673 - 1742）和德国人穆天尺（Johann Müllener，1673 - 1742）住院[3]。康熙年间在成都天主教堂住院的还有两名法国教士白日陞（Jean Basset，1666 - 1707）和梁弘仁（Jean-François Martin de la Balluère，? — 1715）[4]。因此，1694—1699 年间阿姆斯特丹出版的有关盐井的报道必是出于这些传教士之手。至于巴黎出版的《启示与珍奇书信集》中的报道，有迹象表明是康熙四十年（1701）来华的法国耶稣会士杜德美（Pierre Jartoux，1669 - 1720）据四川教友见闻起草的。

康熙年间四川盐井区的盐井都是小口深井，因而 1694—1704 年间在四川实地考察盐井生产的在华传教士向欧洲介绍的正是中国人以铁刃钻头借绳式冲击钻进法钻出小口深井、成功提取浓盐水和岩盐的技术，包括钻头形制及用法、清除井内土块、打捞破损钻具等环节。如上所述，欧洲人从 16 世纪始知凿井取盐，但一直不知钻井取盐。17—18 世纪之交钻井取盐技术知识从中国传入之后，欧洲人经过摸索试验，掌握了以铁刃钻头冲钻代替单纯挖掘的新的钻井方法，完成西方钻探史中的一次重大技术突破。当代美国研究食盐史的权威马尔特霍夫（Robert P. Multhauf）教授指出，虽然欧洲在中世纪就知道地下钻

〔1〕　Fuguier, G. L. *Les marveilles de la sciense*，Vol. 4. Paris，1870. pp. 530—533.

〔2〕　（清）王之春：《国朝通商始末记》（1880）卷二，康熙三年条，宝善书局 1895 年版。

〔3〕　van den Brandt, J. *Les Lazaristes en Chine 1697—1935*. Peip'ing: Imprimerie des Lazaristes，1936. p. 1.

〔4〕　［日］矢泽利彦编译：《ィエズス会士中国书简集》卷一，《康熙编》，东京：平凡社 1970 年版，第 287—288 页。

孔，但在 19 世纪以前此技术一直是人工挖掘的辅助手段，且只是偶尔使用[1]。例如法国人帕利西（Bernard Palissy，1510－1589）1580 年在《奇妙议论》（*Discours admirables*. Paris，1580）中谈到以地下钻探确定土壤特性。1611—1617 年德国建筑师希克哈特（Heinrich Schickhardt）谈到手持接有钻杆的螺旋钻头钻孔，用以找煤，再挖掘竖井，已在英国实行[2]。1639—1640 年荷兰人亚当斯（Jop Adams）在阿姆斯特丹附近砂地中钻至 65.5m 深时取得鲜水[3]。人们对钻具兴趣不大，倒是关注如何使这样深的井不致坍塌。以上只是 16—17 世纪的个别举动，对欧洲深井钻探发展没有产生什么影响。

　　然而在中国钻探技术知识传入欧洲后，很快就在 18 世纪前二十年内首先在德国发生值得注意的两件事。一是 1713 年西部山区城市策勒菲尔德（Zellerfeld）有一位机械师巴特尔斯（J. J Batels）为改善矿区露天竖井的传统挖掘方法，推出一种他称之为 "Bohrmaschine"（"钻井机"）的装置，以钢刃铁钻头借绳式冲击钻进法钻出 25cm 的小口竖井。钻具以绳系在由二人踏车（Trittrad）驱动的提升器上[4]。这是欧洲人按中国绳式顿钻思维模式钻井的最早尝试，但钻至一定深度后遇到坚硬的岩层，便没有再继续钻下去而中途停止，因而没有对后世产生太多影响。分析其原因，是由于提升钻具的装置采用一百多年前波兰维耶利奇卡盐厂用过的并非有效的人力踏车（图 11—14），钻头刃部形制单一，不能造成更大的冲力穿透岩层。中国绳式顿钻所用的 "绳"（rope）是竹篾绳（bamboo-strips rope），既刚且柔，井工随时持篾绳旋转钻头以保持井腔笔直，防止井塌及其他井下事故。欧洲无竹，只好以粗麻绳代之，但因刚性不足，起不到竹篾绳那样的作用。尽管如此，巴特尔斯的工作有历史意义，他不失为西方钻井史中的先驱者之一。

　　与巴特尔斯同时或比他稍早作钻井尝试的，还有莱比锡大学医学教授莱曼（J. C. Lehmann，1675－1739），他 1714 年发表《采矿钻探器图说》（*Beschreibung des Bergbohrers*. Leipzig，1714）。书中描述并绘制钻探设备，包括六种冲击钻进钻头、四种从井中取出碎块和水的部件和四种用于打捞破损钻杆和钻头的部件（图 11—15）[5]。这些部件挂在由三根支柱撑起的滑轮上，再以人力驱动的辘轳提起（图 11—15）。莱曼也采纳了中国冲击钻探钻小口井的思想，钻头形制与四川井工所用者相似，但稍有变通的是他没用竹篾绳或其他材料的绳索，而是用长的硬杆拉动钻具，影响到后世欧洲钻井者照此行事。下面我们将指出，这种杆式冲钻（rod percussion drilling）有诸多弊病，使欧洲人走了一段弯路，最后又回归到新的绳式冲钻。

　　〔1〕 Multhauf，Robert P. *Naptune's gift. A history of common* salt. Baltimore：John Hopkins University Press，1978. p. 167.

　　〔2〕 Conrad，H. G. Entwicklung der deutsche Bohrtechnik und ihre Bedeutung im 19 Jahrhundert，*Technikgeschichte*，1971，38：298—316.

　　〔3〕 Mersenne，M. *Phaenomena hydraulica*，1640. in his *Correspondence*，1965，Vol. 9：257—260，378—384.

　　〔4〕 Calvor，Hennig. *Acta historico-chronologico-mechanica circa metallurgiam in Hiercynia superiori*. Vol. 1. Brunswick，1763. pp. 3—6.

　　〔5〕 Lehmann，J. C. *Beschreibung des Bergbohrers*. Leipzig，1714.

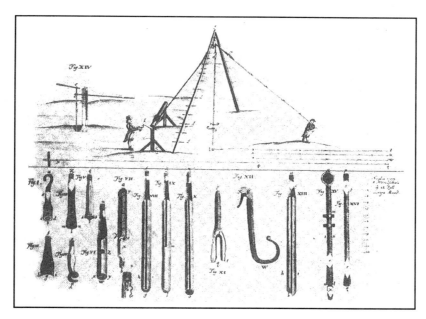

图 11—15　18 世纪初欧洲以杆式冲钻法钻盐井（上）及所用各种钻头，
清除泥土与打捞破损钻头、钻杆的工具（下）
引自德人莱曼《采矿钻探器图说》(1714)

莱曼书中的插图经少许改动出现在 1724 年德国人洛伊波尔德（Jacob Leupold）发表在《论提水机器》(*Theatrium machina-rum hydrotechnicarum.* Leipzig, 1724）中。1728 年瑞典人斯韦登堡（Emanuel Swadenborg）在《食盐》(*De sale communi*) 一书中绘有当时俄国钻井盐时所用的钻头（图 11—16），脚注中注明参照了莱曼的钻探器，这些钻头也很类似中国人用的。莱曼的书谈到钻井器的许多用途，但后人的实践和他本人的实践表明，其

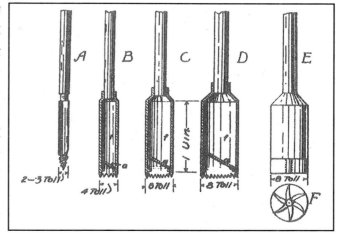

图 11—16　18 世纪俄国钻井使用的各种钻头
引自瑞典斯韦登堡的《食盐》(1728)

最重要的用途是钻井取盐，尤其开采内陆地区地下深层的盐源。这是中国钻井取盐技术最初传入欧洲的大致情况，莱曼无疑在这个过程中起了先导作用。

后来，莱曼的工作被他的前助手博尔拉赫（J. G. Borlach，1687－1768）所发展。博尔拉赫为改善萨克森盐厂的生产，以加大井深为主攻方向，1725—1731 年在阿特恩（Artern）以挖掘与钻进并举，使井深达 140m，1744—1764 年在杜伦堡（Dürrenberg）用钻探方法获得盐水。虽然他没能找到岩盐，但他的努力在欧洲推广用钻进方法开盐井方面是成功的[1]。他的做法当时被称为"采矿方法"（'Berbaumethode'），此词虽未必恰当，却已传开，实为挖掘与钻进并用之法。博尔拉赫的工作得到萨克森政府的支持，1740 年任命他为盐务总监后，致力于用"采矿方法"改善符腾堡（Wüttenberg）的盐业状况，其同道者也坚持此举，最终取得成功。用采矿方法采盐付出的努力越大，得到的盐水产量就越高。

勃兰登堡—安斯巴赫（Brandenberg-Ansbach）政府当局直觉地认为，食用地下盐泉的盐有益于当地公民的健康。在政府支持下，1769—1785 年通过钻探在这里四次找到地下强盐水。其中两次由德国著名盐业专家坎克林（Friedrich Ludwig von Cancrin. 1738 - 1812）及朗斯多夫（Karl Christian Langsdorf，1757 - 1734）领导，钻至 97m 深处幸运地得到盐水。符腾堡人格伦克（Johann Georg Glenk，1751 - 1802）1781 年起任盐厂厂长，1794 年以挖掘和钻进相结合使盐井深度达到 228m[2]。遗憾的是他未能如愿得到强盐水和岩盐。但其子（Karl Christian Friedrich Glenk，1779 - 1845）和其他人决定继续沿着这一路子走下去，进一步发展了"采矿方法"找盐，终于在 19 世纪前二十年内在德国西部符腾堡、巴登（Baden）和黑森（Hesse）三州交界处的温普芬（Wimpfen）一带取得新的成就。比尔芬格（L. F. Bilfinger）1816—1820 年在内卡谷地（Neckar Valley）钻至 142m 深时找到岩盐[3]。1818 年小格伦克在 137—142m 深处钻到岩盐[4]。

在德国影响下，法国在 18 世纪晚期钻井项目成倍增加，但常常是为了找地下水。自流井（'artesian well'）在西方被误认为"法国的发明"，虽然英语 artesian well 一词确是源于法语 puits artésien，以法国北方阿图瓦（Artois，拉丁文名 Artesium）地名命名，因之此词本义是"阿图瓦井"。其实自流井本是中国的发明，早在唐朝四川富顺已凿出这样的盐井，明清时称为"自流井"，这是需要说明的。当时法国文献对自流井开发的历史记载很少，我们只知道 1781 年在北方里尔（Lille）钻出百米井，1784 年在巴黎出现钻至 580m 深的井[5]，这个纪录在欧洲保持达一个世纪之久。法国地下盐水蕴藏量稀少，限制了盐井的发展，只是偶尔在 1819 年靠近德国的维克（Vic）发现盐源，并生产井盐。而凿深井取水实际上也没有多大发展前途。1829 年法国作者布拉尔（J. E. Brard）说，自流井在法国已稀见[6]。

至于美国，一般认为钻井取盐始于 19 世纪初弗吉尼亚州（今西弗吉尼亚州）卡纳瓦

〔1〕 Dechen，Heinrich von. Die Auffindung von Steinsaelez bei der Saline zu Artern. *Archiv für Mineralogie*，*Geognosie*，*Bergbau und Hüttenkunde*，1838，2：232—239.

〔2〕 Carlé，W. *Die Salinen zu Criesbach*，*Niedemhall und Weissbach im mittleren Kochertal. Wüttembergisch Franken*，1964. 48：105—110.

〔3〕 Carlé. W. Die Geschichte der Salinen zn Wimpfen. *Zeitschrift für Wüttembergische Landesgeschichte*（Stuttgart），1965，24：395—397.

〔4〕 Ibid.

〔5〕 Tecklenburg，Th. *Handbuch der Tiefphbohrkunde*，Bd. 1. Leipzig，1886. SS. 84—85.

〔6〕 Brard，J. E. *Élements pratiques d'exploitation des mines*. Paris，1829. pp. 82—83.

(Kanawha) 盐厂[1]。当时戴维·拉夫纳（David Ruffner）和约瑟·拉夫纳（Joseph Ruffner）兄弟 1809 年在这里一块盐渍地（salt-lick）上挖井，将内径 1m 的空心枫木构成的木筒置入其中作为加固套筒，一人在井内移出泥土并加深挖掘。至 4m 处遇到易凿通的薄岩层，得到稀盐水。在另一处凿出 14m 井，放入铁刃钻头钻进，再次得稀盐水。又在第一个井中以接有长的铁钻杆的钢制铲形钻头，通过人踩动产生一上一下的冲击作用，钻至 8.5m 遇到岩床，再钻至 17.5m 得到盐水[2]。从以上叙述中可以看出，19 世纪初美国沿用了 18 世纪以来欧洲尤其德国流行的"采矿方法"即挖掘与钻进并举的方法谱写其井盐史的最初篇章，而此法又是中国钻井术传入欧洲后的产物。

拉夫纳兄弟开发盐井之举为周围地方的其他人所效法，1819 年已开出 15—20 口井，有 30 个煮盐车间，年产盐 1800 万 kg，平均井深 116m。1827 年卡纳瓦地区有超过 91.4m 的 61 口井，1830 年有平均深 116m 的井 120 口[3]。盐井还扩及到其他州，尤其俄亥俄州，此州 1831 年有 300m 以上深的井[4]。不能认为美国人一味模仿欧洲钻井工而无创新，我们认为最大的创新是拉夫纳兄弟从 1828 年起以蒸汽机为动力驱动钻头钻井。这是前所未有的，实现了真正意义上的机械钻探。钻机动力虽可由蒸汽力代替人力和畜力，但欧美所用钻机本身的结构性问题并未因此得到解决，反成井盐进一步发展的限制因素。

问题在于，随着钻孔的加深，与钻头直接连接的钻杆长度和重量也相应增加，不只使它在每次撞击中难以将钻头从被撞物中拉出，造成撞击突然中断，也使钻具本身在撞击过程中容易损坏。如果破损的钻杆和钻头无法打捞，很多盐井不得不因此报废。曾试将钻杆以中空的木或熟铁制成，以减轻其重量，仍于事无补。因为自 1714 年德国人莱曼书中发表这类钻具图说以来至 18 世纪末、19 世纪初期间，几乎没有经受任何重大改变地一直沿用下来，其固有的结构性问题或隐患也就始终没能消除，且越发凸显。其实这个问题，中国早在几百年前就已经解决，明代时四川井盐区广泛在钻井工具上装设的"撞子钎"或"转槽子"，就是专门为解决这一问题而设计的灵巧装置，是保证深钻成功的关键。其诀窍在于可避免竹篾或钻杆与钻头直接连接，而是在二者之间设一活动装置，其中有可上下滑动的铁杆和套管（图 11—13），这样，上述隐患即可排除。

此活动装置的机关奥妙，表面看来并不起眼，在 17—18 世纪中国钻井术西传的第一阶段中，这部分没有被介绍过去，因而欧美国家使用的钻具都想当然地将钻杆与钻头直接相连，由此产生的隐患存在一百多年，一直找不出根治方法。虽然 18 世纪末欧洲人已觉察到这类钻具有缺陷，做了各种改进尝试，包括对钻头形制的改变和新式打捞工具的设计等，都是治标措施。正当西方人束手无措时，19 世纪初中国钻井术第三次传入欧洲，这次在钻具内部设活动机关的技术被介绍过去。传递这一技术信息的是法国遣使会士安贝尔（François Imbert，fl. 1800 - 1870）。但笔者在方立中（J. van den Brandt）的《中国遣使

---

〔1〕 Disbrow, Levi. *Disbrow's exposé of water boring*. New York, 1831.

〔2〕 Ruffner, David. The Kanawha salt works. *Niles Weekly Register*，1818，8：135.

〔3〕 See: *Niles Weekly Register*，1845，68：199.

〔4〕 Carpenter, G. W. On the muriate of soda, or comman salt, with an account of the salt spring in the U. S. *American Journal of Science*（New Haven），1829，15：1—6.

会士传》(*Les Lazaristes en Chine* 1697 – 1935) 等书中迄今未找到对此人事迹的记载。只知道他于清末道光五年（1825）来华后，在四川重庆府教区住院期间曾前往附近叙州府和嘉定府井盐区传教并在井主、井师、工头和井工中发展教徒。在他们的引导和解说下，他对井盐技术做了细致的现场考察。

安贝尔将其考察报告用法文发表在里昂出版的《传信协会年鉴》 (*Annales de l'Association de la Propagation de la Foi*) 中，此年鉴全名是《传信协会年鉴：东西两半球主教及传教士书信以及一切有关教会及传信协会文件的定期文集，已刊〈启示书信集〉一切版本的续编集成》(*Annales de l' Association de la Propagation de la Foi. Recueil périodique des lettres des évêquies et des missionnaires des missions des deux monds，et tous des documents relatifs aux Missions à l'Association de la Propagation de la Foi. Collection faisant suite à touts les éditions des Lettres édifiantes*)，与《启示书信集》开本相同（大 32 开），每集相当于一卷，共刊 65 卷（1827—1903）。1828 年在里昂出版的这套书卷三第 361—368 页有安贝尔于 1826 年 9 月在嘉定府犍为县五通桥写给法国海外传教团神学院院长朗格卢瓦（Langlois）的信 "关于盐井的考察"（*Consulter sur les puits de sel*) [1]。

安贝尔在考察报告中指出，当地有盐井一千多口，井深 490—585m，以 130—180kg 的铁制钻具钻出，钻头上有伞体上部形状的部件，由藤索悬之，有井上人在踏板上有节奏地跳动，以保证钻井动作协调。盐水在长竹筒中被提起，再用煤或井中放出的天然气煮之 [2]。安贝尔这里所介绍的 "钻头上有伞体形状的部件" 实际上就是钻头与钻杆之间缓冲装置撞子钎或转槽子这一关键部件。安贝尔论四川盐井深钻技术的报道发表后，当时法国钻井专家埃里卡尔·德蒂里（Héricart de Thury）曾怀疑中国盐井能否钻到 585m 那样深 [3]。因为号称科学技术在世界领先的西方国家，直到 1800—1884 年间所凿的井从未有超过 1884 年由法国人开创的 580m 深的纪录。他们不知道其实早在 1820—1840 年间中国四川所钻盐井已达 1200m 深 [4]，远远走在西方的前面，在西方人看来这应算是技术奇迹了。

为了打消德蒂里之流的怀疑，安贝尔又去四川叙州府富顺县盐井区再做现场考察。1829 年 9 月 1 日他在富顺自流井给法国海外传教团神学院的朗格卢瓦写信，发表在 1830 年出版的《传信协会年鉴》卷四第 414—418 页。其中说，钻具由藤条拧成的缆绳悬挂，在井中冲击钻进。缆绳另一端连在提供提升动力的鼓形绞盘上。安贝尔仔细统计了缆绳在绞盘上绕的圈数为 50 圈，绞盘周长 12m，共绕绳长 600m，总长 945m，则井深确实达到

〔1〕 Imbert，François. Lettre de M. Imbert，missionnaire apostique，à Messieurs les directeurs（Langlois）du séminaire des Missions Etrangères（Ou-tong-kiao，Kia-ting-fou，Sept，1826），Consulter sur les puits de sel. *Annales de l'Association de la Propagation de la Foi*（Lyon），1829，3：369—381.

〔2〕 Ibid.

〔3〕 Ibid.

〔4〕（清）严如煜：《三省（川陕鄂）边防备览》卷十，道光十二年（1822）木刻本。

610m，证明他原来报道的井深数据没错[1]。与安贝尔同时期的中国人范锴（1815—1885）也来四川井盐区调查，并在道光二十五年（1845）刊行的《花笑庼（qǐng）杂笔》卷一指出，乾嘉时（18世纪后半期至19世纪初）四川筒井达万余，"岁增新凿，深至百数十丈"，也印证了安贝尔的报道。安贝尔除上述两篇外，1826—1831年还从四川写了几篇报道发表在《传信协会年鉴》中，为法国汉学家高第（Henri Cordier，1849-1925）《西人论中国书目》（*Bibliotheca Sinica*）所著录[2]。

安贝尔对四川井盐技术的报道，明确向西方国家展示了中国正宗的绳式冲击钻探技术及其所用工具，而这正是当时西方最急需的，因此迅即引起欧美相关人士的注意，并成为他们改进已有钻探技术和工具的依据，且很快结出硕果，首先是欧洲版的撞子钎研制成功。1830年德国一流钻井专家小格伦克（Karl C. F. Glenk）显然还不知道这种装置，因他用的钻具不能有效削弱钻头的撞击。但1839年他的同胞德欣（Heinrich von Dechen，1809-1889）在"阿特恩镇1831—1837年的钻探工作"一文内第一次提到这种装置。他说，厄因豪森（Karl von Oeynhausen）1834年6月在雷姆附近的新盐厂（Neusalzwerk bei Rehme）钻探时引入名为"变换器"（'Wechselschere'）或"滑动器"（'Schieber'）的新装置[3]。1858年德人贝尔（August H. Beer）在《地下钻探术》（*Erdbohrkunde*. Prague，1858）一书中提供了厄因豪森研制的Wechselschere或Wechselstück的图样（图11—17）。从图中可见钻杆与钻头并不直接相连，而是在二者之间放一个含有可上下滑动的圆筒的装置，与中国明清时用的撞子钎或转槽子有同样的结构和功能，从而提供了保证深钻顺利进行所必需的新式武器。

八年后，德国人小格伦克的助理金德（C. G. Kind）1842年在卢森堡发表的《钻工钻井指南》（*Anleitung zum Abteufen der Bohrlöcher*. Luxemburg，1842）一书中声称他已钻出435m深的盐井。次年（1843）他又研制成名为"自由降落装置"（Frei-

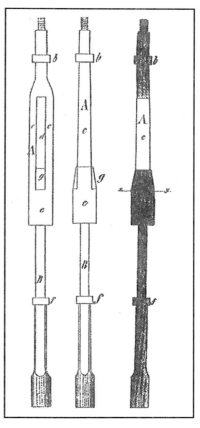

图11—17 厄因豪森的震击器
（Wechselschere or Schieber）
引自贝尔（A. H. Beer，1858）

〔1〕 Imbert，François. Lettre de M. Imbert. missionnaire apostique，à Messieurs les directeurs（Langlois）du séminaire des Missions Etrangéres（*Tse-lieou-king*，le 18 Sept. 1828）. *Annales de l'Association de la Propagation de la Foi*（Lyon），1830，4：411—415.

〔2〕 Cordier，Henri，*Bibliotheca Sinica，ou Dictionaire bibliographique des ouvrages relatifs à l'Empire Chinois*，tome 1. Paris，1904. p. 957.

〔3〕 Dechen，Heinrich von. Die Bohrarbeit zu Artern in den Jahren 1831 bis 1837. *Archiv für Mineralogie，Geognosie，Bergbau und Hüttenkunde*（Berlin），1839，12：39—120.

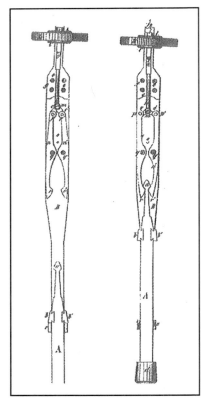

图 11—18　金德的"自由降落装置"

左为开启，右为闭合

引自贝尔（A. H. Beer, 1858）

fall-Apparat）的工具，装设在钻杆与钻具之间，对深钻成功有重要意义。据前述贝尔给出的图样（图 11—18），它由两个可自由插入和拔开的部件组成（其中之一可上下滑动），都放在套管内，下接钻头[1]。下降时闭合，而在撞击前松开（让钻具自由降落），撞击后又闭合。因而在工作原理上很像中国的转槽子和由此衍生的美国式震击器（American jars），而且在早期解释中常将"自由降落"装置当成震击器。但马尔特霍夫认为，金德的装置目的是确保固定不变的撞击力，而厄因豪森的装置之目的是缓冲震动并借反弹力使钻头解卡[2]。这些新装置的出现还帮助钻工提高判断钻具在井内态势的能力。

当德国人厄因豪森 1834 年在欧洲首次在钻具中引入震击器后，第二年（1835）他的本国同行弗罗曼（C. W. Frommann）在科布伦茨专门发表《论中国人的钻井方法或绳式钻探法》（*Die Bohr-Methode der Chinesen oder das Seilbohren*. Coblenz，1835）一书，他在书中极力向西方推荐用他称之为"中国人的方法"（'Methode der Chinesen'）钻井，指出此法比杆钻有一系列优越性[3]。中国绳钻法的法国鼓吹者若巴尔（J. B. Jobard）1847 年在斯图加特市发行的《多种工艺杂志》上用德文发表《论钻井及绳钻》（*Über das Brunnenbohren mit dem Seilbohren*）一文声称，仅单独一名法国井工就用中国方法成功钻出 89 口井，并指出绳式钻探法被获得欧洲传统杆式钻探法利益的人不公正地怀疑和反对[4]。因而利用绳钻能成功钻井，至此已由欧洲钻井者的实践所证实。

问题在于，那些试用绳钻的人报道说，以此法难以保持钻孔的垂直性，因为绳有伸缩性，不是垂直传递力的作用的有效介质。但这并不等于说绳钻不比欧洲杆钻先进，而只说明有的人没有真正掌握"中国人的方法"并对"绳"（rope or seil）这个词的含义有误解。实际上中国人从不用有伸缩性的麻绳，而是用劈开的竹条拧成的篾绳（wind the split bamboo strips into ropes），这在明人宋应星《天工开物》和马骥的《盐井图说》中都有明确说明。20 世纪美国人克劳福德（Wallace Crawford）和阿彻（M. T. Archer）在中国

〔1〕　Beer，H，*Erdbohrkunde*. Prague，1858. pp. 74-78-ff.

〔2〕　Multhauf，Robert P. *Naptune's gift. A history of common salt*. Baltimore：John Hopkins University Press，1978. pp. 182—183.

〔3〕　*Fromann*，C. W. Die Bohr-Methode der Chinesen oder das Seilbohren. Coblenz，1835.

〔4〕　Jobard，J. B. Über das Brunnenbohren mit dem Seil. *Polytechnisches Journal*（Stuttgart），1847，105：14—24.

四川自流井目睹钻井绳索用可弯曲的竹条拧成的篾绳，每根绳通常直径 4.6cm[1] 或 4—5cm 至 15cm，长 12m[2]，再逐根连接，井越深，绳越粗。篾绳有弹性，可绕在绞盘上提升钻具，又有足够刚性，井工不时反时针转动绳，保证钻孔垂直。法国人安贝尔介绍的藤绳，由棕榈科省藤（*Calamus platyacanthoides*）的茎条拧成，与篾绳功效一样。欧洲即使无竹或藤，可从中国进口，或用当地有类似性能的材料拧成的绳，美国人甚至用钢丝绳也达到同样的目的。因绳钻比杆钻有无比优越性，欧洲人用绳钻成功钻井，也就意味其此前所用杆钻逐渐退出历史舞台。

中国有打捞井内损坏设备所需的各种工具，非常精巧，也被欧洲及时引进，因为西方人注意到，中、欧打捞工具是很相似的，但中国打捞工具种类更多。由于四川地下岩层既深又坚硬，故钻工进度较慢，钻一口千米深井需几年时间，欧洲钻井所需时间较短，有时钻至 100—300m 或更浅就能得到盐水。欧洲以铁管为护井套管，代替木石套管，是一项革新。1846 年法国人福韦尔（Fauvelle）引入注水钻井法，通过中空钻杆注入水流，将撞碎的岩屑从井中排出[3]，而其实中国宋、明以来就用此注水技术，且使用有单向阀门（俗称"皮钱"）的中空竹筒完成这一作业。1865 年德国人基肯（Kicken）提出改用离心泵，效率倍增[4]。1860 年在德国萨克森境内的舍宁根（Schöningen）利用美国卡纳瓦盐厂的做法，以蒸汽机为钻探动力，代替人力或马拉绞盘，钻出 580m 以上的盐井[5]。

欧洲从 18 世纪初（1714）的杆钻到 19 世纪 30 年代回归到绳钻，是正本清源之举，终于掌握中国深井钻探术之真谛，同时又作出一些技术革新并研制出类似转槽子的震击器等新工具，使原有技术面貌大为改观。德国一直是欧洲钻探技术中心。19 世纪 50—80 年代在各地政府部门支持下，钻探工作屡创纪录，在东部埃尔福特（Erfurt）、柏林南的斯佩伦堡（Sperenberg）、伊诺弗罗茨瓦夫（Inowroclaw，今属波兰）和汉诺威（Hanover）等地都钻出深井。1871 年在斯佩伦堡井深达 1184m。1884 年在伊诺弗罗茨瓦夫井深至 1000m，1886 年在施拉德巴赫（Schladebach）的钻探达到 1748m[6]，这些成就无疑是靠 1835 年弗罗曼所提倡的"中国绳钻"（'Chinesische Seilbohren'）或"中国人的方法"（'Methode der Chinesen'）取得的，但到 19 世纪 80 年代有人却将此归功于所谓"美国绳钻法"（'Amerikanische Seilbohren'）或"美国技术"（'American techniques'），这是错误的，因为绳式顿钻技术是中国人在 11 世纪发明的，此时欧美还处于凿井取盐的史前期。

〔1〕 Crawford, Wallace. The salt industry of Tzeliutsing. *China Journal of Science and Art* (*Shanghai*), 1926, 4: 174.

〔2〕 Archer, M. T. Drilling in Tzu-Liu-Ching, China. in: American Petroleum Institute. *History of petroleum engineering*. Dallas, 1961. pp. 146—152.

〔3〕 Fauvelle. Sur un nouveau système de forage. *Annales de Chimie et Physique* (Paris), 1846, Sér. 3, 18: 328—331.

〔4〕 Kicken. Ueber das Hiederbringen von Bohrlocher und Schächte vermittelst eines durch hohle Bohrgestäng geführten Wasserstroms. *Zeitschrift für Berg-, Hütten-, und Salinenwesen im* Preussischen Staate (Berlin), 1865, 13: 177—180.

〔5〕 Multhauf, Robert. *Naptune's gift. A history of Common* salt. Baltimore: John Hopkins University Press, 1978. pp. 182—183.

〔6〕 Ibid.

当欧洲人将中国绳式钻探所用的"绳"误解为麻绳，驱动钻具效果不佳，又以杆代绳，效果仍不好时，没有历史包袱的美国人坚持用中国绳式钻探法，只不过以钢丝绳代替麻绳，效果良好。美国人的贡献是 1828 年首先在卡纳瓦盐厂以蒸汽机为动力驱动钻具。但动力源的更新并未根本改变中国绳钻工艺模式，最多只能说这是经美国人改进的中国绳钻技术。

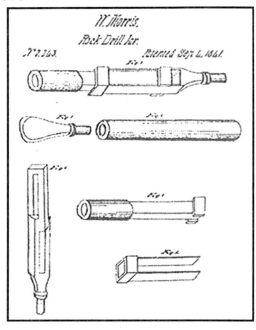

图 11—19　莫里斯的震击器（jars）

1841 年 9 月　美国专利 2243 原图

几乎与德国人厄因豪森推出设有震击器的钻井装置的同时，大洋彼岸的美国弗吉尼亚州卡纳瓦盐井区的技师莫里斯（William Morris）1841 年 9 月 4 日从美国政府获得研制 "jars"（美式震击器）的发明专利（U. S Patent 2243）。19 世纪在卡纳瓦研究当地制盐史的学者哈尔（John P. Hale）1876 年根据老的居民的回忆录写成《卡纳瓦的制盐》（*Manufacture of salt in Kanawha*）一文，此文收入阿特金森（G. W. Atkinson）所编《西弗吉尼亚州卡纳瓦县县史》[1] 及莫里（M. F. Maury）等人编的《西弗吉尼亚州的资源》[2] 二书中。哈尔在文内指出，莫里斯早在 1831 年就研制出这种装置，只是十年后才申请专利。根据他所提供的该装置插图（图 11—19）及说明可知，它是装在钢绳与钻头之间的装置，其靠近钻头的下部也有可上下滑动的套管。

由于美国不产竹，因而钻具改由钢丝绳悬挂，这是很好的替代物，因为钢丝绳刚柔兼备，具有篾绳的特性，又能用机器生产。绳的另一端与提升装置相连。钻头冲击岩石时产生的回弹力使下面的套管向上滑动，从而将回弹力吸收，令钢丝绳处于正常张力状态而不扭曲。而当钻头在井底被卡住时，又因套管的上冲而解卡，避免钻头受损。因为它使钻头冲击后产生回弹力而向上猛然一弹，因而称为"jar"。英语中 jerk 或 jar 含义是"震动"，故可将其译为"震击器"。它在工作原理和功用上与中国的撞子钎或转槽子是相同的，就是说，欧美的 jars 或 Wechselstück 虽名称不同，也可能是在互不影响的情况下分别同时研制出来，但都有一个共同祖先，它们都是明清时代中国四川盐井区使用的撞子钎、挺子或转槽子的直系后代。

19 世纪（1809）美国最初在卡纳瓦利用欧洲的"采矿方法"即挖掘与杆式钻探并举

〔1〕　Hale, John P. *Manufacture of salt in Kanawha*, in: G. W. Atkinson（ed.）. *History of Kanawha County, West Virginia*. Charleston, 1876. pp. 223—149.

〔2〕　Hale, John P. *op. cit.*, in M. F. Maury and William F. Fountaine. *Resources of West Virginia*. Wheeling, 1876. pp. 775—805.

之法发展井盐生产，二十年后当中国绳钻法传入西方后，美国人毅然于 1830 年启用绳钻法，比欧洲人少走一大段弯路。十年后又推出震击器和以蒸汽机驱动钻具，使井盐钻探加速发展。1850 年以后，美国强化钻井力度还受到寻求石油这个新目标的刺激。露出地面或水面的原油在西方中世纪时就已发现，罗马帝国学者普利尼（Gaius Plinius Secundus，23‒79）在《博物志》（*Historia Naturalis*，73）中称为"可燃泥"，古英文称"地油"（"earth oil"），用于火攻和医病。从 1526 年起将拉丁文 petra（石）及 oleum（油）二词组合成 petroleum（"石油"）这个新名[1]，一直用到现在，与四百多年前（1088）中国学者沈括取的名完全相同，也许是中西的巧合或文化交流的后果。虽然中国元、明时已多次通过钻井取得石油，在世界石油史中开了先河，但近代在工业规模上钻井采油是在 19 世纪从美国开始的。

美国有些地区的地下地质构造独特，常常有盐与油在地层中共生，且离地表不太深，易于开采。先前在盐井中发现的石油，被看成是食盐的有害副产品。当石油价值提高后，采油成为钻井主要目标，其中的盐反倒成为油的副产品。美国最早有代表性的油井是 1859 年 8 月德拉克（Edwin Laurentine Drake，1819‒1880）在东部宾夕法尼亚州泰特斯维尔（Titusville）钻出的，井深 23m。据布兰特利（J. F. Brantly）1961 年的研究，钻井时用绳式顿钻法，以蒸汽机为动力[2]，人称"宾夕法尼亚方式"（"Pennsylvanian system"），为美国石油工业的发展奠定了基础。在德拉克采油成功的激励下，其他一些州如堪萨斯、路易斯安那、得克萨斯、南达科他、纽约州和宾州其他地方也在 19 世纪相继钻出石油，油井林立。1859—1874 年间已钻出 10499 口井，平均每井寿命为 2.5 年[3]。

由于美国很多地区盐层和油层不深，因此在 19 世纪没有钻出 1000m 以上的井，非不能也，直到 1909 年在西部加利福尼亚州油田才钻到这个深度，因这里与东部一些州地质构造不同。1877 年德国人阿尔特汉斯（L. K. Althans）来美国东部考察钻井工作，在"北美的绳钻"（*Das Seilbohren in Nord Amerika*）一文内说，他注意到美欧绳钻有所不同。第一，美国钻探工具较长（14m），但是一个整体，震击器将特殊运动传到接触点的钢丝绳，又借蒸汽机保持有节奏的钻进。第二，钻具的重量为欧洲钻具的两倍，故冲击力更大。美国人用有绞刀的钻头，设法使钻孔横切面呈圆形，纵剖面保持垂直性，而欧洲很难做到这一点。阿尔特汉斯发现美国的设备是"原始的，但却是有效的"（"Primritiv aber effektiv"）[4]。所谓原始的，指设备简练而颇有中国古风。通过他的描述使我们联想到美国钻探工颇得中国四川钻井工之真传。只有美国人有这个条件，因为 18 世纪末中国工匠、海员就来到美国东海岸，19 世纪前半期有数以万计的华工来美国从事采矿、筑铁路，不

〔1〕 Flood, W. E, *The origins of chemical names*. London: Oldbourne. 1963. p. 168.

〔2〕 Brantly, J. E. *Percussion drilling systhems*, in American Petroleum Institute (ed.). *History of petroleum engineering*, New York, 1961. pp. 133—271.

〔3〕 Multhauf, Robert. *Naptune's gift. A history of common* salt, Baltimore: John Hopkins University Press, 1978. pp. 182—183.

〔4〕 Althans, L. K. Das Seilbohren in Nord-Amerika. *Zeitschrift für Berg-*, *Hütten-*, *und Salinenwesen im Preussischen Staate* (Berlin), 1877, 25: 29—39.

排除其中有四川钻井工参与美国油井早期开发。与美国毗邻的加拿大也如此,加拿大钻井方式与美国也很类似。后来(19世纪80年代)欧洲吸取了美国的长处,整个西方深井钻探技术进入了现代阶段,结束了中国钻井术西传的历史。

1944年访问过四川自流井的英国学者李约瑟(Jeseph Needham,1900-1995)博士,对中国深井钻探技术一直留有深刻印象,后来在演讲和作品中多次谈到。他认为深井钻探技术是中国的一项杰出发明,为现代中国和世界各地石油钻探和开采作了先驱,尽管中国古代钻井主要是为汲取盐水。因四川远在内地,必须有当地产的盐,而四川红土盆地底层下正好蕴藏大量盐卤和天然气[1][2]。这些论述都是正确的。但他说"在公元前2世纪的汉代人在四川已钻出2000英尺(609.6m)深的盐井"[3],恐不确切,实际上汉代是井盐史中的大口浅井阶段,靠人力挖掘,而用铁刃钻头钻出300m以上深井始于北宋(11世纪)。李博士又说,中国钻井方法无疑影响到1126年在法国里拉(Lillers)的第一批自流井钻探[4]。但据现存西方文献尤其法国文献所载,法国第一批自流井是18世纪末在里尔(Lille)和巴黎附近钻出的。也没有证据显示中国绳式顿钻法在13世纪通过阿拉伯地区传到欧洲,阿拉伯文献亦无相关记载。

鉴于中外不少作者引用李约瑟论中国深钻技术及其西传的论述,此处不得不指出,我们这位可敬的老朋友将宋以前挖掘的大口浅井与宋以后用钻头钻出的小口深井等同起来,因而将后者起源及西传时间定得过早,不能再因袭下去了。造成这种误会与中外作者常将中国古书所说"凿井"("well digging")与"钻井"("well drilling")混淆起来不无关系,今天不能再重犯这个错误了。

二 中国双动活塞风箱的发明、西传及其历史意义

(一) 活塞风箱问世前的皮囊及扇式鼓风器

中国古代冶炼、铸造和锻造金属,需要有足够的高温才能将矿石和金属熔化,只有在炉内加入燃料,并以鼓风器送风助燃,才能达到这一目的。早期的鼓风器是用可伸缩的皮囊制成,古称"橐籥"(tuó-yuè)。早在公元前17世纪的商代(前1600—前1300)早期中国已用皮囊鼓风,用以炼铜、熔铜,没有鼓风器,商殷精美的青铜器是铸造不出来的。在殷墟甲骨文中有"𣎴𣏃"二字,学者将其释为"橐卢(炉)"。[5] 1972年在河南郑州南关

---

〔1〕 Needham, Joseph. Science and China's influence on the world, in: R, Dawson(ed.), *The legacy of China*, Oxford, 1964. pp. 234—308;潘吉星译:"中国震撼世界的二十项科学发明和发现",见潘吉星主编《李约瑟集》,天津人民出版社1998年版,第324页。

〔2〕 Needham, Joseph. *Science and Civilisation in China*, Vol. 4, Chap. 2. Cambridge University Press, 1965. p. 56.

〔3〕 Ibid.

〔4〕 Ibid.

〔5〕 温少峰等:《殷墟卜辞研究·科技篇》,四川省社会科学院出版社1983年版,第359页。

外商代早期铸铜遗址中，发现有陶质鼓风管、熔铜设备和铜渣，见《考古学报》1973 年第 1 期的报道。春秋时思想家李耳（约前 604—前 531）在其《老子道德经》第五章有"天地之间其犹橐籥乎"章句，将天地之间气的流动比作皮囊鼓风器。

1930 年山东滕县宏道院出土的东汉（25—221）冶铁画像石图中有皮囊鼓风，1957 年叶照涵公布其拓片并作了介绍[1]，由此可想见古人所用橐籥的形象。但图上线条粗糙，结构不清，1958 年经王振铎（1912—1992）复原并绘出复原图（图 11—20）后[2]，其结构清晰可见。此鼓风器由人力驱动，间歇送风。如熔炉较大，需用几个大型皮囊鼓风，动用人力也多，于是两汉之际即公元 1 世纪初人们就探索用水力鼓风，以节省人力，提高工效。这种想法可能受到两汉之际发明水碓的激发，因为政论家桓谭（前 33 年至后 39 年）《新论》（约 20）谈到古老的人力踏碓时指出，后人"又复设机关，用驴骡牛马及役水而舂，其利乃且百倍"[3]。由此可见，在桓谭时代除人力踏碓外，还出现畜力和水力驱动的舂米碓。其《新论》成书于新莽地皇元年（20），则水碓发明当在公元前后（前 20 年至后 10年），此后为历代所沿用，其构件及形象见于元初科学家王祯（1260—1330 在世）1298 年写成的《农书》卷十九[4]。

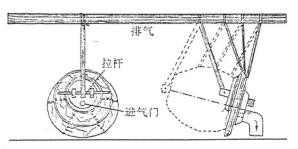

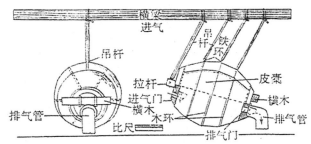

图 11—20 1930 年山东滕县宏道院出土的东汉画像石冶铁图中皮囊鼓风器

上：原刻石拓片，引自《文物》，1959（1）

下：皮囊鼓风器复原图，王振铎绘，引自《文物》，1959（5）

既然以水力可以驱动碓，原则上讲也可以水力驱动皮囊，实现这一目标的是东汉人杜诗（约前 27 年至后 38 年）。杜诗字公君，河内汲县（今河南境内）人，《后汉书》卷六十一《杜诗传》称其少有才能，光武帝建武七年（31）累官至南阳（今河南）郡太守。

〔1〕 叶照涵：汉代石刻冶铁鼓风机，《文物》1959 年第 1 期，第 20—21 页。

〔2〕 王振铎：汉代冶铁鼓风机的复原，《文物》1959 年第 5 期，第 43—44 页。

〔3〕 （汉）桓谭：《新论》，《四部备要·子部·儒家》，中华书局 1936 年版。

〔4〕 （元）王祯：《农书》卷十九，机碓，明嘉靖九年（1530）刻本。

性节俭，而政治清平，以诛暴立威，善于计略，省爱民役，造作水排，铸为农器，用力少，见功多，百姓便之。

唐代章怀太子李贤（654—684）对此注曰："冶铸为排以吹炭，令激水以鼓之也。'排'当作'橐'（tuó），古字通用也。"[1] 按"橐"字的本义指牛皮作成的皮囊鼓风器，古时以人力驱动。杜诗于公元 31 年发明的水排或水橐，从字面意义上应是以水力驱动的皮囊，可省人力。但《后汉书》没有再进一步介绍杜诗使用的这种装置的细节。然而从机械学角度看我们知道，其结构原理必是以流水驱动可旋转的木轮为动力源，再通过传动系统将旋转运动转换成直线往复运动，以推拉皮囊鼓风。这种转换运动方式的装置是中世纪中国在机械工程史中作出的一项重大发明，具有深远历史意义。

中国东汉时发明的由水力驱动的冶金用皮囊鼓风器，于 7 世纪唐初传入东邻日本。据 8 世纪舍人亲王（676—735）奉敕于养老四年（唐玄宗开元八年，公元 720）编写的《日本书纪》卷二十七所载，天智天皇九年（唐高宗咸亨元年，公元 670）"是岁，造水碓而冶铁"，按，"水碓"当为"水排"之误笔，因水碓是以水力驱动的舂米工具，与冶铁无关。《日本书纪》日文校注本对"水碓"加注曰：

水車によって、ふいごを動かし、冶鉄に用いたものか。

意思是"通过水车驱动鼓风器，用于冶铁"[2]。这个注释是正确的，但没有将水碓校改为水排。《书纪》卷二十七还记载说，669 年日本遣使于大唐，"又大唐遣郭务悰等二千余人"来日本，因而水力驱动的冶铁鼓风器应是这批唐人传到日本的。

皮囊鼓风器由牛皮囊及木架制成，反复缩胀易于破裂，因此唐、宋时又在此基础上制成木扇式鼓风器，以拉杆推动带有阀门的扇板，借其推拉运动造成气流，其形状见于甘肃安西县榆林石窟内的 11 世纪西夏（1038—1227）壁画（图 11—21）[3]，显然这是从中原地区引进的，有些作者认为扇式鼓风器在东汉初杜诗时代

图 11—21　甘肃安西县榆林石窟内 11 世纪西夏壁画中化铁用木扇式鼓风器

引自《文物参考资料》，1956（10）

〔1〕（刘宋）范晔著，（唐）李贤注：《后汉书》，卷六十一，《杜诗传》，二十五史本第 2 册，上海古籍出版社 1986 年版，第 900 页。

〔2〕〔日〕舍人亲王著，坂本太郎等校注：《日本书纪》卷二十七，第 5 册，东京：岩波书店 2000 年版，第 52—55，387 页。

〔3〕敦煌文物研究所：安西榆林窟勘察简报，《文物参考资料》1956 年第 10 期，第 9—21 页；段文杰：《榆林窟》，中国古典艺术出版社 1957 年版。

已经有了，恐出于误会，因为至今为止还没有直接的文献或实物证据支持这个看法，杜诗发明的水排（水橐）只能是以水力驱动的皮囊鼓风器。除前述西夏壁画上的扇式鼓风器外，元代人陈椿（1295—1355 在世）《熬波图》（1330）中也有类似鼓风装置，也是人力驱动（图 11—22）[1]。以水力驱动的木扇鼓风器图像见于元人王祯《农书》卷十九《水排》条，除图像外，还给出文字说明，这是对西夏壁画和《熬波图》所载木扇的改进型产物。王祯指出，东汉人"杜诗造作水排，铸为农器，……以今稽之，此排古用韦囊，今用木扇"。意思是说，东汉杜诗的水排以皮囊鼓风，元初王祯时的水排以木扇鼓风，我们不得将二者混淆起来。

图 11—22　1330 年陈椿《熬波图·铸盘图》中的铁炉所用的人力木扇鼓风器

引自罗振玉刊《雪堂丛刻》（1915）本

接下，王祯介绍元初水力驱动的木扇形制：

> 当选湍流之侧，架木立轴，作二卧轮。用水激转下轮，则上轮所周绒索，通缴轮前旋鼓（腰鼓形滑轮）、棹枝（曲柄）、一例随转。其棹枝所贯行桄（连杆），因而推挽卧轴左右攀耳（摇杆曲柄）以及〔水〕排前直木（连杆），则〔水〕排随来去，扇冶甚速，过于人力。（图 11—23）[2]

---

〔1〕（元）陈椿：《熬波图·铸盘图》，1915 年上虞罗振玉《雪堂丛刻》排印本。

〔2〕（元）王祯：《农书》卷十九，《农器图谱十四·水排》，1906 年上海农学会据《四库全书》（1782）本铅字排印本，第 4—5 页。

图 11—23　1298 年王祯写成的《农书》卷十九现传本中的水排图

这段话如用现代语言表达就当是：选择在有急流水的江河岸边，架起支架，支架中间装一垂直木轴，木轴上部及下部各安装可转动的卧式木轮。急流激起下部木轮旋转，带动上部木轮旋转，轮周围上的绳索更带动另一支架下安装的腰鼓形滑轮加快旋转。腰鼓形滑轮上有曲柄，通过连杆与卧轴相连，卧轴可左右摇摆，其上有曲柄，此曲柄再通过另一个连杆与带有阀门的木扇板相连，推拉木扇，达到送风目的。在现传本《农书》中所给出的水排图（图 11—23），于曲柄与连杆部分刻版有不准确之处，1962 年刘仙洲（1890—1975）先生对此稍加改正[1]，1965 年李约瑟（Joseph Needham，1900 - 1995）博士对水排各部件给出名称及分解图（图 11—24）[2]，我们将其译成汉文转载于图中。从此图样中不但可以看到元代仍在使用的水力驱动的木扇实态，还可想见东汉初杜诗发明的水排的形态，只要将木扇易之以皮囊，其余部分不变，就足可对东汉水排作出复原。

杜诗发明的水排中最精彩的部分是将旋转运动转换成直线往复运动的装置，从东汉以后历唐宋元明清（7—19 世纪）五朝一直在中国沿用，可谓举世无双。与此同时，在东汉前后，将直线往复运动转换成旋转运动的装置应用于丝织业中的足踏缫车中[3]。此前缫车是手摇式的，一人投茧、索绪、添绪，另一人手摇丝杆，需二人合作。经改进后用脚踏动踏杆作上下往复运动，通过连杆使丝軖曲柄作旋转运动。利用丝軖旋转时的惯性，使其连续旋转，带动整个缫车运动，因此索绪、添绪和旋转丝軖就可由一人用手脚进行，使缫丝生产率大为提高。足踏缫车在唐宋之际（10 世纪）普遍应用。因而我们看到 11 世纪初北宋人秦观（1049—1100）于哲宗元祐五年（1090）写成的《蚕书》中对足踏缫车作了详细描述[4]，此书以文字叙述为主，未提供插图。在元人王祯《农书》卷二十及明人宋应

〔1〕　刘仙洲：《中国机械工程史》，科学出版社 1962 年版，第 52 页。

〔2〕　Needham，Joseph. *Science and Civilisation in China*，Vol. 4，Chap. 2，Mechanical Engineering. Cambridge University Press，1965. p. 371.

〔3〕　陈维稷主编：《中国纺织科学技术史》，科学出版社 1984 年版，第 163 页。

〔4〕　（宋）秦观：《蚕书》，收入（明）周履靖编《夷门广牍·禽兽》，明万历二十六年（1598）刊本。

星（1587—约1666）《天工开物·乃服》章（1637）可以看到足踏缫车图（图11—25至图11—28）[1][2]，但对踏板、曲柄及连杆部分绘得不够详明。在清人沙式庵《蚕桑合编》中的缫车图则清晰描绘出各部件及其连接情况[3]，此图由袁克昌（1800—1868在世）绘，虽出版于清末道光二十三年（1843），但此缫车是完全按宋元明学者所述传统方式制成并绘出，反映足踏缫车真实形态（图11—28）。由此可见在1世纪初年两汉之际，中国已有了将旋转运动与直线往复运动相互转换的机械装置，且一直用到近代。

（二）中国活塞风箱的 起源与发展

现在再将话题转到冶金用鼓风器，皮囊式鼓风器在唐宋以后已显得落后，而改用木扇式鼓风器，且以水力驱动，木扇虽较皮囊易于制造且成本低，但难免漏气，气流压力不大，仍待改进。于是双动活塞风箱应运而出，它将可开闭的木箱改造成密闭式木箱（长立方形气缸），保留原木扇板上的阀门，在木箱内加设活塞而与拉杆相连。经过这番改造，

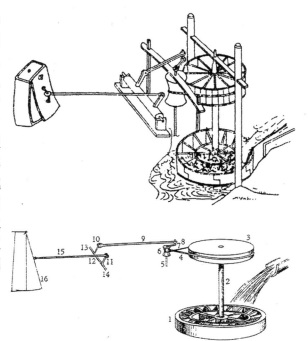

图11—24 稍作修正后的王祯《农书》
卷十九水排图（上）

1. 卧式水轮 2. 立轴 3. 驱动轮（"上卧轮"）
4. 驱动带（"绞索"） 5. 辅轴
6. 引轮（"悬鼓"） 7. 曲柄（"棹枝"）
8. 曲柄接头及销 9. 连杆（"行桄"）
10、11. 摇杆曲柄（"攀耳"）
12. 摇动滚轴（"围轴"） 13、14. 轴承
15. 活塞杆（"直木"） 16. 木扇
引自刘仙洲（1962）；各部件分解图（下）
参考李约瑟（J. Needham, 1965）

使木扇鼓风器原有缺点得到克服，直接演变成活塞风箱。但只有将唧筒中的活塞与活塞杆引入这一装置中，才能完成演变过程，可见活塞风箱史与活塞唧筒史有密切关联。关于唧筒的形制，在北宋人曾公亮（998—1078）于仁宗庆历四年（1044）奉敕主编的《武经总要·前集》卷十二谈到喷水灭火装置时写道："唧筒，用长竹，下开窍，以絮裹水杆，自窍唧水。"[4] 就是说，喷水灭火唧筒以一段中空长竹筒制成，其有节的底部中间凿一孔，内插入

〔1〕（元）王祯：《农书》卷二十，《农器图谱十六》，南缫车，北缫车，1906年上海农学会排印本，第16—17页。
〔2〕（明）宋应星：《天工开物·乃服》，潘吉星译注本，上海古籍出版社1992年版，第61页。
〔3〕（清）沙式庵：《蚕桑合编·缫车图》（袁克昌绘），道光二十三年（1843）刊本。
〔4〕（宋）曾公亮：《武经总要·前集》卷十二，唧筒，明弘治十七年（1504）重刻宋绍定四年（1231）刊本，收入郑振铎编《中国古代版画丛刊》第1册，上海古籍出版社1988年版，第634页。

一小细管。竹筒上部开口，内插入一有杆的木活塞，周围绕以棉絮，使活塞与筒壁紧密接触（图11—29）。将唧筒上的小管插入水中，再将活塞拉起时，其前部形成真空，将水吸入筒内。最后手持此唧筒，对准火源推进活塞，将水挤压出去，水流以一定速度和压力冲向火源，达到灭火目的。这种唧筒在中国如此普及，以至成为儿童玩具，名曰"水枪"。

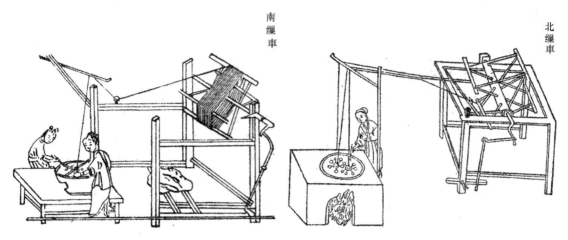

图11—25　王祯《农书》卷二十中的南缫车　　图11—26　王祯《农书》卷二十中的北缫车

图11—27　《天工开物》中的
缫车图

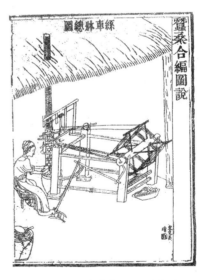

图11—28　沙式庵《蚕桑合编》
（1843）中的缫车

经袁克昌绘

上述 1044 年成书的《武经总要》还叙述一种利用唧筒原理喷射石油的纵火武器，可称为"猛火油机"（machine of fierce fire-oil），其构造比灭火唧筒更为复杂。该书《前集》卷十二写道：

> 右放猛火油［机］，以熟铜（黄铜）为柜，下施四足，上列四卷筒，卷筒上横施一巨筒，皆与柜中相通。横筒首、尾大［中］细，尾开小窍，大如黍粒。首为圆口，径寸半（4.61cm）。柜旁开一窍，卷筒为口，口有盖，为注油处。横筒内有拶（zā）丝杖（活塞及拉杆），杖首缠

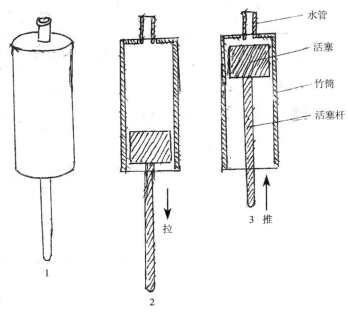

图 11—29 1044 年《武经总要》中所载喷水灭火唧筒

1. 唧筒外形图，引自《武经总要前集》卷十二

2，3. 活塞在筒内拉、推动作示意图

潘吉星绘（2006）

散麻，厚半寸（1.5cm），前后贯二筒*束约定。尾有横拐（柄），拐前贯圆捳（yǎn，圆盖），入则用闭窗口。放时以杓自沙罗（过滤器）中挹（yì，舀）油，注柜窍中，及三斤（1.7kg）许，筒前施火楼（点火室），注火药于中，使燃（发火用烙锥）。入拶丝放于横筒，令人自后抽杖，以力蹙（cù，促）之，油自柜中出，皆成烈焰。其挹注有椀、有杓，贮油有沙罗，发火有锥，贮火有罐。有钩锥，通锥以开筒之壅塞，有钤（钳）以夹火，有烙铁以补漏。（通柜有罅漏，以蜡油补之。凡十二物，除锥、钤、烙铁外，悉以铜为之。）一法为一大卷筒，中央贯铜胡芦，下施双足，内有小筒相通（悉以铜为之。）……亦施拶丝杖，其放法准上。凡敌来攻城，在大壕内及傅（爬附）城上颇众，势不能过，则先用稿秸为火牛缒（zhuì，送）城下，于踏空板内放猛火油，中人皆糜烂，水不能灭。若水战，则可烧浮桥、战舰，于上流放之（先于上流簸糠秕、熟草，以引其火）。（图 11—30）[1]

根据曾公亮的说明和插图所示，猛火油机机身为黄铜（铜锌合金）制成的长立方形柜，下有四足（最好是四个轮子，便于移动）。柜的上面放四个直立的黄铜油管，油管上再横放一较粗而长的筒，竖管与横筒皆与油柜相通。横筒首、尾大，中间细，尾部开一如

---

* 原文"铜"应为"筒"，从李约瑟校改。

[1]《武经总要·前集》卷十二，猛火油柜，第 1 册，第 651—652 页。

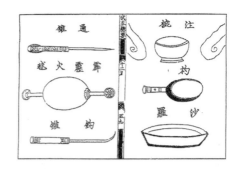

图 11—30　《武经总要》(1044) 所载猛火油机及附件

引自 1504 年明刻本

黍粒大的小孔（此喷火孔应更大些），首端有两个 1.5 寸（4.61cm）的圆孔（点火孔）。油柜一侧开一孔，接上有盖的短管，为注油管。横筒内有两个相连的活塞，其周围缠以散麻，使活塞与横筒间保持密封，起现代活塞环（piston ring）作用，因而横筒就是装有活塞的气缸。横筒前后各有两个直管控制油的供应。其尾部有横柄，穿通其前面的圆盖，当横柄被推入时，活塞则交替启或闭油管管口。放猛火油时，以勺盛油经过滤器，注油管注入铜柜中，计三斤（1.7kg）油。横筒前端有点火室，放火药于其中，使之燃烧（过去点火用烧热的铁锥）。以手持柄用力将横筒中的活塞推进至尽头，再沿反方向拉至尽头，如此反复操作，猛火油（naphtha）不断从点火室喷出，形成猛烈火焰。在陆上此武器可击退攻城者，在水上可用于焚烧浮桥和战舰，水不能灭。但《武经总要》只给出此喷火器的外形图，人们看不出其内部状况。为此 1965 年李约瑟对其内部构造及工作原理作了复原图解[1]。此图特点是在横筒下四个立管中有两管连成 U 字形。1988 年，戴念祖对此图作了修改，将四管并列直通油柜，都是抽油管[2]，我们认为比较更适合中国情况，故此处予以介绍（图 11—31）。

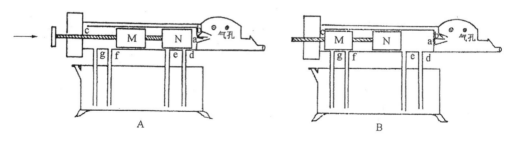

图 11—31　1044 年《武经总要》所述猛火油机内部构造示意图

M，N　活塞　　c，b 附在横筒内的后室喷油管

a，b　分别为前、后室的两个喷嘴阀门　　d，e，f，g　4 个输油圆管

引自戴念祖（1988）

---

〔1〕 Needham，Joseph，*Science and Civilisation in China*，Vol. 4，Chap. 2. Cambridge University Press，1965. p. 148.

〔2〕 戴念祖：《中国力学史》，河北教育出版社 1988 年版，第 527—528 页。

从上述复原图中可以看到，M 及 N 为气缸内两个相连的活塞，c、b 为附着在横筒内的后室喷油管道，a、b 分别是前后室的两个喷嘴阀门，d，e，f，g 为四个抽油管。当活塞从左向右推进时，前室的油经喷口 a 喷出，b 阀门受外部空气压力而关闭喷口 b，同时后室产生真空，柜内油经 f，g 管进入后室。当活塞从右向左拉回时，油管 f，g 依次被活塞 M 堵住，b 阀被油压冲开，后室的油经 c，b 管口喷出。同时因活塞 N 的后退使前室造成真空，a 阀关闭，柜中的油经 d，e 管进入前室。再将拉杆向前推至尽头，活塞 N 堵住 e，d 油管，油压将 a 阀冲开，从 a 喷口喷油，而后室因突然造成真空，而将 b 阀关闭，柜内的油通过 f，g 管进入后室。如此继续重复操作，可从装置中连续不断地喷出猛烈火焰，直到柜内无油为止。只需注意必须顺风纵火，使处下风之敌受到焚烧。李约瑟根据猛火油机的构造和工作原理，将其称为"双动双活塞单缸液体压力唧筒"（"double-acting double-piston single-cylinder force-pump for liquid"）。其实用单活塞也能达到同样的喷油目的，因而在工作原理上与活塞风箱是相通的。

1044 年曾公亮介绍的猛火油机，是北宋都城汴京（今河南开封）兵工厂生产的纵火武器，其同时代人宋敏求（1019—1079）《东京记》（1040）载将作监下属广备攻城作中，有火药作和猛火油作[1]，专门生产火药、火器、石油蒸馏制品（猛火油）和猛火油机。这种石油纵火器的起源至迟可追溯至 10 世纪初的唐、五代之际，是中国人自行研制的。钱俨（937—1003）《吴越备史》（995）卷二载，919 年地处东南沿海的吴越国（907—978）以水军攻破其西邻吴国（902—937）的狼山（在今江苏南通市长江北岸）时，使用猛火油喷射器，"火油得之南海、大食国，以铁管发之，水沃其焰弥盛"[2]。此处所说"南海、大食国"指东南亚国家如越南占城（Champa）、印度尼西亚等国和西亚阿拉伯国家，因当时中国产油区集中于西北，北方各政权割据使石油很难经陆路从西北运至东南沿海的吴越，只好借海路从国外进口，再经加工，而喷射石油的铁管无疑是在吴越国杭州打造的有活塞和拉杆的唧筒。以石油为纵火武器并非始自五代，此前早已有之。史载南北朝的北周（557—581）武帝宣政年（578）"突厥围酒泉（今甘肃境内），取此脂（石脂）燃火，焚其攻具，得水愈明，酒泉赖以获济"[3]。此处所说石脂为石油别名，而酒泉正是产油区。史料没有谈到后周的石油喷射装置细节，但它却是吴越石油喷射唧筒的发展起点。

吴越的西邻南唐（937—975）也掌握了喷射石油的唧筒并用于战场。南唐人史虚白（894—961）之子以"钓矶闲客"为笔名所写的《钓矶立谈》（约 979）中载，975 年北宋大军攻南唐都城金陵（今江苏南京），南唐将领朱令赟（yūn）率水军守城时"不知所为，

〔1〕（宋）宋敏求：《东京记》，见（宋）王得臣：《尘史》（1115）卷一，《知不足斋丛书》第三十集，上海古书流通处影印本，1921。

〔2〕（宋）钱俨：《吴越备史》卷二，《四部丛刊续集·史部》，商务印书馆 1934 年版。旧题作者林禹，实为钱俨。

〔3〕（唐）李吉甫：《元和郡县图志》（813）卷四十，《丛书集成初编·史地类》，上海：商务印书馆 1935 年版。

乃发急火油以御之。北风暴起，烟焰涨空，军遂大溃，令赟死之"[1]。就是说，南唐水军在紧急情况下只好靠猛火油以御之，不幸的是此时突然刮起北风，反而烧了自己，遂大败。马令《南唐书》（1105）卷十七有类似记载，还具体指出南唐水军抗宋时"乃以火油机前拒"[2]。承载石油的装置从铁管到油机，名称上的变化意味着由简单到复杂的内部构造上的改进，吴越和南唐均亡于北宋，其所掌握的喷油筒和喷油机为宋所拥有，并作为宋军的常备武器，于是成为《武经总要》所叙述的对象，只是因为火药和火器技术的发展和在战场上显出的无比威力，石油喷射器从武器库中消失。然而北宋人却利用它的结构部件和工作原理很容易地改制成双动活塞风箱，将原来的军用喷火器改制成民用的助燃鼓风器。

图 11—32　1280 年刊《演禽斗数三世相书》中的风箱

关于活塞风箱的起源时间问题，以往缺乏深入探讨。1963 年李约瑟在专题研究中认为至迟在 11 世纪即北宋中期（1016—1071）中国已完成这一发明[3]。我们同意他的结论，并愿作补充论述。促使活塞风箱问世的所有技术前提在北宋中期均已具备，且宋人作品中这类风箱图像已经出现，此即李约瑟发现的《演禽斗数（dóu）三世相书》。书名很古怪，其内容是按生辰八字、生肖及面相对命运作出推测。这部算命书由宋人借唐初相术家袁天纲（580—640 在世）之名所编写，在民间颇流行，1280 年刊行时距宋亡未逾一载，故可视为宋版书。原刊本藏于日本，书中有日本读者在字旁施加日文"训点"，1933 年与日藏其他宋刊稀见本以石版影印，20 世纪 60 年代初瑞典印刷史家龙彼得（Piet van der Loon）从东京将其复印件带给李约瑟。该书卷二有铁匠锻铁图（图 11—32），其身后有熔铁炉，炉旁有长方形活塞风箱，伸出与活塞板相连的拉杆。文字说明称，从此人命相来看，注定要当铁匠，宜打造刀枪。成家后可打造金银铜锡器，如好自为之，必能赚得钱财[4]。铁匠用的活塞风箱出现在宋代算命书中，说明它在当时社会上早已普及，这是迄今所见最早一幅风箱图。随着对古文献的深入发掘，今后还会有新发现。

---

〔1〕（宋）钓矶闲客（史虚白之子）：《钓矶立谈》，《笔记小说大观》本第 10 册，广陵古籍刻印社 1983 年版，第 234 页。

〔2〕（宋）马令：《南唐书》卷十七，《丛书集成初编·史地类》，上海：商务印书馆 1935 年版，第 117 页。

〔3〕Needham, Joseph. The prenatal history of the steam engine. *Transactions of the Newcomen Society* (London) 1963，35：4.

〔4〕（唐）袁天纲（实为宋人托名）：《演禽斗数三世相书》卷二，庚辰年（1280）刊本，第 35—36 页。

有关活塞风箱较早的文字说明，见于明代万历年（16世纪）北京出版的木工专著《新镌京板工师雕斫正式鲁般经匠家镜》，简称《鲁般经匠家镜》或《鲁般经》，现藏于国家文物局图书馆。鲁般（前507—前444）又称公输般、鲁班、班输，为春秋晚期鲁国著名建筑工匠，相传发明木工工具，在古代尊为木工祖师，故民间记录木工技术的书常以鲁般名义流行，如元明之际（14世纪）成书的《鲁般营造正式》便总结南宋以来木工经验，有明成化、弘治年（15世纪）刊本，今藏浙江宁波天一阁。上述万历刊本为此书的续编，除营造外，又补入家具、日用器物、相宅等内容，但卷首缺页，幸而其崇祯年（17世纪）翻刻本保存了缺失部分，此本现藏国家图书馆。从卷首得知该书由"北京提督工部御匠司司正午荣汇编、局匠所把总章严同集、南京御匠司司承周言校正"[1]。该书卷二写道：

> 风箱式样：长三尺（明代1尺=31.1cm），阔八寸（1寸=3.11cm），板片八分（1分=3.11mm）厚。内开风板（活塞板）六寸四分大，九寸四分长。抽风扩仔八分大，四分厚，扯手（拉杆）七寸四分长，方圆一柱。出风眼（送风管）要取方圆一寸八分大，中平为主。两头吸风眼（阀门）每头一个，阔一寸八分，长二寸二分，四边板片都用上行为准。[2]

明代科学家宋应星《天工开物》在《冶铸》、《锤锻》及《五金》等章中更给出可了解北宋以来活塞风箱准确形象的21幅插图，风箱的拉杆一面有八卦中的坎（☵）、艮（☶）和离（☲）卦象，这些符号可能标明进气阀门所在位置及数量，以便对不同类型风箱作出区分。风箱呈长立方形，左右两边各有两个或一个进气阀门，均属双动活塞风箱，如《冶铸》章"铸千斤钟与仙佛像图"（图11—33），《锤锻》章"锤钲与镯图"中右上方风箱的拉杆一面没卦象符号，亦即没有进气阀门，而在其对面则有一进气阀门，因而只能间歇鼓风，属于单动活塞风箱（图11—34），

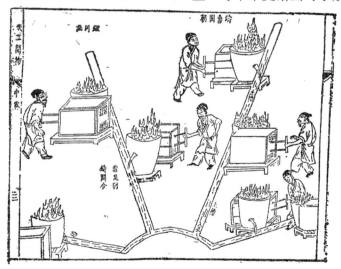

图11—33　铸千斤钟与仙佛像用双动活塞风箱
引自《天工开物》（1637）

---

〔1〕张驭寰主编：《中国古代建筑技术史》，科学出版社1985年版，第541—543页。
〔2〕（明）午荣、章严、胡言：《新镌京板工师雕斫正式鲁般经匠家镜》卷二，风箱，明崇祯年重刊万历年本，国家图书馆藏。

图 11—34 锤锣图中用的单动活塞风箱（右上）
引自《天工开物》

家庭灶房中的风箱也常用此类。因而我们看到大体说有三种类型的风箱。

现在我们可以对三种类型的风箱内部构造及工作原理作出技术演示图（图 11—35）。从图中可见，活塞风箱由气缸 A、活塞 B、活塞杆 C、进气阀门 D—G、双向阀门 H 及送气管 I 几部分构成，风箱底层与活塞之间以木板隔开，双向阀门放在送气管上方，左右摆动，使空气不断送出。但单动风箱则无须双向阀门，只在进气阀门 E 一侧的隔板边放一单向阀门即可。I 型或 II 型风箱左右两面各有二或一个进气阀门，当将拉杆从左向右推进时，活塞左室产生真空，D、E 阀门被箱外空气推开，F、G 阀门被箱内空气压闭，空气从活塞右边进入送风管 I，同时将双向阀门 H 推向左边。当将拉杆从右向左拉时，D、E 阀门被关闭，F、G 阀门被拉开，活塞左边的空气压向送风管，同时将阀门 I 推向右边。如此反复进行，使活塞推、拉的两个冲程都能保证不间断的连续送风。III 型风箱只有一面有阀门，因而是间歇送风。为使活塞与气缸紧密接触而不漏气，又能往复运动，活塞上下以胶水粘上羽毛等物，成为近代活塞环的最初表现形式。北宋风箱形制应与《天工开物》所载者相同。由于从东汉以来中国就有利用水力驱动冶铁鼓风器的传统，随着活塞风箱的问世和推广，只要在建有大型冶炼炉之处有水源，11 世纪的宋人就会在有流动水源处装上卧式水轮，通过曲柄、连杆等传动机将旋转运动转换成直线往复运动，进而带动大型活塞式风箱向炉内连续鼓风，从而将中国传统鼓风技术推向新的水平。

（三）中国活塞风箱和传动装置的西传

双动活塞风箱结构精巧而简练，体轻又便于操作，效能很高并可连续鼓风，确是理想的鼓风器。16 世纪以前的欧洲，从没有出现过如此精巧的鼓风装置，从希腊、罗马时代以来至中世纪的漫长时间内，欧洲一直用由厚木板和牛皮制成的手风琴式皮囊鼓风器，甚至在文艺复兴时期仍继续使用这种笨重而低效率的装置，例如在意大利技术家毕林古奇奥（Vanuccio Biringuccio，1480－1539）1540 年用意大利文发表的《烟火术》（*Della piro-*

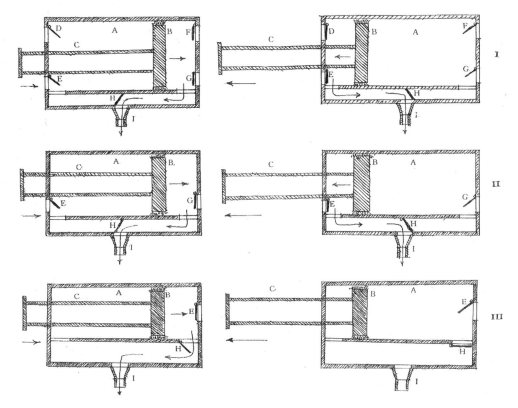

图 11—35 中国三种形式的活塞风箱内部构造及各部件

A. 气缸　B. 活塞　C. 活塞杆　D-H. 阀门　I. 送风管

潘吉星绘（2006.4）

technia)[1] 及德国技术家阿格里柯拉（Georgius Agricola，1490－1555）1555 年用拉丁文发表的《矿冶全书》（De re metallica）等书（图 11—36）[2][3] 中就用皮囊鼓风，而在中国这类鼓风器至迟在 10—11 世纪北宋已被淘汰，代之以更为先进的扇式风箱和活塞风箱，因此同中国相比，欧洲传统鼓风技术显然是落后的。

中国从 15 世纪明中期起与欧洲沿海国家有了直接接触以后，活塞风箱于 16—17 世纪之交，即明清之际传入欧洲。1498 年葡萄牙人瓦斯科·达伽马（Vasco da Gama，1469－1524）的探险船队发现了沿西欧海岸大西洋面南下，绕道非洲南端通往印度的新航路，西方殖民势力开始向亚洲扩张，葡萄牙、西班牙、荷兰和英国等国以武力征服南亚、东南亚国家和地区后，又将其触角伸向东亚最大的文明古国中国，以炮舰为后盾，由商人和传教士为先遣队，

〔1〕 Biringuccio，Vanuccio. *Della pirotechnia*，Venezia，1540. Eng. tr. C. S. Smith & M. I. Gnudi. *The pirotechnia*. New York：American Institute of Mining and Metallurgical Engineers，1942.

〔2〕 Agricola，Georgius. *De re metallica*. Basel，1556. p. 360.

〔3〕 Agricola，Georgius. *Zwölf Bücher vom Bergkwerk*. Basel，1557. p. 214.

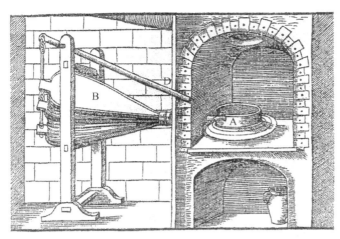

图 11—36　1557 年阿格里柯拉书中的手风琴式皮囊鼓风器

引自其《采矿十二卷》中试金炉图

从海路来到广东、福建、浙江和台湾等地活动，再向内地转移，全面收集有关中国的政治、经济、军事和科技等方面的情报。他们发现中国一些传统技术及其产品有独到之处，便以廉价购买模型和样品带回欧洲或作出报道，以便为其所用。活塞风箱在南北城乡随处可见，成为他们的注意对象。经我们调查，16—17 世纪，在华接触过风箱的欧洲人中，有葡萄牙人陆若汉（Joao Rodrigues，1561－1633）、罗如望（João da Rocha，1566－1623），意大利人毕方济（Francesco Sambiasi，1586－1649）、龙华民（Nicolas Longobardi，1559－1654）和德国人邓玉函（Johann Terrenz，1576－1630）、汤若望（Johann Adam Schall von Bell，1591－1666）等人，他们多与欧洲保持联系，且都为明政府铸造火炮时使用过中国活塞风箱。此外，西班牙天主教多米尼克派僧人纳瓦雷特（Domingo Fernández Navarrete，1610－1689）曾在清初康熙年间（1659—1673）在浙江活动，返国后于 1676 年在旅行见闻中谈到中国双动活塞风箱，并说"它像欧洲鼓风器那样有用，但更为便利得多"[1]。此书 1707 年由西班牙文译成英文在伦敦出版，因此中国风箱在 18 世纪初已为更多欧洲人所知晓。

中国风箱虽在 16—17 世纪传入欧洲，然而总的说还没有迅速普及，多数人仍积习难改，继续用皮囊鼓风，但将其做得很大，需很多人用手操作，改为脚踏，仍是不便。16—18 世纪对动力源作了重要改进，以水力代替人力驱动皮囊鼓风。最有代表性的装置是 1588 年意大利工程师拉梅里（Agostino Ramelli，1537－1608）用意大利文发表的《陆军上尉拉梅里的各种精巧的机械》（*Le diversi e artificiose machine del capitano A. R.*）中设计的（图 11—37），[2] 从他提供的图上可以看到，在立式水轮轮轴上有曲柄，与滚轴相连，滚轴再通过曲柺及连杆与皮囊柄相连，因此水轮的旋转运动借传动装置便转化成往复直线运动，驱使皮囊向熔炉送风。这种运动转换装置与前述中国东汉以来至宋元时期使用的水力驱动各种鼓风器的传动装置（图 11—24）非常相似。这种装置在当时欧洲无疑是最先进的，因为在 14 世纪以前它在那里从未有过，15 世纪偶尔在意大利建筑家安东尼奥·菲拉雷特（Antonio Filarete，真名 Antonio di Pietro，c. 1400－1470）的《建筑学概

---

〔1〕　Navarrete，D. F. *Tratados historicos，politicos，ethicos，y religioses de la Monarehia de China...*，Madrid，1676；J. S. Cummines（ed. & tr.）. *The travels and controversies of Friar Domingo de Navarrete*，Vol. 1. London，1707. p. 58.

〔2〕　Ramelli，Agostino. *Le diversi e artificiose machine del capitano A. R.* Paris，1588；T. Beck，*Beiträge zur Geschichte der Maschinenbaues*，Kapitel 11. Berlin：Springer，1900.

论》（*Tratato di architectura*，c.
1462）的草图[1]中出现。欧洲的动
力转换装置与中国这类装置如此相
似，却比中国晚出数百年至千年，
只能说明是从中国传过去的。

**图 11—37　1588 年意大利人拉梅里（A. Ramelli）设计的
水力驱动的炼炉用手风琴式皮囊鼓风器**

B，C，D. 摇杆及曲拐　　E. 皮囊　　F. 连杆

G. 曲柄　　H. 立式水轮

引自贝克（T. Beck，1900）

然而 16—17 世纪欧洲水力鼓风
器却以先进的中国式的动力传动装
置带动落后的欧洲传统皮囊，这是
个奇怪的结合，显得很不协调，皮
囊只能间歇送风，风压不大，容易
破裂、漏气，需随时维修，耗费较
大。以新式鼓风器取代皮囊势在必
行。1757 年英国铁器制造商威尔金
森（John Wilkinson，1728 - 1805）
获得一项水力鼓风器的专利。据为
威尔金森写传的英国机械史家迪金
森（Henry W. Dickinson，1870 -
1942）提供的有关此专利机器的示
意图（图 11—38），皮囊以两个并列
的铁制活塞气泵代之，而立式水轮
通过连杆、双拐曲轴（two-throw
crankshaft）驱动气泵的活塞，达到鼓风目的[2]。这种水力鼓风器与 1298 年王祯写作的
《农书》中的"水排"很类似，唯一不同的是威尔金森用的转动装置是连杆和双拐曲轴，
而王祯介绍的水排则用若干连杆和曲柄。事实上双拐曲轴是将两个曲柄串联在一起的，与
曲柄作用无异。曲轴最早出现于 15 世纪德国军事工程师凯泽尔（Konrad Kyeser，1366 -
1405）的《战争防御》（*Bellifortis*，1395 - 1405）手稿中[3]，但未与连杆及活塞杆相连。
威尔金森将此前在欧洲和中国都用过的抽水或喷水的活塞泵用于鼓风以代替皮囊，是有创
新的，但这种压力气泵是单动的（single-acting），仍待改进。

在欧洲人试图以新式鼓风器取代传统皮囊的过程中，16 世纪传入这里的中国活塞风
箱在 18 世纪又一再亮相，不能不引起欧洲工程师的注意。首先，英国宫廷建筑师钱伯斯
爵士（Sir William Chambers，1726 - 1796）1757 年在伦敦发表二百多页的专著《中国房

〔1〕 Cf. Johannsen，O. *Filarete's Angaben über Eisenhütten；ein Beitrág zur Geschichte des Hochofens und das
Eisengusses im 15. Jahrhundert*，*Stahl und Eisen*（Berlin），1911，31：1960 und 2027.

〔2〕 Dickinson，H. W. *John Wilkinson. Beiträge zur Geschichte der Technik und Industrie*（Berlin），1911，3：
215.

〔3〕 Cf，Berthelot，M. Histoire des machines de guerre et des arts mécaniques au moyen âge；Le livre d'un
ingénieur militaire à la fin du 14ème siècle. *Annalas de Chimie et de Physique*（Paris），1900（7[e]sér.）.19：289.

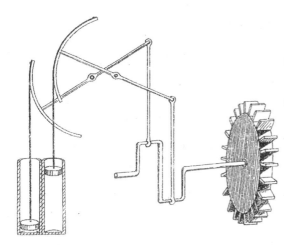

图 11—38　1857 年威尔金森的水力鼓风机
半透视图

引自迪金森（H. W. Dickinson, 1911）

屋图样，附家具、服饰、机器及用具。对其庙宇、房屋、园林等的叙述》（*Designs of Chinese buildings，furniture，machines and utensils，to which is annexed. A descriptions of their temples，houses，gardens，* etc.），向欧洲读者介绍中国建筑、园林、服饰、机器和各种生活用品。我们感兴趣的是书中绘出了中国双动活塞风箱并作出说明，将其称为"perpetual bellow"（"永动的风箱"）[1]，即能连续鼓风的风箱。按钱伯斯 1742—1744 年供职于瑞典东印度公司时，曾前往中国广州等地洽谈商务，被瑞典封为爵士。此人善绘事，公余时将在华所见房屋、器物及园林景物等绘成素描图。1748 年赴意大利及法国习建筑后，返回英国执业并供职宫廷。

与钱伯斯同时代的法国政治家、法王路易十五世（Louis Ⅳ，le Bier-Aime，1710－1774）在位时（1715—1774）主持对外事务的"亲华派"（"sinophile"）国务大臣贝尔坦（Henri Léonald Jean-Baptiste Bertin，1720－1792），仰慕中国文化，有一个中国式的办公室，内有中国家具、物品、文物及书画等物，并与在华法国耶稣会士有书信往来。其办公室及收藏室中的物品成为不少人参观造访的对象，数量多至藏品目录可写成几本书，相当一个博物馆。据巴黎地学图书馆专家布勒东·德拉马蒂尼埃（Breton Jean Baptiste Joseph de la Martinièr，fl. 1776－1841）所编四卷本《从精美图中看中国，或据已故国务大臣贝尔坦先生办公室中未发表的大部分物品原件所制能表现该帝国服饰、技术和手工业的 74 幅铜版画选集，附历史及文献解说》（*La Chine en miniature，ou choix de costumes，arts et métiers de cet empire，représéntés par 74 gravures，la plupart d'après les originanx inédits du cabinet de feu M. Bertin，Ministre，accompagnés de notices explicatires，historiques et littéraires.* 4 vols. Paris，1811）卷三所载，该卷载有活塞风箱及说明[2]。这部书又缩编成二卷本，1812 年出版。很快再从法文译成英文，1812—1813 年已出至第三版[3]。

〔1〕　Sir Chambers，William. *Designs of Chinese buildings，furniture，dresses，machines and utensils，to which is annexed. A description of their temples，houses，gardens，* etc.，London，1757. p. 13 & p. 1，XVIII，fig. 1.

〔2〕　Breton de la Martinièr，J. B. J. *La Chine en miniature，ou choix de costumes，arts et métiers de cet empire，représéntés par 74 gravures，la plupart d'après les originaux inédites du cabinet de feu M. Bertin，Ministre；accompagnés de notices explicatives，historiques et littéraires，* Vol. 3. Paris：Nepveu，1811.

〔3〕　Breton de la Martinièr，J. B. J. *China：its costume，arts，manufacture. etc. edited principally from the originals in the cabinet of the late M. Bertin；with observations explanatory，historical and literary，* Eng.，tr. 3rd ed.，Vol. 3. London，1812. pp. 10ff.

还应指出，1793 年 9 月以马戛尔尼伯爵（Earl George Macartney，1737 - 1806）为首的英使访华团在从北京前往热河谒见乾隆帝的路上，在一些熔铁炉旁看到双动活塞风箱，使团副使斯当东爵士（Sir George Staunton，1737 - 1801）在《英王使节谒见大清皇帝纪实》（*An authentic account of an Embassy from the King of Great Britain to the Emperor of Chian*，2 vols London，1797）卷二中写道：

> 欧洲锻工所使用的鼓风器是直放的，为便于鼓风，做得相当重，须用很大力气推动。中国风箱是平放的，其重量对推拉所用的力无大影响，因此操作时用力很均匀，不致过头。中国风箱形如大匣子，上面有活门，拉时里面产生真空。其对面有一开口，由活门控制，空气由此开口冲入。同理，推时借人的推力将空气从开口推挤出去。风箱内安一活塞，空气在活塞与风箱两端之间来回压缩，将风送出。这种双动风箱或永续风箱和单动风箱使用同样的力气，但作用加倍。我们很难用文字将它形容尽致。为了更好研究它的构造，我们要了一个模型带回英国。[1]

作出这一观察的应当是使团中的机械学家丁维迪博士（Dr. James Dinwiddie）。此使团访华录曾译成德文（柏林，1798）、法文（巴黎，1807）、俄文（圣彼得堡，1804）和中文（北京，1965），我们引用时，对中译文作了修改。丁维迪像钱伯斯一样将双动风箱称为"永续风箱"，并描述其工作原理。此后荷兰东印度公司使节范百兰（Houckgeast Andre Everard van Braam，1739 - 1801）1794 年来华后以法文写的《荷兰东印度公司使节 1794、1795 年谒见大清皇帝纪实》（*Voyage de l'ambassade de la compagnie des Indes Orientales Hollandaises，vers l'Empereur de la Chine，dans les années 1794，1795. 2 vols. Philadelphia，1797*）中也介绍了中国活塞风箱[2]。此书 1798 年英文版刊于伦敦[3]。

从 16 世纪到 19 世纪初中国风箱反复传到欧洲并被介绍，意味着反复向那里的技术家灌输按"双动原理"（"double acting principle"）即确保活塞在每一往复冲程中都能作出有效工作的原理制造工作机的中国先进设计理念，激发欧洲技术家按此理念研制新型工作机。如前所述，在活塞风箱中吸入和排出空气是同时交互进行的，在活塞被推或拉的每一冲程中，其一侧排出空气，而另一侧则吸入等量空气，保证连续送风。如将此风箱制成立式筒形，还能起提水唧筒作用，因中国已有了龙骨水车、高转筒车等有效提水机械，活塞风箱的提水功能未有在中国彰显，后来却在欧洲得以实现。因为欧洲过去从未有类似机械，其传统皮囊鼓风器和抽水泵都是单动的，只能间歇工作，效率只有中国机械的一半，

---

[1] Sir Staunton, G. L. *An authentic account of an embassy from the King of Great Britain to the Emperor of China* (London, 1797), Chap. 15. repr., ed. Philadelphia：B. Campbell, 1799；参见叶笃义译《英使谒见乾隆纪实》，第 15 章，商务印书馆 1963 年版，第 391 页。

[2] van Braam, HouckgeastA. E. *Voyage de l'ambassade de la Compagnie des Indes Orientales Hollandaises, vers I'Empereur de la Chine, dans les années 1794, 1795.* Vol. 1. Philadelphia, 1797. pp. 275ff.

[3] Van Braam, Houckgeest A. E. *Authentic account of the embassy of the Dutch East-India Company to the court of the Emperor of China in the years 1794 and 1795.* Vol. 2. London：Philips, 1798. p. 78.

中国机械成为欧洲人效法的对象，然而长期以来在用词上一直将中、欧构造不同的鼓风装置混淆在一起，必须予以辨别。例如英语中的 bellow、法语 soufflet 和德语中的 Blasebolg 应是西方传统的手风琴式皮囊鼓风器，但在中外字典中多与中国风箱相互对译，从而造成术语上的混乱。李约瑟已注意到这个问题，他时而将中国风箱音译为 *fêng hsiang*，时而称 box-bellows，不失为一个好办法。或者称为 piston blower，总比称为 bellow 好。

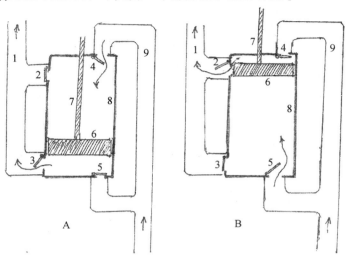

图 11—39　法国人德拉伊尔 1716 年按中国活塞风箱原理设计的双动抽水泵工作示意图

1. 出水管　2—5. 单向阀门　6. 活塞　7. 活塞杆　8. 泵筒　9. 进水管

潘吉星绘制（2008.9）

活塞风箱作为提水器的潜在功能之所以能在欧洲发挥出来，是因为 17 世纪以后欧洲城市供水和矿井排水成为必须解决的迫切问题。为此，1716 年法国巴黎科学院院士让·尼古拉·德拉伊尔（Jean Nicolas de la Hire, fl 1681－1746）在《皇家科学院研究报告》中发表《关于建造从贮水库中连续供水的水泵的研究报告》（*Mémoire pour la construction d'un pompe qui fournit continuellement d'eau dans le reservoir*），文中第一次在欧洲将中国双动活塞风箱的结构及双动工作原理应用于建造可连续供水的双动往复水泵，

为欧洲提供了全新的提水机械。他在叙述这一装置时指出，其构造非常简练而紧凑，主体是一圆筒，入水管通至圆筒两端，而提水管也装在此筒对面的两端，活塞在两个冲程均可工作，其连续提水"就像双动风箱连续鼓风那样"（de même qu'un soufflet double fait un vent continu"）[1]。从德拉伊尔的这句原话中，我们自然可看出他这台机器的设计灵感直接来自中国活塞风箱。我这里按他的叙述作出示意图（图 11—39），从图 11—39A 中可见，当活塞杆向下推进时，活塞将其下部的水经阀门 3 推至出水管，同时活塞上部形成真空，将地下水吸入进水管，经阀门 4 进入泵筒内。图 11—39B 显示，当活塞被向上提拉时，将其上部的水经阀门 2 压至出水管，同时活塞下部形成真空，将地下水吸入进水管，经阀门 5 进入泵筒。如此反复操作，活塞在两个冲程中都能将地下水不断排出。

〔1〕　de la Hire, Jean Nicolas. *Mémoire pour la construction d'une pompe qui fournit continuellement d'eau dans le reservoir*. *Mémoires de l'Académie Royale des Sciences*（Paris），1716. p. 322.

（四）中国活塞风箱西传的历史意义

　　然而驱动排水泵要靠畜力，矿主需养几十匹马，耗费财力和人力，增加排水成本。因此早自 17 世纪后半叶起，欧洲出现制造以蒸汽为工质的动力机驱动排水泵的设想。至 18 世纪初英国机工纽科门（Thomas Newcomen，1665 - 1729）将法国人帕潘（Denis Papin，1647 - 1712）以蒸汽驱动筒内活塞作功的简单装置与英国人萨弗里（Thomas Savery，1650 - 1715）以蒸汽冷凝形成真空由大气压作功的简单抽水装置组合在一起并加以改进，1712 年制成最早的可适用的雏形蒸汽机（图 11—40），其主体是

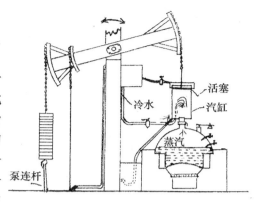

图 11—40　1712 年纽科门研制的"大气动力机"工作原理示意图

据 Matschoss（1908）及 Dickinson（1929）绘

参见林永康等：《技术史概论》（1988）

底部封闭，上部开放由活塞封闭的立式汽缸，汽缸底部与锅炉、冷凝水管及排水管相连，通过阀门控制蒸汽和冷凝水进入汽缸及从汽缸排出水。活塞杆以链条悬挂在可上下摆动的平衡横梁上，横梁另一端与抽水泵相连。蒸汽借抽水泵连杆重量推动活塞上升，再切断蒸汽，向汽缸喷入冷水，形成局部真空，外界大气又将活塞压下，抽水泵活塞被推向上作功[1]。可见在此装置中蒸汽只起辅助作用，起主要作用的是大气压，因此纽科门宁愿将其称为"大气动力机"（atmospheric engine）。因汽缸中交互放入蒸汽和冷水，忽热忽冷，热效应很低，浪费大量燃煤，因而其发展前途受阻。

　　1765 年英国机工瓦特（James Watt. 1736 - 1819）在修理纽科门大气动力机时，注意到汽缸忽热忽冷是造成热量浪费的原因，于是有了将冷凝器与汽缸分离和在汽缸上加外套使其尽力保温的革新思想。根据这一思想，他从事改造纽科门机的系列试验和理论研究，这是他在新型真正的蒸汽动力机研制方面所作出的最大的贡献。他的技术生涯大体说分为三个阶段，第一步从 1765 年起将改造纽科门机的思想付诸实践并研制具有自己特色的蒸汽动力机。经几年努力，1769 年他获得单动蒸汽机的发明专利。根据德国机械史家马乔斯（Carl Matschoss，fl. 1873 - 1945）和英国机械史家迪金森（Henry W. Dickinson）的描述和提供的图解（图 11—41）[2]，锅炉 1 与具有保温外套的汽缸 2 相连，汽缸顶部封闭，活塞杆 3 与悬挂的可摆动的平衡摇杆 9 的一端相连，摇杆另端与地下水泵活塞杆相连。汽缸底部有管道经进气阀 5 与冷凝器 7 相通。当蒸汽从锅炉进入汽缸上部后，驱动活

　　〔1〕 Wolf，Abraham. *A history of science，technology and philosophy in the 18th century*，2nd revised ed. by Douglas Mackie（1st ed. 1938）. London：Allen & Unwin Ltd.，，1952. pp. 612－614. 参考周昌忠等译《十八世纪科学、技术和哲学史》下册，商务印书馆 1991 年版，第 733—734 页。

　　〔2〕 Matschoss，C. *Die Entwicklung der Dampfmachine*，Bd，1. Berlin，1908. s. 304.；Dickinson，H，W. Thomas Newcoman und seine Dampfmachine. *Beiträge. zur Geschichte der Technik und Industrie*（Berlin），1929，19：139－141.

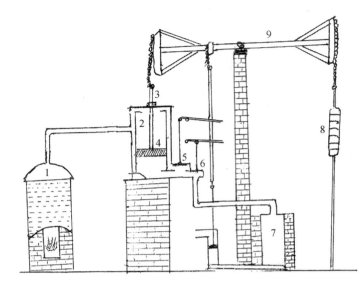

图 11—41　1776 年瓦特工厂出品单动蒸汽机工作示意图

1. 锅炉　2. 汽缸　3. 活塞杆　4. 活塞　5. 平衡阀
6. 阀门　7. 冷凝器　8. 平衡锤　9. 平衡摇杆

据 Matschoss（1908）提供的图绘出

塞下行作功。活塞下部事先进入的蒸汽被挤压至冷凝器冷凝，形成负压，也使活塞继续下行，活塞杆拉动摇杆 9 左部下落，促使摇杆右端上行，使地下水泵活塞杆上升而抽水。汽缸内活塞降至最下部时控制平衡阀 5，使活塞上下蒸汽压力保持平衡，借摇杆右端所悬平衡锤 8 的作用，使缸内活塞杆自由上升，将地下水泵中水压出地上。

从上述可知，1769 年瓦特机活塞只在一次冲程中作功，因而是单动蒸汽机，且只给出直线往复运动的动力。它与纽科门机的不同是，以蒸汽为工质，节省燃料达 3/4，而且功率更大，因此能为用户所接受，由矿业主用于井下排水、吸取盐水，或冶金厂主用于熔炉鼓风。单动蒸汽机受结构限制只能带动水泵间歇抽水或气泵间歇送风，仍不够理想。瓦特第二个奋斗目标是按双动原理研制双动蒸汽机（double acting steam engine），将单动机工作效率提高一倍，1782 年他获得双动机的发明专利。其方法是在汽缸内的活塞的上下或左右两边交互进入和排除蒸汽，使它在每一冲程中都能作功[1]。据苏联物理学史家库德里亚夫采夫（П. С. Кудрявцев，1904—1983）在《物理学史》卷一（История физики，том I，1957）提供的图解（图 11—42）[2]，蒸汽从锅炉 H 经阀门 r 进入汽缸 F 上部，推动活塞 P 下降，乏汽（exhaust steam）经阀门 S_1 被排入冷凝器 C 中，冷凝后形成负压。与此同时，锅炉蒸汽经阀门 S 进入汽缸内活塞下部，将活塞向上推，乏汽经阀门 r_1 被排入冷凝器中形成局部真空。活塞的往复运动通过活塞 R 将动力传递出去。1783 年造出第一批样机。

由此可见，瓦特的机身是按 16 世纪传入欧洲的中国双动原理制造的。在他以前 1712 年法国人德拉伊尔以中国活塞风箱为蓝本设计双动抽水泵，但以畜力驱动。瓦特双动蒸汽机在结构原理上与德拉伊尔水泵和中国风箱非常类似，但以蒸汽为动力。因此美国机械史家尤班克（Thomas Ewbank，1792 - 1870）博士作了比较研究后于 1842 年作出结论说：

〔1〕 Dickinson, H. W. *James Watt*, *craftsman and engineer*. Cambridge：Cambridge. University Press, 1936. p. 123；A. Wolf, *A history of science*, *technology and philosophy in the 18th century*, 2nd revised ed. by Donald Mackie. London：Allen & Unwin, 1958. pp. 622—624.

〔2〕 Кудрявцев, П. С. *История физики*, том 1. Москва：Государственное учебно-педагогическое издательство, 1956. стр, 271.

最完善的鼓风机和水泵的各种现代改进型杰作，都是中世纪中国活塞风箱的"复制品"。(The most perfect blowing-machine, and the chef d'oeuvre of modern modification of the pump are the 'facsimiles' of the medieval Chinese piston bellows.)[1]

从本文提供的相关机械示意图（图11—35，图11—38及图11—41）中就可看出尤班克的结论是有根据的。所不同的是，在风箱中，外面的动力施于活塞，通过活塞向外送气；在蒸汽机中，外面蒸汽冲向活塞，通过活塞向外输出动力。将风箱的功能倒过来，工质由空气改为蒸汽，就成为蒸汽机。实现这一颠倒和改变是很容易作到的，料想1757年英国宫廷建筑师钱伯斯在伦敦发表详细介绍中国活塞风箱及其结构功能的作品，必使瓦特产生深刻印象，使他从中吸取双动机的设计灵感。

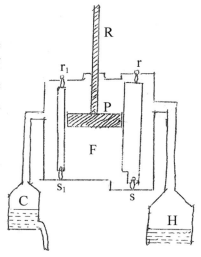

**图11—42　瓦特1782年设计的
双动蒸汽机构造及
工作原理示意图**

R. 活塞杆　P. 活塞　F. 汽缸
r, r₁, s, s₁　阀门　H. 锅炉
C. 冷凝器　潘吉星绘制，
参考 П. С. Кудрявцев（1957）

瓦特制成双动蒸汽机后，不满足只驱动抽水泵和鼓风机，还想使它能驱动更多类型的工作机，从而成为"universal engine"（"多用动力机"）。在他以前，1588年意大利人拉梅里设计的水力鼓风器利用15世纪传入欧洲的中国发明的动力转换系统，将水轮的旋转运动转换成直线往复运动，驱动皮囊鼓风。1757年英人威尔金森将水轮以连杆与串联的两个曲柄（双拐曲柄）相连驱动两个单动气泵鼓风。不难看出，如果将动力转动方向倒过来，利用同样装置就可将直线往复运动轻易转换成旋转运动。瓦特正要将这想法付诸实践时，不料他的本国同行皮卡德（James Pickard, fl. 1740 - 1810）抢先一步，1780年注册一项专利，将偏心曲柄连杆与蒸汽机连接，将往复直线运动换成旋转运动[2]。未得专利权人同意，瓦特不能使用此装置，于是他不得不以"太阳和行星齿轮"（Sun-and-planet gear）传动系统代之[3]，但此系统效率不佳，直到1794年皮卡德专利期满后，瓦特才将曲柄传动系统与双动蒸汽机相连，实现"双动"与"多用"两个设计理念的结合。其传动系统在形态上与1298年王祯描绘的水排动力传动系统相似，只是方向相反。李约瑟在谈到王祯介绍的水排时写道：

---

〔1〕　Ewbank, Thomas. *A descriptive and historical account of hydraulic and other machines for raising water, ancient and modern*, 2nd ed., New York：Scribner, 1847（1st ed., 1842）. pp. 247ff, 250.

〔2〕　Dickinson, H. W. *A short history of the steam engine*, 2nd ed. A. E. Musson. London：Cass, 1963（1st ed., Cambridge, 1939）. pp. 80ff.

〔3〕　Willis, Robert. *Principles of mechanism*, 2nd ed. London：Longmans Green, 1870. p. 373.

我们在这里看到在一个重型机械中用古典方法将旋转运动转换成直线往复运动，而这也是后世蒸汽机所特用的方法，只不过动力转换在相反方向进行。因而这一机械装置（水排）的重大历史意义在于它与蒸汽动力［机］有形态上的父子关系。（Thus the great historical significance of this mechanism lies in its morphological patenty of steam power. ）[1]

瓦特技术生涯第三个阶段（1785—1800）是与工业家博尔顿（Mattew Boulton，1728－1809）合作，在伯明翰市（Birmingham）经营索霍机械厂（Soho Engineering Works）大批生产商用蒸汽机。从英国蒸汽机专家法里（J. Farey）1827 年发表的《历史性、实用性及叙述性蒸汽机概论》（*A treatise on steam engine*，*historical*，*practical and descriptive*. London，1827）所提供的索霍厂产品样图（图 11—43）可见瓦特机组全貌[2]。由于双动机活塞在往复行程中都能作功，于是原先设置的平衡摇杆和平衡锤便成多余之物，可将其拆除，对机组瘦身，将活塞杆直接与传动系统连接，而汽缸也做得更加小巧。机组用于纺织、磨粉、造纸、皮革、酿造、煤炭和冶金等工业，后又用于造船、机车等生产，从而掀起了工业革命，改变了世界的面貌。瓦特无疑在研制蒸汽机方面作出重大贡献，其所以如此，是因为他吸取了东西方各国前人的技术成果。蒸汽机的产生和完善是一个漫长的历史进程，东西方各民族其中包括希腊人、中国人、意大利人、德国人、法国人和英国人都为此作出各自贡献，因此恩格斯（Friedrich Engels，1820－1895）在《自然辩证法》（*Dialektik der Natur*）中写道："蒸汽机是第一个真正国际性的发明"[3]。而传入欧洲的中国活塞风箱所体现的双动原理和水排中使用的直线运动与旋转运动相互转换的传动系统，无疑在促使蒸汽机组的成功研制过程中起了关键作用。

西方机械史家都承认双动原理和传动系统是蒸汽机组得以建成和工作的核心要素，但其中多数人不知道或不承认这两项核心要素都有足够证据可以证明是中世纪中国的发明。而他们则视而不见，却对从古到今西方人的先驱工作如数家珍，一个不漏地载入功劳簿中，唯独没有一位中国人的名字。这样做是有失客观和公道的。针对这种情况，19 世纪美国机械史家尤班克博士谈到中国风箱时不无感慨地指出：有技术智慧的中国人在好几个朝代里一直使用活塞风箱，在世界史中是没有先例的。由于欧洲列强侵略，使中国衰弱，尽管自负的欧洲人有意贬低华人的贡献，但是

[1] Needham, Joseph. *Science and Civilisation in China*，Vol. 4，Chap. 2，Mechanical Engineering Volume，Cambridge University Press，1965. p. 371.

[2] Farey. J. *A treatise on the steam engine*，*historical*，*practical and descriptive*，London：Longman，1827；В. В. Даниловский. *Очерки истории техники в* 18－19 *веках*，глава 2，секция 8. Москва-Ленинград，1934.

[3] Engels, Friedrich, *Dialectics of nature*，translated from the German *Dialektik der Natur* by Clemens Dutt，148. Moscow：Foreign Languages Publishing House，1954；《马克思恩格斯全集》卷 20，人民出版社 1971 年版，第 450 页。

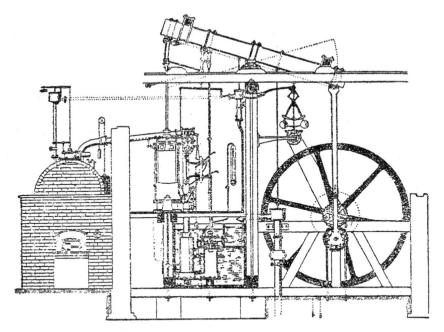

图 11—43　1787—1800 年英国伯明翰城索霍（Soho，Birmingham）
工厂生产的瓦特双动蒸汽机示意图

引自 Farey（1827）

　　仍有证据说明中国人在某些技术上的长处是不可超越的。中国人很像古代埃及人，在一些有用技术方面一直是欧洲人的老师，但学生们像过去的希腊人那样，声称他们自己拥有许多发明，却常常拒不承认引导出这些发明的源头。只要一谈到印刷术、航海罗盘和火药这些例子，就会看到我们这个看法属实。在中国人的风箱中我们认识到这个民族在发明方面所特有的创造才能和创新精神。[1]

　　尤班克说得好，欧洲人从中国人学到印刷术、航海罗盘、火药技术后，经过改进便将老师忘得一干二净，声称这些技术是欧洲的"独立发明"，拒不承认这些发明的中国源头。对蒸汽机而言，他们也犯了同样的选择性健忘症。因此我们需要以中、西史料为依据把被遗忘或拒不承认的蒸汽机前史中杜诗、王祯等中国人所作出的相关贡献公之于世，还历史本来面目。事实证明，中国人为 18 世纪双动蒸汽机的诞生作出了起决定性作用的先驱工作，人们在享受工业革命成果时，应当饮水思源。

----

　　[1] Ewbank，Thomas. *A descriptive and historical account of hydraulic and other machines for raising water，ancient and modern*，2nd ed.，New York：Scribner，1847（1st ed.，1842）. pp. 247ff. 250.

第十二章 造船与航海

一 中国造船技术中的重大发明及其西传

（一）中国船尾舵的发明

中国位于太平洋西岸，海岸线长达一万八千多公里，是世界上海岸线最长的国家之一，也是一个重要的航海大国。在汉代打开通向中亚、西亚的陆上丝绸之路同时，为拓展新的商路，还开辟经南海、印度洋以至波斯湾的海上丝绸之路。《后汉书》（450）卷一一八《西域传》载，永元九年（97）西域都护使班超（32—102）遣副使甘英至条支（今叙利亚），面临大海（地中海），时大秦国（罗马帝国）与安息（波斯）、天竺（印度）交市海中（印度洋），其王欲通使于汉。延熹九年（166）大秦王遣使自海上来京城洛阳进献方物[1]。2世纪罗马帝国史家弗罗鲁斯（Lucius Annaeus Florus）据史家利维（Titas Livius，59B. C.—A. D. 17）《罗马人编年史》（Annals of the Roman People）所编成的罗马史纲卷四载，奥古斯都（Augastas or Gaius Octavius，63B. C.—A. D. 14）帝在位时（27B. C.—A. D. 14），有中国人不远万里前来罗马，献珍珠、宝石［及丝绸］等物，希望建立友好交往关系[2]。此事不见中国史册，恐非汉成帝或新莽所遣使节所为，而是汉代下海商人所作的海上冒险。汉代还与朝鲜半岛与日本列岛有海上往来。

汉代造船与航海事业有新的成就，是从事远洋贸易活动的技术保证。造船方面重大成就是船尾舵（stern rudders）的发明和使用，这是一种控制船的航向，使之操纵灵活的船上工具。在无舵时期航行在水域上靠多人摇桨（puddles）控制航向，既费力又不灵便，遇有紧急情况，如遇到海上礁石或迎面驶来的船舰，需急速调转船向时，便无能为力，因此船体不能造得太大，载重量不能大，航线不能过长，只在近陆海面行驶，限制了远洋航海的发展。有了舵以后，情况就根本改观了。舵古称柁（duò），汉人刘熙（66—141 在

---

〔1〕（刘宋）范晔：《后汉书》卷一一八，《西域传》，二十五史本第 2 册，上海古籍出版社 1986 年版，第 1057 页。

〔2〕Yule, Henry. *Cathay and the way thither*, 2nd ed, Vol. 1. London：Hakluyt Sociéty, 1913, p. 18, note 1；张星烺：《中西交通史料汇编》第一册，两汉时代中、欧交通，北平：京城印书局 1930 年版，第 29 页。

世)《释名·释船》条(约100)载,"其尾曰柁。柁,拖也。……弼正船,使顺流,不他戾也"[1]。照此解释,舵是设在船尾可拖曳的部件,其功能是调整船的航向,使不偏离航线。但其形象如何,古书记载较少。1955年在对外贸易港口广州市东郊东汉(1世纪)砖室墓中出土一船体陶制模型,其尾部清楚可见装有尾舵[2](图12—1),舵面比桨叶面积宽很多。李约瑟观看原物后绘出素描图(图12—2)[3],有助于我们了解其形制,可见距今二千多年前中国已发明并使用了尾舵控制航向。

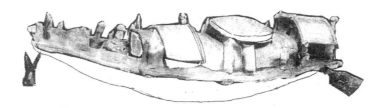

图 12—1　1955 年广州东汉(1 世纪)墓出土的有尾舵的陶船体模型

广东博物馆藏

最早出现的舵似乎还不是沿竖直的舵杆轴线转动,而靠拖曳,但已与桨不同了。汉以后舵的结构不断改进,至唐宋时已趋成熟,唐代任广文馆博士的画家郑虔(705—764)所绘山水画中的船已出现有垂直轴线的轴转舵(axial ruddles),北宋画家张择端(1076—1145在世)《清明上河图》(1125)描绘的船上出现舵的升降绳索和绞车,说明是一种平衡的轴转舵[4],西方此后一千年才有这种装置。将舵与帆配合使用,可使航船在海上航行时,根据现场变化多端的情况随时调转船头,避开风险,因而船可造

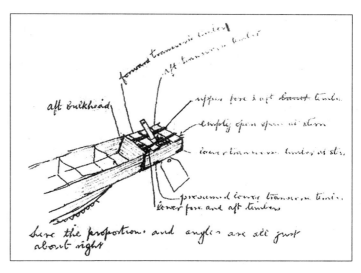

图 12—2　李约瑟 1958 年观看 1 世纪墓出土船体模型时对尾舵所绘的草图

引自 Needham(1971)

〔1〕(清)王先谦:《释名疏证补》,上海古籍出版社 1984 年版,第 380 页。

〔2〕广州文物管理委员会:广州市郊汉砖室墓清理纪略,《文物参考资料》1955 年第 6 期,第 61—76 页。

〔3〕Needham, J. et al., *Science and Civilisation in China*, Vol. 4, Chap. 3. Cambridge University Press, 1971. pp. 649—651.

〔4〕金秋鹏:《中国古代的造船和航海》,中国青年出版社 1985 年版,第 46—53 页。

得大些以增载重量，航线可以更长些，作远洋航行。舵的操纵比桨灵巧，船行至浅水区或岸边，可以绞车缆绳将大舵升起，免遭船被碰坏，船行至深水区再将舵放下。舵手成为保证航行安全和航线准确的关键，因此人们常讲"大海航行靠舵手"。西方海船因无尾舵而只有尾桨，因而 13 世纪以前载重只限于 50 吨以内，且航速缓慢[1]，而中国唐代海船可长达 20 丈（62m），载六七百人，载货万斛，则载重量当在 100 吨以上。

在船的推进装置桨之外，中国从汉代起又出现了橹（steering-oars），这是比桨效率更高的推进装置。《释名·释船》条解释说："在旁曰橹，……用膂力然后舟行也。"就是说用腰力摇橹可使舟行。划桨是借其产生的反作用力推动船前进，但桨叶入水划动后，需离水面再次划动，因而间歇推动舟行，不能连续做功。橹外形像桨，但比桨大，以支纽支撑左右摇摆，产生的升力推动船前进，因是连续做功，故效率高，又省力，是对造船技术发展的重要贡献[2]。前述 1125 年《清明上河图》就绘有六人摇橹图。橹作为辅助推进工具与帆长期并存，海船进入无风带时仍靠摇橹，大船进出港口也要以橹节制进退。中国凭借先进造船技术，至唐宋时已成为世界上的航海大国。据唐代地理学家贾耽（730—805）《皇华四达记》所述，当时中国与外国交往有七条海上路线，包括从今广州出发经越南、马来半岛、印度尼西亚，再横渡印度洋，经斯里兰卡、印度沿海到波斯湾的阿拉伯半岛，最后到东北非的海上丝绸之路[3]。在没有出现指南针以前，主要借定量的天文导航手段确定船在海上的航行方向和位置，最简便的方法是测量各地北极星或南天方位星的出地高度（polar altitudes）和出没方位以定船在海中的地理纬度。

中国巨大的远洋船到波斯湾或红海港口时，给当地的阿拉伯人留下深刻印象，海船是如此之大，以致无法驶入口岸，只好停泊在附近海面，再由小船卸货运到码头上。中世纪摩洛哥著名旅行家伊本·巴图塔（Muhammad ibn-Abdullah ibn-Battútah，1304—1377）1355 年用阿拉伯文写的游记《异域奇游胜览》（*Tuhfat an-muzzār fi gharaib al-amsar wa'adjaib al-asfar*）简称《游记》（*Rihlat*），书内中国游记部分对中国船舶作了专门介绍。此书有各种西文版本，互有异同，较好版本为德费雷梅里（C. Defrémery）及桑吉内蒂（B. R. Sanguinetti）的法文译本《伊本·巴图塔游记》（*Voyages d'Ibn Battútah*，5 Vols，1853—1859）及塞缪尔·李（Samuel Lee，1783—1852）的英译本（*The travels of Ibn Battutah*，1829），中国国内现可见张星烺[4]及马金鹏[5]两种汉译本，张译较准确，但所据英文底本（Yule 本）有遗漏，马译本底本为 1934 年开罗出版的阿拉伯文本，没有参考西文本，且汉译文有错误。因此笔者决定参考上述法、英文译本将这段话重新译

---

〔1〕 Needham, J. et al. *Science and Civilisation in China*，Vol. 4，Chap. 3. Cambridge University Press，1971. p. 628.

〔2〕 席龙飞等主编：《中国科学技术史·交通卷》，科学出版社 2004 年版，第 62—63 页。

〔3〕 （宋）欧阳修：《新唐书》卷四十三下，《地理志》，二十五史本第 6 册，上海古籍出版社 1986 年版，第 425 页。

〔4〕 张星烺：《中西交通史料汇编》第三册，《中国与非洲之交通》，北平：京城印书局 1930 年版，第 131—134 页。

〔5〕 马金鹏译：《伊本·白图泰游记》，宁夏人民出版社 1985 年版，第 490—491 页。

成汉文，如有不妥，欢迎读者示正。

伊本·巴图塔指出，当时在印度与中国之间通航皆操于中国人之手。接下写道：

> 中国船舶有三种，最大者称为"船"（jonq），中等大小者为"舟"（zaw），最小者为"舸"（kakam）。较大船有十二帆，较小者只有三帆。帆皆以竹片编成席状，水手在行船时从不落帆，只是根据是否刮风而改变帆的方向。当船抛锚时，帆仍挂起。每只大船有一千人工作，内有水手六百人和船员四百人，其中包括配盾的弓弩手和火箭手。每一大船后随行有三小船，各为"半大"（nisfi）、"三分大"（thoulthi）及"四分大"（roubi）的小船。这些船只造于泉州（Zayton）或广州府（Sin al-Sin）。造船方法是，以极厚的木板架起两个平行的船壁（船壳），在其中间装入厚木板（船舱板），以大钉纵横钉牢，每钉长三腕尺（cubit，共 0.45 米）。船壳造好后，装入下面的甲板，在上面的活儿完成前，船即下水。近水线的船体部分以木板隔成船员用的盥洗间及厕所。船舷一边有像桅杆那样大的橹（oars），由十至十五人站着划橹。这些船有四层甲板，每层有客商用的房间和花厅，某些"住室"（misrya）有食品柜和厕所，门都可上锁，钥匙由使用者保管……船上有些地方还以木桶种植花草、蔬菜和姜。

巴图塔关于中国船的介绍，与同时期来华的意大利旅行家马可波罗（Marco Polo，1254—1324）游记（1299）中的相关报道[1]可互相补充，巴图塔提到中国发明的橹，这是阿拉伯文献中最先记载，有的汉译本译作"桨"[2]，是不正确的。他更指出中国船帆由篾席做成，比同时期欧洲或阿拉伯船帆更大，能利用任何季节风，且无需经常起降。更重要的是，中国海船船体和载重量非常之大，且航行安全、航速快，因此来东亚贸易的阿拉伯商人都愿租乘中国船搭载货物。巴图塔还隐约提到中国发明的水密隔舱，但马可波罗已明确介绍了，且谈到保证船各部件木材接缝处不漏水的方法。阿拉伯港工或乘客必定对中国远洋船的改变航向的装置轴转舵惊叹不已，必设法探求其中奥秘加以仿制，巴图塔书中虽未曾特别介绍，但在他以前，此装置早已从中国引入阿拉伯地区了。也许他认为这对穆斯林世界而言已习以为常了。

（二）中国船尾舵在阿拉伯和欧洲海船上的应用

最早介绍船尾舵的阿拉伯作者是穆贾达西（Abu Bakr al-Bannā al-Bashāri al-Muqaddasī），据意大利科学史家米里（Aldo Mieli，1879—1950）的研究，这位 10 世纪阿拉伯地理学家在 985 年成书的《气候知识之最佳区分》（*Ahsan al-tāqāsīm fi ma'rifat al-aqālim*）中谈到在红海航行时有一段话值得注意：

---

〔1〕李季译：《马可波罗游记》，上海：亚东图书馆 1936 年版，第 261—262 页。

〔2〕马金鹏译：《伊本·白图泰游记》，宁夏人民出版社 1985 年版，第 491 页。

从库尔兹姆（al-Qulzum）下航至贾尔（al-Jār），海底遍布巨大礁石，使这一带海上航行最为困难，为此只好在白天航行。船长站在船的最高处，不停地注视海面，两位侍从站在他的左右两侧。当发现礁石时，船长立即呼唤其中一名侍从，让他大声对舵手（timonier）给出提示，舵手听到呼叫后，按照方向拉动持在手中的两根绳索中的一根，使船向左转或向右转［以避开礁石］。如果不采取此预防措施，船体就有可能发生因触礁而被撞破的危险。[1]

这段话还有兰金（G. S. A. Ranking）和阿祖（R. F. Azoo）提供的英文译文[2]可资参考。李约瑟读到这段话时强调指出，穆贾达西谈到舵手手中所持绳索，从技术上看不可能是系在尾橹（steering-oars）上的绳索，因橹非一人之力所能操纵，通常需数人至十数人才能划动，因而此处所说的绳索必与以绞车控制的轴转舵（tackle-controlled axial rudders）密切相关[3]。我们完全同意这一判断，而轴转舵在阿拉伯水域中一直持续用到近代，18 世纪还有欧洲人描述一些阿拉伯帆船上精巧的以绞车控制的尾舵。因而阿拉伯造船业至迟在 10 世纪已在船上安装了尾舵。尾舵的实物形象见于 1237 年一巴格达写本中的著名插图，取自哈里里人阿卜·穆罕默德·卡西姆（Abū Muhammad al-Qāsim al-Harīrī，1054—1122）以韵语写成的《历史轶事》（Magāmāt）中，图上清楚绘出阿拉伯船上有侧向控制的舵，此书现藏巴黎国家图书馆（BN MS Ar 5847）[4]（图 12—3）。普莱斯顿（T. Preston）将书中文字部分译成英文[5]，与此极为类似的插图还见于阿拉伯船船长拉胡尔姆兹（Buzurj ibn Shahrīyar al-Ramhurmuzī）953 年写的《印度奇闻》（Ajā'ib al-Hind）中[6]。此书年代比前述穆贾达西的地理书还早 32 年，就是说，中国尾舵传入阿拉伯地区可提早到 10 世纪前半叶。

当中国和阿拉伯海船借轴转舵驱动在太平洋和印度洋上穿梭行驶时，欧洲人还不知舵为何物，仍借多人划桨的古老方法活动在近海地区，使用舵的时间相当之晚。有关文献及实物资料也不多，以致难以定出确切起始年代。1840 年法国人雅尔（A. Jal）在《海洋考古》（Archéologie navale，2 Vols，Parīs）一书中首先指出，尾舵或轴转舵于 13 世纪初始在欧洲出现，因当时还没有发现比此时间更早的证据。现存欧洲最早的绘有船尾舵的书籍插图，是在波兰布雷斯劳（Breslau）城发现的 1242 年《方济各会士亚历山大写的默示

---

〔1〕 Needham, J. et al. *Science and Civilisation in China*, Vol. 4, Chap. 3, Cambridge University Press, 1971. p. 652.

〔2〕 Ranking, G. S. A and R. F. Azoo (tr.). al-Muqaddasī's *Ahsan al-taqāsim fi marifat al-aqālim* (*The best divission for the knowledge of the climates*), Culcutta: Asiatic Society. 1897—1910, p. 16.

〔3〕 Needham *op cit*, Vol. 4, Chap. 3. p. 652.

〔4〕 Ibid., p. 651.

〔5〕 Preston T. (tr.). *Makamat or Historical anecdotes of al-Harīrī of Bosra*. London: Madden & Parker 1850.

〔6〕 van der Lith, P. A. and L. M. Devic (tr.). *Le livre des merveilles de l'Inde*. Leiden: Brill, 1883. p. 91.

图 12—3　哈里里人阿卜·穆罕默德·卡西姆（Abū Muhammad al-Qāsim al-Hariri）1237 年手稿中所绘阿拉伯航海船尾部的轴转舵
巴黎国家图书馆藏稿（BN Paris, MS Ar. 5847）

录》（*Alexandri Minoritae Apocalypsis*）拉丁文注本[1]，德国人舒尔茨（Alwin Schultz）对该图制版重刊[2]。1938 年法国人诺埃泰（Lefebvre des Noëttes）在"舵的历史"（*L'Histoire du gouvernail*）一文内引 1263 年英国林肯伯爵（Earl Lincoln）拉丁文手稿中一段话，其中提到对"有桨船"（navi cum handerother）及"有舵船"（navi cum helmerother）征收差额入港税[3]。

以上材料为雅尔的观点提供了佐证，随着研究的深入，新史料又不断被发现，其中最重要的是，1180 年比利时西南图尔内（Tournai）城的工匠在洗礼盘上雕刻的圣经人物故事图中的有尾舵的船（图 12—4），此物现存于比国泽德尔赫姆（Zedelghem）城，同样物还存于英格兰南部城市温切斯特（Winchester），从而将舵在欧洲出现的时间又提前到 12 世纪末。李约瑟认为 1180 年是船尾舵引进到欧洲的时间上下限转折点，寻找在此前的任何证据，都证明是不可信的[4]。据挪威学者瑟尔韦尔（C. V. Soelver）的研究，舵最初出现于北欧海盗船上，北欧人最初将长船上的尾桨装在枢轴上，最后将桨作成舵的形状，以绞车挂在船上，这就是用于航海的雷贝克（Rebaek）型的船[5]。舵可能是在十字军东侵期间于 12—13 世纪之际从阿拉伯地区引进的。

进入 14 世纪舵在欧洲已较普遍，1309 年地中海中的船已有了舵，1303 年英语中出现"ludder"（"舵"）这个专门术语，此词还兼有"领导者"之含义。法语 gouvernail 亦兼有舵及领导之两重含义。15 世纪的葡萄牙海船装上舵后，载重量倍增，可进行远洋航行，其重要性与磁罗盘一样。西班牙和葡萄牙船队因配备有舵与磁罗盘，才能完成绕道非洲南端通向印度的新航路和美洲新大陆的地理大发现。但欧洲船上采用中国平衡式轴转舵却相

〔1〕　des Noëttes, R. J. E. C. Lefebvre. *De la marine antique à la marine moderne*; *La révolution du gouvernail*. Paris: Masson, 1935. fig. 75.

〔2〕　Schultz, Alwin. *Das höfische Leben zur Zeit der Minnesinger*, 2nd ed. Bd. 2. Leipzig: Hirzel, 1889. S. 335. fig. 149.

〔3〕　la Röerie, G. *L'histoire du gouverhail*, *Revue Maritime* (Paris), 1938, (219): 309; (220): 481.

〔4〕　Needham, J. et al. *op cit.*, Vol. 4, Chap. 3. p. 637.

〔5〕　Sølver, C. V. *The Rebaek rudder*. *Mariner's Mirror*, 1946, 32: 115.

当迟缓，直到1790年英国斯坦霍甫（Charles Stanhope，1753—1816）勋爵的各项发明中才出现"均势舵"（equipollen rudder）[1]，此后1819年得到发展，最早具有近代平衡舵的船是1843年"大不列颠（"Great Britain"）号船"[2]。

（三）水密隔舱在中国的发明及其西传

中国古代在造船方面的另一重大发明是水密隔舱（water-tight compartments），即将船底部舱区分割成若干密闭的间隔，里面可以载人载货。当船在海洋或江湖上行驶时，如果船体某个部位受损，则漏水只限于一个船舱内，船照样可以前进，而不致沉没。水密隔舱是保障安全航行的有力措施。如果船身只有一个大船舱，虽然能运载更多更大的负荷，且制造相对容易，省工省料，可是一旦在大海中触礁或撞出破洞，海水便一涌而入舱内，仍难免船体沉没，整个船上的人便葬身鱼腹。与其他利害得失相比，保证航行人员生命安全毕竟是头等大事，否则就因小失大。据造船史家席龙飞的研究，水密隔舱出现在4世纪初的东晋，由起义军将领卢循（约372—411）最先用于造船实践中[3]。

图12—4　1180年比利时工匠在洗礼盘上刻出的有尾舵的船

引自 Joseph Needham（1971）

唐初学者欧阳询（557—642）《艺文类聚》（624）卷七十一引晋人《义熙（405—418）起居注》曰："卢循新造八槽舰九枚，起四层，高十余丈。"所谓"八槽"即将船体以水密舱壁分隔成八个舱，因此他建造的是下有八个水密隔舱、舱上有四层楼的巨型战舰。《晋书》（635）卷一百《卢循传》载，卢循（约372—411）字于先，范阳涿（今河北涿县）人，从孙恩聚众起义，元兴元年（402）孙恩被晋军击败，赴海自沉，其余众推卢循为统领，三年（404）卢循泛海克番禺（今广州），因此可以推定他造四层有水密隔舱战舰的时间当在402—404年。从此以后，水密隔舱为历代造船厂所普遍使用，成为中国传统造船

〔1〕Cuff, E. *The noval inventions of Charles*, *Third Earl Stanhope*（1753—1816），*Mariner's Mirror*, 1947, 33: 106.

〔2〕Needham, J. et. al. *op cit*, Vol. 4, Chap. 3. p. 655.

〔3〕席龙飞、杨熺、唐锡仁主编：《中国科学技术史·交通卷》。科学出版社2004年版，第58、85页。

技术所遵循的基本理念。尤其较大型江河船及远洋海船，必须有水密隔舱，已为各地的考古发掘所证实。

　　1973 年 6 月，江苏省如皋县蒲西乡发现一唐代木船，长 18m，宽 2.58m，深 1.6m，首部至尾部分为九个舱（图 12—5），船底板厚 80—120mm。这是一艘单桅运输船，据估算其排水量约为 33—35 吨，载重量达 20—25 吨。随船所出器物多为唐代越窑系瓷器，船工更遗下开元通宝铜钱，考古学家认为此船年代约在高宗即位后，即公元 750 年，造于初唐。船底以整木榫接，隔舱板以铁钉钉成，以桐油、石灰捻缝[1]。第 6—8 舱为生活舱，其余为货舱。1974 年夏，福建省泉州湾后渚港出土一艘南宋航海货船，只残留底部，船长估计为 30m，宽 10.2m，排水量 454 吨，含 13 个水密隔舱[2]，据研究，这是由南洋返航的远洋船，1277 年因战乱而沉没于泉州湾。为研究中国远洋船构造提供实物资料。

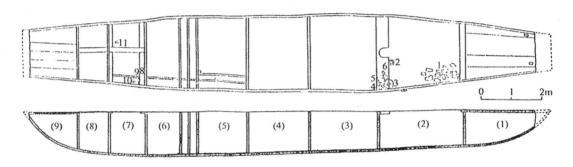

图 12—5　1973 年江苏如皋出土的 750 年造有九个水密隔舱的江船

船长 18m，最长的船舱 2.86m

引自《文物》1974（5）：85

　　元代时来中国旅居的意大利旅行家马可波罗（Marco Polo，1254—1324）1299 年在其游记中介绍往来于印度洋的中国航海大船时写道，各船根据容积大小不等，可容一百至三百人，甲板下有以厚板隔成的船舱，木板以榫接合，钉以铁钉，再以石灰、麻絮和一种树上所取得的油（桐油）混合物捻缝，比欧洲用的沥青黏性更强。隔舱数目不等，多至十三个，船舱隔得严密，一个舱因撞破漏水，并不影响其余的舱，可将货物移至另外船舱[3]。在这里，马可波罗那样早就向西方人清楚地传达了中国海船设有水密隔舱及其优越性的信息。此后 1444 年另一出访阿拉伯地区、印度和东南亚的威尼斯旅行家尼哥罗·孔蒂（Nicolò de Conti）在其旅行记中再次介绍中国海船时写道："这些船由一些舱室构

　　〔1〕南京博物院：如皋发现的唐代木船，《文物》1974 年第 5 期，第 84—90 页。
　　〔2〕泉州湾宋代海船发掘报告编写组：泉州湾宋代海船发掘简报，《文物》1975 年第 10 期，第 1—8 页；泉州湾宋代海船复原小组：泉州湾宋代海船复原初探，《文物》1978 年第 10 期，第 28—35 页。
　　〔3〕Moule，A. C & Pelliot，Paul（tr&annot）. *Marco Polo，The description of the world*，Vol. 2，Chap. 158. London：Routledge，1938；Komroff，Manuel（ed）. *The Travels of Marco Polo*，Vol. 3，Chap. 1，New York，1932.

成，这样做以后，如其中一个破了，其他舱室还可维持并完成航行。"[1]

英国科学史家李约瑟博士指出，中国有关水密隔舱的造船技术思想早已传入欧洲，但在近五百年内未能付诸实践，直到 18 世纪最后几个十年间，水密隔舱在欧洲仍只是个束之高阁的构想，虽然这一时期提到此事的文献总是提醒人们中国船中使用的先例[2]。例如美国开国元勋、著名科学家富兰克林（Benjamin Franklin，1706—1790）1787 年写了一封有关美、法两国间邮船计划的信，其中说："由于这些船并不装满货物，其货舱可以很方便地按中国方式分成一些单独舱，将舱缝塞紧，以免进水。万一有一个船舱漏水［其余船舱仍完好无损］……众所周知，这对乘客来说是莫大鼓舞。"[3] 富兰克林在《航海观察》（*Maritime Observations*，1788）一书 p.301 中也发表了同样见解。

但富兰克林的设想直到 18 世纪末才得以实现。因为按中国模式建水密隔舱，势必改变欧美传统造船模式并额外增加投资，而造船厂家不愿改变其长期习惯，也怕造出的新船卖不出去。这种情况在 1795 年发生了变化，欧洲人决定放弃传统，按中国方式建造水密隔舱。促成这一变化的因素是西方技术专家在中国亲自考察造船技术后坚信水密隔舱的优越性和可行性。乾隆五十八年（1793）6—9 月以马戛尔尼伯爵（Earl George Macartney，1737—1806）为首的英国使团访华，7 月途经天津时，使团中机械学家丁维迪博士（Dr. James Tinwiddie）考察了中国船的构造，根据其考察报告，副使斯当东爵士（Sir George Leonard Staunton，1737—1801）写道：

中国各地的船，所有船舱都是分成间隔的。可能他们的经验认为这样分开更方便。不同商人的货物分别装在不同间隔内。一个间隔由于某种原因漏进水来，不致流到其他间隔去损坏别人的货物。此外，假如船体某部分撞到岩石上打出漏洞流进水来，水可以限制在一个间隔内，不致到处漫流，这样船就不易下沉。此外，一个商人的货物分装在几个间隔内，一个间隔漏进水来，还可以保存其他间隔的货物。

欧洲商船的船舱从来不隔成间隔。除了不合习惯的原因而外，重新改装需要一笔经费并且还不能保证适用。另一个反对的理由就是这样分开将要减少舱内货物的装载量，而且也将无法载运体积巨大的物件。但这些缺点同整个船只，包括全体乘客和货物的安全比较起来，究竟还是属于次要的。无论如何，反对间隔开来的原因对于军舰来说是完全不适用的，因为军舰的目的并不是为了装载大量货物的。[4]

〔1〕 Pewzer, N. M（ed）. *The most noble and famous travels of Marco Polo*, *together with the travels of Nicolò de Conti*, ed F. Frampton（1579）. London：Argonaut，1929，p.140.

〔2〕 Needham, Joseph, Wang Ling & Lu Gwei-Djen. *Science and Civilisation in China*，Vol.4，Chap.3，Cambridge University Press，1971. pp.420—422.

〔3〕 Playfair, G. M. H. Watertight compartments in Chinese vessels，*Journal of the North China Branch of the Royal Asiatic Society*，1886，21：106.

〔4〕 Sir Staunton, George. *An authentic account of an Embassy from the King of Great Britain to the Emperor of China*，Chap. 10. reprint ed.，Philadelphia：Robert Camphell，1799.

丁维迪还介绍说，他在天津看到三十多艘中国驳船，载重 200 吨，虽不大，但船舱由二寸厚木板隔成十二个间隔，船缝内堵塞由石灰做成的黏合物，使其不透水。"这种黏合物包括石灰、油（桐油）和一些竹子碎屑（按：应是麻屑——引者注）。英国的泥灰中掺加头发，中国用竹子碎屑，作用是一样的。石灰、油和竹子碎屑结合起来非常牢固，并且不易燃烧。虽然有油，但仍保持不燃性，这就好过沥青、焦油和兽脂了。中国船上的木活和绳索从来不用沥青、焦油或兽脂涂抹。"[1] 使团的这一报道足以打破国内反对引进水密隔舱技术的人们的疑虑，果然在英国使团返国后第三年即 1795 年，造船设计师本瑟姆爵士（Sir Samuel Bentham，1757—1831）受海军部参议官委托，设计并指挥建造了六艘完全新型的帆船军舰。

本瑟姆设计的新型军舰形制如何，1845 年本瑟姆夫人（Lady M. S. Bentham）在伦敦土木工程学会会议上宣读了由本瑟姆爵士提出的有关造船改进方面的文章，据古佩（T. R. Guppy）的报道，其中提到"以分隔船舱来增强船体，防止船沉没，就像今天中国人所做的那样"[2]。本瑟姆夫人在那次会上也说：

> 这不是本瑟姆将军的发明，他本人曾正式声称，这是今天中国人所做的，而中国古人也如此。但赞赏水密隔舱的好处，并将其引用乃是他的功绩。船工们可以不熟悉古代专业知识，但他们能对中国船上使用得如此普遍的方法一无所知吗？[3]

本瑟姆长期任英国海军部总工程师和总造船师，除从访华使团成员那里获得中国造船技术信息外，他本人早年在俄国服务，1782 年从西伯利亚到中国境内考察造船情况，离俄时有少将军衔。从 1795 年以后，不但英国而且全世界商船和军舰都采用了水密隔舱的设计和建造。

二　中国先进的导航技术及其西传

要使海船沿正确的航线、航向航行，并使舵师掌握船在海上的地理位置，随时调整前进方向，必须借助于导航仪器及导航技术。在指南针未发明以前，中外各国船工主要依靠天文导航方法，即《周礼考工记》所说"昼则参诸日中之景（影），夜则考之极星，以定朝夕（东西）"。最初只是定性地确定南北，船舶只在内陆水域或浅海区航行。西汉以后在

〔1〕　Sir Staunton. *An authentic account of an Embassy from the King of Great Britain to the Emperor of China*, Chap. 10. reprint ed, Philadelphia：Robert Camphell，1799.

〔2〕　Guppy，T. R. Description of the "Great Britain" iron steamship, with an account of the trial voyages. *Institution of Civil Engineers*，*Minutes of Proceedings*（London），1845，4：175（Includes communication by J. Field of information provided by Lady Bentham concerning the use of water-tight compartments in ship construction by Sir Samuel Bentham）.

〔3〕　Bentham，Lady M. S. *Life of Sir Samuel Bentham*. London：Longman Green，1862. p. 107.

日晷投影盘上加刻度，较前更为精致。唐代时以观测方位星出地高度的定量天文导航方法确定船在海上的方位，此时的天文学家一行（俗名张遂，683—727）和尚和南宫说（yuè）开元十九年（724）以覆矩仪测北极星出地度数[1]。"覆矩"一词对中外读者而言不易理解，我们试将其解释为"装在转轴支架上的半圆形测角器"（*fuju-yi* or semicircle angle-measuring instrument fitted on the trestle of revolution axis）（图12—6）。宋代时还有一种简便方法可达到同样目的。即以牵星板（guiding-star stretch-boards）测极高。这种天文导航技术称为"牵星术"（star-tretchnig-out art）。科学史家严敦杰（1917—1988）先生对此有深湛研究[2]，他引明代人李诩（xǔ）（1505—1592）《戒庵老人漫笔》（1590）卷一《周髀算尺》云：

> 苏州马怀德［旧藏］牵星板一副，十二片，乌木（*Diospyros ebenum*）为之，自小渐大，大者长七寸余，标为一指、二指以至十二指，俱有细刻，若分寸然。……又有象牙一块，长二寸，四角皆缺，上有半指、半角、一角、三角等分，颠倒相向，盖周髀尺也。[3]

严先生更给出不同大小的牵星板示意图（图12—7）及其使用方法。每板中心穿一根绳，其长相当手臂伸直之长（72cm），左手持木板，右手牵绳拉直（图12—8）。板上边对准方位星，板下面与水平线齐平时，就可测出所在地方位星距水平高度，"指"（1指＝1°36′），以下单位为"角"（1角＝1/4指），以象牙板测定。极高测出后，经换算可知所在地的地理纬度，见严文。明代航海家郑和（1371—1433）船队下西洋时除用磁罗盘外，还以牵星板测极高。郑和航海图（1420—1430）（图12—9）中的《过洋牵星图》（图内1指在1°34′及1°36′之间）即为证。明人李诩介绍的那套牵星板原由宋代人马怀德（1015—1065在世）旧藏，此人入伍从军后，由范仲淹（1013—1052）推荐屡胜西夏兵，1064年迁静难军节度观察留后[4]，

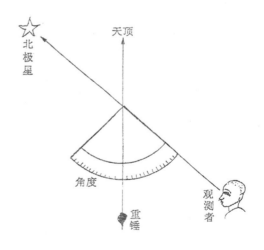

图12—6　覆矩仪示意图
潘吉星绘（2002）

---

〔1〕（五代）刘昫：《旧唐书》卷三十五，《天文志上》，二十五史本第5册，上海古籍出版社1986年版，第3645页。

〔2〕严敦杰：牵星术——中国明代航海天文知识一瞥，《科学史集刊》（北京），1966年第9期，第77—88页。

〔3〕（明）李诩：《戒庵老人漫笔》卷一，《周髀算尺》，1606年刻本（美国国会图书馆藏1597年刻本）。

〔4〕（元）脱脱：《宋史》卷三二五，《马怀德传》，二十五史本第8册，上海古籍出版社1986年版，第6352页。

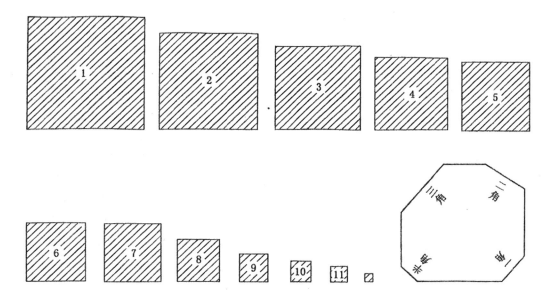

图 12—7　牵星板

引自严敦杰（1966）

图 12—8　牵星板操作图

潘吉星绘（2001）

晚年移居苏州。其牵星板当是 11 世纪在西北领兵作战时所用，牵星术一直用到近代。应当说，中国以指为星体纬向量角单位由来已久，1973 年湖南长沙马王堆三号汉墓出土的帛书《五星占》（前 170）及唐《开元占经》（729）引汉代《巫咸占》都提到"指"，1 指＝1.9°，北极星去极度为 2.5°[1]。

法国学者德索素（Léonpold de Saussure，1836－1925）对阿拉伯 15 世纪航海家伊本·马基德（Shihab al-Dīn Ahmad ibn Majid）于回历 895 年（1489—1490）所写《造福于航海科学原理之书》（*Kitāb al-fawa'id fi 'ulm al-bahr wa 'l-gawă'id*）及马赫里（Sulaimān al-Mahrī）1511 年写的《航海》（*Mahit*）中的天文导航技术细节作了述评，这些内容收入法国东方学家费琅（Gabriel Ferrand）的《15—16 世纪阿拉伯人和葡萄牙人的航海指南和航路》（*Instructions nautiques et routiers Arabes et Portugais dans 15ᵉ et 16ᵉ siècles*，3 Vols，

---

〔1〕　马王堆汉墓帛书《五星占》释文，见《中国天文学史文集》，科学出版社 1998 年版，第 5 页。

1921—1928）之卷三（1928）。其中指出在印度洋航海的阿拉伯人也以牵星术导航，将牵星板称为 kamāl（"板"），板上有打结的绳，相当一臂之长，测角单位也是 isba（"指"）（1 isba＝1°36′25″）及"角"zām（1zam＝1/8 isba）[1]，使用方法与中国相同，只是方位星略异[2]。此前14世纪叙利亚史地学家阿布尔菲达（Abū'l-Fidā，1273—1331）《列国志》（*Taqwim al-buldān*，1316—1321）长篇序论中谈到牵星术，并介绍一些地方方位星出地指数，1 指＝1°36′，1 角＝1/8 指。此书有雷诺（J. T. Reinaud）的法文译本[3]。

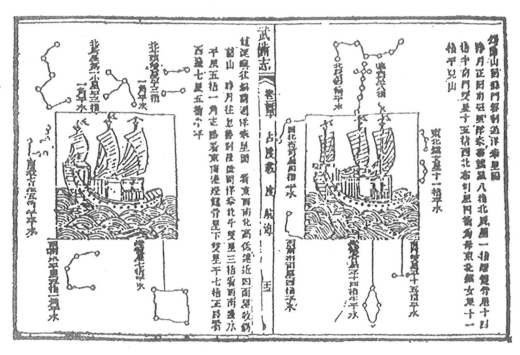

图 12—9　《郑和航海图》中的牵星图

选自《武备志》（1621）

　　由于至今还没有证据证明13世纪以前阿拉伯和印度水手在海上以仪器测定方位星出地高度[4]，这说明阿拉伯人的牵星术是从中国学到的。甚至阿拉伯文术语 kamal 和 isba 都是从汉文"板"、"指"意译的，而 zam 则是"角"字的音译讹变的。欧洲人是通过阿拉伯人的介绍才知道中国牵星术导航手段的。15世纪时，葡萄牙为与阿拉伯船商在对东

〔1〕 Ferrand，G. *Instructions nautiques et routiers Arabes at Portugais dans 15ᵉ at 16ᵉ siècles*，Vol. 3. Paris：Geuthner，1928. p. 1ff.

〔2〕 Needham，J. et al. *Science and Civilisation in China*，Vol. 4，Chap. 3，p. 576.

〔3〕 Reinaud，J. T. et S. Guyard（tr.）. *Géographie d'Aboulféda traduite de l'Arabe en François et accompagnée de notes et déclaircissements*. 2 Vols，Paris，1848.

〔4〕 Needham，J. et al，*op cit*，Vol. 4，Chap. 3. p. 576.

方贸易方面展开竞争，极力想绕道非洲南端打开一条直通印度的新航路，1497 年派探险家瓦斯科·达·伽马（Vasco da Gama，c. 1469－1524）带领船队从里斯本启程，1498 年 4 月到东非莫桑比克，下一步航程需横渡印度洋，葡人没有在这一水域内的航海经验，此时达·伽马在莫桑比克认识了阿拉伯航海家马基德，请他任领航员，终于在 1498 年 5 月顺利到达印度南部的加尔科特（Calicut）。16 世纪中叶，阿拉伯人纳赫拉瓦里（Al-Nahrawāli）在《也门人对付奥斯曼帝国的征服》（Al-barq al-Yamāni fi 'l-fath al-'Utmāni）一书中写道："若非有经验的航海家马基德给葡萄牙人指明航线，他们就不能到东非，也不能顺利到印度洋航行。"[1][2]

　　在葡萄牙史料中没有关于马基德任达伽马航队主舵手领航的记载，幸有纳赫拉瓦里的记载，才使马基德在发现新航路方面的关键作用的事不致湮没无闻。16 世纪中叶土耳其奥斯曼帝国的海军司令伊本·胡赛因（Sidi 'Ali Reis ibn Husain，? －1562）的船队被阿拉伯人击溃之后，1553 年伊本·胡赛因在印度滞留，收集到马基德和马赫里的航海专著，编成一部名为《海洋》（Mahit）的书，其中详细介绍了牵星术。胡赛因大约在 1556 年还写了《列国之镜》（Mir'at al-mamalik），讲述他在印度、阿富汗、中亚和波斯的旅行，胡赛因的上述两部书都有德、法、英文译本[3]。由此可以肯定说，马基德为达伽马船队领航时使用的导航方法必是牵星术，并将其传授给葡萄牙人。葡萄牙学者达莫塔（A. Teixeira da Mota）在《16 世纪在印度洋的航海方法及航海图制法》（Méthodes de navigation et cartographie nautique dans l'Ocean Indien avant le 16ᵉ siècle）一文指出葡萄牙也用牵星术，并将计量单位"指"译成葡萄牙文 polegada，而将牵星板译为 tavoleta[4]，归根到底是原有汉文名的意译。

　　最后该谈到指南针了。如本书第三章所述，早在 9 世纪唐末堪舆家已使用水罗盘用于测定方位，并有了关于磁偏角的早期记载，12 世纪前期更出现以枢轴支撑磁针的旱罗盘，北宋人朱彧（yù）（1075—1140 在世）《萍洲可谈》（1119）卷二更有以指南针航海的最早记载。宋代与阿拉伯的海上贸易相当频繁，中国开往阿拉伯港口的大型船队，以轴转舵驱动，备有水密隔舱，以指南针导航，用牵星术确定船在海中方位，按航海图所标航线前进，船上更有火器手防海盗袭击，保证航行安全，因此宋元以来来中国贸易的阿拉伯人先乘其本国小船南下至印度南部奎隆（Quilon），再乘中国大船，回程亦如此[5]，因中国船能抵御海上巨大风浪，久而久之中国指南针就传到阿拉伯地区。

　　最早提到指南针的阿拉伯作者是奥菲（Muhammad al 'Awfi，fl. 1202—1257），1232

〔1〕　Магидович, И. П. Очерки по истории географических открытий, глава, 22. Москва, 1957；[苏] 马基多维奇著，屈瑞、云海译：《世界探险史》，世界知识出版社 1988 年版，第 227—228 页。

〔2〕　Ahmad, S. M. Short biography of Ibn Mājid, see：H. Selin（ed）. Encyclopeadiá of the history of science, technology, and mediciné in Non-Western cultures, Dordrecht：Kluwer Academic Publishers, 1997, p. 424.

〔3〕　Needham, J, et al op. cit, Vol. 4, Chap. 3. p. 571.

〔4〕　da Mota, A. T. Méthodes de navigation et cartographie nautique dans l'Ocean Indien avent le 16ᵉ siècle, Studia（Lisbon），1963（11）：49.

〔5〕　[日] 桑原隲藏著，冯攸译：《唐宋元时代中西通商史》，上海：商务印书馆 1930 年版，第 83—84 页。

年他用波斯文写的《奇闻录》（*Jami al-hikayāt*）中指出，他乘船在海上旅行时，看到船长用一凹形鱼状铁片放在小水盆中，此鱼头部便指向南方（qiblah）。船长向他解释说，以磁石摩擦铁片，铁片便自然具有磁性[1]。阿拉伯船长使用的这种水罗盘磁针与北宋人曾公亮（998—1078）《武经总要·前集》（1044）卷十五所载指南鱼形制相同，而且指示方位也强调指南。阿拉伯玉石学家卡巴贾奇（Bailak al-Qabajaqi, fl. 1222—1284）1282年写的《商人有关宝石的知识》（*Kitāb kanz al-tijār fi māʻrifat al-ahjār*）是献给埃及马穆鲁克王朝的苏丹巴里（Bahri, r. 1279—1290）的。书中说，1242年他见过水浮罗盘[2]，航行于东地中海的船长将磁化铁片借木片浮在水上，用以导航。与此前奥菲介绍的指南鱼是一样的。德国阿拉伯学家魏德曼（E. Wiedemann）介绍密斯里（Al-Zarkhūsi al-Misri）的1399年阿拉伯文手稿，也提到将磁化铁针借木鱼浮在水上的指南仪[3]，与宋人陈元靓《事林广记》（约1135）卷十所述是一致的。舒克（K. W. A. Schück）等人对此做了成功的实验验证[4]。英国曼彻斯特赖兰兹图书馆（John Lylands Library, Manchester）收藏的塔朱里（Abu Zaid ʻAbd al-Raḥmān al-Tajūri,？—1590）写的《针房知识概论》（*Risālah fi mārifah bait al-ibrah*）虽成书较晚，但李约瑟认为值得进一步研究[5]。其中阿拉伯文 bait al-ibrah 即汉文"针房"的意译，通常位于船尾甲板下离舵手不远之处。

　　由以上所述可知，阿拉伯航海罗盘的磁针是水浮式磁针，与中国传统一致。美国科学史家萨顿（George Sarton, 1884—1956）注意到阿拉伯文献都强调这种仪器指南（qibla）比指北更重要，令人想到它源自中国[6]。中国人和阿拉伯人都以南为方位之尊，与欧洲人重北有所不同。波斯文及阿拉伯文中的 qiblanāma 与汉文"指南针"同义。

　　从现存文献观之，阿拉伯人关于指南针的记载比欧洲人（1190）晚四十年左右，但考虑到宋元时期中、阿之间经济往来和人员交流比中、欧更为密切与频繁，阿拉伯引进指南针可能比欧洲更早些。阿拉伯人掌握中国造纸、印刷术和火药术都早于欧洲，指南针恐怕也不例外。阿拉伯人为对付欧洲人争夺对中、印海上贸易的竞争，对指南针技术严格保密，故而没有更早报道。另一方面，随着早期文献的发现和考古发掘的展开，今后有可能将阿拉伯人使用指南针的时间提前。关于中国指南针在欧洲的传播，详见本书第三章第一节。

---

[1] Mieli A. *La science Arabe et son róle dans l'évolution scienttifique mondiale*. Leiden; Brill 1938. pp. 159, 263.

[2] Steinschneider, M. Arabische Lapidarien. *Zeitschrift der Deutschen Morgenländischen Gesellschaft* (Berlin), 1895. 49：256.

[3] Wiedemann, E. Zur Geschichte des Kompasses bei den Araber, *Verhandlungen der Deutschen Physikalischen Gesellschaft* (Berlin), 1907, 9 (24)：764；1909, 11 (10—11)：262.

[4] Schuck, K. W. A. *Der Kompass*, Bd. 2. Hamberg, 1915. S. 54.

[5] Needham J. et al. *Science and Civilisation in China*, 4 (1)：255. Cambridge University Press, 1962.

[6] Sarton G. *Introduction to the history of science*. Vol. 2, Chap. 2. Baltimore：William & Wilkins, 1931. p. 630.

第十三章　人物篇

一　清初人沈福宗在 17 世纪欧洲的学术活动

中国与欧洲在思想方面的直接接触始于 16—17 世纪，以意大利耶稣会士利玛窦（Matteo Ricci，1552—1610）为代表的欧洲人来华，给中国带来了西方基督教文化和文艺复兴后的部分近代科学技术，这是很多人知道的。然与此相反，同时代的中国人访欧后，给西方带去什么并有何影响，并非众所周知，国人在这方面的研究还很少。就以 17 世纪旅欧的沈福宗（1657—1692）而言，近人论著谈到他时仅寥寥数语，缺乏完整介绍。有鉴于此，笔者汇集西方各种史料对此人作系统研究，借以展示一个实例，表明同时代的中国人在欧洲是有所作为的。这项研究证明，沈福宗在旅欧十年期间（1682—1692）是作为向西方传播中国儒家文化和传统科学思想的使者而载入史册的。

（一）清代最早的中国籍旅欧学人

沈福宗为清初顺治、康熙时人，顺治十四年（1659）生于江苏江宁府（今南京），读书后没有参加科举活动，后与在江南传教的比利时耶稣会士柏应理（Philippe Couplet，1622—1693）相识，并从其学拉丁文。柏应理字信末，1622 年生于比利时北方安特卫普省马兰城（Malines），顺治十六年（1659）与本国人南怀仁（字敦伯，Ferdinand Verbiest，1623—1688）、荷兰人鲁日满（字谦受，François de Rougemont，1624—1676）及意大利人殷铎泽（字觉斯，Prospero Intorcetta，1625—1696）来华，先在江西、湖广（今湖北），康熙二年（1663）来南京，关于其生卒年，法国耶稣会士传记作家费赖之（Louis Aloys Pfister，1833—1891）[1] 及荣振华（Joseph Dehergne，1903—1990）[2] 各有不同记载，兹从后者。康熙二十年（1681）柏应理奉召向罗马教廷面陈康熙帝对"仪

---

[1]　Pfister, Louis Aloys. *Notes biographiques et bibliographiques sur las Jésuites de l'ancienne mision de Chine*, 1552—1777. tom. 1. Changhai: Imprimerie de la Mission Catholique, 1932. pp. 307—312.

[2]　Dehergne, Joseph. *Répertoire des Jésuites de Chine de 1552—1880*. Paris: Institutum Historicum Letouzey et Ane, 1973; 耿昇译：《在华耶稣会士列传及书目补编》上册，中华书局 1995 年版，第 161—162 页。

礼问题"（question des rites）的立场。离华前，他约定与二十五岁的沈福宗和五十岁的吴历（1632—1718）等华人同往欧洲。

吴历字渔山，江苏常熟人，生于明崇祯五年（1632），为清初著名画家，又长于诗文、书法，通乐理，是琴棋书画兼擅的才子，亦学过拉丁文[1]。他们一行抵澳门候船，次年（1618）年底将乘荷兰商船时，吴历没有成行，料想因其体弱多病，经受不住海上长途旅行之劳累，如果他真的去了欧洲，会对西方美术界产生重大影响。于是沈福宗与柏应理等人于同年12月5日自澳门放帆，途经南洋各国，横渡印度洋，绕道非洲南端，1682年在葡萄牙靠岸。沈福宗在柏应理安排下，入葡京里斯本初修院（Novitiatus）[2]。这是培养初级修士的神学学校，为期二年，他因聪明勤奋，很快就掌握了所学科目。老师为他取葡萄牙名为米谢尔·阿方索（Michel Alfonso），因而此后他在英、法等国时，人称他为米歇尔·沈（Michel Chen）或米歇尔·沈福宗（Michel Tchin Fo-Tsung）。他的名字在各种欧洲语中有不同的拼法和发音，我们阅读英文、法文和拉丁文史料时宜仔细分辨，否则便误认为不同的人了。

沈福宗出国时，随身带有中国儒家经典及诸子书四十多部前往欧洲。当他在葡京学习时，柏应理已先行至罗马述职，教皇听说有中国人前来，表示愿意见见。于是沈福宗从里斯本赶赴罗马，柏应理借召见之际，与沈福宗一起将这批中国书献给罗马教皇英诺森十一世（Benedetto Innocent XI，1611—1689，r.1676—1689），并受到接见。这批书遂入藏梵蒂冈图书馆，成为该馆拥有的早期汉籍藏本。此后，沈福宗又在罗马深造。他这次还和柏应理带来此前其教友们出版的中国儒家典籍的最早拉丁文译本。

上述典籍包括《大学》、《论语》及《中庸》的拉丁文译本，前两部译本题为《中国智慧之书》（*Sapientia Sinica*）[3]，其中《大学》由1634年来华的耶稣会士、葡萄牙卢西塔尼亚（Lusitania）人郭纳爵（字德旌，Ignace da Costa，1603—1666）译。《论语》只译出《学而》等前五篇，由耶稣会士、意大利西西里人殷铎泽执笔，他还写了《孔子传》附于译本中，全书附汉文原文，康熙元年（1662）以木版刊于江西省建昌府，作对开本。殷氏之《中庸》译本亦附孔子传，题为《中国德治之学》[4]，康熙六年（1667）广州木版刊行，八年（1669）以活字版刊于印度卧亚（今果阿，Goa），附孔子传。应当说，《论语》及《中庸》的翻译并非只出殷氏一人之手，柏应理、鲁日满和顺治十七年（1660）来华的奥地利耶稣会士恩理格（字性涵，Christian Herdtrich，1625—1684）都出力不少，而柏应理、鲁日满等人还参与了《大学》的翻译，可以说这是他们集体努力的结果。

〔1〕 方豪：《中国天主教史人物传》中册，台中：光启出版社1970年版，第203—220页。

〔2〕 Franco, Antoine. *Synopsis annalium. Provinciae Lusitaniae.* Augusburg, 1726. p. 387.

〔3〕 *Sapientia Sinica*, *exponente P. Ignacia da Costa Lusitano Soc. Jes. a P. Prospero Intorcetta Siculo eiusd. Soc. orbi proposite.* Kien-cham, Kiam-si, 1662.

〔4〕 Sinarum *Scientia politico-moralis*, *a P. Prospero Intorcetta Siculo Societatis Jesu in Lucem edita*, Quamcheu, 1667; Goae in India, 1669.

（二）沈福宗参与《论语》的拉丁文翻译

"四书五经"是清代读书人必须熟读的儒家经典，朝廷规定用宋儒朱熹（1130—1200）注本为标准版本，因此耶稣会士拉丁文译本亦必以朱注本为翻译底本。《论语》篇幅比《大学》、《中庸》总和还长，只译出四分之一，《孟子》篇幅比《论语》还大，便无暇顾及了，可以说他们只译出"四书"中的两部半书。这两部半还分散在两个译本中，未能合而为一。柏应理借这次返回欧洲的机会，拟整理已刊旧译稿，续译《论语》，将三部经书汇集一起在欧洲本土出版，以广其传。在他翻译《论语》其余十五篇时，沈福宗的帮助是必不可少的。因为遇到疑难句时，只有既精通拉丁文，又熟谙本国历史文化及语文的这位中国学者能帮助他化解难题，不排除沈氏本人也参与译述工作。

1684 年，沈福宗和柏应理离开意大利，应邀访问法国，在巴黎他们受到法国国王路易十四世（Louis ⅩⅣ，Le Grand Monaque，1638—1715）的接见，同时他们将《大学》、《中庸》和《论语》的拉丁文译作献给国王，目的是请国王批准在法国出版。沈福宗是受法国国王接见的第一个中国人。国王不时向他提问，他对答如流，言谈举止给国王留下良好印象，顿时他成为巴黎的新闻人物。巴黎学者科米埃（Comiers）在《风流信使》（*Mercure Galant*）杂志 1684 年 9 月号第 211—224 页上写出一篇报道，其中说：

> 柏应理神父带来的中国青年，拉丁语讲得非常之好，名叫米科尔·沈（Mikel Xin）。本月（9月）25 日，他们二人来到凡尔赛宫，受到国王陛下的召见。然后，他们在塞纳河上游览，次日又蒙赐宴。[1][2]

有趣的是，国王在宴会上要沈福宗教他如何用中国餐具进餐。沈福宗用右手拾起摆在御宴餐桌上从中国进口的镶金象牙筷子，在宴席上边说边做示范动作，国王等也跟着用筷子夹取食物。路易十四世极爱中国物品，除身穿中国绸缎外，还在凡尔赛宫（Versailles）和枫丹白露宫（Fountainbleau）陈放很多来自中国的瓷器、漆器、家具和日用品，现在又学会用中国方式进餐。从这以后，法国宫廷和贵族一度将用中国方式进餐当作 *à la mode*（时髦），从而引起中国饮食文化之西渐。沈福宗在欧洲的"中国热"开始盛行之际，适时出现在法国。他在宫廷宴会上结识一些法国贵族、政府要员和社会名流。他们目睹这位能流利说出当时欧洲上流社会和学术界通用的拉丁语的博学中国学者文质彬彬的风采，以赞赏眼光欢迎他的到来。

为留下沈福宗的形象和记录下他对法国的造访，除巴黎学者写下文字报道外，法国画家还为他绘出肖像画，现巴黎国家图书馆（Bibliothèque Nationale Paris）版画部

---

〔1〕 Rémusat，Abel. Sur les Chinois qui sont venus en France. *Nouveaux Mélanges Asiatiques*. Paris，1829，1：358.

〔2〕 Cordier，Henri. *La Chine en France au* ⅩⅧ*e* siècle. Paris，1901. p. 131.

（Départment des Estampes）所藏东方版画中，藏品编号 OE48 者为小对开本，其中有头戴纱帽、扎着辫子的沈福宗画像，附有一段文字说明，今翻译如下：

> 出生于江宁府（南京）基督教徒双亲家庭中的中国人，受洗时教名为弥格尔（Michel），受洗坚振礼（Confirmation）时名为阿方辛（Alphonse）。他于 1684 年（应为 1682 年——引者注）与中国教区司库耶稣会士柏应理（Philippe Couplet）一起来欧洲。在经过法国时，他有幸拜谒国王陛下，并在国王面前以中国方式进餐。[1]

显而易见，为沈氏画像的必是出席 1684 年 9 月 28 日宴会的法国宫廷画师。我曾托法国朋友从该馆索取沈福宗画像照片，而未办成。

法国国王路易十四世接到柏应理和沈福宗献上的拉丁文译稿并听取对其内容的介绍后，下令刊行，1687 年正式出版（图 13—1）。此书为对开本，扉页印有书名、编译者、出版单位及出版时间，今翻译如下：

> 《中国哲人孔子，或以拉丁文出版的中国学说》（*Confucius Sinarum Philosophus*，*sive Scientia Latine exposita*），由耶稣会士殷铎泽、恩理格、鲁日满及柏应理译述。奉路易大王敕命刊行。东方传教团提供资助，皇家图书馆非营利出售，由皇家特许的达尼埃尔·奥特默尔（Daniel Horthemel）印刷厂于 1687 年刊于巴黎。

此书汉文书名为《四书直解》，但需注意，其中缺少《孟子》。西方人也讲论资排辈，因沈福宗辈晚，故开列译者名单中未有他的名字。此书书首有柏应理写的献给法国国王的呈文和孔子肖像，接下是孔子传及中国哲学解说。正文第 1—39 页为《大学》（*Ta-hio*），第 40—108 页为《中庸》（*Chûm-yûm*），又第 109—159 页为《论语》（*Lûn-yu*），最后附中国历史年表[2]。

（三）中国儒家经典译作出版后对欧洲思想界的影响

巴黎官刊本《中国哲人孔子》中的《大学》和《中庸》基本沿袭先前在中国出版的拉丁文译本，经专家们将其与汉文原文对比后，发现有些地方未能准确译出原文本义，但其中的基本思想还是表达出来了。至于《论语》，因有沈福宗助译，翻译质量高于其余两本。印刷精美的中国儒家经典在欧洲本土以学术界通用的拉丁文出版后，产生很大影响，次年

---

〔1〕 Dehergne, Joseph. *Répertoire des Jésuites de Chine de* 1552－1880. no. 18. 〈*Michel Alfonso*〉. Paris，1973.

〔2〕 此本现藏巴黎国家图书馆，内容简介详见 Henri Cordier. *Bibliotheca Sinica*. *Dictionnaire bibiographique des ouvrages relatifs à l'Empire Chinois*. Deuxième édition. tome 2. col. 1392－1393. Paris，1906.

又转译成法文，题为《中国哲人孔子的道德论》（*La morale de Confucius, philosophe de la Chine*）。书中展示的中国传统道德哲学和开明的德治主义政治思想，像一股强劲的东风吹到欧洲，使西方思想家呼吸到新鲜空气。刚好当时中国社会现实也为这种哲学作了很好注解。由杰出政治家和学者清圣祖玄烨（1654—1722）统治下的大清帝国富强统一，社会繁荣，史称"盛世"。康熙大帝励精图治，博学多才，精通中西自然科学，有很高的个人声望，是西方人仰慕的理想君主。这一切使他们看到中国道德哲学和儒家治国思想是行之有效的。

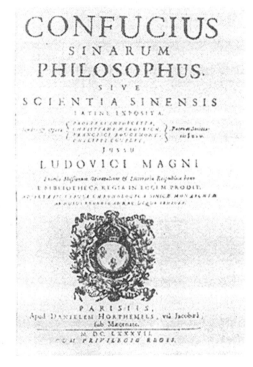 

图 13—1　《中国哲人孔子》巴黎 1687 年
拉丁文版扉页
巴黎国家图书馆藏

图 13—2　《中国哲人孔子》1687 年
拉丁文版内的孔子像

因此该书的出版首先在法国引起思想轰动，其影响所及一直持续到 18 世纪，为百科全书派启蒙思想家提供精神食粮。法国思想家伏尔泰（Voltaire，François-Marie Arouet，1694—1778）在《论各民族的风俗与精神》第 143 章（*Essai sur les moeurs et l'esprit des nations*，chapter 143. Paris，1756）中写道：

　　欧洲王公和商人发现东方，追求的只是财富，但哲学家却在那里发现了一个全新的精神世界……中国人有完备的道德学，居于各科学问之首。

他将据元曲《赵氏孤儿》法译本（1735）改编的《中国孤儿》（*L'orphelin de la Chine*，1755）称为"按孔子道德学说编成的五幕悲剧"[1]。伏尔泰又说：

> 我曾认真读过孔子的书，并作了提要，发现书中所说是纯粹的道德……孔子只诉之于道德，不宣传神怪，其中没有可笑的寓言。[2]

伏尔泰说孔子以德教人，要求人们修身、治国必须遵循自然法则——理性，无需求助神的启示[3]。他通过赞美中国儒家思想，来表达反对神权统治下欧洲君主政治的残暴统治，把有理性、合乎道德而开明的政治制度作为理想追求。

从同时期的德国思想家莱布尼茨（Gottfried Wilhelm Leibniz，1646—1716）1687 年致黑森—莱因费尔斯侯爵（Landgraf von Hesson-Rheinfels）夫人信中得知，他也细心读过"今年巴黎出版的哲学之王孔子的著作"。他从这部拉丁文与汉文对照本中对汉文发生兴趣，认出汉文在比较语言学上的重要性，并认为汉文像拉丁文一样可作为通用的哲学语言[4]。此后他与在华耶稣会士频繁通信，对中国文化了解越来越深。1697 年他发表《当代中国史新论》（*Novissima Sinica historiam nostri temporis illustratura*）认为中、欧文化交流有益于双方，西方自然科学超过中国，但中国哲学和道德治理比西方优越。在他看来，当前德国的道德腐败，毫无秩序，因此有必要请中国派人传授这种哲学和实践[5]。莱布尼茨提倡儒家道德哲学，亦意在发泄他对德国分裂割据、战乱不止的诸侯统治的不满。希望有像康熙大帝那样的开明君主来结束这种状态。巧得很，当时旅欧的沈福宗正好充当向那里传播中国文化的使者，也是莱布尼茨所期待的。

（四）沈福宗在法国宣扬中国传统文化的活动

沈福宗在法国居住一年多，访问过不少地方，与法国上流社会、政界和科学文化界人士交往，构成高层次的欧亚两大文明之间的直接对话。他向法国人介绍了东方圣人孔子的思想，出示了孔子的画像，还当众演示用毛笔写字，讲解汉字特点。当听众知道汉字有八万多时，都惊叹中国人记忆力之强。在回答问题时，他介绍了中国教育制度和各地书院的讲学情况，以及通过国家举办的各级考试把成绩优秀的人选拔到政府行政部门工作的方法，使法国人耳目一新。他更介绍了中国礼仪、风俗和习惯。总之，他较全面地介绍了中国传统文化。他接触过的法兰西学院东方学家埃贝洛（Barthélemy d'Herbelot，1625—1695），对中国历史文物很感兴趣，多次与沈福宗交谈，致使其后来主编的《东方文库，

---

〔1〕 *Oeuvres complétes de Voltaire*，Gotha éd. 16. 1785. p. 85.

〔2〕 Ibid. p. 86.

〔3〕 *Oeuvres Complétes de Voltaire*，Vol. 3：Paris，1865. p. 26.

〔4〕 Merkel，Franz Rudolf. *G. W. Leibniz und die China Mission*，Leipzig，1920. p. 25.

〔5〕 Lach，Donald F. *Leibnz and China. Journal of the History of Ideas* (Philadelphia，Pa)，1945，3（4）：436—455.

或有关东方人民知识一切内容的万有辞典》（*Bibliothèque orientale ou Dictionnaire universal contennant généralement tout ce qui regarde la connaissance des peuples de l'Orient*）中，收录大量有关中国的条目，因篇幅浩瀚，编者卒后两年（1697）才问世，后多次再版，在欧洲广为传播，埃贝洛因而被视为法国本土汉学研究的先行者。

与沈福宗接触的政界人物有法国内阁大臣鲁布瓦侯爵勒泰利耶（Marquis de Louvois, François Michel le Tellier 1641—1691），事实上二人早在 1684 年 9 月的宫廷宴会上就已相识，因侯爵在知华派前首相柯尔贝（Jean Baptiste Colbert, 1619—1683）逝世后成为路易十四世的宠臣和主要顾问，奉行柯尔贝的政治路线。他之所以再与沈福宗交谈，涉及法国最高当局的一项决策，趁国王接见中国人并下令出版儒家哲学而对中国兴趣正浓之际，想实现柯尔贝生前嘱托，向国王建言选派博学的耶稣会士前往中国，以扩充对东方事务的了解[1]。为此他要找在法中国人摸清一些情况，做派遣前的必要准备。他们之间谈了什么，可从 1685 年法国科学院向沈福宗和柏应理提交的有关中国的问题清单中看到梗概[2]，包括中国的幅员、资源、产品、气候、行政机构和风俗习惯等，也说明沈福宗与科学院人员有往来，他们将有关中国问题的答案汇总，写出综合报告交给鲁布瓦侯爵，因为他当时继柯尔贝之后任科学院总监，正好是该院的顶头上司。

路易十四世接受了侯爵的建言，因为他也想借此推行他的东进政策，以便与其他国家尤其与葡萄牙竞争。1685 年 3 月，国王亲自圈定包括皇家科学院院士在内的通晓数学、天文学和医学的优秀耶稣会士洪若瀚（字时登，Joanne de Fountaney, 1643—1710）、李明（字复初，Aloys le Comt, 1655—1728）、白晋（字明远，Joach Bouvet, 1656—1730）、张诚（字实斋，Joan François Gerbillon, 1654—1708）及刘应（字声闻，Claude de Vesderu, 1656—1737）等人，持浑天仪、千里镜、量天器及数学、天文等书籍三十箱启程来华，康熙二十六年（1687）在浙江宁波登陆。这是由政府直接派遣的传教团，此后又精选教士来华。事实证明，皇家科学院向沈福宗、柏应理提交的各种问题，也是入华法国耶稣会士发回的报告中谈到的内容，包括中国政治制度、历史、地理、风俗、习惯、哲学、工商业和科学技术等各种事项，详见巴黎耶稣会士杜阿德（Jean Baptiste du Halde, 1674—1743）所编四卷对开本巨著《中华帝国通志》（*Description de l'Empire do la China*, 4 Vols, in-folio, Paris. 1735）等书[3]。

（五）沈福宗在英国的学术活动

1685 年沈福宗离开法国，应邀出访英国，首先在伦敦受到英国国王詹姆士二世（James II, 1633—1710, r. 1685—1688）的接见。这位国王也对中国历史文物有兴趣，

---

〔1〕 ［日］後藤末雄著、矢沢利彦校訂：《中国思想のフランス西渐》，1：54—55. 东京：平凡社，1969 年。

〔2〕 Lach, Donald, F. *The preface to Leibniz's Novissima Sinica*. University of Hawaii Press, Honolulu, 1957. p. 22.

〔3〕 Cordier, Henri. *Bibliotheca Sinica ou Dictionnaire bibliographigue des ourrages relatifs à l'Empire Chinois*, Deuxième édition，1：45. Paris：Librarie Orientaliste, 1904.

还是王储时就观看过中国艺人为其父王表演的戏剧，读过有关中国的作品，像路易十四世一样，詹姆士二世在接见沈福宗后，也请沈福宗出席宫廷宴会，英国宫廷画师克内勒爵士（Sir Godfrey Kneller，1646—1723）为他画像[1]。在宴会上他结识东方学家托马斯·海德（Thomas Hyde，1636—1703）。海德专攻阿拉伯文和希伯来文，获博士学位，1665—1701 年任牛津大学闻名的博德莱安图书馆（Bodelian Library）馆长，后晋升为阿拉伯语教授（1691）及希伯来文教授（1697），兼任宫廷东方语翻译官，往来于伦敦和牛津之间。著《远古宗教史》（*Historia religionis veterum persarum*，1700）等书[2]，是对中国有浓厚兴趣的学者，但不通汉语。

海德认识沈福宗后，同他讨论了中国历史、哲学和语言等问题，还拜他为师学习汉语。后来干脆把他请到牛津大学，与他一道作研究。1687 年国王来牛津，在博德莱安图书馆召见海德。据牛津史专家伍德（Anthony Wood，1632—1695）所述，他们之间有如下对话：当国王告诉海德博士，有一部孔子的书由耶稣会士（共四人）从汉语翻译过来，问馆内是否藏有此书。海德博士回答说："有，它讨论的是哲学，但不是像欧洲那样的哲学。"英王又问："中国人是否有任何神？"海德博士回答说："是的，但这只是偶像崇拜（指佛教），中国人都是异教徒，然而他们在寺院中有代表三位一体的塑像和其他画像，表明他们中已有基督教徒。"对此，陛下点头表示同意，此后便不再提问[3]。

上述对话中提到的"孔子的书"，指 1687 年巴黎官刊本拉丁文版《中国哲人孔子》，此书已及时从巴黎传到英国。海德所说"偶像崇拜"（idolatry）指佛教和道教，而"三位一体"（the Trinity）指将圣父上帝、圣子耶稣和圣灵合为一体的基督教。海德所说基本正确，但应补充的是中国还有伊斯兰教，因而在宗教方面兼容并蓄，与西方有所不同。詹姆士二世与海德谈完中国宗教和哲学后，话题又转向来访牛津的沈福宗。"啊，海德博士，那个中国人还在这里吗？"回答说："是的，如果陛下以为合适的话。我从他那里学到不少东西。"国王又说："他是爱眨眼（blinking）的人，是不是？"回答曰："是的。"[4] 从英王口气看，显然以前见过这个中国青年，而且来牛津得到英王的认可。1694 年海德用拉丁文发表的作品中，专门谈到沈福宗（Shin Fo-Cung）：

Mei in rebus Sinicis Informator fuit D. Shin Fo-Cung, Nativus Chinensis Nakinensis quem ex China secum adduxerunt R. P. D. Couplet & reliqui fratres Jesuitae qui nuperis annis in Europam redierunt, & Philosophiam Sinicum Parisiis ediderunt. Fuit quidem juvenis XXX. Pm. annos natus, optimae indolis, valde sedulus

〔1〕 Dehergne, Joseph. *Répertoire des Jésuites de Chine de* 1552 — 1880，no. 18.〈*Michel Alfonso*〉. Paris，1973.

〔2〕 Neilson, William Allen（ed）. *Webster's Biographical Dictionary*. Springfield, Mass.：Merriam Company, Publishers, 1980. p. 753.

〔3〕 *Life and times of Anthony Wood*，Vol. 3. Oxford，1894，pp. 236 — 237. cited by William W. Appleton. *A cycle of Cathay*；*The Chinese vogue in England during the 17th and 18th centuries*. New York：Columbia University Press，1951. pp. 54，130.

〔4〕 Ibid.

&studiosus, natura comis, moribusque benignus, per totem vitam in Sinensium Literatura & philosophia educatus, in eorum libris versatissimus, &in lingua Sinica promptissimus: & is unicus ac solus ex Indigenis jam in China superstes aliquid Linguae Latinae callens……[1]我现将这段拉丁文试译如下：

> 中国南京人沈福宗使我懂得很多中国知识，他由柏应理神父从中国带来。而近年来与同一耶稣会士在欧洲停留，并编译巴黎版的中国哲学著作。这个年青人现年三十岁，性情善良，学习极其勤奋。他为人礼貌、热情，有中国文学和哲学方面的良好教养，读过用汉文写的各种各样的书，而他在中国时就早已是懂得拉丁语的少数人之一。

海德上述一段话写于 1687 年，由此上推三十年为 1657 年，我们乃知沈福宗生于清顺治十四年丁酉鸡年，从而解决了迄今中外所有相关著作一直悬而未决的沈福宗生年问题。这里海德还介绍了沈福宗的籍贯、个性和学术背景。事实证明，把他请到英国最高学府牛津大学工作，果然结出学术硕果。其中之一是他帮助海德完成《中国度量衡考》(*Epistola de mensuris et ponderibus serum seu Sinensium*)，这部拉丁文专著 1688 年出版于牛津。此后海德发表的东方学作品有关中国的部分，都可视为他和沈福宗共同研究的结果。海德卒后，在其遗书中发现有汉文与拉丁文对照的语汇、沈用拉丁文给他写的信、《棋谱》、《升官图》和度量衡等方面的资料。海德被称为英国本土汉学研究的先觉者，而沈福宗则是他在这方面的引路人。沈福宗还帮助海德对博德莱安图书馆所藏英国贵族和商人此前捐赠许多来自中国的汉籍作了分类编目[2]，并上架对外开放，使这些汉籍发挥利用价值，对馆务发展作出重要贡献。

（六）沈福宗与英国科学院院士胡克的交往

英国科学界中与沈福宗有过往的，还有往来于伦敦与牛津之间的胡克（Robert Hooke，1635—1703）。胡克是著名物理学家和天文学家，胡克定律的发现者。早年在牛津大学协助大化学家波义耳（Robert Boyle，1627—1691）教授研究气体，使之发现波义耳定律。1662 年由波义耳推荐，胡克任皇家科学院实验室总管，次年选为院士，1665 年任牛津大学数学教授。他在物理学、天文学和科学仪器方面有一系列发现和发明[3]。他在沈福宗到来前，已读过有关中国的著作，1663 年 4 月 1 日根据在华意大利耶稣会士卫匡国（字济泰，Martin Martini，1614—1661）《中国最新地图》（*Novus Atlas Sinensis*，

---

〔1〕 Hyde, Thomas. *Praefatio ad lectorem*, *Mandragorias seu historia shahilundi*. Oxford, 1694.

〔2〕 Macray, William D. *Annals of the Bodleian Library*, 2nd ed., Oxford, 1890. pp. 86—88, 128, 154, 167, 422 (footnote).

〔3〕 Maurer, James (ed). *Concise dictionary of scientific biography*. New York: Scrbner's Sons, 1981. pp. 345—346.

1655）关于北京独轮车的记载。向皇家科学院宣读一篇介绍中国这种交通工具的论文[1]。同年 11 月 23 日他向科学界展示用纸板做的独轮车模型[2]。

沈福宗来英国后，胡克首先在伦敦与其会面，后又在牛津多次相见。二人长谈过中国语言文学、历史、哲学和科学技术问题。1686 年胡克在《皇家科学院哲学学报》发表题为《关于中国语言文学的若干观察与思考》的著名长篇论文。文内谈到中国传统科学文化时写道：

> 目前我们还只是刚刚跨入这个知识领域的边缘，然而一旦有了新的认识，就会在我们面前展现一个迄今只被神奇般加以描述的知识王国，并使我们有可能同这个王国内古往今来最优秀和最伟大的人物进行对话。[3]

这就是胡克与沈福宗交谈和研究中国传统文化后的思想感受。对他而言，展现在他面前的知识王国，就是中世纪中国自然哲学中有关波动的学说。

英国科学史家李约瑟博士 1959 年用法文发表的《中国科学思想中的波和粒子概念》（*Ondes et particules dans la pensée scientifique Chinoise*）一文内指出，中国传统科学思想完全由波而非粒子概念所支配。中国人认为自然界无所不在的阴和阳这对相互影响的基本力，能在远距离发生效应，而且以波动或脉动方式进行，二者到处作周期性交替，"阴盛则阳衰，阳盛则阴衰"[4]。对西方科学家而言，阴阳波动理论是很容易用数学语言，即以两个节律相反的正弦曲线来表述（图 13—3）。

图 13—3 左半部的曲线表示函数 $y = \sin x$，因纵坐标表示点 P 的振幅偏移长度 PN 或 y，而横坐标表示角 x 的度数。当我们从数学领域再走入物理学现象领域时，这种连续的变数便成了时间 t 或距离（空间）d，当这些变数在横坐标上表示时，就能看到在循环程式中暗含的波动了。这时图解上静止的圆变成现实中的周期性。点的振幅偏移成为以经验为根据的振幅，圆的角度成为以经验为根据的周相。因为点 N 沿直径以简单直线和谐运动方式前后移动时，就形成有节奏的变化曲线。

在自然界中，凡使变化中的物体回到其中介位置的力，正好与它从此位置的位移成正比时，都可看到这种类似曲线，而较小振动或脉动都可附加在振动曲线上。虽然古代中国科学家没有用这类术语表述这个问题，他们却清楚地以自己方式形象地说明：自然界中这些周期性现象是由于有抵力作用于变化状态下的物体，阻止变化并最终使之恢复原状；换

〔1〕 Birch，T. *History of the Royal Society of London*，Vol. 1. London，1756. p. 216.

〔2〕 Ibid，p. 333.

〔3〕 Hooke，Robert. *Some observations and conjectures concerning the character and language of the Chinese. Philosophical Transactions of the Royal Society* (London)，1686，16：35.

〔4〕 Needham，Joseph & Kennth Robinson. Ondes et particules dans la pensée scientifique Chinoise. *Sciences* (Paris)，1959 (4)：65；Waves and particles，in：*Science and Civilisation in China*，Vol. 4，Chap. 1. *Physics Volume*. Cambridge University Press，1962. pp. 3—18.

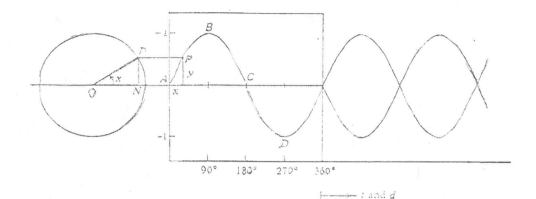

图 13—3　阴阳循环消长与波动概念相互关系图
引自 Needham（1959）

言之，是由于波动的作用。近代物理学有一半是建立在这个基础上的[1]。在中国人奠定波动概念以后，欧洲科学家下一步的工作是用这种概念设计实验，再建立科学假说。这些工作在欧洲过去没有人做过，直到 17 世纪后半叶胡克和荷兰物理学家惠更斯（Christiaan Huygens，1629—1695）时代才得以实现。

胡克设计了一些小振幅强烈振动（vehement vibratory motions of small amplitude）的实验，将波动概念用于光学、热学和声学[2]。用光的波动说很好地解释了他所发现的衍射（diffraction）现象。后来长期在法国巴黎任皇家科学院院士的惠更斯发展了光的波动说，建立了光学的整个体系[3]。虽然光的波动说受到微粒说的挑战，且在 18 世纪二说之间进行了历史上著名的论争，但最终还是波动说取得了胜利，并获得更多的实验证据。表面看来，波动概念的发展主要是研究振动的结果，但成功的实验和对实验结果的解释要靠正确理论思维的指引。要知道，波动概念在中国从汉代以来有持续不断的发展史，正好为欧洲人所欠缺，他们倒是有原子—粒子概念的长期传统。在 16—17 世纪中国与欧洲已有直接人际交流的年代，这里不能排除有来自中国的思想传播。

李约瑟引用胡克的传记资料[4]后，揭示了上述思想传播的细节，他写道：

我们不应忽视胡克本人与在伦敦的中国来访者的亲自相识中，可能已偶然向他暗

〔1〕［英］Needham，Joseph 著，潘吉星译：中国有机论自然哲学中的波动理论，见潘吉星主编《李约瑟集》，天津人民出版社 1998 年版，第 12—33 页。

〔2〕Andrade E. N. The development of the organ. *Transactions of the Newcomen Society*，1928，8：1.

〔3〕Pledge，H. T. *Science since 1550*. London：H. M. Stationery Office，1939. pp. 68ff；V. Ronchi. *Storia della Luce*. Bologna：Zanichell，1939. pp. 196；Fr. tr：*Histoire de la* Lumière，traduit par J. Taton. Paris，1956.

〔4〕Gunther，R. T. *Early science in Oxford*，Vols 6，7，*Life and work of Robert Hooke*，Oxford，1930. pp. 687，684；Vol. 10，*Life and work of Robert Hooke*（contd）. Oxford，1935. pp. 258，263.

示过中国强调的阴阳长期振动的极大重要性。[1]

这个中国来访者是谁呢？李约瑟在脚注中告诉我们：

> 或许胡克的主要信息来自 1683 年到访欧洲的沈福宗，他后来与托马斯·海德在牛津工作。[2]

这正是胡克 1686 年发表有关中国的论文中所说与知识王国中国古往今来的优秀人物对话中所受到的思想启迪。沈福宗在恰当的时间和地点将波动概念及时传到欧洲杰出科学家那里，而胡克又是欧洲发展波动说的关键人物，中国传统科学文化与近代科学在这里找到了会合点。中国波动理论和磁学一样，在近代科学发展中作出重要贡献。

（七）沈福宗归国途中英年早逝

当沈福宗在英国播下学术种子之时，柏应理还在法国，1686 年在巴黎出版《在华耶稣会士人名录》（*Catalogue Patrum Societatis Jesu*），第二年（1687）发表《中国历史纪年》（*Tabula chronologica monarchiae Sinica*），时间跨度为公元前 2952 年至公元 1683 年，共 4635 年，后者对欧洲学术界是很有用的工具书。柏应理此后回比利时老家，从 1682 年起在欧洲停留十年，这期间他帮助普鲁士王国弗兰登堡选帝侯的侍医闵采尔（Christian Mentzel，1622—1701）学习汉语，使之成为德国本土最早的汉学家，完成沈福宗在英国时的同样工作。沈在英国居住两年后，又回到法国与柏应理重聚，然后又一起去比利时住了一段时间，最后从比利时前往荷兰，等候商船返回中国。1692（康熙三十一年）二人乘荷兰商船启程，沿大西洋南下至非洲西海岸时，沈福宗突然染病，9 月 2 日至非洲东南莫桑比克附近的途中不幸逝世，享年三十六岁。1693 年 5 月 16 日，柏应理也于印度果阿附近海面上逝世，再未踏上中土。

沈福宗先后在欧洲停留十年之久，在中、葡、意三国所受的东西方教育，后来在法、英两国开花结果。他的欧洲之行给西方带来了中国传统文化中的优秀精神遗产，在人文科学和自然科学两大领域内做了沟通中西思想的可贵工作，也为祖国赢得了荣誉。他足迹遍及欧洲六个国家，有广博见闻，受到罗马教皇和法、英两国国王的接见，与西方高级学者直接来往，见过大世面。他在欧洲汉学史、思想史和科学史册中留下自己的大名，而他在西方所受到的重视证明中国传统文化在文艺复兴后的欧洲仍有价值可寻。沈氏虽为华籍耶稣会修士，但基本上是位学者，很少参与宗教活动，如同德国人邓玉函（Jean Terrenz，1575—1630）那样，主要从事学术活动，故能有所作为。今天我们对三百年前这位同胞的

---

[1] Needham, Joseph & Kenneth Robinson. Ondes et particules dans la particles, in：*Science and Civilisation in China*，Vol. 4，Chap. 1. Cambridge University Press，1962. pp. 3—18.

[2] Dayvendak, J J. L. Early Chinese studies in Holland，*T'oung Pao* (Leyden)，1936，32：293.

业绩应给予高度评价。

二　5世纪在日本的华裔学者王仁的事迹和贡献

在日本古代史中，5世纪初移居该国的中国学者王仁（369—440在世）是位值得纪念和研究的人物，因为他对日本文化发展、政权建设和技术进步都曾作出过重要贡献。但在中国史籍中，却很少谈到王仁其人的事迹，这大概主要是由于他旅居海外，知道他的人不多。就是在现在，虽然中外学者时而谈起王仁，也只能简单介绍几句，而且其间还存在不同说法，甚至有误解之处。因此笔者认为有必要根据日本史料中的原始记载，参以中国、韩国史书及笔者的旅日见闻，对王仁的生平事迹和世系作综合考证。为排版方便起见，凡文内所涉及的日、韩古代名词的发音，一律按两国通用的罗马字拼音表达。

（一）王仁赴日的历史背景

在考证王仁事迹之前，有必要揭示一下他赴日本前后的时代背景。中、日两国之间的交通见于正史记载者始自西汉（前206—前24）。西汉是继秦（前221—前207）之后在中国建立的第二个统一的大帝国，至汉武帝（前140—前87）时，国家富强，经济繁荣，科学技术和文化空前发达，其影响远及东西方各国。此时燕人卫满在朝鲜半岛建立的卫氏朝鲜（前194—前108），因阻挠周围其他小国与汉帝国交往并杀汉使，武帝发兵征讨，元封三年（前108）灭卫氏朝鲜，于其地置乐浪、玄菟、临屯和真番四郡进行直接统治[1]。汉昭帝（前86—前74）始元五年（前82），将四郡并合为乐浪和玄菟二郡。在这期间，大批汉代皇亲贵戚、文武官员、商人、学者、工匠和农民迁居于此，带来了先进的汉文化和科学技术。汉的统治区扩及到与日本列岛距离最近的朝鲜半岛，为中、日直接接触提供了新的契机。

西汉于朝鲜半岛置郡县期间（前108—前24），日本处于弥生文化时代前期至中期之际，该时代制造的新式陶器因首先在东京都文京区弥生町发现，故而称为弥生文化时代。此时社会经济仍以渔猎为主，但已有了农业，特别是距汉统治区最近的北九州地区，从中国引进了以水稻种植、养蚕织丝、种麻织布和铜铁冶炼、烧制陶器、酿酒等为主的农业和手工业技术，社会生产力迅速发展，原始氏族公社制度逐步瓦解，公元前1世纪出现了一些部落国家[2]。这些部落国家为求发展，提高其地位并吞并其他小国，各自与西方大国汉帝国交往。

"日本"一词在中国史籍中始见于《旧唐书·日本传》（945），在这以前中国史书将古

---

〔1〕（汉）班固：《前汉书》卷二十八下，《地理志》；卷九十五，《朝鲜传》，二十五史本第1册，上海古籍出版社1986年版，第520、722页。

〔2〕王金林：《日本古代史》，天津人民出版社1984年版，第17—26页。

代日本称为倭国。"倭"在日语中读作 Wa，汉语读作 wō，有时写作"委"，本义为纡曲遥远，因此倭国指距汉首都遥远的海中之国。《前汉书·地理志》载："夫乐浪海中有倭人，分为百有馀国，以岁时来献见。"[1]"岁时"指一年四季，就是说，西汉时日本列岛上的一些部落国家一年四季都与汉帝国有往来，这也说明当时列岛还没有形成为统一的国家。西汉末期对乐浪等郡县的统治衰落，半岛上建立起高句丽（前 37—后 668）、新罗（前 57—后 668）和百济（前 18—后 660）三国，原玄菟郡落入高句丽控制下，汉的统治只限于乐浪郡。半岛三国成为中国文化传入日本的媒介。东汉（25—221）王朝建立后，一度削弱的乐浪统治得到加强，汉与倭又有了直接往来。

《后汉书·东夷传·倭国》载汉光武帝建武中元二年（57），"倭奴国奉贡朝贺……光武帝赐以印绶。安帝永初元年（107）倭国王帅升等献生口百六十人，愿请见"[2]。倭国使者先至带方，再经辽东前往洛阳。日本学者认为倭奴国指倭之奴国即属国，"奴"为日语 Na 之对音，即日本史书中的"儺"（Na），亦即后来的那珂（Naka），相当今九州福冈县[3]。1784 年北九州筑前（今福冈）境内出土印文为"汉委奴国王"的金印，证实了《后汉书》的记载。至于 107 年倭国所献生口 160 人，说明这一地区已进入奴隶社会。

东汉末灵帝（168—189）、献帝（189—220）时中原战火遍野，社会动荡不安，王朝统治气数已尽。大批人士经辽东前往朝鲜半岛的乐浪郡县避难。高丽史家金富轼（1075—1151）《三国史记》（1143）卷十六《高句丽本纪第四》也记载，故国川王（179—197）十九年、汉献帝建安二年（197）时，中国大乱，汉人前来避乱、投奔者甚众[4]。此时汉辽东太守公孙度、公孙康父子借机割据一方，并进而接管乐浪郡县。为与高句丽抗衡，公孙康于建安十年（205）在乐浪郡南新置带方郡，辖七县（今韩国黄海道境内），接纳中原前来投奔的人。汉献帝延康元年（220）东汉由魏（220—265）取而代之，魏接着统一中国北方。魏明帝景初二年（238）灭辽东公孙氏割据政权，领有乐浪、带方，于是倭又与魏有了交往。晋人陈寿（235—297）《三国志》卷三十《魏书·乌丸鲜卑东夷传》曰："倭人在带方东南大海之中，依山岛为国邑。旧百余国，汉时有朝见者，今（魏）使译所通三十国。"[5]这说明日本列岛许多部落小国经过兼并，数目逐渐变少，最后剩下九州的邪（Yá）马台（Yamatai）国和近畿的大和（Yamato）国等少数国家。

《三国志·魏书·乌丸鲜卑东夷传》还进一步记载了倭、魏之间的多次相互往来和物资交流。中国经过魏、蜀、吴三国近半个世纪的分裂后，至西晋（265—316）又重归一统，但很快就出现了"八王之乱"（291—306）和匈奴政权的侵扰，社会再度动荡，又有大批中国人前往乐浪、带方避难。西晋愍帝初（313—314），高句丽在西晋灭亡前夕，趁

---

〔1〕《前汉书》卷二十八下，《地理志·燕地》，二十五史本第 1 册，第 523 页。

〔2〕（刘宋）范晔，《后汉书》卷一一五，《倭国传》，二十五史本第 2 册，上海古籍出版社 1986 年版，第 1048 页。

〔3〕［日］三宅米吉：汉倭奴国印考，《史学杂志》（东京），1892，第 3 编，4 号。

〔4〕［朝］金富轼：《三国史记》卷十六，《高句丽本纪第四》日文本，第 2 册，东京：平凡社 1983 年版，第 80 页。

〔5〕（晋）陈寿：《三国志》卷三十，《魏志·倭国传》，二十五史本第 2 册，第 1169 页。

势攻取乐浪和带方[1]，堵塞了邪马台国通往中国的陆上通道，也使前来避难的中国人发现这里并非安身之处，被迫流散到百济和新罗。另一方面，4至5世纪时邪马台国开始衰落，近畿的大和国迅速兴起，农业和手工业发展很快，并将其势力向周围扩散，经过一系列征战，兼并周围小国，基本上完成了统一列岛的事业。

4世纪以后，朝鲜半岛北部的高句丽势力南下，南部的百济和新罗又相互侵扰。受到两面夹击的百济，西与中国北方政权通好，东与日本结交，以牵制高句丽和新罗。大和国统治者誉田（Homuta）在位时已控制了日本全境，成为名符其实的可世袭的大王，此即后来所谓的应神天皇。他对外将触角伸向处于分裂的朝鲜半岛，应百济要求，多次出兵攻新罗，从而与百济建立密切关系。他对内则加强政权、经济和文化建设，为此急需各种人才参与这些活动，而当时日本同中国相比，各方面还是很落后的，没有足够人才。当誉田得知朝鲜半岛居住很多有技能的中国人时，就利用与百济的特殊关系招募其境内的中国人前来为大和朝廷所用，而他们也因半岛三国间的战争想找个新的安身之处，于是一批又一批中国人便从半岛移居日本。

在王仁以前，已有其他中国人从半岛东渡。据平安时代万安亲王（788—830）《新撰姓氏录》（814）《左京诸蕃》条记载：

> 太秦公宿祢，出自秦始皇帝三世孙孝武王也。男功满王，带仲彦天皇（谥仲哀）八年来朝。男融通王，一云弓月君，誉田天皇（谥应神）十四年（403）来，率百廿七县百姓归化，献金银、玉帛等物。

这里谈到秦始皇后人弓月君于应神十四年"率百廿七县百姓"来到日本。"百"或为"貊"字之误笔，因西汉乐浪郡设二十五县，东汉十八县，汉末带方郡设七县，总共不足一百二十七县，而乐浪附近古称"秽貊"（huìmò），故"百廿七县"应校改为"貊廿七县"。即令如此，人数也不会少，至少有数千人[2]。日本方面依其氏族来源，称为"秦人"，安置在大和（今奈良），后来又前往山城（今京都）发展。他们从事养蚕织丝、土木、机械、造酒和农业，还担任政府财政工作。"秦"在古日语中读作Hata，本义是织机。他们的到来使大和国支柱产业养蚕织丝进入新的发展阶段，为国家增加了财富。秦氏在社会经济中有举足轻重的地位，并在政治方面有很大影响。此后又有大批中国人前来，《日本书纪·应神纪》写道：

> 二十年（409）秋九月，倭汉直祖阿知使主、其子都加使主，并率己之党类十七县民而来归焉。[3]

---

〔1〕《三国史记》卷十七，《高句丽本纪第五》日文本，第2册，第112页。
〔2〕［日］木宫泰彦：《中日文化交流史》，北京：商务印书馆1980年版，第41页。
〔3〕［日］舍人亲王：《日本书纪》卷十，《应神天皇纪》第2册，东京：岩波书店2000年版，第208、514页。

阿知使主又作阿智使主、阿智王（汉名待考），为汉灵帝曾孙，汉末来带方，再迁至百济的兴德（今韩国全罗北道），东晋安帝义熙五年（409）率人前往日本。《新撰姓氏录》卷二十三称：

> 阿智王，誉田天皇（谥应神）御世，避本国乱，率母并妻子、母弟迁兴德七姓汉人等归化……天皇矜其来志，号阿智王为使主，仍赐大和国桧隈郡乡（今奈良高市郡）居之焉。于时阿智使主奏言，臣入朝之时，本乡人民往离散，今闻遍在高丽、百济、新罗等国，望请遣使唤来。天皇即遣使唤之。大鹪鹩天皇（谥仁德）御世，举落随来，今高向村主等是其后也。

"使主"是一种敬称，古日语读作于祢（Omi）。日本方面按阿知使主的氏族来源将他这批渡来人称为汉人（Ayahito）。汉人在大和朝廷担任文书工作，相当汉晋时的史官。又因他们居住于大和，又称为东文氏（Yamato-fumi-uji）或倭汉书（Yamato-aya-fumi），这种工作是世代相承的，所以阿知使主为东文氏或倭汉书之祖。其后人被雄略天皇赐姓直（Atai 或 Atahi），故《日本书纪》又称阿知使主为倭汉直之祖。汉人还从事外交工作和手工业如纺织、制衣、冶炼等，"汉人"在日语 Ayahito 中与"绫人"是同义语。汉人像秦人一样，也在当时日本、政治和经济中占有重要地位。王仁就是在这一背景下前去日本的。

（二）王仁赴日年代

有关王仁赴日本的早期记载见于《日本书纪》和《古事记》。《日本书纪》是由奈良朝（710—794）皇族舍人亲王（676—735）奉敕于养老五年（720）编成的日本最早一部编年体史书，其卷十《应神纪》写道：

> 十五年秋八月壬戌朔丁卯，百济王遣阿直岐贡良马二匹，即养于轻坂上厩。因以阿知岐掌饲，故号其养马之处曰厩坂也。阿知岐亦能读经典，即太子菟道稚郎子师焉。于是天皇问阿知岐曰："如胜汝博士亦有耶？"对曰："有王仁者，是秀也。"时遣上毛野君[之]祖荒田别、巫别于百济，仍征征王仁也。
>
> 十六年春二月，王仁来之，则太子菟道稚郎子师之，习诸典籍于王仁，莫不通达。所谓王仁者，是书首等之始祖也。[1]

百济之所以赠马，与日本对高句丽的作战失利有关。据1877年在吉林集安发现的《国冈上广开土境平安好太王碑》所载，高句丽第十九代王好太王或广开土王（391—412）

---

[1]［日］舍人亲王：《日本书纪》卷十，《应神天皇纪》，第2册，东京：岩波书店2000年版，第204—206、512—513页。

谈德（374—412）于 400 年为救新罗，击败倭与百济联军。碑文写道：

> 九年己亥（399），百残（百济）违誓，与倭和通，王（好太王）巡下平壤，而新罗遣使白王云，倭人满其国境，溃破城池……十年庚子（400）［王］教遣步骑五万往救新罗。从男居城至新罗城，倭满其中，官兵方至，倭贼退……追至任那加罗，从拔城，城即归服。[1]

　　碑文中所说派倭兵解救百济而攻打新罗的大和国统治者，正是日本史上的应神天皇，因其步兵与百济兵被高句丽骑兵击败，他决定大力养马，建立骑兵，遂向百济征求优秀马种。百济阿莘王（392—405，日本称阿花王）即遣使者于应神十五年八月六日献上良马二匹，饲养于轻坂的马厩中。应神得知阿直岐通儒典，更让皇子菟道稚郎子（Uji-wakai-ratsuko）师之。按：稚郎子为第三子，此时并未立为太子，因此《日本书纪》称其为"太子"，是将事后之事植于事前。应神还问阿直岐："百济国是否还有胜过他的博士？"对曰："有王仁者，是百济境内最优秀的博士。"

　　所谓"博士"，指汉武帝建元五年（前 136）开始设置的"五经博士"，即向弟子讲授《易》、《书》、《诗》、《春秋》和《礼》的儒学教官，兼应对皇帝咨询及教化民众。晋时置国子博士，职能相同。百济建国后，延请汉人博士为儒学教官，如近肖古王（346—375）时得博士高兴，始以汉字编著百济国史[2]。古代日本语中"博士"读作 fumi-yami-hito，意思是教授经典的人，亦指五经博士。应神知道王仁后，立即遣荒田别（Arata Wake）和巫别（Kamunako Wake）前往百济聘请。次年，王仁在日本使者护送下来到日本，任皇子稚郎子的老师。此皇子自幼好学，"习诸典籍于王仁，莫不通达"，受王仁思想影响很深，得应神宠爱，后被立为太子。自然，向王仁学习的，不会只有稚郎子一人。

　　关于王仁来日本的年代，《日本书纪》说是在应神十六年二月，又说"是岁，百济阿花王薨"。按日本旧史年表推算，这一年相当中国西晋武帝太康六年、百济古尔王五十二年、公元 285 年。而且至今在中外许多作品中仍持这种看法，笔者过去作品也是如此[3]。然而如果将日、中、韩三国史籍记载加以对比，就会发现这一年代标定是错误的，必须修正。查《三国史记》卷二十五《百济本纪第三》，辰斯王（385—392）八年"夏五月丁卯（二日）朔，日有食之"[4]，与唐房玄龄（579—685）《晋书·孝武帝纪》载"太元十七年五月丁卯朔，日有食之"相符[5]，合当公元 392 年 6 月 7 日，天象记录表明，正好这一

　　〔1〕［日］太田亮编：《汉、韩史籍に显はれたる日韩古代史资料》，东京矶部甲阳堂 1944 年版，第 155—158 页。

　　〔2〕《三国史记》卷二十四，《百济本纪第二》日文本，第 2 册，第 314 页。

　　〔3〕潘吉星：论日本造纸与印刷之始，《传统文化与现代化》（北京），1995，（3）：67—76；日本における製紙と印刷の始まりについて，《百万塔》（东京），1995，（92）：17—28。

　　〔4〕《三国史记》卷二十五，《百济本纪第三》第 2 册，第 324 页。

　　〔5〕（唐）房玄龄：《晋书》卷九《孝武帝纪》，二十五史本，第 2 册，第 1271 页。

天日食[1]辰斯王在位八年卒，其侄阿莘王（392—405）嗣位，阿莘王在位十四年卒。由此推算，应神十六年实相当东晋安帝义熙元年、百济阿莘王十四年、公元405年。

这就是说，王仁来日本的时间应是405年2月。事实上，6世纪以前日本没有历法，也没有"天皇"称号。古代史册为夸张天皇世系的悠久，在应神以前臆造出一些天皇，再添加六个甲子，其中多在位60年以上、寿达百有余岁，全不可信。说应神在位41年、寿110岁，亦不可信。只有将旧史年表所标应神在位时间向后推两个甲子（120年），才能与中、韩可靠史籍相吻合。应神以下诸帝，即沈约（441—513）《宋书》所述"倭五王"在位时间也存在问题，诸家有不同意见，至今还难以排出大家可以接受的可靠年表，为我们研究这段日本历史带来困难。2000年最新版日本历史学研究会编《日本史年表》显示，从507年起各天皇纪年才达到准确阶段。

除《日本书纪》外，日本最早的史书太安万吕（约664—724）《古事记》（713）也谈到王仁的到来。此书成于奈良朝和铜四年（712），分上中下三卷，中卷《应神天皇记》有下列记载：

> 此之御世，亦百济国主照古王以牡马一匹、牝马一匹……以贡上……又科赐百济国，若有贤人者，贡上。故受命以贡上人名和迩吉师，即《论语》十卷、《千字文》一卷，并十一卷，付是人即贡进（此和迩吉师者，文首等祖）。[2]

书中所述百济照古王或近肖古王，有误，因近肖古王在位于346—379年，此处事情则发生于404年，所以照古王应当校改为阿莘王或阿花王（392—405）才符合史实。其次，《古事记》中提到的和迩吉师（Wani Kishi），就是《日本书纪》所载的王仁（Wani），吉师或吉士（kishi）是其称号。"吉师"朝鲜语读作kisi，在半岛指君王贵族或官名，而日语中的"kishi 虽也是"吉师"之对音，但主要指对渡来人的尊称，也可视为对博士的别称。我们应当按日语的含义来解读对王仁的这一称呼。不妨可以认为和迩吉师者即王仁博士也。日本这两部古书之所以对同一位王仁使用了不同名字，是因为《古事记》用"万叶假名"文体写成，以汉字标和音，而《书纪》以汉文文体写成。因此，和迩是王仁日语读音之音译，吉师是对他的尊称，应肯定无疑。

《日本书纪》和《古事记》关于王仁来到日本的记载可互为补充和印证，将二者连读便可了解事情全貌。404年8月6日从百济向日本大和朝廷献一对良种雄雌马的使节阿直岐向应神推荐王仁后，遂令荒山别和巫别至百济聘请这位最优秀的五经博士。405年春2月，王仁随日本使者来见应神，还献上《论语》十卷和《千字文》一卷，共十一卷。阿直岐和王仁带来的礼物都是当时大和国最需要的。前者有助于日本养马、马术事业的发展和骑兵部队的建立，后者促进了日本的文化建设，从而加强了该国的武备和文治。

---

〔1〕 陈遵妫：《中国天文学史》第3册，上海人民出版社1984年版，第881页。

〔2〕 ［日］太安万吕：《古事记》，中卷《应神天皇记》，东京：岩波书店1999年版，第145、276页。

（三）王仁传入日本的汉籍

《古事记》所载王仁携入日本的《论语》和《千字文》到底是何种版本？长期没有弄清，因而出现种种误解和疑窦，有必要作进一步考证。众所周知，《论语》是儒家重要经典之一。《汉书·艺文志》云：

> 《论语》者，孔子（前551—前479）应答弟子、时人，相与言而接闻于夫子之语也。当时弟子各有所记，夫子既卒，门人相与辑而论纂，故谓之《论语》。[1]

《论语》成于春秋、战国之际（前5世纪）[2]，西汉初有《鲁论语》、《齐论语》和《古文论语》三种，《古论》是汉景帝（前156—前140）时在孔子家墙壁中发现的，似未曾传授，当时学者研习的是前两种版本。西汉末元帝（前48—前39）时，博士张禹（约前73—前5）为太子进讲《论语》，将《鲁论》与《齐论》合为一本，篇目以《鲁论》为主，此本逐渐流行。因张禹在成帝（前32—前7）时封为安昌侯，此本便称为《张侯论语》。东汉朝廷将《论语》列为士子必读的"七经"之一，其地位显著提高。东汉末，大经学家郑玄（127—200）以《张侯论》为底本，参以尚存的《齐论》、《古论》而作注，《论语郑注本》成为通行的新本，今传本即由此而来。三国时魏人何晏（189？—249）又有《论语集解》，晋人亦有多家注本。

人们一般认为，王仁带到日本的《论语》十卷或者是郑玄注，或者是何晏集解，其他版本的可能性很小。这种判断不无道理，但如果在郑本与何本二者中再进一步抉择，我们则倾向于郑本。这是因为东汉以来郑注本一向被认为是传统儒学的权威版本，半岛三国的五经博士多由汉人充任，自然习惯用郑本。魏人何晏老、庄、《周易》并通，以之解《论语》，背离汉学家法，开玄学之端，虽行于魏晋之际，至东晋已受到学者批判。《后汉书》作者范晔称其祖父范宁（339—401）"每考先儒经训，而长于〔郑〕玄，常以为仲尼之门不能过也。及传授生徒，并专以郑氏家法云"[3]。唐人颜师古注"长于玄"，谓以郑玄为长（第一）也。这就是说，东晋著名教育家范宁研习儒家经典时，以郑玄注本为权威本，而教授生徒则崇尚郑学。范宁认为何晏倡玄学，罪大于桀、纣。王仁与范宁为同时代人，亦当不会信从何晏集解。

至于说到《千字文》，本是一习字课本，现传本为梁武帝（503—515）时周兴嗣（约470—521）奉敕次韵前人同名著作，集东晋书法家王羲之（321—379）之字而成，约成书于505年。隋初书法家智永（560—620在世）为王羲之七世孙，临羲之墨迹写《千字文》800本，供人们传习。现存最早写本是唐初贞观十五年（641）七月蒋善进的真草两体字

---

〔1〕《前汉书》卷三十，《艺文志》，二十五史本第1册，第528页。

〔2〕《论语》成书年代说法不一，兹从杨伯峻说，见其《论语译注》，中华书局1965年版，第5页。

〔3〕《后汉书》卷六十五，《郑玄传》，二十五史本第1册，第910页。

临本，为 1908 年法国人伯希和（Paul Pelliot，1878—1945）在敦煌石室中发现，现藏于巴黎国家图书馆（P3561）[1]。从书法风格观之，仍可看出右军笔意，证实《梁书》卷四十九《周兴嗣传》所述"次韵王羲之书千字，并使兴嗣为文"之可靠性[2]。

长期以来人们一直忽略"次韵"一词含义，认为《千字文》是从周兴嗣开始的，且将他当成最初作者。然而周兴嗣生活时代晚于王仁一个世纪，且其《千字文》从隋朝（589—618）以后才开始流行于世，因此英国的日本学家萨托（Sir Ernest Mason Satow，1843—1929）认为王仁不可能在 6 世纪以前将《千字文》带到日本[3]。萨托精通日语，1896—1900 年任英国驻日公使，取和名为佐藤爱之助，1900—1906 年再任驻华公使，取汉名萨道义。他和其他人之所以作出这一判断，是因为《隋书·经籍志》和《旧唐书·经籍志》均称《千字文》一卷为"周兴嗣撰"。但如果再细查其他中国史料，就会发现此书在周兴嗣以前就已存在，兴嗣并非最早作者。

查《宋史》（1345）《李至传》及《职官志》，进士李至（947—1001）于宋太宗太平兴国八年（983）为翰林学士，拜参知政事，雍熙三年（986）因目疾辞官。端拱元年（988）帝令于崇文院中堂建秘阁，藏史馆、昭文馆及集贤院三馆珍本秘籍万余卷[4]。命李至兼秘书监，总秘阁书籍，因此：

> ［李］至每与李昉（925—996）、王化基（944—1010）等观书阁下，上（宋太宗）必遣使赐宴，且命三馆学士皆与焉。至是，升秘阁次于三馆，从至请也。上尝临幸秘阁，出草书《千字文》为赐，至勒石，上曰："《千［字］文》乃梁武得破碑钟繇书，命周兴嗣次韵而成，理无足取。若有资于教化，莫《孝经》若也。"乃书以赐至。[5]

综合《宋史》与《梁书》等相关记载，可以说梁武帝得三国魏人钟繇（151—230）草书《千字文》残碑后，为教诸王习王羲之书，乃令员外散骑侍郎周兴嗣次韵，即按钟繇《千字文》（约 210）原韵原字和字句先后顺序，补齐残缺字句而成全卷韵语。再将钟繇草书易之以王羲之书，献给梁武帝。帝称善，加赐金帛。因此，《论语郑注》和钟繇原撰《千字文》应是王仁 405 年带到日本去的来自中国的写本。

按常理讲，五经博士王仁离开百济、前往日本时，当不会只随带《论语》和《千字文》两部，还应带其他经史、文学著作，才能应付未来工作。《日本书纪》说稚郎子"习诸典籍于王仁"，也从侧面证明了这一点。因此他至少应带去"七经"、"四史"，即除《论语》外还有《孝经》、《诗》、《书》、《礼》、《易》、《春秋》以及《史记》、《汉书》、《东观汉记》、《三国志》。而且除《千字文》外，更应有《说文解字》、《尔雅》等。因为他是有备

〔1〕　黄永武编：《敦煌宝藏》第 140 册，台北新文丰出版公司 1986 年版，第 305—311 页。

〔2〕　（唐）姚思廉：《梁书》卷五十，《周兴嗣传》，二十五史本第 3 册，第 2096 页。

〔3〕　Satow, E. M. Transliteration of the Japanese syllabary. *Transaction of the Asiatic Society of Japan*，1879，7：227—228.

〔4〕　（元）脱脱：《宋史》卷一六三，《职官志·直秘阁》，二十五史本第 7 册，第 5666 页。

〔5〕　《宋史》卷二六六《李至传》，二十五史本第 8 册，第 6202 页。

而来，且有大和朝廷派人护行，所以他当会将身边常用的一些书籍随身带走。

荒田别和巫别奉应神之命率人从大和国京城（今奈良）出发，陆行至难波津（今大阪府）口岸，由此乘船经濑户内海西行至肥前（今九州）松浦靠岸休整。然后开船经壹岐岛，穿过对马海峡至对马岛，环朝鲜半岛南部海域西行，再北航至百济口岸登陆，最后前往百济王京。接到王仁及其家人后，再沿与来程相反的路程返回大和国。由于担心途经新罗海域受阻劫，所以像接弓月君、阿知使主一样，接王仁一行人时，船上应有倭军护航。

（四）王仁的家世

翻看日、中文化交流史有关作品，虽都提到王仁携《论语》、《千字文》一事的重大意义，但对其世系，长期以来却没有作认真研究，因而至今还存在很多误解，有人甚至将他说成是百济韩族人。因此实有必要作一番详细考证。如前所述，王仁是应神朝在弓月君之后和阿知使主之前，从百济来到日本的。弓月君作为秦始皇后裔，他这一批人及其子孙在日本被称为秦人，而王仁和阿知使主这两批人及其子孙在日本史册和大和朝廷户籍中，同被称为汉人，表明他们都是华人，已是不争的史实。但王仁作为祖籍长安（今陕西西安）、汉高祖刘邦（前256—前195）之后裔，他这一支在汉统治下的乐浪郡定居，而阿知使主作为汉灵帝（168—188）曾孙，这一支在汉魏和西晋统治下的带方郡定居。当两郡于313—314年合并于高丽后，他们同迁往百济，当彼此互知。

《日本书纪》说："所谓王仁者，是书首等之始祖也。"《古事记》谈到王仁时说："此和迩吉师者，[是]文首等[之]祖。"这两句话值得玩味，因为应神对王仁的到来如获人间国宝，对他尊崇有加，委以重任，不但要他教皇子们习诸典籍，还要负责掌管文秘工作，包括录写官事、勘署文案、申读会文和解读或起草外交文书等。这种文官称为"书"或"文"，其总管称为"首"。日本设这类官职是从王仁开始的，其子孙世袭，故称他为"书首（fumi-obito）之始祖"。"首"还是氏族等级制中占支配地位的臣、连、公、造、首、史七大族之一。而"文"或"书"、"史"表示其从事的职业。这说明王仁家族在日本享有很高的社会地位。

由于王仁工作任务过重，阿知使主来后分担一部分工作。王仁一支居住在河内国古市郡（大阪府羽曳野市），看来是偏重于外交和对外贸易事务，后又称为西汉氏（Kakachi-oya-uji）、西文氏（Kafuchi-fumi-uji）或河内书（Kawachi-fumi）。与此相对应，阿知使主一支居住在大和国高市郡（今奈良县中部），偏重内政事务，后又称为东汉氏（Yamato-oya-uji）或东文氏（Yamato-fumi-uji）。二者中以王仁的西汉氏为最盛。随着家族的繁衍和社会职业分工的细化，其后人又有任船史、津史、马史和藏史等官职，氏族地位节节升高，故称王仁为"书首等之祖"或"文首等之祖"。"等"字的使用表明他们除文秘工作外，还从事其他重要工作。

关于王仁的先世，菅野真道（741—815）《续日本纪》（797）卷四十有详细记载。菅野真道本人就是河内国王仁一支的直系后代，9世纪初历任观察使、参议、刑部卿、宫内卿和大藏卿等要职，成为朝廷重臣。桓武天皇鉴于《日本书纪》成书以来国史长期失修，乃敕命他率史官续修，这是日本第二部官修编年体国史。该书延历十年（791）四月八日条引文忌寸最弟的上表，文忌寸最弟即文连氏忌寸最弟，也是王仁后代，天武十二年（683）被弘文天皇赐姓为忌寸。他在上表中追述其远祖云：

> 汉高帝之后曰鸾，鸾之后王狗，转至百济，百济久素王时，圣朝遣使征召文人，久素王即以［王］狗［之］孙王仁贡焉，是文、武生等之祖也。[1]

这里谈到了乐浪王鸾至王仁之间的早期世系，王鸾祖上是汉高祖刘邦，至鸾这一代来到半岛后始易姓。王鸾子王狗，其孙为王仁。应神朝遣使来百济征召文人学士时，百济久素王即以王狗之孙王仁献到日本，因此他成为河内国文氏及武生等之祖，因为这一支有人任马史，后来晋升为武生连。日本古史将百济王世系张冠李戴，忌寸最弟受此影响，将阿莘王（阿花王）误认为是在这百多年以前的久素王（贵首王），其症结在于日本旧史将应神在位时间向前推了两个甲子，已如前述。至于王仁之祖父王狗，此名看来有似不雅，但古代以"狗"为姓名者却不乏其例。如《左传·襄公二十九年》载，吴公子季札适卫，"说蘧瑗、史狗、史鳝"，[2] 这是说前544年吴王遣公子季札去卫国游说卫大夫蘧瑗、史狗和史鳝（史鱼）。元代亦有名为郭狗者。因此，王仁早期世系如下：

　　汉高祖刘邦……→王鸾→王狗→王□→王仁

《续日本纪》延历九年（790）七月条引王仁贞上表称，王辰尔之祖为百济贵须王之孙、应神朝来朝的辰孙王，其长子太阿郎王为仁德天皇之近侍。表中写道："其后轻岛丰明朝御宇应神天皇，命上毛野氏远祖荒田别使于百济，搜聘有识者，国主贵须王恭奉使旨，择采宗族，遣其孙辰孙王（一名智宗王），随使入朝，天皇嘉焉，特加宠命，以为皇太子之师矣。"[3] 此处将王辰尔之祖先王仁当成百济贵须王之孙，属误记，与日、韩正史记载相违。前引《日本书纪》卷十《应神纪》明确说应神十五年（404）秋八月，"时遣上毛野君祖荒田别、巫别于百济，仍征王仁也……十六（405）年春二月，王仁来之，则太子菟道稚郎子师之"。《书纪》未载，这时请来百济贵须王（214—234）之孙为皇子之师，百济史料亦无相关记载，则此事纯属子虚乌有，由此认为王仁是百济王室后裔，更是无稽之谈。

据王仁自述及其后人追述，王仁曾祖父王鸾乃汉高皇帝苗裔，其祖父是王狗；而非百济辰孙王。王鸾一支族人虽在当时汉晋属地乐浪居住，却从未与半岛百济、新罗和高句丽王族有任何血缘关系，他们都具有汉人血统。正因为如此，王仁渡日后，大和朝廷户籍中

〔1〕［日］菅野真道：《续日本纪》卷四十，下册，东京：讲谈社2000年版，第455页；又见《日本书纪》卷十，第2册，第207页。

〔2〕（唐）孔颖达：《春秋左传正义》卷三十九，《十三经注疏》本，下册，上海世界书局1935年版，第2008页。

〔3〕《续日本纪》卷四十，延历九年七月条，第2册，第437页。

一直将其族人视为汉人，这个事实必须肯定下来。百济史料也证明贵须王不可能将其孙送到日本应神朝，因为贵须王与应神天皇不是同时代人，二者即位时间相差176年。查《三国史记》卷二十四《百济本纪第二》，百济第六代王仇首王或贵须王于214—234年在位，其王孙于4世纪前半叶在世，比王仁渡日早一百多年，与王仁风马牛不相及。还是西文氏忌寸最弟说百济遣王狗之孙王仁来日本，是可信的。

据《续日本纪》延历九年（790）七月条引津连真道的上表，我们还可知道王仁以下的世系：

> 午定君生三男，长子味沙，仲子辰尔，季子麻吕。从此而别，始为三姓，各因所职，以命氏焉，葛井、船、津连等即是也。[1]

津连真道同样是王仁后裔，真道是其名，津连是其氏名和职官名，比津史等级更高，是掌海外贸易的最高官员。延历九年（790）津连真道被桓武天皇赐以菅野朝臣之氏姓，成为上等贵族。《日本书纪》卷十九载钦明十四年（553）秋七月："苏我大臣稻目宿祢奉敕遣王辰尔数录船赋，即以王辰尔为船长，因赐姓为船史，今（指奈良朝）船连之先也。"[2] 可见王定午之次子王辰尔（530—582在世）是钦明朝掌造船与航运的官员，赐姓为船史（Fune-fu-bito）。天武十二年（683）十月船史改姓为船连（Fune-muraji），也封为贵族。延历十年（791）再赐姓宫原宿祢（Miyahara-sukunu），"宿祢"在日语中读作Sukunu，指天皇对臣下的亲密美称，相当于汉语中的"卿"，后来成为姓名，多赐予大臣。

河内国的西汉氏族人自王午定生三子后，始分三个支系，各因所职而有不同氏名。长子王味沙仍袭文首或书首之职，其后人有樱野书首、栗栖书首及高志史者。天武十二年（683），书首晋升为书连或文连，成为贵族。十四年（685），被赐姓忌寸，延历十年（791）四月，其一部赐姓宿祢，位列卿相。另一支弃文从武，先任马史，后赐封武生连成为将军。在日本赐姓贵族中，"连"是仅次于"臣"的第二大世袭名号，相当于中国的"侯"。《姓氏录·右京诸蕃》条称："文宿祢出自汉高皇帝之后王鸾也"，自然也是王仁的后代。王午定次子王辰尔553年为船史，其后人封为船连，从此世袭，已如上述，下面还要介绍。关于王午定之第三子王牛，《日本书纪》卷二十有下列记载：

> ［敏达天皇二年冬十月戊戌十一日（574年11月10日）］，诏船史王辰尔［之］弟［王］牛，赐姓为津史。[3]

---

〔1〕《续日本纪》卷四十，延历九年七月条，第2册，第437页。
〔2〕《日本书纪》卷十九，《钦明天皇纪》，第3册，第304，494页。
〔3〕《日本书纪》卷二十，《敏达天皇纪》，第4册，第24、437页。

津史（Tsu-no-fubito）是因职赐姓，与船史有别，主要掌管大和国重要出海港难波津（今大阪市浪速区及南区一带）进出口海关事务。天平宝字二年（758）津史赐姓津连，前述790年上表的津连真道，即世袭于此，接着又被赐为菅野朝臣之贵族氏姓，因此王牛为津史、津连之先辈。这一支族人也于791年赐姓为津宿弥及中科宿弥，本居河内国丹治郡高笯（大阪府羽曳野市北宫）。前引王仁贞所载王仁以前世系虽有误记，但对王仁以下世系的叙述则是正确的，与津连真道所述相符，且可互为补充，现录于下：

　　　　太阿郎王子玄阳君，玄阳君子午定君。午定君生三男，长子味沙，仲子辰尔，季子麻吕。从此而别，始为三姓，各因所职以命氏焉，葛井、船、津连等即是也。[1]

这段记载追述王定午以前两代，从而与王仁衔接起来。从中可知王仁之子王阿郎或王太阿郎曾为应神天皇之子即仁德天皇近侍。王阿郎再生王玄阳，玄阳生武定，他们仍承王仁的"文"、"史"之职。《姓氏录·右京诸蕃》条称："宫原宿弥、菅原朝臣同祖，盐君男智仁君之后也。"又说津宿弥为"盐君男麻吕之后也"，而出土的《船首王後墓志铭》中有"船氏中祖王智仁君"之语。综合这些记载可知，王仁曾孙王午定即《姓氏录》中所说的盐君，而其子智仁君即王辰尔，麻吕即王牛。通过以上考证，我们可排出王仁前后世系（因篇幅关系，只排至王仁四世孙为止）：

王仁世系有史可查，其曾孙王午定以后不但族人繁盛，且事业有成，至其玄孙王辰尔起，家道日隆。敏达元年（572）五月丙辰（十五日），天皇将高丽来使上表授于大臣，召诸史官解读，三日内无人能识。只有船史王辰尔能释，天皇向众臣赞美曰："勤乎辰尔，懿哉辰尔。汝若不爱于学，谁能读解。宜从今始，近侍殿中。"[2] 此"乌羽之表"事件当时轰动朝野。其实高丽使上表以汉文写成，并非难懂，只是写在黑羽上，墨迹难辨。王辰尔有巧思，"乃蒸羽于饭气，以帛印羽，悉写其字，朝廷悉异之"。他是在王仁渡日后受家教成长的，有人认为他是"新渡汉人"[3]，恐不妥。从王辰尔这一代起，族人多受重用。至8世纪，已有人位列卿相，赐以贵族氏姓，因而弓月君、王仁和阿知使主的秦人、汉人后裔从奈良朝后期（766—794）以来逐渐与大和民族融合。

〔1〕　参见《日本书纪》卷十九，《钦明天皇纪》，第3册，第305页。
〔2〕　《日本书纪》卷二十，敏达元年五月条，第4册，第18、436页。
〔3〕　宋越伦：《中日民族文化交流史》，台北：正中书局1969年版，第98页。

（五）王仁对日本文化发展的贡献

403 年、405 年及 409 年弓月君、王仁和阿知使主为代表的秦人、汉人的到来，构成中国物质文明和精神文明大规模传入日本的高潮，对日本历史发展具有深远影响。一般都认为王仁携《论语》、《千字文》等书是汉字、汉籍和儒学传入日本之始，对日本文化发展有重大意义。当中国文字早已达到高度完善之际，3 世纪以前日本还没有记录语言的文字。9 世纪平安朝（794—1189）初期的斋部广成（772—832）《古语拾遗》说："上古之世，未有文字。贵贱老少，口口相传，前言往行，存而不忘。"日本古俗有"言继语继"之风，后来又自以"言灵之国"相夸，皆可为证。《古事记·序》有"旧辞"之语，而不见"旧史旧书"的提法，可见历史事件由历代口授传承，有了文字以后，才将口头史变成文字史。没有文字的民族是无法进入文明社会的，民族自身的发展也必然受到制约。

《隋书·东夷倭国传》谈到北九州的邪马台国时，也指出其国"无文字，唯刻木、结绳"。北海道虾夷（Ainu）人在木板上刻线记日数和冲绳人以结绳记事的实物遗存，反映了日本在没有文字以前记录事件的情况[1]，与口耳相传相辅相成。3 世纪末，北九州邪马台国与魏（220—265）通使，有可能已接触有汉字的中国文书和器物，如铜镜、印绶等物，日本境内的出土实物也证明了这一点。但这些汉字对境内大多数人来说还是不可识的，因此对当时社会没有多大影响，这是邪马台国衰落的原因之一。反之，大和国则全面引进包括文字在内的中国文化和技术，故能后来居上，并进而牢固统治整个日本列岛。

汉字在日本的系统输入和传授，无疑是从王仁开始的，从而使这个"日出之国"出现了文明的曙光。他带来的魏人钟繇《千字文》，本身就是个学习汉字和汉字书法（日本称为"书道"）的蒙学课本。通过此书可以掌握数以千计的汉字及其标准写法，还能学到有关人文和自然的许多知识和思想，对启发民智是大有裨益的。王仁以其所带字书教授应神朝诸皇子，培养出大和民族第一批识字的青年人。再进一步向他们讲授儒家经典。按常理说，慕名向这位有教学经验的中国老师学习的，当还会有其他皇亲贵戚子弟。王仁到来后，应能掌握日语并以日语讲授，招收一批又一批学生。因此，在大和国应神朝一部分上层人物已正式学习汉字及其书法，并付诸使用，应是毫无疑问的。

日本有文字的历史严格说是从 405 年应神朝博士王仁到来之时开始的。大和朝廷所用的正式文字是汉字，但汉语与日语属于不同语系，对同一事物不只发音不同，且语法亦异，因此以汉字缀写日语可通过两种形式。第一种方式是表意，将日语要说的内容含义用汉文表达出来，实际上是将日语译成汉文。第二种方式是表音，即以汉字标和音，或者说是音译。如日语 a, i, u, ka, ki, ku, su, ta, na 作阿、伊、宇、加、岐、久、须、多、那，ware 写作和礼（"我"），tare 写作多礼（"谁"），等等。这两种文字表达方式都是王仁最初拟订的。日本古代文献有时全用古汉文写成，与中国古书一样，如《日本书纪》、《续日本纪》等。有时将表意与表音两种方式混用，叙事用表意，诗歌或专有名词用表音，

---

〔1〕〔日〕西村真次：《日本文化史概论》，上海：商务印书馆 1936 年版，第 132—133 页。

如《古事记》。诗歌集如《万叶集》，则多用表音文字写成，两种方式各有千秋，前者可以直接与邻国中国、百济、新罗和高丽，还有越南，进行外事往来和文化交流。第二种方式可使识汉字的日本人以汉字为音符自由地表达想要说的一切。

用表意文字对日本人来说难度较大，除母语外，还要求兼通古汉文。因此，早期阶段日本以汉文写成的书面文字，多出汉人之手。识字的日本人看汉文书时，能了解其意。1873 年熊本县玉名郡古坟出土长 15.3cm 的刀，造于日本，现藏于东京国立博物馆。刀上刻有汉文铭文，有些字已剥落不清，现录于下：

治天下蝮官瑞齿大王，奉 事? 典曹人名无利氏，八月中用大锜釜并四尺廷（挺）刀，八十炼□□□三寸上好□刀。服此刀者长寿，子孙代代得 其 恩也，不失其所统。作刀者伊太加，书者张安也。[1]

据《日本书纪》卷十二，此处所述"大王"指应神天皇之孙瑞齿别（Mitsuhawake），即反正天皇[2]，反正为其庙号。此王即《宋书》所说宋文帝元嘉十五年（438）遣使来宋的倭王珍[3]，则此刀制于 438 年前后。制刀者为伊太加（Itaka），即伊高。写铭文的是渡来的汉人张安。"锜"（qí）与"釜"同义，《说文》云："江淮之间谓釜曰锜。""廷"、"挺"二字通用，"挺刀"指直刀。"服"作佩带解。这就是说，以旧锅及旧刀合炼于炉，淬火处理后，反复捶打，最终制得上好的刀。铭文中"八十炼"的用词，使我们想起此刀很像是用渡来汉人传入的汉代百炼钢技术制成的[4]。铭文中称大和国统治者为"大王"，倒符合当时实际，亦与中国史书相符，"天皇"一词乃出于后世（695）。由此出土刀铭可见王仁时代使用汉文的情况。

汉文的使用丰富了日语的词汇，也使日语语法发生一些变化。日本人只有在使用汉字之后，才能使日语成为可记录和书写的语言，才能出现文书、史册、典籍和科学、文学作品等，才能真正谈得上日本民族文化的产生。在这方面王仁是有头功的。文字的使用还有助于大和朝廷的政权建设。王仁到来以前，邪马台国和大和国政务会议、上下政令和政情的传达靠耳提面命，没有文字凭据和档案记录。当其统治区扩及整个日本列岛时，这种情况使民政、外交、财政和法务工作不能走上正轨，国家职能不能充分发挥，这样的国家是没有发展前途的。王仁的到来结束了这种局面，他成为大和国首任书记官（类似现日本内阁官房长官），从此政府活动有了文字记录。他的子孙世袭此职，此后二百多年间成为掌管中枢秘书事务、外交、航运、对外贸易、法务和财政等重要部门的栋梁之才，在大和朝廷政权中占重要地位，对政权建设贡献甚大，为此后"大化革新"奠定了基础。

学术界还普遍认为王仁携来《论语》、《千字文》等书是中国儒学传入日本之始。儒学

〔1〕 参见《日本书纪》卷十二，补注 12：1，第 2 册，第 446 页。

〔2〕 《日本书纪》卷十二，《反正天皇纪》，第 2 册，第 300、540 页。

〔3〕 （梁）沈约：《宋书》卷五，《文帝纪》；卷九十七，《倭国传》，二十五史本，第 3 册，第 1640、1899 页。

〔4〕 黄务涤等编：《中国古代冶金》，文物出版社 1978 年版，第 73—77 页。

博大精深，包括丰富的政治、经济、法制、伦理道德和教育等方面的思想，是古人修身、齐家和治国的思想准则，故古语云"半部《论语》治天下"。儒学在日本的讲授是由王仁首开其端的，儒学思想对大和国政权建设和思想建设的影响是不容忽视的，甚至还扩及到以后的各个朝代。中国思想影响的后果表现在日本统治者结合本国国情制定一些法令、制度和政策以及人事安排上。由此又影响到国家体制的演变、社会的发展，更与提高社会生产力和科学文化发展水平有关。日本由不发达的奴隶制蒙昧状态很快就发展成封建社会，不能说与此无关。

　　中国儒学思想对日本统治阶层的影响，在王仁在世时期就已立刻表现出来，这就是日本史上长期传为佳话的应神皇子间在皇父死后相互让位的故事。《日本书纪》卷十一载，5世纪前半叶应神生前曾立菟道稚郎子为太子，及应神崩，稚郎子不肯即位，欲将皇位让与其兄大鷦鷯（Oho-sasaki），他对皇兄说：

　　　　夫君天下以治万民者，盖之如天，容之如地，上有欢心，以使百姓，百姓欣然，天下安矣。今我也弟之，且文献不足，何敢嗣位登天下乎？大王（指皇兄）者，风姿岐嶷，仁孝远聆，以齿且长，足为天下之君。其先帝立我为太子，岂有能才乎，唯爱之者也，亦奉宗庙社稷重事也。仆亦不佞，不足以称。夫昆上而季下，圣君而愚臣，古今之常典焉。愿王勿疑，须即帝位，我则为君之助耳。大鷦鷯尊对言："先皇谓'皇位者一日之不可空'，故预选明德立王为尔，祚之以嗣，授之以民，宠其章令闻于国。我虽不贤，岂弃先帝之命辄从弟之愿乎？"固辞不承，各相让之。[1]

　　从上述二皇子对话中，可看出浓厚的儒家思想。稚郎子开始一句话引自《汉书·高后纪》：

　　　　凡有天下治万民，盖之如天，容之如地。上自欢心，以使百姓，百姓欣然以事其上，欢欣交通；而天下治。[2]

　　稚郎子认为自己是皇幼子，贤不如兄，不肯即位；大鷦鷯认为先皇已立弟为太子，自己虽长，不可弃先帝之命。二人互相谦让，致使皇位空缺三年。于是稚郎子自尽，大鷦鷯才不得不即位，此即仁德天皇。让位故事中国古已有之。《千字文》中"推位让国，有虞、陶唐"，讲的是帝舜、帝尧让位之事。《论语·泰伯》云："子曰：'泰伯其可谓至德也已矣。三以天下让，民无得而称焉'"。讲的是周朝先祖古公亶父的长子泰伯和次子仲雍为国家利益而让位于幼弟季历，终于兴周灭殷，受到孔子称赞。此事还见于《左传·哀公七年》和《史记·周本纪》。应神的二皇子"习诸典籍于王仁，莫不通达"，显然从王仁讲授中受到孔子关于让贤和孝悌思想影响而行事的。但稚郎子比远离故国、文身断发的泰伯走

---

　　〔1〕《日本书纪》卷十一《仁德天皇纪》，第2册，第222—224、518—519页。
　　〔2〕《前汉书》卷三，《高后纪》，二十五史本第1册，第376页。

得还远，以自尽表示让位的决心。

大鹪鹩悲伤地安葬亡弟而即位后，即降诏于群臣曰：

> 朕登高台以远望之，烟气不起于域中，以为百姓既贫而家无炊者。朕闻古圣王之世，人人诵咏德之音，家家有康哉歌。今朕临亿兆于兹三年，颂音不聆，炊烟转疏，即知五谷不登，百姓穷乏也……三月，诏曰：
> "自今之后，至于三载，悉除课役，患百姓之苦。"
> 天皇曰："其天之立君，是为百姓，然则君以百姓为本。是以古圣王者，一人饥寒，顾之责身。今百姓贫之则朕贫也，百姓富之则朕富也，未之有百姓富之、君贫也。"[1]

仁德天皇仰慕中国古代圣王之世"人人诵咏德之音，家家有康哉歌"，但他即位时却遇到荒年，五谷不登，百姓困苦而家无炊。因而他宣布向百姓免除三年课役，还带头节衣省食、停止修缮宫室。再经过三年风调雨顺，百姓温饱，炊烟亦繁，民颂其仁德。从中他悟出治国的道理：为人君者当以百姓为本，百姓穷则君亦穷，未有百姓富而君穷者。仁德天皇这些治国思想显然受到孔子、孟子主张以民为本、对百姓施仁政、藏富于民、薄税敛的影响。《论语·颜渊》云："百姓足，君孰与不足？百姓不足，君孰与足。"王仁是仁德的老师，其子又是仁德的近侍，所以他的治国思想来自王仁父子传述的儒家典籍。王仁年迈和过世后，他的子孙代代世袭其职，除担任书首或文首工作外，亦仍兼皇子老师，因而中国儒学思想继续影响上层统治者，并进而扩及至日本整个社会，持续达数百年。

（六）王仁对日本技术发展的贡献

王仁到来后，还促成另一新兴产业部门即造纸业的兴起，此处宜着重讨论。日本有关造纸记载出现较晚，不等于说造纸也很晚。《日本书纪》卷二十二《推古天皇纪》写道：

> 十八年（610）春三月，高丽王贡上僧昙征、法定。昙征知《五经》，且能作彩色及纸墨，并造碾硙，盖造碾硙始于是时欤。[2]

江户时代（1603—1868）初期，儒者贝原好古（1664—1700）《和汉事始·和事始》引上述记载后，主张日本造纸始于推古十八年（610），他说：

> 考《日本［书］纪》，推古天皇十八年春三月高丽王贡上僧昙徵，此人能作纸墨，

---

〔1〕《日本书纪》卷十一，《仁德天皇纪》，第 2 册，第 238、522 页。
〔2〕《日本书纪》卷二十二，《推古天皇纪》，第 4 册，第 118、464 页。

证明自此时起日本始行造纸。[1]

推古十八年相当高丽婴阳王二十一年。长期以来日本学者皆从贝原之说，且认为向日本传授造纸技术的僧人昙征是高丽人，这种意见后来已成通说。然而认真研究起来，此说存在一些疑点，经受不住进一步推敲。首先，《书纪》只是说 610 年来日本的昙徵会造颜料和纸墨，并没有说日本造纸是从此人到来以后才开始的，倒是说造碾硙（wei）可能始于此时，指以水力驱动的碎物器，又名水碓。藤原忠平（880—947）《延喜格式·职员令》（927）主税寮条义解曰："谓水碓也，作米曰碾，作面曰硙。"《书纪》卷二十七天智天皇九年条载，"是岁（670）造水碓而冶铁"[2]，说明 7 世纪时水碓在日本使用。水碓技术来自中国，汉代桓谭（前 32—39）《新论》谈到设机关"役水而舂，其利百倍"，即指水碓。《后汉书》卷一一七《西羌传》称陇西（今甘肃）"因渠以灌水舂"。《晋书》卷四十三载王戎（236—305）"性好兴利，广收八方园田，水碓周遍天下"[3]。

其次，从昙徵兼通儒典和技术的知识背景观之，他可能是高丽境内的中国僧人。其渡日时间值隋炀帝大业六年（610），则当生于南北朝后期。南北朝期间儒释道三家之间的论争相当激烈，佛教僧人为在论争中居上风，必知此知彼，因而研习儒家经典为佛僧所必需，他们将儒典称为"外典"，而将佛经称为"内典"。梁僧慧皎（497—554）《高僧传·释僧盛传》谓僧盛"特精外典，为群儒所惮"，昙徵必是在这一背景下研习《五经》的，其目的是要使佛教包容儒、道成为三教之首。而当时半岛三国并没有出现中国这样的情况，不要求高丽僧人非读《五经》不可。

最后，建筑、冶铸、造纸、医药与修建寺观、铸造器像、抄写经书、普济众生等宗教活动有关，学习、掌握这些相关技术是中国僧道需要兼备的技能，成为培训僧道的一个传统。道士常作化学实验，僧人业余还要到生产现场作技术见学，昙徵是如此，法藏、鉴真等都是如此，有的僧人还从事天文、历算而成为科学家，如一行。由于昙徵具有上述阅历和知识背景，所以我们认为他是中国僧人，不能因为他从高丽去日本就想当然地认为他是高丽人。

5 至 6 世纪的南北朝时期，中国处于分裂割据局面，特别是北方广大地区各民族政权之间连年发生战争，民不堪其苦。因此又有大批人前往半岛三国，带来了比汉代更新的东西，如进一步发展的佛教和科学文化知识，为半岛所吸收，半岛又成为中国文化和人才输入日本的中转站。日本统治者得知半岛还有不少中国人才后，也极力争取他们再前往日本，昙徵就是在这种情况下赴日的。在他以前已有其他中国人被召去，如《日本书纪》卷十七载，继体天皇七年（513）六月，百济"贡五经博士段杨尔"，条件是日本将任那所占部分领土交给百济[4]。十年（516）秋九月，百济"别贡五经博士汉高安茂，请代博士段

〔1〕［日］贝原好古：《和汉事始·和事始》，卷三，《器用门·纸》条，东京，1697 年版。
〔2〕《日本书纪》卷二十七，《天智天皇纪》，第 5 册，东京：岩波书店 2000 年版，第 54、387 页。
〔3〕参见刘仙洲《中国机械工程发明史》，科学出版社 1962 年版，第 66 页。
〔4〕《日本书纪》卷十七，《继体天皇纪》，第 3 册，第 180、459 页。

杨尔，依请代之。"[1] 因为段杨尔、高安茂和昙徵这批人是在王仁、阿知使主百多年后的新时期来到日本的，所以被称为"新渡汉人"。

昙徵来时，正值推古朝摄政王圣德太子（574—622）推行新政、大力发展经济和文化之际，他在造纸、制墨方面的技能当得到充分发挥。圣德为发展造纸，令国内遍种楮树造楮纸，是在昙徵技术指导下进行的[2]，使造纸地区进一步扩大，他在促进日本造纸发展中所起的作用仍需要给以肯定。但种种迹象表明，将造纸起始时间定在 610 年，肯定为时已晚。江户时代后期，越中（今富山县）的国学家五十岚笃好《天朝墨谈》（1853）卷四谈到纸时就指出，昙徵是在书籍传入日本百多年后到来的，在他以前已有人造纸。近十多年来，某些研究纸史的日本学者也发表了类似意见[3]，笔者亦有同感，因此这个问题有重新研讨之必要。

在同日本有关纸史学者们恳谈后，我们得出下列共识：日本造纸起始时间在公元 5 至 6 世纪之间的某个时期，传授造纸技术的是该时期的中国渡来人，即大和国后期的秦人或汉人，具体细节还要作进一步研究。笔者认为以王仁为代表的河内国西汉氏或西文氏从事造纸的可能性最大，这可以从几个方面来加以论证。从造纸史角度看，在推古朝大力发展楮纸生产之前，还应有个发展麻纸生产的阶段，这是大和国后期的新兴产业。中国自公元前 2 世纪西汉发明并使用麻纸后，经东汉的改进、推广，至晋代已彻底淘汰简牍成为主要书写材料[4]。王仁所处时代正是纸在中国普遍应用之后，他所携入日本的《论语》、《千字文》等汉籍必是以麻纸抄录的纸写本，正如中国境内出土的同期写本那样。他的到来也是中国纸产品较大量地输入日本的开端，而中国纸产品的外传通常是中国造纸术外传的先导，东西方各国纸史的发展充分证明了这一点。

王仁在大和国后期除向王室子弟讲授《五经》外，还在政府机构中任书记官之职，其子孙们也如此，故他被称为"书首"或"文首"之祖，前已述及。在这两种场合下，都涉及书写材料的使用，在当时除缣帛、简牍和纸之外，别无其他材料可用。早在东汉，担任类似工作的中常侍蔡伦（63—121）即已感到"帛贵而简重，并不便于人"，遂提倡用纸为书写材料。在此三百多年后的王仁，更会有同样感受。这位精通经史的博士在百济讲学时早已习惯用纸，总不会到日本时再用无纸时期的书写材料。在当地没有产纸前，可能要从半岛或中国进口，因大和国已与中国南朝刘宋有了往来。但依靠进口并非上策，自行造纸才是长久之计，尤其 5 世纪起纸的耗量逐步增加之际。

《日本书纪》卷十二《履中天皇纪》载：

---

〔1〕《日本书纪》卷十七，《继体天皇纪》，第 3 册，第 183、461 页。

〔2〕［日］关义城：《手漉纸史の研究》，东京：木耳社 1976 年版，第 2 页。

〔3〕［日］寿岳文章：《和纸の旅》，东京株式会社艺草堂 1973 年版，第 28 页；［日］久米康生：《和纸の文化史》，东京：木耳社 1977 年版，第 7—10 页；［日］町田诚之：《和纸の風土》，京都：骎骎堂 1981 年版，第 16 页。

〔4〕潘吉星，《中国科学技术史·造纸与印刷卷》，科学出版社 1998 年版，第 105 页；《中国制纸技术史》日文版，东京：平凡社 1980 年版，第 95 页。

四年（约435）秋八月辛卯朔戊戌（八日），始之于诸国置国史，记言事达四方志。[1]

这显然是仿效中国的古制，按晋人杜预（222—284）《春秋左氏经传集解序》云："《周礼》有史官，掌邦国四方之事，达四方之志，诸侯亦各有国史。"《史记正义·周本纪》云："诸国皆有史，以记事。"《汉书·艺文志》称："左史记言，右史记事。""国史"为地方行政区划中设置的文书记录官员，即书记官。应神十六年（405）始于中央一级设此官，由王仁担任。应神皇孙履中即位后，又将此职扩及到各地方国，以便使中央和地方以及地方与地方之间政情通达。按《延喜式》中的"五畿七道"推算，当时地方行政区划有几十个之多，可想而知这么多地方史官"记言事达，四方之志"，所需公文用纸的数量一定很大，这是促成日本造纸的社会动因。撇开旧史年表关于"倭五王"在世年代的纪年不谈，但就王仁个人而言，这时他还应在世，而至各国任史官的人，也不出王仁或阿知使主的西汉氏或东汉氏族人。

《日本书纪》卷十九《钦明天皇纪》记载："［元年（540）八月］，召集秦人、汉人等诸蕃投化者，安置国郡，编贯户籍。秦人户数总七千五十三户，以大藏掾为秦伴连。"[2]这是说，540年8月大和国对境内各国各郡在住的秦人和汉人进行人口调查，编制户籍，以便作为征收课税和劳役的依据。户籍内容包括各户人数、性别、姓名、年龄、氏别、职业、家族关系等，以户为单位填写，再合订成账簿。经过调查，在籍的秦人总共有7053户，以大藏掾（官名）为掌管秦部之职，称为"秦伴造"，属于高级官吏。书中没有提到汉人的总户数，但从《新撰姓氏录》记载中可以知道，应当与秦人相当。编制户籍无疑要耗用大量的纸，不能想象这大量纸全由进口供给，应当用国产纸。所以日本造纸应始于王仁到来以后的一段时期，即5世纪最初几个十年内，而且与王仁有关。

明确谈到日本造纸的原始的早期作品，是江户时代初期宽政八年（1668）出版的《枯杭集》（Kōkōshu）。此书以古体日文写成，未署作者姓名，但必是通晓本国史典的学者。《序》中说，有关事物起源知识得自宗朝法师（1454—1517）。现将此书卷二有关部分翻译如下：

本国（日本）昔时，有称为记私之人者，始行抄纸。此前以木札书文，故所谓御札者，即此故事也。

前述五十岚笃好认为昙徵以前，即推古朝以前的大和国后期已有人造纸，但没有指出最初造纸的人，《枯杭集》对此给出了答案。日本纸史家关义城1972年在"我国最早的抄

---

[1]《日本书纪》，卷十二，《履中天皇纪》，第2册，第294、532页。

[2]《日本书纪》卷十九，《钦明天皇纪》，第3册，第240、476页。

纸师"一文内首先引用了这条史料[1]。他还指出，除《枯杭集》外，《有马山名所记》（1672）、《人伦训蒙图汇》（1690）、《笔宝用文章》（1746）、《大宝和汉朗咏集》（1823）和《假名古状揃》（1772—1778）等书都载明记私是日本最初造纸的人。此说有据，但需要辨明。按：记私与吉师或吉士同为古代日语 Kishi 的音译，是一种称号，后来才逐步成为姓氏。日语中的吉师是对渡来汉人中有学问的人或外交官的荣誉称号。朝鲜语中的 Kisi，指王室、贵族成员或新罗 17 品官中第 14 品官名，虽与吉士对音，却与日语中的吉师含义不同，此处应以日语含义理解记私所指。

《枯杭集》中的记私或吉师所指的具体人到底是谁？我们与日本纸史学者一样，认为应是 5 世纪渡来的秦人或汉人中的某一位。笔者认为此人需在大和国具有吉师称号，从事与用纸相关的工作，认识到造纸的必要性；还大体知道造纸原料和加工方法，在朝廷中有一定地位。看来充分具备这些条件的，只有《古事记》中所载的和迩吉师或《日本书纪》中所载的博士王仁，他就是《枯杭集》中所说的记私。因为王仁有日语中所说的吉师称号，从事文书及教学工作，体察到造纸的必要性。他来自造纸术故乡中国，知道造纸梗概，又受到应神和仁德等大王的尊重。王仁不必亲自参加造纸生产，只要他提出造纸倡议，就可组织河内国汉人建立这一新兴产业，再扩及其余地区，因而有理由被后人称为日本始造纸者。

日本纸史家久米康生先生同意大和国后期已自行造纸，但认为从事这一行业的是秦人集团，理由是秦人任财政或物资供应的藏部之职，且多从事纺织、土木等技术生产，在律令体制下掌管造纸的图书寮中任要职。但是要知道，汉人也从事技术活动，比秦人更了解海外事物，掌管外交和海外贸易。秦人离祖国时纸还未普遍使用，汉人离乡时纸已大行于世。秦人在图书寮任职是在日本造纸百年以后的事，不能证明大和国时期秦人始行造纸，秦人中也没有具有吉师称号的人。

久米还说《日本书纪》中有吉师称号的不限于王仁一人[2]，事实的确如此。书中还提到难波吉师、琨支吉师或琨支君，但他们是高丽或百济王室、贵族，不是学者，没有在日本从事与造纸有关的工作，且渡来时间比王仁晚几十年，已是日本造纸之后的事了，不可能是《枯杭集》中所说的记私。大和国由渡来的中国人造纸，这一点我们与日本学者意见一致，歧见只在于始造纸者是汉人还是秦人。我们认为先从汉人开始，后来秦人也从事这个行业，最早的纸是麻纸。自从有了造纸以后，大大促进了文化的发展，很快就迎来了麻纸、楮纸进一步发展的飞鸟时代，为此后奈良朝的文化繁荣奠定了基础。

（七）王仁的墓地

应神朝渡日的秦人、汉人多是有技能之士，秦人精于农工业技术和生产管理、财务工

---

〔1〕［日］関義城：わが国最初の紙すき師について（1972），《手漉紙史の研究》，东京：木耳社 1976 年版，第 32—34 页。

〔2〕［日］久米康生：古代の和紙について，《和紙文化研究》（东京），1999，第 7 号，第 9 页。

作，汉人除擅长文墨、通晓海外事务外，也精于技术如养马、制衣、冶炼、造船和造纸等。他们到达后，各方面技能得到发挥，并代代传承。大和国人口稠密的近畿地区，是政治、经济和文化中心。《新撰姓氏录》载京畿山城、大和、摄津、和泉、河内等重要地区，总共 1059 个氏族中，汉人系统的氏族有 162 个，占全体氏族的 15.3%。这是个可观的百分比，近人据各种古籍调查亦得出大体相同的结果。汉人多聚居于大和国高市郡和河内国古市郡，占两郡氏族总数 90%，其他氏族仅居 10%。王仁一族就集中在这里，凭借其先进的文化和技术背景发挥群体优势，构成有实力的社会集团，足以影响整个社会。

有关王仁事迹和世系均载诸日本史册，且斑斑可考，事实清楚，堪称信史。因此，有人将王仁说成"传说人物"，甚至怀疑其存在，是没有根据的，本文的考证即旨在以事实澄清这些疑惑。由于他这一族汉人在日本长期间是名门望族，其嫡传子孙多在政府中身居要津，因而使他的名声得以彰显后世。在日本众多渡来人中，他是能保留原有汉名的极少数人之一。奈良县奈良市的于尔（Wani）和滋贺县滋贺郡志贺町的和迩（Wani）二地，都是以王仁之名命名的。其墓地由子孙逐代维护、扫祭，亦被日本人视为文化圣地。在奈良朝至平安朝，王仁墓仍保存完好。自平安朝后期特别是镰仓时代（12 至 13 世纪）以来，皇室衰微，政权落入握有重兵的异姓武人手中，同时发生接连不断的内战。随着时间的推移和因战争破坏所造成的影响，王仁的后裔散居各地，致使墓冢长期失修。平安朝后期这里成为贵族的猎场，但坟墓基址仍在附近居民代代记忆之中，且有当地文字记录为凭。那么王仁墓在何处呢？通过文献考证并依此再至现场考察，此问题亦不难解决。

江户时代中期享保十六年（1731），京都儒者并河诚所（1668—1738）为编写河内史，来大阪府枚方市收集资料。他从该市禁野本町的和田寺记录中得知，《古事记》、《日本书纪》所载应神天皇从百济召请携来《论语》和《千字文》的日本文化之始祖博士王仁墓位于藤坂的御墓谷。他又来到墓地考察，见墓区原有墓石并访问附近居民，得以确认墓冢所在后，遂向当地地方长官久贝正俊进言，说明墓主的历史地位，建议对墓修缮、重树墓碑。建议被采纳了，享保十八年（1733）坟墓重修，又树碑文为"博士王仁之墓"的墓碑，从此又被人们祭祀[1]。并河诚所名永，字永崇、尚永，通称五市郎，号五一居士，宽文八年（1668）生于京都，俭斋之子，早年投京都大儒伊藤仁斋（1627—1705）门下，习和汉之学，名声大显，历仕远江挂川、武藏河越等诸侯。后移居江户（今东京）开坛讲学，元文三年（1738）卒。著《五畿志》、《祖衡河内史》、《拟集古录》及《中臣祓旁训》等[2]。

享保二十年（1735）刊关祖衡等人编撰的《河内志》记载："王仁之墓位于河内国交野郡藤阪村东北墓谷，今称于尔墓。"这段记载显然是根据并河诚所提供的材料而写的。于尔、和迩日语发音相同，都读作 wani，是王仁汉名的日语音译，于尔墓即王仁墓。江户时代的河内国交野郡藤阪村，即大和国时期的河内国古市郡古市乡，这里正是王仁一族

〔1〕《大阪府史迹王仁墓についての说明》，立于王仁墓旁。

〔2〕［日］日置昌一，《日本历史人名辞典》，东京：名著刊行会 1973 年版，第 682 页；并河诚所（Namikawa Seisho），在王仁墓旁史迹说明中作并川诚所，今从《人名辞典》。

当年聚居之地，可见他逝世后也葬于此。其墓经江户时代重修后，至明治年间墓地又加扩大、修整，离墓 30 米处还竖一大石碑，这里应是入口处，可见王仁墓区占地面积很大。碑文为"博士王仁坟"，由当时日本皇族炽仁亲王（1835—1895）题写。炽仁为明治维新元勋，历任兵部卿、元老院议长和左大臣等要职。昭和年以后，随着附近环境的变迁，墓区入口又改到现今的地方。

昭和十二年（1937），北河内郡菅原村村长山中信造向大阪府申请，将王仁墓作为本府指定历史遗迹。次年（1938）5 月 13 日，大阪府根据《古文化纪念物保存显彰规则》有关条款，指定此处为府内第 13 号史迹，因此墓区得到妥善保护。昭和十五年（1941），当地财界和文化界有志之士捐资，在王仁墓四周建起白色石质围墙，以资保护。二战后，对大阪府指定史迹王仁墓又进行大规模修整，在墓西建起"王仁公园"，有大片绿地和树木，墓前铺设石板人行通道。20 世纪 80 年代墓区新建具有古代建筑形式的纪念厅，形成现在的规模。

1990 年，日本纸史专家町田诚之教授在《漫步大和之古代史迹》一书"王仁塚"文内，对该墓作了介绍[1]。他从京都乘 JR 片町（Katamachi）线火车至长尾驿下车，向西南行，经四个十字路口遇到一宽广的大街，顺街南行发现右手（西）有菅原神社，左手（东）有正俊寺。再沿街坡走十分钟就看到有关王仁墓的路标，沿路标向右（西）转，在树林中出现立有石碑的入口，沿石板人行道东行即到王仁墓，距长尾车站约 1 公里。2000 年 11 月 23 日，笔者在京都演讲王仁事迹后，町田先生告诉我王仁墓地址。老友森田康敬先生便开车带我前往，虽走的是近路，但到达时天色已晚。现将所见报道如下。

王仁墓所在地的行政区划多次变动，战后为大阪府羽曳野市古市村，现在是大阪府枚方市藤阪东町二丁目 2223 号，由当地"王仁墓环境保护会"人员负责墓区清扫。入口处有警示牌"请勿带犬散步，请勿开车入内"，因此王仁公园和墓区非常整洁、幽静，路旁垃圾箱定时清理，区内见不到任何杂物在地上。墓前放置一些瓷瓶，内置鲜花。旁边有石刻《论语》及《千字文》部分内容，横置地面之上。更有两个木牌说明此墓自江户时代以来的修缮情况，还谈到年间行事：每年 11 月 3 日为文化日，8 月 17 日在这里举行纳凉聚会，每月第二个星期日开月例会，由王仁墓环境保护会举办。从目前情况看，此墓将长期受到妥善保护，这是令人欣慰的。

日本方面对王仁墓这一史迹的重视和保护，是应当肯定的。但要指出，他们对王仁事迹和世系并没有作深入考证，只是根据他从百济到日本这一点便将其误认为百济人。因而 1988 年举行庆祝史迹指定五十周年活动时，并没有邀请王仁祖国中国派代表参加，而是请了韩国代表前往，韩国人还在那里种植无穷花作为纪念。但人们只要认真查一下《新撰姓氏录》、《续日本纪》等史册，就会发现王仁的祖国是中国，其祖籍为汉都长安，这个由白纸黑字写出的事实是不容扭曲的。经过当地寺院记载和二百多年前儒者并河诚所的现场考察，应当说王仁遗骨葬在现今位置，是没有多大疑问的。因而在入口处的碑文"大阪府指定史迹/传王仁墓"中的"传"字似乎是不必要的，这样行文易使观众产生种种误解。

〔1〕［日］町田诚之：王仁塚，《大和の古代史迹き步く》，京都株式会社思文阁 1990 年版，第 44—47 页。

历史上王仁其人，其墓经过学术研究已证明是实实在在的，怎么能冠以"传"字呢？

距今一千五百多年前，五经博士王仁对百济和日本文化发展作出过卓越贡献，韩国人和日本人对他有崇敬和怀念的感情是由衷的，但也不能割断王仁的同胞中国人对他的同样感情。本文已证明中国是王仁的祖国，韩国是他的第二故乡，日本是他的第三故乡，他是中、韩、日三国人民友好和文化交流的使者和象征，而不应只是日、韩亲善的象征，他应受到三国人民的共同缅怀。因此我们建议中国政府有关当局特别是文化部，为王仁刻一墓志铭竖立在他的墓前，将他携入日本的古本郑注《论语》和钟繇撰《千字文》等影印放大本陈列在纪念厅内，在墓区种植中国花草树木，组织国人前去参访，以表达祖国人民对他的怀念。如果再有机会，由中、日、韩三国代表一起举办纪念活动，意义更大。至今为止，国人对王仁仍知之甚少，宜对其加以宣传。为使外国读者了解对王仁事迹的最新研究成果，特将我用英文写成的本节提要附在下面。

The activities and contributions of the Chinese descent scholar Wang Ren 王仁（Wani）living in fifth century Japan

Abstract：In ancient Japanese history，the Chinese scholar Wang Ren（fl. 393—440）migrating in this country in the 5th century was a personage worthy to be commenmorated and studied，because he had made important contributions to the development of the culture，the state-power construction and the development of technique in Japan. Although he was often talked about in China and Japan in the modern times，but his life story was never carefully studied，there have been different ways of saying and even misunderstanding. This paper thus makes a comprehensive investigation on his activities，contributions and genealogy on the basis of the textual research of Japanese historical materials and a comparative study with Chinese and Korean ancient works，as well as what the author sees and hears in Japan. It consists of seven parts to study the historical background and the accurate date of his arrival in Japan，which kinds of Chinese works he brought into Japan，his genealogy，his contributions to Japan and the location of his tomb. In short，each aspect of his life is touched here，some details can be seen in the text. From the investigation it comes to the following conclusions：

1）Wang Ren's grandfather Wang Luan（王鸾）was the descendant of Liu Bang（刘邦）（256—195B. C.），the Emperor Gaozu and the founder of the Han Empire. At the end of the Han the turmoil happened in China，so Wang Luan and his family took refuge in Lelang Prefecture 乐浪郡 in the Korean Peninsula，and then changed their surname from Liu into Wang. At that time，Lelang was dominated by the Han Empire，therefore，the ancestral home of Wang Ren was Chang'an 长安（now Xi'an，Shanxi Province），the capital of the Han. After Koguryo captured Lelang in 313 Wang and his family had to move to Paekche. As the learned *wujing* boshi 五经博士 (Doctor of Five Confucian Classics), Wang Ren taught sons of nobles. However, Paekche was soon at war with Silla and Koguryo, the Chinese immigrants found that the peninsula was not the suitable place for setting up their home.

2) On the other hand, the Yamato Dynasty had uniformed all the Japanese islands from the 5th century during the reign of the Emperor Ojin 应神天皇. For developing the economy and culture he especially needed various qualified personnel. After he was told that many Chinese people lived in the Korean Peninsula he decided to invite them to come. In this case. Wang Ren and his family migrated to Japan from Paekche in February of 405. The emperor asked him to teach princes the Chinese characters and Confucian classics, and worked in the Yamato court as its secretary official. Then his post became the hereditary profession of his descendants.

3) Wang Ren also brought the *Lunyu* 《论语》 (*Analects*) annotated by Zheng Xuan 郑玄 (127－200), *Qianziwen* 《千字文》 (*Thousand Characters Classic*) written by Zhong Zhou 钟繇 (151－280) and other Chinese works to Japan. This was often thought to be the beginning of the systematical introduction of the Chinese characters, Chinese works and Confucianism into Japan, and Wang Ren was the first who taught them in Japan. Apart from these works, he should also bring the *wujing* "五经" (Five Confucian Classics) and *sishi* "四史" (Four Official Chinese Dynastic Histories) and others. The teaching and use of Chinese characters in Japan thus began from Wang Ren. The influence of the Confucian thought he introduced on Japnese rulers could be soon found, since then it expanded on the whole society for several centuries.

4) It is said that papermaking in Japan began in 610, but some Japanese paper historians and the author all think that paper should have been made before this by Chinese immigrants during the 5th the 6th centuries at the end of the Yamato dynasty. An ancient book entitled *Kokoshu* 《枯杭集》 (1668) clearly said that the first papermaker in Japan was Kishi 记私, but Kishi is a laudatory title of learned Chinese scholars and diplomats working for the Yamato court in the Japnese language. not a name, 记私 and 吉师 or 吉士 have the same meaning and pronunciation. The author enumerated some reasons to identify that Kishi 记私 talked about in the *Kokoshu* 《枯杭集》 wasWani Kishi 和迩吉师 in the *Kojiki* 《古事记》 (*Ancient History of Japan*, 712) or Wani 王仁 in the *Nihon-shoki* 《日本书纪》 (*Chronicle of Japan*, 720). Because he suggested to make paper and organized papermaking, he had reasons to be called the first papermaker in Japan.

5) From the records of the *Shinsan-shojiroku* 《新撰姓氏录》 (Newly Compiled History of Clans and Familics in Japan, 814) and the *Zoku-Nihonki* 《续日本纪》 (Continuation of the Chronicle of Japan, 797) the ancesters and descendants of Wang Ren can be clearly found. They all lived in Kawachi 河内国 (now Osaka Prefecture) and

gradually became the noble families and celebrated clans at that time，and occupied the important position in the Japanese society. From the 8th century they and the Yamato nationality were fused together. This paper gives out the following genealogy of Wang Ren：

Emperor Gaozu Liu Bang→…Wang Luan→Wang Gou(王狗)→Wang?→Wang Ren→Wang

Alang(王阿郎)→Wang Haiyang(王亥阳)→Wang Wuding(王午定)→

    →Wang Weisha(王味沙)…

    →Wang Chener(王辰尔)…

    →Wang Niu(王牛)…

6）Wang Ren's descendants succeeded his post and profession from generation to generation，so Wang Ren's reputation could be evident to the later ages. In Nara（奈良）and Shiga 滋贺 counties there are two small towns called Wani 和迩 and 和尔 in memory of Wang Ren. After he died，his tomb was also located in Kawachi and looked after by his descendants，but afterwards it was once in bad repaire. In the Edo period，a Confucian Namikawa Seiso 并河诚所（1668—1738）found that Wang's tomb was in Fujisaka 藤阪 of Hirakata City 枚方市 from the record of the Temple Wata-shi 和田寺 there. He went to the tomb area to confirm its accurate location in 1731. The local officials repaired the tomb and set up a stone tablet with the inscription "Tomb of Doctor Wang Ren" 博士王仁之墓 in 1733 according to Namikawa's suggestion. Since then the tomb has been there，now its location is 2—2223 Fujisaka-higashi-cho，Hirakata City，Osaka Prefecture 大阪府枚方市藤阪东町二丁目 2223 号. It was designated as the cultural site（No. 13）of Osaka Prefecture in 1938. This should be approved，but it is sorry that they regarded Wang Ren as a Korean and do not know that China is his motherland. This paper was written after the author visited the tomb of Wang Ren in Hirakata，and we want to provide our Japanese and Korean friends a basical fact.

三　康熙大帝与西洋科学

清圣祖康熙大帝爱新觉罗·玄烨（1654—1722）是中国历史上著名的君主（图 13—4），他作为清代迁都北京后的第二个皇帝，于 1662—1722 年君临天下达 61 年，为大清 268 年封建统治奠定了坚实基础，史称"盛世"。康熙统治时期，中国是一个疆域辽阔、多民族和谐强盛统一的封建大帝国，社会经济和文化发展达到一个新的顶点。康熙帝作为强有力的帝王，励精图治，文武兼备，而又博学多才。论武，他精通韬略，善于用兵，多次率大军亲征各地，又长于骑射，能力挽强弓，会使用各种武器，包括火器。论文，他博学强记，自幼爱好读书，通晓文学、历史、哲学及格致诸学，还喜欢音乐和书法等。他经常召见文人学士和科学家，与之研讨各种学术问题，还发起并组织学者编纂一些多卷本著作。他在日理万机之暇，努力研究中国传统天文学、历法、数学、地理学、农学和医学，《康熙几暇格物编》（1721）一书便是他多年间研究科学问题的心得之作，此书在 18 世纪曾被摘译成法文[1]。康熙的科学成就比兼任巴黎科学院院士的法国皇帝拿破仑一世（Napoleon Bonaparte，1769—1821）大得多。像他这样钻研自然科学的统治者，在历史上确是凤毛麟角。他对科学技术的爱好不只为大清国臣民所知晓，也为西方国家所认同，可谓中外闻名。但关于康熙帝的自然科学工作，20 世纪 50 年代以来国内发表的有关论著中很少触及，只是 20 世纪 80 年代才见有这类作品出现[2][3]，但主要介绍康熙帝对中国传统科学的研究。我们此处拟依据西方一些史料，特别是 17 世纪法国人关于康熙帝的第一手报道，着重介绍他对西洋科学的研究，并讨论他在引进西洋科学时的一些经验教训，作为对上述作品的补充。

（一）康熙帝研究和引进西洋科学的动机

最早对康熙帝研究西洋科学具体情况作出报道的，是与他同时代的法国在华传教士，他们多年入宫为他进讲西洋科学，以亲自见闻写成回忆录和日记，这些原始报道补充了中国文献记载中的某些不足，因为有些场合与他对话的只有这些西洋"日讲官"，起居注官员很少在场。17 世纪后半叶，法国一度在欧洲建立霸权，"太阳王"（Le Roi Soleil）路易十四世（Louis X IV，1638—1713）为推行其东进政策，1685 年 3 月派遣通晓数学、天文学的六名耶稣会士东渡。他们以洪若（字时登，Joannes de Fountaney，1643—1710）为首，包括李明（字复初，Aloys le Comte，1655—1728）、刘应（字声闻，Claude de Vesderou，1656—1737）、白晋（字明远，Joachim Bouvet，1656—1730）和张诚（字实斋，Jean-François Gerbillon，1654—1708）等，于 1687 年 7 月乘船抵达浙江省宁波府上岸，向中国官员表示要在华永久居住。浙江巡抚金鋐以其无照而咨文礼部，拟将其解送回国。此时供职钦天监的比利时教士南怀仁（字敦伯，Ferdinand Verbiest，1623—1688）年事已高，康熙帝正拟物色新人接替，遂于 9 月 6 日传旨，"洪若等五人，内有通历法者亦未可定，即着送来京候用。其不用者，听其随便居住。钦此"。事见江苏海门人黄伯录（1830—1909）所编《正教奉褒》（1877 年一版，1884 年二版，1890 年三版），我们引用的是 1904 年三版影印本[4]。1688 年 2 月 20 日，洪若等人带浑天器（天球仪，sphère céleste）、象限仪（地平纬仪，quadrant）、千里镜（望远镜，telescope）、量天器及天文经书等物共三十箱来京。2 月 21 日，帝谕葡国教士徐日昇（字寅公，Thomas

〔1〕Cibot, Pierre-Martial（tr）. *Observation de physique et l'histoire naturelle faites par l'Empereur Khang-hi*, dans；G. Bretier et al.（réd）. *Mémoires concernant les Chinois*, Vol. 4. Paris, 1779. pp. 452—482.

〔2〕杜石然等编：《中国科学技术史稿》下册，第九章（曹婉如执笔），科学出版社 1982 年版，第 207—213 页。

〔3〕闻性真：康熙与自然科学，《明清史国际学术讨论会论文集》，天津人民出版社 1982 年版，第 950—980 页。

〔4〕（清）黄伯录：《正教奉褒》，上海：慈母堂重印版 1904 年版，第 90—91 页。

图 13—4　康熙帝 28 岁时（1685）的肖像

引自法国耶稣会士李明（Louis Daniel le Comte, 1655—1728）《中国现状最新报道》（Nouveaux mémoires sur l'état présent de la Chine. Paris, 1699）

Pereyra，1645—1708）为引导，于乾清宫召见洪若一行人。经钦天监官考核后，决定将白晋、张诚留京候用，其余人赴外省。1685 年，敕大学士勒德洪等访求历法人才，结果从澳门征召法国教士安多（字平施，Antoine Thomas，1644—1709），亦奉旨来京。1697 年康熙又以白晋为钦差，赴西洋物色科技人才，次年白晋带法国教士巴多明（字克安，Dominique Parrenin 1665—1741）、雷孝思（字永维，Jean-Baptiste Régis，1663—1738）等人来华，均留京候用。上述人中，向康熙进讲科学的是白晋、张诚、巴多明、安多及徐日昇等。白晋以回忆录形式写成《康熙帝传》（Histoire de l'Empereur de la Chine，présantée au Roi. Paris，1697）1697 年刊于巴黎，此法文本 1699 年再刊于荷兰海牙。李明著有《中国现状最新报道》（Nouveaux mémoires sur l'état présent de la Chine，3 Vols，Paris，1696—1698）1696—1698 年刊于巴黎。张诚多次随驾北行，著有日记体裁的《北巡纪行》或《满蒙地区纪行》（Voyage en Tartarie，1689—1691），首次收入杜阿德（Jean Baptiset du Halde，1674—1743）编辑的《中华帝国通志》（Description de l'Empire de la China，4 Vols，Paris，1735）第四卷中，此书有英文本（伦敦，1736）和德文本（罗斯托克，1747—1749）。以上诸书都向欧洲读者介绍了康熙帝研究西洋科学的情况。

中国古代科学技术素称发达，在许多领域内长期居于世界领先地位，但无可讳言，从明代（1368—1644）中期（16 世纪）以后在自然科学方面落后于西洋先进国家，这在明末修订历法过程中就表现得很明显。元（1260—1368）、明以来沿用的《授时历》（1281）和《回回历》（1267），因长久失修，误差越来越大，钦天监所报天象预测屡屡失验，因而明末有改历之议，主张采用西洋新法编历。远西耶稣会士来华，目的本为布教或如法国 18 世纪启蒙学者伏尔泰（Voltaire，i. e. François-Marie Arouet，1694—1778）在"告东方各民族"一文（Avis à tous les Orientaux）中所说，是"罗马教皇派往中国的军事侦探"。但他们意识到，在华单单从事宗教活动是有困难的，为取得统治者和士大夫的尊信，也常介绍一些西洋科学知识，而这正是中国知识界所需求的。他们介绍的科学知识尽管有缺陷，却使中国学者扩大眼界，对提高中国科学水平有一定积极意义。1629 年明廷设历局专治历法，以礼部侍郎徐光启（1562—1633）主其事，并举南京太仆寺少卿李之藻（字我存，1565—1631）、西洋人龙华民（字精华，Nicolas Longobardi，1559—1654）及邓玉函（字涵璞，Joannes Terrenz or J. Schreek，1576—1630）同襄历事[1]。邓玉函卒后，又征德国人汤若望（字道未，Johanne Adam Schall von Bell，1591—1666）及意国人罗雅谷（字味韶，Jacobus Rho，1593—1638）供事历局。徐光启卒后，由山东参政李天经（字仁常，1579—1659）继主历局。1634年历法告成，是为《崇祯历书》，共137卷。

《崇祯历书》继承传统历法形式，又吸取西洋新法，较以前诸历确有改进，但不久明代便于1644年覆灭。定都北京的清代统治者正需要有一部较好的历法，因李天经入清后致仕，清世祖顺治帝遂起用汤若望领旨率众修历，名曰《时宪历》，实际上是据《崇祯历书》改编的，顺治二年（1645）颁行天下。围绕改历问题，明清之际多次发生争议[2]。1650年安徽举人杨光先（1665—1668）先向礼部上《正国体呈》，言《时宪历》封面有"依西洋新法"字样，控告汤若望"窃正朔之权予西洋。"礼部将"依西洋新法"改为"礼部奏准"，而了结此事。当时康熙帝年幼，朝廷顾命辅政大臣鳌拜（约1615—1690）传礼、刑二部会议，拟判汤若望等钦天监官死罪，不久汤若望死于狱中。1665年任杨光先为钦天监监正，他到任后请废《时宪历》，复用《大统历》实即《授时历》，旋又起用回回科吴明烜为监副，改用《回回历》，此乃倒退之举，皆不及西洋新法完善，使用时一再出现差错。杨光先提出要警惕传教士的政治图谋是对的，已引起清政府注意。但他本人并不通历算，亦不依靠像王锡阐（字寅旭，1628—1682）这样的专家，无法在学术上驳倒西洋新法，又不肯吸收外来文化。他抱残守缺，甚至在《不得已》中鼓吹"宁可使中国无历法，不可使中国有西洋人"，其愚昧、荒唐可想而知。

康熙帝亲政后，首先要处理的问题之一就是历法之争，这是一桩科学官司。为弄清争议双方是非，他决定让实践充当裁判。1668年11月24日至26日三天内连续传谕内院大学士李霨、礼部尚书布颜等率钦天监监正杨光先、监副吴明烜以及南怀仁等双方，"预测正午日影所止之处，测验合与不合"。12月26日，又传谕二十名阁臣览阅南怀仁对吴明烜《七政》、《民历》二本之意见是否正确，并令他们共赴观象台（图13—5）实测立春、雨水、太阴（月球）、火星、木星等。结果，"南怀仁测验与伊等所指仪器逐款皆符，吴明烜测验逐款皆错"[3]。1669年1月26日，康熙帝宣布他赞成西洋新法，"着南怀仁等治理历法"，改任另一中国官员为监正。但他没有按教士请求将杨光先、吴明烜处死，而是将杨革职，吴仍留原任，着其改正前非。清初历法之争使康熙思想受到很大震动，他事后回忆说：

> 康熙初年时以历法争讼，互为评告，至于死者，不知其几。康熙七年（1668）闰月，颁历之后，钦天监再题欲加十二月又闰。因而众议纷纷，人心不服。皆谓从古有

〔1〕（清）谷应泰：《明史纪事本末》（1658）卷七十三，《修明历法》，第4册，中华书局1977年版，第1225—1229页。

〔2〕薄树人等编：《中国天文学史》，科学出版社1981年版，第226页。

〔3〕（清）黄伯录：《正教奉褒》，第47—50页。

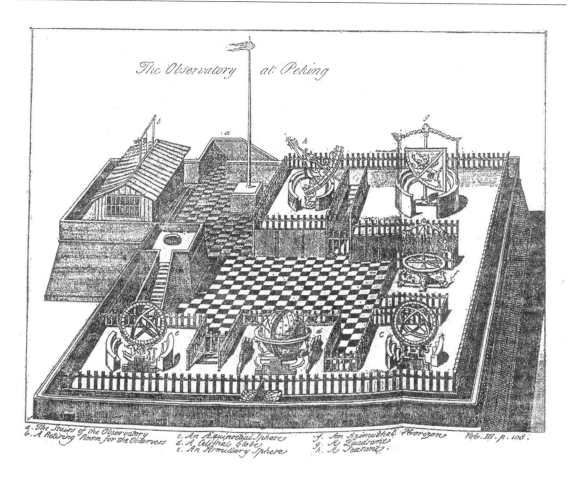

The Observatory at Peking

a. The Stairs of the Observatory
b. A Retiring Room for the Observers
c. An Æquinoctial Sphere
d. A Celestial Globe
e. An Armillary Sphere
f. An Azimuthal Horizon
g. A Quadrant
h. A Sextant.

Vol. III. p. 108.

图 13—5　清康熙年间（1662—1722）北京内城东南角古观象台内景
选自 *The general history of China*，Vol. 3（London，1736），又
Description de l'Empire de la Chine，Vol. 3（Paris，1735）

历以来，未闻一岁中再闰。因而诸王、九卿再三考察，举朝无有知历者。朕目睹其事，心中痛恨，凡万几余暇，即专志于天文历法二十余年，所以知其大概，不至于混乱也。[1]

他还亲自对白晋说，他研究西洋科学始于杨光先与南怀仁之争议，朝臣多不解此道，却催促他作出决断。当时他还年轻，但他要亲自使这一事情真相明朗化[2]。这促使他要钻研中国天文历算，还要通晓西洋新法。

---

〔1〕（清）玄烨：《三角形推算法论》，载《圣祖御制文集》第三集，卷十九，第7—8页。

〔2〕Bouvet，Joachim. *Histoire de l'Empereur de la Chine présentée au Roi*. La Haye，1699. p. 129 et seq；〔法〕白晋著，马绪祥译：《康熙帝传》，载《清史资料》第一辑，中华书局1980年版，第220页。

（二）康熙帝对西洋天文学、数学和测量学的研究

康熙帝兼通中、西天文、历算后认识到，中国传统学术已失其初始之精密，一因理论及方法不周，二因仪器有待改进。1669 年他传旨令南怀仁督造钦天监用天文仪器，1673 年制成纪限仪（sextant）、地平经纬仪（quadrant altazimuth）、赤道经纬仪（simple equatorial armillary sphere）、黄道经纬仪（simple eclipitic armillary sphere）和天球仪（celestial globe）等，装配在今北京建国门内大街路南的观象台中，次年南怀仁进《新制灵台仪象志》（De theoria，usu et fabrica instrumentorum et machanicorum）14 卷，介绍这些仪器之原理及用法，法国人将其称为《装置于帝国观象台中的新制仪器图说》（Description des instruments nouvellement construits à l'Observatoire Empéral）。康熙依议传令刊行。这批仪器应当说仍属古典类型，因为需用肉眼观测天体，但比先前所制仪器确有改进。如纪限仪可测天球上任何两星间斜距度，为中国古代所无。康熙帝还面谕南怀仁讲解这批仪器及先前献给他和皇考顺治帝的一些仪器原理及用法。据白晋记载，1673—1674 年帝令南怀仁进讲天文仪器之际，还讲几何学、静力学和天文学，且为此特编一些易懂的读物[1]。1688 年 2 月，帝于乾清宫接见张诚、白晋等人献上法国造的带有测高望远镜的四分象限仪、数学仪器、一些固体及液体磷剂，还有水平仪、天文观测用的天文钟，下令将其置入宫内御室。更传旨张诚、白晋攻习满语，九个月后学成。1689 年 12 月 25 日，

> 上召徐日昇、张诚、白晋、安多等至内廷，谕以自后每日轮班至养心殿，以清语（满语）授量法等西学。……自是即或临幸畅春园及巡行省方，必谕张诚等随行。或每日，或间日授课西学，并谕日进内廷，将讲授之学翻译清文成帙。[2]

康熙帝要求白晋、张诚等进讲其所献仪器之原理及用法，以便学会后亲用这些仪器在宫内外实际应用。他们还进讲若干天文现象的最新解释，并介绍法国天文学家卡西尼（Jean-Dominque Cassini，1625—1712）和数学家兼天文学家德拉伊尔（Philippe de la Hire，1640—1718）观测日食和月食的新方法，且绘图说明[3]。因此康熙帝已接触到当时欧洲一流天文学家的最新研究成果。当白晋将法王路易十四世之子梅纳公爵（Duc du Maine，i. e. Louis Auguste，1670—1766）送给他的测高望远镜转呈给康熙帝后，深得帝喜欢，除平时在宫内使用外，外出巡视时还令人到处背着，用以实测山高或任何两点间距离。白晋说，他几年内亲见中国皇帝在宫内外专心于天体观测、大地测量和几何学研究的实况，帝时而用四分象限仪观测太阳子午线高度，时而用子午环测定时分，从而求出当地

---

〔1〕［法］白晋著，马绪祥译：《康熙帝传》，以下简称《康熙帝传》，第 222 页。
〔2〕《正教奉褒》下册，第 107 页。
〔3〕《康熙帝传》，第 238 页。

地极高度。他还用日晷通过计算求出某日下午日晷影子长度，其结果与随行的张诚测算一致，使满朝臣僚惊叹不已[1]。康熙帝也喜欢 1688 年白晋等献上的法国科学院学者们发明的两架观测行星状态的天文仪器，在了解其用途及用法后，下令置于御座两侧。1690 年 2 月 28 日（夏历二月初一日），帝与张诚分别预测到这天的日食，于是率内院大臣等同往观看，果然应验[2]。康熙帝还经常把已掌握的西洋科学知识传授给皇太子允禔和其他臣僚，以至皇太子把计算表佩戴身上准备随时应对父皇垂询。

康熙帝巡视外地时，也不间断科学研究。1689 年 2 月 25 日，他在江宁（今江苏南京）命侍卫赵昌传谕意大利人毕嘉（字铎民，Jean-Dominique Gabiani，1623—1696）及法国人洪若问曰："南极老人星江宁可能见否？出广东地平几度，江宁几度？"二人具奏后恐有误失，至晚戌时，细观天象，详验老人星出入地平度数，缮具黄册，进呈御览。28 日晨，趋呈行宫[3]。康熙帝在同一天还同大学士李光地（1642—1718）讨论了老人星问题。按老人星即船底座 α 星（Carina-α），也称"南极老人"、"寿星"，南天最大亮星。经过研究，康熙帝怀疑《辽史·穆宗纪》关于在辽都临潢（今河北热河境内）见老人星记载的可信性，因为在北方是看不到此星的[4]。他还下令钦天监官重新修订《西洋新法历书》（*Treatise on [Astronomy and] Calendrical Science according to the New Western Methods*），自 1714 年始，至 1722 年编成，题为《历象考成》（*Compendium of calendrical science and astronomy*），共 42 卷，这是一部新的天文历法专著。康熙年间中国学者对天文历法的研究是相当活跃的，如王锡阐和梅文鼎（1633—1721）等人的工作都值得称道。

康熙帝系统研究了西洋数学，1690 年初，他传谕白晋、张诚等用满语进讲希腊人欧几里得（Euclid，c. 330—270BC）和阿基米得（Archimedes，287—212BC）的《几何学原理选编本》（*Èlements de géométrie tirés d'Euclide et d'Archimède*，1689），同时用各种数学仪器运算。1690 年 1 月 16 日，张诚在养心殿进讲法国王子梅纳公爵赠送的半圆仪性能及用法，一小时后康熙帝便学会使用[5]，二人一起用仪器测量，边走动边指画。白晋谈到皇上的几何学研究时说，他兴致勃勃地学习这门科学，白天与他们共度两三个小时后，还在晚上挑灯自学。他把学会的东西运用到实践中去，把使用数学仪器当作一种乐趣[6]。在掌握几何学原理后，他要白晋、张诚用满文编写实用几何学纲要，又命安多编写算术和几何学运算纲要，其中包括中、西书中的一些有趣问题。2 月 26 日他当着朝臣面将其所习原理作了实际应用[7]。3 月 7 日张诚将满文欧几里得几何学带入宫中，次日白晋、张诚、徐日昇及安多共趋养心殿，用两小时进讲欧几里得定理，3 月 20 日继续

---

〔1〕《康熙帝传》，第 225 页。

〔2〕Gerbillon, J. F. *Voyage dans le Tartarie. Description de l'Empire de la China*，éd, par J. B. du Halde, Vol. 4. Paris 1735. pp. 87—422；[法] 张诚著，陈霞飞译：《张诚日记》（1689—1691），商务印书馆 1973 年版，第 94 页。以下引此书，简称《张诚日记》。

〔3〕《正教奉褒》上册，第 102 页。

〔4〕（清）玄烨：《康熙几暇格物编》下之上，《老人星》，1889 年石印本。

〔5〕《张诚日记》，第 64 页。

〔6〕《康熙帝传》，第 224—225 页。

〔7〕《张诚日记》，第 72 页。

进讲。

从 1690 年 3 月 28 日起康熙帝改在北京西直门外 12 里处的畅春园研习几何学，隔日一次[1]。3 月 30 日又用对数进行运算，起初对对数有些困惑，后用对数演算乘法时迎刃而解。4 月 1 日又用对数做除法运算，4 月 5 日仍研习几何学，以对数演算若干问题。4 月 8 日召徐日昇、安多，令安多编制求积表[2]。4 月 10 日处理完政务后，用两小时听讲几何学，用对数表分析三角，下令将其译成汉文。从以上日程表中可见其研究数学是如何勤奋。4 月 14 日他对一堆谷物先作出计算，再进行核实，对比两者是否符合。4 月 20 日他将半月形土地所占面积的计算值给张诚看，问他是否愿随驾于下月外出用几何学作户外测量工作。4 月 23 日康熙帝亲自试验用直径 1 尺的刻度圆尺测量中等高度及距离，又试用半圆仪。他用中国算盘运算比安多用西法算出数值还快。由于他已掌握基础几何学原理及其应用，于是张诚等决定改用当代法国数学家帕迪（Ignace-Gaston Pardies，1636—1673）所著更为高深的名著《实用及理论几何学》（*Géométrie pratique et théoritique*. Paris 1671）作为进讲材料。3 月 26 日张诚开始进讲帕迪的专著，帝用朱笔改正满文讲稿中的错字后对侍卫赵昌说："这是一部不平常的书，我们要做的工作也不可等闲视之。"[3]白晋说，皇上非常注意并专心于这种学习，绝不因原理难懂而感到厌倦，每天听课、复习、发问，并亲自绘图，练习计算，运用仪器，不到半年他已熟练掌握了数学原理[4]。

1691 年 1 月 27 日，康熙帝对实用几何学的研习告一段落，将几何学原理重温一遍过后，下令将所用材料从满文译成汉文，并亲自校订译稿[5]。然后装订成册并写御制序。北京故宫博物院藏有满文《几何原本》七卷，附《算法原本》一卷，成于 1690 年，是白晋、张诚进讲时用的本子，与后世刊行的《数理精蕴》（*Collected basic principles of mathematics*，1723）卷十二内容相似。我们认为这可能就是《中华帝国通志》1735 年巴黎版卷四第 228 页所报道的"奉康熙帝命以满文编成并译成汉文而于 1690 年刊行于北京的取自帕迪《实用与理论几何学》的部分内容"（*Géométrie pratique et théoritique*，*tirée en partie du P. Pardies en Tartare et traduite en Chinois par ordre de l'Empereur [Khang-hi]*，*qui la fait imprimmer à Pekin*，1690）的底本。故宫博物院还藏有《算法纂要总纲》、《借根方算法节要》、《勾股折术之法》、《测量等远仪器用法》、《比例规解》和《八线表报》等书[6]。其中《借根方算法节要》是康熙研习代数学用的材料。这些书都是康熙年间编成的大型数学专著《数理精蕴》（共 53 卷）的资料来源。此书因卷帙巨大，康熙帝生前未及梓行，是在其皇四子胤禛（1678—1735）即位后于雍正元年（1723）问世的，这部大书的出版使中国数学研究局面重新活跃起来。

---

〔1〕《张诚日记》，第 75 页。

〔2〕同上书，第 78 页。

〔3〕同上书，第 75 页。

〔4〕《康熙帝传》，第 223 页。

〔5〕《张诚日记》，第 91 页。

〔6〕李俨：《中国算学史》，重庆：商务印书馆 1945 年版，第 221 页；钱宝琮主编：《中国数学史》，科学出版社 1964 年版，第 268 页。

康熙皇帝还喜欢与本国天文学家，数学家作面对面的学术讨论，且知人善任。1705年2月他在山东德州召见梅文鼎讨论历算，1711年召见江苏泰州进士陈厚耀（1648—1722）面谈数学问题，并命其于北京宫内南书房供职，采纳其《请定步算诸书以惠天下》之奏议。1712年再召梅文鼎之孙梅瑴成（1681—1764）在宫中供职，并破格赐其举人衔，充畅春园蒙养斋汇编官，会同陈厚耀、何国宗及明安图（1692—1765）等人编纂天文历算诸书。1721年编成《历象考成》42卷、《律吕正义》（*Collected basic principles of music*，1723）五卷、《数理精蕴》53卷，合称《律历渊深》（*Ocean of calendrical and acoustic culculations*，1723）共百卷，于雍正元年（1723）出版。康熙还向诸皇子和其他臣下传授西洋数学知识，如皇三子允祉从十六岁起从父皇学几何学原理，陈厚耀、梅瑴成尝从皇上学测影法及借根法（开方法）等[1]。京西畅春园蒙养斋常聚集中西人士讨论历算诸学，成为法国人所说的名符其实的 Salon scientifique（科学沙龙）。

（三）康熙帝对西洋医药学和解剖学的研究

大约从1690年年初起，康熙帝因身体一度违和，而对西洋医学发生兴趣。遂传旨暂停其他科学进讲，令白晋等改用西洋医学原理讲述致病原因。白晋在二三个月内编写18—20篇有关各种疾病的医学材料[2]。张诚也指出，1690年1月1日"皇上还传旨要我们奏对某些医药问题"[3]。2月13日，白晋、张诚再进养心殿，呈上论消化、营养和血液循环的稿件和图解，恭请御览。帝将有关心、肺、内脏及血管部分与相关汉文医书对比，认为二者颇为类似[4]。1691年1月26日再召白晋、张诚至养心殿，问他们欧洲人是否也像中国人那样切脉，并要求他们相互把脉[5]，这下可难倒二人，而康熙帝成了老师，使教士们向欧洲着重介绍中国擅长的脉学。由于康熙对西药包括外科用药发生兴趣，1690年初下令白晋、张诚在宫内设立化学实验室，用西法制药，所用仪器、设备由造办处工匠按教士所出示的图纸制造，同时翻译西洋制药书籍[6][7]。所用底本为法国皇家实验室主任沙拉（Moise Charas，1618—1698）博士1682年在巴黎出版的《皇家草药和化学药药典》第二版（*Pharmacopée royale galenique et chimique*. Séconde édition. Paris：Laurent d'Houry，1682）（图13—6）。我们在法国教士出入的天主教北堂图书馆（在今北京西什库）藏书中看到此本[8]，即白晋等当年用过的本子，较第一版（1674）有增订，

---

〔1〕钱宝琮主编：《中国数学史》，第269，277页；赵尔巽等编：《清史稿》（1927）卷五○六，《梅瑴成传》。

〔2〕《康熙帝传》，第229页。

〔3〕《张诚日记》，第62页。

〔4〕《张诚日记》，第71页。

〔5〕同上书，第91页。

〔6〕《康熙帝传》，第230页。

〔7〕Bernaed, Henri, Notes on the introduction of the natural science into the Chinese Empire, *Yenching Journal of Social Studies*，1941，3（2）：220.

〔8〕Verhaeren, Hubert. *Catalogue of the Pei-T'ang Library*. Peking：Lazarist Mission Press，1949. p. 47，no 174.

其拉丁文版（*Pharmacopeia regia galenica et pharmacopeia regia chymica*）1684 年刊于瑞士日内瓦。

遵旨在宫中建立的化学实验室内摆着各式炉灶、银制制药工具和玻璃器皿，三个月内制成多种剂型药物，包括用蒸馏法制出的药水。康熙帝多次驾临观看操作过程，并将试制成的药剂留作御用，外出时还随身携带，放入金银盛器中。有时更赐给皇子、臣下甚至侍卫。有关西药著作都由白晋、张诚译成满文，但后来未曾发表。1693 年 5 月，康熙帝患了疟疾，病情较重，服用太医院御医的药不见成效。洪若和刘应闻讯后分别从南京和山西来京，进献金鸡纳霜，治愈了此病[1]。金鸡纳霜（cinchona）即奎宁（quinine）之俗名，为茜草科常绿小乔木金鸡纳树（*Cinchona ledgerian*）树皮中的生物碱，确是治疟特效药。原产南美洲，中国南方有栽培。康熙帝病愈后，常宣传此药效能。其近臣查慎行（1650—1717）尝言："上留心医理，熟谙药性，尝谕臣等云……'方书所载汤头甚多，若一方可疗一病，何用屡易？西洋有一种树皮名金鸡勒，以治疟疾，只在对症也'。"[2] 1712 年江宁织造曹寅（1658—1712）患病转而成疟，"急欲求得主子圣药"，康熙帝派驿马星夜赶去[3]。由于他带头提倡，专治疟疾的这味西药便在中国普及开来。

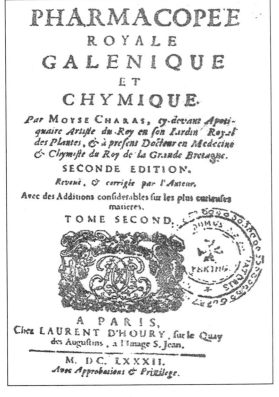

图 13—6　巴黎出版的《皇家草药和化学药药典》法文第二版扉页（1682）

北堂图书馆旧藏

康熙帝在研究西医论病因的学说时，自然要涉及到生理解剖学问题，故传谕白晋，想了解西洋有关人体结构及各器官功能方面的知识。白晋和张诚为皇上进讲的材料取自当时法国解剖学家、皇家科学院院士韦尔内（Guichard Joseph du Verney，1648—1730）的作品和其他皇家科学院学者的新作[4]，例如圣蒂莱尔的《人体解剖学》（*L'anatomie du corps humain，avec ses maladies et les remèdes pour les guerir augmenté par l'auteur*

---

〔1〕《康熙帝传》，第 230—231 页。

〔2〕（清）查慎行：《人海记》（约 1713），《昭代丛书·壬集》增补本，清道光年刻本。

〔3〕故宫博物院文献部编：《文献丛编》第 33 辑，北平：故宫博物院印 1936 年版，第 33 页。

〔4〕《康熙帝传》，第 229 页。

[*de Saint-Hilaire*] *de plusieurs observations de phisique curieuses et figures anatomiques*，2 Vols，Paris，1683—1685），顺便说，早在明末（1626）西洋解剖学已介绍到中国，如《泰西人身说概》（*De la structure du corps hummain*，2 Vols）等均以写本形式流传，但因不是出于法国人之手，且材料略显陈旧，所以白晋没有采用。白、张二人通天文、数理，对生命科学并不在行，这点已由康熙帝看在眼里。所以命白晋为钦差，物色到深通此道的巴多明，他后来也学会讲一口流利的满语和汉语。

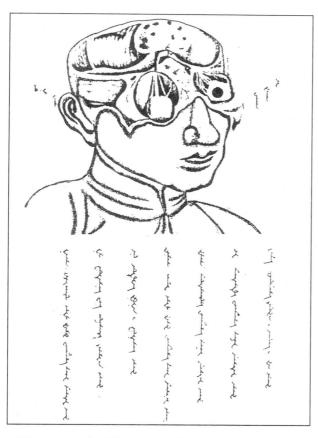

图 13—7 巴多明为康熙帝进讲的生理解剖学满文讲稿
巴黎国家图书馆藏

巴多明向康熙帝进讲的材料与白晋、张诚有所不同，主要取材于丹麦解剖学家、哥本哈根大学教授卡斯帕·巴托林（Caspsr Bartholin，1586—1629）及托马斯·巴托林（Thomas Bartholin，1616—1680）父子的著作，是解剖学领域内哥本哈根学派的经典著作，二人都是英国剑桥学者哈维（William Harvey，1578—1657）奠定的血液循环理论的热情捍卫者。托马斯以拉丁文于1678年在荷兰阿姆斯特丹发表的《新的特别观察》（*De unicornu observationes nove*，Amstelaedami，1678），是对其父所著《解剖学教程》（*Institution es anatomicae*，1611）的最新扩写与增订版，巴多明利用其中精美插图。

文字叙述部分则取材于法国著名外科医生，在巴黎皇家花园（Jardin Royal）讲授解剖学的迪奥尼（Pierre Dionis，1643—1718）教授1690年发表的学术著作[1]。在进讲人体解剖学时，巴多明以血液循环为纲，附以一些插图，而且事先还读了汉文中医有关著作，进行中、西比对，康熙帝听后很感兴趣，感到中医也有类似内容，下令将内府所藏中医书取来向教士作了介绍，再传旨从内库中取来长三尺、标有周身经络的针灸铜人模型放在殿内。比对后发现中、西关于静脉的论述相同，但铜人模型则没有动脉及血管。

---

〔1〕Bernaed，Henri. Notes on the introduction of the natural science into the Chinese Empire，*Yenching Journal of Social Studies*，1941，3（2）：220.

　　巴多明进讲内容包括两大部分，第一部分为生理解剖（图 13—7），第二部分为致病原因，此外是图解，以满文写成，经康熙帝校改、审定，满文标题为 *Dergici-tokto buha-geti-ciowanlu-bithe*，汉文意思是《圣上钦定格体全录书》[1]（图 13—8），或简称《格体全录》，从进讲到最后成稿持续了五年（1698—1703），已到康熙晚年，因为内容经常修改，康熙帝原打算再将其译成汉文出版，后经反复考虑又改变了主意。据巴多明 1723 年 5 月致法国科学院常务秘书长丰特内勒（Bernard le Bovier de Fontenelle，1657—1757）信内转述，康熙认为"此乃特异之书，不可与普遍文籍等量视之，亦不可任一般不学无术之辈滥读此书也"[2]。但亦不宜于废止，只专供御览而已，于是命巴多明缮写三部，分存大内、京西畅春园及热河避暑山庄，允许医生入内查阅，但禁止携出、传抄、不得示诸青年。巴多明另自留一本，他将其称为 *L'anatomie de l'homme suivant la circulation du sang，et les nouvells découvertes par Dienis*（《按血液循环理论及迪奥尼新发现而编成的人体解剖学》），1723 年他将此满文写本寄往法国皇家科学院。

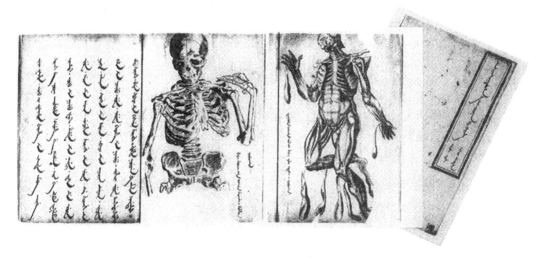

图 13—8　《钦定格体全录》满文抄本
大阪武田杏雨书屋藏转抄本

　　巴多明的满文本今藏巴黎国家图书馆，由 1979 年刊《馆藏满文书目》（*Catalogue du fonds Mandchou*. Paris：Bibliothèque Nationale，1979. p. 136.）著录，每页 26.5cm×16.3cm，共二帙 16 册，封面书汉文《西医人身骨脉图说》，但满文书名为《钦定格体全

〔1〕［日］羽田明（大阪武田杏雨书屋馆长）：《格体全录觉书》（日文），《第 14 回书屋特别展示说明书》，大阪，1984。

〔2〕Parrenin，Dominique. Lettre du P. Parennin à M. Fontenelle，secrétaire perpétuel de l'Académie des Sciences（1 mai 1723，Pékin）. *Lettres édifiantes et curieuses*，tom. 17. Paris，1726. pp. 389—390.

录》。据说巴黎国立自然史博物馆亦藏满文写本，编号 MS no. 2009[1]，不详其来头。1900 年西方八国联军入侵北京时，宫中大乱，康熙御用本从宫中流出，为丹麦人买到，1906 年入藏丹麦皇家图书馆，1928 年刊行珂罗版[2]，原尺寸 31.5cm×24cm。19 世纪俄国驻北京公使馆医生兼汉学家贝勒（Emil Bretshneider，1833—1901）说，该馆亦藏有满文写本，但无插图。[3]

（四）康熙帝主持全国地图测绘和监造火器的工作

康熙帝自幼留心地理，对世界地理也感兴趣，常从南怀仁那里了解外国情况。他在地理学上的最大功业，是主持用西法在全国范围内完成大规模测绘，为世界测绘史上的创举。1691 年 1 月 26 日，中俄《尼布楚条约》签订后，他要张诚谈俄国谈判使团来华所经路线。张诚打开西方绘制的亚洲地图进行讲述，康熙发现其中的中国部分简略不详，标绘粗略[4]，于是他打算用科学方法对中国版图进行一次精确测绘。这时他已掌握了实用几何学和测绘学知识，懂得测量仪器用法，又在南北巡行时经常带仪器实测各地经纬度，积累了足够经验，可以组织全国规模的实测。当时中国疆域超过一千多万平方公里，比整个欧洲面积还要大，康熙帝亲自担任相当一个大洲范围内超大规模测绘工作的总指挥，而当时国家也有从事这项工作的综合国力。1708 年帝传谕西士分赴蒙古各部及内地各省，遍览山水城郭，用西洋量法绘制地图，并谕各部院臣选派干员随往照应，且咨各省总督、巡抚、将军，札行所在地方官供应一切需求。4 月 16 日，白晋、雷孝思等奉旨前往蒙古等地，同行者除中国官员外，还有 1701 及 1705 年来华的法国教士杜德美（字嘉平，Pierre Jartoux，1668—1720）和德国教士费隐（字存诚，Xavier Ehrenbert Fridelli，1673—1743）。

1708 年 10 月 29 日康熙帝派费隐、雷孝思、杜德美等往直隶（今河北省大部）测绘。1710 年 6 月 26 日此行人再去黑龙江一带。为加速测绘速度，1711 年康熙下令兵分两路，派雷孝思及 1710 年新来的葡国人麦大成（字尔章，Porteur Jean-Franciscus Cardoso，1676—1723）等赴山东，复派杜德美、费隐及法国人潘如（Guillaume Bonjour）及汤尚贤（字宾斋，Pierre Vincent du Tatre，1669—1724）往晋、陕、甘等省测绘。1712 年派雷孝思、冯秉正（字端友，Joseph Marie Anne de Mailla，1669—1748）及德玛诺（Romain Hinderer，1668—1744）奔赴河南、江浙及福建，并于 1714 年至台湾省测绘。

---

〔1〕 Dehergne, Joseph. *Répertoire des Jésuits de Chine de 1552—1880*，No 611. Paris-Rome；Institution Historium Letouzey et Ane 1973；［法］荣振华著，耿昇译：《在华耶稣会士列传及书目补编》下册，中华书局 1995 年版，第 483 页。

〔2〕 *Anatomie Mandchoue，facsimile du manuscrit...* No. 11 du fonds oriental de la Bibiothèque Royale de Copenhague. Copenhague，1928. 日本东京早稻田大学图书馆有此书 xerox 本。

〔3〕 Bretschneider, Emil. *Botanicom Sinicum，Notes on Chinese botany from native and Western sources*，Vol. 1. London；Trübner & Co. 1880. p. 102.

〔4〕《张诚日记》，第 91 页。

1713 年汤尚贤、麦大成赴江西、广东及广西，而费隐、潘如前往四川[1]。次年（1714）雷孝思、费隐去云、贵、湘、鄂。帝再加派在蒙养斋习过测算的两名藏员前往西藏测绘。1717 年由中西人员组成各路测绘队齐集北京，康熙帝传旨由杜德美、雷孝思、白晋会同中国官员何国宗、明安图等人进行汇总，1718 年制成《皇舆全览图》及各省区分图。取比例为 1∶140 万，1719 年以铜版出版，这是世界上第一次在如此广阔土地上完成的全国性三角测量，其精确度超过以往任何地图。

康熙帝规定在测量中使用统一长度单位，以 200 里合地球经度一度，每里 1800 尺，故每尺长为经线 1/100 秒，在世界上首次以地球形体定尺度的方法，法国在 18 世纪以后才以赤道长定米制长度。在这次测绘中还发现经度长度上下不等，说明地球为偏圆体，而当时欧洲科学界中关于地球形体有两种不同观点，英国学者牛顿（Issac Newton，1642—1727）持地球扁圆说，而法国的卡西尼持长圆说，双方争持不下，中国的大地测量结果有力地证实了牛顿的观点是正确的。20 世纪著名德国汉学家傅吾康（F. Wolfgang）认为康熙帝主持的地图测绘工作是空前的事件，不只当时欧洲从来没见过，就是直到今日，东方地图之绘制及出版都还是用这份地图作依据。其不同之处也只是在一些微小地方加以修正而已[2]。因此这项工作无论从何种角度观之，都具有重大意义。1719 年 2 月 12 日（康熙五十八年十二月二十三日）康熙帝谕内阁大学士蒋廷锡（1668—1732）曰："《皇舆全览图》，朕费三十年心力始得告成。"[3] 的确，没有这位皇帝的魄力和强有力的指挥，是很难完成这番大事业的。《皇舆全览图》现存主要有以下版本：（1）1717 年刊本版总图，藏于北京故宫博物院，分省图三十多幅藏于中国第一档案馆；（2）1719 年意国教士马国贤（Matheo Ripa，1682—1745）制铜版，藏于辽宁沈阳故宫；（3）1737 年法国制图家当维尔（Jean Baptiste Bourgignon d'Anville，1697—1782）在海牙发表的铜版单行本《中国内地各省及满蒙藏地区新地图》（*Nouvel atlas de la Chine，de la Tartarie chinoise et du Thibet. La Haye*，1737）。

1673 年吴三桂、尚之信和耿精忠三个藩王在南方联手发动武装反叛，破坏国家统一，康熙帝在削平"三藩之乱"期间，决定以西法铸造火炮用以装备军队。1674 年 8 月 14 日，他传旨"着南怀仁尽心竭力，绎思制炮妙法"，1675 年 3 月在中国工匠努力下，第一门重型火炮样炮制成。3 月 14 日帝派内大臣同南怀仁往北京卢沟桥试放一百弹。4 月 19 日降旨"依式制造"。1674—1676 年间共铸造大炮 120 门，康熙帝亲临现场观看演放[4]。1680 年 11 月 4 日又令南怀仁督造战炮 320 门，1681 年 8 月 11 日制成，当日传朱批："着工部侍郎党古里同南怀仁往卢沟桥试放，着八旗炮手随去，学习正对星斗（瞄准）之法。"随去炮手 240 名。10 月 19 日康熙帝率王公、大臣再次亲临试炮现场，旋于炮场对八旗官员及南怀仁给予赏赐。这些大炮在平定三藩战役中发挥

---

〔1〕 曹婉如、唐锡仁、杨文衡等：《中国古代地理学史》，科学出版社 1984 年版，第 321—328 页。

〔2〕 ［德］F. Wolfgang 著，胡隽吟译：评"康熙皇舆全览图研究"，载《明清史国际学术讨论会论文集》，天津人民出版社 1982 年版，第 676 页。

〔3〕《清圣祖实录》卷二八三，《康熙五十八年二月十二日（1719、4、1）上谕》。

〔4〕《正教奉褒》，第 83 页。

了重要作用，1682 年 1 月 27 日南怀仁奉旨进呈《神威图说》，"谨备理论二十六，图解四十四，缮写成帙，进呈御览"。康熙帝接到南怀仁写的《神威［大炮］图说》后，1680 年 1 月 19 日朱批："着议叙具奏，工部知道，图法留览。"4 月，吏、工二部奏准，授南怀仁工部右侍郎衔。同时康熙帝还出己意，下令铸造可供骑兵用的铜质小型野战炮及轻型三脚炮架[1]，他在亲征准噶尔的战役中总结了实战经验，传令骑兵练习在马上使用小炮，他还重视中国火器专家戴梓（约 1649—1727）改进连珠炮的工作，亲自召见，授以翰林院侍读官衔。

康熙帝还喜欢收藏西洋科学仪器，供研究时使用。1689 年 12 月 21 日，遣人赴广东采购数学仪器，与以前皇帝不同，他对教士所献方物除科学仪器外，其余一律退回。如1689 年 2 月 25 日在江宁召见毕嘉和洪若时，他们献上方物十二种，但侍卫赵昌传旨："这二架验气管（温度计及湿度计），万岁爷可以收下"，余物退还[2]。2 月 27 日，南巡杭州，意国人潘国良（名玛诺，Emmanuel Laurifice，1646—1703）献上方物多种，但只收下小千里镜、照面镜及玻璃瓶二枚，余物退下[3]。这使西士对这位既讲体面又有见识的中国皇帝表示敬服。康熙帝在养心殿、畅春园的御书房中放置大量图书及各种科学仪器，从半圆仪、温度计、湿度计到望远镜等，备随时使用。

（五）康熙帝引进西洋科学的历史经验教训

17 世纪以来的历史说明，欲使中国科学技术赶上时代前进步伐，必须及时引入西洋近代科学并使之扎根于中土。明末科学家徐光启、李之藻和王徵（1571—1644）等有识之士已认识到这一点，而与西士合作翻译西书，讲求西法以补传统中学之不备，在这方面作了开创性工作。清初康熙帝是继此之后认真钻研并提倡西洋科学的有识之士，作为一国之君，他的工作有更大影响力。他所涉猎的西洋科学有天文学、数学、物理学、化学、医学、解剖学、地理学和测绘、铸炮及仪器制造等，还有乐理学、逻辑学，甚至还学过一点拉丁文。其主编《数理精蕴》、《历象考成》和主持测绘《皇舆全览图》等，付出多年心力。他研究西洋科学贯穿着求实精神，注重实地调查和实际应用，动手作各种演算、观测。他偏爱实用几何学及测量学，在宫内外用仪器亲自测量，并架设望远镜、四分象限仪观察天象，推测日食，再在观象台验证。他在乾清门向臣僚展示晷表日影，通过亲自服用奎宁验明其治疟疗效。他研究西药时在宫内建化学实验室，按西方药典制药，通过实践检验才赞成用西法推历。他白天听取教士进讲西洋科学，在烈日下作野外测量，晚间批阅奏章，挑灯夜读，这种"几暇格物"的精神是可取的。

康熙帝曾多次谈到他治西洋科学的动机和经过：

---

〔1〕《康熙帝传》，第 237 页。

〔2〕《正教奉褒》，第 99 页。

〔3〕同上书，第 101 页。

朕幼时，钦天监汉官与西洋人不睦，互相参劾，几至大辟。杨光先、汤若望于午门外九卿前，当面睹日影，奈九卿中无一人知其法者。朕思，己不知，焉能断人之是非？因自奋而学焉。今凡天算之法，累辑成书，条分缕析。后之学者视之甚易，谁知朕当时苦心研究之难也。[1]

他发愤治学，从刻苦钻研中寻得丰富知识和乐趣，其钻研有时深入到当时西方最新的发现，如卡西尼的天文学发现和巴托林的生理解剖学。明清之际的历史又作出这样的安排，即当中国需要引进西洋科学时，西学东渐的传播者不是科学家本人，而是佩戴十字架的西洋传教士。科学和宗教本是对立的，西方近代科学是在反抗宗教和教会的斗争中发展起来的，但西洋教士在中国却是披着科学的外衣而展开其宗教活动的。他们主要靠天算仪器和历算技能才得以进入北京紫禁城的朱门，并将与宗教相矛盾的科学作为工具，博得统治者的任用而得以立足，此乃不得已而为之。在引进科学的过程中，面临如何看待外国，对待西洋科学与宗教，以及如何处理传教士与西洋科学之间的关系问题。在这方面人们表现出不同的态度。康熙与某些前人及同时代人相比，采取了较为妥善的处理方式。

康熙帝以前的徐光启、李之藻等人把西洋教士带来的两样东西（科学与宗教）都接受下来，"保罗徐"（"Paul Sui"）终于受洗为教徒，而康熙本人要的只是科学，教士原来盘算想用科学为诱饵，使这位皇帝改宗带头信奉天主教[2]。但这种盘算一直落空。康熙帝不但在思想上与天主教划清界限，还下令采取措施，限制教士非正常的宗教活动，断然拒绝罗马教廷对中国内政的干涉，传旨将教皇特使驱逐出境。在康熙帝面前，任何教士不敢轻举妄动。他以高超的政治手腕使他们以西洋科学为帝国服务。他始终保持着统治者的威严，使教士敬服。与他父皇顺治帝不同，顺治帝虽采取西法编历，但过分倚重教士，封汤若望为钦天监监正，称其为"玛法"（mafa，满语中的父），容忍其干预朝政，在宫中进行猖狂的宗教活动[3]，招致臣民不满。康熙帝接受了这个教训，决定钦天监监正必须由中国人担任，教士需服从中国法律，他和教士的关系始终是君臣关系。

在不满顺治时期过分倚重教士的人中，出现了像杨光先这样的偏激守旧派，不分青红皂白地一律排外，不愿看到中国有西洋科学和教士，甚至不愿看到中国有任何西洋人，宁愿科学处于落后局面。他在政治野心家鳌拜（约1615—1669）鼓动下，趁康熙冲龄践祚，掀起一次次历法之争，实现其上述主张。与杨光先不同，康熙并不笼统排外，他认为学问不分中外，凡有用者皆吸取之一，人才不问族籍，凡有能者均录用之。他断历案没有民族偏见，以科学测验为是非标准，对人的处理持慎重态度，不轻易杀人。对教士，使其在科

〔1〕《大清圣祖仁皇帝庭训格言》，清光绪二十三年（1897）刻本，第50页。

〔2〕《康熙帝传》，第250页。

〔3〕 Pfister, Louis Aloy. *Notices biographiques et bibliographiques sur les Jécsuites de l'ancienne Mission de Chine 1559—1773*, Vol. 1. Changhai: Imprimerie de la Mission Catholque, 1932. pp. 162—183；参见〔法〕费赖之著，冯承钧译《入华耶稣会士列传·汤若望传》，长沙：商务印书馆1938年版，第198—199页。

学方面效力，有功者赏，无能者不用，且制定"印票"法令，持票者准居中土，在指定地点从事正当宗教活动，但对其越轨行为保持政治警惕，听由刑律处理。无印票者由各地方官解送出境。

在引进西洋科学，改变国家落后面貌方面，康熙帝本可有更多作为，例如在本国培养通晓西语的人才，组织国人独立翻译西洋有用书籍，并及时出版，使科学在群众中扎根，或直接向外国派遣留学生，招聘外国专家，改革教育，建立科学研究机构，培养本国科学队伍。与康熙帝同时代的俄国沙皇彼得一世（Peter I the Great，1672—1725）就是这样做的，很快就缩小与西欧先进国家之间的差距。但康熙帝却没有在这方面采取措施，就以外语人才而论，他已想到要培养本国通拉丁文的人，这是轻而易举之事，但计划多年没有落实，以至在与俄国谈判边界的重要外交场合还得靠西洋教士充任译员，使他们涉足国家机密，且泄露到海外。像山西人樊守义（字利如，1682—1753）这样留学欧洲，精通拉丁文和意大利文的人返国后，康熙帝只在热河行宫召见一次[1]，而未加以任用。康熙帝在引进西洋科学的过程中，始终离不开欧洲传教士这些洋拐棍，不能不说是个失策。这些教士以科学为传教的敲门砖，所介绍过来的科学门类不全，不成系统，像牛顿的物理学、波义耳（Robert Boyle，1627—1691）的化学他们无意问津，也不肯及早介绍哥白尼的日心说。他们自己用望远镜观测天体，而为中国观象台制造仪器却不肯将望远镜装在上面。

西洋教士向中国介绍的编制历法的理论基础是第谷（Brache Tycho，1546—1601）的宇宙体系，属于日心说与地心说之间的折衷体系，在当时欧洲已经陈腐[2]。地图测绘方法虽较先进，但教士未经奏准便将《皇舆全览图》寄往欧洲发表，伏尔泰说他们是"派往中国的军事侦探"可谓一语中的。康熙帝已一度不满足于身边教士的现有学识，想从西洋搜罗新的人才，但派白晋为钦差，搜罗来的还是传教士，他没有征集到任何西洋非宗教界科技专家。明末清初向中国介绍西洋科学的工作一直由教士所垄断，结果走了很长一段弯路。康熙帝在畅春园蒙养斋设算学馆，从各族子弟中选拔并培养通晓历算的人才，但这只为钦天监及与此有关衙门提供候补人员而设，没有将其扩大成多学科性的学堂或像académie那样的专业研究机构，这是短视的。他用西法治历相当果断，待到刊行西洋人体解剖学作品时又瞻前顾后，唯恐触犯封建礼教，在解剖学和旧礼教二者之间抉择时，他宁要后者。

康熙帝这位历史人物有时聪明，有时愚钝，一方面是进取的、有眼光的，另一方面又是保守的，目光短浅的。这种矛盾在他长期治理国家过程中也表现出来。他热心研习西洋科学的同时，还热忱倡导宋明理学，把它抬到官方哲学的高度。他既主编《数理精蕴》，又钦定《性理精义》，既提倡格致测算，又推行八股制艺。唯恐破坏其祖宗基业或动摇其封建统治赖以维系的上层建筑。他所表现出的这重重矛盾，实际上正是中国千年封建传统与西方资本主义产物新兴科学相遇时发生冲突的反映，也是当时社会矛盾的反映。康熙帝研习、引进西洋科学时表现的一些不足或缺失，是他受时代和阶级局限的结果，可以作为

〔1〕方豪：《中西交通史》第四册，台北：华冈出版有限公司1977年第六版，第189页。
〔2〕薄树人等：《中国天文学史》，第222页。

历史经验教训予以总结。但是判断历史人物的功绩，不是根据他们有没有提供现代所要求的东西，而是根据他们比他们的前辈提供了什么新的东西。从这一视角观之，康熙帝在清初掀起的引进西洋科学的运动，与明末礼部侍郎徐光启等人引进的东西相比，确是内容更多、质量更高，取得的成就更大，推动了科学在中国的进一步发展。他作为大国的君主在繁忙政务中挤出时间多年不倦地钻研中、西科学且学有心得，受到中外赞扬，这是他超过前人之处。

四　达尔文与康熙帝的历史对话

清圣祖康熙大帝爱新觉罗·玄烨（1654—1722）是中国历史上著名的君主，西方人常将他与同时代的法国国王路易十四世（Louis ⅪⅤ，1638—1725）和俄国沙皇彼得一世（Peter I，1672—1725）相比。但康熙帝除了是世界大国强有力的帝王之外，还是博学的学者和科学家，在这方面是法、俄君主无可比拟的。康熙在日理万机之暇，努力研究中国传统科学和西洋科学，亲自观测与测算，他曾涉猎数学、天文学和历法、地理学、测绘学、医药、生理解剖学、农学、火药技术和物理学等多种学科，且学有心得[1]。其所著《康熙几暇格物编》便是他研究科学问题的专著。此处通过援引、比对中国与西方原始资料揭示 19 世纪英国生物科学家达尔文（Charles Robert Darwin，1809—1882）涉猎康熙帝作品的过程，同时改动达尔文原著及其汉译本中个别文字之误。这项课题是中欧科学文化交流史中令人感兴趣的，因为人们好奇的是，19 世纪的西方自然科学家居然能涉猎二百年前中国皇帝的作品，并作为其观点的证据？事实的确如此。

达尔文在 1868 年发表的《动物和植物在家养下的变异》（*The variation of animals and plants under domestication*）一书第二十章《人工选择》中指出，选择原理可分为三种，即有计划选择、无意识选择和自然选择，前二种属人工选择。谈到有计划选择时，他写道："有计划选择是这样一种原理，它指导人按照预定的标准去系统地努力改变一个品种。"他又指出，如果认为古人"没有认识到选择的重要性和实行过选择，那将是很大的错误"[2]。应当说，世界各大文明区的古人都有可能做到这些，这是人类共有而本能的智慧。但达尔文与同时代其他西方多数生物学者不同，他不但在欧洲古代文献中寻找历史证据，而且还从旧大陆东端的亚洲国家古文献中寻找证据，他是在世界范围内广泛收集科学信息的敬业学者，这使他的视野更为广阔。只有放眼世界的学者才能有大思维，完成大手笔。而将研究范围只局限在自己所在地区的人，不过是用一只眼看世界的 one-eyed person。

达尔文在论证古人利用有计划的人工选择原理时，列举一些欧洲范例后，接下将目光

---

〔1〕潘吉星：康熙帝与西洋科学，《自然科学史研究》，1984，3（2）：177—188；Pan Jixing. *Emperor K'anghsi and Western science*（1992），见本书附录四。

〔2〕［英］达尔文著，叶笃庄、方宗熙译：《动物和植物在家养下的变异》，科学出版社 1982 年版，第 453、458 页。

转向具有五千年文明史的中国，在这里也找到其观点的证明。他写道：

> The same principles were applied by the Chinese to various plants and fruit-trees. An imperial edict recommends the choice of seed of remarkable size; and selection was practised even by imperial hands, for it is said that the *yu-mi* or imperial rice, was noticed at an ancient period in a field by the Emperor Khang-hi, was saved and cultivated in his garden and has since become valuable for being the only kind which will grow north of the Great Wall. [1]

因现行汉译本对这段翻译个别处有误，笔者拟重新翻译如下：

> 中国人对于各种植物和果树也应用了同样的选择原理。皇帝敕令选用长势异乎寻常的稻种，甚至选种亦出自帝手。因为据称"御稻米"是昔日康熙帝在一块水田里注意到的，并且在禁苑内加以保存和培育，因此稻是能在长城以北生长的唯一稻种，所以更显得可贵。

在这里，达尔文提供了"御稻米"的汉语音译及意译 *yu-mi* or imperial rice，但英文原版误印成 *ya-mi*，且用正体，我们对此作了校改。"康熙帝"按当时英语拼法应是 Emperor K'ang-hsi，但是达尔文却用了 Khang-hi，这显然是当时的法语拼音，说明他引用的文献原典必是法国人的作品。文内 garden 汉译本作"御花园"[2]，这是不妥的。因为我们知道在清宫神武门南的御花园没有足够地方可种水稻。经考证后我们改译为"禁苑"，实际是丰泽园，此园在北京紫禁城西苑太液池（今中南海）瀛台西北门外，一水横带，前有稻畦数亩，为康熙帝、雍正帝亲种农桑，亲御耒耜之地。达尔文在上述话后加注云：With respect to Khang-hi, see Huc's *"Chinese Empire"*, p. 311。我们译为："关于康熙，参见古伯察的《中华帝国》第 311 页"。这里用了此书的简名。汉译本误将法国作者 Huc（法语读音为于克）按英语发音译为胡克亦不妥，因此人有固定汉名为古伯察。古伯察（Evariste Régis Huc, 1813—1860）为法国遣使会教士（Lazariste），1813 年 6 月 1 日生于法国西南部的唐埃格隆（Tarn-et-Garonne）城，清道光十九年（1839）来华，1843 年随另一法国人葛毕（Joseph Gabet, 1808—1853）至蒙古、西藏游历，1848 年再赴浙江，1852 年返国，1860 年 3 月 25 日卒于巴黎[3]。

古伯察通汉、蒙、藏语，返国后整理其在华旅行见闻，1853 年在巴黎用法文发表《中国蒙藏及内地游记》 （*Souvenirs d'un voyage dans la Tartarie, le Thibet et la*

〔1〕 Darwin, Charles Robert. *The variation of animals and plants under domestication*, Vol. 2, New York-London：Appleton & Company, 1897. p. 189.

〔2〕 ［英］达尔文著，叶笃庄、方宗熙译：《动物和植物在家养下的变异》，科学出版社 1982 年版，第 461 页。

〔3〕 van den Brandt. J（汉名方立中）. *Les Lazaristes en Chine* (1697—1935), *Notes biographiques*. Pei-p'ing：Imprimerie des Lazaristes, 1936. p. 15.

Chine），共三卷。书名中 Tartarie 指蒙古，Chine 指中国内地，我们今天译西方人使用的这类地理名词须极其谨慎，否则要出政治错误，决不能迁就原文去译。此书很快就译成英文，题为《1844，1845 及 1846 年在中国蒙藏地区及内地游记》(*Souvenirs of a journey through Tartary，Tibet and China during the years* 1844，1845 *and* 1846)，1860 年出版于伦敦。古伯察还以法文写成《中华帝国——蒙藏地区游记续编》(*L'Empire Chinois faisant suite à l'ourage intituté sourenirs d'un voyage dans la Tartarie et le Thibet*) 共三卷，1853 及 1854 年刊于巴黎，简称《中华帝国》(*L'Empire Chinois*)。该书又以《贯穿中华帝国的旅行》(*A journey through the Chinese Empire*) 为名译成英文，1855 年出版于美国纽约。同年，伦敦也出了英文版，书名为《中华帝国：蒙藏地区游记续编》(*The Chinese Empire：Forming a sequel to the work entitled Recollections of journey through Tartary and Tibet*)，像法文版一样也简称《中华帝国》 (*The Chinese Empire*)，1857 年再版。笔者使用的是 1857 年伦敦英文第二版，与第一版文字相同。

古伯察的这两部著作，以其亲自见闻叙述有关中国内地和蒙古、西藏少数民族地区的最新情况，又参引中国著作加以解说，很多内容是当时西方人较少知道的，因而一度风行于欧美。英、法文是西方有教养的人大都掌握的，很多国家学者都能看懂古伯察的作品。达尔文参阅的是《中华帝国》1855 年伦敦英译本第一版。笔者将此书法文原著与英译本对比后发现，英文译者不通汉语，故专有名词拼音悉依法文原著，显得不够协调，于是出现康熙成为 Khang-hi，而非 K'ang-hsi 这类不该有的现象。译者如果参考一下巴黎 1735 年刊法文版《中华帝国通志》(*Description de l'Empire de la Chine*) 的英译本（1736），这类现象本可避免。但除专有名词外，总的来说英文版还是较好地传达了法文原著的本义。看来做到"信、达、雅"那样的翻译境界并非易事，不下工夫研究是不行的，因为学术翻译工作也应被看成是研究工作。

达尔文引《中华帝国》卷二第 311 页介绍康熙帝选择"御稻米"优良品种的事迹，以补西方古文献中这方面的不足。那么古伯察的叙述又有何依据呢？经我们考证，乃引自《康熙几暇格物编》。如前所述，此书乃康熙多年间研究自然科学的心得之作。早在古伯察之前，此书已由 18 世纪在华法国耶稣会士韩国英（Pierre Martial Cibot，1727－1880）摘译成法文。韩国英字伯督，1727 年 8 月 15 日生于法国南方的利摩日（Limoges）城，清乾隆二十四年（1759）来华，像其同胞金济时（字保禄，Jean-Paul Louis Collas 1735－1781）一样，很少从事宗教活动，而是热衷于在华做博物学考察，向西方介绍中国特产动物、植物和科学技术，勤于著述，1780 年 8 月 8 日卒于北京。他生前还写过《对可能使法国得到并受益的中国植物、花卉和树木的考察》(*Observation sur les plants，les fleurs et les arbres de Chine qu'il est possible et utile se procurer en France*)[1]。

---

〔1〕 Cibot，Pierre Martial. Observations sur les plants，les fruits et les arbres de Chine qu'il est possible et utile se procurer en France. dans：Gabriel Bretiet et al. （réd）．*Mémoires concernant les Chinois*，tom. Ⅺ. Paris. 1786. pp. 183－269.

为韩国英写传的法国人费赖之（字福民，Louis Aloys Pfister，1833—1891）将此作品归于金济时名下[1]，但据另一法人荣振华（Joseph Dehergne，1903—1990）的最新研究，此文乃出于韩国英之手[2]。此次我们已据此作了更正。韩国英还写过《关于野蚕及其饲养方法随笔》（*Notices sur les vers à soie et sur la manière des les élever*）[3] 等有价值的报道，发表于《中国论考》（*Mémoires concernant les Chinois*）这部大型丛书各卷之中。这套书共十六卷，1776—1814 年分册刊于巴黎。

韩国英于《中国论考》卷四（1779）第 452—484 页发表题为"康熙帝对科学和博物学的考察"（*Observation de physique et l'histoire naturelle faites par l'Empereur Khang-hi*）长篇报道[4]，实际上这是首次用法文摘译了《康熙几暇格物编》。此摘译本又易名为 *Recueil des observations sur la nature des choses，faites par l'Empereur Khang-hi，pendant ses loisirs imperiaux.*（"康熙帝在政务余暇对物体性质（格物）的考察"），1903 年由法国人在越南河内创办的《远东法兰西学院学报》（*Bulletin de l'École Française de l'Extrême-Orient*）第 747 页起重新转载[5]。因此康熙的科学业绩包括在农学方面的贡献，早在 18 世纪已为欧洲知识界所知晓。这方面的早期介绍均操之于法国人之手。达尔文同时代的西方生物学家通法文者比比皆是，但他们多集中于查阅法国科学家的作品，很少从法国汉学的科学宝库中去探宝，这就注定达尔文比任何其他人获得更多的科学信息，视野更广。我们今天考证达尔文著作中的中国科学史料，也要研究法国汉学史。

现在转向法国汉学家古伯察《中华帝国》1855 年英译本卷二有关康熙的论述，原文如下：

The Chinese owe their numerous discoveries in agriculture principally to their eminently observant character, which has enabled them to turn to use an immense number of plants neglected in Europe. They are very fond of the study of nature, and their greatest men, even their emperors, do not disdain to attend to the smallest circumstances connected with it, and to collect with care whatever promises to be of public utility. The celebrated Emperor Khang-hi has thus rendered an important service to his country. We find in the curious memoirs written by that prince the following

〔1〕Pfister，Louis Aloys. *Notices biographiques et bibliographique sur les Jésuites de l'ancienne Mission de Chine* (1552—1773)，tomⅡ．Changhai；Imprimerie de la Mission Catholique，1934. pp. 890—902.

〔2〕Dehergne，Joseph. *Répertoire des Jésuites de Chine de* 1552—1800. Roma-Paris：Institutum Historicum Letouzey & Ane，1973；[法] 荣振华著，耿昇译：《在华耶稣会士列传及书目补编》上册，中华书局 1995 年版，第 133—134 页。

〔3〕Cibot，Pierre Martial. Notices sur les vers à soie sauvages et sur le manière des les élever. dans：Gabriel Bretier et al. (réd)．*Mémoires concernant les Chinois*，tomⅡ．Paris，1777. pp. 174—193.

〔4〕Cibot Pierre Martial. Observtions de physique et l'histoire naturelle faites par l'Empereur Khang-hi，dans：Gebriel Bretier et al (réd)．*Mémoires concernant les Chinois*. tomⅣ．Paris，1779. pp. 452—484.

〔5〕Recueil des observations sur la nature des choses，faites pas l'Empereur Khang-hi，pendant ses loisirs imperiaux. *Bulletin de l'Ecole Française de l'Extrême-Orient*（Hanoi）．1903. pp. 747 et seq.

passage— "I was walking," says the Emperor Khang-hi, "on the first day of the sixth moon[1], in some fields where rice was sown, which was not expected to yield its harvest till the nineth. I happened to notice a rice plant that had already come into ear; it rose above all the rest, and was already ripe. I had it gathered and brought to me; the grain was very fine and full, and I was induced to keep it for an experiment, and see whether it would on the following year retain this precocity, and in fact it did. All the plants that proceeded from it came into ear before the ordinary time, and yielded their harvest in the sixth moon. Every year has multiplied the produce of the preceeding, and now for thirty year it has been the rice served on my table. The grain is long, and of a rather reddish colour, but of a sweet perfume, and very pleasent flavour. It has been named *yu-mi* or 'Imperial rice', becauce it was in my gardens that it was first cultivated. It is the only kind that can ripen north of the Great Wall, where the cold begins very early, and ends very late, but in the provinces of the south, where the climate is milder, and the soil more fertile, it is easy to obtain two harvest a year from it, and it is a sweet consolation to me to have procured this advantage for my people."[2]

笔者现将这一大段话翻译如下：

中国人在农业方面有很多发现，主要因其特别机警的素质，使他们肯于采用在欧洲被忽视的大量植物。他们很爱好研究自然界，而其最高贵的人甚至他们的皇帝，也不轻视参加与此有关的不起眼的事，而且精心收集可能对大众有益的一切。著名的康熙帝因而对他的国家作出一项最重要的贡献。我们惊奇地发现这位君主写的下列一段话："六月初一日，朕漫步至已播种之稻田，虽不能指望在九月前割稻收获。但朕忽见一棵稻此时已生穗，比其余稻都高，稻粒已熟。朕采集其实并带回，谷粒甚好并充实，朕拟用其做实验，看来年是否仍早熟，而实际上确是先熟。从此稻所繁育的所有稻都在正常时间以前长出穗，而在六月即可收获。每年不断繁殖下去，到如今已三十年，内膳所用皆此米也。谷粒长，略呈红色，但味香，且有令人惬意之滋味。因其于朕之苑田内所培育，故一直名为'御稻米'。此乃长城以北能成熟之唯一稻种，这一带很早即开始变冷，而转暖甚迟。南方各省气候温和，土地更肥沃，以此稻很容易于一年内两种两收，有此稻可造福黎民百姓，亦朕所欣慰也。"

---

〔1〕 原文为 sixth moon，规范的译法应是 sixth month，即汉文中的"六月"。——引者注

〔2〕 Huc, Evariste Régis. *The Chinese Empire: Forming a sequel to the work entitled Recollections of journey through Tartary and Tibet* (1855), translated from the French, English 2nd ed., Vol. Ⅱ. Washington/New York/London, 1857. pp. 311—312.

　　此处用引号引出的文字显然来自《康熙几暇格物编》，此书最初收入《圣祖仁皇帝御制诗文集》第四集中，该集所收诗文皆康熙五十一至六十一年间（1712—1722）所作，则《格物编》亦当写于 1712—1722 年间[1]。而《御制诗文集》见于《四库全书》（1781）《集部·别集类》，长期只有写本而未曾刊行。韩国英所用的底本即《四库全书》本，藏于北京宫内文渊阁及圆明园文源阁，他曾奉旨在园内栽花种树和在京西的如意馆修理钟表。有机会出入文源阁。《格物编》共 93 条，而韩国英只摘译出 42 条，并非逐句译出，遇有疑难便不译或者对文字作变通处理[2]。如《御稻米》条中的"口外"（实指张家口以北）作"长城以北"，二十四节气之一的"白露"便不译，此节气在每年的 9 月 8 日前后。但总的说还是基本反映了原作的精神。古伯察所引《格物编》显然参用韩国英的旧稿。笔者将其转为汉文时，则兼顾原著及英译文二者，但基本上按英文译出。

　　鉴于《四库全书》写本一般人不易得见，光绪年清代宗室、进士出身的盛昱（1850—1899）将《四库全书》本《康熙几暇格物编》以中楷手抄一过，再予石印刊行，成为现通行本。但未敢对祖宗御作写出题记，亦未标明刊行年代，只在书尾题"朝议大夫、前国子监祭酒，臣宗室盛昱（yù）敬录"。据缪荃孙（1844—1919）《续碑传集》（1910）卷七十所载，盛昱任山东乡试主考官时染病，遂于光绪十五年八月初四日（1889 年 9 月 8 日）"因病奏请开缺"。在家闲居时，考订古籍、把玩书画，"手写《康熙几暇格物编》付石印"[3]，则可知此石印本 1889 年刊于北京。此本文字当与《四库》本完全相同，笔者曾据以影印，供作研究。为使读者一睹康熙大帝原话，特据盛昱本转录于下：

　　　丰泽园中有水田数区，布玉田（今河北玉田县）谷种，岁至九月始刈获登场。[朕]一日循行阡陌，时方六月下旬，谷穗方颖。忽见一科（棵）高出众稻之上，实已坚好，因收藏其种，待来年验其成熟之早否。明岁六月时，此种果先熟。从此生生不已，岁取千百，四十余年来，内膳所进皆此米也，其米色微红而粒长，气香而味腴（味美）。以其生自苑田，故名"御稻米"。一岁两种亦能成熟，口外种稻，至白露前收割，故山庄（热河避暑山庄，在今河北承德市）稻田所收，每岁避暑用之，尚有赢（盈）余。[朕]曾颁其种与江浙[总]督、[巡]抚、织造（在今江苏苏州），令民间种之。闻两省颇有此米，惜未广也。南方气暖，其熟必早于北地。当夏秋之交，麦禾不接，得此早稻，利民非小。若更一岁两种，则亩有倍石之效，将来盖藏，尽渐可充实矣。昔宋仁宗（赵祯，1023—1063 在位）闻占城（Champa，越南占婆）有早熟稻，遣使由福建而往，以珍物易其禾种，给江淮、两浙，今南方所谓黑谷米也。粒红而性硬，又结实甚稀，故种者绝少。今御稻不待远求，生于禁苑，与古之雀衔天雨者无异。朕每饭时，

　　[1]（清）纪昀等人奉敕编：《四库全书简明目录》（1782）卷十八，《集部七·别集类六》，上海：扫叶山房影印本 1924 年版，第 13 页。
　　[2] 陈受颐：《康熙几暇格物编》的法文节译，见其《中欧文化交流史事论丛》，台北：商务印书馆 1970 年版，第 95—110 页。
　　[3]（清）缪荃孙：《续碑传集》卷七十，宣统二年刻本（1910），第 25 页。

尝愿与天下群黎（百姓）共此嘉谷也。[1]

　　古伯察或金济时将上述话中"四十余年"误译为"三十年"，而"六月下旬"又误译为"六月初一日"，盖"一日循行阡陌"中"一日"指某一日，不是指六月初一日。康熙帝谈到发现御稻在六月下旬，却未讲在哪一年。后来吴振棫（1791—1871）对此提供了答案。吴振棫字仲云，号毅甫，浙江钱塘（今杭州）人，嘉庆十九年（1814）二甲进士，历任贵州按察使、四川布政使、云南巡抚，咸丰四年（1854）署云贵总督。晚年著《养吉斋丛录》，记本朝典章制度、朝廷掌故，皆有据，可补《清史稿》未备。早期刊本有光绪二十二年（1896）本，现有1983年北京古籍出版社点校本。关于御稻，该书卷二十六写道：

　　　　康熙二十年（1681），圣祖于丰泽园稻田中偶见一穗，与众穗迥异，次年（1682）命择膏壤（肥土）以布（播）此种。其米作微红色，嗣四十余年（1681—1722）悉以此米作御膳，外间不可得也。其后种植渐广，内仓存积始多。世宗（雍正帝，1723—1735在位）时，河南总督田文镜（1662—1732）病初愈，尝以此米赐之，作粥最佳也。[2]

　　由此可见，康熙帝从今河北玉田县稻谷中培育优秀品种"御稻"，始于康熙二十年夏六月下旬（1681年8月4—13日）。康熙三十年（1691）四月，帝于丰泽园内的澄怀堂召见内阁尚书库勒纳等群臣时谕曰：

　　　　"尔等进来时，曾见朕所种稻田耶？"众奏曰："曾见过，稻苗已长尺许矣。此时如此茂盛，实未有也。"帝曰："朕初种稻时，见有于六月即成熟者，命取收藏作种。历年播种，亦即至六月成熟，故此时若此茂盛。若寻常成熟之稻。未有能如此者。"[3]

　　就是说，康熙帝在1681—1691年间试种十年后，已使此优良稻种定型化，其粒长，色微红及早熟性保持稳定。康熙五十四年（1715），帝再下令将此稻种向江南推广，同年苏州织造李煦（字旭东，1655—1729）向皇帝奏曰：

　　　　窃臣蒙万岁隆恩，特赐御种谷子一石，臣命苏州布种，又命臣谕知［总］督、［巡］抚。臣至江南，即遵旨宣示。……于是江南万万生民，无不家给人足，群沐圣天子教养之弘恩，永永无极也。[4]

〔1〕（清）玄烨：《康熙几暇格物编》下编之下，《御稻米》，光绪十五年盛昱手录本石印本1889年版，第6页。
〔2〕（清）吴振棫：《养吉斋丛录》卷二十六，鲍正鹄点校本，北京：古籍出版社1983年版。
〔3〕（清）李彦章：《江南催科耕课稻编·国朝劝早稻之令》，载《中国农业遗产选集·稻》，中华书局1958年版，第379页。
〔4〕故宫博物院明清档案馆编：《李煦奏折》康熙五十四年十一月七日（1715年12月2日），第184页。

后来御稻在各地推广，每季稻生长期为 70—120 天，一季亩产四石（dàn），相当于 480 斤，可谓高产早熟。我们还考证出，"御稻米"一文约写于康熙六十一年（1722）。康熙帝不只在丰泽园种稻，还在那里种桑并由后妃养蚕。中国有这样一位关心民生的皇帝参加选种育种，使达尔文倍加赞叹，而康熙大帝的科学业绩便被达尔文载入其经典著作中，传遍世界。达尔文仅凭这一优秀而典型事例，便可宣布：断言古人未曾有意识认识到选择原理的重要性的观点，是极其错误的。

以上谈的是人工选择，达尔文在谈到物种变异时，再一次与康熙帝结下了因缘。这件事仍为中外许多学者所鲜知，值得在这里作一番考证。在《动物和植物在家养下的变异》第二十二章《变异的原因》中《诱发变异性生活条件的变化性质》一节内写道："从古代一直到今天，在可能想象到的那种不同气候和环境条件下，所有种类的生物当被家养和栽培时，都发生了变异。"[1] 他这一理论观点是根据大量事实总结出来的。在这里他再一次将目光投向中国，指出：

在中国，竹有 63 个变种，适于种种不同的家庭用途。这等事实以及还可补充的其他无数事实指明，生活条件的几乎任何种类的一种变化，就足以引起变异性。

他在脚注中给出文献出处：On the bamboo in China, see Huc's "*Chinese Empire*", Vol. II, p. 307[2]。（关于中国竹，参阅古伯察的《中华帝国》卷二，第 307 页）。像先前一样，此处引用的是 1855 年伦敦出版的英文版，因读者不易见到，而这段叙述又很重要，有必要转录其原文。我们用的是 1857 年英文第二版，文字与第一版全同：

Besids possessing the cereals, fruits and vegetables of Europe, China has also, in her vegetable kingdom, a rich variety of other productions, many of which would doubtness prosper in the south of France, and especially in our superb possissions in Africa. Amongst the most celebrated we must mention the bamboo, the numerous uses of which have had great influence on the habits of the Chinese. It is no exaggeration to say that the mines of China are less valuable to her than her bamboos; and after the rice and silk, there is nothing that yields so great a revenue. The uses of which the bamboo is applied are so many and so important, that one can hardly conceive the existense of China without it. It issues from the ground like the asparagus, of the diameter that it afterwards remains when grown. The dictionary of Khang-hi defines it as, "a production that is neither tree nor grass"

〔1〕[英]达尔文著，叶笃庄，方宗熙译：《动物和植物在家养下的变异》，科学出版社 1982 年版，第 497—498 页。

〔2〕Darwin, Charles Robert. *The variation of animals and plants under domestication*, Vol. II. New York-London：Appleton & Company, 1897. p. 243.

(*fei-tsao fei-mou*)，that in an amphibious vegetable，sometimes a mere plant，and sometimes acquiring the proportions of a tree. The bamboo has been known from the remotest times in China，of which it is a native；but the cultivation of the large kind dates only from the end of the third century before the Christian era. Sixty-three principal varieties of the bamboo are counted in the Empire；they differ from one another in diameter，height，the distance of the knots，the colour，and the thickness of the wood in their branches，leaves and roots，as well as in peculiar and whimsical conformations which are perpetuated in certain species. A forest of bamboos will yield a considerable revenue to its proprietor，if he knows how to regulate the cutting。[1]

笔者再将上述原文翻译如下：

中国除拥有欧洲已有的谷物、水果和蔬菜之外，还在其植物领域内拥有丰富多彩的其他各种各样的产物，其中许多将无疑会在法国南方，而尤其在我们极好的非洲领地繁育。其中最著名的我们得要提到竹，其许多用途对中国人习俗已产生极大影响，可以毫不夸张地说，中国竹产比矿产创值还多，仅次于稻谷和丝绸。没有任何物产有像竹那样获得如此巨大的岁收。竹的用途是如此广泛和重要，以至很难设想没有竹中国会存在下去。它像文竹那样从土中长出，而成长后仍保持其粗细。《康熙字典》将竹定义为"非草非木"的产物，归为一种两性植物，既是草本，又属木本。在中国，竹作为原产物从远古时代起就熟悉了，但其大量栽培只始于公元前3世纪末。在该帝国内总计有63种主要的竹类，某些品种的竹在直径、高度、竹节距离、颜色和竹材厚度上互不相同，但其枝、叶、根以及特殊和奇异的外形却是不变的。竹林所有者可获得一笔相当可观的收入。如果他懂得如何掌握好采伐的话。

法国汉学家古伯察在其《中华帝国》中的上述大段生动叙述，足以使达尔文确信其所说63种竹是真的变异产物。古伯察这里的叙述，既根据他的在华见闻，也引自很多中国古籍记载。达尔文阅读并引证这段叙述时，他所熟悉的康熙帝的名字（Khang-hi）再一次进入他的眼帘。需注意的是，法文原文中 *dictionnaire de Khang-hi* 或英译文中的 *dictionary of Khang-hi*（K'ang-hsi）实际指《康熙字典》，这一行文按达尔文的理解，康熙帝就是该书的作者。我们现在知道，康熙五十年（1711）帝命原文华殿大学士兼吏部尚书张玉书（字京江，1642—1712）及文渊阁大学士兼吏部尚书陈迁敬（字子瑞，1639—1712）为总阅官，率内院学士兼礼部侍郎凌绍雯等二十八名翰林院官编纂大字典，历时五年，康熙五十五年（1716）完成，由康熙帝御制序，因名《康熙字典》。

---

〔1〕 Huc，Evariste Régis，*The Chinese Empire*：*Forming a sequel to the work entitled Recollections of a journey through Tartary and Tibet*（1855），translated from the French 2nd ed，Vol. Ⅱ . London 1855；2nd ed；Washington-New York，1857. p. 307.

康熙帝本人虽未具体编写，但他提议编纂，并作总体规划，拟定体例，且督导进程，付出心力，是他在文化事业方面的又一建树。全书 42 卷，按部首分 214 部，收 47035 字，是 20 世纪以前中国收字最多的汉字解析字典。每字条下标音释例，辑录有关该字的大量前代典籍，对后世字典编纂影响很大。书中将各部按地支子丑寅卯等顺序归为十二集，每集分上中下。在未集上《竹部》释竹时，引刘宋人戴凯之（418—483 在世）《竹谱》（约 460）曰：

> 植类之中，有物曰竹，不刚不柔，非草非木，小异空实，大同节目。

又引汉人司马迁（前 145—前 86）《史记·货殖列传》曰："渭川千亩竹，其人与万户侯同"，说明种竹有很大岁收。再引汉人班固（32—92）《前汉书·律历志》称，黄帝时使冷纶制竹乐器，"断两节间而吹之，以为黄钟之宫"调，说明中国远古时已知用竹[1]。

但《康熙字典》未载竹有多少个变种，则古伯察必是又查阅了有关竹的最早专著《竹谱》，其中虽未明确说有多少种，但所记竹类经逐项统计有六十多种。根据考古发掘报告，浙江吴兴钱山漾良渚文化（前 3300—前 2250）的新石器时代遗址中出土二百多件竹编器物，包括竹篓、竹篮、箅子、篓、簸箕、竹席及竹绳等物。[2] 在时间上正相当于黄帝时期。商代（前 1600—前 1046）甲骨文中，有从"竹"的箕、笋、節、筥、簸等字。先秦典籍如《诗经》、《左传》、《周礼》等书中都有关于竹的记载。战国（前 476—前 222）时更以竹片为书写材料，此时竹简多有出土，因此说公元前 3 世纪以来竹被大量栽培是有根据的。现代研究表明，竹是禾本科中最大的木质化植物，主要分布在东亚，中国是世界上竹类最多的国家之一。原产于中国的竹有二十八属，二百七十多种，经济价值大，对中国悠久科学文化发展起过重要作用[3]。达尔文谈中国竹时实际上已触及《康熙字典》和《竹谱》两部著作。

通过以上所述，我们已使达尔文涉猎《康熙几暇格物编》和《康熙字典》有关内容的细节明朗化，并介绍了他对康熙帝科学业绩的评价。在达尔文与康熙帝之间架设学术沟通桥梁的是 19 世纪前半期的法国汉学家古伯察和 18 世纪另一个法国人韩国英。虽然古伯察认为中国特产植物有可能在法国南方或法属非洲领地种植，而且韩国英还具体建议本国引种中国的竹，但法国的引种工作没有成功。英国也同样如此，只好从印度进口所需的竹。事实上欧洲和非洲没有适于竹生长的气候和土壤环境。但美国 1887 年在佛罗里达州试种从中国传入的竹获得成功。所有这些，都受到达尔文论述的风土驯化原理的影响。

---

〔1〕（清）张玉书等人奉敕编：《康熙字典》，《竹部》，未集上，中华书局影印本 1958 年版，第 1 页。

〔2〕浙江省文物管理委员会：吴兴钱山漾遗址第一、二次发掘报告，《考古学报》1960 年 2 月第 2 期，第 73—91 页；关于吴兴钱山漾遗址的发掘报告，《考古》1980 年第 4 期。

〔3〕李璠：《中国栽培植物发展史》，科学出版社 1984 年版，第 128—130 页。

If we cannot understand the past, we have not
much hope of controling the future.

——Joseph Needham.

五　李约瑟——沟通东西方各民族与科学文化的桥梁建筑师

李约瑟，闻名世界的英国杰出生物化学家和研究中国传统科学文化史的权威，这个响亮的名字是每个有教养的人都知道的。作为中国人民的忠实朋友，半个世纪以上他致力于英中友好事业，赢得亿万知己。对这样一位学者的事迹和学术成果，值得予以介绍。

（一）有哲学和历史兴趣的生物化学家

约瑟夫·尼达姆（Joseph Needham，1900－1995），取汉名为李约瑟，字丹耀，号十宿道人、胜冗子，1900 年 12 月 9 日生于伦敦的知识分子家庭，其父亦名约瑟夫·尼达姆，是位职业医生，曾在阿伯丁大学（University of Aberdeen）教组织学，母亲艾丽西亚·阿德莱德·蒙哥马利（Alicia Adelaide Montgomery Needham）是画家和音乐家。李约瑟的全名是诺埃尔·约瑟夫·特伦斯·蒙哥马利·尼达姆（Noel Joseph Terence Montegomery Needham），从这个不为一般人所知的全名中，可以看出打上了父母留下的烙印[1][2]。1914 年李约瑟进入伦敦以北的北安普顿的昂德尔中学（Oundle School），1918 年 10 月就近考入剑桥大学冈维尔—凯厄斯学院（Gonville and Caius College），入学后本想像父亲那样学医，但导师哈迪爵士（Sir William Hardy）对他说：No, no, my boy, that won't do at all. The future lies with atoms and molecules... You must certainly do Chemistry（"不，不，小伙子，千万别学医。未来是属于原子和分子的……你肯定应当学化学"）。正好英国近代生物化学之父霍普金斯爵士（Sir Fredcrick Gowland Hopkins，1861－1947）在该院任教并主持生物化学实验室，他由于对维生素的经典研究，1929 年得诺贝尔生理学与医学奖。李约瑟为霍普金斯教授的讲课吸引住了，决定按"中庸之道"行事，选择介于生物学、医学与化学之间的生物化学作为主攻专业，成为霍普金斯的门生。这门新兴学科主要由于霍普金斯等人的推动才在 20 世纪初以来获得长足发展，但仍有些领域有待开拓。1922 年李约瑟毕业后，作为研究生继续深造。他第一项

---

〔1〕 Holorenshaw. Henry, The making of an honorary Tauist, in: *Changing perspectives in the history of science*, ed. M. Teich et R. Young. (London: Heinemann, 1973). pp. 1－20.

〔2〕 Lu Gwei-Djen. The first half-life of Joseph Needham, in: *Exploration in the history of science and technology in China*, ed. Hu Daojing. Shanghai: Chinese Classics Publishing House, 1982. pp. 1－38.

独立研究是探讨神经病的生物化学机制，如鲁桂珍（1904—1991）博士所说，他首次在生物化学与神经生理学、神经心理学之间架起桥梁[1]。接着他研究生物化学与胚胎学之间的关系，架起了学科间另一座桥梁。这些研究扩大了生物化学的应用范围，导致新的边缘学科的出现。1924 年夏，学院授予他哲学博士，后又授予科学博士，一人独得双学位。

年轻的伦敦人李约瑟博士的成就，受到院内老一辈学者的赏识，1924 年选举他为学院 Research Fellow，相当于研究员，此后在母校留职，在霍普金斯手下工作。1924 年约瑟与同学多罗西·莫伊尔（Dorothy Mary Moyle，1898－1989）结婚，这对夫妇同是生物化学专业的博士，后又同是学院研究员和皇家科学院院士，是少有的一对。李夫人后来也在 20 世纪 40 年代来华，取汉名为李大斐，也是中国人民的老朋友。李约瑟作为霍普金斯的助手，边工作边研究。在实验方面他集中于探讨环己六醇（inositol）的代谢作用，这类物质在生物体内的作用那时还不清楚。一次发现德国学者柯莱因（Klein）学位论文中提到鸡卵发育初期不含此醇，但孵化时已完成它的合成。他就此做了大量实验，1931 年出版三卷本经典著作《化学胚胎学》（Chemical embryology），成为这一学科的奠基人。这是他前半生主要的科学建树。1933 年他越级升为 Sir William Dunn Reader，相当于副教授，1941 年当选为皇家科学院院士。1920 年以后 20 多年间，剑桥生物化学实验室和院图书馆成了他的家，这期间他除授课、做实验外，发表不少有关生物化学的研究作品和科学哲学作品。与此同时，自然科学史成了他研究的另一热点。1931 年他发表《胚胎学史》（History of embryology），成为这门学科历史的第一个作者，还在杂志上发表一些论文。

剑桥大学有很好的科学史研究传统。三一学院院长休厄尔（William Whewell，1794—1866）1837 年发表的名著《归纳科学史》（History of inductive science）首开纪录，此后有丹皮尔爵士（Sir William Dampier，1867－1952）的《科学史及其与哲学、宗教的关系》（A history of science and its relation with philosophy and religion，1927）。还有科学学创始人贝尔纳（John Desmond Bernal，1901—1971）、化学史家帕廷顿（James Riddick Partington，1886—1965）等人都是世界著名的学者。1936 年李约瑟提出 Carthago delende est（"赶紧抢救迦太基"）的口号，力主在剑桥加强科学史事业，于是学院委任他与丹皮尔、贝尔纳等人草拟科学史授课计划，这就是后来科学史系的开端[2]。该系像牛津大学科学史系那样，还有个很好的博物馆（Whipple Museum of the History of Science）。因而李约瑟是这个系的主要发起人。在他研究科学史时，有几件对他有影响的事这里需要提出。当他还是职业生物化学家时，读过一度是德国正统马克思主义者的汉学家魏特夫（Karl August Wittfogel，1896－1988）的《中国的经济与社会》（Wirtschaft und Gesellschaft Chinas，1931），书中关于"亚细亚官僚制"或"官僚封建制"概念对他产生长期影响。1931 年夏，伦敦举办第二届国际科学史大会，李约瑟是组委会委员，大

〔1〕 Lu Gwei-Djen. The first half-life of Joseph Needham, in: *Exploration in the history of science and technology in China*, ed. Hu Daojing. Shanghai: Chinese Classics Publishing House, 1982. pp. 1—38.

〔2〕 Needham, Joseph. Address to the Opening Session of the XV International Congress of the History of Science, Edinburgh, 11 August 1977. *The British Journal for the History of Science*, 1978, Vol. 11, No. 38, pp. 103—113.

会主席是伦敦大学的著名科学史家辛格（Charles Singer，1896—1960）。引起人们注目的是，由布哈林（Николай Иванович Бухарин，1888—1938）率领的苏联代表团出席了这次会议，其中盖森（Борис Гессен，1893—1938）等人的发言引起轰动。布哈林是杰出的理论家和学者，在斯大林时代被逐出联共中央政治局后，任苏联科学院院士、自然科学史研究所首任所长，后来他和盖森在同年（1938）被迫害致死，如今都恢复了名誉。盖森试图用马克思主义观点解释科学史现象，与会者感觉受到"俄国人的意外袭击"（surprise incursion of the Russians）。这些发言给李约瑟很深印象，他事后说：俄国人的发言值得认真听听，尽管其解释有简单化倾向，甚至是"庸俗马克思主义"，但力图从社会政治、经济背景分析科学史事件，毕竟是理论探索的一个新方向，而西方人却避免这样做，因此他要向盖森的阴魂献香[1]。与此同时，李约瑟与英国马克思主义者海登（John B. Haldane，1892—1964）、克劳瑟（J. G. Crowther）和贝尔纳等学者的交往，也使他获得思想方法论的启发。

20世纪30年代以来，李约瑟不仅是杰出生物化学家，还是有哲学头脑的科学史家和科学哲学问题专家。如果沿着这样的路子走下去，他很可能成为英国另一个霍普金斯式的人物，并被王室封为爵士。然而命运却以另外的方式为他作了安排，使他最终放弃生物化学专业，而致力于全新的主攻方向，即中国科学文化史的探讨。从20世纪最新一门自然科学转向古代和中世纪东亚传统科学，这是180度的大转弯。他在科学活动处于鼎盛时期改变原有专业方向，而在后半生与东半球另一端的中国结下了不解之缘。

（二）通向中国之路

1937年，剑桥新来了三名读生物化学博士学位的中国年轻学者鲁桂珍、王应睐和沈诗章。李约瑟一家过去从未与中国有联系，他对中国了解不多，这时才开始与同一年龄层的中国同行相处、共事。他发现他们研究科学的智力与他一样，而南京人鲁桂珍给他印象最深、对他影响最大。比李约瑟小四岁的桂珍，1930年卒业于金陵女子文理学院后，在北平协和医学院进修营养化学。其父鲁茂庭（字仕国）祖籍湖北蕲春——李时珍（1518—1593）的故乡。1986年笔者陪李约瑟、鲁桂珍访问蕲春，鲁博士说，她祖籍为蕲春，鲁家因受李时珍影响而世代业医。李博士风趣地说，他与李时珍为本家，也姓李，因此可以想见他的中国名字中姓李，与对李时珍的崇拜有关，他们二人都为李时珍写过长篇传记，尊他为"药物学家之王"（the Prince of pharmacists，见 *Science and Civilisation in China*，Vol. 6，Chap. 1. Cambridge，1986. p. 308.）

鲁茂庭后来经营药材，对医药学及中医药史都很熟悉。他向女儿讲述中国古代医药遗产中许多有价值的东西。桂珍聪颖好学，有东方女性的魅力，又说一口流利的英语，因与

---

[1] Needham Joseph. Address to the Opening Session of the XV International Congress of the History of Science, Edinburgh, 11 August 1977. *The British Journal for the History of Science*, 1978, Vol. 11, No. 38, pp. 103—113.

多罗西在同一实验室工作，很快就成为约瑟夫妇的朋友，她能用近代科学观点评价中国古代科学成就，这成为她与约瑟经常交谈的话题。他满怀兴趣地倾听她所说的一切。他们之间的对话成了 le dialogue entre civilisations de l'Europe et l'Asie，此为法文，借用李约瑟的原话，即"欧亚两大文明之间的对话"。是鲁桂珍首先使李约瑟改变了一般西方人常有的想法：即中国是古老的，但科学则一直是落后的。她像 17 世纪的南京人沈福宗（1657—1692）在伦敦和牛津用拉丁语与胡克（Robert Hooke，1635—1703）和海德（Thomas Hyde，1665—1703）两教授的对话那样，向李约瑟传递了一个信息：旧大陆另一端的中国古代有不少科学发现和发明领先于基督教文明。这激起他对中国及其历史和科学的兴趣与好奇心。为了加深了解，他从 37 岁起决定学汉语，以便直接阅读中国原典。这时 1938 年奥地利汉学家夏伦（Gustave Haloun，1898－1951）从伦敦大学来剑桥执教汉语，每周抽出时间向李约瑟个别辅导，主要讲授《管子》。日积月累，他对中国科学文化的了解逐渐深入，被古老的东方异国文明所深深吸引。

李约瑟在剑桥后期，第二次世界大战爆发，作为有正义感的科学家，他著文痛斥法西斯势力在欧亚非各地的侵略暴行和对科学的摧残。不久，使他通向中国之路的机会意外出现在他面前。如古语所说"百闻不如一见"，再没有比去中国实地观察使这位迷恋中国文明的英国学者更高兴了。1942 年他作为皇家科学院代表被派遣来中国肩负援华抗日的使命。如果我们没有弄错的话，这可能是从明代万历年（1573—1619）以来第一次由科学院院士率领的西方非宗教界的职业科学家代表团以科学交流为主旨的来华访问，具有重大历史意义。作为西方人，李约瑟院士以全新的形象出现在中国人中间，先任英国驻华大使馆科学参赞，继而筹建"中英科学合作馆"（Sino-British Science Cooperation Office），总部设在重庆，拥有一个汽车队。该馆使命是向受日军封锁的中国科技人员和医生提供科技文献、仪器、化学试剂，传递科学信息、沟通中国与外国尤其是英美之间的科学交流。援华物资经印度沿滇缅公路由车队运到昆明，再转运各地。在馆内工作的有李约瑟院士、李大斐院士、物理学家班威廉（William Band）教授、医学家萨恩德（Gordon Sanders）博士、生物学家毕铿（Laurence Picken）博士和中国学者黄兴宗、廖鸿英、胡乾善、曹天钦、周家炽、邱琼云等人。鲁桂珍博士在南京沦陷后，从英国去美国，闻讯后经印度返国，参加了馆内工作。他们在艰苦条件下做了许多有益于中国战时科学发展的工作。由于李约瑟的贡献，他被当时中央研究院和北平研究院选为外籍院士。

李约瑟在华期间，时而随车队，时而骑马或乘船在各地旅行，东至沿海的福建，西至甘肃敦煌千佛洞，南至云南宝山，北至陕西西安，途经十三个省份，大大开阔了眼界。他与中国各界人士交往，从国共双方军政界要员到工人、农民、商人和学生，尤其结识不同专业的学者。科学技术界他认识竺可桢、李俨、钱宝琮、钱临照、张资珙、李乔苹、黄子卿、张子高、王琎、陈邦贤、李相杰等人，他们多对本门科学在中国的发展有研究，后来都是活跃在中国科学史界的老一辈学者。他们同李约瑟交谈各种科学史问题，对他有莫大启发。与此同时，他还与郭沫若、林伯渠、傅斯年、李济、王星拱、侯外庐、王亚南、雷海宗、冀朝鼎、闻一多、郭本道、陶孟和、吴大琨和邓初民等讨论中国历史、社会、思想、经济和语言文字等问题，促使他加深了对中国的全面了解。他一向注重阅读中国的原始典籍，因此还在各地采购大量中国古书，加上朋友们购送的，数量相当可观，构成他日后在剑桥创办的东亚科学史图书馆（East Asian Histery of Science Library）的藏书基础。尤其重要的是，他在各地看到的工农业传统生产技术（图13—9），对日后研究中国科技史有极大帮助。他事后说：四川铁匠帮助他了解綦母怀文在454年使用的灌钢技术，甘肃的车夫不仅帮助他懂得现在的马挽具，还有助于了解汉唐以来马挽具的发展。这时他认为人们都应效法剑桥基斯学院的哈维（William Harvey，1578—1657）博士与乡下阉猪者对话的范例，因而领会到孔子所说"三人行必有我师焉"这一名句的真谛[1]。在李约瑟看来，工人、农民虽说不出高深学理，却是实际经验最丰富的人，而这些实际知识不一定能从书本上看到。他欣赏宋人程颢（1032—1085）的主张："唯务上达，而无下学，然则其上达处，岂有是也！"（《河南程氏遗书》卷十三，第1页）

关于李约瑟在华活动，都载入他们夫妇1948年在伦敦出版的《科学前哨》（*Science outpost*）及《中国科学》（*Chinese Science*）二书之中。他还像战时记者那样写了专题报道，将在华见闻发表于英国的《自然》（*Nature*）杂志中，还向伦敦BBC电台寄去广播稿，让西方了解中国。他通过在中国的考察和研究，早在20世纪40年代发表的演讲中已能准确评价中国传统科学成就，这些成就西传后，为文艺复兴时的科学突破奠定基础，因而中国科学成了世界科学的一部分（*Science and society in ancient China*，Conway Memorial Lecture，London：Watts，1947）。他后来在《中国科技史》各卷中阐述的基本观点，差不多都在这时有了萌芽。在思想上，我们看到他这时已将古希腊卢克莱修（Lucretius，99—55BC）以来的西方哲学遗产、马克思主义和中国古代有机论哲学融合在一起，形成他所特有的思想，即李约瑟思想。他在战时与中国人民共患难，翁文灏（1899—1971）博士说他是向中国人民雪中送炭的真正朋友。在华停留四年后，他认为今后唯一要做的紧迫工作是写一部西方从没有过的论述中国科学技术的历史作品。他说，西方人应当对占人类五分之一以上、有四千年文明史，而疆域又等于整个欧洲的这个亚洲文明大国加深理解。在科学史领域内，正如其他领域一样，欧洲不能被认为与旧大陆其他地区毫不相关，而因科学发展使地球日益缩小的今日世界，对中国科学文化给予同情的认识，应是西方 *Quicunqui Vult*（每个人的渴望），他的任务是满足这一渴望。

1946年在巴黎成立了"联合国教育与文化组织"（UNECO），首任总干事是李约瑟好友朱里安·赫克斯利（Julian Huxley，1887—1975），《天演论》作者赫胥黎（Thomas Henry Huxley，1825—1895）之孙。李约瑟闻讯后，自重庆给朱里安写信，谈到在中英科学合作馆工作的体会，他希望将这一模式推广到世界范围，认为作为联合国下属机构的教育与文化组织还应肩负国际科学合作和交流的任务，就是说，在UNECO中应再加个字母S即science。建议被采纳了，这就是现在的"联合国教育、科学和文化组织"（United Nations Educational，Scientific and Cultural Organization，简称UNESCO）的由来。第二次世界大战结束后，李约瑟由重庆回到南京，又访问文化古都北平，圆满完成了援华使命。正在这时，从巴黎拍来电报，请他前往联合国教科文组织主持新设的科学处，

---

[1]　Needham J.，*Science and Civilisation in China*，Vol. 4，Chap. 1. Cambridge，1962. p. xxi.

图 13—9 李约瑟 1944 年在四川农村考察水车
潘吉星设计，王存德绘

以实现他的主张。1946 年 3 月他去巴黎就职，不久鲁桂珍也应聘前去。这期间他访问过欧、亚、美三大洲一些国家，在各国发表演讲介绍中国及其古代科学成就，并与鲁桂珍讨论写作中国科学史的具体方案，约定这项工作下一步在英国全面展开。

1948 年李约瑟返回久别的剑桥。这时他似乎变成另一个人，在信仰上"皈依"（"conversion"）中国文化，成为思想上带中国色彩的西方人。他不再去实验室做实验了，而是忙于整理从中国运来的一箱箱书籍和资料。正好这时，他 1943 年在重庆李庄中央研究院历史语言所作演讲时认识的王铃（字静宁，1918—1994）也在剑桥帮助帕廷顿研究火药史的中国部分，听说李约瑟从事中国科学史课题后，表示愿意参与此事。因此前三卷便由他协助李约瑟执笔。第一卷于 1954 年由剑桥大学出版社出版，标志他后半生另一历史丰碑已经奠基。

出版社考虑到使此书便于广泛发行，建议英文书名为 *Science and Civilisation in China*（《中国之科学与文明》）。但由冀朝鼎（1903—1963）题写的汉文书名则为《中国科学技术史》，这应是此书的本名。因为李约瑟研究所公用信纸上印的汉文朱印印文为"为《中国科学技术史》用"，也显示他最初使用此名。关于此书汉名，鲁桂珍博士与笔者两次提起，她认为初名应当是《中国科学技术史》，而不应作《中国之科学及文明》。但第一卷既已印出，以下各卷英文书名便不好再改了。1956 年出第二卷。但我们不要忘记，这时正是东西方"冷战"时期，不但表现为政治、军事上的对抗，还有意识形态上的敌对。因之，李约瑟论中国科学史的杰作，在麦卡锡主义横行的美国，竟受到激烈的非难。普林斯顿大学的科学史家吉里斯皮（Charlcs C. Gillespie）虽对中国事物一窍不通，却在反华浪潮煽动下著文说：马克思主义者的历史作品是不可信赖的，而"李约瑟是个马克思主义者……所以李约瑟对中国科学史的解释是不可信赖的"（*American Scientist*，1957，Vol. 45，pp. 169—176）。靠着这种荒唐逻辑，李约瑟博士被扣上"马克思主义者"这顶红色的政治帽子。与此同时，斯坦福大学史学家芮沃寿（Arhur E. Wright，1913—1976）著文（*American Historical Review*，1957，Vol. 62，pp. 918—920）坚持说：李约瑟的书由于他相信以下三点，因而是"unsound"（"不可靠的"）：（1）人类社会进步将逐步增加对自然界的认识和对外部世界的控制；（2）科学有最终价值，随着它的应用今天已构成一个整体，其中包括不同文明的贡献，各文明不再相互隔绝，而是如同江河都流归近代科学的大海；（3）只有通过这种进步过程，人类才能趋向进入大同世界。这都是李约瑟的一贯思想，是深思熟虑悟出的哲学之道。鉴于在新大陆定居不足三百年的这些欧洲移民后代，今日对他的这些哲学信条狂妄地"宣布作废"，他公开答复说： "We recognised these invalidating theses as indeed our own, and if we had a door like that of Wittenberg long ago we would not hesitate to nail them to it"（"我们承认这些经宣布作废的命题，的确都是我们的信条，而如果我们有类似以前威登堡那样的大门，我们就毫不犹豫地把它们钉在门上"）[1]。他这里指的是文艺复兴时德国宗教改革的旗手马丁·路德（Martin Luther，1483—1546）1517年1月31日在威登堡城将其95项宗教改革的信条钉在城门上的事迹。

　　20世纪50年代的一阵political noise早已成为往事，人类的理智终究要占上风，学术的力量不可能被骂倒，李约瑟书中列举的事实胜于雄辩。自《中国科学技术史》第三卷1959年出版以来，获得意想不到的成功，在各国引起广泛反响，受到热烈称赞。从此，他后半生一切活动便同中国和中国科学文化史密不可分，他把中国视为第二故乡，对中国人民及其历史文化充满敬意和热爱。新中国成立后，他发起组织英中友好协会和英中了解协会，并出任会长，在推进英中友好事业中作出重大贡献。1952年他重返中国，受到上下一致的热情欢迎，从这以后他在1958年、1964年、1972年、1978年、1984年及1986年先后八次偕鲁桂珍博士访华。每次到来他都会见老友，结交新朋，风尘仆仆地到处参观访问并作演讲，为与科学史有关的每一新的考古发现所激动，且及时收入书中。四十多年来他和他的合作者除撰写《中国科学技术史》大书外，还发表大量论文或专题著作，都与此课题有关。他的作品有英、汉、法、德、日、意及西班牙等文本，风行世界。1966—1976年他荣任母校剑桥大学冈维尔—凯厄斯学院院长，1971年选为英国文学院院士（FBA），一人身兼自然科学和人文科学两个科学院院士，是少有的殊荣。1972—1975年他任国际科学史和科学哲学联合会科学史分会主席。他还是国际科学史研究院院士、中国科学院和中国社会科学院荣誉成员（相当于院士），世界各学术团体及大学授予他的荣誉学位及学衔不计其数。1972—1990年他任剑桥东亚科学史图书馆馆长，鲁桂珍任副馆长，改为李约瑟研究所（The Needham Research Institute）后，李、鲁分别任正、副所长。由于年迈，1991年起所长由何丙郁博士继任，副所长为鲁惟一（Michael Loewe）及黄兴宗博士。原所址在剑桥城东布鲁克兰兹街16号（16 Brooklands Avenue），此灰砖三层楼房原为剑桥大学出版社社址。后因英国、香港等国家和地区各基金会资助，1986年在城西的希尔维斯特路8号（8 Sylvester Road）罗宾逊学院（Robinson College）校区内建起具有中国古典建筑风格的新所。这里成了西方研究东亚科学史的麦加。

（三）新时代的圣保罗

　　如前所述，杰出生物化学家李约瑟在科学活动鼎盛时期，1937年突然发生信念上的皈依，从研究20世纪最新一门自然科学一下子转向古代和中世纪中国传统科学，这无疑

---

〔1〕 Needham, J. *Science and Civilisation in China*, Vol. 4, Chap. 1. Cambridge, 1962. p. xxi.

是个重大转折。他形容这种转折时说：Then came my conversion，a word I use advisedly, because it was a bit like what happened to St. Paul on the road to Damascus[1]（"后来我发生了信仰上的皈依，我深思熟虑地用了这个词，因为这颇有点像圣保罗在去大马士革的路上发生的皈依那样"）。这里他借用《圣经·保罗全书》中一个典故，说的是虔诚的犹太教徒和法利赛人扫罗（Saulos）有次前往大马士革搜捕基督信徒，半路上忽被强光照射，耶稣在圣光中向他喊话，嘱他停止迫害基督徒，从而使他改宗，更名为保罗（Paolos），转而传播基督的福音。我们要充分领会他作这比喻的分量及其内在含义。正因为中国传统文化有吸引力，他才数十年如一日地辛勤耕耘于中国浩瀚典籍之中。当然，这中间不存在耶稣的灵光显现，而主要是李约瑟深深陶醉于鲁桂珍最先向他介绍的中国古代科学文明之中，决心充当向西方传播这种古老文明的使者。他成了新时代的圣保罗。我们还看到他再一次扮演了桥梁建筑师的角色，不过现在是在东西方科学文明之间架起大桥。

让我们先看看他写作《中国科学技术史》这部多卷本丛书的动机和目的。为此，不妨回顾一下此书问世前的状况。18世纪以来，欧洲出版不少介绍中国的著作，或将汉籍翻译出来，但很少有系统研究中国科学史的作品。研究中国局限在汉学家圈子内，他们多偏重文史，很少涉猎科学技术。西方科学史家没有懂汉语的，对中国的了解没有像印度、阿拉伯那样深。多数西方人看来，中国是东亚人口众多、物产丰富的古老文明发源地，可能人文科学发达，但自然科学成就便谈不上了。或许有人说，中国人懂技术，但没有可称之为科学的东西，而近代科学是从西方开始的，古代科学则是希腊人的天下。即令中国有科学，人们也不承认会对西方有任何影响。怀特黑德（A. N. Whitehead，1861—1947）在《科学与近代世界》（Science and modern world. London，1925）中赞扬了中国艺术、文学和人生哲学，但认为"中国的科学毕竟是微不足道的"。爱尔兰史家伯里（J. B. Bury，1861—1927）在《进步的思想》（The ideas of progress. London，1920）中提到本来是中国的科学发明，却拒不指出或不知其出处。甚至有的中国学者也是言必称希腊，受西方影响。冯友兰（1895—1990）1922年发表的一篇文章标题就是"为什么中国没有科学"（International Journal for Ethics，Vol. 22，No. 30），对本民族遗产持悲观论调。李约瑟通过研究后认为，上述认识都是肤浅的，不少是由于误解和无知[2]。他发现古代中国像希腊一样，有巨大科学成就，而在他看来中国科学遗产"是个绝对的金矿"（an absolute gold-mine）[3]。他指出公元1—15世纪的漫长期间，中国科学技术成就远远超过欧洲和任何其他文明区。因此他写这书的动机和目的是澄清疑惑、打破无知、消除误解[4]，还历史本来面目。同时，他下决心用后半生时间和精力来全面发掘这个科学金矿，使其金光闪现于世。

〔1〕 Needham，J. Foreword for the *Collected papers of Joseph Needham in Chinese translation*，ed. Pan Jixing (11 January 1985).

〔2〕 Needham，J. SCC state of Project. *Interdisciplinary Science Review*，1980，Vol. 5，pp. 263—268.

〔3〕 Needham，Joseph. Foreword for the *Collected papers of Joseph Needham* in Chinese translation，ed. Pan Jixing (11 January 1985).

〔4〕 Needham，Joseph. *Interdisciplinpary Science Review*，1980，5：263—268.

早在 20 世纪 40 年代他就认为，自然科学不是欧洲人独有的，其他民族尤其中华民族在这方面也有贡献。他写此书另一目的是把人类各个文明都沟通起来，用事实说明各个文明的科学有如江河，最后都汇合在一起并流入近代科学的大海，而非分道扬镳，就像《尚书·禹贡》所说"江汉朝宗于海"或《淮南子·氾论训》所说"百川异源，而皆归于海"。他还认为人类在科学上的统一，预示着全世界走向天下大同的未来之路。这是他的思想信条，也是写作的主导思路。他站在比较科学史和中外科学交流史的高度，从全球观点研究中国科学史。这项工作是艰巨的，但他认为又是刻不容缓的。做这项工作的西方人要懂得中西语言文字、历史传统，通晓各门科学技术及其发展，还要熟悉中外环境并有在中国实地生活的经历，更重要的是能摆脱民族偏见，以公正和同情的态度来研究中国。这说起容易而做起难，李约瑟恰巧具备这些条件，便勇挑重担，这是时代需要，而他出色完成此使命。在写作过程中，下列几个基本问题始终在李约瑟脑海中盘旋：

（1）为什么具有系统实验和自然知识假说数学化特征的近代科学及随之而来的工业革命首先在西方兴起？

（2）为什么在公元 1—15 世纪中国发展科学技术比西方更为有效与领先？中国都有哪些成就及其贡献如何？

（3）为什么传统中国科学基本上处于经验阶段或达·芬奇式的水平，而未能自发地出现近代科学或伽利略式的突破及随之而来的工业革命？

这些问题被科学史家称为"李约瑟命题"（"Needham thesis"），这一提法首先见于英国人拜纳姆（W. F. Bynum）等 1981 年所编《科学史词典》中[1]，像德国哲学家齐尔塞尔（Edgar Zilsel，1891—1944）提出的"齐尔塞尔命题"那样地闻名于世，吸引各国学者对之广泛思考与求解。可以说他的中国科学史课题就是为回答这些基本问题而制定的。要回答这些问题，需对中西科学发展作系统研究，还要对中西社会的经济结构、政治体制、思想方法和地理环境等各种因素作对比分析。这是要长期花大力气进行的复杂的系统工程。

根据总体规划，全书写成七大卷、五十章，作十六开精装本，有的卷再分为若干册，总共约 35 册，一千多万字。卷一为总论，卷二科学思想，卷三数学、天文学及地学，卷四物理学及相关技术，卷五化学及相关技术，卷六生物学及相关技术，卷七全书总结。其中卷三至卷六主要论述科学技术成就及贡献，占四卷，用以回答"李约瑟命题"中第（2）个基本问题，而卷一、二及七这三卷用于回答第（1）、（3）两个问题，占三卷。全书由剑桥大学出版社出版，该社有非常好的排印所，可排印汉文、日文及所有西方语种文字。为降低成本，插图一律用黑白图片制版。现将 1992 年为止，我们所了解的各卷主要内容及工作进度分述于下。

---

[1] Bynum W. F. et al. *Dictionary of the history of science*，entry of "Needham thesis". London：Macmillan，1981. p. 295.

图 13—10　李约瑟在工作
潘吉星设计，王存德绘
（1986）

卷一总论出版于 1954 年，318 页（指英文原著页数，下同），本卷为读者提供预备知识，介绍全书总体设计，接下讨论汉语语言文字结构、地理及各朝代历史概况，最后叙述中世纪中西科学技术交流。第二卷讨论中国科学思想及科学技术发展的思想背景，1956 年出版，696 页，实际上是总论的继续。该卷全面论述古代思想各流派从儒家、道家、释家、墨家、名家、法家到宋明理学的演变发展及各家主要思想内容，特别讨论了李约瑟称之为有关自然界的有机论哲学（organic philosophy）和中西自然法思想。在讨论过程中他总是惯于把中国思想家与西方对应人物作比较研究。从卷三起进入专门科学史领域。这一卷 1959 年出版，874 页，论述数学、天文学、气象学、地学包括地理学、制图学、地质学、地震学及矿物学。从篇幅上可以看到一卷比一卷长，至卷四已无法在单独一册展开，而开始分若干篇（Parts）或册出版。卷四物理学及相关技术出了三册，第一册刊于 1962 年，430 页，在罗宾逊（Kenneth Robinson）协助下完成，包括物理学中波动理论、热学、光学、声学及磁学等。第二册 1965 年出版，753 页，王铃参与写作，论述传统机械工程全貌，包括基本机械原理（杠杆、齿轮、曲柄、弹簧、阀门）、古书所述各种机器、陆上运输车辆、畜力利用（有效马挽具）及水利工程、水运机械钟及航空技术。执笔前三卷时，鲁桂珍仍在巴黎 UNESCO 工作，1957 年她回剑桥后立即投入卷四以后的写作。因此该卷第三册由李约瑟在王铃、鲁桂珍合作下完成，刊于 1971 年，927 页，主要论民用工程及水上航运技术，包括建筑、桥梁、水利、造船与航海技术。卷四这三册篇幅比前三卷总和还要多。

卷五化学及相关技术是全书最大一卷。因李博士年事已高，无法对每册都亲自执笔，从本卷起邀人按总的指导思想及体例写作，再由总主笔李翁过目审定。第一册（Vol. V, Chap. 1）论造纸及印刷，由芝加哥大学钱存训执笔，1985 年出版，475 页。第二册炼丹术与化学，1974 年出版，507 页，由李约瑟、鲁桂珍执笔，讨论炼丹术基本概念、术语及定义、炼丹术产生的金属化学及生理学背景。第三册仍是炼丹术，出版于 1976 年，478 页，何丙郁、鲁桂珍参与写作，论述炼丹术中"外丹"、黄白术在历代的发展，最后谈到近代化学的传入。第四册刊于 1980 年，760 页，由何丙郁、鲁桂珍及美国宾夕法尼亚大学席文（Nathan Sivin）协助李约瑟执笔，主要叙述炼丹家的实验设备、水法反应、炼丹术理论背景以及中国与阿拉伯、西方的关系。出版时适值李翁八十大寿。第五册出版于 1983 年，561 页，由李、鲁执笔，论生理炼丹术即所谓"内丹"，与气功有关，还谈到原始生物化学及中世纪甾族性激素的制备。由此可见只炼丹术这一项就占用四册篇幅。第六册论军事技术，由李约瑟在王铃、叶山（Robin Yates）及石施道（K. Kawlikowski）协助下执笔，内容是抛射技术及火攻（纵火）技术，1994 年出版。第七册也是军事技术，题为《火药的史诗》，1986 年出版，693 页，李约瑟与何丙郁、鲁桂珍、王铃合写，谈火药起源、各种火器（火枪、炸弹、突火枪、火箭、金属管铳炮）的发展和外传。第八册论突击武器及骑兵，由迪安（Albert Dien）及加州大学（戴维斯分校）罗荣邦执笔，尚未成书。第九册纺织技术，论纺及纺车，1988 年出版，510 页，由德国的库恩（Dieter Kuhn）执笔。第十册论织与织机，库恩执笔，尚未出版。第十一册论有色金属及其冶炼技术，执笔人富兰克林（Ursula Franklin）及贝思朗（John Berthrong），正准备中。第十二册钢铁技术，瓦格纳（Donald Wagner）执笔，未见出版。第十三册陶瓷技术，由上海中科院硅酸盐研究所李家治供稿，没有完成。最后一册即第十四册，为制盐、墨、漆、颜料及染料、粘胶技术，执笔人有德国的傅汉思（Hans Vogal）等，没有出版。因此卷五最后以 14 册结束，原设想用 6 册，实际上超过两倍以上。

　　《中国科学技术史》卷六生命科学卷预计要出十册，第一册为植物学，1986 年出版，708 页，李约瑟在鲁桂珍、黄兴宗协助下完成，包括植物地理学、植物名词及命名法、植物学文献及植物保护等。第二册为农业，1984 年出版，722 页，白馥兰（Francesca Bray）执笔，包括中国农业性质、起源、各农业区，介绍农书、农具、农耕技术，最后谈农业与社会及对欧洲农业的影响。第三册论畜牧业、渔业、农业工程和林业，没有完稿。第四册为园艺及植物工程，包括对植物生活的认识及对近代植物学影响等，由巴黎的梅泰里（Georges Métaillé）执笔，尚未脱稿。第五册动物学，据说可能由中科院动物研究所郭郛供稿。第六册为营养学及酿造，未见出版。第七至十册为重要的医药学领域，包括解剖学、生理学、医学及药物学等，稿件没有准备好，这几册将影响到整个丛书的最后竣工。影响全书进度的还有最后的卷七社会背景卷，将出四册。第一册为引论，重点是从中西比较观点分析中国传统科学和社会的性质，第二、三册论语言文字、逻辑、时空观及其与科学的关系。第四册谈世界观的影响及全书总结论。这是初步安排，具体写作时可能有变动。除李约瑟外，参与该卷起草的有美国的卜鲁（Gregory Blue），加拿大的卜正民（Tinothy Brook）、罗宾逊等人。卷七虽无一册出版，但部分内容李约瑟已以论文形式提前发表。听说卷七之后还至少有一至二册是全书总索引。照目前情况看，未来十年内这部大书将是七卷、35 册巨帙，在规模上比辛格的六卷本名著《技术通史》（A History of Technology，6 Vols. Oxford，1955—1979）、萨顿（Geory Sarton，1884—1956）的《科学通史》（An introduction to the history of science，3 Vols，Baltimore，1927—1948）及塔顿（R. Taton）的《科学通史》（Histoire générale des sciences，4 Vols. Paris，1957—1964）加在一起还大，可谓空前巨著，由此也可见研究中国科学史确是项巨大工程。

　　从卷五起各卷册规模以几何级数急剧膨胀，这是为什么呢？料想李约瑟及其合作者随着时间的推移，对中国科学史的了解和钻研越来越深，掌握的资料越来越多，而地下考古新发现又层出不穷，不断改写历史，同时中国、日本和亚洲、欧美其他同行在这个领域的研究也向纵深方向发展，结果形成 70 年代以来中国科学史知识量爆炸性地增长，非 20 世纪 50—60 年代可比。另一方面，李约瑟 50 年代初执笔时本想速战速决，而前三卷就是按这个设想写作的，但进入卷四物理学时，他已感到要有持久战的思想准备，所以决定从容写作，不受时间限制。因而形成前三卷与以后各卷篇幅比例失调、头轻尾重。如卷三这一册便涵盖数学、天文学和地学三个一级学科，而卷五炼丹术这个二级学科便占去四册。按现在规模写，只天文学便至少可写成两册。李约瑟已感到卷一、三篇幅过轻，一直想重订补写，但难以抽出时间，当务之急是抓以下各卷。问题是他花在炼丹术上的时间太多了，结果影响到比这更重要得多的医药卷至今还未成稿，拖了全书进度。待医药卷要上马时他已年逾八旬，他和鲁桂珍在这方面的专长未及充分发挥。问题还在于传统中国科学特大金矿太富集了，到处都光彩夺目，他每到一"矿区"都不忍匆匆离去，恨不得将宝贝全采出来，这种心情是可以理解的。但 Ars longa, vita brevis（学海无涯，人生有限），他毕竟在中国科学史探金伟大事业中度过了光辉的后半生，为人类提供一笔巨大精神财富。

（四）20 世纪的一部重要学术经典

图 13—11　李约瑟博士主持的《中国科学技术史》合作者
潘吉星设计，王存德绘（1986）
前五卷的主要合作者：罗宾逊、钱存训、李大斐、李约瑟、鲁桂珍、何丙郁、席文、王铃

李约瑟这套丛书除 20 世纪 50 年代个别人作毫无道理的抨击外，绝大多数评论都给以充分肯定。在论述此书价值及意义之前，有必要介绍一下各国的书评。中国物理学家和科学史家叶企孙（1898—1977）教授在 1957 年第 10 期《科学通报》上写道："这部著作将成为中国科学史方面的空前巨著。全球的学术界将通过这部书对于中国古代科学技术得到全面的清楚了解。"美国哥伦比亚大学汉学家富路特（Luthur Carrington Goodrich，1894—1986）教授在纽约《东亚瞭望》（*Far Eastern Survey*）月刊评论说："李约瑟思想的广度，他的阅历及其思路之透彻，使人对他的研究及其结论产生最大的敬意。正是这样一部书，在改变着所有后来的中国思想史和整个世界范围内的思想史。"这位在美国最有影响的汉学家的评论，才真正代表美国人民的心声。英国史学家托因比（Arnold Joseph Toynbee，1880—1975）当中国与西方国家关系未正常化前，在伦

敦《观察家报》（*The Observor*）上写道："这是一部打动人心的多卷本综合性著作……作者用西方术语翻译了中国人的思想，而他或许是唯一在世的有各种资格胜任这项极其困难工作的学者。李约瑟博士著作的实际重要性和他的知识力量一样巨大。这是比外交承认还要高出一筹的西方人的'承认'举动。"

莫斯科汉学家瓦西里耶夫（Л. С. Васильев）和科学史家尤什凯维奇（А. П. Юшкевич）在《历史编纂学·书评·文献学》（*Историография, критика, библиография*）刊物上评论说："李约瑟博士的著作，……对中国人民、他们的创造才能及其对世界文明的伟大贡献，表示深深的敬意。……在这部书的几乎每一段落里都有新资料，不只对科学史专家，而且对广大范围的读者来说，都是极其有意义的。"德国科学史家卡罗（Otto Karow）在莱比锡《医学史文库》（*Archiv für die Geschichte der Medizin*）上写道："这是当代中国科学史领域内最重要的出版物……李约瑟博士经过十年之久的艰苦工作，在西方科学领域内开创了一个新的至今尚不为人们熟悉的领域——中国文明史，为此他应得到我们大家的感谢。"法国科学史家于阿尔（Picrre Huard）和黄明在巴黎《科学史评论》（*Revue d'Histoire des Sciences*）中谈到李约瑟的书时说："在这里把科学技术戏剧性地溶化在汉学之中……我们认为这部书可以说是划时代之作。……这是一部任何有教养的人都必读之书。"上述书评足以说明问题，似乎不必再一一列举了。

在认真浏览了《中国科学技术史》大书已出各卷册之后，笔者对他这项工作和此著有下列认识：

第一，这部巨著在世界上第一次以令人信服的大量史料和证据对四千年来中国科学思想和科学技术的发展作了全面系统的历史总结。这是一项创举，它为西方知识界打开一个过去知之甚微的新的精神世界，使所有读过此书的人能从过去中国科学金矿中看到无尽的宝藏。该书从横的方面谈及中国历史、地理、语言文字、社会形态、哲学与科学思想、中外交流以及数学、天文学、地学、物理学、化学、生命科学及各相关技术如机械工程、农学、医药学等领域。纵的方面涵盖殷商、周秦、汉唐，直到宋元、明清，上下四千年。对每一重要发明、发现，都考证出其来龙去脉及海外影响，对各人物、事物、古书及事件都予以介绍和解说，辅之以大量图表，文图并茂。实际上这是一部体大思深、结构严谨的有关中国传统科学文化的百科全书。

第二，如前所述，李约瑟博士站在世界史的高度研究中国科学史，从比较观点考察中西科学交流。他证明各个文明区的科学技术不是彼此隔绝，而是相互沟通。因此他的书不只专讲中国，还触及希腊、中世纪欧洲、阿拉伯和印度等其余地区的文明，他用一连串事实在中国与这些文明之间架起了桥梁。他认为各个民族在科学创造力方面不分高下，都各有其贡献，而各地区的科学有如江河都最终汇合起来流归近代科学的大海。虽说近代科学在西欧兴起，但李博士表明，如果没有中国等其他文明区的科学注入，近代科学和工业革命也无从兴起。因此近代科学作为人类精神文明的统一体已经成为全球人共同的财富，不应为某一文明所独有。他以崇敬和爱戴的心情捍卫了中国人对一系列重大科学发明和发现的优先权，将中国文明置于世界史中应有的地位。通过他这部书可从中国科学史的视角看到整个世界科学的运动过程，在这一过程中所有地区的文明都有机地联系在一起。这是他按中国有机论哲学模式构筑的一幅 Oecumenical science（万国科学）的发展蓝图，也可说是在世界科学发展中向各方向辐射或运动中的一部中国科学史。

第三，这部书在系统阐述了中国科学成就后，自然进入解释这些成就何以出现的理论领域。该书中心议题之一是解释中世纪西方处于长期黑暗时代（Dark Ages）时，为何中国能发出如此灿烂的科技之光？与此相关的是当欧洲在文艺复兴后期兴起近代科学时，又为什么传统中国科学没有实现这一突破？从 20 世纪 40 年代起李约瑟下决心探讨这些科学史难题，为此他通观全局地研究中西科学史，理清其各自发展脉络，找出双方异同点及优缺点，又从科学社会学、科学哲学角度综合分析中西社会体制、经济结构、历史传统、思想体系、语言逻辑及地理环境等因素的影响，作内史与外史的交叉研究。他不愧是全方位研究中国科学文化史的大师。

第四，李约瑟写作过程中查阅了大量中国、亚洲和西方各国的古今文献。每一史料都标明出处，每册后有 1800 年前汉文古书书目，1800 年后汉文、日文及西方文作品目录，其篇幅之大犹如一本书目学著作，为后人提供丰富资料。所引古书词句都有较准确的译文，引前人译文亦必核对原书。为此他创译许多新的技术术语，如 erupter 由拉丁文 eruptio（突然爆发）字根及英文后缀 er 合成，很好地体现了"突火枪"之本义，还有 pill-up crow-bow（积弩）、dragon-bone water-raiser（龙骨水车）、square-pallet chaim-pump（翻车）、interfussed steel（灌钢）等。他创译的这些新词很好地体现了汉文古词原义，为中西科学语言沟通作出贡献。他还更正了汉学家的旧译，如他认为"酿"应译成 fermentation（发酵），而非 distillation（蒸馏）[1]。除文献资料外，他很重视考古资料、实物遗存及其他实际资料，还注重实地调查采访并采用古代技术、设备的复原和模拟实验方法。书中绝大部分章节都有新观点和新资料，他善于提出一连串问题，又给出答案或线索。他的研究既填充了西方汉学中的空白，又弥补了科学史中的缺项，为今后几代人的后继工作打下雄厚基础。

第五，李约瑟博士学贯中西，治学严谨，考证精密，他作出的结论显得格外有分量，经得起时间的考验。整理并发掘中国科学遗产，使亿万西方人易于理解和乐于接受，这项工作十分艰难。由于中国科学成就过去被严重低估和误解，李约瑟的书将使很多人对中国重新认识并发生观念上的改变。举个例说，如机械钟过去一直认为是 1400 年欧洲人的发明，但他证明唐代时中国人已制成擒纵装置，1090 年开封观象台建成水运机械钟，因而这项发明属于中国人的。李约瑟在宣扬和重新传播中华科学文明方面的功绩是怎样评价都不会过高的，其影响将是久远的。可以说他这部巨著是 20 世纪世界重要的学术经典。

应当说，中国学者在整理本国科学遗产方面也做了大量工作，并取得好成绩，同样，日本、印度、阿拉伯世界等亚洲国家和欧美其他学者在这方面也付出可贵努力。李约瑟对这些成果是尊重的，尽力加以采纳。但系统而大规模作综合研究还是他首开其端的。他通过 50 年孜孜不倦的研究证明，在传统文化与现代化之间并不存在鸿沟，而是有着内在的

----

〔1〕 Needham, J. The translation of old Chinese scientific and technical texts, in: *Aspects of Translation*, ed. A. H. Smith, London: Secker & Warburg, 1958, pp. 65—87; also in *Babel*, 1958, Vol. 4, No. 1.

历史联系。他的工作促使很多炎黄子孙珍视中华民族历史遗产，对那种数典忘祖、言必称希腊的民族虚无主义和悲观主义无疑也是个批判。他的论著在海内外广为传播，为各国学者所引用，他的观点逐步为人们所接受。只要留心看看近年来各国有关出版物，就会发现他的思想影响。他已在当今国际文化史领域内掀起了"中国热"。自然，这样一部巨著难免有个别小地方或可商榷，但瑕不掩瑜。不必求全责备。他的书如同意大利旅行家马可波罗（Marco Polo，1254—1324）的游记那样，帮助亿万西方人大开眼界，使他们看到旧大陆另一端东方大国的令人向往的情景。但作为皈依华夏文明的新时代的圣保罗，李约瑟主要充当传播中国科学文明的使者。16—18 世纪欧洲耶稣会士在传播中国精神文明方面有不可泯灭的历史功绩，但 20 世纪的李约瑟及其合作者的业绩使所有耶稣会士相形见绌，因为他主持的这部巨著是有进步世界观的科学家以毫无宗教及民族偏见的公正态度，对中华四千年科学文化做了大规模系统升华和提炼，具有新时代气息，而非《中华帝国通志》（*Description de l'Empire de la Chine*，4 Vols. Paris，1735）之类耶稣会士作品可比。

（五）十宿道人的个人特色

如果不对李约瑟 personality 作一介绍，本文将是不完整的。笔者有幸与他在国内外有个人交往，愿谈谈自己的所见所闻。他身材高大（1.9 米），蓝眼睛，黑头发，一直戴深色边的近视眼镜，体格健壮，工作极其勤奋刻苦，学业早熟。年逾八旬之际，这位满头银发的学者在东亚科学史图书馆（那时就简称研究所）办公楼内坚持八小时工作。我们看到他每天早晨自己开车从西城家里赶到，又常常最后离去，他要查看楼内电器开关是否关闭、安全报警系统是否正常。他既是馆长，又是馆员，所有寄来的书刊、资料都由他亲自分类、编目，再上架。资料室内数以万计的资料卡片都有他写下的密密麻麻的小字和划线标记，可见其用功之勤。他是打字能手，房间内不断传出"嗒嗒"的声音，意味着大书新的一节即将脱稿（图 13—10）。他的英文书法刚劲飘洒，字总是写得很小而草，但可以辨认。他学识渊博，口若悬河，是位健谈者，讲起话来吐字很快，当然是伦敦口音，几乎可与任何专业的学者谈论具体学术问题。就他的学识而言，完全可以像英国的罗杰·培根（Roger Bacon，1214—1294）和德国的阿贝特（Albert Magnus，1193—1280）那样被称为 *Doctor universalis*（万能博士）。

他记忆力强，思路清晰，通晓汉语、法语、拉丁文、德文、希腊文、日文，还有意大利文。这些语言知识对他的工作是至关重要的。他的书虽用英文写成，但如有必要，随时可用汉、法、拉、德、意文及东西方历史典故，他以为这样才可充分表达他的思想。举例来说，他在文内引《道德经》中"人法地，地法天，天法道，道法自然"章句后，接着用拉丁文引出卢克莱修的诗句[1]：

〔1〕 Needham，J. The Chinese contribution to scientific humanism (1942)，*Science outpost*. London：Pilot，1948，p. 261；*Science and Civilisation in China*，Vol. 2，Cambridge，1956. p. 50.

Quae bene cognita si teneas, natura videtur

libera continuo dominis privata superbis

ispa sua per se spconte omnia dis agere expers.

这几行诗可译为：

挣脱王公锁，自然获自由。万物任其成，何需神灵佑。

这就看出东西方哲人的共同思想，有趣的是二者都以诗句形式表达。又如约瑟在批判反对知识的"四人帮"罪行时，用法文引出 18 世纪极左派雅各宾党人（Jacobins）绞死大化学家拉瓦锡（Autoinc Lavoisier，1743—1794）时说的一句话："La révolution n'a pas besoin des savants"（"革命不需要科学家"）[1]，这话用于"四人帮"是多么贴切。因此，在这两种场合下用拉丁文及法文表达，使读者读起来更觉丰富多彩。这说明他运用各种语言文字和中外历史典故，已到炉火纯青的地步。他写作文笔具有 19 世纪或 20 世纪初西方经典作家使用的文字风格，极其典雅。我们中国人读他的原作有时感到吃力，但越是不懂就越要想懂，弄懂后就体会到他的文笔妙不可言。如有谁想提高西洋文的写作技巧，那么他的书是最好的教材之一。

李约瑟生活朴素，颇有些像道家那样，吃穿都较简单。他办公室与鲁桂珍工作室紧挨着，每天早晨、午间他们在研究所自备食品进餐，一般由桂珍准备三明治、点心，再煮点热咖啡或茶，吃点水果。然后与大家交谈 20 分钟，继续工作，中午从不休息。他工作时不喜欢别人去打断他的思路，要与他谈话，得在他离开写作间时找他，除非事先约好。这两位生物化学家特别喜欢中国人发明的豆腐及豆制品。记得中国主人请他们到一家高级餐馆，请他点菜时他说："我要酸辣豆腐汤。"当时有人笑了起来，因为这种大众菜是不上菜谱的，但结果还是特意为他制作了。他吃后说："很好，我过去在四川时，常常离不开它。"桂珍说，他们在中国就爱吃油条、豆浆、豆腐和酸辣汤。约瑟通常在剑桥爱穿那套浅灰色和蓝条格衣服，较少换装，与讲求穿戴的英国绅士相反，这丝毫不减退他的高雅风度。他从早到晚忙个不停，但有条不紊。除用打字机写作外，每天要阅读书刊，答复国内外来信，接待四季不断的来访者，我们很少看到他感到疲倦。他的家和办公室内到处是书，写字台上摆满资料，墙上挂着中国朋友送他的书画，多出名家之手，架子上摆满各种中国工艺品，中国人到了那里就像在国内一样。他过去酒量、食量很大，又是 heavy smoker，但近年有节制。

他性情乐观开朗，是一位歌手。上年纪后也白发童心，高兴时就自言自语朗诵拉丁文和英文长诗，他本人也是诗人。有时他还哼出小调，或说出在四川学会的汉语顺口溜儿。例如有一次我们外出散步，把桂珍留在房内，他回来后就用汉语说："一二三四五六七，

---

〔1〕 Needham, J. Science reborn in China; The rise and fall of the anti-intellectual's 'Gang'. *Nature* (*London*), 1978, Vol. 274, No. 5674, p. 832.

我的朋友在哪里？噢，在这里，在这里。"他看起来是严肃的，但平易近人，周围的人都
称他为 Joseph，而不是 Dr. Needham。可是如果以为他是好好先生，那就错了。他对任何
问题都直言不讳地表明赞成或反对的态度，爱憎分明，表里如一。对不同学术见解他是冷
静的，总是用礼貌的方式指出别人的错误。但如有谁对他的作品吹毛求疵借以表现自己，
他是很反感的，在这方面他没有谦虚可言。他既伟大又平凡，凡与他有直接接触的人，都
从他那里获得良好的深刻印象。他关心国内外大事，尤其关注中国的大事。我们注意到，
在所有关键时刻他都挺身而出，发出正义呼声，坚决站在中国人民一边，不管自己在西方
处境如何。为支持中国人民的正义事业、坚持中国科学史研究，他遇到过不少困难，付出
了代价，但矢志不渝。他夫人李大斐赞同他研究中国科学史，多年来以自己收入支持丈
夫，工作上让桂珍多协助他。70 年代后，大斐身体不好，后来卧床不起，约瑟一边照料
太太，一边紧张工作，以致他自己腿部关节炎一直无暇就医，一直受到这种病的折磨。

　　1987 年大斐不幸辞世，约瑟痛失伴侣，顿感孤单，因为他们没有孩子。过两年后，
1989 年 9 月他与桂珍喜结良缘，这也是命运为他们安排的最终归宿。李、鲁的结婚也是
中西两大文明之间融合的体现。遗憾的是婚后刚两年，1991 年桂珍又继而谢世，这使约
瑟受到另一次精神打击。他后来受到护士的照料，虽不能上班工作，仍关注大书的进展。
鉴于他的功勋，1992 年 6 月，英国女王陛下授予他 Companion Honour 勋位，这个称号
可理解为荣誉勋爵士。我们知道，李博士向来反对西方贵族封建制，然如今这种称号已不
再有原来含义，而是王室给予的一种学术褒奖，大概王室知道他这一立场，所以特加
Honour 一词，因而他便欣然接受了。尽管如此，他仍然希望人们称他为李约瑟博士。
1990 年他九十大寿时，中国人民对外友好协会授予他"人民友好使者"荣誉称号，这当
然是他最愿接受的头衔。这意味着，在中国人民心目中，他像白求恩（Henry Norman
Bethune，1890—1939）大夫那样永远是亿万中国人的兄弟。我们衷心祝愿他健康长寿，
及早看到他心爱的《中国科学技术史》巨著的全部竣工。

　　这里顺便指出，要想真正了解李约瑟，莫过于读他的原著，但这部经典著作太浩瀚
了，连英语国家学者也较少有人能通读。因而我们想到能最快了解各卷主要内容和作者基
本思想的途径，是将他 40 年来发表的论文精选后用汉文编成一本文集，构成大书的一个
缩影。1986 年辽宁科学技术出版社出版了我们编译的《李约瑟文集》，收录 1939—1984
年发表的 43 篇文章。实践证明这是了解李约瑟的捷径。当时我们本想再选入一些，但 43
篇用大 32 开本排出后，已长达 1097 页，实在无法再容纳了。因此我们 1992 年 1 月在征
得李翁同意后，现在又准备了另一本选集，题为《沟通东西方各民族与文化的桥梁》
（*Bridge between peoples and cultures of the East and the West*），收入 1939—1992 年的
27 篇，约 34 万字，除论文外，还从《中国科学技术史》已出各册中选出一些节。分为四
个栏目：（1）科学与哲学，（2）科学史与社会文化史通论，（3）历史人物评价，（4）中国
科学技术史与中外科学交流史。此书将由天津人民出版社出版，我们希望此书 1993 年能
与读者见面，作为对李约瑟博士的另一份献礼。

　　附言：以上文字写于 1992 年 12 月 31 日，在重新发表之际，我觉得还要补写一些感

受。当李约瑟 1990 年被授予"人民友好使者"荣誉称号之际，同年 5 月南京紫金山天文台将发现的一颗小行星命名为"李约瑟星"。1994 年 6 月 8 日他又被选为中国科学院首批外籍院士，这是在中国科学界所获得的最高荣誉学术称号。但他此时健康状况不佳，1994 年 7 月 6 日他给我来信说，他患了帕金森氏病（Parkinson's disease），即震颤性麻痹，而且已经说不出话了。他写字很吃力，将一些字母堆写在一起。而剑桥传来的消息也说，约瑟在世的日子恐怕不多了。1995 年 3 月 23 日他还让人朗读有关中国的资料，但次日晚 8 时 55 分他的心脏停止了跳动。虽然大家事先已有了思想准备，但他的突然离去不仅在英国，而且在中国和世界其他地区仍然引起朋友们的悲伤，因为他受到大家的敬爱，知己遍天下。

作为中国人民的老朋友，李约瑟还与许多中国同行保持私交。笔者荣幸地与他有近二十年持续不断的交往，愿在这里谈谈自己的感受。20 世纪 50 年代初我在大学求学时，对科学史发生兴趣，读他的作品后深感他作为外国人这样热情钻研中国科学史，我们华人更应如此，遂立志专攻科学史，因而他是我步入这一研究领域的引路人之一。四十六年前（1964），我第一次目睹李约瑟博士的风采，那时他在中国科学院历史研究所小礼堂演讲。与他直接相识始于 20 世纪 70 年代（1978 年 4 月），他在北京饭店与中科院自然科学史研究室（研究所前身）研究人员座谈时说："我受芝加哥的钱存训博士委托要会一会潘吉星，并向他转达钱的亲笔信。"当他发现我恰巧坐在他对面时，我们就自然地开始了交谈。那时钱先生正执笔李约瑟的《中国科学技史·造纸印刷卷》，而我也在研究造纸技术史。钱先生给我寄的几封信都被"工人宣传队"扣押，是李约瑟的来华帮助建立起钱与我之间的学术联系，我也因此与约瑟直接相识。从这以后我们一直保持频繁的书信往来，所谈的内容照例是不同时间双方共同感兴趣的科学史问题，尤其化学史问题，有时互相提供对方需要查找的资料。

20 世纪 70 至 80 年代，我的不少研究都得到他的支持和帮助。有的选题是他提出来的，例如他说中国火箭史较难研究，因古书技术用语混乱，他一度"上过当"，把纵火武器当成火箭，他希望我在这方面多下些工夫。1981 年我在美国作研究时便将此课题列入日程。通过研究证实了李约瑟在同一年于罗马尼亚布加勒斯特国际会议上提出的火箭起源于 12 世纪后半叶的设想，而且我具体指出最早的火箭武器于 1161 年用于宋金采石战役中，他很高兴。亲自将我用英文写的论文推荐在国际汉学刊物《通报》（T'oung Pao）上发表，体现出老一辈科学史学家对后辈的提携。为使我有进一步研究、收集资料的机会，1982 年他邀我去剑桥大学李约瑟研究所工作。在他的支持下，我继续收集火箭资料，并扩写成一本书，后来英文本完成后，他为此书写了序。遗憾的是该书在宇航出版社积压至今仍未出版。

在剑桥期间，我每天与约瑟见面并交谈，深受教益。他很易接近，助人为乐，委托桂珍在罗宾逊学院提名选我为该院 Bye Fellow，这样便成为学院公职人员，住在公家宿舍。令人难忘的是，当我生日那天，李约瑟夫妇和研究所全体人员在郊外特意举办一个 party，由大家签名将贺卡送给我，还有他和大斐签名的《科学史展望》（Changing perspective on the history of science）作为礼物相赠，使我深受感动。后来我表示想趁在英停留机会研究德国化学家肖莱马（Carl Schorlemer，1834—1892），他表示支持，建议我去伦敦皇家科学院、皇家化学会和曼彻斯特大学作现场考察，果然满载而归。他还不止一次带我去他所在的冈维尔—基斯学院熟悉环境，介绍我与院长、图书馆长及其他学者认识，使我有机会利用那里的丰富藏书。在剑桥的日子是我一生最美好的回忆之一。在他那里工作的其他中国人，想必都有同感。当时美国学者席文（Nathan Sivin）、香港中文大学的谭尚渭和曹宏威二博士也在剑桥，当我们周末聚会时，约瑟发现他、桂珍与这些客人全是学化学的，便风趣地说："今天在座的六人都是化学出身，可以成立个化学俱乐部了。"桂珍便说虽然如此，但讲英语的口音不同，有英国口音，有美国口音，大家哄堂大笑。她认为席文和我操美国口音。

回国后，为向国人介绍李约瑟、李约瑟思想和他的研究成果，我决心为他编译一本文集。他获悉后，迅即寄来三大包论文抽印本，亲自编号说明，还将手中仅有的老照片册原件借给我们制版，同时为中文版《李约瑟文集》（1986 年，87 万字）写序。出版后，国内外社会效应较好。我们最后一次见面是 1986 年他与桂珍那次访华期间，桂珍要我陪他们去外地访问并照料约瑟起居，我们朝夕相处，格外亲切。他以 86 岁高龄不顾劳累，为核实一条史料，亲自去四川大足海拔 600 米的北山石窟。当他在 149 号窟看到 1128 年宋代石刻物是现存最早火铳实物资料（详见本书第四章第一节）时，激动得几乎跳起来。我们迅即作了素描、拍照、录下铭文。他这种严谨、敬业精神令人敬佩。因其大书火药卷已付梓，来不及补入，只好以论文形式先行报道[1]。离境前，我在宾馆帮他们整理行装时，注意到两位银发老人对中国仍难舍难离，因为这将是他们最后一次来访。未料上海虹桥机场送走他们之后，我们再也没有机会见面了，只能借书信往来。1994 年夏，我因病住院，在病床上接到约瑟来信，安慰我并希望手术成功，再次体会到他的关心。如今，往日经常相聚的大斐、桂珍和约瑟均已先后作古，令人想念。二十多年来他对我的帮助太多了。最大的感受是他为我们提供了一个现成的学习榜样。这位伟大学者的形象和精神将激励后人沿着他的足迹继续在科学史领域内进取，他将永远活在我们心中。

---

〔1〕 Lu Gwei-Djen, Joseph Needham and Pan Jixing. Oldest representation of a bombard. *Technology and Culture* (Washington, D. C.), 1988, 29 (3): 594—605.

第十四章　文化篇

一　中国的箸文化及其在国外的传播

（一）中国箸的起源、发展和应用

中国是饮食大国，中餐的美味佳肴享誉全世界，中餐馆遍布五洲列国，因而中国独特的进食工具筷子也跟着传遍全球。中国用筷子进餐至少已持续三千多年。筷子古称箸（zhù），据中国最早的字典汉代人许慎（约58—147）《说文解字》（100）卷五上的解释："箸，饭攲也，从竹，者声。"关于攲（jī），该书卷三下解释说："攲，持去也，从支，奇声。"〔1〕汉人服虔（约128—189）《通俗文》（约180）曰："以箸取物曰攲。"换言之，许慎将"箸"解释为夹饭的进食工具。此字有竹字头，说明它一般多以竹制成。古时还以匕（bǐ）作为进食流体食物的工具，按许慎的解释（卷八上）匕即匙也，多以青铜制成。因此常常将勺和箸连用，称为"匕箸"。箸的使用标志人类在行为方式方面迈出了重要一步，因为使用这种最具特点的进食工具，说明人已进步到不再用手指进食了。摆脱原始进食方式后，用箸进食显得更加卫生和高雅，汉以后中国人还最早用餐纸。古时还将箸称为"箸"（zhù）、"筴"、"梜"（jiá），如三国时魏人张揖（190—254在世）《广雅·释器》篇曰：筴谓之箸。东汉人郑玄（127—200）注《礼记》曰："今人或谓箸为梜。"〔2〕用木旁表示用木制成，夹取肉汤中的菜入口。"箸"字出现在二千三百多年前，最早见于北宋出土的战国石刻《秦祀巫咸神文》，后称《诅楚文》，收入《古文苑》中，据宋人章樵注称，战国时楚怀王十一年（前318）联络燕、韩、赵、魏攻打秦国，结果失败，秦昭襄王乃写《诅楚文》，乞神加殃于楚，文内出现"箸"字〔3〕。在出土的战国竹简上也见此字。

在先秦著作中"箸"字也常见，如哲学家韩非（约前280—前233）《韩非子》（约前255）卷七《喻老》篇写道：

〔1〕（汉）许慎：《说文解字》，中华书局1963年版，第96、65页。

〔2〕（唐）孔颖达：《礼记正义》卷二，《曲礼上》，《十三经注疏》上册，上海：世界书局1935年版，第1243页。

〔3〕（战国）秦昭襄王稷：《秦祀巫咸神文》，收入（宋）章樵注《古文苑》，《丛书集成初编·文学类》，上海商务印书馆1935年版。

昔者纣为象箸，而箕子怖。以为象箸必不加于土铏（xíng），必将犀玉之杯。象箸玉杯，必不羹菽藿，必旄象豹胎。旄象豹胎，必不衣裋（shù）褐而食于茅屋之下，则锦衣九重，广室高台，吾畏其卒，故怖其始。居五年，纣为肉圃，设炮烙，登糟邱，临酒池，纣遂以亡。故箕子见象箸以知天下之祸。[1]

这段话是说，在殷代（前 1300—前 1046）末代王纣在位时（前 1075—前 1046）挥霍无度、为政残暴，以象牙做筷子，其父辈贵族箕子担忧，以为既然用象箸，就不会再用陶器盛食物，而易之以玉杯，必不喝豆羹，而易为远方珍怪之物，就不会穿粗衣而食于茅屋之下，必穿锦衣、住广室高台，则国家危矣。箕子谏纣王勤俭爱民，不听，反将其囚禁，且越发挥霍、害民，很快被周武王所灭。纣用象箸在公元前 11 世纪，此记载应属可信。汉代史家司马迁（前 145—前 86）《史记》（前 90）卷三十八《宋微子世家》亦载：

纣始为象箸。箕子叹曰：彼为象箸，必为玉杯，为杯则必思远方珍怪之物而御之矣。舆马、宫室之渐，自此始不可振也。纣为淫泆，箕子谏不听。[2]

反映先秦礼制的儒家经典之一《礼记》，经考证为西汉人戴圣（前 93—前 23 在世）据先秦古礼而于公元前 50 年所编成，有郑玄（127—200）注及孔颖达（574—648）疏，该书卷二《曲礼上》曰：

羹之有菜者用梜，其无菜者不用梜。[3]

就是说当汤中有菜时，用木箸去夹，无菜时不用筷，而用勺，不可张开大口喝汤。类似事例很多，不必赘举。前述"纣始为象箸"指纣王开始用象牙制箸，不是说箸是从纣时才有的。1994 湖北长阳县清江隔河岩考古队在清江香炉石遗址的发掘中就发现骨箸[4]，该遗址出土器物与四川三星堆巴蜀文化有近似之处。后经反复研究将其年代定为商代晚期[5]，即公元前 13—前 11 世纪之间。另据考古学家梁思永（1904—1954）1934—1935 年在河南安阳殷墟第 1005 号墓发掘中，也发现青铜箸，见其《殷墟发掘展览目录》，此目录收入《梁思永考古论文集》（科学出版社，1959）。春秋、战国以后出土的箸越来越多，如 1964 年云南省文物工作队在大理祥云大波那木椁铜棺墓中就清理出两双铜箸及勺，均

---

〔1〕（战国）韩非：《韩非子》卷七，《喻老》，《百子全书》本第 3 册，浙江人民出版社 1984 年版。

〔2〕（汉）司马迁：《史记》卷三十八，《宋微子世家》，二十五史本第 1 册，上海古籍出版社 1986 年版，第 195 页。

〔3〕（唐）孔颖达：《礼记正义》卷二，《曲礼上》，《十三经注疏》上册．上海：世界书局 1935 年版，第 1243 页。

〔4〕湖北清江隔河岩考古队：湖北清江香炉石遗址的发掘，《文物》1995 年第 9 期。

〔5〕杨锡璋、高炜主编：《中国考古学·夏商卷》，中国社会科学出版社 2003 年版，第 516 页。

为青铜打造，年代为春秋中期（约公元前 600 年）[1]。刘云先生主编的《中国箸文化大观》中对历代出土的箸作了统计[2]，并提供七十多幅彩色照片，可资参考。

文献记载和出土实物资料表明，历代除竹木外，还以兽骨、金属（包括金银）、象牙、玉石和牛角等为材制造箸，还在竹木上涂以色漆。更有复合材料者，如在箸上镶以金银，或饰以山水、人物、花鸟虫鱼和诗词等，使之成为有艺术品位的工艺美术制品，美食与美器相得益彰。

箸因用材加工或装饰手法不同而高低不等，由社会上身份不同的人使用，但大多数百姓所用的仍以竹木箸为主。箸的形状变化也较大，多为首方足圆的圆柱形，也有扁方形或多楞形等。其长度在历代没有定式，先秦时一般 20—30cm，两汉时 20—27cm，唐代箸长 27cm，宋元 20—30cm，明清 20—27cm，现代箸 27cm。其直径因材质而变，竹、木、象牙箸直径 0.3—0.5cm，铜、骨箸直径 0.2—0.35cm，现代则 0.3—0.5cm[3]。有时还以铁作成长箸，用以夹火盆中炭火，此时已不再作食具，但用法不变，仍用手指力量操纵。

"筷子"一名见于明成化十一年（1475）陆容（1436—1494）《菽园杂记》（1475）卷一，其中写道：

> 民间俗讳，各处有之，而吴中（今江苏吴县）为甚。如舟行讳"住"、讳"翻"，以"箸"为"快儿"，"幡布"为"抹布"……此皆俚俗可笑处，今士大夫亦有犯俗称"快儿"者。[4]

这是说江南地区的船家在开船过程中期盼尽快而安全地到达目的地，因而忌讳说"住"（停止）、"翻"等不祥之字，"箸"与"住"音同，故将箸称为"快儿"。此名迅即传开，以至士大夫也跟着叫起。"快儿"再加一竹字头，就成为"筷子"。明人李豫亨于隆庆年间（1567—1572）成书的《推篷寤语》中写道：

> 亦有讳恶字而呼为美字，如立箸讳滞，呼为快子，今因流传之久，至有士大夫之间亦呼为筷子者，忘其始也。[5]

筷子一词入清后渐被普遍使用，如曹雪芹（1715—1765）《红楼梦》（1791）第四十回载：

> 凤姐和鸳鸯商议定了，单拿一双老年四棱象牙镶金的筷子给刘姥姥。[6]

〔1〕　云南省文物工作队：云南祥云大波那木椁铜棺墓清理报告，《考古》1964 年第 12 期，第 607—614 页。
〔2〕　刘云主编：《中国箸文化大观》，科学出版社 1996 年版，第 71—74 页。
〔3〕　同上书，第 65—66 页。
〔4〕　（明）陆容：《菽园杂记》，中华书局 1985 年版，第 8 页。
〔5〕　（明）李豫亨：《推篷寤语》，见裘庆元辑《三三医书》第一集，杭州：1924 年版。
〔6〕　（清）曹雪芹：《红楼梦》第四十回，启功注释本，第二册，人民文学出版社 1964 年版，第 485 页。

然箸与筷子仍并用。直到近代才统一称筷子。

筷子的使用有很高的科学含量，是智力的表现。因为必须用四个手指的灵活而协调的动作才能将菜肴夹起直接送入口中，这就要手脑并用，手功能的训练又促进大脑的发育，人从小学会用筷子，并以其作各种游戏，如搭桥、搭排楼或拼图案、文字，是培养智力发展的有效措施。手脑互动的训练有助于熟练从事各行业生产劳动、文学艺术创作和科学研究，筷子是训练心灵手巧的工具，而不再只是作为进食工具。将短箸用作计数和计算工具，古称为"筭"（suàn）或"算"，《说文解字》卷五上曰："筭长六寸，计历数者，从竹从弄，言常弄乃不误也。"又说"算，数也，从竹从弄，读若筭"[1]。将短箸用于数学演算，名"算筹"。《前汉书·律历志》（83）规定算筹长六寸（13.8cm）[2]，以小竹箸制成，用它表示一个单位数目，可分纵、横两种排列方式，分别用：

纵式： | || ||| |||| ||||| T TT TTT TTTT
横式： — = ≡ ≣ ≣ ⊥ ⊥ ⊥ ⊥
相当： 1 2 3 4 5 6 7 8 9

用算筹记数的方法是：个位用纵式，十位用横式，百位用纵式，千位再用横式……这样纵横相间，再加上遇到零用空位的方法，便可摆出任意的自然数。如 5614 可摆为 |||| T — ||| ，86021 可摆成 TT ⊥ =| （零位空着）。据数学史家钱宝琮（1893—1974）先生的研究，至迟在春秋（前770—前477）时中国已有筹算[3]，至汉代进一步发展。以十进位制记数法和在此基础上

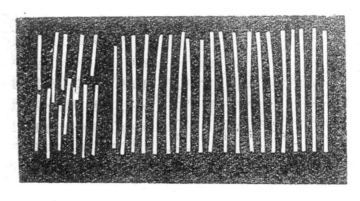

图14—1 1971年陕西千阳县西汉墓出土的骨制圆箸形算筹
引自《考古》1976（6）

以算筹为工具进行各种运算，是中国古代一项极为出色的创造。类似实物也有出土，如1954年湖南长沙市左家山战国晚期（前306—前222）楚墓中发掘出一个竹笥，内装天平、砝码、铜刺、毛笔等物，像一办公用具箱，另有小竹棍40根，长短一致（12cm），应是算筹[4]。1971年陕西千阳县一西汉墓中出土一批骨制圆形算筹，放在死者腰部一丝

〔1〕（汉）许慎：《说文解字》，中华书局1963年版，第99页。
〔2〕（汉）班固：《前汉书》卷二十一上，《律历志第一上》，二十五史本第1册，第96页。
〔3〕钱宝琮主编：《中国数学史》，科学出版社1964年版，第7—9页。
〔4〕吴铭生：长沙左家公山的战国木椁墓，《文物参考资料》1954年第12期，第3—9页。

袋内（图 14—1）[1]。其中完整者最大长 13.8cm，最短为 12.6cm，多数是 13.5cm，与《前汉书·律历志》所载基本一致。

　　用算筹可作加减乘除、分数、比例运算，还能开平方、立方、解三元二次联立方程。如以筹算作加减运算，则非常简单，摆上两行，按加或减变成一行，就会得出结果。如 43792＋3056＝46848，按图 14—2 所示进行。如遇零，则空一位，减法与此类似。筹算乘除法步骤稍复杂，如 81×81＝6561，则分三层：上位、中位和下位，相当于被乘数、积和乘数。

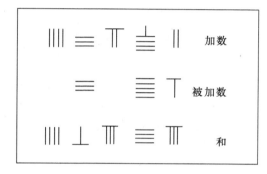

图 14—2　筹算加法（43792＋3056＝46848）
　　　　演算示意图

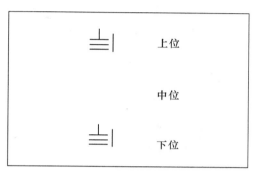

图 14—3A　筹算乘法（81×81＝6561）
　　　　　演算示意图

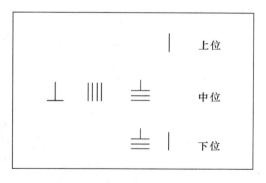

图 14—3B

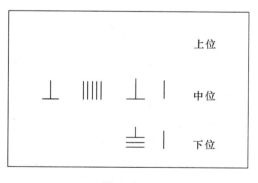

图 14—3C

　　先由乘数的最大一位数去乘被乘数，乘完后去掉这位的算筹，再用第二位数去乘。两次之积对应位上的数相加，乘完为止。如图 14—3A，用 80 乘 81 得 6480，"8"用完后将其去掉，得图 14—3B。再用 1 乘 81，得 81 加到 6480 上，和为 6561。"1"用完后去掉，于是有图 14—3C。计算层次很清楚，即将多位数乘多位数变成用单位数乘多位数，乘一

〔1〕　宝鸡市博物馆：千阳县西汉墓出土算筹，《考古》1976 年第 6 期，第 85—88、108 页。

位加一位。基本思路与现在笔算乘法一样，不同的是一个用笔，一个用筹，还有，使用的乘数次序两者相反[1]。今天介绍这种算法颇费笔墨，但古人运算极为熟练，可迅即得出结果，古代用这种筹算方法完成不少数学，尤其代数学发现。

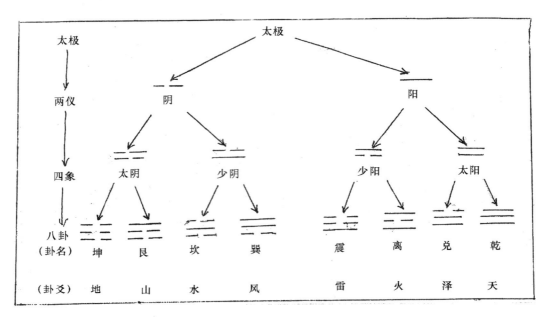

图 14—4　八卦形成图

潘吉星绘（2006）

中国古人还以箸作为表达抽象思维的工具，典型的事例就是《周易》中用长箸和短箸表述阴阳八卦及六十四卦思想，是古代儒家经典中最早的典籍之一，分为《经》（经文）及《传》（对经文的解说）两部分。《经》成于西周（前 13—前 11 世纪），又称《周易》；《传》成于战国（前 5—前 3 世纪）。《易经》中的卦象以长箸为阳爻（yáo）以"—"表之，以两根短箸（− −）为阴爻，以阴阳二爻为基元，是为两仪。再按二分法通过不同层次逐步演变成万事万物。每个层次都在前一层次上增加一阴一阳，按不同排列方式形成二倍于前一层次的卦象数，即按 $1 \rightarrow 2^1 \rightarrow 2^2 \rightarrow 2^3 \rightarrow 2^4 \rightarrow 2^5 \rightarrow 2^6 \cdots \cdots$ 的序列，达到无穷尽的排列（2 卦→4 卦→8 卦→16 卦→32 卦→64 卦→128 卦→……）。每卦有卦名及卦象，具有不同含义。

因篇幅关系，《周易》只列出 64 卦。现将八卦的形成以图 14—4 表之。

八卦中的每一卦再按二分法演变成十六卦，用同法逐步形成三十二卦及六十四卦（图 14—5）。从图 14—4 及图 14—5 可以看出，所有各卦虽有简单、复杂之分及组合方式之异，但共同点是都含有阴、阳两个基元，这两个矛盾的因素结合在一起，形成对立的统一。《易经》中的这些表述虽有原始的直观性和思辨性，但却含有朴素的辩证法思想，从

---

〔1〕 李迪：《中国数学史简编》，辽宁人民出版社 1984 年版，第 60—61 页。

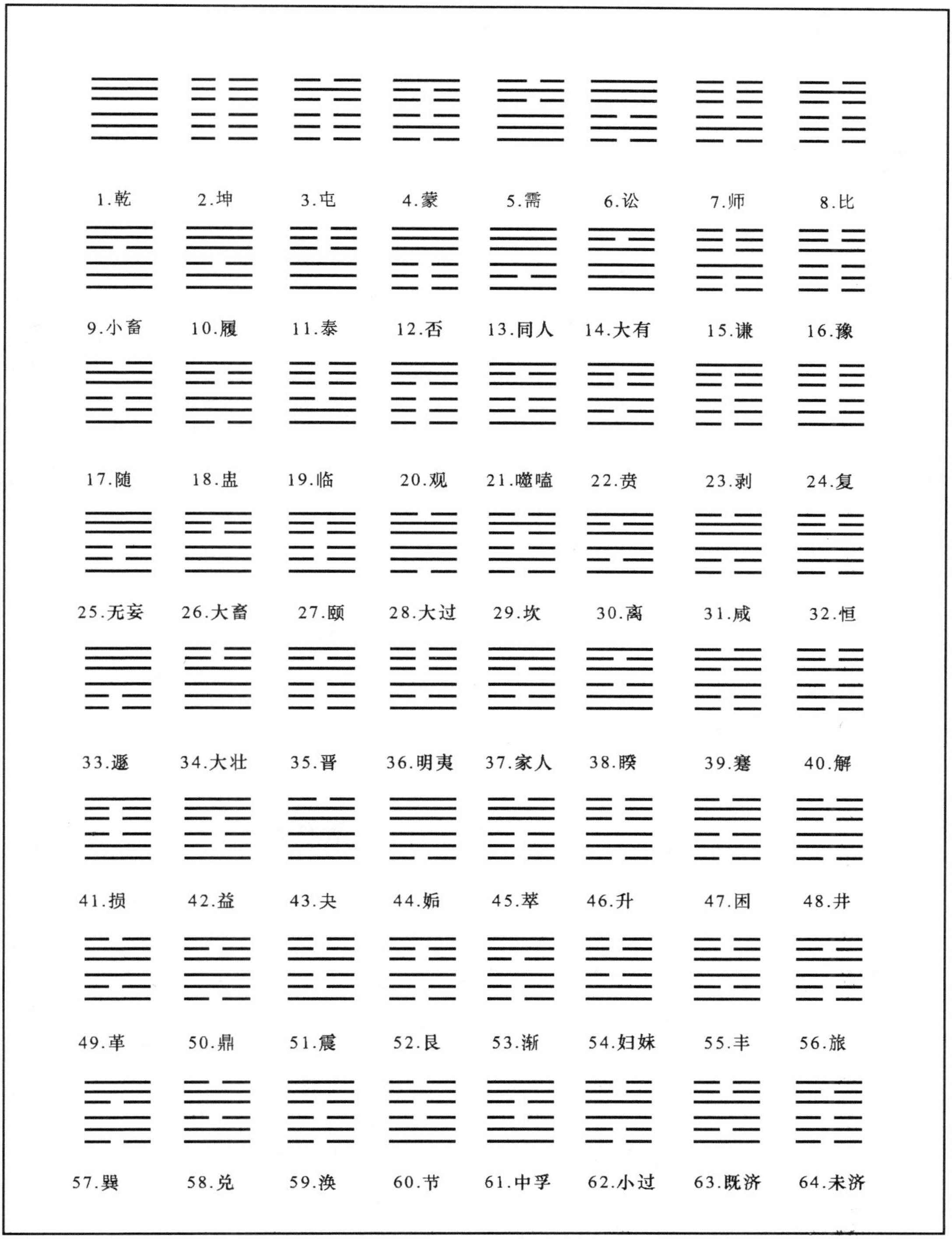

1.乾	2.坤	3.屯	4.蒙	5.需	6.讼	7.师	8.比
9.小畜	10.履	11.泰	12.否	13.同人	14.大有	15.谦	16.豫
17.随	18.蛊	19.临	20.观	21.噬嗑	22.贲	23.剥	24.复
25.无妄	26.大畜	27.颐	28.大过	29.坎	30.离	31.咸	32.恒
33.遁	34.大壮	35.晋	36.明夷	37.家人	38.睽	39.蹇	40.解
41.损	42.益	43.夬	44.姤	45.萃	46.升	47.困	48.井
49.革	50.鼎	51.震	52.艮	53.渐	54.妇妹	55.丰	56.旅
57.巽	58.兑	59.涣	60.节	61.中孚	62.小过	63.既济	64.未济

图 14—5　《易经》所载六十四卦卦象及其编号

潘吉星绘（2006）

数理科学角度看有一定的合理性。例如自然界就存在冷热、明暗、浓淡、动静、雄雌、盈亏等矛盾因素。从某种意义上讲，《易经》的思路与近代科学中的分与合并用及互补的思想原理是相通的。每个层次由阴、阳逐步形成万物的图景，体现了古代中国人对万物起源的深邃哲理思想。如下所述，当这种思想与西方近代文明接轨后，结出现代科学技术硕果，似乎是不可思议的，但却是事实。

上面所述两个实例说明，当箸离开餐桌后，还有另外的用途，不再是餐具，而成为科学研究和表述哲学思维的器具，提高了箸文化的科学含量。除此，箸还被古代政治家和军事家用来作形势分析、作出决策和排兵布阵的演示工具。司马迁的"运筹帷幄中，决胜千里外"一语即指此。《史记》卷五十五《留侯世家》载，秦末（前 3 世纪）楚汉相争，沛王刘邦（前 256—前 195）食客郦食其（yì jī）劝他立六国后代，共同攻楚，此时刘邦正在吃饭，谋士张良（前 195 卒）入见，以为此计不可行，遂曰："臣请借前箸为大王筹之"〔1〕，意指借用刘邦吃饭用的筷子，以指画、演示双方形势，刘邦遂从张良之言。后世以"借箸"一词指代人策划。明代人李盘（1590—1645 在世）于崇祯三年（1630）所著兵书即名为《金汤借箸十二筹》。箸还用于工农业生产领域，如以铁箸提取高温物质，以竹箸用于养蚕等，均见于明人宋应星（1587—约 1666）《天工开物》（1637）中。1985 译成中文的英国《简明不列颠百科全书》卷四对中国人使用筷子作了如下评价：

中国以筷子取代餐桌上的刀叉，反映了学者以文化英雄的优势胜过了武士。

中国人使用的筷子有丰富的科学文化内涵和广泛社会功能，是文明礼仪之邦的进食工具。现在世界上以筷子为餐具的人口近 17 亿人，占全球人口 1/3，会用筷子的人也不在少数。

（二）中国箸文化在国外的传播

中国筷子在一千多年前就首先传到朝鲜、日本和越南等汉字文化圈国家，接下传到东南亚一些国家。西汉在朝鲜半岛北部置郡县期间（前 108—前 24），大批汉官员、学者、工匠和农民来此定居，筷子也跟着传到这里，西汉之际（1 世纪前后）韩民族建立高句（gōu）丽、百济和新罗三个政权，史称三国时代（前 57—后 668）。高句丽与中国辽东陆上交界，与大陆北方各政权有密切联系，百济、新罗则与中国南方六朝在海上交往，在三国时代半岛居民已以箸为进餐工具。朝鲜语中"箸"（저）读作 jeo，发音与汉语箸相近。日本在古坟时代中期（392—504）与朝鲜半岛百济有密切往来，半岛的汉人也大批东渡，带去了先进的汉晋文化与技术，飞鸟朝（592—710）更与隋建立正式关系并派遣留学生前往中国。箸至迟在 5—6 世纪已传入日本，飞鸟朝（592—710）以后普遍使用。"箸"字最早出现于奈良朝（710—794）初期太安万昌（664—723）编写的《古事记》（712）中，其

---

〔1〕《史记》卷五十五，《留侯世家》，二十五史本第 1 册，第 237 页。

中有"此时箸从其河流下"[1]句。"箸"日语读作はし（hashi）。越南使用箸的时间不会比朝鲜晚。

元代（1280—1368）时有不少欧洲人来华，都可能看过或用过筷子，但没有留下相关记载，直到明代以后始见有确切记载，因此筷子传到欧洲晚于其他东亚国家，应是在 17 世纪明末清初时，此前欧洲人在古代时以手进食，只是从文艺复兴（14—16 世纪）以后普遍以刀叉为进食工具，体现出中、欧历史和文化背景的不同。较早介绍中国以筷子进餐的欧洲人是明万历十年（1582）来华的意大利人利玛窦（Matteo Ricci，1552—1610）。他用意大利文写的回忆录《中国札记》（*I commentarj della Cina*，1583—1610），其拉丁文本 1615 年首刊于德国奥格斯堡。书中谈到中国人的宴会时写道：

> 他们吃东西不用刀叉或匙，而是用很光滑的筷子，长约一个半手掌，他们用它很容易地把任何种类的食物放入口中，而不必借助于手指。[2]

又说：

> 筷子是用乌木或象牙或其他耐久材料制成，不容易弄脏，接触食物的一头通常用金或银包头。[3]

明代时来华的欧洲人多为耶稣会士，他们都用过筷子，但除个别人外，皆客死中土，而未返回欧洲。入清后，中欧交往及人员交流较以前更为密切。除传教士外，还有外交使者、商人、游客从欧洲前来中国，同时中国人也踏入西土，这就为筷子西传创造条件。康熙二十年（1682）南京人沈福宗（1657—1692）随比利时耶稣会士柏应理（Philippe Couplet，1622—1693）前往欧洲，先后在葡萄牙、意大利停留，受罗马教皇接见。1684 年二人应邀访问法国，再受国王路易十四世（Louis ⅩⅣ，1710—1774）召见。据当时法国人科米埃（Comiers）报道，1684 年 9 月 25 日沈福宗在凡尔赛宫被召见后，次日又蒙赐宴，宴会上国王当王公大臣之面要沈福宗教他如何用中国筷子进餐[4][5]，法国人将其称为 batonnets（"小棍"）。从这以后，法国宫廷和上层社会便将用中国筷子进餐当作时尚，迅速扩散，英、德、荷兰等国也跟着效法。1685 年沈福宗出访英国，受国王詹姆士二世（James Ⅱ，1633—1710）接见，又去牛津大学停留五年，把用筷子习惯传到那里。

---

〔1〕［日］太安万吕著，［日］倉野憲司校注：《古事记》，东京：岩波书店 1963 年版，第 39、224 页。

〔2〕Ricci, Mathew. *China in the 16th century*：*The journals of Mathew Ricci* 1580—1610. Translated from the Latin by Louis J. Gallagher, Vol. 1, Chap. 7. New York：Random House, 1953；何高济等人译：《利玛窦中国札记》，上册，中华书局 1983 年版，第 69 页。

〔3〕同上中文本，第 20 页。

〔4〕Comiers. *Mercure Galant* (Paris), Septembre 1684, 211—222；Abel Rémust. Sur les Chinois qui sont venus en France. *Nouveaux Mélanges Asiatiques*, Vol. 1. Paris, 1829. p. 358.

〔5〕Cordier, Henri. *La Chine en France au 18ᵉ siècle*. Paris, 1901. p. 131.

关于这方面情况，详见本书第十三章论沈福宗部分。

清康熙三十二年（1693）俄国沙皇彼得一世（Пётр I Алексеевич，1672—1725）派荷兰人伊台斯（Isbrant Ides，1660—1708）为首的使团前来中国，两年后（1695）返回莫斯科，伊台斯及使团成员德国人勃兰德（Adam Brand）各以荷兰文及德文写有游记，分别刊于 1704 及 1695 年。勃兰德的游记 1695 年还译成英文出版。二者在游记中反复提到筷子。例如康熙三十二年八月十四日（1962 年 9 月 13 日）俄国使团来到黑龙江嫩江，受到清朝廷派去的侍读学士的迎接，并在帐内设宴款待。使团成员勃兰德写道：

> 他们吃饭不用刀叉，而用两根骨制的筷子。他们用筷子夹住面条，把浅碗端到嘴边，很快把面条塞满一嘴，而碗里却还留下了一部分。中国人用以代替刀叉的筷子很细，有一权长，一般用乌木、象牙和其他硬质材料做成。筷子接触食物的一端有金或银的包头。中国人用这种筷子能很快把任何食物送入口中，从不弄脏手指。[1]

九月二十二日（1692 年 10 月 21 日）俄国使团来到直隶境内一城就餐，两人一桌，漆木桌上有丝绣桌围。使臣伊台斯描述说：

> 中国人不用桌布、餐巾、刀叉或盘子，桌上只放一双象牙或乌木小圆筷子，这就是席上的全部陈设。中国人很会运用这种筷子，特别使人惊诧的是他们能用筷子夹住大头针的头儿，把它拣起来。他们用右手的拇指、食指及中指拿筷子。所有饭菜如汤、米饭、热菜等都盛在瓷碗里。[2]

使团共 22 人，除使臣外，其中 12 人为德国人，9 人为俄国人，他们返国后，自然会将中国人进食方式及使用筷子的方法讲给别人。

因此可以说，早在 17 世纪中国已通过中、欧双方人员交往将筷子传到葡萄牙、意大利、法国、英国、荷兰、德国和俄国等欧洲国家。因为"筷子"的音译（kuai-tsǔ）欧洲人不知是何意义，又不好意译，遂用其形状来称呼，法语 batonnets、英语 chopsticks、荷兰语 stokjes、西班牙语 palilos 中意思都是"小棍"，且都用多数，因为不能用一只筷子。意大利语筷子是 bestocino，意为"中国小棍"，德语 Eβstäbechen 意为"餐桌上用的棍"，俄语 полочки 则是"小棍"，有时称 палочки для еды，意为"进食用小棍"。如今在欧美、亚非和拉美国家会使用筷子的人数与日俱增。不少家庭除刀叉外，还备用筷子，让子女学会使用，此为笔者所亲见。

随着筷子的西传，中国以筷子作为数学演算和表达抽象思维工具的箸文化也传到国外，并结出科学技术的硕果。最典型的例子就是西方数学家注意到《易经》中以长、短箸

〔1〕　Избрант Идес и Адам Бранд. *Записки о русском посолстве в Китае*（1692—1695）．глава 11．Москва，1957；北京师范学院俄语翻译组译：《俄国使团使华笔记》，商务印书馆 1980 年版，第 173 页。
〔2〕　《俄国使团使华笔记》中文本，第 186 页。

表达阴阳、八卦和六十四卦形成过程所包含的科学信息及其潜在的实用价值，并依此开发出二进制记数法和数字计算机。

因为《易经》中八卦及六十四卦形成过程表明，每个卦象按一分为二方式繁衍下去，再叠合一对阴爻和阳爻按不同排列方式形成新的无数卦象。分中有合、合中有分，分、合并用与互补，符合近代科学的理念。《易经》中的卦象形成原理对近代数学家而言，显然是在提示：只要用两个符号通过不同组合方式即可表达出无限多的自然数，而这正是二进制（binary）的记数基础。17 世纪德国数学家和思想家莱布尼茨（Gotfried Wilhelm Leibniz，1646－1716）想到，除用十个数字为基数的十进制（decimal）记数算法外，还可以用 1 与 0 两个基数记数法作四则运算。两种记数法可以下式表之[1]：

十进制记数	二进制记数	十进制记数	二进制记数
0	0	9	1001
1	1	10	1010
2	10	11	1011
3	11	12	1100
4	100	13	1101
5	101	14	1110
6	110	15	1111
7	111	16	10000
8	1000	……	……余此类推

1679 年莱布尼茨在短文"论二进制系列"（*De progressione dyadica*）中谈到其初步想法，1703 年在巴黎《皇家科学院论丛》发表论文，题为"论只用数字 0 和 1 的二进制算法及其使用，兼论引出此算法的伏羲氏所用中国古代数字的意义"（*Explication de l'artithmétique binaire，qui se sert des seuls caractères 0 et 1，avec des remarques sur*

---

[1] 关于莱布尼茨的二进制记数法与中国《易经》八卦、六十四卦显示的二进制记数法的关系，可参见：

1. Waley，A. Leibniz and Fu Hsi（伏羲）. *Bulletin of the London School of Oriental Studies*，1921，2：165.

2. Bernard-Martre，Henri. Comment Leibniz découvrit le Libre du Mutations（《易经》）. *Bulletin de Université de l'Aurore*（震旦大学），1944（3ᵉ sér），5：432.

3. Lach，Donald F. Leibniz and China，*Journal of the History of Ideas*（Philadelphia），1945，6（4）：436－455.

4. Wilhelm，Hellmut. Leibniz and the I-Ching. *Collectanea Commissionis Synodalis in Sinis*，1948，16：205.

5. Needham，Joseph. *Science and Civilisation in China*，Vol. 2，History of scientific thought，University of Cambridge Press，1986. pp. 340－345；[英] 李约瑟著，何兆武等人译：《中国科学技术史》第二卷，《科学思想史》，科学出版社 1990 年版，第 367－372 页。

son utilité et sur se qu'elle donne le sens de anciennes figures chinoises de Fohy).[1]

莱布尼茨文内之所以谈到伏羲氏与二进制的关系,是因此前他与在北京的法国耶稣会士白晋(Joachim Bouvet,1656—1730)[2]保持长期通信往来,得到来自中国的思想信息。白晋从 17 世纪末起对《易经》作了潜心研究,受康熙帝的支持。1697 年他发表《康熙帝传》,介绍康熙研究西洋数学情况。[3]莱布尼茨读到这部书后,给白晋写信并寄去二进制数字表。1701 年 11 月 4 日白晋在复信[4]中说,在远古时期中国已有了类似记数法,《易经》中的阳爻(—)相当于 1、阴爻(- -)相当于 0,借二者组合及不同搭配可产生八卦、二十四卦至无穷尽卦的卦象(或数字),同时寄去宋人邵雍(1011—1097)《皇极经世》(1060)中以圆形配列的 64 卦卦象表(图 14—7)和朱熹(1130—1200)《周易本义》中解释六十四卦(或数字)如何从 1 及 0 逐步形成的图表。在此图表中,各卦排列顺序没有遵从《易经》经文所给出的顺序或所谓"文王次序",而是采用与此不同的"伏羲次序"(图 14—6),就是说六十四卦不是从乾(1 号)开始,依次是坤(2 号)、屯(3 号)、蒙(4 号)等,而是从坤(2 号)开始,依次是剥(23 号)、比(8 号)、观(20 号)等(见图 14—7)。偏巧的是,邵雍、朱熹图表中给出的二十四卦顺序,换算成二进制后,正好形成有次序的数字系列(图 14—8)。

在明清两代,朝廷规定"四书五经"必须以宋儒注释本为士子学习和科举考试所用的标准版本。白晋在清廷当差,他研究《易经》自然使用邵雍和朱熹注本,因而对六十四卦排列顺序亦从邵、朱,而不理会《易经》经文,自属意料中事。今天看来,邵、朱对六十四卦顺序的重新排列是合理的,与莱布尼茨的二进制记数法吻合。白晋用法文写给莱布尼茨的信,藏于巴黎法国国家图书馆(Bibliothèque Nationale,Manuscrits Françaises,no. 17240)[5]。他 1701 年 11 月 1 日致莱布尼茨的信还收入《特雷武日记》(*Journal de Trévoux*,Janvier 1704)。白晋还在 1712 年 11 月用拉丁文写给耶稣会巡视神父戈扎尼(Janni Paulo Gozani)的《易经学说思想总论》[6],亦藏巴黎国家图书馆。

---

〔1〕 Leibniz, G. W. Explication de l'arthmétique binaire, qui se sert des seuls caractères 0 et 1, avec des remarques sur son utilité et sur se qu'elle donne le sens de anciennes figures chinoises de Fohy(伏羲), *Mémoires de l'Académie Royale des Sciences* (Paris),1703. 3:85.

〔2〕 Pfister, L. A. *Notices biographiques et bibliographiques sur les Jésuites de l'ancienne missions de Chine* 1552—1773. Biographie de Joachim Bouvet,1:433—439. Changhaï:Imprimerie de la Mission Catholique,1932.

〔3〕 Bouvet, Joachim. *Histoire de l'empereur de la Chine présenté au Roi*. Paris:Michallet,1967;〔法〕白晋著,马绪祥译:《康熙帝传》,载《清史资料》第 1 辑,中华书局 1980 年版,第 193—252 页。

〔4〕 Bouvet, J. *Lettre du R. P. Bouvet de la Compagnie de Jesus à Monsier Leibniz, à P'ékin, le 4 Nov*. 1701. Bibliothèque Nationale (Paris),Manuscrits Françaises,No. 17240. 莱布尼茨与白晋的通信还藏于德国汉诺威(Hanover)图书馆,被译成日文:五来欣造,《儒教的独逸政治思想に及ぼせる影响》,东京:早稻田大学出版部,1929 年。刘百闵从日文转为中文,见李证刚《周易讨论集》,上海:商务印书馆 1941 年版。

〔5〕 同上。

〔6〕 Bouvet, J. *Idea generalis doctrinae libri Ye-kim*(《易经》);*seu brevis expositis totius systematis philosophiae Ieroglyphicae, in antiquissimis Sinarum libris contentae, facta R. P. Joanni Paulo Gazani, Visitatori, hanc exigenti*, MS. signé Bouvet,à la Bibliothèque Nationale (Fonds Françaises,no. 17239).

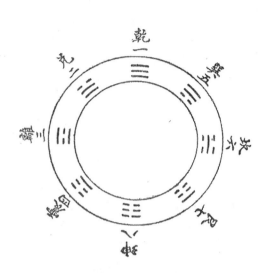

图 14—6　伏羲氏先天八卦排列次序图

自坤起向右艮的方向排

引自宋人邵雍《皇极经世图》（1060）

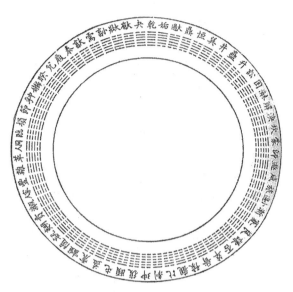

图 14—7　六十四卦排列次序

自坤向右列排起

引自宋人邵雍《皇极经世图·经世衍易图》（1060）

序号	卦名	卦象	相当二进制	序号	卦名	卦象	相当二进制
2	坤	䷁	000000	35	晋	䷢	000101
23	剥	䷖	000001	45	萃	䷬	000110
8	比	䷇	000010	12	否	䷋	000111
20	观	䷓	000011	15	谦	䷎	001000
16	豫	䷏	000100	52	艮	䷳	001001……

图 14—8　六十四卦卦象与二进制对应（表中只举前十例，以下依此类推）

　　莱布尼茨接到白晋寄的信和材料后，认识到他的二进制记数法与中国古老的六十四卦卦象排列法是完全一致的。他在逝世前一年（1716）致奥尔良公爵（Duke de Orleans）顾问德雷蒙（M. de Rémond）的论中国哲学的信中，第四大段标题是 *De caractères dont Fohi，fondateur de l'Empire Chinois，s'est servi dans ses ecrits，et de l'arithmétique binaie*（"中华帝国奠基者伏羲氏在其案几上使用的字与二进制算法"[1] 伏羲氏为中国远

---

〔1〕 Kortholt，C.（ed.）. *Viri illustris Godefridi Leibnitii epistolae ad diversos，theologici，juridici，medici，philosophici，mathematici，historici，et philologici argumenti...*，Vol. 2. Leipzig：Breitkopf，1735. p. 488；cf. Needham. op. cit.，English ed. Vol. 2. p. 342.

古时代人文始祖，相传曾创八卦，今本《易经》可溯自殷周之际，周人在案几上以长箸及短箸排列卦象以问卜或表述抽象思维，从而演出二进制记数法，经莱布尼茨用于四则运算有了实际用途。如果演算以机器代之，便前途无量。近代大型计算机就是在二进制基础上建立的，因此 1953 年英国工程师波拉德（B. W. Pollard）将中国人称为数字计算机的ancestry（祖先）[1]，不谓无据。

二　中国的千字文文化及其在国外的传播

（一）《千字文》为锺繇首撰

千余年来，《千字文》作为在中国培养无数识字人的蒙学课本，妇孺皆知。但其由来问题，长期以来没有妥善解决，以致出现了一些误解。以往通常认为此书由梁人周兴嗣撰写，如《隋书·经籍志》及《旧唐书·经籍志》均称《千字文》为梁人周兴嗣撰。这种说法至今仍可见于《辞海》、《辞源》等重要工具书。然而这一说法既与史实不符，又使一些历史现象得不到合理的解释。早在 1879 年，英国人萨道义（Ernest Mason Satow，1843—1929）就注意到，《日本书纪》（720）及《古事记》（713）记载，公元 5 世纪初（405）华裔学者王仁（369—440 在世）从朝鲜半岛前往日本，曾将《论语》及《千字文》献给应神天皇。此事发生于周兴嗣在世一百多年前，萨道义认为王仁不可能在 6 世纪以前将《千字文》带到日本[2]。这一矛盾的确令人费解。

笔者通过研究王仁事迹判断，周兴嗣以前必有另一同名书存在[3]，周兴嗣始撰《千字文》之说需要加以修正。我们注意到，《新唐书·艺文志》及《宋史·艺文志》已提出与《隋书》、《旧唐书》不同的说法，二者只说《千字文》由"周兴嗣次韵"，不说"周兴嗣撰"。这一用词上的改变，揭示出周氏之前已有《千字文》存在，他并非此书之始撰者。长期以来人们一直忽视"次韵"一词的含义。按：次韵是诗人之间相互唱和的一种创作方式，要求写诗者步前人诗韵填写出新诗。唐代诗人元稹（779—831）《上令狐［楚］相公诗启》云："稹与同门生白居易友善，居易雅能诗……小生自审不能过之，往往戏排旧韵，别创新词，名为次韵相酬。"[4] 我们在《全唐诗》中可以看到很多次韵事例，但不能认为次韵始于唐，此前已有之，只不过没有唐诗那样严格。周氏次韵之《千字文》以韵语写成，则在他以前存在的《千字文》亦当如此。

---

　　〔1〕 Pollard, B. W. *Circuit components of digital computer*, ch. 2, See B. V. Bowden (ed.), *Symposium on Digital Culculating Machines*. London：Pitman, 1953.

　　〔2〕 Satow, E. M. Transliteration of the Japanese syllabary. *Transactions of the Asiatic Society of Japan*，1879，7：227—228.

　　〔3〕 潘吉星：王仁事迹与世系考，《国学研究》（北京大学）2001 年，第八卷，第 177—207 页。

　　〔4〕（唐）元稹：《上令狐相公诗启》，见《旧唐书》卷一六六《元稹传》，中华书局点校本，1975 年版，第4332—4333 页。

周兴嗣次韵说，除见于正史记载外，更有实物资料为证。20世纪初，敦煌石室发现唐写本《千字文》三十余件，均写"《千字文》，敕员外散骑侍郎周兴嗣次韵"（P3108、P3416）。陈朝僧人智永书《真草千字文》，亦题"敕员外散骑侍郎周兴嗣次韵"，现有北宋刻石拓本及唐人临摹本传世。查《梁书》及《南史》的《周兴嗣传》，皆未载此人始撰《千字文》，而是说他奉敕次韵《千字文》，这已是不争的史实。那么，谁是《千字文》最初的作者呢？或者说周氏步何人之韵而成《千字文》呢？这需要进行考证。文献记载和实物资料表明，此书最初作者应当是三国时魏国大臣兼书法家钟繇（yóu）。1908年法国汉学家伯希和（Paul Pelliot，1878—1945）在敦煌石室发现一唐人写卷（P2721），未署作者姓名，内称："余因暇日，披览经书，略定数言，以传后代云。"看来是一种读书笔记。其中谈到读经史时，首先需要了解为何人所撰、何人作注，接下来便列出一批书的撰者和注者，谓：

> 《千字文》，钟繇撰，李邈注，周兴嗣次韵。

可见《千字文》乃魏人钟繇所撰，继由晋人李邈作注，再由梁人周兴嗣次韵，伯希和认为此说可信[1]。

北宋僧人兼藏书家文莹（1022—1090）《玉壶清话》卷一亦有同样记载：端拱元年（988）宋太宗建秘阁，选史馆、昭文馆与集贤院三馆藏书置于此，命参政李至（947—1001）专掌。一日，太宗走就秘阁赐饮，

> 及赐［御笔］草书《千字文》，［李］至请勒石。上曰："《千字文》本无稽，梁武帝得钟繇破碑，爱其书，命周兴嗣次韵而成之，文理不足取。夫孝为百行之本，卿果欲勒石，朕不惜为卿写《孝经》本，刻于阁，以敦教化也。"[2]

《宋史·李至传》所载与此大致相同。"得钟繇破碑"一语，意思是梁武帝得钟繇书《千字文》刻石旧拓本后，爱其书，但因残缺不全，乃敕周兴嗣次韵成新本，这当然也是一种再创造过程。

查《三国志》卷十三《魏书·钟繇传》，钟繇（151—230）字元常，颍川长社（今河南长葛东北）人。幼入京师洛阳。汉灵帝建宁末（约171）举孝廉，后除尚书郎、阳陵令，以疾去。献帝初，为黄门侍郎，佐曹操成就基业。建安二年（197），曹操用其为侍中守、司隶校尉，经营关中，解除后顾之忧，得以统一北方广大地区。曹操卒，子曹丕代汉即帝位，改国号为魏，加钟繇为廷尉，旋迁太尉。魏明帝即位，再擢其为

〔1〕 Pelliot，Paul. Une bibliothèque mediévale retrouvée au Kan-sou. *Bulletin de l'Ecole Française de l'Extrême Orient*（Hanoi），1908，8：501.

〔2〕（宋）文莹：《玉壶清话》卷一，杨立扬点校本，中华书局1984年版。

太傅，人称钟太傅。明帝赞其"学优才高，留心政事"[1]，乃一代之伟人。太和四年（230）卒，明帝素服临吊，谥曰成侯。钟繇还是大书法家，唐人张怀瓘（686—758在世）《书断》（约735）云，钟繇少时入抱犊山学书三年，师法蔡邕（132—192）、刘德升（123—193在世）等，其真书绝世，"刚柔备具，点画之间多有异趣，可谓幽深无际，古雅有余，秦汉以来一人而已。"[2]钟氏博采众长，精隶、楷，形成由隶入楷之新貌，其行书入神，草书入妙，在中国书法史中与东晋王羲之（323—379）齐名，人称"钟王"，为后世学书者之宗师。

钟繇写《千字文》是为人们识字和学习书法提供一启蒙教本，此事必与曹氏父子兴办学校、发展教育有关。史载建安八年（203）秋七月，丞相曹操令曰："丧乱以来十有五年，后生者不见仁义礼让之风，吾甚伤之。其令郡国各修文学，县满五百户置校官，选其乡之俊而教学之，庶几先王之道不废，而有以益于天下。"[3]各郡县兴办学校后，黄初元年（220）魏文帝曹丕诏于京师（洛阳）置太学，设五经博士为教官，完成了从地方到中央完整的教育体系，太学有弟子数百人[4]。据此，钟繇编撰《千字文》应在建安八年（203）至黄初五年（224）之间，大约成书于建安十五年（210）前后。他精密构思，取一千个不重复的字，编成250句韵语，每句四字，隔句有一韵脚。所幸钟著《千字文》并未失传，我们迄今仍能见到，可一睹周兴嗣所次韵之本的原貌。

清乾隆十三年（1748），命梁正诗、汪由敦编次内府所藏历代法书，名曰《三希堂法帖》，十五年（1750）勒石、拓印。此书卷一收录《魏太尉钟繇〈千字文〉，右军将军王羲之奉敕书》（图14—9A），帖内钤有元人欧阳玄（1274—1358）、明人项元汴（1525—1613）及清初人高士奇（1645—1704）之收藏印，曾由王肯堂（1549—1613）收入《欎冈斋帖》，谓宋人米芾定为王羲之书，但入清内府时米跋已逸去。纵观其书法，虽然乾隆帝誉为"笔意精到，而结构特为谨严"，但似非右军亲书。此本流传至清已历千年，脱字较多。我们不关注由何人手书，只看重其保留的钟氏《千字文》，难能可贵。今引其开头数句以见一斑：

> 二仪日月，云露严霜。夫贞妇洁，君圣臣良。尊卑□别，礼仪矜庄。存而相欣，离感悲伤。[5]（图14—9B）

最后一句为"谓语助者，焉哉乎也"。每韵各句均有含义，传达有关自然和人文内容，又读之顺口。钟繇《千字文》兼具识字、习书和教化等多种功能，是启蒙课本中的创新力

---

〔1〕（晋）陈寿：《三国志》卷一三《魏书·钟繇传》，中华书局1979年点校本，第397页。

〔2〕（唐）张怀瓘：《书断》，《说郛》卷九二，上海：商务印书馆1927年版。

〔3〕《三国志》卷一《魏书·武帝纪》，第24页。

〔4〕《三国志》卷一三《魏书·王肃传》，注引《魏略》，第420页。

〔5〕（清）梁正诗、汪由敦编：《三希堂法帖》（1750）第一册，中国世界语出版社1999年影印本，第20—41页。

图 14—9A 《三希堂法帖》卷一收钟繇　　　　　　**图 14—9B** 《三希堂法帖》卷一收钟繇
《千字文》题款　　　　　　　　　　　　　　　　　《千字文》正文首页

作，在中国教育史中具有重要意义。**此本**在魏晋南北朝时期流行，为此后所有这类作品奠定了最初的基础。

（二）周兴嗣次韵《千字文》原委

周兴嗣（约 470—521）事迹见《梁书》卷四十九本传。兴嗣字思纂，陈郡项（今河南沈丘）人，世居姑孰（今安徽当涂），齐高帝建元四年（482）游京师建康（今江苏南京），积十余年努力，博通记传，善属文。齐隆昌元年（497）举秀才，除桂阳（今湖南郴州）郡丞。梁武帝即位（502），奏上《休平赋》，帝嘉其文美，拜安成王国侍郎，入直华林省。天监元年（502）河南献舞马，武帝诏周兴嗣与侍诏到沆、张率三人各为赋，兴嗣赋独工，擢员外散骑侍郎，进直文德、寿光省。

是时，高祖以三桥旧宅为光宅寺，敕周兴嗣与陆倕各制寺碑，及成俱奏，高祖用兴嗣所制者。自是《铜表铭》、《栅塘碣》、《北伐檄》、《次韵王羲之书千文》，并使兴嗣为文。每奏，高祖辄称善，加赐金帛。[1]

天监九年（510），出为新安郡丞，秩满，复为员外散骑侍郎，佐撰国史。十二年（513），迁给事中，撰文如故。普通二年（521）卒，著有《皇帝实录》、《重德记》、《起居注》、《职仪》等百多卷，《文集》十卷。《南史》卷七十二亦有传，所载基本相同，兹不赘引。

梁武帝萧衍（468—549）既喜欢钟繇《千字文》的文采，又喜欢东晋王羲之书法，因其反映新时代的气息，具有更大的艺术美感，羲之行草成就亦在钟繇之上，构成书坛主流。梁武帝遂想出两全之策，命周兴嗣步钟氏《千字文》原韵，按原体例推出新本，再将钟字易之以王字。按，王羲之（321—379）字逸少，东晋琅邪临沂（今属山东）人，晋穆帝时，任秘书郎，累迁至右军将军、会稽内史，世称王右军。后称病不仕，定居会稽山阴（今浙江绍兴）[2]，早年从卫夫人即卫铄（272—347）习书法，后学张芝（约117—192）草书及钟繇正书，精研体势，推陈出新，而自成一家，一改汉魏朴质书风，创妍美流变之体。唐人张怀瓘《书断》将羲之行草隶列为神品[3]，其书迹历代宝之，在中国书法史上有持久的重大影响。其子献之（344—386）字子敬，承家学，书法与父齐名，世称"二王"，献之累官至中书令，故又称王大令。天监初年，梁武帝令朱异、徐僧权诸臣重裱从刘宋内府接收的二王书迹七百余卷，换以珊瑚轴。周兴嗣何时集王羲之字而次韵钟繇《千字文》，史无明文，但可以肯定应在天监年间（502—519）。因为周兴嗣于天监元年（502）始除员外散骑侍郎，此为侍从皇帝、参与朝政、为帝草拟文告之侍从官。天监四年（505）正月，诏置五经博士，广开馆宇，招纳后进，在馆有数百生，供其伙食，分遣博士、祭酒巡州郡立学[4]。同年六月，诏立孔子庙，在全国发展儒学。天监九年（510），帝亲临国子监讲学，令诸王子及贵族子弟皆从入学。[5]可见周兴嗣次韵《千字文》当在天监元年至九年之间（502—510）。19世纪法国汉学家儒莲（Stanislas Julien，1799—1873）主张在梁天监元年（502）[6]，似为时稍早。《梁书·周兴嗣传》列举他为武帝起草文书时，将"次韵王羲之书千文"置于《北伐檄》之后，亦即在天监五年（506）梁伐北魏之后，故次韵工作约成于天监九年（510）。唐人李绰（740—805）的《尚书故实》对此有下列记载：

梁周兴嗣编次《千字文》，而有王右军书者，人皆不晓其始。乃梁武教诸王书，命殷铁石于大王（王羲之）书中拓一千字不重者，每字片纸，杂碎无序。武帝召兴嗣

〔1〕（唐）姚思廉：《梁书》卷四九，《周兴嗣传》，中华书局点校本1973年版，第698页。

〔2〕（唐）房玄龄：《晋书》卷八〇，《王羲之传》，中华书局点校本1974年版，第2093—2102页。

〔3〕（唐）张怀瓘：《书断》，《说郛》卷九十二，上海：商务印书馆1927年版。

〔4〕（宋）司马光：《资治通鉴》卷一四六《梁纪二》，上海古籍出版社1987年影印本，第969页。

〔5〕《梁书》卷二《武帝纪中》，第50页。

〔6〕Julien, Stanislas（tr.）. *Thien-tseu-wen*, *Le Livre des Mille Mots*, *le plus ancien livre élémentaire des Chinois*, *Publié en chinois avec une double traduction et des notes* par M. Stanislas Julien, Membre de l'Institut［de France］. Paris：Benjamin Duprat, 1864.

谓曰："卿有文思，为我韵之。"兴嗣一夕编缀进上，鬓须皆白，而赏赐甚厚。[1]

上述记载既揭示出周兴嗣奉敕次韵《千字文》原委，亦暗示出次韵时间，因"梁武教诸王书"发生于天监九年。此时武帝命殷铁石将王羲之法帖中一千个不重复的字剪下，每字一纸，杂乱无序。帝又得钟繇书《千字文》旧拓本，文虽美，但不全，乃再命员外散骑侍郎周兴嗣以此一千个王羲之字次韵成新本《千字文》。兴嗣领旨后，参考钟繇《千字文》，穷夜苦思，终以王羲之书千字，次韵成新本《千字文》，须发皆白，故后人又将此《千字文》称为《白首文》。北宋大臣李昉（925—996）《太平广记》卷二百七、南宋人董逌（1090—1151）《广川书跋》并有相同记载，盖皆源自唐代广读内府文档的礼部尚书张延赏（727—787）的最初记述，此记述也使前引《梁书·周兴嗣传》、《宋史·李至传》及《玉壶清话》中行文不明确之处得到澄清。兴嗣次韵之《千字文》在天监年间必勒石拓印，方能推广王羲之书法，使人人得而习之。《千字文》也首先在梁代被用作识字、习书的课本。

（三）智永书《真草千字文》

梁人周兴嗣集王羲之字次韵成《千字文》，入陈，经僧智永重新抄写后，便在陈及北齐、北周传播，并逐步取代了钟繇旧本。智永（534—609）俗姓王，为会稽王氏族人、东晋王羲之七世孙。他生活于梁、陈、隋三朝，喜爱书法，出家后住吴兴（今浙江湖州）永欣寺，三十年间临习右军书不辍，终得祖传妙法。唐人李绰《尚书故实》就此写道：

> 右军［七世］孙智永禅师自临八百本［《千字文》］，散于人外，江南诸寺各留一本。永公住吴兴永欣寺，积学书后有秃笔十瓮，每瓮皆数千。人来觅书并请题额者如市。所居户限为穿穴，乃用铁叶裹之，谓为"铁门限"。自取笔头瘗（yì）之，号为"退笔塚"，自制铭志。[2]

隋统一中国后，智永继续招收弟子，声望愈高，其所书《真草千字文》开始在全国范围内流传。入唐（618—907）以来，太宗李世民（599—649）特别喜爱王羲之书法，亦兼及其后世传人智永，朝野上下皆相效之。太宗近臣虞世南（558—637）得智永亲传，与帝经常论书。永师《真草千字文》在唐代有真迹本、临写本、双钩本、响拓本及石刻拓本等各种形式本子可供研习。真迹本为永欣寺写八百本中流传下来之原件，最为珍贵，是其余形式诸本之祖本，除唐内府有多本外，私人如虞世南、欧阳询（557—641）、孙过庭（648—698）等都曾收藏。为广其传，贞观初，太宗下令选内府藏真迹本最精者勒石，公之于众。

---

〔1〕（唐）李绰：《尚书故实》，《丛书集成·初集文学类》，上海：商务印书馆 1936 年版。
〔2〕同上。

图 14—10　敦煌石室所出唐贞观十五年（641）蒋善进临
智永《真草千字文》
巴黎国家图书馆藏（P3561）

元平江（今苏州）书法鉴赏家陆友《砚北杂志》（1334）卷上云：

蔡君谟（蔡襄，1012—1067）云，智永真草千文盖七百（按实为八百）本，唐初尚多存者。太宗取其最精者抚写勒石，云律吕调阳者是也。今宋宣献（宋绶，991—1041）家及王阁老叔原各藏一本。[1]

唐代临本必相当多，但质量高下不等。20 世纪初，敦煌石室发现唐贞观十五年（641）蒋善进临绢本《真草千字文》（图 14—10），这是现存年代最早的智永《真草千字

----

〔1〕（元）陆友：《砚北杂志》卷上，《笔记小说大观》本，广陵古籍刻印社影印本 1983 年版，第十册，第 329 页。

文》上乘临本，今藏于巴黎国家图书馆（P3561）。北宋书画家米芾（1050—1107）《书史》还著录宋中书舍人叶涛藏有智永《千字文》真迹及唐粉蜡纸拓本[1]。然宋人所藏唐以前本已日渐稀少，为此，北宋徽宗大观三年二月十一日（1109年3月14日），陕西都转运使薛嗣昌（1055—1115在世）以长安崔氏所藏智永《真草千字文》真迹本摹勒上石，立于长安转运使司南厅，是为智永本第二个刻石，后称此石刻拓本为"关中本"（图14—11）。原碑现藏西安碑林博物馆。按，薛嗣昌字乐安，万泉（今山西万荣）人，前知枢密院事薛向（1016—1081）之子，"以吏材奋"，累官至礼部、刑部尚书[2]。

薛嗣昌在石刻题记内引《尚书故实》所记智永习书事迹后写道：

> 长安崔氏所藏其真迹，最为殊绝。命工刊石，置之漕司南厅，庶传永久。大观己丑二月十一日，乐安薛嗣昌记。侄方纲摹，李寿永、寿明刊。（图14—11）[3]

可知碑文由薛嗣昌之侄薛方纲据永师真迹钩摹，再命匠人李寿永、寿明兄弟刻石。薛方纲为薛绍彭之子，绍彭字道祖，官秘阁修撰，有翰墨名，其子亦承家学。此刻石有不同时期拓本，宋拓最为珍贵，共202行，前二行为标题："真草千字文。敕员外散骑侍郎周兴嗣次韵。"正文200行，行10字，前行真书，次行草书，前后间出。关中本明清仍有多本传世，民国以后渐被遗失。现所能见者有北京故宫博物院、日本奈良中村氏依水园及东京高岛槐安藏本。故宫本由明人万寿国购于明万历末年（约1612年），有明人许光祚、李日华、董其昌等人题跋，入清后归李琪枝、费开绶、吴式芬等。此北宋拓本题记后可见"侄方纲摹//李寿永、寿明刊"二行小字，其中"永"字微渺如"水"（图14—11B），为其余拓本所难见，堪称善本，1983年由文物出版社影印出版。

中村氏藏本由明人安氏、秦氏及清初姜自芸原藏，道光间归画家戴熙（1801—1860），拓印精良，题记后隐约可见"侄方纲摹"，另行小字被潢工截去，1940年曾影印刊行。高岛槐安藏本原藏主为明人冯权奇、吴士谔及清人英和等人。此本不及故宫及中村藏本精良，1963年由东京二玄社影印出版。西安北宋刻石因拓印过频，保存不善，明以后字迹多模糊，个别处石面剥落，故明拓本，如明末刘雨若《宝墨轩法帖》本，远不及宋拓本。智永《真草千字文》另一古临写本现藏日本，由京都日本学者谷铁臣（1822—1905）收藏，行款与关中本同，卷首略有残损，鉴赏家一度将其定为"智永真迹本"。但清光绪七年（1881）中国学者杨守敬（1839—1913）检视后，将其定为"李唐旧籍无疑"[4]，而非永师真迹。此本后归京都小川为一郎尚简斋，1912年京都山田圣华书房以玻璃板影印，请京都大学东洋史教授内藤虎次郎（1866—1938）以汉文写跋。内藤定为永师真迹，乃"天下真草法书第一"[5]。1912年罗振五（1866—1940）再予影印，题为《智永真草千字

〔1〕（宋）米芾：《书史》，《丛书集成·初编艺术类》。1936年版。

〔2〕（元）脱脱、欧阳玄：《宋史》卷三二八《薛嗣昌传》，中华书局点校本1977年版，第10588页。

〔3〕（宋）薛嗣昌：《智永真草千文石刻题记》，北宋拓本影印本，文物出版社1983年版。

〔4〕（清）杨守敬：《跋谷铁臣藏智永真草千文临写本》，载影印本之末，京都：山田圣华书房1912年版。

〔5〕〔日〕内藤虎次郎：《跋小川为一郎藏智永真草千文临写本》，同上京都1912年影印本。

文真迹》。今天看来，上述结论需要修正，将其与北宋拓本对比，便发现其文字写法及结体脱离永师手迹原轨。小川为一郎卒后，由后人小川广已收藏，1961 年二玄社再次影印，中田勇次郎在解说中不再称其为真迹，而认为是唐人临写本[1]。

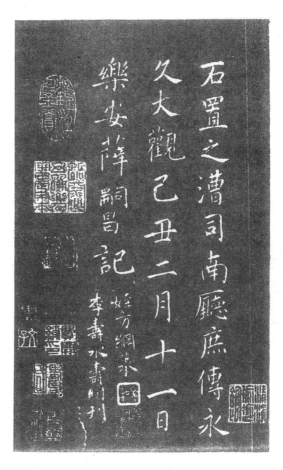

图 14—11A　智永《真草千字文》
宋拓本首页
北京故宫博物院藏

图 14—11B　智永《真草千字文》关中本附宋
大观三年（1109）薛嗣昌题记
北京故宫博物院藏

　　《真草千字文》是我们现今所见智永唯一完整书法作品，真迹本已不复存在，只有通过关中本方能观赏、研习永师书法艺术。因其写于 6 世纪，内多南北朝时异体字，唐宋以后加强正字工作，故唐宋本《千字文》中的异体字多为正字取代。印刷术发展后，推广以正体楷字为主的印刷体字，原有的正字被简化，个别字有所改动，故唐宋本《千字文》与

〔1〕［日］中田勇次郎：隋智永《真草千字文》临写本解说．东京：二玄社 1961 年影印本，第 54—55 页。

永师所书有别。如唐本将"律召调阳"改为"律吕调阳","菓珍李奈"易为"果珍李奈。"宋以后"玉出崑岗"改为"玉出崑冈","纨扇员洁"易为"纨扇圆洁"。唐宋本又出现了新的避讳字，如"吊民伐罪"易为"吊人伐罪","周发殷汤"易为"周发商汤"，元以后始又恢复原状。梁人周兴嗣次韵的《千字文》经唐宋以来的演变，逐步成为现今的传本。因而今日临习智永书《千字文》时，需要注意其中四十多个异体字已不再通用，影印出版时宜附加异体字与正字对照表。

（四）《千字文》的历史作用

　　周兴嗣次韵《千字文》以韵语方式表达儒学思想和文史、自然知识，堪称佳作，智永再将此文以秀美真草二体写出，使文章与书法交相辉映，相得益彰，成为唐、宋、元、明、清以来学书者之范本，在中国书法史上占有重要地位。智永妙传右军家法，但不限于单纯摹仿，而是有所发展变化。世传右军法书大多行草相间，楷书绝少，欲习会稽王派真书笔法，唯有从智永入门，故明代书法家董其昌（1535—1636）谓"楷书以智永千文为宗极"[1]。永师草书亦极有规矩，字字区分，很少作连绵体势，极适宜学者临习。隋唐以降，历代书家皆以习智永《真草千字文》起家，或受其影响以《千字文》为创作书法作品题材，这类事例不胜枚举。

　　唐代虞世南、欧阳询、褚遂良、张旭、孙过庭、颜真卿和怀素等著名书家都曾临习智永《真草千字文》，各得其中真草妙法，再予发挥，形成各自风格，均有书法作品传世。尤其虞世南得智永亲传，承二王笔致，以真书见长，受太宗睿赏，奉敕以工笔小楷校写《老子道德经》五千言，清拓本今尚可见，为笔者所藏。后人主张"以虞书入永书，为此一家笔法"[2]，即以虞书为习永书之阶梯，盖皆出一家笔法。张旭、怀素虽说以临永书起家，但其草书变异较大，连绵较多，人称狂草。从唐代起，各派书家写《千字文》已成时尚，但已扩及行书和隶篆，并不限真草，如褚遂良、李阳冰分别以行书、小篆写《千字文》，于是出现名家所写四体《千字文》，勒石后供人临习。此势头在宋以后仍未减退，且统治者亦同襄此举。如宋太宗、宋高宗及宋徽宗分别以草书、行书写《千字文》，米芾、黄庭坚亦如此。米氏更藏永师《千字文》真迹，得其中笔法，又为之一变。明董其昌云："米海岳行草书传于世间，与晋人几争道驰矣。顾其生平所自负者为小楷，贵重不肯多写……己丑（1589）四月又从唐元初获借此千文，临成副本。"[3]

　　元代书家赵孟頫亦以临永师真草《千字文》及二王帖起家，尤精行、楷，兼擅各体，所写碑板甚多，圆转遒丽，人称"赵体"，元版书常刻以此体。他对写《千字文》情有独钟，有行书、真草隶篆四体文本行世，延祐七年（1320）再以大小篆、隶书、章草、真草写成《六体千字文》，开创字体最多的《千字文》新纪录，1979年上海古籍出版社曾予以

〔1〕（明）董其昌：《题楷书雪赋后》，见《画禅室随笔》，《笔记小说大观》本，第十二册，第113页。

〔2〕同上。

〔3〕（明）董其昌：《临海岳千文跋后》，见《画禅室随笔》，《笔记小说大观》本，第十二册，第113页。

影印。明以后书法家仍以临永师《千字文》为习书基本功，如文徵明、董其昌莫不如此。文徵明工行草，有智永笔意，时人称"文待诏学智永千文，尽态极妍则有之，得神得髓，概乎其未有闻也"[1]。又说"文徵仲学千文，得其姿媚"[2]，其草书《千字文》今藏东京书道博物馆。董其昌学二王、智永及虞世南，疏宕秀朗，自有特色，人称米芾、赵孟頫再世，其临写智永《千字文》并自身书写《千字文》虽难得一见，但其余大量墨迹尚存。除名家外，无数民间读书人习字学书也受到《千字文》法帖的熏陶，使传统书法艺术持续发展。

周兴嗣次韵《千字文》作为习字课本，隋唐以后亦深入民间。唐人王定保（870—约945）《唐摭言》卷十载，宛陵（今安徽宣城）人顾蒙博览经史，避地至广州，困于旅食，因"写《千字文》授于聋俗，以换斗筲之资"[3]。当时像他这样靠《千字文》教书谋生之人当不会少。20世纪初，敦煌石室发现中晚唐写本《千字文》三十余件，均写以楷体正字，但书法不工，为小学生所书，是学生以此为习字课本的实物证据，现分藏伦敦不列颠图书馆及巴黎国家图书馆。古人有言："识二千字，乃可读书。"读书基础是在启蒙教育中打下的。从唐代起，《千字文》与《太公家教》、《蒙求》成为启蒙教本。《太公家教》成于唐初，作者佚名，四字一句，隔句押韵，共二百多句、二千余字，讲述道德修养及待人处世格言，敦煌石室内有多种唐写本。《蒙求》由唐李翰撰，亦四字韵语，今本 621 句、2484 字，讲述历史人物故事。此二书之编成，显然受到《千字文》的启发。

宋以后，《千字文》又与《三字经》、《百家姓》配合，成为新启用的蒙学课本。《三字经》由王应麟（1223—1296）撰成于咸淳六年（1270），三字一句，隔句押韵，共 380 句、1140 字，讲述名物常识、文史及古人勤学故事，文笔流畅。《百家姓》作者不详，四字一句，隔句押韵，共 472 字，收单姓 408，复姓 30，共 438 姓。其写本亦见敦煌石室，巴黎藏本（P4585）首句亦为"赵钱孙李"。宋人王明清（1127—1216）《玉照新志》认为乃奉北宋正朔之钱氏吴越国人所作[4]，此说可信。南宋人项安世（约 1115—1208）《项氏家说》卷七云：

> 古人教童子多韵语，如今《蒙求》、《千字文》、《太公家教》、《三字训》（《三字经》）之类，欲其易记也。[5]

这些书总字数在六千以上，除去重复字（按 40% 计）外，至少能识三千字以上，足可入县府州学读经史子书，再参加科举考试。明清时期《千字文》仍是主要蒙学课本，全祖望（1704—1755）谈到明初教本时称"其教之也，以《百家姓》、《千字文》为首，继以

---

〔1〕（明）董其昌：《评法书》，见《画禅室随笔》，《笔记小说大观》本第十二册，第107页。

〔2〕（明）董其昌："题楷书雪赋后"，见《画禅室随笔》，《笔记小说大观》本第十二册，第113页。

〔3〕（唐）王定保：《唐摭言》卷一〇，《丛书集成·初编文学类》。

〔4〕（宋）王明清：《玉照新志》，《宝颜堂秘籍》本，正集，上海：文明书局1922年石印本。

〔5〕（宋）项安世：《项氏家说》卷七《丛书集成·初编总类》。

经史历算之属"[1]。《千字文》在历代扫除文盲、普及教育方面功不可没。

《千字文》因为是由不重复的一千个字构成，还在社会生活中被广泛用作有中国特色的流水编号系统。北宋政府印发田宅契纸及商业票据，为防官员多印私卖，对票面以《千字文》编号。马端临《文献通考》（1309）卷十九载，绍兴五年（1135）

> 初令诸州通判印卖田宅契纸……县典自掌印板，往往多印私卖。今欲委诸州通判立《千字文》号印造。[2]

北宋印发盐引、茶引也以千文编号印造。甚至宋、金、元、明、清五朝发行纸币也参照此法，既用以防伪，又可监控印币数量。有两种编号方式，一是取《千字文》中二字为一组，可成 50 万种不同字号；二是以《千字文》中一字配以数字，如"天字第一号"，则可有无限种不同编号。现有大量此类做法的实物传世[3]。因钞版为铜铸，则千文字号亦为铜活字，由此引发金属活字印刷之滥觞。明清还将所铸金属火炮以《千字文》编号，如首都博物馆藏明永乐十二年（1414）铸火炮为"天字叁万肆千五佰肆拾玖号"。

《千字文》编号还用于科举考试、民间当铺当票和户籍、赋税簿中。陆以湉（1802—1865）《冷庐杂识》卷七云：

> 周兴嗣《千字文》，今之科场号舍、文卷及民间质库、计簿皆以其字编次为识，取其字无重复，且众人习熟，易于检觅也。[4]

此法必承自前代，陆氏更提到，清雍正元年（1723）礼部议准，乡试、会试朱卷字号将《千字文》内不祥字样拣去，如"荒"、"吊"、"伐罪"、"毁伤"、"悲"、"虚"、"祸"、"恶"等 75 字，亚圣孟子名（"轲"）应讳，数字四五六九与号重复者不用，共用千文中 920 字编号。清鲍廷博（1728—1813）于乾隆间辑《知不足斋丛书》，更以《千字文》编书页。民国年间，陈垣（1880—1971）先生为北京图书馆藏 8679 卷敦煌遗书编目，也用《千字文》编号。

周兴嗣次韵《千字文》在隋唐以后广泛流传，遂激发人们将不重复字编成有一定意义的韵语，构成新的蒙学课本，以至于形成改编《千字文》的潮流。隋人满徽的《万字文》首开此端，以字数繁多，传世独罕[5]。唐人改编本见于敦煌石室藏卷，如伦敦藏钟铢《新合六字千文》（S5961），将原四字句中添加二字，韵脚不动，如"天地二宜玄黄，宇宙六合洪荒"等。但有时添加字牵强而不合理，未得公众认同。自宋以来又出现新改编

---

〔1〕（清）全祖望：《鲒埼亭集·外编》卷二十二，《明初学校贡举事宜记》，《四部丛刊》本，上海：商务印书馆1929 年影印本。

〔2〕（元）马端临：《文献通考》卷一九《徵榷六》，中华书局 1986 年影印本，上册，第 187 页。

〔3〕卫月望等编：《中国古钞图辑》，中国金融出版社 1992 年版。

〔4〕（清）陆以湉：《冷庐杂识》卷七，《笔记小说大观》本，第二十三册，第 352—353 页。

〔5〕（清）梁章钜：《浪迹续谈》卷七，《笔记小说大观》本，第三十三册，第 161 页。

本，如宋人侍其玮撰《续千字文》，另取千字编成韵语。胡寅撰《叙古千文》，南宋人葛刚正撰《三续千字文》，元人许衡（1209—1286）撰《稽古千文》、明人陈鎏撰（1506—1575）撰《别本千字文》，周履靖（1538—1608在世）撰《广易千文》等，现均有各类丛书本传世。清人改编、注释《千字文》之势头未减，如何桂珍撰《训蒙千文》，黄祖颙撰《别本千字文》、《续千字文》、《再续千字文》，龚璁撰《续千字文》，况澄撰《广千字文》，汪啸尹撰《千字文释义》等。

　　上述改编本之多，令人目不暇接，且有一定文采，构成中国《千字文》文化之独特景观。因周兴嗣次韵本行用千年以上，没有任何新本可以取代其原有地位，人们一谈到《千字文》，即指周兴嗣次韵本。它还在中国被其他少数民族所使用，早在唐中期（787—848）就被译成吐蕃文，供西藏人所用。20世纪初敦煌石室发现《汉蕃对音千字文》残卷，为最早汉、藏对照本，现藏巴黎（P3419），1926年上海曾影印出版。继藏文之后，又出现《千字文》蒙古文、女真文和满文本。1909年，在西夏黑水城（今内蒙古额济纳旗）发掘出大批西夏文文书，其中也包括《千字文》残卷，此残卷当写于14世纪前半叶，现藏圣彼得堡东方学研究所（TK232）。

（五）《千字文》在国外的传播

　　《千字文》还流传到国外，形成国际影响。首先传到日本、朝鲜和越南这些同属汉字文化圈的近邻国家。前引日本古史《古事记》中卷和《日本书纪》卷十记载，中国东晋义熙元年（405）、百济阿莘王十四年，任五经博士的华人王仁从百济赴日本大和国朝廷，献上《论语》郑玄注本十卷及魏人钟繇《千字文》一卷，被聘为皇太子老师。周兴嗣次韵本隋唐时随智永书《真草千字文》传入日本。奈良朝（710—794）圣武太上皇于天平胜宝八年（756）崩后，光明皇后将其遗物舍入奈良东大寺，在《献物账》中列出王羲之法帖二十余品，内有202行卷子本《真草千字文》，写以浅黄色麻纸，卷首系以绀绫褾绮带，这是永师法书之唐代临写本，以其字体与右军书类似，遂与右军法帖混在一起[1]。唐以后直至近代，永师真草千文一直是日本朝野上下的临习范本。早期所用《千字文》皆汉文本，后为帮助一般读者读懂此书，出现"训读本"或"训点本"，在汉字间加日文边注，这类版本在江户时代（1603—1868）较多（图14—12）。明治维新（1868）以后更有注音、释义的"傍训本"，可称为日文译注本。现存较早版本有庆长十一年（1606）春枝刊本真草隶篆《四体千字文》。宽保元年（1741）京都玉枝轩、天保二年（1830）浪速（大阪）松村敦贺屋九兵卫亦刊《四体千字文》，但题为"陈释智永书"，恐不确切。训读本供阅读用，笔者手头有明治三十年（1897）东京刊本，由富田君贞以楷体手书，门人关为忠训点，名《傍训千字文》。

---

〔1〕［日］内藤虎次郎：《跋小川为一郎藏智永真草千文临写本》，京都：山田聖華書房1912年版。

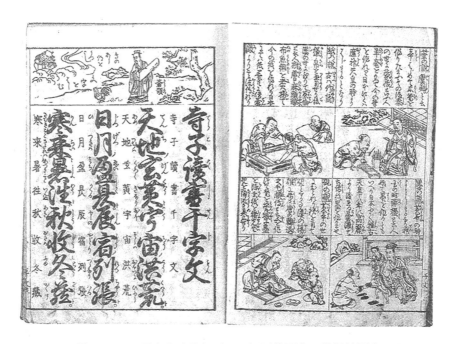

图14—12　日本宽政八年（1799）刊葛西水玉堂译绘图本
《寺子（学子）读书千字文》（*Terako dokusho sanji-mon*）
东京印刷博物馆藏，此为民间坊家出版的启蒙课本，版框22.7cm×16.2cm

　　朝鲜半岛三国时代后期用钟繇《千字文》为蒙学课本及习字范本。新罗朝（668—918）统一半岛后，又从唐朝引进周兴嗣次韵本及智永书《真草千字文》拓本或临本。高丽王朝（918—1392）及朝鲜王朝（1392—1910）一直行用《千字文》。现存较早版本有朝鲜大臣兼书家韩濩（朝鲜语读 Han Gul，1543—1605）奉宣祖命书周氏次韵本，刊于汉城，称"京板《千字文》"，1972年骆山书院有影印[1]。纯祖四年（1804）又有京板《千字文》问世[2]。朝鲜半岛读书人都能读懂《千字文》，明白其含义，只是朝鲜语发音与汉语不同，因此译本出现很晚，与日本有类似情况。1883年以新铸活字出版的《华音启蒙谚解》，应是译本。朝鲜半岛也像中国一样用《千字文》作编号系统，如高丽王朝末期（1392）印发的楮币即以千字文编号印在票面上，其余官方文契亦如此。朝鲜王朝英祖五年（1729）校书馆刊木活字本《延安李氏族谱》第一册叙述各代世系时，也以千字文编号。甚至在20世纪（1910）韩国江原道所印田畓官契仍取《千字文》配数字的编号方法，此为笔者在韩国时所亲见。

　　明清时期，西方国家来华的传教士和外交人员，注意到《千字文》、《百家姓》、《三字经》等启蒙课本与西方同类作品相比有鲜明特色，中国课本没有宗教说教，而是宣扬知识

〔1〕［韩］尹炳泰：《朝鲜后期의活字와册》，汉城：泛友社1992年韩文版，第5、387、294页。
〔2〕［韩］千惠凤：《韩国书志学》（韩文版），汉城：民音社1997年版，第233页。

与德育，又具有诗意，回味无穷，因此从 19 世纪起，《千字文》便被介绍到西方各国。1831 年英国教士基德（Samuel Kidd，1799—1843）最先将《千字文》译成英文，发表于香港《英华书院报告》中[1]，其英文名 *The Thousand Character Classic*，意思是《千字经》，以与 *The Three Character Classic*（《三字经》）对应。译者 1827 年来香港任英华书院（Ango-Chinese College）汉文教授，次年任院长，1837 年为伦敦大学中国语文教授。1835 年，美国人裨治文（Elijah Coleman Bridgman，1801—1861）在《澳门日报》（*Chinese Repository*）卷四发表"千字文·其形式、篇幅、对象、体裁和作者"的长篇论文[2]，包括英文译注。裨治文 1830 年来广州，1832 年创《澳门日报》，自任主笔，1857—1859 年为亚洲文会（North China Branch of the Royal Asiatic Society）会长，1861 年卒于上海。

　　1840 年德国汉学家和日本学家霍夫曼（Johann Joseph Hoffmann，1805—1898）将《千字文》译成德文，题为《千字文：译自汉文，参考朝文、日文译文》，发表于德人西博尔德（Philip Franz von Siebold，1796—1866）编《日本志》（*Nippon*）第 4 册。此书全名《日本：日本及其近邻诸国以及保护国千岛诸国含虾夷（今北海道）、桦太（库页岛）、朝鲜及琉球诸国记录之宝典》[3]。西博尔德 1823—1830 年在日本长崎任荷兰商馆医官，霍夫曼 1830—1846 年为其写作助手，德文译稿成于 1833 年，但《日本志》第 4 册至 1840 年才在荷兰莱顿出版。1860 年美国监理会教士泰右（Benjamin Jenkins，c. 1824—1863）在上海出版标音、释义《千字文》，题为《依上海附近读音拼成罗马字母标音并将汉文与英译隔行印出的千字文》[4]。

　　1864 年法国著名汉学家儒莲（Stanislas Julien，1799—1873）将《千字文》译成法文，由巴黎杜甫拉书店出版单行本，题为《千字文：以汉文发表的中国较早蒙学作品，并附儒莲学士译注》[5]。此本含两部分，第一篇为汉文原文，对所有一千字的分析，包括 124 个韵脚表。第二篇为千字标音、逐字翻译展开式译文及语文、历史注释。儒莲译本是最好、最完备的译注本。译者还将《大唐西域记》、《老子道德经》、《天工开物》、《景德镇陶录》等中国古籍转译为法文，译文以准确称著。儒莲 1832 年为法兰西学院汉语教授，1839 年任皇家文库书监，1841 年任学院院长，还被选为最高学术机构法兰西学士院

　　〔1〕　*Tseen-tsze-wan*（*The Thousand Character Classic*），translated by the Rev. S. Kidd as an Appendix to the *Report of the Anglo-Chinese College* from January to June, 1831, original text is given at the end.

　　〔2〕　*Tseen-Tsze-Wan* or the *Thousand Character Classic*；*its form，size，object，style，and author*；a translation with notes；new books needed for primary education of the Chinese, by Dr. Bridgman. *Chinese Repository*（Konton），1835，4：229—243.

　　〔3〕　*Tsiän-dsü wen oder Buch von Tausend Wörten*，aus dem Chinesischen mit Baerücksichtigen der köraischen und japanischen Uebersetzuns；ins Deutsche uebertragen von Dr. J. Hoffmann. Leyden，1840，als Abh. Ⅳ von *Nippon order Archiv zur Beschreibung von Japan und dessen Neben und Schutzländen*，von Siebold, pp. 165—191.

　　〔4〕　*The Thousand Character Classic* or *Tsëen-tse-wan*，*romanized according to the reading sound for the vicinity of Shanghai*，*and printed with the Chinese character and translation interlined*，by Benjamin Jenkins. Shanghai，1860.

　　〔5〕　Julien，Stanislas（tr.）*Thien-tseu-wen*，*Le Livre des Mille Mots*，*le plus ancien livre élémentaire des Chinois*，*Publié en chinois avec une double traduction et des notes* par M. Stanislas Julien，Membre de l'Institut〔de France〕. Paris：Benjamin Duprat，1864.

（L'Institut de France）学士，执当时西方汉学之牛耳。1878 年英国汉学家翟理思（Herbert Allen Giles，1845—1932）将《三字经》和《千字文》一并译成英文韵语，在上海发表[1]。1885 年又在《亚洲文会报》著文介绍中国人使用的千字文编号方式[2]。翟理思 1867 年来华，供职驻华使领馆，后退出外交界，1897 年任剑桥大学汉语教授，有多种汉学作品行世。1882 年意大利人巴罗纳（Iosephi Barone）在罗马以意大利文发表《周兴嗣次韵千字文》[3]。1893 年德人艾德（Enest John Eitel，1838—1908）以英文译出《中国蒙童读物千字文》，由香港《德臣西报》（China Mail）馆排印[4]。因而世界各国读者有机会一睹这部中国古代蒙学课本原貌，领悟其中中国传统文化内涵。

钟繇撰《千字文》，开创以韵语形式编著蒙学课本先例，在魏晋南北朝期间促进教育及书法发展中起过积极作用。虽自隋唐起淡出历史舞台，然其功绩不可泯灭，正因有了它才引出周兴嗣次韵本问世。周本经智永以真草书写后，如虎添翼，风靡全国，使千万人脱离文盲，又培养出一代又一代书法家。《千字文》编号方式广泛用于社会生活的各个方面，再引出一系列改编本出现，形成《千字文》文化的独特景观。《千字文》还被译成藏文、蒙文、女真文、西夏文和满文，在各民族地区流传。截至 19 世纪再被译成日文、朝文、英文、德文、法文和意大利文等东西方多种语文，因而此书越出国门，读者遍及世界，产生了良好的国际影响。20 世纪初随着教育制度的改革，《千字文》不再作为指定启蒙课本，但其历史作用应予肯定，作为文化遗产应予珍视。而智永所书《真草千字文》，作为书法艺术珍品，具有永久魅力，仍是人们临习范本，国内外屡屡再版影印，即为明证。在这方面北宋人薛嗣昌将其摹勒上石，功不可没。

[1] *The San-tsŭ-ching or Three character Classic and the Ch' ien-tzŭ wên or Thousand Character Essay*, metrically translated by H. A. Giles. Shanghai, 1878.

[2] Giles, H. A. Thousand Character Numerals used by Asians. *Journal of the North China Branch of the Royal Asiatic Society*, 1885, 20, N. S. 279.

[3] *Z'ien-z-wen seu de Mile Verborum Libro a Cheu Him-s* 周兴嗣 *elucubrtio*. Iosephi Barene dissertatiuncula Rome, ex typ. S. Cong de Propaganda Fide 1882.

[4] *Chinese School Books-Ts'in-Tsz-Uan*. Translated by E. J. Eitel, Ph. D Honkong. Printed at the *China Mail* Office, 1883.

本书作者用英文写的四篇论文
Four papers written in English by the author of this book

Appendix Ⅰ　Charles Darwin and the *Ch'i min yao shu**

—A Puzzle of "Ancient Chinese Encyclopaedia" in Darwin's Works

The *Ch'i min yao shu*《齐民要术》(hereafter CMYS) or *Important arts for the common people's needs* written by Chia Sù-Hsieh (fl. 473—545) 贾思勰 in the 6th century (c. 538) is an important work in the history of agriculture in China. It consists of 92 chapters on breeding domestic animals and planting grains, vegetables and fruits. Therefore, it can be regarded as an agricultural encyclopaedia of China. It should be pointed out that its some parts were introduced into French and published in the *Mémoires concernant l'histoire*, *les sciences*, *les arts*, *les moeurs*, *les ussages des Chinois par les Missionnaires de Pékin* (hereafter *Mémoires concernant les chinois* or *Mémoires*) in Paris in the 18th century. In this French work (tom XI) we find an article entitled *Des bêtes à laine en Chine* written by a Jesuit Jean-Paul-Louis Collas (Chin Chi-Shih 金济时, 1735—1781) who went to China in 1767 and died in Peking in 1784[1]. Collas was good at natural history and understand Chinese, Mongolian and Mantschu languages. He published many reports on Chinese animals and plants as well as agriculture and medicine in the *Mémoires*. His report *Des bêtes à laine en Chine* (on sheep in China) was then annotated and reprinted by another French sinologist and agronomist Eugènge Simon (1829—1869)

---

* This paper and the following ones were originally written for Western periodicals, so the spelling of Chinese terms had to use Wade system——the author.

〔1〕 Louis-Aloys Pfister. *Notices biographiques et bibliographiques sur les Jésuites de l'Ancienne Mission de Chine* (1552—1773), Vol II. (Changhai, 1934), p. 953 ff.

in 1864. [1] In his report on sheep Collas made use of Chia Sǔ-Hsieh's CMYS as a source.

It is very interesting that the great British biologist Charles Darwin had extensively collected Chinese historical materials including the French edition of *Mémoires* during founding and developing his theory of evolution. He was familiar with the thought of artificial selection appeared in CMYS and cited it for six times in his *Origin of Species* (hereafter *Origin*) and the *Variation of animals and plants under domestication* (hereafter *Variation*). such a fact has not been realized by most scholars so far, because Darwin did not give out the title of the ancient Chinese work he cited. This paper will reveal the detailed process of citation from CMYS by Darwin through a comprehensive comparision of the related French, English and Chinese soures.

Talking about the influence of habit on the selection Darwin said that almost any features of all useful animals have been taken good care in accordance with the necessity of habit, supersition and other motives, thus they were preserved for this reason. He then writes:

> "With respect to sheep. The Chinese prefer rams without horns; the Tartars (Mongols) prefer them with sprially wound horns, because the hornless are thought to lose courage." [2]

He gave the source in footnote: *Mémoires sur les Chinois*. 1796, tom XI, p. 57. Here the *Mémoires sur les Chinois* is the same book mentioned above, but the French often call it *Mémoires concernant les Chinois*. Collas' report cited the statements on sheep in the CMYS and another work *Pien Min T'u Tsuan* 《便民图纂》 (1494) or *Illustrations on Agriculture for convenient reading by the people* (c. 1494), although all contents Collas cited can be found in the CMYS. He says "Mais comme dit le livre *Tsi Min* [*Yao Chu*]" ("But just as the *Ch'i Min Yao Shu* said"), and then he adds: "J'ai lu tout ce qu'a ecri de Bacheller Ting-Tshcae 廷瑞, dit le *Pien Min*" ("I have read the work *Pien Min* [*T'u Tsuan*] by Bachelor T'ing-jui"[f]). Here Collas used the abbreviation of these two works. The latter was written by K'uang Fan 邝璠 (alias T'ing-Jui, 1465—1505) who was a successful candidate in highest Imperial examination (*chin shih* 进士) in 1493. Collas further says:

> "C'est aussi le tems où l'on scie les cornes des agneaux destiniés à être beliers, guand on n'en a pas pu trouvex de ne's sans en avoir; Car on prévere ici ces dernière,

---

[1] Mémoires sur les bêtes à laine en Chine. Extrait des *Mémoires concernant les Chinois par les Ancienne Missionaires de Péking*, et annoté par Eugènge Simon. *Bulletin de la Société d'Acclimation*. IIᵉsér., Vol. 1. (Paris, 1864), pp. 567—579, 683—694, 726—734.

[2] Charles Darwin. *The variation of animals and plants under domestication*, Vol II, (New York-London, 1897). p. 194.

les Tartares dont les troupeaux paissent dans le désert ne suivent pas cette pratique, non plus que les Chinois qui conduisent les leurs sur les montagnes; parce que, selox eux, les beliers perdent leux courage avec leurs cornes, et ne savent plus s'avancer sans crainte et conduire hardiment le troupeau. Mais ils préserent ceux dont les cornes sont contournées en spirale. "[1] ("The horns of rams to be preserved as breed then should be cut off if we cannot find them without horns naturally. The Chinese nationality prefer rams without horns. But the Mongols graze sheep in disert and do not practise in this way; the Chinese nationality who graze sheep in mountain areas also do not do so. Because in their opinion hornless are thought to lose courage···They (Mongols) prefer them with sprielly wound horns") This is what Darwin cited.

However, the above mentioned paragraph written by Collas partly based on the CMYS and partly on his own observation in China. The CMYS says: "Rams without horns are the better ones, because rams with horns like to conflict each others and hurt sheep embryoes. "[2] According to Chia Sǔ-hsieh, the Chinese nationality prefer rams without horns is not due to the habit, but for protecting conceived ewe. Collas did not explain this point. As for the Mongols, the CMYS does not give any reference to rams with sprially wound horns, and this must be the result of his observation in Mogolian area where he was sent to investigate the situation of keeping sheep by the Court. From this we find that Darwin had already touched a part of CMYS. He also says:

"In the great work on China published in the last century by the Jesuits, and which is chiefly compiled from an ancient Chinese encyclopaedia. It is said that with sheep 'improving the breed consists in choosing with particular care the lambs which are destined for propagation, in nourishing them well, and in keeping the flock separate' . The same principles were applied by the Chinese to various plants and fruit-trees. "[3] 'This was also taken from the *Mémoires* in its tom. XI p. 55 and tom. V (1780), p. 507. Collas in another report talked about planting art in China based on CMYS and his observation[4]. We are sure that the "ancient Chinese encyclopaedia" here is not the *Mémoires*, because Darwin called it "a great work on China" published by Jesuits in the 18th century. Thus he must direct at the *Ch'i Min Yao Shu* here. It says: "Lambs born in the 12th month are

---

[1] Jean-Paul-Louis Collas. Des bêtea à laine en Chine, *Mémoires concernant les Chinois*, tom XI, (Paris, 1786), p. 57.

[2] Chia Sǔ-Hsieh. *Ch'i Min Yao Shu Hsuan Tu Pēn* (*Selected Readings from the Ch'i Min Yao Shu*) edited by Shih Shêng-Han, p. 368 (Peking: Agricultural Press, 1961); K'uang Fan. *Pien Min T'u Tsuan*, edited by Shih Shêng-Han, (Peking: Agricultural Press, 1982), p. 214.

[3] Darwin. *Variation*, Vol II, p. 189.

[4] Collas. Notices sur différens objects, *Mémoires concernant les Chinois*, tom. V. (Paris, 1780), p. 507.

preserved as breed, and those born in other months should be sold. Breed to be preserved must be the best and different from common sheep. "[1] This tells of taking particular care in choosing lambs which are destined for propagation. Chia also says "keep a warm environment where lambs born in winter are living. If you do not light firewood at night lambs will die from cold. Nourish newly-born lambs with cooked rice and beans. "[2] This is to say nourishing them well. In the meantime, Chia says that sheep are easy to have scab and should keep the *flock separate*, "*Otherwise, they will infect each others. At last the whole flock may die.*"[3] Collas generalized these statements together and made a comprehensive description like that Darwin cited in quotation marks. His language is actually an English translation from Collas' French, but the original source and thought came from CMYS.

The CMYS does not only talk about the principle of selection in case of animals, but also its application to various plants and fruit-trees. For instance, dealing with the breed of jujube and peach it says: "Often select the fruits with good taste as breed." "Select tens pieces of peaches with good quality⋯⋯presreve them as breed. "[4] "Keep the vegetables of precocity as bread and collect their seeds. "[5] Now Collas once again summerized these in his own language: "Nous avons rendu compte ailleurs du pricipe général des Chinois sur la bonification, améliarlation et perfection des fruites, grains, légumes et herbages pour chaque pays. Celui qui concerne les bêtes à laine n'en est qu'une application et une extension. "[6] ("We have already reported the general principle used by the Chinese in improving, increasing and perfecting fruit-trees, grain, vegetables and flowers, and what they follow in keeping sheep is only the application and extension of the same general principle. ") Darwin was aware of the importance of this statement, and when he talked about keeping sheep he cited it in an alternative form: "The Chinese used the same principle [of selection] to various palnts and fruit-trees" in his *Variation*. For he did not know the meaning of the French spelling *Tsi Min Yao Chu* (i. e. *Ch'i Min Yao Shu*) he decided to call it "ancient Chinese encyclopaedia. "

Another evidence showing Darwin's citation of CMYS can be found in Chapter 24 of the *Variation*: "The common experience of agriculturists is of some value, and they often advise persons to be cautious in trying the production of one country in another. The ancient agricultural writers of China recommend the preservation and cultivation of the

---

[1]　*Ch'i Min Yao Shu Hsuan Tu Pên*. pp. 368—375.
[2]　*Ch'i Min Yao Shu Hsuan Tu Pên*, pp. 368—375.
[3]　Ibid.
[4]　Ibid. , pp. 22, 34. 214. 220.
[5]　Ibid.
[6]　Collas. Des bêtes à laine en Chine, *Mémoires concernant les Chinois*, tom. XI. (Paris, 1786), p. 55.

varieties peculiar to each country. "[1] He gave the source in footnote: "For China, see *Mémoires sur les Chinois*, tom. XI, p. 60. " Here Darwin once again cited Collas' report. And the latter, as he usually did, first read over the CMYS and then made a résumé. Because Chia says: "After transplanting pea in Pinchou 并州 prefecture (now in Shanhsi 山西 province) to the east of Chingching 井陉 (now in Hopei 河北 province) or millet in Shantung 山东 province to Shangtang 上党 county of Shanhsi province they only can grow their seedlings without harvest (*miao êrh wu shih* 苗而无实). This is what I have seen personally, and I do not believe any rumours. The phenomenon raised by the different quality of different land. "[2] Chia Sǔ-Hsieh further says that after transplanting garlic in Pinchou prefecture of Shanhsi province to Ch'aoke 朝歌 county of Henan 河南 province for one year it would be unable to grow in its original size and only can bear very small heads of garlic. "[3] So the author of the CMYS often advised persons to be cautious in transplanting plants to other places. This proves that the "ancient agriculturist of China" cited by Darwin here should be Chia Sǔ-Hsieh and his *Ch'in Min Yao Shu*.

There is every evidence which shows that as early as 1840s to 1850s when Darwin drafted his *Origin* he was familiar with the CMYS from the *Mémoires*. In the first English edition of this work (1859) we find: "It may be objected that the principle of selection has been reduced to methodical practice for scarcely more than three-quarter of a century···But it is very far from true that the principle is a modern discovery. I could give refernces to works of high antiquity, in which the full importance of the principle is acknowledged··· The principle of selection I find distinctly given in an ancient Chinese encyclopaedia. "[4] This is the first time for him to talk about the "ancient Chinese encyclopaedia" and use it to prove one of his important viewpoints that the application of the selection principle to animals and plants had long been practiced by ancient peoples. But he did not give the source from which he reached this conclusion. Because he could not enumerate a lot of sources in detail in his *Origin* of an outline character. Conversly, it would be too long to publish in a short time. And his friends suggested him to publish it as soon as possible. He decided to enumerate his every evidence and full sources in the next step. The *Variation* and the *Descent of Man* (1873) were published just for this purpose. In these two works he enriched and developed his theory of evolution, and published sources he could not do so in *Origin*. We can safely say that he first talked about the "ancient Chinese encyclopaeda " and found there is a clear reference to the principle of selection means the

[1] Darwin. *The Variation*, Vol. II. (New York-London, 1897), p. 304.
[2] Chia Sǔ-Hsieh. *Ch'i Min Yao Shu Hsüaan Tu Pên*. (Peking, 1961), p. 152.
[3] Iibd.
[4] Charles Darwin. *The Origin of Species*. (New York-London, 1923), p. 38.

CMYS was read by him at this time. Although he did not give the source in 1859, but he gave it in 1868. As mentioned above, the CMYS clearly applied the principle of selection to domestic animals and plants and even made use of the term "select" or "selection" itself. Darwin must read the French Jesuit Jean-Paul-Louis Collas' report in the *Mémoires concernant les Chinois* from which he found Chia Su-Hsieh's thought leaving a deep impression on him.

Another evidence which shows Darwin read Collas' report during preparing the *Origin* is the following paragraph:

"How much of the acclimation of species to any peculiar climate is due to mere habit, and how much to the selection of varieties having different, innate conditions, and how much to both means combined. is an obscure question. That habit or custom has some influence, I must believe, both from analogy and from the incessant advice given in agricultural works. even in the ancient encyclopaedie of China, to be cautious in transporting animals from one district to enother."[1] Here Darwin's statement based on the *Mémoires*, tom. XI, p, 55: "J'ai lu tout ce qu'a ecri le Bachelier Ting-Tschae, dit le *Pien Min* et je me borne à observes que dans le Kiang-nan 江南 les bêtes à laine ont toujours la tête bien proportionnée au reste du corps et la toison tréscourte, au lieu que dans les Provinces voisiones, elles ont la tête-petite, le corps, gros, et la toison pendante. Dans le Chan-si 山西, celles des vollées ont les jambres fort courtes, et celles de la montagne très-longues. Sa conclusion est que le sol, le climat, l'air, la nourriture agissant sur ces animaux, il ne s'agit pas de voulsir lutter contre, par des especes etrangeres qui exposent à des risques et dégénrent nécessairement."[2] ("I have read the work of Bachelor T'ing-Jui, the *Pien Min T'u Tsuan*. And I myself observed that in Kiang-nan (south China) the head and other parts of sheep body are in good proportion, their wool is thin. However, the head of sheep in neighbouring provinces is smaller, and their body is fat and bigger, their wool hangs down. In Shanhsi province sheep growing in valleies have long legs. The conclusion is that the soil, climate, air and nourishment have some influence upon these animals. Therefore, they cannot be changed according to any people's wish. It will certainly take risks that let foreign breed of sheep grow in this locality, and this may raise degeneration.")

In the same place Colles also wrote that in case sheep flock leave from their original

[1] Charles Darwin. *The Origin of Species*. (New York-London, 1923), p. 176.
[2] Collas. Des bêtes à laine en Chine, *Mémoires concernant les chinois*, tom XI. (Paris, 1786), p. 55.

growing place they will not be fat and robust longer. And this does not depend on careful or careless keeping.

Thus the advice was given to people: it should be very cautious in transporting animals from one district to another. Here Collas cited K'uang Fan's *Pien Min T'u Tsuan*, but it was written on the basis of contents described in the *Ch'i Min Yao Shu*. The original thought also came from the latter. In short, Darwin considered he had touched the very contents of the "ancient encyclopaedia of China," but this is just the CMYS. Now we can make the following conclusion: During preparing the *Origin* in 1840s to 1850s Darwin first established the predestined relationship with Chia's *Ch'i Min Yao Shu*, and gave reference to it twice in the name of "ancient Chinese encyclopaedis" . In the *Origin* in 1859 through reading Collas' report published in the *Mémoires concernant les chinois* in the 18th century. He had a high opinion of the ancient Chinese work. Since then he cited it for four times in his *Variation* and *Descent of Man* to show his favouritism to it. The great British biologist Charles Darwin looked for the common language with the great Chinese agriculturist Chia Su-Hsieh of the 6th century, and between them raised the ideological resonance in aspect of recognization of the importance of the selection principle. It was just Darwin who used the CMYS as a powerful evidence to disporve an incorrect theory that the principle is a modern discovery. Chia'a work played an active role in Darwin's writings from the very beginning to the end. Now we have clarified the process of citation of the *Ch'i Min Yao Shu* by Darwin. It is our pleasure that an unsettled question about the "ancient Chinese encyclopaedia" existing for more than 132 years was at last solved. But we have to say that the French Jesuit Collas established an academic bridge between Darwin and Chia Sǔ-Hsieh. Apart from this, we should also say that the "ancient Chinese encyclopaedia" in Darwin's works was sometimes given reference to other Chinese works, especially the *Pên Ts'ao Kang Mu* 《本草纲目》or Great Pharmacopeia (1596) by the great scientist Li Shih-Chên 李时珍 (1518 — 1593). Therefore, the "ancient Chinese encyclopaedia" in Darwin's works seems to be of a very complicated question. That is why we call it a puzzle. In the next paper I will deal with this in detail.

Written on 12 May, 1991, in Beijing

Appendix Ⅱ   Darwin's Chinese Sources

The British biologist Charles Darwin (1809 — 1882) was a dedicated scholar who made an effort to collect information internationally from the Far East and China as well as from the West. Darwin valued Chinese science; however, his use of Chinese sources was not always obvious, partly because he failed to provide complete citations and partly because he relied on secondary information from other Western publications. In this paper I will try to clarify Darwin's use of Chinese sources by describing the scope of his interest in Chinese science and by identifying the major works he used. Dr. Joseph Needham has done much to spread awareness of ancient Chinese science and its international influence in his monumental *Science and Civilisation in China*, but even in the nineteenth century Western scientists made use of Chinese knowledge. Indeed, Darwin's use of this knowledge in his revolutionary books reflects a continuing Chinese influence in the West at that time.

In *The Origin of Species* (1859), *Variation of Animals and Plants* (1868), and *The Descent of Man* (1871), Darwin cited extensive examples from the domestication of animals (silkworms, rabbits, pigs, goldfish, cows, pigeons, and others) and the cultivation of plants (bamboo, apricots, peaches, peonies, wheat, and others) as evidence for his theories of evolution and variation of species. This interest in the effect of human intervention on speciation led Darwin to make use of considerable Chinese material, taken from both Western and Chinese sources. Concerning pigs, for example, Darwin wrote: "In the latter country [China] the date [of domestication] is believed by an eminent ancient Chinese scholar to go back at least 4, 900 years from the present time. . . . and at the present time the Chinese take extraordinary pains in feeding and tending their pigs, not even allowing them to walk from place to place. . . . Hence these pigs. . . display in an eminent degree the characters of a highly-cultivated race, and hence, no donbt, their high value in the improvement of our European breeds. "[1] Darwin also pointed out that the Chinese were the first to domesticate goldfish. He then gave a detailed description of the method of breeding goldfish in ancient China: "Gold fish (*Cyprinus*

[1] Charles Darwin. *The Variation of Animals and Plants under Domestication* (2nd ed. , London, 1875), Vol. 1, pp. 71—72.

auratus) were introduced into Europe only two or three centuries ago; but they have been kept in confinement from an ancient period in China. ... As goldfish are kept for ornament or curiosity, and as, 'the Chinese are just the people to have secluded a chance variety of any kind, and to have matched and paired from it'. It might have been predicted that selection would have been practised in the formation of new breeds; and this is the case. " Discussing the relatively low amount of variation in carp, he again remarked: "On the other hand, a closely allied species, the goldfish, from being reared in small vessels, and from having been carefully attended to by the Chinese, has yielded many races. "[1] Darwin wrote on the silkworm as well, "believed to have been domesticated in China as long ago as 2700 B.C. " "In China, near Shanghai," he commented, "the inhabitants of two small districts have the privilege of raising eggs for the whole surrounding country, and that they may give up their whole time to this business, they are interdicted by law from producing silk. "[2]

Darwin was also interested in the biological theory in ancient Chinese thought, especially in reference to the principle of selection, the influence of natural conditions upon crops, and the scientific principles relating to the cultivation of animals and plants. He wrote: "It may be objected that the principle of selection has been reduced to methodical practice for scarcely more than three quarters of a century. ... But it is very far from true that the principle is a modern discovery. I could give several references to works of high antiquity, in which the full importance of the principle is acknowledged. .... The principle of selection I find distinctly given in an ancient Chinese encyclopaedia. " Elsewhere he wrote: "The common experience of agriculturists is of some value, and they often advise persons to be cautious in trying the production of one country in another. The ancient agricultural writers of China recommend the preservation and cultivation of the varieties peculiar to each country. "[3] Darwin used examples from Chinese theory to support his own arguments. He wrote: "The habit or custom has some influence, I must believe, both from analogy and from the incessant advice given in agricultural works, even in the ancient encyclopaedia of China, to be cautious in transporting animals from one district to another. "[4] He knew that the history of domesticating animals and cultivating plants in China extended back more than 4000 years and, unlike his colleagues, aggressively sought out and made use of scientific knowledge from ancient Chinese works that other Western scientists had overlooked.

---

[1] *The Variation*, p. 312 (Darwin cites Edward Blyth. *The Indian Field*, 1858, p. 255), Vol. II, p. 222.

[2] Ibid. , Vol. I, p. 317; Vol. II. p. 181.

[3] Charles Darwin. *The Origin of Species by Means of Natural Selection* (6th ed. , London, 1872), pp. 24—25; Darwin. *Variation*, Vol. II, p. 304.

[4] Darwin. *Origin*, p. 113.

Recent scholarship has shown that Darwin read some Chinese originals (in translation), as well as English, French, German, and even Japanese (also in translation) works that cited them. [1] He did considerable research at the library of the British Museum in London. He knew the director of the Department of Oriental Collections, Samuel Birch (1812－1885), a British Egyptologist who worked with Chinese-and Japanese-speaking librarians. With their help Darwin was able to collect materials he used as arguments to discuss or prove his theories.

Many of these Chinese source materials can be identified. Let us first examine the "ancient Encyclopaedia of China" that Darwin cites several times. It seems that he became acquainted with this book no later than 1842－1844, when he wrote the draft of his *Origin of Species*. He mentioned it twice in the 1859 edition, stating that he had found the historical sources on which his theory depended in this encyclopedia. The work to which Darwin in fact refers is the *Pen ts'ao kang mu* 《本草纲目》 (*The great pharmacopoeia*, 1596), by the distinguished scientist Li Shih-chen 李时珍 (1518－1593) and others. Darwin wrote: "A dwarf fowl, probably the true Bantam, is referred to in an old Japanese Encyclopaedia as I am informed by Mr. Birch. In the Chinese Encyclopaedia published in 1596, but compiled from various sources, some of high antiquity, seven breeds are mentioned, including what we should now call Jumpers or Creepers, and likewise fowls with black feathers, bones, and flesh. "[2] The year 1596 was that in which the *Pen ts'ao kang mu* was first published in Nanking. The information Darwin purveys can be found in Volume XLVIII of the work, where Li Shih-chen enumerates seven to eight kinds of chicken, including the following: "Fowls with black bones have several breeds: fowls with white feathers and black bones, fowls with black feathers and black bones, fowls with striped feathers and black bones, and those with black flesh and black bones. "[3] Among books published earlier than the *Pen ts'ao kang mu*, the *T'ai p'ing yü lan* 《太平御览》 (Tai-p'ing reign imperial encyclopaedia, 983), by Li Fang 李昉 (925－996), also mentions fowls with black bones. It should be added that according to the catalogue compiled for the British Museum in 1877, the *Pen ts'ao kang mu* had long been in its collection. [4]Birch introduced Darwin to this very book.

---

[1]   See Pan Jixing 潘吉星, "Chung-kuo wen-hua tê hsi-chien chi ch'i tui Ta-êrh-wên tê ying-hsiang," "中国文化的西渐及其对达尔文的影响" (The westward spread of Chinese culture and its influence upon Charles Darwin), *K'e Hsüeh* 《科学》(*Science*), 1959, 35: 211－222; "Ta-êrh-wên ho wo-kuo shêng-wu k'ê-hsüeh" 达尔文和我国生物科学 (Darwin and Chinese biology), *Shêng-wu-hsüieh T'ung-pao* 《生物学通报》(*Biology*), 1959, 11: 517－521.

[2]   Darwin. *Variation*, Vol, I, p. 259; references in Darwin, *Origin*, p. 34, 141.

[3]   Li Shih-chen. *Pen ts'ao kang mu* (reprint. Peking, 1982), Vol. XLVIII, p. 2590.

[4]   R. K. Douglas. *Catalogue of Chinese Printed Book*, *Manuscripts and Drawings in the Library of the British Museum* (London, 1877), p. 129.

The "ancient Japanese Encyclopaedia" that Darwin referred to might be the *Yamato honzo* 《大和本草》(1708), written by Ekiken Kaibara 贝原益轩 (1630—1714) during the Edo period (1603—1868) in Japan. Kaibara indeed mentions a dwarf fowl, [1] but he cites Li Shih-chen's work as his source. Hence the reference from the "Japanese encyclopaedia" also originated in the *Pen ts'ao kang mu*. But my Japanese friend Dr. Miyasita Saburo 宫下三郎 thinks that the "Japanese encyclopaedia" may be *Kunmozui* 《训蒙图彙》*or Illustrated encyclopaedia for enlightment* (1666) written by Nakamura Tekisai 中村惕斋 (1629—1702).

One of Darwin's major sources, among many eighteenth and nineteenth century French works on China and translations of Chinese works made by French Jesuits and Sinologists, was *Mémoires concernant les Chinois*. Published in Paris between 1776 and 1814, this French work comprises sixteen volumes; its complete title is *Mémoires concernant l'histoire, les sciences, les arts, les moeurs, les usages &c. des Chinois par les missionaires de Pékin*. The eleventh volume is mainly about Chinese science and technology, and some materials in it comes from Chinese originals. Darwin cites it when discussing methods of feeding sheep, as follows: "In the great book on China published in the last century by the Jesuits, and which is chiefly compiled from ancient Chinese encyclopadias, it is said that with sheep improving the breed consists in choosing with particular care the lambs which are destined for propagation, in nourishing them well, and in keeping the flocks separate. The same principles were applied by the Chinese to various plants and fruit-trees. "[2] The reference to feeding sheep actually comes from *Ch'i min yao shu* 《齐民要术》(*Important arts for the common people's needs*, c. 538), by Chia Sù-Hsieh (fl. 473—545) 贾思勰, the sixth-century agriculturist. Chia wrote: "It is usually best to leave lambs born in the twelfth and first months as breeding stock. .... Seed stock to be reserved should all be of the highest quality and different from the common stock. "[3] He also described in detail what forage gives the most nourishment and outlined a method for separating sick sheep from their flocks. These details indicate that one of the "ancient Chinese encyclopaedias" that Darwin mentions here is most likely the *Ch'i min yao shu*.

Another French scholar Darwin cites is Stanislas Julien (1799—1873), a professor of Chinese at the Collège de France in Paris. Darwin gives him as the authority for "the antiquity of the silkworm in China. " Among the important Chinese works Julien translated into French was the silkworm chapter of the *Shou shih t'ung k'ao* 《授时通考》(*Corpus of*

---

[1]   Ekiken Kaibara. *Yamato honzo* (Japanese materia medica) (Tokyo, 1936), Vol. XV, p. 235.

[2]   Darwin. *Variation*, Vol. II, p. 189.

[3]   Chia Ssu-hsieh. *Ch'i min yao shu*, ed. and trans. Shi Sheng-han 石声汉 (Peking, 1961), Vol. VI, p. 367.

agricultural technology，1742），by Ortai 鄂尔泰（1676—1745）and Chang T'ing-yu 张廷玉（1672—1755），which Julien titled *Résumé des principaux traités Chinois sur la culture des mûiers et l'éducation des vers à soie*（1837）. This book was soon translated into Italian（1837），English（1838），German（1837），and Russian（1840）. Julien also gave his translation a Chinese name，*Sang ts'an chi yao*《桑蚕辑要》.

Darwin's English sources for Chinese material included the work of E. R. Huc（1813—1860），W. F. Mayers（1839—1878），Robert Swinhoe（1836—1877），H. D. Richardson，and Edward Blyth（1810—1873）. For example，quoting Mayers's "*Goldfish Cultivation in China*," Darwin wrote："In an old Chinese work it is said that fish with vermilion scales were first raised in confinement during the Sung dynasty（which commenced A. D. 960），and now they are cultivated in families everywhere for the sake of ornament. In another and more ancient work，it is said that 'there is not a household where the goldfish is not cultivated，in rivalry as to its color，and as a source of profit,' &. c. "[1]

The first passage Darwin quotes here was originally taken from the chapter on scaled animals of Volume XLIV of the *Pen ts'ao kang mu* of Li Shih-chen，where Li says that there are several kinds of goldfish unknown in the past："The fish with vermilion scales are good ones which were first domesticated during the Sung dynasty，and now they are cultivated in families everywhere for the sake of ornament. "[2] The last sentence must be the ultimate source for part of the quotation from Mayers. The reference in the *Pen ts'ao kang mu* also has even earlier roots. In the *Ch'i hsiu lei kao*《七修类稿》 （*Seven compilations of classified manuscripts*，1566），the author Lang Ying 郎瑛（1487—1566）says："Since the second year of Chia-ching 嘉靖（1548）there have been goldfish in Hangchou，called 'fire-fish. '. . . There are no one who does not like to cultivate them，and there is not a household where they are not cultivated，in rivalry as to their color，and as a source of profit；everywhere they are cultivated in more than ten jars. "[3] This is clearly the "more ancient work" Darwin cites from Mayers.

Lang also remarks that goldfish "were first cultivated during the Sung dynasty in Hangchou. " Here we can trace our way back to an even more ancient work，the *Yu huan chi wen*《遊宦纪闻》（*Things seen and heard on my official travels*，1228），by Chang Shih-nan 张世南（fl. 1190—1260）of the Southern Sung dynasty（1127—1279）. Chang wrote："In the San-shan Stream 三山溪 there are small fish with vermilion scales

---

[1]　Darwin. *Variation*，Vol. I，p. 312，quoting from W. F. Mayers，"Gold-Fish Cultivation in China"，in *Notes and Queries on China and Japan*（Hong Kong，1868），Vol. Ⅱ，pp. 123.

[2]　Li. Pen ts'ao，Vol. XLIV，p. 2450.

[3]　Lang Ying. *Ch'i hsiu lei kao*（Ming edition，Fuchian province），Vol. XLI，p. 11.

alternating with black ones. Children in villages cultivate them. "[1] The popularity of goldfish in Hangchou even earlier is evidenced by the poems written on them by such scholars of the Northern Sung dynasty (960－1127) as Su Shih 苏轼 (1036－1101). Thus, although goldfish were not introduced into Europe until the eighteenth century, Darwin drew on experience that stretched back many centuries earlier in the East when he discussed their speciation.

The evidence laid out above shows that Darwin actually quoted the works of ancient Chinese scholars. Moreover, in the course of establishing and developing his theories, he studied and utilized the Chinese scientific heritage and advanced it further. This is an interesting example in the history of Sino-Western scientific exchange.

Written in May, 1984.

---

[1] Chang Shih-Nan. *Yu huan chi wen*, (rpt. Peking, 1981), Vol. V, p. 47.

Appendix Ⅲ   The Spread of Agricola's *Work* in Ming China

The original Latin version of *De re metallica*, the famous work on mining and metallurgy by Georgius Agricola (1494—1555) was brought to China in 1621. In the late thirties an adapted Chinese translation was made and submitted to Emperor Ch'ung-chen 崇祯帝 (1628 — 1644), who thereupon ordered that it be distributed throughout the empire to be used as a basis for exploiting mines. In the following pages some further information will be presented on this interesting episode in the history of early Sino-European scientific and technological exchange.

The Latin original had been brought to China by the Jesuit missionary Nicolas Trigault (1577—1628). Trigault had first come to China in 1610, but only two years later he had returned to Europe. He had travelled extensively, in Italy, France, Germany, Flanders, Spain and Portugal[1] in order to collect books and scientific instruments for the China mission, and so to lay the basis for a Western library in China. He did so with the help of a Swiss Jesuit, Johann Terrenz (1576—1630). As an expert in natural science and medicine, Terrenz was famous in Italian and German academic circles; he also was a friend of Galilei Galileo and Johannes Kepler. [2]

In 1621, Trigault, accompanied by Terrenz, came back to China with no less than 7000 Western books on religious and scientific subjects, amongst which was Agricola's *De re Metallica*. It had been given to Trigault by the Duke of Bavaria and it is interesting to note that of these 7000 books it was the first to be translated into Chinese. When Terrenz lived in Peking he knew, through Trigault, that a Chinese scholar, Wang Cheng 王徵 (1571—1644), was an expert in machine-making and Western science and had made many machines for both agricultural use and scientific research, such as an automatic mill, an automatic well, a siphon, and a mechanical plough. His *Hsin chih chu-ch'i t'u-shuo* 《新制诸器图说》（ *"Collected diagrams and explanations of newly made machines"*）was

---

[1] Aloys Pfister. *Notices biographiques et bibliographiques sur les Jésuites de l'ancienne mission de Chine. 1552—1773*, Vol. 1, pp. 111—120 (Shanghai, 1932).

[2] Ibid. , Vol. 1, pp. 153—159.

published in 1627.[1] He is regarded by Dr. Joseph Needham[2] as the first modern Chinese engineer. Because Wang was interested in designing machines, he asked Terrenz to show him Western books on mechanics, with the result that they decided to compile a book based on Western sources. Their joint work, entitled *Yüan-hsi ch'i-ch'i t'u-shuo* 《远西奇器图说》 (*"Collected diagrams and explanations of wonderful machines from the Far West"*) was published in 1627. This was the first book which introduced modern mechanical principles and mechanics to China and it contained some quotations from Agricola's *De re Metallica* in an adapted form, such as a description of the suction-lift pump operated by crank and rocking beam.

In Chapter One of the *Ch'i-chi t'u-shuo*, Wang Cheng tells us of some authors whose works were used as sources in compiling the book: "At the present time, among clever persons who well understand the principles of machines we can list Wei-to 未多 and Hsi-men 西门. Other people, such as Keng-t'ien 耕田 and La-mo-li 刺墨里 published well-illustrated books. They are all experts in mechanics."[3] Here, Wei-to and Hsi-men are the transliteration of the names of, respectively, the famous Italien physician Vittoria Zonca (1568—1602), the author of *Novo teatro di machini e edificii*, and the Flemish scientist Simon Stevin (1540—1620), the author of *Hypomnemata mathematica*, whereas "La-mo-li" stands for the Italian engineer Agostino Ramelli (c. 1537—1608), the author of *Diversi et artificiose machine* (1578). As to "Keng-t'ien" ("farmer"), this clearly is a translation of "Agricola". Terrenz and Wang first introduced the name of Agricola to Chinese readers in 1627. As a far-sighted scientist, Wang had a high opinion of Agricola's work. In mentioning his motive for compiling the *Ch'i-ch'i t'u-shuo*, he points out that this book was not merely compiled for the novelty, but for the people's daily use and to meet an urgent necessity on the part of the nation. "We want to make it easy to understand, so that everybody can read it. ··· Our purpose lies in bringing benefit to the people, no matter whether the sources have been taken from Chinese or Western works."[4] This is the first stage of the spread of Agricola's book in China.

Eleven years after the publication of the *Ch'i-ch'i t'u-shuo*, Agricola's book was formally translated into Chinese, under the title *K'un-yü ko-chih* 《坤舆格致》

[1] Ch'en Yüan 陈垣. "Biography of Wang Cheng of Chingyang County", in *Ch'en Yüan hsüeh-shu lun-wen chi* 《陈垣学术论文集》 (*Collected Academic Papers of Ch'en Yüan*), Vol. 1, pp. 227—231 (Peking, 1980).

[2] Joseph Needham. *Science and Civilisation in China*, Vol. 4, Chap. 2, p. 171 (Cambridge, 1974).

[3] Wang Cheng 王徵. *Yüan-hsi ch'i-ch'i t'u-shuo* 《远西奇器图说》 (*"Collected Diagrams and Explanations of Wonderful Machines from the Far West"*), Book 1, p. 44 (Shanghai, 1936. The original runs as follows: "今时巧人之最能明万器所以然之理者，一名未多，一名西门。又有绘图刻传者，一名耕田，一名刺墨里，此皆力艺学中传授之人也。"

[4] Wang Cheng. Preface to the *Ch'i-ch'i t'u-shuo* (1627), Ibid., Book 1, pp. 10—11.

(abbreviated *KYKC* below), *Treatise on technology of exploiting mines*. The translation work was organized by Li T'ien-ching 李天经 (1579 — 1659), who was proficient in astronomy, calendrical science and mathematics, and worked at the Li-chü 历局 (Calendar Bureau) in Peking[1]. The Calendar Bureau had been founded in 1629 by Emperor Ch'ung-chen to compile a new calendar using Western methods, under the direction of the Minister of Rites, the famous Hsü Kuang-ch'i 徐光启 (1562—1633). Apart from Hsü Kuang-ch'i and Li T'ien-ching 李天经, another Chinese scholar, Li Chih-tsao 李之藻 (1565—1631), and the Westerners Nicolas Longobardi (1559—1654) and Johann Terrenz were involved in this work.[2] After the death of Terrenz in 1630, the German Jesuit Johann Adam Schall von Bell (1591—1666) and the Italian Jacobus Rho (1593—1638) were invited to work at the Calendar Bureau.[3] Before finishing the new calendar, Hsü Kuang-ch'i died in 1633, and his position was taken by his excellent collaborator Li T'ien-ching. Li worked very hard, and the new calendar, called *Ch'ung-chen li-shu* 《崇祯历书》("*The calendrical treatise of the Ch'ung-chen reign*") was finished in 1634. Li then put forward a suggestion to the emperor for overcoming the political and economic difficulties faced by the Ming government at this time.

Li T'ien-ching advocated exploiting mines to replenish the national treasury and support the war against the Manchus. For this reason, he discussed with Adam Schall the possibility of translating a Western work on mining and metallurgy into Chinese. He asked the court to distribute the translation to every province so that its exploitation methods could be used throughout China. Agricola's *De re Metallica* was, in fact, used for this purpose. Schall was the translator and Li helped him to "polish" his Chinese. Yang Chih-hua 杨之华 and Huang Hung-hsien 黄宏宪, both of whom worked at the Calendar Bureau, were also involved in this work. Yang was responsible for making the illustrations. On 31 July 1639 Li T'ien-ching sent a memorial to the throne through the Ministry of Rites, in which he stated that they had begun to translate the book at the Calendar Bureau during the winter of 1638. When the first three volumes of the translation had been completed, they were bound in four books and presented to the emperor without delay. 'Li further says: "Another volume of this book, dealing with metallurgy, is more difficult to translate

---

[1]   Jen Hsien-chüeh 任先觉 *et al*. "Biography of Li T'ien-ching", in the *Gazetteer of Wu-ch'iao County*, Ch. 6 (1678); Li Nien 李俨. *Chung-kuo suan-hsüeh shih* 《中国算学史》("History of mathematics in China"), 2nd ed. , p. 208 (Chongqing, 1945).

[2]   Gu Ying-t'ai 谷应泰. *Ming-shih chi-shih pen-mo* 《明史纪事本末》("*Separate accounts of important events in the history of the Ming Dynasty*" (1658), Chap. 73, Book 4, pp. 1225—1229 (Peking, 1977).

[3]   Aloys Pfister. *op. cit.* Vol. 1, pp. 162 — 83; Alfons Väth. *Johann Adam Schall von Bell, Missionar in China, kaiserlicher Astronom und Ratgeber am Hofe von Peking, 1592 — 1666, ein Leiben und Zeitbild* (Köln, 1933); Chinese version, Book 1 (Shanghai, 1949).

and cannot be finished in a short time. If Your Majesty would accept my suggestion, please allow me, on the one hand, to suggest that Adam Schall, Yang Chih-hua and Huang Hung-hsien be asked to translate the remainder as soon as possible, and then present it to the court. On the other hand, please issue an order to distribute this book to the various mining areas so that the exploitation of mines can be based on it. Thus we should be able to replenish the national stocks and to raise funds for military expenditure. "[1]

Four days later, Emperor Ch'ung-chen wrote his instructions on Li's memorial: "Keep the *K'un-yü ko-chih* for reading at the court. You must compile the rest of it and then present it to the court. Pass on my order to the Ministry of Rites. "[2] After Li T'ien-ching received the emperor's instructions, he and his colleagues began to translate the second half with the utmost speed. On 20 July 1640, Li sent another memorial to the throne. It states: "the translation of the Western *K'un-yü ko-chih*, consisting of three volumes, was presented to Your Majesty for perusal last August. Your Majesty soon issued instructions. ···Recently, talk about exploiting mines is to be heard everywhere. But no one could put it into effect, I the subject think because they do not have a detailed method for doing so. Since they should not only be familiar with the principles of mineral exploration, but also with the methods of experimentation and exploitation. As for the technique of metallurgy and melting metals, it is more difficult and its method is more precise. ···After reading Your Majesty's instructions: 'You must compile the remainder of it and then present it to the court', we do not dare to delay in doing this work. ···We are working very hard from morning till night every day. In this month we just finished four volumes of this book and bound it. Now we are presenting it to Your Majesty for reading. If Your Majesty could accept my suggestion, please distribute it to the officers in charge of mining. If they are able to understand the method from the illustrations, and grasp the principles from the explanations, and put the methods into effect, it would be helpful in replenishing the national stocks. "[3] Finally, Li requested the court to issue an order to the Ministry of Personnel Affairs to praise Schall, Yang Chih-hua and others for their efforts. Four days later, the emperor wrote an instruction: "Keep the remainder of the *K'un-yük o-chih* for reading at the court. Let the Ministry of Personnel Affairs discuss

---

〔1〕 Li T'ien-ching 李天经 . *Tai hsien ch'u jao yi yü kuo-ch'u shu* 《代献蒭荛以裕国储疏》 ("*Memorial of suggestion on replenishing the national stocks*", 1639), in Li Ti 李杕 ed., *Hsü Wen-Ting-kung chi* 《徐文定公集》 ("*Collected papers of Mr. Hsü Kuang-ch'i*"), Chap. 4, pp. 83—86 (Shanghai, 1933).

〔2〕 Ibid.

〔3〕 Li T'ien-ching. *Tsun chih hsü chin k'un-yü ko-chih shu* 《遵旨续进坤舆格致疏》 ("*Memorial of presenting the remaining part of the K'un-yü ko-chih to the court at the order of the Emperor*", 1640), Ibid. , pp. 87—88.

what to do with the remaining items. "[1]

From the above we can see that the *KYKC* was translated in two stages. The first stage began in 1638 and was completed in 1639, lasting one year. During this period the first three volumes (equivalent to Vols. 1—8 of the original, on mining) were finished; the second stage lasted eleven months, from August 1639 to July 1640. During this period the last volume (equivalent to Vols. 9—12 of the original, on metallurgy) was finished. The manuscript of the Chinese translation consists of four big volumes. From Henri Bernard's article, written on the basis of Jesuit archives, we are able to find corroborative evidence for the translation of the *KYKC*. Writing about the translation of the book done by Schall, it says that work on the fourth volume of the Chinese translation had gone on from 31 July 1639 to 20 July 1640, and that the book was presented to the emperor on 24 July 1640. Bernard gives the *KYKC* a French title: *Traité sur l'exploitation des mines*. He also points out that the original text that was translated was Agricola's *De re Metallica*.[2] We are also able to find other evidence from the 1556 Latin edition of the book used by Schall. In February 1963, I had the opportunity of seeing the book, and found some of Schall's handwriting in it. For instance, on p. 108 the capital letters A, B, C on an original illustration were altered into the Chinese characters *chia* 甲, *yi* 乙, *ping* 丙 with a writing brush dipped in black ink. The style of its calligraphy tells us that it was written by a foreigner. There are also many annotations and commentaries in Latin in this book. All of them were made by Schall. On p. 132 some Western clothes worn by workers shown in the original illustrations have been altered or "repainted" into Chinese clothes. Apart from this, on pp. 109, 174—79, 222, 234 and 239 there is a lot of handwriting done with brushes dipped in black or red ink. All these alteration have been made by Schall and his Chinese colleagues for the Chinese edition of the *KYKC*. We can find some evidence of how the original translation was made from the above mentioned pages in the 1556 Latin edition.

As to the value of the book and the motive for translating it, Li T'ien-ching wrote in his memorial to the emperor in 1639: "This book talks about the mineral resources contained in the earth, giving fundamental principles and profound arguments. It also deals with the possible value for exploitation of each individual ore. If we can skillfully handle the exploitation and find a good way to melt [them], all metals, such as gold, silver, copper, tin, iron etc. , can be used by our nation. Would this not be a measure for

---

[1] Li T'ien-ching. *Tsun chih hsü chin k'un-yü ko-chih shu* 《遵旨续进坤舆格致疏》(*"Memorial of presenting the remaining part of the K'un-yü ko-chih to the court at the order of the Emperor"*, 1640), Ibid. , pp. 87—88.

[2] Henri Bernard, "Les adaptations chinoises d'ouvrages Europeéens", *Monumenta Serica* , Vol. 10, p. 355 (Peking, 1945).

increasing the wealth, and raising the funds for military expenditures?"[1] He further says: "It is said that Western countries have effectively exploited [their mineral resources] over years. And they have published some books, with illustrations, on how to do this. Therefore, the theories and methods written in such books brought by Westerners from a far distance of several tens of thousands of *li* (里, 1li＝450m), seem not to be [merely] speculative. What is discussed in this book is related to seeking the mineral ores and melting metals. The chemicals for exploiting and calcinating and drawings of the metallurgical equipment are all set out in a perfect order in this book. This was never heard of before. It maybe tells us of a good way."[2] Li valued Agricola's work, and this shows how highly it was appreciated in China, because at the time of its introduction it fulfilled a practical necessity. However, when the emperor received the translation his only reply was: "Keep the *K'un-yü ko-chih* for reading at the court." It appears that for some reasons the book was not sent to the printers immediately. This is what happened in the second stage of the spread of Agricola's book in China.

After the draft of *KYKC* reached the court in 1640, the news soon spread to the country and observant and conscientious persons paid attention to the book. The famous late Ming scientist Fang Yi-chih 方以智 (1611—1671) who was a friend of Adam Schall, in his *Wu-li hsiao-chih* 《物理小识》 (*"Small encyclopaedia of the principles of things"*, 1643) wrote: "The *K'un-yü ko-chih* was sent to the court in the 12th year (1640) of the Ch'ung-chen reign. It deals with the exploitation of mines, and with the separation of metals with little effort, but one can derive more benefit from it. In the 14th year of the Ch'ung-chen reign (1642), the Minister of Finance Mr. Ni Hung-pao talked about it, but the government did not accept his suggestion"[3] Here Ni Hung-pao 倪鸿宝[4] is an alias of Ni Yün-lu 倪元璐 (1594—1644), who was promoted to the post of minister in 1643. From Fang's statement we learn: 1) that after the *KYKC* reached the court it was "shelved" there; and 2) Minister Ni Yüan-lu mentioned it in 1643 (not in 1642) in his memorial to the throne, but the emperor did not accept his suggestion.

But how about the contents of Ni's suggestion and the attitude of the government? This question has not been settled for a long time and we can only learn the further destiny of the *KYKC* after solving it.

---

[1] Li T'ien-ching 李天经, *Tai hsien ch'u jao yi yü kuo-ch'u shu* 《代献蒭蕘以裕国储疏》 (*"Memorial of suggestion on replenishing the national stocks"*, 1639), in Li Ti 李杕 ed., *Hsü Wen-Ting-kung chi* 《徐文定公集》 (*"Collected Papers of Mr. Hsü Kuang-ch'i"*), Chap. 4, pp. 83—86 (Shanghai, 1933).

[2] Ibid.

[3] Fang Yi-chih 方以智, *Wu-li hsiao-chih* 《物理小识》 (1643), Chap. 7, Book 2, p. 170 (Shanghai, 1937).

[4] Chang T'ing-yü 张廷玉 *et al.* "Biography of Ni Yüan-lu", *Ming Shih* 《明史》, *The History of the Ming Dynasty* (1735), Chap. 265, pp. 8516—8517 (Shanghai, 1986).

In a biography of Ni Yüan-lu, written by his son Ni Hui-ting 倪会鼎 (fl. 1621—1705), we find the record of what happened. It says that in July 1643 Ni Yüan-lu was appointed Minister of Finance at the end of the same year, he sent a memorial to the throne requesting that the exploitation of mines be stopped. "When the government was facing financial difficulties the Westerner, Adam Schall, an expert in technique and science, presented books on firearms and water conservancy and the *K'un-yü ko-chih* to the emperor. The emperor was interested in them and ordered the Ministry of Finance to pursue the policy of exploitation. My father (Ni Yüan-lu) tried hard to emphasize his opposite opinion. He enumerated six reasons... "[1] The main reasons are: exploiting mines would need a large labour force; in the past the mining industry was controlled by eunuchs sent from the court, who harmed people and aroused popular revolt, etc. Ni Yiian-lu explained in his memorial that he could not agree with the traditional policy of exploitation. He thought: "It might be better if Your Majesty were to issue a definite order to the governors of the various provinces asking them to manage the mining by themselves, adapting methods to local conditions. "[2] The same record can be found in an epitaph of Ni Yüan-lu written by his friend Huang Tao-chou 黄道周 (1585—1646)[3]. We may conclude that 1): when Adam Schall sent his books on firearms and water conservancy and the *KYKC* to the emperor in 1643, he was praised by the ruler, who ordered that policy of exploitation to be pursued (because the draft translation had already been sent to the court by Li T'ien-ching in 1640, the book sent by Schall must have been the printed edition); 2) at the end of 1643, Ni Yüan-lu asked that exploitation be stopped and enumerated six reasons in his memorial. But his idea was different from the emperor's wish and his suggestion was thus not accepted by the latter.

It should be noted that Fang Yi-chih in another essay, entitled *Ch'ien-ch'ao yi*, 《钱钞议》 (*"Discussion on paper money"*, 1644) mentioned the *KYKC* again: "The melting of copper and iron has not been prohibited. How could the mines in Yünnan 云南 and 贵州 Guizhou be closed? Such work should only be managed by local officers and not by eunuchs sent hastily from the court. Two years ago a foreigner (Adam Schall), presented the

---

[1]　Ni Hui-ting 倪会鼎 . *Ni Wen-chen kung nien p'u* 《倪文贞公年谱》 (*"A chronicle of Mr. Ni Yüan-lu's life"*), Chap. 4. , pp. 17—18 (Yüeh-ya t'ang 粤雅堂 edition, 1854).

[2]　Ni Hui-ting 倪会鼎 . *Ni Wen-chen kung nien p'u* 《倪文贞公年谱》 (*"A chronicle of Mr. Ni Yüan-lu's life"*), Chap. 4. , pp. 17—18 (Yüeh-ya t'ang 粤雅堂 edition, 1854).

[3]　Huang Tao-chou 黄道周 . *Ming Hung-pao Ni kung mu-chih ming* 《明鸿宝倪公墓志铭》 ("Epitaph of Mr. Ni Yüan-lu of the Ming Dynasty", 1644), in *Ni Wen-chen kung chi* (*"Collected papers of Mr. Ni Yüan-lu"*), Book 1, p. 13 (1772 edition).

K'un-yü ko-chih to the court, but this action was reprimanded by the Central Supervisor Liu. "[1] Here, Liu should be Liu Tsung-chou 刘宗周 (1578—1645), who was the head of the Central Supervisory Office in 1642.[2] The historical records tell us that in December 1642 the Emperor Ch'ung-chen held a meeting at the court to discuss resisting the Manchu enemy and the appointment of governors. At the meeting, Supervisory Officer Yang Jo-ch'iao 杨若桥 recommended Adam Schall to display firearms and possibly also discussed the *KYKC*. Liu Tsung-chou was against Yang's suggestion. The emperor got angry with Liu and orderd him to leave the meeting.[3] Here, Liu Tsung-chou, like Ni Yüan-lu, held a different political view from that of the emperor's; the latter not only wanted to use the Western method to compile the calendar, but also wanted to introduce the Western method to exploit mines and cast cannon. The book on firearms sent to the emperor by Schall must have been the *Huo-kung hsieh-yao* 《火攻挈要》 ("*Essentials of gunnery*") published in 1643. A native of Ningguo county 宁国 (now Anhui province), Chiao Hsü 焦勗 (fl. 1603—1663), had written this book with Schall.

How about the destiny of the *KYKC* after it was sent to the court in 1643? We have to read the memorial written by Ni Yüan-lu at the end of 1643. It says that, at the order of the emperor, the Prime Minister Ch'en Yen 陈演 (c. 1590—1644) asked Ni and other members of the cabinet to attend a meeting to discuss the policy of mine exploitation. Ch'en Yen said: "The policy of exploitation surely does not have any disadvantages since it makes use of the benefit brought by Nature. "[4] But Ni Yüan-lu brought forward that the traditional policy of exploitation would again arouse great disorder throughout China and asked that it be stopped. He recommended giving more power to local officers for "opening up" financial resources, and did not agree that eunuchs should be sent by the court to control mining.[5] Apart from Ch'en and Ni, the Minister of Public Works Fan Ching-wen 范景文 (1587—1644), the Vice-Minister of Personnel Affairs Li Chien-t'ai 李建泰, and the Central Supervisor Li Pang-hua 李邦华 (1574 — 1644) also attended the cabinet meeting at the end of 1643. It is obviously that at that occasion a difference of opinion arose between members of the cabinet——before the distribution of the *KYKC* to the various provinces——about which policy of exploitation should be pursued. Therefore,

---

[1] Fang Yi-chih. *Ch'ien-ch'ao yi* 《钱钞议》 (1644), *in Man-yü ts'ao* 《曼寓草》 (drafts written during his stay in Peking in 1640 to 1644), Book 1, pp. 1138—1139 (Hand-copied book kept at the Institute of History, Chinese Academy of Social Sciences).

[2] Chang Ting-yü. "Biography of Liu Tsung-chou", *Ming Shih*, Chap. 255, Book 10, pp. 8486 — 8487 (Shanghai, 1986).

[3] Gu Ying-t'ai 谷应泰. *Ming-shih chi-shih pen-mo* 《明史纪事本末》, Ch. 72, Book 3, p. 1206 (Peking, 1977).

[4] Ni's memorial is found in the *Ni Wen-chen king-chi*, Chap. 10, pp. 11—12 (1772 edition).

[5] Ibid.

when the *KYKC* was printed in 1643, it could not be sent to the provinces immediately. This is the third stage of the spread of Agricola's book in China.

The above mentioned difference of opinion among the ministers could not be resolved. Finally it had to be decided by the emperor. On the day after that cabinet meeting, Ni Yüan-lu delivered a memorial to the throne, in which he enumerated six reasons to support his opinion. His six reasons, in our views, are not totally correct, but his starting point was probably right. After reading his memorial, Emperor Ch'ung-chen made a final decision on the matter: "After reading your memorial, I the Sovereign think it is a proper discussion. Considering the financial difficulties of the nation and the hardships of the people's livelihood, I the Sovereign do not have the heart to let my people suffer again. It may be helpful, in any case, if the financial resources raised by the provinces can be used [to pay] for local military supplies, and various kinds of metals can be exploited in the locality without sending eunuchs and paying the tribute to the court. Compare this policy with that of extortion and increasing taxation, which one is more desirable? In case local officers do not implement this policy well and use this occasion to cause confusion in society, e. g. by destroying people's houses and tombs, extortion, etc. , the governors of the provinces should be responsible for this. And the court will find out who is to blame for the crime. Distribute the *K'un-yü ko-chih ch'üan-shu* 《坤舆格致全书》 to local officers and order them to choose the most suitable topography for mine exploitation, adapting measures to local conditions; then report the situation accurately to the court. They should not miss the opportunity to reap the practical benefit but they should not extort and exploit the people. Adam Schall should sent off immediately for the office of the governor of Chi 蓟 and Liao 辽 [now Hebei and Liaoning Provinces] to introduce the methods of mining, firearms and water conservancy to the troops. I the Sovereign ask your ministry to transmit my order. "[1]

The emperor did not accept Ni's suggestion, but "absorbed" some acceptable parts of his memorial. He ordered Ni's ministry to transmit his wishes as follows: 1) the *KYKC* should be distributed to the governors of the various provinces immediately, and they should exploit mines according to the technical methods it describes; 2) Adam Schall should immediately leave for the office of the governor of Chi and Liao (now Liaoning) provinces and introduce the techniques of mining, firearms and water conservancy to the

---

[1] Emperor Ch'ung-chens's instructions on Ni Yüan-lu's memorials are included in the *Ni Wen-chen kung chi*, Chap. 10, p. 12 (1772 edition). The original runs as follows: "览卿奏，自属正论。但念国用告诎，民生寡遂，不忍再苦吾民。如以地方自生之财，供地方军需之用，官不特遣，金不解京，五金随地所宜，缓急皆可有济。其视搜括，加派，孰为便宜？倘地方官奉行不善，借端生扰，如鉏劚坟间、逼勒、包纳等弊，责成督抚，罪自有归。发下《坤舆格致全书》，着地力官相酌地形，便宜采取，仍据实奏报，不得坐废实利、徒括民脂。汤若望即着赴蓟督军前传习采法，并火器、水利等项。该部（户部）传饬行，钦此钦遵。"

troops. Perhaps the emperor first wanted to carry out an experiment in the Hebei-Liaoning area. We think that the *KYKC* may have been sent to some provinces close to the capital by the end of 1643 and the beginning of 1644. According to the usual practice, the book with illustrations, which was distributed to the provinces would not have been a handwritten copy but a printed one. This means that it must have already been printed by the end of 1643. This is the situation of the spread of Agricola's book in China, in the last (fourth) stage.

However, the book was printed and distributed too late to reach some of the provinces. When the emperor wrote his instructions, the rebellious army led by Li Tzu-ch'eng 李自成 (1606—c. 1646) had already in the same month attacked Shanxi province. Three months later, the Ming dynasty was overthrown. The KYKC was also destroyed by warfare at the same time, and was thus lost. We should also point out that when the book was sent to the Ming court in 1640, three years previously (1637) a Chinese scientist, Sung Ying-hsing 宋应星 (1587—o. 1666) had published his *T'ien-kung k'ai wu* 《天工开物》 (*"Exploitation of products from nature by artificial skills"*) in Jiangxi province. [1] The volumes on mining and metallurgy in Sung's book can compare with Agricola's *De re metallica*. Dr. Joseph Needham therefore regards Sung Ying-hsing as "the Chinese Agricola". [2] The two masterpieces on mining and metallurgy, one of Eastern, the other of Western origin, appeared almost simultaneously in China, which shows that there was actually a need for such technical information in China at the time. But the *T'ien-kung K'ai wu*, like the *K'un-yü ko-chih*, was unable to fulfill its proper role during the turbulent years at the end of the Ming dynasty. This tells us that the development of science and technology is not only restricted by the practical needs of society, but also, to a certain extent, by the political stability or instability of society itself.

Written in May 1989 in Beijing

---

[1]   English edition: *T'ien Kung K'ai Wu. Chinese technology in the 17th century*, translated by E-Tu Zen Sun (Pennsylvania State University Press, 1966). Some of the book's contents can be found in *Industries anciennes et modernes de l'Empire chinois, d'après des notices traduites du Chinois*, by Stanislas Julien (Paris, 1869).

[2]   Joseph Needham, *Science and Civilisation in China*, Vol. 3, p. 154 (Cambridge, 1959).

Appendix Ⅳ　Emperor K'anghsi and Western Science

Hüen Yeh 玄烨 (1654—1722), the Emperor K'anghsi, was a famous emperor in the history of China. His formal title is the Sage Founder Emperor, the Benevolent. As the second emperor of the Ch'ing dynasty (1644—1911), he ruled China for 61 years and laid foundation for the 268 years feudal dominication of the Ch'ing dynasty. During the K'anghai reign (1662 — 1772), China was an unified feudal empire with a vast territory and many ethnic nations. Its social and culture developed to a new peak.[1] As a powerful feudal emperor, he roused himself for vigorous efforts to make the country prosperous and was well versed in both polite letters and martial arts. He was conversant with things past and present and was also fond of learning. He thoroughly understood the Chinese literature, history, philosophy and science, also music and calligraphy. He usually called in scholars and scientists together at his court to discuss various academic problems with them and sponsored to compile some multivolumes works. During his spare time of attending to numerous affairs of state every day he made efforts to study the traditional Chinese astronomy, mathematics, geography, agriculture and medicine. The *K'anghsi Chi Hsie Kê Wu P'ien*《康熙几暇格物编》(*Studies in science and technology done after work-hours by the Emperor K'anghsi*) is his book including what he had learned from study. He was a ruler studying natural science just as rare as the phoenix feathers and unicorn horns in Chinese history.

As to his scientific work, in China there has been a few writings which touched this topic. Only recently, some articles talked about this, but most of them dealt with his study in the traditional Chinese science.[2] Here we would concentrate on investigation of his research in the Western science on the basis of Western sources, especially on the first-hand records written by French Jesuits in the 17th century. At

---

[1] Liu Ta-nien 刘大年. On K'anghsi, *Li Shin Yeu Chiu*《历史研究》(*Historical Studies*), 1961, No. 3.

[2] Tu Shih-jan 杜石然 et al. *Chung-Kuo K'ê Hsueh Chi Shu Shih Kao*《中国科学技术史稿》(History of Science and Technology in China), Book 2, pp. 207—209 (Beijing, 1982); Wên Hsing-chên 闻性真. K'anghsi and Science, *Ming Ch'ing Shih Kuo Chi Hsüeh Shu T'ao Lun Hui Lun Wên Chi*《明清史国际学术讨论会论文集》(*Collected Papers of the International Symposium on the History of the Ming and Ch'ing Dynasties*), pp. 950—980 (Tienchin 天津, 1982).

last, we want to discuss some historical experience and lessons of introducing the Western science during K'anghsi's time as a supplement to the existing articles published recently.

（Ⅰ） **The motive of studying and introducing the Western science by the Emperor K'anghsi**

The earliest records on the situation of studying the Western science by the Emperor K'anghsi were written by some of his contemporary French Jesuits in China. They called on the emperor and explained the Western science to him at the court for many years. As a result, they wrote memoirs and diaries based on what they saw and heard of. These original records can fully fill some deficiencies in Chinese sources. In the second half of the 17th century, France established the supermacy in Europe, the French king, "le Roi Soleil" Louis XIV （1638—1715） sent six Jesuits having knowledge of astronomy and mathematics to China in March of 1685 in order to pursue his Eastward policy. They were led by Hung Jo 洪若 （Joannes de Fountaney, 1642—1710） and consisted of Pai Chin 白晋 （Joachim Bouvet, 1656—1730）, Zhang Ch'êng 张诚 （Joan François Gerbilon, 1654—1708）, Li Ming 李明 （Alloys le Comte, 1655—1728） and Liu Ying 刘应 （Claude de Vesderou, 1656—1737）. After reaching Chêchiang 浙江 province in July 1687 they asked to live in China permanently. The governor of this province Chin Hung 金鋐 sent a report to the Ministry of Rites talking about their coming. The latter immediately sent a memorial to the court. Because the Belgian Jesuit Nan Huai-Jên 南怀仁 （Ferdinand Verbiest, 1623—1688） working at the Ch'in T'ien Chien 钦天监 （Imperial Observatory） had been aged and the court was just looking for qualified persons to succeed him. The Emperor K'anghsi issued an edict: "Among Hung Jo and other four persons there may be some ones who are keen at the canlendrical science, let them come to the capital and wait for assignment."[1]

On 20 February 1688, De Fountany and his party came to Peking bringing 30 suitcases of astronomical instruments and books. The next day the emperor ordered a Portuguese Hsü Jih-Shêng 徐日昇 （Thomas Pereyra, 1645—1708） to guide them to have an audience at the court. After examination by the Imperial Observatory Bouvet and Gerbillon were asked to stay in Peking, others were sent to the provinces. In 1685, the emperor sent a minister Lêtêhung 勒德洪 to Macao looking for persons suitable for work at the Imperial Observatory. He brought another French Jesuit An To 安多 （Antoine Thomas, 1644—1709） to Peking. In 1697, the Emperor K'anghsi

---

[1] Huang Po-lu 黄伯禄 （Pierre Hoang）. *Chêng Chiao Fêng Pao* 《正教奉褒》 （*Records of praising the Catholicism by the Court*）, Book 1, pp. 90—91 （Shanghai, 1904）.

sent Bouvet to Europe for the same purpose. Bouvet brought French Jesuits Pa To-ming 巴多明 (Dominique Parrenin, 1665 — 1741) and Lei Hiiao-sǔ 雷孝思 (Jean Baptiste Régis, 1663 — 1738) to China, they were all permitted to stay in Peking. Among the above-said persons Gerbillon, Bouvet, Thomas and Pereyra were asked to introduce science to the emperor. Bouvet wrote a biography of the emperor entitled *Portrait historique de I'Empereur de la Chine* in the form of memoir and published it in Paris in 1697. The book was then translated into other European languages. Le Comte's book *Nouveaux memoires sur l'état présent de la Chine* in three volumes was published in Paris in 1696 — 1698. Gerbillon had accompanied the emperor to visit the Northeast for many times and he wrote *Voyages dans la Tartarie* in the form of diary which was then collected in the fourth volume of the *Description de l'Empire de la Chine* edited by Jean Baptiste du Halde (1674 — 1743) and published in Paris in 1735. Du Halde's book was also translated into English, German and partly into Russian. The above said books all talked about the situation of research in the Western science by the Chinese emperor. It was, therefore, well known to Europeans about the Emperor's scientific interest as early as the 17th to 18th centuries.

Science and technology in ancient China were highly developed and once held a safe lead in many fields throughout history, however, there is no denying the fact that from the middle of the Ming dynasty (1368—1644) China fell behind advanced European countries. This displayed clearly in the process of compiling the calendar which was an important work for the feudal court. Because the *Shou Shih Calendar* 《授时历》(1281), continuously used from the Yüen (1279—1368) and Ming had not been corrected for a long time, its erors got more and more obvious and its forecasts of astronomical phenomena were usually ineffective. There had been suggestions on working out a new calendar using the Western method at the end of Ming dynasty. In 1629, the Ming court decided to found the Calendar Bureau and asked the Vice Minister of Rites Hsü Kuang-ch'i 徐光启 (1562—1633) to lead the work for compiling a new calendar with the cooperation of the Chinese scholars Li T'ien-ching 李天经 (1579—1659), Li Chih-tsao 李之藻 (1565—1631) and Westerners Lung Hua-Min 龙华民 (Nicolas Longobardi, 1559 — 1654) and Têng Yü-nan 邓玉函 (Joannes Terrenz, 1576 — 1630)[1]. After the death of Terrenz a German T'ang Jo-wang 汤若望 (Johanne Adam Schall von Bell, 1591 — 1666) and an Italian Luo Ya-ku 罗雅谷 (Jacobus Rho, 1593 — 1638) worked at the bureau. After the death of Hsü Kuang

〔1〕 Ku Ying-Tai 谷应泰. *Ming shin chi shih pên me*《明史纪事本末》(Separate accounts of important events in the history of the Ming Dynasty, 1658), Chap. 73, Book 4, pp. 1225—1229 (Beijing 1977).

ch'i, Li T'ien-ching succeeded his post. The new calendar *Ch'ung Chên Li Shu* 《崇祯历书》 (Ch'ung chên Regin-period Treatise on calendrical science) was finished in 1634.

The *Ch'ung chên Li Shu* succeeded the traditional form of calendars and drew the new Western method. It was really more advanced than any other calendars compiled before. But it could not be used in time since the Ming dynasty was soon overthrown in 1644. The rulers of the Ch'ing dynasty just needed a better calendar and thus asked Schall von Bell to compile a new one called *Shih Hsien Calendar* 《时宪历》. In fact, it was adapted from the *Ch'ung Chên Li Shu* and was issued throughout China in 1645. In the 17th century there had been a controversy about revising the calendar for many times. [1] In 1650, Yang Kuang-hsien 杨光先 (1599—1669) sent a complaint to the Ministry of Rites and said that on the cover of the *Shih Hsien Calendar* there was formulation: "according to the new Western method." He charged that Adam Schall von Bell wanted to pass on the calendar power to the West. He then in 1664 brought a charge of "pletting a rebellion" against Schall von Bell. The Emperor K'anghsi was still young at that time. But Aopai 鳌拜 (c. 1615—1669), a minister assisting the ruler in governing the country, arrested Schall von Bell and other officials of the Imperial Observatory. He appointed Yang Kuang-hsien as the new head of that office in 1665, Yang suggested to abolish the *Shih Hsien Calendar* and reused the old *Shoushih Calendar* or even the Muslim calendar at the request of his assistant Wu Ming-Huan 吴明烜. These two old calendars were not as good as the new Western method, their errors often happened in using. Yang Kuang-hsien was a layman in calendar, and did not rely on real experts, such as Wang Hsi-Ch'an 王锡阐 (1628—1682). He could not refute the Western method and did not want to absorb foreign culture, it is very easy to imagine his ignorant and conservative attitude when he said: "It would rather not be a good calendar in China than the appearance of Westerners here."

After the Emperor K'anghsi took over the reigns of government upon coming of age, one of the problems he had to face was the controversy about the calendar. This is a kind of scientific lawsuit. He decided to distinguish right from wrong through examination by the practice. In December of 1668, he ordered Yang Kuang-hsien, Wu Ming-huan and Schall von Bell to determine the solar terms and observe the planets Mars and Jupiter at the Imperial Observatory. As a result, all the determination and observation of Schall von Bell were right, and those of Wu Ming-

---

[1]　Po Shu-jên 薄树人 et al. *Chung kuo T'ien wên Hsüe Shih* 《中国天文学史》 (*History of Astronomy in China*), p. 226 (Beijing, 1981).

Huan were wrong. [1]At the beginning of 1669, the emperor declared to support the new Western method and asked Schall von Bell to prepare the new calendar. Yang Kuang-hsien was dismissed from his post. The controversy about the calendar happened at the beginning of the Ch'ing dynasty made a great impact on Emperor K'anghsi. He then said that during the early years of the K'anghsi reign the controversy about the calendar had to be solved soon, but all ministers of the court did not understand the principles of calendrical science. He himself thus decided to study astronomy and calendrical science so that he could grasp their outlines and would not make wrong decision. This forced him to study the traditional astronomy and calendrical science and those in the West. [2]

(Ⅱ) K'anghsi's researches on Western astronomy, mathematics and surveying

After studying astronomy and calendrical science the Emperor K'anghsi recognized that the traditional Chinese learning had lost its original accuracy since its theory and methods were no longer precise, and traditional instruments had to be improved . In 1669, he ordered Verbiest and other Westerners to make new astronomical instruments for the Imperial Observatory. Four years later (1673), the sextant, quadrant altauzimuth, simple equatorial armillary sphere, simple ecliptic armillary sphere and celestial globe were made and put at the Imperial Observatory. Verbiest presented *Hsing Chi Ling T'ai Yi Hsiang Chih* 《新制灵台仪象志》(*Explanations on the astronomical instruments made recently for the Imperial Observatory*) of 16 volumes to the emperor in 1674. In this book Verbiest introduced the construction and usage of these instruments. It was printed at the order of the emperor. Although these instruments were of classical types without telescopes, they were more improved ones never made in China before. According to Bouvet's record, the emperor also instructed Verbiest to explain these instruments to him and introduce the knowledge of geometry, mechanics and astronomy during 1673—1674. In February of 1688 Bouvet and Gerbillon presented the quadrant with telescope, mathematical instruments, some of solid and liquid phosphorus, level for survey and astronomical clock for observation made in France to the emperor. He put them in his living room for use. He suggested Gerbillon and Bouvet to study the Manchu language. On 25 December 1689, the emperor called in Pereyra, Gerbillon, Bouvet and Thomas and ordered them to teach him the Western learning in Manchu at the court every day in rotation. Since then, when he went outside Gerbillon and other Westerners usually accompanied him. The teaching was going on every day or every other day.

---

[1]　Pierre Hoang. *op. cit.*, Book 1, pp. 47—50.

[2]　J. Bouvet. *Poratrait historique de l'emperour de ia Chine*, p. 129 et seq. (Paris, 1697).

After the emperor learned the principles and usage of instruments sent by Gerbillon and Bouvet he tried to use them personally for practical purpose outside or at the court. They also introduced some newest explanations of astronomical phenomena and the work of famous astronomist Jean-Dominique Cassini (1625－1717) and a French scholar Philippe de la Hire (1640－1718), including their new methods of observing the solar eclipse and lunar eclipse with illustrations. Therefore, the Emperor K'anghsi had already come into contact with the newest results of research of leading European astronomists. Duc du Maine (Louis Auguste, 1670—1766), the son of Louis XIV, sent a telescope for survey to Bouvet, but the latter passed it on to the Chinese emperor. He liked it very much and used it everywhere to survey the height of mountains or distance between any two points. Bouvet witnessed the actual situation of scientific research and observation, studying geodesy and geometry done by the emperor everywhere for several years, the Chinese ruler sometimes surveyed the height of the solar meridian line with sextant, sometimes surveyed the height of local terrestrial poles with meridian instrument. He also calculated the length of the shadow of sundial at noon of someday, and his result of calculation was quite identical with that obtained by Gerbillon accompanying him. This won admiration from all his ministers, he was also fond of two astronomical instruments invented by French scholars of the Académie des Sciences in Paris and used them for observing the motion of planets, these two ones were presented by Bouvet in 1688, on 28 February 1690, the Emperor K'anghsi and Gerbillon calculated an eclipse of the sun on the day separately. Then the emperor led his inner-court ministers to leave for the Imperial Observatory to observe together with them. The result of observation really confirmed his preceeding calculation. He sometimes taught his sons and his ministers with the Western scientific knowledge he had grasped . This forced the Crown Prince had to carry a counter with him to prepare how to answer his father's questions. Under his influence some ministers of the court were interested in science gradually and could discuss scientific problems with their emperor at any time.

The emperor never stopped his research when he went on inspection tour in other provinces. On 25 February 1689, he was in Chiangning Prefecture 江宁府 in the south. He asked the Italian Pi Chia 毕嘉 (Domincus Gabiani, 1623－1696) and Frenchman Vesderou through his guard Chao Ch'ang 赵昌: "Can the star Laojên 老人星 (old Man, namely carina α) be seen in Chiangning? At which degrees from the horizon in Kuangtung 广东 and Chiangning does this star appear ?"[1] They answered him, but were afraid of making mistakes, they observed heavenly bodies at night and

---

[1] P. Hoang. *op. cit.* Book 1, p. 102.

checked the degree numbers from the horizon, at which the star appeared. In the morning of 28th they sent their result of observation to the emperor. On the same day, he also discussed this star with his minister Li Kuang-Ti 李光地 (1642—1718) again. Through this result he doubted the reliability of the record in the *Liao Shih* 《辽史》 (*History of the Liao Dynasty*, 1344). It said that in the capital of Liao, Linhuang 临潢 (now Rehe 热河 area in Hêpei province 河北省) this star could be seen. The emperor did not believe it could appear in the northern part of China. At his order the *Hsi Yang Hsien Fa Li Shu* 《西洋新法历书》 (*Treatise on calendrical science according to the new Western method*) was recompiled from 1714 and finished in 1722. The book of 42 volumes was called *Li Hsiang K'ao Chêng* 《历象考成》 (*Compendium of calendrical science and astronomy*). During K'anghsi reign the research in astronomy and calendrical science by Chinese scholars was very active and fruitful. The work of Wang Hsi-ch'an and Mei Wên-ting 梅文鼎 (1633—1721) was really worthy of consideration.

The Emperor K'anghsi also systematically studied Western mathematics. At the beginning of 1690 he asked Bouvet and Gerbillon to teach him the principles of Euclid geometry in Manchu and then he used mathematical instruments for operation. Bouvet said that the emperor spent two or three hours with him and Gerbillon every day to study this science with great pleasure. But he also studied by himself at night. He could apply mathematics to some practical fields and regarded this as a pleasure. From January to April of 1690 he concentrated on studying geometry, logarithm, trigeometry and their practical application. He first calculated a heap of corn, then checked his result. Later, Gerbillon used *Géométrie practique et théorique* (Paris, 1673) written by French scholar Ignace-Gaston Pardies (1636—1673) as a text for teaching. We think this part may be taken from Pardies' *Elémens de géométrie* which was translated into Dutch, Latin and English and was very popular in Europe. Talking about Gerbillon's teaching materials based on Pardies' book the emperor said to his bodyguard: "This is not a common book. The work we are doing also should not be neglected."[1] These mathematical books and teaching materials prepared for the emperor were translated into Chinese from Manchu and bound in books. The emperor himself examined them and wrote a preface for it.

In the Palace Museum there are some manuscripts written in Manchu in 1690, which were used by Bouvet and Gerbillon. All of these materials were collected in the *Shu Li Chin Yün* 《数理精蕴》 (*Collected basic principles of mathematics*) of 53

[1] J. F. Gerbillon. Relations de 8 voyages dans la Grande Tartarie de 1688 à 1699, in: *Description de l'Empire de la Chine*, éd. par J. B. du Halde, t. 4, p. 228 (Paris, 1735).

volumes and published in 1723. Its publication made the mathematical research in China more active again. The emperor also liked to do academic discussion with Chinese astronomers, and mathematicians and assigned them jobs commensurate with their abilities. In January of 1705, he called in Mei Wên-Ting in Têchou 德州 and discussed the calendar and mathematics with him. In 1711 he called in mathematician Ch'ên Hou-yüeh 陈厚耀 (1648—1722) to discuss mathematics with him and asked to work at the court. Next year he called in Mei Ku-ch'êng 梅毂成 (1681—1761), the grandson of Mei Wên-ting, and ask him to work in Peking. The emperor invited Ch'ên, Mei and a Mongolian scholar Ming An-t'u 明安图 (1632 — 1765) to compile astronomical and mathematical books under his leadership. As a result, they finished the compilation of *Shu Li Chin Jun*, *Li Hsiang K'ao Ch'êng and Lü Lü Chêng yi* 《律吕正义》 (Collecetd basic principles of music) of five volumes and collected them together in *Lü Li Yüen Yüen* 《律历渊源》 (*Ocean of calendrical and acoustic calculation*) of 100 volumes, which was printed in 1723. The Emperor K'anghsi also shared his knowledge with his sons and others. For instance, Ch'ên Hou-Yüeh and Mei Ku-ch'eng learned the methods of extraction of roots and determination of the length of the shadow of sundial from the emperor.[1]In the Summer Palace the emperor invited Chinese scholars and Westerners to discuss various scientific problems, it became his salon scientifique.

(III) K'anghsi's researches on Western medicine, anatomy, cartography and firearms

At the beginning of 1690 the Emperor K'anghsi was ill and he was thus interested in the Western medicine. He ordered to stop the teaching of other disciplines and asked Bouvet to explain the Western theory on the causes of diseases. Bouvet compiled 18 — 20 sorts of medical materials on various diseases.[2]Gerbillon was also instructed to prepare medical materials on Western drugs and their uses. On 26 January 1690, the emperor called in Bouvet and Gerbillon at the court and asked them if European doctors felt the pulse of patients as the Chinese did. He became their teacher this time. and caused Jesuits to introduce this Chinese learning to Europe. On 13 February, Bouvet and Gerbillon sent some materials and illustrations on digestion, nutrition and blood circulation for the emperor's reading. He compared the description on the heart, lunges and internal organs in Western sources with those in Chinese medical books. He found that there are more similarities between them. He also ordered to set up a chemical laboratory inside the court and make Western

〔1〕 Cn'ien Pao-tsung 钱宝琮 et al. *Chung kuo shu hsüeh shih* 《中国数学史》 (*History of mathematics in China*), pp. 269, 277 (Beijing, 1964).

〔2〕 J. Bouvet, *op. cit.*, p. 103.

drugs and translate Western pharmaceutical books. Bouvet and Gerbillon consulted the *Pharmacopée Royale galénique et chimique* (Paris, 1674) written by Moise Charas (1618 — 1698), the director of Laboratoire Royale in Paris. Its Latin edition *Pharmacopeia Regia Galenica et chymica* was printed in Geneva in 1684.

In the court chemical laboratory there were various kinds of furnaces, pharmaceutical utensils and tools made of gold and silver. Many kinds of drugs were soon made there. The emperor usually watched the processes of operations and set aside some drugs for his own use. When he went to the provinces he ordered to carry these drugs put in gold and silver utensils. He sometimes awarded these drugs to his sons, his ministers and his imperial bodyguards. The related pharmaceutical books were translated by Bouvet but never printed. In May 1693 the emperor was seriously infected with malaria disease. There was no infection after taking drugs presented by his imperial physicians. The French Jesuits Visderou and Fountaney came from Shanhsi 山西 and Nanking separately and brought cinchona to Peking. The emperor was cured by this Western medicine. Cinchona or Quinine is really an effective medicine for curing malaria. After the emperor recovered he often talked about it. His minister Ch'a Shên-hsing 查慎行 (1650—1723) said: "His Majesty paid attention to the principles of medicine and is well familiar with the characteritics of drugs. His Majesty often instructed us the ministers: 'Medical books recorded many kinds of prescriptions of decoctions. If one prescription can cure one kind of disease why it is necessary to change it usually? In the West there is a kind of bark called *chin-chi-lê* 金鸡勒 (cinchona) which can cure malaria with a great effection. The Problem lies in suiting the medicine to the illness.'"[1] In 1712 Ts'so Yin 曹寅 (1658—1712), the head of the Bureau of Weaving Mills in Chiangning prefecture, the grandfather of the famous writer Ts'ao Hsüeh-ch'in 曹雪芹 (1715 — 1763), was infected with malaria and was anxious to get "His Majesty's sage medicine". Because of the emperor's promotion this Western medicine was spread throughout China.

During studying the causes of diseases the Emperor K'anghsi had to contact with the problems of human anatomy naturally. So he instructed Bouvet to introduce the knowledge of the construction of human body and the functions of organs. In 1690 Bouvet and Parrenin introduced Western anatomy to him. They cited the work written by a famous French anatomist Joseph du Verney (1648 — 1730) and discoveries by other scholars of the Académie Royale des Sciences in Paris, The emperor read ten items of anatomical principles and plates prepared by Bouvet in Manchu and ordered the

[1]   Chang Tsŭ-kno 张子高. *Chung kuo hua hsüeh shih kao*《中国化学史稿》(*History of chemistry in China*), pp. 192—193 (Beijing, 1964).

imperial painters to repaint the plates. [1]Bouvet and Parrenin also took materials from *De unicoru observations novas* (Amsterdam, 1678) of a Dane anatomist Thomas Bartholin (1616—1680) and *L'anatomie de l'homme suivant la circulation du sang et les dernières découvertes* (Paris, 1960) written by a French physician Pierre Dionis (1643— 1718)[2] . Thomas Bartholin's book was an enlarged edition of his father Kaspar Bartholin's (1586—1629) *Institutiones Anatomicae* (1611). Bartholins were the enthusiastic defenders of William Harvey's (1578—1657) theory of blood circulation. The Emperor K'anghsi was interested in the Western theory of blood circulation and its illustrations very much. He associated that there were the same contents in the traditional Chinese medicine, and thus he showed the related books collected in the Imperial Library to Bouvet and Parrenin. He also ordered to take out a bronze model of three feet long for demonstrating the acupuncture from the imperial stockhouse for comparative research. On the model many main and collarteral channels of human body were marked. The emperor found that the description on the vein between the East and West is similar, but there are no artery and blood vessels on the Chinese bronze model.

After finishing the study on anatomy the emperor instructed to sort the plates and texts written in Manchu. These materials were also translated into Chinese with the help of Chinese scholars and some copies were made for the Imperial Library and Emperor K'anghsi's Summer Palace. Parrenin called the book *L'anatomie de l'homme suivant la circulation du sang et les nouvelles décourtes par Dionis* (Human anatomy based on the theory of blood circulation and new discoveries by Dionis). Parrenin's translation draft was originally collected in Musée d'Histoire Naturelle in Paris and found in the Royal Library in Copenhagen, and published in 1928 in the title of *Anatomie mandechoue*. After bounding the Manchu and Chinese translation of the Western anatomical work the emperor originally wanted to publish it. soon after he changed his idea. He thought: "This is a book of special kind and it cannot be equated with common books. It should not be read by common persons who have neither learning nor skill."[3] He especially prohibited to show it to the youth. He then permitted other persons to read it in the Imperial Library, but prohibited to take it out or make copies.

[1] J. Bouvet, *op. cit.*, pp. 129—130.

[2] H. Bernard. Notes on the introduction of the natural sciences into the Chinese Empire, *Yenching Journal of Social studies*, Vol. 3, No. 2 (1941); Pierre Huard et Ming Wang. *Chinese medicine*, translated from the French, pp. 119—120 (New York, 1968).

[3] Goto Sueo 後藤末雄. *Koki Daitei to Ru I Jūshise* 《康熙大帝とルイ十四世》 (*Emperor K'anghsi and Louis XIV*), *Shiga ku zasshi* 《史学杂志》 (*Journal of History*》 (Tokyo), Vol. 42, No. 3 (1931).

The Emperor K'anghsi paid great attention to geography from youth and he was interested in the world geography too. He usually asked about the situation of foreign countries from Verbiest. His most important contribution to geography is to lead the geodetic survey on a large scale throughout China with the Western method. This was a pioneering work in the history of mapping in the world. On 26 January 1690, after signing the Nerchinsk Treaty with Russia he required Gerbillon to show the route along which the Russian mission had passed through, Gerbillon opened an Asian map printed in the West, but the emperor found its Chinese part was too simple and not accurate. [1]He, therefore, had an idea to survey the map of the Chinese territory with a scientific method. At that time he had learnt practical geometry and the technique of survey. He had also surveyed longitudes and latitudes of various places in China and stimulated enough practical experience. He then instructed to carry out practical survey in the whole country scale and he himself acted as the general commander of this work. In 1708 he sent Jesuits to Mongolia and other provinces to survey with the Western method and ordered governors and generals of the provinces to support their work. Bouvet, Régis, Tu Tê-mei 杜德美 (Pierre Jartoux, 1668—1720), Fei Yin 费隐 (Xaverius Fridelli, a German Jesuit, died in 1740) and other Chinese officials left for Mongolia on 16 April.

On 29 October 1708, the emperor sent Régis, Jartoux, Fridelli and other persons to leave for Chihli 直隶 (now Hêpei 河北 province), then on 26 June they went to Heilungchiang province 黑龙江 to map. In order to quicken the pace. in 1711 he decided to divide them into two groups and sent Régis, Mai Ta-ch'êng 麦大成 (Joannes Franciscus Cardoso, a Portuguese) and others to leave for Shantung 山东 province, sent Frenchmen Jartoux, T'ang Shang-hsien 汤尚贤 (Pierre Vincent de Tartre 1669—1724), P'an Ju 潘如 (Guillaume Bonjour) and German Fridelli to Shanhsi, Shaanhsi 陕西 and Kansu provinces. In 1712 the emperor sent Régis, Feng Ping-chen 冯秉正 (Joseph François Marie de Prémare, 1669—1748) and Tê-Ma-no 德玛诺 (Romenus Hinderer, 1669—1744) to Henan 河南, Chiangnan 江南 and Fuchjian 福建 provinces, they went to Taiwan in 1714. In 1713, De Tatre and Cardoso left for Chianghsi 江西, Kuangtong and Kuanhsi 广西 . Meanwhile Fridelli and Bonjour left for Sŭch'uan 四川 province. [2]In the next year, Régis, Fridelli and other Chinese officials went to Yünnan 云南, Kuichou 贵州, Hunan and Hupei 湖南、湖北 provinces. Two Tibetan young people were sent to Tibet to survey. In 1717, the surveying team consisting of Chinese and Western surveyors got together in Peking and the Emperor

〔1〕 J. F. Gerbillon, *op. sit.* , p. 244.

〔2〕 Pierre Hoang, *op. cit.* , pp. 128—134.

K'anghsi instructed Bouvet, Régis, Jartoux and other Chinese officials to summarize the work. After examining and approving by the emperor the *Huang Yü Ch'üan Lan T'u*《皇舆全览图》(*Complete map of the Chinese Empire*) including branch maps of the provinces were at last drawn in 1718. The unit of length was unified in this survey, and it was found that the length of longitudes at high and low horizon are not equal . This proved that the globe is oblate and thus confirmed Isaac Newton's theory on the form of the globe with the practice of survey in China. On 12 February 1719, the Emperor K'anghsi instructed his minister Chiang T'ing-hsi 蒋廷锡 （1668— 1732）: "I the Sovereign made strenuous efforts in mapping the *Huang Yü Ch'üan Lan T'u* for more than 20 years and at last let it come out. "[1] It was really true that without his boldness and powerful command such kind of work was difficult to be done. This was the first trigonometrical survey on a national scale in such a wide territory in the world. He was very satisfied with this.

The Emperor K'anghsi also wanted to introduce the Western technique of firearms. On 14 August 1674, he instructed Verbiest to make cannons. In March of next year the first model of cannon was made. On 14 March, the emperor led his ministers and Verbiest to Lukou Bridge 卢沟桥, the southern suburb of Peking, to make a trial shooting and it was successful. Five days later, he ordered to make more cannons according to the modle with the Western method. During 1674—1676 120 pieces of cannons were made. The Emperor K'anghsi personally went to the scene for observing trial shooting. On 4 November 1680, he instructed Verbiest to make 320 pieces of cannons which were casted in August of 1681. He sent 240 Chinese gunners to learn how to use them at Lukou Bridge, and on 19 October he led ministers to catch the trial fire there, then praised Verbiest and gunners. On 27 January 1682, Verbiest presented the *Shên wei t'u sho*《神威图说》(*Illustrations of artillery*) to the emperor. It contained 26 items of explanations and 44 sheets of plates and then was printed. In April Verbiest was given a title of Vice-Minister of Works. The emperor himself also designed a kind of field gun of small type and light trianglular gun-carriage for caverlry. He ordered cavalry to practice firing on horses.

One of the hobbies of the Emperor K'anghsi was to collect scientific instruments for doing research. On 21 December 1689, he instructed inner-court officials to buy mathematical instruments in Kuantung. He was different from previous emperors that he only received scientific instruments from foreigners and all other gifts were returned. On 25 February 1689, he called in Gabiani and De Fountaney in Chiangning

---

[1] *Ch'ing shêng Tsŭ shih Lu*《清圣祖实录》(*Journal of the Emperor K'anghsi's life and activities*), Ch. 283, Article of the Instruction on 25 September 1719.

Prefecture. They presented him 12 sorts of gifts, but the imperial bodyguard Chao Ch'ang passed on the imperial edict: "These two air-testing tubes can be received by His Majesty. Other things will be sent back."[1] Two days later, the emperor was in Hangchow 杭州 and Italian Jesuit P'an Kuo-liang 潘国良 (Emmanuel Laurifice) presented many gifts to him. But he only accepted a small telescope, two glass bottles, others were sent back. Therefore, all Western Jesuits admired the Chinese emperor who kept up his appearance and was of wide experience. In the rooms where he lived and worked a lot of books and scientific instruments were put together for his use at any time. He had his own scientific laboratories and libraries everywhere.

（Ⅳ） **The historical experience and lesson of introducing Western science by the Emperor K'anghsi**

Since the 17th century the history proved that in order to cause the Chinese science and technique to keep abreast of the times China must introduce the advanced Western science and technique and take their root in the Chinese soil. The late Ming scientist Hsü Kuang-ch'i, Wang Chêng 王徵 (1571—1644) and others of insight had already recognized this point. They translated Western books and studied science with the help of Westerners. They did a precious beginning. Following the step of Hsü Kuang-ch'i the Emperor K'anghsi was another person of insight who studied and encouraged the Western science strictly at the early Ch'ing dynasty. As a ruler of the whole country, his work had a great impact and produced more practical effects. He studied Western astronomy, mathematics, physics, chemistry, medicine. human anatomy, geography, mapping and technique of firearms. He also studied music theory, logic and a little Latin. He spent a lot of time and made strenuous efforts for chief-editing the *Shu Li Ching Yün*, *Li Hsiang K'ao Ch'êng*, and organizing to map the *Huang Yü Ch'üan Lan T'u*. His research all along ran through a realistic spirit and he emphasized the observations, on-the-spot investigation and practical application. He had a partiality for practical geometry and survey and practiced everywhere. He used telescope and other instruments to calculate the eclipse of the sun and moon and then checked at the Imperial Observatory. After taking cinchona he recognized the effection of the Western medicine. In his royal chemical laboratory many medicines were made according to the French pharmacopoeia. He decided to support the new calendar only after examining by the practice. He usually surveyed in the field and worked under burning sun. He was very busy every day, but could persist in reading at night. His spirit of "studies in science and technique done after workhours" is desirable.

---

[1] Pierre Hoang. *Chêng chiao fêng pao*, Book 1, p. 83 (Shanghai, 1904).

The Emperor K'anghsi had talked about his motive of study in Western science for many times: "When I the Sovereign was young some Chinese officials and Westerners working at the Imperial Observatory did not get along well. They charged each other and somebody were almost killed. When Yang Kuang-hsien and Adam Schall von Bell were instructed to calculate the shadow of the sundial at Wumên (Noon Gate) 午门 in the presence of all ministers. However, none of them had the knowledge of calendrical science. I thought one himself did not understand this matter, how could he judge what was right and what was wrong? Therefore, I the Sovereign put my energies into study. Now related scientific books were compiled in a good order. Scholars of later generations regard this is quite easy, but who can imagine the difficulty I the Sovereign met when I began to study!"[1] He put his energies into study and found his pleasure in assiduous study and got rich knowledge. His research sometimes went deep into Western newest discoveries, such as Cassini's astronomical discoveries and Harvey's theory of blood circulation.

The history at the end of the Ming dynasty and at the beginning of the Ch'ing dynasty had made such an arrangement that when China needed to introduce the Western science the media of such introduction were not scientists but Jesuits wearing the Cross. They did their missionary work just in the garb of science. Due to their astronomical instruments and skills in calendrical and mathematical knowledge they could enter the vermillion gates of the Forbidden City in Peking. And they used science contradictory to Catholicism as the means to win the rulers' assignment and had a foot hold in China. They had no alternative but to do so. During introducing science some problems had to be handled, such as how to look upon foreign countries, Western science and Catholicism, and the relationship between science and Jesuits? There were different attitudes towards these problems. Comparing with the Emperor K'anghsi's previous and contemporary persons he adopted a more appreciable way of handling towards these problems.

Before him Hsü Kuang-ch'i accepted both things, science and religion, brought by Jesuits. "Paul Hsü", received baptism at last. The Emperor K'anghai, however, only needed science but nothing else. Jesuits naturally wanted to make the emperor able to become a believer of Catholicism, but they always failed in this attempt. Since he did not only make a clear ideological break with Catholicism, but also took measures to limit Jesuits' impermissible behaviours. He flatly refused to interfere Chinese internal affairs by the Roman Vatican and issued his instruction to deport a Vatican's special

---

〔1〕 *Shêng Tsŭ T'ing Hsün Kē Yen*《圣祖庭训格言》(*Instructions of the Emperor K'anghsi at the Court*), p. 50 (1897 edition).

envoy. He forced Jesuits to serve the empire with the Western science with his superb political strategem. He was quite different from his father, the Emperor Shunchih 顺治帝 （1644－1661） who supported introducing the Western science, but over relied on Jesuits. He tolerated them to interfere the court affairs and caused grievance from his ministers and the people. Among those who were dissatisfied with his excessive dependence on Jesuits there was such an extreme conservative as Yang Kuang-hsien. He blindly opposed everything foreign.

Yang said that he did not want to catch sight of the appearance of Western science and Jesuits in China, and also of the appearance of any Westerners in China. He would rather make the Chinese science to lag behind and continuously raised the controversy about the calendar. The Emperor K'anghsi was different from Yang, he was not generally exclusive. He was ready to adopt any useful learning and persons of ability no matter where they came from. In the process of introducing Western science and changing the backwardness of Chinese science he originally could go further. For in his time it was necessary to train domestic interpreters, organize translation done by Chinese scholars, send students to study abroad or invite foreign experts, reform the educational system and found real universities or scientific institutions, etc., as some Russian and Japanese rulers did so. But he did not take any measures in these aspects. As for training interpreters, he had once thought of the necessity, but his plan was not fulfilled in time. In some important diplomatic cases he had always to rely on Jesuits and let them set foot in the national secrets. He only once called in Fan Shou-yi 樊守义 （1682－1753） who lived in Europe for 29 years and was proficient in Latin and Italian, but the emperor did not let the Chinese linguist play his proper role.

During introducing the Western science the Emperor K'anghsi had always to walk with the "foreign stick" (Jesuits). This must be an unwise move. Most Jesuits were only familiar with astronomy and mathematics but not with physics and chemistry. None of them cared to ask about Newton's physics and Robert Boyle （1627－1691） 's chemistry. They used science just as stepping stone for doing missionary work and did not introduce systematic science to China. Sometimes, owing to their religious prejudice they did not want to introduce new theories of Copernicus and Gelilio. They observed celestial bodies with telescopes, but did not put them on instruments they made for the Chinese Imperial Observatory. The calendar they compiled actually belonged to Brache Tycho （1546－1601） 's system which was then already out-of-date in Europe. The method of mapping was advanced, but Jesuits forestalled to publish it in Europe without the permission from the Chinese government. The Emperor K'anghsi once did not satisfy with the existing learning of Jesuits, but he sent Bouvet as his imperial envoy to choose scholars in the West. At last, those who came to China accompanying Bouvet were also Jesuits. He could not invite any professional scientists from Europe. During the 17th to 18th centuries the introduction of Western science had long been monopolized by Jesuits. This caused China to take a round course for a long time.

It is good that the Emperor K'anghsi spent a lot of time to study and introduce the Western science, but he did not do more with techniques, such as mining, metallurgy, and mechanics. He founded the Mathematical Hall only for training future officials working at some limited *yamens*. The hall could not be expanded into an university or academy of sciences. He resolutely accepted the Western calendar, but he was hesitant to publish anatomical book. He was afraid of offending against, the feudal ethics. He sometimes was clever and enterprising, sometimes was conservative and shortsighted. Such contridiction clearly displayed in the process of his study in Western science. On one hand, he was enthusiastic to study and promote science. On the other hand, he encouraged Neoconfucianism of the Sung and Ming dynasties with more enthusiasm and lifted it to the position of official philosophy. He sponsored the compilation of scientific works, but he was also the sponsor for publishing harmful Neoconfucianism books. He advocated the learning of *kê-wu tsesuan* 格物测算 i. e., science, and thought highly of qualified Chinese scientists, but he did not want to reform the traditional feudal educational system. All these contridictions embodying through the emperor were actually the reflection of conflict happened while the product of the Western capitalism (rising science) met with the long-term feudal tradition of China. This was also the reflection of the social contridiction at that time.

Natural science is a revolutionary force playing a promotive role in the history. It is contridictory to all religions, feudal ethics, superstition and declining social power. The modern science first developed only from the West, because there had been the capitalistic economy acting as the social background and pillar for science there. And conversely, China was then still an old feudal empire where there were no necessary objective conditions for raising the scientific revolution. For the Emperor K'anghsi, the scientific revolution was as fearful as the social revolution. Therefore, during the long-term reign of the emperor there was eventually a limitation for introducing Western science. It should also be pointed out that natural science could take its root in China only through the large-scale use and acception by the common people, such as merchants, mill owners and more scientists. At K'anghsi's time there were a few scholars and officials who studied and used science. Some defeats in introducing Western science during K'anghsi reign were the results of his historical and class limitations. We can summarize this as a historical experience and lesson.

However, when we judge the historical contribution we should not base on what needed at the present time was not provided by historic figures, but should base on some new things provided by them than their predecessors. Following the footsteps of Hsü Kuang-Chi of the late Ming dynasty the Emperor K'anghsi promoted the movement of introducing the Western science once more. He studied science at his spare time for many years without relaxation and achieved a great success. As a feudal ruler, he surpassed all other emperors in the Chinese history in this aspect. This is just one of new things he provided us than his predecessors.

Written in 1992 in Beijing